Gutsherrschaftsgesellschaften im europäischen Vergleich

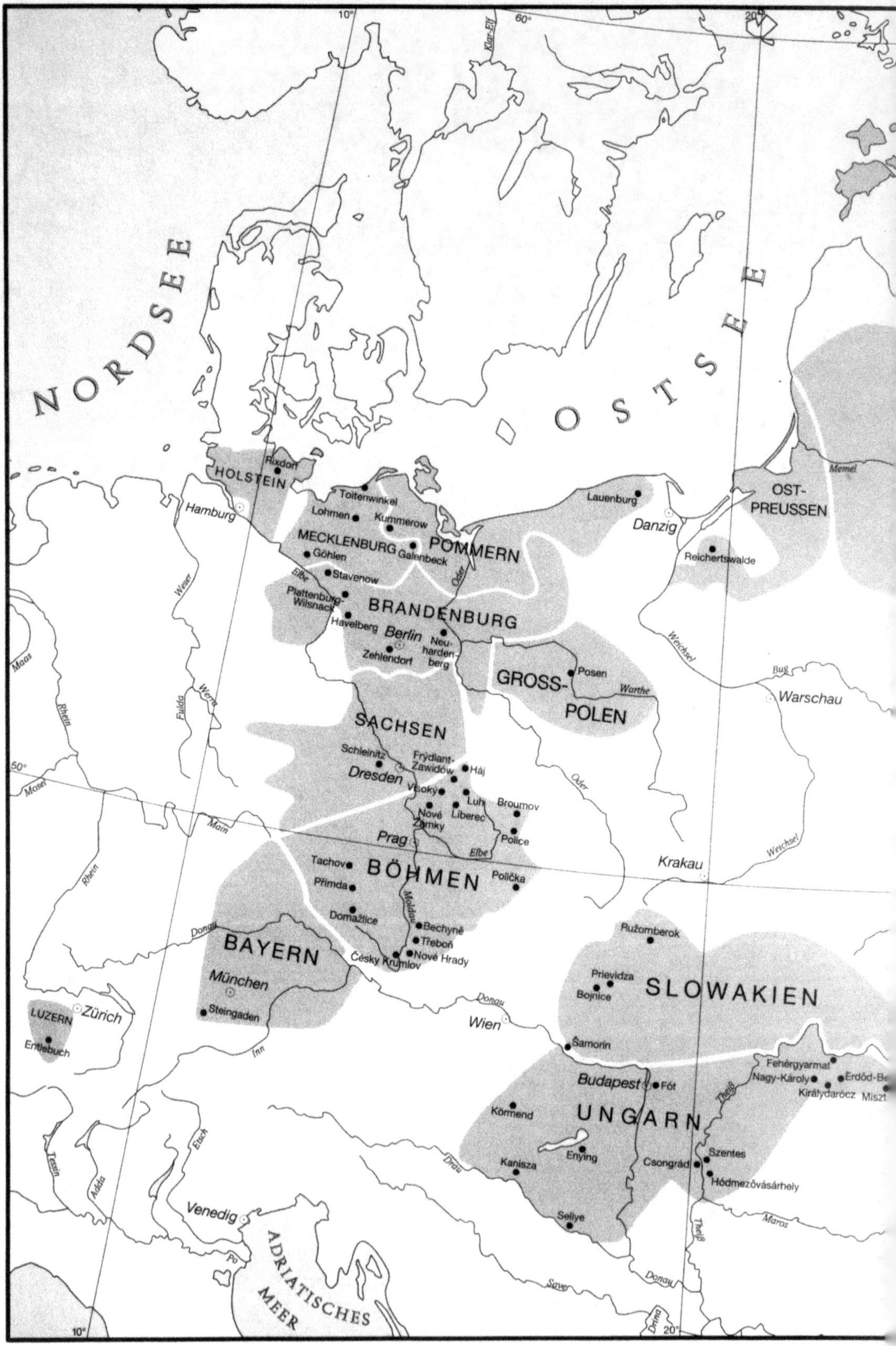

NORDSEE
OSTSEE
ADRIATISCHES MEER
HOLSTEIN
Rixdorf
Hamburg
Toitenwinkel
Lohmen
Kummerow
MECKLENBURG
Galenbeck
POMMERN
Göhlen
Stavenow
Plattenburg-Wilsnack
Havelberg
BRANDENBURG
Berlin
Neu-hardenberg
Zehlendorf
Lauenburg
Danzig
OST-PREUSSEN
Reichertswalde
GROSS-POLEN
Posen
Warschau
SACHSEN
Schleinitz
Dresden
Frýdlant-Zawidów
Háj
Vsoký
Luh
Liberec
Nové Zámky
Broumov
Police
Prag
Tachov
Přimda
BÖHMEN
Polička
Domažlice
Bechyně
Třeboň
Český Krumlov
Nové Hrady
BAYERN
München
Steingaden
LUZERN
Zürich
Entlebuch
Krakau
Ružomberok
Prievidza
Bojnice
SLOWAKIEN
Wien
Šamorín
Budapest
Fót
Körmend
UNGARN
Enying
Kanisza
Sellye
Csongrád
Szentes
Hódmezővásárhely
Fehérgyarmat
Nagy-Károly
Királydarócz
Venedig
Elbe
Oder
Weser
Werra
Fulda
Rhein
Maas
Mosel
Main
Donau
Moldau
Inn
Etsch
Tessin
Adda
Po
Drau
Save
Drina
Theiß
Maros
Weichsel
Bug
Warthe
Memel
Klar-Elf
10°
20°
50°
60°

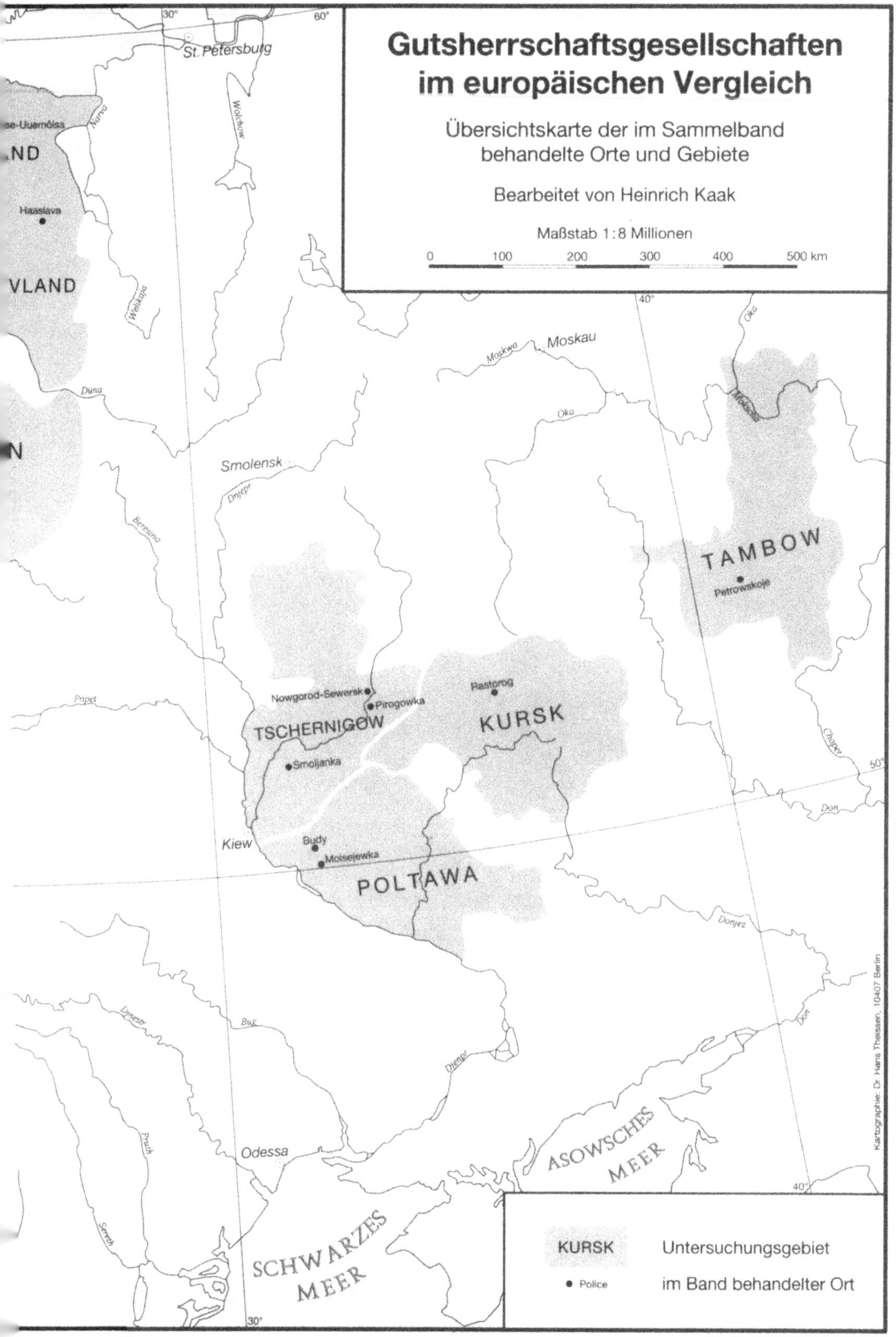
Gutsherrschaftsgesellschaften
im europäischen Vergleich
Übersichtskarte der im Sammelband
behandelte Orte und Gebiete
Bearbeitet von Heinrich Kaak
Maßstab 1:8 Millionen
0 100 200 300 400 500 km
St. Petersburg
Narva
Wolchow
Welikaja
Düna
Moskwa
Moskau
Oka
Smolensk
Dnjepr
Beresina
Pripet
TAMBOW
Petrowskoje
Nowgorod-Sewersk
Pirogowka
Rastorog
TSCHERNIGOW
KURSK
Smoljanka
Kiew
Budy
Moisejewka
POLTAWA
Chopjor
Don
Donjez
Dnestr
Bug
Dnepr
Pruth
Sereth
Odessa
ASOWSCHES MEER
SCHWARZES MEER
30°
40°
50°
60°
KURSK Untersuchungsgebiet
Police im Band behandelter Ort
Kartographie: Dr. Hans Theissen, 10407 Berlin

Gutsherrschaftsgesellschaften im europäischen Vergleich

Herausgegeben von Jan Peters

Redaktion: Axel Lubinski

Akademie Verlag

Abbildung auf dem Einband:
Johann David Schleuen d. Ä., Der Winter mit seinen Arbeiten, 1774, aus: Kupfersammlung zu J. B. Basedows Elementarwerk für die Jugend und ihre Freunde. Erste Lieferung in 53 Tafeln. Zweite Lieferung in 47 Tafeln. Berlin/Dessau 1774, Taf. XVI, unten rechts.
Quelle: Exemplar des Germanischen Nationalmuseums Nürnberg.

Die Deutsche Bibliothek – CIP-Einheitsaufnahme
Gutsherrschaftsgesellschaften im europäischen Vergleich /
hrsg. von Jan Peters. Red.: Axel Lubinski. – Berlin : Akad. Verl., 1997
ISBN 3-05-003161-1

Der Akademie Verlag ist ein Unternehmen der R. Oldenbourg-Gruppe.

Gedruckt auf chlorfrei gebleichtem Papier.
Das eingesetzte Papier entspricht der amerikanischen Norm ANSI Z.39.48 – 1984 bzw. der europäischen Norm ISO TC 46.

Satz: Konzepta, Prenzlau
Druck: WB-Druck, Rieden am Forggensee
Bindung: Druckhaus „Thomas Müntzer“, Bad Langensalza

Printed in the Federal Republic of Germany

Inhalt

Einleitung

„Gutsherrschaftsgesellschaften im europäischen Vergleich“, so lautete das Thema einer Fachkonferenz, die vom 2. bis 4.November 1995 etwa fünfzig Historiker aus Ost und West (Estland, Ukraine, Rußland, Polen, Tschechien, Ungarn, Österreich, Schweiz, Slowakei, USA, Deutschland) in Werder bei Potsdam zusammenführte. Die Teilnehmer wollten dazu beitragen, einen zumindest für Agrarhistoriker bedrückenden Widerspruch zu lösen, den Gegensatz nämlich zwischen „Gutsherrschaft“ als historischem Phänomen und „Gutsherrschaft“ als Historiographie. Gemeint ist der Widerspruch zwischen einer östlich der Elbe, in Ostmittel- und Osteuropa langzeitprägenden und überaus wirkungsmächtigen Form der Verfaßtheit ländlicher Gesellschaft und der seit einiger Zeit unverkennbaren Stagnation bei ihrer Erforschung. Die Rede ist aber auch vom Widerspruch zwischen dem jüngeren Landgewinn moderner sozialhistorischer Forschung auf den verschiedensten Gebieten einerseits und von ihrer unzureichenden Übertragung auf die Geschichte der Gutsherrschaftsgesellschaft andererseits. Damit ist zugleich ein Bereich von historischer Prägekraft benannt, der die in Frage stehenden Regionen nicht nur über Jahrhunderte formte, sondern auch eine unverhofft brisante zeithistorische Aktualität erfahren hat und schon deshalb nach seriöser historischer Behandlung verlangt.

Indes hat sich auf diesem Gebiet inzwischen doch einiges bewegt. Einen Anstoß dazu gab die durch die Max-Planck-Gesellschaft Anfang 1992 an der Potsdamer Universität in ein fünfjähriges Leben gerufene Arbeitsgruppe „Ostelbische Gutsherrschaft als sozialhistorisches Phänomen“, die damit zugleich zum einzigen agrarhistorischen Forschungszentrum in Deutschland wurde. Sie war der Veranstalter der Werderschen Konferenz, die ihrerseits ein Resultat vorangegangener Forschungserfahrung der Max-Planck-Arbeitsgruppe war. Und die ließ sich zunehmend so formulieren: Extrem (etwa Mecklenburg und Pommern) und weniger extrem (etwa Brandenburg) ausgeprägte Gutsherrschaftsregionen östlich der Elbe bedürfen (zumindest) europäisch-vergleichender Einbindung, um angemessen gewichtet werden zu können. So kam es zur Werderschen Konferenz, und so folgt nun auf die beiden ersten Bände der Arbeitsgruppe[1] ein dritter, der Versuch nämlich, das Phänomen Gutsherrschaft zu „europäisieren“.

1 *Jan Peters* (Hrsg.), Gutsherrschaft als soziales Modell. Vergleichende Betrachtungen zur Funktionsweise frühneuzeitlicher Agrargesellschaften. (HZ Beiheft 18.) München 1995, 506 S.; *ders.* (Hrsg.), Konflikt und Kontrolle in Gutsherrschaftsgesellschaften. Über Resistenz- und Herrschaftsverhalten in ländlichen Sozialgebilden der Frühen Neuzeit. (Veröffentlichungen des Max-Planck-

Daß das schwierig werden würde, war vorhersehbar: Eine längere Stagnationsperiode hinterläßt entsprechende Spuren. Und intensive Quellenforschung nach modernen sozialhistorischen Methoden kommt in den Nachfolgestaaten des Ostens nur schwer in Gang – insbes. auf „unserem" Gebiet, insbes. in der ehemaligen Sowjetunion und insbes. unter den gegebenen materiellen Schwierigkeiten. Zudem gleicht die Situation in einigen Ländern einem Zustand, der einer Agrargeschichtsschreibung im Abstieg nicht unähnlich geworden ist. Und dennoch: Es erwies sich als sinnvoll, einen ungewöhnlich weiten Horizont in den Blick zu nehmen, auch wenn dessen Konturen unscharf bleiben mußten – er reichte von der Schweiz bis nach Zentralrußland und von Ungarn bis nach Estland. Die Tagungsteilnehmer versuchten, im Verbund von konkreter Kleinräumigkeit und großräumiger Verallgemeinerung die soziale Funktionsweise von gutsherrlichen Gesellschaften in Mittel- und Osteuropa zu analysieren und vergleichend vorzustellen, dabei aber auch anders gestaltete ländliche Gesellschaften in den westlich und südlich angrenzenden Territorien einzubeziehen (s. Karte).

Bei aller erfreulichen Pluralität von Methoden und Orientierungen der Teilnehmer hat das Konzept der Potsdamer Arbeitsgruppe, nämlich im historisch-anthropologischen Ansatz von einem Variantenreichtum des sozialen Modells Gutsherrschaft auszugehen und nach den je spezifischen Funktionsweisen von Gutsherrschaftsgesellschaften zu fragen, den Tagungsverlauf doch maßgeblich geprägt. Es darf als ein gutes Zeichen gewertet werden, daß zumindest auf diesem Gebiet geistes- und sozialwissenschaftliche Forschungskapazitäten in den Neuen Bundesländer soweit erhalten blieben, daß sie eben solche Anstöße vermitteln konnten. „Anstöße" – das ist schon viel für ein derartig weites und schwieriges Feld, auf dem eine bestimmte, moderne Begrifflichkeit (Mikrogeschichte, Mentalitätsgeschichte, Historische Kulturforschung usw.) zunächst ja nur Programmatik und Denkrichtung angibt. Für die daraus ableitbare, methodisch schwierige Problemformulierung und historiographische Umsetzung – das „Eigentliche" also – vermittelte die Tagung zahlreiche Anregungen.

Der sichtbar anschwellende Umfang des entstehenden Tagungsbandes zwang uns bei der Drucklegung zum Verzicht auf nicht-frühneuzeitliche Beiträge – obwohl ja gerade die zeitgeschichtliche Relevanz des Themas eine Blickerweiterung auf das 19. und 20.Jahrhundert als durchaus wünschenswert erscheinen ließ und als künftige Herausforderung verstanden wurde. Im Diskussionsbericht (der aus praktischen Gründen dem Tagungsablauf folgt und deshalb mit der Gliederung dieses Bandes nicht übereinstimmt) sind Diskussionen auch zu anderen Zeitabschnitten ausgewiesen.

Die stärker *vergleichend und synthetisierend angelegten Vorträge* (W.Hagen, C.Meyer, E.Melton, W.Troßbach, z.T. auch A.Suter) trugen manche Ideen für neue Vergleichsmethoden und Typologieansätze vor und diskutierten die Erweiterung des Agrarverfassungsbegriffs, machten aber auch die Notwendigkeit des behutsamen Umgangs mit Megabegriffen deutlich und wiesen auf die bekannten Probleme des historischen Vergleichens überhaupt (und hier ganz besonders) hin. Auf *unterschiedliche* Vergleichsebenen (grob- oder feinmaschige Raster) läßt sich offenbar nicht verzichten. Bei allem Bemühen, das Knappsche agrardualistische

Instituts für Geschichte, 120.) Göttingen 1995, 435 S. Zum Konzept und zu den Erfahrungen der Potsdamer Arbeitsgruppe sei hier grundsätzlich auf die Einleitungen zu diesen beiden Bände verwiesen, ferner auf: *Ders.*, „Ostelbische Gutsherrschaft". Forschungsbericht der Max-Planck-Arbeitsgruppe an der Universität Potsdam, in: Geschichte in Wissenschaft und Unterricht, 1996. Heft 4, 239–242.

Konzept sozialgeschichtlich zu verfeinern oder gar zu erneuern, blieb dessen Resistenzfähigkeit spürbar. Zugleich machte die Tagung deutlich, wie schwierig es ist, „scharfe" Begriffe anzustreben ohne sich durch solche selbst zu blockieren. (Eine solche Selbstblockierung bildet ja gerade die zählebige „Schärfe" des im historischen Denken offenbar sehr fest eingeschriebenen Dualismuskonzepts „Grund- versus Gutsherrschaft"). Historische Vorstellungen im Zustand der Unsicherheit halten zu können, wird für großräumige europäische Vergleiche zwischen Verwandtschaftsregionen von Gutsherrschaftsgesellschaften unverzichtbar bleiben, damit aber auch Zurückhaltung oder gar Skepsis gegenüber megatheoretischen Ansprüchen. Man wird wohl noch lange mit offenen, vornehmlich sozial und kulturell noch wenig bestimmten Spannungsverhältnissen zwischen verschieden verfaßten Typen von Agrargesellschaften in Europa arbeiten müssen. Jedenfalls ist noch ein weiter Weg zu einer griffigen und modernen Gutsherrschaftstypologie zurückzulegen.

Ordnungs- und Spannungsverhältnissen, bäuerlicher Selbstbestimmung und Widerständigkeit widmeten sich insbes. die Vorträge von J. Čechura, M.Cerman, Z.Szultka, J.Kahk, A.Kostlán, E.Maur, E.Münch, J.Pánek, D.Štefanová und H.Wunder, wie auch die (später in diesen Band aufgenommenen) Beiträge von A.J.Cord (Kronberg), V.Djatlov (Černigov) und L.Enders (Potsdam). Dabei gruppierten sich die Diskussionen um eine ganze Reihe von Problemen von spezifisch gutsherrschaftsgeschichtlicher Relevanz: Die sozialen Wahrnehmungsvorgänge und Verhaltensmuster von „Untertanen", die hohe Verbindlichkeit von Gesellungen, Teilgesellschaften und Substrukturen „eigenen Sinns" im Sozialgebilde Gutsherrschaft, das Selbstverständnis von Untertanen und die auf spezielle Verhaltensdispositionen widerständiger Bauern einwirkenden Faktoren, der weiträumige Vergleich bäuerlicher Lebens- und Rechtsverhältnisse, die Funktionsweise von Konfliktgemeinschaften im Dorf und im Gutsherrschaftsgebilde überhaupt, die Wirkungsweise verborgener Kulturen und Ökonomien, die Typen von Repräsentationen und Demonstrationen, die Reflexion von Herrschaftskonflikten durch die Bauern, die Formen der Bürokratisierung, Machtvermittlung und des „Einbaus" von Herrschaft in das Dorf, die Dynamik des Machtspiels zwischen Herrschaft, Beamten/Verwaltern und Bauern, das Verhältnis zwischen Klientelsituation und kulturellem Selbstverständnis, die Beziehung zwischen der Rolle der Gemeinde und den Herrschafts- und Strukturformen der Familie, die Wandlung des Bauernbildes der Herrschaft und die Rezeptionsgeschichte der Volksaufklärung in Gutsherrschaftsgebieten.

Einige Beiträge waren den *höfisch-gutsherrlichen Verhältnissen* gewidmet (V.Bůžek, A.Mączak, M.Schattkowsky). Sie führten Varianten des gutsherrlichen „Paternalismus" und des adligen Herrschaftsverständnisses vor und beleuchteten die verschiedenen Formen und Ausprägungen von Patronage und Klientelverhältnissen.

Eine besondere Rolle spielten auf der Konferenz Darlegungen zur *Funktionsweise von Kommunikations- und Informationssystemen* in Gutsherrschaftsgesellschaften (J.Peters, A.Stejskal, A.Suter), offensichtlich weil sie – indem sie die Effizienz bäuerlicher Informationsfährten ausweisen – geeignet sind, die unangemessene, aber historiographisch übliche Verquickung von Untertänigkeit und minimierter Raumerfahrung der Bauern zu hinterfragen.

Den Kontextualisierungsmöglichkeiten bei *besonders kleinräumigen Untersuchungen* über Konfliktmuster und Gemengelage verschieden verfaßter Kleingesellschaften (H.Kaak, H.Zückert) schlossen sich Untersuchungen über *wichtige Einzelaspekte* an: Marktflecken als Zentralorte und die Marktfunktionen überhaupt in Gutsherrschaftsregionen (T.Lengyelová), ländliches Kreditwesen, Bedingungen für die Besitzkontinuität adligen Grundbesitzes und die

Modernisierung von Kalkulationsmethoden (A.Lubinski), frühe Gutsherrschaftsentwicklung als doppelte, räumlich-rechtliche Grenzverletzung (Th.Rudert), Klientelsituation und kulturelles Selbstverständnis von Herrschaftsbeamten wie auch der Stellenwert ethnischer Faktoren und bestimmter Ökotypen des Wirtschaftens (A.Vári).

Mühelos ließen sich weitere Problemfelder benennen, die behandelt wurden, nur angeklungen sind oder, obwohl dazugehörig, einfach unterbleiben mußten. Niemand ist sich des „Vorläufigen" der Tagung wie auch des Forschungsstandes überhaupt mehr bewußt als wir selbst, die wir mit dem Ende des Jahres 1996 fünf Jahre lang in spannender Archivarbeit neue Türen öffnen durften (nicht zuletzt auch zur Geschlechtergeschichte im Gutsherrschaftsverbund) – um bei der Aneignung neuer Räume wiederum neue, Neugier weckende Türen zu entdecken. Das hängt natürlich auch mit dem Wandel von forschungsleitenden Ideen zusammen. Indem der Mensch als soziales Wesen und mit ihm der kleinere soziale Raum und damit auch neue Quellengruppen ins Zentrum der Aufmerksamkeit rückten, erlebte „unsere" Agrargeschichte einen tiefgreifenden und sehr arbeitsintensiven Perspektivenwechsel. Aus der Position des „eigentlichen Inhalts" von Agrargeschichte rückten Wirtschafts-, Struktur- und Verfassungsgeschichte in die Rolle des „Kontextes". Die Werdersche Konferenz hat uns bewußt gemacht, daß die komparative „Europäisierung" der Agrargeschichte vielleicht eine neue Form von Kontextualisierung erfordert, etwa eine stärkere Einbindung von kulturell verstandenen Strukturen, und damit auch eine stärkere querwissenschaftliche Kooperation.

Die Vernetzung von Kräftefeldern, Lebenswelten und Lebensformen in der einzelnen Gutsherrschaftsgesellschaft selbst, deren Konflikt- und Konsensfähigkeit, die Entstehung verschiedener, letztlich aber verwandter Wahrnehmungsweisen, Mentalitäten und politischer Kulturen in agrarischen Großräumen, die unter der Oberfläche eines traditionellen dualistischen Ost-West-Bildes erkennbaren inneren Bande zwischen verschieden verfaßten Agrargesellschaften, zwischen herrschaftlichen wie auch bäuerlichen Verhaltensdispositionen, all das läßt weniger ein unüberbrückbares Gegensatz- als ein überbrückbares Spannungsverhältnis zwischen „Mikro" und „Makro", zwischen „Herrschaft" und „Untertan", zwischen „rechtlich" und „willkürlich", vielleicht auch zwischen „Ost" und „West" ahnen. Indes sprechen die Quellen – was dazu nicht im Widerspruch steht – durchaus auch von Gegensätzen, Spannungen und Instabilitäten im Sozialgebilde Gutsherrschaft, das in sich – und erst recht im Vergleich mit anderen europäischen Agrarregionen – stark aufgefächert bzw. differenziert erscheint. Offensichtlich gibt es „im Osten" noch manche Kulturen, Logiken und Machtverhältnisse, die dem Historiker verschlossen geblieben sind. Traditionelle Erklärungsmuster scheinen hier zu versagen.

Vielleicht bildet diese Einsicht das wichtigste Resultat der Konferenz, deren Ergebnisse hier im Bewußtsein ihres Annäherungscharakters (auch im Hinblick auf die Ost-West-Kommunität der Historiker) vorgelegt werden. Neue Einsichten bereiten sich allerdings oft in aller Stille vor, oder, wie ein Rezensent unseres ersten Konferenzbandes schrieb: „In unscheinbarem Gewand treten geschichtswissenschaftliche Beiträge vor den Leser, die durchaus geeignet sind, ein lange tradiertes Denkmuster zu revolutionieren."[2] Wir werden sehen.

Zu danken habe ich allen, die, in welcher Form auch immer, zum Gelingen der Werderschen Konferenz beitrugen, insbesondere Thomas Rudert für die Meisterung der organisatorischen Aufgaben und Axel Lubinski für die mühsame und sorgfältige Redaktion dieses Bandes. Auch der Dritte im Bunde, Heinrich Kaak, hat mit seinem bewußt ausführlich gehalte-

2 Jürgen Ziechmann in Historisch-politisches Buch 43, 1995, 479.

nen Diskussionsbericht wie die beiden anderen an die Erfahrungen des ersten Konferenzbandes anknüpfen können.

Mit der Vorlage dieses Buches verabschiedet sich zugleich die Max-Planck-Arbeitsgruppe „Gutsherrschaft“ in Potsdam – als solche. Es scheint indes gesichert, daß an der Potsdamer Universität ein nicht unbedeutendes agrarhistorisches Forschungspotential erhalten bleibt. Dessen Stimme wird nicht verstummen.

J.P.

I. Gutsherrschaften – Allgemeines und Vergleichendes

WILLIAM W. HAGEN

Die brandenburgischen und großpolnischen Bauern im Zeitalter der Gutsherrschaft 1400–1800. Ansätze zu einer vergleichenden Analyse[1]

Unter den wenigen Versuchen, die Verhältnisse der Bauern im frühmodernen System der Gutsherrschaft in Polen und Brandenburg-Preußen vergleichend zu betrachten, stellt ein Aufsatz des polnischen Historikers Jan Rutkowski einen Höhepunkt dar, der 1921 unter dem Titel „Poddaństwo włoscian w XVIII wieku w Polsce i niektórych krajach Europy" („Untertänigkeit der Bauern im 18. Jahrhundert in Polen und einigen anderen europäischen Ländern") erschien. In dieser Arbeit, deren deutsche Übersetzung immer noch aussteht, wird auf überzeugende Weise die Lage der Bauern im Licht der unterschiedlichen politischen Strukturen beider Staaten wie auch im Vergleich mit Westdeutschland und Frankreich analysiert. Obwohl der Bauer in Polen einer juristisch unbeschränkten Herrschaft und hohen Dienstforderungen der gutsbesitzenden Adelsklasse oder szlachta ausgesetzt war, waren die Staatssteuern erschwinglich und der Kirchenzehnt erträglich. Dagegen mußte der preußische Bauer seine oft bessere wirtschaftliche und rechtliche Lage unter der Gutsherrschaft des Adels mit schweren Staatssteuern bezahlen. Darüber hinaus hatte er das Risiko des Todes seiner Söhne im Militärdienst und des Verlustes der Arbeit seiner erwachsenen Kinder durch den herrschaftlichen Gesindezwangsdienst zu tragen. Somit gibt es Grund zur Annahme, daß der Zustand des polnischen Bauern nicht in jeder Hinsicht schlechter war als der des preußischen.[2]

Rutkowski hat seine Aufmerksamkeit auf Konsequenzen des Aufstiegs des absolutistischen Staates in Preußen und des Sieges der Adelsherrschaft in Polen für die jeweilige dörfliche Gesellschaft gerichtet. Obwohl dies eine notwendige Sichtweise ist, sollte ein weiterreichender Vergleich des bäuerlich-gutsherrlichen Verhältnisses in Polen und im ostelbischen Deutschland möglich sein. Es gibt zwischen den beiden Ländern sehr viel Vergleichbares und

1 Die Argumentation dieses Aufsatzes kann keinen Anspruch auf Vollständigkeit erheben. Er wird in einer stark erweiterten Fassung unter dem Titel "Village Life in East-Elbian Germany and Poland, 1400–1800: Subjection, Self-Defence, Survival" (in: The Peasantries of Europe, 1400–1800. Hrsg. v. Tom Scott [London: Addison Wesley Longman Press]) erscheinen. Hier wird auf ausführliche Literaturhinweise verzichtet. Statt dessen werden in erster Linie neuere Arbeiten, besonders in deutscher und englischer Sprache, mit Hinzuziehung der relevantesten polnischen Werke zitiert.

2 *Jan Rutkowski*, Poddaństwo włościan w XVIII wieku w Polsce i niektórych krajach Europy, in: *ders.*, Wieś europejska późnego feudalizmu (XVI–XVIII w.). Hrsg. v. Jerzy Topolski. Warschau 1986, 25–215. S. auch Rutkowskis immer noch wichtige Arbeiten, Histoire économique de la Pologne avant les partages. Paris 1927; Le régime agraire en Pologne au XVIIIe siècle, in: Revue d'Histoire Économique et Sociale 14, 1926, 473–505; ebd. 15, 1927, 66–103.

Ähnliches, sogar fast Gemeinsames. Trotzdem sind die historischen Wege der beiden Agrargesellschaften auseinandergegangen.

Dieser Aufsatz, der sich auf die Kurmark Brandenburg und das westliche Polen um Posen (Großpolen) beschränkt, stellt zunächst die Frage nach den Konsequenzen des Aufstieges der Gutsherrschaft für die bäuerlichen Untertanen.[3] In der Literatur überwiegt das Interesse an den Motiven der adligen Grundherren für die Ausbildung der Gutswirtschaft mit den zu diesem Zweck unentbehrlichen, unbezahlten bäuerlichen Hofdiensten und der damit einhergehenden Verschlechterung der bäuerlichen Rechte und Freiheiten.[4] Im Fall dieser beiden Regionen läßt sich mit einiger Sicherheit sagen, daß die neue Agrarkonjunktur ungefähr ab 1470 die Herausbildung der Gutswirtschaft veranlaßte.[5] Aus bäuerlicher Sicht bedeutete diese Ent-

3 Die brandenburgische Neumark stellte eine Übergangszone zwischen dem kurmärkischen Kernland und Großpolen dar, wird aber im folgenden nicht näher behandelt.

4 Zur deutschen Literatur s. *Heinrich Kaak,* Die Gutsherrschaft. Theoriegeschichtliche Untersuchungen zum Agrarwesen im ostelbischen Raum. Berlin 1991; *William W. Hagen,* Descent of the *Sonderweg:* Hans Rosenberg's History of Old-Regime Prussia, in: CEH 24, 1991, 24–50. Vgl. *Hartmut Harnisch,* Grundherrschaft oder Gutsherrschaft. Zu den wirtschaftlichen Grundlagen des niederen Adels in Norddeutschland zwischen spätmittelalterlicher Agrarkrise und Dreißigjährigem Krieg, in: Adel in der Frühneuzeit. Ein regionaler Vergleich. Hrsg. v. Rudolf Endres. Köln 1991, 73–98. Zum Thema der Leibeigenschaft in Brandenburg s. besonders *Lieselott Enders,* Die Uckermark. Geschichte einer kurmärkischen Landschaft vom 12. bis zum 18. Jahrhundert. Weimar 1992. Über Polen s. Jan *Rutkowski,* Geneza ustroju folwarczno-pańszczyźnianego w Europie środkowej od końca średniowiecza, in: *ders.,* Wieś europejska (wie Anm. 2), 216–24; *Witold Kula,* An Economic Theory of the Feudal System. Towards a Model of the Polish Economy 1500–1800. London 1976 (polnisch 1962); über Kula s. *Jacek Kochanowicz,* La Théorie Economique...Après Vingt Ans, in: Acta Poloniae Historica, 1987, 197–211; *Andrzej Kamiński,* Neo-Serfdom in Poland-Lithuania, in: Slavic Review 34, 1975, 253–268; *Leonid Żytkowicz,* Trends of agrarian economy in Poland, Bohemia and Hungary from the middle of the fifteenth to the middle of the seventeenth century, in: East-Central Europe in Transition: From the Fourteenth to the Seventeenth Century. Hrsg. v. Antoni Mączak u.a. Cambridge 1985, 59–83; *Jacek Kochanowicz,* The Polish Economy and the Evolution of Dependency, in: The Origins of Economic Backwardness in Eastern Europe. Economics and Politics from the Middle Ages until the Early Twentieth Century. Hrsg. v. Daniel Chirot. Berkeley, CA 1989, 92–130. Zur Kritik sozioökonomischer Interpretationen der frühmodernen Geschichte Mittel- und Ostmitteleuropas, die auf Weltsystemsanalysen basieren, s. *Kochanowicz,* Polish Economy; *Jerzy Topolski,* Continuity and Discontinuity in the Development of the Feudal System in Eastern Europe (Xth to XVIIth centuries), in: Journal of European Economic History 10, 1981, 373–400; *ders.,* Sixteenth-Century Poland and the turning point in European economic development, in: A Republic of Nobles. Studies in Polish History to 1864. Hrsg. v. J.F. Federowicz, Cambridge 1982, 70–90; *Edgar Melton, Gutsherrschaft* in East Elbian Germany and Livonia, 1500–1800: A Critique of the Model, in CEH 21, 1988, 315–349; *William W. Hagen,* Capitalism and the Countryside in Early Modern Europe: Interpretations, Models, Debates, in: Agricultural History 62, 1988, 13–47.

5 *William W. Hagen,* How Mighty the Junkers? Peasant Rents and Seigneurial Profits in Sixteenth-Century Brandenburg,in:Past and Present 108, 1985, 80–116. Vgl. *Peter-Michael Hahn,* Struktur und Funktion des brandenburgischen Adels im 16. Jahrhundert. Berlin 1979; *Michael North,* Untersuchungen zur adligen Gutswirtschaft im Herzogtum Preußen des 16. Jahrhunderts, in: VSWG 70, 1983, 1–20. Über Polen: *Władysław Rusiński* u.a. (Hrsg.), Dzieje wsi wielkopolskiej. Poznań 1959; *Jerzy Topolski* (Hrsg.), Dzieje Wielkopolski. Band I: Do roku 1793. Poznań 1969, Kap. 15–16; *Stefan Inglot u.a.* (Hrsg.), Historia chłopów polskich. Bd. I: Do upadku rzeczypospolitej szlacheckiej. O.O. 1970; *Benedykt Zientara, Antoni Mączak* u.a. (Hrsg.), Dzieje gospodarcze Polski do roku 1939. Warschau 1988.

wicklung hauptsächlich eine schrittweise, aber insgesamt sehr bedrohliche Rentensteigerung. Die entscheidende Frage war, ob die Kapazität der größeren Bauernhöfe (d.h. der spannfähigen Bauern mit Hufenacker) ausreichte, die neuen Bürden zu tragen. Auf Basis brandenburgischer Quellen läßt sich errechnen, daß am Ende des 15. Jahrhunderts die bäuerlichen Hofrenten sehr niedrig lagen. Infolge der spätmittelalterlichen Krise und des damit verbundenen gewaltigen Bevölkerungsrückgangs sanken die schweren hochmittelalterlichen grundherrlichen Zinsen und Abgaben beträchtlich (Tab. 1), während die überlebenden Bauernhöfe ihre Qualität als relativ große Hüfnerstellen behielten oder zurückgewannen.

Tabelle 1
Rentenbelastung der Bauernhöfe in Brandenburg, 1282–1480 (Scheffel pro Hufe)

	Scheffel	
1. Normative Hufenrente für Besteuerungszwecke, 1282	26,4	
2. Durchschnittliche herrschaftliche Renten, 1375:		
Teltow, Barnim, Zauche Distrikte	18	
Havelland	24	
Altmark	34	
Uckermark	36	
3. Durchschnittliche herrschaftliche Renten in den 41 Dörfern des Havellands, die in den brandenburgischen Katastern von je 1375, 1450 und 1475 eingetragen wurden:		
a. durchschnittl. herrschaftl. Rente, 1375	30,4	
b. durchschnittl. herrschaftl. Rente, 1450	21,6	
c. durchschnittl. herrschaftl. Rente, 1480	21,7	
d. durchschnittl. Rentenabnahme, 1375–1480		-28%
e. Rentenabnahme in Dörfern mit herrschaftl. Vorwerken, 1375–1480		-29%
f. Rentenabnahme in Dörfern ohne herrschaftl. Vorwerke, 1375–1480		-25%

Quelle: *Hagen*, How Mighty the Junkers? (wie Anm. 5), 91f.

Die Möglichkeit eines deutsch-polnischen Vergleichs ergibt sich vor allem aus der spätmittelalterlichen Neuordnung der polnischen Rechts- und Besitzverhältnisse nach dem Deutschen Recht, mit einer Hufen- und Zinsverfassung in den Dörfern und mit bäuerlichen Freiheiten.[6] Obwohl die polnische Agrarstruktur durch diese Entwicklung gemeinsame Züge mit der ostdeutschen bekam, waren die polnischen Bauernhöfe, besonders im altbesiedelten Großpolen, kleiner als die brandenburgischen. Unter deutschem Recht besaßen die meisten großpolnischen Vollbauern (kmiecie) Einhüfnerhöfe, während die brandenburgischen Vollbauern üblicherweise zwei Hufen oder sogar mehr beackerten. Dafür waren die Bodenqualität und daher auch die Getreideerträge in Polen oft besser als im sandigen Brandenburg. Vielleicht spielte jedoch auch die Möglichkeit der Realteilung nach dem in Polen vorherrschenden Kulmer Recht eine Rolle, im Gegensatz zur Unteilbarkeit der Bauernhöfe nach Magdeburger Recht, das in Brandenburg am häufigsten vorkam. Sicher war darüber hinaus die Tatsache

6 *Bolesław Zientara,* Melioratio terrae: the thirteenth-century breakthrough in Polish history, in: Republic of Nobles (wie Anm. 4), 28–48; *Piotr Gorecki,* Viator to Ascriptitius: Rural Economy, Lordship, and the Origins of Serfdom in Medieval Poland, in: Slavic Review 42, 1983, 14–35; *Richard C. Hoffmann,* Land, Liberties, and Lordship in a Late Medieval Countryside. Agrarian Structures and Change in the Duchy of Wrocław. Philadelphia 1989.

wichtig, daß in Polen eine spätmittelalterliche Wirtschafts- und Bevölkerungskrise nach deutschem und westeuropäischem Muster nicht stattgefunden hatte, so daß schon das 15. Jahrhundert - wie auch das 16. - ein Zeitalter des ökonomischen und demographischen Wachstums war.

Jedenfalls muß der Unterschied in der durchschnittlichen Größe der brandenburgischen und polnischen Bauernhöfe erklärt werden, ohne zu vergessen, daß es Großbauern oder *kmiecie* in Polen während der ganzen frühen Neuzeit gab. Zweitens ist die Tatsache erklärungsbedürftig, daß sich trotz der Einführung des deutschen Rechts die juristischen Verhältnisse der polnischen Bauern im Zuge der Herausbildung der frühneuzeitlichen Gutsherrschaft viel mehr verschlechterten als die der meisten brandenburgischen Bauern. Vielleicht trifft das Argument von Andrzej Wyczański zu, nach dem sich in Polen die bäuerlichen Rechte vor den lokalen Gerichten in den adligen Gutsbezirken besser bewährten als die frühere Literatur annahm. Aber nach dem heutigen Stand der Forschung zu urteilen, scheinen die Möglichkeiten der alt- und mittelmärkischen Bauerngemeinden zur juristischen Selbstverteidigung, auch vor den kurfürstlichen Gerichten, viel stärker gewesen zu sein als selbst die der Kronbauern in Polen.[7]

Und doch ist es nicht klar, ob nach dem Kriterium der Höhe der bäuerlichen Arbeitsrenten und Abgaben und dem damit eng verbundenen Stand des bäuerlichen Viehbesatzes die polnischen Bauern vor den Kriegen des 17. Jahrhunderts entschieden schlechter dastanden als entsprechende Bauern in Brandenburg.[8] Im kurmärkischen Fall kann mit guten empirischen Gründen argumentiert werden, daß die Bauern aus den Verhandlungen zwischen Dorf und Gutsherrschaft über Einführung der wöchentlichen Hofdienste nur mit einer halben Niederlage herauskamen, da sie die Annahme der meist mittelschweren Frondienste gegen eine Herabsetzung ihrer verbleibenden Geld- und Getreideabgaben tauschten.[9] Wenn man die niedrigen Geld- und Getreiderenten der Kronbauern der Posener Provinz oder *Województwo* Mitte des 16. Jahrhunderts betrachtet (Tab. 3), ist es durchaus vorstellbar, daß ein ähnlicher Prozeß auch hier stattgefunden hat.

Diese Hypothese gewinnt an Wahrscheinlichkeit, wenn die zumindest örtlich relativ hohe Rentenbelastung der polnischen Bauernhöfe im 15. Jahrhundert in Betracht gezogen wird. Obwohl zur Zeit regionale Daten über Großpolen fehlen, deuten die folgenden Befunde für das

7 Über Erträge und Produktivität polnischer Bauernhöfe s. *Leonid Żytkowicz*, Okres gospodarki folwarczno-pańszczyźnianej (XVI–XVIII w.), in: Inglot (Hrsg.), Historia chłopów polskich (wie Anm. 5), 257–283. Über bäuerliche Rechtsverhältnisse s. außer den oben zitierten Arbeiten *Lieselott Enders*, Die Landgemeinde in Brandenburg. Grundzüge ihrer Funktion und Wirkungsweise vom 13. bis zum 18. Jahrhundert, in: BlldtLG 129, 1993, 195–256. Den pessimistischen Standpunkt (bestritten von Enders) vertritt *Hartmut Harnisch*, Die Landgemeinde im ostelbischen Gebiet (mit Schwerpunkt Brandenburg), in: Landgemeinde und Stadtgemeinde in Mitteleuropa. Ein struktureller Vergleich. Hrsg. v. Peter Blickle, München 1991, 309–332. Immer noch unentbehrlich ist *Friedrich Grossmann*, Über die gutsherrlich-bäuerlichen Rechtsverhältnisse in der Mark Brandenburg vom 16. bis 18. Jahrhundert. Leipzig 1890, bes. Kap. 3–4. Vgl. *Enders*, Uckermark (wie Anm. 4), Kap. III. Über Polen: *Andrzej Wyczański*, Polska Rzeczą Pospolitą Szlachecką. 2. Aufl. Warschau 1991, 39ff.; *ders.* Wieś polskiego odrodzenia. Warschau 1969, 147, 173.

8 *Jerzy Topolski*, Rozwój folwarku pańszczyźnianego (1453–1655), in: Dzieje wsi wielkopolskiej (wie Anm. 5), 56ff.; *ders.*, Dzieje Wielkopolski (wie Anm. 5), 497ff. Vgl. *Wyczański*, Wieś (wie Anm. 7), 151ff.; *Zientara/Mączak*, Dzieje gospodarcze (wie Anm. 5), 148ff.

9 *Hagen*, How Mighty the Junkers? (wie Anm. 5), 97–108; *Enders*, Uckermark (wie Anm. 4), 161–181.

verhältnismäßig dicht bevölkerte und von einem zahlreichen Adel beherrschte Masowien auf keine leichte Lage der Bauern hin.

Tabelle 2
Abgaben und Dienste der Kron- und Kirchenbauern in Masowien im 15. Jahrhundert

Durchschnittliche Belastungen pro łan (= Hufe) in den folgenden, zeitlich unterschiedlichen Kategorien*:

	groszy	korcy**
a. Geldzins (czynsz)	25	
b. Geldzins und Steuern	36	
c. Geldzins, Steuern und monetisierter Zehnt	56	
d. Geldzins, Steuern monetisierter Zehnt, und Dienstgeld	89	
e. Pachthafer (sepy owsiane): frühes 16. Jh.		
Kronbauern		10
Kirchenbauern		6,5
f. Wöchentliche Frondienste: frühes 16. Jh.		
Ein Drittel der erforschten Dörfer:	ungefähr 1 Tag	
Zwei Drittel der erforschten Dörfer:	unter 1 Tag	

* Diese Datenkategorien stammen von verschiedenen Erhebungen mit verschiedenen Zwecken. Sie beziehen sich auf die Höfe der Hufenbauern oder Hüfner (kmiecie). In den von Wajs erforschten Dörfern waren die Vollhüfner eine Minderheit (circa 20%), während die Halbhüfner 75% der Höfe besaßen.
** korzec= ungefähr 1 brandenburgischer Scheffel

Quelle: *Hubert Wajs,* Powinności feudalne chłopów na Mazowszu od XIV do początku XVI wieku (w dobrach monarszych i kościelnych). Warschau 1986, 46ff., 75ff., 153ff. Über den Prager Groschen s. *Hoffmann,* Land, Liberties, and Lordship (wie Anm. 6), 400–404.

Im Masowien des 15. Jahrhunderts wogen die Geld- und Getreiderenten ziemlich schwer. Obwohl der wöchentliche Hofdienst schon bedeutend war, stieg er im Laufe des 16. Jahrhunderts überall in Polen dort beträchtlich an, wo die Getreideproduktion für den inneren oder einen fremden Markt möglich war. Die adlige Vorwerkswirtschaft entwickelte sich auch in Großpolen kräftig. Schon die Taxierung der großpolnischen Krongüter von 1564 ergibt das Bild eines untertänigen Bauerntums, dessen wichtigste herrschaftliche Belastung der Frondienst war, während die älteren adligen Hebungen in den Dörfern schon zurücktraten.

Tabelle 3
Abgaben und Dienste der Kronbauern in 30 großpolnischen Dörfern, 1564

1. Zahl der Hufenbauern (kmiecie)	417 (je Dorf: 14)
2. Zahl der Hufen (ślady)	323 (je Hof: 0,775)
3. Zahl der Kleinkossäten (ogrodnicy/zagrodnicy)	97 (je Dorf: 3,25)
4. Durchschnittliche Renten der Hufenbauern:*	
Geldzins (czynsz)	35 groszy
Pachthafer	1,6 ćwiertnie**
Hofdienste (robota):	
Dörfer ohne Hofdienst	1
Dörfer mit 2–3 Tage wöchentl.	5
Dörfer mit 5 Tage wöchentl.	2

Tabelle 3 - Fortsetzung

Dörfer mit ungemessenen Diensten***	18
Dörfer mit unspezifizierten Diensten	4

* je Hof (nicht je Hufe).
** 1 ćwiertnia= ca. 2 korce wielkopolskie oder 2 brandenburgische Scheffel. Taxwert von 1 ćwiertnia Hafer: 10 groszy.
*** Wie im ostelbischen Deutschland bedeuteten in Großpolen zu dieser Zeit ungemessene Dienste nicht notwendigerweise schwere Dienste, sondern oft Dienste nach mittelalterlichem Muster (d.h. wie vor der Ausbildung der marktorientierten Gutswirtschaft). In diesen 30 Dörfern gab es 14 immer noch relativ kleine königliche Domänenvorwerke (folwarki), mit je durchschnittlich 111 ćwiertnie (ungefähr 9 brandenburgische Wispel) Aussaat.

Quelle: Lustracja Województw Wielkopolskich i Kujawskich 1564–1565. Cz.I. Hrsg. v. Andrzej Tomczak u.a. Bydgoszcz 1961, 124–210.

Auf jeden Fall hatten die fronpflichtigen polnischen wie auch die brandenburgischen Bauern im langen 16. Jahrhundert Gelegenheit, ihre Ernteüberschüsse auf eigenen Profit zu verbrauchen oder zu vermarkten. Trotz der mehr oder weniger starken herrschaftlichen Offensive gegen die Dörfer am Ende des 16. und zu Beginn des 17. Jahrhunderts, gibt es viele empirische Belege dafür, daß am Vorabend der Kriege des 17. Jahrhunderts die größeren Bauernhöfe in beiden Regionen häufig umfangreiche Viehinventare besaßen und sich auch sonst trotz der schweren Frondienste aufrecht hielten.[10]

Man könnte also den Schluß ziehen, daß in Brandenburg wie in Großpolen der Aufstieg der Gutswirtschaft im langen 16. Jahrhundert für die Hufenbauern einer starken Rentenerhöhung gleichkam, gegen die die Bauern aber verschiedene Verteidigungsmittel – einschließlich Prozeßführung und Fluchtdrohungen – mit einigem Erfolg mobilisierten. Hinzugefügt werden muß, daß – von Extremfällen abgesehen – die Gutsherren kein Interesse an der Ruinierung ihrer Untertanen hatten. Aber je kleiner der durchschnittliche Bauernhof war, desto weniger Nutzen konnte der Bauer aus den günstigen Marktverhältnissen dieser Zeit ziehen. Dies war ein struktureller Umstand, der den Großbauern zugute kam, und die waren in Brandenburg zahlreicher als in Großpolen.

Vergleichbar, allerdings im negativen Sinne, waren auch die verheerenden Auswirkungen der Kriege des 17. und frühen 18. Jahrhunderts auf die Lage der Bauern in beiden Regionen. In den Nachkriegsjahren läßt sich eine gutsherrschaftliche Offensive gegen die polnischen wie auch gegen die ostdeutschen Bauern gut dokumentieren: Ausbreitung der juristischen Leibeigenschaft, herrschaftliche Einziehung von wüstem Bauernland, auf deutscher Seite Verlängerung der Dienstjahre des Zwangsgesindes, Wiederbesiedlung der – besonders in Polen – jetzt oft verkleinerten Bauernhöfe mit nur lassitischem Besitzrecht, vielfach mit herrschaftlichem Eigentum an der Hofwehr. Dies war aber zum großen Teil auch die Folge der Pauperisierung der Bauern in den Kriegsjahren und für diejenigen Dorfbewohner vermeidbar, die aus den Kriegen mit funktionierenden Höfen oder mit ausreichendem, neuen Startkapital hervorgingen. Den bäuerlichen Kolonisten und den freien Pachtbauern in Brandenburg-Preußen ging es ebenso wie den neu angesiedelten polnischen Freibauern (Holländern oder *olędrzy*) in

10 Außer den oben zitierten Literatur s. auch *Andrzej Wyczański,* Czy chłopu było źle w Polsce XVI wieku? in: Kwartalnik Historyczny 85, 1978, 627–641.

den Nachkriegsperioden des 17. und 18. Jahrhunderts wesentlich besser als den meisten überlebenden aber verarmten Gutsuntertanen, obwohl es in Brandenburg auch unter diesen letzteren viele gab, die aus der Arbeitskräfteknappheit Vorteile hinsichtlich der Leistung von Diensten zu ziehen wußten.[11]

Trotz der bauernfeindlichen Politik des Adels schuf also nach 1648 die starke Nachfrage der Gutsherren nach bäuerlichen Untertanen Verhältnisse, die zugunsten der Bauern wirken konnten, vorausgesetzt, daß die Bauern in der Lage waren, davon zu profitieren. Das war bei weitverbreiteter dörflicher Armut und schwachen Märkten für die bäuerlichen Produkte nur vereinzelt der Fall. Unter solchen Umständen war es naheliegend, sich auf die Selbstversorgung auf einem kleineren Hof zu beschränken, auf dem man eine niedrigere Dienst- und Steuerlast zu tragen hatte.[12] Wo es auch den Gutsherren schwer fiel, die größeren Bauernhöfe neu aufzubauen und mit Untertanen und Inventar zu besetzen, ergab sich eine ähnliche Situation wie in Großpolen im späten 18. Jahrhundert. Hier gab es eine große Zahl persönlich freier und für den Markt produzierender mittel- und großbäuerlicher Kolonisten und anderer neu angesiedelter Bauern, eine dünne Schicht leibeigener Großbauern, eine sehr zahlreiche Schicht untertäniger Klein- und Kleinstbauern und ein zahlreiches Gutsgesinde, sowohl frei als unfrei.

Auf die Haushaltsstrukturen und wirtschaftlichen Umstände der untertänigen – meist leibeigenen – großpolnischen Bauern am Ende der Ära der frühmodernen Gutsherrschaft deutet Tabelle 4 hin. Die Vollhüfner stellten nur eine sehr kleine Minderheit aller Bauern, während die Kossäten die Halbbauern an Zahl übertrafen. Die größeren Höfe waren mit Kindern, Gesinde, und Haushaltsmitgliedern am zahlreichsten besetzt. Die ackerbautreibenden Bauern (Kategorien 1–3) waren mit Zugvieh zahlenmäßig nicht schlecht ausgerüstet. In der Hälfte der Fälle waren die Hofgebäude dieser Bauern nach Meinung der untersuchenden Beamten gut oder mittelmäßig.

11 Zur deutschen Literatur s. *William W. Hagen*, Seventeenth-Century Crisis in Brandenburg: The Thirty Years' War, the Destabilization of Serfdom, and the Rise of Absolutism, in: The American Historical Review 94, 1989, 302–335; *ders.*, Descent of the *Sonderweg* (wie Anm. 4). Über Polen: *Władysław Rusiński*, W dobie upadku gospodarczego (1655–1793), in: Dzieje wsi wielkopolskiej (wie Anm. 4), 69ff.; *Topolski* (Hrsg.), Dzieje Wielkopolski (wie Anm. 6), Kap. 22–23; *Kochanowicz*, Polish Economy (wie Anm. 5), 103ff.

12 *Witold Kula*, Money and the Serfs in Eighteenth Century Poland, in: Peasants in History. Essays in Honor of Daniel Thorner. Hrsg. v. Eric J. Hobsbawm u.a. Calcutta 1980, 30–41; *ders.*, Economic Theory (wie Anm. 4), Kap. 4; *ders.* The Seigneury and the Peasant Family in Eighteenth-Century Poland, in: Family and Society. Selections from the Annales. Hrsg. v. Robert Forster und Orest Ranum. Baltimore 1976, 192–203. Vgl. *Antoni Mączak*, Money and Society in Poland and Lithuania in the 16th and 17th Centuries, in: Journal of European Economic History 5, 1976, 69–104. S. auch die wertvolle Studie über die Bauernfamilie in Masowien im 18. Jh. von *Andrzej Woźniak*, Małżeństwa chłopskie w XVIII-wiecznej wsi pańszczyźnianej, in: Etnografia Polska 22, 1978, 133–157, und ebd. 23, 1979, 153–174.

Tabelle 4
Bevölkerung nach Haushaltskategorien in 15 Dörfern der großpolnischen adligen Herrschaft von Raczyński, 1756–1757

	Haushaltstypus (= HHT) Anzahl	%	Bevölkerung (nach HHT) Anzahl	%	Kinder (je HH*)	Gesinde (je HH*)	Größe (HH) Durchschn.	Pferde (je HH*)	Ochsen (je HH*)	Zustand d. Gebäude gut	mittel	schlecht
										absolute Zahlen		
1. kmiecie/ Vollbauern	8	2,7	77	5,8	4,4	2,0	9,6	3,6	5,6	2	2	4
2. półrolnicy/ Halbbauern	58	19,7	478	35,6	3,9	1,1	8,2	2,5	3,5	20	6	30
3. chałupnicy/ kl. Kossäten	67	22,8	380	28,3	2,9	0,3	5,7	1,3	2,2	22	10	29
4. komornicy/ Büdner	31	10,6	151	11,3	2,3	0	4,9	0	0	3	14	13
5. Einwohner	38	12,9	–**	–**	1,7	0	2,8	0	0	–	–	–
6. Herrschaftl. Gesinde und Angestellte	92	31,3	255	19,0	2,5	0	2,8	0	0	18	5	20
Summe	294	100	1341	100	2,4*** 2,9+++	1,1+ 0,8++++	5,2++	2,5+	3,8+	65 (35%)	27 (14%)	96 (51%)

* Haushalt
** Einwohner sind unter den Kategorien 1–3 verteilt
*** Durchschnitt aller Haushalte
\+ Durchschnitt der Kategorien 1–3
++ einschließlich Einwohner
+++ Durchschnitt unter Eltern mit Kindern
++++ durchschnittliche Zahl des Gesindes ohne nahe verwandtschaftliche Beziehung zum Haushalt

Quelle: Materiały do dziejów chłopa wielkopolskiego w drugiej połowie XVIII wieku. Tom I. Województwo poznańskie. Hrsg. v. Janusz Deresiewicz. Wrocław 1956, 19–83.

In Brandenburg sah die Lage der Bauern in der Endphase der Krise des 17. Jahrhunderts insofern anders aus, als sowohl die Gutsherren wie auch die kurfürstliche Regierung daran interessiert waren, die größeren Bauernhöfe wieder zu besiedeln. Auf diese Weise konnten die adligen Herrschaften die Spann- und Zwangsgesindedienste zurückerlangen, die nur die Vollbauern leisteten, während sich der Staat auf eine zahlreiche Schicht steuerzahlender Bauern stützen konnte.[13] Die tradierte Praxis der brandenburgischen Bauern richtete sich auch auf den Besitz eines Vollbauernhofes. Und weil es in den Nachkriegsjahrzehnten vielen Hufenbauern gelang, nur einen verminderten Teil der herrschaftlichen Dienste und Abgaben zu leisten, konnten sie sich allmählich an die Steuerlast des preußischen Staates gewöhnen. Als sich die Absatzmöglichkeiten im 18. Jahrhundert verbesserten, während die direkten Steuern nach 1733 unverändert blieben, trugen die meisten brandenburgischen Hufenbauern die Last

13 *Gustavo Corni*, Absolutistische Agrarpolitik und Agrargesellschaft in Preußen, in: ZHF 13, 1986, 285–313.

des absolutistischen Staates, ohne darunter zusammenzubrechen. Man muß aber, wie Rutkowski bemerkt hat, bedenken, daß diese Last sowohl den Militärdienst der bäuerlichen Söhne als auch die Zwangsdienste jener erwachsenen Kinder des Bauernhofes auf den herrschaftlichen Vorwerken, die nicht als Gesinde auf dem elterlichen Hof benötigt wurden, einschloß. Im Gegensatz dazu gab es in Polen weder militärische Rekrutierung, noch bedrückende Staatssteuern und auch keinen Gesindezwang. Im 18. Jahrhundert lockten diese für das ostelbische Deutschland ungewöhnlichen Umstände viele deutsche Ansiedler ins großpolnische Land.

Die Auflösung des Systems der auf bäuerlicher Untertänigkeit basierenden Gutswirtschaft erfolgte in Brandenburg-Preußen auf verschiedene Weise, je nach den lokalen Verhältnissen. Wichtig aber war der vorangehende, weit verbreitete Prozeß der Verrechtlichung der Konflikte zwischen Dörfern und Gutsherrschaften, die die preußische Regierung mittels Verhandlung von Urbaren und anderen friderizianischen Reformen unterstützte. Infolgedessen wurde es nach 1763 für die Gutsherren immer schwieriger, die Dienste oder andere Renten ihrer Untertanen zu erhöhen. Um aus der günstigen Agrarkonjunktur des späten 18. und frühen 19. Jahrhunderts durch gesteigerte Getreideproduktion und höhere Marktquoten profitieren zu können, mußten die preußischen Gutsherren und Pächter ihren Acker immer mehr mit freier Lohnarbeit und vergrößertem Gutsinventar bewirtschaften. Die unbezahlten untertänigen Dienste verloren dadurch ihre frühere Unverzichtbarkeit, so daß für die Gutsherren nach dem politischen Umbruch von 1806 nicht so sehr die Frage stand, ob, sondern vielmehr zu welchem Preis die bäuerliche Untertänigkeit abgeschafft werden sollte. Das Resultat ist allgemein bekannt. Man braucht nur auf die Forschungen von Hartmut Harnisch und seiner Kollegen hinzuweisen, die gezeigt haben, wie groß die Zahl der regulierten preußischen Bauern im 19. Jahrhundert war, ob mit gutem oder schlechtem Besitzrecht.[14]

Nach den Forschungen und Argumenten von Jacek Kochanowicz zu urteilen, hat im Polen des späten 18. und frühen 19. Jahrhunderts ein Bevölkerungswachstum als Folge der Ausbreitung der Kartoffelkultur die Bedeutung der bäuerlichen Leibeigenschaft untergraben. Statt nach dem Entweichen aus der herrschaftlichen Kontrolle trachten zu können, mußten sich die Bauern in den dicht bevölkerten Regionen nun Sorgen über die Sicherheit ihres weiteren Landbesitzes am Geburts- oder Heiratsort machen.[15] Vermutlich wirkten aber die wirtschaftli-

14 *William W. Hagen,* The Junkers' Faithless Servants: Peasant Insubordination and the Breakdown of Serfdom in Brandenburg-Prussia, 1763–1811, in: The German Peasantry. Conflict and Community in Rural Society from the Eighteenth to the Twentieth Centuries Hrsg. v. Richard Evans und W.R. Lee. London 1986, 71–101; *Enders,* Uckermark (wie Anm. 4), 585ff; *Hartmut Harnisch,* Bäuerliche Ökonomie und Mentalität unter den Bedingungen der ostelbischen Gutsherrschaft in den letzten Jahrzehnten vor Beginn der Agrarreformen, in: JbWG 1989/3, 87–108; *ders.,* Vom Oktoberedikt des Jahres 1807 zur Deklaration von 1816. Problematik und Charakter der preußischen Agrargesetzgebung zwischen 1807 und 1816, in: JbWG Sonderband 1978, 232–293; *ders.,* Kapitalistische Agrarreform und industrielle Revolution. Weimar 1984; *Edgar Melton,* The Decline of Prussian *Gutsherrschaft* and the Rise of the Junker as Rural Patron, 1750–1806, in: German History 12, 1994, 286–307.

15 *Jacek Kochanowicz,* L'Exploitation paysanne en Pologne á la charnière des XVIIIe et XIXe siècles. Théorie, Histoire, Historiographie, in: Acta Poloniae Historica 57, 1988, 203–237; *ders.,* The Polish peasant family as an economic unit, in: Family Forms in Historic Europe. Hrsg. v. Richard Wall u.a. Cambridge 1983, 153–166; *ders.,* Between Submission and Violence: Peasant Resistance in the Polish Manorial Economy of the Eighteenth Century, in: Everyday Forms of Peasant Resistance. Hrsg. v. Forrest D. Colburn. London 1989, 34–63; *ders.,* Spór o teorię gospodarki chłopskiej. Gospo-

chen Schwierigkeiten des Adels im Zeitalter der polnischen Teilungen einer Einziehung oder Enteignung ihrer verbliebenen Hufenbauern entgegen, weil auf die Spanndienste dieser Untertanen nicht ohne bedeutende Investitionen zu verzichten war. In Polen waren auf diese Weise die größeren Bauernhöfe in ihrer Mehrheit strukturell unentbehrlich, nicht wie in Preußen aus militärischen Gründen im Interesse des Staates, sondern zur Aufrechterhaltung des schwer geschwächten Systems der adligen Gutswirtschaft.

Resultat der Entwicklung in beiden Ländern war es jedenfalls, daß die landbesitzenden Bauern bis zum frühen 19. Jahrhundert die lange Epoche der Untertänigkeit oder Leibeigenschaft überlebten. Die anteilmäßig deutlich größere Zahl der wirtschaftlich einigermaßen soliden Mittel- und Großbauern in den preußischen Ländern ergab sich aus dem erfolgreichen Prozeß der absolutistischen Staatsentwicklung in Preußen. In Polen hat die Konzentration der historischen Forschung auf die bauernfeindliche Haltung des Adels und auf die wirtschaftlichen Konjunkturbewegungen den Blick von den Folgen der gescheiterten Staatspolitik des herrschenden Adels für die verarmenden Dorfbewohner abgelenkt.[16] Brandenburg-Preußen hat sich mit Hilfe von politischen Mitteln von den Verlusten des Dreißigjährigen Krieges erholt und im 18. Jahrhundert mit beträchtlichem Erfolg wirtschaftlich weiterentwickelt. Wahrscheinlich wäre auch der relativ erträgliche materielle Zustand der polnischen Bauern aus der Zeit vor 1648 nach den Kriegen gleichfalls wieder zu erreichen und sogar zu verbessern gewesen, aber das politische Los des Landes hat trotz gewisser positiver Entwicklungen – besonders in Großpolen – einen anhaltenden wirtschaftlichen Wiederaufbau im 18. Jahrhundert nicht zugelassen.[17]

Doch der Gegensatz zwischen preußischem Wirtschaftswachstum und polnischer Rückständigkeit kann auch übertrieben werden. Es würde sich lohnen, die materiellen Verhältnisse der Bauern in beiden Ländern im späten 18. Jahrhundert einer näheren Analyse zu unterziehen. Auf den ersten Blick hat es den Anschein, daß dort, wo die brandenburgischen und großpolnischen Höfe einigermaßen gleich groß waren, der Viehbesatz und die bäuerlichen Lebensverhältnisse im Westen nicht immer entschieden besser waren als im Osten. Tabelle 5 vermittelt einige Daten über die Lage der Bauern (meistens Zweihüfner) einer nicht untypischen adligen brandenburgischen Herrschaft. Daraus ergibt sich das Bild eines Mittelbauerntums, dessen Mitglieder zwar vermögender waren als die entsprechenden Untertanen der großpolnischen Herrschaft von Raczyński, die aber auch nicht so viel besser gestellt waren, daß kein Vergleich mehr möglich ist.

darstwo chłopskie w teorii ekonomii i w historii gospodarczej. Warschau 1992, Kap. IV. Über demographische Entwicklungen in Polen, s. *Irena Gieysztorowa,* Wstęp do demografii staropolskiej. Warschau 1976 (mit detaillierter Zusammenfassung auf französisch).

16 Zur Politik der Adelsrepublik s. *Jerzy Lukowski,* Liberty's Folly. The Polish-Lithuanian Commonwealth in the Eighteenth Century, 1697–1795. London 1991; *Robert I. Frost,* The Nobility of Poland-Lithuania, 1569–1795, in: The European Nobilities in the Seventeenth and Eighteenth Centuries. Bd. II: Northern, Central, and Eastern Europe. Hrsg. v. H. M. Scott. London 1995, 183–222.

17 *Dzieje Wielkopolski* (wie Anm. 11), Kap. 27–29. S. auch *William W. Hagen,* Germans, Poles, and Jews. The Nationality Conflict in the Prussian East, 1772–1914. Chicago 1980, Kap. 1–2.

Tabelle 5
*Brandenburg: Besitz- und Vermögensverhältnisse der Bauern der Herrschaft Stavenow (Prignitz), 1720–1771**

	1755–1771 (abs. Zahlen)	1720–1771 (% Veränderung)
1. Viehbestände pro Hufenbauernhof		
a. Pferde	5,0	0
b. Rindvieh	4,5	- 14
c. Schweine	3,5	- 13
d. Schafe	6,5	- 4
2. Nominale Viehpreise zu Stavenow		
a. Pferde	11,2	+171
b. Rindvieh	7,0	+ 69
c. Schweine	2,4	+ 71
3. Wert des Viehbestandes pro Hof**	98,0	+ 90
4. Verschuldung pro Hof	36,0	+100
5. Mitgift\"Eingebrachtes" (Frauen)	45,5	+ 40
6. Mitgift\"Eingebrachtes" (Männer)	126,5	+272
7. Abfindung der Männer und Frauen vom Hof:***	22,5	+125

* Preise in Reichstalern (preußischer Währung). Alle Viehbestände und Viehpreise ohne Zurechnung des Jungviehs (Fohlen, Kälber, Ferkel, Lämmer).
** Durchschnittliche Bestände zu Lokalpreisen in Talern (= Kat. 1 x Kat. 2).
*** Bestandteil der Mitgift.

Quelle: *William W. Hagen,* Der bäuerliche Lebensstandard unter brandenburgischer Gutsherrschaft im 18. Jahrhundert. Die Dörfer der Herrschaft Stavenow in vergleichender Sicht, in: Gutsherrschaft als soziales Modell. Vergleichende Betrachtungen zur Funktionsweise frühneuzeitlicher Agrargesellschaften. Hrsg. v. Jan Peters. München 1995, 179–196.

Fassen wir zusammen: Im langen 16. Jahrhundert sind die historischen Wege der polnischen und brandenburgischen Bauern deswegen parallel verlaufen, weil die Agrarstrukturen und Konjunkturentwicklungen beider Länder wie auch die politischen Machtverhältnisse zwischen Adel und Krone ähnlich waren. Die politischen Konsequenzen der Krise des 17. Jahrhunderts haben die Wege der Bauern beider Länder getrennt, obwohl die wirtschaftlichen Strukturen und Konjunkturen vergleichbar blieben, weil der preußische Staat den inneren Markt – zum Teil aus militärischen Gründen – neu gestaltete, während der polnische Staat die Kontrolle über die Agrarwirtschaft und Agrarpolitik weitgehend verlor. Es ist kein glückliches Ende dieser Geschichte, daß Friedrich der Große diese Entwicklung ausnutzte, um Preußens Machtstellung auf Kosten von Polen kräftig zu stärken.

Edgar Melton

Gutsherrschaft im ostelbischen Deutschland und in Rußland. Eine vergleichende Analyse[1]

In der Frühen Neuzeit spielte in den Ländern zwischen Elbe und Ural die Gutsherrschaft eine vorherrschende Rolle in der historischen Entwicklung, und so haben etliche Forscher eine einzige, umfassende, wenn auch schematische Interpretation dieser Erscheinung versucht.[2] Letzten Endes blieben aber diese Versuche erfolglos, nicht zuletzt, weil Gutsherrschaft, trotz scheinbar gemeinsamer Merkmale in den meisten ostmitteleuropäischen Ländern, nicht in jedem Land die gleiche Rolle spielte. Die gesellschaftlichen Verhältnisse waren auch innerhalb des gutsherrschaftlichen Systems von den spezifischen geschichtlichen bzw. demographischen Bedingungen des jeweiligen Landes bzw. Gebietes abhängig. Diese wirkten aufeinander ein und bestimmten schließlich die geschichtliche Rolle, die Gutsherrschaft dort spielte. Ihrer historischen Besonderheit wegen lohnt es sich, eine vergleichende Perspektive über Gutsherrschaft zu versuchen. Diese Studie befaßt sich mit einer vergleichenden Analyse der Arbeitsverhältnisse innerhalb der Gutsherrschaft in Brandenburg einerseits und im russischen zentralen Schwarzerdegebiet andererseits. Chronologisch beschränken wir uns auf das 18. und frühe 19. Jahrhundert, als Gutsherrschaft ihren Höhepunkt erreichte.

Brandenburg/Ostpreußen

In Brandenburg war, wie fast überall im ostelbischen Deutschland, die soziale Schichtung der ländlichen Bevölkerung ein wichtiges Element der Arbeitsverhältnisse. Besonders ausgeprägt war die – aus vielen Gründen – rasche und starke Zunahme unterbäuerlicher Schichten im späten 17. und 18. Jahrhundert.[3] Zwar waren diese Schichten immer, zumindest seit dem Spät-

1 Vielen Dank Waltraud Stechert, die den fehlerhaften Urtext freundlicherweise korrigiert hat. Dank auch Herrn Prof. Dr. Thomas Gardner, der die Nutzung eines Computers im CIP Pool der Georg-August Universität Göttingen freundlicherweise ermöglicht hat.

2 Z.B. *Emmanuel Wallerstein,* The Modern World System. Capitalist Agriculture and the Origins of the European World Economy in the Sixteenth Century. New York 1974, Kapitel 2 und 6. *Robert Brenner,* Agrarian Class Structure and Economic Development in Pre-Industrial Europe, in: The Brenner Debate. Hrsg. v. Trevor H. Aston/C. H. E. Philpin. Cambridge 1985, 45ff.

3 *Jan Peters,* Ostelbische Landarmut. Sozialökonomisches über landlose und landarme Agrarproduzenten im Spätfeudalismus, in: JbWG 1967/3, 255–302; sowie *ders.,* Ostelbische Landarmut. Statistisches über landlose und landarme Agrarproduzenten im Spätfeudalismus, in: JbWG 1970/6, 97–126.

mittelalter, in den ostelbischen Ländern vorhanden, bis zum Dreißigjährigen Krieg aber unterscheidet man in der ländlichen Bevölkerung hauptsächlich zwischen Groß- und Kleinbauern bzw. Kossäten. Aber schon um die Mitte des 18. Jahrhunderts bestand die Mehrheit (60–80%) der ländlichen Bevölkerung aus Landarmen oder Landlosen.[4] Bis jetzt sind die Gründe dafür nicht völlig klar, aber zwei Faktoren, die Wirkung der kriegs- und seuchenbedingten demographischen Krise einerseits und die Steuer- und Feudalrentpolitik der Obrigkeiten andererseits, spielten zusammen eine große Rolle.[5] Darüber hinaus wirkte sich aber auch die ständige Bedrohung durch neue Kriege auf die gesellschaftliche Struktur aus, da es unter diesen Bedingungen nicht im Interesse des Bauern lag, seine Arbeit bzw. sein Kapital in einen Hofbesitz zu investieren, besonders weil die Agrarkrise sich für den Landarbeiter (zumindest im Vergleich zum Bauern) relativ günstig auswirkte.[6] So bekam dieser nicht nur einen höheren Lohn, sondern auch bessere Unterbringung, als es bisher der Fall gewesen war.[7]

In dem Jahrhundert nach dem Dreißigjährigen Krieg, als die Lohn- und Lebensverhältnisse für das Gesinde ziemlich günstig waren, war der Gesindedienst für zahlreiche Menschen nicht mehr ein Übergangsstadium, sondern ein lebenslanger Beruf geworden. Viele Arbeitgeber nahmen gern verheiratetes Gesinde, und überließen ihm häufig auch ein kleines Stück Gartenland. Aus steuerpolitischen Gründen förderte auch der Staat das eheliche Zusammenleben der landlosen und landarmen Bevölkerung. Im Jahr 1683 z.B. verordnete die *Revidirte Pauer-Gesinde-Hirten-und Schäfer-Ordnung* (Mittelmark), daß jeder ländliche Einwohner, auch das Gesinde, spätestens bis zum 20. Jahr verheiratet sein mußte.[8] Unklar bleibt aber, ob wirklich fast alle Dienstleute heirateten, immerhin nahm die Zahl der unterbäuerlichen Schichten zu. In der Prignitz z.B. erhöhte sich ihre Zahl von nur 240 im Jahre 1624 auf mehr als 4.000 im Jahre 1746.[9]

Vom Beginn des 18. Jahrhunderts an prägten die Landlosen und Landarmen entscheidend die innere Struktur der Gutsherrschaft. In erster Linie erfüllte diese Schicht die Frondienstverpflichtung der gutsherrschaftlichen Bauern. Selbstverständlich konnten diese auch in der bäuerlichen Wirtschaft tätig sein, viel bedeutender war es aber, daß statt des Bauern selbst dessen Gesinde die Frondienstverpflichtungen erfüllte. Zwar trug der Bauer die Lohn- und Lebenshaltungskosten des in seinem Haushalt einliegenden Gesindes, aber direkt für den Gutsherrn – von der Erntezeit abgesehen – arbeitete der Bauer nicht. Deswegen stützte sich ostelbische Gutsherrschaft auf eine Form – nach Jan Peters – „mittelbarer Ausbeutung".[10]

4 Zur Bevölkerungsstruktur Brandenburgs, *Hanna Schissler,* Preußische Agrargesellschaft im Wandel. Göttingen 1978, 99. Zu Ostpreußen: *Friedrich Wilhelm Henning,* Herrschaft und Bauernuntertänigkeit. Beiträge zur Geschichte der Herrschaftsverhältnisse in den ländlichen Bereichen Ostpreußens und des Fürstentums Paderborn vor 1800. Würzburg 1964, 113.

5 *William W. Hagen,* The Seventeenth Century Crisis in Brandenburg. The Thirty Years War, the Destabilization of Serfdom, and the Rise of Absolutism, in: AHA 94, 1989, 326ff.

6 *Lieselott Enders,* Die Uckermark. Geschichte einer kurmärkischen Landschaft vom 12. bis zum 18. Jahrhundert. (Veröffentlichungen des Brandenburgischen Landeshauptarchivs Potsdam, Bd. 28.) Weimar 1992, 509.

7 *William Hagen,* Working for the Junker. The Standard of Living of Manorial Laborers in Brandenburg, 1584–1810, in: The Journal of Modern History 58, 1986, 155.

8 Zit. in *Hagen,* Seventeenth Century Crisis (wie Anm. 5), 327.

9 *Hagen,* Working for the Junker (wie Anm. 7), 147.

10 *Peters,* Ostelbische Landarmut: Sozialökonomisches (wie Anm. 3), 285.

Innerhalb der Gutsherrschaft war jeder Hofbesitzer verpflichtet, dem Gutsherrn eine bestimmte Zahl Frondiensttage zu leisten. In jeder Gutsherrschaft hing die Belastung des Hofbesitzers von vielen Faktoren ab, und deswegen schwankte die Belastung von einem Hof zum anderen und von einer Gutsherrschaft zur anderen. Die Frondienstbelastung des Vollbauern in Brandenburg war also variantenreich, je nach dem Gutsherrn bzw. der Gegend. Nicht untypisch für Brandenburg war Frondienst von zwei bis drei Tagen pro Woche. Im Vergleich dazu gab es in Ostpreußen ein breiteres Spektrum: von einem bis zu fünf Tagen.[11] Daran hatten Spanndienste, d.h. Arbeit mit zwei oder drei Arbeitern mit Gespann bzw. Wagen, einen ziemlich großen Anteil. Nach Friedrich Wilhelm Henning bestand ein Viertel bzw. Drittel der gesamten Dienstverpflichtung des Hofes in Ostpreußen aus Spanndienst und der Rest aus Handdienst (Dienst, der von einem Arbeiter erfüllt wurde).[12]

Normalerweise hatte der Bauer in der Leistungsfähigkeit seiner Familie eine für seinen eigenen Hof ausreichende Arbeitskraft, da nach Henning die typische Bauernfamilie unter normalen Umständen 18 bis 20 ha Ackerland ohne familienfremde Arbeit kultivieren konnte.[13] Vermutlich entsprach eine Feldmark von dieser Größe dem typischen ostelbischen Bauernhof.[14] Für die Frondienstverpflichtung des Bauernhofes reichte die Arbeitsfähigkeit der Bauernfamilie jedoch nicht, da der Bauer dem Gutsherrn nicht nur Frondienst, sondern auch eigene Kinder im Gesindezwangsdienst liefern mußte, und deswegen beschäftigte der gutsherrliche Bauer mindestens zwei, nicht selten sogar mehr familienfremde Dienstleute.[15] Darin lag aber aus mehreren Gründen ein neuralgischer Punkt des gutsherrschaftlichen Systems.

So verschärfte die zwangsmäßige Arbeitsteilung zwischen bäuerlichem und gutsherrlichem Hof den Groll des Bauern seinem Gutsherrn gegenüber. Für den Bauern war es natürlich sehr kostspielig, das Gesinde für Hofdienste beizubehalten, besonders aber in den Jahren, in denen die Ernte niedriger, als es normalerweise der Fall war, ausfiel. Dann konnte die

11 *Edgar Melton,* Gutsherrschaft in East Elbian Germany and Livonia, 1500–1800: A Critique of the Model, in: CEH 21, 1988, 331.

12 *Friedrich Wilhelm Henning,* Dienste und Abgaben der Bauern im 18. Jahrhundert. (Quellen und Forschungen zur Agrargeschichte, Bd. 21.) Stuttgart 1969, 14.

13 Ebd., 131.

14 Der typische spannfähige Bauernhof in der Prignitz hatte 15 ha in der Feldmark. *William Hagen,* Der bäuerliche Lebenstandard unter brandenburgischer Gutsherrschaft im 18. Jahrhundert. Die Dörfer der Herrschaft Stavenow in vergleichender Sicht, in: Gutsherrschaft als soziales Modell. Vergleichende Betrachtungen zur Funktionsweise frühneuzeitlicher Agrargesellschaften. (HZ Beiheft, 18.) Hrsg. v. Jan Peters. München 1995, 184–196. Nicht selten aber mußte ein Bauer familienfremde Arbeit für seinen eigenen Betrieb beschäftigen. Vgl. *Jan Klußmann,* ‚Wo sie frey seyn und einen besseren Dienst haben solte'. Flucht aus der Leibeigenschaft in Schleswig-Holstein in der zweiten Hälfte des 18. Jahrhunderts, in: Konflikt und Kontrolle in Gutsherrschaftsgesellschaften. Über Resistenz- und Herrschaftsverhalten in ländlichen Sozialgebilden der Frühen Neuzeit. (Veröffentlichungen des Max-Planck-Instituts für Geschichte, Bd. 120.) Hrsg. v. Jan Peters. Göttingen 1995, 140.

15 Auf Steinort, einem dem Grafen Lehndorff gehörenden Großgrundbesitz in Ostpreußen, beschäftigte der durchschnittlicher Bauernhof z.B. drei familienfremde Dienstleute. In Schwedisch-Pommern lag der Durchschnitt zwischen zwei und drei Dienstleuten pro Hof. Vgl. *Karl Böhme,* Gutsherrlich-bäuerliche Verhältnisse in Ostpreußen während der Reformzeit von 1770 bis 1830. (Schmollers Staats- und soz. wiss. Forsch., Bd. 20.) Leipzig 1902, 11; *Renate Schilling,* Schwedisch-Pommern um 1700. Studien zur Agrarstruktur eines Territoriums extremer Gutsherrschaft. (Abh. zur Handels-und Sozialgeschichte, Bd. 27.) Weimar 1989, 36f.

Beköstigung des Gesindes dem Bauern einen Nettoverlust bringen.[16] Darüber hinaus waren dem Bauern die *Labor-Inputs* seines Betriebes immer wichtig, in erster Linie aber in der Erntezeit, in der der Bauer so viele Arbeitskräfte seines Haushalts wie möglich mobilisieren mußte. Dagegen aber wirkte der saisonbedingte Bedarf der Gutsherrschaft an landwirtschaftlichen Arbeitskräften, wenn nicht allein sein Gesinde, sondern auch der Bauer selbst Frondienst zu leisten hatte. In solchen Situationen mußte der Bauer zwischen dem Arbeitsbedarf seines eigenen Betriebes und jenem des Gutsherrn lavieren, und deswegen versuchte er so oft wie möglich, Gesinde und Gespann für seinen eigenen Betrieb zu schonen.

Besonders in Regionen mit labilen Besitzrechtsverhältnissen konnte es aber für den Bauern sehr wichtig sein, daß seine Dienstleute die gutsherrlichen Frondienstverpflichtungen zuverlässig erfüllten, denn dafür mußte sich der Bauer selbst verbürgen.[17] Darüber hinaus gab es für den Bauern auch die Möglichkeit, Kompromisse mit dem Gutsherrn zu erreichen. Die Kompromißbereitschaft konnte aber auch ziemlich begrenzt sein, besonders wenn es – wie es öfter in ostelbischen Ländern der Fall war – eine Knappheit der Arbeitskräfte gab.[18] Dann kam es zu einem Nullsummenspiel, denn wenn der Gutsherr ausreichende Arbeitskräfte bekam, dann fehlten diese dem Bauern. Dieses saisonbedingte Problem blieb immer im Spiel und äußerte sich in verschiedenen Formen der Fronlässigkeit oder – immer mehr – in Weigerungen, bestimmte gutsherrliche Verpflichtungen zu erfüllen. Im 18. Jahrhundert war die Landesverwaltung in Brandenburg von Beschwerden der Gutsherrn über 'Widersetzlichkeiten' ihrer Bauern überschwemmt.[19]

Wenn seine Bauern sich weigerten, ihre Verpflichtungen, besonders aber den Frondienst zu erfüllen, dann befand sich der Gutsherr in einer schwierigen Lage. Herrschaftliche Gewalt, auch wenn der Gutsherr sie rechtmäßig ausübte, brachte ihm wenig Vorteil, da sie im 18. Jahrhundert von den Bauern kaum noch akzeptiert wurde.[20] Sicher hätte ein besonders selbstbewußter Gutsherr auf eine strenge Erfüllung der Frondienstverpflichtung seiner Bauern beharren können, es bestand aber immer die Gefahr, daß der Bauer flüchtete oder dem Gutsherrn ein gewaltsames Vorgehen durch schlechte Diensterfüllung entgelten konnte.[21] Für den Gutsherrn gab es zwar die Möglichkeit, Rechtsmittel zu suchen, aber Prozesse dauerten lange und kosteten viel Geld. Abgesehen davon war ein für den Gutsherrn positives Ergebnis nie sicher.[22]

16 *Henning,* Dienste (wie Anm. 12), 167.

17 *Klußmann,* ‚Wo sie frey sein, und einen besseren Dienst haben solte' (wie Anm. 14), 140.

18 Über Konsens- und Kompromißbereitschaft zwischen Gutsherrn und Bauern, *Axel Lubinski,* Die Realisierung von Gutsherrschaft und Erfahrungen mit Untertänigkeit. Das Beispiel Galenbeck in Mecklenburg (1719–1748), in: Konflikt und Kontrolle (wie Anm. 14), 244f. Vgl. aber *Heinrich Kaak,* Vermittelte, selbsttätige, und maternale Herrschaft. Formen gutsherrlicher Durchsetzung, Behauptung und Gestaltung in Quilitz-Friedland (Lebus/Oberbarnim) im 18. Jahrhundert, in: Konflikt und Kontrolle (wie Anm. 14), 101f.

19 Nach *Peter-Michael Hahn,* bedeuteten Widersetzlichkeiten „vielfältige Formen der Verweigerung der Untertanen in Stadt und Land gegenüber der Gutsherrschaft oder den königlichen Amtsträgern". *Ders.,* ‚Absolutische' Polizeigesetzgebung und ländliche Sozialverfassung, in: JbGMOD 29, 1980, 23ff.

20 *Lieselott Enders,* Individuum und Gesellschaft. Bäuerliche Aktionsräume in der Frühneuzeitlichen Mark Brandenburg, in: Gutsherrschaft als soziales Modell (wie Anm. 14), 176.

21 Z.B. *Enders,* Die Uckermark (wie Anm. 6), 518.

22 *William Hagen,* The Junker's Faithless Servants: Peasant Insubordination and the Breakdown of

Auch aus einem zweiten Grund wurde das System mittelbarer Ausbeutung immer problematischer. Da das bäuerliche Gesinde in Wohngemeinschaft mit dem Bauern lebte, bestand ein Klientelverhältnis zwischen dem Bauern und seinem Gesinde. Dessen Lebenschancen hingen von der Gunst seines Brotherrn, und nicht (wenigstens nicht direkt) vom Gutsherrn ab. So lange der Bauer zwischen dem Knecht und dem Gutsherrn stand, fiel es letzterem schwer, direkte Herrschaft über den Knecht auszuüben. Zwar gab es viele Konflikte zwischen dem Bauern und seinem Knecht, wenn das Gesinde selber aber aus einer Bauernfamilie kam, konnte es sich mit seinem bäuerlichen Brotherrn identifizieren, besonders dem Gutsherrn gegenüber.[23] Nicht zuletzt in der alltäglichen Sphäre bildete der Bauer mit seinem Gesinde eine Interessengemeinschaft, denn wenn der Gutsherr die Frondienstverpflichtungen anhob, war in erster Linie das Gesinde davon betroffen.[24]

Hier kann man fragen, ob es eine Interessengemeinschaft zwischen dem Bauern und dem Gutsherrn gab – leider ist dieses Thema aber noch nicht erforscht. Statt dessen hat Robert Berdahl den Begriff des Paternalismus thematisiert.[25] Nach Berdahl funktionierte Paternalismus als ein Herrschaftssystem, womit eine euphemisierte Gewalt über den Bauern sowohl inszeniert als auch legitimiert war. So wahr das sein mag, Paternalismus war letzten Endes ein ideologisches Programm, und muß deswegen als eine konkrete Beschreibung eines Verhältnisses, das tatsächlich existiert hat, immer problematisch bleiben.[26] Möglicherweise gibt die Patron-Klient-Beziehung eine bessere Begriffserklärung, da die letztere, der beiderseitigen Gegenleistung wegen, als ein grundsätzliches und konkretes Verhältnis innerhalb der ländlichen Gesellschaft funktioniert.[27]

Ganz allgemein besteht das Patron-Klient-Verhältnis aus zwei Merkmalen: der Austauschbeziehung einerseits und der Freiwilligkeit des Verhältnisses andererseits.[28] Zwar ist die Stellung des Klienten, seiner Vermögensverhältnisse wegen, relativ ungünstig und Ausbeutung von seiten des Patrons ist die Regel, aber normalerweise war sie doch besser als z.B. Erbuntertänigkeit, denn dem Klienten bleibt immer die Möglichkeit, sein Glück mit einem

Serfdom in Brandenburg-Prussia 1763–1811, in: The German Peasantry. Conflict and Community in Rural Society from the Eighteenth to the Twentieth Century. Hrsg. v. Richard J. Evans/W. R. Lee. London 1986, 82–86; *Kaak*, Herrschaft (wie Anm. 18), 66ff.

23 *Enders*, Die Uckermark (wie Anm. 6), 509f.

24 *Silke Göttsch*, Widerständigkeit leibeigener Untertanen auf schleswig-holsteinischen Gütern im 18. Jahrhundert, in: Gutsherrschaft als soziales Modell (wie Anm. 14), 370ff.

25 *Robert M. Berdahl*, Preußischer Adel: Paternalismus als Herrschaftssystem, in: Preußen in Rückblick. Hrsg. v. H. J. Pühle/H. U. Wehler (GG, Sonderheft 6.) Göttingen 1980, 123–145. Ausführlicher *ders.*, The Politics of the Prussian Nobility. The Development of a Conservative Ideology, 1770–1848. Princeton 1988.

26 Kritische Bemerkungen zu Berdahl: *Edgar Melton*, The Decline of Prussian Gutsherrschaft and the Rise of the Junker as Rural Patron, 1750–1806, in: German History 12, 1994, 334ff. Neuerdings aber auch *Kaak*, Herrschaft (wie Anm. 18), 111ff.

27 Thematisierend: *Gerd Spittler*, Staat und Klientelstruktur in Entwicklungsländern. Zum Problem der politischen Organisation von Bauern, in: Europäisches Archiv für Soziologie 17, 1977, 57–83, und *ders.*, Abstraktes Wissen als Herrschaftsbasis. Zur Entstehungsgeschichte bürokratischer Herrschaft im Bauernstaat Preußen, in: Kölner Zeitschrift für Soziologie und Sozialpsychologie 32, 1980, 574–604.

28 Grundlegend: *F. G. Bailey*, Stratagems and Spoils: A Social Anthropology of Politics. Oxford 1969, 38ff.

anderen Arbeitgeber zu versuchen.[29] Für den Patron hatte dieses Verhältnis den Vorteil, daß er ohne Gewalt Herrschaft über den Klienten ausüben konnte.

Exemplarisch für Ostelbien im späten 19. Jahrhundert hat Max Weber die Interessengemeinschaft zwischen Patronen und Klienten in seiner Analyse des herrschaftlichen Gesindes bzw. der Instleute geschildert. Nach Weber lag der Kern der Interessengemeinschaft in dem Drescharbeitssystem. Der Instmann bekam von der Herrschaft eine Wohnung, ein Stückchen Gartenland, Viehfutter und Weide. Als Gegenleistung dafür mußten der Instmann und seine Frau bzw. ein Scharwerker für den Gutsherrn während des ganzen Jahres arbeiten. Mehr als die Hälfte des Arbeitsjahres (November bis Mai) bestand aus der Ausdrescharbeit, die im Herbst und Winter stattfand. Als Entlohnung erhielt der Drescher von dem gesamten Getreide, das gedroschen wurde, einen bestimmten Teil (z.B. jeden 16. Scheffel). Mit einer normalen Ernte bekam der Instmann dreißig Scheffel Getreide, also den jährlichen Brotkonsum einer Familie von fünf Personen. Darin lag die Interessengemeinschaft. Der Instmann hatte ein Interesse an der Maximalisierung der Ernte, da seine Entlohnung vom Ernteertrag abhing.[30] Immerhin war es aber kein rein kapitalistisches Verhältnis, wie Weber betont hat: „Es war aber andererseits kein reines Lohnarbeitsverhältnis, denn die Einnahmen der Instmannsfamilie hatten nicht den Charakter fixierter Löhne, sondern sie participierte an dem Roheinkommen der Gutswirtschaft in mehrfacher Weise. Das Verhältnis trug so einerseits die Eierschalen der Untertänigkeit noch an sich, deren Beseitigung dem Gutsherrn in materieller Beziehung mindestens eben so viele Pflichten als Rechte abgenommen hatte, es machte und macht den Arbeiter in besonders hohem Grade abhängig von der persönlichen Leistungsfähigkeit und auch von der Willkür des Herrn, andererseits aber schafft es eine intensive Interessengemeinschaft zwischen dem Gutsherrn und seinen Instleuten, welche diesen täglich vor Augen stehen mußte.“[31]

Bis zur Mitte des 18. Jahrhunderts war die wirtschaftliche und gesellschaftliche Lage für die Entwicklung von Klientelverhältnissen zwischen Gutsherrn und Gesinde im ländlichen Brandenburg-Ostpreußen nicht besonders günstig. Viele Gutsherren zogen, wegen Arbeitskräfte- und Geldknappheit, die Untertänigkeit vor.[32] Dennoch wirkten sich im Laufe des 18. Jahrhunderts die Klientelverhältnisse auf die Agrargesellschaft aus, und innerhalb eigener Gutsherrschaften entwickelten sich Ausdrescharbeitsverhältnisse, die im 19. Jahrhundert fast überall in Ostelbien existierten.[33] Trotz des unvollkommenen Ausbaus der Klientelverhält-

29 Ausführlich über Patron-Klientel-Verhältnisse zwischen Bauern und Gesinde: *Jürgen Schlumbohm,* Lebensläufe, Familien, Höfe. Die Bauern und Heuerleute des Osnabrückischen Kirchspieles Belm in proto-industrieller Zeit, 1650–1860. (Veröffentlichungen des MPIG, Bd. 110.) Göttingen 1994, 554ff.

30 *Max Weber,* Die Lage der Landarbeiter im Ostelbischen Deutschland (1892), in: Max Weber Gesamtausgabe. Abt. I, Bd. 3/1 und 3/II. Tübingen 1984. Zu Ostpreußen: 3/I, 71–128; zu Brandenburg: 3/II, 766–771.

31 Ebd., 3/I, 79–80.

32 In der Mitte des 18. Jahrhunderts z.B. beschäftigten die Gutsherren in der Uckermark Drescher aus Pommern, weil die Arbeitskraft ihrer eigener Dienstleute für die Ausdrescharbeit nicht ausreichend war. *Enders,* Die Uckermark (wie Anm. 6), 511.

33 Z.B. *Hagen,* Working for the Junker (wie Anm. 7), 151ff. Zum Ausdrescharbeitsverhältnis im frühen 19. Jahrhundert s. *Alexander von Lengerke,* Die ländliche Arbeiterfrage. Berlin 1849, 138–171 (Brandenburg).

nisse innerhalb des gutsherrschaftlichen Systems im 18. Jahrhundert ist demnach ihre Entwicklung für das Verständnis der innerhalb des Systems gegebenen Dynamik sehr wichtig.

Im 18. Jahrhundert war die Beschäftigung von direkt für den Gutsherrn arbeitendem Gesinde aber keine neue Erscheinung, da seit dem 15. Jahrhundert viele Gutsherrn Hofgesinde beschäftigten (Freie sowohl als auch Zwangsdienstarbeiter), um die bäuerliche Frondienstleistung bzw. andere Dienstleistungen zu ergänzen.[34] Damals wie auch später war das ostelbische Deutschland dünn besiedelt, und für den Gutsherrn war es oft problematisch, Tagelöhner in der arbeitsintensiven Erntezeit zu beschäftigen, da alle Gutsherrn in der Gegend gleichzeitig Tagelöhner brauchten. Deswegen – wenn sie es sich leisten konnten – beschäftigten Gutsherren Gesinde das ganze Jahr über, um sicher zu gehen, daß die für die Erntezeit notwendigen Arbeitskräfte da sein würden.

Nach dem Dreißigjährigen Krieg erhöhte sich die Zahl des Hofgesindes und nahm an Bedeutung zu. In Ostpreußen, z.B., war im ersten Viertel des 18. Jahrhunderts ungefähr ein Drittel der Gutsherrschaften völlig oder meistenteils auf Gesinde bzw. Tagelöhner angewiesen.[35] Eine ähnliche Erscheinung kann man fast überall in den Regionen deutscher bzw. polnischer Gutsherrschaft finden.[36] Für den Gutsherrn hatte das Hofgesinde zwar viele Nachteile, so mußte er Lohn bzw. Unterbringungskosten tragen, und das in einer Zeit, als, der Arbeitskräfteknappheit wegen, die Lohn- und Unterbringungskosten zunahmen. Im frühen 18. Jahrhundert klagte der Gutsherr verbittert sowohl über die hohen Kosten, als auch über die Eigensinnigkeit und Faulheit des Gesindes. Wenn er sich aber die Beschäftigung des Hofgesindes, besonders des verheirateten Gesindes, leisten konnte, dann war es für ihn rentabler, verwüstete Bauernhöfe zu annektieren, anstatt sie als bäuerliche Betriebe wieder einzurichten.[37]

Dank Lieselott Enders sind die Gründe dafür jetzt klar. Wollte der Gutsherr die verwüsteten Bauernhöfe wieder in Betrieb setzen, dann gab es drei Möglichkeiten. Die billigste war, Bauern mit ihrem eigenen Hofinventar bzw. Startkapital anzusetzen. Damit ging der Gutsherr kein großes Risiko ein. Solche Bauern waren aber nicht leicht zu bekommen, und nur mit einem für sie sehr günstigen Pachtvertrag, inklusive weniger bzw. keiner Frondienstverpflichtung. Der Pachtvertrag durfte nur kurzfristig sein, und selbstverständlich kam Untertänigkeit nur selten in Frage.[38] Für den Gutsherrn gab es eine zweite Möglichkeit, nämlich die Kosten für die Wiedererrichtung der wüsten Bauernhöfe mit neuem Inventar bzw. Zugtieren usw. selbst zu tragen. Dann konnte der Gutsherr viel günstigere Bedingungen vom neusiedelnden Hofbesitzer fordern. Nicht zuletzt war das deshalb für den Gutsherrn günstiger, weil der Bauer, wenn er einen ausgestatteten Hof übernahm, normalerweise auch Untertänigkeit akzeptieren mußte.[39] Für den Gutsherrn hatte diese Möglichkeit auch den Vorteil, daß sie die Wiedererrichtung der traditionellen Gutsherrschaft darstellte, sie war aber auch sehr teuer und

34 Beispielweise für Brandenburg: *Hagen,* Working for the Junker (wie Anm. 7), 146. Für Ostpreußen, obwohl in erster Linie für die Domänenwirtschaft: *Michael North,* Lohnarbeit und Fronarbeit in der ostpreußischen Landwirtschaft von 16. bis 18. Jahrhundert, in: ZAA 36, 1988, 11–22.

35 *Hans Plehn,* Zur Geschichte der Agrarverfassung von Ost- und Westpreußen, in: Forschungen zur brandenburgischen und preussischen Geschichte 18, 1905, 69.

36 *Edgar Melton,* Gutsherrschaft in East Elbian Germany and Livonia, 1500–1800: A Critique of the Model, in: CEH 21, 1988, 335ff.

37 *Enders,* Die Uckermark (wie Anm. 6), 506f.

38 Ebd., 487–495.

39 Ebd., 347–358.

selbstverständlich riskant. Wirtschaftete der Bauer nicht gut, dann war die Investition des Gutsherrn in Gefahr. Eine letzte Möglichkeit für den Gutsherrn war es, die wüsten Bauernhöfe zum Hofgut zu schlagen und sie als Eigenwirtschaft mit Hofgesinde bzw. Tagelöhnern zu bearbeiten. Selbstverständlich war die umfassende Beschäftigung von Hofgesinde auch mit großer Kapitalanlage verbunden, so teuer wie die Ausstattung der Bauernhöfe eines wüstgefallenen Dorfes war es aber nicht.[40] Darüber hinaus hatte diese Möglichkeit auch den Vorteil, daß im Vergleich zum Gesinde, das direkt vom Bauern beschäftigt wurde, das Hofgesinde direkt vom Gutsherrn abhängig war.

Das gutsbetriebsintegrierte Hofgesinde war aber keine homogene Schicht. Tatsächlich existierte ein breites Spektrum sowohl von Mägden als auch von Knechten, wie z.B. in Ostpreußen, wo es 14 Kategorien davon gab.[41] Unter Gesinde versteht man traditionellerweise die Leute, die keinen eigenen Haushalt hatten, sondern am „ganzen Haus" ihres Brotherrn teilnahmen.[42] Im 18. Jahrhundert aber entwickelte sich innerhalb des Gesindewesens ein gelockertes Verhältnis zwischen Brotherrn und Gesinde, und anstatt des Gesindes, das zur Familie des Brotherrn gehörte, sieht man den verheirateten Instmann, der auf dem Gutshof, jedoch in einer vom Haus des Arbeitgebers abgegrenzten Mietwohnung lebte.[43] In diesem gelockerten, aber vom Brotherrn noch abhängigen Verhältnis, hatte der Instmann mit dem Brotherrn eine Interessengemeinschaft, die in dem von William Hagen geschilderten Arbeitsverhältnis des ‚Deputatarbeiters' einer Gutsherrschaft in Brandenburg sehr ausgeprägt ist. Der Deputatarbeiter erhielt vom Gutsherrn ein bzw. zwei Morgen Gartenland. Darauf konnte er Gemüse bzw. Hanf zum Verkauf oder für seinen eigenen Unterhalt kultivieren. Sicher wurde der Deputatarbeiter damit kein ‚traditioneller' Kossät, denn das Grundstück war zu klein, um eine Familie davon ernähren zu können. Darüber hinaus war es aber auch zu klein, um die Arbeitsleistung der Familie ganz in Anspruch zu nehmen, auch wenn diese ein oder zwei Tage pro Woche Handdienst für den Gutsherrn leisten mußte. Deswegen mußte die Familie ihre ganze zusätzliche Arbeitskraft für die Gutsherrschaft bzw. die Eigenwirtschaft zur Verfügung halten. Ein scharfsinniger westpreußischer Junker in der Reformzeit hat das so ausgedrückt: ‚Mehr Land müssen diese Leute nicht haben, sonst wollen sie vom Land, und nicht von der Arbeit leben.'[44]

Zwar war das für den Gutsherrn immer ein Problem, das mit der ‚traditionellen' Gutsherrschaft verbunden war. Der bäuerliche Hof war so groß, daß die Bauernfamilie immer vom Land und nicht von der Arbeit leben konnte. Wenn es aber dem Gutsherrn möglich war, Gutsherrschaft auf einen Eigenbetrieb mit betriebsintegriertem Gesinde umzustellen, konnte er die Abhängigkeit seines Gesindes ausbeuten, um ihren Gehorsam bzw. Fleiß zu sichern. Um diesen Zweck zu erreichen, riet ein pommerscher Gutsherr, noch in der Reformzeit: ‚Die

40 Ebd., 506f.

41 *Arthur Kern,* Beiträge zur Agrargeschichte Ostpreußens, in: Forschungen zur brandenburgischen und preussischen Geschichte 14, 1901, 214ff.

42 *Gotthardt Frühsorge,* Einübungen zum christlichen Gehorsam: Gesinde im „ganzen Haus", in: Gesinde im 18. Jahrhundert. Hrsg. v. Gotthardt Frühsorge/Rainer Gruenter/Beatrix Freifrau Wolff-Metternich (Studien zum Achtzehnten Jahrhundert, Bd. 12.) Hamburg 1995, 111.

43 Entsprechend dazu sieht man auch, Gotthardt Frühsorge nach, ‚die tendenzielle Entwicklung der Ausgrenzung des Gesindes aus dem Sozialverband der Familie als der personellen Kernzone des Hauses'; ebd., 119.

44 Zit. in *Georg Friedrich Knapp,* Die Bauernbefreiung und der Ursprung der Landarbeiter in den älteren Theilen Preussens. 2 Bde. München 1927, Bd. 1, 293.

Tagelöhnerfamilien [...] müssen mit nichts als Wohnung, einem kleinen Gemüsegarten, und allenfalls Weidefreiheit für ein oder anders Stück Vieh versorgt werden [...] weil, um willige und billige Arbeiter zu haben, alles darauf ankommt, sie in möglichster Abhängigkeit von dem Vorwerkspächter zu erhalten.'[45]

Die Mehrheit der Gutsherren im 18. Jahrhundert war noch nicht in der Lage, einen vollkommenen Übergang von der Gutsherrschaft zur Eigenwirtschaft durchzuführen, da die sozialen und wirtschaftlichen Umstände dafür noch nicht günstig waren. Andererseits gab die Arbeitsknappheit vielen Landarmen bzw. Landlosen einen Spielraum, womit sie sowohl eine gewisse Unabhängigkeit als auch einen ausreichenden Lebensunterhalt erlangen konnten, auch ohne die Notwendigkeit einer festen Arbeitsstelle beim Bauern oder Gutsherrn. Es gab z.B. Tagelöhner, die nur in der Erntezeit arbeiteten, da sie von dem relativ hohen Lohn, den sie in der Zeit bekamen, das ganze Jahr leben konnten.[46] Unter diesen Umständen war ein Klientelverhältnis zwischen Brotherrn und Gesinde, gelinde gesagt, problematisch. Andererseits, der Mehrheit der Gutsherren fehlte das nötige Kapital, um ihre Gutsherrschaften auf einen Eigenbetrieb umzustellen. Zwar konnte ein von Arnim zu Boitzenburg, oder ein von Lehndorff zu Steinort sowohl die Kapitalanlage aufbringen als auch das Risiko tragen, aber die meisten Gutsherren mußten von den Frondienstverpflichtungen ihrer bäuerlichen Hofbesitzer abhängig bleiben. Deswegen behielten sie wenigstens teilweise das alte System, während sie gleichzeitig die Zahl des Hofgesindes vermehrten.[47] Gewann die Eigenwirtschaft auch erst im 19. Jahrhundert die Oberhand über das alte System, so war dennoch das künftige Bild der Agrarverhältnisse schon vor den Wandlungen des vorigen Jahrhunderts klar vorgezeichnet.

Das zentrale Schwarzerdegebiet in Rußland

Von der Mitte des 18. Jahrhunderts an existierte Gutsherrschaft fast überall im europäischen Rußland. In den westlichen Gebieten wie Baltikum und Weißrußland waren die Arbeitsbedingungen innerhalb des gutsherrschaftlichen Systems dem entsprechenden System in Brandenburg/Ostpreußen häufig sehr ähnlich, wo nicht der Bauer, sondern dessen Gesinde die Frondienstverpflichtung für den Gutsherrn erfüllte.[48] Im spezifischen russischen Territorium, und besonders im zentralen Scharzerdegebiet, herrschten aber ganz andere Arbeitsverhältnisse vor, und zwar die unmittelbare Ausbeutung der gutsherrlich-bäuerlichen Familie, die persönlich die Frondienstverpflichtungen für den Gutsherrn erfüllte. Darin lag ein bedeutender Unterschied zwischen der ostelbischen und der russischen Gutsherrschaft.

Für eine vergleichende Perspektive der russischen Gutsherrschaft ist es von Bedeutung, daß Gutsherrschaft, obwohl sie fast überall im europäischen Rußland existiert hatte, nur im

45 Ebd.

46 Nachweis für Ostpreußen in: *Plehn,* Zur Geschichte der Agrarverfassung (wie Anm. 35), 92. Für Brandenburg: *Enders,* Die Uckermark (wie Anm. 6), 509.

47 Beispielweise: *Hagen,* The Junkers' Faithless Servants (wie Anm. 22), 88ff.

48 Für das Baltikum: *Juhan Kahk,* Einige Ergebnisse der Erforschung sozialer Aspekte des bäuerlichen Lebens in Estland in der ersten Hälfte des 19. Jahrhunderts, in: Bäuerliche Wirtschaft und landwirtschaftliche Produktion in Deutschland und Estland 16. bis 19. Jahrhundert. Hrsg.v. J. Kahk/H. Harnisch (JbWG. Sonderband 1982.) 342. Für Weißrußland und Litauen: *B. Z. Kopysskij,* Chozijaistvo belorusskogo krest'janina v kontse xvi-pervoj polovine xvii veka, in: Istorija SSSR 2, 1972, 151ff.

zentralen Schwarzerdegebiet dominierte, und zwar erst ab Mitte des 18. Jahrhunderts. Die Mehrheit (55%) der bäuerlicher Bevölkerung gehörte zu verschiedenen Kategorien der Staats- und Domänenbauern, die zwar Abgaben in Geld *(obrok)* bezahlten, aber so gut wie keine Frondienstverpflichtungen erfüllen mußten.[49] Nur ca. 45% der Bauern waren Leibeigene (d.h. zum Adel gehörende), und davon hatte nur ungefähr die Hälfte tatsächlich zum Gutsherrschaftssystem gehört.[50] Der Rest der zum Adel gehörenden Bauern hatte Abgaben in Geld bzw. in Naturalien zu leisten, und sie hatten dem Adel gegenüber verschiedene Dienste (gewöhnlich 10–15 Tage pro Jahr) zu verrichten. Im Jahr 1858 hatten also am Vorabend der Aufhebung der Leibeigenschaft nur ca. 25% der gesamten russischen Bauern innerhalb des gutsherrschaftlichen Systems gelebt, davon die meisten im zentralen Schwarzerdegebiet, wo die russische Gutsherrschaft zur intensivsten Stufe entwickelt worden war.[51]

Auch im russischen Kerngebiet, dem zentralen Gewerbegebiet, gab es Gutsherrschaft seit dem 16. Jahrhundert, die aber damals relativ unentwickelt war.[52] Obwohl in den meisten Kreisen des zentralen Gewerbegebietes Frondienst im späten 17. und frühen 18. Jahrhundert vorherrschte, blieb sie aber, abgesehen von einigen Kreisen, sehr bescheiden.[53] Merkwürdigerweise war Gutsherrschaft im nördlichsten Teil des Kerngebietes, in der Provinz Wologda, am ausgeprägtesten.[54] Erst am Ende der zweiten Hälfte des 18. Jahrhunderts aber erreichte der durchschnittliche Frondienst im Kerngebiet zwei bzw. drei Tage pro Woche, die Gutsherrschaft umfaßte dort jedoch ein Drittel der leibeigenen Bauern. Lediglich im zentralen Schwarzerdegebiet herrschte ab Mitte des 18. Jahrhunderts intensive Gutsherrschaft vor.[55]

Bis in das späte 17. Jahrhundert war das zentrale Schwarzerdegebiet ein dünnbesiedeltes Grenzland, das zwischen Muscovy, Polen und dem ottomanischen Reich lag. Erst im Laufe des 17. Jahrhunderts hatte die militärische Grenzsicherung aus einem Grenzland eine Agrarlandschaft gemacht. Wegen des Überflusses an fruchtbarem Land waren die Bedingungen für die Gutsherrschaftsentwicklung dort sehr günstig.[56] Dennoch entwickelte sich Gutsherrschaft im zentralen Schwarzerdegebiet nur sehr langsam. Wegen der Politik der russischen Regierung war das Schwarzerdegebiet zunächst für adlige Großgrundbesitzer gesperrt. Erst nach 1680 begann die Zarin Sophie ihre Günstlinge mit riesigen Latifundien im Schwarzerdegebiet zu belohnen. Der Nachfolger von Sophie, Peter der Große, setzte diese Landpolitik fort, und erweiterte sie. 1700 gab es im zentralen Schwarzerdegebiet 500 Großgrundbesitzer, aber schon bis 1740 hatte sich die Zahl verdoppelt. Trotz der zunehmenden ländlichen

49 Grundlegend: *Jerome Blum,* Lord and Peasant in Russia from the Ninth to the Nineteenth Century. Princeton 1961, 225ff.

50 Ebd.

51 *Edgar Melton,* The Russian Peasantries, 1450–1860, in: The European Peasantries, 1400–1800. Hrsg. v. Tom Scott. London 1996 (noch nicht veröffentlicht).

52 *Wolfgang Küttler,* Zum Verhältnis von Spätfeudalismus und Genesis des Kapitalismus. Wesen und Auswirkung der Gutsherrschaft und Leibeigenschaft in Livland und Rußland im 16. Jahrhundert, in: Genesis und Entwicklung des Kapitalismus in Rußland. Hrsg. v. Peter Hoffmann/Heinz Lembke. Berlin 1973, 80ff.

53 *Iurij Tichonov,* Pomeščiči krest'jane v Rossij. Feodal'naja renta v xvii-načale xviii v. Moskau 1971, 291ff.

54 *E. N. Baklanova,* Krest'janskij Dwor i obščina na russkom Severe. Moskau 1976, 95ff.

55 *Blum,* Lord and Peasant (wie Anm. 49), 485ff.

56 *Edgar Melton,* Proto-Industrialization, Serf Agriculture, and Agrarian Social Structure. Two Estates in Nineteenth Century Russia, in: Past and Present 115, 1987, 75ff.

Bevölkerung in der erste Hälfte des 18. Jahrhunderts blieb das Schwarzerdegebiet aber noch relativ dünn besiedelt, und um Siedler anzuwerben, boten viele Grundherren an, Neusiedler eine Reihe von Jahren von Diensten und Abgaben zu befreien. Das hatte aber auch eine retardierende Wirkung auf das Entwicklungstempo der Gutsherrschaft. 1727, z.B., hatte Peters Günstling Prinz Menšikow mehr als 60.000 Bauern auf seinen Gütern im Schwarzerdegürtel, aber keiner von ihnen erfüllte Frondienste.[57]

Erst in der zweiten Hälfte des 18. Jahrhunderts wurde es den adligen Gutsbesitzern möglich, Gutsherrschaft im Schwarzerdegürtel zu errichten. Leider ist der Übergang dazu bisher nicht erforscht, wir wissen aber, daß am Ende des 18. Jahrhunderts ungefähr drei Viertel der Leibeigenen im Schwarzerdegürtel Frondienstverpflichtungen von zwei bzw. drei Tagen pro Woche erfüllten. Sicher lag der Antrieb dafür in erster Linie in der zunehmenden Nachfrage nach Getreide in den unfruchtbaren Provinzen des zentralen Gewerbegebiets. Gleichzeitig mit dem Übergang zur Gutsherrschaft im Schwarzerdegürtel beseitigte die Mehrheit der adligen Grundbesitzer im Gewerbegebiet die Gutsherrschaft, und statt Frondienste zu leisten, mußte die Mehrheit der leibeigenen Bauern dort Geldzins (*obrok*) bezahlen. Des schlechten Bodens wegen traten große Teile der Bevölkerung (nicht zuletzt der leibeigenen Bauern) intensiver in die Proto-Industrie bzw. in andere ländliche Gewerbe ein, und wurden statt Getreideproduzenten Getreidekäufer.[58] In erster Linie produzierten die Gutsherren im Schwarzerdegürtel also für das Gewerbegebiet, aber auch die Herstellung von Branntwein spielte eine große Rolle.[59]

Die spezifischen Arbeitsverhältnisse innerhalb der russischen Gutsherrschaft im Schwarzerdegebiet, das heißt im Vergleich zu Brandenburg/Ostpreußen die *unmittelbare Ausbeutung der bäuerlichen Arbeitskraft,* waren von sowohl geographischen als auch steuerpolitischen Faktoren bestimmt. Es gab keine Bodenknappheit, und obwohl eine Schicht von Landarmen bzw. Landlosen im frühen 18. Jahrhundert existiert hatte, lagen die Gründe dafür in erster Linie in der Steuerpolitik des russischen Staates. Bis 1719 war der bäuerliche Hof die Hauptsteuereinheit, und deswegen war es nicht selten, daß der Bauer auf einen Hof verzichtet hatte und auf einem fremden Hof als Häusling wohnte, um seine Abgaben zu vermindern. Das Ergebnis war, daß die Zahl der steuerpflichtigen Höfe immer mehr abnahm und Zar Peter im Jahr 1719 eine Volkszählung befahl. Statt des bäuerlichen Hofes galt von nun an die steuerpflichtige Person, in erster Linie der nichtadlige ländliche Einwohner, als Steuereinheit, und letzten Endes trug die Dorfgemeinde kollektive Verantwortlichkeit für die regelmäßige Kopfsteuereinnahme ihrer Mitglieder.[60]

Die Steuerreform hatte die Verminderung der landlosen und landarmen Schicht innerhalb der ländlichen Gesellschaft im Schwarzerdegürtel zur Folge. Mußte die Dorfgemeinde sich für die Fähigkeit der Gemeindemitglieder verbürgen, die Kopfsteuer bzw. sonstige Dienste/Abgaben zu bezahlen, dann mußte jede Dorffamilie, um diese Fähigkeit zu erhalten, einen

57 *S. M. Troitskij,* Raionirovanije form feodal'noj renty v Rossij v pervoj četverti xviii v., in: Ježegodnik po agrarnoj istorij vostočnoj Jevropy 1968. Leningrad 1970, 116ff.

58 *Melton,* Proto-Industrialization (wie Anm. 56), 76–81.

59 Ausführlich über die Herstellung des Branntweins, *Aristide Fenster,* Adel und Ökonomie im vorindustriellen Rußland. Die unternehmerische Betätigung der Gutsbesitzer in der großgewerblichen Wirtschaft im 17. und 18. Jahrhundert. Wiesbaden 1983, 133ff.

60 *Reinhard Wittram,* Peter I. Czar und Kaiser. 2 Bde. Göttingen 1964, Bd. 2, 51–54. Ausführlicher zur Reform: *E. V. Anisimov,* Podat'naja reforma Petra I. Leningrad 1982, 116ff.

Hufenanteil übernehmen.[61] Darin hatte der Grundherr bzw. Gutsherr mit seiner Dorfgemeinde eine Interessengemeinschaft. Darüber hinaus spielte innerhalb der Gutsherrschaft die Dorfgemeinde eine vorherrschende Rolle, da diese den Hufenanteil *(tjaglovij nadjel)* jeder Leistungseinheit (eines *arbeitsfähigen Ehepaars*) nach deren Diensten und Abgaben bestimmte.[62]

Normalerweise hing der Umfang der Dienste und Abgaben einer Familie von der Zahl der Leistungseinheiten ab. Je größer deren Zahl war, desto größer war der Hufenanteil, den die Familie von der Dorfgemeinde erhielt. Darüber hinaus war die große Familie für den gutsherrschaftlichen Bauern unbedingt nötig, der problematischen Arbeitsteilung zwischen Hufenanteil und Gutshof wegen, da im Gegensatz zum ostelbischen Bauern der russische Bauer überhaupt keine Möglichkeit hatte, familienfremdes Gesinde zu beschäftigen und völlig auf die Leistungsfähigkeit der Arbeitskraft seiner Familie angewiesen war.

Auch wegen des Klimas war die Arbeitsteilung innerhalb der russischen Gutsherrschaft besonders problematisch. Die häufigen Kahlfröste beschränkten die Agrarsaison im Schwarzerdegürtel auf fünf bis sechs Monate, so daß die Erntezeit und die Zeit der Winterfeldsaat in eine Periode von sechs Wochen, nämlich von Mitte Juli bis Ende August, fiel. Während dieser sogenannten ‚Zeit der Leiden‘ *(stradnaja pora)* erreichte der Arbeitsbedarf innerhalb der bäuerlichen Familie den Höhepunkt, und der Bauer mußte mit besonderer Geschicklichkeit zwischen seinem Hufenanteil und dem Gutsbetrieb lavieren.[63] Trotzdem erreichte die Mehrheit der Bauernfamilien im Schwarzerdegebiet, der großen Familie wegen, die notwendige Arbeitsleistungsfähigkeit.[64] 1858 hatte die leibeigene Bauernfamilie im zentralen Schwarzerdegebiet im Durchschnitt zehn Mitglieder, im Unterschied zu anderen Gebieten, wo die durchschnittliche Familiengröße zwischen sechs und acht Mitgliedern schwankte.[65] Um die Mitte des 18. Jahrhunderts wurde der ‚große, multigenerationale Haushalt‘ (Steven Hoch) das vorherrschende Modell der Bauernfamilie im Schwarzerdegürtel. Diesem Modell nach sollte eine gutsherrliche Bauernfamilie ständig die Arbeitsleistungsfähigkeit von zwei Ehepaaren bzw. vier Erwachsenen haben. Ganz einfach war das aber nicht.[66] Die Bildung und Erhaltung der großen Familie erforderte frühe und umfassende Heirat, und außerdem mußten die verheirateten Söhne zusammen mit Frauen und Kindern im väterlichen Haushalt leben. Normalerweise teilte sich die große Familie erst nach dem Tod des Patriarchen, und erst dann konnte jeder erwachsene Sohn seinen eigenen Haushalt gründen und seine eigenen erwachsenen Kinder als Arbeitskräfte beschäftigten.

Das Problem – und sicher der neuralgische Punkt – dieses familienarbeitsbedingten Systems war die labile Struktur der großen Familie. Starben vorzeitig einige von den Erwachsenen bzw. Heranwachsenden, dann stand eventuell die Armut der Familie unmittelbar bevor. Nicht untypisch in dieser Hinsicht war die zum Grafen Šeremetev gehörende Guts-

61 *A. L. Šapiro,* Perechod ot povytnoj k povenečnoj sistemje obložhenie krest'jan vladel'cheskimi povinnostijami, in: Ježegodnik po agrarnoj istorii vosto'chnoj Jevropy 1960, Kiew 1962, 207ff.

62 *L. N. Vdovina,* Krest'janskaja Obščina i monastyr v tsentral'noj Rossii v pervoj polovine xviii v. Moskau 1988, 68ff.

63 *Steven L. Hoch,* Serfs in Russia: Demographic Insights, in: Journal of Interdisciplinary History 13, 1982, 234ff.

64 *B. G. Litvak,* Russkaja derevnja v reforme 1861 goda. Moskau 1972, 40ff.

65 *V. A. Aleksandrov,* Obyčnoe pravo krepostnoj derevni Rossij xviii-načalo xix v. Moskau 1984, 57ff.

66 *Hoch,* Serfs in Russia (wie Anm. 63), 245.

herrschaft Rastorg, in der Provinz Kursk. 1806 waren 23 von 176 Bauernfamilien zu verarmt, um ihren Verpflichtungen nachzukommen. Die verarmten Familien waren fast alle relativ klein und hatten im Durchschnitt nur je fünf Mitglieder, im Unterschied zu anderen Bauernfamilien in der Gutsherrschaft, die im Durchschnitt zehn Mitglieder hatten.[67] Auch Rekrutierung stellte für die Bauernfamilie eine große Gefahr dar. Der Haushalt verlor männliche Mitglieder der Aushebung wegen, und wenn die Familie nicht ausreichende Arbeitskräfte erhielt, konnte sie ihre Verpflichtungen nicht hinreichend erfüllen.[68]

Überdies war die vorzeitige Auflösung der großen Familie ein bedeutendes Problem, durch die aus einem gut funktionierenden Haushalt zwei oder drei verarmte Kleinfamilien werden konnten. Diese Gefahr bestand immer wegen möglicher Konflikte zwischen dem Hausherrn und den seiner Herrschaft unterworfenen Söhnen. Da der patriarchalische Hausvater als uneingeschränkter Despot herrschte, hatten die Söhne so gut wie keine Selbstbestimmung. Sie mußten so früh wie möglich heiraten, weil die große, multigenerationale Familie von einer sehr hohen Geburtenziffer abhing.[69] Darüber hinaus herrschte der Hausvater im Alltag über seine erwachsenen Söhne, die häufig für viele Jahre ganz untertänig unter dem väterlichen Dach wohnen mußten, was oft zu Spannungen führen konnte.

Tatsächlich aber zogen die Söhne aus dem väterlichen Haus – solange der Vater lebte – selten aus. Einerseits spielte der wirtschaftliche Vorteil der großen Familie eine Rolle. Andererseits war die Großfamilie auch im Interesse des Gutsherrn, und er wendete, wenn es nötig war, auch Gewalt an, sie zusammenzuhalten. Sie war ein Grundpfeiler des Gutsherrschaftssystems im zentralen Schwarzerdegebiet und in ihr zeigte sich die Interessengemeinschaft zwischen dem bäuerlichem Hausherrn und seinem Gutsherrn. Für diesen war die große Familie unbedingt nötig, denn nur darin lag die Sicherheit, daß die Familie ihre Frondienstverpflichtung zuverlässig erfüllen konnte.[70] Deswegen verboten viele Gutsherren ein unberechtigtes Aufteilen ihrer Bauernfamilien.[71] Ferner bestand die Gemeindeführung in erster Linie aus den bäuerlichen Hausherren, und selbstverständlich war die Gemeinde am Erhalt der großen Familie interessiert.

Für den gutsherrschaftlichen Bauern lag die einzige Möglichkeit einer Lebensverbesserung in der Hoffnung, Hausherr einer großen Familie zu werden. Erreichte er diese Stellung, dann trat er in die herrschende Elite der Dorfgemeinde ein. Außerdem ging der ganze Überschuß des Haushalts an den Patriarchen, der sogar die jüngeren Mitglieder der Familie ausbeutete.[72] Die privilegierte Stellung des Hausherrn hing aber immer von der Beibehaltung der großen Familie ab, und nicht zuletzt auch vom Zwang des Gutsherrn. Ohne gutsherrliche Gewalt einerseits und das Zusammenwirken des Gutsherrn mit der Dorfgemeinde bzw. dem Hausherrn andererseits hielt die große Familie nicht zusammen. Außerhalb des gutsherrschaftlichen Systems, und besonders im zentralen Gewerbegebiet, wo der Bauer wegen protoindu-

67 *Melton*, Proto-Industrialization (wie Anm. 56), 96ff.

68 *Edgar Melton*, Enlightened Seigniorialism and its Dilemmas in Serf Russia, 1750–1830, in: The Journal of Modern History 62, 1990, 684ff.

69 *Hoch*, Serfs in Russia (wie Anm. 63), 230ff.

70 Grundegend: *Steven L. Hoch*, Serfdom and Social Control in Russia. Petrovskoe, a Village in Tambov. Chicago 1986, 91ff.

71 Beispielsreich die Sammlung von gutsherrlichen Dorfordnungen: *(Instrukcija)*, in: Materialy dlja istorij votčinnogo upravlenija v Rossij. Hrsg. v. M. V. Dovnar-Zapolskij. Kiew o.J.

72 *Hoch*, Serfdom (wie Anm. 70), 130ff.

strieller bzw. saisonaler Arbeit eine bestimmte Unabhängigkeit vom Hausherrn erreichte, war die durchschnittliche Bauernfamilie relativ klein.[73]

Das bedeutet nicht, daß der russische Bauer, der großen Familie wegen, konfliktlos in das gutsherrschaftliche System integriert war. Im Gegenteil gehörte ‚Eigensinn und Widerstand' zum Alltag russischer Gutsherrschaft. In Petrowskoje, einem gutsherrschaftlichen Dorf in der Tambov Provinz, ereigneten sich täglich Diebstahl gutsherrlichen Eigentums – besonders von Holz – wie auch unzuverlässige bzw. vernachlässigte Diensterfüllung. Die große Mehrheit der Täter bekam Prügelstrafen (30 Schläge im Durchschnitt). So alltäglich war die Prügelstrafe in Petrowskoje, daß in einem zweijährigen Zeitschnitt (1826–28) 80% der erwachsenen männlichen Bevölkerung verprügelt wurden![74]

Darin liegen zwei bedeutende Momente. An erster Stelle gibt es die interessante Tatsache, daß die Frau, obwohl sie an der Diensterfüllung beteiligt war und nach aller Wahrscheinlichkeit ‚Verbrechen' gegen die Gutsherrschaft beging, keine Bestrafung vom Gutsherrn bzw. dem Verwalter bekam. Zwar mußte sie harte körperliche Bestrafung bekommen haben, aber nur innerhalb der Bauernfamilie, und in die große Bauernfamilie griffen der Gutsherr bzw. sein Verwalter nicht ein. Trotzdem funktionierte aber die große Bauernfamilie als ein Glied in dem System von Herrschaftsausübung nicht tadellos. Brauchte die Gutsherrschaft tägliche harte körperliche Strafe, um die Ordnung zu erhalten, dann hatte der Bauer das System sozialer Kontrolle selbstverständlich innerlich nicht akzeptiert. Im Gegensatz zu den ostelbischen Bauern leistete der russische Bauer selber die Knochenarbeit auf dem Gutshof. Deswegen gab es Grenzen im System unmittelbarer Ausbeutung. Wie Steven Hoch gesagt hat: „The patriarchal household held the society together, employing punishment to coerce the serfs into submission and using recruitment or exile to rid the estate of those who would not adjust. The process of socialization was painful, yet most came to accept the norms of serf life. Yet the frequent recourse to flogging, a violent form of coercion, meant that rule violation was a persistent problem and submission was incomplete."[75]

Immerhin aber spielte die große Bauernfamilie innerhalb des Gutsherrschaftssystems eine wirksame Rolle, besonders wenn wir uns erinnern, daß der russische Adel nur selten auf dem Land wohnte und normalerweise von seinem Landgut abwesend war.[76] Deswegen war er von der Gutsverwaltung abhängig. Erstaunlich ist es aber, daß der Gutsherr normalerweise nur einen Verwalter beschäftigte, und die meisten administrativen Aufgaben in den Händen der Dorfgemeinschaftsführung ließ.[77] Petrowskoje, mit mehr als 3.500 Einwohnern, war eine riesige Gutsherrschaft, dennoch beschäftigte der Gutsherr, Prinz Gagarin, nur einen Verwalter.[78] Damit setzte er die administrativen Ausgaben für Petrowskoje herab. Im Gegensatz dazu ist es möglich, daß der ostelbische Gutsherr viel mehr Geld für administrative Kosten ausgab. Im

73 *Edgar Melton*, Household Economies and Communal Conflicts on a Russian Serf Estate, 1800–1817, in: Journal of Social History 26, 1993, 568ff.

74 *Hoch*, Serfdom (wie Anm. 70), 160ff.

75 Ebd., 162.

76 *Peter Kolchin*, Unfree Labor. American Slavery and Russian Serfdom. Cambridge, Massachusetts 1987, 59.

77 Grundlegend: *Vadim Aleksandrov*, Sel'skaja obščina v Rossij xviii-načalo xix v. Moskau 1976, 69–116.

78 *Hoch*, Serfdom (wie Anm. 70), 10.

späten 16. Jahrhundert z.B. beschäftigte Matthias von Saldern auf Plattenburg/Wilsnack 25 Vögte, Verwalter und Schreiber für die Gutsverwaltung seines Besitzes in der Prignitz.[79]

Zusammenfassung

Im 18. Jahrhundert trat das gutsherrschaftliche System in Brandenburg/Ostpreußen in eine Krisenphase ein. Die Ursachen dafür lagen nicht zuletzt in den Arbeitsverhältnissen innerhalb des Systems, wobei mittelbare Ausbeutung eine Hauptrolle spielte. Aber gerade wegen der Krise wurden die Gutsherren immer abhängiger vom Hofgesinde, und darin lag der Kern des neuen Systems. Im Gegensatz dazu zeigte das Gutsherrschaftssystem in Rußland, wenigstens im zentralen Schwarzerdegebiet, keine Tendenz zu Krisen. Zwar gab es zeitweise, schlechter Ernten wegen, Existenzkrisen in der ländlichen Gesellschaft, sowohl innerhalb als auch außerhalb des gutsherrschaftlichen Systems, und dann nahm die Sterberate rasch zu. So ertrug in der ersten Hälfte des 19. Jahrhunderts die Bevölkerung in Petrowskoje vier Mortalitätskrisen. Die Krisen konnten aber weder Leibeigenschaft noch Gutsherrschaft berühren. Im Gegenteil, es gibt überhaupt keinen überzeugenden Beweis für eine Krise innerhalb des gutsherrschaftlichen Systems am Vorabend der Aufhebung der russischen Leibeigenschaft. Wenn es aber keine Krise gab, dann gab es auch keinen Antrieb für eine Umwandlung der Agrarstruktur, und trotz der Agrarreformen in der Mitte des 19. Jahrhunderts stagnierte die Agrarwirtschaft im zentralen Schwarzerdegebiet. Der zunehmenden Bodenknappheit wegen aber ging die ländliche Bevölkerung im späten 19. Jahrhundert in Südrußland immer mehr auf saisonbedingte Landarbeit über, und darin lagen die Gründe für den Niedergang der Großfamilie als dem vorherrschenden Typ der Bauernfamilie im zentralen Schwarzerdegebiet.[80] Vielleicht hatte die saisonbedingte Arbeit in Südrußland die Machtverhältnisse innerhalb der Bauernfamilie entscheidend verändert. Der verheiratete Bauernsohn konnte wegen der saisonalen Tagelohnarbeit in Südrußland vom Vater unabhängig einen eigenen Haushalt begründen. Vielleicht haben wir es hier mit einer möglichen Herrschaftskrise innerhalb der Bauernfamilie zu tun, dieses Problem gehört aber nicht mehr zu unserem Thema.

79 *Jan Peters*, Inszenierung von Gutsherrschaft im 16. Jahrhundert: Matthias v. Saldern auf Plattenburg-Wilsnack (Prignitz), in: Konflikt und Kontrolle (wie Anm. 14), 277.

80 Am Ende des 19. Jahrhunderts hatte die Bauernfamilie im zentralen Schwarzerdegebiet im Durchschnitt nur 6,3 Mitglieder. *Michael Confino*, Russian Customary Law and the Study of Peasant Mentalities, in: Russian Review 44, 1985, 41ff.

CLAUS K. MEYER

„Like a Foodal Lord of Back History"? Gedanken zu einem Vergleich von Südstaaten-Plantage und ostelbischem Rittergut

„I have many black people", berichtete Major Mickle, Sen., einem englischen Besucher South Carolinas im Jahre 1819, „... and I can trust them with untold gold ... I respect them as my children, and they look on me as their friend and father."[1] Mickles Apologie der Sklaverei war in den Südstaaten der Vorbürgerkriegszeit – so ungeheuerlich sie uns auch heute erscheinen mag – durchaus nicht ungewöhnlich. Sie verdient Beachtung, weil sie auf das grundlegende Problem hinweist, das die Geschichte der Südstaaten-Sklaverei stellt: Die amerikanischen Plantagen waren bemerkenswert effiziente Betriebe, in denen die Sklaven nicht *nur* unter der Peitsche arbeiteten, sondern auch verantwortungs- und vertrauensvolle Aufgaben übernahmen.[2] Das Sklaven-Management und die Beziehung von 'master' und Sklaven rücken damit in den Mittelpunkt des Interesses.

Seit mehr als fünf Jahrzehnten untersuchen amerikanische Wissenschaftler die neuzeitliche Sklaverei in vergleichender Perspektive. Diese komparativen Forschungen sind jedoch – mit wenigen Ausnahmen[3] – bisher auf die westliche Hemisphäre beschränkt geblieben, obwohl die Südstaatler selbst gern Parallelen zu europäischen Verhältnissen behaupteten[4]. Auf dieser Seite des Atlantiks hat Georg Friedrich Knapp zwar schon *vor* mehr als 100 Jahren einen Vergleich amerikanischer Sklavenplantagen und ostelbischer Rittergüter vor den Agrarreformen vorgeschlagen, aber auch die Gutsherrschaftsforschung hat diese Anregung bisher nicht aufgenommen.[5]

Der vorliegende Beitrag stellt erste Betrachtungen zu einer komparativen Studie an, die die Südstaaten-Plantage der Vorbürgerkriegszeit dem ostelbischen Rittergut vor den Agrarreformen gegenüberstellen will. Nach einigen Bemerkungen zur Literatur soll am Beispiel der

1 *William Faux,* Memorable Days in America, Being a Journal of a Tour to the United States. Bd. 1 (Early Western Travels, 1748–1846, Bd. 11.) London 1823, ND New York 1966, 87.

2 *Robert W. Fogel,* Without Consent or Contract. The Rise and Fall of American Slavery. New York 1989, 60–80.

3 Vor allem *Peter Kolchin,* Unfree Labor. American Slavery and Russian Serfdom. Cambridge, Mass. 1987; *George M. Fredrickson,* White Supremacy. A Comparative Study in American and South African History. New York 1981.

4 *Howard Leslie Owens,* This Species of Property. Slave Life and Culture in the Old South. Oxford/New York 1976, 37.

5 *Georg Friedrich Knapp,* Die Bauernbefreiung und der Ursprung der Landarbeiter in den älteren Theilen Preußens. Bd. 1. Leipzig 1887, 22–28.

Südstaaten der analytische Rahmen des Projekts grob umrissen werden. Dazu werden zunächst die wichtigsten Besonderheiten der US-amerikanischen Sklaverei herausgearbeitet, die den Vergleich mit der Gutsherrschaft überhaupt erst ermöglichen. Es folgen einige grundsätzliche Überlegungen zum Verhältnis von ‚master' und Sklaven.

Die prominente Rolle, die Pflanzer und Gutsherren in der Geschichte ihrer Länder gespielt haben, ist schon mehrfach Gegenstand komparativer Betrachtungen geworden. Ostelbiens Sonderrolle im Sonderweg einerseits und südstaatlicher ‚exceptionalism' im ‚exceptionalism' andererseits forderten einen Vergleich beider Eliten geradezu heraus.[6]

Die Katastrophe des Zweiten Weltkriegs verlieh der komparativen Perspektive neue Brisanz. Nach Barrington Moores' Social Origins of Democracy and Dictatorship'[7] haben verschiedene amerikanische Historiker den Vergleich in kurzen Kommentaren aufgegriffen.[8] Seit jüngstem steht mit Shearer Davis Bowmans Arbeit auch eine monographische Behandlung der Thematik zur Verfügung.[9]

Der Vergleich zwischen Pflanzern und Junkern hat in der Literatur von Moore bis Bowman hauptsächlich auf der Makroebene der politischen Ökonomie Interesse gefunden. Die Beziehung von Sklaven und ‚master' – gerade in ihrer alltäglichen Praxis – tritt dabei in den Hintergrund. Die einschlägigen Erörterungen Ostelbiens beziehen sich zudem vorwiegend auf das 19. Jahrhundert. Damit steht eine komparative Untersuchung von Südstaaten-Sklaverei und ostelbischer Gutsherrschaft vor den Agrarreformen nach wie vor aus.[10]

Dieser Beitrag soll Vorüberlegungen zu einem solchen Vergleich anstellen. Es geht dabei vor allem darum, das Verhältnis von Pflanzer und Sklaven einerseits mit der Beziehung von Gutsherrn und Untertanen andererseits zu *kontrastieren*. Die „soziale *Binnenstruktur*" von Rittergut und Plantage in ihrem jeweiligen politischen, ökonomischen und sozialen Umfeld steht im Vordergrund des Forschungsinteresses, das mit den Zielsetzungen der Potsdamer Arbeitsgruppe zur Gutsherrschaft also durchaus übereinstimmt.[11] Im folgenden soll freilich vor allem die amerikanische Seite des Vergleichs diskutiert werden.

In den Jahrzehnten vor dem Bürgerkrieg bezeichneten Südstaatler die in ihrer Heimat bestehende Form der Sklaverei gern als ‚peculiar institution', als ihre ganz eigene, besondere

6 *Jürgen Kocka*, Comparative Social Research. German Examples, in: International Review of Social History 38, 1993, 369–379. *George M. Fredrickson*, From Exceptionalism to Variability. Recent Developments in Cross-National Comparative History, in: JAmH 82, 1995, 587–609.

7 *Barrington Moore, Jr.*, Social Origins of Dictatorship and Democracy. Lord and Peasant in the Making of the Modern World. Boston 1966, ND 1993.

8 Zuletzt *Steven Hahn*, Class and State in Postemancipation Societies. Southern Planters in Comparative Perspective, in: The American Historical Review 95, 1990, 75–98.

9 *Shearer Davis Bowman*, Masters and Lords. Mid-19th-Century US Planters and Prussian Junkers. Oxford/New York 1993, 226–228, Anm. 11–17, gibt einen kurzen Überblick über diese Literatur, übersieht aber *Alan Richards*, The Political Economy of ‚Gutswirtschaft': A Comparative Analysis of East Elbian Germany, Egypt, and Chile, in: Comparative Studies in Society and History 21, 1979, 483–518, der sich auch zu den Südstaaten äußert.

10 Ein allgemeines Modell für einen Vergleich findet sich bei *Orlando Patterson*, Freedom, Vol. 1, Freedom in the Making. 1990.

11 *Jan Peters*, Gutsherrschaftsgeschichte in historisch-anthropologischer Perspektive, in: Gutsherrschaft als soziales Modell. Hrsg. v. Jan Peters. (HZ Beiheft, N. F. Bd. 18.) München 1993, 3–21, Zitat von S. 7.

Einrichtung. Ihr Selbstverständnis beruhte damit auf einer vergleichenden Sicht, die eine Sonderstellung für die Südstaaten beanspruchte und damit das Thema des gesamtamerikanischen ‚exceptionalism' variierte. So kann es nicht überraschen, daß seit langem komparative Studien eine herausragende Rolle in der Geschichtsschreibung der Südstaaten-Sklaverei spielen.[12]

Tatsächlich zeigen diese Forschungen, daß der US-amerikanische Typus eine Sonderstellung in der langen Reihe von Sklavensystemen einnimmt, die die Geschichte der Menschheit begleiten. Zum einen waren die Sklaven in den Südstaaten – wie auch in den anderen Teilen der Neuen Welt – ganz überwiegend in der kommerziellen Produktion auf landwirtschaftlichen Großgütern eingesetzt, die sich nahezu ausschließlich auf solche Zwangsarbeit stützten. Insgesamt dominiert dagegen in der Geschichte der Sklaverei der häusliche oder bloß supplementäre Einsatz von Sklavenarbeit.[13]

Zum zweiten gründete sich die ‚peculiar institution' auf eine rassistische Unterscheidung von ‚master' und Sklaven, die sie mit großer Konsequenz durchführte. Auch die übrigen Sklavengesellschaften der Neuen Welt rekrutierten zwar ihre Arbeitskräfte ganz überwiegend unter Afrikanern und deren Nachkommen, doch führte der relativ geringe Anteil von Schwarzen an der Gesamtbevölkerung der Südstaaten zu besonderen Rassenbeziehungen: die in Lateinamerika und der Karibik typische Mittelgruppe von ‚Mulatten' fehlte hier; ‚Schwarz' und ‚Weiß' wurden besonders scharf voneinander abgegrenzt.[14]

Ein drittes Merkmal schließlich zeichnet die Südstaaten vor allen anderen Sklavengesellschaften aus. Mehr als ein halbes Jahrhundert lang konnte die ‚peculiar institution' nahezu ohne Einfuhr von Sklaven überleben, ja sogar beispiellos expandieren. Diese wichtige Beobachtung verdient nähere Erläuterung.

Wie Anthropologen gezeigt haben, bedeutete die Sklaverei zunächst einen Aufschub, eine bedingte Umwandlung der Exekution von Kriegsgefangenen oder auch Straftätern.[15] Dieser Ursprung der Institution hat sich im lateinischen Begriff ‚servus – Sklave' erhalten, der auf das Verb ‚servare – retten' zurückgeht.[16] Noch in der frühen britischen Kolonialzeit wurde gelegentlich die Versklavung als Alternative zur Tötung legitimiert.[17]

Die Sklaverei setzte also regelmäßig *individuelle Versklavung* durch einen Gewaltakt voraus, der wichtige soziale Konsequenzen hatte. Der Sklave war seinem Herrn auf Gedeih und Verderb ausgeliefert. Er blieb zwar von der physischen Vernichtung verschont, erlitt aber den sozialen Tod. Damit verlor er auch seinen Platz in der Abfolge der Generationen; er wurde von seiner Familie, von Vorfahren und Nachkommen isoliert. Ja mit seiner sozialen Existenz wurde ihm selbst die Verfügungsgewalt über seinen Körper und die Entscheidung über die Fortpflanzung genommen.[18]

12 *Fredrickson,* Exceptionalism (wie Anm. 6).

13 *William D. Phillips, Jr.,* Slavery from Roman Times to the Early Transatlantic Slave Trade. Minneapolis 1985, 7–12. *Orlando Patterson,* Slavery and Social Death. A Comparative Study. Cambridge, Mass./London 1982, VII, 3.

14 *Carl N. Degler,* Neither Black nor White. Slavery and Race Relations in Brazil and the United States. New York 1971.

15 *Claude Meillassoux,* Anthropologie de l'esclavage. Le ventre de fer et d'argent. Paris 1986, 99–116 (mit Blick auf Afrika). *Patterson,* Slavery (wie Anm. 13), 5.

16 *Phillips,* Slavery (wie Anm. 13), 17.

17 *Fredrickson,* White Supremacy (wie Anm. 3), 71f.

18 *Patterson,* Slavery (wie Anm. 13), 1–14. *Meillassoux,* Anthropologie de l'esclavage (wie Anm.15), 35f.

Dieser sozialen entsprach die ökonomische Logik der Versklavung, die nicht mit einem Produktionsmodell zu fassen ist, sondern auf Raub basierte. Die gewaltsame Verschleppung fremder Zwangsarbeiter bot den Sklavenhaltern einen Kostenvorteil gegenüber der natürlichen ‚Reproduktion' der Arbeitskräfte innerhalb der eigenen Gesellschaft. Claude Meillassoux hält gerade das brutale Kalkül des Menschenraubs für das entscheidende Merkmal, das die Sklaverei von der Leibeigenschaft abgrenzt.[19]

Aus diesen sozialen und ökonomischen Kennzeichen folgt ein demographisches Merkmal der Sklaverei: In der Regel konnten sich Sklavenbevölkerungen nicht selbst erneuern oder gar vermehren. Gerade in diesem wichtigen Punkt unterscheiden sich die Südstaaten aber von allen anderen Sklavensystemen. Der stürmische Aufstieg des ‚Cotton Kingdom' vollzog sich nahezu ohne den Import afrikanischer Arbeitskräfte: nach dem 1808 in Kraft getretenen Einfuhrverbot stieg die Zahl der Sklaven in den Vereinigten Staaten von knapp 1,19 Mio. beim dritten US-Zensus 1810 auf 3,95 Mio. bei der Volkszählung von 1860.[20]

Marktproduktion, Zwangsarbeit und natürliche Reproduktion der Arbeitskräfte auf landwirtschaftlichen Großgütern bestimmen also den Rahmen der Pflanzer-Sklaven-Beziehung in den Südstaaten. In ihrer spezifischen Kombination grenzen diese Strukturmerkmale die ‚peculiar institution' gegen andere Sklavensysteme der Neuen Welt ab und ermöglichen den Vergleich mit ostelbischen Rittergütern.[21]

Die ökonomische Ratio der ‚peculiar institution' verbot es, die Sklaven *allein* mit physischem Zwang zu kontrollieren. Zum einen erschwerten die Produktionsbedingungen der Landwirtschaft eine effektive Überwachung der Arbeiter. Zum anderen kam schon eine zeitweilige Arbeitsunfähigkeit, die das Auspeitschen eines Sklaven leicht mit sich bringen konnte, den Besitzer teuer zu stehen. So sind sich auch die zahlreichen Traktate über das Plantagen-Management einig, daß der häufige Gebrauch der Peitsche ein Zeichen der Mißwirtschaft sei. Thomas Affleck etwa, der Autor eines weit verbreiteten Konto- und Betriebstagebuchs für große Sklavenplantagen, ermahnt die Aufseher: „The indiscriminate, constant and excessive use of the whip, is altogether unnecessary and inexcusable."[22]

Eine profitable Wirtschaftsführung verlangte also zunächst kalkulierte Selbstbeschränkung der ‚master' bei der Anwendung von Gewalt. Notwendiges Komplement dieser Selbstbeschränkung bildete die Unterwerfung der Sklaven unter eine wirksame soziale Kontrolle ihrer Eigentümer. Dabei spielte die Konstruktion einer sozialen Distanz zwischen Sklaven und ‚master' eine zentrale Rolle.[23]

Soziale Distanz ergab sich durchaus nicht ohne weiteres aus rechtlichen und ökonomischen Parametern, sie mußte im Kontakt zwischen Sklaven und Herrn hergestellt und bewahrt wer-

19 *Meillassoux,* Anthropologie de l'esclavage (wie Anm. 15), 36–39, 86–98. *Philip D. Curtin,* The Rise and Fall of the Plantation Complex. Essays in Atlantic History. Cambridge/New York 1990, 116–119.

20 US Department of the Interior, Population of the United States in 1860. Bd. 1. Washington, D. C. 1864; ND New York 1990, IX.

21 *Eugene D. Genovese,* Roll, Jordan, Roll. The World the Slaves Made. New York 1974, Paperback edition 1976, 5. Siehe auch *Bowman,* Masters and Lords (wie Anm. 9), 42–78.

22 *Thomas Affleck,* The Cotton Planation Record and Account Book. No. 2. 4th ed. Louisville, Kentucky 1852. *Richards,* Gutswirtschaft (wie Anm. 9), 484f., 498–500.

23 Wichtige Anregungen verdanke ich *Robert M. Berdahl,* The Politics of the Prussian Nobility. The Development of a Conservative Ideology, 1770–1848. Princeton 1988, Kap. 2.

den, wie die Sklavenhalter selbst wohl wußten. In einem Artikel in der Zeitschrift ‚American Farmer' forderte ein Pflanzer aus Virginia im Jahre 1852 etwa: „All conversation with a negro is forbid, except about his work. He should be kept as far from his master as possible, but with no accompanying *harshness;* he ought to be made to feel that you are his superior, but that you respect his feelings and wants."[24]

Die Geschichtsschreibung der Südstaaten-Sklaverei hat bisher die soziale Distanz zwischen Sklaven und ‚master' als gegeben vorausgesetzt und den Prozeß ihrer Konstruktion nicht problematisiert. Es ist eine Grundannahme dieser Arbeit, daß eine sorgfältige Analyse dieses Prozesses erheblich zum Verständnis der ‚peculiar institution' – wie auch der Gutsherrschaft – beitragen kann.

Die soziale Distanz zwischen Sklaven und Herrn konnte erst in der Begegnung hergestellt werden. Dies kann aber gewiß nicht bedeuten, daß sie sich unabhängig von allen äußeren Faktoren konstituiert hätte. Vielmehr bestimmte sie sich in einem Koordinatensystem, das zunächst auf die langfristigen Strukturbedingungen der Sklaven-'master'-Beziehung zurückging. Diese Matrix umfaßte wirtschaftliche, rechtliche, politische und kulturelle Parameter, von denen im folgenden die wichtigsten umrissen werden sollen.

„The end [of slavery] is the profit of the master ...," wie der Oberste Staatsgerichtshof von North Carolina 1829 in schöner Prägnanz formulierte.[25] Die ‚peculiar institution' war also zuerst und vor allem eine ökonomische, eine kommerzielle Institution. Zwei wirtschaftliche Merkmale der Südstaaten-Plantage spielen für die Beziehung von Sklaven und ‚master' eine besonders wichtige Rolle.

Zum einen erlaubte die Landwirtschaft des Südens – anders etwa als in der Karibik – die optimale Auslastung einer differenzierten Belegschaft von Frauen und Männern, von Kindern, Jungen und Alten. Diesem Strukturmerkmal der regionalen Landwirtschaft kommt überragende Bedeutung zu, denn es ermöglichte den Import eines – im Vergleich der Neuen Welt – ungewöhnlich hohen Anteils weiblicher Sklaven; damit war die demographische Voraussetzung für ein natürliches Wachstum der nordamerikanischen Sklavenbevölkerung geschaffen, das auch im wirtschaftlichen Interesse der Sklavenhalter lag.[26]

Die Sklavenfamilie erhielt so ihren Platz in der ‚peculiar institution', und wenn sie auch nie die Anerkennung und den Schutz der Gesetze erlangte, so fanden es die Sklavenhalter doch vorteilhaft, sie zu fördern, soweit dies ihre wirtschaftlichen Interessen im übrigen nicht beeinträchtigte. Die Sklavenfamilie versprach nicht nur den Gewinn zusätzlicher Geburten, sondern auch vielfältige Erleichterung im Management: denn die Familie gab dem Sklaven Hoffnung und ein Heim und machte ihn darum um so verletzlicher und also gefügiger.[27]

Zu diesem ersten wirtschaftlichen Strukturmerkmal der ‚peculiar institution' tritt ein zweites, das für das Verständnis der Sklaven-'master'-Beziehung von überragender Bedeutung ist: Die Südstaaten-Plantagen konnte sich zu keiner Zeit auf eine Subsistenz-Wirtschaft stützen. Eine Plantage mochte zwar einen gewissen Grad der Selbstversorgung erreichen, doch blieben

24 Zitiert nach *James O. Breeden* (Hrsg.), Advice among Masters. The Ideal of Slave Management in the Old South. Westport, Conn. 1980, 44f.

25 Zitiert nach *Genovese*, Roll, Jordam, Roll (wie Anm. 21), 35.

26 *Daniel C. Littlefield*, Rice and Slaves. Ethnicity and the Slave Trade in Colonial South Carolina. Baton Rouge/London 1981, 56–73.

27 *Degler*, Neither Black nor White (wie Anm. 14), 61–74. Besonders nachdrücklich Norrece T. Jones, Born a Child of Freedom Yet a Slave. Mechanisms of Control and Strategies of Resistance in Antebellum South Carolina. Hanover/London 1990, Kap. 2.

auch wohlhabende Pflanzer in der Regel von externen Kreditgebern abhängig. Die Plantagen waren daher – anders als etwa ostelbische Rittergüter – in ihrer Existenz nicht gesichert. Mißernten konnten die Betriebe besonders in ihrer Aufbauphase ernstlich gefährden.[28]

Damit waren Pflanzer und Sklaven eng aneinander gebunden. Die Pflanzer sahen sich auf eine gewisse Kooperation ihrer Sklaven angewiesen und daher zu Zugeständnissen gezwungen, wollten sie nicht ihren wirtschaftlichen Ruin riskieren. Ein Aufseher warnte 1836 nicht zu Unrecht: „Their [the slaves'] proper management constitutes the chief success of the master. If he has not a proper control of them, he had much better give up planting; for as sure as he continues they will ruin him."[29] Auf der anderen Seite verfügten die Sklaven nur über wenig Spielraum zum Widerstand, denn der Ruin der Plantage bedeutete fast immer den endgültigen Abschied von Freunden und Familie, die unwiderrufliche Trennung von Eltern und Kindern, von Geschwistern und von Ehepartnern. Die Plantage war das einzige Zuhause, das die Sklaven kannten[30]; und so lag das Überleben des Betriebes gleichermaßen im Interesse von ‚quarters' und ‚big house'.

Neben diesen wirtschaftlichen gilt es auch politische und kulturelle Parameter der Pflanzer-Sklaven-Beziehung zu berücksichtigen. Nach Herkunft, Sprache, Kultur und Religion gehörten die Sklaven einer besonderen Gruppe an, die von der euro-amerikanischen Mehrheit im Norden wie im Süden mit Argwohn und Widerwillen, ja mit Haß betrachtet wurde.[31] Die Anwesenheit einer afro-amerikanischen Bevölkerungsgruppe wurde weithin als Bedrohung, zumindest aber als Problem empfunden. Nicht von ungefähr hieß es denn auch in dem schon zitierten Urteil des Obersten Staatsgerichtshofs von North Carolina: „The end [of slavery] is the profit of the master, his security and public safety."[32]

Staat und Gesellschaft überließen die Kontrolle der Sklaven nahezu vollständig deren Eigentümern. Das Recht betrachtete Sklaven als Sache, als Privateigentum, das dem Zugriff des Gesetzgebers weitgehend entzogen war. Da sich die Vereinigten Staaten keiner ernsthaften militärischen Bedrohung gegenübersahen, konnte ein erheblicher Teil der Bevölkerung – immerhin rund 4 Millionen Menschen im Jahre 1860 – ohne Gefahr gänzlich vom politischen Prozeß ausgeschlossen werden. Erst Sezession und Bürgerkrieg schufen eine Situation, die die Integration der afro-amerikanischen Bevölkerung militärisch und politisch im Norden wie im Süden notwendig machte.[33]

Vor dem Bürgerkrieg hatten aber allein die Sklavenhalter ein positives Interesse an den Sklaven. Insofern mochte der Oberste Staatsgerichtshof von South Carolina nicht ganz unrecht haben, als er 1837 forderte: „The slave ought to be fully aware that his master is to him ... a per-

28 *Gavin Wright,* The Political Economy of the Cotton South. Households, Markets, and Wealth in the Nineteenth Century. New York 1978, 62–74. *Paul Gates,* The Farmer's Age: Agriculture 1815–1860. New York 1960, 138, 406–410.

29 Zitiert nach *Breeden,* Advice among Masters (wie Anm. 24), 34.

30 *Genovese,* Roll, Jordan, Roll (wie Anm. 21), 150, 456f., 535, 627.

31 *Eugene Berwanger,* Negrophobia in Northern Proslavery and Antislavery Thought, in: Phylon 33, 1972, 266–275, ND in: Proslavery Thought Ideology, and Politics. Ed. by. Paul Finkelman. New York 1989, 2–11.

32 *Eugene D. Genovese,* Roll, Jordan, Roll (wie Anm. 21). Siehe auch *Degler,* Neither Black nor White (wie Anm. 14), 89, und *Fredrickson,* White Supremacy (wie Anm. 3), 159f.

33 *Degler,* Neither Black Nor White (wie Anm. 14), 79–82. *Hahn,* Class and State (wie Anm. 8), 82. Allgemein dazu *Charles Tilly,* Coercion, Capital, and European States, AD 990–1992. Rev. paperback edition. Cambridge, Mass./Oxford 1992.

fect security from injury."[34] Natürlich fanden die Sklaven nichts weniger als einen ‚vollkommenen' Schutz bei ihrem Eigentümer, doch war der ‚master' häufig die einzige, dürftige Zuflucht, die ihnen blieb.[35]

War die Südstaaten-Sklaverei ihrer Bestimmung nach vor allem eine wirtschaftliche, danach auch eine politische Erscheinung, so blieb sie doch ihrer Form nach ein Rechtsinstitut, und auch auf diesem Gebiet erwies sie sich als ‚peculiar institution'. Denn die amerikanischen Gesetze bestimmten die afrikanische Abstammung zum *prima-facie*-Beweis der Unfreiheit. Die Unterscheidung von ‚master' und Sklaven nach ihrer Herkunft ist für die Sklaven-'master'-Beziehung von zentraler Bedeutung.[36]

Eine Vielzahl struktureller Parameter definierte den Rahmen der Sklaven-'master'-Beziehung. Doch erst die Wahrnehmungen, Bewertungen und Erwartungen des einzelnen transformierten diese Matrix in das Bezugssystem, nach dem sich die soziale Distanz zu anderen bestimmte. Auf Seiten der Sklavenhalter spielte dabei ein biologistisch definiertes Rassenkonzept die entscheidende Rolle. Anknüpfend an die afrikanische Herkunft, die allen Sklaven gemein war, wurde Unfreiheit und Zugehörigkeit zur sog. „Negerrasse" gleichgesetzt, und mit einem Bündel physischer, geistiger und charakterlicher Eigenschaften verbunden, die einen scheinbar absoluten Abstand zwischen ‚master' und Sklaven schufen. Ihr Verhältnis wurde so ein Verhältnis von ‚Schwarz' und ‚Weiß'.[37]

Die vermeintlich objektive „rassische" Überlegenheit des ‚master' diente zugleich dazu, seine vollkommene Verfügungsgewalt über die Sklaven zu rechtfertigen, ja, der Rassismus wurde zum Ordnungsprinzip einer Gesellschaft überhaupt, die freie Afro-Amerikaner nur mit Widerwillen und als Ausnahmeerscheinungen duldete. In einer berüchtigten Urteilsbegründung aus dem Jahre 1856 formulierte der Vorsitzende Richter des Obersten Bundesgerichts, Roger B. Taney, das Grundprinzip dieser schwarz-weißen Weltsicht in einer Klarheit, die selbst viele Zeitgenossen schockierte: Schwarze seien „beings of inferior order" und besäßen „no rights which the white man was bound to respect".[38]

Gewiß war Taneys Position radikal. Doch soll man, nach einem russischen Sprichwort, nicht den Spiegel schelten, wenn die Fratze schief ist. Mochte man sich auch um die Details streiten: nur wenige hätten die Überlegenheit der Weißen bezweifelt, niemand die Unterscheidung von Schwarz und Weiß an sich in Frage gestellt.

Es muß wohl kaum besonders betont werden, daß die Sklaven diese Weltsicht nicht teilten.[39] Der Topos des ‚poor white trash', der sich immer wieder in den Aussagen ehemaliger

34 Zitiert nach *Helen Tunnicliff Catterall* (Hrsg.), Judicial Cases Concerning American Slavery and the Negro. Bd. 2. Washington 1929, ND New York 1968, 365.

35 *Genovese*, Roll, Jordan, Roll (wie Anm. 21), 48.

36 Ebd., 3–7. *Degler*, Neither Black nor White (wie Anm. 14).

37 *Degler*, Neither Black nor White (wie Anm. 14), 85. *Fredrickson*, White Supremacy (wie Anm. 3), 79. *Winthrop D. Jordan*, White over Black. American Attitudes toward the Negro, 1550–1812. New York/London 1977 (Erstausgabe 1968).

38 *Alexander Grey* (Hrsg.), Opinions of the Supreme Court in the Dred Scott Case, 1856, in: From Revolution to Reconstruction. An HTML-Hypertext on American History from the Colonial Period until Modern Times. Hrsg. v. George Welling. Groningen 1996.

39 Darüber dürfen freilich die verheerenden psychischen Auswirkungen der Sklaverei nicht übersehen werden. Eine extreme Position vertritt *Stanley L. Elkins*, der die Sklavenplantage mit Konzentrations-

Sklaven findet, spricht hier Bände.[40] Doch konnten die Afro-Amerikaner sich der Wirkung des weißen Rassismus nicht entziehen. Ihr Aussehen verriet in der Regel ihre Rechtlosigkeit und machte sie verwundbar. Aber erst die willkürliche Gewalt, der die weiße Gesellschaft unfreie ebenso wie freie Afro-Amerikaner unterwarf, gab dem Eigentümer der Sklaven seine Rolle als letzte und einzige Zuflucht. Die ‚peculiar institution' beruhte auf dieser willkürlichen, omnipräsenten Gewalt, wie Genovese zu Recht betont; auch die Autorität des ‚gütigsten Pflanzer-Patriarchen' hing letztlich davon ab, daß den Sklaven sein Gegenbild als glaubhafte Drohung stets vor Augen stand. Der vielfache Hinweis ehemaliger Sklaven auf den brutalen Besitzer der Nachbarplantage spiegelt nicht nur die Umstände ihrer Befragung wider, sondern auch die Wirklichkeit der ‚peculiar institution'.[41]

Nicht umsonst haben es die Südstaaten versäumt, wirkungsvoll gegen die Mißhandlung von Sklaven vorzugehen. Als ein englischer Besucher South Carolinas im Jahre 1819 die Verstümmelung und Ermordung eines Sklaven publik machte, richtete sich die Entrüstung nicht etwa gegen den Mörder, sondern gegen den Ausländer, der es gewagt hatte, den guten Ruf des Staates anzutasten.[42]

Gewiß hätten viele Pflanzer solche Vorfälle verurteilt. Zudem sensibilisierte die wachsende internationale Kritik die Sklavenhalter in den letzten drei Jahrzehnten vor dem Bürgerkrieg und führte zu Reformbestrebungen innerhalb der Südstaaten.[43] Doch die rohe Gewalttätigkeit, auf die die ‚peculiar institution' sich gründete, erwies sich unbarmherzig im Menschenhandel, der das Überleben der Sklaverei erst ermöglichte. Es ist bezeichnend, daß auch unter ‚paternalistischen' Pflanzern der Verkauf widerspenstiger Sklaven ein unersetzliches Instrument des Management blieb.[44]

In der Theorie der ‚peculiar institution' war der Abstand zwischen Sklaven und Herren offensichtlich, absolut und unüberbrückbar. Ein anglikanischer Geistlicher aus Maryland behauptete im Jahre 1792, die Natur habe beide Seiten durch „insuperable barriers" voneinander geschieden; und wenig später, im Jahre 1800, erklärte ein Sklavenhalter: „In that conspicuous property of colour we and our slaves are not different, but opposite; our badges of distinction are black and white."[45]

Doch mochte die Theorie die Sklaven-‚master' -Beziehung auch schwarz-weiß sehen, die Praxis der ‚peculiar institution' war farbenfroher. Hier blieb die soziale Distanz zwischen Sklaven und Herrn ein Problem. Sie schwankte in Abhängigkeit von spezifischer Situation und

lagern vergleicht: Slavery. A Problem in American Institutional and Intellectual Life. 2d edition. Chicago/London 1968, 103–115, 225f. *Owens,* The Species of Property (wie Anm. 4), 214–226. Siehe dazu *Peter Kolchin,* Die südstaatliche Sklaverei vor dem Bürgerkrieg und die Historiker. Zur Debatte 1959–1988, in: GG 16, 1990, 161–186. Eine interessante Interpretation findet sich bei dem Philosophen *Laurence Mordekhai Thomas,* Vessels of Evil: American Slavery and the Holocaust. Philadelphia 1993.

40 *Genovese,* Roll, Jordan, Roll (wie Anm. 21), 22f.

41 Ebd., 48, 123–133. Jones, Born a Child of Freedom (wie Anm. 27), 86–92.

42 *Faux,* Memorable Days (wie Anm. 1), 88, 91–96.

43 *Genovese,* Roll, Jordan, Roll (wie Anm. 21), 49–70.

44 *Michael Tadman,* Speculators and Slaves. Masters, Traders, and Slaves in the Old South. Madison 1989. *Jones,* Born a Child of Freedom (wie Anm. 27).

45 Zitiert nach *Jordan,* White over Black (wie Anm. 37), 280, 513.

dem Verhalten der Beteiligten. Dabei spielten die persönlichen Begegnungen von Sklaven und Herrn oder Aufseher eine entscheidende Rolle.[46]

Schon die Betriebsführung einer Plantage verlangte eine strikte persönliche Aufsicht über die Sklaven.[47] Management-Ratgeber drängten, wie wir gesehen haben, solche Kontakte auf das von der Wirtschaft unabdingbar geforderte Maß zu beschränken; doch genügte die Wirklichkeit diesem Anspruch oft nicht. Pflanzer nahmen an den ‚frolics', den Festen, ihrer Sklaven teil, hörten der Musik in den Quartieren zu und spielten gelegentlich wohl auch mit ihren Lieblingen unter den Sklavenkindern.[48] Solche engen Kontakte auch über die Arbeit hinaus begründeten oft eine intime Beziehung von Sklaven und ‚master', die der Propaganda als Beweis für die paternalistische Natur der ‚peculiar institution' diente. In Einzelfällen konnte es auch tatsächlich zu starken emotionalen Bindungen zwischen Sklaven in besonderen Stellungen und ihren Eigentümern kommen. In der Regel aber bedeutete Intimität keinen Schutz vor Mißbrauch, ja oft genug bot sie erst Anlaß und Gelegenheit dazu; denn intimer Umgang verkürzte die soziale Distanz zwischen Sklaven und Herrn.[49]

Auf Farmen und Plantagen, die eng in die weiße Gesellschaft eingebunden waren, gewährleistete die rassistische Unterscheidung von ‚Schwarz' und ‚Weiß' in der Regel, daß auch enge Kontakte mit den Sklaven die soziale Überlegenheit des ‚master' nicht kompromittierten. Freilich kam es selbst hier zu Problemen, wenn der Eigentümer gravierende Schwächen zeigte. Es kann kaum überraschen, daß ein ‚master', der sich in Gesellschaft von Sklaven betrunken hatte, seine Autorität mit der Peitsche wiederherzustellen suchte, nachdem der Rausch verflogen war; und der Verkauf von Kind und Konkubine, unübersehbare und unliebsame Erinnerungen vergangener Verfehlungen, gehört ebenfalls in diesen Zusammenhang.[50]

Insbesondere aber dort, wo eine enge Einbindung in die weiße Gesellschaft fehlte, mußte ein intimer Umgang mit Sklaven die soziale Überlegenheit von Weißen gefährden. Die Plantagen-Aufseher bieten dafür ein anschauliches Beispiel. Pflanzer verlangten geradezu die Quadratur des Kreises von ihren Verwaltern: sie sollten es vermeiden, das Anwesen zu verlassen oder auch nur Gäste einzuladen; sie sollten Feld und Quartier so eng wie nur möglich überwachen; und doch sollten sie so viel Abstand von den Sklaven wahren, daß ihre Autorität unangefochten blieb. Nur wenige Aufseher konnten solch einem Ideal genügen; oft genug blieb ihnen nur die Peitsche, um sich durchzusetzen. So kann es nicht überraschen, daß ihr Stand bei Sklaven und Pflanzern gleichermaßen verrufen war.[51]

In Einzelfällen mochte ein Verlust sozialer Distanz sogar die Kontrolle der Sklaven durch ‚master' oder Aufseher selbst gefährden. 1859 berichtete ein Verwandter dem abwesenden Eigentümer einer Plantage in Arkansas über den Verwalter: „he has made himself so familiar with the hands, that they do him as they please."[52] Und von einer kleinen Farm im Hügelland

46 *Genovese,* Roll, Jordan, Roll (wie Anm. 21), 7–25.

47 *Richards,* Gutswirtschaft (wie Anm. 9), 499f.

48 *Genovese,* Roll, Jordan, Roll (wie Anm. 21), 502–519, 566–584.

49 Ebd., 147f., 327–365.

50 Ebd., 645f. *George P. Rawick,* From Sundown to Sunup. The Making of the Black Community. (The American Slave. A Composite Autobiography, Bd. 1.) Westport, Conn. 1972, 135. Rev. *H. Mattison,* Louisa Picquet, the Octoroon. A Tale of Southern Slave Life. New York 1861, ND 1988.

51 *Genovese,* Roll, Jordan, Roll (wie Anm. 21), 7–25.

52 James Sheppard Papers. Records of Antebellum Southern Plantations from the Revolution through the Civil War. Hrsg. v. Kenneth M. Stampp. Series F, part 1. Frederick, MD 1986, reel 23, frames 838–840.

South Carolinas berichtete ein Reisender wenig später über das ungebührliche Betragen des Sklaven Charles, der keine Eile hatte, Besucher des Hauses zu bedienen. Auch der tadelnde Hinweis seiner ‚mistress', die Herren hätten wenig Zeit, wollte nicht helfen; Charles murmelte nur, die Gäste müßten eben warten, sie seien „no more gentlemen than he", und fuhr ungerührt in seiner Behäbigkeit fort. Der Reisende übrigens, ein Rechtsanwalt aus South Carolina und selbst ein Sklavenhalter, kommentierte den Vorfall: „[it] may seem a strange state of society for the great slave State of South Carolina, but was nothing uncommon".[53]

Diese Fälle dürfen nicht darüber hinwegtäuschen, daß in der Regel ‚master' und Aufseher die Einbuße sozialer Distanz mit Gewalt beantworteten und so ihre Kontrolle der Sklaven aufrechterhielten. Es ist durchaus kein Zufall, daß Simon Legree, der Prototyp des brutalen Pflanzers aus ‚Onkel Tom's Hütte', weit abseits der weißen Zivilisation und allein mit seinen Sklaven lebt, die ihm unter der Peitsche Freunde und Familie ersetzen müssen.[54]

Dieser Beitrag hat anhand grundsätzlicher Überlegungen zur Südstaaten-Sklaverei einen analytischen Rahmen entwickelt, der einen Vergleich von Plantage und Rittergut ermöglichen soll. Soziale Kontrolle und soziale Distanz, Zwang und Gewalt sind die Schlüsselbegriffe des hier umrissenen Projekts. Profitables Sklaven-Management konnte sich nicht allein auf physischen Zwang stützen. Vielmehr mußten die Pflanzer ihre Sklaven einer effektiven sozialen Kontrolle unterwerfen. Dabei kam der Herstellung sozialer Distanz große Bedeutung zu.

Die Südstaaten-Sklaverei schied Sklaven und Herrn strikt nach ihrer vermeintlichen Rassenzugehörigkeit; sie schuf damit ein sichtbares Zeichen der Unfreiheit und eine scheinbar unüberbrückbare Distanz zwischen Sklaven und Herrn. Enge Kontakte konnten so zu intimen Beziehungen führen, ohne die soziale Überlegenheit des ‚master' notwendig zu unterminieren. Wo aber persönliche Schwächen des Eigentümers oder eine relative Isolierung vom Zusammenhang der weißen Gesellschaft die soziale Distanz zwischen Sklaven und ‚master' gefährdeten, vermochte nur Gewalt die Autorität des Herrn zu sichern.

Aus dieser Beobachtung darf freilich nicht geschlossen werden, daß offene Gewalttätigkeit gewissermaßen nur als Fehlfunktion im Regelsystem der ‚peculiar institution' zu betrachten sei. Vielmehr gab erst die ständige Bedrohung der Sklaven durch eine feindliche und brutale Umgebung dem ‚master' die Rolle des ‚Schutzherrn' seiner ‚black family'. Doch stand dieser Schutz stets unter Vorbehalt: die Auslieferung an den Sklavenhändler galt auch ‚paternalistischen' Pflanzern als unverzichtbare und legitime Strafe für mißliebige Sklaven. Nackte Gewalt war also das Fundament der ‚peculiar institution'.

Marshall Butler, ein ehemaliger Sklave aus Georgia, fand keine guten Worte für Vergleiche der Südstaaten-Sklaverei mit ‚feudalen' Verhältnissen. 1937 erklärte er einem Interviewer: „Marse Frank wuz like a foodal lord of back history as my good fornothing grandson would say". Butler ließ keinen Zweifel, daß er für ‚diesen Müll', „dat trash", nur Verachtung übrig habe.[55] Ostelbische Gutsherrschaft und Südstaaten-Sklaverei waren in der Tat ganz unterschiedliche Institutionen. Wenn es aber gelingt, die *jeweils spezifischen* Formen sozialer Kontrolle, die *spezifischen* Konstellationen sozialer Distanz und vor allem die *jeweils spezifische* Funktion von Gewalt und Zwang im Vergleich hervortreten zu lassen, so hat das hier vorgeschlagene Projekt seine Berechtigung.

53 Zitiert nach *Owens*, This Species of Property (wie Anm. 4), 93.

54 *Harriet Beecher Stowe*, Uncle Tom's Cabin. New York 1966 (zuerst 1851–52), 349–442.

55 *George P. Rawick* (Hrsg.), The American Slave. A Composite Autobiography. Bd. 12/1. Westport, Conn. 1972, 162.

ANDREAS SUTER

Informations- und Kommunikationsweisen aufständischer Untertanen*

> „None of the practices and discourses of resistance can exist without tacit or acknowledged coordination and communication within the subordinate group. For that to occur, the subordinate group must carve out for itself social spaces insulated from control and surveillance from above."
> James C. Scott[1]

In den letzten Jahren ist die verbreitete Vorstellung eines scharfen Kontrasts und Gegensatzes zwischen ostelbischen Guts- und westelbischen Grundherrschaftsgesellschaften in Frage gestellt und differenziert worden.[2] Diese Differenzierung umfaßte insbesondere den Gegenstand des konfliktiven Umgangs zwischen Untertanen und Herrschaft. Jüngere Forschungen zeigen, daß die ostelbischen Untertanen ihrer Herrschaft keineswegs ständig mit jener devot passiven Haltung gegenübertraten, wie dies zeitgenössische Quellen und Untersuchungen aus dem 19. und auch 20. Jahrhundert behaupteten.[3] Vielmehr kann man beobachten, daß die Untertanen diesseits wie jenseits der Elbe ein über viele Strecken identisches Repertoire des politischen Umgangs mit der Herrschaft besaßen. Hier wie dort umfaßte dieses Repertoire legale wie protest- bzw. gewalthafte Mittel der Artikulation und Durchsetzung von Untertaneninteressen gegenüber dem lokalen Adel und dem Territorialstaat.

Solche Differenzierungen überscharf gezeichneter Kontraste und Eigenschaftszuschreibungen sind zweifellos sehr wichtig. Ebenso wichtig bleibt jedoch die Aufgabe, die politischen Kulturen einzelner historisch-geographischer Räume im Sinne einer Gesamtsicht nach ihren prägenden Merkmalen zu charakterisieren, die Bedingungen des Entstehens, der Kontinuität und der Wandlungen derartiger Merkmale zu klären und sie schließlich in ihren Wechselwirkungen zu der umfassenderen „großen" Politik der Eliten, d.h. der Grund- und Gutsherren sowie des Territorialherrn, zu untersuchen.[4] Eine solche Gesamtsicht macht deut-

* Die Ausarbeitung dieses Aufsatzes erfolgte während eines Aufenthalts am Graduiertenkolleg „Sozialgeschichte von Gruppen, Schichten, Klassen und Eliten" der Universität Bielefeld. Ich danke Thomas Müller für die kritische Durchsicht des Manuskripts und dem Leitungsgremium des Graduiertenkollegs, Wolfgang Mager, Barbara Potthast-Jutkeit und Klaus Tenfelde, daß meine Pflichten als Gastdozent mir Zeit für eigene Forschungen ließen.

1 *James C. Scott,* Domination and the Arts of Resistance. New Haven/London 1990, 118.

2 Siehe *Heide Wunder,* Peasant Organization and Class Conflict in East and West Germany, in: La Parola del Passato 78, 1978, 47–55, hier 50ff. *Dies.*, Bauern und bäuerlicher Widerstand in der ostelbischen Gutsherrschaft (1650–1790), in: Sozialwissenschaftliche Informationen für Unterricht und Studium 12, 1983, 231–237, hier 231f.

3 Vgl. *Jan Peters* (Hrsg.), Konflikt und Kontrolle in Gutsherrschaftsgesellschaften. Über Resistenz und Herrschaftsverhalten in ländlichen Sozialgebilden der Frühen Neuzeit. Göttingen 1995.

4 William Hagen führt die Fruchtbarkeit dieser Perspektive für Brandenburg und Polen in seinem Beitrag zum vorliegenden Tagungsband: „Die brandenburgischen und großpolnischen Bauern im Zeitalter der Gutsherrschaft, 1400–1800: Ansätze zu einer vergleichenden Analyse" beispielhaft vor.

lich, daß es im Spätmittelalter und in der Frühen Neuzeit ungeachtet aller Gemeinsamkeiten Regionen mit unterschiedlich ausgeprägten politischen Kulturen von Protest und Widerstand gab.

Ein Beispiel dafür sind die unterschiedlich ausgeprägten Widerstands- und Konfliktkulturen in den ostelbischen Gebieten und dem Gebiet der Alten Eidgenossenschaft, die sich durch ein je spezifisches und charakteristisches Mischungsverhältnis der von den ländlichen Untertanen verwendeten politischen Mittel der Interessenartikulation und -durchsetzung deutlich voneinander abhoben.[5] In der Alten Eidgenossenschaft waren die offenen Formen des Widerstands, in den ostelbischen Gutsherrschaftsgesellschaften dagegen die verdeckten Formen des Widerstandshandelns von größerer Bedeutung.[6]

Nach dem heutigen Kenntnisstand waren im wesentlichen drei Faktoren für die Entstehung und Kontinuität solch regionaler politischer Kulturen von Protest und Widerstand verantwortlich. Gemeint sind die Handlungsfähigkeiten (1) und die Handlungsgelegenheiten (2) der Akteure sowie die ihnen kulturell vermittelten Grade der Herrschaftsakzeptanz und Widerstandsbereitschaft (3), die in einzelnen historisch-geographischen Räumen erheblich variieren konnten. In Erweiterung dazu möchte dieser Aufsatz die wichtige Bedeutung eines vierten Faktors herausarbeiten. Die These lautet, daß die ausgeprägte politische Kultur des offenen kollektiven Protests und Widerstands, wie man sie in der Alten Eidgenossenschaft im Zeitraum der Frühen Neuzeit beobachtet, bestimmte Informations- und Kommunikations-

Danach spielte im 17. und 18. Jahrhundert der Verlust der Kontrolle über die Agrarwirtschaft und Agrarpolitik in Polen und die Intensivierung dieser Kontrolle in Brandenburg-Preußen in der „großen Politik" eine zentrale Rolle. Die damit einhergehende Schwächung bzw. Stärkung der staatlichen Machtfülle war für den Verlust der polnischen Eigenständigkeit bzw. den Erfolg der preußischen Expansion mit verantwortlich. In der Tagungsdiskussion präzisierte Hagen, daß die unterschiedlichen Intensitäten der Kontrolle über den Agrarsektor mindestens zum Teil bestimmt war durch den im Vergleich zu Polen schwächer ausgeprägten bäuerlichen Widerstand in Brandenburg-Preußen. Die Politik der eidgenössischen Orte gegenüber den umliegenden Staaten im gesamten Zeitraum der Frühen Neuzeit läßt sich zum Teil mit ähnlichen Überlegungen erklären. Zusammen mit der Kleinheit des Territoriums, der Armut des Territoriums an natürlichen Ressourcen und der inneren Gegensätze zwischen den einzelnen Orten war der starke Widerstand der Untertanen ein vierter wichtiger Faktor für die Schwächung der staatlichen Macht in der Alten Eidgenossenschaft. Dieser Umstand zwang wiederum die Eliten zu einer zurückhaltend defensiven Außenpolitik.

5 Siehe dazu sowie zu den Definitionen der nachstehend verwendeten Begriffe des offenen Widerstands, des verdeckten Widerstands, der Handlungsfähigkeiten, der Handlungsgelegenheiten und der kulturell vermittelten Grade der Herrschaftsakzeptanz und Widerstandsbereitschaft *Andreas Suter*, Regionale politische Kulturen von Protest und Widerstand im Spätmittelalter und in der Frühen Neuzeit, in: GG 21, 1995, 161–194.

6 Die erwähnten Forschungsergebnisse in *Peters* (Hrsg.), Konflikt und Kontrolle (wie Anm. 3), über die vorhandene Resistenz in Gutsherrschaftsgebieten bestätigen diesen Befund. Nach den dort vorgestellten Untersuchungen zu urteilen, erreichte die Resistenz in den untersuchten ostelbischen Gutsherrschaftsgebieten im Vergleich zur Alten Eidgenossenschaft seltener den Erheblichkeitsgrad von Revolten, Gebiete mit einer eigentlichen Revoltentradition fehlten, und die Eskalation von Revolten zu noch größeren „Bauernkriegen" oder in einen Fall sogar zu einer „Revolution" kam ebenfalls nicht vor. Siehe dazu auch die quantitativen Hinweise bei *Suter*, Regionale politische Kulturen (wie Anm. 5), 162ff.

weisen der Untertanen voraussetzte, welche sich von denjenigen der Untertanen in Gutsherrschaftsgesellschaften deutlich unterschieden.[7]

Am Beispiel von Quellenmaterial aus dem schweizerischen Bauernkrieg von 1653 wird diese These in vier Teilen empirisch entfaltet.[8] Der erste Teil erklärt, warum leistungsfähige Informations- und Kommunikationsweisen überhaupt eine zentrale Voraussetzung des offenen kollektiven Widerstands darstellten. Der zweite Teil zeigt, wie die Untertanen in der Frühphase des Konflikts, in der die Grenze zum offenen kollektiven Widerstand überschritten wurde, untereinander kommuniziert haben. Drittens wird dargelegt, daß die intensive Kommunikation von Untertanen angesichts der kulturellen Hegemonie der Herrschaft großen Schwierigkeiten begegnete und für die Untertanen hohe potentielle Kosten in Form von drohenden Sanktionen nach sich zog. Der vierte, zusammenfassende Teil stellt Überlegungen an, warum es den eidgenössischen Untertanen im Zeitraum der Frühen Neuzeit trotzdem vergleichsweise oft gelang, diese Schwierigkeiten zu überwinden und ihre Interessen auf dem im Vergleich zum verdeckten Widerstand risikoreicheren aber auch wirksameren Weg des offenen kollektiven Protests und Widerstands zu artikulieren und teilweise auch wirklich durchzusetzen.

1. Kommunikation als Voraussetzung des offenen kollektiven Widerstands

Warum ist Kommunikation eine Grundvoraussetzung für den offenen kollektiven Widerstand? Antworten auf diese Frage geben Quellen, wie sie aus der Frühphase des Bauernkriegs von 1653 aus der Talschaft Entlebuch, dem späteren Zentrum des Aufstands, überliefert sind.[9] In diesen Quellen nannte man diese Phase „Unruhe". „Unruhe" ist ein herrschaftlich besetzter Begriff und er meinte, daß zwar noch nichts passiert war, was das Verhalten der Untertanen als eine offene, unzweideutige, kollektive Mißachtung herrschaftlicher Gesetze und Anordnungen, eben als eine Revolte, qualifizierte. Aber es gab doch auch sehr deutliche Anzeichen, daß die Untertanen zutiefst unzufrieden waren und sich die Normalität des politischen Alltags langsam aber sicher zersetzte. Konkrete Zeichen der „Unruhe" waren beispielsweise heftige verbale Wortwechsel, welche einzelne oder ganze Gruppen von ländlichen Untertanen mit Herrschaftsvertretern führten, wenn sie ihnen auf der Landschaft begegneten.

Alle überlieferten Streitgespräche thematisierten die Tatsache, daß die Landwirtschaft in einer schweren Krise stecke, die durch die eigennützige herrschaftliche Wirtschaftspolitik noch verschärft worden wäre. Anlaß zu Kritik, Streit und Kontroversen mit den Herrschaftsbeamten gab insbesondere der Umstand, daß es die Obrigkeit abgelehnt hatte, der Forderung

7 Für die Informations- und Kommunikationsweisen der Untertanen in Gutsherrschaftsgesellschaften siehe *Jan Peters*, Informations- und Kommunikationssysteme in Gutsherrschaftsgesellschaften (Vortragsmanuskript). Die schriftliche Fassung im vorliegenden Tagungsband, S, 185–197.

8 Die nachstehenden Ausführungen stützen sich auf die eingehende Untersuchung dieses Konflikts in *Andreas Suter*, Der schweizerische Bauernkrieg von 1653, Politische Sozialgeschichte – Sozialgeschichte eines politischen Ereignisses, Tübingen 1997. Da die Ausführungen und Literaturhinweise in diesem Aufsatz knapp gehalten werden müssen, sei auf die dortigen, sehr viel detaillierteren Untersuchungen in Teil I, Kap. 2, hingewiesen.

9 Diese Quellen befinden sich heute in den Staatsarchiven von Luzern und Bern unter den Signaturen 13/3770–3845, „Bauernkrieg 1653" bzw. A IV, 180–188, „Allgemeine eidgenössische Bücher".

der Untertanen nach verschiedenen Krisenbekämpfungsmaßnahmen stattzugeben. Tatsächlich hatten die Untertanen im Vorfeld der Diskussionen solche Maßnahmen auf legalem Weg, auf dem Weg der demütigen Supplikation, vorgebracht. Ihre Bitte aber war abgewiesen worden.

Untersucht man die vorgebrachte Herrschaftskritik genauer, stellt man fest, daß die Untertanen in dieser Konfliktphase keineswegs eine übereinstimmende Sicht besaßen von der aktuellen Krisensituation, von der Bewertung des herrschaftlichen Verhaltens in dieser Krise und von den Handlungsoptionen, die sie aus der Krise herausführen könnten. Eine erste Lagebeurteilung zeigt eine vollständig passive und resignierte Haltung. Die Verweigerung herrschaftlicher Hilfe sei zwar ungerecht und schlimm, aber man müsse dieses Verhalten eben ertragen. Offener Widerstand sei angesichts der herrschaftlichen Machtfülle nicht nur vollkommen sinn- und nutzlos, sondern verstoße auch gegen die göttliche und natürliche Ordnung. Denn „welcher Gott, die Oberkeit unnd dz wätter tadle, der sye ein narr“.[10]

Ein zweiter Untertan teilte den Glauben des ersteren an die Übermacht der Herrschaft. Immerhin sah er für sich und die anderen trotz allem noch eine mögliche Handlungsoption. Diese beinhaltete allerdings nicht den offenen Kampf mit der Herrschaft, sondern die Flucht vor ihr. Wohl in Anlehnung an die biblische Geschichte vom Auszug des jüdischen Volkes aus der ägyptischen Knechtschaft in das Gelobte Land entwickelte er die Vision eines kollektiven „Austretens“ der Entlebucher Untertanen, wie es in Gutsherrschaftsgesellschaften sehr verbreitet war. Er sagte: „Sy wollend einen Fahnen uffrichten und einem frömden Herren zuziehen, sy muessend eben nit im Land syn“.[11]

Ein dritter Untertan, Lenzens Sohn genannt, interpretierte die Optionen der Untertanen ungleich aktiver und berief sich dabei auf die Gewißheit, daß sie gegenüber der Herrschaft auch legitime Ansprüche besäßen, die sie einfordern und wenn nötig mit Kampfmaßnahmen auch durchsetzen könnten: „Die Oberkeit die fuhle (hat) lengzist dem kind das brod von dem mul abgeschnitten“.[12] Angesichts der offensichtlichen Verletzung herrschaftlicher Fürsorgepflichten, wie sie an dieser Stelle angeprangert wird, beanspruchte der Lenzen Sohn für sich und die anderen Untertanen ein Widerstandsrecht und schlug konkret einen Zinsen- und Zahlungsstreik vor.

Die radikalste Position zeigt sich aber in der Einschätzung von Poley Christen. Als kleinerer Käsehändler hatte er unter der herrschenden Landwirtschaftskrise besonders stark zu leiden. Denn im Unterschied zu größeren Bauern und Händlern besaß er keinerlei finanzielle Rücklagen, um die Krisenzeiten zu überbrücken. Entsprechend seiner besonderen Betroffenheit gehörte er zu den ersten Untertanen überhaupt, die den offenen Widerstand propagierten.[13] So stellte er im Zusammenhang mit der Verweigerung der herrschaftlichen Unterstützung in der Krise fest, „dass min Gnädige Herren nur den Tellen mit ihnen spielen, aber es müsst nit mehr lang währen“.[14] Den „Tellen“ mit den Entlebuchern „spielen“: Mit diesem einen kurzen Satz wird die ganze Herrschaft der Luzerner Obrigkeit radikal in Frage gestellt. Denn er beschwört nichts weniger als die kollektive Erinnerung der Untertanen an die

10 Staatsarchiv Luzern, 13/3580, 22. Februar 1653.

11 Staatsarchiv Luzern, 13/3571, 18. Januar 1653.

12 Staatsarchiv Luzern, 13/3580, 22. Februar 1653.

13 Vgl. *Suter*, Der schweizerische Bauernkrieg (wie Anm. 8), Teil II, Kap. 4.5, 508ff.

14 Staatsarchiv Luzern, 13/3570, 12. Januar 1653.

mythische Figur des Wilhelm Tell, an seine Geschichte und an die historische Situation, in der er angeblich gelebt hatte.

Es ist die Situation von Untertanen, die unter der tyrannischen Herrschaft österreichischer Vögte leben mußten und deren geschriebene Rechte wie billige Ansprüche systematisch mißachtet wurden. Es ist mehr noch die Geschichte des Wilhelm Tell und der anderen Eidgenossen, die im kühnen Kampf die Vögte vertrieben oder gar töteten und damit die ungerechte Herrschaft auf ewig beseitigten. Angesichts dieser kollektiven geschichtlichen Erinnerung und der Parallelisierung der damaligen mit der aktuellen Lage erscheint die Zurückweisung des legitim erachteten bäuerlichen Anspruchs auf Unterstützung durch die Luzerner Obrigkeit in einem nochmals anderen und gänzlich neuen Licht.

Die Zurückweisung wird als weiteres Glied einer langen Kette von Verletzungen gerechtfertigter Ansprüche und festgeschriebener Rechte durch die Luzerner Obrigkeit interpretiert. Der einzelne Tatbestand verwandelt sich damit in ein Indiz für einen grundlegenden Charakter- und Wesenszug der Herrschaft und führt zum Befund, daß die Luzerner Obrigkeit eine Tyrannei ausübe. Auf der Grundlage einer solchen Einschätzung wird ein äußerst radikales politisches Programm denkbar, welches weit über das hinausgeht, was der Lenzen Sohn vorgeschlagen hatte. Nach der Vorstellung von Poley Christen konnte es nicht mehr nur darum gehen, einen ganz bestimmten, vereinzelten legitimen Anspruch allenfalls mit kämpferischen Mitteln durchzusetzen. Es ging Poley Christen vielmehr um die kämpferische Realisierung des revolutionären Programms, das Wilhelm Tell und die alten Eidgenossen den Untertanen angeblich vorgelebt hatten. Es geht um die kollektive Befreiung von den Fesseln einer tyrannischen Herrschaft durch ihre physische Vertreibung und Vernichtung.

Die geschilderten Diskussionen zeigen bereits sehr viel und eines ganz bestimmt: Es war wahrlich ein Stimmengewirr, das in der Phase der Unruhe herrschte, ein regelrechtes ländliches „Charivari“ voller Dissonanzen, schroffer Gegensätze und unvereinbarer Ansichten, wie denn das Verhalten der Obrigkeit im Angesicht der Krise zu deuten sei und was entsprechend getan werden könnte. Eben aus diesem Grund war in der Folge die intensive Kommunikation zwischen den Untertanen von alles entscheidender Bedeutung. Denn um überhaupt als Kollektiv handeln zu können, mußten die Untertanen zuerst eine gemeinsame Deutung der Krise etablieren und sie mußten sich dann auf eine gemeinsame Handlungsoption festlegen, die sie aus dieser Krise führen könnte. Um aber all diesen Anfordernissen gerecht werden zu können, mußten sich die Untertanen austauschen, sie mußten miteinander reden.

Wie der weitere Konfliktverlauf zeigte, glückte das schwierige Unterfangen. Rund einen Monat nach den vorgestellten Streitgesprächen hatten sich die Entlebucher Untertanen, immerhin eine Einwohnerschaft von rund 4000 Personen, die zudem über ein sehr großes Gebiet von rund 400 Quadratkilometern verteilt lebten, geschlossen für eine Handlungsoption entschieden; sie gingen von der „Unruhe“ zum offenen kollektiven Widerstand über. Dieser nahm vorerst die Form und Qualität einer Revolte an. Die revolutionäre Phase folgte später. Wie also tauschten sich die Untertanen in dieser Phase untereinander aus?

Entgegen einer naheliegenden Vermutung kommunizierten sie nicht auf dem Weg der Schrift. Näher besehen liegen die Gründe dafür allerdings auf der Hand. Einmal war es gefährlich, über derartige Gegenstände zu reden, geschweige denn zu schreiben. Schriftliche Dokumente liefern stets bleibende Beweise und in diesem Fall Beweise für subversives Tun. Gerade in dieser schwierigen Zeit und Übergangsphase, da sich die Untertanen der Herrschaft gegenüber noch nicht offen als Rebellen zu erkennen gegeben hatten und dies auch noch nicht konnten – denn den Konsens für diesen Entscheid galt es noch herzustellen –, mußte man das

Entstehen solcher Beweisstücke verhindern: „Sie wollen kein schreiben machen. Der buchstabe bliebe und könne der [...] oberkeit in die hand werden."[15]

Ein weiterer Grund für den Verzicht auf die schriftliche Kommunikation bestand darin, daß das Abschreiben und Vervielfältigen subversiver Texte von Hand geschehen mußte, was sehr teuer und zeitraubend war. Eine Alternative dazu gab es nicht, denn es fehlte den Untertanen an technischen Kopiermitteln. Mit kluger Berechnung hatten nämlich die Obrigkeiten in den Untertanengebieten die Errichtung von Druckereien verboten und sich das Monopol über dieses Massenmedium gesichert.[16]

Wie aber, wenn denn nicht auf schriftlichem Wege, kommunizierten nun aber die 4000 Personen untereinander? Die Bewältigung dieser Aufgabe war nicht nur angesichts der großen Zahl der potentiell Anzusprechenden und auch nicht nur in Anbetracht der Größe des Gebiets, welches sie bewohnten, schwierig zu lösen. Schwierig zu lösen war diese Aufgabe auch deshalb, weil die meisten von ihnen nicht in geschlossenen Dorfsiedlungen, sondern weit verstreut voneinander entfernt in abgelegenen Einzelhöfen wohnten, die zudem wegen der vielen Hügelzüge, Quer- und Paralleltäler in vielen Fällen sehr schwer zugänglich waren.

Wie die Untersuchung der folgenden Konfliktphase zeigt, wurde die Lösung all dieser Schwierigkeiten in erster Linie durch das Mittel der rituellen und symbolischen Kommunikation erreicht. Die Überschreitung der Grenze von der Unruhe zum offenen kollektiven Widerstand war nämlich von einer ganzen Reihe öffentlicher, dramatischer Inszenierungen begleitet, welche in hohem Maße leicht lesbare und weit hörbare Zeichen, Symbole und Rituale verwendeten. Die erste Inszenierung hatte die Gestalt eines Umzuges. Unter werbender Geigenmusik und unter Mitführung einer selbstgefertigten Fahne, in die das Zeichen eines Knüppels – die Waffe des armen Mannes und des Aufstandes – gemalt war, und mit solchen selbstgefertigten Waffen auf den Schultern zog ein Trupp von Untertanen in aller Öffentlichkeit stundenlang von oben bis unten und kreuz und quer durch die gesamte Talschaft. Sie gaben auf diese Weise das Signal, sich zur offenen Revolte zu versammeln.

Die zweite dramatische Inszenierung besaß die Form einer Prozession zum Entlebucher Wallfahrtsort Heilig Kreuz. Die Nachricht und Aufforderung, sich auf eine Prozession zu begeben, wurde durch laute Kanonenschüsse, die bei der Wallfahrtskirche abgefeuert wurden, verbreitet. Die Kirchenglocken in den sieben Kirchspielen der Talschaft nahmen das dumpfe Donnern der Kanonenschüsse sogleich auf und antworteten mit hellem Glockengebimmel. Bald war dieses seltsame Gemisch von Kanonenschüssen und Glockengeläut im ganzen Tal zu hören. Und da es sich um ein bekanntes religiöses Ritual handelte, wie es die Untertanen dieser Gegend jedes Jahr dreimal in ähnlicher Weise durchführten, wurde das Lautgemisch augenblicklich verstanden. Heute war Prozessionstag!

Rasch verstanden wurde aber nicht nur das rituell festgelegte Einberufungsprozedere. Auch der Sinngehalt, den das Prozessionsritual den Teilnehmern vermittelte, war nicht schwer zu entschlüsseln. Wie jede Prozession vermittelte auch diese den Teilnehmern das tiefe Gefühl, daß man sich in einer kollektiven Krisen- und Notlage befinde. Zugleich gab sie ihnen Hoffnung und Zuversicht, daß die ganze Krisennot mit Gottes Hilfe gemeistert werden könnte.

Der dritte dramatische Auftritt war das Schwurritual und es bildete den Höhepunkt der illegalen politischen Landgemeinde, die im Anschluß an die Prozession durchgeführt wurde.

15 Staatsarchiv Luzern, 13/3575, 13. Februar 1653.

16 Vgl. *Theodor von Liebenau*, Überblick über die Geschichte des Buchdrucks der Stadt Luzern. Luzern 1900, hier 33.

Durch ihren bei Gott zum Zeugen angerufenen Schwur banden sich alle politisch berechtigten Männer des Tals an die Beschlüsse, welche die Gemeinde nach langer Diskussion als geeignete kollektive Antwort auf die wirtschaftliche Krisensituation und die verweigerte herrschaftliche Hilfestellung gefaßt hatte. Sie legten sich damit verbindlich fest erstens auf die Ziele, die sich die Gemeinde gegeben hatte, zweitens auf das Mittel der Revolte oder anders gesagt auf das Druckmittel eines Zinsen- und Zahlungsstreikes, welches die Gemeinde als Handlungsoption zur Durchsetzung der Ziele gewählt hatte, und drittens auf die Personen, welche die Gemeinde als Anführer vertreten sollten. Viertens erhielten die Anführer von der Gemeinde ein Sanktionsrecht gegenüber allen Gemeindemitgliedern, die sich von diesen Beschlüssen abwenden oder ihnen zuwiderhandeln würden. Sie sollten als meineidige Leute bestraft werden. Damit war aus der Entlebucher Not- und Krisengemeinschaft, die sich im Ritual der Prozession gebildet hatte, eine rebellische Aktionseinheit geworden.

Der vierte Auftritt schließlich bestand in einer überaus komplexen kollektiven Inszenierung, die im eigentlichen Sinn theatralische Züge besaß. Vor den Augen einer verschreckten Luzerner Ratsdelegation marschierte die gesamte Entlebucher Mannschaft mit geschulterten Knüppeln vorbei, begleitet von Alphornbläsern, welche mit ihren dumpfen Hornstößen Schlachttrommeln imitierten, vorneweg drei Männer, verkleidet als die drei alten Eidgenossen, welche nach der eidgenössischen Befreiungstradition den ersten Bund der Eidgenossen geschworen haben sollen. Dies war die klare offene Erklärung der Untertanen an die Adresse der Obrigkeit, daß man sich im Zustand der Revolte befände. Die bisher geheimen Beschlüsse der illegalen Landsgemeinde, d.h. die Tatsache des geschlossenen Rebelleneides und -bundes, wurde öffentlich gemacht. Gleichzeitig wurde mit dem martialischen Aufzug gezeigt, daß man herrschaftliche Gewalt mit Gegengewalt beantworten würde.

Es verlangte zu viel Platz, um all die verschiedenen Zeichen, Symbole und Rituale, welche in diesen verschiedenen Inszenierungen zum Einsatz kamen, in allen Einzelheiten zu beschreiben und zu dechiffrieren, sie für den heutigen Betrachter verständlich zu machen und ihre außerordentlich starke kommunikative Breitenwirkung zu erklären.[17] Der Hinweis muß genügen, daß bildhafte Zeichen, Symbole und Rituale aus verschiedenen Gründen ein „geradezu ideales Vehikel zur fesselnden und überzeugenden Vermittlung von Botschaften sind", wie unter anderem die Ethnologie und die Kommunikationswissenschaften erforscht haben.[18] Wie die geschilderten Inszenierungen jedoch zeigen, wußten dies in gewisser Weise auch schon die ländlichen Untertanen, und den damaligen Obrigkeiten war die herausragende Kommunikationsmacht von bildhaften Zeichen, Symbolen und Ritualen ebenfalls bekannt. Wie sogleich klar werden wird, hatte dieses Herrschaftswissen Konsequenzen.

17 Siehe für die genaue Definition und Unterscheidung von Zeichen, Symbol und Ritual *Iwar Werlen*, Ritual und Sprache. Zum Verhältnis von Sprechen und Handeln in Ritualen. Tübingen 1984, 5–86.

18 So *Sally F. Moore* u.a. (Hrsg.), Secular Ritual. Assen/Amsterdam 1977, 8. Siehe ebenso *David I. Kertzer*, Ritual, Politics, and Power. New Haven/London 1988, 1ff.; *Sean Wilentz* (Hrsg.), Rites of Power, Symbolism, Ritual, and Politics since the Middle Ages. Philadelphia 1985. *Victor Turner*, Vom Ritual zum Theater. Der Ernst des menschlichen Spiels. Frankfurt am Main 1989 (New York 1982), insbesondere 119ff. Die Pionierarbeit für die Verwendung von Ritualen bei Konflikten und sozialen Bewegungen stammt von *Max Gluckman*, Rituals of Rebellion in South-East Africa, in: *Ders.*, Order and Rebellion in Tribal Africa. Collected Essays with an Autobiographical Introduction. New York 1963, 110–136.

2. Rebellische Symbol- und Ritualsprache als Bruch mit der kulturellen Hegemonie der Obrigkeiten

Die wichtigste Konsequenz bestand darin, daß die Obrigkeiten der Frühen Neuzeit im Rahmen ihres beherrschenden Zugriffs auf ein bestimmtes Territorium und dessen Bewohner auf mehreren Ebenen vorgingen. Einmal strebten sie die Kontrolle über die wirtschaftliche Sphäre und die politischen Organisations- und Artikulationsstrukturen an. Weiter versuchten sie, ihr Monopol über die Verwendung physischer Gewaltmittel durchzusetzen, indem sie beispielsweise die private Fehde oder das nichtstaatliche Kriegswesen bekämpften. Eine weitere wesentliche Dimension von Herrschaft bestand schließlich in der Ausübung der kulturellen Hegemonie über die Untertanen. Auf diesem Feld versuchten die Obrigkeiten, die Kontrolle über die wichtigen Informations- und Kommunikationsmittel der Untertanen zu erringen.

In der Frühen Neuzeit umfaßte die kulturelle Hegemonie verschiedene Bereiche. Es gehörte dazu das erwähnte Pressemonopol, die strenge Aufsicht über stark frequentierte öffentliche Orte wie Märkte und Wirtshäuser, und ganz wesentlich gehörte dazu die Kontrolle über wichtige politische Symbole und Rituale. Dieser Sachverhalt läßt sich am Beispiel des Eides ausgezeichnet demonstrieren.[19] Der Eid stellte im Mittelalter und der Frühen Neuzeit die eindeutigste und strengste Form der politisch-sozialen Verpflichtung von Individuen an eine bestimmte Sache oder an bestimmte Inhalte dar. Durch ihn wurde keine geringere Instanz als Gott persönlich zum Zeugen und Rächer dafür angerufen, daß der Schwörende die Verpflichtungen, die Gegenstand seines eidlichen Versprechens waren, tatsächlich erfüllte.

Aus diesem Grund wurde dieses rituelle Instrument in der christlichen Welt seit jeher dazu verwendet, Verhaltensweisen und Regeln, die für eine Gesellschaft von vitaler Bedeutung waren, besonderen Nachdruck zu verleihen. So benutzten sowohl horizontal strukturierte politische Verbände wie Genossenschaften und Gemeinden als auch vertikal-herrschaftlich strukturierte Verbände wie der frühneuzeitliche Staat das Ritual des Eides, um ihre Mitglieder bzw. Untertanen zu verpflichten, die den Verband konstituierenden Regeln strikt zu befolgen. Im Rahmen der frühneuzeitlichen Herrschaft der Städte über ihre ländlichen Untertanen begegnen wir der Praxis des Schwörens in Gestalt des überall verbreiteten Untertaneneides.

Angesichts der wichtigen verhaltensregulierenden Bedeutung dieses Rituals bemühten sich die Organe politischer Verbände stets sehr konsequent darum, die exklusive Kontrolle über dieses politische Instrument zu erringen. Dadurch wollten sie verhindern, daß neue politische Bindungen, die mit jener des angestammten politischen Verbandes konkurrierten oder diese gar bedrohten, durch das Ritual des Eides ähnlich verpflichtend bestärkt und damit prinzipiell auf die gleiche Stufe gestellt werden konnten wie die bestehende, vertikale Bindung der Untertanen an die Herrschaft.

Schon das älteste Luzerner Gesetzbuch, das im Jahr 1252 kodifizierte Stadtrecht, verbot den Luzerner Bürgern bei hoher Strafe, sogenannte „malitiosae conspirationes“ einzugehen, d.h. eidliche Verbindungen ohne Wissen und Erlaubnis der Obrigkeit. Spätere Neufassungen des Stadtrechts, das grundsätzlich auch für die Untertanen galt, verschärften diese Bestimmungen.[20] Schließlich wurden in die Land- und Amtsrechte der einzelnen Luzerner

19 Vgl. zum Eid die Studien von *André Holenstein,* Die Huldigung der Untertanen. Rechtskultur und Herrschaftsordnung (800–1800). Stuttgart/New York 1991; *Paolo Prodi,* Il sacramento del potere. Il giuramento politico nella storia constituzionale dell' Occidente. Bologna 1992.

20 Geschworener Brief von 1252 der Stadt Luzern, abgedruckt in: Geschichtsfreund, 1843, Bd. 1, 180ff.

Vogteien, die im späten 15. und 16. Jahrhundert kodifiziert wurden, ebenfalls entsprechende Artikel aufgenommen. Sie stellten „sonderbare" Gelöbnisse, Schwüre und Bündnisse der Untertanen untereinander oder mit fremden politischen Körperschaften unter schwerste Strafen. Zum Beispiel lautete im Entlebucher Landrecht das Verdikt für den Tatbestand von „conspirationes" Ehr- und Rechtlosigkeit sowie Landesverweis.[21]

Der Schwurakt, den die Entlebucher Untertanen auf dem Heilig Kreuz vollzogen, beinhaltete deshalb bereits einen ersten schweren Gesetzesverstoß, der scharfe Sanktionen zur Folge haben konnte. Immerhin konnten die Untertanen um diesen hohen potentiellen Preis, der zweifellos eine stark abschreckende Wirkung ausübte, das herrschaftliche Monopol über dieses Ritual durchbrechen. Und sie konnten in der Folge die außerordentlich große verhaltensregulierende und verpflichtende Kraft, welche dem Eid innewohnte, für ihre eigenen subversiven Zwecke benutzen. Auf einen Schlag wurde aus der vergleichsweise unverbindlichen Gesprächs- und Diskussionsrunde der illegalen Gemeinde eine rebellische Aktionseinheit mit eidlich festgelegten kollektiven Zielen, Vorgehensweisen, Organisations- und Sanktionsstrukturen.

Auf ähnliche Art und Weise durchbrachen die Untertanen mit den geschilderten Knüppelumzügen, die das Signal zur Revolte gaben, die kulturelle Hegemonie der Herrschaft. Näher betrachtet, instrumentalisierten diese Knüppelumzüge nämlich erneut ein herrschaftlich besetztes Ritual; in diesem Fall ging es um das militärische Sammlungs- und Aufbruchritual, das in den spätmittelalterlichen und frühneuzeitlichen Quellen als „Fähnlilupf" bezeichnet wird.[22] Die Fahne „lupfen", auf Hochdeutsch: die Fahne erheben, bedeutete nichts anderes, als daß der Fähnrich einer Gemeinde, eines Amtes oder eines Gerichtes in Gefahren- und Kriegszeiten die Fahne öffentlich zeigte und damit der wehrfähigen Mannschaft das Signal gab, daß sie sich mit Proviant versehen, mit Waffen rüsten und zum Abmarsch versammeln sollte. Anschließend führte der Fahnenträger die Mannschaft in geordnetem Zug zum gemeinsamen Musterungsplatz, wo die Gemeinde-, Gerichts- oder Amtsfahne durch das Kriegsbanner des betreffenden Ortes ersetzt wurde.

Anders als im Spätmittelalter war es in der Frühen Neuzeit verboten, die Fahne auf eigene Initiative und ohne Erlaubnis der Obrigkeit zu erheben. Ebenso wurde der Gebrauch privater, von der Obrigkeit nicht kontrollierter Fahnen- und Feldzeichen, die sogenannten „Freifähnli", verboten und gerichtlich verfolgt.[23] Die Kontrolle über die Verwendung dieses militärischen Sammlungssymbols und des Aufbruchsrituals des Fahnenumzuges war ein wichtiger Bestandteil der im 14. Jahrhundert einsetzenden Bemühungen der verschiedenen eidgenössischen Orte, das Fehdewesen und die Privatkriege zurückzudrängen und das herrschaftliche Gewaltmonopol durchzusetzen. Seit ungefähr dem ersten Viertel des 16. Jahrhunderts wurde dieses Ziel tatsächlich erreicht.[24]

In dem Augenblick jedoch, als Christen Schibi auf eigene Initiative auszog, demonstrativ den Knüppel schulterte, andere auf diese Weise zum Mitmarschieren aufforderte, sich dann an die Spitze des sich bildenden Trupps stellte und diesen unter lauten werbenden Geigenklängen in militärischer Formation durch das ganze Tal führte, um weitere Rebellen zu sammeln, wur-

21 Vgl. *Albert Bitzi,* Das Entlebucher Landrecht von 1491. Schüpfheim 1948, hier 21.

22 Vgl. die zahlreichen Belegstellen im Schweizerischen Idiotikon, Wörterbuch der schweizerdeutschen Sprache. Frauenfeld 1881ff., hier Bd. 3, 1356.

23 Vgl. *Walter Schaufelberger,* Spätmittelalter, in: HSG, Bd. 1, 2. Aufl., Zürich 1980, 239–388, hier 359f.; Hans *Conrad Peyer,* Verfassungsgeschichte der alten Schweiz. Zürich 1978, hier 64.

24 Vgl. ebd., 64f.

den die jahrzehntelangen Bemühungen der Obrigkeit auf einen Schlag zunichte gemacht und das herrschaftliche Monopol über „den Fähnlilupf“ außer Kraft gesetzt. Die Untertanen eigneten sich das herrschaftliche Ritual der Form nach an, füllten es aber zugleich mit neuen Inhalten. Indem sie unter einem neuen Symbol marschierten – im Zeichen des Knüppels und der Waffe der Rebellion –, wurde die Bedeutung des Ganzen ins pure Gegenteil verkehrt. Es war keine Aufforderung mehr, sich unter dem offiziellen herrschaftlichen Zeichen zum Krieg gegen einen äußeren Feind zu rüsten. Der Umzug forderte vielmehr dazu auf, gegen die eigene Obrigkeit zu revoltieren. Wer dem Ruf folgte, einen Knüppel schulterte und sich in die Marschkolonne einreihte, gab öffentlich zu erkennen, daß er mit dieser Aufforderung einig ging und ihr zu folgen bereit war.

Etwas anders gelagert waren die Dinge bei der Prozession. Hier ging es nicht darum, ein herrschaftlich besetztes politisches Ritual für die Zwecke der subversiven Kommunikation umzunutzen. Vielmehr ging es hier zunächst einmal darum, ein politisch neutrales Ritual für politische Zwecke zu benutzen. Die Prozession habe den Aufständischen, wie die Obrigkeit betonte, als Staffage, als „Vorwand“ gedient.[25] Das eigentliche Ziel dieses Unternehmens sei nicht religiöser, sondern rein politischer Natur gewesen. Der Rückgriff auf das Prozessionsritual habe die Durchführung einer politischen Versammlung zum Zweck gehabt. Tatsächlich trifft diese herrschaftliche Deutung, zum Teil wenigstens, durchaus zu.

Politische Versammlungen von Untertanen waren unter Androhung schwerer Strafe verboten. Im Stanser „Verkommnis“ von 1481 erließen die eidgenössischen Obrigkeiten erstmals und unterschiedslos für all ihre Untertanen das Verbot, sich auf eigene Initiative zu versammeln.[26] Später wurde dieses Versammlungsverbot von den einzelnen Orten bei verschiedenen Gelegenheiten erneuert, ergänzt und präzisiert. Für die Luzerner und Entlebucher Untertanen geschah dies z.B. in einem Mandat aus dem Jahr 1580, wonach „die Unsern in den Aemtern fürhin keine Gemeind mehr für sich selbs ohne Erlaubniss eines Schultheissen oder Vogts [...] halten sollen.“[27] Desgleichen mußten sie gemäß der Formel des Untertaneneides, den sie ihren Landvögten alle zwei Jahre „mit ufgehebten händen“ leisten mußten, feierlich beschwören, keine politischen Versammlungen abzuhalten, d.h. keine „Gemeinden zu sammeln“.[28]

Das Verbot solcher außerordentlichen Versammlungen sowie die Tatsache, daß auch das Entlebucher Landrecht regelmäßige Versammlungen der Untertanen außer im sehr eingeschränkten Rahmen der einzelnen Kirchgemeinden nicht vorsah, hatte folgenschwere Konsequenzen. Die wirksame politische Meinungsbildung der Untertanen sowie die Wahl von Interessenvertretern wurden von Gesetzes wegen verunmöglicht und bereits im Ansatz kriminalisiert. Dabei besaß dieses Verbot ein um so größeres moralisches Gewicht, als jeder einzelne von ihnen mit einem heiligen Eid vor der Obrigkeit und vor Gott versprochen hatte, sich daran zu halten. Die besonderen Umstände jedoch, unter denen die erste rebellische Gemeinde auf dem Heilig Kreuz zustande kam, machten es zweifellos vielen der Anwesenden leichter, Gesetz und Eid zu brechen. Die Tatsache, daß sich die verbotene Landsgemeinde sowohl in örtlicher wie zeitlicher Hinsicht bruchlos an die schließlich legale religiöse Feier anschloß, nahm dem Gesetzes- und Eidbruch seine Schärfe und Eindeutigkeit. Hinzu kommt, daß wohl

25 Staatsarchiv Luzern, 13/3585, 1. März 1653, „Klag über unsere Unterthanen des Land Entlibuochs“.

26 Vgl. *Philipp Anton von Segesser,* Rechtsgeschichte der Stadt und Republik Luzern. 4 Bde. Luzern 1851–1858, hier Bd. 3, 294.

27 Zit. nach ebd.

28 Staatsarchiv Luzern, 13/3585, 1. März 1653, „Klag über unsere Unterthanen des Land Entlibuochs“.

nicht allen Untertanen von Anfang an klar war, daß im Anschluß an die Prozession eine verbotene Landsgemeinde durchgeführt werden sollte.

Anhand der getroffenen Beobachtungen lassen sich nun die wichtigsten Inhalte und Eigenschaften des kommunikativen Prozesses, der die Voraussetzung für die Etablierung einer gemeinsamen Krisendeutung und einer gemeinsamen Handlungsoption bildete, herleiten. Es handelte sich um einen ebenso kreativen wie konfliktiven Vorgang, in dessen Verlauf sich die Untertanen eine eigene und neue politische Sprache erschufen. Diese Sprache bediente sich nicht in erster Linie der Schrift oder des mündlich gesprochenen Wortes. Kommuniziert wurde vielmehr auf dem Weg öffentlicher Inszenierungen, in welche die verschiedensten Zeichen, Symbole und Rituale eingelassen waren. Um diesen Inszenierungen den beabsichtigten subversiven Sinn zu geben, zeigten sich die Untertanen in hohem Maße erfinderisch.

So kreierten sie aus eingängigen Zeichen wie dem des Knüppels neue Symbole, sie machten sich scheinbar apolitische Symbole und Rituale wie die religiöse Prozession zunutze, oder sie eroberten sich bestimmte politische Rituale wie beispielsweise den „Fähnlilupf" oder den Eid von der Herrschaft zurück. Eine letzte Strategie bestand darin, herrschaftlich besetzte Symbole und Rituale in expressiver Weise zu verletzen und damit zu entweihen. Durch all diese Verfahren zerstörte man aber nicht die hervorragenden kommunikativen Eigenschaften der Symbole und Rituale, zerstört wurden allein die obrigkeitlich bestimmten Inhalte, die fortan durch subversive Inhalte ersetzt wurden.

3. Autonome soziale Räume als Voraussetzung der rebellischen Symbol- und Ritualsprache

Nach den geschilderten Beispielen gelang es den Untertanen bereits in der Anfangsphase des Konflikts in ausgezeichneter Weise, die kulturelle Hegemonie der Herrschaft außer Kraft zu setzen. Dabei war dieser Erfolg alles andere als selbstverständlich, und er besaß einen hohen Preis. Denn wie gezeigt, stellten die aus eigener Autorität einberufene Landgemeinde, das Schwören eines herrschaftlich nicht sanktionierten Eides und schließlich die Durchführung des Fahnenumzuges ausnahmslos schwere Gesetzesverstöße dar, wie allen beteiligten Untertanen sehr wohl bewußt war. So schätzte ein Untertan kurz nach den erfolgten Knüppelumzügen, nach der Prozession bzw. Landsgemeinde auf dem Heilig Kreuz und nach dem vollzogenen Rebelleneid die neue Situation und die möglichen Konsequenzen wie folgt ein. Sie alle zusammen hätten jetzt schon derart „bös mit der oberkeit" gehandelt, daß etlichen von ihnen „ihre köpf zwischen die bein gelegt" werden könnten.[29] Der potentielle Preis für das freie politische Kommunizieren der Untertanen war also außerordentlich hoch und ging bis zur Todesstrafe. Warum ließen sich die Untertanen trotzdem nicht von ihrem subversiven Kommunizieren abhalten?

Zwei Gründe waren in diesem Zusammenhang wichtig. Erstens war die wirtschaftliche Krise derart gravierend, daß nicht nur jener Christen Schibi, der wohl als erster Untertan überhaupt der Revolte das Wort redete, sondern mit ihm auch sehr viele andere Bauern aus dem Tal unmittelbar in ihrer wirtschaftlichen Existenz bedroht waren. Es finden sich eine ganze Reihe von Aussagen, die diesen Befund bestätigen. Die Angst, Haus und Hof, Familie und Existenz

29 Staatsarchiv Luzern, 13/3575, 13. Februar 1653.

zu verlieren, war allgegenwärtig. In den schriftlichen Zeugnissen der Aufständischen und insbesondere in ihren Klage- und Forderungsschreiben erscheint diese Angst als Leitmotiv. Bereits in der Bittschrift vom 6. Februar 1653 wird mit eindringlichen Worten darauf hingewiesen, wie wichtig es für sie sei, daß die Obrigkeit ihre wirtschaftlichen Forderungen erfülle.[30]

Noch eindringlicher schilderte Pannermeisters Hans Emmenegger die existenzbedrohenden Auswirkungen der Wirtschaftskrise in seiner Rede, die er anläßlich der Beschwörung der rebellischen Aktionseinheit aller Luzerner Untertanen vom 26. Februar 1653 in Wolhusen hielt: „Auch sonst sind die läufe bös, so daß der gemeine bauersmann kaum bei haus und heim verbleiben, seine gülten, zinsen und schulden bezahlen und weib und kind mit gott und ehren erhalten kann. Würde diesen und anderen beschwerden niemand zuvorkommen, so würden in kurzen jahren die meisten unter uns von haus und heim getrieben werden."[31]

Vor dem Hintergrund derartiger Einschätzungen, die durch entsprechende wirtschaftliche Untersuchungen bestätigt werden, wird verständlicher, warum die Untertanen sich auch von hohen Strafen nicht abschrecken und vom politischen Kommunizieren und Ratschlagen abhalten ließen. Ihre naheliegendste Handlungsalternative, d.h. in dieser Krisensituation nichts zu tun und auf bessere wirtschaftliche Zeiten zu warten, besaß nämlich ebenfalls einen sehr hohen Preis. Für viele Untertanen bedeutete Abwarten nichts weniger als den wirtschaftlichen Ruin. Der zweite wichtige Grund für die erstaunlich hohe Risikobereitschaft der Untertanen läßt sich in der Anfangsphase des Konflikts auf den folgenden Umstand zurückführen. Wie sich auch die Untertanen leicht ausrechnen konnten, waren die Chancen der Obrigkeit, die illegalen Taten überhaupt entdecken und tatsächlich sanktionierend dagegen einschreiten zu können, sehr gering. Denn dazu fehlte ihr die wichtigste Voraussetzung, die entsprechenden Informationen.

Der Grund hierfür lag in der schwachen direkten Präsenz von Luzerner Herrschaftsvertretern vor Ort. Die Landvögte residierten in der fernen Stadt und nicht auf dem Land. Es gab keine ausgebaute Herrschaftsverwaltung mit subalternen Beamten, die der Obrigkeit in direktem Sinne verantwortlich gewesen wären. Ebenso fehlten der Obrigkeit besonders zugetane ländliche Eliten wie Grund- oder Gutsherren, die anstelle von lokalen Herrschaftsvertretern gewisse Beobachtungsaufgaben hätten wahrnehmen können. Von welch großem Gewicht die fehlende direkte Präsenz der Luzerner Herrschaftsvertreter tatsächlich war, veranschaulicht die Tatsache, daß die wenigen interessanten Berichte über die Anfangsphase des Konflikts in diesem Tal von der benachbarten Herrschaft Bern stammten. Die Verwaltung der Stadt Bern war nämlich vergleichsweise fortgeschrittener und sie besaß im wichtigen Unterschied zu derjenigen von Luzern Landvögte mit Residenz auf der Landschaft. Dies erklärt die zunächst erstaunliche Tatsache, daß die fremde Berner Obrigkeit über die Vorgänge im Entlebuch weitaus besser Bescheid wußte als die angestammte Herrschaft. Entsprechend versuchte die Luzerner Obrigkeit, als sie den Ernst der Situation nicht zuletzt aufgrund dieser fremden

30 Staatsarchiv Luzern, 13/3573, 6. Februar 1653. Es gehe um nichts geringeres als darum, daß „sich der gemeine man in diser ellenden gevärlichen zit mit wyb und kindere desto besser durchbringen möge". An anderer Stelle der Klageschrift wird betont, daß die „eruffung", d.h. die Unterstützung „unserer Huoshaltungen" durch die Gewährung der Forderungen in dieser „hochnotwendigen mangellhaften zit" unabdingbar sei. Andernfalls würden die bäuerlichen Haushalte „in gemein im abgang stehendt".

31 Zit. nach *Theodor von Liebenau,* Der Luzernische Bauernkrieg, in: Jahrbuch für Schweizerische Geschichte 19, 1894, 129.

Berner Berichte endlich erkannt hatte, ihre schlechte Informationslage durch die Entsendung verschiedener eigens eingesetzter „Spächer“, d.h. Spione, zu verbessern.[32]

Bedingt durch diesen sehr spärlichen Informationsfluß und mangelhaften Kenntnisstand der Herrschaft entstand die eigenartige Situation, daß das Monopol über wichtige politische Symbole und Rituale zwar Gesetz war; gleichzeitig war aber niemand vorhanden, um die Befolgung dieses Gesetzes permanent zu überwachen und Übertretungen konsequent zu bestrafen. Kein Herrschaftsvertreter konnte die Knüppelumzüge, die Prozession, die illegale Gemeinde und den Rebelleneid verhindern oder auch nur beobachten. Daraus ergibt sich eine wichtige Folgerung: Die Untertanen der Talschaft Entlebuch verfügten über große autonome soziale Räume, die sie in der Krise dazu nutzten, um sehr intensiv, sehr laut und im entsprechend großen Kreis miteinander zu kommunizieren. Weitgehend ungestört von herrschaftlichen Gegenmaßnahmen konnten sie unter diesen vorteilhaften Bedingungen ihre zunächst sehr unterschiedlichen politischen Vorstellungen austauschen, dann zu einer gemeinsamen Sicht und Handlungsoption gelangen, die organisatorischen Voraussetzungen für deren Umsetzung schaffen und entsprechend geschlossen revoltieren.

Mit dem Schritt in die Revolte hatte sich die Risikolage der Akteure wiederum vollkommen verändert. Die Untertanen, welche inzwischen gleichsam ihr rebellisches „Coming-out“ vollzogen hatten, mußten nun mit der Obrigkeit direkt verhandeln, und dafür brauchte es Vertreter, die sich persönlich als Anführer der Bewegung zu erkennen gaben. Umgekehrt kamen herrschaftliche Vertreter zu Verhandlungen ins Tal, die bei dieser Gelegenheit Beobachtungen anstellen konnten, welche den Untertanen gefährlich werden konnten. Schließlich mußten die Untertanen die Aktivitäten der bereits erwähnten Spione in Rechnung zu stellen. Nachdem die Herrschaft einmal alarmiert und wachsam geworden war, kamen solche Kundschafter, oft als Händler getarnt, sehr häufig zum Einsatz und sammelten über die Aufständischen und ihre Exponenten fleißig Informationen.

Mit einem Wort: Der Schutz des fehlenden Informationsflusses, der in der Phase der Unruhe wirksam gewesen war, fiel mit der Überschreitung der Grenze zum offenen kollektiven Widerstand augenblicklich und sehr weitgehend weg. Tatsächlich begannen die Obrigkeiten bald, systematisch personenbezogene Daten zu sammeln, die sie später gegen die Anführer verwenden wollten. Damit man „ihrer (...) eingedenck“ sein und sie später bestrafen könne, wurden alle Personen, die in irgendeiner Form „als Redlifürer und Botschafter“ auffielen, fein säuberlich auf Listen verzeichnet.[33]

Allerdings war in dieser neuen Konfliktphase der frühere passive Schutz, den die autonomen sozialen Räume den Untertanen geboten hatten, auch gar nicht mehr wichtig. Denn die Untertanen des ganzen Tals standen jetzt unter Waffen und hatten sich zu einer kollektiven rebellischen Aktionseinheit mit klaren Zielen und Organisationsstruktur mobilisiert. Sie waren damit in der Lage, ihre Mitglieder und insbesondere ihre exponierten Unterhändler selber vor herrschaftlichen Sanktionen zu schützen. Das neue rebellische Bündnis der Aufständischen, welches am 27. Februar 1653 in Wolhusen beschworen wurde und den ersten auf dem Heilig Kreuz geschworenen Rebellenbund bestätigte, ergänzte und erweiterte, stellte zu diesem Punkt sogar eine explizite Regelung auf. Die kollektive Pflicht zum Schutz all jener, die sich für die Aufstandsbewegung exponierten und deswegen möglicherweise bestraft werden würden, wurde ausdrücklich vorgeschrieben: „Auch allen denen, die Rath und That dazu

32 Staatsarchiv Bern, A IV 181, 18. Februar (8. Februar).

33 Staatsarchiv Bern, RM 427, 13. März 1653.

gegeben haben, sollen und wollen wir festiglich einbinden (d.h. in den Eid einbinden, der Verf.), daß sie, wo der Geringste dieser Ursache wegen etwas zu entgelten oder Strafe zu erleiden hätte, dies als eine alle und jeden berührende Sache betrachten und darauf schwören, demselben zu helfen, als wenn es ihn selber antreffen würde."[34]

4. Zusammenfassung

Dieser Aufsatz fragte nach Bedingungen des Entstehens und Fortbestehens von unterschiedlichen politischen Kulturen und insbesondere der ausgeprägten Kultur des offenen Widerstands und Protests, wie sie in der Alten Eidgenossenschaft in der Frühen Neuzeit im Unterschied zu anderen historisch-geographischen Räumen zu beobachten ist. Als wichtigstes Ergebnis bleibt, daß die Existenz autonomer sozialer Räume, wie sie aus bestimmten historischen Gründen nicht nur im Entlebuch, sondern auch in anderen Regionen der Alten Eidgenossenschaft in besonders umfangreichem Ausmaß vorhanden waren, eine zentrale Vorbedingung für den offenen Protest und Widerstand darstellten.[35] Allein in ihrem Schutz konnten die Untertanen angesichts der kulturellen Hegemonie der Herrschaft laut und intensiv genug miteinander reden, sich beratschlagen, eine kollektive Sicht der Situation und endlich gemeinsame Handlungsoptionen entwickeln, ohne den Preis schwerer Strafen zahlen zu müssen.

Der Befund läßt sich allerdings auch umkehren. Sobald es einer Herrschaft einmal gelungen war, die autonomen sozialen Räume besser zu besetzen und zu kontrollieren, hatte sie das politische Spiel gegen ihre Untertanen endgültig gewonnen. Denn angesichts der Tatsache, daß sich eine gegebene politische Situation und die sich daraus ergebenden Handlungsoptionen den individuellen Akteuren stets in zwar nicht beliebig vielen, aber in mehreren möglichen Deutungen präsentiert, ist die gemeinsame Festlegung auf eine Deutung durch das Mittel kommunikativer Prozesse Voraussetzung jeglichen kollektiven Handelns und damit auch jeden offenen Protests und Widerstandes. Die ungleich größere Bedeutung des „verdeckten" und damit auch individuellen Widerstandes in den Gutsherrschaftsgesellschaften findet darin eine wichtige Erklärung. Im Gegensatz zur Alten Eidgenossenschaft fehlten hier die autonomen sozialen Räume, welche bei der Entstehung des kollektiven offenen Widerstands eine Schlüsselrolle besaßen. Nach der eingängigen Formulierung von Jan Peters gab es hier vor Ort, auf jedem Gutshof, ein ausgeklügeltes „System kontrollierter Kontrolleure (vom Schreiber bis zum Schulzen)", welches den Gutsherren bis hinauf zum Landesherrn fortlaufend präzises Herrschaftswissen über die lokalen Vorgänge lieferte.[36] Unter solchen Bedingungen war die kulturelle Hegemonie der Herrschaft über die Gutsuntertanen ungleich dichter geknüpft und sehr viel schwieriger zu durchbrechen. Anders als den Entlebucher Untertanen war es den Gutsuntertanen unter diesen Bedingungen unmöglich, in Krisensituationen laut und intensiv miteinander zu reden. Um im Bild zu bleiben: Sie konnten über Gegenstände, welche die Herrschaft der Gutsherren in Frage stellten, lediglich miteinander flüstern. Diese Kommunikationsweise war aber in der Regel zu wenig leistungsfähig, um intensive und umfangreiche Kommunikationsprozesse in Gang zu bringen und zu unterhalten, wie sie für die Formierung des offenen kollektiven Widerstands notwendig waren.

34 Zit. nach *Liebenau*, Bauernkrieg (wie Anm. 31), 131.

35 Vgl. zu diesen historischen Gründen, die teilweise bis ins Mittelalter zurückreichen, *Suter*. Bauernkrieg (wie Anm. 8), 446ff.

36 So *Peters*, Informations- und Kommunikationssysteme(wie Anm. 7).

WERNER TROSSBACH

Annäherungen an ein Wespennest. Argumente für eine integrierte Sicht der mecklenburgischen Agrargeschichte (vornehmlich 18. Jahrhundert)

Während das 16. und 17. Jahrhundert nach 1945 lange das Stiefkind agrarhistorischer Forschung blieb – eine Feststellung, die nicht allein, aber eben auch für Mecklenburg gilt[1] –, hat das 18. Jahrhundert, nicht zuletzt dank der Heitz-Nichtweiß-Kontroverse[2], bevorzugte Aufmerksamkeit genossen. Eine kurze Charakteristik der beiden Positionen kann vielleicht zeigen, daß sie auch heute nicht allein historiographiegeschichtliches Interesse verdienen. Während Nichtweiß das ihn primär interessierende Bauernlegen in ein universalhistorisches Modell einordnete, ging es Heitz um eher unspektakuläre Einsichten in betriebswirtschaftlicher Hinsicht und auf zunächst geradezu mikrohistorischer Ebene. Zwar hat Nichtweiß die Kontroverse sozusagen verloren, jenseits der deutschen Grenzen wird seine Arbeit aber bisweilen immer noch zitiert[3], und Hartmut Harnisch hat ihm 1986 insoweit seinen Respekt gezollt, als er die von Nichtweiß hervorgehobene Form der Gutswirtschaft mit leibeigenen Tagelöhnern als eigenständige Ausprägung des Feudalismus neben Guts- und Grundherrschaft stellen wollte.[4]

1 Die Arbeit von *Heinz Maybaum*, Die Entstehung der Gutsherrschaft im nordwestlichen Mecklenburg (Amt Gadebusch und Amt Grevesmühlen). Stuttgart 1926 stand lange allein. Eine räumliche Erweiterung und konzeptionelle Korrekturen brachte an: *Hanna Haack*, Die sozialökonomische Struktur mecklenburgischer Feudalkomplexe im 16. und 17. Jahrhundert (untersucht am Beispiel der Eigentumskomplexe der Familie Hahn und der Domanialämter Güstrow, Ivenack und Stavenhagen). Diss. Rostock 1968 (MS). S. auch die Längsschnittuntersuchung eines west- und eines südostmecklenburgischen Amtes bei: *Paul Steinmann*, Bauer und Ritter in Mecklenburg. Schwerin 1960. An Überlegungen Steinmanns zum Südosten Mecklenburgs knüpft perspektivisch an: *Ernst Münch*, Studien zur Agrargeschichte Mecklenburgs im 12.–14. Jahrhundert. Diss. B Rostock 1986. Zum 16. Jahrhundert siehe auch die Beiträge von Ernst Münch und Thomas Rudert in diesem Band.

2 Anlaß war das Buch von *Johannes Nichtweiß*, Das Bauernlegen in Mecklenburg. Berlin 1954. Zusammenfassung der Diskussionsergebnisse: *Gerhard Heitz*, Feudales Bauernlegen in Mecklenburg im 18. Jahrhundert, in: ZfG 6, 1960, 1342–1376.

3 S. z. B. *Régine Robin*, Der Charakter des Staates am Ende des Ancien Régime: Gesellschaftsformation, Staat, Übergang, in: Die Französische Revolution. Hrsg. v. Eberhard Schmitt. Köln/Berlin 1976, 202–229, hier 226 (Anm. 30).

4 *Hartmut Harnisch*, Probleme einer Periodisierung und regionalen Typisierung der Gutsherrschaft im mitteleuropäischen Raum, in: JbGFeud 10, 1986, 251–274, hier 272.

Das Anliegen von Heitz war es zunächst nicht, eine solche Phase in Mecklenburg in Frage zu stellen, sondern sie im wesentlichen auf die Jahre zwischen 1790 und 1821 zu begrenzen. Für die übrigen Jahrzehnte des 18. Jahrhunderts, vor allem seine erste Hälfte, ging es ihm darum, die Vorherrschaft des Fronbetriebes insbesondere in den Gebieten der Ritterschaft nachzuweisen, was ihm zunächst für einige Bezirke gelang.[5] Für den Besitz der Ritterschaft insgesamt blieb der exakte Nachweis erst der Dissertation von Thomas Rudert vorbehalten, die auch regionale Differenzierungen herausarbeiten konnte.[6]

Ebenso wichtig wie diese Bestandsaufnahme war die Einsicht, daß sich um 1700 das Fronsystem erst im (Wieder-)Aufbau befand und insofern noch ökonomische Potentiale und eventuell auch soziale Perspektiven barg, nicht allein im ritterschaftlichen, auch im quantitativen Angaben weniger zugänglichen Domanium. Dort ging der sog. Teilbetriebscharakter auf den verpachteten Bauhöfen so weit, daß Weisungen an die Bauern ergingen, nicht nur Gespanne, Pflüge und Eggen zu stellen, sondern auch Säcke für den Transport des Getreides an die Markt- oder Verladeorte.[7] Die konkrete Struktur im Domanium bleibt freilich noch zu erforschen.

Für einige ritterschaftliche Bezirke können wir hingegen gut beobachten, wie der Teilbetrieb um 1700 eingerichtet bzw. optimiert wurde. Zwar wurde den Bauern in den Maßnahmen, die Heitz für das erste Drittel des 18. Jahrhunderts nachzeichnet, auch Landverluste zugefügt, sie beinhalten jedoch nicht die Haupttendenz der Vorgänge. Für den liberalen Gutsbesitzer von Langermann stellte noch Ende des Jahrhunderts eine ausgewogene Balance von Guts- und Bauernland die conditio sine qua non des Fronsystems dar. Er konnte 1786 diesbezüglich schon auf Erfahrungswerte zurückgreifen. „Gewöhnlich hat ein Vollbauer 36 bis 48 Schfl. Aussaat und dienet täglich mit einem Gespann und zwei Menschen [...]. Allemal ist es dem Herrn anzuraten, daß er sich genau an ein billiges Verhältnis binde, wenn er nicht von solchen Bauern mehr Schaden als Nutzen haben will".[8]

Diese Erfahrung wurde offensichtlich im 18. Jahrhundert, vor allem in seiner ersten Hälfte, erst gesammelt. Die Maßnahmen, die um die Jahrhundertwende begannen, können somit auch als erste Schritte in einem (wenigstens intendierten) Rationalisierungsprozeß sui generis begriffen werden. Insbesondere für eine bessere Auslastung der auf den Höfen befindlichen Arbeitskräfte war eine Egalisierung der Landverteilung, die sich im Gefolge des Dreißigjährigen Krieges erheblich differenziert hatte, ausschlaggebend. Dies galt für das Verhältnis von Guts- und Bauernland wie für die Nivellierung der bäuerlichen Ländereien untereinander.[9]

5 *Gerhard Heitz,* Die sozialökonomische Struktur im ritterschaftlichen Bereich Mecklenburgs zu Beginn des 18. Jahrhunderts, eine Untersuchung für vier Ämter, in: Beiträge zur deutschen Wirtschafts- und Sozialgeschichte des 18. Jahrhunderts. Berlin 1962, 1–57.

6 *Thomas Rudert,* Gutsherrschaft und Agrarstruktur. Der ländliche Bereich Mecklenburgs am Beginn des 18. Jahrhunderts. Frankfurt a.M. usw. 1995.

7 Hofdienst- und Fuhrordnung für das Amt Doberan, 6. April 1709, Punkt XVIII, in: Gesetzsammlung für die Mecklenburg-Schwerinischen Lande. 1. Sammlung. Bd. V. Wismar/Rostock/Ludwigslust 1872, 79.

8 Zit. nach *Ernst Boll,* Geschichte Meklenburgs unter besonderer Berücksichtigung der Culturgeschichte. Bd. 2. Neubrandenburg 1856, 578.

9 *Gerhard Heitz,* Über den Teilbetriebscharakter der gutsherrschaftlichen Eigenwirtschaft in Scharbow (Mecklenburg) im 17. und 18. Jahrhundert, in: WZ Universität Rostock GSR 8, 1958/59, 299–316, hier 307, 308, Anm. 49.

Gemessen wurde in den Aktivitäten des frühen 18. Jahrhunderts aber nicht allein der Landbesitz. Die Arrondierungen wurden von einer Reihe von Fronordnungen vor allem im domanialen Teil begleitet, in denen genaue Arbeitszeitreglements enthalten sind. Beginn und Ende der Arbeit wurden nach dem Stundenglas festgesetzt, wobei den Bauern manchmal, um Betrug zu verhindern, gestattet wurde, die „Arbeitgeberuhr“ durch eigene Stundengläser zu kontrollieren. Pausen, An- und Abfahrtswege wurden genauso geregelt wie die Arbeitszeit selbst.[10]

Verschiedentlich wurden auch die Maße der von den Bauern zu stellenden Geräte exakt vorgegeben. In einem 1734 mit den Bauern von Prisannewitz (bei Rostock) geschlossenen Fron-Conclusum wurde „wegen der Untüchtigkeit der Wagen und Eggen verordnet, [...] daß die Unterthanen zum Hofe-Dienst ihre Erndte-Wagen von 14 Fuß oder 7 Ellen von einem Schämel bis zum andern, die Leiter darzu 18 Fuß oder 9 Ellen lang von einem Ende biß zum andern, die Mist-Wagen von 8 Fuß oder 4 Ellen lang von einem Schämel biß zum andern, und die Mist-Flechten 3 Fuß oder 1 1/2 Ellen weit, ferner eine jede Egge 1 1/2 Ell breit und 4 Balcken und davon jeder Balcken 2 Ellen lang mit 8 Zinnen [...] zum Hofe-Dienst sich anschaffen und liefern sollen.“[11]

Im Einzelfall war auch die genaue Pflugtiefe vorgeschrieben.[12] Immerhin läßt sich damit der Umfang an Kontrolle und Regelung erahnen, der diese Verhältnisse funktionstüchtig erhielt. Andererseits wäre aber auch danach zu fragen, inwieweit die exakten Methoden einer Ökonometrie der Arbeit, die gerade auf gutsherrschaftlichem Boden zuerst Anwendung fanden – hier ist nicht allein an Tellow und Möglin zu denken –[13], durch solcherart Reglements inspiriert wurden.

Genauer nachzeichnen lassen sich kurzfristige Auswirkungen der dargestellten Maßnahmen und Verordnungen. So hat Gerhard Heitz verschiedentlich bäuerlichen Widerstand gegen die Neumessungen des Landes registriert, zugleich aber auch feststellen müssen, daß es sich dabei im Vergleich zu Umfang und Tiefgang der Maßnahmen um eine marginale Größe handelte. Heitz hat diese Diskrepanz damit erklärt, daß in Gestalt einer gerechteren Verteilung der Arbeit und einer größeren Planbarkeit der Belastungen durch die Egalisierungen auch bäuerliche Belange berücksichtigt worden seien. So könne man auch für die Bauernwirtschaften von einer Stabilisierung der ökonomischen Position sprechen.[14]

10 Einige Fronordnungen sind publiziert in Gesetzsammlung (wie Anm. 7), 70 ff.

11 *Kurt Wernicke,* Untersuchungen zu den niederen Formen des bäuerlichen Klassenkampfes im Gebiet der Gutsherrschaft 1648–1789. Diss. Berlin 1962 (MS), 32 f. S. auch die zitierten Fronordnungen (wie Anm. 10).

12 *Ulrich Bentzien,* Haken und Pflug. Eine volkskundliche Untersuchung zur Geschichte der Produktionsinstrumente im Gebiet zwischen Elbe und Oder. Berlin 1969, 185f.

13 *Volker Klemm/Günther Meyer,* Albrecht Daniel Thaer. Pionier der Landwirtschaftswissenschaft in Deutschland. Halle (Saale) 1968, 69 ff. *Lutz Werner,* Die Entwicklung des Thünen'schen Mustergutes Tellow (Mecklenburg) in den Jahren 1810–1850, in: JbWG 1983/1, 71–98. Allgemein: *Hans Heinrich Müller,* Märkische Landwirtschaft vor den Agrarreformen von 1807. Entwicklungstendenzen des Ackerbaus in der zweiten Hälfte des 18. Jahrhunderts. Potsdam 1967. S. auch: *Rudolf Stadelmann,* Carl von Wulffen-Pietzpuhl. Ein Cultur- und Charakterbild, in: Preußische Jahrbücher 11, 1863, 3–43.

14 *Heitz,* Teilbetriebscharakter (wie Anm. 9), 308: „ein Zug rationaler Einrichtung“; *ders.,* Die sozialökonomische Struktur (wie Anm. 5), 6 ff.: Widerstand, 9, 13: „Stabilisierung“.

Auch die Hinnahme der in den Fronordnungen enthaltenen, peniblen Arbeitszeitregelungen ist nur dann schwer verständlich, wenn man von der Naturhaftigkeit bäuerlichen Zeitverständnisses ausgeht, wie sie auch in einigen neueren Untersuchungen noch betont wird.[15] Unterstellt man hingegen, wie Heitz es tat, eine bereits stärker ökonomisierte bäuerliche Mentalität[16], so können auch diese Maßnahmen als Stabilisierung gedeutet werden. Zusätzlich ist zu bedenken, daß durch die Zeitregelungen im Normalfall nicht die Bauern persönlich, sondern im wesentlichen die Knechte diszipliniert werden sollten.

Andererseits galten gerade für das Gesinde kulturelle Standards[17], die einer Veränderung der Arbeitsorganisation erheblichen Widerstand entgegenzusetzen in der Lage waren. Auch aus Mecklenburg sind einzelne spektakuläre Auswirkungen solcher Tabus überliefert.[18] Damit ist ein Bereich berührt, der mit dem Begriff „Gesindekultur" nur unzureichend umschrieben ist. Eine Analyse des bäuerlichen Widerstandes, wie sie Silke Göttsch für Schleswig-Holstein vorgenommen hat[19], kann die Scharnierstellung der Knechte im Fronsystem genauer umreißen helfen. Als von der Fron unmittelbar Betroffene waren sie zunächst diejenige Gruppe, die im Falle eines gutsherrlich-bäuerlichen Konflikts die Last der Konfrontation „vor Ort" zu tragen hatte.

Auch über die unmittelbaren Dienstkonflikte hinaus, die aus „neutraler" Perspektive als Streit um die Arbeitskraft der Knechte verstanden werden können, sind Solidarisierungen der Knechte mit „ihren" Bauern in Agrarkonflikten nachzuweisen. So z. B. im Juli 1761 in Woosmer (Amt Dömitz), wo die Knechte die Verhaftung eines widerspenstigen Bauern verhinderten.[20] Schon solche einfachen Auftritte ziehen eine Fülle von Fragen nach sich. War das Verhalten der Knechte in Woosmer Resultat besonderer Absprachen oder Akt „spontaner" Solidarität und damit Zeichen einer engen, auch emotionalen Integration in den bäuerlichen Haushalt? Dafür wäre die in anderen Fällen vereinzelt überlieferte Anrede „Vater"[21] für den

15 *Jan Peters*, „... dahingeflossen ins Meer der Zeiten." Über frühmodernes Zeitverständnis der Bauern, in: Frühe Neuzeit–Frühe Moderne. Hrsg. v. Rudolf Vierhaus u.a. Göttingen 1992, 180–205; *Heide Inhetveen*, „Schöne Zeiten – Schlimme Zeiten" – Zeiterfahrungen von Bäuerinnen, in: Zerstörung und Wiederaneignung von Zeit. Hrsg. v. Rainer Zoll. Frankfurt a. M. 1988, 198–222.

16 *Heitz*, Die sozialökonomische Struktur (wie Anm. 5), 12. Allgemein zum Verhältnis von Ökonomie und Mentalität in Gutsherrschaftsgesellschaften: *Hartmut Harnisch*, Bäuerliche Ökonomie und Mentalität unter den Bedingungen der ostelbischen Gutsherrschaft vor Beginn der Agrarreformen, in: JbWG 1989/3, 87–108.

17 *Silke Göttsch*, Beiträge zum Gesindewesen in Schleswig-Holstein zwischen 1740 und 1840. Neumünster 1978; *dies.*, Stapelholmer Volkskultur. Neumünster 1981.

18 *Jochen Richter*, Wesen und Funktion der spätfeudalen Landgemeinde. Erläutert an den Dörfern der Sandpropstei des Klosters Dobbertin, in: JbGFeud 11, 1987, 223–269, hier 249: Mord an einem Knecht im Dorf Schwarz (1667), weil er andere „ausgemäht", d.h. zu schnell gemäht hat.

19 *Silke Göttsch*, „Alle für einen Mann..." Leibeigene und Widerständigkeit in Schleswig-Holstein im 18. Jahrhundert. Neumünster 1991.

20 *Wernicke*, Untersuchungen (wie Anm. 11), 131.

21 Allgemein: *Heidi Rosenbaum*, Formen der Familie. Untersuchungen zum Zusammenhang von Familienverhältnissen, Sozialstruktur und sozialem Wandel in der deutschen Gesellschaft des 19. Jahrhunderts. Frankfurt a. M. 1982, 103. Ein Beispiel aus der Uckermark: *Lieselott Enders*, Die Uckermark. Geschichte einer kurmärkischen Landschaft vom 12. bis zum 18. Jahrhundert. Weimar 1992, 531 (1700). Aus Mecklenburg: *Karl Baumgarten*, Die Tischordnung im alten mecklenburgischen Bauernhaus, in: Deutsches Jahrbuch für Volkskunde 11, 1965, 5–15, hier 8, Anm. 16 (1764, Rostocker Hospitalgüter).

bäuerlichen Hauswirt ein weiteres Indiz. Ob damit die alte, insbesondere von Wilhelm Heinrich Riehl propagierte Vorstellung von der „Pietät" der bäuerlichen Hausgemeinschaft[22] gerade für gutsherrschaftliche Verhältnisse bestätigt werden kann, sollte allerdings weiterer Forschung überlassen bleiben.

Daß die Verhältnisse an der Nahtstelle von Bauernhof und Gutswirtschaft sicher komplizierter waren, zeigt die Tatsache, daß es in Holstein auch Bauern gab, die, vom Gutsverwalter auf die schleppende Arbeit der Knechte auf den Gutsäckern angesprochen, antworteten, sie seien im gleichen Maße von Faulheit und Übermut dieser kaum dem Jugendalter entwachsenen Gruppe betroffen.[23] An die gemeinsamen Interessen von Bauern und Gutsherren appellierte auch das mecklenburgische Auswanderungsmandat vom 2. August 1760, in dem beklagt wurde, „daß viele Unserer Unterthanen, besonders junges lediges Dienstvolk, sowohl an Knechten als an Mägden, sogar mit Hindansetzung ihrer Eide und Pflichten gegen Uns und ihre Guts- und Brodtherrn"[24] sich in großer Zahl aus dem Lande entfernt hätten.

Das Argument der Bauern in Holstein kann dagegen auch als Verstellung gedeutet werden. Denkbar ist auch ein Handeln der Knechte im Auftrag ihrer „Brotherrn", so wie die Dorffrauen und zum Teil auch die Jugend in den Baseler „Landestroublen" von den Männern der Gemeinde bisweilen „vorgeschickt" wurden.[25] Jedenfalls gab die Zwischenstellung der Knechte den Bauern genügend Raum, gegenüber der Gutsherrschaft eine ambivalente Haltung einzunehmen, die auch in der Ex-Post-Betrachtung noch Probleme bereiten kann.

Aber auch die Knechte konnten in dieser Grenzsituation für sich Freiräume abstecken. Was die Arbeit anbetrifft, so zentrierten sich diese Freiräume deutlich um die Dienstpferde. Gegenüber den Bauern waren sie als Pfänder für zurückgehaltenen Lohn zu gebrauchen, so z. B. im Jahre 1770, als vier Knechte aus Schönfeld in Preußisch-Vorpommern nach Malchin in Mecklenburg geflüchtet waren und die Pferde mitgenommen hatten.[26]

Auch vor Ort gruppierte sich eine Reihe von Konflikten um die Behandlung der Arbeitspferde. Die Praxis der Knechte, die Tiere während der Arbeitspausen auf die Gutskoppeln zu treiben, löste in Holstein einen regelrechten Kleinkrieg mit den Verwaltern aus. Andererseits ist auch der Fall überliefert, daß Knechte für bäuerlichen Unwillen sorgten, wenn sie Dienstpferde auf der bäuerlichen Kuhweide grasen ließen. Kramer und Wilckens erklären diesen Konflikt so: „Die Hufner wollten das Beste für ihre Wirtschaft, die Hofknechte wollten in ihren Spanndienst mit frischen Pferden fahren."[27]

Für die Knechte war die Grenze zwischen Gut und Bauernhof nicht starr, sie waren geborene Grenzgänger, in gewisser Weise kann man sagen, um an eine Formulierung von Thomas Rudert anzuknüpfen, daß sie diese Grenze verkörperten.[28] Daß auch Strategien des bäuerlichen Widerstandes an diese Grenze stoßen konnten, liegt auf der Hand. Vielleicht konnten Knechte im Einzelfall „vorgeschickt" werden, andererseits waren nicht nur die subjektive Bereitschaft

22 *Wilhelm Heinrich Riehl,* Die Naturgeschichte des Volkes als Grundlage einer deutschen Social-Politik. 3. Band: Die Familie. Stuttgart/Augsburg 1856, 147.

23 *Karl-Sigismund Kramer/Ulrich Wilkens,* Volksleben in einem holsteinischen Gutsbezirk. Neumünster 1979, 51 f.

24 *Wernicke,* Untersuchungen (wie Anm. 11), 107.

25 *Andreas Suter,* „Troublen" im Fürstbistum Basel (1726–1740). Eine Fallstudie zum bäuerlichen Widerstand im 18. Jahrhundert. Göttingen 1985, 345.

26 *Wernicke,* Untersuchungen (wie Anm. 11), 108.

27 *Kramer/Wilkens,* Volksleben (wie Anm. 23), 52.

28 S. den Beitrag von *Thomas Rudert* in diesem Band.

der Knechte, sondern auch habituelle Größen – etwa ihr Arbeitsverständnis – in der bäuerlichen Strategie zu berücksichtigen. Die oft monierte Praxis der Bauern, kleinere Wagen und Eggen zu stellen, kann in dieser Hinsicht auch als Versuch gedeutet werden, ihre Strategie vom Arbeitsverständnis der Knechte unabhängiger zu machen.

Auch den Gutsherrn, Pächtern und Verwaltern dürfte das komplizierte Verhältnis von Bauern und Knechten nicht entgangen sein. Ein interessantes Detail findet sich im Aufsatz von Karl Baumgarten über die Sitzordnung im mecklenburgischen Bauernhaus. Neben der „klassischen" Variante mit dem Bauern an der Stirnseite des Tisches fand sich in der zweiten Hälfte des 19. Jahrhunderts eine zweite mit dem Knecht als „Vorsitzendem". Sie war insbesondere im Norden verbreitet, und zwar dort, wo Großgrundbesitz stark ausgeprägt war. Eine Erklärungsmöglichkeit – neben anderen – kann nach Baumgarten darin bestehen, daß die Praxis des 19. Jahrhunderts noch ein Relikt aus dem 18. darstellte, daß sie das „geringe Gewicht" widerspiegelte, das die Unterschiede „im sozialen Status" zwischen Bauern und Knechten eingenommen hätten. „Beide waren leibeigen und schollengebunden. Durch Willkürakt des Grundherrn konnte der Bauer jederzeit abgemeiert, der Knecht zur Übernahme seines Hofes veranlaßt werden."[29] Freilich bleibt nach der Häufigkeit einer solchen von Baumgarten erwogenen Rochade zu fragen.[30]

Während die grundlegenden Forschungen von Heitz zu den Veränderungen in der mecklenburgischen Gutswirtschaft an der Schwelle des 18. Jahrhunderts nur den Rahmen für eine Sozialgeschichte der davon betroffenen und daran beteiligten Gruppen und Schichten der ländlichen Gesellschaft abstecken, gehen die Anregungen zur Erforschung mecklenburgischer Gutskomplexe als wirtschaftlicher Organismen stärker ins Detail. Dennoch bleibt die unmittelbare Reichweite der von Heitz aufgewiesenen Versuche, die Produktivität der Fronhöfe zu steigern, noch im einzelnen zu ermessen. Allerdings trifft sich dieses schon 1959 formulierte Anliegen mit aktuellen Interessen vornehmlich frankophoner Historiker an den unspektakulären Fortschritten vor der sogenannten Agrarrevolution, den Skalenvorteilen und „kleinen" Rationalisierungen.[31]

Weniger diese (möglichen) Fortschritte als den säkularen Niedergang des Fronsystems hat bisher – im Anschluß an die aufgeklärte Kritik des späten 18. Jahrhunderts – die Agrargeschichtsschreibung nachgezeichnet. Tatsächlich: Trotz der „kleinen" Rationalisierungen, trotz aller Versuche der Konsensbildung auf der einen, trotz genauer Überwachung und drakonischer Strafen auf der anderen Seite – die Klagen über schlechte Arbeitsverrichtung, „Betrug" bei Vieh, Geräten und Arbeitskräften scheinen das Fronsystem von Anbeginn begleitet und nicht wenig zu seinem Ende beigetragen zu haben[32], gleich ob dies durch Bauernlegen erfolgte

29 *Baumgarten,* Tischordnung (wie Anm. 21), 10, 13.

30 *Palle Ove Christiansen,* Die vertrackte Hofübernahme. Zur gutsherrschaftlichen Rekrutierung von Bauern in der ländlichen Gesellschaft des östlichen Dänemark im 18. Jahrhundert, in: Historische Anthropologie 3, 1995, 144–164.

31 S. z. B. *Dominique Zumkeller,* Le paysan et la terre. Agriculture et structure agraire à Genève au XVIIe siècle. Genf 1992; *Jean-Marc Moriceau/Gilles Postel-Vinay,* Grande exploitation et changements agricoles. XVIIe–XIXe siècles. Paris 1992; *Jean-Michel Boehler,* Une société rurale en milieu rhénan. La paysannerie de la plaine d'Alsace (1648–1789). 3 Bde. Strasbourg 1994.

32 *William W. Hagen,* The Junkers' Faithless Servants: Peasant Insubordination and the Breakdown of Serfdom in Brandenburg-Prussia, in: The German Peasantry. Conflict and Community in Rural Society from the Eighteenth to the Twentieth Centuries. Hrsg. v. Richard J. Evans/William R. Lee. London/Sidney 1986, 71–101; *Wernicke,* Untersuchungen (wie Anm. 11), 225 f.

wie in Mecklenburg oder durch einen großbäuerlich-gutsherrschaftlichen Ausgleich wie in Brandenburg.[33]

Aber nicht allein der Herrenacker, auch die Felder der Bauern litten – folgt man den aufgeklärten Kritikern – unter den Auswirkungen des Fronsystems. Weit davon entfernt, daß etwa die Arbeitszeitregelungen der Fronordnungen auf die Bauernhöfe ausgestrahlt hätten, trug in den Augen der Kritiker der Bummelstreik den Sieg davon. Der schon zitierte Baron von Langermann sah, „genährt durch die politischen Einrichtungen“, auf den Höfen eine „unthätige Genügsamkeit“ vorherrschen. „Der in den meisten Fällen zur Frohne gebrauchte Bauer überläßt sich ihr ohne Einschränkung. [...] Täglicher Genuß und Gemächlichkeit ist das Ziel seiner Wünsche; er hat es erreicht, wenn er satt und ohne Anstrengung lebt. [...] Er thut nur das, wozu ihn die Furcht treibt, und denkt an keinen Erwerb über das tägliche Bedürfniß, dessen Erwerb ihm so leicht wird.“[34]

Was in ökonomischer Hinsicht als unproduktiv, in politischer als entwürdigend und im Hinblick auf die Praxis der Körperstrafen[35] zu Recht als barbarisch angeprangert worden ist, kann in sozialer Hinsicht somit andere Seiten offenbaren. Sie hatte auch der Schwaaner Amtshauptmann Maneke im Sinn, als er 1805 die Lage der inzwischen auf Dienstgeld gesetzten, aber noch immer leibeigenen Bauern in seinem Domanialdistrikt zu beurteilen hatte. In seiner Sicht dachte „der leibeigene Bauer [...] auf nichts als einen bequemen Tag. Hat er viele Kinder, so ist er froh, sie alle bei sich zu behalten. Kein Gedanke, sich ein größeres Erdenglück zu verschaffen, belebt diese Menschen, denn sie sind an die Hufen oder wenigstens den Amtsbezirk gefesselt und erstere gewähren ihnen ein gemächliches Leben. Ihre einzige Spekulation geht dahin, durch eine Wechselheirat einem zweiten Kinde gleiche Glückseligkeit zu verschaffen.“[36]

Nicht für Mecklenburg, aber für das benachbarte brandenburgische Amt Altruppin hat Takashi Iida tatsächlich eine Reihe von Doppelhochzeiten bei besser situierten Bauern aufgewiesen[37], und für Mecklenburg ist in einer ersten Arbeit der in der zeitgenössischen Literatur mehrfach angesprochene Zusammenhang von Haushaltsgröße und gutsherrschaftlicher Entwicklung empirisch untermauert worden. So beherbergten die „Häuser“ in den Ämtern Boizenburg und Gadebusch im Jahre 1500 2.6 bzw. 2.2 Erwachsene im Durchschnitt, während sich um 1700 dieser Wert für Boizenburg genau verdoppelt hatte und in Gadebusch 4.8

33 Dabei wird nicht einheitlich beurteilt, welchen Umfang die Umwandlung der Dienste in Geld vor den Reformen angenommen hat. Die Fortschritte betonen: *Lieselott Enders,* Bauern und Feudalherrschaft der Uckermark im absolutistischen Staat, in: JbGFeud 13, 1989, 247–283; *Edgar Melton,* The Decline of Prussian Gutsherrschaft and the Rise of the Junker as a Rural Patron, 1750–1806, in: German History 12, 1994, 334–350. Ähnlich: *Müller,* Märkische Landwirtschaft (wie Anm. 13), 146. Skeptischer: *Hartmut Harnisch,* Kapitalistische Agrarreform und industrielle Revolution. Agrarhistorische Untersuchungen über das ostelbische Preußen zwischen Spätfeudalismus und bürgerlich-demokratischer Revolution 1848/49 unter besonderer Berücksichtigung der Provinz Brandenburg. Weimar 1984, 54.

34 In *Boll,* Geschichte Meklenburgs (wie Anm. 8), 476 f.

35 *Friedrich Mager,* Geschichte des Bauerntums und der Bodenkultur im Lande Mecklenburg. Berlin 1955, 198 ff., *Heitz,* Teilbetriebscharakter (wie Anm. 9).

36 Zit. nach *Mager,* Geschichte des Bauerntums (wie Anm. 35), 345.

37 *Takashi Iida,* Herrschaft, Hof und Familie 1700–1820. Zwei Beispiele der brandenburgischen Dörfer Manker und Wustrau (Kreis Ruppin) im Vergleich, erscheint demnächst in: Forschungen zur brandenburg-preußischen Geschichte.

erreichte.[38] Inwieweit das Tableau der „historischen Ökotypen“[39] damit durch eine oder mehrere gutsherrschaftliche Varianten bereichert werden kann, müßten weitere regional, zeitlich und funktional differenzierte Arbeiten erweisen.

Hinsichtlich der demographischen Folgen solcher Siedlungsformen hat Hartmut Harnisch für die Gutsherrschaftsgebiete insgesamt aus dem „hohen Anteil Unverehelichter an der Gesamtbevölkerung trotz hoher ehelicher Fruchtbarkeit ein geringes Bevölkerungswachstum und eine niedrige Bevölkerungsdichte“[40] abgeleitet, ohne daß freilich weiträumig angelegte Studien vorgelegen hätten, die diese Schlußfolgerungen hätten untermauern können. Der Pastor Tiburtius aus Boddin bei Gnoien wollte immerhin nicht ausschließen, „daß durch das mehrere Beysammenseyn der jungen Leute in den Bauernhäusern [...] manches uneheliches Kind gezeugt würde.“[41] Auch diese Annahme bedarf noch empirischer Nachprüfung.[42]

Der Schwaaner Amtshauptmann hingegen war von Moralproblemen weniger alarmiert, ihn interessierten die „harten“ ökonomischen Auswirkungen. So konnte er sich des Vergleichs „mit einem Wespenneste“ nicht erwehren, „in welchem alles Erworbene von sich selbst, ohne dem übrigen Teil des Staates nützlich zu werden, verzehrt wird.“[43]

Wenngleich gerade für eine solche Aussage prinzipiell die Notwendigkeit von Aufklärungs- und Quellenkritik[44] fortbesteht, soll doch die Tatsache, daß sie – wenn auch nur partiell und indirekt – durch erste Arbeiten zu Demographie und Haushaltsforschung bestätigt worden ist, zu dem Wagnis ermutigen, sie auch im ganzen ernstzunehmen, allerdings in einer abgewandelten, geradezu verkehrten Stoßrichtung. „Hier, in dieser uns weitgehend fremd gewordenen Lebenseinstellung, fern den Maximen des Fortschritts und der Leistungs-

38 *Jürgen Seemann*, Soziale und kulturelle Aspekte der mecklenburgischen Bauernfamilie in der Frühen Neuzeit, in: Egyetemes Történeti Tanulmányok XX. Hrsg. v. István Orosz/Peter Gunst (Acta Universitatis Debreceniensis de Ludovico Kossuth Nominatae, Series Historica XLIII.) Debrecen 1990, 15–26, hier 17. S. auch: *Ders*., Untersuchungen der ländlichen Sozialstruktur im 16. Jahrhundert. Dargestellt am Beispiel des Herzogtums Mecklenburg unter Berücksichtigung der Siedlungs- und Herrschaftsstruktur. Diss. Rostock 1987.

39 *Michael Mitterauer*, Formen ländlicher Familienwirtschaft: Historische Ökotypen und familiale Arbeitsorganisation im österreichischen Raum, in: Familienstruktur und Arbeitsorganisation in ländlichen Gesellschaften. Hrsg. v. dems./Josef Ehmer. Wien/Köln/Graz 1986, 185–324.

40 *Hartmut Harnisch*, Bauernwirtschaft und Gutsbetrieb unter den Bedingungen der Gutsherrschaft im ostelbischen Deutschland, in: Studien zur deutschen und ungarischen Wirtschaftsentwicklung (16.–20. Jahrhundert). Hrsg. v. Vera Zimány. Budapest 1985, 53–62, hier 58.

41 *Tiburtius* (ohne Vorn.), Gedanken über die Abschaffung oder Beybehaltung der Dienst-Bauern in Mecklenburg, in: Neue Monathsschrift von und für Mecklenburg 1, 1792, 51–59, hier 54. S. auch *Mager*, Geschichte des Bauerntums (wie Anm. 35), 156 f.

42 Wenigstens im letzten Viertel des 18. Jahrhunderts, für das Zahlen vorliegen, scheinen uneheliche Geburten nicht häufig gewesen zu sein. Sie stiegen jedoch an der Wende zum 19. Jahrhundert an. Siehe *Axel Lubinski*, Mecklenburg-Strelitz als Wanderungsraum. Zu den Wirkungen von Aus- und Abwanderung auf eine Region in der zweiten Hälfte des 19. Jahrhunderts, in: ‘Es zieht eben einer den Anderen nach’. Wanderungen und ihre Wirkungen auf ausgewählte Gebiete Schleswig-Holsteins und Ostelbiens. Hrsg. v. Horst Rößler. St. Katharinen 1995, 133–173, hier 146).

43 *Mager*, Geschichte des Bauerntums (wie Anm. 35.), 345.

44 *Palle Ove Christiansen*, Lebensstile im Gutsdorf des 18. Jahrhunderts. Kultur und Kontraste unter den ostdänischen Gutsbauern, in: Gutsherrschaft als soziales Modell. Vergleichende Betrachtungen der Funktionsweise frühneuzeitlicher Agrargesellschaften. Hrsg. v. Jan Peters. München 1995, 129–154, hier 130, 152 f.

gesellschaft liegen die historischen Alternativen zur 'protestantischen Ethik'."[45] So Peter Hersche neuerdings – nicht über Mecklenburg, sondern über den „geistlichen Staat" in Deutschland. Sicher grenzt es an Zumutung, mitten im protestantischen Mecklenburg, dem Reich der Fron und der Prügelstrafen, der Leibeigenschaft und des Bauernlegens, Platz für eine Idylle von Egalität, Gemächlichkeit, Familiensinn und Genuß zu schaffen. Die genaue Analyse der benachbarten Stavenower Subsistenzbauern mit ihren nicht unterdurchschnittlichen Lebenschancen[46] scheint aber eine solche Möglichkeit auch für Mecklenburg nicht mehr a priori auszuschließen.

Einmal gewählt, bleibt der Vergleich mit dem geistlichen Staat verführerisch. Daß es „neben dem traditionellen Handwerk kein nennenswertes Gewerbe" gab, „das Textilhandwerk wohl fast ausschließlich dem Eigenbedarf" diente, von „nennenswerten Ansätzen protoindustrieller Heimarbeit bis jetzt [...] kaum etwas bekannt geworden" ist, „Manufakturen" hier „noch mehr als in anderen (Territorien, W. T.) im Stadium der Projektemacherei stehen blieben"[47], gilt gleichermaßen für das Reich des Ganten wie des Krummstabs.

Die Gemeinsamkeiten beschränken sich jedoch nicht auf eine Negativliste. Gerade auf dem Gebiet der Landwirtschaft gab es in Mecklenburg wie in den geistlichen Staaten hinter einem Blickfang von Indolenz und Rückständigkeit auch andere als die von den zitierten Aufklärern kritisierten Phänomene. Hier könnte z. B. wieder an die Überlegungen von Gerhard Heitz angeknüpft werden.

Ich möchte allerdings die bäuerliche Perspektive wählen, zunächst jedenfalls. Die Koppelwirtschaft[48] ist als eine der bemerkenswertesten Innovationen vor der sogenannten Agrarrevolution geschildert worden, freilich weniger von einem mecklenburgischen als von einem Schweizer Historiker, der ihre Einführung im Kanton Luzern nachgezeichnet hat, wo sie schon im 17. Jahrhundert, und zwar im bäuerlichen Milieu, anzutreffen war.[49] In Mecklenburg allerdings faßte diese Innovation zuerst auf den Gütern Fuß und expandierte erst im Laufe des 19. Jahrhunderts auf das Land der verbliebenen Bauern, die zuvor im Dreifeldersystem gewirtschaftet hatten.

Dennoch stellt der Gang dieser Innovation nur vordergründig ein weiteres Beispiel für die beklagte bäuerliche Apathie dar. Walter Achilles hat jüngst ins Gedächtnis gerufen, daß die Dreifelderwirtschaft mindestens im 18. Jahrhundert weder ein universal verbreitetes noch ein unflexibles System darstellte[50], wenngleich stadial-regionale Untersuchungen der Variationen

45 *Peter Hersche,* Intendierte Rückständigkeit. Zur Charakteristik des geistlichen Staates im Alten Reich, in: Stände und Gesellschaft im Alten Reich. Hrsg. v. Georg Schmidt. Stuttgart 1988, 133–149, hier 140.

46 *William W. Hagen,* Der bäuerliche Lebensstandard unter brandenburgischer Gutsherrschaft im 18. Jahrhundert. Die Dörfer der Herrschaft Stavenow in vergleichender Sicht, in: Peters (Hrsg.), Gutsherrschaft als soziales Modell (wie Anm. 44), 179–196.

47 *Hersche,* Intendierte Rückständigkeit (wie Anm. 45), 139.

48 *Heinrich Dade,* Die Entstehung der Mecklenburgischen Schlagwirthschaft. Göttingen 1891 repräsentiert noch immer den „neusten" Forschungsstand.

49 *Andreas Ineichen,* Konservative Bauern in erstarrtem Agrarsystem? Zum Wandel der Landwirtschaft im Kanton Luzern in der Frühen Neuzeit, in: Die Bauern in der Geschichte der Schweiz – Les paysans dans l'historie de la Suisse. Hrsg. v. Albert Tanner/Anne-Lise Head-König. Zürich 1992, 53–67, hier 55.

50 *Walter Achilles,* Deutsche Agrargeschichte im Zeitalter der Reformen und der Industrialisierung. Stuttgart 1993, 51 ff. S. auch Markus Mattmüller, Die Dreizelgenwirtschaft – eine elastische Ord-

noch ausstehen. In Mecklenburg jedenfalls hatten die Bauern schon im 17. Jahrhundert Modifikationen eingeführt, die dann zum Arsenal der Vorschläge gehörten[51], mit denen Volksaufklärer nach 1770 allenthalben Bauern überzogen. So wurde in der Regel die Hälfte der Brache, manchmal auch größere Teile, mit Erbsen, Wicken oder Gerste besät, später auch mit Kartoffeln bepflanzt.[52] Daraus konnten sich Rotationssysteme ergeben, die an Komplexität der auf den Gütern favorisierten Koppelwirtschaft nicht nachstanden. Bisweilen konnte dadurch ein Übergang zu individuellen Wirtschaftsformen jenseits von Feldgemeinschaft und Flurzwang gefunden werden, der von vermeintlich fortschrittlichen Apologeten der Koppel- und Gutswirtschaft als „Unordnung" perzipiert wurde.[53]

Auf dem Gebiet des Geräteeinsatzes war der gesamte Nordosten nach Wiegelmann schon seit dem 17. Jahrhundert durch den Einsatz der Sense bei der Mahd des Wintergetreides auch auf den Bauernhöfen führend.[54] Und der Haken kann nach der Arbeit von Bentzien, der sich ausführlich mit den Vorteilen dieses Universalgerätes beschäftigt hat, selbstverständlich nicht als retrograd qualifiziert werden.[55]

Wenig positive Seiten können hingegen der von Helga Schultz nachgewiesenen Stagnation im Landhandwerk abgewonnen werden.[56] Andererseits gab es auf dem Gebiet der „Kunstfertigkeit" nicht nur Negatives zu vermelden. Eine Fülle von Anhaltspunkten liefert wiederum die Arbeit von Bentzien. Von der Mitte des 17. Jahrhunderts an bestimmten landesherrliche Bauern-, Gesinde- und Polizeiordnungen in verschiedenen Territorien der Gutsherrschaft, daß die Knechte „Pflüge und allerlei Wagenwerk" bzw. das „Wagen-, Pflug- und Hakenzeug" anzufertigen im Stande sein müßten, so z. B. in Brandenburg 1644, im Mecklenburg 1646 und 1654, in Vorpommern 1663. „In den Gesindeordnungen des 16. Jahr-

nung, in: Ansichten von der rechten Ordnung (FS B. Mesmer). Bern/Stuttgart 1991, 243–252; *ders.:* Die Landwirtschaft der schweizerischen Heimarbeiter im 18. Jahrhundert, in: ZAA 31, 1983, 41–56.

51 *Wilhelm Abel,* Geschichte der deutschen Landwirtschaft vom frühen Mittelalter bis zum 19. Jahrhundert. Stuttgart 1962, 253 ff., 283 ff.

52 *Mager,* Geschichte des Bauerntums (wie Anm. 35), 263. Für die erste Hälfte des 17. Jahrhunderts: *Georg Tessin,* Wert und Größe mecklenburgischer Rittergüter zu Beginn des Dreißigjährigen Krieges, in: ZAA 3/4, 1955/56, 145–157, hier 149 f.

53 So z. B. in der anonymen Abhandlung „Einige Fehler in der Mecklenburgischen Bauern-Oekonomie", Teil 2, in: Monatsschrift von und für Mecklenburg, 1790, 284–302, hier 286. Ein solcher Individualisierungsprozeß wurde vom Verfasser in einem nicht genannten Dorf mit ursprünglicher 5–6 (!)–Felderwirtschaft beobachtet: „Dabey sind sich die Bauern nicht einig. Der Eine dünget im Frühlinge des vierten Jahres und säet Gerste oder Erbsen. Der Zweyte lässet sein Stück Hafer tragen. Der Dritte lässet seinen Acker zur Braache liegen, dünget im Herbste, und bestellet ihm mit Winterkorn. Der vierte (!) kann mit der Arbeit nicht fertig werden, und seine Stücke liegen Dreesch." Was für den mecklenburgischen Beobachter als Auflösung der Ordnung erschien, ist für das Elsaß jüngst als Schritt auf dem Wege zum „Agrarindividualismus" erkannt worden: *Boehler,* Une sociéte rurale (wie Anm. 31), Bd. 1, 730 ff. Auch der Pastor *Tiburtius,* Gedanken (wie Anm. 41), 54, kritisierte die Besömmerung der Brache.

54 *Günter Wiegelmann,* Zum Problem der bäuerlichen Arbeitsteilung in Mitteleuropa, in: Aus Geschichte und Landeskunde (FS F. Steinbach). Bonn 1960, 637–671, hier 649, 653 f.

55 *Bentzien,* Haken und Pflug (wie Anm. 12), 222 f.

56 *Helga Schultz,* Landhandwerk im Übergang vom Feudalismus zum Kapitalismus. Berlin 1984, 83, 86. Die Handwerkerdichte nahm zwischen 1700 und 1760 leicht zu, um bis 1800 wieder abzunehmen.

hunderts", fügt Bentzien hinzu, „fehlten die obigen Bestimmungen noch, obwohl die Arbeitsaufgaben der Knechte auch dort schon recht detailliert verzeichnet werden."[57]

Darüber hinaus kann Bentzien nachweisen, daß Knechte und Bauern tatsächlich einen Haken beinahe vollständig herstellen konnten, Platz für ein Handwerk ließen nur die Eisenteile und evtl. das Radgestell, das in einfachen Ausfertigungen auch fehlen konnte. Joch und Hakenseil dagegen wurden auf dem Bauernhof verfertigt.[58] Auch dies waren Arbeiten, die sich in südwestdeutschen Dörfern die im Laufe des 18. Jahrhunderts immer zahlreicher und ärmer werdenden Landhandwerker[59] nicht hätten entgehen lassen. Was in Mecklenburg an Kunstfertigkeit und Differenzierung durch das im Vergleich mit grundherrschaftlichen Gebieten nur geringe Wachstum im Handwerk der Gesamtgesellschaft entgangen sein mag, wurde – wenn auch sicher nicht in allen Qualitätsstufen – doch in gewisser Weise auf den Bauernhöfen bewahrt.

All dies konnte einen Großteil der mecklenburgischen Bauern im Gebiet der Ritterschaft nicht vor dem nicht allein von Nichtweiß dargestellten Schicksal der Legung schützen. Bekanntlich ist das Bauernlegen selbst bei gemäßigten Vertretern der Aufklärung auf Kritik gestoßen, und dies nicht nur außerhalb Mecklenburgs.[60] Nur schwer in diesen Strom des Protests, der nicht zu Unrecht in der wissenschaftlichen Forschung bis heute nachklingt, ist allerdings die Reaktion der Bauern des Dorfes Tellow einzuordnen, denen am 28. Oktober 1797 anläßlich des Verkaufs des Gutes an den Strelitzer Hofrat Berlin, den späteren Schwiegervater Thünens, eröffnet wurde, daß sie demnächst gelegt würden, wohingegen der neue Besitzer bereit sei, „für deren Unterkommen zu sorgen". Ohne den Hauch eines Widerspruchs gaben sie zu Protokoll, „sie unterwürfen sich dem Willen ihres gnädigen Landes Herrn ohne Bedenken, und nähmen das Anerbieten des Herrn Hofrath Berlin mit dem verbindlichsten Dank an und wünschten demselben zum Antritt dieses Guthes Gottes Gnade und Segen."[61]

Die Zweifel Lutz Werners, ob diese Äußerung „wirklich dankbaren Gemütern" entsprungen sei[62], sind sicher berechtigt. Auch ausgesprochene Befürworter des Bauernlegens wie der bereits in anderem Kontext zitierte Boddiner Pastor Tiburtius wurden den Eindruck nicht los, „als bemächtige sich ihrer (der gelegten Bauern, W. T.) zur Zeit dieser Veränderung eine große Niedergeschlagenheit." Er wollte dies zunächst damit erklären, „daß sie ihres künftigen Zustands ungewöhnt sind und daß sie Härte von Seiten der Herrschaft vermuten, daß man sie nämlich ihrer meisten Habseligkeiten berauben werde."

Sei diese Krise aber überwunden, so „schwindet alle Traurigkeit". Sobald sich der ehemalige Bauer nämlich „besinne", „sobald er eine Vergleichung zwischen dem Tagelöhner und sich anstellet, sobald er sich vorhält, was er vorher hatte und was er nun hat", komme er zu anderen Schlußfolgerungen, freilich unter der Voraussetzung, „daß ein Gutsherr nicht arme Einlieger

57 *Bentzien,* Haken und Pflug (wie Anm. 12), 239.

58 Ebd., 241.

59 *Andreas Maisch,* Notdürftiger Unterhalt und gehörige Schranken. Lebensbedingungen und Lebensstile in württembergischen Dörfern der frühen Neuzeit. Stuttgart/Jena/New York 1992, 338; *Wilfried Reininghaus,* Gewerbe in der Frühen Neuzeit. München 1990, 70.

60 *Mager,* Geschichte des Bauerntums (wie Anm. 35), 156 ff., 208 ff., *Nichtweiß,* Das Bauernlegen (wie Anm. 2), 160 ff.

61 *Lutz Werner,* Die Umwandlung des Bauerndorfes Tellow in einen gutsherrlichen Eigenbetrieb – ein Beispiel spätfeudaler Agrarentwicklung in Mecklenburg, in: JbGFeud 6, 1982, 410–429, hier 426.

62 Ebd.

haben möge, daß er überlege, daß seine Leute die Ursache seines Wohlstandes sind, daß sie das Guth bearbeiten, und er ohne sie nichts ausrichten könne." Sei dies der Fall, dann könne auch der gelegte Bauer „bey einiger Vergleichung finden, daß der Tagelöhner nicht unglücklicher sei als der Bauer."[63]

Dieser These, in der man Elemente der Kollektivierungsdiskussion unseres Jahrhunderts zu erkennen vermeint, müßte zunächst hinsichtlich der materiellen Verhältnisse dieser Schicht, von der Thomas Rudert für das Jahr 1700 – also vor dem Bauernlegen – immerhin schon 2124 Steuerzahler erfassen konnte[64], nachgegangen werden. Anders als für das benachbarte Schwedisch-Pommern[65] sind diese jedoch für das 18. Jahrhundert in Mecklenburg kaum erforscht. Das Vermächtnis von Johannes Nichtweiß blieb uneingelöst.[66]

Insofern sollen hier nur einige „moralische" Aspekte des Übergangs vom Bauern- in den Tagelöhnerstand thematisiert werden. Vielleicht erklärt sich aber die „Traurigkeit" der gelegten Bauern sogar primär aus diesen „moralischen" Gründen, aus dem Gefühl z. B., daß die Versetzung in den Tagelöhnerstand das abrupte Ende einer Tradition und den Verlust einer generationenübergreifenden Perspektive bedeutete, die beide im traditionellen Begriff der „Ökonomie" genauso angelegt waren wie die Befriedigung von Grundbedürfnissen? War nicht der gesamte Bereich der Erbschafts- und Übergabestrategien, der Kombination von Emotionen und materiellen Interessen, von realem und symbolischem Kapital, von langfristig kalkulierter dörflicher Allianzbildung und Vetterleswirtschaft, aber auch von Unbescholtenheit und Ehre mit einem Federstrich für nichtig erklärt worden und damit ein ganzer Kontinent an bäuerlichen Gestaltungsmöglichkeiten?[67] „Quasi-Castratio"[68] war sicherlich kein übertriebenes Bild dafür.

63 *Tiburtius,* Gedanken (wie Anm. 41). In Vorpommern hatte schon 1752 der Landrat Felix Dietrich von Behr das Bauernlegen als eigentlich bauernfreundliche Maßnahme verbrämen wollen. S. *Mager,* Geschichte des Bauerntums (wie Anm. 35), 299; s. auch *Melton,* The Decline (wie Anm. 33).

64 *Rudert,* Gutsherrschaft und Agrarstruktur (wie Anm. 6), 105.

65 *Jan Peters,* Die Landarmut in Schwedisch-Pommern. Zur sozialen Entwicklung und politischen Bedeutung der landarmen und landlosen ländlichen Produzenten in Vorpommern und Rügen 1630–1815. Diss. Greifswald 1961.

66 Für das 18. Jahrhundert gibt es nur karge Angaben bei *Mager,* Geschichte des Bauerntums (wie Anm. 35), 221 f. Für das 19. Jahrhundert und die domanialen Teile liegt die vorbildliche Arbeit von *Robert Pfahl,* Landarbeiterlöhne und ihre Bewegung vom Anfang des 19. Jahrhunderts bis zum Beginn des Ersten Weltkriegs. Eine Studie zur Lage kontraktgebundener Landarbeiter auf den domanialen Pachthöfen des Großherzogtums Mecklenburg-Schwerin, in: JbWG 1973/4, 79–124 vor. Einzelaspekte werden auch im Umkreis der Literatur zur Revolution von 1848/49 berührt: *Hans Hübner,* Die mecklenburgischen Landarbeiter in der Revolution von 1848/49, in: BzG 1968, 858–875. Eine Zusammenfassung des – auch für das 19. Jahrhundert – unbefriedigenden Forschungsstandes bei *Axel Lubinski,* Zur Geschichte der überseeischen Auswanderung aus dem Großherzogtum Mecklenburg-Strelitz in der zweiten Hälfte des 19. Jahrhunderts, in: JbWG 1992/2, 63–95, hier 74 ff.

67 Exemplarisch: *Giovanni Levi,* Das immaterielle Erbe. Eine bäuerliche Welt an der Schwelle zur Moderne. Berlin 1986; *David W. Sabean,* Property, Production, and Family in Neckarhausen 1700–1870. Cambridge 1990; *Albert Schnyder-Burghartz,* Alltag und Lebensformen auf der Basler Landschaft um 1700. Vorindustrielle, ländliche Kultur und Gesellschaft aus mikrohistorischer Perspektive – Bretzwil und das obere Waldenburger Land von 1690–1750. Liestal 1992.

68 *Mager,* Geschichte des Bauerntums (wie Anm. 35), 146; *Heitz,* Feudales Bauernlegen (wie Anm. 2), 1360, 1366.

Andererseits war sozialer Abstieg auch für die Abkömmlinge von Bauernfamilien kein ungewöhnliches Erlebnis, freilich traf es im Normalfall „nur" einen Teil der Nichterbenden, also diejenigen, die nicht mit einer standesgemäßen Mitgift ausgestattet werden konnten. Im Osnabrücker Kirchspiel Belm umfaßte diese Gruppe zwischen 1771 und 1860 ein Viertel der Bauernkinder (30% der Töchter und 20% der Söhne)[69], in den mecklenburgischen Dörfern Göhlen und Lohmen im 18. Jahrhundert stiegen 26% bzw. 22.8% der Bauernkinder in nichtbäuerliche Familien ab.[70] Auch Bauern waren mit den Verhältnissen in Tagelöhnerkaten vertraut, beide Schichten durch Heirat und Verwandtschaft verbunden.

In Mecklenburg hatten aber auch Hoferben schon vor einer eventuellen Legung mit einer besonderen Form der Unsicherheit Bekanntschaft gemacht. So wären Egalisierungen[71] und Umlegungen[72], wie sie von Heitz zuerst in betriebswirtschaftlicher Perspektive thematisiert worden sind, auch hinsichtlich ihrer sozialen Auswirkungen zu überprüfen. Soziale Barrieren konnten in Gemeinden, die sich – gezwungenermaßen oder auch auf eigenen Wunsch – Egalisierungen unterzogen, kaum solche Bedeutung erlangen wie in grundherrschaftlichen Gebieten mit z. T. lange verfestigten Besitzstrukturen. Auf die einzelne Stelle bezogen, ist es schwer denkbar, daß diese Elemente teils erzwungener Mobilität noch ein fixes Verhältnis von Hof und Dynastie zuließen, wie es in der Figur der „Hofidee" z. T. noch bis heute als „Definition" traditionellen Bauerntums erscheint.[73] In dieser Hinsicht könnte die Einbeziehung „mecklenburgischer Verhältnisse" einige feste Zuordnungen ins Wanken bringen.

Dies gilt auch für die schon angesprochenen Herrschaftsstrukturen in den *Häusern*. Kann man die bäuerlichen Verhältnisse mit gutem Recht als gedrückt bezeichnen, so besaß dagegen ein Knecht in der mecklenburgischen Gutsherrschaftsgesellschaft größere Spielräume als z. B. in Nordwestdeutschland[74], Hohenlohe[75] oder Oberösterreich[76], Territorien mit gefestigter bäuerlicher Besitzstruktur.

Aus einer solchen Perspektive konnte die Legung als Endpunkt einer Reihe von Maßnahmen erscheinen, die bäuerliche Dominanz im Dorf erschütterten. Daß sie auch für den betroffenen Bauern im wörtlichen Sinne „nur" eine *Quasi*-Castratio darstellte – auch in rechtli-

69 *Jürgen Schlumbohm*, Lebensläufe, Familien, Höfe. Die Bauern und Heuerleute des Osnabrückischen Kirchspiels Belm in proto-industrieller Zeit, 1650–1860. Göttingen 1994, 373.

70 Errechnet nach den Tabellen Nr. 28 und 29 bei *Irmgard Kothe*, Das mecklenburgische Landvolk in seiner bevölkerungsbiologischen Entwicklung. Leipzig 1941.

71 *Heitz*, Die sozialökonomische Struktur (wie Anm. 5); *ders.*, Teilbetriebscharakter (wie Anm. 9). Für Brandenburg: *Takashi Iida*, Konflikte um „Egalisierung" in der dörflichen Gesellschaft Ostelbiens im 18. Jahrhundert: Am Fallbeispiel des preußischen Domänenamtes Alt-Ruppin in Brandenburg, in: JbWG 1996/2, 175–195.

72 Allgemein: *Nichtweiß*, Bauernlegen (wie Anm. 2), 83 f., *Mager*, Geschichte des Bauerntums (wie Anm. 35), 146, 214, 220, *Heitz*, Teilbetriebscharakter (wie Anm. 9). Zu diesem Problem wären weitere quantifizierende Untersuchungen hilfreich.

73 *Arthur E. Imhof*, Die verlorenen Welten. Alltagsbewältigung durch unsere Vorfahren – und weshalb wir uns heute so schwer damit tun ... München 1984, 141 f. Klassisch: *Dietmar Sauermann*, Hofidee und bäuerliche Familienverträge in Westfalen, in: Rheinisch-westfälische Zeitschrift für Volkskunde 17, 1970, 58–78.

74 *Schlumbohm*, Lebensläufe (wie Anm. 69), 213 ff.

75 *Thomas Robisheaux*, Rural Society and the Search for Order in Early Modern Germany. New York et al. 1989.

76 *Hermann Rebel*, Peasant Classes. The Bureaucratization of Property and Family Relations under Early Modern Habsburg Absolutism. Princeton 1983.

cher Hinsicht – wurde schon von Zeitgenossen, selbst von kritischen, nicht verkannt. Einlieger und Tagelöhner erhielten Heiratskonsense nicht anders als Bauern, und das von auswärtigen Beobachtern geäußerte Urteil, das Bauernlegen habe ganze Landstriche entvölkert[77], traf innerhalb Mecklenburgs auch bei aufgeklärten Geistern auf Widerspruch.

Der Pastor Wundemann gab auch im zweiten Teil seiner Schrift, nachdem er sich vom Saulus des Leibeigenschaftsverteidigers zum Paulus des -gegners gewandelt hatte, zu, daß „das Bauernlegen die Eheschließung der Leibeigenen" erleichtere, „indem auf *ein* Bauernteil notwendig *einige* Katenleute angesetzt werden müssen, daß also die Bevölkerung dadurch befördert werde."[78] Tiburtius wollte „aus der Vergleichung der Geburtslisten" ersehen haben, „daß Bauern nicht mehrere Kinder verhältnißweise erzeugen als brodthabende Einlieger", und schloß daraus, daß die Vermehrung der Heiratskonsense „in Ansehung der Procreation der Kinder" dem Lande nur Vorteile bringe.[79]

Die Voraussetzung des „Brot-Habens", die tatsächlich schon im späten 18. Jahrhundert im Widerspruch zu den gesetzlichen Festlegungen prekär wurde[80], führte allerdings zu Zweifeln bei seinem Amtsbruder Wundemann: „Allein, es ist andererseits die Frage, ob nicht dagegen bei letzteren (den Tagelöhnern, W. T.) die Sterblichkeit desto größer sei, da sie im allgemeinen doch bedürftig sind, ihre Kinder nicht in Aufsicht haben können, sie mit schlechter Nahrung beköstigen und sie überhaupt sie nicht so gut halten können als der noch immer mehr wohlhabende Bauer. Ohnehin, was allenfalls an Bevölkerung durch Legen der Bauern gewonnen werden mag, geht andererseits wieder an gesunden Menschen verloren."[81]

Unabhängig von der Zielrichtung ihrer Schlußfolgerungen muß den beiden Pastoren zugebilligt werden, daß sie einen Komplex angesprochen haben, dem nicht nur im Lichte einer merkantilistischen Peuplierungsdiskussion Bedeutung zukommt. Insofern sind moderne demographische Methoden in besonderer Weise herausgefordert, den Realitätsgehalt der zeitgenössischen Positionen zu ermessen. Für ein ländliches Kirchspiel hat zuletzt Jürgen Schlumbohm in mustergültiger Weise demographische Methoden sozial differenziert angewandt. Anders als der Pfarrer Wundemann für die mecklenburgischen Tagelöhner konnte Schlumbohm für die Belmer Heuerlinge allerdings keine gegenüber den Bauern erhöhten demographischen Risiken erkennen.[82] Freilich hat Schlumbohm selbst darauf hingewiesen, daß sich dieses Ergebnis keinesfalls für andere ländliche Gesellungsformen[83] verallgemeinern läßt.[84]

77 So bekanntlich der Freiherr vom Stein 1802 anläßlich einer Reise nach Mecklenburg: „...äußerst wenige Menschen ..., eine Einförmigkeit, eine todte Stille, ein Mangel von Leben und Thätigkeit". Zit. nach *Nichtweiß*, Bauernlegen (wie Anm. 2), 122. Ähnlich auch 1783 der Göttinger Professor Johann Beckmann; nach *Mager*, Geschichte des Bauerntums (wie Anm. 35), 231.

78 Zit. nach *Mager*, Geschichte des Bauerntums (wie Anm. 35), 229 f.

79 *Tiburtius*, Gedanken (wie Anm. 41).

80 Der „Landesgrundgesetzliche Erbvergleich" von 1755 beinhaltete ein „Wohnrecht" für gelegte Bauern. *Mager*, Geschichte des Bauerntums (wie Anm. 35), 244. In der Praxis [*Nichtweiß*, Bauernlegen (wie Anm. 2), 124 ff., *Heitz*, Feudales Bauernlegen (wie Anm. 2), 1360, 1366] häuften sich jedoch die Klagen über Gutsherren, die dieser Bestimmung nicht entsprachen.

81 Zit. nach *Mager*, Geschichte des Bauerntums (wie Anm. 35), 229 f.

82 *Schlumbohm*, Lebensläufe (wie Anm. 69), 189.

83 Den Begriff nach: *Heide Wunder*, Das Selbstverständliche Denken. Ein Vorschlag zur vergleichenden Analyse ländlicher Gesellschaften in der Frühen Neuzeit, ausgehend vom „Modell ostelbische Gutsherrschaft", in: Peters (Hrsg.), Gutsherrschaft als soziales Modell (wie Anm. 44), 23–49.

84 *Jürgen Schlumbohm*, Sozialstruktur und Fortpflanzung bei der ländlichen Bevölkerung Deutsch-

Die bislang einzige mikrodemographische Untersuchung mecklenburgischer Dörfer, eine Arbeit von 1941 mit einem schwer verdaulichen Titel[85], läßt dementsprechend auch kompliziertere Befunde erkennen. Die Verfasserin hat im Bemühen um Repräsentativität drei Dörfer aus unterschiedlichen Teilen des Territoriums ausgewählt: das Domanialdorf Göhlen bei Ludwigslust, das im Besitz des Klosters Dobbertin befindliche Lohmen bei Güstrow und das ritterschaftliche Dorf Grüssow bei Malchow, das hier aus der Betrachtung ausscheiden soll, da die Daten für das 18. Jahrhundert nur rudimentär sind.

In mehrfacher Hinsicht scheinen Göhlen und Lohmen zwei unterschiedliche Varianten zu verkörpern. Auch Mecklenburg war nicht ausschließlich im Griff der Gutsherrschaft.[86] Göhlen z. B. stellte sich als Bauerndorf dar, in dem grundherrschaftliche Verhältnisse herrschten. Die Bauern zahlten schon zu Anfang des 18. Jahrhunderts Dienstgeld und leisteten einige wenige Erntedienste. Über die Dienstverhältnisse der unterbäuerlichen Schicht, die hier Häusler heißt, ist nichts ausgesagt. Da sie bei den Bauern zu Miete wohnten und vom Domanialamt mit Gärten und Weidemöglichkeiten für eine Kuh ausgestattet wurden, ist ihr Status eher nordwestdeutschen Heuerlingen als nordostdeutschen Tagelöhnern vergleichbar.

Tabelle 1
Säuglings- und Kindersterblichkeit in Göhlen (%)

	1725–50	1750–75	1775–1800	1800–25	1825–50	1850–75	1875–1900	1900–25
Bauern								
1. Jahr	10	17	18	27	24	18	24	17
2.–5. Jahr	7	11	7	6	6	6	3	–
6.–14. Jahr	2	4	7	3	3	4	1	
Häusler								
1. Jahr	21	20	17	17	20	14	16	8
2.–5. Jahr	9	7	17	9	11	10	5	1
6.–14. Jahr	3	4	2	3	6	5	0,6	–

Bis zum Jahre 1800 ist das demographische Risiko der Häusler in Göhlen höher als das der Bauern, in deren Familien insbesondere in der ersten Kolumne die Säuglings- und Kindersterblichkeit niedrig liegt.

Hinsichtlich der Abgabenregelungen entspricht das Klosterdorf Lohmen den herkömmlichen Vorstellungen von Gutsherrschaft, wenngleich den Bauern Extremvarianten erspart blieben. Obwohl die Gestalt der Abgaben im 18. Jahrhundert mehrfach wechselte, überwogen seit 1700 eindeutig die Dienste. Allein 1725 wurde Dienstgeld verlangt, 1726 aber waren schon

lands im 18. und 19. Jahrhundert. Befunde und Erklärungen zu schichtspezifischen Verhaltensweisen, in: Fortpflanzung: Natur und Kultur im Wechselspiel. Hrsg. v. Eckart Voland. Frankfurt a. M. 1992, 322–346. S. auch *Volkmar Weiss*, Bevölkerung und soziale Mobilität: Sachsen 1550–1880. Berlin 1993, 87 ff. Zusammenfassend: *Wolfgang von Hippel*, Armut, Unterschichten, Randgruppen in der Frühen Neuzeit. München 1995, 70. S. auch unten Anm. 88.

85 *Kothe*, Das mecklenburgische Landvolk (wie Anm. 70). Die im folgenden angeführten Zahlen sind den Tabellen Nr. 17, 18, 19 und 24 entnommen. Die Angaben zur Agrarverfassung der Dörfer entstammen gleichfalls der Arbeit von Kothe.

86 Für Brandenburg s. den Beitrag von *Hartmut Zückert* in diesem Band.

wieder die Fronen eingeführt, die 1776 aus drei Spann- und einem Handtag in der Woche bestanden, in der Saat- und Erntezeit kam jeweils drei Wochen lang ein weiterer Spanntag hinzu. 1774 gab es wieder für ein Jahr eine Dienstgeldregelung, bis 1799 waren dann aber wieder Fronen fällig. Die Zahl der Bauernstellen in Lohmen spiegelt in etwa die Entwicklung im Lande insgesamt wider. Sie sank von 23 (1441) über 14 (1620) auf 9 im Jahre 1720, 1774 wurden zwei weitere Bauern gelegt. Über die Dienste der Inwohner ist nichts bekannt, über ihre Anzahl ist lediglich gesagt, daß sie Ende des 18. Jahrhunderts angewachsen sei. Anders als in Göhlen wohnte diese Schicht nicht bei den Bauern, sondern in Katen, die dem Kloster gehörten.

Auffällig ist, daß die Kindersterblichkeit allgemein, insbesondere aber die Säuglingssterblichkeit im Gegensatz zu Göhlen zunächst bei den Bauen höher liegt als bei den Tagelöhnern, bis in der vierten Kolumne der Umschlag zuungunsten der Tagelöhner erfolgt.

Tabelle 2
Säuglings- und Kindersterblichkeit in Lohmen (%)

	1725–50	1750–75	1775–1800	1800–25	1825–50	1850–75	1875–1900	1900–25
Bauern								
1. Jahr		17	25	15	11	8	15	10
2.–5. Jahr		6	3	13	5	8	–	–
6.–14. Jahr		8	5	4	2	12	3	–
Tagelöhner								
1. Jahr		4	18	17	14	15	12	25
2.–5. Jahr		11	8	9	2	2	6	2
6.–14. Jah		2	2	5	4	1	1	2

Generell – ohne die Altersspezifik zu berücksichtigen – kann gesagt werden, daß in beiden Dörfern die prozentuale Kindersterblichkeit eine Funktion der Kinderzahl ist.

Tabelle 3
*Kinderzahlen je Ehe**

	1725–50	1750–75	1775–1800	1800–25	1825–50	1850–75	1875–1900	1900–25
Göhlen								
Bauern	4,5	4,1	3,8	4,5	3,9	3,4	3,5	2,2
	(6,9)	(6,0)	(5,5)	(7,5)	(6,8)	(4,9)	(4,8)	(2,5)
Häusler		4,3	4,7	4,0	3,5	2,3	3,9	2,1
		(5,8)	(6,1)	(5,8)	(5,1)	(3,4)	(4,8)	(2,3)
Lohmen								
Bauern		5,5	5,6	5,8	4,8	5,0	3,6	2,8
		(7,5)	(7,5)	(10)	(6,2)	(8,1)	(4,1)	(3,0)
Tagelöhner		3,4	3,3	4,2	4,3	4,2	4,2	5,2
		(4,4)	(5,7)	(5,7)	(6,0)	(5,9)	(5,8)	(6,5)

* Die Zahl ohne Klammern bezeichnet die überlebenden Kinder.

Und die Kinderzahl hängt wiederum wesentlich vom Heiratsalter der Eltern, insbesondere der Frauen, ab. Die Unterschiede in der Kindersterblichkeit erklären sich zumindest in Lohmen nicht, wie Wundemann meinte, aus unmittelbaren sozialen Ursachen (Ernährung, Wohnverhältnissen und Hygiene, Arbeitsbelastung der Eltern), sondern sie sind nur indirekt über das Heiratsalter der Eltern an die Sozialstruktur angebunden.

Tabelle 4
Heiratsalter

	1700–25	1725–50	1750–75	1775–1800	1800–25	1825–50	1850–1875	1875–1900
Göhlen								
Bauern	32,7	32,4	27,1	29,6	26,8	28,3	30,0	33,5
Bauersfrauen	22,0	23,5	22,6	22,1	22,5	23,9	23,0	23,6
Häusler					28,8	29,7	31,7	28,6
Häuslerfrauen					28,1	25,1	28,8	24,9
Lohmen								
Bauern			27,0	28,0	26,6	28,3	28,5	29,5
Bauersfrauen			19,0	21,3	21,8	24,5	23,4	24,0
Tagelöhner			32,3	28,4	27,4	29,2	28,8	27,6
Tagelöhnerfrauen			25,7	23,1	23,7	25,4	26,4	24,1

Die Unterschiede zwischen den Göhlener und Lohmener Bauern bzw. Bäuerinnen hinsichtlich von Heiratsalter und Kinderzahl sind für das 18. Jahrhundert augenfällig. Während in Göhlen das „european marriage pattern“[87] „eingehalten“, von den Männern geradezu „übertrieben“ wird, ist es in der ersten Lohmener Kolumne kaum zu erkennen. Ob die Göhlener und Lohmener „Bevölkerungsweisen“ freilich jeweils repräsentative Muster für die grund- bzw. gutsherrschaftlichen Teile Mecklenburgs darstellen, müßten weitere vergleichende Untersuchungen erbringen. Die vorher angeführten Studien zur Haushaltsgröße deuten jedenfalls in diese Richtung. Immerhin scheint auch das Lohmener Beispiel für sich einen Zusammenhang zwischen Agrarverfassung und demographischem Verhalten zu erkennen zu geben. Unter dem Regime der Dienste scheinen die Lohmener Bauern viel eher bereit gewesen zu sein, Nachkommen zu zeugen als nach der Ablösung (1800) bzw. nach der Beseitigung der Leibeigenschaft (1821). Doch nicht einmal danach wurde bei den Männern ein so hohes Heiratsalter erreicht wie bei den Göhlener Dienstgeldbauern des 18. Jahrhunderts.

Die Bevölkerungsweise der Lohmener Tagelöhner hingegen beginnt so „vorsichtig“ wie die der Göhlener Bauern. Ihr Verhalten stellt in Mecklenburg keinen Ausnahmefall dar, es läßt sich eher verallgemeinern als die für die Bauern und die Göhlener Häusler gewonnenen Ergebnisse. Aus der Volkszählung von 1819 hat Hanna Haack für neun unterschiedliche Siedlungen – vier Bauerndörfer, einen Erbpachthof, drei Gutssiedlungen – aus verschiedenen Teilen Mecklenburgs entnommen, daß in Tagelöhnerfamilien weniger Kinder geboren wur-

87 *Christian Pfister,* Bevölkerungsgeschichte und historische Demographie 1500–1800. München 1994, 27 f.

den als bei den Bauern, und diesen Befund gleichfalls mit einem höheren Heiratsalter in der Unterschicht korreliert.[88]

Zusammen mit den Ergebnissen von Hanna Haack gestatten die Lohmener Befunde demnach vorläufige Schlußfolgerungen für einige der hier gestellten Fragen. Sie bestätigen für das 18. Jahrhundert Wundemanns Vorstellung von demographisch „ungesunden" Verhältnissen in den Tagelöhnerkaten nicht, relativieren jedoch auch die Annahme des Tiburtius von der gleichen Kinderzahl in Bauern- wie in Tagelöhnerfamilien. Die von den Zeitgenossen heftig debattierten demographischen Auswirkungen des Bauernlegens erscheinen auf der Grundlage der Lohmener Zahlen des 18. Jahrhunderts als ein Nullsummenspiel, in dem die größere Zahl der Eheschließungen durch eine geringere Kinderzahl pro Ehe konterkariert wird. Auf der Gewinnseite könnte eine geringere prozentuale Kindersterblichkeit in den Tagelöhnerfamilien festgehalten werden. Freilich geht dieser Gewinn im 19. Jahrhundert mit der kontinuierlich ansteigenden Kinderzahl in den Tagelöhnerkaten wieder verloren.

Die Daten, die die Volkszählung von 1819 liefert, ermöglichen jedoch auch Fragen, die über die Peuplierungsdiskussion des späten 18. Jahrhunderts hinausgehen und z. B. die historische Familienforschung berühren. Schon Tiburtius war der Meinung, daß die Tagelöhnerfamilien die Arbeitskraft von Kindern in geringerem Maße beanspruchten als die Bauern.[89] Hanna Haack hat tatsächlich anhand der Zahlen von 1819 nachweisen können, daß die Tagelöhnerkinder nicht lange in elterlicher Obhut blieben. Die Tagelöhnerhaushalte waren in den von ihr untersuchten Siedlungen „bis auf Ausnahmen Kleinfamilien mit der Eltern- und Kindergeneration; heranwachsende Kinder, für die eine dienende Tätigkeit üblich war, andere Verwandte oder weitere Personen gehörten nicht zum Tagelöhnerhaushalt."[90]

Für die generationenübergreifende Perspektivbildung ist dieser Befund wichtig. Er bestätigt Sabeans für Württemberg getroffene Feststellung[91] wenigstens partiell, daß nur ausreichender Landbesitz den Aufbau von Allianzen und generationenübergreifenden Verbindungen gestattete. Schlumbohms Heuerlinge hingegen begannen trotz beengter Wohnverhältnisse seit der Mitte des 19. Jahrhunderts Mehrgenerationenfamilien aufzubauen, nachdem sie das 18. Jahrhundert über, mecklenburgischen Tagelöhnern vergleichbar, in Kleinfamilien gelebt hatten. Die Bildung von Dreigenerationenfamilien war im Kirchspiel Belm eine Reaktion auf die Schrumpfung außerlandwirtschaftlicher Erwerbsmöglichkeiten, die die Expansion dieser Schicht im 18. Jahrhundert erst ermöglicht hatten.[92]

88 *Hanna Haack,* Menschen in mecklenburgischen Dörfern. (Die Volkszählung 1819), in: Mecklenburg und das Reich in feudaler und bürgerlicher Gesellschaft. Agrargeschichte, Sozialgeschichte, Regionalgeschichte (FS G. Heitz). Teil 2. Rostock 1990, 18–22, hier 19 f. Freilich sagt Haack nicht explizit, welche Rückschlüsse diese auf die Haushaltsgröße bezogene Quelle auf die Geburtenzahlen zuläßt. Während sich ansonsten dieser Befund gut mit den Ergebnissen zu den Belmer Heuerlingen in Einklang bringen läßt (wie Anm. 82), steht er im Widerspruch zum relativ frühen Heiratsalter emsländischer Heuerlinge, das unlängst ermittelt worden ist: *Franz Bölsker-Schlicht,* Bevölkerung und soziale Schichtung im nördlichen Emsland vom 17. bis zum 19. Jahrhundert. Sögel 1994. S. auch die Arbeiten von *Schlumbohm* und *Weiss* (wie Anm. 84).

89 *Tiburtius,* Gedanken (wie Anm. 41).

90 *Haack,* Menschen in mecklenburgischen Dörfern (wie Anm. 88), 19.

91 *David W. Sabean,* Aspects of Kinship Behaviour in Rural Western Europe before 1800, in: Family and Inheritance. Rural Society in Western Europe, 1200–1800. Hrsg. v. Jack Goody et al. Cambridge 1976, 96–111, hier 98.

92 *Schlumbohm,* Lebensläufe (wie Anm. 69), 528.

Wenngleich das Verhältnis Bauer – Heuerling mindestens für die Zeit vor 1821 nicht so unmittelbar mit dem Verhältnis Gutsherr – Tagelöhner verglichen werden kann, wie dies Josef Mooser[93] mit dem Adjektiv „quasi-feudal" nahelegt – das Zahlenverhältnis und die zeitliche Befristung der Heuerlingskontrakte stehen dem entgegen –, so bleibt doch die Notwendigkeit bestehen, demographische Untersuchungen über die Volkszählung von 1819 hinauszutragen. Sind gestiegene Kinderzahlen und sinkendes Heiratsalter, wie sie in Lohmen im Verlauf des 19. Jahrhunderts bei den Tagelöhnern auftraten, vielleicht auch ein Indiz für sich ändernde Familienformen, nachdem nicht mehr Bauern, sondern Landarbeiter das Rückgrat der mecklenburgischen Landwirtschaft bildeten? Welchen Einfluß hatte das Hofgängersystem[94] auf die familiale Organisation?

Im Lichte der Ergebnisse von Schlumbohm zu den Osnabrücker Heuerlingen[95] ließe sich dann auch die Frage anschließen, ob die mecklenburgischen Landarbeiter – insbesondere im weiteren Verlauf des 19. Jahrhunderts – Tagelöhner in dem Sinne gewesen seien, daß ihnen die Ausbildung von Sozialstrategien, die über den Tag hinaus wiesen, völlig verwehrt war, sei es im Bereich von Familie und Verwandtschaft, Ehe und Erziehung oder auch in den abstrakten Sphären von symbolischem Kapital und immateriellem Erbe. Die quietistische Reaktion der Tellower Bauern angesichts ihrer Legung ließe sich dann besser verstehen, wenn diese Frage verneint, wenn umgekehrt nachgewiesen werden könnte, daß die genannten „moralischen" und perspektivischen Potentiale, die zusammen erst ein menschenwürdiges Leben begründen können, nicht nur den Heuerlingen des Nordwestens, sondern auch den Tagelöhnern des Nordostens zugänglich wurden.

93 *Josef Mooser,* Ländliche Klassengesellschaft 1770–1848. Bauern und Unterschichten, Landwirtschaft und Gewerbe im östlichen Westfalen. Göttingen 1984, 247 ff.

94 Zuletzt: *Bernd Kölling,* Familienarbeit, Wohnungsnot, Ausländerbeschäftigung. Zu den Ursachen der Arbeitslosigkeit pommerscher Landarbeiter 1924–1932, in: JbWG 1995/1, 109–130.

95 *Schlumbohm,* Lebensläufe (wie Anm. 69), 620.

II. Gutsherrschaft als soziales Ordnungssystem

MARKUS CERMAN

Gutsherrschaft vor dem „Weißen Berg“: Zur Verschärfung der Erbuntertänigkeit in Nordböhmen 1380 bis 1620[1]

Anhand einer regional orientierten Fallstudie für einen größeren zusammengehörigen Herrschaftskomplex in Nordböhmen – den Herrschaften Frýdlant/Zawidów und Liberec – soll im folgenden der Versuch unternommen werden, die langfristigen, in das Spätmittelalter zurückreichenden Kontinuitäten in der Entwicklung der Gutsherrschaft zu beleuchten. Ausgehend von einigen allgemeinen Bemerkungen wird mit dieser Untersuchung v.a. ein kritischer Widerspruch zu jenen Lehrmeinungen erhoben, die die Etablierung der Gutsherrschaft in Böhmen erst im Zeitraum nach dem Dreißigjährigen Krieg konstatieren.

1. Der „Weiße Berg“ und die „zweite Leibeigenschaft“ in Böhmen

In bezug auf die Entwicklung der böhmischen Agrarverfassung wird im allgemeinen die Ansicht vertreten, daß das Land vor dem Dreißigjährigen Krieg die Entwicklungsbahnen der westlichen Grundherrschaft beschritt.[2] Dem Ausbau der feudalen Eigenwirtschaft nach 1550 werden gutsherrschaftliche Charakterzüge im Sinne einer Einschränkung von Rechten und Mobilität der Untertanen sowie einer Erhöhung der Arbeitsrenten weitgehend abgesprochen. Die veränderten Rahmenbedingungen des Dreißigjährigen Krieges und der Nachkriegszeit werden als entscheidende Ursache für die Refeudalisierung hin zu einer „Frongutswirtschaft“ betrachtet. Jüngst veröffentlichte Studien betonen das ‚früh- und agrarkapitalistische‘ Element der obrigkeitlichen und untertänigen Wirtschaft vor 1620 und somit den Kontrast zu den Entwicklungsprozessen nach 1650 noch stärker.[3]

1 Dieser Beitrag stellt ein Teilergebnis eines vom österreichischen Bundesministerium für Wissenschaft, Forschung und Kunst und der Volkswagen-Stiftung geförderten multilateralen Forschungsprojekts „Soziale Strukturen in Böhmen, 16.–19. Jh.“ dar. Ich danke Michael Mitterauer für wichtige Hinweise zu einem früheren Entwurf des Textes.

2 *Miroslav Hroch/Josef Petráň*, Das 17. Jahrhundert – Krise der Feudalgesellschaft? Hamburg 1981; *dies.*, Die Länder der böhmischen Krone 1350–1650, in: Handbuch der europäischen Wirtschafts- und Sozialgeschichte. Bd. 3. Stuttgart 1986, 968–1005, bes. 987f.; Přehled dějin Československa. Bd. I/2. Praha 1982, 23ff.; *Henryk Samsonowicz/Antoni Mączak*, Feudalism and capitalism: a balance of changes in East-central Europe, in: East-central Europe in transition. Hrsg. v. Antoni Mączak/Henryk Samsonowicz/Peter Burke. Cambridge 1985, 17f., 23.

3 *Jaroslav Čechura*, Die Gutswirtschaft des Adels in Böhmen in der Epoche vor der Schlacht am Weißen

Im wesentlichen ist den Ergebnissen der Forschungen zuzustimmen, die, von wenigen regionalen Ausnahmen abgesehen, eine Erhöhung des Anteils der Eigenwirtschaft am obrigkeitlichen Einkommen erst in der zweiten Hälfte des 16. Jahrhunderts betonen und feststellen, daß der Einsatz von Arbeitsrenten in der Gutswirtschaft – insbesondere im Vergleich zu den Verhältnissen im 17. und 18. Jahrhundert – beschränkt war.[4] Dennoch scheinen mir die langfristigen Kontinuitäten in der ‚Verschärfung der Erbuntertänigkeit', wie ich diesen Prozeß in Abgrenzung zum in der tschechischen Historiographie weitläufig gebrauchten Terminus der „zweiten Leibeigenschaft" („druhé nevolnictví")[5] bezeichnen möchte, die sich auf die konstituierenden Faktoren der Gutsherrschaft abseits der Arbeitsrente (soziale und rechtliche Position der Untertanen, untertäniges Besitzrecht, Struktur des herrschaftlichen Einkommens) beziehen, zu sehr vernachlässigt.

Berg, in: Bohemia, 36, 1995, 1–18; vgl. auch den Beitrag von Antonín Kostlán in diesem Band. Zur Situation nach dem Dreißigjährigen Krieg *Hroch/Petráň*, 17. Jahrhundert (wie Anm. 2), 83ff., 144; *dies.*, Länder (wie Anm. 2), 970; *Arnošt Klíma*, Agrarian class structure and economic development in pre-industrial Bohemia, in: The Brenner Debate. Hrsg. v. T. Aston/C. H. E. Philpin. Cambridge 1988, 192–212; *ders.*, Die Länder der böhmischen Krone 1648–1850, in: Handbuch der europäischen Wirtschafts- und Sozialgeschichte. Bd. 4. Stuttgart 1993, 688–719; Přehled dějin (wie Anm. 2), 205ff.; *Josef Válka*, Le grand domaine feodale en Bohême et en Moravie du 16e au 18e siècle, in: Large estates and small holdings in Europe in the Middle Ages and in modern times. Hrsg. v. Péter Gunst/Tamás Hoffmann. Budapest 1982, 289–316, hier 302ff.; *William E. Wright*, Neo-serfdom in Bohemia, in: Slavic Review 34, 1975, 239–252, hier 245ff. In der älteren Historiographie wurde dieser Entwicklungsabschnitt als die der „nationalen Katastrophe" des Weißen Berges folgende Periode des „Temno" (dt. Dunkelheit) identifiziert.

4 In einzelnen Studien bleibt jedoch unklar, ob sich die errechneten durchschnittlichen Belastungen auf die von der Robot betroffenen untertänigen Stellen beziehen oder auf die Gesamtzahl untertäniger Güter bzw. ob die Lohnarbeiten erzwungen waren. (Dazu auch schon *Josef Válka*, Hospodářská politika feudálního velkostatku na předbělohorské Moravě. Brno 1962, 100.) Auch wird nicht über verbleibende Robotformen gesprochen, die sich – so wie Fuhrdienste bei der Ernte oder Brennholzlieferungen – nicht eindeutig quantifizieren lassen. Vgl. Jaroslav Čechura, Dominium Smiřických – protokapitalistický podnikatelský velkostatek předbělohorských Čech, in: CCH 90, 1992, 507–536, hier bes. 511–515; *ders.*, Hluboká za Pánů z Hradce: vznik podnikatelského velkostatku, in: Sborník Národního muzea, R. A., 46, 1992, 1–67; *ders.*, Šlechticky podnikatelský velkostatek v předbělohorských Čechách, unveröff. Ms., Praha 1992; *ders.*, Gutswirtschaft (wie Anm. 3), 8f.; *Arnošt Klíma*, Probleme der Leibeigenschaft in Böhmen, in: VSWG 62, 1975, bes. 225–227; *Václav Ledvinka*, Úvěr a zadlužení feudálního velkostatku v předbělohorských Čechách. Praha 1985; *ders.*, Rozmach feudálního velkostatku, jeho strukturální proměny a role v ekonomice českych zemí v předbělohorském období, in: FHB 1, 1987, 103–132; *Linda Longfellow Blodgett*, The 'second serfdom' in Bohemia: a case study of the Rožmberk estate, in: The peasantry of Eastern Europe. Roots of rural transformations. Hrsg. v. Ivan Volgyes. New York 1978, 1–18; *Eduard Maur*, Poddanská otázka v předbělohorských Čechách, in: FHB 11, 1987, 133–159; *Alois Míka*, Problém počátků nevolnictví v Čechách, in: Československý časopis historický 5, 1957, 227–248.

5 Zum Begriff *Helmut Feigl*, Die Entwicklung der schlesischen Grundherrschaft unter den Habsburgern (1526 bis 1742), in: Kontinuität und Wandel. Schlesien zwischen Österreich und Preußen. Hrsg. v. Peter Baumgart. Sigmaringen 1990, 135–165, hier 148f.; *Erich Landsteiner*, Europas innere Grenzen. Reflexionen zu Jenö Szüzs Skizze der regionalen Dreigliederung Europas, in: Österreichische Zeitschrift für Geschichtswissenschaften 4, 1993, 7–42; *Klíma*, Probleme (wie Anm. 4).

Abgesehen von einer relativ vollständigen Durchsetzung des emphyteutischen Erbzinsrechts bis zum 16. Jahrhundert[6] gab es in Böhmen v.a. Anzeichen einer Verschärfung der Erbuntertänigkeit zwischen dem späten 15. und dem frühen 17. Jahrhundert. Die staatliche Beschränkung der Untertanenmobilität (1437 und besonders ab 1479) wurden in der tschechischen Forschung mitunter als Spätfolgen des Hussitismus ohne bleibende Bedeutung bezeichnet.[7] Eine solche Einschätzung setzt sich meiner Meinung nach darüber hinweg, daß diese Beschlüsse keineswegs ein Einzelfall waren, sondern in diesem Zeitraum im gesamten mittel- und ostmitteleuropäischen Raum mit dem Ziel gefaßt wurden, die Untertanenmobilität und -freiheiten einzugrenzen.[8]

Ebenso scheint weiteren Merkmalen, die spätestens seit dem Anfang des 16. Jahrhunderts in diesem Prozeß eine Rolle spielten, in den tschechischen Arbeiten nach 1945 nur geringe Bedeutung auf die Ausbildung der Gutsherrschaft zugemessen worden zu sein. Dazu zählt die Stärkung der obrigkeitlichen Kontrolle und Macht z.B. durch die Übernahme des hohen und niederen Gerichtswesen, die langsame Ausdehnung der Robot[9] und anderer Beanspruchungsformen untertäniger Arbeitskraft wie Waisen- und Gesindezwangdienst[10], ein kontinuierlicher

6 *Jaroslav Čechura,* Die Struktur der Grundherrschaften im mittelalterlichen Böhmen. Stuttgart 1994, 126f.; *Hroch/Petráň,* Länder (wie Anm. 2), 978; *Alois Míka,* Poddaný lid v Čechách v první polovině 16. století. Praha 1960, bes. 209ff.; *Josef Petráň,* Poddaný lid v Čechách na prahu třicetileté války. Prag 1964, 42–52; *Vladimír Prochazka,* Česká poddanská nemovitost v pozemkových knihách 16. a 17. století. Praha 1963, 65ff.

7 Vgl. *Landsteiner,* Europa (wie Anm. 5), 37f. nach *Míka,* Problém (wie Anm. 4), 245–247; *ders.,* Lid (wie Anm. 6), bes. 189–194; *Josef Macek,* The emergence of serfdom in the Czech Lands, in: East-Central Europe/L'Europe du Centre-Est 9, 1982, 7–23. Ein Überblick in *Karl Richter,* Die böhmischen Länder von 1471–1740, in: Handbuch der Geschichte der böhmischen Länder. Hrsg. v. Karl Bosl. Bd. 2. Stuttgart 1974, 99–412, hier 212f.; *Hroch/Petráň,* Länder (wie Anm. 2), 978; *Klíma,* Probleme (wie Anm. 4), 217–221; *Kamil Krofta,* Dějiny selského stavu. Praha 1949, 98ff.; *László Makkai,* Neo-serfdom: its origin and nature in East-Central Europe, in: Slavic Review 34, 1975, 225–238, hier 232f.; *Maur,* Otázka (wie Anm. 4), 140f.; *Werner Stark,* Ursprung und Aufstieg des landwirtschaftlichen Großbetriebes in den böhmischen Ländern. Brno 1934, 52, 58–68.

8 *Friedrich-Wilhelm Henning,* Deutsche Agrargeschichte des Mittelalters. Stuttgart 1994, 267, 275; *Walter Kuhn,* Geschichte der deutschen Ostsiedlung in der Neuzeit. Bd. 1. Köln 1955, 147f.; entsprechende Maßnahmen z.B. in Polen 1347, 1420, 1496; Ostpreußen 1417 und 1420, 1445; Pommern 1472; Brandenburg 1484 und 1518; Schlesien 1502, 1512, 1528 und 1565. Vgl. auch *František Hrubý,* Z dějin hospodářských převratů českych v století 15. a 16., in: CCH 30, 1924, 205–236 u. 433–469, hier 206f.; *Klíma,* Probleme (wie Anm. 4), 216–219; *Macek,* Emergence (wie Anm. 7), 17f.; *Míka,* Problém (wie Anm. 4). Untersuchungen konstatieren für den Verlauf des 16. Jahrhunderts noch eine gewisse Freizügigkeit in Böhmen, was aufgrund fehlender Kontrollmöglichkeiten erklärlich ist. Vgl. *Maur,* Otázka (wie Anm. 4), bes. 140ff.; Petráň, Lid (wie Anm. 6), 181ff.; dagegen *Stark,* Ursprung (wie Anm. 7), 71.

9 *Jerome Blum,* The end of the old order in rural Europe, Princeton 1978, 163f.; *Krofta,* Dějiny (wie Anm. 7), 123ff.; *Ledvinka,* Rozmach (wie Anm. 4), 113; *Maur,* Otázka (wie Anm. 4), 143f.; *Míka,* Problém (wie Anm. 4), 229, 242ff.; *Stark,* Ursprung (wie Anm. 7), 22, 58–72; *František Vacek,* Selský stav v Čechách v letech 1419–1620, in: Časopis pro dějiny venkova 14, 1927, – 17, 1930, hier 17, 1930, 81ff.; *Wright,* Neo–serfdom (wie Anm. 3), 243f. Von Grundherrschaftsgebieten stark unterschieden ist auch die Tatsache, daß in Böhmen durchwegs ganze Dörfer und nicht nur einzelne Stellen zur Robot verpflichtet waren.

10 *Richter,* Länder (wie Anm. 7), 213; *Hrubý,* Převratů (wie Anm. 8), 451f.; *Krofta,* Dějiny (wie Anm. 7), 105-108; *Stark,* Ursprung (wie Anm. 7), 70f.

Betrieb von feudalen Gutshöfen, die Etablierung des Mühlzwangs bzw. von Produktions- und Absatzmonopolen im Brauwesen und im Vieh- bzw. Getreidehandel sowie Erhöhungen der Abgaben der Untertanen.[11] Ältere Studien, die diese Facetten einer langfristigen Kontinuität der Verschärfung der Erbuntertänigkeit und ihre langsame Umsetzung betonen, wurden jüngst m.E. zu Unrecht zurückgewiesen.[12]

Nachdem die politische Machtstellung der Stände schon von Jerome Blum als bedeutendes Element in der Etablierung der Gutsherrschaft eingestuft wurde, erscheint es unglaubwürdig, daß diese in Böhmen ihre vorher und nachher niemals so starke Position wie im 15. Jahrhundert angesichts der säkularen wirtschaftlichen Krise nicht zu ihren Gunsten ausgenutzt haben sollen. In der Tat fallen die entscheidenden, den realen Veränderungen vorausgehenden Landtagsbeschlüsse, die sich gegen die Freiheiten der Untertanen und Städte richteten, in die jagellonische Epoche (1471–1526).[13] Auch angesichts der materiellen Situation des Adels scheint ein realer Wandel in diesem Zeitraum plausibel. Der Rückgang der Renterträge und die veränderte Ausgabenstruktur verschonten auch die böhmischen Stände nicht. Die ökonomischen Probleme insbesondere des Ritterstandes und des niederen Adels im 16. Jahrhundert – für den niederen Lehensadel bereits davor – sind weitgehend bekannt.[14]

Es wurde darauf hingewiesen, daß Arbeitsrenten und Robotwirtschaft lediglich ein Merkmal gutsherrschaftlicher Agrarverfassung sind, wenngleich nach 1945 über mehrere Jahrzehnte ein besonders betontes. Neuere Auffassungen heben im Gegensatz dazu neben der Einnahmenstruktur der Herrschaften v.a. die sozialen Seiten des Prozesses hervor und bieten somit eine Grundlage für die hier vorgeschlagene Vorgehensweise, die Entwicklung der Gutsherrschaft in Böhmen in der langfristigen Perspektive der Verschärfung der Erbuntertänigkeit seit dem Spätmittelalter zu sehen, wie in der Folge auch am Beispiel demonstriert

11 *Blum,* Old order (wie Anm. 9), 164; *Hrubý,* Převratů (wie Anm. 8), 433ff.; *Klíma,* Probleme (wie Anm. 4), 221–225; *Krofta,* Dějiny (wie Anm. 7), 111–113; *Míka,* Lid (wie Anm. 6), 93ff., bes. 133, 227ff.; *Richter,* Länder (wie Anm. 7), 216–218; *Stark,* Ursprung (wie Anm. 7), 73ff.; *Vacek,* Stav (wie Anm. 9), 16, 1929: 271ff.; 17, 1930: 86ff., 100ff.

12 *Jerome Blum,* The rise of serfdom in Eastern Europe, in: AHR 62, 1957, 807–836; *Míka,* Problém (wie Anm. 4), 227ff,, 242ff.; Hrubý, Převratů (wie Anm. 8); *Krofta,* Dějiny (wie Anm. 7), bes. 98ff.; *Klíma,* Probleme (wie Anm. 4), 220f.; *Otto Peterka,* Rechtsgeschichte der böhmischen Länder. Bd. 2. Geschichte des öffentlichen Rechtes und die Rechtsquellen von der hussitischen Zeit bis zum theresianischen Zeitalter. Liberec 1928, 57–63, 113–115; *Stark,* Ursprung (wie Anm. 7), bes. 22, 58–72; *Vacek,* Stav (wie Anm. 9). Aber auch in der neueren Literatur wird teilweise die Frage nach den Kontinuitäten der Entwicklung vor und nach 1620 erhoben. Vgl. *Ledvinka,* Rozmach (wie Anm. 4), 123.

13 *Krofta,* Dějiny (wie Anm. 7), 98ff., 110ff.; *Eduard Maur,* Genese a specifické rysy českého pozdněfeudálního velkostatku, in: Proměny feudální třídy v pozdním feudalismu (AUC – Phil. et hist. 1), Prag 1976, 229–258; *Wright,* Neo-serfdom (wie Anm. 3), 242f.; allgem. *Josef Macek,* Jagellonský věk v českých zemích. 2 Bde. Praha 1992–94.

14 Zur ökonomischen und sozialen Differenzierung des böhmischen Adels *Hroch/Petráň,* Länder (wie Anm. 2), 976f.; *Ledvinka,* Úvěr (wie Anm. 4), bes. 61ff.; *Macek,* Věk (wie Anm. 13), Bd. 2, bes. 90–119; *Miloslav Polívka,* Šlechtic jako podnikatel v pozdně středověkých Čechách, in: Pocta Josefu Petráňovi. Hrsg. v. Zdeněk Beneš/Eduard Maur/Jaroslav Pánek. Praha 1991, 95–111; *Stark,* Ursprung (wie Anm. 7), bes. 18–26; *Thomas Winkelbauer,* Krise der Aristokratie?, in: Mitteilungen des Instituts für österreichische Geschichtsforschung 100, 1992, 328–353.

wird.[15] Diese Sicht hat zur Konsequenz, die in der tschechischen Historiographie bislang streng eingehaltene Epochengrenze des „Weißen Berges“ mit all ihren mythologischen Konnotationen zu vernachlässigen, und eine Kontinuität in den Entwicklungsprozessen der Gutsherrschaft in Böhmen vor und nach 1620 zu betonen. Auch wenn der Dreißigjährige Krieg in mancherlei Hinsicht eine Katalysatorfunktion hatte, um eine qualitativ neue Entwicklung handelte es sich nach 1650 nicht. Zweitens folgt daraus, die ungerechtfertigte Überbewertung der Arbeitsrenten im Lichte modernerer Ansätze zur Charakterisierung der verschiedensten Ausprägungen feudaler Gutsherrschaft als obsolet zu betrachten.

2. Die nordböhmischen Herrschaften Frýdlant und Liberec

Die aufgeworfenen Fragen können hier auf der strukturellen Ebene nicht im Detail weiterverfolgt werden. Im folgenden sollen sie im Zusammenhang einer regional begrenzten Untersuchung berücksichtigt werden.

2.1 Die Implementierung der Gutsherrschaft seit dem Spätmittelalter

Ein Urbar der Herrschaft Frýdlant aus dem Jahr 1381 erlaubt uns einen Vergleich mit der ab dem Beginn des 16. Jahrhunderts und insbesondere nach 1550 etwas dichteren Quellenlage für das Untersuchungsgebiet. Für den Zeitraum zwischen 1410 und 1552 liegen keine soziostrukturellen Quellen vor. Auch eine Evidenz der untertänigen Güter durch Grund- und Schöppenbücher setzt – mit einer Ausnahme – erst 1558 ein. Wir sind also für den Zeitraum vor 1550 auf die wenigen Hinweise angewiesen, die uns Urkunden der Grundherren bzw. Belehnungsakten der Lehensadeligen in der Herrschaft Frýdlant bieten. Die Quellenserien nach 1550 werden aber nicht zuletzt durch den Vergleich mit einem spätmittelalterlichen Urbar entsprechende Rückschlüsse auf den Zeitraum davor zulassen.

Die Tatsache, daß wir quellenmäßig eine gewisse Zäsur in den fünfziger Jahren des 16. Jahrhunderts bemerken, ist sicherlich Ausdruck einer generellen Entwicklung genauso wie der

15 Vgl. *Manfred Boetticher*, Nordwestdeutsche Grundherrschaft zwischen Frühkapitalismus und Refeudalisierung, in: BlldtLG 122, 1986, 207–229; *Hartmut Harnisch*, Die Gutsherrschaft. Forschungsgeschichte, Entwicklungszusammenhänge und Strukturelemente, in: JbfGFeud 9, 1985, 189–240; *ders.*, Probleme einer Periodisierung und regionalen Typisierung der Gutsherrschaft im mitteleuropäischen Raum, in: JbfGFeud 10, 1986, 251–274, bes. 252, 261; *ders.*, Grundherrschaft oder Gutsherrschaft. Zu den wirtschaftlichen Grundlagen des niederen Adels in Norddeutschland zwischen spätmittelalterlicher Agrarkrise und Dreißigjährigem Krieg, in: Adel in der Frühneuzeit. Hrsg. v. Rudolf Endres. Köln 1991, 78–82; *Henning*, Agrargeschichte (wie Anm. 8), 269; *Heinrich Kaak*, Die Gutsherrschaft. Theoriegeschichtliche Untersuchungen zum Agrarwesen im ostelbischen Raum. Berlin 1991; *Friedrich Lütge*, Geschichte der deutschen Agrarverfassung. Stuttgart 1963, 102; *Edgar Melton*, Gutsherrschaft in East Elbian Germany and Livonia 1500–1800: a critique of the model, in: CEH 21, 1988, 315–349, bes. 315f., 328–341; *Michael North*, Die frühneuzeitliche Gutswirtschaft in Schleswig-Holstein. Forschungsüberblick und Entwicklungsfaktoren, in: BlldtLG 126, 1990, 223–242; *Holm Sundhaussen*, Der Wandel in der osteuropäischen Agrarverfassung während der frühen Neuzeit, in: Südost-Forschungen 49, 1990, 15–56; die Beiträge in *Jan Peters* (Hrsg.), Gutsherrschaft als soziales Modell. München 1995 (HZ, Bh. 18) und schon *Blum*, Serfdom (wie Anm. 12), bes. 807–809.

spezifischen Veränderungen auf dem Güterkomplex. In Böhmen läuft etwa um diese Zeit der Ausbau der Eigenwirtschaften auf Hochtouren und fast überall im Land verstärkt sich, so wie in Frýdlant und Liberec, der Zugriff auf die Untertanen durch nunmehr regelmäßig erstellte Register und Urbare. Die Herrschaftsführung wurde rationeller. Ein Besitzwechsel 1551 erforderte in Frýdlant und Liberec genaue Aufzeichnungen über Wert und Einkünfte.[16] Diesem Umstand verdanken wir das Urbar aus dem Jahr 1552. Bis zu diesem Zeitpunkt schien das Urbar, das 1381 begonnen wurde, fortwährend verwendet worden zu sein, was die deutlichen Kontinuitäten im Verwaltungsmodus vor und die starke Zäsur nach 1552 unterstreicht. Mit einer Neuübernahme 1558 begann die Reorganisation der Administration, die spätestens um die Wende zum 17. Jahrhundert zur weitgehenden Machtakkumulation auf Seiten der Obrigkeit führte und die wirtschaftlich motiviert war, um die Einnahmen aus den Gütern zu erhöhen. Diese Veränderung im herrschaftlichen Zugriff auf die Untertanen bildet einen wichtigen Hintergrund für die weitere Diskussion der einzelnen Punkte.[17]

Seit dem Spätmittelalter entwickelten sich die von mir behandelten Herrschaften zu geschlossenen territorialen Einheiten. Besitz von Grundherren und Lehensadel aus den Nachbarherrschaften wurden aufgekauft bzw. gegen eigenen Streubesitz eingetauscht. Erhalten blieb jedoch eine nicht zu kleine Zahl von Lehensadelsbesitzungen in der Herrschaft Frýdlant, die erst in der zweiten Hälfte des 17. Jahrhunderts sukzessive der direkten Herrschaftsverwaltung zugeordnet bzw. zurückgekauft wurden. Die obrigkeitliche Machtstellung beeinflußte dies aber nicht – insbesondere in dem räumlich geschlossenen Gebiet der Amtsdorfschaften. In der Herrschaft Liberec gab es nur Ansätze eines Lehenswesens, das Gebiet war im wesentlichen bereits nach den Arrondierungen des Spätmittelalters ausschließlich unter herrschaftlicher Verwaltung.[18]

16 Laut den Steuerakten des Jahres 1603 handelte es sich mit 1811 Steueransässigkeiten um den siebentgrößten Besitz im gesamten Königreich (1615 an dreizehnter Stelle). Vgl. *Ledvinka,* Úvěr (wie Anm. 4), Anhang, Tab. xviiib, und *F. Marat,* Soupis poplatnictva 14 krajův království Českého z roku 1603, in: Věstník královské České společnosti náuk 1898, 1–129; *Josef Petráň,* Zemédélská výroba v Čechách v druhé polovině16. a počátkem 17. století. Praha 1963, 153.

17 Für die Umsetzung dieser Maßnahmen vgl. *Julius Helbig,* Friedland i. B. Umriß der Stadtgeschichte, in: Deutsche Arbeit 10, 1911, 597–641, hier 605ff., 611ff.; *Hermann Hallwich,* Reichenberg und Umgebung. Eine Ortsgeschichte mit specifischer Rücksicht auf die gewerbliche Entwicklung. Liberec 1874, 61f., 71ff.; *Adolf Schicketanz,* Die Geschichte des Kreises Friedland im Isergebirge. Hünfeld 1965, 58ff.; *Ernst A. Seeliger,* Geschichte des Friedländischen bis zum Ausbruch des 30jährigen Krieges, in: Heimatkunde des Bezirkes Friedland. Hrsg. v. Erich Gierach/Josef Schubert. T. 3. Frýdlant 1924; *ders.,* Geschichte des Reichenberger Bezirkes bis zum Ausbruch des 30jährigen Krieges, in: Die Heimatkunde des Bezirkes Reichenberg in Böhmen. Hrsg. v. Erich Gierach/Anton Ressel/Franz Spatzal. T. 3/1 u. 2. Liberec 1936, 129ff. Allgem. *Stark,* Ursprung (wie Anm. 7), 69. Ledvinka spricht für Böhmen von einer „Professionalisierung" der obrigkeitlichen Güterverwaltung in dieser Periode. *Ledvinka,* Rozmach (wie Anm. 4), 113. Herrschaftshauptleute als Verwaltungsträger sind für die Herrschaft Frýdlant bereits zur Mitte des 15. Jahrhunderts belegt.

18 Vgl. zur spätmittelalterlichen Territorialentwicklung der Herrschaften in Nordböhmen *Rudolf Anděl,* Husitství v severních Čechách. Liberec 1961; *Willi A. Boelcke,* Verfassungswandel und Wirtschaftsstruktur. Die mittelalterliche und neuzeitliche Territorialgeschichte ostmitteldeutscher Adelsherrschaften als Beispiel. Würzburg 1969, 79–85, 90f.; *Seeliger,* Geschichte des Friedländischen (wie Anm. 17); *ders.,* Geschichte des Reichenberger Bezirkes (wie Anm. 17).

Von wesentlicher Bedeutung für die Umsetzung steigenden obrigkeitlichen Einflusses war die Erlangung der Gerichtsherrschaft durch die adelige Herrschaft.[19] Sie eröffnete den Zugriff auf die Dienste der Untertanen und unterband in bezug auf die Hochgerichtsbarkeit die letzten direkten Verbindungen, die zwischen Untertanen und Landesfürsten bestanden haben mochten. Die Ablöse bestimmter Landesdienste gegen Geld, wie z.B. des Militärdienstes, mochte dabei durchaus die Zustimmung der Untertanen finden.[20]

Die Hochgerichtsbarkeit kam schon 1310 von Zittau an die Herrschaft von Frýdlant und Liberec. Die Niedergerichtsbarkeit war zum Zeitpunkt des Urbars von 1381 noch zerstreut, während die Quellen des 16. Jahrhunderts an der Konzentration der Gerichtsherrschaft in den Händen der Grundherrschaft keinen Zweifel lassen. Diese Entwicklung war vor der Mitte des 16. Jahrhunderts abgeschlossen. Eine Ausnahme bildeten in diesem Punkt die kleinen Besitzungen der Lehensadeligen. In Fällen einzelner Untertanen mochte es deshalb noch in der Neuzeit zu einer Trennung zwischen Grund- und Gerichtsherrschaft gekommen sein.[21]

Was die konkrete Rechtsstellung der Untertanen betrifft, ist das Besitz- und Erbrecht ein wesentlicher Faktor. Die ersten Einträge in den ältesten Kauf- und Schöppenbüchern der untertänigen Stellen (beginnend mit 1558) sprechen von einem „erblichen und unwiderruflichen“ Kauf – oder später, im 17. Jahrhundert, einem „Erbkauf“ – durch die Erben oder Nachfolger, der für die Herrschaftsdörfer durch den Herrschaftshauptmann dokumentiert und bestätigt und in den Lehensdörfern unter Zustimmung der Obrigkeit abgewickelt wurde. Auch die Einträge in den Schöppenbüchern berufen sich im 16. Jahrhundert auf diese Zustimmung. Dies galt für alle Kategorien von untertänigen Stellen: Voll- und Halbbauern, Gärtner und Häusler und auch für jene Häuser und Gärten, die auf Dominikal-, Gemeinde- und Allmendegründen errichtet worden waren.[22]

Das relativ gesicherte erbliche Besitzrecht ging nicht soweit – wie manchmal in der Literatur behauptet wird –, daß die Stelleninhaber völlig frei über die Gründe verfügen konn-

19 *Boetticher,* Grundherrschaft (wie Anm. 18), 210–212; *Henning,* Agrargeschichte (wie Anm. 8), 269f.; *Lütge,* Geschichte (wie Anm. 18), 106; *Adelheid Simsch,* Der Adel als Unternehmer im 16. Jahrhundert, in: Studia historiae oeconomicae 16, 1983, 95ff., hier 110. Vgl. allgem. Artikel Frondienste, in: Lexikon des Mittelalters. Bd. 4. München 1989, 986–989.

20 *Heinrich Appelt,* Spätmittelalterliche Voraussetzungen zur Ausbildung des Dominiums in Schlesien, in: Wirtschafts- und sozialhistorische Beiträge. Festschrift für Alfred Hoffmann. Hrsg. v. Herbert Knittler. Wien 1979, 30–40, hier 31; *Willi Boelcke,* Bauer und Gutsherr in der Oberlausitz. Ein Beitrag zur Wirtschafts-, Sozial- und Rechtsgeschichte der ostelbischen Gutsherrschaft. Bautzen 1957, 58–76; *ders.,* Verfassungswandel (wie Anm. 21), 292ff., 345ff.; *R. C. Hoffmann,* Land, liberties, and lordship in a late medieval countryside. Agrarian structures and change in the dutchy of Wrocław. Philadelphia 1989, 372; *Hermann Knothe,* Die Stellung der Gutsuntertanen in der Oberlausitz zu ihren Gutsherrschaften von den ältesten Zeiten bis zur Ablösung der Zinsen und Dienste, in: Neues Lausitzisches Magazin 61, 1885, 159–308, hier 230–235; *Kuhn,* Geschichte (wie Anm. 8), 145.

21 So war der Dorfschulze von Bulovka 1552 Untertan eines Lehensadeligen aber der Herrschaft gegenüber robot- und zinspflichtig. STA Nürnberg, Fürstentum Ansbach, Brandenburger Literalien Nr. 931, fol. 46’. Vom 16. bis zum 18. Jahrhundert finden sich noch eine Reihe von Untertanen, die nicht der Herrschaft zinsten, sondern dem Dorflehensrichter und für diesen auch Robot verrichteten.

22 In den frühesten Kaufverträgen im Frýdländer Gerichtsbuch beginnen solche Konsensformeln um 1500 aufzutauchen. Státní oblastní archiv Litoměřice, pobočka Děčín (in Hinkunft SOA Děčín), VS Frýdlant, inv. č. 1, Pozemková kniha Frýdlant [Gerichtsbuch der Stadt] 1493–1516. Für Böhmen allgemein *Procházka,* Poddanská nemovitost (wie Anm. 6), 241ff.; *Petráň,* Lid (wie Anm. 6), 42–52.

ten. Ansuchen der Untertanen, gewisse Teile ihrer Gründe (Felder, Wiesen usw.) verkaufen bzw. Gedingehäuser mit zugehörigen Gärten einrichten zu dürfen, belegen, daß sich die obrigkeitliche Kontrolle nicht auf die Konsensformeln bei den Kaufverträgen beschränkte. Für den Zeitraum vor der Mitte des 16. Jahrhunderts zeigt die Analyse der bäuerlichen Besitzstruktur, daß zwischen 1381 und 1552 die Zersplitterung untertänigen Besitzes die Ausnahme war. Es müssen also auch in dieser Periode Mechanismen wirksam gewesen sein, die das Besitzrecht über die Stellen seit dem 15. Jahrhundert reglementierten. Dies erlaubt uns den Schluß, daß die Feudalherren und die Dorfgemeinden wahrscheinlich seit dem Spätmittelalter Stellenzersplitterungen weitgehend zu verhindern versuchten.

Was die Schollenbindung der Untertanen betrifft, deuten sich Einschränkungen der Mobilität in dieser Region schon im 14. Jahrhundert an. 1346 stellte der Adel in der Umgebung von Zittau die Forderung, daß nur mehr Untertanen mit Genehmigung in die Stadt ziehen dürften, weil der Abzug offensichtlich zum Problem geworden war. Mit Nachbarn einigte sich der Grundherr von Frýdlant und Liberec 1444, daß geflüchteten Untertanen der Aufenthalt auf dem Territorium des anderen nicht zu gestatten sei. An der Umsetzung der Schollenbindung ist im ausgehenden 16. Jahrhundert nicht mehr zu zweifeln, denn das Zinsregister der Herrschaft Liberec 1592/93 verzeichnet Einnahmen aus der Ausstellung von Losbriefen.[23] Einige Fälle der Amtsprotokolle der Herrschaft Frýdlant geben indirekte Hinweise darauf, daß der Eintritt in eine Lehre bei einem städtischen Handwerker für die Landbevölkerung bewilligungspflichtig war, und daß Leute, die auswärts einen Gesindeplatz annehmen oder heiraten wollten, um einen Losbrief ansuchen mußten.[24] Entsprechend den Jahrdingsverordnungen war in Frýdlant das Fernbleiben während der Erntezeit verboten. Das Entfernen ohne Losbrief war für die Herrschaft kein Kavaliersdelikt. Als sich Mattheus Behme von seiner Familie und seinem Garten im Dorf Starý Zawidów der Herrschaft Zawidów 1608 entfernte („entlief"), mußte er nach seiner Rückkehr mit seiner Familie die Herrschaft für immer verlassen und den Verkaufserlös seines Gartens dem Feudalherrn übergeben.[25]

Noch ein weiteres Indiz deutet auf die Einschränkung der Rechte der Untertanen. Auf einzelnen Lehensgütern lassen sich im 16. Jahrhundert Konflikte in bezug auf die Schafweide und die Nutzung der Dorfauen nachweisen. In den Herrschaftsdörfern wurde zwischen 1552 und 1590 die Zins- und Dienstpflicht auf die in den Dorfauen und auf Gemeindegründen errichteten unterbäuerlichen Stellen ausgeweitet. Während 1552 nur vereinzelt Zinse von Gärtnern und Häuslern eingehoben wurden (obwohl schon zahlreiche unterbäuerliche Stellen existierten, wie Steuerlisten aus den Jahren um 1560 beweisen), waren in den Zinsregistern um 1590 bereits alle Erb-, Auengärtner, Häusler und Hausleute (Ausgedinger und Inwohner) zinspflichtig. In diesem Zeitraum dürften die Dorfgemeinden endgültig das alleinige Verfügungsrecht über die Gemeindegründe verloren haben, soweit sie es jemals besaßen. In Frýdlant sind nämlich bereits 1381 Viehhütungszinse und Grasegelder erwähnt, die wahrscheinlich für die Allmendenutzung zu entrichten waren.[26] Für die Dörfer, in denen diese nicht zu entrichten waren,

23 SOA Děčín, HS, Kart. č. 281, Einnahm der erbzinß Michaelis anno 1592–93; *Seeliger*, Geschichte des Friedländischen (wie Anm. 17), 129; vgl. *Stark*, Ursprung (wie Anm. 7), 71.

24 SOA Děčín, HS, Kart. č. 57, inv. č. 89, Kniha trestů a pokut [Bürgschaftsbuch] 1593–1610, fol. 11v–12; HS, 2. část, Úřední protokol [Amtsprotokoll] 1607–08.

25 *Ernst F. W. Mende*, Chronik der Standesherrschaft, Stadt und Kirchgemeinde Seidenberg, mit Bezugnahme auf die Herrschaft Friedland. Görlitz 1857, lxxxviii–lxxxix.

26 SOA Děčín, VS Frýdlant, urbář 1381.

war ein Verfügungsrecht über die Allmendegründe wahrscheinlich. Anhand der verschiedensten Merkmale ist somit ein Machtzuwachs der Obrigkeit seit dem Spätmittelalter in Frýdlant und Liberec deutlich nachweisbar.

2.2 Die Steigerung der Arbeitsrenten vom Spätmittelalter bis ca. 1630

Neben den Robotregelungen des Frýdländer Urbars von 1381, das v.a. für Gärtner, die auf Dominikalgrund bei der Stadt siedelten, und die Untertanen eines Vorwerksdorfes Arbeitsdienste aufwies, haben sich für die Periode bis 1550 besonders für die Lehensgüter qualitative Hinweise für einen kontinuierlichen Gebrauch von Arbeitsdiensten im Bereich der Herrschaften Frýdlant und Liberec seit dem Spätmittelalter erhalten.[27] Es kann nicht mehr genau rekonstruiert werden wie, aber bis zur Erstellung des Urbars im Jahre 1552 hatten sich die Arbeitsdienste in Frýdlant deutlich vermehrt. Wahrscheinlich waren die Arbeitsdienste der Untertanen von Lehensadeligen sowie jener Untertanen, die auf Dominikalgründen angesiedelt worden waren, Beispiele für die Ausdehnung der Robot auf die anderen Bewohner im Laufe des frühen 16. Jahrhunderts.[28]

Der Schloßmeierhof mit einer Aussaat von 79 Scheffel Winter- und 111 Scheffel Sommergetreide (also ca. 55 Hektar, davon drei Scheffel oder einen knappen Hektar „lein“) dürfte bereits ausschließlich mit der Robotarbeit der Dörfer der Umgebung bestellt worden sein. Es ließen sich mindestens 228 Pflugtage aus sechs Dörfern nachweisen (mit einer Varianz von vierzehn bis 56 Tagen pro Dorf).[29] Eggen („wans die notturfft erfordert“), düngen, Erntearbeiten sowie Heu und Grummet schneiden und führen waren auf andere Dörfer verteilt. Diese Arbeiten sind ohne genaue Angabe des Ausmaßes verzeichnet. Es ist daher davon auszugehen, daß sie vollständig ausgeführt werden mußten. Der zweite große Bereich von Arbeitsdiensten hing mit der Brennstoff- und Holzversorgung der Gutsbetriebe und der herrschaftlichen Gebäude zusammen. Beinahe alle Dörfer waren zu Holzfuhren, zum Holzschlagen, zum Brenn- und Backholzzerkleinern „nach der notturft“ verpflichtet. Interessant ist auch der Einsatz von Robot bzw. erzwungener Lohnarbeit bei der Schafschur.

Innerhalb des Güterkomplexes waren die Dörfer der Herrschaft Frýdlant aber die einzigen, deren Bewohner die Arbeitsdienste nicht ablösen konnten und wo es eine Kontinuität der Robot vom Mittelalter in die Frühneuzeit gab.[30] In Liberec bezahlten fast alle im Urbar verzeichneten Stellen einen sog. „pflueg zinß“, offensichtlich in Ablöse für ältere Robotverpflichtungen. In der Herrschaft Zawidów wurden die Robotdienste ebenfalls reluiert. Daß es mit der Erhöhung der Robot in diesem Zeitraum aber ernst gemeint war, bestätigt eine

27 Vgl. die Belehnungen im ersten Lehensbuch der Herrschaft Frýdlant im SOA Děčín, HS, Kart. č. 497, Lenní kniha 1.

28 STA Nürnberg, Fürstentum Ansbach, Brandenburger Literalien Nr. 931; *Schicketanz,* Geschichte (wie Anm. 20), 61f.

29 Dětřichov achtzehn Pflüge (sechs Wirte je drei), Dolní Řasnice 56 Pflüge (vier Pflüge pro Hufe); Krásný Les 54 Pflüge; Raspenava 38 Pflüge (je halber Hufe vier, je drei Ruten zwei Pflüge), bei Nichtbedarf 6,6 Schock Groschen Ablöse; Luh 48 Pflüge (pro Pflug zwölf Groschen Ablöse); Větrov vierzehn Pflüge. In einer Zusammenfassung des Urbars durch die Erhebungsorgane wurden für den gesamten Güterkomplex 409 Pflüge ermittelt. Vgl. *Julius Helbig,* Beiträge zur Geschichte der Stadt und des Bezirkes Friedland. Bd. 2. Friedland 1893, 276.

30 Robotfrei waren Albrechtice, Dětřichovec, Lužec, Mníšek, Oldřichov v Hájích sowie Višňová. Heřmanice reluierte die „hoffarbeiten“ für 4,9 Schock Groschen (inkl. der Gallizinse).

Auseinandersetzung um die Dienste der Stadt Zawidów, die zu einer Erhöhung der Ablösesumme und zu Hofediensten für alle Bürger im Ausmaß von vier Tagen pro Jahr führte, also eine vollständige Reluition nicht mehr möglich war.[31]

Anhand des Urbars von 1631 zeigt sich, daß sich auch in bezug auf das Merkmal der Arbeitsdienste die Gutsherrschaft in diesem nordböhmischen Güterkomplex durchgesetzt hatte.[32] Die für die drei Meierhöfe geforderte Pflugarbeit war nach wie vor mit Tagen beschränkt und noch nicht auf jene gigantische Zahlen angewachsen, die wir für das 18. Jahrhundert kennen. Im Prinzip scheint es aber so zu sein, daß mit den vorhandenen ca. 500 Pflugtagen aus verschiedenen Dörfern die Bestellung des Schloß- und eines weiteren Meierhofes zu einem Gutteil abgedeckt wurde. Sicherlich blieb noch ein Rest notwendiger Pflugarbeiten, weil die Bauern auch ohne Beschränkung jeweils Gespanne „so oft geboten" zur Verfügung halten mußte, mit denen dann offensichtlich das Hofgesinde arbeitete. Ohne Beschränkung bzw. anhand der Formulierung zu erkennen, daß es z.T. um die vollständige Erledigung der Arbeiten ging, waren 1631 die Forderungen in bezug auf Getreideschnitt und -binden, Wiesen mähen, Getreide, Heu und Grummet einführen (und vorher dörren), eggen („so oft geboten"), Flachs- und Hanfbau pflegen und die Pflanzen ernten bzw. bis zur Hechel verarbeiten, Wein- Dünger- und Getreidefuhren und unspezifizierte Handarbeit („so oft geboten").[33] Dazu kam die Bereitstellung und Überführung bestimmter Mengen Bau-, Flöß-, und Brennholz sowie von Holzklötzen für die obrigkeitlichen Sägemühlen und weitere Arbeiten für obrigkeitliche Betriebe, wie z.B. das Hammerwerk.

Neben der deutlichen Ausdehnung der eingeforderten Arbeitsdienste sowohl in der Menge als auch in der Zahl der betroffenen Dörfer kann man bei einem Vergleich der Bestimmungen von 1552 und 1631 auch qualitative Änderungen feststellen. Am auffälligsten ist die Beanspruchung der Gärtner und Auengärtner u.a. zu unbeschränkten Handarbeiten bei den Meierhöfen und beim herrschaftlichen Hammer in Raspenava. Die zweite wesentliche qualitative Veränderung betraf die Tatsache, daß 1631 eine Reihe von Diensten nicht mehr beschränkt waren, sondern nach Anfall der Arbeit („so oft geboten") verrichtet werden mußten.

Es ist keineswegs erwiesen, daß die Roboterhöhungen erst mit der Gründung des Herzogtums Frýdlant (1624) vollzogen wurden. Es ist, wenn man den Ausbau der Meierhöfe berücksichtigt (s.u.), durchaus möglich, daß der Sprung von beschränkten auf die 1631 dokumentierten Dienste bereits im Zuge der Erweiterung der Eigenwirtschaft vor 1620 stattfand.

31 *Jakob Gottlieb Kloß,* Sammlung einiger historischer Nachrichten von der freyen Standesherrschaft und der kleinen Stadt Seidenberg in der Oberlausitz. Lauban 1762, 302; *Knothe,* Stellung (wie Anm. 23), 256.

32 Zum Urbar, dessen Urfassung von mir bislang nur in Bruchstücken im Archiv in Děčín gefunden wurde (SOA Děčín, HS, 2. část, urbář [undat.]), die Edition von *Julius Helbig,* Urbarium der Herrschaft Friedland vom Jahre 1631, in: Mitteilungen des Vereines für Heimatkunde des Jeschken-Iser-Gaues 4, 1910, 130–145.

33 Das Verhältnis von Dominikal- zu Rustikalland (inkl. Städte) läßt sich erst für das 18. Jahrhundert rekonstruieren, ist aber mit geringen Veränderungen auch für den hier untersuchten Zeitraum gültig, weil es zu keinen neuen Meierhofgründungen kam. In Frýdlant betrug die gesamte Aussaat auf dem Dominikalland 3.346,25 Strich (Rustikalland: 22.727,69), in Liberec 1.239,75 Strich (Rustikalland: 12.604,13). Vgl. Státni ústředni archiv (SÚA) Praha, TK 425, Spisy Boleslavsko 14, fol. 360ff.; TK 439, Spisy Bol. 30, fol. 102ff.; TK Bol. 495 u. 562.

In dieser Auflistung handelte es sich um urbariale Robotverpflichtungen und es muß danach gefragt werden, ob diese Roboten bereits im 16. Jahrhundert in Anspruch genommen wurden. Mit Ausnahme einiger weniger untertäniger Güter sind in Frýdlant keine Robotreluitionen in den Zins- und Einnahmeregistern verzeichnet und – abgesehen vom Meierhofgesinde – gab es auch keine größeren Ausgaben für Arbeitslöhne oder Transportarbeiten auf den Höfen. Selbst die Zwangslohnarbeiten erscheinen in den Ausgabenregistern nicht mit nennenswerten Beträgen. Noch um die Mitte des 16. Jahrhunderts verfügte der Schloßmeierhof Frýdlant nicht über Zugvieh, wie ein Inventar aus dem Jahr 1566 zeigt. Die Feldbestellung mußte folglich ausschließlich mit untertäniger Robot geschehen sein.[34]

2.3 Die feudale Eigenwirtschaft

Die „Gründerzeit“ der späteren Meierhöfe im Gebiet der Herrschaften Frýdlant und Liberec fiel keineswegs in das 17. Jahrhundert und für Frýdlant auch nicht in den Zeitraum zwischen 1550 und 1620, der in neueren Arbeiten als Expansionsperiode des obrigkeitlichen Gutsbetrieb betrachtet wurde.[35] Zwischen 1550 und 1600 wurden in Frýdlant lediglich zwei herrschaftliche Meierhöfe wiedererrichtet, die seit 1381 wüst gefallen waren und ein weiterer neu angelegt. Seit 1381 waren während der spätmittelalterlichen Krise zwei Meierhöfe und ein Lehensgut aufgelöst worden, so daß die Zahl der Meierhöfe und Lehensgüter vom Spätmittelalter bis zu ihrer endgültigen Auflösung im 18. und frühen 19. Jahrhundert konstant blieb. Meierhöfe waren vom Gutsherrn der Herrschaften Frýdlant und Liberec betriebene Höfe und Lehensgüter waren im Besitz der einzelnen Lehensadeligen, also Rittergüter im engeren Sinn. In der zweiten Hälfte des 17. Jahrhundert nahm der Gutsherr zunehmend Abstand von der Praxis, Lehensadelige zu ernennen und die einzelnen Rittergüter des Lehensadels wurden nach und nach zurückgekauft und als Meierhöfe des Gutsherrn weitergeführt.

Tabelle 1
Meierhöfe und Lehensgüter der Herrschaft Frýdlant 1381–1730

	1381–1409	1500	1552	1631	1730
Meierhöfe	3	1	1–2	3–4	19
Lehensgüter	4	16–17	16–17	16	–
Unklar	–	–	–	–	1

Anm.: Jeweils zwei Meierhöfe in den Dörfern Bulovka, Černousy Habartice und Pertoltice wurden nur einmal erfaßt. Alle Angaben ohne Grabiszyce, Wintierszow, Nová Ves und Mlýnice. Für 1552 konnte nicht geklärt werden, ob das Lehensgut Krásný Les noch besteht. Ein Fabian Antal auf Krásný Les ist im Urbar noch erwähnt.
Quellen: SÚA Praha, TK Boleslavsko 495 Spisy, fol. 66ff.; SOA Děčín, VS Frýdlant, urbář 1381; *Schicketanz*, Geschichte (wie Anm. 20); *Seeliger*, Geschichte des Friedländischen (wie Anm. 20).

34 STA Nürnberg, Fürstentum Ansbach, Brandenburger Literalien Nr. 931, fol. 3'; SÚA Praha, SM F 11/12, Inventarium alles vorraths des hauses und gutts Fridland, 13. 12. 1566.

35 Vgl. zur Eigenwirtschaft in Frýdlant auch *Emanuel Janoušek*, Historický vyvoj produktivity práce v zemědělstvi v období pobělohorském. Prag 1967; *Klíma*, Agrarian class structure (wie Anm. 3).

Die Bedeutung der Lehensgüter sollte nicht unterschätzt werden.[36] Es stimmt zwar, daß sich unter diesen einige in ihrer Größe kaum von untertängen Hufengütern unterschieden. Dennoch verfügten sie über beachtliche Gerechtigkeiten, auf die die Herrschaft bei der Übernahme zurückgreifen konnte.[37]

In Liberec wurden zwischen 1550 und 1620 vier neue Meierhöfe und ein neues Lehensgut (Stráž n. N.) eingerichtet, von denen zwei Meierhöfe allerdings vor 1620 schon wieder wegen mangelnder Erträge komplett aufgelöst wurde (Růžodol 1612 und Suchá 1616).[38]

Tabelle 2
Meierhöfe und Lehensgüter der Herrschaft Liberec 1550–1722

	1550	1600	1650	1722
Meierhöfe	1	5	3	4
Lehensgüter	1	1	2	–

Inkl. dem Lehensgut in Nová Ves.
Quellen: SÚA Praha, TK Boleslavsko 562, Spisy fol. 102ff; *Seeliger*, Geschichte des Reichenberger Bezirkes (wie Anm. 20), 121ff.

Neben dem Vorwerksaufbau sollte erwähnt werden, daß die Obrigkeit auch im gewerblichen Bereich schon vor 1620 Betriebe in Eigenregie übernahm bzw. aufbaute. Dies war bei einigen Zinnschmelzanlagen in Nové Město der Fall und das 1521 von einem Lehensadeligen gegründete Hammergut in Raspenava wurde im ausgehenden 16. Jahrhundert von der Obrigkeit in Frýdlant gekauft, ausgebaut und weitergeführt. Nach längerer Produktionsunterbrechung nach 1650 wurde es erst im späten 17. Jahrhundert endgültig stillgelegt.[39]

Darüber hinaus war die Obrigkeit aktiv am Aufbau von Exportkontakten der lokalen zünftigen und ländlich-heimgewerblichen Leinen-Proto-Industrie mit Nürnberger Handelshäusern beteiligt und kassierte einen Zins von vier Kreuzern für jedes exportierte Stück Leinen.[40] Mit

36 Vgl. allgemein zum Frýdländer Lehensadel die Bestände im SOA Děčín, HS, sowie die Arbeiten von *Rudolf Anděl*, bes. Pěstování a zpracování lnu na statcích drobné lenní šlechty na Frýdlantsku v 17. století, in: Lnářský průmysl 4, 1981, 69–82. Weiters *Seeliger*, Geschichte des Friedländischen (wie Anm. 17); *ders.*, Geschichte des Reichenberger Bezirks (wie Anm. 17).

37 Eine wahrscheinlich aus der zweiten Hälfte des 17. Jahrhunderts stammende Schätzung von neun Gütern gibt einen gemeinsamen Wert von 36.650 Gulden an. Allein die Viehhaltung umfaßte zusammen 250 Rinder und immerhin 1.500 Schafe. SOA Děčín, HS, Kart. č. 26, Statistika obyvatel panství Frýdlant a Liberec [Bevölkerungsstatistiken der Herrschaften], Specification der adeligen lehengütter (undat.).

38 SOA Děčín, HS, Kart. č. 297. *Seeliger*, Geschichte des Reichenberger Bezirks (wie Anm. 17), 121ff.

39 SÚA Praha, SM F 67 11/15; SOA Děčín, HS, Kart. č. 221; *Anton Ernstberger*, Wallenstein als Volkswirt im Herzogtum Friedland. Liberec 1929, 67–73; *Gustav Hofmann*, Železná huť v Raspenavě (kapitola z hospodářských dějin Liberecka), in: Sborník Severočeského muzea 6, 1970, 21–34; *Jan Kořán*, Období nepřímé výroby kujného železa v českých zemích, in: Dějiny hutnictví železa v Československu. Bd. 1. Hrsg. Radomír Pleiner et al.. Praha 1984, 92–165, hier 80f.

40 *Gustav Aubin/Arno Kunze*, Leinenerzeugung und Leinenabsatz im östlichen Mitteldeutschland zur Zeit der Zunftkäufe. Stuttgart 1940; *Arno Kunze*, Die nordböhmisch-sächsische Leinwand und der Nürnberger Großhandel. Mit besonderer Berücksichtigung des Friedland-Reichenberger Gebietes. Liberec 1926.

dem Textilexportgewerbe hingen auch einige von der Obrigkeit betriebene Veredelungsbetriebe zusammen, wie etwa die bereits 1381 erwähnte Walke und die Lohmühle in Frýdlant. Dazu kamen im 16. Jahrhundert Leinenbleichen in Frýdlant und die herrschaftliche Walke in Liberec. Die Einnahmen aus dem Gewerbe (vom aktiven Betrieb bzw. von den Feudalrenten) waren zwar nicht von großer Bedeutung, jedoch unterstrichen sie den Trend des Ausbaus der Eigenwirtschaften und des obrigkeitlichen Einflußes, weil auch das Gewerbewesen im Sinne eines feudalen Monopols reguliert wurde.

Besondere Bedeutung für die dominikalen Einkünfte erhielten die Brauhäuser, die ausgehend von Unternehmen, die für den herrschaftlichen Eigenbedarf ausgerichtet waren, ab ca. 1600 beide Herrschaften zu versorgen begannen.

2.4 Marktmonopole

Der Absatz der in der Eigenwirtschaft erzeugten Produkte war mittels obrigkeitlicher Monopole und der Privilegierung der Städte in erster Linie auf dem lokalen Markt vorgesehen. Eine Verdrängung der Untertanen durch die obrigkeitlichen Monopolverkäufe kann aber ausgeschlossen werden; die von der Obrigkeit vertriebenen Mengen an Getreide und Vieh hätten nicht im entferntesten zur Deckung des lokalen Bedarfs ausgereicht.[41]

Im Prinzip stehen Vorsorgeregelungen in Krisenzeiten und Qualitätsverordnungen am Beginn dieser Entwicklung. Dies trifft z.B. auf zwei Verordnungen zum Verbot des Getreideverkaufs außerhalb des städtischen Wochenmarktes zu, die in Teuerungszeiten erlassen wurden (1483 und 1592).[42] Die Einführung und Reichweite der Monopolverordnungen bis zum Dreißigjährigen Krieg ist am besten durch die Bestimmungen der Jahrdingsartikel der Herrschaft Frýdlant von 1620 zu erfassen.[43]

Darin werden die Untertanen angewiesen, alles Vieh und Fleisch, sowie den verkaufbaren Hopfen und Fischsamen zuerst den Hoffleischern beim Schloß und dem Kornschreiber anzubieten. Sollten diese die Waren nicht abnehmen, dann konnte an die Fleischhackerzunft in Frýdlant verkauft werden. Auch bei anderen landwirtschaftlichen Erzeugnissen und Rohstoffen wurden die lokalen Zünfte bevorzugt, wie z.B. bei Tierhäuten und Leder, das an die Schuster zu gehen hatte.[44] Die Umgehung des Wochenmarktes wurde unter Strafe gestellt. Die Jahrdingsartikel von 1620 formulierten den Marktzwang für Getreide und Garn, das die länd-

41 Zur Implementierung von Marktmonopolen in Böhmen Hrubý, Převratů (wie Anm. 8), 433ff.; *Klíma*, Probleme (wie Anm. 4), 221–225; *Krofta*, Dějiny (wie Anm. 7), 111–113; *Werner Stark*, Die Abhängigkeitsverhältnisse der gutsherrlichen Bauern Böhmens im 17. und 18. Jahrhundert, in: Jahrbuch für Nationalökonomie und Statistik 164, 1952, 270–292, 348–373, 440–453, hier 440ff.

42 SOA Děčín, VS Frýdlant, inv. č. 1, Pozemková kniha [Gerichtsbuch] 1493–1516, fol. 31v; Státní okresní archiv (SOkA) Liberec, Okresní soud (OS) Frýdlant, kn. 11, Stadtbuch der Stadt Frýdlant, fol. 287.

43 SOA Děčín, HS, Kart. č. 315, Knihy vejruňků. Die folgenden Bestimmungen sind inhaltlich deckungsgleich bereits in den Dreidingsartikeln des adeligen Lehengutes Ves 1616 zu finden. Nachdem der Inhaber des Gutes auch Herrschaftshauptmann war, ist anzunehmen, daß die Artikel in Übereinstimmung verfaßt wurden. SOA Děčín, HS, Kart. č. 215, M. 5, Dreydingsartikel und ordnung zur Wiesa, 24. 6. 1616 (unpag.); *Rudolf Anděl*, Lenní statek Ves na Frýdlantsku v první polovině XVII století, in: Sborník Severočeského muzea 5, 1967, 107–121, hier 108f.

44 SOA Děčín, HS, Kart. č. 315, Knihy vejruňků, Jahrdingsartikel 1656; Kart. č. 239, Instruktionen der Herrschaft Liberec 1704, pag. 19ff., 30ff.; vgl. *Janoušek*, Vývoj (wie Anm. 37), bes. 10ff.

lichen Untertanen produzierten, angesichts der häufigen Übertretungen und Umgehungen des Marktes in der Vergangenheit besonders scharf. Dabei ging es nicht um bloße Verordnungen, wie die Verfolgung verschiedenster Verstöße gegen den Marktzwang in den Amtsprotokollen und Gerichtsquellen der Herrschaft zeigt.

Die zweite Seite der feudalen Marktmonopole bestand aus dem Angebotsmonopol, das die Obrigkeit für den Absatz der in den feudalen Eigenwirtschaften erzeugten Waren etabliert hatte. Die Untertanen der Herrschaften Frýdlant und Liberec waren aufgrund des außerökonomischen Zwanges die wichtigsten Abnehmer dieser Produkte. Getreideüberschüsse wurden an die städtischen Bäckerzünfte bzw. an einzelne Untertanen verkauft, für das verkaufte Vieh finden sich in den Registern fast ausschließlich Käufer unter den Fleischhackern und ländlichen Bewohnern, Holz durfte nur von der Obrigkeit gekauft werden und die industriellen Rohstoffe waren ohnehin für die Zünfte vorgesehen (Wolle, soweit vorhanden Flachs, und Rinderfelle). Auch der lokale Absatz von Milchprodukten war angesichts der vergleichsweise schlechten Ausgangslage für den Getreidebau von steigender Bedeutung. Verzichtete die Obrigkeit auf ihr Angebotsmonopol, traten Abschlagszahlungen an die Stelle des Kaufzwangs der Untertanen. Proteste der Untertanen hingen v.a. mit der verzerrten Preisbildung zusammen.[45]

In einem Sektor dominierte die obrigkeitliche Produktion allerdings den Markt in steigendem Maße – Bier und Branntwein. Sämtliche Schenken im Bereich der städtischen Autonomierechte waren im 16. Jahrhundert zinspflichtig. Im Zuge des Ausbaus des obrigkeitlichen Brauhauses in Frýdlant wurden die Dörfer gezwungen, das obrigkeitliche Bier und den Branntwein zu schenken. In den 1620er Jahren gingen alle Städte im Bereich des Herrschaftskomplexes Frýdlant und Liberec ihres Braurechts endgültig verlustig. Schon kurz danach büßten Bewohner der Herrschaft Frýdlant für den aufgeflogenen Schmuggel herrschaftsfremden Bieres mit Gefängnis.[46]

Von einem Markt, auf dem die Untertanen vor 1620 ihre Überschußproduktion zu Marktpreisen verkaufen und ansehnliche Gewinne machen konnten, wie es von Untersuchungen für südböhmische Herrschaften attestiert wurde, kann also für den Herrschaftskomplex Frýdlant und Liberec keine Rede sein. Selbst wenn man die Übertretungen der Untertanen berücksichtigt, muß man die Existenz von Marktmonopolbestimmungen attestieren und dies scheint mir alles andere als eine Entwicklung in Richtung der westeuropäischen Grundherrschaft zu sein.

Die untertänige Bevölkerung konsumierte eine ganze Reihe dominikal erzeugter Waren. Der Konsum der über feudale Monopole bereitgestellten Güter war für die Renteinnahmen der Herrschaft daher von erheblicher Bedeutung. Die Rentabilität der gutswirtschaftlichen Produktion war somit abseits von überregionalen Exporten durch einen lokalen Absatz gesichert, der auf Feudalmonopolen aufgebaut war.[47] Mit dieser Feststellung erübrigt sich ein aus-

45 Die genau geführten erhaltenen Renteinnahmenregister, Holzmarktregister, Wochenzettel usw. können belegen, daß die obrigkeitliche Eigenwirtschaft teilweise (z.B. Holz) oder vollständig (Getreide- und Milchprodukte) auf den lokalen Absatz angewiesen war. Vgl. die Quellen zu den Tabellen im Anhang.

46 *Ernstberger,* Wallenstein (wie Anm. 41), 44; *Hallwich,* Reichenberg (wie Anm. 20), 158ff.

47 Vgl. *Klíma,* Probleme (wie Anm. 4), 224f. Zur Bedeutung des lokalen Marktes auch *Čechura,* Gutswirtschaft (wie Anm. 3), 13; *Maur,* Genese (wie Anm. 13); *Petráň,* Výroba (wie Anm. 19), 137ff.

führlicher Verweis auf die Einnahmestruktur der Herrschaften Frýdlant und Liberec vor 1620 (vgl. Anhang).

Qualitative Veränderungen in bezug auf die Einnahmen aus der Eigenwirtschaft traten v.a. mit der Übernahme der Braugerechtigkeit und der Verordnung des Braumonopols durch die Obrigkeit in Frýdlant und Liberec im 17. Jahrhundert auf. Die Braueinnahmen stellten danach bis zum Ende der Untersuchungsperiode in der Regel den größten Anteil an den Gewinnen. Bis zum ersten Jahrzehnt des 17. Jahrhunderts dominierten in erster Linie der Verkauf von Holz und Getreide. Diese blieben auch weiterhin neben der Brauerei die bedeutendsten Einnahmequellen der lokalen Gutswirtschaft. Insgesamt kamen vom späten 16. bis zum 19. Jahrhundert zwischen dreißig und fünfundsiebzig Prozent der Einnahmen der Herrschaften Liberec und Frýdlant aus dem Verkauf von in der dominikalen Wirtschaft erzeugtem Getreide, Holz, Kalk, Ziegel, Bier, Branntwein, Fisch u.ä.m sowie u.U. aus dem Land- und Güterverkauf.

2.5 Konfliktfälle in Liberec und Frýdlant

Die grundsätzliche Verschärfung des Klimas zwischen Obrigkeit und Untertanen und die Tendenzen, die auf einen Ausbau der Erbuntertänigkeit bzw. auf eine Konzentration der Macht in den Händen der Obrigkeit hinweisen, können an Auseinandersetzungen in den beiden Herrschaftsgebieten und im regionalen Umfeld schon im 16. Jahrhundert dokumentiert werden.

Insbesondere die Untertanen der Nachbarherrschaften Grabštejn und Lemberk litten unter dem Zugriff eines Feudalherrn, der sich über bisherige Gewohnheiten hinwegsetzte. Beschwerden, Dienstverweigerungen und Widerstand der Untertanen aufgrund der Einschränkung von Nutzungrechten, Mißbrauch von Waisengeldern, vereinzelten Fällen von Bauernlegen oder Erhöhung von Belastungen (insbesondere der Roboten) traten in Grabštejn erstmalig 1549 auf und dauerten mit nur kurzen Unterbrechungen die gesamte zweite Hälfte des Jahrhunderts an.[48] Sämtliche Gemeinden der Herrschaft Lemberk wandten sich im August 1600 an den Kaiser, baten um Beibehaltung ihrer im alten Urbar festgehaltenen Rechte und Verpflichtungen und protestierten gegen den Versuch des Feudalherrn, die Erbfolge untertäniger Güter durch die Einschränkung des möglichen erbberechtigten Verwandtenkreises zu verhindern.[49]

Die Untertanen des in der Nachbarherrschaft Český Dub liegenden Marktes Osečná wandten sich 1560 wegen einiger Punkte gegen ihre Obrigkeit. Dazu zählten die willkürliche Erhöhung der Roboten, die Einforderung von Zwangslohnarbeit im Eisenbergbau, in der Köhlerei und bei Fuhrdiensten für den obrigkeitlichen Hammer, die Anwerbung von Kindern als Gesindekräfte und die Abschaffung der Braugerechtigkeit des Marktes bzw. die Etablierung eines Absatzmonopols obrigkeitlichen Bieres.[50]

Es ist nicht verwunderlich, daß die ersten Proteste gegen Dienststeigerungen in den Herrschaften Frýdlant und Liberec auf Lehensgütern zu bemerken waren, weil die kleinen Lehensadeligen im 15. und 16. Jahrhundert als erste in ökonomische Schwierigkeiten gerieten

48 *Jan Sťovíček*, Poddanská hnutí na panství Grabštejn v druhé polovině 16. století, in: Sborník Severočeského muzea 6, 1970, 71–100; SÚA Praha, SM G 29/39.

49 SÚA Praha, SM L 6/1.

50 SÚA Praha, SM A 25/6.

und versuchten, auf jede Weise ihre Einnahmen zu erhöhen. Nach der Einrichtung einer Schäferei auf dem Lehensgut Nová Ves 1548 wurden den Untertanen nicht nur neue Dienste (Acker- und Erntearbeiten) und Abgaben abgefordert, sondern das Recht, die Schafe auf untertänigen Gründen zu bestimmten Zeiten im Jahr weiden zu lassen, gewaltsam umgesetzt.[51] Nach Nová Ves 1548 mußte die Herrschaft in Frýdlant 1619 auf dem Gut Arnoltice einen Streit zwischen Ritter und Untertanen bezüglich zu hoher Robotforderungen schlichten.[52]

Am Beispiel der Herrschaften Frýdlant und Liberec läßt sich auf lokaler Ebene genau nachvollziehen, wie ein Konflikt um die Etablierung obrigkeitlicher Markt- und Produktionsmonopole auf Kosten der Privilegien der Untertanen verlief. Die Versuche des Feudalherrn in Frýdlant, das bürgerliche Braurecht mit Gewalt abzuschaffen, führten aufgrund des Widerstandes nicht unmittelbar zum Erfolg. Unter geänderten Rahmenbedingungen wurden die städtischen Braugerechtigkeiten fünfzehn Jahre nach dem ersten Höhepunkt des Konflikts letztendlich entzogen.[53]

Die Braugerechtigkeit der Bürger der Stadt Frýdlant sollte per Dekret abgeschafft und in der Stadt nur mehr obrigkeitliches Bier geschenkt werden dürfen. Dieser Konflikt zog sich bereits seit 1599 hin und eskalierte nach und nach. Tatsächlich sind für das Rentregister 1600 erstmals größere Einnahmen für Bier verzeichnet, die aber 1603–1607 fehlten und erst ab 1610 wieder aufscheinen.[54]

Die Herrschaft errichtete um 1600 in der zwischen Stadt und Schloß Frýdlant liegenden Vorstadt einen eigenen Ausschank, wogegen die Stadt unter Verweis auf ihr Privileg (zum letzten Mal 1589 erneuert) protestierte. Immer weiter wurde im Anschluß die Gerechtigkeit der Frýdländer Braubürger eingeschränkt. Die Auseinandersetzung wurde mit entsprechender Härte geführt. Zur völlig routinemäßigen Ratswahl wurde beispielsweise die Gemeinde der Stadt Frýdlant am 9. 11. 1609 auf das Schloß zitiert. Bürgermeister, Rat und Braubürger fürchteten aber aufgrund des bisher geleisteten Widerstandes Strafen oder Inhaftierung, weswegen ihnen der Hauptmann erst freies Geleit zusichern mußte. In den Amtsräumen des Hauptmanns mußten sie dann Schlüssel und Siegel der Stadt abgeben und die Ratswahl durchführen.[55] Der Austausch der Amtsinhaber hätte den Konflikt möglicherweise entschärfen sollen, war aber

51 *Hallwich,* Reichenberg (wie Anm. 20), 61f.; *Seeliger,* Geschichte des Reichenberger Bezirkes (wie Anm. 17), 129ff.

52 SOA Děčín, HS, Kart. č. 181, Arnoltice a Horní Řasnice, Angelegenheiten der Insassen 1619 (unpag.).

53 Für den Versuch zur Untergrabung gerade der Braugerechtigkeiten aber auch anderer Marktprivilegien untertäniger Städte gibt es für Böhmen um 1600 zahlreiche Beispiele. Richter, Länder (wie Anm. 7), 234; *Petráň,* Vyroba (wie Anm. 19), 145.

54 Vgl. im folgenden SOA Děčín, Kart. č. 57, Kurzer warhafftiger vnnd gründlicher bericht (...) (unpag.); Kart. č. 178, Frýdlant, M. 5. *Helbig,* Friedland (wie Anm. 20), 614.

55 „den 9 Novemb[er] Anno 1609 seindt Burgermaister, Richter, vnnd Raht so wohl die gantze gemeine in vnd vohr der stadt Friedlandt durch einen schrifftliche bericht anhero aufs schlos erfordert worden, haben aber der Raht, vnd breichofer hier kegen schrifftlichen eingewendet, weill sie sich besorgeten, sie mochten ettwan dieser halb[en] in gefahr kommen, man wolte die Rahts ciehr aufm rahthausse vornehmen, hierkeg[en] ihnen von herrn Cantzlern sicher gleidt zuersaget worden, als nun burg[er] Richter vnnd Raht, so wohl die ganze gemene aufs schloß kommen, seindt sie in die innerste cantzlej stube erfordert word[e]n, so anfenglich[e]n Burgermeister vnnd Richter, die Rahts, vnnd gerichts schlüßell, vnnd siegell von sich geben (...)" SOA Děčín, HS, Kart. č. 57, M. 9, Diarium vnnd nachrichtsamer bericht (unpag.).

ein klarer Eingriff in die städtische Selbstverwaltung. Der Stadtschreiber wurde abgesetzt, auf der Burg eine Gerichtsstelle errichtet, den Bürgern die Mitarbeit in den Brauhöfen verboten und wider alle Privilegien innerhalb der Stadt herrschaftliche Schenken errichtet.[56]

Danach kam es immer wieder zu Verhaftungen einzelner Bürger und zur Verhängung von Leibesstrafen, um den Widerstand zu brechen. Zum Zeitpunkt der Intervention des Landesfürsten befanden sich zwei Bürger in Haft und dreißig weitere Untertanen waren unter Zurücklassung ihres Besitzes von der Herrschaft verwiesen worden. Auch der auf der Seite der Bürger stehende Superintendent wurde seines Postens enthoben. Die Herrschaft bezeichnete die Braubürger der Stadt als ihre „vngehorsamben, vntrewen, vnnd rebellischen vnndterthanen“, die mit ihrem Widerstand – mit dem sie sich aber völlig im Recht befanden – ein „böses verbrechenn“ begangen hätten.[57]

Trotz der Inhaftierung und Bedrohung von Honoratioren dauerte der Widerstand der Stadt an. Sie bekam Unterstützung vom Landesfürsten, der die Obrigkeit scharf zur Einhaltung der von ihr früher gewährten Gerechtigkeiten ermahnte sowie den zwei Inhaftierten und den dreißig Vertriebenen sicheres Geleit gewährte. Zwei Jahre später, nach Andauern des Konflikts, zitierte Kaiser Mathias den Gutsherr vor die böhmische Hofkanzlei.[58]

Im Zuge dieses Konflikts ging die Stadt sogar in die Offensive. Die Ausdehnung des obrigkeitlichen Braumonopols auf das Land hatte der Stadt schon bedeutende Einbußen verursacht. Als größte Siedlung wurde auch die Bergstadt Nové Město mit dem freien Bier- und Weinschank von der Obrigkeit priviligiert – entgegen den Gerechtigkeiten der Stadt Frýdlant, wie der Rat dort meinte. Jedenfalls rief er im Zusammenhang mit dem schwelenden Konflikt mit der Herrschaft auch in dieser Frage den Landesfürsten an, der 1612 die Privilegien von Frýdlant bestätigte und den Bewohnern von Nové Město auferlegte, ihr Bier ausschließlich dort zu kaufen. Diese wandten sich ihrereseits an die Obrigkeit um Unterstützung gegen die Stadt Frýdlant, die diese natürlich bereitwillig gab und auch der Stadt gegenüber eine geeinte Front gegen ihre „Widerspenstigkeit“ vorweisen konnte.

Als „eine treue Landesmutter“, antwortete die ehemalige Gutsherrin auf die Bitte um Unterstützung an Nové Město, die „nicht unterlaßen wiel ... für sie zu sorgen damit sie unter den rebellischen Friedlandern unter ihr joch nicht kommen“[59], bestätigte sie nochmals das Recht der Bergstadt, ihren freien Bier- und Weinschank betreiben zu dürfen. Nach ihrem Tod sandten die Bewohner von Nové Město dem Gutsherrn gute Wünsche. „Nebenst diesem gnediger Herr erinnern sich I[hre] Gn[aden] gar wol, welcher gestaltt, wir mit mercklichem großen costenn vilmals mit den fridländischenn breuhöffenn inn strittigkeitt gelegen, auch von denselbenn bei ihrer Kaÿßerl[ichen] Maÿ[es]t[ä]t ... verklagett wegenn des bierß bei ihnen abzuholenn“. Nachdem sie eine neuerliche Klage fürchteten, baten sie um eine weitere Begnadung

56 Vgl. hier und im folgenden auch *Helbig*, Beiträge (wie Anm. 32), 1ff.; *ders.*, Friedland (wie Anm. 20), bes. 614f.

57 SOA Děčín, Kart. č. 57, Kurzer warhafftiger vnnd gründlicher bericht (...) (unpag.). Vgl. *Hallwich*, Reichenberg (wie Anm. 20), 124.

58 *Helbig*, Friedland (wie Anm. 20), 615; Vgl. die Briefe v. 17. 6. 1611 und 10. 3. 1612 abgedruckt bei *Mende*, Chronik (wie Anm. 28), xxx–xxxii. Zur Auseinandersetzung SOA Děčín, HS, Kart. č. 57, M. 9 und Kart. č. 178.

59 Die Selbstbezeichnung als „treue landesmutter“ ist eine äußerst interessante Eigendefinition der Frau. Sie wirft ein Licht auf das Selbstbild des Feudaladels zur damaligen Zeit. Interessant ist auch, daß die Betreffende zu diesem Zeitpunkt bereits mehrere Jahre nicht mehr Gutsherrin war, also auch keine „landesmutter“.

mit dem Bier- und Weinschank.[60] Erst mit der Eingliederung der Herrschaften Frýdlant und Liberec in das Herzogtum Frýdlant nach dem Beginn des Dreißigjährigen Krieges wurde das Privileg – wie für alle anderen untertänigen Städte in diesem Machtbereich auch – endgültig entzogen.[61]

Proteste gegen Dienste sind ab 1620 besser dokumentiert. Die Kombination zwischen den länger bestehenden Robotdienstforderungen der Herrschaft und jüngst zuvor erhöhten Geldabgaben für Kontributionen und Kriegssteuern überstiegen das für die Untertanen erträgliche Maß. Die Petitionen wiesen jeweils zwei identische Merkmale auf. Zum einen richteten sie sich nie gegen die Arbeitsdienste per se, sondern verwiesen v.a. auf die jüngst vorangegangen Diensterhöhungen, die sie im Kontext der hohen Steuerlasten – so die Argumentation – nun nicht mehr tragen konnten. Aus der Palette neuer Arbeitsdienste suchten sie einen bestimmten heraus, um dessen Abschaffung sie baten. Das war ein neu eingeführter Fuhrdienst, um Brauweizen vom großen Markt aus Jičín zu den herrschaftlichen Brauereien nach Frýdlant und Liberec zu bringen. Zweitens nahmen sie einen Teil der neuen Arbeitsdienste hin, baten aber im Gegenzug um Befreiung von den Steuerleistungen. Es war also offensichtlich so, daß Geldleistungen für die Untertanen schwieriger aufzubringen waren und sie statt dessen lieber eine zusätzliche Arbeitsdienstbelastung in Kauf nahmen.[62]

Die zitierten Einzelfälle reihten sich in Proteste der Untertanen im Zeitraum zwischen 1625 und 1631 ein, die einige zum Herzogtum Frýdlant gehörige Herrschaften des nordböhmischen Raumes, u.a. die Herrschaften Frýdlant, Lemberk, Nový Zámek Stráž p. R. und Turnov, erfaßten. Der Widerstand richtete sich in allen übermittelten Fällen hauptsächlich gegen die Kontributionspflichten, also gegen die gestiegenen Geldabgaben und nicht so sehr gegen die Roboten und Dienste. Die Korrespondenz zwischen den einzelnen Herrschaftshauptleuten und dem Landeshauptmann zeigt, daß immer wieder mit Unterstützung von Soldaten gegen die unruhigen Untertanen vorgegangen oder gedroht werden mußte, um die Zahlungsverweigerungen zu überwinden. In der Herrschaft Frýdlant waren wegen ausständigen Zahlungen Untertanen inhaftiert worden.[63]

Insgesamt ist das Spannungsfeld, in dem sich die Untertanen schon seit dem 16. Jahrhundert befanden, wenn sie mit erhöhten Robotforderungen konfrontiert wurden, deutlich zu erkennen. Es ging um eine Abschätzung des kleineren Übels und den möglicherweise im Gegenzug angebotenen Erleichterungen. Mit der drastischen Zunahme der Geldforderungen im 16. Jahrhundert sowohl von seiten des Staates als auch von seiten der Herrschaft, war daher

60 Diese Auseinandersetzungen in SOA Děčín, HS, Kart. č. 208, Nové Město 1592–1833, M. 13, Gesuche der Gemeinde 1616–20, Gesuche vom 6. 2., 7. 3. und 29. 4. 1616 sowie vom 28. 3. 1620.

61 *Ernstberger*, Wallenstein (wie Anm. 41), 43; *Hallwich*, Reichenberg (wie Anm. 20); *Helbig*, Friedland (wie Anm. 20), 618.

62 SOA Děčín, HS, Kart. č. 44, Der unterthaner auffn lande beschwerde uber unterschiedl[iche] roboth (...), 1655 (unpag.); Kart. č. 176, Frýdlant 1609–1834, M. 2, Memorabilia, undat. (unpag.); Kart. č. 201, Petition der Bauern von Kunratice, ohne Datum (unpag.); Kart. č. 204, M. 9., Petition der Auenhäusler von Ludvíkov p. S. (undat.); M. 11, Petition von Hans Poll und Georg Poll widemut pawer, Ludvíkov p. S. (undat.); Allgem. auch Wright, Neo-serfdom (wie Anm. 3), 248.

63 *Hroch/Petráň*, Länder (wie Anm. 2), 985; J. *Pažout*, Bouře selská v severních Čechách v letech 1625–31, in: Světozor 1, 1867, 197–198, 210; *Josef Svátek*, Culturhistorische Bilder aus Böhmen, Wien 1877, 151–205; *Rudolf Anděl*, Rok 1625 na Frýdlantsku, in: Sbornik Pedagiehé fakulty v Ústi nad L., 1968, 65–81.

auch zu diesem Zeitpunkt damit zu rechnen, daß kalkulierbaren Arbeitsdiensten gegenüber weiteren Geldzahlungen der Vorzug gegeben wurde.

3. Schlußbemerkung

Anhand einer Fallstudie zum nordböhmischen Herrschaftskomplex Frýdlant und Liberec wurde versucht, die Kontinuitäten des Prozesses der Verschärfung der Erbuntertänigkeit seit dem Spätmittelalter darzustellen. Im Vordergrund steht dabei die Notwendigkeit einer Abkehr von bisherigen Periodisierungsmustern in der tschechischen Historiographie und die Kausalität jener Denkrichtung zu hinterfragen, die für Böhmen durch eine Überbetonung des Faktors der Arbeitsdienste die entscheidenden Weichenstellungen erst nach der Zäsur des sog. „Weißen Berges“ erblickt. Die Übernahme politischer Zäsuren in die sozioökonomischen Entwicklungsstränge der Gutsherrschaft erscheint mir als unglücklich.

Es ist notwendig, den Blick für die längerfristigen Kontinuitäten und auf die eigentlichen Ursachen des Entwicklungsprozesses zu schärfen. Dabei muß die Perspektive auch vor die Mitte des 16. Jahrhunderts zurückgehen, mit der für Böhmen quasi der Beginn der Ausdehnung der Gutswirtschaft gesehen wurde. Die Frage nach den mittelalterlichen Grundlagen und den Kontinuitäten der Entwicklungsstränge der ostelbischen Gutsherrschaft ist trotz vieler Hinweise noch nicht systematisch behandelt worden. Mit einer regional zentrierten Zugangsweise liegt hier ein entsprechender Ansatz vor.

Es wurde versucht, alle Komponenten der ‚Verschärfung der Erbuntertänigkeit‘, wie ich diesen langfristigen Prozeß bezeichnen möchte, zu berücksichtigen. Dabei zeigten sich unabhängig von der Frage, ob der Roboteinsatz auf der seit 1550 intensivierten Gutswirtschaft überwog oder nicht, Tendenzen dieses Prozesses nicht nur auf formal-rechtlicher, sondern auch auf realer Ebene seit dem ausgehenden 15. Jahrhundert. Die Umsetzung der Schollenbindung, der außerökonomische Zwang in bezug auf Marktmonopole, der Übergang zur Eigenwirtschaft und die langsame Ausdehnung der Arbeitsdienste lassen m. E. keine qualitative Trennung zwischen der Entwicklung vor und nach 1620 zu. Am Beispiel der Entwicklung in Frýdlant und Liberec habe ich demgegenüber versucht zu betonen, daß sowohl in wirtschaftlicher als auch in sozialer und rechtlicher Hinsicht die Gutsherrschaft 1620 voll etabliert war.

Anhang

Tabelle A.1
Die Struktur der Bruttoeinnahmen der Herrschaft Frýdlant und Zawidów (ab 1628 nur Frýdlant), 1577–1650 (in Schock Groschen bzw. Gulden)

Jahr	Posten A		B		C		Da
	N	(%)	N	(%)	N	(%)	N
1552	479,7	(27,7)	1547,0	(76,3)	120	(5,9)	2026,7
1577	1327,1	(24,8)	1155,4	(21,6)	516,4	(9,7)	5341,6
1601	7615,7	(39,2)	1950,0	(10,0)	953,6	(4,9)	19412,3
1602	8446,7	(30,4)	2652,8	(9,5)	1450,9	(5,2)	27781,4
1603	6758,1	(45,6)	2484,1	(16,8)	1327,5	(9,0)	14815,2
1604	8050,7	(27,8)	2433,7	(8,4)	1146,8	(4,0)	28958,0
1605	6060,3	(42,3)	2353,4	(16,4)	1183,4	(8,3)	14313,3
1607	6063,6	(53,6)	2344,3	(20,7)	873,8	(7,7)	11312,6
1610	9254,0	(62,4)	2357,2	(15,9)	1235,0	(8,3)	14832,7
1611	9056,2	(54,5)	2264,0	(13,6)	1457,1	(8,8)	16630,6
1619b	413,5	(3,5)	465,2	(3,9)	227,0	(1,9)	11875,2
1628c	12891,6	(75,4)	2200,3	(12,9)	1474,4	(8,6)	17107,7
1629d	11749,7	(58,1)	766,8	(3,8)	1882,4	(9,3)	20206,7
1630	22167,9		2778,4		2380,2		–
1633d	11900,7	(66,1)	545,8	(3,0)	191,1	(1,1)	18002,3
1635c	5918,6	(68,8)	1634,3	(19,0)	86,4	(1,0)	8602,5
1640e	9128,9	(57,9)	2211,9	(14,0)	667,1	(4,2)	15762,7
1641d	6383,6	(60,5)	637,1	(6,0)	152,3	(1,4)	10559,5
1650	16840,0	(74,1)	3692,6	(16,2)	788,7	(3,5)	22737,4

Legende:

A Verkauf aus Produktion dominikaler Eigenwirtschaft (v.a. Holz, Vieh, Getreide, Bier) bzw. Einnahmen aus Verpachtung obrigkeitlicher Monopole (Bier, Branntwein).

B Zinsen, Erbzinsen und Robotablöse. Bedingt durch Zinsfälligkeitstermine ist dieser Posten in den Jahren 1629, 1633 und 1641 unterrepräsentiert.

C Gewinne aus der Feudalverwaltung proto-industrieller Aktivitäten (Weberzinse, Walkgelder, „Tschanterzinse", Wollverkauf, Zinnbergwerk bzw. Eisenhammer).

D Summe der Bruttoeinnahmen des betreffenden Jahres.

Anmerkungen:

a Der nicht separat ausgewiesene Fehlposten zu den Gesamteinnahmen ergab sich aus Grundverkäufen, Pacht- und Strafgeldern, sowie einem Posten „Extra-Ordinari Einnahmen", der in erster Linie Kaufabzahlungen und Pachtgelder zusammenfaßte.

b Nur das zweite Quartal des Jahres. Von den Gesamteinnahmen sind 10285,7 Schock Groschen staatliche Steuern.

c Nur die zweite Jahreshälfte.

d Nur die erste Jahreshälfte. Bedingt durch Zinsfälligkeitstermine, sind die Einnahmen an Zinsen und Erbzinsen in diesen Abrechnungen unterrepräsentiert.

e Abrechnungen von Mai bis Dezember des Jahres.

NB 1552: Angaben aus der Herrschaftstaxa.

Quellen: SOA Děčín, HS, Kart. č. 12a, 12b, 13, 34, 471, 484–486, 489; VS Frýdlant, Kart. č. 1283, 1284; *Helbig*, Beiträge (wie Anm. 29), 276f.

Tabelle A.2
Die Struktur der Bruttoeinnahmen der Herrschaft Liberec, 1617–1703 (in Schock Groschen bzw. Gulden)

Jahr	Posten A N	(%)	B N	(%)	C N	(%)	Da N
1617b	1665,8	(40,4)	300,4	(7,3)	281,5	(6,8)	4118,8
1644b	6363,3	(59,5)	339,1	(3,2)	370,3	(3,5)	10694,8
1650b	6774,1	(77,5)	512,0	(5,9)	100,0	(1,1)	8705,5
1653c	5417,7	(53,0)	1569,5	(15,3)	149,0	(1,5)	10230,8
1703	32032,6	(72,1)	6752,4	(15,2)	3733,3	(8,4)	44455,5

Legende:
Wie Tabelle A.1
Anmerkungen:
a Der nicht separat ausgewiesene Fehlposten zu den Gesamteinnahmen ergab sich aus Grundverkäufen, Pacht- und Strafgeldern, sowie einem Posten „Extra-Ordinari Einnahmen", der in erster Linie Kaufabzahlungen und Pachtgelder zusammenfaßte.
b Nur die erste Hälfte des Jahres.
c Nur Zeitraum Februar bis Mai und 22. Aug. bis 18. Oktober.
Quellen: SOA Děčín, HS, Kart. č. 239, 278; VS Liberec, Kart. č. 397.

Antonín Kostlán

Die Wandlungen sozialer Ordnungssysteme. Untertanen und Gutsherrschaft in Böhmen und Mähren vom 16. – 18. Jahrhundert

Auf der Tagung *„Gutsherrschaft als soziales Modell"* dachte im März 1993 H. Valentinitsch über gutsherrschaftliche Bestrebungen in Österreich nach und gelangte zu der Ansicht, daß „in Österreich [...] keine Gutsherrschaft wie im Osten Deutschlands [existierte], doch traten neben der herkömmlichen Rentenwirtschaft zahlreiche gutsherrschaftliche Tendenzen auf".[1] In meinem Beitrag versuche ich nachzuweisen, daß man mit ähnlichen Worten auch die Situation in Böhmen und Mähren mindestens zu Anfang des Dreißigjährigen Krieges schildern kann. Ich gehe dabei nicht von der traditionellen, rechtsgeschichtlichen Definition der Gutsherrschaft, sondern von einer modernen, in der zeitgenössischen Agrargeschichte angewendeten Begrenzung dieses Terminus aus.[2]

Der größte tschechische Historiker des 19. Jahrhunderts, F. Palacký, bezeichnete die letzten Jahre des 15. Jahrhunderts als die Periode, in der die Leibeigenschaft in Böhmen entstanden ist. Er ging dabei von den böhmischen Landtagsverordnungen 1487–1497 aus, die das Recht der Untertanen auf Freizügigkeit reduzierten.[3] Während sich der böhmische und mährische Großgrundbesitz am Anfang des 16. Jahrhunderts meistens bloß auf die Erhebung der Abgaben und Zahlungen der Untertanen beschränkte[4], machte der Anteil des gutswirtschaftlichen Unternehmens am finanziellen Bruttoertrag der großen feudalen Domänen am Ende des 16.

1 *Helfried Valentinitsch*, Gutsherrschaftliche Bestrebungen in Österreich in der frühen Neuzeit. Unter besonderer Berücksichtigung der innerösterreichischen Länder, in: Gutsherrschaft als soziales Modell. Vergleichende Betrachtungen zur Funktionsweise frühneuzeitlicher Agrargesellschaften. Hrsg. v. Jan Peters. (HZ Beiheft 18.) München 1995, 297.

2 Siehe dazu: Gutsherrschaft als soziales Modell (wie Anm. 1); Konflikt und Kontrolle in Gutsherrschaftsgesellschaften. Über Resistenz- und Herrschaftsverhalten in ländlichen Sozialgebilden der Frühen Neuzeit. Hrsg. v. Jan Peters. (Veröffentlichungen des Max-Plancks-Institut für Geschichte, Bd. 120.) Göttingen 1995; *Heinrich Kaak*, Die Gutsherrschaft. Theoriegeschichtliche Untersuchungen zum ostelbischen Agrarwesen. (Veröffentlichungen der Historischen Kommission zu Berlin 79.) Berlin 1991.

3 *František Palacký*, Dějiny národu českého v Čechách a v Moravě. [Geschichte des tschechischen Volkes in Böhmen und Mähren.] Bd. 5. 6. Aufl. Prag 1906, 143–169.

4 *Alois Míka*, Poddaný lid v Čechách v 1. polovině 16. století. [Die untertänige Bevölkerung in Böhmen in der 1. Hälfte des 16. Jahrhunderts.] Prag 1960, 227–281.

Jahrhunderts im Durchschnitt 70–95% aus.[5] Das alles sind Entwicklungstendenzen, die auch für das Gebiet der ostelbischen Gutswirtschaft typisch waren. Trotz solcher übereinstimmenden Entwicklungszüge des Großgrundbesitzes in den böhmischen Ländern einerseits und der ostelbischen Gutsherrschaft andererseits kommen in mancher Hinsicht auch ausgeprägte Differenzen ans Licht. Deshalb wurde in der tschechischen historischen Literatur der herkömmliche Terminus „Gutsherrschaft" nicht aufgenommen und dieses Wort hat auch kein tschechisches Äquivalent.[6]

In der Zeit bis zum Jahre 1620 existierten zwar in Böhmen und Mähren ziemlich harte, die Stellung der Untertanen bestimmende Normen, die tatsächliche Stellung der Untertanen war jedoch verhältnismäßig günstig: Es gab eine wenig begrenzte Bewegungsfreiheit der Dorfbevölkerung und einen relativ geringen Umfang der Untertanenpflichten.[7] Während der Agrarkonjunktur des 16. Jahrhunderts umfaßte der Anteil der Feudallasten und Steuern am bäuerlichen Einkommen ungefähr 5–10%.[8] Der Frondienst betrug regelmäßig 2–5 Tage pro Jahr, ausnahmsweise 12 Tage pro Jahr.[9] In der 2. Hälfte des 16. Jahrhunderts sind die ersten Versuche zu verzeichnen, die Lohnarbeit auf dem Großgrundbesitz durch neue Frondienste der Untertanen zu ersetzen, aber diese Tendenz setzte sich kaum durch.

Die Produktion des adeligen Großgrundbesitzes wirkte auf dem Markt im dynamischen Gleichgewicht mit der Produktion der freien königlichen Städte sowie mit der Marktproduktion der Untertanen.[10] Für den Markt produzierte vor allem die große und mittlere

5 *Václav Ledvinka,* Rozmach feudálního velkostatku, jeho struktutrální proměny a role v ekonomice českých zemí v předbělohorském období [Der Aufschwung des feudalen Großgrundbesitzes, seine strukturellen Veränderungen und die Rolle in der Wirtschaft der böhmischen Länder in der Zeit vor der Schlacht am Weißen Berge], in: FHB 11, Prag 1987, 103–132.

6 Die Schlüsselstellung hat in der tschechischen Forschung der Begriff *„velkostatek"* [Großgrundbesitz]. Wenn die Produktionstätigkeit in ihrem Umfang der Wirtschaftsform entspricht, die im Deutschen als „Grundherrschaft" bezeichnet wird (mit einem Übergewicht der Abgaben und Zahlungen der Untertanen über den herrschaftlichen Eigenbetrieb usw.), benutzt man im Tschechischen den Terminus der *„rentovní velkostatek"* (das Wort „rentovní" hängt mit dem Wort „renta", die Rente, zusammen). Wenn es sich um einen Betrieb handelt, wo der herrschaftliche Eigenbetrieb die Zahlungen der Untertanen überwiegt, benutzt man im Tschechischen das Wort der *„režijní velkostatek"*. Das Wort „režijní" hängt mit dem Terminus „režie" (= die Regie) zusammen und zeigt, daß die Obrigkeit in eigener Regie wirtschaftet. Dieser zweite Begriff hat eine nahe Verwandtschaft zum deutschen Ausdruck „Gutsherrschaft" und nähert sich diesem Ausdruck besonders bei der Betrachtung der Entwicklungen im 17. und 18. Jahrhundert.

7 Dazu siehe vor allem *Miroslav Hroch/Josef Petráň,* Die Länder der böhmischen Krone 1350–1650, in: Europäische Wirtschafts- und Sozialgeschichte vom ausgehenden Mittelalter bis zur Mitte des 17. Jahrhunderts. Hrsg. v. Hermann Kellenbenz. (Handbuch der europäischen Wirtschafts- und Sozialgeschichte, Bd. 3.) Stuttgart 1986, 968–1005. Hier auch eine Auswahl der wichtigsten Fachliteratur.

8 *Antonín Kostlán,* K rozsahu poddanských povinností od 15. do první poloviny 17. století ve světle odhadů a cen feudální držby [Zum Umfang der Untertanenpflichten vom 15. Jahrhundert bis zur 1. Hälfte des 17. Jahrhunderts im Lichte der Schätzungen und Preise des Feudalbesitzes], in: FHB 10, Prag 1986, 205–248.

9 Dazu *Josef Petráň,* Poddaný lid v Čechách na prahu třicetileté války. [Die untertänige Bevölkerung in Böhmen an der Schwelle des Dreißigjährigen Krieges.] Prag 1964.

10 *Petráň,* Poddaný lid (wie Anm. 9); *Eduard Maur,* Geneze a specifické rysy pozdněfeudálního velkostatku. [Genesis sowie spezifische Charakterzüge des spätfeudalen Großgrundbesitzes], in: Pro-

Bauernwirtschaft, aber das Leben auf den Lande war durch die Geld- und Warenbeziehungen im gleichen Maße wie in der Stadt geprägt. So wechselten z.B. die bäuerlichen Wirtschaften fast ausschließlich durch Verkauf den Besitzer, und zwar auch im Rahmen einer Familie.[11] Die Frequenz dieser Verkäufe war sehr hoch: ein Bauer hatte eine Wirtschaft durchschnittlich ungefähr 10 Jahre in Besitz, dann zog er meistens in eine andere Herrschaft oder in die Stadt um. In solcher Situation ist es fast unmöglich, von den an die Scholle gebundenen Bauern zu sprechen.

Im und nach dem Dreißigjährigen Krieg beeinflußte eine ganze Reihe von negativen Erscheinungen die Tätigkeit des Großgrundbesitzes und seine Beziehungen zu den Untertanen.[12] In der Periode der Agrardepression des 17. Jahrhunderts und des für diese Zeit charakteristischen demographischen Rückgangs war die Tätigkeit des auf Lohnarbeit und Markt orientierten adeligen Großgrundbesitzes nicht mehr möglich. Dem Mangel an Arbeitskräften im Großgrundbesitz wurde um die Mitte des 17. Jahrhunderts vor allem durch den Übergang zur Fronarbeit und zur damit verbundenen engeren persönlichen Abhängigkeit der Untertanen entgegengewirkt. Diese Abhängigkeit wird als „nevolnictví" in der tschechischen und als „Leibeigenschaft" in der deutschen Forschung bezeichnet.[13]

In der Fachliteratur wird geschätzt, daß der Gesamtumfang der Fronverpflichtungen der Untertanen etwa 30–40 mal größer war als im 16. Jahrhundert.[14] Dort, wo vor dem Dreißigjährigen Krieg die Robot zwei oder drei Tage im Jahr ausmachte, waren es in der

měny feudální třídy v Čechách v pozdním feudalismu. [Die Verwandlungen der feudalen Klasse in Böhmen im Spätfeudalismus.] Hrsg. v. Josef Petráň. (AUC, Philosophica et historica 1976/1 = Studia historica, Bd. 14.) Prag 1976, 229–235.

11 Zu dieser Problematik *Vladimír Procházka,* Česká poddanská nemovitost v pozemkových knihách 16.–17. století. [Die tschechische Untertanenliegenschaft in den Grundbüchern des 16.–17. Jahrhunderts.] Prag 1963.

12 Zu dieser Periode siehe vor allem *Maur,* Geneze a specifické rysy (wie Anm. 10), 235–258; *ders.,* Vývojové etapy českého feudálního velkostatku v období přechodu od feudalismu ke kapitalismu [Entwicklungsperioden des böhmischen feudalen Großgrundbesitzes in der Zeit des Übergangs von Feudalismus zum Kapitalismus], in: Hospodářské dějiny 7, Prag 1981, 203–226; *Josef Válka,* Le grand domaine féodal en Boheme et en Moravie de 16e au 18 siècle. Un type d économie parasitaire, in: Hospodářské dějiny 10, 1982, 141–179; *Arnošt Klíma,* Die Länder der böhmischen Krone 1648–1850, in: Europäische Wirtschafts- und Sozialgeschichte von der Mitte des 17. Jahrhunderts bis zur Mitte des 19. Jahrhunderts. Hrsg. v. Ilja Mieck. (Handbuch der europäischen Wirtschafts- und Sozialgeschichte, Bd. 4.) Stuttgart 1993, 688–719. Eine Forschungsübersicht bringt *Jiří Mikulec,* Dějiny venkovského poddanského lidu v 17. a 18. století a česká historiografie posledních dvaceti let [Die Geschichte der untertänigen Landesbevölkerung im 17. und 18. Jahrhundert und die tschechische Historiographie in den letzten zwanzig Jahren], in: CCH 88, Prag 1990, 119–130.

13 Zu den Diskussionen, ob es möglich ist, diese Abhängigkeit in den böhmischen Ländern der Frühen Neuzeit als „Leibeigenschaft" oder sog. „zweite Leibeigenschaft" zu bezeichnen, siehe *Eduard Maur,* Vrchnosti a poddaní za třicetileté války [Obrigkeiten und Untertanen im Dreißigjährigen Krieg], in: FHB 8, Prag 1985, 241–264; *Josef Válka,* „Zrušení nevolnictví" roku 1781. Termín a skutečnost „nevolnictví" v dějinách a historiografii [„Die Aufhebung der Leibeigenschaft". Termin und Wirklichkeit der „Leibeigenschaft" in der Geschichte und in der Historiographie], in: Jižní Morava 17, Brünn 1981, 110–121.

14 *Emanuel Janoušek,* Historický vývoj produktivity práce v zemědělství v období předbělohorském. [Historische Entwicklung der Arbeitsproduktivität in der Landwirtschaft in der Zeit nach der Schlacht am Weißen Berg.] Prag 1967, 29–38.

2. Hälfte des 17. und im 18. Jahrhundert üblicherweise ein, zwei oder mehrere Tage pro Woche. Der Anteil der Feudallasten und Steuern am bäuerlichen Einkommen betrug – so Josef Pekař – ungefähr 70–80 %, das heißt, er war mindestens 7–8 mal höher als im 16. Jahrhundert.[15] Solche Veränderungen begleiteten untrennbar die Einschränkungen der Untertanenfreiheit und eine Verzögerung von Veräußerungen der Untertanenliegenschaften. Im Laufe des Krieges und nach dem Krieg begann sich der sog. „uneingekaufte", das heißt unerbliche lassitische Besitz, massenhaft durchzusetzen.[16] Erst die neue Agrarkonjunktur am Ausgang des 17. und im Laufe des 18. Jahrhunderts brachte eine gewisse Verbesserung. Der böhmische Bauer blieb auch in dieser Periode einer der bedeutendsten Getreidelieferanten für den Markt und sein Wohlstand wuchs auch trotz bereits erwähnter Untertanenverhältnisse.[17]

Die Veränderungen der Untertanenverhältnisse im Zeitraum nach dem Dreißigjährigen Krieg hatten eine Reihe von Bauernaufständen ausgelöst.[18] Zu den größten Bauernaufständen in Böhmen gehörten die der Jahre 1680 und 1775. In beträchtlichem Maße waren diese Unruhen auch eine Äußerung des zunehmenden Selbstbewußtseins der größeren und privilegierten Bauern. Die Aufstände beunruhigten die Staatsorgane und bewogen den Staat, in die Beziehungen zwischen Untertanen und Obrigkeit einzugreifen. Seit dem Jahre 1680 begann die Wiener Regierung mittels ihrer böhmischen und mährischen statthalterischen Organe, Rechtsnormen zu erlassen, welche die Untertanenfrage regelten. Es wurde versucht, einheitlich ein höchstzulässiges Ausmaß von Untertanenbelastung festzulegen (3 Tage Robot in der Woche) und die rechtmäßige Lösung von Streitfällen zwischen den Untertanen und ihrer Obrigkeit zu vereinfachen.[19] Es wurden aber auch die Befugnisse von Herrschaften im Staatsverwaltungssystem erweitert.

15 *Josef Pekař*, Kniha o Kosti. Kus české historie. [Buch über Schloß und Herrschaft Kost. Ein Stück aus der böhmischen Geschichte.] 4. Aufl. Prag 1970, 279–335. Pekařs Meinung nach bildeten Steuern einen größeren Teil dieser Summe.

16 Dank der sorgfältigen Forschung von J. Tlapák wissen wir heute, daß die Verbreitung dieser Form hauptsächlich durch den Rückgang der Zahlungsfähigkeit der Untertanen im 17. und 18. Jahrhundert verursacht wurde. Siehe *Josef Tlapák*, K některým otázkám poddanské nezákupní držby v Čechách v 16.–18. století [Zu einigen Fragen des uneingekauften Rustikalbesitzes in Böhmen im 16.–18. Jahrhundert], in: PHS 19, 1975, 177–209.

17 Zu dieser Problematik: *Josef Petráň* (Hrsg.), Problémy cen, mezd a materiálních podmínek života od 16. do poloviny 19. století. [Die Probleme der Preise, Löhne und materiellen Lebensbedingungen vom 16. bis in die Mitte des 19. Jahrhunderts.] (AUC – Philosophica et historica 1/1971 = Studia historica, Bd. 5.) Prag 1971; *Josef Petráň* (Hrsg.), Problémy cen, mezd a materiálních podmínek života lidu v Čechách v 17.–19. století II. [Die Probleme der Preise, Löhne und materiellen Lebensbedingungen in Böhmen vom 17.–19. Jahrhundert II.] (AUC - Philosophica et historica 3/1977 = Studia historica, Bd. 17.) Prag 1977; *Josef Petráň*, Rayons marchands et débuts de la formation du marché du pays en Boheme, in: Historica 24, Prag 1984, 241–267.

18 Aus der zahlreichen Literatur zu dieser Problematik siehe vor allem: *Jindřich Obršlík/Josef Petráň/Miroslav Toegel* (Hrsg.), Prameny k nevolnickému povstání v Čechách a na Moravě v roce 1775. [Die Quellen zum Leibeigenenaufstand in Böhmen und Mähren im Jahre 1775.] Prag 1975; *Josef Petráň*, Nevolnické povstání 1775. Prologomena edice pramenů. [Der Leibeigenenaufstand 1775. Prologomena zur Quellenedition.] Prag 1972.

19 Dazu *Karel Hoch*, Čechy na prahu modrního hospodářství. [Böhmen an der Schwelle der modernen Wirtschaft.] Prag 1936; *Georg Zwanowetz*, Der österreichische Merkantilismus bis zum Jahr 1740, in: Die Wirtschaftsgeschichte Österreichs, Wien 1971, 87–104; *Gustav Otruba*, Wirtschaft und Wirt-

Die größere Abhängigkeit der Untertanen in der Barockzeit können wir uns aber nicht als rein ökonomische oder ökonomisch-juristische Größe vorstellen. Dazu schrieb im Jahre 1978 R. Evans: „Die Bedeutung lag in der aufgezwungenen Autorität der Herrschaft, einem sowohl konkreten als auch abstrakten Begriff, der zugleich die traditionelle Einheit des ländlichen Gefüges wie auch eine Theorie der Gegenseitigkeit bezeichnete."[20] Eine solche Auffassung steht in einem gewissen Widerspruch zu der Gleichung Herrschaft (tschechisch „*panství*") = Territorium = wirtschaftliche Einheit, mit der normalerweise tschechische Wirtschaftshistoriker arbeiten. Dieser Widerspruch ist nicht neu und äußerte sich immer in einer beträchtlichen Spannung und Abneigung zwischen der Wirtschaftsgeschichte einerseits und der Kunst- und literaturhistorischen Barockforschung andererseits. In dieser Forschung denkt man nämlich vor allem an die Architektur des böhmischen rustikalen Barocks, an das Entstehen der modernen kultivierten Landschaft und an das rege nachbarschaftliche Leben in Dörfern und landwirtschaftlichen Kleinstädten mit der hochentwickelten musikalischen und literarischen Kultur, welche die tschechische nationale Wiedergeburt des 19. Jahrhunderts vorzeichnete.[21] Nur wenige Autoren vermochten diesen Widerspruch zu überwinden; von den älteren J. Pekař[22] oder Z. Kalista[23], in der heutigen Forschung z.B. J. Válka[24] oder J. Mikulec[25].

Die Herrschaft wurde also „zwar allmählich, doch radikal zu einer Summe hierarchisch geordneter Beziehungen zwischen Herrscher und Beherrschten in eng begrenzten und geregelten örtlichen Gemeinschaften umgestaltet".[26] Zur Analyse solcher Beziehungen ist eine gute

schaftspolitik im Zeitalter des aufgeklärten Absolutismus, in: ebd., 105–131; *Peter Georg Muir Gordon,* Finance and Government under Maria Theresia, 1740–1780. Vol. I. Oxford 1987, 115–139.

20 *Robert J. W. Evans,* Das Werden der Habsburgermonarchie 1550–1700: Gesellschaft, Kultur, Institutionen. Wien/Köln 1989, 80. Die englische Originalausgabe erschien 1979.

21 Dazu siehe z.B.: Kultura baroka v Čechách a na Moravě. Sborník příspěvků z pracovního zasedání 5. 3. 1991. [Die Barockkultur in den Böhmischen Ländern. Beiträge der Arbeitstagung in Prag gehaltenen am 5. 3. 1991]. Hrsg. v. Zdeněk Hojda. Prag 1992.

22 Siehe vor allem *Pekař,* Kniha o Kosti (wie Anm. 15); *ders.,* České katastry 1654–1789. [Die böhmischen Kataster 1654–1789.] Prag 1932. Eine Analyse Pekař's Ansichten und Methoden bringt *Zdeněk Kalista,* Josef Pekař. Prag 1994.

23 *Zdeněk Kalista,* Mládí Humprechta Jana Černína z Chudenic. Zrození barokního kavalíra. [Jugendjahre des Humprecht Johann Černíns von Chudenice. Entstehung eines Barockkavaliers.] Prag 1932; *ders.,* České baroko. Studie, texty, poznámky. [Das böhmische Barock. Studien, Texte, Bemerkungen.] Prag 1941; *ders.,* Století andělů a ďáblů. Jihočeský barok. [Das Zeitalter der Engel und Teufel. Barock in Südböhmen.] Prag 1994.

24 Siehe vor allem *Josef Válka,* Česká společnost v 15.–18. století. [Die böhmische Gesellschaft im 15.–18. Jahrhundert.]; Bd. II: Bělohorská doba. [Die Zeit der Schlacht am Weißen Berg.] Prag 1983.

25 *Jiří Mikulec,* Návrh na úpravu poddanských poměrů v českých zemích z konce 17. století a jeho společenské, politické a vojenské aspekty [Ein Vorschlag zur Regelung der Untertänigkeitsverhältnisse in den böhmischen Ländern aus dem ausgehenden 17. Jahrhundert und seine gesellschaftlichen, politischen und militärischen Aspekte], in: FHB 11, Prag 1990, 257–299; *ders.,* Obraz poddaného venkovského obyvatelstva v české barokní homiletice [Das Bild der untertänigen Landbevölkerung in der barocken Homiletik Böhmens], in: Pocta Josefu Petráňovi. Sborník prací z českých dějin k 60. narozeninám prof. dr. Josefa Petráně. [Beiträge zur Geschichte der böhmischen Länder. Festschrift für Prof. Dr. Josef Petráň zum 60. Geburtstag.] Hrsg. v. Zdeněk Beneš/Eduard Maur/Jaroslav Pánek. Prag 1991, 367–384; *ders.,* Poddanská otázka v barokních Čechách. [Die Untertanenfrage im barocken Böhmen.] Prag 1993.

26 *Evans,* Das Werden der Habsburgermonarchie (wie Anm. 20), 80.

Quelle vorhanden: es sind die Untertanenordnungen, die wir für manche böhmische und mährische Herrschaft der Frühen Neuzeit zur Verfügung haben. Diese Ordnungen hatte man vor allem für Quellen zur Untersuchung des Wirtschaftslebens gehalten, und V. Černý hat seine Materialstudie aus dem Jahre 1930 über sie direkt „Wirtschaftsinstruktionen" genannt.[27] Die die wirtschaftlichen Ereignisse nicht referierenden Absätze wurden oft als bloße Ergänzung und Produkt der leeren humanistischen oder barocken Rhetorik bezeichnet. Dabei stellen uns ausgerechnet diese Untertanenordnungen in einer Gesamtheit die Welt vor, an die sowohl die Obrigkeiten als auch die Untertanen glaubten, und in welcher der Untertan auch weiterhin angeleitet werden sollte.

Die Wertehierarchie wurde hier durch die Reihenfolge bestimmt, welche z.B. in der Gerichtsordnung für die Herrschaft Police/Politz zu Beginn des 18. Jahrhunderts wie folgt festgeschrieben war: „Es sind Sünden 1. gegen Gott, 2. gegen die Obrigkeit, 3. gegen jemand anderen in der Gemeinde."[28] Gleich der erste Punkt der Untertanenordnung der Herrschaft Nové Zámky/Neuschloß bei Česká Lípa/Böhmisch-Leipa aus dem Jahre 1715 besagte: „Damit ein jeglicher Unterthan, den göttlichen als Kirchengesetzten nach ein fromm- und tugendsames Leben führe, alle Sünden und Laster meide, auch anderen verbotenen Sachen sich gänzlich enthalte, die Kinder zu allen Guten ziehe, selbe auch gütlich zur Schule und Kinderlehr anhalte, widrigenfals derselbe eine Kirchenstraf zu gewärtigen haben wird." Anschließend folgen obligatorische Verbote der „Gotteslästerung als Schelten und Fluchen" und des „Karten- und Würfelspiels".[29] In anderen Untertanenordnungen ist der Katalog der „Sünden gegen Gott" noch breiter und es sind außerdem vor allem Trunkenheit, Unzucht, Ehebruch, Verbindung mit schlechten Leuten, Spiele und Tanz einbezogen. Das waren alles die Bereiche, in denen die Obrigkeiten willig waren, neben den Staats- und Kircheninstitutionen ihre Untertanen der sozialen Disziplinierung zu unterwerfen.

Mit dieser Warnung knüpfen die barocken Untertanenordnungen an die traditionelle christliche Kritik an, die schon von mittelalterlichen moralisierenden Predigern vorgetragen wurde. Die weiteren Bestimmungen der Untertanenordnungen schlossen an die polizei- und strafrechtliche Gesetzgebung des 16. Jahrhunderts an: die Verpflichtung von Untertanen, die gesuchten Verbrecher zu verfolgen, Feuerschutzvorschriften, Durchsetzung von einheitlichen Landesmaßen und Gewichten u.a.[30] Einige von diesen Vorschriften betrafen die Untertanen unmittelbar, so z.B. das Verbot, ein Gewehr zu tragen oder eine Verordnung gegen die Pracht der Untertanenbekleidung, die mehrmals schon im 16. Jahrhundert auch der böhmische Landtag beschloß. Dazu gehörten die Artikel, in denen die Obrigkeit ihre paternalistische Sorge um die eigene Untertanenwirtschaft zum Ausdruck bringt. So untersagte die königliche Stadt Polička z. B. im Jahre 1719 ihren Untertanen, mehr als 6 Meißner Schock betragende Schulden zu haben.[31] Des weiteren gab es oft Sorgen, die Prosperität von Untertanen-

27 *Václav Černý*, Hospodářské instrukce. [Die Wirtschaftsinstruktionen.] Prag 1930. Eine ältere Edition dieser Quellen bringt *Josef Kalousek*, Řády selské a instrukce hospodářské. [Die Bauernordnungen und die Wirtschaftsinstruktionen.] (ArC, Bd. 22–25 und 29.) Prag 1905–1913.

28 Es sind sog. „Dreidingspuncta vor die Politzer Dorsassen". Dazu: *Josef Kalousek*, Řády selské a instrukce hospodářské. (ArC, Bd. 24.) Prag 1908, 17.

29 Ebd., 72.

30 Dazu *Procházka*, Česká poddanská nemovitost (wie Anm. 11), 177–283; *Karel Malý*, Trestní právo v Čechách v 15.–16. století. [Das Strafrecht im böhmischen Staate im 15.–16. Jahrhundert.] Prag 1979, 75–111.

31 *Josef Kalousek*, Řády selské a instrukce hospodářské. (ArC, Bd. 24.) Prag 1908, 121–134.

wirtschaften durch Realteilungen oder durch zu große Unterhaltsverpflichtungen gegenüber dem vorherigen Wirt zu gefährden. Zu solchen Maßnahmen läßt sich auch das Arbeitsverbot an den Sonn- und Feiertagen zuordnen, das neben seinem religiösen Aspekt auch die Sorge um die genügende Regeneration der untertänigen Arbeitskräfte enthielt.

Der moralische und pragmatische Kern der Untertanenordnungen knüpfte also auch in der Zeit nach der Schlacht am Weißen Berge an eine alte Tradition an. Das gilt auch für die Normen gegen den freien Abzug der Untertanen: Diese Regeln entstanden meistens im Spätmittelalter und wurden nur mit kleinen Variationen in die späteren Jahrhunderte übertragen.[32] Eine große Ausnahme bildeten nur die Bestimmungen über die Pflichtteilnahme an katholischen Kirchenfesten und über die obligatorische Osterbeichte in der katholischen Kirche, welche in böhmischen Untertanenordnungen nach dem Jahre 1620 neu erschienen. Im Gegensatz zu Deutschland, wo der Obrigkeit das Recht, über die Konfession ihrer Untertanen zu entscheiden, schon durch den Augsburger Religionsfrieden von 1555 zustand, war in Böhmen und teilweise auch in Mähren bis zum Dreißigjährigen Krieg der Grundsatz des Kuttenberger Religionsfriedens aus dem Jahre 1485 in Kraft. Nach diesem war jeder Untertan berechtigt, über seine Religion selbst zu entscheiden. Die Konfessionalisierung setzte sich auf dem böhmischen Lande erst bei der Rekatholisierungskampagne in den 1620er Jahren völlig durch.[33]

Zum Schluß eine kleine Bilanz: Die Grundlagen der Gutsherrschaft wurden im östlichen Deutschland und im ostmitteleuropäischen Raum - so W. Rösener - in der Krisenzeit des Spätmittelalters gelegt.[34] Beziehen wir Böhmen und Mähren in das Gebiet der Ausdehnung der Gutsherrschaft ein, scheint aber diese Datierung - wenn man den Grenzcharakter dieser Regionen in Betracht zieht - nur teilweise gültig. Es ist wahr, daß aus dieser Zeit die Rechts- und Verhaltensnormen stammen, die das soziale Ordnungssystem zwischen Untertanen und Obrigkeiten in Böhmen und Mähren vom 16.–18. Jahrhundert bestimmten. Bis zum Dreißigjährigen Krieg gehörten aber diese Normen noch kaum in die Sphäre der Realität: es war eine allseitig anerkannte Möglichkeit, aber noch keine Wirklichkeit.

Im Vergleich mit der Entwicklung in den westeuropäischen Ländern ist vor allem die Tatsache zu erklären, warum das große Ausmaß von Fronleistungen und die während und unmittelbar nach dem Dreißigjährigen Krieg entstandenen leibeigenen Formen der Abhängigkeit in den böhmischen Ländern auch die folgende Agrarkonjunktur überdauerten; das heißt, warum diese durch den ökonomischen Druck erzwungenen und vorübergehenden Maßnahmen, die ursprünglich nur eine Folge der Kriegs- und Krisenentwicklung der ersten Hälfte des 17. Jahrhunderts darstellten, dann einen integralen Bestandteil des sozialen Ordnungssystems des Barockzeitalters bildeten.

32 *Kamil Krofta*, Dějiny selského stavu. [Geschichte des Bauernstandes.] 2. Aufl. Prag 1949, 98–113.

33 Zur religiösen Entwicklung in den böhmischen Ländern *Winfried Eberhard*, Konfessionsbildung und Stände in Böhmen, 1478–1530. München/Wien 1981; *ders.*, Monarchie und Widerstand. Zur ständischen Oppositionsbildung im Herrschaftssystem Ferdinand I. in Böhmen. München 1985; *ders.*, The Political System and the Intellectual Traditions of the Bohemian Ständestat from the Thirteenth to the Sixteenth Century, in: Crown, Church and Estates. Central European Politics in the Sixteenth and Seventeenth Centuries. Hrsg. v. Robert J. W. Evans/T. V. Thomas. Houndmills/London 1991, 23–47; *Jaroslav Pánek*, The Religious Question and the Political System of Bohemia before and after the Battle of the White Mountain, in: Crown, Church and Estates, 129–148.

34 *Werner Rösener*, Peasants in the Middle Ages. Cambridge 1992, 270. Ähnlich auch in den späteren Arbeiten dieses Verfassers.

TÜNDE LENGYELOVÁ

Oppida – Marktflecken als Zentren von Gutsherrschaften in Ungarn. Konflikte zwischen Grundherr und Bürgern und der Aufstand der Frauen in Prievidza

Die Oppida (Marktflecken) waren ein wichtiges Grundelement der Besiedlung des Landes. Trotzdem widmeten die Forscher dieser Problematik nur geringe Aufmerksamkeit, bisher sind weder eine Monographie noch eine umfassende Studie hierzu erschienen. Eine bessere Situation ist in der ungarischen Fachliteratur zu verzeichnen, deren Ergebnisse auch für die slowakischen Verhältnisse appliziert werden können, da während der tausendjährigen Zugehörigkeit zu Ungarn derselbe Rechtszustand herrschte, die dennoch bestehenden Unterschiede hatten regionale oder nationale Wurzeln.

Für die Beherrschung der ungarischen Marktfleckenproblematik ist es nötig, zwei Bestandteile gut zu kennen: die Geschichte der Städte und der Untertänigkeit. Wie in der slowakischen, so wurden auch in der ungarischen Literatur diese zwei Probleme schon gut beschrieben, es wurden mehrere Sammelbände und Monographien hierzu herausgegeben.[1]

Die Grundfragen zur Entstehung und Entwicklung der Oppida wurden von E. Mályusz[2] formuliert und von V. Bácskai[3] erforscht. Die rechtliche Lage, vor allem der kirchlichen Oppida, wurde von A. Csizmadia beschrieben.[4] Die neueste Gesamtdarstellung über die

1 Zur Auswertung der älteren ungarischen und slowakischen Historiographie (mit Bibliographie) siehe: *Alžbeta Gácsová*, Historická literatúra o dejinách miest na Slovensku z feudalizmu. (Historische Literatur über die Stadtgeschichtsschreibung in der Slowakei im Feudalismus.) in: Historický časopis 9, 1961, 378–396; *Richard Marsina*, Bádanie o dejinách stredovekých miest na Slovensku. (Die Forschung der Stadtgeschichtsschreibung im Mittelalter in der Slowakei.), in: Historický časopis 20, 1972, 187–204. Zu der Problematik der Untertänigkeit: *Acsádi Ignác*, A magyar jobbágyság története. (Die Geschichte der ungarischen Untertänigkeit.) Budapest 1950; *Szabó István*, Tanulmányok a magyar parasztság történetéböl. (Studien aus der Geschichte der ungarischen Bauern.) Budapest 1948; *Varga János*, Jobbágyrendszer a magyarországi feudalizmus kései századaiban 1556–1767. (Die Untertänigkeit im Ungarn des Spätfeudalismus.) Budapest 1969; *Pavel Horváth*, Poddaný ľud na Slovensku v prvej polovici XVIII. storočia. (Das untertänige Volk in der Slowakei in der ersten Hälfte des 18. Jh.) Bratislava 1963.

2 *Mályusz Elemér*, A mezövárosi fejlödés. (Die Entwicklung der Marktflecken.) in: Tanulmányok a parasztság történetéhez Magyarországon a 14. században. Budapest 1953, 128–181.

3 *Bácskai Vera*, Magyar mezövárosok a XV. században. (Ungarische Marktflecken im 15. Jh.) Budapest 1965.

4 *Csizmadia Andor*, Az egyházi mezövárosok jogi helyzete és küzdelmük a felszabadulásért a XVIII. században. (Die rechtliche Lage der kirchlichen Marktflecken.) Budapest 1962.

Entwicklung der Oppida in der Periode des späteren Feudalismus stammt von B. Pálmány.[5] In der slowakischen Literatur verdienen die Studien von A. Špiesz besondere Aufmerksamkeit.[6]

Auf dem Gebiet der heutigen Slowakei entstanden während der Jahrhunderte des Feudalismus mehr als 200 Oppida, in denen nach Schätzungen ungefähr 20 % der gesamten Bevölkerung lebten. Bis heute kann man aber keine klare Antwort auf die Frage geben, was eigentlich diese Oppida waren. Bis zum 15. Jahrhundert bedeutete Oppidum eine größere, stadtähnliche, jedoch unbefestigte Gemeinde, später im verfassungsrechtlichen Sinn eine privilegierte Siedlung unter grundherrschaftlicher Jurisdiktion. Im ungarischen Recht war das Oppidum nicht kodifiziert, es hatte keine festgesetzten Attribute, wie zum Beispiel die freien königlichen Städte. Die Oppida auf dem Gebiet der heutigen Slowakei können in drei Gruppen eingeteilt werden, und zwar in die königlichen (ärarischen), kirchlichen und grundherrschaftlichen. Die ärarischen Oppida waren in einer besseren Lage, gewöhnlich verfügten sie über mehr Freiheiten und genossen eine größere Autonomie als die kirchlichen oder grundherrschaftlichen Oppida. Auf der anderen Seite lebten sie in ständiger Gefahr der Donation an einen weltlichen oder auch kirchlichen Herren, was in den meisten Fällen den Verlust der privilegierten Stellung bedeutete.

Obwohl die Entwicklung der ersten Oppida gleichzeitig mit der Entwicklung der Städte verlief, das heißt schon in der zweiten Hälfte des 13. Jahrhunderts, begann der größte Aufschwung am Anfang des 15. Jahrhunderts mit einem Höhepunkt in den Jahren 1460–1470. Die Ernennung von Dörfern zu Oppida ist, mit sinkender Tendenz, bis in das 18. Jahrhundert nachweisbar.

Das Hauptproblem bei der Erforschung der ungarischen Oppida bildet die Tatsache, daß es große Unterschiede zwischen einzelnen Orten gibt. Im 16. Jahrhundert finden wir unter dem Begriff Oppidum sowohl Städte, die in der Vergangenheit gleiche Privilegien erworben hatten, als auch die freien königlichen Städte, die durch wirtschaftlichen Untergang, öfter noch durch Donation an einen privaten Herren, ihre Privilegien verloren und zu Oppida herabsanken. Die Unterbrechung der direkten Beziehungen der Ortschaft zum König war in einigen Fällen Ursache für jahrhundertelange Rechtsstreitigkeiten zwischen den Herren und den Bürgern über die Bewahrung des Bürgerrechtes. Nur selten gelang es den Bürgern, den Streit zu ihren Gunsten zu beenden.

Andere Lokalitäten brüsteten sich mit dem Titel „Oppidum“, hatten aber kaum die Merkmale eines Marktfleckens. Es handelte sich dabei zumeist um Dörfer, die über einen

5 *Pálmány Béla:* Városok, mezövárosok és hetivásárok Magyarországon (1686–1870), (Die Städte, Marktflecken und Jahrmärkte in Ungarn.) in: Magyar mezögazdasági múzeum közleményei 1990–1991, Budapest 1991; *dies.*, Szempontok a magyarországi mezövárosok típusaihoz az úrbérrendezéstöl a jobbágyfelszabadítás befejezéséig (1767–1870). (Typen der ungarischen Marktflecken bis zur Befreiung von der Untertänigkeit.) in: Mezöváros-kisváros. Debrecen 1995.

6 *Anton Špiesz,* O kritériách mestskosti na Slovensku v období neskorého feudalizmu. (Kriterien der Städtlichkeit in der Zeit des späten Feudalismus.) in: Historicky časopis 20, 1972, 503–520; *dies.*, Hospodársko-spoločenské pomery v zemepanských mestách a mestečkách na Slovensku v čase urbárskej regulácie Márie Terézie. (Die gesellschaftliche und wirtschaftliche Lage der Marktflecken bis zu der urbarialen Regulation von Maria Theresia.) in: Historický časopis 23, 1975, 567–600; *dies.*, Vplyv trhov na rozvoj miest na Slovensku v období neskorého feudalizmu (Die Bedeutung der Märkte für die Entwicklung der Städte im Zeitalter des Spätfeudalismus.), in: Historicky časopis 25, 1977, 521–530 u.a.

lokalen Wochenmarkt, nicht aber über ein Privileg für Jahrmärkte oder eine zentrale Stellung im Rahmen der Herrschaft verfügten und darüber hinaus natürlich eine sehr schwache wirtschaftliche Bedeutung hatten.

1. Das Phänomen des ungarischen Oppidums

Zu den wichtigsten Kennzeichen eines Oppidums gehörten die Verwaltung und das damit eng verbundene Gerichtswesen. Bei der Wahl des Richters und der Geschworenen können wir das Maß der Abhängigkeit des Oppidums vom Grundherren beurteilen. Die Wahl fand gewöhnlich einmal jährlich am Sankt Georgstag oder am Neujahrstag statt. Dort, wo die Bürger des Oppidums selbst den Kandidaten vorgeschlagen hatten und dann den gewählten Richter nur dem Herren vorstellten, war die Lage des Oppidums ähnlich einer freien königlichen Stadt. Neben anderen Rechten genossen sie auch mehr Autonomie. Auf der anderen Seite standen solche Oppida, die bei der Wahl die Forderungen des Herren respektieren mußten und die Kandidaten nach seinem Wunsch aufstellten oder ihn zumindest konsultierten.

Zu den Pflichten des Richters zählte die Rechtsprechung. Hier gab es ebenfalls sehr große Unterschiede zwischen einzelnen Marktflecken. In den meisten konnte der Richter nur in Fällen des sog. niederen Gerichtswesens urteilen, die Kriminalfälle verhandelte der Herrenstuhl. So konnten der Richter und seine Ratsmänner in Fällen von Diebstahl, Rauferei, bei nachbarlichen Streitigkeiten und Erbschaftshändeln ihr Urteil fällen, aber wenn Blut vergossen wurde, gehörte der Fall vor den Herrenstuhl. Dieser hatte gewöhnlich seinen Sitz im Oppidum und die Rechtsprechung war nicht nur das Recht des Gutsherren, sondern auch seine Pflicht. Aus diesem Grunde beauftragte er seine Beamten mit dem Vorsitz des Herrenstuhls. Das Gericht des Oppidums durfte keine körperlichen Strafen ohne Verhör beider Seiten und ohne ein Vernehmungsprotokoll aussprechen. Ein Berufungsantrag gegen das Gericht des Oppidums mußte beim Herrenstuhl eingereicht werden.

Auf der anderen Seite gab es auch Oppida, die keine Einschränkung ihres Gerichtswesens aufwiesen und auch über das *ius gladii* verfügten. Es handelte sich dabei um die ehemaligen freien königlichen Städte, die einem Grundherren geschenkt worden waren, aber damit nicht sämtliche ihrer Rechte und Privilegien verloren hatten. Ein Beispiel bietet das „privilegiatum Regium Oppidum Santa Mariae“ Šamorín in der Nähe von Bratislava. In den Jahren 1405–1415 erhielt die Stadt mehrere Privilegien, und bis in die Mitte des 16. Jahrhunderts war sie ein lebhaftes Handelszentrum. Dann wurde der Handel durch den Einfall der Türken gefährdet, und das wirtschaftliche Leben begann zu verfallen. Im Jahre 1580 erwarb Nicolaus Pálffy die Stadt und seit diesem Jahr galt sie als ein Oppidum. Die Einwohner jedoch ließen sich ihre Rechte nicht nehmen und kämpften lange Jahre für deren Anerkennung. Dies gelang im Jahre 1689, als König Leopold I. die administrativen und gerichtlichen Privilegien der Stadt bestätigte. Daß die Stadt weiterhin das *„ius gladii“* ausübte, belegt z.B. ein großer Prozeß in den Jahren 1688–1692 mit 23 angeklagten Hexen, von denen eine zum Flammentod verurteilt wurde. Auch andere Oppida (z.B. Prievidza, Ružomberok u.a.) haben das *ius gladii* besessen, aber sie konnten es nicht anwenden.

Die meisten Oppida leisteten ihrem Grundherren die Abgaben in drei Formen, und zwar als Zins (*census*), als in Naturalien geleistete Geschenke (*munera*) und in Form von Frondiensten.

Viele Oppida kauften sich aus der Fronarbeit los. Es sind zahlreiche Kontrakte erhalten, in denen das Oppidum und der Herr das Lösegeld und andere Bedingungen vereinbart hatten. Mit der Befreiung von der Fronarbeit sicherten sich die Einwohner günstigere Bedingungen zur wirtschaftlichen Entwicklung, vor allem zur Ausübung von Handel und Gewerbe.

Die wirtschaftlich stärkeren, meist privilegierten Oppida hatten anstatt der drei Formen von Abgaben eine einheitliche, von der Zahl der Bauernhöfe unabhängige, feste Steuer zu bezahlen. Das war im Grunde genommen ein städtisches Sonderrecht, es oblag den Einwohnern, die Steuer unter sich zu verteilen. Diese für die Oppida günstige Lösung bildete den größten Vorteil auf ihrem Weg zur städtischen Lebensform.

2. Prievidza vor dem Konflikt

Zu den wichtigsten Marktflecken in der Slowakei gehörte zweifellos die Stadt Prievidza. Sie war eines der Zentren der Grundherrschaft Bojnice, die im mittelwestlichen Teil des Landes lag. Die Grundherrschaft besaß eine durchschnittliche Größe. Zu ihr gehörten außer 19 Gemeinden die drei Marktflecken (Oppida) Prievidza, Nitrianske Pravno und Bojnice. Bis zum Beginn des 16. Jahrhunderts gehörte die Grundherrschaft überwiegend dem Monarchen oder einem Angehörigen der königlichen Familie. Unter diesen Umständen hatte die Stadt Prievidza gute Entwicklungsbedingungen, da sie nur minimale Pflichten erfüllen mußte. Außer der Entrichtung des Zensus und der vorgeschriebenen Abgaben erbrachte sie keine Naturalabgaben, und die Einwohner leisteten keine Fronarbeit. Diese Rechte waren in einem Privileg verankert, das die Stadt von der Königin Maria 1383 erhalten hatte. Es war dies jedoch nicht das erste Privileg. Die Stadt war schon im ersten Drittel des 14. Jahrhunderts privilegiert worden. Das Privileg der Königin Maria entzog die Einwohner der Stadt nicht nur dem Rechtseinfluß der Kastellane der Bojnicer Grundherrschaft, sondern auch dem der königlichen Richter und Gespannschaften (Komitat). Die richterliche Gewalt gehörte dem jährlich frei gewählten Richter und dem Rat der Stadt, die Berufungsinstanz war die königliche Freistadt Krupina.[7] Wichtig waren die Bestimmungen, durch die die wirtschaftliche Entwicklung der Stadt garantiert wurde. So durfte hier eine beliebige Anzahl Handwerker arbeiten, die aus anderen Gegenden zuziehen und sich niederlassen konnten, wobei niemand die Bürger in ihrer Tätigkeit einschränken durfte. Mit dem Meilenrecht wurde der Stadt in ihrer Umgebung eine Monopolstellung im Fischfang, im Verkauf von Lebensmitteln, im Mühlenwesen und vor allem im Handel gesichert, da der Jahrmarkt nur in der Stadt stattfinden durfte. Die Bürger waren sich ihrer besonderen Stellung und der Vorteile, die ihnen aus den Privilegien erwuchsen, sehr wohl bewußt und achteten daher darauf, daß diese bei der Thronbesteigung eines neuen Herrschers stets bestätigt wurden.

Der Stadt wurden praktisch die gleichen Privilegien erteilt, wie sie die königlichen Freistädte besaßen und dennoch wurde Prievidza nie in der Liste dieser Städte aufgeführt. Sicher war das auch die Ursache dafür, daß die Stadt keines ihrer Grundattribute, Schanzen, hatte. Die ungarischen Herrscher waren in der Erteilung von Privilegien an die Städte sehr freigiebig, aber in ihrer Politik zu ihnen inkonsequent. Einmal unterstützten sie diese durch die Erteilung und Erweiterung von Privilegien, ein anderes Mal, wenn sie sich die Unterstützung ihrer Politik durch den Adel sichern wollten, schenkten sie diesem diese gut gedeihenden Städte. Dieses Schicksal ereilte auch Prievidza. 1527 gelangte die Stadt definitiv in das

7 *Mikuláš Mišík*, Prievidza. Banská Bystrica 1971, 41f.

Eigentum der adligen Grundherren, zunächst in das der Familie Thurzo. Nach deren Aussterben wurde die Familie Pálffy 1636 ihr Besitzer.

Schon im Urbar von 1614[8] finden wir Eingriffe des Grundherren in die Stadtprivilegien. Nach der Zahl der steuerzahlenden Anwesen gehörte die Stadt zu den relativ großen. Sie hatte 205 Anwesen, was auf mindestens 1 000 Einwohner schließen läßt. Außer dem Zensus in Höhe von 400 Gulden (*florenus*) forderte der Grundherr die Auszahlung der Naturalabgaben an Getreide in einer Summe von 65 Gulden, 200 Scheffel (*cubulus*) Hafer sowie für die Benutzung der Wiesen eine große Menge Geflügel für die herrschaftliche Küche. Die Einwohner der Stadt wurden auch mit Frondiensten belastet, sie mußten die im Burgbereich liegenden Felder bestellen, Wiesen mähen und Holz für die herrschaftliche Bierbrauerei fahren. Nachdem die Grundherrschaft und damit auch das Städtchen in das Eigentum der Pálffys übergegangen war, verfiel die Stellung der Bürger noch mehr. Schon die erste Generation der neuen Besitzer zeigte Bestrebungen, die Geldeinkünfte aus der Stadt zu erhöhen. 1655 wollte die Witwe Paulus Pállfys eine hohe Abgabe auf die Verpachtung der Regalrechte und für Freiheiten auferlegen, auf die die Stadt aufgrund ihrer Privilegien eigentlich ein Recht hatte. Die Summe, die die Stadt entrichten sollte, übertraf die ursprüngliche fast um das Achtfache. Das Urbar von 1726[9] nennt für 275 Anwesen der Stadt (d.h. für etwa 1400 Einwohner) einen Zensus in Höhe von 1500 Gulden und darüber hinaus noch einmal die gleiche Summe für das Recht des Bierausschanks. Für die Miete des Salzverkaufs wurden 48 Gulden eingefordert, für die Erlaubnis, Spirituosen zu brennen, 135 Gulden. Außerdem hatte die Stadt der Herrschaft jährlich 100 Pfund Wachs zu liefern. In späteren Jahren erhöhte sich diese Summe weiter, zum Beispiel um die Abgabe für die Maut, die die Stadt besaß. Interessant ist, daß die Bürger trotz solcher Erhöhungen zahlten, und zwar aus einem einfachen Grunde: Sie wollten zumindest den Rest ihrer Vorrechte retten. Aus der Zeit zu Beginn des 17. Jahrhunderts haben wir keine Informationen, daß die Bewohner Widerstand geleistet hätten. Der Grundherr sicherte sich ihre „Dankbarkeit“ zum Beispiel mit der Rückgabe einiger Regalrechte an die Stadt: 1683 durfte die Stadt durch die Entscheidung von Graf Paul Pállfy wieder frei Bier brauen. Er tat das gewiß nicht aus „Menschenliebe“, sondern ließ sich von den Bürgern gut bezahlen. Daß sie ihm das Geld zahlten, ist ein Beweis dafür, wie gering die Bürger ihre Chancen im Falle einer gerichtlichen Auseinandersetzung zur Wiedererlangung ihrer ursprünglichen Rechte einschätzten. Das ungarische Gerichtswesen stand gewöhnlich auf der Seite des Adels, die Richter selbst waren immer Adlige. In Streitfällen mit dem Adel hatte nur eine königliche Freistadt, die unter der direkten Jurisdiktion des Herrschers stand, eine Chance zu gewinnen.

Die Tatsache, daß die Bürger so hohe Abgaben entrichten konnten – pro Kopf der Familie ergaben sich über 13 Gulden, was für ungarische Verhältnisse eine ziemlich hohe Summe war –, zeugt davon, daß die Stadt prosperierte. Als Marktzentrum der Grundherrschaft gewann sie vor allem dank der Konjunktur des Handels mit landwirtschaftlichen Produkten, die sie zum Teil selbst anbaute, häufiger jedoch von den Untertanen in den Dörfern der Grundherrschaft aufkaufte und auf dem Markt an Großhändler verkaufte, an Bedeutung. Gerade die auf den Verkauf ausgerichtete Landwirtschaft schuf den Unterschied zwischen den Einwohnern des Städtchens und den Dörflern, die für den Eigenverbrauch produzierten. Während die Untertanen aus den Dörfern von ihren Produkten so viel verkauften, wie sie für die Deckung der vor-

8 Magyar Országos Levéltár (MOL) Budapest (Ungarisches Staatsarchiv), Urbaria et Conscriptiones (U et C) Fasciculus 2 No. 32.

9 MOL, U et C Fasc. 2 No. 33.

geschriebenen Geldabgaben (Steuern) benötigten, konzentrierten sich die Bürger der Marktflecken in größerem Maße auf die Erzeugung für den Markt.[10] Sie besaßen dabei den Vorteil, daß sie ihre Mehrprodukte selbst vermarkten konnten – auch in kleineren Mengen und unter besseren Bedingungen als diejenigen, die die Ware aus entfernteren Bauernhöfen anfahren mußten. Der Transport verteuerte den Preis der Ware ungemein.

Aber auch die handwerkliche Produktion warf große Gewinne ab. Sehr verbreitet war die Holz-, Woll- und Lederverarbeitung. In der Stadt arbeiteten mehrere Tuchmacher. Es wurde Leinen gewebt, gefärbt und weiterverarbeitet. Drei Jahrmärkte, aber auch Wochenmärkte, die montags und freitags stattfanden, brachten nicht nur aus Marktabgaben, sondern vor allem aus dem Wein- und Bierausschank Gewinn. Die Stadt war auch durch den Anbau von Safran, der in fast ganz Ungarn verkauft wurde, bekannt. Die Einnahmen der Bürger wurden zusätzlich durch die Mühlen und den Weinanbau in eigenen Weinbergen gesteigert.

3. Die Konfliktsituation

Konfliktsituationen zeichnen sich etwa seit dem zweiten Drittel des 18. Jahrhunderts ab. 1730 bemühten sich die Wirtschaftsbeamten der Grundherrschaft zu erreichen, daß sie die der Stadt gehörenden Wälder nutzen durften. Die Stadt war nicht einverstanden und diesmal gelang es ihr noch einmal, die Wälder für sich zu bewahren. Wenig später jedoch begannen die Verwalter der Grundherrschaft, die Wälder ganz ohne Hemmungen zu nutzen.[11]

Mitte der sechziger Jahre des 18. Jahrhunderts versuchte Graf Johannes Pálffy erneut, eine Erhöhung seiner Einnahmen zu Lasten der Stadt zu erreichen. Den Einwohnern von Prievidza zufolge waren die Abgaben schon so hoch, daß sie „kaum noch atmeten". Zwischen der Grundherrschaft und der Stadt herrschte eine große Spannung, die der Präfekt des Dominiums, Georg Huszár, lösen sollte. Er sammelte sämtliches Material über die Stadt und unterbreitete es dem Grundherren zur Beurteilung. Die Situation verschärfte sich jedoch noch mehr, da er unter den Dokumenten auch den alten Vertrag der Stadt mit Paul Pállfys Witwe, der Gräfin de Khuenin - Pálffy, von 1655 anführte. Die Bürger behaupteten, daß dieser Vertrag nie in Kraft getreten wäre, da sie diesen wegen der enormen Höhe der Abgaben nicht akzeptiert hatten. Der Grundherr aber begründete seine Forderungen nach Steuererhöhung mit diesem Vertrag. Als die Bürger ablehnten, wurde die Angelegenheit an den Herrenstuhl (*sedes dominalis*) weitergeleitet. Schon die Zuständigkeit dieses Gericht verweist auf den allmählichen Verfall der Rechtsstellung der Stadt und die Mißachtung ihrer Privilegien. Den Privilegien zufolge gehörte die Stadt ja nicht in die Kompetenz des Herrengerichts. Der Grundherr ließ diese Privilegien durch das Gericht für null und nichtig erklären. Prievidza sank mit dieser Entscheidung auf das Niveau gewöhnlicher Dörfer.

Für den Grundherrn war es nun kein Problem mehr, die Stadt aller Vorteile zu berauben. Er konnte sie um die freie Richterwahl bringen, bei Belassung des Rechtes, einen der Kandidaten zu benennen, den die Stadt vorschlug. Ebenso konnte er die Stadt der Gerichtskompetenz entheben, so daß sie sich in jeder strittigen Angelegenheit an das Herrengericht wenden mußte. Auch die wirtschaftlichen Vorteile, die sich aus der Pacht der Regalrechte ergaben (Ausschank, Schlachthof, Mühlen, Benutzung der Wälder, Salzverkauf usw.), sollten aus-

10 *Bácskai Vera,* Magyar mezövárosok a XV. században. Budapest 1965, 63.

11 *Ľudovít Haraksim,* Vzbura v Prievidzi r. 1771, in: Historické štúdie I, 1955, 15.

schließlich der Grundherrschaft gehören. Die Bürger beschlossen, sich nach diesem Unrecht an die Königin Maria Theresia zu wenden. Diese Handlung wich von den üblichen Gepflogenheiten ab, da der Marktflecken sich in Gerichtsstreitigkeiten eigentlich an andere Instanzen wenden mußte – an den Stuhl und den Statthalterrat. Da sie aber sehr wohl wußten, daß diese beiden Institutionen Standesinteressen vertraten und sie ihre Rechte kaum gegen die Solidarität des Adels durchsetzen konnten, wandten sie sich direkt an die Königin, die im Ruf einer gerechten und gutherzigen Monarchin stand. 1765 formulierten sie eine Beschwerde, in der sie die gesamte Angelegenheit um die Kassation ihrer Rechte erläuterten. Sie appellierten an die Königin in der Hoffnung, daß diese gegen die Verletzung der Privilegien, die von ihren Vorgängern erteilt und rechtskräftig konfirmiert waren, einschreiten würde. Die Herrscherin leitete indes die Beschwerde zur Untersuchung an das Komitatsgericht weiter. Dieses, die Standessolidarität nicht verleugnend, bestätigte die Entscheidung des Herrengerichts. Maria Theresia schien die Unvoreingenommenheit des Gerichts anzuzweifeln, daher forderte sie den Herrenstuhl auf, Unterlagen für die Untersuchung der königlichen Tafel (*Tabula regia iudiciaria*) zu unterbreiten. Graf Pálffy, der wegen der Vernichtung seiner Wälder in der Umgebung der Stadt eine Beschwerde über die Bürger von Prievidza eingereicht hatte, verkomplizierte die Situation zusätzlich.

Die königliche Tafel gelangte nach mehrjähriger Prüfung des Streitgegenstandes 1769 zu der Entscheidung, daß die Stadtprivilegien veraltet und daher ungültig seien. Dieses Urteil bestätigte ein Jahr später auch die höchste Gerichtsinstanz in Ungarn – die siebenköpfige Tafel (*Tabula septemviralis*). Damit geriet die Stadt in eine völlig untergeordnete Stellung gegenüber ihrem Grundherren. Die Bürger wollten ihren Kampf aber nicht ohne weiteres aufgeben und wandten sich erneut an die Königin mit der Bitte um Prüfung der Entscheidung der Tafel. Von den höchsten Stellen kam jedoch die Anordnung für das Nitraer Komitat, in Zusammenarbeit mit dem königlichen Kommissar der Stadt ein neues Urbar anfertigen zu lassen.[12]

Der Grundherr erreichte so völlig legal seine Ziele und beraubte die Stadt all ihrer ehemaligen Vorrechte. Die Erstellung des neuen Urbars sollte gleichzeitig mit der Übernahme von Mühle und Bierbrauerei in das Eigentum der Grundherrschaft im März 1771 vonstatten gehen. Als die Einwohner der Stadt vergeblich auf eine Antwort auf ihre Petition warteten, wurden die Stimmen, die nach Auflehnung riefen, immer lauter. Von Anfang an ergriffen die Frauen die Initiative, die während der ganzen Dauer der Rebellion im Vordergrund standen, natürlich mit der stillen Unterstützung ihrer Männer.

Die Ursache des offenen Aufruhrs war die Pfändung des Stadtvermögens zugunsten des Dominiums. Als *der vice iudlium* zusammen mit den Handwerkern in die Stadt kommen wollte, um die Gebäude der Mühle und Bierbrauer zu schätzen, die in das Eigentum des Grundherren übergehen sollten, leisteten die Einwohner Widerstand und ließen sie nicht in die Stadt. Die Frauen bewaffneten sich mit verschiedenem Hausgerät wie Besen und Stöcken, und es gelang ihnen, die herrschaftlichen Beamten aus den Straßen zu vertreiben. Gleichzeitig brachte man auch Wein und Bier des Grundherren in die Stadt, die am nächsten Tag auf dem Markt ausgeschenkt werden sollten, obwohl bis dahin immer Stadtwein ausgeschenkt worden war. Die Männer riefen ihre Frauen zu Hilfe, als die Fuhrleute es ablehnten, mit ihrer Ladung aufs Schloß zurückzugehen. Zu Hilfe eilten etwa fünfzig Frauen, bewaffnet mit Schaufeln, Beilen und Stöcken, und diese vertrieben die Fuhrleute aus der Stadt. Ein Zeuge dieser

12 Ebd., 18f.

Ereignisse war auch ein königlicher Assessor, der dem Richter der Stadt sofort befahl, die Frauen einzusperren. Der Richter gehorchte zwar, aber nicht konsequent, denn gleich am nächsten Tag ließ er die Frauen frei und bewirtete sie mit Wein, um sie zu beschwichtigen. Die Grundherrschaft begann ebenfalls mit einer Gegenoffensive. Sie schickte die Frauen aus dem Nachbarstädtchen Bojnice auf den Markt, der am nächsten Tag stattfand, um den herrschaftlichen Wein zu verkaufen. Als die Prievidzer Frauen mit Schlägen und Zerschlagen ihres Geschirrs drohten, gaben die Bojnicer Frauen auf und verließen die Stadt. Diese Erfolge regten zu weiteren Taten an: Die Frauen nahmen dem Marktrichter die Kasse mit dem Geld ab, für das sie Messen lesen ließen, einen Teil unter sich aufteilten und zum Teil die Wächter bezahlten, die aufpassen sollten, ob jemand in die Stadt kam.

Unter der Führung ihrer Anführerinnen öffneten sie gewaltsam die Mühlen und verteilten Getreide, ebenso gingen sie auch in der Bierbrauerei vor. Die Frauen waren sich der Gesetzwidrigkeit ihrer Taten bewußt und sahen die Vergeltung seitens des Grundherrn und der Komitatsämter voraus. Sie stellten eine Wache auf und verteilten auch Funktionen und Aufgaben unter sich. Die Korporalinnen gingen durch die Häuser und suchten die Frauen, die sich bis dahin nicht angeschlossen hatten, zu überzeugen. Wenn diese zögerten, drohten sie ihnen mit Bußgeldern. Eine der Frauen mußte Alarm durch Pfeifen geben, wenn sich der Stadt ein herrschaftlicher Beamter oder ein Unbekannter näherte. Auf ihr Signal hin sollten sich die Frauen, bewaffnet mit verschiedenem Hausgerät, zusammenfinden und den Zugang zur Stadt verwehren. Schlecht kamen der herrschaftliche Gutsverwalter und der Förster dabei weg, die dennoch wagten, die Stadt zu betreten. Die Frauen bewarfen sie mit Schmutz und schlugen sie.

Als in der Stadt – aus unbekannten Gründen – ein Feuer ausbrach, verdächtigten die Einwohner die Herrschaft der Brandstiftung. Sie waren überzeugt, daß der Grundherr die Stadt, wenn er Prievidza schon nicht haben könne, lieber dem Erdboden gleich sehen wollte. Über zwei Wochen dauerte die Revolte, ohne daß die Obrigkeit einschritt. Einige der Bürger waren sich des Ernstes der Situation bewußt und begannen über die Beendigung des Aufruhrs nachzudenken. Das waren vor allem einige Ehemänner, die es leid waren, daß die Frauen sich statt Hausarbeiten der Rebellion widmeten. Sie fanden jedoch kein Verständnis bei ihren Ehefrauen, einige mußten gar vor wütenden Frauen zurückweichen. In dem Bemühen, möglichst viele Anhänger zu gewinnen, versuchten die Frauen, junge Burschen zu überreden, sich als Frauen zu verkleiden und ihnen zu helfen. Sie waren aber nicht erfolgreich.

Ein paar Tage später wurden die Geschworenen der Stadt zum Sitz der Grundherrschaft auf der Bojnicer Burg vorgeladen. Mit der Verhandlung wurde der Vizegespann beauftragt. Die Geschworenen fanden sich jedoch nicht ein, zum einen, weil sie sich fürchteten, zum anderen, weil ihre Frauen sie nicht aus der Stadt ließen. Den herrschaftlichen Fiskal, der den Befehl hatte, den Aufstand sofort zu beenden, jagten sie aus der Stadt. Am Ostermontag gingen die Frauen mit einer brennenden Lampe durch die Stadt und riefen, daß sie die Wahrheit suchten, die verlorengegangen wäre. Sie insultierten auch andere, die sie der Zusammenarbeit mit der Grundherrschaft verdächtigten. So zum Beispiel den Pfarrer, den sie zwar nicht schlugen, aber dessen Pferde sie so lange stachen, bis diese ihn fast von der Brücke ins Wasser abwarfen. Der Lehrer entkam den Prügeln nicht, den Mitgliedern des Stadtrates warfen sie vor, daß sie nach sieben Jahren den Streit verloren hatten, und dem Richter schlugen sie deshalb die Fenster ein.

Nach diesen Ereignissen bereitete sich auch die Grundherrschaft auf wirksamere Schritte vor. Der erste Versuch einer Festnahme der Rebellen war nicht erfolgreich, denn der *viceiudlium,* der mit dieser Aufgabe betraut war, wurde samt seiner Gefolgschaft aus der Stadt verjagt. Nach einer bestimmten Zeit begann die Stimmung und vor allem der Mut der Rebellen nachzulassen. Der Einzug der Armee in die Stadt bedeutete das Ende der Rebellion. Aus den erhaltenen Dokumenten geht jedoch nicht klar hervor, ob die Armee auf Anregung des Grundherren, oder tatsächlich als Hilfe für die Soldaten aus der Stadt gekommen war. Die Frauen stürzten sich auf sie, warfen mit Schmutz und drohten ihnen, vor allem deswegen, weil unter ihnen mehrere Einwohner des benachbarten Dorfes Koš waren, die in dem Streit um die Wälder auf der Seite des Grundherrn Zeugnis abgelegt hatten. Der Armeekapitän trieb jedoch die versammelten Frauen auseinander, nahm einige von ihnen fest und ließ sie auf die Burg nach Bojnice bringen. Die Unterdrückung des Aufruhrs verlief glatt, da die Rebellen gegen die Armee und die Heiducken keinen Widerstand mehr entgegenzusetzen wußten. Einigen Frauen gelang es zu fliehen und sich in der Umgebung zu verstecken, statt ihrer griff man jedoch ihre Ehemänner auf und ließ sie einsperren, deshalb gab die Mehrzahl von ihnen auf und meldete sich bei der Grundherrschaft. Einige – Männer und Frauen – versteckten sich jedoch über ein halbes Jahr. Davon zeugt das Schreiben des Statthalterrates vom Oktober 1771, in dem er ihnen die Rückkehr erlaubte, wenn sie Gehorsam gegenüber dem Grundherren üben würden.

4. Ende der Rebellion – das Gericht

Nach der Unterdrückung der Rebellion begann das Gerichtsverfahren gegen ihre Teilnehmer. Den Fragen in den Gerichtsprotokollen zufolge interessierte das Gericht die Ursache der Rebellion überhaupt nicht, auch nicht, warum gerade die Frauen die Initiatorinnen waren. Man begnügte sich mit der Aufzählung der Anschuldigungen und Vergehen: Sie hatten die Beamten verjagt, waren in Mühle und Bierbrauerei eingedrungen und hatten es nicht gestattet, den herrschaftlichen Wein auf den Markt und das Holz in die Bierbrauerei zu bringen. Als Vergehen galt auch, daß sie auf ihre Schaufeln die Aufschrift schreiben ließen: „Jesus, Maria, Joseph und Maria Theresia“. Die Rebellen hatten sich ja bis zum letzten Moment auf das Eingreifen der Königin zu ihren Gunsten verlassen. Die Urteile waren streng: Anschuldigung wurde gegen 41 Frauen erhoben, von denen neun der Anführung beschuldigt wurden. Alle wurden zu 60 Peitschenschlägen verurteilt, wobei die Strafe an zwei Tagen ausgeführt werden sollte. Einer älteren Frau wurden nur 40 Schläge bemessen. Die übrigen erhielten ähnliche Strafen, die Zahl der Schläge hing vom Grad des Verschuldens ab. Der Strafe entging nur eine Frau, die sich auf ihre landadelige Abstammung berief (das Herrengericht konnte keinen Adeligen verurteilen).

Strafen wurden auch gegen mehrere Männer wegen der Unterstützung der Rebellinnen ausgesprochen. Die Grundherrschaft bestrafte auch den Richter, da dieser sich unfähig gezeigt hatte, seiner Amtspflicht nachzukommen und die Rebellion zu unterdrücken. Sie enthob ihn seines Amtes und setzte an seiner Statt einen herrschaftsloyalen Einwohner der Stadt ein.[13]

Während des gesamten Aufruhrs dominierte unter den Einwohnern der Stadt die Idee der „guten Herrscherin“, als die Maria Theresia von der Untertanenbevölkerung des gesamten Landes, dank der Einführung des Landesurbars 1767–1772, angesehen wurde. Dessen vorrangiges Ziel war es, die Pflichten der Untertanen mit dem Umfang des Bodens, den sie nutzten, in Einklang zu bringen, je nach den örtlichen Bedingungen sowie nach Umfang und Güte des Bodens. Danach setzte das Urbar die Arbeits-, Natural- und Geldpflichten der Untertanen fest.

13 *Alžbeta Gácsová*, Dokumenty k protifeudálnym bojom slovenského ľudu (1113–1848). Bratislava 1955, 187ff.

Im Grunde war diese Reform konservativ, tastete den feudalen Grundbesitz nicht an, sondern reformierte die bestehenden Beziehungen nur so weit, um sie zu konsolidieren und ihr Leben zu verlängern. Unbestritten positiv griff sie jedoch in das Leben eines großen Teils der Untertanen ein, die unter der grenzenlosen Ausbeutung der Grundherren litten, da diese uneingeschränkt ihre Ziele durchsetzten, sei es durch Erhöhung der Abgaben, Inanspruchnahme des Bodens oder Eingriffe in das Alltagsleben. Im Falle der Stadt Prievidza war jedoch gerade die Einführung des Gesamtlandesurbars eine Anregung für den Grundherrn, seine Interessen durchzusetzen.

5. Die Lösung des Streites

Obwohl die Rebellion unterdrückt wurde, brachte sie der Stadt dennoch eine gewisse Verbesserung. Es konnte keine Exekution durchgeführt werden und auch die Erstellung eines neuen Urbars wurde eingestellt. Nach Beendigung der Rebellion kamen jedoch erneut dieselben Angelegenheiten zur Sprache und drei Jahre wurden strittige Fragen zwischen Grundherrschaft und Stadt erörtert. Mit dem Streit befaßte sich auch mehrere Male die Urbarkommission des Statthalterrates, der 1773 dem königlichen Kommissar empfahl, die Streitsache mit einem Kontrakt zwischen Grundherrschaft und Stadt zu lösen. Der königliche Kommissar legte einen Vertragsentwurf samt Kombinatorium (Vergleich der Urbarpflichten mit den entworfenen Vertragspflichten) vor, den dann die Urbarkomission des Statthalterrates genehmigte und die Königin als ewig bestätigte. Auch wenn sich die Herrscherin persönlich in der ganzen Angelegenheit engagierte, kann die gemäßigte Traktierung der Stadt nicht nur dem Aufruhr der Frauen und schon gar nicht einem besonderen Verständnis Maria Theresias zugeschrieben werden. Die vorteilhafteren Bedingungen, die die Stadt erwarb, verdankte sie ihrer wirtschaftlichen Stellung, da die Bevölkerung stärker auf Handwerk und Handel als auf die Landwirtschaft orientiert war.[14]

1774 wurde in der Stadt ein Zehn-Punkte-Regulativ eingeführt. Diesem zufolge sollte die Stadt der Grundherrschaft 1 000 Gulden zahlen sowie 200 Gulden für die Erlaubnis des freien Ausschanks über die Zeit zwischen Weihnachten und dem 24. April (St. Georg) hinaus. Es wurde das ausschließliche Recht der Stadt auf Jahrmärkte und das Recht auf einen Schlachthof garantiert. Den Bürgern wurde erlaubt, frei umzuziehen sowie über das mobile und immobile Eigentum zu verfügen. Ihnen wurde aber das Recht auf freie Wahl der Stadtvertretung genommen: Die Grundherrschaft schlug drei Kandidaten vor, von denen die Bürger den Richter auswählen konnten, und auf frei gewordene Plätze von Senatoren setzte die Grundherrschaft eigene Kandidaten.[15]

Die theresianische Urbarreform sollte zwar positiv in die Beziehungen zwischen Grundherren und Untertanen eingreifen, aber in der Praxis wurden diese Ziele nur teilweise realisiert. Für viele Marktflecken endete mit der Einführung des Urbars die Zeit ihrer privilegierten Stellung. Die Durchführungsverordnungen zur Ausarbeitung des landesweiten Urbars schrieben fest, daß die privilegierten Gemeinden und Städte in ihrer weiteren Nutzung verbleiben könnten, falls sie das wünschten, falls sie diese Privilegien bis dahin tatsächlich in Anspruch genommen hatten und falls sie bei der Prüfung als geltend und wirksam anerkannt wurden.

14 *Karol Rebro,* Urbárska regulácia Márie Terézie a poddanské úpravy Jozefa II. Bratislava 1959, 403.
15 *Mišík,* Prievidza (wie Anm, 7) 295.

Diese Bedingungen vermochten jedoch viele Städte nicht zu erfüllen. Mehrere von ihnen konnten keinen Beweis für ihre Privilegien vorlegen oder es kam infolge eines längeren Ringens zwischen Grundherr und Stadt zu einem Ausgleich in Form eines Kontraktes. Häufig waren die Fälle, in denen der Grundherr das Privileg als veraltet oder längere Zeit nicht in Anspruch genommen anfocht. So wurde die Verletzung der Privilegien durch die Grundherren zu deren Nutzen de jure anerkannt. Dort, wo die Einwohner kein gültiges Privileg vorlegen konnten, galt nun automatisch das theresianische Urbar.

Streitigkeiten zwischen den Grundherren und ihren Städten gab es praktisch immer, aber je älter das Stadtprivileg war, um so größeren Druck entwickelte der Grundherr hinsichtlich seiner Liquidation oder zumindest seiner Beschneidung. Am stärksten erfaßten diese Praktiken wirtschaftlich fortgeschrittene und gut prosperierende Städte, in denen die Grundherren die Möglichkeit der Erhöhung der eigenen Einnahmen sahen. Ihre kurzsichtige Politik verursachte hingegen den Verfall vieler dieser Städte.

6. Die Beziehungen zwischen dem Grundherren und seinem Oppidum

Man kann aber auch umgekehrte Beispiele erwähnen. Einige Grundherren waren sich der Vorteile bewußt, die ihre Städtchen hatten und bemühten sich bewußt, ihr Niveau zu heben: Vor allem durch die Sicherung ihrer wirtschaftlichen Prosperität, durch Gewährung des Rechtes auf Veranstaltung von Jahrmärkten und Märkten, durch Ermöglichung des Freikaufs von der Fronarbeit, wodurch sie die Möglichkeit förderten, im Handwerk zu arbeiten und Handel zu treiben. Der Grundherr hatte das Recht, den Einwohnern der Stadt auf seinem Grundbesitz Privilegien zu erteilen, die zwar nur lokale Geltung besaßen, jedoch vorteilhafte Bedingungen für die Weiterentwicklung der Stadt schufen. Mit der Verleihung solcher Privilegien unterstützte er auch ein gewisses Bürgerbewußtsein. Zum Beispiel verlieh der Palatin Georg Thurzo 1604–1607 den Städtchen seiner Grundherrschaft Orava „Privilegien", mit denen er ihnen gewisse wirtschaftliche Vorteile gegenüber anderen Einwohnern der Grundherrschaft einräumte. Eine seiner Bedingungen war jedoch, daß die Bürger unter Androhung des Verlustes ihrer Freiheiten oder eines Bußgelds von 300 Gulden ihre Häuser in schönem Zustand erhalten mußten, wie es sich für Bürger geziemte.[16]

Häufig lassen sich auch Fälle finden, in denen sich der Grundherr bemühte, die Einwohner seiner Städte in geistiger Hinsicht zu fördern. Vielsagende Beweise für den Bildungsstand auf dem Land bieten die Fragebögen der Urbarregelung aus der zweiten Hälfte des 18. Jahrhunderts, wo bei der Beglaubigung der Eintragung der größte Teil der Gemeindevorstände nur mit einem Kreuz unterzeichnete. Wesentlich besser war in dieser Hinsicht die Situation in den Städten. Vor allem nach der Ausbreitung der Reformation wuchs das kleinstädtische Schulwesen, und zwar nicht nur zahlenmäßig, sondern auch hinsichtlich seines Niveaus. In der zweiten Hälfte des 16. Jahrhunderts gab es in der Slowakei rund 200 Schulen, von denen etwa 25 den Charakter von Gymnasien hatten. Die überwiegende Mehrheit davon befand sich gerade in den Marktflecken. In ihnen, als den Residenzen der Grundherrschaften, existierten auch sogenannte Adelsschulen, die von den Grundherren erhalten wurden. In diesen Schulen wurde ein Großteil der Intelligenz herangebildet, die sich auch im Ausland durchsetzte, wo sie besse-

16 *Richard Marsina/Michal Kušík,* Urbáre feudálnych panstiev na Slovensku II. Bratislava 1959, 163.

re Möglichkeiten fand, vor allem in Böhmen und Mähren.[17] In den Urbaren der Marktflecken finden wir häufig Anweisungen, mit denen ihr Werdegang und das Gehalt für den Lehrer gesichert wurden.

Positiv kann man auch die Sorge der Grundherren um die Spitäler bewerten, die Zufluchtsstätten für Bettler sowie einsame und kranke Bewohner der Städtchen waren. Viele Angaben in den Urbaren belegen, daß die Grundherren von ihren Einnahmen einen bestimmten Teil – sei es in Naturalien oder in Geldform – für die Sicherung des Betriebs dieser Einrichtungen bereitstellten. Sehr genau macht uns das Urbar des Oppidums Pruské in der Grundherrschaft Vršatec von 1683 mit der Ausstattung und Sicherung des Spitals bekannt. Der Grundherr Emerich Jakusith und seine Ehefrau Polyxena Serény ließen ein Haus als Zufluchtsstätte für zehn Kranke und Arme in dem Städtchen errichten. In der genauen Instruktion für den Verwalter befahlen sie zeitweilig, auch Kost und Logie für Fremde zu gewähren, die sich im Städtchen nur kurzfristig aufhielten. Von 100 Gulden, die das Grundkapital des Spitals bildeten, wurde seinen Bewohnern auch Kleidung geboten, außerdem wurden die jährlichen Mengen an Nahrungsmitteln und Holz genau festgelegt.[18]

Die großen Unterschiede zwischen den einzelnen Städtchen sowie ihren wirtschaftlichen und kulturellen Niveaus erlaubten weder umfangreiche Verallgemeinerungen noch die Erarbeitung einer einheitlichen theoretischen Grundlage für ihre Erforschung. Mit der Kategorie der Marktflecken und Städtchen ist stets als mit einer Menge zwar ähnlicher, aber dennoch einzigartiger Subjekte zu arbeiten.

Die Mehrheit der erhaltenen Archivdokumente, die schon erforscht wurden, sind wirtschaftliche Urkunden, Urbare, Instruktionen und Rechnungen. Aus diesem Grund berücksichtigen die bisher veröffentlichten Studien vor allem das Wirtschaftsleben der Oppida. Deshalb sollten in der Zukunft auch die anderen Seiten des Lebens der Einwohner dieser Lokalitäten – die sozialen Verhältnisse, das Alltagsleben, die demographische Situation – beachtet werden. Sehr wenig wissen wir über die Bildung der Einwohner, über die Hygiene und das Gesundheitswesen, über das Familienleben, die Rolle der Frauen und auch der zwischenmenschlichen Beziehungen. Für die Zukunft wäre es sehr bedeutungsvoll, die Verwaltung, ihre Kompetenzen, Statutenbildung usw. zu untersuchen.

Wie bereits gesagt wurde, herrschten zwischen einigen Marktflecken große Unterschiede, aber insgesamt können wir feststellen, daß sich die Einwohner dieser Ortschaften durch ihre wirtschaftliche Tätigkeit der städtischen Lebensform und auch dem damit zusammenhängenden kulturellen Fortschritt annäherten. Offensichtlich gab es hier bessere Bedingungen als in Dörfern, und das bot schließlich auch einen guten Ausgangspunkt für die Befreiung von der Leibeigenschaft.

17 *Pavel Horváth/František Sedlák,* Zemepánske mestá a ich prínos pre rozvoj slovenskej národnosti v období neskorého feudalizmu, in: Historicky časopis 29, 1981, 885.

18 *Marsina/Kušík,* Urbáre (wie Anm. 16), 377–381.

AXEL LUBINSKI

Ländliches Kreditwesen und Gutsherrschaft – Zur Verschuldung des Adels in Mecklenburg-Strelitz im 18. Jahrhundert

Im Dezember 1774 stand Cord Wedig Christoph Friedrich v.Rieben, Erbherr auf Galenbeck, Gehren, Cosa-Brohm und einem Teil von Wittenborn, vor dem Ende seiner Existenz als Gutsherr. Hart bedrängt durch die Gläubiger rechnete der 34jährige ständig mit dem Schlimmsten: „Wie schreckhaft mir [...] dabeÿ der Gedanke ist, daß ein einzigster meiner Creditoren welcher seine Klage beÿ dem Geldmangel bis zur immission durchzusetzen sich entschließet, alle meine Creditores aufmerksam und mich und meine Familie unglücklich machen kann, solches leget die zu besorgende situation zu Tage. Ich genieße dabeÿ mein Leben nur halb“. Cord v. Rieben kämpfte seit der Übernahme seines väterlichen Erbes und der daran haftenden Schulden im Jahre 1765 gegen den Ansturm der Kreditoren. 1769 war es ihm gelungen, einen fünfjährigen Indult[1] mit seinen Gläubigern zu vereinbaren, doch nun, nach dem Ende dieser Frist, schien es kaum noch Auswege zu geben, war doch v.Rieben nicht in der Lage, sein bei Abschluß des Indults gegebenes Versprechen zu halten, jeden Wunsch nach Kapitalauszahlung bei fristgerechter Kündigung von Trinitatis 1774 an zu erfüllen. Gern hätte er in diesem Jahr einige seiner umfangreichen Besitzungen abgestoßen, könnte er doch „mit dem kleinsten schulden freÿen Guth vergnügt und zufrieden seÿn.“[2]

Weder die hohe Verschuldung der v.Riebenschen Güter noch die daraus für den landsässigen Adel erwachsenen Probleme waren im Mecklenburg des 18. Jahrhunderts außergewöhnlich. Inmitten einer Vielzahl politischer und wirtschaftlicher Bedingungen bestimmte gerade das Ausmaß der Verschuldung, wie die adligen Familienverbände „auf einer Ebene unterhalb des Standes [...] im internen Verteilungskampf um die vom Stand errungenen und gesicherten Lebenschancen“[3] agierten. Die Zeit jedoch, in der Cord v.Rieben sein Erbe antrat, konfrontierte die Familien des landsässigen Adels in Mecklenburg in besonderer Weise mit einem ganzen Schwall von Problemen, die sich in den letzten Jahrzehnten angehäuft hatten, die bisher aber noch immer verdrängt worden waren. Nun, nach dem Siebenjährigen Krieg, in

1 Indulte waren Zahlungsmoratorien, die die zeitweilige Aussetzung der Verpflichtung zur Rückzahlung von Kapitalien durch die Schuldner unter Voraussetzung der regelmäßigen Zinszahlung regelten.

2 Mecklenburgisches Landeshauptarchiv Schwerin (MLHAS), Gutsarchiv Herrschaft Galenbeck (GAHG) 159. Wenn nicht anders vermerkt, sind die benutzten Akten unpaginiert.

3 *Heinz Reif,* Westfälischer Adel 1770–1860. Vom Herrschaftsstand zur regionalen Elite. (Kritische Studien zur Geschichtswissenschaft, Bd. 35.) Göttingen 1979, 78.

einer Zeit der Münzverschlechterungen und krisenhafter Entwicklungen auf den Kreditmärkten, machten sie sich verstärkt und vor allem in der Wirtschaftsführung der Güter bemerkbar.

Im folgenden sollen wichtige Rahmenbedingungen für die Ausübung und Gestaltung adliger Herrschaft in Mecklenburg vornehmlich im 18. Jahrhundert und vor allem mit Blick auf die Verschuldung und bezüglich der innerfamiliären Verteilung adligen Besitzes untersucht werden. Neben der Analyse von Kreditströmen und der Entwicklung des ländlichen Kre—ditwesens im engeren ökonomischen und finanztechnischen Sinne ist für dieses Thema der Blick auf die ländliche Gesellschaft in ihrem säkularen Wandel unverzichtbar. Gerade der Gegenstand des Kreditwesens ermöglicht und erfordert es, Fragen der Wirtschaftsorganisation, der ökonomischen Leistungsfähigkeit und Belastbarkeit des Grundbesitzes einerseits sowie die konkrete Realisierung von Gutsherrschaft als einer umfassenderen, über die Organisation der landwirtschaftlichen Produktion hinausreichenden sozialen Praxis andererseits in einem unmittelbaren Zusammenhang zu untersuchen. Denn schließlich trafen und treffen in der Erscheinung des Kredits ökonomische und soziale Beziehungen in besonderer Weise zusammen.[4] Die Schwerpunkte dieser Untersuchung sind:

1.) die ökonomische Situation des ritterschaftlichen Grundbesitzes im 17./ 18.Jahrhundert, vorwiegend am Galenbecker Beispiel; 2.) die Teilhabe von Kirchen und Geistlichkeit an den ländlichen Finanzmärkten; 3.) ein Beispiel dörflicher Kreditpolitik; 4.) die Krise des ritterschaflichen Kreditwesens um die Mitte des 18.Jahrhunderts und die sich ändernden Normen und Praktiken adligen Besitztransfers; sowie 5.) Stand und Entwicklung von Wertbestimmungs- und Taxationsverfahren und schließlich der Übergang zu institutionalisierten Formen der Kreditwirtschaft.

Untersuchungsgebiet ist mit dem Land Stargard jener östliche Teil Mecklenburgs, der nach der mecklenburgischen Landesteilung des Jahres 1701 das Kerngebiet des Herzogtums Mecklenburg-Strelitz bildete.[5] Besonderes Augenmerk wird dabei auf die Gutsherrschaften Galenbeck und Cosa-Brohm mit ihren jeweiligen Pertinenzen gelegt.[6] Cosa-Brohm befand sich seit 1748 im Besitz der Galenbecker Linie der Familie v. Rieben. Zusammen umfaßten die beiden Herrschaften rund 4.625 ha.[7] Damit gehörte dieser Gutskomplex in jener Zeit zu den größeren mecklenburgischen Adelsherrschaften.[8]

4 Siehe hierzu *Heide Wunder*, Finance in the ‚Economy of Old Europe‘: The Example of Peasant Credit from the Late Middle Ages to Thirty Years War, in: Wealth and Taxation in Central Europe. The History and Sociology of Public Finance. Hrsg. v. Peter-Christian Witt (German Historical Perspectives/II.) Leamington Spa/Hamburg/New York 1987, 19–47, hier 21.

5 Den zweiten Teil dieses Staates bildete das hier nicht untersuchte Fürstentum Ratzeburg.

6 Für Galenbeck und, soweit es die zweite Hälfte des 18. Jahrhunderts betrifft, Cosa-Brohm steht eines der wenigen umfangreicher überlieferten mecklenburgischen Gutsarchive zur Verfügung.

7 MLHAS, GAHG 99, Taxationsprotokoll vom 14./15. Februar 1769. Die Flächenangaben beruhen auf den Ergebnissen der kurz zuvor unter landesherrlicher Aufsicht durchgeführten Direktorialvermessung.

8 Die Herrschaften Galenbeck und Cosa-Brohm befanden sich bis zum Tode Cords v.Riebens im Jahr 1797 in einer Hand und wurden danach unter seine beiden Söhne August Wilhelm Ludwig (auf Galenbeck) und Otto Heinrich Christoph (auf Cosa-Brohm) aufgeteilt. 1846 erwarb Adolf v.Oertzen auf Rattey die Herrschaft Cosa-Brohm. Zur Besitzgeschichte der Güter siehe *Georg Krüger*, Kunst- und Geschichtsdenkmäler des Freistaates Mecklenburg-Strelitz. 1. Band: Das Land Stargard. 2. Abteilung. Neubrandenburg 1925, 418–437, 450–461.

1. Einführung: Zur wirtschaftlichen Situation und Verschuldung des gutsherrlichen Adels in Mecklenburg

Das 18. Jahrhundert erwies sich in Mecklenburg als eine Zeit bedeutender gesellschaftlicher Veränderungen. War der Beginn dieses Säkulums noch gekennzeichnet durch die Bemühungen um die Überwindung der Folgen der verheerenden Kriege des 17. und beginnenden 18. Jahrhunderts, so war die Folgezeit eine Phase der Entfaltung und Konsolidierung gutsherrschaftlicher Gesellschaft. An ihrem Ende standen – bei deutlich gestiegenem Bevölkerungsumfang – in ihrer Zusammensetzung und wirtschaftlichen Praxis stark veränderte dörfliche Sozialgebilde.

Diese Zeit war auch für den grundbesitzenden Adel Mecklenburgs eine Periode spürbaren sozialen Wandels. In der Abwehr landesherrlicher Bestrebungen, in Mecklenburg-Schwerin ein absolutistisches Regiment einzuführen, erreichte die Ritterschaft einen wichtigen politischen Machtzuwachs.[9] Parallel zu den politischen Erfolgen des Adels erfolgte ein Ausbau der materiellen Grundlagen seiner Herrschaft, der Gutswirtschaften. In regional sehr unterschiedlicher Weise, je nach den jeweiligen natürlichen Voraussetzungen, der Verkehrslage sowie den Möglichkeiten und Ambitionen ihrer Besitzer kam es zunächst zu extensiven Erweiterungen der bewirtschafteten Flächen über die Ausdehnung des Hoflandes (Einbeziehung vormals wüster Hufen, Bauernlegen) und später zur weitgehenden Umstellung der Wirtschaftsweise mit dem Ziel der Intensivierung der landwirtschaftlichen Produktion.[10] Schließlich bewirkte vor allem die Einführung neuer Bodenbearbeitungsmethoden wie die zur mecklenburgischen Schlagwirtschaft weiterentwickelte holsteinische Koppelwirtschaft eine „Revolution in der meklenburgischen Landwirthschaft“[11] und damit den „größte[n] und einschneidenste[n] Wandel, den die mecklenburgische Agrar-, Siedlungs- und Bauerngeschichte seit der im 12./13. Jahrhundert erfolgten Neubesiedlung des Landes erfuhr.“[12]

Diese politischen und wirtschaftlichen Entwicklungen beeinflußten das adlige Kreditwesen des 18. Jahrhunderts maßgeblich. Freilich aber war die Verschuldung des landsässigen Adels nicht lediglich mit den wirtschaftlichen Veränderungen dieser Zeit verbunden und auch kein ausschließlich auf gutsherrschaftlich strukturierte Regionen beschränktes Phänomen.[13] Auch in Mecklenburg wirkten gerade im Übergang zum 18. Jahrhundert ältere finanzielle Verbindlichkeiten und Normen des Kreditverkehrs, so daß ein Blick zurück hilfreich erscheint.

Eine hohe Kreditbelastung des landsässigen Adels ist beispielsweise bereits seit der ersten Hälfte des 15. Jahrhunderts aus dem Amt Grevesmühlen in Nordwestmecklenburg überliefert.

9 *Peter Wick*, Versuche zur Errichtung des Absolutismus in Mecklenburg in der ersten Hälfte des 18. Jahrhunderts. Ein Beitrag zur Geschichte des deutschen Territorialstaates. Berlin 1964.

10 Für den ritterschaftlichen Landesteil siehe insbesondere *Paul Steinmann*, Bauer und Ritter in Mecklenburg. Wandlungen der gutsherrlich-bäuerlichen Verhältnisse im Westen und Osten Mecklenburgs vom 12./13. Jahrhundert bis zur Bodenreform 1945. Schwerin 1960.

11 *Ernst Boll*, Geschichte Meklenburgs mit besonderer Berücksichtigung der Culturgeschichte. Zweiter Theil. Neubrandenburg 1856 (Reprint Neubrandenburg 1995), 464.

12 *Steinmann*, Bauer und Ritter (wie Anm. 10), 43.

13 Überblicke geben *Wunder*, Finance (wie Anm. 4); sowie *Willi A. Boelcke*, Der Agrarkredit in deutschen Territorialstaaten vom Mittelalter bis Anfang des 18. Jahrhunderts, in: Kredit im spätmittelalterlichen und frühneuzeitlichen Europa. Hrsg. v. Michael North. Köln/Wien 1991, 193–213.

Rund ein Jahrhundert später, um 1530, war der dortige Adel den geistlichen Stiftungen des benachbarten Lübeck mit 37.420 Mark Lübisch verschuldet, und die Zahlung der Zinsen, bei der sich die adligen Schuldner außerordentlich säumig zeigten, wurde zum Gegenstand langanhaltender Auseinandersetzungen, in die die mecklenburgischen Landesherren wiederholt vermittelnd eingriffen. Während in jener Zeit „mit dem Fortschritte der Reformation die Zurückhaltung der Zinsen und Pächte fast ganz allgemein" geworden war, mündeten schließlich die hier jeweils nur kurzzeitig beigelegten Konflikte in adlige Aktivitäten zur Beförderung der Reformation im Amt Grevesmühlen. Die durch eine Reihe adliger Grundherren im Klützer Ort gegen den Bischof von Ratzeburg geführte Fehde um die Einsetzung eines reformatorischen Predigers in Gressow wurde durch Lisch wohl nicht zu Unrecht ausdrücklich vor dem Hintergrund der hohen adligen Verschuldung bei den geistlichen Institutionen dieser Region interpretiert.[14] Maybaum verwies mit Blick auf die Verschuldung des Adels im Klützer Winkel, die er vor allem auf Einkommensverluste infolge der Geldentwertungen und Wüstungen des 15. Jahrhunderts zurückführte, auf die motivierende Wirkung, die dieser adlige Geldbedarf für die Herausbildung der Gutswirtschaften gehabt habe.[15]

Die gutsherrliche Verschuldung war in Mecklenburg[16] wie auch in benachbarten Territorien[17] zwar ein sich in Krisenzeiten verschärfendes Problem, ansonsten aber während der Frühen Neuzeit insgesamt eine permanente Erscheinung und somit auch stets ein wichtiger Faktor in der gutswirtschaftlichen Betätigung seit der zweiten Hälfte des 16. Jahrhunderts,

14 *G.C.Friederich Lisch,* Die Reformation im Klützer Ort, besonders zu Gressow, und ein Religionskrieg, in: Jahrbücher des Vereins für mecklenburgische Geschichte und Altertumskunde 16. 1851, 57–97, hier bes. 59–66.

15 *Heinz Maybaum,* Die Entstehung der Gutsherrschaft im nordwestlichen Mecklenburg (Amt Gadebusch und Amt Grevesmühlen). (VSWG, Beiheft 6.) Suttgart 1926, 108–118.

16 Für Mecklenburg siehe vor allem *Hanna Haack,* Bäuerliche und gutsherrliche Verschuldung in mecklenburgischen Feudalkomplexen um 1600, in: Wissenschaftliche Zeitschrift der Universität Rostock 21, 1972, Gesellschafts- und Sprachwissenschaftliche Reihe, Heft 2, 263–272; sowie *Jochen Richter,* Ländliches Kreditwesen in Mecklenburg im 16./17. Jahrhundert, in: JbWG 1986/1, 131–149.

17 Recht gut untersucht ist dieses Thema inzwischen für Brandenburg. Siehe *Lieselott Enders,* Die Uckermark. Geschichte einer kurmärkischen Landschaft vom 12. bis zum 18. Jahrhundert. Weimar 1992, zur adligen Verschuldung siehe insbesondere 304–308, 471, 611–614; *dies.,* ‚Aus drängender Not'. Die Verschuldung des gutsherrlichen Adels der Mark Brandenburg im 17. Jahrhundert, in: JbGMOD 43. 1995, 1–23; *dies.,* Die Vermögensverhältnisse des Prignitzer Adels im 18. Jahrhundert, in: JbBrandLG 46. 1995, 76–93. Insbesondere mit Blick auf die Kreditbeziehungen zwischen Landesherrschaft und Adel vgl. *Peter-Michael Hahn,* Struktur und Funktion des brandenburgischen Adels im 16. Jahrhundert. Berlin 1979, 68, 73–88, 189–196; sowie *ders.,* Fürstliche Territorialhoheit und lokale Adelsgewalt. Die herrschaftliche Durchdringung des ländlichen Raumes zwischen Elbe und Aller (1300–1700). (Veröffentlichungen der Historischen Kommission zu Berlin, Bd. 72.) Berlin/New York 1989, hier auch zur Verschuldung des Adels in der Altmark: S. 115f., 197–201, 258–265. Zu Aspekten der Verschuldung des neumärkischen Adels siehe jetzt: *Frank Göse,* Zur Geschichte des neumärkischen Adels im 17./18. Jahrhundert – Ein Beitrag zum Problem des ständischen Regionalismus, in: Forschungen zur brandenburgischen und preußischen Geschichte, N. F. 7, 1997, H. 1, 1–47, hier S. 20, 43–46.

gerade für die Masse des Kleinadels.[18] Einige der reich begüterten adligen Familien Mecklenburgs verfügten jedoch auch über beträchtliche Geldvermögen.[19]

Mit den Auswirkungen des Dreißigjährigen Krieges und der folgenden kriegerischen Auseinandersetzungen in der Region hatte sich auch die finanzielle Lage vieler adliger Familien deutlich verschlechtert. Als im Jahr 1668 der Landreiter des Amtes Stargard auf herzoglichen Befehl eine „Specification aller und jeder Adelichen Hauptgüter, nebenst deren pertinentien, des Ambtes Stargardt, von wehme dieselbe bewohnet, und administriret werden" erstellte, waren die Dinge im Fluß. Überall wurden zwar noch die Namen der Familien notiert, in deren Besitz sich die Güter ursprünglich befunden hatten und teilweise noch befanden. Aber immerhin wurden in 19 von 45 Orten Kreditoren auf den alten Rittersitzen angetroffen. Sie besaßen die Güter, ganz oder zu einzelnen Teilen, sie nutzten sie pfandweise oder hatten sich gerichtlich in den Besitz eingeklagt. Dies betraf u.a. Neuenkirchen, ein „Staffelden Guht, stehet in Creditoren händen"; Trollenhagen, „ein Glöeden Guht, so Hauptmann Voltzkow Pfandßweise an sich gebracht"; Podewall, „hat der Raht zu Newbrandenburg viele Jahre gehabt, so Jochim Steinkopfen, wegen Schuldforderung, gerichtlichen adjudiciret, Itzo an Ernst Christoffer von der Lancken verpensionieret"; Neddemin, wo einige Bauernhöfe ebenfalls „sein Jochim Steinkopf in Brandenburg verpfendet"; Lübberstorff, „in Creditoren Händen"; Gentzkow, wo ein „Rahtßherr aus Strahlsund" einen Anteil inne hatte, „so Ihm verpfendet"; Warlin, wo Friederich Thomstorff zwei Bauernhöfe „pfandßweise zugeschlagen" erhalten und in etliche Höfe „sich ein Bürger auß Strahlsund Lüschow gerichtlich eingeleget" hatte; Liepen, „ein Rieben Guht, so Itzo Timotius Gerschow posidiret, der es von seines Vatern Bruder geerbet, so es von Bürgermeister George Thetzen auß Brandenburg Pfandßweise erkauft". Die Reihe der Beispiele ließe sich fortsetzen.[20]

Adlige Verschuldung war also auch in Mecklenburg einerseits ein Stück Normalität, sie konnte aber andererseits für den Bestand der jeweiligen lokalen adligen Herrschaft und die Besitzkontinuität der Familie mitunter durchaus bedrohliche Züge annehmen. Das Problem von Kontinuität bzw. Diskontinuität adligen Grundbesitzes in einzelnen Familien und Familienverbänden stellte eines der zentralen Probleme adliger Existenz dar.[21] Am Beispiel Mecklenburgs und Brandenburgs wurde dieses Problem zuletzt als Bedingung für die Entwicklung hin zu gutsherrschaftlichen Wirtschafts- und Sozialgebilden diskutiert. So betonte Ernst Münch die Bedeutung spätmittelalterlicher Wurzeln der frühneuzeitlichen Gutsherrschaft vor allem bei den wichtigsten alteingesessenen adligen Familien, die in der Regel

18 Eine Vielzahl von diesbezüglichen Belegen bieten die Lehnrepertorien im MLHAS, in denen seit dem 16. Jahrhundert zumindest die landesherrlich konfirmierten Schulden verzeichnet wurden. Zu Beispielen adliger Verschuldung siehe auch für die Hahnschen Besitzungen: *Hanna Haack*, Die sozialökonomische Struktur mecklenburgischer Feudalkomplexe im 16. und 17. Jahrhundert. (Untersucht am Beispiel der Eigentumskomplexe der Familie Hahn und der Domanialämter Güstrow, Ivenack und Stavenhagen.) Diss. MS. Rostock 1968, 116–120; sowie *dies.*, Verschuldung (wie Anm. 16), 268f.

19 Für den Osten Mecklenburgs sind große Geldvermögen beispielsweise für die v.Hahn, insbesondere seit Anfang des 17. Jahrhunderts, nachweisbar, als sich nach dem Aussterben verschiedener stark verschuldeter Nebenlinien der Besitz der Familie in der mittleren Linie Basedow-Seeburg konzentrierte. Siehe dazu *Haack*, Struktur mecklenburgischer Feudalkomplexe (wie Anm. 18), 117f.; sowie unten unter Punkt 5.2.

20 MLHAS, Acta feudalia generalia 39, Bl. 7–12.

21 Grundlegend: *Reif*, Westfälischer Adel (wie Anm. 3), hier insbesondere 41ff., 78–122.

über mehrere Herrschaftskomplexe in Mecklenburg verfügten und auf der Basis frühzeitiger Konzentrationen von Besitz- und Herrschaftsrechten besonders seit dem 16. Jahrhundert „prädestiniert [waren] für die Anfänge gutsherrschaftlicher Tendenzen".[22] Münch verweist auf die besondere Konzentration dieser adligen Herrschaftszentren in den Grenzräumen Mecklenburgs[23] und er hält es für möglich, daß Mecklenburg und vermutlich auch Pommern einen höheren Grad der Kontinuität an ritterschaftlichen Besitz- und Herrschaftsrechten als die Nachbarterritorien Uckermark oder Schleswig-Holstein aufwiesen.[24] Für Brandenburg, insbesondere für die Uckermark und die Prignitz, hob Lieselott Enders vor allem die Brüche in den Entwicklungslinien des grundherrlichen Adels jener Regionen hervor. Nach ihren Untersuchungen erlebte nur ein kleiner Teil jener Familien, die zu den mittelalterlichen Kolonisationsträgern gehörten, die Blüte- und Krisenzeiten der Gutsherrschaft in der zweiten Hälfte des 17. und im 18. Jahrhundert.[25]

Unstrittig ist, daß gerade von der Mitte des 18. Jahrhunderts an auch in Mecklenburg bemerkenswerte Veränderungen in der Struktur des grundbesitzenden Adels zu beobachten sind. Waren 1755 immerhin noch 80 der 130 bis 140 „alteingeborenen" Adelsfamilien des ausgehenden 16. Jahrhunderts im Lande begütert, so sank die Zahl dieser Familien bis zur Mitte des 19. Jahrhunderts auf rund die Hälfte, allerdings mit beträchtlichen regionalen Unterschieden. Insbesondere im Osten Mecklenburg-Schwerins und in Mecklenburg-Strelitz ist eine größere Kontinuität adligen Besitzes zu verzeichnen.[26] Einige Hintergründe dieser Entwicklung gilt es hier näher zu beleuchten.

Auch die v.Rieben auf Galenbeck hatten bereits vor dem Dreißigjährigen Krieg mit dem Problem ausufernder Verschuldungen und dem drohenden Verlust ihres Grundbesitzes zu kämpfen. 1592, 1593 und 1594 verpfändeten nacheinander Hasse Riebe, Heinrich Riebe und Achim Riebe ihre Anteile an Galenbeck für insgesamt 26.100 fl[27]; 1607 verpfändete Jochim Riebe zu Galenbeck und Brohm „wegen der ererbten Schulden" für 20.000 fl seine Anteile an Galenbeck und Matzdorf auf 24 Jahre an seinen Schwager Erasmus Kussow, pommerscher Rat und Kanzler zu Wolgast. 1610 war Jochim Riebe zum Verkauf dieser Besitzungen bereit und erbat eine entsprechende Erklärung des Pfandinhabers. 1621 schließlich baten Erasmus Kussow und Detloff Riebe um Konfirmation wegen des für 18.000 fl verkauften Anteils am Gut Galenbeck. Zur gleichen Zeit wurde auch der Anteil Fritz Ihlenfelds an Galenbeck, den

22 *Ernst Münch*, Ritterschaft zwischen Mittelalter und Neuzeit. Zur Kontinuität des adligen Grundbesitzes in Mecklenburg, in: ZfG 38, 1990, Heft 10, 888–906, hier insbes. 897; sowie *ders.*, Über die Kontinuität ritterschaftlicher Besitz- und Herrschaftsrechte zwischen Mittelalter und Neuzeit in Mecklenburg, in: Agrargeschichte 23, 1990, 36–41.

23 Zur Entfaltung adliger Herrschaft in derartigen Grenzräumen siehe auch den Beitrag von Thomas Rudert in diesem Band.

24 *Münch*, Ritterschaft (wie Anm. 22), 897.

25 Vgl. die Arbeiten von *Enders* in Anm. 17. Mit Beispielen für durch übermäßige Verschuldung hervorgerufene Besitzverluste in Familien des großgrundbesitzenden böhmischen Hochadels gegen Ende des 16./ Anfang des 17. Jahrhunderts siehe auch: *Václav Bůžek*, Der Kredit in der Ökonomik des Adels in Böhmen in der Zeit vor der Schlacht auf dem Weißen Berg, in: Hospodářské Dějiny 15, 1986, 27–64.

26 *Boll*, Geschichte Meklenburgs (wie Anm. 11) 454–456, 461f.; sowie *Münch*, Ritterschaft (wie Anm. 22), 888f.

27 Im folgenden werden die Währungseinheiten wie folgt abgekürzt: Gulden: fl, Reichstaler: rt, Groschen: gr, Schilling: ß.

dieser von Hasso Riebe erworben hatte, hoch verschuldet. Nach dem Dreißigjährigen Krieg ging der Ihlenfeldsche Anteil in Konkurs; 1654 erwarb Christian Ulrich Kussow Forderungen der Gläubiger für die Hälfte ihres ursprünglichen Wertes. Zwischenzeitlich, zwischen 1621 und 1670, waren die v.Rieben ohne jeglichen Grundbesitz in Galenbeck. Wulf Martin v.Rieben erwarb dann „mit seiner Frauen Gelde" Anteile an Galenbeck von Adam Otto v.Vieregge, an den die früheren Kussowschen Besitzungen inzwischen geraten waren, zurück. Erst 1702 aber wurde Galenbeck mit den dazugehörigen Pertinenzen in Gehren und Wittenborn wieder ordentliches Lehen der Familie v.Rieben.[28]

Auch auf anderen Gütern des Amtes Stargard beeinflußten in dieser Zeit Eheverbindungen adliger Frauen (mit ihren Ehegeldern und Ausstattungen) wesentlich, ob und unter welchen Umständen Güter neu erworben, zurückgewonnen oder gesichert werden konnten. Der erwähnte Landreiterbericht des Jahres 1668 verweist auf die Bedeutung der weiblichen Angehörigen des Adels beim Transfer, aber auch bei der Administration der Güter. In fünf von 45 Dörfern wirtschafteten die Witwen der vormaligen Besitzer, in zwei Dörfern waren die neuen Herren durch Heirat einer Witwe in den Besitz der Güter gelangt und in weiteren neun Fällen (in acht Dörfern) waren die Güter nach Eheschließungen über die Ausstattung der Ehefrauen in die Hände neuer Besitzer gekommen oder mit ihrem Geld zurückerworben.[29] Wie bei Wulf Martin v.Rieben, der zum Wiedererwerb eines Teils des Gutes auf das von seiner Frau in die Ehe eingebrachte Geld angewiesen war, begegnen uns auch bei den folgenden Besitzern Galenbecks vergleichbare Konstellationen. Sie sicherten den Ehefrauen, Witwen bzw. deren Erbinnen und Erben eine Teilhabe am Besitz und damit langfristigen Einfluß auf die Geschicke des Gutes. Regelmäßig gehörten Teile der Kapitalien, die „im Gut standen", den Ehefrauen der Gutsherren und für die Verzinsung dieser Gelder mußte kontinuierlich ein relativ großer Teil der Gutseinnahmen aufgebracht werden.[30]

Waren also in der zweiten Hälfte des 17. Jahrhunderts viele Güter beträchtlich verschuldet und eine Reihe von ihnen zeitweilig oder dauerhaft in die Hände von teils bürgerlichen, teils adligen Kreditgebern übergegangen, so existierte auch in den folgenden Jahrzehnten ein anhaltend hoher Kreditbedarf. Sowohl in der Zeit des Wiederaufbaus als auch in der Phase ökonomischer Konsolidierung wurde für den Ausbau der Gutswirtschaften Geld für Investitionen benötigt. Aber nicht nur zu wirtschaftlichen Zwecken war Geld erforderlich. Der Finanzbedarf entstand auch aus anderen Bereichen der Gutsherrschaft und des adligen Lebens: Die Kosten für den Wiederaufbau und die Instandhaltung der Kirchen, für die Finanzierung der Gerichtsherrschaft und für die oft langwierigen Rechtsstreitigkeiten zur Durchsetzung von Besitzansprüchen gegen konkurrierende Herrschaftsinhaber (benachbarte Gutsherrschaften, Geistlichkeit) sowie die Ausgaben zu privaten Zwecken konnten die Geldeinnahmen der

28 MLHAS, Lehnakten Galenbeck, Vol. I; sowie GAHG 1 und 4.

29 MLHAS, Acta feudalia generalia 39, Bl. 7–12.

30 Derartige Kapitalien werden hier wie Kredite behandelt, da sie regelmäßig verzinst (in Form von jährlichen „Alimenten") oder die Zinsansprüche vererbt wurden. Demgegenüber betont *M. Weyermann*, Zur Geschichte des Immobiliarkreditwesens in Preußen mit besonderer Nutzanwendung auf die Theorie der Bodenverschuldung. Karlsruhe 1910, 54, daß „auf die Güter versicherte" Gelder von Verwandten (Ehefrauen, Kinder, Mündel) nur eine Scheinbelastung der Güter darstellten, wenn sie außerhalb des Grundbesitzes angelegt und ständig flüssig gemacht werden konnten. Das war aber in Galenbeck gerade nicht der Fall und ist auch sonst innerhalb des hoch verschuldeten ländlichen Adels Mecklenburgs nicht ohne weiteres zu unterstellen, wie das Schicksal der v.Hahnschen Kuratelgelder zeigt. Vgl. dazu unten Abschnitt 5.2.

Wirtschaften schnell übersteigen. Auch in den Herrschaften Galenbeck und Cosa-Brohm beobachten wir im Verlauf des 18. Jahrhunderts einen enormen Anstieg der Verschuldung (Tabelle 1).

Tabelle 1
Kreditbelastung und Herkunft der Kredite in den Herrschaften Galenbeck und Cosa-Brohm im 18. Jahrhundert

Ort u. Jahr	Kreditgeber (in %) Adel	Bürger	Kirche	Dorfbev.	Sonst.	Kreditbelastung insg.
Cosa-Brohm 1685	79,9	11,6	8,5	-	-	25.854 fl
Galenbeck um 1702	79,4	3,7	18,9	-	-	15.442 fl
Galenbeck 1734	?	?	?	?	?	20.259 rt
Galenbeck u. Cosa-Brohm 1748	?	?	?	?	?	59.800 rt (G: 25.629 rt)
Galenbeck u. Cosa-Brohm 1765	56,6	27,5	4	7,9	1,9	162.106 rt (G: 69.474 rt)
Galenbeck u. Cosa-Brohm 1774	57,9	30,4	4,7	5,4	1,6	124.376 rt (G: 53.304 rt)
Galenbeck 1808	15,5	52,4	2,7	2,4	26,8	82.030 rt

G: Für die Herrschaft Galenbeck errechnete anteilige Werte. Die zugrundeliegenden summarischen Angaben für Galenbeck und Cosa-Brohm wurden nach dem bei der Erbteilung des Jahres 1802 angewandten Verfahren (3/7 für den Galenbecker; 4/7 für den Cosa-Brohmer Anteil; vgl. MLHAS, Lehnakten Galenbeck, Vol. II) aufgeteilt.

Quellen: Für 1685: MLHAS, GAHG 82; für 1702: MLHAS, GAHG 88; für 1734: MLHAS, Lehnakten, Vol. II; für 1748: MLHAS, GAHG 102, Promemoria des Kammerherrn Curt W.C.F. v.Rieben vom 10.Dezember 1776; für 1765: MLHAS, GAHG 105 (Designation derer Sämtlichen Schulden, S. 1–4); für 1769: MLHAS, GAHG 99, nach dem Anschlag des Amtmannes F.Reuter (Nemerow) vom 28.8.1769; für 1774: MLHAS, GAHG 99, nach den Eintragungen in das 1774 errichtete Hypothekenbuch bei dessen Eröffnung; für 1808: MLHAS, GAHG 114.

Diese Zunahme der Verschuldung steht nur teilweise mit dem Erwerb der Herrschaft Cosa-Brohm durch die Galenbecker v.Rieben im Jahr 1748 in Verbindung. Mit diesem Erbe mußten umfangreiche Verbindlichkeiten gegenüber den Miterben übernommen werden. Der stärkste Anstieg der Verschuldung fand jedoch erst danach, in den 1750er und 1760er Jahren, statt. Damals wurden Kredite u.a. für den Aufbau verschiedener Vorwerke aufgenommen.[31]

Eine Interpretation der jeweiligen absoluten Höhe der Schulden ist nur mit Blick auf den Ertrag der Güter möglich. Auch die Wirtschaftseinnahmen der Herrschaft Galenbeck stiegen im Laufe des 18. Jahrhunderts beträchtlich. Dabei stellte die Getreideproduktion die Haupteinnahmequelle dar (Tabelle 2).

31 MLHAS, GAHG 102, Testament Heinrich August v.Riebens vom 26. März 1759.

Tabelle 2
Umfang und Struktur der Einkünfte der Herrschaft Galenbeck (Galenbeck, Gehren, Anteil Wittenborn) nach Taxationen aus den Jahren 1723 und 1769 sowie nach den Rechnungen der Jahre 1778–1784 (in rt)

Einkünfte aus:	1723 (taxiert)	1769 (taxiert)	tatsächliche Einnahmen im Durchschnitt der Jahre 1778–84
1. aus der gutsherrlichen Eigenwirtschaft und verpachteten Betriebsteilen (Schäferei, Holländerei)			
Getreideverkauf	818	1.998	1.412
Vieh (Pferde, Rindvieh, Schweine)	135	280	542
Holländerei			89
Schäferei	128	243	218
Garten, Brauerei, Brennerei, Taback	10 („Garten")	300[a]	348 (Garten: 107; Taback: 241)
Rohrwerbung			109
Zwischensumme 1:	1.091 (77,2%)	2.821 (59,7%)	2.718 (74,9%)
2. Dienste und „baare Hebungen" (Pachtgelder, Mieten)			
Mieten von Tagelöhnern u. Handwerkern	34	244	883 (Miet- und Pachteinnahmen insgesamt)[b]
Mühlenpacht	33	282[c]	
Krüger			
Kalkbrennerei und Ziegelei	24	100	
Fischerei	20	25	
Sonstiges	16 (Schweinemast)[d]	80 (Schleusenpacht)	30 (Fuhren)
Zwischensumme 2:	127 (9%)	731 (15,5%)	913 (25,1%)
für bäuerliche Dienste	195 (13,8%)	1.175 (24,9%)	–
Insgesamt	1.413	4.727	3.631

a inkl. Schweinezucht
b In den hier verwendeten Jahresrechnungen wurden die Miet- und Pachteinnahmen aus den Dörfern summarisch aufgeführt (einschließlich Krug-, Mühlen-, Ziegelei und Fischereipacht).
c Mühlen- und Krugpacht
d Die bäuerliche Schweinemast in den gutsherrlichen Wäldern hörte in den 1730er Jahren auf. Vgl. dazu *Axel Lubinski,* Die Realisierung von Gutsherrschaft und Erfahrungen mit Untertänigkeit. Das Beispiel Galenbeck in Mecklenburg (1719–1748), in: Konflikt und Kontrolle. Über Resistenz- und Herrschaftsverhalten in ländlichen Sozialgebilden der Frühen Neuzeit. (Veröffentlichungen des Max-Planck-Instituts für Geschichte, Bd. 120.) Hrsg. v. Jan Peters. Göttingen 1995, 201–247, hier 217–221.

Quellen: Für 1723 GAHG 35; für 1769 GAHG 99; für 1778–1784 GAHG 525–531.

In Tabelle 2 wird im Vergleich der taxierten bzw. tatsächlichen Betriebsergebnisse der Jahre 1723 und 1769 bzw. 1777–1784 die deutliche Steigerung der Einkünfte der Herrschaft Galenbeck zwischen den 1720er und 1770er Jahren sichtbar. Darüber hinaus zeigt sich die

Problematik des fehlerbehafteten zeitgenössischen Taxationswesens. Der Durchschnitt der tatsächlichen Wirtschaftsergebnisse über einen Zeitraum von sieben Jahren (Wirtschaftsjahre 1777/78–17783/84) wich erheblich von den 1769 taxierten Einkünften ab. Dabei hielt sich die Differenz zwischen den taxierten und tatsächlichen Einkünften aus der gutsherrlichen Eigenwirtschaft bzw. verpachteten Teilen der Gutswirtschaft noch in vertretbaren Grenzen. Die größte Abweichung entstand durch einen zu hoch veranschlagten Erlös aus Getreideverkäufen, der vor allem auf den hier einbezogenen Hafer zurückgeht. Tatsächlich wurde der Hafer fast ausschließlich als Viehfutter in der Gutswirtschaft selbst verwertet und damit ein entsprechend höherer Erlös beim Verkauf vor allem von Pferden erzielt. Insgesamt lagen die taxierten Einnahmen aus diesen Zweigen der Gutswirtschaft nur ca. 4 % über den tatsächlichen. Gravierender waren die Differenzen im zweiten Bereich der Gutsökonomie. Insbesondere für die in Geldwert veranschlagten bäuerlichen Dienste sind keine tatsächlichen Einnahmen in den Rechnungen nachweisbar.[32] Der Wert der veranschlagten Dienste ist bereits in den Produkten der gutsherrlichen Eigenwirtschaft enthalten. Hier liegt die größte Fehlerquelle der Taxation des Jahres 1769 gegenüber den tatsächlich erzielten Ergebnissen. Darüber hinaus bleiben kleinere Posten in den Gutsrechnungen (Holländerei, Rohrwerbung, Entgelte für Fuhren seitens des Gutes) ohne Entsprechung in den früheren Taxationen. Es muß einstweilen offen bleiben, ob dies auf die Ungenauigkeit der angewandten Taxationsmethode oder auf Veränderungen in der Wirtschaftsführung zurückzuführen ist. Möglicherweise erfolgte ja die Abgabe von Rohr und die Durchführung von Transporten früher unentgeltlich, insbesondere gegenüber den eigenen Untertanen bzw. war nicht Gegenstand einer genauen Rechnungsführung. Die 1769 aufgeführte Schleusenpacht war vielleicht nur eine zeitweilige Einkommensquelle zur Amortisation der Baukosten.[33]

Aber auch unter Berücksichtigung der benannten Unsicherheiten wird die Struktur der Einkünfte und die Tendenz der Entwicklung deutlich. Rund 72% der gutsherrlichen Einkünfte stammten in den 1770er Jahren aus der Eigenwirtschaft des Gutes einschließlich der verpachteten Betriebsteile (Holländerei und Schäferei). Innerhalb dieser Bereiche wiederum machte der Getreideverkauf den mit Abstand größten Einzelposten aus, wobei offensichtlich der Pferdeverkauf und der Tabackanbau im letzten Drittel des 18. Jahrhunderts als wichtige Einkommensbereiche an Bedeutung gewannen oder neu hinzukamen.

Die Steigerung der gutsherrlichen Einkünfte zwischen den 1720er und 1770er Jahren war vor allem auf den extensiven Ausbau der Gutswirtschaft zurückzuführen. Mindestens bis 1824 wurde auf dem Hofland Galenbecks weiter in der traditionellen Dreifelderwirtschaft geackert, bis 1769 war auch in Cosa-Brohm noch keine Verkoppelung erfolgt.[34] Insbesondere seit den 1740er Jahren wurden mehrere Vorwerke angelegt und eine Gutswirtschaft im vorher rein bäuerlichen Gehren. Hinzu kam der Aufkauf des zuvor im Besitz der v.Rieben auf Schönhausen befindlichen Teils von Gehren im Jahr 1755.[35]

32 Zumindest für die Dörfer Galenbeck und Gehren (1769 mit 6 Vollbauern und 3 Viertelbauern veranschlagt) geht aus den Jahresrechnungen der Jahre 1778 bis 1784 hervor, daß keine bäuerlichen Pachtgelder gezahlt wurden. Für Wittenborn (1769 mit 5 Vollbauern veranschlagt) sind in den entsprechenden Rechnungen jedoch keine spezifizierten Einzelangaben aufgeführt. MLHAS, GAHG 99 und 525–531.

33 Zum Taxationswesens siehe auch unten Abschnitt 5.1.

34 MLHAS, GAHG 99 und 176.

35 MLHAS, GAHG 5, Herzoglicher Lehnbrief über den Anteil an Gehren vom 16. April 1755.

Neben dieser Steigerung der Einkünfte aus der landwirtschaftlichen Produktion des Eigenbetriebes ist ein Anwachsen der Geldeinkünfte der Gutsherrschaft aus Pacht- und Mietgeldern der zugehörigen Dörfer zu verzeichnen. Die Mehreinnahmen resultierten einerseits aus der Verpachtung des zwischen Galenbeck und Gehren neu errichteten Rohrkruges, zu dem ein umfangreiches Ackerarreal gehörte, so daß es sich hier faktisch um ein kleines Vorwerk handelte. Daneben erhöhten sich die Mieteinnahmen von den zahlreicher gewordenen Tagelöhner- und Handwerkerfamilien der Dörfer.[36]

Die erreichte Ertragssteigerung im wichtigsten Bereich der Gutsökonomie, innerhalb der Getreideproduktion, ist im Einzelnen auf Grundlage der Ernteergebnisse bzw. der Aussaatmengen nachweisbar. Da innerhalb kurzer Zeiträume die Ernteergebnisse unter dem Einfluß der natürlichen Bedingungen wesentlich stärker schwankten, als die Aussaatmengen, sollen letztere für bestimmte Zeiträume den Einkünften und den Zinsbelastungen gegenübergestellt werden und somit als Indizien für die Entwicklung der Gutsökonomie dienen.

Tabelle 3
Jährliche Einkünfte, Zinsbelastungen und Aussaatmengen in der Herrschaft Galenbeck im 18. Jahrhundert

Zeitraum	Einkünfte (rt)	Zinsbelastung (rt)	Aussaatmengen(Roggen/ Getreide insgesamt, in Parchimer Scheffel)
1702–04	407	432	192/442 (1704)
1721–22	878		308/599
1726	1.101		316/718
1737, 1740–42		1.013 (1734)	350/680
1747–48	ca. 1.042	ca. 1.281* (1748)	365/547
1769	ca. 3.860*	3.474* (1765)	
1778–84	3.631	2.665* (1774)	510/1238
1789	4.469		386/1096
1808		4.102	

* Für die Herrschaft Galenbeck errechnete anteilige Werte. Die zugrundeliegenden summarischen Angaben für Galenbeck und Cosa-Brohm wurden nach dem bei der Erbteilung des Jahres 1802 angewandten Verfahren (3/7 für den Galenbecker; 4/7 für den Cosa-Brohmer Anteil; vgl. MLHAS, Lehnakten Galenbeck, Vol. II) aufgeteilt.

Quellen: Für die *Einkünfte:* 1702–04 = MLHAS, GAHG 89 (Durchschnitt der Rechnungsjahre 1702/03 und 1703/04); 1721–22 = MLHAS, GAHG 518/3, 518/4 (Durchschnitt der Rechnungsjahre 1720/21 und 1721/22); 1726 = MLHAS, GAHG 729. Ergebnis der Wirtschaftseinkünfte des Rechnungsjahres 1725/26 (974 rt) unter Hinzurechnung der „baaren Hebungen" nach der Taxation des Jahres 1723 (127 rt, ohne bäuerliche Dienste, vgl. Tab. 2); 1748 = MLHAS, GAHG 736. Wirtschaftseinkünfte des Rechnungsjahres 1747/48 (643 rt) unter Hinzurechnung eines geschätzten Wertes (400 rt) für „baare

36 Das zugrundeliegende Bevölkerungswachstum erforderte jedoch auch einen erhöhten Aufwand seitens der Gutsherrschaft für den Bau und die Erhaltung entsprechender Wohnungen. Die damit verbundenen Kosten sind ebenso wie die Lohnkosten (abgesehen von in Naturalien gezahlten Deputaten und Drescherlöhnen) den hier ausgewerteten Jahresrechnungen in der Regel nicht zu entnehmen, die lediglich die rohen Erträge enthalten. Zu Bemühungen um die Einführung von Reinertragsermittlungen in der Landwirtschaft Mecklenburgs siehe unten Abschnitt 5.1.

Hebungen" (nach den Taxationen der Jahre 1723 und 1769, vgl. Tab. 2); für 1769 = MLHAS, GAHG 99 (Galenbecker Anteil nach der Reinertragskalkulation durch den Amtmann Reuter). für 1778–84 = MLHAS, GAHG 525–531. Wirtschaftsrechnungen der Jahre 1777/78–83/84; 1789 = MLHAS, GAHG 741. Wirtschaftsrechnung 1788/89.
Für die *Zinsbelastung:* Für 1702–04 = MLHAS, GAHG 89; für die übrigen Werte vgl. Tab. 1. Die jeweilige Zinsbelastung wurde nach den dort aufgeführten Summen unter Annahme des bis auf wenige Ausnahmen verwendeten Zinssatzes von 5% berechnet.
Für die *Aussaatmengen:* 1704 = *Franz Schubert,* Anno 1704. Contributionslisten aller Ämter im Lande Mecklenburg-Strelitz nach dem Edict vom 20.12.1703. Göttingen 1981, 16; 1721–22 = MLHAS, GAHG 518/3, 518/4; 1726 = MLHAS, GAHG 729; 1737/ 1740–42 = MLHAS, GAHG 730–733; 1747/48 = MLHAS, GAHG 735, 736; 1777/78–83/84 = MLHAS, GAHG 525–531; 1788/89 = MLHAS, GAHG 741.

Die hier vorgestellten wirtschaftlichen Eckdaten vermitteln einen Eindruck davon, wie eng die finanziellen Spielräume der adligen Herren und Frauen auf Galenbeck und Cosa-Brohm im Verlauf des 18. Jahrhunderts waren, selbst wenn man Extremsituationen, wie sie beispielsweise in den Jahren 1702–1704 auftraten, nicht zum Maßstab der Beurteilung macht. Damals mußte Wedige Friedrich v.Rieben, der das Gut am 9. November 1702 übernommen hatte, aus den 552 rt 2 g Einkünften des ersten Wirtschaftsjahres Ausgaben in Höhe von 651 rt 7 g bestreiten und somit über ein Defizit von 99 rt 5 g quittieren. Im nächsten Jahr betrug das Minus sogar 347 rt 6 g. Bei schwankenden Einkünften hatte der junge Gutsherr konstante Lasten in beträchtlicher Höhe zu tragen: 432 rt 7 g waren in jenen Jahren an „Alimenten Geldern" für seine Frau Mutter und weitere Kreditzinsen[37] zu zahlen, an „Volcks Lohn" waren 103 bzw. 123 rt aufzubringen und die restlichen Summen von insgesamt rund 100 rt waren für öffentliche Abgaben, Handwerkerlöhne und Baumaterial zu erübrigen.[38]

Für derartig negative Bilanzen kamen neben Kriegs- und Mißwuchszeiten wohl vor allem die Anfangsjahre in der Wirtschaftsführung der jeweiligen Gutsherren in Frage, aber daß die Besitzer auch in normalen Jahren bis in das ausgehende 18. Jahrhundert hinein keine besonders üppigen Überschüsse erzielen konnten, zeigt schon die Höhe der Zinsbelastung im Vergleich mit den realisierbaren Einnahmen.

Auffallend ist dann der Sprung sowohl der Einkommen als auch der Verschuldung um die Mitte des 18. Jahrhunderts. Diese Zeit ist eine wichtige Periode der Erweiterung der Galenbecker Gutswirtschaft mit der Anlage des Vorwerkes Annenhof und der Einrichtung einer Eigenwirtschaft in Gehren. Hinzu kamen die Cosa-Brohmer Vorwerke Friedrichshof und Heinrichswalde.

Eine prinzipielle Veränderung der herrschaftlichen Finanzsituation erbrachte aber auch dieser (extensive) Ausbau der Gutswirtschaft nicht. Insgesamt wurde im 18. Jahrhundert der deutlich größere Teil der Erträge durch die fälligen Zinsen verschlungen. Hinzu kamen Lohn- und andere Wirtschaftskosten. Für die eigene Lebenshaltung und die Realisierung adliger Herrschaft blieben, abgesehen vom Verbrauch der Naturalprodukte des Gutes, die in den veranschlagten Erträgen nicht erschienen, nur sehr begrenzte finanzielle Mittel. In Abhängigkeit von den jeweiligen Konjunkturlagen[39] und unter Berücksichtigung der durch Naturein-

37 Zu den einzelnen Schuldposten siehe unten unter Punkt 2.

38 MLHAS, GAHG 89.

39 Nach Wilhelm Abel sind für den untersuchten Zeitraum und die ostdeutschen Getreideanbaugebiete vor allem eine landwirtschaftliche Absatzkrise infolge übersättigter Märkte Anfang des 17. Jahrhun-

wirkungen und Kriegsbelastungen immer wieder kurzfristig auftretenden Schwankungen und unkalkulierbaren Einbußen haben wir es also mit einem sehr prekären Wohlstand der gutsherrlichen Familie zu tun. Offensichtlich erfolgte die Wirtschaftsführung langfristig bis weit in die zweite Hälfte des 18. Jahrhunderts bei stark ansteigender Belastung durch Schuldzinsen eher am Rande des Defizits, als daß mit regelmäßigen Gewinnen gerechnet werden konnte.

Bezüglich der Herkunft der Kredite der Herrschaften Galenbeck und Cosa-Brohm im Laufe des 18. Jahrhunderts lassen sich einige markante, gegenläufige Trends ausmachen. In diesem Zeitraum nahm der Anteil adliger Kreditgeber deutlich ab, der Anteil bürgerlicher Kreditoren (aus benachbarten Kleinstädten, aber auch aus Berlin und Hamburg) nahm ebenso spürbar zu. Dieser bestimmende Trend wird durch die gegen Ende des 18. Jahrhunderts hinzukommenden Gläubiger („Sonstige") in Form von Institutionen und Kuratelgeldern ergänzt.[40] Rückläufig ist auch der in der ersten Hälfte des 18. Jahrhunderts noch bemerkenswert hohe Anteil von Krediten, die von benachbarten Kirchen bzw. deren Pastoren ausgegeben wurden. Nicht zu vernachlässigen schließlich sind jene Summen, die aus der dörflichen Bevölkerung der Herrschaften selbst bzw. aus deren benachbartem ländlichen Umfeld stammten.

SprunghafteNeuverschuldungen traten vor allem in den Jahren des Besitzwechsels, also in Zusammenhang mit Erbfall und Erbauseinandersetzung auf, insbesondere beim Erwerb der Herrschaft Cosa-Brohm. Angesichts dieser Erweiterung des Herrschaftskomplexes der v.Rieben auf Galenbeck relativiert sich der damalige absolute Anstieg der Verschuldung. Die aufgenommenen Kredite waren durch den Wert des Besitzes gedeckt und die Zinszahlung durch die Erträge der Wirtschaften sichergestellt. Da die v.Riebenschen Güter im 18. Jahrhundert nie verkauft worden sind, läßt sich die relative Höhe der Verschuldung in dieser Zeit nur am Ergebnis von Taxationen messen. Demnach belief sich der Umfang der Schulden im Jahr 1765 (162.106 rt, vgl. Tab. 1), gemessen an den sehr unterschiedlichen Anschlägen des Jahres 1769[41], auf 57 bis 90% des Wertes der Güter.[42]

derts, der Zusammenbruch der Wirtschaft im Dreißigjährigen Krieg und eine schwere Agrardepression in den Nachkriegsjahrzehnten (etwa 1650 bis 1690) sowie die Agrarkrise zu Anfang des 19. Jahrhunderts zu berücksichtigen. Siehe hierzu *Wilhelm Abel,* Agrarkrisen und Agrarkonjunktur. Eine Geschichte der Land- und Ernährungswirtschaft Mitteleuropas seit dem hohen Mittelalter. 3.Aufl. Hamburg/Berlin 1978, bes. 152–154, 158–161, 182–188, 220–240. Gerade für Mecklenburg ist die u.a. aus den Münzverschlechterungen des Siebenjährigen Krieges erwachsende Kreditkrise der 1760er und 70er Jahre hinzuzufügen, siehe dazu auch Abschnitt 4.1.

40 Anders als die institutionalisierten Anstaltskredite, auf die unten noch zurückzukommen sein wird, stellten die Kuratelgelder in der zweiten Hälfte des 18. Jahrhunderts keine neue Kreditquelle dar. Sie boten sowohl im bäuerlichen als auch im adligen Kreditwesen den Vormündern eine günstige Alternative zu den üblichen Finanzmärkten, was für die Mündel jedoch auch einige Risiken beinhaltete. Siehe dazu auch unten Abschnitt 5.2. sowie mit Blick auf den bäuerlichen Kredit: *Wunder,* Finance (wie Anm. 4), 37.

41 Nach diesen Anschlägen wurden die Herrschaften Galenbeck und Cosa-Brohm auf insgesamt 286.781 rt bzw. 180.000 rt taxiert. Vgl. dazu unten Abschnitt 5.1.

42 In Preußen war mit der Verordnung vom 5.Mai 1767 festgelegt worden, daß Rittergüter nur bis zu maximal 50% ihres Wertes verschuldet werden durften. Allerdings waren zu dieser Zeit schon zahlreiche Güter über jene Grenze hinaus belastet. Später wurde diese Beschränkung bei stark steigenden Güterpreisen nicht mehr beachtet. *Weyermann,* Immobiliarkredit (wie Anm. 30), 40. In Böhmen galt im 17. Jahrhundert bereits eine Verschuldung von 40% des Liegenschaftswertes als absolut kritische Grenze, *Bůžek,* Kredit (wie Anm. 25), 33–40.

Angesichts des enorm gewachsenen Kreditumfangs, bei der zunehmenden Anzahl von Kreditoren und nicht zuletzt mit der immer engeren Einbindung der „im Gut stehenden" Kapitalien in überregionale Finanzbeziehungen wuchs jedoch das Risiko der verschuldeten Gutsherren in Zeiten politischer und wirtschaftlicher Instabilität bei den stets mit halbjähriger Frist möglichen Kündigungen der Kapitalien. Denn aus den Gütern heraus konnten zwar auf Basis der jährlichen Bodenrente die Zinszahlungen gewährleistet, kaum aber namhafte Kapitalbeträge flüssig gemacht werden. So war der Gutsherr bei der Kündigung von Geldern in der Regel auf Umschuldung in Form der Neuaufnahme eines anderen Kredits angewiesen. Als sich dieser Weg Ende der 1760er Jahre für Cord v.Rieben als versperrt erwies, mußte er seine Zahlungsunfähigkeit bekennen und nach Ablauf des eingangs erwähnten Zahlungsmoratoriums neue Wege zur Rettung und Stabilisierung des Kredits suchen.

Im folgenden sollen die Veränderungen im Kreditwesen der v.Riebenschen Güter und deren Auswirkungen auf die adlige Familie und die dörfliche Gesellschaft näher untersucht werden. In diesem Zusammenhang stellen sich eine ganze Reihe von Fragen: Woher kamen die Gelder in den hier unterscheidbaren Zeitperioden im Einzelnen? Welche Auswirkungen hatte der Wandel politischer, ökonomischer und juristischer Rahmenbedingungen im Kreditverkehr? Wie gestalteten sich die sozialen Beziehungen zu einzelnen Gruppen von Kreditoren? Auf der Suche nach Antworten ist zunächst die Situation in der ersten Hälfte des 18. Jahrhunderts genauer zu betrachten.

2. Kirchen und Pastoren auf den ländlichen Finanzmärkten

Als im Jahr 1702 Wedige Friedrich v.Rieben der alte Stammsitz der Familie, die Herrschaft Galenbeck mit ihren Pertinenzen, wieder als ordentliches Lehen übertragen worden war, mußte der Gutsherr, um das Lehngeld bezahlen zu können, bei Herrn Raven in Leppin 1.000 fl anleihen. Auch die Kirche Friedland gewährte um diese Zeit einen relativ großen Kredit. Für 1.200 fl wurde dort der Lehnbrief verpfändet. Mit dem Hauptteil der Schuldsumme von 15.442 fl aber, die damals auf Galenbeck lastete, war der Besitzer seiner Mutter verpflichtet. Für deren „im Gut stehendes Kapital" von 10.000 fl hatte Wedige Friedrich v.Rieben jährlich 600 fl Zins aufzubringen. Die restlichen Beträge der zwischen 1702 und 1734 offensichtlich ziemlich konstant bleibenden Schuldsumme stammten überwiegend von Kirchen und Pastoren der nahen Umgebung.

Die benachbarten Kirchen und Pastoren gehörten bis 1748, als mit dem Erwerb von Cosa-Brohm ein erheblicher zusätzlicher Kapitalbedarf entstand, um das Erbe überhaupt antreten zu können, zu den wichtigsten Geldgebern der v.Rieben auf Galenbeck. Deren Bedeutung für die ländlichen Finanzmärkte ist um so höher einzuschätzen, wenn man bedenkt, daß hier tatsächlich Bargeld beschafft werden konnte. Dagegen waren die Außenstände bei anderen adligen Familien oder eigenen Familienangehörigen oftmals auf Verbindlichkeiten aus innerfamiliären Besitzverteilungen zurückzuführen, bei denen häufig Erb- oder Alimentationsansprüche verzinst wurden, jedoch nicht unbedingt Bargeld floß. Mit Geldern aus den Kirchenkassen oder den Ersparnissen der Pastoren dagegen konnten, soweit sie in greifbarer Nähe zu Verfügung standen, kurzfristig auftretende finanzielle Engpässe noch am ehesten überbrückt werden. Für die nachreformatorische Zeit erlauben die Visitationsprotokolle der landesherrlichen Konsistorien einen Einblick in die Kreditgeschäfte der Kirchen. Den Visitatoren stellten sich seit dem Ende des Dreißigjährigen Krieges gerade die Übergriffe adliger

Patronatsherren gegen das Eigentum der Kirchen und Pfarren als permanentes Problem dar. Davon war auch das kirchliche Kreditwesen betroffen, da sich der Adel säumig in der Zahlung von Zinsen zeigte, Kredite nicht zurückzahlte und generell versuchte, eine verstärkte Kontrolle über das Kirchenvermögen zu erlangen.[43]

Um die Mitte des 18. Jahrhunderts verfügten die Mehrheit der Mecklenburg-Strelitzer Kirchen über eine positive Zahlungsbilanz und auch eine ganze Reihe von Pastoren verliehen regelmäßig Geld, um es zinstragend anzulegen. Die Finanzsituation der Kirchen in Mecklenburg-Strelitz verdeutlicht uns eine Quelle, die kurz nach dem Regierungsantritt Herzog Adolph Friedrichs IV. (1753) entstanden ist. Auf herzoglichen Befehl berichteten die Pastoren aus 49 Kirchspielen über die Guthaben bzw. die Verschuldung ihrer Kirchen (Tabelle 4).

Tabelle 4
Die durch die Kirchen des Landes Stargard im Jahr 1753 ausgegebenen Kreditsummen

Kreditnehmer	Anzahl der Kredite	Aktiva der Kirchen landesherrlichen Patronats		Aktiva der Kirchen adligen Patronats	
	n	rt	%	rt	%
Landesherrschaft	6	–	–	1.547	14,4
Adel	46	4.275	38,2	7.457	69,6
davon an die Patronatsherren	*14*			*5.096*	
Kirche	27	2.426	21,7	375	3,5
davon an die eigene Mater oder Filia	*5*	*860*		*200*	
Bürger oder Dorfbewohner	153	4.301	38,4	1.251	11,7
Sonstige	6	200	1,8	80	0,7
Insgesamt	239	11.202	100,1	10.710	99,9

Quelle: MLHAS, Mecklenburg-Strelitzer Konsistorium (MSK), Generalia. Convocation sämtl. Creditoren der Herzogl. Patronats-Kirchen. 1753 und 1768. Anders als der Aktentitel vermuten läßt, wurden im Jahr 1753 unter der Bezeichnung „Activ und Passiv Schulden sämmtlr. Kirchen Stargardischen Creÿses“ auch die Angaben aus den Kirchen adligen Patronats erfaßt. Die in den Städten befindlichen Kirchen und eine Kirche gemischten Patronats wurden bei der vorstehenden Auswertung nicht berücksichtigt. Die einzelnen Schuldposten wurden auf die 1753 bei den Kreditgeschäften übliche Talerwährung (in Gold) umgerechnet (1 rt = 2 fl) und auf ganze Taler abgerundet. Abweichungen der Summe relativer Werte von 100% sind auf Rundungsfehler zurückzuführen.

Die Zahlen in Tabelle 4 zeigen den Umfang der Kreditbeziehungen der ländlichen Kirchen mit den adligen Grundherren, aber auch zur dörflichen und landstädtischen Bevölkerung ihrer Umgebung. Dabei konzentrierte sich die Funktion der Kirchen als Kreditinstitute auf den Verleih von Kapitalien. Die zinstragende Anlage von Geldern spielte nur eine untergeordnete Rolle. Passiva entstanden einigen Kirchen bei Kreditaufnahmen für Bauvorhaben. Sie erfolgten in der Regel bei anderen Kirchen, oftmals bei der eigenen Mater oder Filia. Die Kirchen landesherrlichen Patronats stellten für diesen Zweck deutlich mehr Gelder zur Verfügung als adlige Kirchen.

Auch hinsichtlich der an fremde außerkirchliche Gläubiger verliehenen Kapitalbeträge unterschieden sich die Kirchen nach ihrem Patronatsverhältnis. Insgesamt floß mehr als die

43 *Karl Schmaltz,* Kirchengeschichte Mecklenburgs. 3.Bd. Berlin 1952, 38, 48, 100.

Hälfte der Kredite von insgesamt fast 22.000 rt an Adlige, die zumeist in der Umgebung der Kirchen über Grundbesitz verfügten. Der größte Teil dieses Betrages wiederum ist auf Gelder zurückzuführen, die adlige Herren bei ihren eigenen Patronatskirchen liehen. Aber auch die Kirchen landesherrlichen Patronats vergaben nennenswerte Kreditsummen an den Adel, während umgekehrt der Landesherr bzw. Angehörige der herzoglichen Familie nur vergleichsweise geringfügige Kredite bei den Kirchen adligen Patronats aufnahmen.

Weiterhin fallen die Kredite ins Gewicht, die an die landstädtische bzw. dörfliche Bevölkerung vergeben wurden. Der größte Teil dieser Gelder floß in die Städte bzw. an landesherrliche Beamte (Städtebürger: mindestens 2.242 rt; Beamte in Städten oder Amtsdörfern: 875 rt; ein Pächter: 300 rt). Die Masse dieser Gelder stammte aus den Kirchen landesherrlichen Patronats und überstieg insgesamt leicht den Umfang der Kredite, den diese Kirchen an den landsässigen Adel vergeben hatten.

Angesichts der seit Mitte des 17. Jahrhunderts zu überwindenden Kriegszerstörungen erscheint die finanzielle Situation der Kirchen des Landes Stargard 1753 bemerkenswert konsolidiert. Aber wie früher die Institutionen der päpstlichen Kirche hatten sich auch die reformierten Kirchen des adligen Zugriffs auf das Kirchenvermögen zu erwehren. Um die Mitte des 18. Jahrhunderts sind zahlreiche Klagen der Pastoren über entzogene Gelder und schwindende Kontrollbefugnisse in den Rechnungsangelegenheiten der Kirchengemeinden zu vernehmen. Aus Rattey, einer Filia von Badresch, berichtete der Pastor im Sommer 1753: „Bei der Kirchen zu Rattheÿ soll ein artiges Capital seÿn. Es ist mir aber selbiges gantz unbekandt, da Patronus mir das Kirchen Buch, so Er schon vor meiner Zeit in Händen gehabt, noch nicht gewiesen, geschweige einmahl Rechnung gehalten." In Neuenkirchen konnte der Pastor keine Auskunft über das Kirchenvermögen geben, „weil es dem Patrono nicht gefällig gewesen ist, von Ao: 1740 biß hieher, Kirchen Rechnung mit mir zu halten, überdem auch der Patronus die Schlüssel zum Gottes-Kasten in Händen hat."[44] Pastor Titel aus Roga konnte zwar eine alte Obligation des Claus Hahn auf Basedow und Pleetz erbgesessen, aus dem Jahr 1616 über 500 fl vorweisen, allein waren darauf schon zu Zeiten seines Vorgängers keine Zinsen gezahlt worden. „So viel hat der Herr Land Marechall von Hahn als Patronus mir anzuzeigen geruhet; daß dagegen wichtige Einwendung sey."[45] Pastor Ockel berichtete über die Brunnsche Kirche[46]: „Wie viel diesselbe an Capitalien und baarem Gelde habe, davon stehet nichts zuverläßiges zu berichten, weil die Frau Hof Meisterin v.Gloeden die alten Kirchen-Rechnungen mir vorenthalten hat. Nach den von Ihr mir zugeschickten Obligationen und Handschriften aber besteht das Vermögen dieser Kirche aus 300 rt".

Aber nicht nur die adligen Patronatsherren bedienten sich aus dem Kircheneigentum, auch von Seiten des Landesherren bzw. seiner Behörden hatten die Pastoren Beeinträchtigungen zu vermelden. Der Pastor Jacob Grantzow aus Käbelich nutzte die landesherrliche Enquete, um sich über die Beeinträchtigung des dortigen Kirchenbesitzes zugunsten der Käbelicher Meierei, einem herzoglichen Pachthof, zu beschweren. Vor einigen Jahren hatte offensichtlich eine Separation des Meiereiackers stattgefunden. Dabei war ein Teil des Kirchenlandes eingetauscht, ein Teil verpachtet, ein Teil aber „nebst 76 rt Executions-Kosten gar abgenommen worden." Ein Ärgernis für den Pastor stellte darüber hinaus die Art der Verpachtung des

44 MLHAS, MSK, Generalia. Convocation sämtl. Creditoren der Herzogl. Patronat-Kirchen. Bericht des Pastor Fuchs vom 3.8.1753.

45 Bericht des Pastor Titel vom 26.7.1753.

46 Bericht aus dem Jahr 1753, ohne Datum.

Kirchenlandes dar. Und so beschwerte er sich zum wiederholten Male, in seiner „schuldigen Amts- und Haushalters-Pflicht", bei seinem Landesherren und Bischof. Die 58 rt Pacht für das Land mit 58 Scheffel Aussaat stünden in keinem Verhältnis zum Nutzen für die Meierei, zumal „die Einwohner des Dorfes diesen verpachteten Kirchen Ackker zu bestellen und mit Mist zu befahren nach wie vor angehalten werden, so daß die Meÿereÿ nur lediglich die Einhebung fürs Korn hat und diesen bequemen Profit für die Kirche unter dem Nahmen der Pachtung genießet." Also ergeht die Bitte an den Herzog, „daß die Kirche zu gelieferter Maßen von der Meÿereÿ dis Jahr wiederum das ihrige in Besitz und Genutz erhalten und ihre Ackker-revenues nicht ferner nothdürftig aus fremden Händen ersäuftzen möge."[47]

Die v.Rieben auf Galenbeck und Cosa-Brohm gehörten zu jenen, die nach jahrzehntelangen Konflikten mit dem Gehrener Pastor Eggert[48] in ihrer neuen Herrschaft Cosa-Brohm die gutsherrliche Macht kompromißlos gegenüber der Kirche durchsetzten. Am 25. Juli 1753 klagte der Pastor von Schönbeck, Lindau und Cosa-Brohm, Johann Friedrich Weissenborn, dem herzoglichen Konsistorium: „Was die Cosa Brohmische Kirche für Vorrath am baaren Gelde, oder, an ausstehenden Capitalien, habe, davon kann ich keine Rechenschaft ablegen, weil mir, von dem Patrono zu Cosa Brohm niemals erlaubet worden, beÿ der Jährlichen Kirch-Rechnung gegenwärtig zu seÿn, geschweige denn ein ordentliches Kirchen Register daselbst zu halten, wie es doch unsere Mecklenburgische Kirchen-Ordnung ausdrücklich haben will." Der Pastor Weissenborn wußte nicht, wieviele der 44 Scheffel Kirchenacker tatsächlich im Gebrauch der Kirche waren. Solches müßten „die dasigen Kirchen Vorsteher aussagen". Was jedenfalls die vier Pfarrhufen anbetraf, diese „hat die Adeliche Herrschaft unter sich, und lässet mir nicht das mindeste dafür zufliessen, so Viele bewegliche Vorstellungen ich auch deßfalß so wohl in Strelitz als in Cosa Brohma gethan habe." Auch Meßkorn vom adeligen Hof bekäme er nicht. Pastor Weissenborn, der mit Schönbeck und Lindau auch zwei Kirchen landesherrlichen Patronats zu versorgen hatte, stieß mit seinen Forderungen und Bitten gegenüber der Herrschaft auf keinerlei Entgegenkommen. „Was mich dabeÿ am allermeisten kränket, ist dieses: daß die CosaBrohmische Herrschaft sich noch darzu, gegen andere Adliche, zu rühmen pflegen, wie das CosaBröhmer Gut, unter andern, auch des wegen Vor allen Adlichen Gütern, den sonderbahren Vorzug habe, weil es nur gar wenig, an den Priester, gebe."[49]

Die Reihe der Beispiele gutsherrlicher, aber auch landesherrlicher Vereinnahmung des Kircheneigentums ließe sich noch fortsetzen. Aber es gab auch Gegenbeispiele: In einer Reihe von Orten rechneten die adligen Herren sowohl mit Kirchenvorstehern als auch mit Pastoren über die Gelder der Kirche ab und mitunter errichteten sie Kirchenbauten aus eigenen Mitteln, auch wenn dies die finanziellen Möglichkeiten einzelner Kirchen nicht erlaubt hätten. So war die verfallene Kirche in Roggenhagen vor wenigen Jahren wieder aufgerichtet worden, „wozu Patronus ein vieles aus seinen eigenen Mitteln hat nehmen müssen."[50]

47 Bericht und Supplik des Pastor Grantzow vom 24. Juli 1753.

48 Über die Konflikte in der Herrschaft Galenbeck in der ersten Hälfte des 18. Jahrhunderts siehe *Axel Lubinski,* Die Realisierung von Gutsherrschaft und Erfahrungen mit Untertänigkeit. Das Beispiel Galenbeck in Mecklenburg (1719–1748), in: Konflikt und Kontrolle. Über Resistenz- und Herrschaftsverhalten in ländlichen Sozialgebilden der Frühen Neuzeit. (Verřffentlichungen des Max-Planck-Instituts für Geschichte, Bd. 120.) Hrsg. v. Jan Peters. Göttingen 1995.

49 MLHAS, MSK, Generalia. Convocation sämtl. Creditoren der Herzogl. Patronats-Kirchen. 1753 und 1768.

50 Bericht des Pastor Reinhold vom 20.7.1753.

Insgesamt aber dominierte das Bestreben, kirchliches Eigentum und die Angelegenheiten der Kirchengemeinde vollkommen in die gutsherrliche Kontrollgewalt einzubeziehen und damit einen weiteren wichtigen Lebensbereich im Dorf, der bis zur Mitte des 18. Jahrhunderts vielerorts noch gemeindlichen Regulierungsmechanismen unterworfen war, der Exklusivität lokaler adliger Herrschaft zu unterstellen. Dies entspricht dem gerade im 18. Jahrhundert sichtbaren gutsherrlichen Streben, sich immer mehr von den dörflichen Strukturen und Einrichtungen insbesondere im kirchlichen Bereich deutlich abzuheben und abzugrenzen.[51] Trotz der Beispiele guter Zusammenarbeit zwischen einzelnen Gutsherren und Pastoren war in dieser Zeit das Verhältnis oftmals nicht zuletzt wegen strittiger Kreditgeschäfte gespannt, waren doch die Kirchen im Patronatsverhältnis nach wie vor den Zugriffen ihrer größten Schuldner, der Angehörigen des grundbesitzenden Adels, ausgesetzt.

3. Dörfliche Kreditpolitik gegen adlige Machtvollkommenheit

Der mit dem Ausbau gutsherrlicher Macht in wachsendem Umfang möglich gewordene Zugriff auf das Rechnungswesen und damit auf das Vermögen der Kirchen war für den lokalen Adel in zweierlei Hinsicht bedeutsam. Einerseits konnte bei finanziellen Engpässen über die Einstellung der Zinszahlungen für kirchliche Kredite Entlastung gesucht werden, andererseits bestand die Möglichkeit, vorrätiges Bargeld für kurzfristig auftretende Zahlungsverpflichtungen zu nutzen. Gerade der letzte Aspekt konnte im ländlichen Rechnungs- und Kreditwesen von großer Bedeutung sein, war doch die Masse der Einkünfte und Ausgaben der bäuerlichen und gutsherrlichen Produzenten an feste Termine geknüpft und auch die Kreditaufnahme erfolgte hauptsächlich zu festgelegten Zeiten (Antoni, Trinitatis). Trat ein nicht einkalkulierter plötzlicher Bedarf an Bargeld auf, konnte dies erhebliche Probleme verursachen, wie das folgende Beispiel verdeutlicht.

Dieser Fall dörflicher Kreditpolitik trug sich während des Neubaus der Gehrener Kirche (Bauzeit 1737–1739) zu. Diese Kirche war nach der Verwüstung der Galenbecker Kirche im Schwedisch-Polnischen Krieg (1655–1660) und der Zerstörung des dortigen Predigerhauses zur Hauptkirche der Herrschaft Galenbeck geworden. Sie reichte in den 1730er Jahren für die in letzter Zeit erheblich gewachsene Bevölkerung nicht mehr aus. Der Platzmangel führte zur Errichtung eines neuen Kirchengebäudes, ein Unterfangen, für das die Kirchen der Herrschaft einige Rücklagen aufweisen konnten. Für die beiden Kirchen in Galenbeck und Gehren wurden im Jahr 1739 nach einer Aufstellung des Patrons Heinrich August v.Rieben Guthaben allein gegenüber der gutsherrlichen Familie in der Höhe von insgesamt 1.870 rt 6 ß nachgewiesen, wobei sich 41 % dieser Summe, 773 rt 32 ß, aus aufgelaufenen Zinsen zusammensetzten.[52]

Diese Kapitalausstattung der Kirchen war eigentlich recht solide, die problematische Situation der Kirchenökonomie zeigte sich jedoch in Zeiten eines hohen Bargeldbedarfs, wie

51 Über das Bestreben der adligen Gutsherren, sich aus dem Gemeinderaum der Kirche in private Formen des häuslichen Gottesdienstes zurückzuziehen bzw. innerhalb der Kirchen in herrschaftlichem Gestühl Abgehobenheit zu demonstrieren siehe *Schmaltz,* Kirchengeschichte (wie Anm. 43), 105f., 109–111, 120–122.

52 Landeskirchliches Archiv Schwerin (LKAS), Spezialia, Ortsakten Gehren. Aufnahme der Kirchenrechnung von Gehren und Galenbeck. 1718–1749.

er beispielsweise während des Neubaus der Kirche in Gehren auftrat. Zwar konnte der Gutsherr in der erwähnten Zahlungsbilanz vom Januar 1739 von seinen Außenständen gegenüber der Kirche 769 rt und 12 ß für Lieferungen zum Kirchenbau abrechnen, aber die Gelder waren unregelmäßig geflossen und zeitweilig drohte der Bau ganz zu stocken. In einer solchen Situation gelang es einigen Angehörigen der Kirchengemeinde, Kapital zur Weiterführung des Baugeschehens zu beschaffen. Handlungen und Motivationen der beteiligten Personen zeigen einige Bedingungen sowie Möglichkeiten und Grenzen gemeindlicher Aktivität in der Herrschaft Galenbeck:

Bei der in den 1730er Jahren neu erbauten Kirche in Gehren handelt es sich um einen mit Ziegeln ausgemauerten Fachwerkbau, der mit einem Gottesdienst zu Johannis 1739 (24.Juni) eingeweiht wurde. Zwei Jahre zuvor jedoch hatte es eine kritische Phase im Baugeschehen gegeben, als die Kirche im Sommer 1737 „verbunden dalag und wegen Mangel des baaren Vorraths nicht gerichtet werden konnte“. In dieser Situation lieh der Garnwebermeister Michel Wilde in Gehren am 26.August 1737 „auf Anhalte des [...] Pastoris Eggerts“ und mit „Vor Wißen“ des Kirchen Vorstehers Martin Bandelow der Kirche in Gehren 100 rt zu einem jährlichen Zinssatz von 5 %. Die Kirche konnte nun von den Zimmerleuten gerichtet werden.[53]

Die auf den ersten Blick unbestreitbar löblich erscheinende Handlung des Garnwebers Wilde fand keineswegs den Beifall des Gutsherrn. Heinrich August v.Rieben betrachtete die Kreditaufnahme des Pastors bei Meister Wilde ebenso als einen unbefugten Eingriff in seine Patronatsrechte, wie die durch den Garnweber vorgenommene Auszahlung des Geldes an den Pastor unter Umgehung des Patrons. Übrigens war Michel Wilde nicht das einzige Gemeindemitglied, das Geld zum Kirchenneubau vorgestreckt hatte. Aber während die anderen Kreditoren das Geld an den Patron gezahlt hatten und von ihm auch wieder zurückerhielten, entbrannte um die Wildensche Kirchenschuld ein langjähriger Konflikt. Herr v.Rieben erkannte den durch Pastor Eggert ausgestellten Schuldschein als Patron nicht an und bezeichnete den durch Michel Wilde bereitgestellten Kredit fortan als eine Privatschuld des Pastors. Als Wilde die Summe 1751 zurückforderte, verwies ihn der Gutsherr an die Erben des nunmehr verstorbenen Eggert, obgleich sowohl in der Schuldverschreibung selbst als auch in einer späteren Zeugenaussage des Kirchenvorstehers der Bau der Kirche eindeutig als Verwendungszweck bezeichnet wurde. Somit war Wilde gezwungen, die Rückzahlung des Kredits und die Auszahlung der Zinsen, die er nur zu Lebzeiten des Pastors in Form von Kornlieferungen erhalten hatte, vor dem herzoglichen Konsistorium einzuklagen. Dieser Streit um den Modus der Kreditaufnahme für den Kirchenbau ordnet sich in ein breites Spektrum von Konflikten ein, in denen Pastor Eggert und seine Galenbecker Patronatsherren über mehrere Jahrzehnte in der ersten Hälfte des 18. Jahrhunderts hinweg gegeneinander Ansprüche hinsichtlich der Administration der kirchlichen Angelegenheiten in der Herrschaft Galenbeck geltend machten.[54]

Inmitten dieser Konstellation erhielt die Kreditvergabe des Webers Wilde an Pastor Eggert eine erhebliche (dorf)politische Dimension, deren Bedeutung weit über den finanziellen Umfang der Transaktion hinausging. Sicher hätte im Sommer 1737 auch der Patron früher oder später die für das Aufrichten der Kirche nötigen Mittel beschafft. Trotz der angespannten Situation des gutsherrlichen Haushalts wären 100 rt ohne Zweifel aufzutreiben gewesen und natürlich mußte der Kirchenbau weitergehen, zumal das teure Zimmermannswerk bereits fer-

53 MLHAS, MSK, B: Kirchen, Dörfer: Gehren (Teil 1751–1767).

54 *Lubinski*, Realisierung von Gutsherrschaft (wie Anm. 48).

tig war. Aber offensichtlich konnte der Patron das Geld nicht aus der Westentasche ziehen. Daß es in dieser Situation Pastor Eggert, der im übrigen selbst bei seinen Kirchen hoch verschuldet war, fertigbrachte, Bargeld zu beschaffen und den Bau fortzusetzen, muß für diesen ein großer persönlicher Triumph gewesen sein. Die Fertigstellung dieser Baustufe gewann noch an symbolischer Bedeutung, da nunmehr Richtfest gefeiert werden konnte.

Angesichts dieser Lage der Dinge verwundert es nicht, daß noch über Jahre hinweg erbittert um die Rückzahlung des Kredits zwischen Patron und Gläubiger gerungen wurde. Auf die Beschwerde des Webers Wilde vor dem herzoglichen Konsistorium antwortete v.Rieben kühl: „auf die Arth, wie er es jetzo anfänget, wird er ebenmäßig zu seiner Bezahlung vor der Hand noch nicht gelangen. Denn er hat keine a Patrono unterschriebene Obligation, ja noch mehr! er wolte zur Zeit der Anleihe eine solche Versicherung nicht haben, ohngeachtet ihm von andern Creditoribus, welche damalen der Kirchen zum Bau Geld vorschoßen, darüber eine von mir ausgestellte Obligation annahmen, und theils schon wieder ihre Befriedigung, theils ihre Zinsen richtig erhalten, solches angerahten ward, vielmehr verlies er sich einzig und allein auf die Versicherung seines Beicht-Vaters. Diesen einmahl erwehlten fidem muß er folgen".[55] Noch deutlicher äußerte sich der vom herzoglichen Konsistorium in den 1750er Jahren mit einer neuerlichen Überprüfung der Gehrener Kirchenrechnungen beauftragte Gerichtsverwalter Schultz aus Friedland: „Implorant gehört mit unter die Zahl derjenigen, denen man eine der Zeit zu stark genommene Parthey wieder die Herrschaft in denen Güthern zur Unarth rechnet. Denen ehemahligen Herrn Commissariis wird dieses verständlicher seyn, als ich mich ad Acta auszudrücken vermögend bin. In Hebung aber dergleichen Hinderniße sind keine gerichtlichen Klagen sondern Vermittlungen die helfenden Mittel."[56]

Das durch den Gerichtsverwalter gemalte Schreckensbild endloser Prozesse und der außerdem in Aussicht gestellte Weg, durch seine Fürbitte die Auszahlung des Kredits als Ergebnis eines gutsherrlichen Gnadenakts zu erreichen, hatten den Weber Wilde zeitweilig ruhiggestellt, führten ihn aber letztlich nicht zum Erfolg, so daß schließlich nach dessen Tod seinen Erben doch nur der Weg des Prozessierens blieb. Die Ablösung der Wildenschen Kirchenschuld erfolgte schließlich mit Geldern, die der Patron vom Bauern Ernst Bandelow anlieh. Die deshalb an letzteren im Jahr 1766 durch Cord Wedige Christoph v.Rieben und Pastor Labesius ausgestellte Obligation kursierte über Generationen hinweg im Dorf und wurde schließlich am 1. August 1934 getilgt.[57]

Nach dem Tod Pastor Eggerts und der nach langen Auseinandersetzungen vor dem herzoglichen Konsistorium erfolgten Berufung des Pastor Labesius hatten der Galenbecker Patron bzw. seine Frau in Gehren und offensichtlich auch in Cosa-Brohm das Rechnungswesen der Kirchen unter ihre alleinige Kontrolle gebracht. Im Streit um die Wildensche Kirchenschuld bot sich für die Galenbecker Gutsherrschaft in den 1750er Jahren die Gelegenheit, ihre Ansprüche in diesem Bereich auch vor der Dorföffentlichkeit demonstrativ durchzusetzen. Allerdings waren derartige Machtdemonstrationen auch mit erheblichen Unkosten verbunden, in diesem Fall durch die jahrelange Prozeßführung vor dem Konsistorium. Derartige Kosten galt es zukünftig zu begrenzen, verschärften sie doch die Krise der gutsherrlichen Finanzen, die Ende der 1760er Jahre offen ausbrach.

55 MLHAS, MSK, B: Kirchen, Dörfer: Gehren (Teil 1751–1767), Schreiben A. H. v.Riebens an das Konsistorium vom 5.1.1752.

56 Ebd., Gerichtsverwalter Schultz an das herzogliche Konsistorium, 27.4.1753.

57 LKAS, Pfarrarchiv Gehren.

4. Die Kreditkrisen des 18. Jahrhunderts und ihre Hintergründe

4.1. Zur Situation des ritterschaftlichen Kreditwesens in Mecklenburg um die Mitte des 18. Jahrhunderts

Wahrscheinlich war die Finanzsituation einer mittleren adligen Gutsherrschaft wie der in Galenbeck, zumal wenn sie ohne besondere Einkünfte ihrer Besitzer etwa aus höfischen oder militärischen Funktionen auszukommen hatte, regelmäßig von Instabilität und Defiziten bedroht. Gegen Mitte des 18. Jahrhunderts jedoch verschärfte sich die Situation. Gerade hinsichtlich des Kreditwesens des landsässigen Adels waren die Jahrzehnte seit Ausbruch des Siebenjährigen Krieges durch eine ausgesprochen krisenhafte Entwicklung gekennzeichnet. Jedoch trat das Auseinanderdriften von Kreditnachfrage und -angebot nicht erst mit dem Ausbruch des Krieges ein. Offensichtlich überstieg in Mecklenburg-Strelitz bereits in den vorangegangenen Jahren der Kreditbedarf die zur Verfügung stehenden Kapitalien. So wandte sich im Juli 1753 die Ritterschaft des Stargardischen Kreises in dieser Frage unmittelbar nach dessen Regierungsantritt an Herzog Adolph Friedrich IV. Mit der Bemerkung: „Es sind viele wichtige Ursachen, welche besonders die Ritterschaft dieses Stargardischen Creÿßes dahin veranlaßen, daß Sie auf die Erhaltung ihres privaten Credits bedacht seÿn müssen", erklärte die Ritterschaft „nach dem Exempel anderer großen Örter ein allgemeines Schuld- und Hypothecken-Buch"[58] einrichten zu wollen, und bat für dieses Vorhaben um die Zustimmung des Landesherren.[59] Trotz zunächst wohlwollender Aufnahme seitens der Landesherrschaft kam das Projekt in der Folgezeit nicht voran. Das lag vor allem am Streben der Ritterschaft, das Hypothekenwesen der in ihrem Besitz befindlichen Lehngüter weitestgehend in eigener Regie zu verwalten. Die herzoglichen Räte der mit der Prüfung beauftragten Justizkanzlei in Neustrelitz bemerkten dazu: Man „findet in diesem Project fast auf allen Blättern so viele Anmuthungen, welche denen Juribus Principis, Domini directi, Familiarum et privatorum zu nahe treten, die alte Landes ja gar die gemeinen Rechte über einen Haufen werfen und die Ritterschaftliche Jura über die Maße erheben, daß man sich fast wundern muß, daß die Ritterschaft Serenissimo die Confirmation eines so voller Unvollkommenheiten steckenden und so viele praejudicia mit sich führenden projects nur einmahl an muthen mögen."[60] Im Einzelnen richteten sich die Haupteinwände gegen die Vorstellungen der Ritterschaft über die Verfahrensweise bei der Eintragung der Schulden und der notwendigen Taxation der Güter. In beiden Fällen wollten die Gutsherren die Eintragungen lediglich nach ihren eigenen Angaben vornehmen und den Interessenten auf Anfrage nur bestimmte Auszüge mitteilen lassen.

58 Offensichtlich wurde hier auf das benachbarte Brandenburg Bezug genommen. Dort war in der am 4. Februar 1722 erlassenen Hypotheken- und Konkursordnung die Anlage von Grund- und Hypothekenbüchern bei den zuständigen Gerichten vorgeschrieben worden. Mit der Modifizierung dieser Gesetzgebung unter Friedrich II. (Konkursordnung vom 3. April 1748) wuchs die Bedeutung der Hypothekenbücher noch, da die verschiedenen Arten von Pfandprivilegien nun den eingetragenen Buchschulden nachgeordnet wurden. Danach wurden bestimmte zweckgebundene Kredite, wie etwa die zur „Melioration" der Güter, nicht mehr bevorzugt, und so bestimmte der Gesamtwert des Besitzes nun allein den möglichen Umfang der Kredite, was ein Steigen sowohl der Verschuldung als auch der Güterpreise zur Folge hatte. Siehe dazu *Weyermann,* Immobiliarkreditwesen (wie Anm. 30), 17–29.

59 MLHAS, Mecklenburg-Strelitzer Landesregierung (MSL) 10/378, Bl. 1.

60 MLHAS, MSL 10/378, Bl. 17.

Demgegenüber wiesen die herzoglichen Beamten darauf hin, daß der tatsächliche Wert der Güter in öffentlich glaubwürdiger Weise ermittelt werden müsse und man nicht allein von den Angaben *bona fidem* der Besitzer ausgehen könne. Darüber hinaus sei eine öffentliche Proklamation und Eintragung der Schulden in der Justizkanzlei notwendig und den Kreditoren sei prinzipiell Einsicht in das Landbuch, und zwar in das Original, zu gewähren.[61]

Während somit in Mecklenburg-Strelitz unmittelbar vor dem großen Krieg des 18. Jahrhunderts noch über eine Reform des Hypothekenwesens diskutiert wurde, waren die preußischen Nachbarterritorien in dieser Frage zumindest teilweise besser auf die folgenden Turbulenzen vorbereitet. Hier waren nach der Allodifizierung der Lehen in der Kur- und Neumark (1717) ritterschaftliche Hypothekendirektionen eingerichtet worden, die nun die Land- und Hypothekenbücher führten. Mit der Hypotheken- und Konkursordnung von 1722 war die Einführung von Hypothekenbüchern für alle preußische Provinzen vorgeschrieben worden. Damit „fanden in Preußen auch die klassischen Grundsätze der hypothekarischen Belastung Anerkennung: die Publizität des Grundbuchs, die Abgrenzung und Reihenfolge der Belastungen und der öffentliche Glauben der Eintragungen."[62] Anders als in Mecklenburg beförderten in Preußen staatlicherseits vorgegebene Normen und Institutionen maßgeblich den um die Mitte des 18. Jahrhunderts erfolgenden Übergang zu einer langfristigen und dauerhaften Hypothekarverschuldung, welche wiederum den Zugang zu überregionalen Finanzmärkten erleichterte, während zuvor die Verschuldungen häufig auf persönlichen Kreditbeziehungen beruhten und als im Idealfall kurzfristig und zweckgebunden angesehen wurden.[63]

Die für den Kredit wichtigen wirtschaftlichen und politischen Bedingungen änderten sich unter den Einwirkungen des Siebenjährigen Krieges gravierend. Insbesondere Mecklenburg-Schwerin, das sich der antipreußischen Koalition angeschlossen hatte, litt unter Besetzung des Landes, Kontributionsforderungen und Absatzstockungen. Gerade die Beeinträchtigung des Getreidehandels verhinderte, daß die Preise für Agrarprodukte mit denen der anderen Handelsgüter und der verarbeiteten Lebensmittel stiegen. Das neutrale, Preußen zugewandte Mecklenburg-Strelitz war in einer wesentlich günstigeren Situation. Das Land wurde vom preußischen Nachbarn nicht feindlich behandelt und so konnten die Gutsbesitzer sogar vom gestiegenen preußischen Getreidebedarf und den hier auch stärker emporschnellenden Preisen profitieren. Beide mecklenburgische Herzogtümer aber hatten unter den längerfristigen Folgen des Krieges, insbesondere unter den Auswirkungen der vorgenommenen Münzverschlechterungen zu leiden.[64] Gerade hochverschuldete Gutsbesitzer befanden sich in einer prekären Lage, da der Schuldendienst für die in alter Münze aufgenommenen Kredite auch in dieser Münzsorte zu bedienen, die Einkünfte aber zumindest für einen gewissen Zeitraum nur mit neuen, minderwertigen Münzen zu realisieren waren und auch eine gewisse Erhöhung der Getreidepreise keinen Ausgleich bedeutete. Die Folge war ein Anstieg der Neuverschuldung zur Abdeckung der alten Kreditlasten.[65] Unter diesen Umständen entfaltete sich bereits

61 MLHAS, MSL 10/378, Bl. 5–32.

62 *Boelcke,* Agrarkredit (wie Anm. 13), 202f.

63 Siehe dazu umfassend: *Weyermann,* Immobiliarkreditwesen (wie Anm. 30), 17–73; vgl. auch oben Anm. 58.

64 *Carl Friedrich Evers,* Mecklenburgische Münz-Verfassung, besonders die Geschichte derselben, Erster Theil. Schwerin 1798, 236–242.

65 *Gerhard Körber,* Das Kreditwesen des ritterschaftlichen Grundbesitzes in Mecklenburg nach dem Siebenjährigen Kriege bis zur Gründung des Ritterschaftlichen Kreditvereins im Jahre 1819, in: Jahr-

während des Krieges in Mecklenburg, vor allem allerdings in Mecklenburg-Schwerin, eine schwere und anhaltende Kreditkrise. Dort war wohl auch das Ausmaß der Verschuldung infolge der früher eingeführten Koppelwirtschaft mit ihrem zunächst hohen Investitionsbedarf höher als im Strelitzer Landesteil.[66] Aber auch in Mecklenburg-Strelitz hatte die Verschuldung des gutsbesitzenden Adels offenbar besorgniserregende Ausmaße erreicht. Darauf deutet zumindest der neuerliche Anlauf der Stargardischen Ritterschaft zur Verbesserung ihres Kredits. Wieder wird die Einrichtung eines „Land- und Hypotheken-Buches" vorgeschlagen und wieder scheitern die Verhandlungen mit dem Landesherren an der fehlenden Bereitschaft der Ritterschaft, die Eintragungen uneingeschränkt öffentlich zugänglich zu machen.[67]

Nach dem Siebenjährigen Krieg brach schließlich das alte Kreditsystem in weiten Teilen Mecklenburgs zusammen und zahlreiche Güter gingen in Konkurs. Kriegslasten, gestiegene Lebensansprüche und Lebenshaltungskosten des Adels, bereits vor dem Krieg getätigte Investitionen in den extensiven Ausbau der Güter bzw. in ihre Verkoppelung, Einbußen durch die Viehseuchen der 1740er bis 1770er Jahre, schließlich auch nach Abschluß des Landesgrundgesetzlichen Erbvergleichs anstehende Kontributionsnachzahlungen belasteten den Etat der Gutsbesitzer ungeheuer. All dies kam in einer Zeit knappen Geldes – insbesondere was die vollwertigen Münzsorten betraf – zusammen.[68]

Diesen Belastungen war das alte Kreditsystem, das immer noch maßgeblich auf einem Personenkredit beruhte, nicht gewachsen. Zwar spielten inzwischen persönliche Bürgschaften kaum noch eine Rolle. Aber die tatsächliche Belastung und damit die Sicherheit der verpfändeten Immobilien war für die Gläubiger nicht überschaubar. In einer Zeit, als massenhaft die benötigten und geforderten Kredite den mutmaßlichen Wert der Pfandobjekte zu überschreiten drohten, geriet das Kreditsystem insgesamt ins Wanken. Grundsätzlich wurde das Problem bereits vor dem Krieg erkannt. Das führte jedoch nicht, wie die Diskussion um die Einführung der Hypothekenbücher in Mecklenburg-Strelitz zeigt, zu der eigentlich notwendigen Reform des Kreditwesens im Lande. Die dann im Jahrzehnt nach Beendigung des Siebenjährigen Krieges auftretenden Stockungen bzw. Einbrüche des landwirtschaftlichen Kredits wurden durch die nun immer deutlicher spürbaren Auswirkungen der damaligen Organisation des Hypothekenwesens und des Kreditrechts wesentlich mitbestimmt. Das Nebeneinander und die Konkurrenz verschiedener, in der Regel nichtöffentlicher Kreditformen[69] bargen große Ri-

bücher des Vereins für mecklenburgische Geschichte und Altertumskunde 93, Schwerin 1929, 154–266, hier 167f.

66 Ebd., 166–170.

67 MLHAS, MSL 10/378, Bl. 48ff.

68 *E.F.v.Engel*, Briefwechsel die Landwirthschaft insbesondere die Mecklenburgische betreffend. Erster Theil, Schwerin 1786, XIII–XV, 5f.; *Boll*, Geschichte Meklenburgs (wie Anm. 11), 544–559; *Körber*, Kreditwesen des ritterschaftlichen Grundbesitzes (wie Anm. 65), 170–176.

69 Vor den einfachen vertraglichen Hypotheken standen verschiedene sog. gesetzliche Hypotheken (u.a. rückständige öffentliche Abgaben; aus der Mitgift erwachsende Vermögensansprüche der Ehefrau; Gelder, die zur Wiederherstellung von Gebäuden angeliehen wurden), unter denen die Rangfolge aus dem Alter der Pfandrechte erwuchs. Darüber hinaus waren in bestimmten Fällen sowohl für vertragliche als auch gesetzliche Hypotheken Pfandprivilegien vorgesehen. Weiterhin wurden die öffentlichen Hypotheken (solche, die sich auf eine öffentliche Urkunde gründeten – *hypotheca publica* – oder von mindestens drei männlichen Zeugen unterschrieben waren – *hypotheca quasi publica*) vor den privaten bevorzugt. Alle landesherrlich konsentierten Hypotheken wurden zu den öffentlichen gerechnet und hatten zudem Vorrang sogar vor den gesetzlichen und privilegierten

siken für die Gläubiger und beeinträchtigte daher den landwirtschaftlichen Kredit in Mecklenburg erheblich. Die tatsächliche Belastung des Gutes und damit die Sicherheit der eigenen Forderung war für den einzelnen Gläubiger kaum mehr zu beurteilen. „Angesichts dieser unsicheren Rechtszustände nahmen die Kündigungen von Hypothekenforderungen nach dem Kriege immer größeren Umfang an, bis schließlich infolge allgemeiner Vertrauenslosigkeit der ritterschaftliche Realkredit völlig zusammenbrach.“[70]

Auch in der Herrschaft Galenbeck war Mitte der 1760er Jahre eine krisenhafte Situation eingetreten. Als Heinrich August v.Rieben 1765 starb, war die seit 1748 rasant angewachsene Schuldenlast seiner Güter kaum noch zu übersehen. Betrugen die Schulden bei Antritt des Gutes Cosa-Brohm im Jahre 1748 immerhin schon beachtliche 59.800 rt, so war der Umfang der Obligationen für seinen Erben auf 160.531 rt angewachsen. Bereits bis zum Todesjahr Heinrich August v.Riebens hatte sich die soziale Zusammensetzung seiner Kreditoren verändert. Der Anteil adliger Gelder in den v.Riebenschen Gütern hatte deutlich abgenommen, machte aber immer noch mehr als die Hälfte der Kreditlast aus (ca. 57%). Bis zum Anfang des 19. Jahrhunderts trat dann ein grundlegender Wandel ein. Der Anteil adliger Gelder sank auf rund 15%, bürgerliche Kreditoren hingegen waren 1808 mit über 52% der Kredite verzeichnet. Einige Bedingungen dieser Entwicklung gilt es im folgenden zu klären.

4.2. Last oder Chance? Die Besitzansprüche adliger Frauen

Die plötzliche Ausweitung der Verschuldung der v.Riebenschen Güter im Jahr 1765, in einer ohnehin schwierigen Zeit, wurde nicht zuletzt durch die Ansprüche der Witwe Heinrich Augusts und ihrer Töchter verursacht, die der männliche Lehnserbe abgelten mußte. Später, als Cord v.Rieben die Situation zu überschauen gelernt hatte, beklagte er sich bitter gegenüber dem Landesherrn: Nein, solche Güter wie die in Galenbeck und Cosa-Brohm hätten „die Durchl. Lehnsherrn gewiß nicht zu dem Ende alten mannhaften Rittern und ihrem Mannesstamm verliehen [...], daß dereinst Schnürbrüste daraus gemacht werden sollten.“ Beim 1776 zwischen Cord v.Rieben und seinen Schwestern bzw. deren Nachkommen einsetzenden Erbstreit ging es um die Hinterlassenschaften beider Eltern. Nach dem Tode des Vaters war der Sohn – nach seinen eigenen Worten – voller kindlichem Vertrauen, aber ohne rechtlichen Beistand und unwissend der Willkür seiner Mutter und den Interessen seiner Schwestern ausgeliefert gewesen. Als im Zuge der Erbschaftsregulierung von 1765 die Schuldenlast der Güter noch einmal um 50.000 rt auf über 160.000 rt erhöht worden war (vgl. Tab. 1), um Mutter und Töchter auszahlen zu können, sei er eigentlich „nicht Lehnfolger, nicht einmal Erbe meines Vaters, sondern noch etwas weniger als Pächter meiner Mutter“ geworden.[71]

Aber im Herbst 1765 wußte Cord v.Rieben noch nicht, wie bedroht das Erbe war, das er gerade antrat. Als es an die Aufteilung der väterlichen Hinterlassenschaft ging, überredete Anna Helena v.Rieben, geb. v.Münchow, ihren Sohn, auf einen Rechtsbeistand zu verzichten – um die Schuldverhältnisse der Güter nicht öffentlich bekannt zu machen – , so daß die Regulierung der Erbschaftsangelegenheiten ganz ihrer Direktion unterstellt blieb. Diese Rolle

Hypotheken; siehe hierzu *Körber*, Kreditwesen des ritterschaftlichen Grundbesitzes (wie Anm. 65), 177f.

70 Ebd., 181.

71 MLHAS, GAHG 159.

war ihr vertraut, denn bereits zu Lebzeiten ihres Mannes war es die Gutsherrin, die maßgeblich an der Wirtschaftsführung, aber auch an der gutsherrlichen Machtausübung insgesamt beteiligt war.[72] Entsprechend ihrer dominierenden Position in der gutsherrlichen Familie hatte sie wahrscheinlich auch das Testament ihres Mannes stark beeinflußt.

Die 1765 angewandte Variante der Erbteilung stellte die weiblichen Erben deutlich besser, als es 1734 – dem Jahr, in dem Heinrich August v.Rieben sein Erbe antrat – der Fall gewesen war. Damals, nach dem Tode des Wedige Friedrich v.Rieben im Jahr 1720 erfolgte 1734 die abschließende Regulierung des Nachlasses, wurden die Töchter mit deutlich geringeren Erbportionen abgefunden, als die erbenden Söhne. Die Söhne kavelten (losten) unter Aufsicht ihrer Vormünder um das Gut. Vor allem für die Entschädigung des „geldziehenden" Bruders – Hans Friedrich v.Rieben erhielt damals 3.450 rt – wurde dann die Schuldlast des Gutes noch einmal deutlich erhöht. Die Ansprüche der beiden noch lebenden Töchter wurden „aus bloßer generosität" der Herren Söhne noch einmal um je 500 rt auf jeweils 1.700 rt erhöht. Auch zu diesem Zweck wurde die Verschuldung des Lehens, allerdings vergleichsweise geringfügig, vergrößert.[73]

1759 hingegen hatte Heinrich August v.Rieben testamentarisch verfügt: „Da es dem Allmächtigen Gott gefallen meine vergnügte Ehe mit 5 Kindern zu segnen, neml. Frau Ulrica verwittwete Cammerherrin v. Olthoffen, Frau Charlotta, vermählte Frau Hauptmannin v.Köppern, Freulein Friderica und Freulein Juliana, und einen Sohn HC. Curt Wedig Christoph Friedrich v.Rieben; so sezze ich solche meine lieben Kinder, oder, wenn einer derselben im Ehelichen Stande ersterben und Kinder nachlaßen würde, diese meine Enkel an ihrer Eltern statt als meine einzige wahre Erben hiemit ein, welche sich in meine Güter, lehn und Erbe, nach Mecklenburgschen lehn Rechten und Gewohnheit Schied- und friedl. theilen sollen." Wurde mit diesen Worten den Töchtern und der Witwe schon ein prinzipieller Erbanspruch auch auf den Lehnsbesitz testiert, so suchte der Erblasser darüber hinaus die weiblichen Erben auch durch seine weiteren Verfügungen über den Allodialbesitz so günstig wie möglich zu stellen, indem er anordnete, „daß meine sämtl. Schulden, worüber ich obligationes oder wechsel ausgestellet habe, als lehn-Schulden angesehen, und aus denen lehen bezahlet werden sollen, dergestallt, daß wenn sich auch durch des höchsten Seegen meine Umstände solchergestallt verbeßern würden, um einige Gelder erübrigen und zinsbaar belegen zu können, diese Capitalia dennoch bloß für allodial geachtet und von selbigen keine auf obligationes oder Wechsel haftende und versicherte Schulden bezalet werden, sondern meine Kinder sich darin, gleichwie in dem übrigen allodio aequis partibus theilen, und nichts destoweniger, wenn auch gleich ein starkes allodium sich finden mögte, meine geliebte Frauen und Freulein Töchter aus denen lehnen ihre nach Meklenburgscher Gewohnheit und rechten zustellige portion erheben und erben sollen."[74] Wie wir oben schon beobachten konnten, führte die hier festgeschriebene

72 Heinrich August v.Rieben galt als „Sonderling, der unablässig in seiner kleinen, mit Brennholz gefüllten Stube seine Pfeife rauchte und die Verwaltung der Güter seiner Gemahlin Helene von Münchow überließ." *Krüger,* Kunst- und Geschichts-Denkmäler (wie Anm. 8), 451. Auch die Galenbecker Akten belegen die aktivere Rolle der um sieben Jahre älteren Helene, die am 6. Mai 1735 mit Heinrich August v.Rieben vermählt wurde, der kurz zuvor sein Galenbecker Erbe angetreten hatte. Siehe auch *Lubinski,* Realisierung von Gutsherrschaft (wie Anm. 48).

73 MLHAS, Lehnakten Galenbeck, vol. II, Protokoll über die Kavelung des Gutes Galenbeck, 17./18.3.1734.

74 MLHAS, GAHG 102, Testament Heinrich August v.Riebens vom 26. März 1759.

und in der dann 1765 stattfindenden Erbschaftregulierung tatsächlich durchgesetzte Verteilung des Besitzes Heinrich August v.Riebens seinen Lehnsfolger an den Rand des wirtschaftlichen Ruins.

Das Interesse an einer umfangreichen materiellen Ausstattung der weiblichen Familienangehörigen kollidierte mit dem Streben nach Sicherung des Grundbesitzes unter einem männlichen Lehnsfolger als Basis der adligen Familiendynastien. Auch wenn im Falle der Familie v.Rieben mit der starken Anna Helene offensichtlich eine Frau existierte, die diesen Widerspruch auf die Spitze treiben konnte, so war der grundsätzliche Interessenkonflikt doch weder in Mecklenburg noch in anderen Territorien außergewöhnlich. Während jedoch andernorts, wie in Westfalen, vergleichsweise eindeutige Normen über die in den Familienordnungen einzunehmenden Positionen und Rollen existierten[75], war bei einer Erbschaftsregelung nach „Meklenburgscher Gewohnheit und Rechten" ein weites Feld für die Auseinandersetzung zwischen Männern[76] und Frauen vorgegeben, das es im folgenden mit Blick auf einige Aspekte des im Territorium angewandten Erbrechts und auf die Praxis von Besitztransfers zu beleuchten gilt.

Einer der bedeutendsten mecklenburgischen Rechtslehrer des ausgehenden 18. und beginnenden 19. Jahrhunderts, Karl Albert v.Kamptz, stellte fest, daß nach einem „alten, allgemeinen Landesgebrauch [...] die Erbansprüche der Töchter eines Lehnmanns nicht auf dessen Allodialvermögen beschränkt [sind], sondern erhalten dieselben auch aus Lehnsvermögen nicht bloß Alimente, sondern auch neben der Aussteuer als Brautschatz einen Erbtheil. Dieser, seit alter Zeit üblich gewesene Grundsatz ist, um ihn gegen die eindringenden Lehren des Römischen Rechts zu sichern, später gesetzlich bestätigt." Von Kamptz nahm an, daß „in Mecklenburg wohl wenige Familien sein [dürften], in welchen darüber nicht aus älterer und neuerer Zeit Belege vorhanden", und führt selbst ein Beispiel an, in dem eine Tochter des Arndt v.Kamptz aus dessen Lehn- und Allodialerbe im Jahr 1511 „in und uth denen Guther ... Viff hundert Mark rines Goldes ... so ehr nah gemeiner Gewohnheit des Landes tho Wenden egnet und geborth" erhalten hatte. Als gesetzliche Grundlage der Erbansprüche der Töchter auch gegenüber dem Lehnsbesitz des Vaters, gegenüber dem Allodialbesitz waren sie ohnehin erbberechtigt, führte v.Kamptz die Reversalen von 1621 (Artikel 27 und 31) an. Außerdem verwies er auf den Lehnrechtsentwurf des Kanzlers v.Klein, auf obervormundschaftliche Entscheidungen des Hof- und Landgerichts, auf die Spruchpraxis der Juristenfakultät Rostock und auf eine Reihe mecklenburgischer Juristen des 18. Jahrhunderts. Daher ergebe sich auch ohne eigentliche gesetzliche Regelung dieser Erbpraxis der Erbanspruch der Töchter als landesüblicher Grundsatz.[77]

Bereits im 18. Jahrhundert wurden aber auch gegenteilige juristische Lehrmeinungen formuliert, ehe Ferdinand Kämmerer in der ersten Hälfte des 19. Jahrhunderts massiv gegen die große Autorität des älteren Rechtsgelehrten anging.[78] Der Rostocker Jurist Kämmerer veröffentlichte 1839 eine systematische und umfassende Argumentation gegen v.Kamptz, um mit

75 Siehe dazu *Reif*, Westfälischer Adel (wie Anm. 3), passim, bes. 78–122.

76 Dies gilt auch für Erbauseinandersetzungen zwischen Brüdern, wie die Galenbecker Kavelung des Jahres 1734 zeigt. Hier zog der jüngere Bruder Heinrich August v.Rieben das Gut und wurde Lehnsfolger.

77 *Karl Albert von Kamptz*, Handbuch des Mecklenburgischen Civil-Rechts. Rostock/Schwerin 1824, 720–733 (§ 209).

78 *Ferdinand Kämmerer*, Beitrag zur Lehre von der aus dem Lehn zu entrichtenden Brautgabe. Nach Mecklenburgischem Rechte. Rostock 1839, hier 96–99.

Begründung der juristischen Gegenposition „eine Lehre, die nur zum Verderben des Familien-Besitzes am Lehn führt, mit Stumpf und Stiel auszurotten." Kämmerer wies nach, daß die älteren Landesgesetze keineswegs die Erbrechte der Vasallentöchter regelten, sondern nur deren Ansprüche auf eine angemessene Ausstattung (Aussteuer, Brautgabe) gegebenenfalls auch aus dem Lehen vorschrieben. Der Umfang dieser Ansprüche könne sich nach älteren Entwürfen eines mecklenburgischen Lehnrechts[79] auf bis zu 5% des Wertes des Lehnsbesitzes erstrecken.[80] Somit könne man nicht von einer formellen lehnsherrlichen Anerkennung sprechen.[81] Die Existenz eines Gewohnheitsrechtes bestritt er, da die durch v.Kamptz als allgemeine Norm beschriebene Erbpraxis eben nicht ausnahmslos Anwendung gefunden hätte. Offensichtlich waren um die Mitte des 18. Jahrhunderts beide Entscheidungsmöglichkeiten – die Existenz eines weiblichen Erbanspruchs auf den Lehnsbesitz und deren Negierung – in den mecklenburgischen Rechtsnormen angelegt[82] und nutzbar.[83] Unbestritten blieb jedenfalls auch durch Kämmerer, daß in der sozialen Praxis zumindest im 18. Jahrhundert die durch v.Kamptz fixierte Norm und somit ein de facto ausgeübtes weibliches Erbrecht breite Anwendung fand[84], vor allem bei gütlichen Einigungen über die Verteilung des Erbes.[85] Während Kämmerer

79 Die innerhalb der landesherrlichen Administration entstandenen Entwürfe eines Lehnrechts in Mecklenburg gelten in der juristischen Literatur als Substitute für die nicht zustande gekommene Kodifikation dieses Rechtsbereichs.

80 Kämmerer legte in dieser Frage Lehnrechtsentwürfe von Husanus und Cothmann sowie von v.Klein zugrunde, *Kämmerer*, Brautgabe (wie Anm. 78) 44f., 58–66.

81 Jedoch muß man hier von möglichen regionalen Unterschieden innerhalb Mecklenburgs ausgehen, wie *Kämmerer*, ebd., 58f., selbst einräumte. Mit Verweis auf eine ebenfalls durch Karl Albert v.Kamptz veröffentlichte Verordnung der Mecklenburg-Strelitzschen Kammer, nach dem die Söhne eines Lehnschulzen im Amt Stargard zwei, die Töchter ein Drittel des Lehngerichts erhalten sollten, die Allodialerbschaft aber zu gleichen Teilen vergeben wurde, könne man, so Kämmerer, für Mecklenburg-Strelitz „nun vielleicht daraus auf eine Anerkennung der fraglichen Theilungs-Art hinsichtlich der Ritterlehne schließen". Siehe dazu auch *Karl Albert v.Kamptz*, Über die Schulzen-Lehne im Herzogthum Mecklenburg. Mit Urkunden, in: *ders.*, Beyträge zum Mecklenburgischen Staats- und Privat-Recht. 2.Bd. Schwerin/Wismar 1796, 1–168.

82 Zur Spannbreite der juristischen Lehrmeinungen jener Zeit siehe *Kämmerer*, Brautgabe (wie Anm. 78), 74–76. Auch der Landesgrundgesetzliche Erbvergleich von 1755 bestätigte lediglich den Wortlaut der Reversalen von 1621 und ließ damit „einen weiten Spielraum [...] für die verschiedensten Kontroversen über die Rechte der Töchter am Lehn." Siehe *Christian Freiherr v.Hammerstein*, Die lehnrechtlichen Ansprüche der hinterlassenen Töchter des Lehnsbesitzers nach mecklenburgischem Lehnrecht. Diss. Rostock. Leipzig 1914, 6.

83 Welche Version im Einzelfall angewandt wurde, hing offenbar – wie bei den v.Rieben im 18. Jahrhundert –.von den jeweils konkreten Konstellationen innerhalb der Familien ab. Die Gestaltungsräume für die weiblichen Angehörigen der Familie ergaben sich nicht zuletzt aus der Handlungsfreiheit, den der grundbesitzende Adel in Mecklenburg überhaupt genoß und die er gerade im 18. Jahrhundert gegen die Bestrebungen der Mecklenburg-Schwerinschen Landesherrschaft noch einmal eindrucksvoll verteidigen konnte.

84 Dafür spricht beispielsweise die durch das Land- und Hofgericht Güstrow in einem entsprechenden Fall am 7.Juli 1798 verwendete Formulierung von den „ex feudo oft und gewöhnlich den Töchtern zugetheilt werdende halbe Portion oder eine Portion gegen zwei der Söhne". Siehe *Kämmerer*, Brautgabe (wie Anm. 78), 66, sowie Anlage 1 (S. 104–106).

85 Dies war zumindest einem Juristen wie Kämmerer bewußt. Gegenteilige Auffassungen wurden dann jedoch auf der politischen Bühne in der ersten Hälfte des 19. Jahrhunderts vorgetragen. 1822 behauptete der Landrat von Oertzen auf Kittendorf in einem auf dem Malchiner Landtag zu Protokoll

zumindest die rechtliche Fixierung dieser weiblichen Erbansprüche als relativ neue „Erfindung" einiger weniger Juristen seit der ersten Hälfte des 18. Jahrhunderts darstellte, sprechen gewichtige Indizien dafür, daß eine ausgeprägte Berücksichtigung der Interessen weiblicher Angehöriger des mecklenburgischen Adels auf einer älteren sozialen Praxis, aber auch auf älteren Rechtsgrundlagen beruhte und die Zeit der juristischen Kontroversen zu diesem Thema lediglich die gesteigerte Konfliktträchtigkeit des Gegenstandes widerspiegelte. Das prägnanteste Beispiel dafür ist sicher das lange Wirken des Erbjungfernrechts, einer Besonderheit der mecklenburgischen Rechtsgeschichte.[86]

Insgesamt ist bis in die erste Hälfte des 19. Jahrhunderts nicht nur eine veränderte Fixierung der juristischen Norm feststellbar, sondern auch eine starke Tendenz innerhalb der adligen Familienverbände, die weiblichen Ansprüche auf Teilhabe am Familienbesitz auf einem gegenüber früheren Zeiten deutlich begrenzten Niveau zu befriedigen. Die juristische Argumetation Kämmerers diente nicht zuletzt dem Ziel, einer entsprechenden gesetzlichen Fixierung solcher Normen den Boden zu bereiten. Kämmerer selbst betonte diesen Aspekt als Fazit seiner Abhandlung: „so dürfte nunmehro zur Genüge dargethan seyn, daß unsere Gesetzgebung, ohne gegen bestehende Rechte anzustoßen, völlig freie Hand habe, eine allgemeine, zur Ausgleichung der verschiedenen Interessen und zur Abschneidung künftiger Streitigkeiten angemessene, Vorschrift zu erlassen: eine Vorschrift, wobei insbesondere der eine Umstand in Betracht zu ziehen seyn dürfte, daß, nach feststehendem, schon in den Reversalen ausgesprochenen Grundsatze, der Brautschatz aus den Lehngütern lediglich in subsidium zu entrichten ist, und daß es auch, um für die Zukunft die immer mehr einreißende Zersplitterung des Familien-Besitzes an Lehnen zu verhindern, höchst rathsam erscheint, die eben gedachte Norm zur festen Grundlage einer neuen Gestzgebung zu machen; indem der Mannsstamm, weil durch ihn Name und Ansehn der Familie allein erhalten werden kann und soll, ganz vorzügliche Begünstigung verdient."[87] Zu dieser Gesetzgebung ist es jedoch nicht gekommen.[88]

gegebenen Dictamen vom 7. Dezember, daß „in der älteren Zeit, wenn auch die Töchter Abfindungen, oder vielmehr Brautschatz oder Alimente aus dem Lehne erhielten, ihnen dennoch wohl nie ein nach dem Werthe des Lehngutes berechneter Erbtheil ward. Das Gegentheil scheint nur Praxis der neueren, ja selbst der neuesten Zeit zu seyn." Siehe Anlage VII, in: Ebd., 131.

86 Siehe dazu v.Hammerstein, der seiner Arbeit über die lehnrechtliche Stellung der Vasallentöchter eine Bemerkung des Wittenberger Rechtsgelehrten D.Matthaeus Wesenbecius gegenüber dem mecklenburgischen Kanzler Husanus aus dem Jahr 1582 voranstellte, in der Ersterer betonte, daß in Mecklenburg „die Töchter [...] [des Adels, A.L.] besser versehen und bedacht, denn sonsten der Orten, da die Lehnrechte gebräuchlich". Im Prinzip bestätigt v.Hammerstein diese Einschätzung, vor allem mit Blick auf den Umfang, die Herausbildung und die frühzeitige formelle Bestätigung des mecklenburgischen Erbjungfernrechtes durch die Landesherren (1396 bzw. 1434) in einer Zeit der Herausbildung lehnsrechtlicher Bindungen. *v.Hammerstein,* Die lehnrechtlichen Ansprüche (wie Anm. 82), 69f.

87 Kämmerer fügte hinzu, daß in dem zu erwartenden Gesetz „die den Töchtern in subsidium aus dem Lehn zu entrichtende Brautgabe, niemals höher als ein Fünftel, gegen vier Fünftel der Söhne zu bestimmen seyn [möchte]". Im Erachten des Engeren Ausschusses der Stände war der Anteil der Töchter auf ein Viertel bemessen worden. *Kämmerer,* Brautgabe (wie Anm. 78), 103.

88 1842 bekräftigte der Engere Ausschuß der Ritterschaft noch einmal, daß „tatsächlich ein 'gewisses Erbrecht' durch die Praxis anerkannt sei und daß es jedenfalls dringend einer die Rechtsunsicherheit auf diesem Gebiet beseitigenden Gesetzgebung bedürfe." *V. Hammerstein,* Die lehnrechtlichen Ansprüche (wie Anm. 82), 11.

Ihren Abschluß fand die juristische Kontroverse mit einem Spruch des Oberappelationsgerichts Rostock, das 1842 jegliche Erbansprüche der Töchter am Lehen ausschloß, und damit einen Spruch der Justizkanzlei Schwerin bestätigte.[89] Seither blieb bis in das 20. Jahrhundert hinein die durch Ferdinand Kämmerer ausgeführte Rechtsauffassung, nach der den Töchtern gegenüber dem Lehen lediglich – und nur wenn die allodiale Erbmasse dafür nicht ausreiche – der Anspruch auf eine Aussteuer, nicht aber ein Erbrecht zustehe, normprägend.[90]

In der Retrospektive der Juristen des 19. Jahrhunderts war deutlich geworden, daß die in den adligen Familien Mecklenburgs praktizierten Regelungen bezüglich der Weitergabe des Lehnsbesitzes bis zum Ende des 18. Jahrhunderts Erbgewohnheiten folgten, in denen die Begünstigung der männlichen Erben noch nicht in dem Maße ausgeprägt war, wie es dann im 19. Jahrhundert als allgemeine Norm formuliert wurde. Ob allerdings das immer wieder betonte Ziel, die Sicherung des Familienbesitzes, tatsächlich in einem eklatanten Widerspruch zu den für die weiblichen Familienangehörigen günstigeren Erbpraktiken stand, kann zumindest für bestimmte Zeitperioden bezweifelt werden. Bei näherer Betrachtung der Situation im Amt Stargard in der zweiten Hälfte des 17. Jahrhunderts zeigt sich vielmehr, daß nicht nur Wulf Martin v.Rieben, wie oben beschrieben, sondern eine ganze Reihe weiterer adliger Herren „mit dem Gelde ihrer Frauen" Besitz sichern, wiedererwerben und auch neu gewinnen konnten.[91]

Aber natürlich war eine solche innerständische Praxis des Geldtransfers nicht nur eine Chance für den sanierungsbedürftigen Kapitalhaushalt einzelner Geschlechter, sondern auch eine Last für die „entsendende" Familie, die zunächst getragen werden mußte, ohne daß deren „Amortisation" absehbar war. Unter der hier zu betrachtenden kreditgeschichtlichen Fragestellung waren diese Heiratsverbindungen in zweierlei Hinsicht bedeutsam. Einerseits stellten die bei der Entstehung von Heiratsverbindungen fließenden Gelder selbst eine Form der Kreditgewährung dar, da der einheiratenden Frau mit dem eingebrachten Geld Ansprüche gegenüber dem Grundbesitz erwuchsen, die im Prinzip denen der Kreditoren entsprachen.

Andererseits war eine feste und solcherart vor aller Augen demonstrierte Einbindung der einzelnen adligen Familie in eine regionale Adelskultur wichtig für die Sicherung des Ansehens und somit auch des öffentlichen Kredits des Familienoberhaupts, eines Kredits, der ja bis in die zweite Hälfte des 18. Jahrhunderts hinein vor allem ein Personenkredit war. Erst mit der Herausbildung allgemein akzeptierter Taxationsverfahren und der Regelung des öffentlichen Hypothekenwesens konnte der Übergang zum Immobilarkredit auch abgesichert und auf lange Sicht stabilisiert werden. Solange der einzelne adlige Schuldner für die Kreditgewinnung vor allem auf das Vertrauen gegenüber seiner Person angewiesen war, konnte die Verflechtung der adligen Familien durch Heirat – eine andere Form dieser Verflechtung war die persönliche Bürgschaft bei Geldgeschäften – die Möglichkeit der Kreditgewährung entscheidend beeinflussen.

Gerade im Fall der v.Rieben auf Galenbeck und Cosa-Brohm werden aber auch mögliche Risiken dieser Art von Kreditverbindung zwischen Eheleuten sichtbar: Die über Jahrzehnte

89 Ebd., 11. Das entsprechende Urteil in: Entscheidungen des Großherzoglich Mecklenburgischen Oberappellationsgerichts zu Rostock. Hrsg. von Hermann Buchka/ Johann Friedrich Budde. 1.Bd. Wismar/Ludwigslust 1855, 107–146, hier 122f.

90 So in den Darstellungen bei *v.Hammerstein,* Die lehnrechtlichen Ansprüche (wie Anm. 82); sowie *Hans Lorenz,* Die Rechte der Töchter eines Lehensbesitzers. Diss. Rostock 1927.

91 MLHAS, Acta feudalia generalia 39, Bl. 7–12.

aufgelaufenen Zinsen, die nie in der Rechnungsführung des Gutes berücksichtigt worden waren, standen bei der Erbteilung plötzlich als Schuldlast zu Buche und veränderten mit einem Schlage die betriebswirtschaftlichen Voraussetzungen der Gutswirtschaft. Hinzu kam, daß gerade die adligen Kredite im Verlauf der Kreditkrise der 1760er und 70er Jahre besonders unsicher waren. Da die v.Riebenschen Verwandten selbst in höchsten Nöten steckten, suchten sie ihre Gelder unter allen Umständen aus den Gütern Galenbeck und Cosa-Brohm herauszuziehen.

Es war offensichtlich geworden, daß die inneradligen Kreditbeziehungen, aber auch die oben beobachtete unzureichende normative und institutionelle Ausgestaltung des mecklenburgischen Kredit- und Hypothekenwesens insgesamt unter den neuen wirtschaftlichen und politischen Bedingungen in der zweiten Hälfte des 18. Jahrhunderts den Ansprüchen der Gutsherren, die nun langfristig größere Kapitalmengen als Grundlagen sowohl adliger Herrschaft und Lebensführung, als auch für betriebswirtschaftliche Innovationen und Krisenmanagements benötigten, nicht mehr genügten, ja nachgerade zu einer Bedrohung geworden waren. Es war diese Zeit der 1770er und 80er Jahre, als in den benachbarten brandenburgischen Territorien mit den Landschaften unter der Regie des Landesherren neue Formen der Kreditwirtschaft entwickelt wurden[92] und auch in Mecklenburg sind Bemühungen um Innovationen zu beobachten, um Auswege aus der Krise zu bahnen.

5. Partielle Modernisierung als Problemlösung

5.1. Wertermittlung durch Bonitierung und Taxation als Grundlage eines landwirtschaftlichen Hypothekenwesens

Als eine Grundlage für den mit seinen Gläubigern vereinbarten Indult ließ Cord v.Rieben im Jahr 1769 nach unterschiedlichen Verfahren zwei Taxationen zur Wertermittlung seiner Güter vornehmen. Schon dieser Umstand verweist auf die besondere Bedeutung, aber auch auf die Unsicherheiten, die dieser Problembereich nicht zuletzt für das landwirtschaftliche Hypothekenwesen beinhaltete. Für das Streben, einen sicheren Kredit auf Basis von Immobilarbesitz zu begründen, war eine Wertermittlung des Besitzes nach allgemein und öffentlich anerkannten Kriterien eine wichtige Voraussetzung.

Taxationen wurden in der ländlichen Gesellschaft der Frühen Neuzeit regelmäßig vorgenommen, nicht nur für größere Landgüter, sondern auch für bäuerliche Höfe und Kleinbesitz. Sie wurden im Falle von Erbteilungen nötig, aber auch bei Verpachtungen und beim Verkauf. Je nach Anlaß konnte entweder nur der jährliche Ertrag veranschlagt (z.B. bei Verpachtungen) oder der Gesamtwert des Besitzes ermittelt werden. Für den letzteren Zweck wurden die jährli-

92 Die ersten preußischen Kreditinstitute dieser Art waren die Schlesische Landschaft (1770 gegründet), das Kur- und Neumärkische Ritterschaftliche Kreditinstitut (1777) und die Pommersche Landschaft (1781). Die Landschaften waren Pfandbriefanstalten, in denen die Summe der beteiligten Güter für alle ausgegebenen Kredite haftete. Neben der Stabilisierung des Kredits sollten die Landschaften über die Ausgabe der Pfandbriefe die stets knappe Edelmetallwährung ergänzen. Siehe hierzu *Gerhard Ziemer*, Die ‚Pommersche Landschaft', in: Baltische Studien, N.F. Bd. 51, 1965, 77–98.

chen Einkünfte auf Grundlage des aktuellen Zinssatzes kapitalisiert und zum Wert der Wohn- und Wirtschaftsgebäude, Hölzungen und anderer Liegenschaften addiert.[93]

Im Verlauf des 18. Jahrhunderts kam es zu wichtigen Veränderungen im Verfahren der Wertschätzungen. Bei einer in der ersten Hälfte des Jahrhunderts in Galenbeck durchgeführten Taxation spielte die Befragung der Untertanen noch eine wichtige Rolle. Am 29. November 1723 berichteten der Schreiber und die Untertanen, „so einige Acker in Cultur haben", unter Eid, im Falle des Schreibers „auch guten Theils mit denen gehaltenen Rechnungen", über die Wirtschaftsverhältnisse des Gutes.[94] Zu Anfang wurde „der älteste von allen Einwohnern und Unterthanen" Galenbecks, Martin Bandelow, der sich „neben etwas Ackerbau von Zimmer Handwerke" ernährte, befragt, „wie der Acker bey Galenbeck[95] beschaffen, ob er zuträglich und guth oder schlecht sey?" Bandelow antwortete, „daß der Acker sehr schlecht und sandicht wäre auch zu solchem Ende in zwey Theile vertheilet, damit das wenige so noch passiren könte, dem schlecht[esten] und gar sandichten alle Jahr zu Hülfe kommen möchte: Unter denen dreyen besten Feldern wäre etwas Acker, so als Mittel Land gerechnet, das andere hingegen könne nicht anders denn vor den allerschlechtesten trieb Sand geachtet werden, weile es kaum umb das dritte Jahr Rocken trüge: Und weilen der Acker so gar leichte müste der Rogken in selben so dünne gesaet werden, als immer möglich, dahero es kähme, daß obgleich ein großes Theil in der Sommer Saat und zuweilen fast auf die Helfte unbesäet beliegen bliebe, dennoch die Scheffel Zahl von diesen nicht viel größer austragen könte." Ähnlich vage und düstere Beschreibungen lieferte Bandelow bezüglich des Zustandes der Weide. Nun verfügte die Herrschaft Galenbeck tatsächlich nicht über im regionalen Vergleich erstklassige Böden, jedoch darf wohl im Falle Bandelows wie bei den in der gleichen Tonlage über ihre Äcker und Weiden klagenden Gehrener und Wittenborner Bauern ein gewisses taktisches Kalkül gegenüber den Taxatoren nicht übersehen werden, die mit der Festsetzung einer Pachtsumme auch einen wichtigen Rahmen für die Belastung der Untertanen absteckten.

Obwohl hier wesentliche Kriterien für die Wertermittlung landwirtschaftlich genutzter Flächen (Bodengüte, Aussaatdichte) genannt wurden, konnte die eigentliche Taxation nicht auf den ungenauen Beschreibungen der Untertanen beruhen. Diese orientierte sich an den Kornrechnungen des Schreibers, an der Aufstellung der festen grundherrlichen Einnahmen und am Viehbestand, für den ein „Abnutz" in Rechnung gestellt wurde. Die Aussagen der Untertanen über die schlechte Bodenqualität einzelner Ackerstücke wurden angefügt, offensichtlich um die angesichts der Größe der Herrschaft relativ geringen Aussaatmengen plausibel zu machen. Die nach dieser Methode erzielten Ergebnisse konnten stark differieren. Der 1723 durchgeführte Anschlag errechnete schließlich einen Jahresertrag von 1.413 rt. Ein aus dem Jahr 1721 überlieferter Anschlag bezifferte die zu erzielende Pacht mit 1.200 rt. Die Geldrechnung des Wirtschaftsjahres 1720/21 ergab als tatsächlichen Ertrag Galenbecks dagegen lediglich 924 rt 36 ß. Die Differenzen der veranschlagten Summen waren vor allem auf starke Schwankungen der zugrundegelegten Aussaatmengen, auf den unterschiedlich hoch

93 Mit Darstellungen zur Verfahrensweise und einigen regionalen Beispielen: *Hartmut Harnisch,* Rechnungen und Taxationen. Quellenkundliche Betrachtungen zu einer Untersuchung der Feudalrente – vornehmlich vom 16. bis 18. Jahrhundert, in: JbGFeud 6, 1982, 337–370.

94 MLHAS, GAHG 35, Protokoll Galenbeck, den 29.11.1723.

95 Die Galenbecker Feldmark wurde nahezu ausschließlich im Rahmen der gutsherrlichen Eigenwirtschaft genutzt.

angesetzten Ertrag der Pachtschäferei und darauf zurückzuführen, ob die Dienste der Untertanen als Einzelposten in Rechnung gestellt wurden oder nicht.

Die Unzulänglichkeit dieser Taxationsmethode war auch den Zeitgenossen bewußt. Die Notwendigkeit einer objektiveren und verfeinerten Ermittlung der Ertragsfähigkeit der Güter zeigte sich um die Mitte des 18. Jahrhunderts vor allem bei der Einführung eines neuen Steuersystems in Mecklenburg. Als Ergebnis des nach langen Auseinandersetzungen zwischen Landesherrschaft und Ständen erreichten Konsenses wurde 1755 mit der Besiegelung des Landesgrundgesetzlichen Erbvergleichs auch die Vermessung und Bonitierung der ritterschaftlichen Güter zum Zwecke der Steuergerechtigkeit beschlossen.[96] Auf der Grundlage genauer Vermessungsunterlagen der Güter und ihrer einzelnen Bestandteile (Ackerstücke, Wiesen, Weiden, Hölzungen, Gewässer, Ödland, Wege, Gebäude u.a.) erfolgte die Bonitierung der Güter durch Kommissionen, in denen landesherrliche und ritterschaftliche Kommissare die Tätigkeit der vereidigten Taxatoren leiteten. Jede einzelne Fläche eines Gutes wurde dreimal durch verschiedene, unabhängig voneinander arbeitende Paare von Taxatoren begutachtet und in ihrer Bodenqualität bewertet. Ergebnis des Verfahrens war die Festsetzung der für die Entrichtung der ordentlichen Kontribution maßgeblichen Hufenzahl jedes Gutes nach dem Umfang der möglichen Aussaat.[97]

Als Cord v.Rieben 1769 eine Wertermittlung seines Besitzes anstrebte, um ihr Resultat zusammen mit dem Schuldenstand seiner Güter öffentlich zu machen und so seinen Kredit zu festigen, konnte er bereits auf die Ergebnisse der Bonitierung nach den im Landesgrundgesetzlichen Erbvergleich fixierten Prinzipien zurückgreifen. Am 14. und 15. Februar 1769 taxierten der Oberkammerjunker v.Gentzkow auf Dewitz und der Rittmeister v.Arensdorff auf Sadelkow die Güter Cosa-Brohm und Galenbeck auf Grundlage der Vermessungsunterlagen (Karten und Feldregister) und der Bonitierungstabellen. Sowohl für Cosa-Brohm als auch für Galenbeck wurden durch die Taxatoren zunächst die jährlichen Einkünfte ermittelt (Ergebnisse für Galenbeck siehe Tab. 2). Dabei wurde „nach landesüblicher Taxe" vom vierfachen Ertrag der Aussaat ausgegangen. Ein Viertel der Kornerträge, also im zeitgenössischen Sprachgebrauch „ein Korn", wurde wiederum für die Aussaat reserviert. „Ein Korn" sollte alle anfallenden Lohn- und Wirtschaftskosten sowie die öffentlichen Abgaben abdecken und „zwei Körner", also die Hälfte des Ertrages, wurden als zu vermarktendes Getreide angesehen.

Der ermittelte Umfang aller Einnahmen wurde unter Annahme eines Zinssatzes von 5% kapitalisiert, was bei Beträgen von 5490 rt 12 ß (für Cosa-Brohm), 3001 rt (für Galenbeck) und 1726 rt 24 ß (für Gehren) einen Kapitalwert der Einkünfte von insgesamt 204.367 rt 16 ß ergab. Darüber hinaus wurden der Holzbestand, der Wert des Viehs, einschließlich dem der Schäfereien, und der Wert der „Feld-Inventarien" sowie der Gebäude angerechnet, so daß sich schließlich ein Gesamtwert des Besitzes von 286.781 rt ergab.

Dieser Betrag übertraf die Schuldsumme Cord v.Riebens um mehr als 100.000 rt. Allein, er verwendete die so errechnete Zahl nicht für den angestrebten Zweck der Offenlegung seiner Vermögensverhältnisse. Offensichtlich überwog schon bei den Zeitgenossen die Skepsis gegenüber den Ergebnissen dieser Taxationsmethode. In der ökonomischen Literatur des aus-

96 *Otfried Mielck,* Die mecklenburgische Bonitierung nach Scheffel Saat auf Grund des Landesgrundgesetzlichen Erbvergleichs vom 18.April 1755 – ihr Wesen, ihre Durchführung und ihr heutiger Wert. Rostock 1926.

97 Die Ackerflächen, aber auch Wiesen, Weiden, Hölzungen und Gewässer wurden in eine Werteskala eingeordnet, in der ihre Ergiebigkeit in Scheffel Aussaat bezeichnet wurde.

gehenden 18. Jahrhunderts wurde dann „die Rechnung des gewöhnlichen Schlendrians" angeprangert, „nach welcher man 1 Ertrags-Korn zu den Wirthschafts-Kosten rechnet; so ist solche so unbestimmt, daß es so gut ist, als habe man gar nicht gerechnet."[98] Auf diesbezügliche Fehler hat auch Johann Heinrich v.Thünen in einer seiner frühen Arbeiten aufmerksam gemacht.[99] Ein gravierender Mangel läge zunächst in der Annahme einer Marktquote von 50% der Ernte. Tatsächlich könnten „nur die vorzüglichsten Güter die Hälfte ihrer Kornproduction zu Markt bringen [...]. Auf den Gütern, die schlechten Boden haben, reicht aber die Consumtion nahe an den Betrag der ganzen Erndte, und diese Güter können nur ein Viertel oder Ein Achtel ihrer Production zu Markt bringen." Um die unrealistisch hohen Geldeinkünfte, die sich auf die oben beschriebene Weise ermitteln ließen, wieder zu mäßigen, müßten die Taxatoren extrem niedrige Getreidepreise zugrundelegen. „Das Publikum, an die alte Form gewöhnt, will nun einmal im Anschlag nicht die wahren Mittelpreise, sondern unnatürlich niedrige Kornpreise angesetzt sehen." Somit werde eine Lüge durch die andere ersetzt. Indem jedoch „für beyde gar kein Maaß statt fand, war der herauszurechnende Ertrag ganz unabhängig von dem Werth des Guts, und lag ganz in der Willkühr der Taxatoren."[100] In Galenbeck, wo anläßlich der Taxation vom Februar 1769 ebenfalls 50% des produzierten Getreides als Marktquote angesehen worden war, gelangten im 18. Jahrhundert tatsächlich 30% (in den 1740er Jahren)[101] bis 40% (in den 1770er und 80er Jahren)[102] zum Verkauf.

Hinzu kam, daß die nach den Bonitierungstabellen errechneten Aussaatmengen nicht den zum Zeitpunkt der Taxation tatsächlich erreichten, sondern einen zur Zeit der Bonitierung mit den damaligen Produktionsmethoden maximal möglichen Produktionsumfang bestimmten. Die tatsächliche Aussaat, die u.a. vom Arbeitskräfteeinsatz, vom Zugviehstapel und vom möglichen Umfang der Düngung abhängig war, erreichte in Galenbeck beispielsweise im Jahr 1777/78 nur ca. 50% des 1769 veranschlagten Volumens.[103]

Aber es gab noch weitere Fehlerquellen: Ein Problem bestand in der Veranschlagung der aufgewandten Arbeit, insbesondere der bäuerlichen Dienste. Nach zeitgenössischer Auffassung war das Vorhandensein von Untertanen in einem Gut ein Wert an sich: „Indessen bleibt es doch gewis, daß, nach der allgemeinen Einrichtung in Mecklenburg, ein ieder Guths-Eigenthümer es für eine Glückseeligkeit hält, wenn sich bei seinen Güthern viele Unterthanen befinden, weil selbige ihm allezeit zum Dienst gewis sind, und wegen des Umzugs keine Kosten verursachen, folglich ihrem Eigenthümer die Besorgnis ersparen, woher er beim Abgang seiner Leute andere hernehmen soll. Unterthanen vermehren also nach gegenwärtigen Begriffen den Werth eines Guths; und so kommen sie als solche, und also in Absicht ihres

98 *Carl Christian Friedrich v.Ferber*, Grundzüge zur Werthschätzung der Landgüter in Mecklenburg, Berlin 1796, 235.

99 *Johann Heinrich v.Thünen*, Über die Einführung eines Kreditsystems in Mecklenburg und über die Bestimmung des Pfandwerths der Mecklenburgischen Landgüter, in: Neue Annalen der Mecklenburgischen Landwirthschafts-Gesellschaft 4, 1817, 401–544.

100 Ebd., 447–449.

101 MLHAS, GAHG 730–734. Getreiderechnungen für die Erntejahre von 1737, 1740–1743. Ausgewertet wurden die Angaben für Roggen.

102 MLHAS, GAHG 525–533. Wirtschaftsrechnungen 1777–1786. Zugrundegelegt wurden die Angaben für Weizen, Roggen, Gerste und Hafer.

103 Während die Taxation vom Februar 1769 von rund 2.794 Scheffel Aussaat im ersten und zweiten Schlag einer Dreifelderwirtschaft ausging, wurden im Jahr 1777/78–83/84 jährlich durchschnittlich 1238 Scheffel Winter- und Sommergetreide zur Aussaat ausgegeben.

Standes betrachtet, zum Anschlag."[104] Diese Veranschlagung „nach dem Stand" erfolgte somit unabhängig von den konkreten Wirtschaftsergebnissen des Gutes. Jede Person als solche wurde als wertsteigernd für das Gut angesehen und auch die bäuerlichen Dienste gelangten mit einem bestimmten Geldwert in die Taxe. Damit aber wurde die Arbeitsleistung der Bauern bzw. ihres Gesindes zweimal veranschlagt: einmal als ein Geldäquivalent ihrer Arbeitsrente, darüber hinaus aber auch als anteiliger Wert, der in den zu vermarktenden Produkten des Gutes enthalten war. Dies führte insbesondere dann zu einer völligen Verfälschung des Taxationsergebnisses, wenn, wie in Galenbeck im Februar 1769 geschehen (vgl. Tab. 2), der Wert der bäuerlichen Dienste neben einem (fiktiven) Reinertrag aus dem Getreideverkauf direkt unter den jährlichen Einnahmen verbucht wurde.

Für eine exakte Taxation wäre es notwendig gewesen, für die jeweilige Gutswirtschaft „die Korn- und Geldausgaben speciell aufzuführen, diese vom rohen Ertrag abzuziehen, und darnach den Reinertrag des Guts zu bestimmen". Thünen berichtete, daß eine derartige Reinertragsermittlung erst „in den neuern Zeiten", sein Aufsatz erschien 1817, zur Grundlage der Taxationen gemacht wurde.[105] Damals ging es darum, schnell und zuverlässig einen sicheren Pfandwert von Gütern zu bestimmen, um mit der Errichtung eines Kreditvereins die nach den Napoleonischen Kriegen wiederum in eine Krise geratenen Kreditverhältnisse Mecklenburgs auf neuer Grundlage ordnen zu können. Um auf diesem Weg schnell voranzukommen, waren spezifizierte Reinertragsermittlungen für jedes einzelne Gut, das die Mitgliedschaft im Verein anstrebte, kaum durchzusetzen, da ein jahrelanger Vorlauf in einer exakten Rechnungsführung nach einheitlichen Kriterien notwendig gewesen wäre. Dabei war eine Rechnungsführung über den Rohertrag und einzelne Ausgabeposten der Gutswirtschaft durchaus üblich. Für eine befriedigende Reinertragsberechnung hätten aber weitergehende Fragen beantwortet werden müssen: „wie viel die Unterhaltung der arbeitenden Kräfte kostet? welches Maaß von Arbeit diese im Durchschnitt vollbringen, wie groß die Bestellungskosten jedes einzelnen Schlages sind, und in welchem Verhältnisse diese Kosten beym größern oder geringern Kornertrag zu oder abnehmen?" Thünen war klug genug, dem zeitgenössischen Publikum einzuräumen, daß diese Form der Rechnungsführung „eine solche Aufmerksamkeit und einen solchen Zeitaufwand [erfordere], daß sie leicht der guten Führung der praktischen Wirthschaft nachtheilig, und dadurch für den Landwirth selbst unvortheilhaft wird."[106]

In dieser Situation schlug Thünen einen Ausweg vor, der auf Grundlage der nach dem Landesgrundgesetzlichen Erbvergleich erstellten Bonitierungstabellen eine schnelle Reinertragskalkulation erlaubte: Ausgehend von einer genauen Aufnahme aller Daten seiner Wirtschaftsführung in Tellow unter Einbeziehung aller Betriebskosten (Arbeits-, Administrations- und Baukosten, sowie Abgabenlasten und somit unter Berücksichtigung der oben aufgeführten Kriterien) war Thünen zu zuverlässigen Reinertragsberechnungen für sein Gut gelangt. Er

104 *Adolph Friedrich Jargow*, Anleitung zur Bestimmung des wahren Werthes und Ertrages eines Land-Guthes, herausgegeben von Christop Friedrich Jargow. Rostock 1786, 45. Adolph Friedrich Jargow hatte als herzoglicher Kommissar bei der Direktorialvermessung und Bonitierung der adligen Güter und später als Taxator bei den zahlreichen Konkursen nach dem Siebenjährigen Krieg Gelegenheit, den „größten Teil der Mecklenburg-Schwerinschen Land-Güther" persönlich kennenzulernen, ebd., 8.

105 Nach *Thünen*, Einführung eines Kreditsystems (wie Anm. 99), 448.

106 Ebd., 452f.

gewann so die Einsicht, daß sich die Reinerträge keineswegs gleichmäßig mit den rohen Ernteerträgen der Schläge veränderten, sondern daß u.a. mit sinkender Bodenfruchtbarkeit und damit geringerer Aussaatdichte der nötige Arbeitsaufwand überproportional anstieg und die Reinerträge dementsprechend geringer ausfielen. Die rohen Ernteerträge hingegen entsprachen sehr genau den bonitierten Aussaatmengen auf den je nach Bodenfruchtbarkeit unterschiedlich großen Ackerstücken, jedenfalls solange die Bodenfruchtbarkeit nicht durch künstliche Maßnahmen (wie z.B. Mergeln) grundsätzlich gegenüber dem Zeitpunkt der Bonitierung verändert worden war. Demzufolge konnte die Bonitierung nach den Prinzipien des Landesgrundgesetzlichen Erbvergleichs durchaus als Grundlage für die Ermittlung eines Mindestpfandwertes der Güter dienen. Es kam lediglich darauf an, da man ja für den hier angestrebten Zweck der schnellen Einrichtung einer Pfandbriefanstalt die Ermittlung der Betriebskosten für jedes einzelne Gut umgehen wollte, das Verhältnis zwischen dem jeweiligen bonitierten Umfang der Aussaat und den Reinerträgen zu ermitteln. Eben diese Relation konnte Thünen aus den Ergebnissen seiner Tellower Wirtschaft berechnen, wobei er die älteren Daten vor Durchführung weitgehender Kultivierungsmaßnahmen verwendete. Auf diese Weise wurde zumindest für Böden mittlerer und guter Qualität, auf denen sich wie in Tellow die Masse der mecklenburgischen Rittergüter befand, eine Methode zur Reinertragskalkulation und davon ausgehend zur Bestimmung des Pfandwertes der Güter auf Grundlage der Bonitierungstabellen des Landesgrundgesetzlichen Erbvergleichs entwickelt.[107] Dieses Verfahren diente dem 1818 gegründeten Ritterschaftlichen Kreditverein bis in das 20. Jahrhundert zur Ermittlung des Pfandwertes der ihm angehörenden Güter und war eine wichtige Grundlage für das insgesamt erfolgreiche Wirken dieser Kreditanstalt der mecklenburgischen Gutsbesitzer. Der Kreditverein gab unkündbare Pfandbriefe aus, die als Wertpapiere gehandelt werden konnten. Die sichere Ermittlung eines Mindestpfandwerts[108] der verschriebenen Güter war eine wichtige Voraussetzung dieser Form der Rentenverschreibung, da nur so die Obligationen einen angemessenen und stabilen Kurswert erlangen konnten.

Als Cord v.Rieben 1769 um die Sicherung seines Kredits rang, konnte er noch nicht auf ein solches Instrumentarium zurückgreifen. Das Anlegen von Hypothekenbüchern galt damals noch als Offenbarungseid in Zeiten höchster finanzieller Bedrängnis und tatsächlich war ja auch v.Rieben in einer solchen Situation zu diesem Schritt veranlaßt worden. Bei der dabei notwendigen Festsetzung des Pfandwertes seines Besitzes griff v.Rieben jedoch nicht auf die Ergebnisse der oben erwähnten Taxation vom Februar 1769 zurück, sondern beauftragte im Ergebnis des mit seinen Kreditoren abgeschlossenen Vergleichs über einen fünfjährigen Indult den Amtmann Reuter aus Nemerow damit, den „wahren und wesentlichen Werth sämtlicher v.Riebenschen Güter“ zu ermitteln. Reuter, der selbst zu den Gläubigern v.Riebens gehörte, „waren sämtliche v.Riebensche Güter, theils durch die Vermeßungs-Commission, und die daselbst in meiner Gegenwart geschehene Bonitirung, theils durch Communicirung der Charten und Meß-Register und sonstigen Nachrichten hinlänglich bekannt“. Auf Basis dieser Informationen war Reuter in der Lage, „von dem Ertrage eines jeden Gutes einen Anschlag so den jetzigen Korn-Preisen gemäß ist, zu entwerfen, und ich habe nach Haußwirthlicher

107 Ein zuverlässiges Verfahren zur Wertermittlung der Güter war in Mecklenburg noch wichtiger als in Preußen bei Errichtung der Landschaften, da es hier keine landesherrliche Mitwirkung bei der Errichtung der Pfandbriefanstalt und keine finanzielle Absicherung der Fonds gab.

108 Nach der von Thünen entwickelten Taxationsmethode betrug der Pfandwert der Güter rund 2/3 der damals niedrigsten Kaufpreise, *Thünen,* Einführung eines Kreditsystems (wie Anm. 99), 542f.

Üeberzeügung und Erfahrung gefunden, daß von sämtlichen v.Riebenschen Gütern [...] ein Jahr ins andere gerechnet 800 rt jährlich deductis deducendis an reinen und gewißen Ertrage übrig bleiben 9.000 rt folglich a 5 pro Centum diese Güter Ein Hundert und Achtzig Tausend Reichsthaler werth sind."[109] Mit Blick auf den in der ersten Taxation des Jahres 1769 ermittelten Wert von 286.781 rt bemerkte Reuter, daß er sich von einem solchen Betrag „nach aller Haußwirthlichen Üeberzeugung [...] um so weniger überzeugen [konnte], da diejenige Summa, welche nach Abzug der nothwendigen Wirthschafts-, natural- und Geld-Ausgaben, der Landes-Schulden, der jährlichen Contribution, nothwendiger Bau- und Reparations-Kosten, und anderer Onerum realium, übrig bleibet, nur den wahren und wesentlichen Werth eines Guthes bestimmet". Somit konnte v.Rieben bereits im Jahr 1769 auf eine durch einen anerkannten landwirtschaftlichen Fachmann erstellte und am Reinertrag orientierte Kalkulation für seine Güter zurückgreifen, die deren Pfandwert zwar um etwas mehr als ein Drittel niedriger einstufte als die Wertermittlung nach den alten Kriterien, die aber in der Folgezeit eine sichere Grundlage für den auf diesen Gütern lastenden Kredit werden sollte. Dies galt vor allem für die an Bedeutung gewinnenden Gelder auswärtiger Kreditoren bürgerlicher Herkunft.

Unter Cord v.Rieben, das ist mit den überlieferten Kornrechnungen zumindest seit den 1780er Jahren nachweisbar, wurde auch in der täglichen Wirtschaftsführung die durch v.Ferber später angeprangerte „Rechnung des gewöhnlichen Schlendrians" überwunden. Mit dem „Ächterkorn"[110] und einem speziell für die Kornfahrten abgemessenem „Übermaß" tauchten neue Kategorien in den Getreiderechnungen auf, die in den 1740er Jahren noch unbekannt waren. Hinzu kamen feinere Maßeinheiten. Wurde früher das Korn maximal in „Vierteln" (1/4 Scheffel) erfaßt, so trat in den 1780er Jahren die Metze (1/16 Scheffel) an die Stelle des kleinsten Maßes.

5.2. Überwindung der Krise und Wege in eine Institutionalisierung der Kreditwirtschaft

Die 1774, nach Auslaufen des mit den Gläubigern vereinbarten Indults, fällige Rückkehr zu normalen, ungeschützten Kreditverhältnissen verlief für Cord v.Rieben nicht problemlos. Noch vor der geplanten Niederlegung des Hypothekenbuches, die schließlich am 1. September 1774 vorgenommen wurde, kündigten verschiedene Gläubiger Anfang 1774 ihre Kapitalien pünktlich zum Auslaufen des 5jährigen Zahlungsmoratoriums (Trinitatis 1774). Von Rieben benötigte also kurzfristig größere Kapitalmengen, um in dieser Situation nicht doch noch in den Strudel der damals zahlreichen Güterkonkurse hineingerissen zu werden. Sicher war es für den Herren auf Cosa-Brohm ein Glücksumstand, daß zu dieser Zeit umfangreiche Kapitalien aus dem Vermögen der Familie v.Hahn im Land kursierten. Die „Hahn-Salowsche Curatel" entstand, als nach dem Tode des Erblandmarschalls Alexander v.Hahn auf Pleetz zu Salow (gest. 1763) dessen Nachlaß an seinen Bruder Claus Ludwig und seine Schwester Anna Hedwig, verw. v.Geusau, übergingen, die aber ebenso wie der Sohn der Anna Hedwig, Wilhelm v.Geusau, 1764 wegen Geistesverwirrung unter Kuratel gesetzt wurden. Für

109 MLHAS, GAHG 99, Taxation der v.Riebenschen Güter durch den Amtmann Reuter vom 28.08.1769.

110 Das *Ächterkorn*, auch *Ächtels* oder *Ächters* ist das Hinterkorn, d.h. ein leichtes minderwertiges Korn, welches beim Reinigen des Korns zurückbleibt. Mecklenburgisches Wörterbuch. Hrsg. v. Richard Wossidlo und Hermann Teuchert. 1.Bd. Neumünster 1942, Spalte 47.

die einzelnen Teile des bedeutenden Vermögens wurden durch die Landesherrschaften in Mecklenburg-Schwerin, Mecklenburg-Strelitz, Pommern und Mansfeld jeweils eigene Kuratoren eingesetzt. Die „Hahn-Salowsche Curatel", benannt nach dem Sitz Alexander v.Hahns zu Salow in Mecklenburg-Strelitz, wurde zunächst durch den Landrat v.Warburg auf Lichtenberg und den Kammerjunker v.Gaefertsheim, Besitzer von Neddemin und Pächter von Quaden-Schönfeld, verwaltet. Beide Kuratoren gingen in den 1770er Jahren in Konkurs und verloren wohl insgesamt weit über 100.000 rt eigener und Kuratelgelder.[111] Trotz der in diesen und anderen Güterkonkursen jener Zeit verlorenen Kapialien waren immer noch erhebliche Geldmengen aus dem v.Hahnschen Vermögen im Lande verfügbar. Einen Teil davon konnte sich auch Cord v.Rieben auf Cosa-Brohm für die Überbrückung seines Kreditengpasses im Jahr 1774 nutzbar machen. Am 19. Februar 1774 bat er um herzoglichen Konsens zur Anleihe von „20.000 rt aus der von Hanisch-Salowschen Cassa", da die Kuratoren ohne landesherrliche Einwilligung kein Geld mehr verleihen wollten.[112] Offensichtlich ist die Aufnahme dieses Kredits dann auch zustandegekommen, da noch 1808 v.Hahnsche Kuratelgelder in der Übersicht der Galenbecker Schulden nachgewiesen wurden.

Neben der Absicherung des v.Riebenschen Kredits durch die Einrichtung eines Hypothekenbuches, begleitet von der durch die Hahn-Salowschen Kuratelgelder mögliche Umschuldung, erwies sich gegen Ende des 18. Jahrhunderts die Umwandlung größerer Teile des Kreditvolumens von einer Vielzahl individueller Kredite zu Anstaltskrediten als ein Weg zur Konsolidierung und langfristigen Absicherung der Finanzverhältnisse der Güter. Denn auch unter vergleichsweise ruhigen Kreditverhältnissen mit ausreichend zur Verfügung stehenden Kapitalien, wie sie in den 1780er und 1790er Jahren herrschten, gab es immer wieder einzelne Gläubiger, die plötzlich Bargeld benötigten und daraufhin ihre Mittel mit der üblichen halbjährigen Kündigung vom Schuldner einforderten.

Eine solche Kündigung von Kapitalien machte für den betroffenen Schuldner die Neuaufnahme von Krediten notwendig, was gerade in wirtschaftlich und politisch schwierigen Zeiten Probleme verursachen und immer mit der Gefahr einer Erhöhung des Zinssatzes verbunden sein konnte. Vor diesem Hintergrund und angesichts der hohen Verschuldung der mecklenburgischen Gutsbesitzer war die Gründung von Anstalten, die nach in Satzungen festgeschriebenen Regeln langfristige Kredite vergaben, von großer wirtschaftlicher Bedeutung für die Gutsbetriebe. Die wichtigste derartige Anstalt in Mecklenburg war zweifellos der 1818 gegründete Ritterschaftliche Kreditverein. Aber auch schon vor dessen Etablierung gab es Einrichtungen, die im Kreditwesen vergleichbare Funktionen wahrnahmen. Eine derartige Institution war die 1796/97 in Neubrandenburg gegründete Mecklenburgische Hagelversicherungsassecuranz. Nicht ohne Stolz verwiesen die Mitglieder dieser Gesellschaft 1847 darauf, daß ihre Assekuranz die erste dauerhaft arbeitende Einrichtung dieser Art in Deutschland war und zum Vorbild in ganz Europa wurde.[113] Im ersten Jahr des Bestehens gehörten der Versicherungsgesellschaft 14 Gutsbesitzer und 64 Pächter aus beiden mecklen-

111 *Georg Christian Friedrich Lisch,* Geschichte und Urkunden des Geschlechts Hahn, Bd. 4. Schwerin 1856, 159–166. In der Darstellung durch Lisch, damaliger Landesarchivar, werden die Kuratoren, denen Verschwendung, Betrug und Unfähigkeit angelastet wird, für den Verlust der Gelder verantwortlich gemacht.

112 MLHAS, GAHG 99.

113 Die Mecklenburgische Hagelschaden-Versicherungs-Gesellschaft zu Neubrandenburg, ihre Entstehung, Entwicklung und Leistungen. Aus dem Berichte des Directorii an die General-Versamm-

burgischen Herzogtümern mit einem Versicherungsfond von 373.450 rt an.[114] Seit 1799 wurde die Hagelassekuranz mit einer Mobiliar-Brand-Versicherungs-Anstalt verbunden, da es, wie der Hofrat Berlin auf Liepen erklärte, „unverantwortlich [sei], daß wir für unsere Sicherheit gegen Feuersgefahr jährlich der Phönix-Assecuranz in Hamburg enorme Summen opfern, um die dortigen Kaufleute damit zu bereichern, wenn wir im Stande sind, dies Capital unserm Vaterlande zu erhalten."[115] Was den Bereich der Feuerversicherungen anbetrifft, so hatte die Ritterschaft Stargardischen Kreises bereits einige Erfahrungen in diesem Metier sammeln können.[116]

Die Bedeutung dieser Initiative bürgerlicher und adliger Gutsbesitzer und Pächter in Mecklenburg ging über den eigentlichen Zweck, die Absicherung von Inventar und Ernten im Schadensfall und damit die Kalkulierbarkeit naturbedingter Einbußen, was bei einer Wirtschaftsführung mit hoher Kreditbelastung und engen finanziellen Spielräumen schon wichtig genug war, noch hinaus. Wie in der Bemerkung des Hofrats Berlin bereits anklang, ging es von Anfang an auch um die Nutzung der durch die Versicherungsgesellschaften angehäuften Kapitalien. Unter diesem Aspekt zeigt sich die ganze Bedeutung dieser Einrichtungen, bei denen es sich um Assekuranzen auf Gegenseitigkeit handelte und bei denen Versicherungsnehmer und Betreiber der Gesellschaften identisch waren.

Den möglichen Nutzen dieser Einrichtungen hatten einige Angehörige altadliger Rittergeschlechter in Mecklenburg frühzeitig erkannt, auch wenn die bürgerlichen Gutsbesitzer und Pächter von Anfang an deutlich in der Überzahl waren. Zu den Pionieren der ersten Stunde bei der Etablierung eines landwirtschaftlichen Versicherungswesens gehörten auch Mitglieder der Schönhausener Linie der Familie von Rieben. Unter den Gründungsmitgliedern befanden sich die Herren von Rieben auf Ihlenfeld und Matzdorf. Der Klosterhauptmann und spätere Landrat von Rieben auf Ihlenfeld war einer der ersten sechs Direktoren. Das starke Engagement dieser und anderer Gutsbesitzer- und Pächterfamilien zunächst insbesondere aus Mecklenburg-Strelitz zahlte sich offensichtlich im landwirtschaftlichen Kreditwesen im direkten Wortsinne aus: Auf der Generalversammlung der Gesellschaft vom 2. März 1801 bemerkten die Mecklenburg-Schweriner Mitglieder, „daß auch aus ihrer Mitte für die Folge ebensowohl die bisher blos aus den Strelitzischen Instituts-Genossen hervorgegangenen Directoren erwählt, nicht minder die Legegelder im Schwerinschen zinsbar belegt werden könnten und müßten."[117]

lung am 2. März 1847 bei Gelegenheit der Feier des 50jährigen Bestehens der Gesellschaft. Neubrandenburg 1847, hier S. 3.

114 Ebd., 10.

115 Ebd., 12.

116 Nachrichten über das Wirken ritterschaftlicher „Feuer-Gilden" und Brandversicherungen sind seit den 1720er Jahren überliefert. Vgl. die entsprechenden Nachweise in: Geschichtliche Bibliographie von Mecklenburg. Bearbeitet von Wilhelm Heeß. Teil 1, Rostock 1944, 644.

117 Die Mecklenburgische (wie Anm. 114), 13. Auch später gab es immer wieder Auseinandersetzungen um die regionale Anbindung der einflußreichen Posten im Direktorium der Versicherung, so z.B. 1821/23 im Falle eines inzwischen in die Uckermark übergesiedelten Herrn v.Rieben, vormals auf Matzdorf in Mecklenburg-Strelitz, für den sich nach seinem Umzug – allerdings erfolglos – die uckermärkischen Mitglieder der Sozietät einsetzten. Von Rieben selbst war daraufhin maßgeblich an der Gründung einer gleichartigen Gesellschaft in Schwedt/Oder (1826) beteiligt. Weitere Gesellschaften wurden später in Güstrow (1833), Greifswald (1841) und Brandenburg (1845) gegründet, ebd., 24–31, 36.

Der Versicherungsfond der Mecklenburgischen Hagelschaden-Versicherung wuchs bis zum Jahr 1800 auf über eine Million Reichstaler, erreichte 1805 rund 3,4 Millionen und 1808 über 4 Millionen Reichstaler. In den 1820er Jahren stieg der Umfang des Fonds auf über 8 und bis Mitte der 1840er Jahre auf ca. 10 Millionen Reichstaler. [118] Die Versicherungsnehmer kamen schon kurz nach Gründung der Gesellschaft nicht nur aus Mecklenburg selbst, sondern auch aus den benachbarten Provinzen Preußens (später auch aus Hinterpommern und der Neumark), schließlich auch aus Hannover, Braunschweig und Lauenburg.

Die v.Rieben auf Galenbeck und Cosa-Brohm gehörten zu den ersten, die aus den Rücklagen der neuen Gesellschaft auf dem Kapitalmarkt Nutzen ziehen konnten. Im Jahr 1808 standen unter den Schulden des Herren v.Rieben auf Galenbeck 12 Einzelbeträge mit insgesamt 7.400 rt Gold von der Hagelversicherungsgesellschaft Neubrandenburg mit dem günstigen Zinssatz von 4,5% zu Buche.[119] Das Kapital umfaßte zu diesem Zeitpunkt ca. 9% der Gesamtverschuldung der Herrschaft (vgl. Tab. 1). Mit den Geldern sind ältere Kredite aus der Zeit zwischen 1733 und 1797 abgelöst worden.

Die Etablierung der Mecklenburgischen Hagelschaden-Versicherung stellte also nicht zuletzt wegen der damit gegebenen Möglichkeit der Kapitalakkumulation für den landwirtschaftlichen Kreditmarkt eine wichtige Veränderung betriebswirtschaftlicher Rahmenbedingungen dar.[120] Allerdings blieben die verfügbaren Geldmengen, gemessen am Wert der Güter, dem Grad ihrer Verschuldung und der damit benötigten Kapitalien, in engen Grenzen. Immerhin konnten sie für einzelne Familien insbesondere in Mecklenburg-Strelitz, denen sich wie im Falle der v.Rieben auf Galenbeck der Zugriff auf diese Gelder eröffnete, eine spürbare Entlastung der Kreditsituation bedeuten. Für die Masse der Gutsbesitzer jedoch blieb die Bedeutung der Hagelschaden-Assekuranz auf den Versicherungsschutz beschränkt, abgesehen von den Möglichkeiten, in solchen Institutionen Erfahrungen in finanzwirtschaftlichen Fragen zu erwerben. Derartige Erfahrungen haben dann sicher auch bei der Gründung des Mecklenburgischen Ritterschaftlichen Kreditvereins im Jahr 1818 (Beginn der Tätigkeit 1819) eine Rolle gespielt. Dessen erklärter Zweck war es, „den Gutsbesitzern einen von jeweiligen Konjunkturen unabhängigen sicheren Kredit unter günstigen Bedingungen zu verschaffen.“[121] Auch die Etablierung und Tätigkeit des Kreditvereins war Anliegen bürgerlicher und altadliger Gutsbesitzer in Mecklenburg. Letztere waren an der Leitung des Vereins in der

118 Der Umfang des Versicherungsfonds ergab sich aus der Summe des Ertragswertes der versicherten Anbauflächen. Ein Prozent des Ertragswertes dieser Flächen war als „Legegeld“ bei Eintritt in die Gesellschaft einzuzahlen und bildete die Kapitalrücklage der Gesellschaft, aus der Kredite ausgegeben wurden. Die Daten nach: Die Mecklenburgische (wie Anm. 114), Anhang.

119 Für das Jahr 1808 wird für die Hagelversicherungs-Gesellschaft ein Versicherungsfond von 4.083.200 rt angegeben. Bei einem Legegeld von 1% hätten somit Kapitalien in Höhe von 40.832 rt verliehen werden können. In diesem Fall wären 18,1% jenes Betrages allein in die Herrschaft Galenbeck geflossen. Mitglieder der Gesellschaft außerhalb Mecklenburgs mußten allerdings zeitweilig ein Legegeld von 2% aufbringen. In jedem Fall bleibt die in Galenbeck belegte Summe bemerkenswert hoch. Sie verweist neben anderen Indizien auf den starken Einfluß dieser Familie innerhalb des grundbesitzenden Adels der Region.

120 Für die altadligen Familienverbände ist in diesem Zusammenhang insbesondere die Bedeutung des Zustroms neuen Kapitals aus den Händen der bürgerlichen Gutsbesitzer und Pächter hervorzuheben.

121 *Hermann Herbert Deutschmann,* Der Mecklenburgische Ritterschaftliche Kreditverein. Ein Stück mecklenburgische Wirtschaftsgeschichte. Rostock 1938, 13. Nach den Statuten des Kreditvereins.

ersten Hälfte des 19. Jahrhunderts vor allem durch Angehörige der Familie von Oertzen beteiligt. Der Nachbar v.Oertzens auf Kotelow, Landrat v.Rieben auf Galenbeck, war von 1833–1877 zunächst als Kreis- und später (seit 1837) als Hauptdirektor für den Stargardischen Kreis in der Leitung des Kreditvereins tätig.[122] Dessen Statut orientierte sich an den Grundsätzen der preußischen Pfandbriefanstalten in der Uckermark und in Pommern. Mit der Ausgabe von Pfandbriefen, die vom Kreditverein, der gesamtschuldnerisch für die Kredite haftete, ausgestellt und in das für das jeweilige Gut niederzulegende Hypothekenbuch an erster Stelle eingetragen wurden, konnten die beteiligten Rittergüter tatsächlich langfristig bis zu einer gewissen Verschuldungsgrenze den konjunkturellen Schwankungen des Kapitalmarktes entzogen werden. Die ursprünglich auf den halben Taxwert der Güter begrenzte Verschuldung sollte durch den sog. sinkenden Fond des Kreditvereins abgelöst werden, in den die Kreditnehmer neben dem Zinssatz von 4% mindestens ein Viertel Prozent der Darlehenssumme jährlich einzuzahlen hatten. Mit den ebenfalls aufzubringenden Verwaltungskosten beliefen sich die Kreditkosten auf 4,5%. Entscheidender als der günstige Zinssatz war jedoch die mit dem Übergang von individuellen Krediten zu Anstaltskrediten mögliche Anpassung des Kreditsystems an den Charakter der gutsherrlichen Einnahmen in Form von Bodenrenten aus einem Grundbesitz, aus dem normalerweise nicht ohne weiteres Teile kapitalisiert werden konnten, um auf kurzfristige Konjunkturschwankungen zu reagieren, ohne seinen Bestand insgesamt zu gefährden. Die Pfandbriefe wurden nicht auf bestimmte Güter und auch nicht auf die jeweiligen Inhaber ausgestellt, so daß sie als Wertpapiere frei handelbar waren und der Kreditverein als Puffer zwischen den sich je nach Marktlage unter Umständen kurzfristig ändernden Ansprüchen der Gläubiger und dem Bedürfnis der Gutsbesitzer nach langfristiger Stabilität wirken konnte.[123]

Sowohl im Falle der Hagelversicherung als auch hinsichtlich des ritterschaftlichen Kreditvereins ist bemerkenswert, in welchem Maße die Ritterschaft ihre starke Position im mecklenburgischen Ständestaat und ihre Organisationsformen zu nutzen wußte, um ihre wirtschaftlichen Interessen unter den sich rasch verändernden Marktbedingungen des 18. und beginnenden 19. Jahrhunderts durchzusetzen. Durch verschiedene Privilegien des Landesherren wurden beide Vereine, zumindest was ihre Wirkung innerhalb Mecklenburgs anbelangt, zu quasi öffentlich-rechtlichen Institutionen. Die alten ständischen Organisationsformen schließlich beförderten eine relativ effektive Selbstverwaltung der Vereine, die ohne umfangreiche Institutionen und mit einem vergleichsweise geringen bürokratischen Aufwand auskamen, und die eine breite Beteiligung der betroffenen Gutsbesitzer an den Vereinsgeschäften ermöglichte. So traf sich die Generalversammlung des Kreditvereins jährlich unmittelbar vor den im Herbst stattfindenden Landtagen am Ort dieser Versammlungen. Auch die Muster der Informationsübermittlung in den drei alten ritterschaftlichen Kreisen entsprachen zunächst bekannten Vorbildern, indem die Nachrichten auf den auch für die Ständebelange genutzten „Kommunikationspfaden" zirkulierten[124], später konnte seitens des Kreditvereins die durch den Landesherren eingeräumte Portofreiheit genutzt werden. Die v.Rieben auf Galenbeck, die 1824 für ihre Güter Galenbeck und Gehren die Aufnahmepro-

122 Ebd., 121f.

123 Ebd., 27, 32; sowie: Das ritterschaftliche Kreditwesen, in: Festgabe zur Feier der XXII. Versammlung deutscher Land- und Forstwirte. Schwerin 1861, 209–218.

124 Zu Kommunikationsverfahren im ländlichen Raum der Frühen Neuzeit siehe den Beitrag von Jan Peters in diesem Band.

zedur in den Kreditverein einleiteten, gehörten zu den ersten Mitgliedern des Vereins in Mecklenburg-Strelitz.

6. Zusammenfassung: Adlige Mentalität und kapitalistisches Denken

Im Verlauf des 18. Jahrhunderts befanden sich in den ostelbischen Agrargesellschaften die verschiedenen sozialen Gruppen im Wandel. Auch der grundbesitzende Adel durchlief eine Transformationsphase langer Dauer. Diese Periode der Umgestaltung ist in Mecklenburg bisher vor allem mit der Umstellung der Bodennutzungssysteme (Einführung der Koppelwirtschaft) in Verbindung gebracht worden. Die Untersuchung der Verschuldung des grundbesitzenden Adels und der Organisation des landwirtschaftlichen Kredits im Land Stargard (Mecklenburg-Strelitz) hat aber gezeigt, daß die Veränderungen viel tiefer griffen und weitgehende Auswirkungen für den Adel selbst, aber auch für die anderen sozialen Gruppen des Dorfes hatten. Kam gegen Ende des 17./Anfang des 18. Jahrhunderts ein Großteil der in den Gütern angelegten Kapitalien noch aus anderen adligen Familien (oft über Heiratsverbindungen) sowie von den Kirchen bzw. der Geistlichkeit der näheren Umgebung und konnte außerdem der kurzfristige Zufluß von Bargeld aus der dörflichen Bevölkerung noch eine wichtige Rolle spielen, so änderte sich diese Konstellation bis zum Ende des Jahrhunderts.

Die finanziellen Schwierigkeiten der adligen Gutsbesitzer und insbesondere die Kreditkrise in der zweiten Hälfte des 18. Jahrhunderts führten zu einem Umdenken in bezug auf die Praxis und das Ausmaß der Verschuldung der Güter. Der Anstieg der Konkurse wurde in wachsendem Maße zur Existenzbedrohung, und das nicht mehr nur in mehr oder weniger zahlreichen Einzelfällen, sondern für die ständische Gruppe der ritterschaftlichen Gutsherren insgesamt. Auf den ansteigenden Strom bürgerlichen Kapitals in die Güter drohte die Ablösung der adligen Herren durch bürgerliche Gutsbesitzer zu folgen, zumal es in Mecklenburg bei freier Verschuldbarkeit und unbeschränkter Verkäuflichkeit der Güter keine solchen landesherrlichen Schutzmaßnahmen gegen diese Entwicklung gab, wie beispielsweise in Brandenburg. Mit der Veränderung des Kredit- und Hypothekenwesens erfolgte zumindest für einzelne Gutskomplexe bereits in der zweiten Hälfte des 18. Jahrhunderts eine Anpassung an die Erfordernisse eines modernen, überregionalen kapitalistischen Geldmarktes.

Cord v.Rieben hatte es in den 1770er Jahren unter dem Druck seiner Gläubiger, offen für Neuerungen, mit großer Energie und nicht zuletzt dank glücklicher Umstände vermocht, die Gefahr des wirtschaftlichen Untergangs von den Gütern Galenbeck und Cosa-Brohm abzuwenden. Die zehn Jahre zwischen dem Antritt seines Erbes und der über die Hahn-Salowschen Kuratelgelder erreichten Umschuldung waren eine harte Schule für ihn. So zwangen nicht zuletzt die engen finanziellen Limits zu einem sparsamen, effizienten und exakten Wirtschaften. Diese Form der Rechnungs- und Wirtschaftsführung ermöglichte es erst, die Bilanzen und den Schuldenstand der Güter offenzulegen und damit den Kredit auf eine neue, tragfähigere Grundlage zu stellen, als es die vorherige Form des Personalkredits gewesen war.

In seinem Bemühen, im Konflikt mit seinen Schwestern im Nachhinein die Erbansprüche der weiblichen Familienmitglieder zurückzudrängen, hatte er nur begrenzten Erfolg. Dieser Weg wurde jedoch bis in die Mitte des 19. Jahrhunderts in den adligen Familien Mecklenburgs zunehmend als ein Mittel zur Konsolidierung der wirtschaftlichen Lage der Güter angewandt. Die aufgezeigten Bemühungen um einen Wandel der Erbpraxis gingen zu Lasten der adligen Frauen, die auf Basis der älteren Gepflogenheiten häufig über solide materielle

Grundlagen für ihre Teilhabe an der lokalen Wirtschaftsführung und Herrschaftsausübung verfügten. Dabei folgte die Zurückdrängung weiblicher Rechte und Ansprüche einer Logik, die in harten betriebs- und finanzwirtschaftlichen Lektionen gelernt wurde. Die Konsequenzen für die Entwicklung des Adels auf der Ebene des Standes bleiben weiter zu untersuchen, wobei unter dem Aspekt der Besitzsicherung die immer weiter vordringende Einrichtung der Familienfideikommisse zu beachten ist.

Mit der – zunächst örtlich begrenzten – Einführung von Hypothekenbüchern und mit der Gründung der ersten großen Versicherungsgesellschaften in Mecklenburg (Brand- sowie später Hagelversicherungsgesellschaft, 1766 und 1797 als Societät bzw. Assecuranz der Ritterschaft im Land Stargard errichtet) im letzten Drittel des 18. Jahrhunderts entwickelten sich auch neue Organisationsformen und Institutionen des landwirtschaftlichen Kredits. Mit dem Ritterschaftlichen Kreditverein folgte Anfang des 19. Jahrhunderts (1818) schließlich eine Einrichtung speziell für die Sicherung des gutsherrlichen Kredits. Bemerkenswert an diesen Einrichtungen ist nicht zuletzt, daß sie in Mecklenburg unter maßgeblicher Mitwirkung der Ritterschaft eingerichtet und selbst verwaltet wurden. Im Laufe des 19. Jahrhunderts wuchs der Einfluß bürgerlicher Gutsbesitzer und Pächter auch in den Leitungsgremien der Organisationen. Schon vorher bedeutete ihre Kapitalzufuhr einen wichtigen Beitrag zum Aufbau der Institutionen. Die hier analysierte Einführung eines Immobilarkredits auf der Grundlage eines öffentlichen Hypothekenbuches und einer Taxation, die sich am Reinertrag des Gutes orientierte, zeigt für eine einzelne Herrschaft, daß es bereits in der zweiten Hälfte des 18. Jahrhunderts und in Mecklenburg selbst Zentren betriebs- und finanzwirtschaftlicher Innovationen gegeben hat, in denen ein Beitrag für die Entwicklung der Grundlagen der modernen, kapitalistischen Gutswirtschaft des 19. Jahrhunderts geleistet wurde.

In diesem konfliktreichen, die Weiterentwicklung des Kreditwesens der ritterschaftlichen Gutsbesitzer in Mecklenburg-Strelitz jedoch wesentlich fördernden Lernprozeß, wird ein Aspekt des mentalen Wandels des landsässigen Adels greifbar: An die Stelle überwiegend innerfamiliären und nachbarschaftlichen Kreditaustausches traten kapitalistische Geldbeziehungen, die nach klaren Kriterien über Wert, Ertrag, möglicher Zinsbelastung und hypothekarischer Sicherheit, somit zunehmend auf der Grundlage marktorientierter Normen abgewickelt wurden. Erzwungen wurde auf diese Weise eine Umstellung im Denken und Handeln der betroffenen Protagonisten. Dieser Wandel wird in den gegensätzlichen Auffassungen Cord v.Riebens und seiner Mutter greifbar. Mit dem Tod der verwitweten Frau v.Rieben wurden die wirtschaftlichen Verhältnisse der Güter nicht mehr als eine intime Angelegenheit, die verschämt vor den Augen der Welt verborgen werden mußte und auch im eigenen Problembewußtsein verdrängt werden konnte, behandelt, sondern sie wurden vor einem recht breiten Kreis nun zunehmend familienfremder Kreditoren offengelegt und damit zu einer neuen und stabileren Grundlage adliger Wirtschaft und Herrschaft.

Die Veränderungen im ländlichen Kreditwesen hatten nicht zuletzt Auswirkungen auf die lokalen gesellschaftlichen Beziehungen. Mit der wachsenden Orientierung auf bürgerliche Kreditoren verloren neben den Geldern aus familiären Allianzen auch die – in ihrem Umfang allerdings deutlich geringeren – Kreditquellen des Dorfes an Bedeutung. Mit Blick auf das Dorf ist zu konstatieren, das die immerhin bis um die Mitte des 18. Jahrhunderts verbliebenen und auch noch nachweisbaren Räume gemeindlichen Handelns in Finanzfragen weiter eingeschränkt und im Extremfall völlig aufgehoben wurden. Das betrifft sowohl die direkten Mitsprache- und Kontrollmöglichkeiten über die Kirchenfinanzen als auch die daraus erwachsenden Felder dörflicher Politik.

Dennoch blieben aus der dörflichen Bevölkerung stammende Gelder, die in der Gütern angelegt waren und aus der laufenden Wirtschaftsführung heraus verzinst wurden, ein wichtiges Band der Interessenübereinstimmung der örtlichen gutsherrlichen Familien und einzelner Teile der dörflichen Bevölkerung. Immerhin ist bemerkenswert, daß bereits im 18. Jahrhundert einzelne Untertanen über derartige Sparguthaben verfügten.

Demgegenüber beeinflußte die hier beobachtete Umstellung auf eine exaktere und differenziertere Rechnungsführung das Einkommen bestimmeter Arbeitskräfte des Gutes wohl auch negativ. Als in der 2. Hälfte des 18. Jahrhunderts neue Kategorien in den Kornrechnungen erschienen (Ächterkorn, Übermaß für das zum Markt transportierte Korn), die bis in die 1740er Jahre noch nicht erfaßt und abgerechnet worden waren, dürfte das auch die Ökonomie der für den Ausdrusch oder für den Korntransport zuständigen Arbeitskräfte getroffen haben.

Somit spricht einiges dafür, daß der bisher vor allem für das ausgehende 18. und das 19. Jahrhundert beobachtete Paternalismus der adligen (und zunehmend auch bürgerlichen) Herren die ältere Form eines gutsherrlichen *Laisser-faire* ablöste bzw. ergänzte. Letztere dürfte in einer vergleichsweise großzügigen Duldung und Hinnahme einer mehr oder weniger ungeregelten Partizipation der Dorfbevölkerung an bestimmten, als minderwertig oder unwichtig angesehenen Erzeugnissen der Gutswirtschaft bestanden haben. Somit stopfte der Übergang zu exakten Wirtschafts- und Rechnungsmethoden auch Schlupflöcher für eine „verborgene Ökonomie“ der Untertanen. Ob die im Zuge des ökonomisch stabilisierten gutsherrlichen Paternalismus der Folgezeit verteilten Leistungen ein halbwegs gleichwertiges Äquivalent für diese Form früherer Einkommen darstellte, bleibt zu untersuchen.

Jaroslav Pánek

Aristokratie – Klientel – Untertanen im 16. Jahrhundert. Institutionelle und soziale Beziehungen auf dem südböhmischen Dominium der letzten Herren von Rosenberg

Die bisherigen Forschungen der Potsdamer Arbeitsgruppe „Ostelbische Gutsherrschaft als sozialhistorisches Phänomen“[1] zeigen deutlich, daß für eine erfolgreiche Bearbeitung dieser Problematik eine Reihe analytischer Mikrostudien benötigt wird. Jedoch ist es notwendig, diese Ergebnisse in ein regionales Netz einzugliedern, um die vielfältigen Zusammenhänge dieser komplizierten Thematik zu erfassen. Dennoch ist es klar, daß die Wahl der Regionen für diese Mikrostudien nicht nach beliebigen Maßstäben erfolgen kann. Da über die Auswahl der erforschten Lokalitäten im wesentlichen die Quellenlage entscheidet, sollten bei der Bestimmung der einzelnen Regionen die organisch gewachsenen, zeitgenössischen Strukturen Berücksichtigung finden. Für das frühneuzeitliche Böhmen stellen die großen Dominien einen derartigen Rahmen dar. Sie haben sich über Jahrzehnte hinweg herausgebildet, und in ihnen haben Tausende Einwohner aller sozialen Gruppen gelebt.[2]

Zu den bedeutendsten dieser Dominien zählte an der Wende vom Spätmittelalter zur frühen Neuzeit ein Komplex von in Südböhmen liegenden Grundherrschaften, der sich im Besitz der wichtigsten böhmischen Herrenstandsfamilie, von Rosenberg, befand.[3] Seine Blüte erreichte dieser Eigentumskomplex in der Regierungszeit Wilhelms von Rosenberg (1551–1592), der zur größten Persönlichkeit des Königreichs Böhmens in der zweiten Hälfte des 16. Jahr-

1 *Jan Peters* (Hrsg.), Gutsherrschaft als soziales Modell. Vergleichende Betrachtungen zur Funktionsweise frühneuzeitlicher Agrargesellschaften. (HZ Beiheft, 18.) München 1995.

2 Die großen Dominien waren an der Schwelle zur Neuzeit von den historischen „Kreisen“ (die insbesondere der Steuer- und Polizeiverwaltung dienten) unabhängig und wurden zu einer festen Basis der wirtschaftlichen, sozialen, gerichtlichen, politischen und sogar militärischen Organisation der Gesellschaft in den einzelnen Regionen Böhmens und Mährens. Vgl. *Bohuš Rieger,* Zřízení krajské v Čechách [Die Kreisverfassung in Böhmen]. Bd. 1: Historický vývoj do r. 1740 [Die historische Entwicklung bis zum Jahre 1740]. Praha 1889; *Jaroslav Pánek,* Das politische System des böhmischen Staates im ersten Jahrhundert der habsburgischen Herrschaft (1526–1620), in: Mitteilungen des Instituts für österreichische Geschichtsforschung 97, 1989, 53–82, hier 56f.

3 Eine kartographische Darstellung des Rosenberger Dominiums (Stand der Jahre 1590 und 1611) in: *Jaroslav Pánek* (Hrsg.), Václav Březan, Životy posledních Rožmberků [Lebensbeschreibungen der letzten Herren von Rosenberg. Kritische Ausgabe des Werkes von Václav Březan aus den Jahren 1610–1615]. Bd. 2. Praha 1985, 649.

hunderts wurde.[4] Die außerordentlich anspruchsvolle politische und kulturelle Repräsentation dieses Magnaten[5] führte jedoch zu einer tiefen Verschuldung seines Dominiums, das infolgedessen nach dem Jahre 1592 teilweise verkauft und auf etwa ein Drittel verkleinert werden mußte.[6] Das passierte in der Regierungszeit seines jüngeren Bruders und zugleich des letzten lebenden Rosenbergers, Peter Wok (1592–1611).[7]

Trotzdem stellte dieses Dominium von den fünfziger bis in die achtziger Jahre des 16. Jahrhunderts den größten Eigentumskomplex in den böhmischen Ländern dar, der im Jahre 1551 aus neun riesigen allodialen sowie sechs säkularisierten kirchlichen Grundherrschaften in Südböhmen und einer Lehensherrschaft in Österreich bestand. Zu diesem Dominium gehörten neben etwa 40 Städten und Märkten auch einige hundert Dörfer, wobei nach Schätzungen die Einwohnerzahl ungefähr 70 000 Personen erreichte. Das waren etwa 7 % der Gesamtbevölkerung Böhmens. In den kommenden Jahren dehnte sich das Rosenberger Eigentum auf das Territorium Nord- und Mittelböhmens aus, nach Mähren und Schlesien, sein Kern blieb jedoch der geschlossene südböhmische Komplex.[8]

In der Regierungszeit Wilhelms von Rosenberg bildete sich endgültig das komplizierte, aber sehr gut funktionierende System der Verwaltung des gesamten Dominiums heraus. Auf der obersten Stufe dieser Verwaltung standen, ähnlich wie auf Landesebene im Königreich Böhmen, die rosenbergische Kanzlei und Kammer. Die Kanzlei verwaltete die politischen,

4 Zur Person Wilhelms von Rosenberg (Vilém z Rožmberka, 1535–1592) vgl. insbes. *Miroslav Slach,* Kandidatura Viléma z Rožmberka na polský trůn v l. 1573–1575 [Die Kandidatur Wilhelms von Rosenberg für den polnischen Thron in den Jahren 1573–1575], in: JSH 33, 1964, 130–148; *Jaroslav Pánek,* Poslední Rožmberkové. Velmoži české renesance [Die letzten Herren von Rosenberg. Magnaten der tschechischen Renaissance]. Praha 1989; *ders.,* Der böhmische Vizekönig Wilhelm von Rosenberg und seine deutschen Ehen, in: Mentalität und Gesellschaft im Mittelalter. Gedenkschrift für Ernst Werner. Hrsg. v. Sabine Tanz. Frankfurt am Main 1994, 271–300; *ders.,* Die Rosenberger. Adelsmacht zwischen regionaler Verankerung und europäischer Integration, in: Kulturen an der Grenze. Waldviertel – Weinviertel – Südböhmen – Südmähren. Hrsg. v. Andrea Komlosy u. a. Wien 1995, 213–218; *František Kavka,* Zlatý věk Růží. Kus české historie 16. věku [Das goldene Zeitalter der Rosen. Ein Stück böhmischer Geschichte des 16. Jahrhunderts]. 2. Aufl. Praha 1993.

5 *Jaroslav Pánek,* Výprava české šlechty do Itálie v letech 1551–1552 [Die Reise der böhmischen Adeligen nach Italien in den Jahren 1551–1552]. (Monographia Historica Bohemica 2.) Praha 1987; *ders.,* Zwei Arten böhmischen Adelsmäzenatentums in der Zeit Rudolfs II., in: Beiträge zur Kunst und Kultur am Hofe Rudolfs II. Freren-Essen 1988, 218–231; *Václav Bůžek* (Hrsg.), Život na dvoře a v rezidenčních městech posledních Rožmberků [Das Leben am Hofe und in den Residenzstädten der letzten Rosenberger]. (Editio Universitatis Bohemiae Meridionalis. Opera Historica 3.) České Budějovice 1993.

6 Vgl. Anm. 3.

7 Zur Persönlichkeit des Peter Wok (Petr Vok z Rožmberka, 1539–1611) vgl. u. a. *Hans Georg Uflacker,* Christian I. von Anhalt und Peter Wok von Rosenberg. München 1926; *Pánek,* Poslední Rožmberkové (wie Anm. 4); *Václav Bůžek,* Das Generalat Peter Voks von Rožmberk im habsburgisch-türkischen Krieg im Jahre 1594, in: Rapports, co-rapports, communications tchécoslovaques pour le VIe Congrès de l'Association internationale d'études du Sud-Est européen. Prague 1989, 103–124.

8 Die Sozial- und Wirtschaftsgeschichte des Dominiums bearbeitete *Alois Míka,* Osud slavného domu. Rozkvět a pád rožmberského dominia [Das Schicksal eines berühmten Hauses. Blüte und Fall der Rosenberger Herrschaft]. České Budějovice 1970; dazu *Pánek,* Poslední Rožmberkové (wie Anm. 4), 52–66, 353.

militärischen und Justizangelegenheiten, die Kammer beschäftigte sich mit dem Finanzwesen des Dominiums. Die eigentliche Wirtschaftsverwaltung beherrschte der oberste Hauptmann (Regent), dem die Hauptleute und Burggrafen der einzelnen Grundherrschaften mit dem zuständigen Personal unterstellt waren. Diese auf der mittleren Verwaltungsstufe stehenden Beamten beherrschten das untergeordnete lokale Niveau, d. h. die Stadträte der rosenbergischen Städte und Märkte, die Dorfrichter und die Dorfselbstverwaltung. Die gesamte Struktur der Rosenberger Verwaltung beruhte auf dem Prinzip einer strengen Hierarchie, in der die übergeordneten Instanzen die niedrigeren Stufen leiten und kontrollieren sollten. Dem Haupt (in der damaligen Terminologie der „regierende Herr") des Rosenberger Hauses blieb das Recht, über alle wichtigen Angelegenheiten zu entscheiden.[9]

Trotz einzelner Mängel, die mit den üblichen Korruptions- und Defraudationsfällen verbunden waren[10], funktionierte diese Administration so gut, daß es im Laufe der zweiten Hälfte des 16. Jahrhunderts gelang, das ökonomische System auszubauen, in dem drei grundlegende Aspekte eine komplementäre Rolle spielten. Es waren dies erstens eigene Unternehmen des Grundherrn (insbesondere Teichwirtschaft, Bergwesen, Schafzucht, später auch Brauwesen und Müllerhandwerk), zweitens das Handwerk und die Handelstätigkeit in den untertänigen Städten und Märkten sowie drittens die landwirtschaftliche Produktion der Dorfbewohner. Das Zusammenwirken aller genannten Faktoren war zwar nicht problemlos, das Haupt des Hauses Rosenberg hatte jedoch immer die Möglichkeit, die dörflichen Untertanen den Bedürfnissen des städtischen Marktes zu unterwerfen, der seinerseits als ein günstiger Lieferant des rosenbergischen Hofes angesehen wurde. Darüber hinaus unterlag die gesamte Dorf- und Stadtwirtschaft den Regelungen der grundherrschaftlichen Regierung.[11] Wie die letzten detaillierten Analysen zeigen, blieb die ökonomische Stellung der Bauern trotz sich steigernden Drucks durch die Dominanz des Rosenberger Wirtschaftssystems noch an der Wende des 16. zum 17. Jahrhundert relativ günstig. Keinesfalls kam es zu einer wesentlichen Verschlechterung ihrer ökonomischen Situation.[12]

9 *Eva Barborová*, Funkce hejtmanů (úředníků) na rožmerských panstvích [Das Amt der Hauptleute auf den rosenbergischen Grundherrschaften], in: JSH 38, 1969, 198–207; *dies.*, Purkrabí rožmberských hradů a panství [Die Burggrafen der rosenbergischen Burgen und Grundherrschaften], in: JSH 39, 1970, 213–221; *dies.*, Správa na panstvích Petra Voka z Rožmberka [Die Verwaltung der Grundherrschaften des Peter Wok von Rosenberg], in: Archivum Trebonense. Třeboň 1971, 1–13; *dies. (Eva Cironisová)*, Vývoj správy rožmberských panství ve 13.–17. století [Die Verwaltungsentwicklung der rosenbergischen Grundherrschaften vom 13. bis zum 17. Jahrhundert], in: Sborník archivních prací 31, 1981, 105–178.

10 Vgl. eine Reihe von konkreten Fällen in: *Václav Bůžek*, Rytíři renesančních Čech [Böhmische Ritter in der Renaissancezeit]. Praha 1995.

11 Die konkrete Analyse der Wirtschaftsentwicklung in *Alois Míka*, Feudální velkostatek v jižních Čechách (XIV.–XVII. století) [Der feudale Großgrundbesitz in Südböhmen (14.–17. Jahrhundert)], in: Sborník historický 1, 1953, 122–213; *ders.*, Osud (wie Anm. 8), insbes. 103–173; *ders.*, Poddaný lid v Čechách v první polovině 16. století [Die untertänige Bevölkerung in Böhmen in der ersten Hälfte des 16. Jahrhunderts]. Praha 1960; vgl. auch *Josef Válka*, Hospodářská politika feudálního velkostatku na předbělohorské Moravě [Die Wirtschaftspolitik des feudalen Großgrundbesitzes in Mähren in der zweiten Hälfte des 16. und am Anfang des 17. Jahrhunderts]. Praha 1962; *Jaroslav Čechura*, Die Gutswirtschaft des Adels in Böhmen in der Epoche vor der Schlacht am Weißen Berg, in: Bohemia 36, 1995, 1–18.

12 *Jaroslav Čechura*, Sedláci Petra Voka [Die Bauern des Peter Wok von Rosenberg], in: Historický obzor 5, 1994, 50–53, 81–85.

Anders entwickelte sich die Lage der Untertanen im rechtlichen Bereich. Seit den 1550er Jahren erließ Wilhelm von Rosenberg – manchmal tatsächlich aufgrund eigener Initiative – eine Reihe von Bauernverordnungen, die eine allgemeine Tendenz zur Sozialdisziplinierung widerspiegeln. Dies geschah mit der Absicht, nicht nur die Wirtschaftstätigkeit und die Handelsmöglichkeiten, sondern auch das Alltagsleben der Untertanen zu regulieren. Wesentlich gründlicher als vorher wurden die zwischenmenschlichen Beziehungen und die Einhaltung der zeitgenössischen Moralprinzipien zum Gegenstand herrschaftlicher Normierung. Verschärft wurden die Maßnahmen gegen die fremden, entflohenen Untertanen sowie die einheimischen nicht berufstätigen Müßiggänger. Hinzu kamen Kontrollen der dörflichen Wirtshäuser und die Verbote der eigenwilligen Bewaffnung der Untertanen.[13] Zu den im damaligen Böhmen extremen Verordnungen gehörte auch die regelmäßige Überprüfung der Unbescholtenheit von nicht verheirateten Frauen und Mädchen, womit außereheliche und heimliche Geburten vermieden werden sollten.[14] Beim Erlassen der Bauernverordnungen bezeichnete sich Wilhelm als ein „gütiger und gnädiger Vater seiner Untertanen"[15] und betonte seinen Paternalismus. Ähnlich handelte er auch bei der Bestätigung von Urteilen der städtischen Halsgerichte bzw. bei der Begnadigung von Schuldigen (jährlich wurden im Rahmen des Dominiums ca. hundert Kriminaldelikte verhandelt).[16]

Einem viel schärferen Zugriff als die eigenen Untertanen waren seitens Wilhelms von Rosenberg die Freisassen ausgesetzt, d. h. die unmittelbaren Untertanen des böhmischen Königs, die durch ihre privilegierte Stellung auf den zerstreuten Bauernhöfen die Geschlossenheit des Rosenberger Dominiums störten.[17] Jeden kleinen Streit wußte er zu einem vernichtenden Druck auf die Freisassen mit der Absicht auszuweiten, deren Rechte aufzuheben und sie zu sei-

13 Die Hauptquellen zur Interpretation der rechtlichen Verhältnisse der Untertanen, insbesondere auch im Rahmen des rosenbergischen Dominiums, wurden von J. Kalousek herausgegeben: *Josef Kalousek* (Hrsg.), Řády selské a instrukce hospodářské [Bauernverordnungen und Wirtschaftsinstruktionen]. (ArC, Bde. 22 und 29.) Praha 1905–1913. Vgl. *Václav Černý*, Hospodářské instrukce. Přehled zemědělských dějin v době patrimonijního velkostatku v XV.–XIX. století [Wirtschaftsinstruktionen. Übersicht einer Geschichte der Landwirtschaft zur Zeit der Patrimonialherrschaft im 15.–19. Jahrhundert]. Praha 1930, insbes. 83–100; *Josef Petráň*, Pohyb poddanského obyvatelstva a jeho osobní právní vztahy v Čechách v době předbělohorské [Die Mobilität der Untertanenbevölkerung und ihre persönlichen Rechtsverhältnisse in der Zeit vor der Schlacht am Weißen Berg], in: Československý časopis historický 5, 1957, 26–58, 399–447; *ders.*, Poddaný lid na prahu třicetileté války [Das untertänige Volk in Böhmen an der Schwelle zum Dreißigjährigen Krieg]. Praha 1964, 181–268.

14 *Kalousek*, Řády (wie Anm. 13), Bd. 22, 176, Art. 81.

15 Z. B. ebd., 195.

16 *Eva Procházková*, Hrdelní soudnictví města Miličína v 15. až 18. století. Příspěvek k poznání pozdněfeudálního hrdelního soudnictví v Čechách a k charakteristice soudní praxe na rožmberském dominiu [Die Halsgerichtsbarkeit der Stadt Miltschin im 15.–18. Jahrhundert. Ein Beitrag zur Geschichte der spätfeudalen Halsgerichtsbarkeit in Böhmen und der Gerichtspraxis auf dem Rosenberger Dominium], in: Sborník vlastivědných prací z Podblanicka 25, 1984, 249–270, hier 250ff., 254f.; *Pánek*, Poslední Rožmberkové (wie Anm. 4), 354.

17 Vgl. *Jaroslav Holeyšovský*, Počátek svobodnických knih [Anfänge der Freisassen-Bücher], in: Sborník archivních prací 8, 1958, 90–108; *ders.*, Soupis svobodníků z roku 1605 [Ein Verzeichnis der Freisassen aus dem Jahre 1605], in: Listy Genealogické a heraldické společnosti v Praze 5, 1974, 3–10; *Jaroslav Vaniš*, Svobodníci ve středních Čechách v letech 1550–1620 [Die Freisassen in Mittelböhmen in den Jahren 1550–1620]. Praha 1971.

nen Untertanen zu machen. Dies gelang ihm tatsächlich mit der Zustimmung Rudolfs II. als böhmischem König im Jahre 1579, was zur Arrondierung der Rosenberger Grundherrschaften führte.[18]

Bei der Formierung der institutionellen und sozialen Beziehungen auf dem Dominium spielte die Klientel der Rosenberger eine gewichtige Rolle. Sie bestand aus Vertretern des Bürgertums, des Ritterstandes und sogar aus ärmeren Mitgliedern des Herrenstandes. Diese Leute waren manchmal seit einigen Generationen mit den Rosenbergern verbunden und suchten am Rosenberger Hof Gelegenheit zu ihrer sozialen und ökonomischen Sicherung und zum Aufstieg in der Ständegesellschaft. Die erfolgreichsten unter ihnen konnten die obersten Ämter am Rosenberger Hof (Hofmeister, Hofmarschall, Stallmeister usw.) sowie in den Verwaltungsämtern (Regent, Kanzler, Kämmerer usw.) bekleiden. Einige von ihnen wurden zu höheren Ständen und sogar zu den Landesämtern befördert.[19] Die ökonomisch starken Klienten gewannen zugleich einen bedeutenden Einfluß im Bereich der grundherrschaftlichen Wirtschaft und profitierten finanziell dermaßen davon, daß sie selbst zu Gläubigern ihres Patrons wurden und damit ein intensives Interessenbündnis im Rosenberger Klientelsystem schufen.[20]

Nach den hier angedeuteten Prinzipien entwickelten sich im Rahmen des Dominiums Wilhelms von Rosenberg soziale Beziehungen, die auf einer relativ festen institutionellen Grundlage beruhten. Durch die Sekundogenitur des jüngeren Rosenbergers Peter Wok entstanden ziemlich gut erhaltene Quellen für die ersten Dezennien seiner Halbselbständigkeit, die es ermöglichen, die Verhältnisse in den Grundherrschaften, welche recht nachlässig verwaltet wurden, in einer Mikrostudie zu erfassen.

In den sechziger bis achtziger Jahren des 16. Jahrhunderts besaß Peter Wok einige kleinere Güter am westlichen und nördlichen Rande des Rosenberger Dominiums, zu denen er die große Herrschaft Bechin (Bechyně) gekauft hatte. Ein sehr intensives gesellschaftliches Leben und der Aufbau des Renaissanceschlosses zu Bechin einerseits, und das schlechte Wirt-

18 *František Josef Čapek*, Svobodníci na panství Nové Hrady [Die Freisassen auf dem Gebiet der Grundherrschaft Gratzen], in: JSH 31, 1962, 112–123; *ders.*, Svobodníci a dvořáci na velkostatku Třeboň [Freisassen und Hofleute auf dem Gebiet der Grundherrschaft Wittingau], in: Výběr z prací členů Historického kroužku při Jihočeském muzeu v Českých Budějovicích 14, 1977, 5–10; *ders.*, Melichar Reichenauer, správce svobodníků na Budějovicku [Melchior Reichenauer, Freisassenverwalter im Budweiser Kreis], ebd. 15, 1978, 230f.; *Jan Hrbek* u. a., 700 let obce Vitějovice [700 Jahre der Gemeinde Vitějovice]. Vitějovice 1983, 13f.; *Pánek*, Poslední Rožmberkové (wie Anm. 4), 57f.

19 Eine Masse von bisher nur teilweise bearbeiteten Quellen liegt in den Familien- sowie Patrimonialarchiven der Herren von Rosenberg und der anderen südböhmischen Adeligen im Staatlichen Regionalarchiv zu Wittingau (Státní oblastní archiv v Třeboni, im folgenden SOA Třeboň). Von den bekanntesten Mitgliedern der Rosenberger Klientel kann man z. B. Václav und Tomáš Albín von Helfenburg, Mikuláš Humpolec von Tuchoraz, Jakub Krčín von Jelčany oder Čeněk Mičan von Klinštejn nennen. Vgl. *Pánek* (Hrsg.), Březan, Životy posledních Rožmberků (wie Anm. 3), Bde. 1–2, nach dem Register; *Bůžek*, Rytíři (wie Anm. 10), 19ff.

20 *Václav Bůžek*, Úvěrové podnikání nižší šlechty v předbělohorských Čechách [Das Kreditgebaren des niederen Adels in Böhmen in der Zeit vor der Schlacht am Weißen Berg]. (Monographia Historica Bohemica. Bd. 4.) Praha 1989; *ders.*, Klientela Pernštejnů a Rožmberků ve druhé polovině 16. století [Die Klientel der Pernsteins und Rosenberger in der zweiten Hälfte des 16. Jahrhunderts], in: Pernštejnové v českých dějinách. Hrsg. v. Petr Vorel. Pardubice 1995, 213–225.

schaften andererseits führten Peter Wok in dieser Zeit in eine Verschuldung, die den Wert der Bechiner Grundherrschaft um das Vierfache überstieg, d. h. seines einzigen ihm gehörenden Eigentums (alle anderen von ihm gehaltenen Güter waren ihm nur geliehen und konnten von Wilhelm wieder zurückgenommen werden).[21]

In dieser katastrophalen wirtschaftlichen Lage standen Peter Wok einige Klienten aus dem Ritterstande zur Seite, die sich in ihrer ökonomischen Tätigkeit als unfähig erwiesen und versuchten, von den Untertanen Geld auf unzulässige Weise einzuziehen. Offensichtlich kam es bei der Eintreibung von Gebühren und Strafgeldern sowie beim Erfüllen der Hand- und Fuhrroboten zu Zusammenstößen, was zur Bildung einer starken Spannung zwischen der Herrschaft und Klientel auf der einen und den Untertanen auf der anderen Seite beitrug.[22]

Diese Spannung, die eher psychologische als reale sozioökonomische Gründe hatte, führte sogar zu wiederholten Versuchen der Untertanen, einige Höflinge Peter Woks zu ermorden, und schließlich zu einem Kampf um die Existenz Woks und seiner Klientel. Im Februar 1569 kam es zu einer Machtkonfrontation, die durch die Hinrichtung dreier unzufriedener Untertanen angezettelt wurde. Der Rosenberger entschied sich für eine exemplarisch grausame Hinrichtung, an der die Herrschaft mit ihren Höflingen teilnahm. Dadurch wurde die beiderseitige Feindschaft vollkommen personifiziert und die radikalsten der Untertanen – die Teichgräber oder Schanzknechte – entschieden sich für eine rechtliche Selbsthilfe. Sie entwickelten eine eindeutige Vorstellung über den gerechten Fortgang und entschieden sich für eine Fehde. Sie gaben Peter Wok in mehreren Fehdebriefen ihre Feindschaft bekannt, drohten ihm mit dem Tod, und ihre bewaffneten Gruppen begannen seinen Sitz – Schloß Bechin – zu blockieren.[23]

Angesichts der guten militärischen Ausstattung und kämpferischen Erfahrungen der Teichgräber, die zu dieser Zeit massenhaft als Schanzknechte im Ausland (insbesondere auf den Kampfplätzen in Ungarn und den Niederlanden) eingesetzt wurden[24], stellte diese Fehde eine ernste Existenzbedrohung sowohl Peter Woks selbst als auch seiner Höflinge dar. In dieser Situation solidarisierten sich der böhmische Adel und die königlichen Städte mit Rosenberg, und so beteiligten sich an dem Kampf gegen die Teichgräber alle Ebenen des politischen Systems. In den Jahren 1569–1577 entwickelten die Landes-, Kreis-, Herrschafts- und Städtebehörden eine der umfangreichsten Polizeiaktionen des 16. Jahrhunderts im Königreich Böhmen, und es gelang ihnen, die Verschwörer zu versprengen. Das Leben Peter Woks wurde

21 Zur Verschuldung Peter Woks von Rosenberg vgl. *Míka*, Osud (wie Anm. 8), 143–146; *Pánek*, Poslední Rožmberkové (wie Anm. 4), 182–201, 361f.

22 *Jaroslav Pánek*, Spiknutí rybníkářů proti Petru Vokovi z Rožmberka v roce 1569 [Die Verschwörung der Teichgräber gegen Peter Wok von Rosenberg im Jahre 1569], in: Pocta Josefu Petráňovi. (Opera Instituti Historici Pragae. Miscellanea. Bd. C–4.) Hrsg. v. Zdeněk Beneš u. a. Praha 1991, 245–299, hier 246f.

23 *Pánek* (Hrsg.), Březan, Životy (wie Anm. 3). Bd. 2, 409–411; weitere Quellen, insbesondere die Interrogatoria und Responsoria der strafrechtlichen Provenienz, in: *ders.*, Spiknutí rýbníkářů (wie Anm. 22), 267–277.

24 Eine Dokumentation zur militärischen Tätigkeit der böhmischen Teichgräber in *František Roubík* (Hrsg.), Regesta fondu Militare Archivu ministerstva vnitra RČS [Regesta des Bestands Militare im Archiv des Innenministeriums der Tschechoslowakischen Republik]. Bd. 1. Praha 1937, 47, 65f., 71, 74, 104, 111–117 usw.; zusammengefaßt von *Pánek*, Spiknutí rybníkářů (wie Anm. 22), 254–262.

damit gerettet. Als Sieger entschloß sich Rosenberg für eine neue Demonstration seiner Macht, als er eine Truhe mit den Köpfen der hingerichteten Teichgräber füllen ließ.[25]

Die Quellen zu diesem Konflikt zeigen sowohl das persönliche Engagement der Herrschaft und die psychologischen Motive ihrer Beziehung zu den Untertanen als auch eine unbekannte Gruppe der untertänigen Dorfbevölkerung und ihre entschlossene Widerstandsfähigkeit. Die Teichgräber bildeten zwar einen nicht ansässigen Teil der Population, durch ihre soziale Herkunft und die gesellschaftlichen Kontakte waren sie jedoch meist mit den ansässigen rosenbergischen Untertanen verbunden. Die Teichgräber bildeten eine besondere Substruktur der Gesellschaft auf einem großen Dominium, für die eine spezifische Organisation mit Hauptleuten an der Spitze, eine außerordentliche Mobilität und spezifische Formen des gesellschaftlichen Lebens, ein eigenes Wertesystem und besondere Muster sozialen Denkens charakteristisch waren.[26] Trotzdem ist es nicht möglich, diese Substruktur von der Untertanengesellschaft insgesamt zu trennen. Dessen war sich schon Peter Wok wohl bewußt. Ein viertel Jahrhundert später, als Wok im Jahre 1597 gegen den Widerstand der ansässigen Untertanen auf der Herrschaft Gratzen (Nové Hrady) eingriff, wählte er symptomatisch die gleichen abschreckenden und exemplarischen Strafen, wie es bei der Verfolgung der Teichgräber der Fall gewesen war.[27]

Die umfangreiche Problematik der Beziehungen zwischen Aristokratie, Klientel und Untertanen kann man kaum in einem kurzen Beitrag im ganzen Umfang erschließen, nicht einmal am Beispiel eines Dominiums. Es ist jedoch möglich, einige allgemeinere Thesen zu formulieren, die zur weiteren Erforschung dieser Thematik beitragen können:

1. Keinesfalls darf man die Verhältnisse im Rahmen eines Dominiums auf die antagonistischen Widersprüche der sozialen Klassen und Schichten reduzieren. Die Macht und Ausübungskraft der Herrschaft war nie monolithisch, sie war von der Effektivität der Verwaltungsstruktur sowie von komplizierten *sozialen Herrschaft-Klientel-Untertanen-Beziehungen* abhängig, wobei die psychologischen Aspekte eine wesentliche Rolle spielten. Ebenso war die Dorfgesellschaft äußerst differenziert, und es ist nötig, diese *multilaterale Komplexität* zu respektieren. In diesen Rahmen gehören u.a. die Bindungen zwischen Ansässigen und Nichtansässigen, welche Elemente einer höheren Mobilität und eines größeren Radikalismus im dörflichen Alltagsleben verkörperten.

2. Es ist wünschenswert, die Struktur der Gesellschaft in einem Dominium unter Berücksichtigung ihrer *Substrukturen* zu betrachten. Einzelne soziale Gruppen entwickelten spezifische Formen des Zusammenlebens. Für ihre Erforschung eröffnen sich mit dem Erschließen der strafrechtlichen Quellen und ihrer Auswertung neue Perspektiven innerhalb der Sozial- und Mentalitätsgeschichte.

25 *Pánek* (Hrsg.), Březan, Životy (wie Anm. 3), Bd. 2, 411; *ders.*, Spiknutí rybníkářů (wie Anm. 22), 251–253.

26 Vgl. *František Teplý*, O rybníkářích [Über die Teichgräber], in: *ders.*, Příspěvky k dějinám českého rybnikářství. Praha 1937, 189–195; *Karel Malý*, Trestní právo v Čechách v 15.–16. století [Das Strafrecht in Böhmen im 15. und 16. Jahrhundert]. Praha 1979, 103; *Pánek*, Spiknutí rybníkářů (wie Anm. 22), 259–265.

27 Hauptquellen zum Untertanenwiderstand in Südböhmen im Jahre 1597: Státní ústřední archiv v Praze (Staatliches Zentralarchiv Prag), Stará manipulace (Alte Manipulation), R 58/37; SOA Třeboň, Historica, Nr. 5838, 5852. Vgl. *Josef Hanzal*, Poddaní novohradského panství v II. polovině 16. století [Die Untertanen der Herrschaft Gratzen in der zweiten Hälfte des 16. Jahrhunderts], in: JSH 31, 1962, 1–15; *Pánek* (Hrsg.), Březan, Životy (wie Anm. 3). Bd. 2, 532–535.

3. Eine bedeutende Rolle spielte in der Dorfgemeinschaft das *Ritual*, das nicht nur auf dem Niveau der von der Herrschaft oder der Kirche organisierten Zeremonien blieb, sondern auch spontan den Willen der Herrschaft zur Abschreckung der Untertanen ausdrückte. Es wurde jedoch auch von den Untertanen in ihrem Streben genutzt, sich den höheren Ständen anzugleichen.

4. Für die Erforschung der Mentalität der Untertanen wäre es erforderlich, ihre *psychologische Motivierung* zu begreifen, insbesondere die Tatsache, daß sie manchmal viel mehr als der wirtschaftliche Druck die Erniedrigung ihrer Menschenwürde und die körperlichen Strafen behindern konnten. Sowohl seitens der Herrschaft als auch der Untertanen spielten die psychologischen Gründe eine bedeutende Rolle beim Ausbruch offener Konflikte. Es ist also nötig, die latente Konfliktgesellschaft mit der Kenntnis der sehr konkreten Situationen einzuschätzen und erst dann zu einer Konstruktion von Modellen und Typologien zu kommen. Man kann so Schritt für Schritt komparative Instrumente auffinden, die eine große Perspektive in der künftigen Forschung über die soziale, wirtschaftliche und politische Geschichte des frühneuzeitlichen Ostmitteleuropa eröffnen.[28]

28 Zu diesen Fragen vgl. die anregende Abhandlung von *Jan Peters*, Gutsherrschaftsgeschichte in historisch-anthropologischer Perspektive, in: *ders.* (Hrsg.), Gutsherrschaft als soziales Modell (wie Anm. 1), 3–21.

Jan Peters

Informations- und Kommunikationssysteme in Gutsherrschaftsgesellschaften des 17. Jahrhunderts

1. Voraussetzungen: Die beobachtete Gesellschaft und die überpersonalen Kommunikationsformen

Die relative Geschlossenheit einer beliebigen Gutsherrschaftsgesellschaft mit abgeschottetem Herrensitz und starker Herrschaftsbindung der Untertanen suggeriert leicht ein Bild lokaler Isolation, begünstigt noch durch die zählebige Vorstellung von untilgbarer Lokalborniertheit auf den Dörfern. Jedoch war das Informationssystem einer solchen Gesellschaft keineswegs auf sich selbst beschränkt, und zwar nicht nur des ausgreifenden junkerlichen Getreidehandels und der intensiven bäuerlichen Marktbeziehungen wegen. In Wirklichkeit scheinen die Informations- und Kommunikationsnetze in Gutsherrschaftsregionen durchaus zweckmäßig und überregional funktionsfähig eingerichtet gewesen zu sein. Sie mußten das rasch wachsende Informationsbedürfnis reflektieren, das eine Folge vieler Veränderungen seit dem 16. Jahrhundert war: Verdichtung politischer Infrastrukturen (absolutistischer Kommunikationswille, auch mit Bezug auf die Nichtprivilegierten), Ausbau von Handelswegen und Märkten, Zunahme personaler Mobilität durch Armut und Not, Krieg und Krisen. Auf Herrenhäusern und Dörfern stieg dementsprechend der Bedarf nach verfügbarem Informationswissen: Was kostete ein Scheffel Getreide in Hamburg, ein Paar Arbeitsschuhe in Perleberg, ein Drescher pro Arbeitstag in Wilsnack? Waren Kriegsvölker im Anzug? Woher wehte gerade der höfische Wind? Wie liquide war der kreditsuchende Standesgenosse auf der Nachbarburg? Wer war warum auf Freiersfüßen, im Dorf und auf den Herrensitzen? Wie dachten die Nachbardörfer über Entwässerung und Dammbauten? Wie behandelte der neue Landesherr bäuerliche Beschwerdeführer? – Auf den zweiten Blick weist diese Gesellschaft erheblichen Informationsbedarf auf: Der selbstgefällige Pioniergeist des 19. Jahrhunderts hat sich auch auf diesem Gebiet als bahnbrechend verstanden – die Frage ist aber nur, ob das 19. Jahrhundert nicht einfach besser erforscht wurde. Die Erkundung der historischen Kommunikationssysteme und -netze in der Frühen Neuzeit steckt noch in den Anfängen, sie wird allenfalls segmentiert betrieben[1] und ist weit mehr an der Zeit- und Raumwahrnehmung des Bürgertums als an dem entsprechenden Verständnis von Bauern, Handwerkern und Tagelöhnern orientiert.

1 *Wolfgang Behringer,* Wege und Holzwege. Aspekte einer Geschichte der Kommunikation in der Frühen Neuzeit, in: Siedlungsforschung. Archäologie – Geschichte – Geographie. Bd. 11. Hrsg. v. Klaus Fehn u.a. Bonn 1993, 297f.

Ich habe deshalb in anderer Perspektive mehrere Gutsherrschaften untersucht, besonders aber die saldernsche Herrschaft Plattenburg-Wilsnack in der Prignitz mit zwei Herrensitzen, einem Mediatstädtchen, sieben Dörfern und etwa 1000 Einwohnern im 17. Jahrhundert. Den wünschenswerten Vergleich mit Informationssystemen in ähnlich oder anders verfaßten ländlichen Gesellschaften in Europa kann ich selbst nicht vornehmen, vielleicht aber anregen.

Wie funktionierten in diesem frühen Stadium von Straßen- und Postentwicklung die Informationssysteme auf dem Herrenhof und in den Dörfern im 17. Jahrhundert? Diese beiden Netze sollen getrennt betrachtet und in sich wiederum nach ihrer internen (das auf den lokalen Eigenbereich bezogene System) bzw. externen (das auf die Außenbeziehungen bezogene System) Funktionsweise unterschieden werden. Meine Grundannahme dabei ist die, daß den vielschichtigen Kommunikationsverhältnissen dieser Gesellschaft jeweils besondere Informationssysteme (ökonomische, politische, familiare u.a.) zugeordnet waren. Solche entstanden durch die Ausbildung von Informationsfährten, die sich zu Netzen ausbildeten und ab einer gewissen Dichte als Systeme funktionierten.

2. Das interne herrschaftliche Informationssystem

Das Neue jener Zeit – der Aufbau einer gutsherrschaftlichen Ordnung – verlangte ein besonders gut funktionierendes Nachrichtennetz. Ein Austausch über ökonomische Vorgänge war ebenso wichtig wie der über die politischen Ereignisse. Herrschaftswissen um wichtige „Händel" und Stimmungen unter den Untertanen galt als unverzichtbar. Schreiber, Vögte, Verwalter und andere Klienten des Patrons lebten im 16./17. Jahrhundert keineswegs in elitärer Isolation, auch nicht auf den größeren Herrenhäusern. Worüber im Dorf geredet wurde, das wußten sie, auch durch Zuträgerdienste. Die Kategorie der dörflichen „Fuchsschwänzer" war nicht selten zur Hand, die permanente Reproduktion konfliktiver Verhältnisse auf den Dörfern brachte sie hervor.

3. Das externe herrschaftliche Informationssystem

In den saldernschen Geldrechnungen finden sich erstaunlich hohe Ausgaben für kommunikativ-informative Zwecke.[2] Die Realausgaben für externe Information und Kommunikation dürften etwa in Höhe der jährlichen Aussaat oder der Lohnausgaben gelegen haben. Das läßt auf intensive Außenbeziehungen schließen.

In der Tat waren die Herren auf der Plattenburg und ihre Verwalter bzw. ihre Boten und Briefträger fortlaufend unterwegs zu den Gütern der Verwandten oder anderen Standesgenossen und zu wichtigen Amtsträgern in Braunschweig, Lüneburg, Berlin, Magdeburg usw. Sie legten dabei Wegstrecken zwischen 100 und 200 km zurück. Auf den größeren Burgen, Schlössern und Häusern dient der Adel auch dem Informationsnetz des Landesherrn, indem manche „Legation" übernommen und damit das kurfürstliche Wohlwollen befördert wurde.

2 Brandenburgisches Landeshauptarchiv Potsdam (= BLHA), Pr.Br. Rep. 37, Plattenburg-Wilsnack (= PW) 4630 (1591/94); ebd., PW 4151 (1615/16).

Der Begründer der brandenburgischen Besitzungen des Saldemgeschlechts, Matthias v. Saldern, war in solchen, oft heiklen Missionen wiederholt unterwegs.[3]

Von den Bauern mußten insbesondere die Schulzen und Kossäten ähnlich weite Reisen, sehr oft auch zu Wasser, für die Herrschaft übernehmen[4], aber auch die saldernschen Untertanen überhaupt hatten außer den Dienstfuhren (etwa Getreidetransporte zum Verschiffen)[5], kurze und lange Reisen zu machen (4–8 km bzw. 50–200 km). Auf einigen Bauern lasteten die Reisen besonders stark: Die Bauern in Werder mußten Botschaften, vielleicht auch Geschenke, nach Königslutter, Zerbst bei Dessau und Lüneburg überbringen.[6]

Die Notwendigkeit effizienter herrschaftlicher Informationssysteme war eine Begleiterscheinung des Verdichtungsvorgangs von Herrschaft auf lokaler und landesherrlicher Ebene. Dabei fiel dem Landreiter (Bedellus, Büttel) als rein landesherrlichem Polizeibeamten eine besondere Rolle zu.[7] Für die ganze Prignitz erfüllte ein einziger Landreiter mit seinem Gehilfen (manchmal auch mit einem Zollreiter) sämtliche polizeilichen Aufsichts- und Abgabeneintreibungspflichten (Steuern und alle landesherrlichen Gefälle, Wahrung des kurfürstlichen Holzregals und Wildbannes), aber auch die Übermittlung sämtlicher Bekanntmachungen oder Einladungen des Landesherrn oder Hauptmanns. Er sollte auch auf den guten Zustand der Straßen achten, „alle und jede Monat alle in seinem Beritt befindliche Dämme und Brücken besichtigen"[8] und zur „Verhütung jedes Friedensbruches die öffentlichen Straßen und Wege durchstreifen, jeden Unfug unterdrücken und zur Anzeige bringen" und „fremdes Gesindel" dingfest machen.[9]

Trotz aller Unvollkommenheit (insbesondere des Straßenzustandes und der Kommunikationsnetze) müssen die Landreiter ihre exekutiven Aufgaben mit erstaunlicher Effizienz haben erfüllen können.[10] Hier interessiert uns nun die externe junkerliche Informations- und Kommunikationspolitik, und sie bedurfte, wie die landesherrliche, eigener Hilfsmittel,

3 Schon 1546 war der junge Matthias v. Saldern nach Halle geschickt und mit vertraulichen Verhandlungen mit dem sächsischen Fürstenhaus betraut worden. Drei Jahre später bezog ihn Kurfürst Joachim II. in die Bemühungen um die Freilassung des Landgrafen Philipp von Hessen ein, dessen spektakuläre Festsetzung durch den Kaiser im Jahre 1548 die fürstlichen Gemüter heftig erregte. – Politische Korrespondenz des Herzogs und Kurfürsten Moritz von Sachsen. Bd. 2, Leipzig 1904 (Reprint 1983), 968; Bd. 4. Berlin 1992, 545. Auch für die Kurfürstin wurde Matthias „mit etlichen werbunge abgefertigett". – BLHA, Pr.Br. Rep. 4 D, Bd. 12, fol. 134 (1569). Solche Dienste und die mit ihnen verbundenen weiten Reisen galten als ein besonderes Merkmal für Treue zum Landesherrn, die hoch belohnt werden konnten: So beim Vizekanzler Arnold Reyger, der seinerseits selbst eine wichtige Berliner Informationsquelle für Burchard v. Saldern war. Geheimes Staatsarchiv, Stiftung Preußischer Kulturbesitz Berlin, Rep. 9, CC2, Fasc. 1 (1608).

4 Schulzen-Reisen in dieser Herrschaft u.a. nach Lüneburg, Lauenburg, Braunschweig, Wolfenbüttel, Goslar, Berlin, Magdeburg, Zerbst. BLHA, Pr.Br. Rep.37, PW 955, 4156.

5 Ebd., Pr.Br. Rep.37, PW 6454.

6 Ebd., Pr.Br. Rep. 4 A. Sentenzenbücher Nr. 201 (21.10.1687); Nr. 209 (2.3.1691).

7 *S. Isaacsohn,* Geschichte des Preußischen Beamtenthums vom Anfang des 15. Jahrhunderts bis auf die Gegenwart. Bd.1. Berlin 1874, 78–91.

8 *Christian Otto Mylius,* Corpus Constitutionum Marchicarum, Berlin/Halle o.J., VI. Th., I. Abth., Sp. 514f.

9 Ebd., Corpus, V. Th., V. Abth., I. Cap., Sp. 14, 15ff.

10 *Lieselott Enders,* Die Uckermark. Geschichte einer kurmärkischen Landschaft vom 12. bis zum 18. Jahrhundert. (Veröffentlichungen des Brandenburgischen Landeshauptarchivs Potsdam, Bd. 28.) Weimar 1992, 113f.

Methoden und Begegnungsstätten. Dazu gehörten die Ständeversammlungen und -ausschußsitzungen, die Vorstellungen bei Hofe und die Beziehungen zwischen den räumlich verzweigten Gliedern der Familie – von Beratungen über Heiratsstrategien bis zum Austausch von Leibjungen nach dem Vorbild der Pagenordnung am Hof. Alles das beförderte und benötigte effiziente kommunikative Regelungen. Und wer zu den Amtsträgern des Landes gehörte, hatte zusätzlichen Informationsbedarf.

Für die Kommunikationspraxis zur Lösung von herrschaftseigenen regionalen Problemen und zur Lösung von grenzüberschreitenden Gerichtsherrschaftsproblemen kann beispielhaft Burchard v. Saldern dienen, Herr auf der Plattenburg im ersten Drittel des 17. Jahrhunderts. Er unterhielt als Kreishauptmann der Prignitz ein dichtes Informations- und Kommunikationsnetz und machte seine Burg, wie gleichrangige Standesgenossen auch, zu einem Koordinationszentrum für adlige Interessenpolitik.[11] Mit Hilfe der Getreiderechnungen (Rubrik: „Hafer auf fremde Pferde") läßt sich genau rekonstruieren, wer mit wem wie oft und wie lange auf der Plattenburg zusammenkam. Unter Zuhilfenahme von flankierendem Archivmaterial können auch mit hoher Wahrscheinlichkeit die Themen rekonstruiert werden, über welche die gezielt auf der Burg zusammengeführten Gruppen debattierten: aktuelle Obligationen und Bürgschaften, Absprachen mit Landreiter und Scharfrichter über den Umgang mit Widerständigkeit und Zauberei, Eheanbahnungsstrategien. Viele Probleme dieser Art ließen sich natürlich auch brieflich erledigen, jedoch bedurften die junkerlichen Informationsnetze auch des mündlichen Austausches, insbesondere um die mehr delikaten politischen Dinge zu bereden, was dann etwa in Anwesenheit von Vertretern der kurfürstlichen Regierung geschah.[12]

Die meisten Herrschaftsprobleme von gerichtlicher Relevanz ließen sich mit lokalem Wissen und örtlichen Ressourcen bewältigen. Was aber, wenn jemand des Diebstahls oder anderer Vergehen verdächtigt wurde, der von weither gekommen war und entlastende Angaben über seine Lebensumstände machte? Solche Angaben sind heute per Knopfdruck in Sekundenschnelle überprüfbar. Im 16./17. Jahrhundert aber scheinen sie sich zunächst jeder Kontrolle zu entziehen.

Jedoch gab es in solchen Fällen probate Hilfsmittel, und zwar nicht nur das der Angst des Festgenommenen vor der Verdammnis bei falschem Schwören, sondern auch das Mittel adligen Zusammenhalts in Form von wechselseitiger Informationshilfe. Der Wissensaustausch (auf der Basis stets möglicher „verschuldeter" Hilfe in umgekehrter Richtung) kam in den genannten Fällen erstaunlich rasch zustande, setzte also gute Kenntnis der politischen Landschaft und der Topographie herrschaftlicher Besitzungen voraus. Man brauchte konkrete Namen und Anschriften, oft auch außerhalb der Mark, und zwar schnell. Die wichtigsten Auskunftsstellen in solchen Fällen waren wohl Landreiter, Botenmeister und die Lehnskanzlei überhaupt. Sie waren aber nicht sofort erreichbar. Wie also stand es um herrschaftseigene, permanent verfügbare schriftliche Hilfsmittel? Davon ist in dem sonst so sorgfältig zusammengetragenen Plattenburg-Wilsnacker Archiv kaum etwas nachweisbar.

11 *Jan Peters,* Gespräche und Geschäfte auf der Burg. Eine Fallstudie zur kommunikativen Praxis auf einem Adelssitz in der Prignitz (Plattenburg 1618/1619), in: Samhällsvetenskap, ekonomi och historia. Festskrift till Lars Herlitz. Hrsg. v. Jan Bolin u.a. Göteborg 1989, 237–248.

12 Siehe auch BLHA, Pr.Br. Rep.37, PW 5989, 4.8.1620. Bericht über die Beförderung von Angelegenheiten Burchards in Berlin.

Es ist für uns kaum zu verstehen, wie rasch Informationen beschafft werden konnten. So z.B. im Jahre 1613, als einer der vielen Vaganten (angeblich mit Namen Hartwig Haverlandt) einer verheirateten Wilsnackerin versprach, ihren Erpressungsplan in die Tat umzusetzen. (Die Frau wollte ihren außerehelichen Liebhaber „etzlich geld abzwingen".) Haverlandt führte in der Öffentlichkeit große Reden über seine Pläne, erregte Verdacht, wurde festgenommen und erklärte auf Befragen, ein redlicher Kutscher aus Wusterhausen zu sein und zuletzt „für einen Leinen Weber Knapen vmb den dritten Pfennigk gearbeitett" zu haben. Aber der Wilsnacker Rat und die Herrschaft glaubten ihm nicht: „Ist man alsbaldt zue Erkundigung der Warheit einen Botten abzuefertigen Verursachet worden". Bald stellte sich heraus, daß Haverlandt nicht Haverlandt sondern Drewes Hennings hieß, er „hette ein Weib vnd 3 Kinder zue Dannenwalde Im huerhaus sitzende".[13] Besiegelte Schreiben aus Gartow und Wusterhausen bestätigten: Hier gab es keinen Kutscher und keinen Knappen (Gesellen) dieses Namens. Aus Heiligengrabe kam die Meldung, der Gefragte habe diebstahlshalber dort im Gefängnis gesessen, sei aber geflohen. Da er „mit feßeln an henden und füßen gespannet gewesen", bat der auskunftserteilende Hauptmann zu Heiligengrabe, den Gefangenen zu fragen, ob er nicht einen Helfer beim Ausbrechen gehabt habe: „Das bin ich in dergleichen zutragenden fällen vnd sonsten freundlich hinwider zuverschulden erbottigk". Wechselseitige Informationen also, adlige Kommunität in mediatstädtischer Sache.

Die Geschichte der Herrschaft Plattenburg-Wilsnack kennt mehrere Beispiele für solche Handhabung eines externen herrschaftlichen Informationssystems.[14] Überprüfungen waren in Fällen von Diebstahl und von Bigamie (beides wurde oft mit dem Tode bestraft) besonders dringlich. Für diese Delikte galt: häufiger Ortswechsel des Delinquenten, bei Dieben auch, um die Beute verwerten zu können.[15] Einige solche Fälle[16] können verdeutlichen, wie das Informationssystem praktisch funktionierte: Man hat „gewisse vnd eigendlige kundtschaft erlangt", an welchem Ort sich der Dieb aufhält[17]; man möge nachfragen, „absonderlich an dehnen Orthen, da er vermuhtlich einige diebstücken verübet", man „schreibe an die Gericht doselbst vnd erfare doselbst seines Lebens Verhaltnuß"[18]; durch Erkundigung über fremde Diebe haben „wier gewiße nachricht erlanget, daß die in vnserm dorffe gestolene Sachen nebenst den Thätern auf deß Kyritzischen Rathes Schäfferey zu Stolp vorhanden: So haben wier bey itz gedachten Rath vmb nachsuchunge vnd auch eventualiter vmb gefänglicher annehmung angehalten, Zu welchen vns dann auch gebür- vnd nachbarlich gewilfahret worden, also daß nunmehr solche Thäter in vnser handt vnd verwahrung sein."[19]

Das ständig wachende „Dorfauge" und das beobachtende Besprechen von wichtigen Neuigkeiten in Stadt und Land bildeten offensichtlich Fährten aus, denen ein Bote oder auch ein Brief folgen konnten. Dabei griffen herrschaftliche und nicht-herrschaftliche Informationssysteme ineinander. Natürlich hatten solche *Informationsfährten* nur eine bestimmte,

13 Ebd., Pr.Br. Rep. 4 D, Bd. 62, fol. 147–155.

14 Ebd., Bd. 60, fol. 33–39 (Rühstedt 1612).

15 *Herta Mandl-Neumann*, Überlegungen zu Kriminalität und Mobilität im späten Mittelalter, in: Migration in der Feudalgesellschaft. (Studien zur Historischen Sozialwissenschaft, Bd. 8.) Hrsg. v. Gerhard Jaritz/Albert Müller. Frankfurt a.M./New York 1988, 57ff.

16 BLHA, Pr.Br. Rep. 4 D, Bd. 33, fol. 349–352 (1591); ebd., Bd. 38, fol. 486 f. (1594).; ebd., Bd. 78, fol. 404–406 (1652).

17 Ebd., Bd. 18, fol. 33 (1577).

18 Ebd., Bd. 78, fol. 406 (1652).

19 Ebd., fol. 464 (1652).

oft auch ungewisse Reichweite. Bremen schien noch möglich, Bamberg nicht mehr: Über die Diebereien eines Mannes aus letzterem Ort könne man, „vmb das der ohrt zu weit abgelegen, keine eigendtliche erkundigung haben".[20]

Daß notwendige Anhaltspunkte gegeben waren, um einen Nachrichtenfaden überhaupt aufwickeln zu können, hängt mit dem sinnvollen Brauch zusammen, eine beliebige Person außerhalb des engsten Erfahrungsraumes, wenn sie denn ins Gespräch kam, nicht nur mit Namen, sondern immer auch zugleich mit dem Herkunftsort/der Herkunftsherrschaft oder doch zumindest mit dem Herkunftsraum zu versehen. In vielen konkreten Überprüfungsfällen reichte das allerdings nicht aus. Es muß deshalb ein hoher Bedarf an schneller Übermittlungs- und an dauerhaft verfügbarer Orientierungshilfe bestanden haben. Ersteres war nur durch Boten zu lösen, letzteres durch Karten.

Das Botenlaufen ist auf den großen Herrenhäusern noch bis ins 18. Jahrhundert hinein kultiviert worden. Eigene Boten bildeten im 17. Jahrhundert auf den größeren Herrensitzen die wichtigsten Vermittler des schnellen Kommunikationsbedarfs. Sie sind insbesondere zur Bedienung politischer Eigeninteressen, wenn das Erscheinen des Herrn selbst nicht möglich oder nötig war, über weite Strecken zwischen Anwalt, Kammergericht, Herrenhaus usw. hin und her geschickt worden. So wird 1623 einem saldernschen Diener zu Plattenburg befohlen, nach dem Stammsitz Salder zu fahren, weil der Junker selbst „fast tagk vnd nacht zu reißen" hat. Man möge auch „einen eigenen Botten" an einen fürstlich braunschweigischen Rat schicken, um herauszubekommen, wie es „vmb bewuste sache eigentlich bewandt".[21]

Spezifische Interessen bildeten Informationsfährten eigener Art aus: Die Rechtspflege knüpfte Verbindungen zu Schöppenstühlen und Juristenfakultäten, die politische Kommunikation vornehmlich solche zum Berliner Hof, die Familienpolitik bildete ein Informationsnetz zwischen den einzelnen Familiensitzen aus und die ökonomischen Interessen verdichteten die Informationsfährten nach Hamburg, Braunschweig und Lüneburg – nach wichtigen deutschen Handelszentren des 17. Jahrhunderts also. Solche unterschiedlich gerichteten Verbindungswege werden nicht einfach aneinander vorbeigeführt haben, schon deshalb nicht, weil saldernsche Besitzungen in unmittelbarer Nähe der genannten Handelszentren lagen: Politische, ökonomische u.a. Informationsinteressen ließen sich oft gleichzeitig bedienen.

Karten als Orientierungshilfen bei Reisen sind im saldernschen Archiv nicht erhalten geblieben. Die erste Karte, die als Orientierungshilfe für Reisende in der Prignitz gut anwendbar war, scheint eine etwa 1725 entstandene „Geographische Carte von der Prignitz" gewesen zu sein.[22]

Mithin werden sich im 17. Jahrhundert Reisevorhaben in der Prignitz oder die Fahrten von der Plattenburg nach Berlin auf eigene und fremde Erfahrungswerte haben stützen müssen und sicher auch können. Denn wer unterwegs war, konnte jederzeit in der lebendigen lokalen mündlichen Kultur Auskunft einholen über Wegverläufe und Reiseziele. Wo der Reisende fortlaufend auf Face-to-face-communities traf, bedurfte es kaum eines Wegweisers. Schwieriger waren natürlich weite Reisen (nach Zerbst, Magdeburg, Lauenburg usw.), und selbst

20 Ebd., fol. 427–430 (1652) u. ebd., Bd. 76, fol. 313 (1636).

21 Ebd., Pr.Br. Rep.37, PW 2641, 19.5.1623, 1.8.1624.

22 Siehe die wohl älteste Karte der Prignitz, die schon Landstraßen und Dorfwege verzeichnet: Geographische Carte von der Prignitz (ca. 1725). Staatsbibliothek zu Berlin, Stiftung Preußischer Kulturbesitz Berlin, Kartenabteilung. Kart. N 10–17, 26. Auffallend ist die Dichte des Netzes von Verbindungswegen zwischen den Dörfern.

wenn auch hier Erfahrungswerte weitergereicht wurden, wird man dabei ohne einfache, als Handzeichnung hergestellte Orientierungshilfen nicht ausgekommen sein. Solche aber bildeten kein archivwürdiges Material und sind als Verschleißware offenbar bald wieder weggeworfen worden. Schriftliche Orientiertungsmittel müssen also als Gebrauchsliteratur hohen Wert besessen haben: Avisen und Kalender[23], Karten- und Wegeskizzen, Notizen über Anschriften. Daß sie nicht mehr erhalten sind, könnte gerade ihren hohen Gebrauchswert belegen.

4. Dörfliche Informationssysteme

Die Dorfbewohner kannten eigene (nach Geschlecht, Alter, sozialer Gruppe wiederum verfeinerte) Informationsfährten, welche besonders dort Berührungspunkte mit den herrschaftlichen (auch mit den landesherrlichen) aufwiesen, wo sich die Interessen bei der Ordnung interner Verhältnisse unter Beziehungen zu Dritten begegneten.

Die dörflich-mediatstädtischen Informationsnetze waren aber nicht nur in Zusammenarbeit sondern auch in *Auseinandersetzung* mit Herrschaftlichkeit gefordert. Im 16./17. Jahrhundert wurden in den Dörfern als Folge gutsherrlicher Inszenierung und Etablierung Konfliktbereiche (Grenzen) in neuer, neuralgischer Weise wahrgenommen, der Informationsaustausch und Informationskrieg darüber zwischen den Dörfern, zwischen Herrschaft und Dörfern wie auch zwischen diesen und dem Städtchen Wilsnack erscheint als ausgesprochen verdichtet. Der Austausch, etwa über die Nachbarschaft mit „der Quitzowen gepiete“[24] macht verstärkt das „Gebiet“=“Gebot“ als Rechtsraum deutlich. Andere Rechtsräume wie der zwischen Groß Lüben und Wilsnack strittige Wald provozierten einen so heftigen Rechts- und Informationskrieg, daß „derselbig ortt seinen ersten Namen verloren und biß an diese Zeit das Kiefholtz genennet worden“.[25] Er „verlor“ also seinen alten Namen, indem er zum „Kiefholz“ (Streit-Wald) geworden war. Viele Räume erhielten in der Perspektive der Betroffenen in dieser Zeit eine neue, konfliktive Dimension: In den Dörfern beobachtete man Raine, Feldmarken, Gewanne, Weiden, Wälder, Gärten und auch Häuser und Höfe in ihrer rechtssetzenden Grenzgestalt in dem Maße schärfer, wie die eigenen Spielräume schrumpften. Das Observieren, Einzäunen und Vermessen von Räumen ist in dieser Zeit Bestandteil des Alltags geworden, ob auf der Feldmark, der Schafweide[26], im Hofgarten oder entlang der zollbreit überstehenden Dachtraufe.[27] Grenzverletzungen erwiesen sich oft als lebensgefährlich: hier wurde einem „die Gurgel abgezwacket“[28], dort war einer im Streit um eine Wiese „In dem Lerm Todt geblieben“.[29]

23 Daß „Avisenbotten“ öfters auf der Plattenburg erschienen und daß Notizbücher für kleinere Alltagsinformationen genutzt wurden, erhellt aus einem Kalender des Hauslehrers auf der Plattenburg aus den Jahren des 30jährigen Krieges. Staatsbibliothek, Stiftung Preußischer Kulturbesitz, Handschriftenabteilung. Libri impr.c.not.ms.oct. 470.

24 BLHA, Pr.Br. Rep. 4 D, Bd. 43, S. 489.

25 Ebd., Pr.Br. Rep. 37, PW 3680.

26 Als Beispiel: Groß Lübener Vermessungsstreit mit dem Haus Plattenburg in der 2. Hälfte des 16. Jahrhunderts. Ebd., PW 1109, 1168. Siehe auch ebd., PW 5188.

27 Ebd., PW 5165.

28 Ebd., PW 1465; 6595.

29 Ebd., PW 5116.

Offenbar handelte es sich hier um einen Wandel des dörflichen Raumgefühls. Der Naturraum – seit Alters als Spender von Gottesgaben und als Sicherheitsbezirk gern wahrgenommen, in seiner Weite als unproblematisch, interessant und vielleicht auch als schön empfunden – nahm mit gutsherrschaftlichem Ausbau, Krieg, Krisen und Bevölkerungswachstum neue, unheimlich-heimliche Züge an. Die Früchte des Ackers und des Waldes verloren im Maß ihres Strittigseins gewissermaßen an Unschuld. Der souveräne Umgang mit der Ferne wurde zur neuralgischen Reibungsfläche, wenn der Gutsherr Dienstfuhren nach Berlin und Neustadt oder weiträumige Spannpflicht für adlige Besucher verlangte. Zu einer wirklichen Last ist die Ferne offenbar erst durch den Herrschaftsdruck geworden: War die weite Reise eine aufgezwungene Dienstpflicht, dann klagten die Bauern gern darüber, daß sie „im bösen greulichen schne und regen gewitter" hatten fahren müssen und „da es fast finster abent gewesen dahinzufahren gedrungen worden" waren.[30] Junkerlicher Wille war in den unbeschwerten Umgang mit der Ferne eingedrungen, die ja zuvor eher ein Raum bäuerlichen Kaufens und Verkaufens gewesen war. Der enge Lebensraum war mit gutsherrlicher Ausdehnung somit noch enger geworden, was die Konfliktfähigkeit im Dorf harten Belastungsproben aussetzte. Sonst aber unternahmen die Dorfbewohner nach wie vor „lange Reysen" mit großer Selbstverständlichkeit – man sei gerade mal in Hamburg und Berlin gewesen oder „nach Zerbst verreiset" –[31], und nach wie vor war man durch Verwandte und Durchreisende über Aufregendes und Neues aus der Ferne im Bilde. Obwohl über Gewohntes (etwa Beschwernisse beim Reisen) naturgemäß weniger reflektiert wurde, stellt der Historiker doch überrascht fest, wie schnell und furchtlos die Bauern mit ihren Klagen „nach Perlin gelauffen" waren[32] oder überhaupt wahrhaft weite Reisen ganz undramatisch reflektierten.

Die nachträglich stilisierte Reiseangst[33] auf den Dörfern ist eine Vereinfachung. Die „Angst vor dem gefährlichen Reisen" ist wohl eher dem retrospektiven Selbstbewußtsein des späten 18. und des 19. Jahrhunderts von geordneten öffentlichen Straßen zuzuschreiben, für die untersuchte Zeit und für die dörfliche Erfahrung ist sie quellenmäßig kaum belegbar.[34] Die reale dörfliche Kommunikationswelt überschritt allerdings nur dann ihre lokalen Grenzen, wenn das einen bestimmten Sinn ergab.[35] Über die *Nutzung des Raumes* und über dessen Nähe und/oder Ferne entschied sein Gebrauchswert. Nur selten erwies sich z.B. ein interpersonaler (meist ökonomischer) Austausch sinnvoll, der über eine Entfernung von 100 km hinausreichte.

Die Raumbewältigung war also *natürlich,* aber nicht *„einfach"*. Von Ambivalenz in der Wahrnehmung des *Reiseraumes* können wir wohl ausgehen: Einerseits gehenkte Räuber am

30 Ebd., PW 1168 (1574). Siehe auch: ebd., PW 836 (1646); ebd., Pr.Br. Rep. 4 A, Sentenzenbücher Nr. 200 (24.10.1687); 209 (2.3.1691).

31 Ebd., Pr.Br. Rep.37, PW 5206, 5107, 5191.

32 Ebd., PW 1168 (Dienststreit 1574).

33 Vielleicht kann man die unbestimmte Reiseangst (nicht die konkrete Furcht vor Wegeunfällen und Räubern) als eine Konstruktion der Aufklärung ansehen, die den Mut zur Entdeckung des Fremden mit einem System der Angstabwehr verband. – *Dieter Richter,* Die Angst des Reisenden, die Gefahr der Reise, in: Reisekultur. Von der Pilgerfahrt zum modernen Tourismus. Hrsg. v. H. Bausinger u.a. München 1991, 100–107.

34 Selbst die bürgerliche Reisewut des 17. Jahrhundert (Beamte, Kaufleute) setzte sich immer wieder gegen alle Gerüchte über die Reisegefahr durch.

35 Diese Auffassung, heftig kritisiert (und nicht genau wiedergegeben) vertrat ich vor Volkskundlern 1984. Jahrbuch für Volkskunde und Kulturgeschichte 1986, 156.

Straßenrand und dunkle und unbekannte Nebenwege, andererseits die ständige Begegnung mit einer sozial vertrauten Reisegemeinschaft, die schützenden bewaffneten Gefolge und der aufsichtsführende Landreiter. Letztlich läßt sich wohl von einem höheren Maß an Bewältigungsfähigkeit des Raumes ausgehen als meist angenommen.

Es gab gewiß manchen Grund, sich auf den Sicherheitsbereich Dorf zurückzuziehen. Bedrohungen kamen in aller Regel von außen: Diebstahl, Brandstiftung, aggressive Bettler und streunende Soldaten. Jedoch nahm die externe Kommunikationspraxis des Dorfes dadurch keinen Schaden, denn sie zielte (außerhalb von Krisenzeiten) weniger auf Abwehr von Störungen als vielmehr auf Rechtspflege und Ökonomie, auch auf Politik und Verwandtschaft.

Regionale Raumerfahrung ist fortlaufend reproduziert worden und unterschiedliche Raumqualität war auf den Dörfern bestens bekannt, z.B. der distanzbetonte Raum vor der Zugbrücke am Tor zur Plattenburg, der intersoziale Kommunikationsraum vor dem kleinen Hof der leichtlebigen Witwe v. Grabow in Abbendorf, die sozial geringerwertigen vorstädtischen Räume vor den Stadttoren Wilsnacks, die magisch-unheimlichen Räume, die man besser mied, die kommunikativ verdichteten Reisewege, der vertraute Raum ferner städtischer Märkte, der ungewisse Raum der landesherrlichen Residenzstadt usw.

Eine große Rolle bei der Entwicklung des Raumgefühls spielten vermutlich die *unheimlich-heimlichen Bereiche außerdörflicher Räume.* Das hat mit den verborgenen Kulturen zu tun, nach denen wir ständig auf der Suche sind. Die „Volkskultur“ als wichtiges Mittel zur Lebenserklärung und -bewältigung kannte den Raum auch als Ort verborgener Eigenschaften: hier war er gut, weil göttlich geschützt, und hier fanden sich vielleicht sogar verborgene Schätze, dort war der Raum böse, weil Sitz von Dämonen. Im Plattenburg-Wilsnacker Umfeld mögen solche Vorstellungen lange lebendig geblieben sein, endete doch hier der Wunderblutweg zu den Wilsnacker Wunderbluthostien.[36] Auf den Dörfern (und warum nicht auch auf vielen Herrensitzen?) blieb seelenausgleichender Kompensationsbedarf auch nach dem Reformationsschlag gegen das Wunderblut. Auf beiden Seiten der Real-Welt, des Real-Raumes (und kaum von dieser Welt und diesem Raum zu unterscheiden) gab es eine Über- und Unterwelt. Deren Geister erfüllten insbesondere den weniger bekannten, oft namenlos-unheimlichen lokalen, regionalen und überregionalen Raum. Darum war wohl die Einhaltung bestimmter Riten bei der Reisevorbereitung (gefährliche Abreisetage vermeiden, rückwärts aus der Tür gehen u.a.)[37] und bei der Reise selbst (Opfer für Wegegeister, Vermeiden gefährlicher Kreuzwege u.a.)[38] so wichtig.

5. Dorfinterne Informationssysteme

Alles für die Gemeinschaft des Dorfes und der Kleinstadt Wichtige ist durch die dichtgeknüpften Maschen des dorfinternen Informationsnetzes aufgefangen worden. Das Nachbargespräch, das „Im-Fenster-Liegen“ oder „Auf-der-Bank-Sitzen“, der Austausch im Krug, beim Markt-

36 Versuche zur Rekonstruktion des Wallfahrtsweges von Berlin über Heiligensee nach Wilsnack wurden 1989 vom Heimatmuseum Reinickendorf (Ausstellung) unternommen.

37 Handwörterbuch des deutschen Aberglaubens. Hrsg. v. Hanns Bächtold-Stäubli. Bd. 7. Berlin/New York 1987 (unveränd. fotomechan. Nachdr. d. Ausg. 1935/36), Sp. 638–644.

38 Ebd., Bd. 9 (unveränd. fotomechan. Nachdr. d. Ausg. 1941), Sp. 214–218; ebd., Bd. 5 (unveränd. fotomechan. Nachdr. d. Ausg. 1933), Sp. 516–529.

geschehen und auf dem Feld – überall und fortlaufend ist gesprochen und beobachtet worden. Wo Verdächtiges sich tat, war immer jemand zur Stelle, und wurde es plötzlich irgendwo so laut, „das Jederman ist zu straßen gekommen“[39], dann ist sofort gemeinschaftliche Kontrolle oder gegebenenfalls Sanktion praktiziert worden.

Für den Einzelnen oft belastend, den Standards der Lebensweise im Alltag jedoch durchaus angemessen, war die Effizienz des dörflich-kleinstädtischen Kommunikations-, Informations- und Kontrollsystems kaum zu überbieten.[40] *Stärker* als in anderen (nicht gutsherrschaftlich verfaßten) ländlichen Gesellschaften auf einen bestimmten Herrenhof ausgerichtet und *weniger* als andere durch unterschiedliche Herrschaftszuordnung aufgespalten, wies das interne Informationssystem im Gutsherrschaftsdorf ein besonders hohes Maß an Geschlossenheit auf – ohne nach außen hin abgeschlossen zu sein.

6. Dorfexterne Informationssysteme

Selbstverständlich von geringerer Dichte als im Innenraum, können dennoch die Außenbeziehungen in Gestalt externer dörflicher Informationspraxis als ein System verstanden werden, das bestimmte und notwendige Fährten ausbildete und Funktionen ausübte. Informationskanäle nach außen waren gegeben v.a. durch die „Freundschaft“ im weiteren Sinne. Zählen wir die Erfahrungen von nichterbenden Söhnen und anderswo verheirateten Töchtern in fernen Lebenswelten wie auch die von einzelnen Dorfbewohnern selbst in der Fremde zugebrachten Jahre[41] im ganzen Dorf zusammen und stellen wir jeweils mindestens zwei auskunftsfähige Generationen in Rechnung, dann deckten diese Wahrnehmungen und Erfahrungen wie auch das aus ihnen resultierende Wissen einen beträchtlichen Raum der jeweiligen externen Dorfwelt ab. Im Durchschnitt bewegte sich eine „normale“ dörfliche Biographie, wenn sie sich denn verfolgen läßt, in einem Radius von 50–100 km.[42] Ein solcher Raum (mitunter sehr viel mehr oder weniger) war auch der feststellbare allgemeine Radius diebischen Wirkungsbereichs.[43] So bildete die individuelle bäuerliche Raum- und Informationserfahrung in Verbindung mit dem guten Personengedächtnis der Zeit ein durchaus angemessenes Mittel gegen den „Durchschnittsdieb“. Das Dorf insgesamt verfügte souverän über räumlich-regionales Wissen im Umkreis von eben 50–100 km. Über solche Entfernungen ging man auch, wie die Protokolle ausweisen, mühelos mit Ortsnamen um.[44]

39 BLHA, Pr.Br. Rep.37, PW 5749 (Wilsnack, 6.6.1620).

40 Die Praxis des gemeinschaftlichen Ordnens im Dorf der Frühen Neuzeit ausführlich bei *Karl-Siegismund Kramer*, Grundriß einer rechtlichen Volkskunde. Göttingen 1974.

41 Manches konkrete Wissen über Personen rührte aus den Jahren, da man als Vor-Bauer fremde Knechte und Mägde kennengelernt hatte (er habe schon gestohlen, „als er dessen Futterschneider gewesen“ – BLHA, Pr.Br. Rep. 4 D, Bd. 38, fol. 497). Personen mit solchem Erfahrungswissen wurden eher verdächtigt als andere – kannten sie doch genau die Räume des von Diebstahl betroffenen Hofes. Siehe *Otto Ulbricht*, Zwischen Vergeltung und Zukunftsplanung. Hausdiebstahl von Mägden in Schleswig-Holstein vom 16. bis zum 19. Jahrhundert, in: Von Huren und Rabenmüttern. Weibliche Kriminalität in der Frühen Neuzeit. Hrsg. v. Otto Ulbricht. Köln u.a. 1995, 139–170.

42 Siehe z.B. BLHA, Pr.Br. Rep. 4 D, Bd. 59, fol. 417–426 (Schwängerungssache, 1612).

43 Exemplarisch ein Fall aus Blankenfelde, bei dem die Orte Britzke, Buchholz, Berlin-Stralau und Rathenow vorkommen. Ebd., Pr.Br. Rep. 4 D, Bd. 76, fol. 282f. (16.1.1635).

44 Ebd., Pr.Br. Rep. 4 D, Bd. 39, fol. 404ff.

Informationsnahrung floß dem Dorf aber auch durch andere Kanäle zu: Fahrendes Volk und Kruggäste, neues Gesinde, neu zuziehende Hofbesitzer, ein neuer Pfarrer, ein neuer Lehrer, ein neuer Amtmann. Die nicht seltenen Kirchbucheinträge über unbekannte, im Dorf verstorbene Wandersleute indizieren die Realität permanenten personalen Austausches mit der Außenwelt. Vor allem aber gelangte das externe Wissen in das Dorf durch den die Dorfgrenzen überschreitenden Verkehr der Dorfbewohner selbst.

Jeder mikrohistorische Zugriff auf frühneuzeitliche Dorfgeschichte, eben auch in Gutsherrschaftsgebieten, weist die Beständigkeit dieser Bewegung aus: Man war auf Straßen, Gehwegen und Fußsteigen (bei Tag) unterwegs in irgendwelchen alltäglichen Angelegenheiten. Der den natürlichen Gegebenheiten folgende Verlauf der Wege war nicht genau in unserem Sinne, man benutzte viele Nebenwege und öfter einmal war man auch „ins felt kommen", also an den Wegen vorbei feldein gelaufen.[45] Allein die Inanspruchnahme fremder Weideplätze bei weiten Strecken zu Pferd machte aktive Kommunikation unterwegs unverzichtbar. Die Dorfbewohner brachten und holten, fragten und teilten mit, verlangten und erledigten im nahen und weiteren Umfeld, und jedermann traf immerzu auf Menschen – gebende, nehmende, fahrende oder reitende, pflügende, säende, erntende oder hütende – zeitgenössische Gemälde bestätigen diese Dichte.[46] In ihr – kollektiver Austausch und Zusammenhalt gegen Gefahren unterwegs – lag zugleich ein erhebliches Sicherheitspotential.

Größere Befürchtungen unterwegs durften die Kaufleute des Städtchens Wilsnack hegen – die dennoch fortlaufend zu den altmärkischen oder ruppinischen Städten oder auch nach Hamburg unterwegs waren.[47] Klagen über die Beschwernisse von Reisen waren von den Herren auf der Burg öfters zu hören. Sie hatten allerdings auch mehr zu verlieren, dafür aber auch stärkeren Schutz. Solchen (bewaffnete Begleiter, Vorreiter) mußten die Dörfer wohl erst dann in Anspruch nehmen, wenn sie Rinder, Schweine oder Schafe z.B. von der Plattenburg nach Plaue (zweiter saldernscher Sitz im 16. Jahrhundert) oder gar nach Berlin[48] treiben mußten.

Es war also die dörfliche Raumerfahrung, aufgefrischt und ergänzt durch das häufige Reisen der Dorfbewohner selbst bzw. durch ihren permanenten Austausch mit der Außenwelt, welche das externe dörfliche Informationssystem wirkungsvoll gestaltete. Die Gemeinden in Plattenburg-Wilsnack bedienten sich aber auch eigener „botten unnd brieftreger", um in Konfliktfällen mit der Herrschaft rasch Informationen zu gewinnen bzw. weiterzuleiten.[49] Sie konnten so dem Landesherrn mit ihren Beschwerden in seine Residenz folgen und erschienen sogar „itzo auch auf der Jagt", wo sie „umb beuelich angehalten" hatten.[50] Viele ähnliche Beispiele bäuerlichen Agierens im 16./17. Jahrhundert sind inzwischen nachgewiesen worden.[51] Dort aber, wo in lokaler Kommunität übereinstimmende Interessen vorlagen (Abwehr

45 Ebd., Bd. 29, fol. 503–510 (Plaue 1588).

46 Siehe die Illustrationen bei *Hans Hitzer,* Die Straße. Vom Trampelpfad zur Autobahn. Lebensadern von der Urzeit bis heute. München 1971, insbes. die Gemälde des Jan Brueghel d.Ä. (1568–1625): Nr. 126–130, 198; s. auch Nr. 203.

47 Siehe z.B. BLHA, Pr.Br. Rep. 37, PW 1954, 18.3.1653.

48 Ebd., PW 2623, 15.12.1630.

49 Ebd., PW 1169 (Streit Mattias v. Saldern – Groß Lüben, 5.8.1574).

50 Ebd., PW 1168.

51 *Lieselott Enders,* Individuum und Gesellschaft. Bäuerliche Aktionsräume in der frühneuzeitlichen Mark Brandenburg, in: Gutsherrschaft als soziales Modell. Vergleichende Betrachtungen zur Funktionsweise frühneuzeitlicher Agrargesellschaften. (HZ, Beihefte, Bd. 18.) Hrsg. v. Jan Peters. München 1995, bes. 165ff.

von Dieben und anderen Verbrechern), trafen sich und bedienten einander die herrschaftlichen und dörflich/kleinstädtischen Informationsnetze: Wenn die Herrschaft durch ihre Gerichtsmacht Geständnisse von Verdächtigen über Herkunftsorte und Mithelfer erzwungen hatte, konnte sie sich auch auf das Wissen und Beobachten der Bauern und Städter stützen. Denn diese wußten am besten, welche „bösen Buben" wo bekannt waren, sie beobachteten Vaganten und andere ungeliebte Gäste und konnten auf diese aufmerksam machen. So war z.B. in Wilsnack „ein Geruchte gemacht"[52] worden, um einen Verdächtigen verschärfter kollektiver Kontrolle zu unterwerfen. Es galt auch sonst als ein wichtiges Abwehrmittel, Person und Tat von Verdächtigen oder wirklichen Verbrechern weit über die Dorf- und Stadtgrenzen hinaus bekanntzumachen.[53]

Langsame Fortbewegung ist von den Bauern als suspekt registriert worden, auch die Mundart verwies auf Fremdsein und bildete somit (weil halt Diebe meist von auswärts kamen) einen Anlaß für schärferes Hinsehen. So hatten z.B. „zwey leichtfertige Buben", die 1608 einen Groß Lübener Untertanen erschossen hatten, sich mit den saldernschen Bauern in Streit eingelassen. Diese aber wollten sich nicht „von ihnen vber das Maul fahren laßen", bestätigten die Feststellung des Junkers, daß der eine „eine Hochfränckische sprach hatt" und daß die beiden „auf drey oder vier Meil weges oft Vierzehen tage zuegebracht, daraus leicht abzunehmen, was es für gesellen sein müßen."[54] Bauern und Kleinstädter bildeten dergestalt für die Herrschaft unverzichtbare Partner und in dieser Form sozialer Praxis waren sie durchaus auch Teilhaber an der informativen und „repräsentativen Öffentlichkeit". Ohne das Wissen der dörflichen Bevölkerung im weitesten Sinne konnte keine gerichtliche Kontrolle des Diebstahls als dem häufigsten kriminellen Delikt der Frühen Neuzeit funktionieren.

7. Reflexionen zum Schluß

Abschließend ein Wort zur Spezifik von Informationssystemen in Gutsherrschaftsgesellschaften. Welche Aufgaben fielen hier den zu externen Informationssystemen verdichteten Informationsfährten zu, die sie von ähnlichen Systemen in anders verfaßten ländlichen Gesellschaften unterschieden? Begünstigten gutsherrschaftliche Verhältnisse stärker als andere ein effizientes Informationssystem, verbunden mit einer Position der Abwehr von Außenwelt? Wodurch wurden die eigenen Fährten, Netze und Systeme der Abhängigen im gegebenen Sozialgebilde Gutsherrschaft geprägt? Gültige Antworten auf solche Fragen verlangen vorerst noch mehr Wissen, v.a. um die entsprechenden Verhältnisse in anders strukturierten Agrargesellschaften. Offen müssen auch manche Fragen nach Raumgefühl und Raumwahrnehmung bleiben, v.a. in deren sozialer Dimension.

Mein Zugang war die Frage nach dem Informationsbedürfnis und nach den dem angemessenen Kommunikations- und Informationssystemen in Gutsherrschaftsgesellschaften. Es ist die *relative Geschlossenheit des gutsherrlichen Macht- und Verfügungsraumes,* auf welchen „gutsherrliche" in Abgrenzung von „grundherrlichen" Besonderheiten zurückführbar scheinen. Das Kommunikations- und Informationssystem der Gutsherrschaftsgesellschaft erscheint womöglich effektiver, weil der flächendeckende Herrschaftsraum überschaubarer und kon-

52 BLHA, Pr.Br. Rep. 4 D, Bd. 39, fol. 404 (Wilsnack, 1595).
53 Ebd., Pr.Br. Rep. 37, PW 5170.
54 Ebd., Pr.Br. Rep. 4 D, Bd. 55, fol. 279, 281.

trollierbarer ist, zugleich auch weil die Informationszentren (die „Gerichte“ im Dorf, die Verfügungsrechte auf dem Herrensitz) weniger zersplittert, konzentrischer und konzentrierter geordnet sind. Auch könnte das Boten- und Nachrichtenwesen in diesen Regionen schneller und besser als in anders verfaßten ländlichen Gesellschaften funktioniert haben, weil die Besitzverhältnisse räumlich übersichtlicher, die Adressaten für kontrollierenden Austausch mithin leichter erreichbar waren. Die Effizienz dieses Systems beruhte nicht zuletzt auf dem hohen Maß an Verfügbarkeit über die Untertanen. Die ihnen aufgebürdeten „langen Reisen“ aber wirkten auch in andere Richtung: Sie erweiterten das Wissen der Abhängigen um andere, vielleicht als „besser“ empfundene Lebenswelten und wirkten langfristig somit auch destabilisierend für das System Gutsherrschaft. Zudem erleichterten solche Dienstpflichten die Ausbildung eigener, dörflicher Informationsfährten.

Es zeigt sich ein bedeutendes Ausmaß von Kommunität zwischen den sozial verschiedenen Fährten, Netzen und Systemen von Information. Offenbar kooperierten verschiedene „Informationskulturen“ ganz gut miteinander, insbesondere in der schlimmen Zeit des Dreißigjährigen Krieges, als sozial Übergreifendes höheren Rang erhielt. Die Herrschaft war im 17. Jahrhundert auf das Wissen der Untertanen nicht weniger angewiesen als umgekehrt. Und es gab keine soziale Distinktion zwischen Fiktion, Gerücht und Nachricht, etwa nach dem Schema: vernünftige Nachrichten oben, unvernünftig Erdachtes unten. Die Information blieb diesseits und jenseits des Burggrabens immer auch der Realität der Imagination verhaftet.

Ungewiß bleibt in dieser Gesellschaft der mündlichen Kultur der Einfluß von Alphabetisierungsvorgängen auf das Funktionieren von Informationsnetzen, ungewiß bleibt auch, wie sich die Ausbildung von Informationsfährten durch die regionale Kommunikation der Untertanen in Gutsherrschaftsregionen von anderen Räumen unterschied. Erst recht bleibt unbeantwortet, wie sich die Weiträumigkeit im europäischen Osten im Verhältnis zur dichteren Besiedlung im Westen auf die Kommunikations- und Informationssysteme überhaupt auswirkte.

Wichtig scheint mir, daß auch in der hier untersuchten Perspektive die guts- und grundherrliche Differenz nicht als definitiv-essentiell sondern als funktionell erscheint, also abhängig von durchaus variablen Größen. Und dennoch: Spielte im Zusammenhang mit den Kommunikations- und Informationssystemen in Gutsherrschaftsgesellschaften nicht das Denken in Kategorien von Informieren, Überwachen und Kontrollieren eine besondere Rolle? Und kann daraus nicht geschlossen werden, daß mit der Zeit hervorragend qualifizierte Vermittler und Verwalter von Herrschaft solches Denken verinnerlichten, langfristig eine entsprechende Prägung erfuhren und dergestalt dann auch ihr Umfeld prägten?

DANA ŠTEFANOVÁ

Herrschaft und Untertanen. Ein Beitrag zur Existenz der rechtlichen Dorfautonomie in der Herrschaft Frýdlant in Nordböhmen (1650–1700)

Dieser Beitrag möchte einige Ansätze zu den bisherigen Debatten über die Existenz der dörflichen Gemeinde[1] anhand des Beispiels der nordböhmischen Herrschaft Frýdlant bieten. Es sollen folgende Fragestellungen im Mittelpunkt stehen: Es soll darauf eingegangen werden, ob die dörfliche Gemeinde nur ein politisch-rechtliches Instrument der Obrigkeit war oder ob sie auch eine bestimmte, obwohl begrenzte, Handlungsautonomie hatte und dabei die obrigkeitliche Autorität instrumentalisieren konnte. Zweitens geht es mir darum festzustellen, inwiefern die Obrigkeit Einfluß auf den Besitztransfer, insbesondere auf die Gestaltung und Durchführung eines Erbvertrages, d.h. eines Vertrages über den Kauf und Verkauf einer untertänigen Stelle, nehmen konnte. Ich möchte untersuchen, welche Rolle dabei die Gemeindeverwaltung spielte.

Diese Fragen möchte ich an einer mikrohistorischen Studie über drei Dörfer (Háj/Göhe, Vysoký/Hohenwald, Luh/Mildenau) in der Herrschaft Frýdlant in Nordböhmen für den Zeitraum 1650 – 1700 versuchen zu beantworten. Diese drei Dörfer habe ich aus zwei Gründen ausgesucht. Sie sollen einerseits die vielfältige Verwaltungsstruktur der Herrschaft Frýdlant widerspiegeln. Die ausgewählten Dörfer unterschieden sich durch ihren Verwaltungscharakter voneinander – Luh und Vysoký sind untertänige Dörfer, Háj ist ein durch den kleinen Lehensadel verwaltetes Lehensdorf. Das Dorf Luh wurde schon im 14. Jahrhundert, das Dorf Háj im 15. Jahrhundert und das Dorf Vysoký erst im Jahre 1600 gegründet. Andererseits war besonders wichtig, daß für alle drei Dörfer die Schöppenbücher aus dem 17. Jahrhundert erhalten sind, die für die Untersuchung der Frage der dörflichen Autonomie unentbehrlich sind. In dieser Fallstudie behandle ich also einen Zeitabschnitt, der die Situation nach dem Dreißigjährigen Krieg (hinsichtlich der Zahl der verlassenen und öden Stellen, der Verschuldung usw.) widerspiegelt. Die Frýdländer Herrschaft war ziemlich stark von der Auswanderung der

1 Vgl. *Heide Wunder,* Die bäuerliche Gemeinde in Deutschland. Göttingen 1986; *Thomas Winkelbauer,* Grundherrschaft und bäuerliche Gemeinde im Waldviertel, in: Heimatforschung heute. Hrsg. v. Ulrike Kerschbaum und Erich Rabl. Krems a.D./Horn/Waldviertel 1988, 59–87; *Thomas Rudert,* Gutsherrschaft und ländliche Gemeinde. Beobachtungen zum Zusammenhang von gemeindlicher Autonomie und Agrarverfassung in der Oberlausitz im 18. Jahrhundert, in: Gutsherrschaft als soziales Modell. (HZ Beiheft, 18.) Hrsg. v. Jan Peters. München 1995, 197–219; *Waldtraut Meyer,* Gemeinde, Erbherrschaft und Staat im Rechtsleben des schlesischen Dorfes vom 16. bis 19. Jahrhundert. Würzburg 1967.

Untertanen nach dem Jahr 1651, als die kaiserlichen Rekatholisierungsbemühungen gesteigert wurden, betroffen.[2]

Die Quellen, die für diese Studie ausgewertet wurden, sind von unterschiedlichem Typus. Es handelt sich einerseits um Quellen, die einen statistisch-quantifizierbaren Charakter haben – ein Untertanenverzeichnis aus dem Jahre 1651 (das sog. Soupis poddaných podle víry)[3] und ein Steuerkataster aus dem Jahre 1654 (die sog. Berní rula).[4] Besonders wichtig für die Fragen nach der Dorfautonomie und nach der Dreiecksbeziehung Feudalherr-Dorfverwaltung (Gemeinde)-Untertan sind weiterhin die Quellen rechtlichen Charakters, die sog. Grund- und Schöppenbücher, die über besitzrechtliche Beziehungen und Transaktionen Auskunft geben. Gerade im Fall meiner Fragestellungen ist einer der wichtigsten Faktoren, der diese Quellen besonders geeignet erscheinen läßt, ihr jeweiliger institutioneller Hintergrund. Während die Grundbücher eine obrigkeitliche Registrierung des Besitztransfers der Untertanen darstellen, wurden in den Schöppenbüchern der Gemeinde nicht nur die Kaufverträge, sondern auch andere Eintragungen – obwohl in sehr beschränkter Zahl –, welche über juristische Handlungen innerhalb der Gemeinde berichten, wie etwa ein Vergleich zwischen zwei Nachbarn[5] usw., verzeichnet.[6] Obwohl sich mehrere tschechische Agrarhistoriker mit den allgemeingültigen sozial-rechtlichen Verhältnissen der Untertanen auseinanderzusetzen versuchten[7], benutzten sie für ihre historischen Studien vor allem die statistisch auswertbaren und normativen Quellen. Nur manche, so Vl. Procházka, J. Petráň und J. Tlapák, erforschten diese Thematik

2 Ungefähr die Hälfte der Untertanen emigrierte vor allem in die nahe Oberlausitz. Vgl. Sächsisches Staatsarchiv Dresden, Bergmannsche Exulantensammlung; *Franz Pohl,* Die Exulanten aus der Herrschaft Friedland im Sudetenland. Görlitz 1939; Státní oblastní archiv (weiter SOA) Litoměřice, pobočka Děčín, Historická sbírka (weiter HS) Clam-Gallasů, Spezifikationen der Entwichenen, Kartŏn číslo (weiter k. č.) 224, 478.

3 Státní ústřední archiv (SÚA) Praha, SM R 109/45, inventární číslo (i.č.)9, k.č.2001.

4 SÚA Praha, Berní rula (BR) 5.

5 Die Ausstattungsurkunden für manche böhmische Dörfer des 15. Jahrhunderts sprechen über die Gerechtigkeit des Dorfes, einen Vergleich zwischen den Nachbarn lösen zu können; vgl. *František Vacek,* Selský stav v Čechách v letech 1419–1620, in: Časopis pro dějiny venkova XIV, 1927, 5–16, 81–93, 153–168, 241–256; XV., 1928, s.1–24, 112–138, 274–286; XVI., 1929, s. 1–24, 81–103, 169–194, 249–278; XVII, 1930, 1–22, 81–109, 145–163; hier vor allem XIV, 1927, 5–16; ergänzend auch *Thomas Winkelbauer,* „Und sollen sich die Parteien gütlich miteinander vertragen". Zur Behandlung von Streitigkeiten und von „Injuiren" vor den Patrimonialgerichten in Ober- und Niederösterreich in der frühen Neuzeit, in: Zeitschrift der Savigny-Stiftung für Rechtsgeschichte, Germanistische Abteilung 122, 1992, 135ff.

6 Historische Arbeiten sprechen über ein größeres Maß der Dorfautonomie bei denjenigen Gemeinden, die sich auf dem Gebiet befinden, das im Zuge der mittelalterlichen Ostsiedlung besiedelt wurde. Als Beispiel werden die Untertanenordnungen des 16. Jahrhunderts angeführt. Sie entstanden, im Gegensatz zu den tschechischsprachigen Gebieten, während des 16. Jahrhunderts noch in der Gemeinde. Vgl. *Josef Hanzal,* Vesnická obec a samospráva na počátku 17. století, in: PHS 10, 1964, 135–147; *Wunder,* Die bäuerliche Gemeinde (wie Anm. 1), 52, forderte auch eine neue Interpretation des rechtlichen Verhältnisses zwischen Deutschen und Slawen.

7 Vgl. *Aleš Chalupa,* Venkovské obyvatelstvo v Čechách v tereziánských katastrech (1700–1750), in: Sborník Národního muzea A-23, 1969, 197–378; *Kamil Krofta,* Dějiny selského stavu. Praha 1949; *Josef Pekař,* Kniha o Kosti. Bd. 1–2. Praha 1935; *Dušan Třeštík,* Příspěvek k sociální diferenciaci venkovského lidu v 16. století, in: Sborník historický 10, Praha 1962, 93–145; *František Vacek,* Práva vesské obce v 15. století, in: Agrární archiv 28, 1916, 23–45.

anhand von Beispielen aus den Grundbüchern.[8] Die Schöppenbücher blieben am Rande des Interesses der tschechischen Historiographie. Die Studien, die sich bis heute mit dieser Quelle befaßt haben, betrachten sie eher aus der archivarischen Perspektive und sind nicht so sehr an deren Inhalt interessiert.[9] Die Grund- und Schöppenbücher werden hier nicht nur als Quellen für das Studium der historischen Erbschaftspraxis betrachtet. Eine andere Forschungsperspektive erlaubt auch die Beantwortung von Fragestellungen zur Sozialgeschichte der Familie (Familienstrategie bei der Gutsübergabe, die Existenz von Ausgedinge u.ä.), die sich aus den Gütertransaktionen und aus dem Inhalt der Kauf- und Ausgedingeverträge ergeben. Damit sind Aspekte, die sich auf die Problematik der Dorfautonomie, der Familienstrategie und des Lebenszyklus beziehen, angesprochen.

Die Auswertung der Grund-[10] und Schöppenbücher[11] hat einige Diskrepanzen zwischen diesen beiden Quellen ergeben, so daß die bis heute gewonnenen vorläufigen Ergebnisse darauf hindeuten, daß weder die eine noch die andere Quelle wirklich alle Kaufverträge komplett enthält (vergleiche Tabelle 1), und daß es sich bei einem Gutstransfer, den beide Quellen zum Inhalt haben, nicht um eine direkte Abschrift handelt, sondern daß eine der Quellen, in den meisten Fällen ist es das Grundbuch, die juristische Seite des Vertrages ergänzt. Auf einige Beispiele wird unten eingegangen.

1. Soziale Struktur der Gemeinden

Zuvor muß für eine bessere Vergleichsmöglichkeit kurz auf die soziale Struktur der drei Dörfer, welche im Mittelpunkt meiner Fallstudie stehen, anhand des Glaubensverzeichnisses aus dem Jahre 1651 und des Steuerkatasters aus dem Jahre 1654 eingegangen werden. Die beiden Amtsdörfer, Vysoký und Luh, unterscheiden sich voneinander nicht nur durch die Ein-

8 *Josef Petráň*, Poddaný lid na prahu třicetileté války. Praha 1964; *Vladimír Procházka*, Česká poddanská nemovitost v pozemkových knihách v 16.–17. století. Praha 1963; *Josef Tlapák*, K některým otázkám poddanské nezákupní držby v Čechách v 16.–18. století, in: PHS 19, 1975, 177–209.

9 Die Schöppenbücher wurden nur in einigen Einzelfällen, meistens von heimatkundlichen Historikern benutzt. Vgl.: *Edm. Wauer*, Geschichte der Industriedörfer Einbau. Eine Studie über die wirtschaftliche und kulturelle Bedeutung der südlausitzer Dörfer. I. Buch. Dresden 1913, 399; *Walter Hawelka*, Bericht über die Schöppenbücher des Bezirkes Friedland, in: Mitteilungen des Vereins für Heimatkunde des Jeschken-Isergaues Bd. 28, 1934, 121–124; *Oswald Volprecht*, Aus dem ältesten Schöppenbuche von Ober-Weigsdorf, in: Mitteilungen des Vereins für Heimatkunde des Jeschken-Isergaues Bd. 4, 1910, 90–96 und Bd. 13, 1919, 27–31. Diese Ausnützung der Quellen entspricht völlig dem Geist des Positivismus; es handelte sich einerseits um die Erstellung von Verzeichnissen, anderseits um die Transkription einiger abgeschlossener Kaufverträge, die oft ein direktes Verhältnis zur historischen Entwicklung der Herrschaft hatten. Zuletzt hat sich mit den Schöppenbüchern Libuše Horáková befaßt. Vgl.: *Libuše Horáková*, Vesnické konšelské knihy na panství Frýdlant a Liberec (Diplomarbeit). Praha 1967; *dies.*, Vesnické konšelské knihy libereckého a frýdlantského panství, in: Archivní časopis 19, 1969, 210–219; *dies.*, Vesnické konšelské knihy na Clam-gallasovských panstvích. Príspěvek k dějinám poddanské správy, in: Sborník Severočeského muzea, Historia 7, 1984, 54–71.

10 SOA Litoměřice, pobočka Děčín, Velkostatek (VS) Frýdlant, k. č. 20, 21.

11 SOkA Liberec, Fond konšelské knihy, konšelská kniha pro Háj, Luh a Vysoký; bis jetzt nicht inventarisiert.

wohnerzahl (44 : 251), sondern auch durch die soziale Struktur, die in Luh durch 17 bäuerliche, 20 Gärtner- und 14 Chalupnerhaushalte[12] (insgesamt 72 Haushalte) und elf Inwohnerhaushalte geprägt wurde. Unter der Bezeichnung Inwohnerhaushalte habe ich auch diejenigen Familien erfaßt, die ein Bestandteil des Bauernhaushaltes waren und deren Familienvorstand in der Quelle nicht als Hausgenoß bezeichnet wurde. Er befand sich in einem Verwandtschaftsverhältnis mit dem Haushaltsvorstand (z. B. ein Eidam, Schwiegersohn). Eine dieser Familien befand sich im Bauernhaushalt und zwei in Chalupnerhaushalten. Vysoký stellte dagegen sozialstrukturell betrachtet ein homogenes Ganzes dar und war durch zwölf Chalupnerhaushalte charakterisiert. Im Lehensdorf Háj wurden im Jahre 1651 fünf bäuerliche, vier Gärtner- und drei Chalupnerhaushalte registriert. Der Steuerkataster aus dem Jahre 1654 weist für Luh 14 Bauern-, 14 Chalupner- und 22 Gärtnerstellen aus. Insgesamt gab es 14 verödete oder verwüstete Stellen. In Háj wurden zwei Bauern- und acht Chalupnerstellen bewirtschaftet. Verödet und verwüstet waren zwei. In Vysoký waren acht Chalupnerstellen besetzt und vier lagen wüst und öd.

Die Häufigkeit der abgeschlossenen Kaufverträge deutet, gemessen an der Einwohnerzahl, auf interessante Tendenzen hin. Während für die Periode von 1656 bis 1675 in Luh für einen Haushalt 0,8 Verträge abgeschlossen wurden, war in Vysoký ein Haushalt an 1,25 Kaufverträgen beteiligt und in Háj an durchschnittlich drei Kaufverträgen.[13] Dabei ist jedoch auch die Art der abgeschlossenen Verträge zu beachten. Wir wissen, daß Luh der sozialen Struktur nach eher ein Bauerndorf war. Vysoký und Háj waren ähnlich groß. Sowohl die hohe Häufigkeit der Besitztransaktionen als auch die Senkung der Güterpreise spiegelt die unmittelbaren Wirkungen des Dreißigjährigen Krieges wider. Als ein Vergleich dient uns das Grundbuch aus der Zeit von 1602 bis 1607. In diesem Zeitabschnitt sind für unseren Vergleich nur die Kaufverträge relevant, die innerhalb des Dorfes Luh abgeschlossen wurden, weil für Háj und Vysoký keine Transaktionen belegt sind.[14] Die Ursache dessen könnte in der Tatsache liegen, daß Háj ein Lehensdorf war und dementsprechend alle Besitztransaktionen in die Lehens- und Schöppenbücher eingetragen wurden.[15] Im Falle des Dorfes Vysoký handelte es sich um eine erst im Jahre 1600 erwähnte Gemeinde. Erstaunlich ist die Tatsache, daß wir im Grundbuch nach Gründung des Dorfes keine Berichte oder Kaufverträge über den Verkauf des dominikalen Bodens an die Untertanen finden. Für Luh wurden im Grundbuch in den fünf Jahren fünf Kaufverträge über Besitztransfers verzeichnet.

Wie schon erwähnt, existieren in den Grund- und Schöppenbüchern gewisse inhaltliche Nuancen juristischen Charakters. Zunächst sind die quantitativen Unterschiede zwischen den beiden Quellen interessant. Keine der beiden Quellen ist vollständig und sie ergänzen sich inhaltlich gegenseitig.

12 Dem Begriff Chalupner entspricht im Deutschen die Bezeichnung Häusler.

13 Eine große Besitzmobilität dürfte in dieser Zeit nichts ungewöhnliches sein. *Helmuth Feigl* stellt z.B. dieselbe Tendenz für die niederösterreichischen Überland-Weingärten fest, jedoch mit dem Unterschied, daß die Parzellen immer geteilt und immer kleiner wurden; vgl. *ders.*, Zur Struktur der Rechtslage der unterbäuerlichen Schichten im 15., 16. und 17. Jahrhundert, in: Wirtschafts- und sozialhistorische Beiträge. Festschrift für Alfred Hoffman. Hrsg. v. Herbert Knittler. Wien 1979, 250.

14 SOA Litoměřice, pobočka Děčín, VS Frýdlant, k. č. 13.

15 Es ist ein Schöppenbuch seit dem Jahr 1612 erhalten. Siehe Anmerkung 11.

Tabelle 1
Zahl der Verträge in den Grundbüchern (GB) und Schöppenbüchern (SB), 1656–1682.

	1656–1675		1676–1682		Insgesamt	
	GB	SB	GB	SB	GB	SB
Háj	13	(23)	17	(15)	27	(36)
Vysoký	12	(8)	6	(4)	15	(12)
Luh	40	(11)	21		61	

Quelle: SOA Litoměřice, pobočka Děčín, VS Frýdlant, pozemkové knihy, k.č.19 und 20; SOkA Liberec, Fond konšelské knihy, bis jetzt nicht inventarisiert.

2. Art der Verträge

Die Provenienz der beiden Quellen ist ein interessanter Faktor, der noch durch die Diskrepanz zwischen der Zahl der in Schöppen- und Grundbüchern eingetragenen Kaufverträge an Bedeutung gewinnt, denn gerade diese Differenz könnte auf ein in Frage kommendes Merkmal der Dorfautonomie hinweisen. Ein von der dörflichen Verwaltung geführtes Buch, in dem Handlungen rechtlichen Charakters eingetragen wurden, spricht einerseits für ein gewisses Maß an Autonomie, andererseits jedoch könnten diese dörflichen Institutionen, wie schon oft in der rechtsgeschichtlichen Literatur erwähnt wurde, auch nur ein obrigkeitliches Machtinstrument gewesen sein.[16]

Für diese Annahme spricht die Praxis der doppelten Verzeichnung der vor dem Dorfgericht abgeschlossenen Verträge, die man als eine Art von Kontrolle und Übersicht verstehen könnte. Jene Verträge, die sowohl in den Schöppenbüchern als auch in den Grundbüchern vorkommen, wurden zuerst vor dem Dorfgericht verhandelt und ins Schöppenbuch eingetragen. Nach kurzer Frist wurden sie, nachträglich, zum Inhalt des Grundbuches, womit der rechtliche Akt durch die obrigkeitliche Verwaltung bestätigt wurde.

In manchen Fällen handelte es sich um eine Abschrift des Vertrages, aber es kommen auch bestimmte Unterschiede zwischen den Inhalten der Kaufverträge vor. Die meisten Fälle (vor allem seit den 1670er Jahren) deuten darauf hin, daß die im Schöppenbuch eingetragenen Kaufverträge im Grundbuch näher ergänzt wurden. Dies betrifft vor allem diejenigen Fälle, wo nicht bebaute Güter neu besetzt wurden und wo die Schäden so groß waren, daß die neu eingesetzten Untertanen von den Hofdiensten und Zinsleistungen befreit wurden.[17]

Bei Abschluß von Kaufverträgen stellte sich, besonders nach dem Dreißigjährigen Kriege, heraus, daß einige Güter mit Schulden belastet waren. Der neue Wirt mußte das Gut mit den Schulden übernehmen. Falls es sich um obrigkeitliche Schulden handelte, sollten sie mög-

16 Ähnlich: *Helmuth Feigl,* Die niederösterreichische Grundherrschaft vom ausgehenden Mittelalter bis zu den theresianisch-josephinischen Reformen. Wien 1964; *Winkelbauer,* Patrimonialgerichte in Österreich (wie Anm. 5), 132f.

17 So wurde ein 33 Jahre „wüst und öd" gelegenes Gut auf „vier Jahre lang der kosten und dienste gantzlich befreit, nach ausgang der vier jahre die dienste wie einander zu verrichten", SOkA Liberec, Fond konšelské knihy, Göhe, bis jetzt nicht inventarisiert, Fol. 87–88.

lichst bald bezahlt werden.[18] Die übliche Praxis war, daß die ersten zwei Geld- oder Naturalraten an die Obrigkeit entrichtet wurden. Bei größerer Verschuldung wurden die Schulden auf mehrere Raten verteilt, damit der alte Wirt auch einen Anteil am Bargeld bekam, um sich eine Nahrung besorgen zu können. Die Verschuldung oder Verwüstung war in den meisten vorgekommenen Fällen ein schwerwiegender Grund für die herrschaftliche „Gnade", mit der die Obrigkeit für eine bestimmte Frist (am häufigsten ein bis drei Jahre) auf ihre Zinsen und Hofdienste verzichtete.

Der neue Besitzer wurde beim Gutstransfer auf mögliche Schulden seiner Nachbarn aufmerksam gemacht. Diese Bemerkung wurde dann ins Grundbuch als Bestandteil des Kaufvertrages eingetragen.[19]

Die Ursachen einer Verschuldung z.B. zwischen den Nachbarn lassen sich schwer rekonstruieren, es wird aber deutlich, daß die obrigkeitlichen Beamten nicht nur für die rechtliche Sicherung der herrschaftlichen Interessen sorgten, sondern sich auch um das Einhalten der vor dem Gericht abgeschlossenen Vereinbarungen zwischen den Untertanen bemühten. In diesem Sinne treten sie nicht als bloße Angestellte der Grundherrschaft auf, sondern auch als Träger eines öffentlichen Amtes mit einer bestimmten Aufgabe, die durch die Grundherrschaft kodifiziert wurde.[20]

Bestimmte Verträge tauchten nur in den Schöppenbüchern auf, sind also Angelegenheit der dörflichen Verwaltung. Es ist jedoch auch möglich, daß diese Differenz in den Quellen durch die unmittelbare Nachkriegssituation verursacht wurde. Obrigkeitliche und dörfliche Amtsagenden waren in ihrer Funktion vielleicht noch nicht sonderlich stabilisiert. Es könnte aber auch sein, daß wir eine direkte Entwicklungstendenz verfolgt haben, nämlich eine größere Kontrolle der Wirtschaftsverhältnisse und der Untertanen durch die Herrschaft während der Nachkriegszeit. Dies könnte auch eine wirkliche herrschaftliche Instrumentalisierung der Dorfbeamten im Sinne von Heide Wunders These einer „Herrschaft über Bauern" bedeuten.[21]

Hinsichtlich der historischen Rechtsentwicklung Böhmens gibt es noch Unklarheiten, denn die Rechtsverhältnisse in Böhmen waren durch die Existenz des tschechischen (uneingekauften) und deutschen (eingekauften) Rechtes geprägt. František Vacek wies in Böhmen für das 15. und den Anfang des 16. Jahrhunderts die Existenz mancher Dörfer mit uneingekauftem Besitzrecht nach, die zu dieser Zeit mit eingekauftem Recht ausgestattet wurden. Der

18 So bei einem Erbgartenkauf: Es verkaufte die Witwe des George Fersche, „von den ersten 8 schock groschen wirdt die wittwe ihre schulden bezahlen, die anderen [bei der nächsten Rate] 5 schock groschen bekombt die witwe, der drite termin sol dem unerzogenem weisen", SOkA Liberec, Fond konšelské knihy, konšelská kniha obce Vysoký, nicht inventarisiert, Fol. 37'.

19 So in Luh bei einem „feldtgarten kauff" im Jahre 1676, SOA Litoměřice, pobočka Děčín, VS Frýdlant, k. č. 20, Fol. 65–65': „es ist auch von gnädiger obrigkeit verordnet worden, dass der nieder pawer Christoph Nicht, so mit diesem feldtgarten gränzt, schuldig ist, ihm an seinen riemen ein schaden bete zu halten. Dahero ein solches zur nachricht in diesem kauff ein verleibet worden.
Ferner ist auch zu merken, dass der besitzer dieses feldtgartens schuldig ist, gn. obrigkeit dienste. Christoph Luxen den pawer, welcher oberhalb dieses gartens seine nahrung hatt, zu geben, jährlich 1/2 vrl. (1 Viertel = $^1/_4$ Scheffel) korn ... undt 1/2 vrl. haber zu decem zu hilffe zu geben. Item muß jährlich ein tag ackerarbeit auf gnl. obrigkeit feldern verrichten, mehr jährlich einen tag felder gnl. obrigkeit gersten heuwstücken. Item ihnen jährlichen termin als Georgi und Galli 40 grl. zum erbezins zu hilffe geben."

20 *Meyer,* Gemeinde (wie Anm. 1), 54ff.

21 Vgl. *Wunder,* Die bäuerliche Gemeinde (wie Anm. 1).

Übergang zum Erbrecht wurde in den meisten Fällen durch das ökonomische Interesse des entsprechenden Dorfinhabers bedingt. Die Zustimmung des Dorfes bedeutete einerseits eine neue, breiter definierte Festlegung der dörflichen Verwaltungsautonomie und eine Regelung des Anerbenrechtes zugunsten der Untertanen. Es sollte auch erwähnt werden, daß J. Tlapák die Existenz der uneingekauften Güter als ein Phänomen, das mit dem Dreißigjährigen Krieg in unmittelbarem ursächlichen Zusammenhang steht, betrachtet. Er setzt voraus, daß die uneingekauften Güter der Nachkriegszeit nicht mit den uneingekauften Gütern des alten böhmischen Rechtes identisch waren.[22]

Ich behaupte, daß die Ausstattung des Dorfes mit Erbrecht einen wichtigen Faktor darstellt, der als Entwicklungsursache der Dorfautonomie bzw. der Entstehung eines Gemeindebewußtseins angesehen werden sollte.[23] In den deutsch-kolonisierten Gebieten kommt diese Tendenz durch die Tatsache, ein dörfliches Schöppenbuch führen zu können, zum Ausdruck. Dadurch, daß die Dorfrechte und Dorfpflichten schriftlich festgelegt wurden und durch diese historisch-rechtliche Entwicklung die Entstehung eines gewissen Maßes von sozialem Selbstbewußtsein und eines politisch-rechtlich motivierten Handelns der Gemeinde bewirkt wurde, konnte sie an die Stelle der Untertanen als handelnde Individuen treten, um ihre Interessen, insbesondere alte Rechte und Sitten, gegenüber der obrigkeitlichen Macht zu vertreten. Heide Wunder spricht über das Erscheinen der Gemeinde als lokaler Macht in den schriftlichen Zeugnissen im Zusammenhang mit der Tatsache der entstandenen Auseinandersetzungen zwischen dem jeweiligen Grundherrn und der Gemeinde.[24]

3. Merkmale der dörflichen Autonomie

Auch für die Periode der Verschärfung der Erbuntertänigkeit nach 1650 lassen sich aus dem untersuchten Material einige Merkmale der bestehenden dörflichen Autonomie hervorheben:

Einen autonomen Bereich der Dorfverwaltung können wir in Háj bei der Gründung einer neuen untertänigen Stelle auf der Aue sehen. Der Verkauf des Gemeindeauenbodens geschah mit Bewilligung des Hauptmannes. Für den Verkauf war aber auch die Zustimmung der gesamten Gemeinde nötig („im namen der ganzen gemein mit consens herr hauptmanns"). Dies ist auch ein Beispiel dafür, daß, wie bereits oben erläutert, in den Schöppen- und Grundbüchern unterschiedliche Rechtsgewalten und unterschiedliche rechtliche Gewohnheiten zum Ausdruck kamen, die Träger sich ergänzender Informationen waren.

In diesem Fall berichtet das Schöppenbuch über den Verkauf des Auenplanes für eine bestimmte Summe, die in verschiedenen Raten bezahlt werden sollte. Wenn wir aber den gleichen Vertrag im Grundbuch suchen, bekommen wir ausführlichere Informationen. Der verkaufte Boden, auf dem das neu erbaute Haus stehen wird, ist von schlechter Qualität, und das

22 Vgl. *Vacek*, Selský stav v Čechách (wie Anm. 5), vor allem 5–15, 81–93, 153–168 und XV, 1928, hier vor allem 250; ähnlich *Pekař*, Kniha o Kosti II (wie Anm. 7); 114; Tlapák, K některým otázkám (wie Anm. 8), 190 ff; ähnlich *Otakar Josek*, Kalouskův přehledný výklad o dějinách selského stavu v Čechách a jeho edice pramenů k těmto dějinám, in: Agrarní archiv 3, 1916, 216–234.

23 Dies geht auch aus den Vorrechturkunden des 15. Jahrhunderts hervor, mit denen die Obrigkeit diejenigen Untertanen beschenkte, die bereit waren, das nichteingekaufte Besitzrecht zum Anerbenrecht zu ändern. Vgl. *Vacek*, Selský stav v Čechách (wie Anm. 5), 1921, 7ff.

24 Vgl. *Wunder*, Die bäuerliche Gemeinde (wie Anm. 1), 13.

Geld für den Grund soll die Gemeinde bekommen. Im Schöppenbuch erhalten wir keine Auskunft darüber, wer das Geld für den Auenboden bekommen wird, weil es für die behandelte Zeitperiode offensichtlich selbstverständlich war, daß die Gemeinde über Auenboden verfügte, und deswegen auch diesen erwähnten Geldbetrag bekommen sollte.[25] Andererseits ist im Grundbuch eine genauere Einschätzung der Bodenqualität enthalten.[26] Dies könnte auf das agrarökonomische Interesse des Gutsherrn deuten, der unter dem Einfluß dieser Information eine Bewilligung zum Verkauf des Bodens gab, womit er sich wenigstens eine zu Hofdiensten und Hofzinsen verpflichtete Einheit schuf.[27]

Aus der Perspektive der Dorfverwaltung muß auch die Frage gestellt werden, ob die Obrigkeit nicht als Autoritäts- und Machtinstrument der Dorfverwaltung genutzt werden konnte. Eine bejahende Antwort legt u.a. der oben erwähnte Fall nahe, in dem ein Auenplan verkauft wurde, denn auch dies geschah mit Konsens des Hauptmannes als eines Vertreters der obrigkeitlichen Macht. Dieser Fall bestätigt, daß der Gemeinde in der hier behandelten Zeitperiode, die in der tschechischen Geschichtsschreibung mit den Begriffen „zweite Leibeigenschaft", „Leibeigenschaft" oder mit der Verschärfung der Erbuntertänigkeit identifiziert wurde, das Recht, über die Gemeindeaue zu verfügen, nicht entzogen wurde. Die These einer „Beschützungsfunktion", bzw. einer Instrumentalisierung der obrigkeitlichen Macht durch die Dorfverwaltung, scheint mir durch mehrere Fälle, die in anderen Gemeinden der Frýdländer Herrschaft vorkommen, bestätigt zu sein.

Als ein Beispiel möchte ich einen Streitfall aus Předlánce (Priedlantz) aus dem Jahre 1658 anführen.[28] Es handelte sich dabei um einen Gärtner Christoph Lorentz, dessen Garten sich in Poustka befand, der aber gerichtlich schon seit 40 Jahren zu Předlánce gehörte. In der Praxis war es üblich, daß die Steuern und Kontributionen in dem Dorf entrichtet werden sollten, dem der Untertan gerichtlich unterstellt war. Aus diesem Grund wollte die Inhaberin des Lehensdorfes, daß der Christoph Lorentz dem Gericht in Poustka unterstellt wird, damit er dort steuer- und abgabenpflichtig würde. Dieses Vorhaben stieß auf den Protest der Gemeinde Předlánce, die eine Petition an die Obrigkeit richtete. Sie bat die Obrigkeit im Falle des Christoph Lorentz um eine „Intervenz", denn es gehe um das Einhalten der alten Gewohnheiten. Sie nützte bei

25 Ähnlich z. B. *Georg Friedrich Knapp,* Grundherrschaft und Rittergut. Leipzig 1897, 225, 273; vgl. *Hanzal,* Vesnická samospráva (wie Anm. 6), 137. Die Konflikte, welche mit der Nutzung der Gemeindeaue verbunden waren, unterlagen der rechtlichen Kompetenz des Dorfgerichtes.

26 „Erbe awen lan kauff George Scholtzes zum Göhe den 9. Juni 1675. Es verkaufen die ordentlichen gerichte in namen der ganzen gemein mit consens herr hauptmanns Merten Pitzr, /dieses/ seligen wüsten plan, so vor Jacobes Riters gute liegt ein plan, wie hausel stehen kan sambt der herrschaft zinse und hoffe dienste wie ein anderer awen hauseler. In Göhe ihm gegeben in suma pro 1 schock groschen 30 gl 7 s."; SOkA Liberec, Schöppenbuch Göhe, nicht inventarisiert; Fol. 99–100. „Georg Scholtzes erbauen plan kauff den 9. Juni Anno 1675. Verkaufen die erbarengerichten in namen der gantzen gemeinde mit consens des herrn haubtmanns Martin Pitzsches seelig awen plan so vor Jacob Ritters erbgut lieget die schlächte stelle, wo ein heusel stehen kan, sampt der herrschaft zinse und hofe dienste wie ein ander awen häuslein [...] in der suma pro anderthalb schock groschen der gemein zu bezahlen." SOA Litoměřice, pobočka Děčín, VS Frýdlant, k. č. 20, Grundbuch, Fol. 38.

27 Vgl. *Willi Boelcke,* Bauer und Gutsherr in der Oberlausitz. Ein Beitrag zur Wirtschaft, Sozial- und Rechtsgeschichte der ostelbischen Gutsherrschaft. Bautzen 1957, 12.

28 Es sind die gesamten Akten für den Zeitabschnitt 1609–1659 erhalten, auf Grund derer sich der Besitzwechsel und die Entwicklung des Streitfalles beobachten läßt. SOA Litoměřice, pobočka Děčín, HS Clam-Gallasů, Gerichtsprotokolle des Dorfes Priedlanz, k. c. 205, nicht paginiert.

ihrer Petition alle Argumentationsmittel aus, um das Gewicht ihres Ersuchens zu erhöhen, vor allem die Aussagen der ältesten Dorfbewohner, die die lange gerichtliche Zugehörigkeit des Christoph Lorentz zur Gemeinde Předlánce bestätigt hatten. Am Ende des Briefes versprachen die „arme Untertanen der Gemeinde Předlánce" der Obrigkeit gehorsames Dienen und erwarteten eine Resolution.[29]

Die Obrigkeit nahm zu dem entstandenen Problem am 31.7.1659 Stellung. Sie schrieb an die Lehensadligen, daß „die gantze gemeinde bei ihr im falle des Christoph Lorentz unterthänigst supliciert hat, damit die seit mehr als 40 Jahre bestehende rechtsverhältnisse, bzw. alte gewohnheiten, nicht geändert werden sollen." Die Obrigkeit vertrat in diesem Fall das Gemeindeinteresse, denn dadurch, „das in ihrer gemein noch etliche vorhanden, die auf erforderter fahl mit gutem gewissen bezeugen könten, das die innhabere des ernanten garten über die 40 jahr hero, continuierlichen, mit der Gemein Priedlantz, da noch gelebt und geleget haben bis auf diese ietzo erst vor genomene ungefugte neuerung", soll die Lehensadelige „frau Lamottin diese bitlich mäßige errinerung abgehen laßen, daß sie viel jährig ruhige herbringen, nicht perturbieren durch unnötige erweckung einiger erneuerung unterlaßen also auch fürderhin dem gertner, mit der gemein Priedlantz durchgehents haben und legen lassen solle [...] und in nachbliebung dessen, zu einer unbeliebenheit nicht anlaß geben wole"[30] Die Tatsache, daß die Obrigkeit sich in diesem Sonderfall für das Einhalten der alten Gewohnheit eingesetzt hat, deutet auf ein gewisses Maß an Instrumentalisierung der obrigkeitlichen Macht hin.

Im Falle der Gemeinde ist das Motiv ihres Vorgehens klar. Der Gärtner Michael Lorentz gehörte gerichtlich zu Předlánce, wo er seine Steuern und Abgaben leistete. Es war für das Prestige der Gemeinde wichtig, Michael Lorentz bzw. ihre alten Rechte zu verteidigen, denn sie konnte dies, in einer dynamischen Entwicklungsphase der Nachkriegszeit als einen Präzedenzfall für eine Beschränkung ihrer dörflich-gerichtlichen Wirkungsmacht betrachten. Dieser Aspekt schien noch dadurch verstärkt worden zu sein, daß die Lehensadelige zu denjenigen katholischen Adeligen gehörte, die während der Rekatholisierung die Güter von protestantischen Adeligen übernommen hatten, und deswegen a priori als potentielle Gefahr der alten Sitten und Gewohnheiten angesehen werden konnte. Selbst die Obrigkeit sprach von einer „feindseeligen neuerungserweckung" und in diesem Sinne trat sie als „Beschützer" der alten Gewohnheiten auf: „als was und unsere untertanen, bei den alten herkomen fernes ruhig verbleiben zu lasen, wie ein solches dann die gesuchte separation der steuern, selbste selbsten zum könglichen obersteuerambt abzuführen, und nicht ein weiteres, dem unerdanklichen herkommen zu wieder zu unsere Herrschafft bei zu tragen."[31]

Aus den Dekretbüchern nach 1650 geht hervor, daß die Obrigkeit in der 2. Hälfte des 17. Jahrhunderts für die Untertanen der Herrschaft Frýdland einerseits eine Instanz war, in die sie

29 Schreiben vom 18. 7. 1658.

30 SOA Litoměřice, pobočka Děčín, HS Clam-Gallasů, Gerichtsprotokolle, k. č. 205, nicht paginiert.

31 Der vierte Artikel des Dorfes Rüge im Saatzer Kreis beweist, wie wichtig es für die Dorfbewohner war, alle alten Rechte zu schützen. Er ist in der Reihenfolge der erste, der einen direkten Bezug auf das Dorf hat: „wir danken unserm richter und geschwornen und unsern elsten, die uns unterweißen die alten gewohnheit und gerechtigkeit und helfen und darbei erhalten; wollen wir auch treulich bitten umb ir lank leben, wan wir wissen nichts anders, dan das sie uns treulich füreten". Vgl. *L. Schlesinger*, Deutschböhmische Dorfweisthümer, in: Mitteilungen des Vereins für Geschichte der Deutschen in Böhmen 15, 1877, 178.

in dörflichen Konflikten offensichtlich hohe Gerechtigkeitserwartungen setzte, ein Umstand, den die Herrschaft bis zu einem gewissen Maß zu sozialer Disziplinierung nutzen konnte.[32] Andererseits wurden dem Herren sicher auch patriarchalische Merkmale zugeordnet. Dieser Aspekt erschien im Hintergrund untertäniger Petitionen, in denen es um familiäre Angelegenheiten, wie etwa die Heirat eines Kindes, ging. Bei einem solchen Anlaß wurde die Obrigkeit z.B. gebeten, ein Faß Bier „ohne entgeldt" zu geben. In einem Fall wurde auch, allerdings zielbewußt, erwähnt, daß der Sohn in den herrschaftlichen Diensten treu gekämpft hat. Die Untertanen baten die Obrigkeit um Bewilligung, wenn ihr Sohn ein Handwerk lernen wollte. Sehr oft haben sie z.B. um Baumaterial, ohne „entgeldt" oder „aus gnaden zu beschenken", ersucht, mit der Begründung, daß sie einen wüsten Auenplan oder ein längere Zeit nicht bewirtschaftetes Gut gekauft hätten.[33] Es kommen auch Fälle vor, wo alte Bauernwirte, die in einem Fall 50 Jahre (Resolution aus dem Jahre 1691; er ist 80 Jahre alt)[34], in einem anderen Falle 60 Jahre (Resolution aus dem Jahre 1691; sein Alter ist nicht bekannt)[35] ihre Güter bewirtschaftet haben, auf Grund ihres Alter die Obrigkeit um Holz ersuchen, um das eigene Dach reparieren zu können. Die Fälle, in denen das Alter der Wirte angegeben wurde, sind auch ein Beleg dafür, daß sich die Obrigkeit nicht konsequent in die Dauer der Gutshaltung eingemischt hatte und damit nicht konsequent die aktive Arbeitsphase des Wirtes bestimmte. Denn wenn die Obrigkeit tatsächlich Maßnahmen bezüglich der Bewirtschaftungsdauer eines Bauerngutes ergriffen hätte, würden die Untertanen in ihren Petitionen das Alter nicht als einen Aspekt der nicht genügenden Arbeitsfähigkeit anführen. Allerdings kommt in diesen Petitionen auch zum Ausdruck, daß die bäuerlichen Wirte imstande waren, ihr Gut im hohen Alter zu bewirtschaften.[36] Im Falle der Existenz obrigkeitlicher, die Arbeitsphase eines Wirtes beschränkender Maßnahmen, hätte dies auch einen ständigen Eingriff in die Hofhaltung und ferner in die gerichtlichen Regelungsgewohnheiten innerhalb des Dorfes bedeutet.[37]

32 Vgl. *Mathias Weber,* Disziplinierung und Widerstand. Obrigkeit und Bauern in Schlesien 1500–1700, in: Gutsherrschaft als soziales Modell. (HZ Beiheft, 18.) Hrsg. v. Jan Peters. München 1995, 419–439. *Thomas Winkelbauer,* Sozialdisziplinierung und Konfessionalisierung durch Grundherren in den österreichischen und böhmischen Ländern im 16. und 17. Jahrhundert, in: ZHF 19, 1992, 317–339.

33 Zum Beispiel Hans Buchelt, Hausgenoss in Dětřichovec (Ditterspächel), 1691, „ein armer untertan in solchen zu schwach mich befinde um einiges holtz zu kaufen", SOA Litoměřice, pobočka Děčín, HS Clam-Gallasů, Dekretbücher, k. č. 81. nicht paginiert; Christoph Jackel, Pawer aus Mildenau, 1674, „dessen sohn einen wüsten garten zu Bullendorf angenohmen und ein wohnhaus darauf bauen will, bittet um 50 stäme balken, rahmen, säulen holtz, ihmer hier zu verehren. Dem suplicanten werden hiermit zur erbaueung eines wohnhauses 30 stäme balken, rahmen und säulen holtz zu einer beihilf gnedig geschenket, wes wegen er sich beim burggraff an zu melden." SOA Litoměřice, pobočka Děčín, HS Clam-Gallasů, pag. 7.

34 SOA Děčín, pobočka Litoměřice, HS Clam-Gallasů, Dekretbücher, k. č. 81, nicht paginiert.

35 SOA Litoměřice, pobočka Děčín, HS Clam-Gallasů, Dekretbücher, k. č. 81, nicht paginiert.

36 Ebd.

37 Den Gegensatz beweist für das 18. Jahrhundert *Cyril Horáček,* Das Ausgedinge. Eine agrarpolitische Studie mit besonderer Berücksichtigung der böhmischen Länder. Wien 1904, 12; vgl. *David Gaunt,* Formen der Altersversorgung in Bauernfamilien Nord- und Mitteleuropas, in: Historische Familienforschung. Hrsg. v. Michael Mitterauer/Reinhard Sieder. Frankfurt/Main 1982, vor allem 161, 169.

4. Schluß

Die gemeinsame Auswertung obrigkeitlich produzierter Quellen und von Gemeindequellen erweist sich zur Untersuchung der Frage nach der dörflichen Autonomie bzw. nach dem Verhältnis zwischen Obrigkeit und Dorf als besonders geeignet.

Beweise für eine tatsächliche, wenn auch begrenzte, Existenz von Dorfautonomie sehe ich zuerst in der Existenz des Schöppenbuches. In diesem Zusammenhang sind zwei Aspekte zu erwähnen. Die Gemeinde gewann mit dem Recht, ein Schöppenbuch zu führen, ein gewisses Maß an Verhandlungsautonomie. Sie wurde sich ihrer Rechte und Pflichten bewußt. Die Entstehung des Gemeindebewußtseins machte aus ihr eine bedeutende lokale Macht, die ihre Rechte und Sitten innerhalb und außerhalb des Dorfes vertrat. Innerhalb des Dorfes handelte es sich um das Recht, über die Streitigkeiten zwischen den Nachbarn entscheiden zu dürfen, und um die Durchsetzung von Maßnahmen, die das Dorfgericht in Kraft setzte (dies betrifft z.B. die Nutzung der Auenweide, das Verhalten gegenüber nicht ansässigen Schichten, wie es die Hausgenossen waren usw.).[38] Außerhalb des Dorfes ging es auch um den Schutz der alten Rechte und Gewohnheiten gegenüber anderen Institutionen, wie z.B. im Fall des Michael Lorentz gegenüber der Lehensadeligen. In solchen Fällen wurde offensichtlich die obrigkeitliche Macht und ihre Autorität durch die Dorfverwaltung als Instrument verwendet. Bei der obrigkeitlichen Machtinstrumentalisierung spielten die alten Dorfrechte und Dorfsitten eine wichtige Rolle, die die Obrigkeit respektierte. Sie haben die Gültigkeit eines Gesetzes mit Hilfe der Gegenwartssprache ausgedrückt, solange sie die Obrigkeit anerkannte. In diesem hier präsentierten Fall erfüllte die Obrigkeit die Rolle eines Machtinstrumentes, die die Gemeinde gegenüber einer anderen Machtgewalt in Anspruch genommen hat. Es lag aber auch im obrigkeitlichen Eigeninteresse, Unruhen auf der Herrschaft Frýdlant zu vermeiden.

Einen anderen Beleg für die Autonomie der Gemeinde sehe ich in der Praxis, wie Rechtsfälle vor dem Dorfgericht verhandelt wurden und wo die Ergebnisse der Rechtshandlungen zuerst eingetragen wurden. Die übliche Praxis war, daß man zuerst eine Verhandlung vor dem Dorfgericht geführt hat, dann wurde ein Kaufvertrag in das Schöppenbuch eingetragen und erst dann wurde um eine Bestätigung des Vertrages beim Hauptmann ersucht. Die Mehrheit der Kaufverträge aus der genannten Periode 1656–1664 ist weder im Jahr der Rechtshandlung noch nachträglich im Grundbuch registriert worden (dies trifft vor allem auf die Gemeinde Vysoký zu). Im Falle des Lehensdorfes Háj kommt ein im Jahre 1664 abgeschlossener Vertrag vor, der erst im Jahre 1667 nachträglich ins herrschaftliche Grundbuch eingetragen wurde.[39]

Auch in anderen Bereichen ist eine, obwohl begrenzte, Handlungsautonomie der Gemeinde erkennbar. Darauf verweist z.B. der oben zitierte Verkauf eines Erbauenplanes, wobei die „Zustimmung“ der Gemeinde eine wichtige Voraussetzung gewesen zu sein scheint. In gleicher Richtung läßt sich auch die Aktivität der Gemeinde Předlánce im Streitfall des Gärtners

38 Vgl. *Schlesinger,* Deutschböhmische Dorfweistümer (wie Anm. 31), Artikel Nr. 53, 196; ähnlich *Feigl,* Zur Rechtslage (wie Anm. 13), 263. Einen Vergleich über das Interesse der Obrigkeit bietet die im Jahre 1628 in Kraft tretende „... Frýdlantská instrukce“. Siehe Instrukce frýdlantská sestavená 1628. Řády selské, instrukce hospodářské, in: ArC 22. Hrsg. v. Josef Kalousek, Praha 1906, Artikel 38, 95.

39 Dabei handelte es sich um einen Gutskauf, bei dem als Verkäufer der Bauer Martin Rößel und als Käufer der Gärtner Christoph Rößel erscheinen.

Michael Lorenz mit der Lehensadeligen deuten. Und dieselbe Tendenz signalisieren auch die in den Grundbüchern nicht verzeichneten Kaufverträge.

Von den Institutionen der als patriarchalisch angesehenen Obrigkeit wurde im untersuchten Zeitraum (1650 – 1700) auch ein Schutz der alten Rechte und Sitten der ländlichen Schichten erwartet. Der Feudalherr war jene Institution, an den sich die Untertanen auch um ökonomische Unterstützung wandten. Wenn sie z.B. ein Haus bauen wollten, baten sie um Baumaterial (Holz für Schindeln, Kalk, Ziegel u.ä.). Wenn ein Sohn aus den unterbäuerlichen oder bäuerlichen Schichten heiraten wollte, wurde die Obrigkeit um Lieferung des Bieres (ein halbes bis ein Faß) ohne Bezahlung gebeten.

Ein besonderes obrigkeitliches Interesse gab es an Kaufverträgen, durch welche die öden und wüsten Güter neu besetzt wurden. Ihr schlechter Zustand war keine gute Voraussetzung für den neuen Wirt, von dem neben den Steuern und dem Pfarrzehent auch Hofzinsen und Hofdienste verlangt wurden. Die Obrigkeit war daran interessiert, die verlassenen Güter neu zu besetzen, um die wirtschaftlichen Verhältnisse der Vorkriegszeit wiederherstellen zu können, indem alle Steuereinheiten wieder besetzt wurden. Die wirtschaftliche Destabilisierung der Nachkriegszeit spielte sicher eine wichtige Rolle und führte bei den besonders zerstörten Gründen zum kurzfristigen Verzicht auf die Hofdienste und Zinsleistungen.

Zusammenfassend läßt sich konstatieren, daß sich die dörfliche Autonomie stärker in jener Periode entfaltete, in der der Zugriff der obrigkeitlichen und staatlichen Verwaltung begrenzt war. Diese begrenzte Dorfhandlungsautonomie wurde im Laufe der historischen Rechtsentwicklung durch obrigkeitliche Instruktionen beschränkt und instrumentalisiert.[40] Václav Černý, der sich mit den wirtschaftlichen Instruktionen näher beschäftigt hatte, machte auf einen formalen Unterschied, wie in den alten und neueren Instruktionen des 17. und 18. Jahrhundert die Beziehung zwischen dem Feudalherr und dem Beamten ausgedrückt wurde, aufmerksam.[41] Die Verstärkung der feudal-patriarchalischen Tendenz war auch eine unmittelbare Wirkung der Nachkriegszeit, in der obrigkeitlich-ökonomische Interessen durchgesetzt werden sollten. Das Bemühen um die Restauration der wirtschaftlichen Verhältnisse der Vorkriegszeit und die damit verbundenen obrigkeitlichen Regulierungs- und Disziplinierungsversuche beschleunigten den Prozeß der weiteren Verschärfung der Untertänigkeit.

40 Vgl. Frýdlantská instrukce (wie Anm. 38), 23–97; Václav Černý erwähnt wirtschaftliche Instruktionen für die Friedländer Herrschaft aus den Jahren 1674, 1697 und 1700 (im Jahre 1628 ist von Wallenstein eine wirtschaftliche Instruktion für gesamtes Herzogtum Frýdlant erschienen). Die Häufigkeit der Instruktionen deutet auf eine Aktivität der obrigkeitlichen Kanzlei in der 2. Hälfte des 17. Jahrhunderts hin. Dies entspricht der Vermutung, daß besonders ab den 1670er und 80er Jahren die Dorfverwaltung stärker instrumentalisiert wurde; siehe *Václav Černý*, Hospodářské instrukce. Přehled zemědelských dějin v době patrimonijního velkostatku v XV.–XIX. století. Praha 1930, 284–289.

41 Im 16. Jahrhundert ist in der Pernštejner Instruktion der Beamte mit den Worten „Lieber Beamter von der Pardubicer Herrschaft" tituliert. Černý betrachtet das als ein näheres Verhältnis zwischen der Obrigkeit und den Beamten. Die Ursache dessen sieht er in einer direkten Teilnahme der Obrigkeit an der Gestaltung der Instruktionen des 15. und 16. Jahrhunderts. Diese Tendenz verschwindet während des 17. und 18. Jahrhunderts. Als Autoren der wirtschaftlichen Instruktionen galten nun die obrigkeitlichen Beamten und die Instruktionen wurden mit den formalen Worten „Die Instruktion an den Hauptman unserer Herrschaft" eingeleitet. Vgl. *Černý*, ebenda, 15ff.

Aleš Stejskal

Bauer – Beamter – Herr. Grundsätze des Kommunikationssystems auf dem Rosenbergischen Dominium in den Jahren 1550–1611

1. Problemformulierung

Den Kern des Grunddominiums der Herren von Rosenberg bildete ein Teil des heutigen Südböhmen, das um 1600 mit seiner Bevölkerungsdichte zum europäischen Durchschnitt[1] zählte. In den Jahren 1551–1602 bestand die ganze Domäne aus 15–18 selbständigen, verschieden großen und bezüglich der Wirtschaftsstruktur heterogenen Herrschaften mit eigenen Verwaltungen, und es lebten hier etwa 90.000 Ansässige. Seit dem Jahre 1602 hat sich das Dominium durch Verkäufe der Residenz- und einiger Randherrschaften wesentlich verkleinert, und die Bevölkerungszahl ist auf etwa 40.000 zurückgegangen. In den Jahren 1551–1611 standen an der Spitze eines der ausgedehntesten Grundkomplexe in Böhmen lediglich zwei Vertreter des Geschlechtes mit ziemlich unterschiedlicher Religions- und Kulturorientierung – der Katholik Wilhelm von Rosenberg (1535–1592, an der Spitze seit 1551) und das Mitglied der Böhmischen Brüdergemeinde Peter Vok von Rosenberg (1539–1611, an der Spitze seit 1592).[2]

Bis zum Jahresende 1602 diente die Residenz in Český Krumlov als Zentrum des Dominiums, danach wurde der Hauptsitz unfreiwillig nach Třeboň versetzt. Obwohl diese ungeplante „Hofumgestaltung" aus der Sicht der Entwicklung und Funktion der neu entstandenen Residenz selbst ein interessantes Forschungsproblem darstellt, ist die Änderung der sozialen Praxis im Leben auf dem Großgrundbesitz, üblicherweise als die „Bewirtschaftung des Adels in eigener Regie" bezeichnet, zu der es in der 2. Hälfte des 16. Jahrhunderts[3] kam, ein viel wichtigeres Thema. Während des verfolgten halben Jahrhunderts vergrößerte sich der

1 Dazu *Maarten Prak*, Regions in Early Modern Europe, in: Debates and Controversies in Economic History. Milan 1994, 29.

2 *Jaroslav Pánek*, Poslední Rožmberkové. Velmoži české renesance. Praha 1989, 51ff. Siehe *Alois Míka*, Osud slavného domu. Rozkvět a pád slavného dominia. České Budějovice 1970, 103ff. *Jaroslav Čechura*, Die Gutswirtschaft des Adels in Böhmen in der Epoche vor der Schlacht am Weißen Berg, in: Bohemia 36, 1995, 1–18; *ders.*, Šlechtický podnikatelský velkostatek v předbělohorských Čechách. (Habilitationsschrift) Praha 1992; *ders.*, Třeboň za posledních Rožmberků, in: JSH 63, 1994, 162–174.

3 Dazu *Václav Ledvinka*, Rozmach feudálního velkostatku, jeho strukturální proměny a role v ekonomice českých zemí v předbělohorském období, in: FHB 11, 1987, 103–132 (Bibliographie), *Čechura*, Die Gutswirtschaft (wie Anm. 2); *ders.*, Šlechtický podnikatelský velkostatek (wie Anm. 2).

Ertrag des Dominiums (mindestens offiziell) bei unveränderter demographischer Lage um mehr als 700 %. Mehr als 70 % der ausgewiesenen Gewinne stammten aus der Bierbrauerei und der Teichwirtschaft.[4] In 650 Wirtshäusern endete regelmäßig in den frühen Morgenstunden der Arbeitszyklus eines überwiegenden Teiles der Bevölkerung. Von keinem Ort war es in das nächste Wirtshaus weiter als 6–7 km, und auf den meisten angeführten Herrschaften gab es 10–15 Ansässige[5] pro Wirtshaus. Die Schlüsselpositionen im Bereich der Bierbrauerei und der Teichwirtschaft bildeten lediglich 15 % aller von der Obrigkeit bezahlten Dienstplätze des Dominiums.[6]

Im ganzen Prozeß der Änderung der sozialen Praxis spielte die soziale Untergruppe der Beamtenschaft eine wichtige Rolle, denn sie war in Wirklichkeit das Kommunikationsmedium zwischen der Obrigkeit und den Bauern, der Schöpfer der Grundzüge des Herrenbildes bei den Untertanen und umgekehrt in der dynamischen Zeit der sozialen Änderungen.[7] Unter Berücksichtigung der Dynamik in der Gruppe der Rosenbergischen Beschäftigten kann als Beamter ein solcher bezahlter Beschäftigter bezeichnet werden, der einen beliebigen Finanzbereich im Dominium führte und mindestens für eine Wirtschaftsperiode in der Position eines Gewährsmannes des ihm anvertrauten Unternehmens war. Unter den 700 bezahlten Dienstplätzen (Randgrundbesitzungen und Residenz zusammen), die seit den 1570er Jahren bis zum Jahr 1602 in unveränderter Form existierten, kann man lediglich etwa 12–15 % (80–90 Plätze) als Beamtenposten ansehen. Einen etwa gleichen Prozentsatz gab es auch in der Zeit 1602–1611, wo Peter Vok insgesamt etwa 450 Beschäftigte[8] bezahlte. In den Jahren 1551–1611 haben sich auf den oben definierten Beamtenposten über 300 verschiedene Personen abgelöst und an der Kommunikation beteiligt, die der Gegenstand meiner prosopographischen Studie sind. Etwa 10 % von ihnen bieten die Möglichkeit einer detaillierten Erforschung ihrer Lebenskarrieren.[9] Grundsätzlich gab es kein verbindliches Vorbild und kein einzig richtiges Rezept für eine erfolgreiche Beamtenlaufbahn. Aufgrund der bisherigen Forschung können wir feststellen, daß die Anatomie der untersuchten Karrieren eine stark heterogene Probe darstellt. Jede Lebenslaufbahn des Einzelnen war durch Bedingungen geprägt, die der sich ändernden sozialen Rolle der Beamten entstammten.

Aus der normativen Sicht war die soziale Rolle der Beamten als einer neuen einflußreichen Gruppe verhältnismäßig vage definiert. Der Kern der Wirtschaftsinstruktionen als traditionsmäßiges Mittel der „Installierung" eines Beamten wurde regelmäßig abgeschrieben und bis auf Ausnahmen hat er die dynamischer gewordene Praxis[10] nicht verändert. Hinzu kommt, daß fast 30 % aller uns bekannten rosenbergischen Instruktionen dieser Zeit (etwa 30 Doku-

4 *Čechura,* Třeboň (wie Anm. 2), 168ff.; *Aleš Stejskal,* Nedoplatek a zpětná dotace – sociálně ekonomické kategorie rožmberských velkostatků (1550–1611), in: Časopis Národního muzea 164, 1995, 6–39.

5 Dazu *Aleš Stejskal,* Instituce hospod v sociální teorii a praxi rožmberského dominia (1550–1611), im Druck.

6 Vgl. Státní oblastní archiv Třeboň (= SOA Třeboň), Vs Třeboň I B 7 B 7, ebd. CS-212, ebd. CRR 10/1–2. Státní oblastní archiv Č.Krumlov (SOA Č.Krumlov), VÚ II A 8 B 15.

7 Vgl. *Aleš Stejskal/Milan Bastl,* Rožmberská správa v 16. a na poč.17. století. Norma a její fungování, in: XXIII. mikulovské sympozium 1993, Brno 1995, 145–155.

8 Dazu Anm. 6.

9 Vgl. *Stejskal,* Nedoplatek (wie Anm. 4).

10 Vgl. *Stejskal,* Nedoplatek (wie Anm. 4). SOA Třeboň, Vs Třeboň I B 7 B 13, ebd. CRR 9c, fol. 259. SOA Č.Krumlov, Vs Č.Krumlov I 7 W dzeta 1a.

mente) aus dem Zeitraum der 1550er Jahre, also aus der Eintrittszeit Wilhelms von Rosenberg, stammen. In die Zeit von 1560–1590 (die Zeit der Hauptänderungen) fallen bloß 15% sämtlicher Beamtennormative.[11]

Die prozentuale Aufteilung der Instruktionen impliziert die Vorstellung über eine gewisse „Freiheit" in der Tätigkeit eines Beamten (aus den strafrechtlichen Quellen können wir für dieselbe Zeit auch eine nichtkodifizierte Eximierung aus der Rechtsordnung nachweisen), die durch die zur Bezeichnung der Hauptaufgabe jedes Beamten verwendete Wendung bestätigt wird: „den Grundbesitz Seiner Gnade des Herrn finanziell aufzuwerten".[12] Mit anderen Worten, der Beamte wurde für einen Gewährsmann des Vertriebs und der kontinuierlichen Produktion, für einen Menschen gehalten, der den Käufer findet. Im Bereich der Mittel, mit denen er versuchte, seine Aufgabe zu erfüllen, hatte er ziemlich große Freiheit. Daß es sich keinesfalls um eine theoretische Konstruktion handelte, weist die Aussage des Regenten Jakub Krčín von Jelčany nach, in der er die Änderung der Konsumtionsgewohnheiten eines Teiles der Untertanen am Ende der 1560er Jahre mit folgenden Worten zutreffend beschrieb: „und die Leute sind bereits gewohnt, man muß sie nicht mehr so viel auffordern".[13] Anderseits hatten andere Beamte eine andere Erfahrung gemacht. Zum Beispiel hatte sich der Hauptmann Ondřej Smetánka über die Bauern beschwert, daß sie „auch ihren Kopf haben" und „daß das Bauerngeschlecht nichts tut, wozu es nicht mit Gewalt gezwungen wird".[14] „Wenn sie nehmen dürfen, sollen sie auch zahlen dürfen"[15] empfahl er der Obrigkeit, als er der „altherkömmlichen Gewohnheit" der Bauern begegnete, so viel zu konsumieren, wie zur Verfügung stand, und zwar ohne Rücksicht auf deren finanziellen Möglichkeiten. Das angeführte Beispiel von zwei damaligen verschiedenen Erfahrungen mit den Ergebnissen des wirtschaftlichen und sozialen Wandels führt zur Fragestellung, in welchem Maße die Tradition mit der sozialen Veränderung in Konflikt geraten ist, welche konkreten Ergebnisse die Änderung gebracht hat und wie sie sich in der Kommunikation auf der Ebene Obrigkeit-Beamter, Beamter-Beamter und Beamter-Bauer gezeigt hat. Eine sekundäre Frage ist der Einfluß des Zusammenspiels von Tradition und Wandel auf die Stabilisierung der sog. culture of corruption, die Dank der Klientelbeziehungen an den königlichen Höfen[16] sehr gut bekannt war, auf adligen Randgrundbesitzungen jedoch weniger untersucht ist.

2. Die Kraft der Tradition

Das Grundbewertungskriterium der Beamtenarbeit und die Kommunikationsachse auf der Ebene Obrigkeit-Beamter war der Fluß der Finanzen, genauer gesagt, das buchhalterische Ausweisen des „Gewinns und Nutzens".[17] Nach der Analyse einer Reihe von Buchungs-

11 *Eva Cironisová*, Vývoj správy rožmberských panství ve 13.–17.století, in: Sborník archivních prací 31, 1981, 105–178.

12 Vgl. *Stejskal*, Nedoplatek (wie Anm. 4). SOA Č.Krumlov, Vs Č.Krumlov I 7 V 12f, ebd. I 7 V 14, ebd. VÚ II D 7 W beta 2.

13 SOA Č.Krumlov, Vs Č.Krumlov I 7 F alfa 6.

14 SOA Č.Krumlov, VÚ II A 7 F alfa 2, ebd. Vs Č.Krumlov I 7 R alfa 78.

15 SOA Třeboň, Vs Třeboň I B 6 W gama 5.

16 Dazu *Linda Levy Peck*, Court Patronage and Corruption in Early Stuart England. Boston u.a. 1990.

17 Vgl. SOA Č.Krumlov, Vs Č.Krumlov I 7 I 22a, ebd. I 7 V 6a.

unterlagen und der amtlichen Korrespondenz können wir feststellen, daß fast den ganzen verfolgten Zeitraum hindurch (bis zur ersten Generalrevision der Wirtschaft im Jahre 1589)[18] drei wichtige Phänomene ganz traditionsmäßig (im Geist der „althergebrachten Gewohnheit") geblieben sind. Sie prägten ein spezifisches Milieu für das Leben im Dominium, das sich von der Vorstellung aufgrund der zeitgenössischen Normativen[19] unterscheidet.

1. Die Art und Weise der Buchungserfassung und der Kontrolle. Zum ersten Mal für die ganzen 37 Bewirtschaftungsjahre seit dem Eintritt Wilhelms von Rosenberg fand während des Jahres 1589 eine allgemeine Wirtschaftsrevision statt, die auf die Erfassung der sog. Beamtenrückstände ausgerichtet wurde. Die Revision kam bis zum Jahr 1564 am weitesten und überprüfte sämtliche Überweisungen, für die es mindestens einen Buchungsbeleg gab. Es ging hier nicht um eine Revision der Malversationen, sondern der Rückstände, deren Herkunft die Prüfer auf die damals entsprechende Art und Weise begründen konnten. Der Rückstand stellte das Geld dar, das zwar als „Gewinn" verbucht und numerisch ausgewiesen wurde, in der Wirklichkeit jedoch aus verschiedensten Gründen „an Ort und Stelle" blieb und nie in die zentrale Kasse kam. Es war die traditionelle Gewohnheit (dasselbe können wir an den Teilen eines Buchungsmaterials vom Ende des 14. Jahrhunderts sehen)[20], daß man zwischen dem Ist- und dem ausgewiesenen Einkommen in der Erfassung keine Differenzen machte, und die Buchungen betrafen dann in der Wirklichkeit nicht die Finanzdynamik, sondern lediglich die wirtschaftlichen Bewegungen im Rahmen der geschlossenen Gesellschaft auf dem adligen Grundbesitz.[21] Aus methodischen Gründen betrachte ich als einen Rückstand lediglich Forderungen gegenüber einem Beamten, die älter als ein Geschäftsjahr sind. In einem solchen Fall mußte nämlich ein anderer als ein Saison-Grund (übliche Differenz zwischen dem Verkauf, dem Kauf und der Bezahlung) als Entstehungsursache wirken. Erst im Jahre 1589 kam zum erstenmal öffentlich zum Ausdruck, daß der Rückstand keine seltene, sondern eine Systemerscheinung war. Die Revision wies in jedem der 25 überprüften Jahre verschiedene Höhen der nicht abgeführten Gelder nach. Auch bei den nur minimal beweiskräftigen Methoden (viele Beamte führten gar keine Bücher oder sie vernichteten diese nach dem sog. „Empfang") stellte man fest, daß die Rückstände in jedem Jahresertrag mindestens 10 % betrugen, und daß es in der Zeit 1564–1589 mehr als 100 rückständige Zahler gab! In die Rückstände wurden weder die erhobenen und nicht abgeführten Steuern (für die es keine separate Erfassung gab) noch die Zahlungspflichten der Untertanen gegenüber der Obrigkeit einbezogen. 63 % der Schuldner bildeten die Brauhausschreiber, bei denen die Rückstände auf eine einzige Weise entstanden sind – die Nichtbezahlung des abgenommenen und ausgeschenkten Bieres. 23 % der Schuldner waren die Rentamtsschreiber, denen das Geld für den an die Bauern, die sich auf den Weizenanbau für die Herren-Bierbrauerei spezialisiert hatten, verkauften Roggen und Hafer fehlte. Der Rückstand war keine „geographische Besonderheit" – er wurde auf 85 % der Herrschaften nachgewiesen, die die Rosenbergs in der obigen Zeit besaßen. Wir können feststellen, daß fast jeder Brauhaus- und jeder zweite Rentamtsschreiber, die während der Jahre 1564–1589 ihr Amt antraten, der zentralen Kasse verschieden hohe

18 *Stejskal,* Nedoplatek (wie Anm. 4).

19 Ebd.

20 Dazu *Josef Šusta,* Purkrabské účty panství novohradského z let 1390–1391. Praha 1909.

21 Vgl. *Václav Ledvinka,* Úvěr a zadlužení feudálního velkostatku v předbělohorských Čechách. Finanční hospodaření pánů z Hradce 1560–1596. Praha 1985. *Jaroslav Čechura,* Finanční hospodaření Českých Budějovic v letech 1396–1416, in: Numismatický sborník 19, 1993, 34–42.

Summen in Bargeld schuldig blieben, die zwar als „Gewinn" ausgewiesen wurden, in Wirklichkeit aber wurde dieses Geld von eigenen Bauern „verbraucht", zumindest von einer Hälfte in den rosenbergischen Wirtshäusern, wo man oft „angekreidet"[22] war. Es ist auch darauf hinzuweisen, daß ein Amt in den Jahren 1551–1611 durchschnittlich zwei bis zweieinhalb Jahre bekleidet wurde, und nicht wenige blieben kürzer im Amt als ein Geschäftshalbjahr.[23] Eine wichtige Frage ist, was mit den im Jahre 1589 entdeckten Schulden weiter passiert ist – wie die Auseinandersetzung zwischen der überführten Mehrheit der Beamten und dem Kontrollorgan verlaufen ist. Logisch und in Übereinstimmung mit den aktuellen normativen Quellen würden wir voraussetzen, daß das Geld nach dem gültigen Verwaltungsschema „zirkulieren" wird.[24] Nach elf Jahren seit dem Revisionsjahr können wir indes folgendes feststellen: In das Eigentum der Obrigkeit kamen in der Form der Beamtenvermögenseinziehung lediglich 6,5% der Schulden zurück. Auf 24,5% hat der Herr verzichtet, 0,7% hat er den Beamten verziehen, 2,2% aller Schulden konnten die Beamten „abschreiben" und die restlichen 44,1% an ein anderes, formell übergeordnetes Amt „überweisen", womit die Bezahlung verschoben wurde. Aber von diesen „überwiesenen" Geldern kam wieder lediglich die Hälfte dorthin, wohin sie ordnungsgemäß fließen sollte. Bei dem bereits erwähnten ziemlich häufigen Beamtenwechsel von Amt zu Amt kann man sich das „Labyrinth von verschiedenen Abhängigkeiten" kaum vorstellen, die man keinesfalls mit Hilfe der Verwaltungstermini und -normen (nach dem Prinzip des übergeordneten und untergeordneten Amtes) oder der Standeszugehörigkeit der Beamten (Bürger, Ritter) beschreiben kann. Die große Differenz der traditionsgemäß proklamierten Norm zur tatsächlichen Praxis der Beamten im lokalen Milieu bestätigen auch die Einsichtnahmen in die Beamtenkorrespondenz. Deren üblicher Bestandteil ist die ausgesprochen gleichgültige Einstellung der Beamten zu ihren Pflichten, deren häufige Abwesenheit im Amt (zu den meistverwendeten Ausreden gehörte das Besorgen von Käufern oder neuen Gläubigern), Unkenntnisse der Administrationsarbeit (noch am Anfang des 17. Jahrhunderts gab es einen Hauptmann, der öffentlich zugegeben hat, daß er gar nicht wisse, wie man die Buchungen vornehmen soll, und in derselben Zeit gab es einen Analphabeten als Burggraf) und vor allem das parallele Bestehen der mündlichen und der schriftlichen Praxis.[25] Den Konflikt zwischen traditionellen und veränderten Auffassungen können zwei qualitativ unterschiedliche semantische Wendungen belegen. Als ein Bauer gefragt wurde, warum er mit einem Beamten die Schulden, die sie miteinander hatten, nicht eingetragen hat, hat er geantwortet: „wir haben einander geglaubt".[26] Anderseits, als ein Beamter der Bestechlichkeit und Malversation beschuldigt wurde, hat er das schriftliche Dokument zum Hauptkriterium der Wahrheit erhoben: „aufgrund der Rechnung wird die Wahrheit gefunden, wer recht hat und wer Lügner ist".[27]

Ein zweites Problem, das die Revision von 1589 neben den Rückständen enthüllt hat, bestand in dem sog. System der Rückdotationen.[28] Es ging darum, daß das von den einzelnen Herrschaften in die zentrale Kasse abgeführte Geld durch ausgewählte Beamte nach dem

22 SOA Č.Krumlov, VÚ II B 7 B dzeta 1p, ebd. II B 7 B dzeta 30.
23 Vgl. Jakub Šlemar, Štěpán Miličínský etc.
24 Dazu *Cironisová*, Vývoj (wie Anm. 11).
25 Dazu *Stejskal*, Nedoplatek (wie Anm. 4).
26 SOA Č.Krumlov, Vs Č.Krumlov I 7 C 2.
27 SOA Č.Krumlov, VÚ II A 7 W beta 30.
28 Dazu *Stejskal*, Nedoplatek (wie Anm. 4).

momentanen „Personalschlüssel" teilweise weiter verteilt wurde und als Dotation wieder auf die einzelnen Herrschaften, namentlich zu einem konkreten Beamten floß. Das ganze seltsame System der Rückdotationen können wir detailliert in den Jahren 1591–1611 (mit der genauen Bestimmung des Ortes, der Person und der Dotationshöhe) und 1567–1581 (lediglich die Gesamthöhe der Rückdotationen) verfolgen. Ähnlich wie im Falle des Rückstandes können wir feststellen, daß die Rückdotation kein einmaliges Begleichen von Finanzlücken, sondern ein regelmäßiger Jahresbeitrag war. Bis zur Mitte der 1590er Jahre kam jedes Jahr über 40 % des Geldes vom Zentrum auf die Randherrschaften zurück, die die Beamten vorher in demselben Jahr als „Gewinn" dem Zentrum abgeführt haben! Erst nach dem Jahr 1594 kann man den Trend der Dotationsherabsetzung beobachten, als es gelungen war, diese unter 20 % der Abführungen zu reduzieren. Im Jahre 1609 hat Peter Vok die Rückdotationen vollständig verboten.[29] In der ganzen Zeit von 1571 bis 1609 war die Dotationsleistung eine mindestens genauso drückende Belastung wie die Zahlung der Zinsen aus der Riesenverschuldung der Rosenbergs.[30] Die Kosten für den Rosenbergischen Hof und das ganze Rosenbergische Mäzenatentum waren im Vergleich zur Dotationshöhe fast unerheblich, und die Kosten für die Rosenbergische Hofhaltung und den Kulturkonsum kann man kaum als eigentliche Ursache der Verschuldung des Rosenbergischen Dominiums ansehen.[31] Die ganze Dotationspolitik war kein sekundäres Problem. Als das nicht vorgesehene „Nebenprodukt" des Versuches der Änderung der sozialen Praxis auf dem Rosenbergischen Dominium ist sie, ähnlich wie der Rückstand, nicht zum Hauptbestandteil der traditionsmäßigen Normative geworden. Aus der Analyse der Dotationspolitik geht hervor, daß die meisten Gelder in den Weizenankauf für die Brauereien von eigenen Bauern investiert wurden. Die Bewilligung der Rückdotationen hat der Herr von Rosenberg in den Händen einiger Beamten aus dem Zentrum gelassen und bis 1594 minimal in deren Tätigkeit eingegriffen. Erst im Jahre 1594 hat er begonnen, die Dotationsfreigabe mit der eigenen Zustimmung zu verknüpfen.[32]

Interessant ist die Tatsache, daß die Brauereien, als Peter Vok im Jahre 1609 die Rückdotationen vollständig und endgültig verboten hat, nicht weniger verdienten, als es in der vorigen Zeit der Fall war.[33] Auf den ersten Blick könnte man vermuten, daß dieses System die Position des Zentrums (der Residenz) gegenüber den Rosenbergischen Randherrschaften verstärkt hat. Die obige Beamtenpraxis betraf jedoch nicht nur die Randherrschaften, sondern in demselben Maße auch die zentrale Rosenbergische Herrschaft bis zum Jahr 1602 – Český Krumlov.[34] Falls ein Beamter für kurze Zeit ein Amt mit großen Kompetenzen antrat, mußte er damit rechnen, daß er bald an einem Ort tätig sein konnte, aus dem sein Nachfolger kommt. Es ist klar, daß sowohl der Rückstand wie auch vor allem das System der Rückdotationen bewirkt haben, daß das ganze Wirtschaftssystem ziemlich ineffizient war und daß die Art und Weise der Geldverteilung eine riesige Quelle der Beamtenkorruption darstellte sowie die Bildung von nicht horizontal (im Sinne der traditionsmäßigen Verwaltungshierarchie), sondern vertikal verbundenen Beamtenclanen förderte.[35]

29 SOA Třeboň, CRR 10/2.
30 *Stejskal,* Nedoplatek (wie Anm. 4).
31 Ebd.
32 SOA Třeboň, CRR 10/2.
33 SOA Třeboň, CRR 23a/2–7.
34 *Stejskal,* Nedoplatek (wie Anm. 4).
35 SOA Č.Krumlov, VÚ II D 8 B 1e. *Peck,* Court Patronage (wie Anm. 16), 53, 56, 76, 143.

2. Ein zweiter Bereich traditioneller Regelung war das Beamtengehalt – eine der Motivationen für eine bürokratische Karriere. Dessen Höhe sollte im Idealfall einen entsprechenden Lebensstandard und die Repräsentation des Beamten und damit auch die seines Arbeitgebers sicherstellen.[36] Von den erstellten Gehaltstabellen können wir ziemlich große und gleichbleibende Differenzen in der Gehaltshöhe in verschiedenen Funktionen und Positionen verfolgen.[37] Sogar einige Ämter, die seitens der Zeitgenossen für Schlüsselpositionen gehalten wurden (Rentamtsschreiber), lagen im unteren Teil der Gehaltstabelle, etwa auf der Ebene des Schloßtorwartes und der Wäscherin. Während der zweiten Hälfte des 16. Jahrhunderts wurde die Gehaltshöhe nicht geändert. Ganz selten kann man die Bittstimme eines Beamten finden, der um Gehaltserhöhung oder Erhöhung des Naturallohnanteils ersucht hat.[38] Auch die beiden nach ihren Reisen in ganz Europa mit verschiedenen Wirtschaftssystemen[39] vertrauten Rosenberger konnten die Höhe eines Gehalts nicht beurteilen und haben es im ganz traditionsgemäßen Geist als eine überflüssige Belohnung eines Dieners betrachtet, für den der Herrendienst die höchste Pflicht und Ehre sein sollte. Im Laufe der Zeit kann man beobachten, wie das fixe Gehalt zum Bestandteil der Beamtenstrategie wurde. Viele Beamte haben im Falle der Beschuldigung, umfangreiche Finanzmanipulationen und Malversationen durchgeführt zu haben, das zurückbehaltene Gehalt zur Hauptzielscheibe ihren Ausreden gemacht.[40]

3. Ähnlich wie das Beamtengehalt, blieb auch die ganze rosenbergische „Personalpolitik" bezüglich der Beamten ganz unter dem Joch der Tradition. In der damaligen Terminologie gab es zwar Qualifikationstermini „Beamter"-„Schreiber"-„Diener", aber diese verschmolzen oft in der Korrespondenzpraxis. Nicht einmal der Archivar der beiden letzten Rosenbergs, Václav Březan, der um die Wende des ersten und zweiten Jahrzehntes des 17. Jahrhunderts den Katalog aller rosenbergischen Beschäftigten aufgrund der damals erhaltenen Archivquellen zusammengestellt hat, konnte in vielen Fällen klar entscheiden, ob es sich um einen „Beamten", „Schreiber" oder „Diener" gehandelt hat, und manchmal war er nicht einmal in der Lage, die „Beamten" von den „Hofleuten" zu trennen.[41] In der ganzen verfolgten Zeit haben die Rosenberger am Mangel an geeigneten Beamten gelitten. Das Hauptproblem waren Unkenntnisse in der Buchhaltung und das Fehlen von Erfahrungen im Wirtschaftsbereich. Der außergewöhnliche Umfang des Vermögens und die Anzahl der Beamtenplätze ermöglichte sowohl den Bürgern wie auch Männern (eigentlich Jungen, denn die beginnenden Beamten waren etwa 16–17 Jahre alt, wie die Bevölkerungsstatistiken belegen)[42] aus den Dörfern den Zutritt zu verantwortlichen Stellen.

Das Prinzip des schnellen Beamtenwechsels war seitens des Wilhelm von Rosenberg ursprünglich als Malversationsschutz gedacht. Es wurde überliefert, daß der Beamte sich an einem Ort mit der Funktion identifizierte und in die Verhältnisse „einfügte" und infolgedessen

36 Vgl. *Stejskal/Bastl*, Rožmberská správa (wie Anm. 7), 148f.

37 Dazu Anm. 6.

38 SOA Třeboň, CRR 10/2, ebd. Historica 6223. SOA Č.Krumlov, VÚ II A 8 B 38.

39 Vgl. *Pánek*, Poslední Rožmberkové (wie Anm. 2), 67–83 u. 118–124.

40 Vgl. SOA Třeboň, CRR 24c, fol. 1–167.

41 Vgl. SOA Třeboň, Rkp. Světecký I., fol. 168–245.

42 Dazu SOA Č.Krumlov, VÚ II A 5 AS 21a/2, ebd. II D 5 AS 8c. SOA Třeboň, Vs Třeboň I B 5 AU No.1.

schwer beherrschbar wurde.[43] Der schnelle Wechsel der Personen verschiedener Herkunft verursachte faktisch den Zusammenbruch der bestehenden Standesdifferenzen, und für die Masse der Untertanen eröffneten sich die Möglichkeiten einer raschen sozialen Mobilität. Erst an der Jahrhundertwende begannen die Rosenbergs sich für zukünftige eventuelle Beschäftigte zu interessieren und strebten danach (besser gesagt: sie beauftragten Beamte), sich eine Übersicht über geeignete Bewerber (Name, Wohnort, Alter, Schulausbildung oder Gewerbe, Vater und dessen Beruf) zu verschaffen.[44] Die Beamten vereinigten oft mehrere Funktionen auf einmal, und es war keine Ausnahme, wenn ein Beamter gleichzeitig zum Mitglied des Stadtrates wurde.[45] Die Rosenbergs haben viele von ihren Beamten gar nicht persönlich gekannt oder sie haben überhaupt nicht gewußt, welches Amt die konkrete Person gerade ausübte, was bei ihrer häufigen Abwesenheit in der Residenz nichts Ungewöhnliches war. So haben in den Jahren 1589 bis 1602 Wilhelm und Peter Vok mindestens 40 % der ganzen Zeit außerhalb Český Krumlovs verbracht.[46]

Die Unkenntnis des Beamtenpersonals war nicht nur für die Rosenbergs typisch, sondern auch für viele Untertanen, wie eine heranwachsende neue kriminelle Aktivität in der zweiten Hälfte des 16. Jahrhunderts – das Wirken der Geld kassierenden „falschen Schreiber“ – beweist.[47] Bis zur Revision im Jahre 1589 haben die Rosenbergs ihre Beamten und Schreiber als „Lohnarbeitskräfte“ verstanden, und falls es am Herrendienst kein Interesse gab (vor allem in den 1550er Jahren), kam die Gewaltmethode zu Worte – der Obrigkeitsbefehl zur Ausübung des Amtes.[48] Noch am Ende des 16. Jahrhunderts gab es die Meinung, daß die Ausübung eines Amtes im Vergleich mit der eigenen Wirtschaftung des Beamten eine recht ineffiziente Erwerbstätigkeit und die Hauptursache des Niedergangs der Privatgüter des Beamten war.[49] Das charakteristische Merkmal der Unlust der Männer (eine Frau als Beamtin ist nirgendwo zu belegen) zur Amtsausübung sind deren häufige Flucht aus dem Dominium, ob mit oder ohne obrigkeitliches Geld.[50] Erst nach den Erfahrungen mit den Rückständen haben die Rosenbergs ihre Einstellung zur Aufnahme von neuen Beamten modifiziert. Nach dem Jahre 1589 forderten sie konsequenter, daß der Bewerber (es ging immer um eine konkrete Stelle, nicht mehr lediglich um den „Dienst“ bei den Rosenbergs) einen vermögenden Fürsprecher hat, der im Falle gewisser Probleme imstande wäre, eine Kaution für die geschädigte Obrigkeit zu hinterlegen.[51] Im Falle der Beamtendienstreisen und deren Folgen sind die Rosenbergs jedoch völlig stereotyp geblieben.[52] Die Notwendigkeit der Dienstreisen ihrer Beschäftigten haben sie zwar keinesfalls bestritten, sie versuchten jedoch nie, die mit der Ausübung des Amtes während der Abwesenheit des Beamten verbundenen Probleme auf irgendeine Art und Weise zu lösen. Der Begriff „Beamtenschaft in Bewegung“ widerspiegelt recht treffend die Lage der Jahre

43 SOA Třeboň, Vs Třeboň I B 7 B 22b.
44 SOA Č.Krumlov, VÚ II A 5 AS 21a/2.
45 SOA Třeboň, Vs Třeboň I A 5 AS 2.
46 *Jaroslav Pánek* (Hrsg.), Václav Březan. Životy posledních Rožmberků. Praha 1985, 352–371 u. 505–565.
47 Vgl. SOA Třeboň, CRR 9c, fol.297. Státní okresní archiv Č.Krumlov, AM k.275.
48 SOA Č.Krumlov, Vs Č.Krumlov I 5 BP alfa 1.
49 SOA Č.Krumlov, VÚ II B 5 AP 5, ebd. Vs Č.Krumlov I 5 AP 54n.
50 SOA Č.Krumlov, VÚ II A 7 C 2.
51 SOA Č.Krumlov, VÚ II D 5 AU 10e.
52 Dazu *Aleš Stejskal*, Služební cesty rožmberských úředníků (1589–1611), im Druck.

1589–1611, wo wir die Zahl, die Ziele sowie die Kostspieligkeit der Dienstreisen der rosenbergischen Beamten analysieren können. Diese bezahlten Dienstreisen gingen nicht aus den üblichen Pflichten des Beamten hervor (Bewegung auf der ihm anvertrauten Herrschaft), sondern sie haben wegen des „Bedarfs Seiner Gnaden des Herrn" (Geldtransport, Besorgen der Gläubiger, diplomatische Botschaften, Vertretung der Obrigkeit auf verschiedenen Festivitäten) stattgefunden. In den Jahren 1589–1611 bezahlte die Zentralkasse 1093 Dienstreisen an 274 Personen, von denen 75 % zu den oben beschriebenen Beamten gehörten. Die aktivsten von ihnen haben über 70 langfristige Reisen (über einige Wochen) unternommen. Mehr als die Hälfte von allen Personen hat mindestens einmal den Kaisersitz Prag besucht, und etwa 30 % sind ins Ausland gereist. Die ununterbrochenen Beamtenreisen haben sich sehr bald in der Korrespondenz ausgewirkt (Zeitangaben bis auf die Stunde, Anführen von zwei Adressen mit dem Ziel, den Empfänger „zu erwischen", Beschwerden über den Zeitmangel[53] sowie die regelmäßigere Verwendung von Kalendern[54]). Die Beamten haben die Kalender sowohl für ihre retrospektiven Aufzeichnungen (Tagebuchfunktion) als auch zu Aufzeichnungen perspektivischen Charakters (Notizbuchfunktion) verwendet. Aufzeichnungen wie „zu Hause sein"[55] bestätigen beredt den Kampf mit der Zeit sowie die Tatsache der „Beamtenschaft in Bewegung". Obwohl die Beamtenreisen zweifellos eine Reihe kultureller Konsequenzen[56] hatten, im Bereich der Kommunikation auf dem Dominium waren sie jedoch die Quelle weiterer Komplikationen (Entstehung der „Schattenverwaltung" in Vertretung, Vernachlässigung der Administrationsführung, weitere Verzögerungen etc.).

3. Typen der Beamtenkarrieren - Komplikationen des Kulturzustandes

Das besondere Kulturmilieu der 2. Hälfte des 16. Jahrhunderts, durch die Auseinandersetzungen um konkrete Anforderungen an die soziale Praxis und einige Einstellungen der Obrigkeit stimuliert, bildete auf den Rosenbergischen Herrschaften spezifische Bedingungen für die Beamtenkarrieren heraus. Üblicherweise (und etwas anachronistisch) wird vorausgesetzt, daß die typische bürokratische Karriere in der linearen Bewegung von den „niedrigeren" in die „höheren" Funktionen und gleichzeitig damit „von der Peripherie" auf die Dauer „ins Zentrum"[57] führte. Von dreihundert untersuchten Karrieren kann man mindestens folgende vier charakteristische Typen[58] unterscheiden:

1) Der Beamte bleibt eine lange Zeit (auf Dauer) in einem Amt. In den untersuchten Proben handelt es sich um ein sehr seltenes Beispiel.[59]

53 SOA Třeboň, Vs Třeboň I B 6 W gama 5.

54 Vgl. SOA Třeboň, Rkp. C 8.

55 Ebd.

56 Dazu *Jaroslav Pánek*, Čeští cestovatelé v renesanční Evropě. Cestování jako činitel kulturní a politické integrace, in: CCH 88, 1990, 661–682.

57 Vgl. *Václav Bůžek*, Nižší šlechta v předbělohorských Čechách. Prameny, metody, stav a perspektivy bádání, in: CCH 91, 1993, 37–54.

58 Vgl. SOA Třeboň, CRR 24c, fol. 1–167, ebd. 10/2, ebd. Vs Třeboň I B 7 B 7. SOA Č.Krumlov, VÚ II A 8 B 15.

59 So bei Vavřinec Benda oder Jan Bardějovský.

2) Der Beamte rückt in eine sog. „höhere Funktion“ an einem Ort vor (z.B. von der Funktion eines Getreideschreibers auf den Posten eines Rentamtsschreibers, ferner dann auf die Stellung eines Burggrafen oder eines Hauptmanns – dies alles auf einer Herrschaft). Dieser Typ entspricht unseren Vorstellungen eines „Profis“, der eigene Erfahrungen mit allen untergeordneten Verwaltungsstufen hat. Für den untersuchten Raum und die betrachtete Zeit ist charakteristisch, daß man diesen Typ praktisch gar nicht identifizieren kann.

3) Der Beamte, der nach dem Dienst auf den Randgrundbesitzungen auf die Dauer in die Residenz (Zentralverwaltung) vorrückt. Dieser Karrieretyp wird unter dem Einfluß der älteren Literatur, die aus der Beamtenschaft lediglich bedeutende und bekannte Einzelbeispiele ausgewählt hat, falsch als die typische Laufbahn eines Bürokraten verallgemeinert, dem es gelungen ist, in der Struktur der Hofgesellschaft Fuß zu fassen. Man kann feststellen, daß es sich in den untersuchten Fällen ebenfalls um einen recht seltenen Typ handelt.[60]

4) Der weitgehend üblichste Typ der Karriere war eine solche, bei der der Beamte sowohl verschiedene Funktionen (Getreide-, Brauhaus- oder Rentamtsschreiber, Burggraf, Sekretär, Hauptmann etc.) wie auch die Wirkungsorte (zentrale Güter, Peripherie, Prager Expositur etc.)[61] gewechselt hat. Es ist klar, daß eine solche Art und Weise des Berufslebens ernsthafte Konsequenzen im Bereich des Privatlebens und der Familie eines Beamten hatte. Es war nicht üblich, daß mit dem wandernden Beamten auch dessen Ehefrau mit den Kindern den Wirkungsort wechselten. Während der Beamte die meiste Zeit als Untermieter oder unterwegs verbrachte, kümmerte sich seine Familie um den Haushalt an dem Platz, wo er seinen ständigen Aufenthaltsort hatte.[62] Das sog. „wandernde Gewerbe“ hat sich nicht nur auf die Rosenbergischen Beschäftigten bezogen, sondern es war auch für viele andere Berufe typisch. Im Hinblick auf den überwiegenden Karrieretyp können wir feststellen, daß das oben beschriebene System der Rückdotationen und die Rückstandswirkung die überkommene statische Verwaltungshierarchie zerrüttet und Bedingungen für ein dynamisches Milieu geschafft haben, die man lediglich mit Hilfe der Begriffe aus dem Bereich der Klientelbeziehungen[63] äußerst schwer beschreiben kann. Das wenig übersichtliche Knäuel der Beamtenabhängigkeiten hat weitere typische Züge in der untersuchten Zeit verstärkt. Zum Ende des 16. Jahrhunderts haben die Rosenbergs in wachsendem Maße begonnen, Kreditmittel von eigenen Beamten[64] zu schöpfen. Von einem rein wirtschaftlichen Gesichtspunkt ist es zwar interessant, daß sie sich paradoxerweise oft „ihr eigenes Geld“ (bei der allgemeinen Verbreitung der Malversationen) geliehen und dafür noch ihren Gläubigern-Beamten Zinsen bezahlt haben. Aus der anthropologischen Sicht ist es jedoch wichtiger, daß sie in fast allen solchen Finanzoperationen wieder ihre eigenen Beamten (seltener deren Ehefrauen) in die Rollen der „Bürgschaftsgefangenen“ gestellt haben.[65] Unter dem Einfluß des schnellen Beamtenumlaufs konnte es dazu kommen, daß der Gläubiger und der Bürge der Obrigkeit in kurzer Zeit in umgekehrten Funktionen hätte erscheinen können.[66] Das zweite komplizierende Element der Beamtenkommunikation waren die traditionsmäßigen Kategorien der „Gevatterschaft“, der

60 Z.B. Jakub Krčín von Jelčany, Matyáš Fuch von Fuchýřov, Jan Benýdek von Veveří etc.

61 Z.B. Matěj Černovský, Jakub Grospetr, Václav Libějovský etc.

62 SOA Třeboň, CRR 23a/2–7.

63 Vgl. *Peck*, Court Patronage (wie Anm. 16), 56.

64 SOA Třeboň, CRR 23a/2–7, ebd. 23b/1–2.

65 SOA Třeboň, CRR 24/3. SOA Č.Krumlov, Vs Č.Krumlov I 8 B 1.

66 Dazu *Stejskal/Bastl*, Rožmberská správa (wie Anm. 7), 149f.

„Freundschaft" und auch der „Nachbarschaft", deren Gewicht in den lokalen Gesellschaften, denen die Beamten entstammten (die größte Stadt des Rosenbergischen Dominiums Český Krumlov zählte etwa 330 Häuser), nicht zu unterschätzen war.[67] Es scheint, daß erst seit dem Anfang des 17. Jahrhunderts der zugespitzte Konfessionalismus, der in verhältnismäßig kurzer Zeit den Raum für die Umsetzung der Beamtenkarrieren wieder modifiziert hat, den Einfluß dieser „altböhmischen" Merkmale zu überdecken begann.[68] Die Konfessionalisierung der bestehenden Probleme war jedoch nicht streng an die Religionsorientierung der Rosenbergischen Obrigkeit gebunden. Als der Anhänger der Böhmischen Brudergemeinde Peter Vok im Jahre 1592 an die Spitze des Rosenbergischen Dominiums trat, kam es primär aus religiösen Gründen zu keinen (außer den üblichen personellen Änderungen in der nächsten Umgebung der neuen Obrigkeit) grundsätzlichen Änderungen in der Kommunikationsart zwischen den Beamten und der Obrigkeit. Die aktive Rolle der Obrigkeit war im Hinblick auf die Produktions- und Konsumbedürfnisse, die im Gegensatz zu den 1550er Jahren bereits als eingelebt und „althergebracht" gelten konnten, eher auf personelle Angelegenheiten als auf grundsätzliche Systemänderungen beschränkt. Seit den 1590er Jahren mußte sich Peter Vok von Rosenberg mit drei typischen Folgen der vorigen Zeit auseinandersetzen, die die Vorstellung von der Beamtenkarriere als ein vielversprechendes Mittels der schnellen sozialen Mobilität wesentlich mitgeprägt haben. Die Klagen gegen Beamte, Beamtenstreit und Unterschlagungsaffären sind nicht nur eine sehr genaue Reflexion der zeitgenössischen Kommunikationsgewohnheiten, sondern auch ein Kennzeichen der schrittweisen Beamtenemanzipation.

4. Anzeige, Streit und Unterschlagung – typische Merkmale der Zeit um 1600

Die geschriebenen Anzeigen der Beamten untereinander erschienen erst nach der Generalrevision des Jahres 1589 zunehmend als ein wichtiges Kommunikationsmittel.[69] Bis zu dieser Zeit begegnen wir zwar auch der Beamtenkritik, aber nicht aus deren eigenen Reihen, sondern aus der Feder von Untertanen, die sich nach traditionellem Muster bei der eigenen Obrigkeit beschwerten.[70] Es fällt auf, daß uns in Zusammenhang mit dem Anstieg der Beamtenanzeigen eine größere Sorgfalt bei der Korrespondenzaufbewahrung – als eines potentiellen „Beweismittels" (z.B. bei der Beschuldigung wegen eigenwilligen Benehmens) – seitens der Beamten begegnet.[71] Ein anderes Merkmal der „Professionalisierung" ist z.B. die strengere Trennung der Begriffe „zu Hause" und „im Dienst" in der Beamtenkorrespondenz (es taucht sogar der Begriff „Privatleben"[72] auf) oder das Argumentieren mit der „schweren Arbeit" und dem Zeitmangel der Beamten im Gegensatz zu den Bauern, deren manuelle Aktivität seitens der Beamten als „mühsames Leben von der Hände Arbeit"[73] bezeichnet wur-

67 Vgl. SOA Třeboň, Sbírka matrik, Č. Krumlov 1 (1591–1601).

68 Dazu *Jaroslav Pánek*, Stavovská opozice a její zápas s Habsburky 1547–1577. Praha 1982.

69 Vgl. *Aleš Stejskal*, Finanční zpronevěry a jejich funkce v politické a kulturní reprezentaci vrchnostenské byrokracie v Čechách na přelomu 16. a 17.století, in: Život na šlechtickém sídle v XVI.–XVIII. století. Ústí nad Labem 1992, 82–94.

70 Vgl. SOA Č.Krumlov, VÚ II B 8 B 2, ebd. II D 8 B 1e.

71 SOA Č.Krumlov, Vs Č.Krumlov I 8 R 3.

72 SOA Č.Krumlov, VÚ II C 5 AP 5.

73 SOA Č.Krumlov, VÚ II B 5 AE 5b.

de. Die meisten Beamtenanzeigen von der Wende des 16. zum 17. Jahrhundert haben folgende charakteristische Züge:[74]

- Der Denunziant teilt mit, daß der Beschuldigte viel mehr Bargeld in der Kasse hat, daß er die Geldabgabe an die Obrigkeit (die keinen Überblick über den Stand der Finanzen in den einzelnen Ämtern hat) zurückbehält, daß er das meiste Amtsgeld inklusive der königlichen Steuern zur Finanzierung seiner eigenen Wirtschafts-, Gesellschafts- oder Kulturaktivitäten verwendet, daß er für die Obrigkeit absichtlich falsche amtliche Unterlagen erstellt.
- Im Verhältnis zu den Untertanen verhält er sich völlig eigenwillig, er hält das „Absterben"-Recht nicht ein, fordert 5–10 % Amtsgebühren, läßt die Untertanen frei (fälscht die Laufpässe), nutzt die Fronpflichten zum Eigenbedarf aus, gegen Bestechung macht er Geschäfte mit Arbeitskräften („Waisen"), er fordert Bestechungsgelder von den Bauern, die er betrügt, weil sie weder lesen noch schreiben können, er regelt die Preise auf der Herrschaft, hält die festgelegten Maßeinheiten nicht ein und erledigt eigenwillig die strafrechtlichen Angelegenheiten („er selbst ist Ankläger und Richter").[75]
- Der Betroffene verletzt nicht nur die moralischen Normen bei der Vertretung der Obrigkeit auf der ihm anvertrauten Herrschaft (skandalöses Nachtleben, Fordern von übertriebenen Ehrerweisungen, „tagtägliche Betrunkenheit"), womit er sich selbst und seinen Herrn „allgemein verspottet", sondern er ist auch das Mitglied eines zahlreichen Clans, der das Leben auf der Herrschaft beeinflußt. Der Denunziant macht darauf aufmerksam, daß die ganze Gruppe auf Kosten der Obrigkeit lebt, und daß sie vertikal verbunden ist (sie hat ihre Mitglieder in der Residenzstadt), der betroffene Beamte hört nicht auf, Geschenke für diese Gruppe zu verteilen („von allen Seiten tut er sich Freunde machen").[76]
- Falls der Beschuldigte verheiratet ist, wird der überwiegende Teil seiner Schuld auf seine Ehefrau übertragen, die mitunter noch rasanter als er auftritt und einen Teil der Kompetenzen übernimmt („seine Frau beherrscht alles").[77] Im Falle, daß der Beamte während des Dienstes geheiratet hat, wird sein Benehmen und seine Einstellung zum Dienst oft als Situation „vor der Heirat" und „nach der Heirat" beschrieben.[78] Die Hauptursache der Probleme auf der Herrschaft seien also „Untreue" im Dienst, gegebenenfalls der Einfluß der Frau des Beamten gewesen.

Die logische Folge der meisten Anzeigen waren Beamtenstreitigkeiten, in denen viele Untertanen in der Rolle von Zeugen aufgetreten sind, für die diese „Geschichten", wie sie sie oft bezeichnet haben, zu dankbaren Gesprächsthemen wurden.[79] Außer den oben benannten Hauptstreitbereichen solcher Rechtsverhandlungen (oft sind der Burggraf, der Hauptmann und der Schreiber aus einer Herrschaft wegen Kompetenzendurchkreuzungen in Streit geraten[80]) haben sich viele Einzelheiten aus dem Beamtenleben (Schimpfwörter, Anreden, Unterhaltungsweisen etc.) erhalten.

74 Siehe Anm. 70.
75 SOA Č.Krumlov, VÚ II D 8 B 1e (1600).
76 Ebd.
77 Ebd.
78 Ebd.
79 Exemplarisch: SOA Třeboň, Vs Třeboň I B 7 B 22b (1593).
80 Ebd.

5. „Ein Landedelmann ohne Bauern ist keinen Schuß Pulver wert“[81]

Der Mittelpunkt der gemeinsamen Kommunikation auf der Ebene Beamter-Bauer war die Bereitschaft oder Interessenlosigkeit der Bauern, sich am Geschäft mit Weizen zu beteiligen, den sie an die herrschaftlichen Brauereien verkauft und auf dessen Anbau sie sich spezialisiert hatten. Roggen und Gerste, wichtige Produkte für das Bestehen ihrer eigenen Bauernhöfe, haben sie von der Obrigkeit von deren Speichern erhalten.[82] Während der untersuchten Zeit ist eine Bürokratisierung, oder besser gesagt, Disziplinierung der Beziehung zwischen den Bauern (Untertanen) und den Beamten zu spüren, die in der Ausgliederung von selbständigen Büros in Schloß- oder Burginterieure (mit typischen Begleiterscheinungen wie Gitter in den Fenstern, viele Schlösser und Mausefallen), in der strengen Festlegung von Amtstagen (inklusive der Sonntage) und der genauen Sprechstunden für den Kontakt des Beamten mit dem Untertanen zum Ausdruck kamen.[83] Ein ständiges Wachstum umlaufender Waren und Vorräte wird indirekt auch durch die kontinuierliche Änderung der Kriminalitätsobjekte bestätigt. Aus der Analyse von etwa 550 Kriminalfällen aus den Jahren 1550–1602 geht das schnelle Anwachsen des „organisierten“, auf Speicher, Kanzleien, Brauhäuser und reiche Bauernhöfe ausgerichteten (Gruppen-)Verbrechens hervor.[84] Die Tatsache, daß die bäuerliche „Zusammenarbeit“ mit der Obrigkeit im Mittelpunkt des herrschaftlichen Interesses stand, zeigte sich bald in semantischen Klassifizierungskategorien wie „anstößiger Mensch“ (d.h. zur Zusammenarbeit nicht bereitwilliger Untertan), „anstandsfreier Mensch“ (d.h. zur Zusammenarbeit bereitwilliger Untertan) und „endloser Mensch“ (d.h. ein Mensch, der seine Dienstverpflichtungen nie erfüllt).[85] Die Bedeutung der Weizenproduktion, auf der der Erfolg und das Funktionieren der veränderten sozialen Praxis basierte, machte aus den Bauern einflußreiche Menschen.[86] Die Obrigkeit hat sie in ihren Instruktionen auch als solche angesehen und die Beamten zur bedächtigeren Einstellung ihnen gegenüber ermahnt.[87] Die Eingliederung der Bauern in die kommerzielle Praxis kam in ihrem direkten Selbstbewußtsein (siehe das Zitat in der Überschrift dieses Abschnitts), im wachsenden Einfluß der Meinungen der lokalen Gesellschaft auf verschiedene Bestandteile des Lebens auf dem Großgrundbesitz (Beteiligung an der Preisregelung, Nichtvergütung der Ware etc.) und vor allem in der starken sozialen Differenzierung auf dem Lande zum Ausdruck. In der 2. Hälfte des 16. Jahrhunderts war ein dem bürgerlichen Luxus ähnelnder Bauernhaushalt keine Besonderheit, genauso wie ein Bauernhofbesitzer, der an keinem weiteren Verdienst interessiert war und öffentlich erklärte, er habe Geld genug.[88] Darüber hinaus sind Kreditkontakte der Bauern (als Debitoren und Kreditoren) mit dem benachbarten Ausland (Bayern und Oberösterreich), deren Umfang sogar den Kaufpreis einiger Bürgerhäuser auf dem Marktplatz erreichte[89] sowie die wachsende

81 SOA Č.Krumlov, VÚ II B 5 AP 3f.
82 Dazu *Čechura,* Šlechtický podnikatelský velkostatek (wie Anm. 2), *ders.,* Třeboň (wie Anm. 2).
83 Vgl. SOA Č.Krumlov, Vs Č.Krumlov I 7 I 2, 3, 4, 2O, 21, 22, 23.
84 Vgl. SOA Č.Krumlov, Vs Č.Krumlov I 6 C alfa 1, 2, 10, 14, 15, 18, 27, 28, 31, 31, ebd. I 6 C beta 1. SOA Třeboň, CRR 9b/3, 15.
85 SOA Č.Krumlov, VÚ II D 7 M gama 1e.
86 SOA Č.Krumlov, VÚ II C 7 B beta 1h, ebd. II A 7 C 2.
87 SOA Č.Krumlov, VÚ II A 8 B 1.
88 SOA Č.Krumlov, Vs Č.Krumlov I 5 AP 62b.
89 SOA Č.Krumlov, VÚ II B 5 AP 5b.

Ungefälligkeit der Bauernhofbesitzer, zinslose Darlehen zu leisten, bemerkenswert.[90] Bereits in den Quellen aus den 1560er Jahren kann man Belege dafür finden, daß einige Bauern sich selbst „Herrscher" (mit diesem Begriff hat sich der regierende Rosenberger erblich bezeichnet) genannt haben.[91] Einige Zeit später können wir die Teilung der Untertanen in die „armen" und die „reichen" seitens der Obrigkeit feststellen, die danach (im Widerspruch zu den Beschlüssen des Landtages) die Zahlungspflichten (Steuern) der so aufgeteilten Untertanen korrigiert und geregelt hat.[92] Ähnlich wie bei den Beamten hat sich auch bei den Bauern (Untertanen) die in den üblichen Kategorien („von alters her", „Gedächtnis", „höchstes Gedächtnis", „Gewohnheit", „althergebrachte Gewohnheit" etc.) verkörperte mündliche Gewohnheitspraxis (vor allem in den Kreditangelegenheiten) lange gehalten.[93] Das Prinzip der Zusammenarbeit der Bauern mit der Obrigkeit kann in der untersuchten Zeit keinem Zweifel unterliegen – die ganzen 60 Jahre hindurch kam es zu keinen Bauernaufständen oder bedeutenderen Konflikten mit der Obrigkeit, und zwar nicht einmal in den 1590er Jahren, als ein großer Bauernaufstand im benachbarten Oberösterreich ausbrach.[94] Die Bauern haben nicht einmal andeutungsweise die Notwendigkeit des Frondienstes zwecks Erhaltung des fließenden Lebensganges auf dem Großgrundbesitz (Sicherung der Ernte, Transport) bestritten, von dem sie selbst profitiert haben. Das bedeutet jedoch nicht, daß die Kommunikation völlig ohne Konflikte verlief und man den ganzen Zeitraum für die „goldene Epoche der rosenbergischen Bauern" halten kann. Häufigen Problemen begegnen wir beim Kontakt der Beamten mit den Bauern, die sich über die Vertreter der Obrigkeit verhältnismäßig oft beschwert haben. Interessant ist, ähnlich wie bei den Beamtenstreitigkeiten und -anzeigen, die konstante innere Struktur der Beschwerden sowie der folgenden Verteidigung:[95]

- die beschwerdeführenden Untertanen machen in der ersten Phase auf die Malversationspraktiken des Beamten aufmerksam, der mit seinem Benehmen das „allgemein Gute" bedroht und seinen Herrn damit beleidigt,
- die Beschwerdeführenden verlangen die Respektierung der Gesetzgebung und die Einhaltung der festgesetzten Norm,
- der beschuldigte Beamte reduziert die Zahl der Unzufriedenen auf eine kleine Gruppe, die sich den erwünschten Änderungen (mit Berufung auf die „althergebrachte Gewohnheit") nicht anpassen will, die sich nach der Rückkehr der traditionsmäßigen Gewohnheiten sehnt und eine „Verschwörung" oder einen „Aufstand" anstrebt, die die ganze Stabilität bedroht,
- der Beamte macht auch auf den unverantwortlichen Umgang der Untertanen mit den Informationen aufmerksam, die sich unter ihnen ziemlich rasch verbreiten.

Aus dem bisherigen Studium fällt auf, wie oft und wirkungsvoll die Beamten mit dem Begriff „Aufstand" operiert haben, obwohl die Realität von einem solchen Zustand ziemlich weit entfernt war. Die Streitigkeiten der Bauern mit den Beamten waren offensichtlich das schwächste Glied des ganzen Kommunikationssystems, und es ist in diesem Zusammenhang interessant, daß die stärksten Auseinandersetzungen sich manchmal in dem Milieu abgespielt haben, dem der jeweilige Beamte entstammte, wie die Ergebnisse des prosopographischen Studiums bestätigen.

90 SOA Č.Krumlov, VÚ II A 7 C 2.
91 SOA Č.Krumlov, Vs Č.Krumlov I 5 AP 10f.
92 SOA Č.Krumlov, VÚ II A 4 L alfa 21.
93 SOA Č.Krumlov, Vs Č.Krumlov I 7 R alfa 78, VÚ II D 7 G delta 1a, ebd. II B 5 AP 3n.
94 Vgl. *Pánek*, Poslední Rožmberkové (wie Anm. 2).
95 Siehe Anm. 70.

HEIDE WUNDER

Aspekte der Gutsherrschaft im Herzogtum und Königreich Preußen im 17. und zu Beginn des 18. Jahrhunderts. Das Beispiel Dohna

Herzogtum und Königreich Preußen sind bislang nicht in die vergleichende Erforschung von Gutsherrschaftsgesellschaften[1] einbezogen worden. Dies läßt sich vor allem durch den Verlust der meisten Adelsarchive am Ende des Zweiten Weltkriegs erklären, die somit nicht für Forschungen der neueren Sozial- und Wirtschaftsgeschichte sowie der Historischen Anthropologie zur Verfügung stehen. Zu den Beständen des in seinen älteren Teilen erhaltenen Königsberger Staatsarchivs gehört zwar ein „Adelsarchiv", dieses enthält jedoch lediglich Stücke der landesherrlichen Überlieferung zur Besitz- und Familiengeschichte, nicht aber serielle Akten über die Verwaltung und Herrschaftspraxis in den Gutsherrschaften.[2] Forschungen zur Gutsherrschaft waren daher nur sehr eingeschränkt möglich und stützten sich primär auf die Überlieferung in den Akten der landesherrlichen Ämter, auf Kirchenvisitationsberichte sowie auf landesweite Erhebungen im Zusammenhang mit Steuerreformen und der Erstellung von Urbarien.[3] Auf dieser Quellenbasis ließ sich die Wirtschaftsweise der landesherrlichen Vorwerke und Ämter analysieren[4], sie bietet aber nur ausgewählte Material zu den adeligen Gutsherrschaften.

Die älteren landesgeschichtlichen Forschungen haben grundlegende Kenntnisse über die Agrarverfassung und die ländlichen Bevölkerungsverhältnisse erbracht, eine Thematisierung der ländlichen Gesellschaft als „Gesellschaften vor Ort" lag ihnen jedoch fern, da es gerade nicht um die lokalen, sondern um die übergreifenden Strukturen ging: zum einen um das Problem „Leibeigenschaft/Erbuntertänigkeit", zum anderen um die Entwicklung der herr-

1 *Jan Peters*, Gutsherrschaftsgeschichte in historisch-anthropologischer Perspektive, in: Gutsherrschaft als soziales Modell. Vergleichende Betrachtungen zur Funktionsweise frühneuzeitlicher Agrargesellschaften. Hrsg. v. Jan Peters (HZ Beiheft, 18.) München 1995, 3–21.

2 *Ernst Hartmann*, Gross Wolfsdorf und Dönhoffstädt. Ostpreußische Herrensitze im Kreis Rastenburg. Marburg/Lahn 1966, 37f.

3 So z.B. die wichtige Arbeit von *Wilhelm Guddat*, Die Entstehung und Entwicklung der privaten Grundherrschaften in den Ämtern Brandenburg und Balga (Ostpreußen). Marburg/Lahn 1975.

4 Zum Forschungsstand: *Michael North*, Wirtschaft, Gesellschaft, Bevölkerung, in: Handbuch der Geschichte Ost- und Westpreußens. Teil II/1. Hrsg. v. Ernst Opgenoorth. Lüneburg 1994, 91–143; *ders.*, Die Amtswirtschaften von Osterode und Soldau. Vergleichende Untersuchungen zur Wirtschaft im frühmodernen Staat am Beispiel des Herzogtums Preußen in der zweiten Hälfte des 16. und der ersten Hälfte des 17. Jahrhunderts. Berlin 1982; *Friedrich-Wilhelm Henning*, Dienste und Abgaben der Bauern im 18. Jahrhundert. Stuttgart 1969.

schaftlich-bäuerlichen Verhältnisse unter brandenburg-preußischer Herrschaft, schließlich um Vorgeschichte und Geschichte der Reformen des 18. und beginnenden 19. Jahrhunderts. Im Kontext der problematischen Führungsrolle Preußens bei der Begründung deutscher Staatlichkeit im 19. Jahrhundert wurde die Geschichte der ländlichen Gesellschaft in den mittleren und östlichen Provinzen als Agrarrechtsgeschichte ostelbischer Unfreiheit und altdeutscher Freiheit abgehandelt.[5] Demgegenüber trat die Erforschung der einzelnen adeligen Gutswirtschaften zurück, obwohl gerade die Bedeutung der adeligen Eigenbetriebe für den Getreideexport bis heute eine zentrale Argumentationsfigur in der internationalen Diskussion darstellt.[6]

Dem östlichen Preußen kommt in der Argumentation eine besondere Rolle zu, da nicht allein eine Kontinuität von autokratischer Herrschaft und Militarismus in Preußen – beginnend mit der Herrschaft des Deutschen Ordens – hergestellt wird, sondern auch eine Kontinuität großbetrieblicher Wirtschaftsweise.[7] Dagegen haben Forscher wie Hans Plehn, Arthur Kern, Gustav Aubin und Robert Stein schon vor vielen Jahrzehnten offengelegt, daß sich die Strukturen adeliger Gutsherrschaft im östlichen Preußen wesentlich von denen in den mittleren Provinzen und Schlesien unterschieden und zugleich die innere Differenzierung von Gutswirtschaft im Hinblick auf Größe der Eigenbetriebe, Formen der Arbeitsverfassung, Nähe/Ferne zu Absatzmärkten und Verkehrsbedingungen herausgearbeitet.[8] Ihre Ergebnisse wurden jedoch in den allgemeinen Darstellungen der Sozial- und Wirtschaftsgeschichte ebensowenig zur Kennntis genommen wie die Versuche ostpreußischer Beamter im 18. und 19. Jahrhundert, sich gegen die vereinheitlichenden Tendenzen der zentralen preußischen Bürokratie zu wehren.

Die älteren, eng an der preußischen Staatsbildung orientierten Forschungen basierten vor allem auf der staatlichen Überlieferung, während die reichhaltigen Adelsarchive mit ihren Urkundensammlungen zur Besitzgeschichte und Serien von Wirtschaftsakten weitgehend ungenutzt blieben; die Studie von Marion Gräfin Dönhoff über die Friedrichsteiner Güter bildet die Ausnahme.[9] Den erst vor wenigen Jahren wieder aufgefundenen Teilen des Gutsarchivs Dohna-Reichertswalde kommt somit hervorragende Bedeutung zu. Anders als die bislang bekannten Teile des Archivs Dohna-Schlobitten enthält es neben einem umfangreichen

5 *Heinrich Kaak,* Gutsherrschaft. Theoriegeschichtliche Untersuchungen zum Agrarwesen im ostelbischen Raum. Berlin/New York 1991.

6 *Michael North,* Untersuchungen zur adligen Gutswirtschaft im Herzogtum Preußen des 16. Jahrhunderts, in: VSWG 70, 1983, 1–20.

7 *Udo Arnold,* Nationalismus, Nationalsozialismus und der Mißbrauch der Deutschordenstradition in Deutschland, in: Der Deutsche Orden und die Ballei Elsaß-Burgund. Die Freiburger Vorträge zur 800-Jahr-Feier des Deutschen Ordens. Hrsg. v. Hermann Brommer. Bühl/Baden 1996, 205–222.

8 *Hans Plehn,* Zur Geschichte der Agrarverfassung von Ost- und Westpreußen, in: Forschungen zur Brandenburgischen und Preußischen Geschichte 18, 1905, 61–122; *Arthur Kern,* Beiträge zur Agrargeschichte Ostpreußens, in: Forschungen zur Brandenburgischen und Preußischen Geschichte 14, 1901, 151–258; *Gustav Aubin,* Zur Geschichte des gutsherrlich-bäuerlichen Verhältnisses in Ostpreußen von der Gründung des Ordensstaates bis zur Steinschen Reform. Leipzig 1910; *Robert Bergmann,* Geschichte der ostpreußischen Stände und Steuern von 1688 bis 1704. Leipzig 1901; *Robert Stein,* Die Umwandlung der Agrarverfassung Ostpreußens durch die Reform des 19. Jahrhunderts. Bd. 1. Die ländliche Verfassung Ostpreußens am Ende des 18. Jahrhunderts. Jena 1918.

9 *Marion Gräfin Dönhoff,* Entstehung und Bewirtschaftung eines ostdeutschen Großbetriebes. Die Friedrichsteiner Güter von der Ordenszeit bis zur Bauernbefreiung. Basel 1935.

Bestand zur Personen- und Familiengeschichte auch Hausbücher, Wirtschafts- und Gerichtsakten sowie Kirchen- und Willkürrechnungen des 17. und 18. Jahrhunderts in größerer Zahl.[10] In dieser Überlieferung dominiert die herrschaftliche Perspektive, doch gewinnen viele der in den Gerichtsakten, Kirchenrechnungen und Jahrrechnungen namentlich genannten „Untertanen" durchaus eigene Konturen. Mit der Auswertung dieser Quellen lassen sich nicht allein Einblicke in die inneren Verhältnisse einer großen Gutsherrschaft gewinnen; auch die Gutsherrschaftsgesellschaft, die bisher fast ausschließlich mit dem Blick von außen (z.B. in den Amtsrechnungen der herzoglichen Ämter) oder durch Beschwerden der Bauern gegen den Gutsherren bei den Ämtern schlaglichtartig beleuchtet wurde, tritt als Ensemble in ihren komplexen Interaktionen hervor.[11]

Es mangelt also nicht an Quellen zur Gutsherrschaft der Dohnas, es fehlen aber Vorarbeiten für die lokale frühneuzeitliche Besiedlungs-, Verwaltungs-, Rechts- und Wirtschaftsgeschichte. Peter Germershausens siedlungsgeschichtliche Studie zu den Ämtern Pr. Holland, Liebstadt und Mohrungen endet in der Mitte des 17. Jahrhunderts.[12] Hingegen bieten die primär von genealogischem Interesse getragenen „Aufzeichnungen über die Vergangenheit der Familie Dohna" von Graf Siegmar von Dohna[13], die auf dem Familienarchiv sowie auf der zentralen Überlieferung in Berlin fußen, eine Fülle von Informationen zur Besitzgeschichte der Güter.[14] Die wenigen neueren Arbeiten zur ostpreußischen Gutswirtschaft setzen den zeitliche Schwerpunkte im 16. und beginnenden 17. Jahrhundert (Michael North[15]) sowie im 18. Jahrhundert (Friedrich-Wilhelm Henning[16]), während die zweite Hälfte des 17. Jahrhunderts und der Beginn des 18. Jahrhunderts, für die sich im Archiv Dohna-Reichertswalde die Überlieferung verdichtet, allein bei Marion Gräfin Dönhoff stärkere Beachtung fanden.

Angesichts dieses Forschungsstandes lassen sich in einer ersten Annäherung an das Thema eher bescheidene Ziele anpeilen, nämlich die Grundlagen dieser Gutsherrschaft kennenzulernen. Dazu gehören an erster Stelle der Status der preußischen Dohnas sowie Umfang und Verwaltung ihrer Besitzungen (1.). Anschließend werden zum einen das Herrschaftsverständnis der Dohnas und die konkreten Herrschaftsordnungen für ihre Besitzungen behandelt

10 Beide Archive befinden sich im Geheimen Staatsarchiv Berlin, I. Hauptabteilung, Rep. 92. – Weitere Teile des Gutsarchivs Dohna-Reichertswalde, die – neben einigen anderen Gutsarchiven – im Wojewodschaftsarchiv Olsztyn liegen und derzeit neu verzeichnet werden, konnten noch nicht eingesehen werden.

11 Ich danke Adalbert Graf zu Dohna-Lauck für das großzügige Entgegenkommen bei der Benutzung des Archivs. – Soweit die Bestände verzeichnet sind, nenne ich nach der Sigle DR die vorläufigen Nummern.

12 *Peter Germershausen,* Siedlungsentwicklung der preußischen Ämter Holland, Liebstadt und Mohrungen vom 13. bis zum 17. Jahrhundert. Marburg/Lahn 1969.

13 *Siegmar Graf. zu Dohna,* Aufzeichnungen über die Vergangenheit der Familie Dohna. Berlin 1877–1903. Von dem seltenen Werk standen mir folgende Teile zur Verfügung: T. 1. Berlin 1877; Beiheft Nr. 4. Berlin 1880; T. 2. Berlin 1880; T. 2a. Berlin 1878; T. 3. Berlin 1882.

14 Ich danke Graf Jesko zu Dohna für die freundliche Überlassung seiner umfangreichen Bibliographie zur Geschichte der Dohnas. Vgl. auch die biographischen Artikel in der Allgemeinen Deutschen Biographie, der Altpreußischen Biographie sowie der Neuen Deutschen Biographie.

15 *North,* Untersuchungen (wie Anm. 6).

16 *Henning,* Dienste (wie Anm. 4); *ders.,* Bauernwirtschaft und Bauerneinkommen in Ostpreussen im 18. Jahrhundert. Würzburg 1969.

(2.), zum anderen werden exemplarisch einige Aspekte der Gutswirtschaft in den Gebieten Reichertswalde-Lauck unter Graf Christoph-Friedrich (1652–1734) erörtert (3.).

1. Status der preußischen Dohnas und ihrer Besitzungen

Die bereits unter der Herrschaft des Deutschen Ordens nach Preußen gekommenen Dohnas gehörten zur kleinen Zahl derjenigen preußischen Adelsgeschlechter, die den „Herrenstand" in der ständischen Verfassung Preußens bildeten, sie waren aber keineswegs die größten Gutsbesitzer im Herzogtum.[17] Anfang des 17. Jahrhunderts umfaßten die Grundbesitzungen der Dohnas etwa 1000 Hufen (Dörfer, Vorwerke, Wiesen, Wälder, Seen und Teiche) in den Ämten Mohrungen, Pr. Holland und Liebstadt; sie bildeten zwei räumlich voneinander getrennte Herrschaftskomplexe.[18] In diesen Ämtern waren sie die größten adeligen Grundbesitzer, gefolgt von der Familie Borck mit 409 Hufen.[19] Die Fläche der Dohnaschen Besitzungen entsprach etwa 170 qkm und konnte sich durchaus mit kleinen Reichsterritorien und mit großen Adelsherrschaften messen.

Den Wert der Dohna`schen Besitzungen machten zum einen die grundherrlichen Einnahmen von den Bauern (Geldzins, Naturalabgaben, Dienste) sowie von den Mühlen, Krügen, Wäldern und Fischereirechten aus. Mehr noch als Größe der Besitzungen und Einnahmen bestimmten jedoch die mitverliehenen Herrschaftsrechte den Status der Gutsherrschaft. Es waren die Großen und Kleinen Gerichte über die Untertanen und das Patronatsrecht, die der Grundherrschaft den Charakter eines geschlossenen Herrschaftsgebiets verliehen, in dem die Grafen zu Dohna das Jagdrecht als Inbegriff adeliger Superiorität ausübten.[20]

Es entspricht dem ‚territorialen' Charakter der Dohnaschen Güter, daß die Söhne des Peter von Dohna (1482/83–1553) auf den 1562 verliehenen wüsten 80 Hufen von Silberbach eine Stadtgründung ins Auge faßten und 1567 dafür ein herzogliches Privileg erhielten.[21] Die Stadtgründung kam jedoch nicht zustande, gleichwohl gaben die Dohnas die Idee einer eigenen Stadt nicht ganz auf. Die Stadt Pr. Holland klagte 1686, daß „der Herr von Dhona zu Deutschendorff ein[en] gemeinen Marckt ihnen zu Schaden" halte[22], und 1695 wurde Reichertswalde mit einem Jahrmarkt privilegiert. Abgesehen davon ist nicht zu verkennen, daß die herzogliche Amtsstadt Mohrungen in vieler Hinsicht eine Stadt der Dohnas war, wo viele von ihnen als Amthauptleute fungierten, wo sie sich das „Schlößchen" als Sitz erbauten, in dem die Familienbibliothek und das Archiv untergebracht waren, wo sie nicht allein amtliche und wirtschaftliche, sondern auch persönliche Beziehungen zu den Bürgern unterhielten. Nicht zuletzt entwarf der ebenso gelehrte wie fromme Abraham von Dohna 1625 eine Schulordnung für die Mohrunger Lateinschule und errichtete zugleich eine Schulstiftung.[23]

17 Die größten Grundbesitzer im Herzogtum waren die Grafen von Schlieben: Dohna, Aufzeichnungen (wie Anm. 13), T. 3, 351, Anm.

18 Die Berechnungen sind im einzelnen problematisch und können daher nur als Hinweis auf die Größenordnung, nicht auf die exakte Größe genommen werden.

19 *Germershausen,* Siedlungsentwicklung (wie Anm. 12), 96.

20 *Dohna,* Aufzeichnungen (wie Anm. 13), T. 1, Urkunden-Buch, Nr. 20 Gnaden-Privilegium von 1643, 107–115.

21 DR Nr. 6, S. 43f.

22 DR Nr. 6, S. 679.

23 *Zenon Hubert Nowak/Annegret Pohl* (Hrsg.), Das Schulprogramm des Grafen Abraham von Dohna

Gleichfalls teritorialstaatliche Prägung wies die Verwaltung der umfangreichen Dohnaschen Güter auf. Sowohl in der Phase der gemeinsamen Verwaltung als auch nach der Teilung im Brüderlichen Vertrag von 1624[24] wurden Verwalter und Hofleute für die Administration der Besitzungen und die Bewirtschaftung der Vorwerke angestellt. Über ihre Tätigkeit geben die „Jahrrechnungen“, deren erste für das Jahr 1644/45 erhalten ist, Auskunft.[25] Da den Dohnas, beginnend mit Peter von Dohna, das Amt des Amthauptmanns mit seinen vielfältigen Verwaltungs- und Herrschaftsaufgaben wohl vertraut war, gehe ich davon aus, daß sie weitaus früher angefangen hatten, ihre eigene Grundherrschaft nach dem Vorbild der Jahrrechnungen für die herzoglichen Ämter, die seit der zweiten Hälfte des 16. Jahrhunderts überliefert sind, zu kontrollieren.

2. Herrschaftsverständnis und Herrschaftsordnung

In der Erforschung der ostelbischen Gutsherrschaft ist bislang kaum nach dem Herrschaftsverständnis der Gutsherren gefragt worden: Es wurde entweder aus dem lutherischen Herrschaftsbegriff oder aus den Äußerungen und Handlungen einzelner Gutsherren gegenüber Untertanen oder Lehns- und Landesherrn abgeleitet. Das Herrschaftsverständnis des Peter von Dohna wird nur punktuell erkennbar, da seine eigenen Aufzeichnungen verloren gegangen sind und auch die Extrakte bislang nicht wieder aufgefunden wurden. Siegmar Graf Dohna, dem wenigstens die Extrakte zur Verfügung standen, erwähnt Peters Bericht über die Beschwerden der Deutschendorfer Bauern wegen Scharwerksbelastungen vor dem 1543 in Mohrungen weilenden Landesherrn: „Peter knüpft hieran die Ermahnung, dass seine Söhne die Bauern streng aber gerecht behandeln sollten, damit sie nicht, wie der Herzog gesagt hätte: ‚als Schelme den Kreisel über der Herrschaft trieben!‘“[26] Dieses Zitat ließe sich tatsächlich als ein streng lutherisches Verständnis der Herrschaftsordnung deuten.

Dagegen ist das Herrschaftsverständnis von Peters kalvinistischen Enkeln, den Brüdern Friedrich, Abraham, Fabian, Achatius und Christoph, im „Ewigen Testament“ von 1621 erhalten.[27] Sie formulierten eine „Verfassung“, nach welcher sich die Kinder und Nachkommen „künftig und zu ewigen Zeiten sollen zu richten haben“. Im Hinblick auf das Verhältnis zu den Untertanen wurde programmatisch festgelegt:

„Ist auch dieses unser ernstlicher Wille, daß unsere künftige Nachkommen ihre Unterthanen und Diener nicht tyrannisch; sondern christlich und mäßig behandeln, denn sie müssen gedenken, daß Christus unser Herr und Seeligmacher für den geringsten armen Mann, sowohl sein heiliges Blut vergossen hat als für die Vornehmen Mächtigen der Welt.Derowegen sie dann nach unserm Beispiel mit einem leidlichen mäßigen Zins sollen zufrieden seyn, und auch ihrer und ihres Viehes Leibes Arbeit, also genießen, damit die armen leute selber ihr Brod und Nahrung dabei haben mögen. Denn wo die Unterthanen zu Grunde gehen ist der Herr auch ver-

für Morungen vom Jahre 1625 (Einzelschriften der historischen Kommission für ost- und westpreußische Landesforschung 13), im Druck.

24 *Dohna*, Aufzeichnungen (wie Anm. 13), T. 1, Urkunden-Buch Nr. 18, 63–79.

25 DR Nr. 179, 259, 260 (1644/45), 11 (1680/81), 12 (1689), 13 (1690). – Im Inventar der Jahrrechnung 1710/11 für Reichertswalde und Lauck werden die ersten Rechnungen für Reichertswalde für das Jahr 1630 angeführt: DR Nr. 9.

26 *Dohna*, Aufzeichnungen (wie Anm. 13), T. 1, 41, Anm. 24.

27 *Dohna*, Aufzeichnungen (wie Anm. 13), T. 1, Urkunden-Buch Nr. 16, 47–54.

dorben. Wenn sie nun weder mit harten Diensten beleget, noch mit schweren Strafen ausgesogen werden; so werden sie gedeihen, und dergestalt werden die armen Leute fleißig für die Obrikeit beten, so wird Gott seinen Seegen vom Himmel auf beide legen, daß ihnen beiden wird Wohlseyn, denn die Thränen der Armen erregten Gottes gerechte Strafe, dafür sich unsere lieben Nachkommen hüten mögen, so lieb ihnen ihre zeitliche und ewige Wohlfarth ist."[28]

„Es sollen die Successores unsre Fideicomiß Güther schuldig seyn, unsre liebe treue Unterthanen mit keinen neuen Auflagen an Zinsen, Diensten und Schaarwerken weder directe noch indirecte zu beschweren, sondern sie in den Stand und Wesen zu lassen, wie sie von uns bisher gehalten worden, dabei sie wohl gottlob bleiben können, vor allen Dingen aber sollen sie schuldig seyn, in unsern Kirchen die wahre evangelische Religion durch Bestellung frommer Prediger im Gange zu erhalten, damit die armen Leute nicht vom rechten Wege die Seeligkeit abgeführt werden mögen, dafür sie sonsten Gott dem Herren würden schwere Rechnung geben müssen."[29]

Die Warnungen vor tyrannischer Herrschaft und unmäßiger Belastung der Untertanen mit Abgaben, Diensten und harten Strafen sind keineswegs als Stereotype abzutun. Denn für die Herrschaftspraxis preußischer Adeliger ist ein solches Verhalten belegt[30], das mag den Dohnas, die sich lange in den westlichen Reichsteilen aufgehalten hatten, aufgefallen sein. In den religiösen Begründungen ist die kalvinistische Argumentation zur Beziehung zwischen Herr und Untertan, von der der Segen der Hauses Dohna abhängt, erkennbar.[31] Eine Charakterisierung dieses Herrschaftsverständnisses mit dem Schlagwort „patriarchalisch" greift zu kurz, da die Dohnas ihre Herrschaft ausdrücklich nicht auf die Hierarchie Herr-Untertan beschränkten, sondern ihrerseits in ihre Beziehung zu den (adeligen) Nachbarn, zur Landesobrigkeit, vor allem aber in ihre Verantwortlichkeit gegenüber Gott einbanden. Es handelt sich also nicht um einen einlinigen hierarchischen Delegationszusammenhang, sondern um eine Position, die mehrfach durch Beziehungen zu den Mitchristen definiert wird. Die kalvinistische Frömmigkeit der Dohnas galt nicht nur für die Autoren des „Ewigen Testaments". Achatius II. (gestorben 1652) ging in seinem Testament so weit zu bestimmen, daß alles Gesinde, das „sechs bis acht Jahre treu im Hof gedient hatte, aus der Erbuntertänigkeit und Leibeigenschaft" entlassen werden solle.[32] Schließlich steht auch die Hospitalstiftung von 1680 in dieser Tradition.[33]

28 Ebd., 50.

29 Ebd., 53.

30 *Guddat,* Entstehung (wie Anm. 3), 295–313; zum Bauernlegen auf Groß Wolfsdorf s. *Hartmann,* Gross Wolfsdorf (wie Anm. 2), 37f.

31 Dies kommt noch deutlicher im Brüderlichen Vertrag von 1652 zum Ausdruck: „Der Allmächtige Gott dessen Väterliche Hülfe unsere einige Zuversicht ist, wolle Uns und Unsere Nachkommen, seegnen und erhalten, diese unsere Vereinigung durch seinen heiligen Geist bekräfftigen und auff unsere Kinder und Kindes Kinder fortpflanzen, und Gnade verleihen, dasz wir uns gegen Ihn unseren Schöpffer und Erlöser, gegen unsere Christliche Obrigkeit, gegen unsere benachbarte und arme Unterthanen, wie auch unter uns selbst also verhalten, und begehen mögen, dasz er einen gefallen daran haben, und wir sein geseegnetes Volck für ihm seyn mögen immerdar." Zitiert nach: *Dohna,* Aufzeichnungen (wie Anm. 13), T. 1, 120. – Vgl. hierzu *J.F. Gerhard Goeters,* „Föderaltheologie", in: Theologische Realenzyklopädie. Bd. 11. Berlin/New York 1983, 246–252. Für diesen Hinweis danke ich Heinz Schilling.

32 *Hartmann,* Gross Wolfsdorf (wie Anm. 2), 41.

33 Zum Hopital in Groß Wolfsdorf s. ebd., 64f.

Die Brüder waren sich der herrschaftspraktischen Probleme, die sich mit den dargelegten Prinzipien stellten, durchaus bewußt. So nahmen sie in den Teilungsvertrag von 1624 Regelungen zu Mobilität und Loskauf der Untertanen auf:

„Wofern auch zum Funfzehenden, es siech zutrüge, dasz eines Brudern oder Vettern knecht, oder Unterthan siech unter einen anderen Brudern, oder Vettern begeben v. daselbst einen Dienst oder Erbe annehmen solte oder wolte, hette derselbe Herr unter welchem er siech würde wollen setzen, solches bey dem Andren Brudern oder Vettern vnter welchem der Vnterthan vorhien gewesen, gebührlich zu suchen, welcher dan wofern er selber denselben Vnterthan nicht gar nöthig bedörffte es ihme nicht soll weigern; derselbe Knecht, oder Vnterthan aber soll dagegen schuldig sein, siech von seinem Erbherrn gebührlich abzufinden, der Erbherr auch wegen des loszkauffens, siech billich erzeigen, v. ist aber bey diesem v. den vorigen Puncten in allewege von nöthen, dasz ein Jeder mitt, seinem gesünde, v. unterthanen, zu allen itzigen v. künfftigen Zeitten, also umbgehe, siech ihrer also gebrauche, undt sie der gebühr nach dergestaldt verhalte, damit nicht er selbsten etwa ursach gebe, entweder zu Verwüstung der Erbe, oder dasz sonsten ein oder der ander gedrungen würde, andere Herrschafft zu suchen, sondern es soll ein Jeder so woll von unsz, alsz unsere Nachkommen allezeit eingedenckt sein, dasz er von dem allerhöchsten seinen Dienern v. Unterthanen, nicht blosz alsz ein Herr, sondern vielmehr alsz ein Vatter vorgesetzet, sie demnach auch also weiszlich v. in der Furcht Gottes, zu regiren, damit er dessen gutte Rede, v. Andtwordt Jederzeit vor Gott v. dem Menschen geben könne.“[34]

Zeigt schon das dargelegte Herrschaftsverständnis der Dohnas einen durchaus landesherrlichen Habitus, so verstärkt sich dieser Eindruck im Blick auf die konkreten Herrschaftsordnungen, die sie ebenfalls 1624 erstellten. Mit der Willkür für alle Dörfer ihrer Herrschaft gelang den Grafen Dohna, was die herzogliche Verwaltung im 16. Jahrhundert vergeblich angestrebt hatte, nämlich eine einheitliche Regelung der dörflichen Verhältnisse durch eine „allgemeine“, d.h. gleichlautende Dorfordnung, die auch den Brandschutz, die Wald- und Holznutzung sowie Bestimmungen zum Feiern von Verlobungen, Hochzeiten und Kindtaufen einschloß.[35] Diese Dorfwillkür hatte also den umfassenden Anspruch, „gute Policey“ zu garantieren. Eine solche normative Vereinheitlichung der lokalen Verhältnisse lag sicher im Interesse einer rationellen Güterverwaltung, gleichwohl geht ein großer Teil der inhaltlichen Bestimmungen auf gemeindliche Willküren der Ordenszeit zurück[36], so daß die Willkür nicht nur als herrschaftliches Dokument zu lesen ist. Sie schreibt vielmehr in zentralen Teilen die bäuerliche Beteiligung an lokaler Herrschaft fest und ist damit Ausdruck einer Herr-

34 Brüderlicher Vertrag von 1624, in: *Dohna*, Aufzeichnungen (wie Anm. 13), T. 1, Urkunden-Buch, 72f.

35 Die Willküren der Dohna'schen Besitzungen. 11. November 1625, in: *Dohna*, Aufzeichnungen (wie Anm. 13), T. 1, 79–107; Neuauflage: Willkühr der sämtlichen Gräflichen Dohnaschen Güter, wie solche im Jahr 1626, von den Gebrüdern/Herrn Friederich, Fabian, Abraham, Achatius und Christoph, Burggrafen und Grafen zu Dohna verordnet, ist mit grobem Druck und die nach denen Landesherrlichen ergangenen und von Zeit zu Zeit eingeführten neuen Verordnungen sind mit kleinerm Druck angemerkt worden. Elbing, mit Preußischen Schriften 1750. – *Dohna*, Aufzeichnungen (wie Anm. 13), T. 1, 161 schreibt Fabian II. die Autorenschaft der Willkür zu. Für diese Vermutung könnte sprechen, daß Fabian II. zunächst zwar eine militärische Karriere begann, aber nach dem Tod des Vaters Achatius 1601 die Verwaltung der Dohnaschen Güter übernahm und etwas später Verwaltungserfahrung als Amtshauptmann gesammelt hatte.

36 *Heide Wunder*, Siedlungs- und Bevölkerungsgeschichte der Komturei Christburg (13.–16. Jh.). Marburg 1969, 238f.

schaftsform, an der die in der Gemeinde organisierten Bauern beteiligt waren. Wie dies im einzelnen ablief, läßt sich nicht nur „ex negativo" aus gerichtlichen Konfliktregelungen ermitteln. Die Serie von Willkürrechnungen des 17. und 18. Jahrhunderts, die die Termine des Verlesens der Willkür, die Tätigkeit des Schulzen und der Ratleute, die Einnahmen und Ausgaben der Gemeinde verzeichnen sowie manche Notizen zu Vorfällen in der Gemeinde enthalten, zeugt für eine eigene gemeindliche Praxis und das Eigenleben der Gemeinde.

Weitere Aufschlüsse über die Bedeutung der gemeindlichen Mitwirkung an der „öffentlichen Ordnung" in der Gutsherrschaft gibt die Gerichtsordnung für das gemeinsame Gericht der Dohnas in Deutschendorf.[37] Sie liegt mir zwar erst in einer Fassung von 1710[38] vor, doch sind die genauen Bestimmungen über die Teilnahme der dörflichen Gerichtspersonen umso wichtiger.[39] Darüber hinaus gibt die Gerichtsordnung weitere Aufschlüsse, die für die Untertanen von Bedeutung waren: Die Amtleute sollten sich nicht in die Justiz mischen, sondern sich auf „Polizey und Ordnung" beschränken (Punkt 5), d.h. es ging um die Trennung von Justiz und Verwaltung. Auf den Vorwerken allerdings gab es „Beigerichte" über die Hausgenossen (Punkt 6). Die Strafgelder, die der Herrschaft hieraus zukamen, sind z.B. in der Jahrrechnung der Gebiete Reichertswalde und Lauck für die Jahre 1710/11 unter dem Titel „An Straffen. Außer Gericht erkant" verzeichnet.[40] Diese Bestimmungen deuten auf Kompetenzüberschreitungen, die innerhalb der herrschaftlichen Sphäre zu Konflikten führten, vor allem aber für die Untertanen Rechtsunsicherheit, wenn nicht gar Willkür bedeuten konnten. Die in den Herrschaftsordnungen institutionalisierte Mitwirkung der Untertanen bedarf also der Überprüfung durch die präzise Untersuchung der Herrschaftspraxis.

3. Aspekte gutsherrschaftlicher Ökonomie am Beispiel der Gebiete Reichertswalde und Lauck um 1700

Der große Dohnasche Besitzkomplex, der im 16. Jahrhundert entstanden war, blieb bis zur Bildung der Fideikommisse Anfang des 18. Jahrhunderts zwar ein Gesamtlehen, wurde aber beginnend mit der Teilung 1624 zunehmend auch gesondert verwaltet. Für die nunmehr kleineren Gutsherrschaften ist von einer größeren Präsenz der Herrschaft vor Ort auszugehen, ein Faktor, der durchaus von Bedeutung für die Gestaltung der Beziehungen zwischen Gutsherr und Untertanen sein konnte. Für eines der Dohnaschen Gebiete, die Gutsherrschaft Reichertswalde-Lauck unter Graf Christoph-Friedrich (1652–1734), erlauben es die Quellen, Einblicke in die Gutsherrschaftsgesellschaft zu gewinnen. Die exemplarische Auswertung von „Jahrrechnungen" soll dieses Terrain sondieren.

Seit 1688 befanden sich die Gebiete Reichertswalde und Lauck im Besitz von Christoph-Friedrich. In Lauck und auf Samrodt[41] hatte er bereits 1668, nach dem Tod seines Vaters

37 Seine Größe und Organisation wurde Ende des 18. Jahrhunderts als vorbildlich für die Reform der ländlichen Gerichte angesehen: *Stein,* Die Umwandlung (wie Anm.8), 192f.

38 DR Nr. 6.

39 Zur Gerichtsverfassung in den adeligen Gutsherrschaften: *Friedrich-Wilhelm Henning,* Herrschaft und Bauernuntertänigkeit. Beiträge zur Geschichte der Herrschaftsverhältnisse in den ländlichen Bereichen Ostpreußens und des Fürstentums Paderborn vor 1800. Würzburg 1964, 97–103.

40 DR Nr. 9.

41 Die Samrothschen Güter (etwa 130 Hufen) wurden 1647/1648 mit 24000 Talern aus den Mohrung-

Fabian III., die Nachfolge angetreten, während das zunächst an Friedrich III. (d. Ä.), den jüngeren Bruder seines Vaters, gefallene Reichertswalde erst nach dessen Tod an ihn kam, da dieser ohne männliche Leibeserben gestorben war. Anders als seine „Vettern“, die außer Landes weilten, verwaltete er seine Güter selbst, nicht zuletzt weil er im Unterschied zu ihnen und zu seinem großen Leidwesen[42] nicht über Einnahmen aus besoldeten Ämtern oder militärischen Diensten[43] verfügte. Schon sein Vater Fabian III., der als Landrat und Hauptmann von Mohrungen Ansprüche auf Besoldung besaß, war in Schwierigkeiten geraten, als die Besoldung ausblieb und seine Besitzungen im Schwedisch-Polnischen Krieg zu leiden hatten.[44] Friedrich III., der als schlechter Haushalter in die Familiengeschichte eingegangen ist[45], hinterließ Reicherswalde überschuldet, so daß es eigentlich an die Gläubiger fallen sollte, was jedoch durch kurfürstliches Eingreifen verhindert wurde.[46] Christoph-Friedrich unternahm alle Anstrengungen, die hohe Schuldenlast zu vermindern: Schon Ende der 1680er Jahre erwog er den Verkauf der Samrothschen Güter, ein Plan, der in mehreren Etappen ausgeführt wurde[47]; 1697 bot er gar Lauck seinem Vetter Friedrich-Christoph in Karwinden an[48], und 1701 verkaufte er tatsächlich den Komplex Schwöllmen, Peiskam, Glubenein und Schönborn für 14500 Reichstaler an den Vetter Christoph auf Schlodien.[49] Die Ergebnisse seiner Kreditpolitik lassen sich im „Brüderlichen Vergleich“ von 1720 nachlesen, der die einzelnen Besitzteile weiterhin belastet zeigt, da neben den Krediten alle Berechtigungen der überlebenden Söhne und Töchter auf sie eingetragen waren.[50]

Es bleibt also zu ermitteln, welche Einkommensquellen Christoph-Friedrich sich erschloß, um z.B. seine häufigen Reisen zu finanzieren[51] oder um einen „Vorschuß“ in die Gutskasse[52] zahlen zu können. Regelmäßige Einkünfte konnte er an Zinsen von den Mohrungschen Kapitalien (1918 fl) und den Wendenschen Geldern (2000 Reichstaler)[53] erwarten[54], während Mitgift und Erbe seiner beiden Ehefrauen Gräfin Johann-Elisabeth von der Lippe (1653–1690

schen Kapitalien gekauft: *Dohna,* Aufzeichnungen (wie Anm. 13), T. 2, 174f, 266; T. 3, 207.

42 Ebd., T. 2, 183; T. 3, 37.

43 Bis zu seiner Vermählung mit Gräfin Johanna-Elisabeth von der Lippe befand er sich in militärischen Diensten in den Niederlanden, ließ sich aber danach auf Samroth nieder. Erst 1700 lebte er ständig auf Reichertswalde: Ebd., T. 3, 107.

44 Ebd., T. 2, 113; T. 3, 36: Christoph-Friedrich bezifferte die ausstehenden Bestallungsgelder 1684 auf 12834 Taler. 1690 erhielt er schließlich die Hälfte, 6417 Taler, ausgezahlt.

45 Ebd., T. 2, 183f. Es gab auch Probleme mit dem Vermögen seiner Frau Marie Luise v. Kreytzen (ebd. und T. 3, 38f).– Die Jahrrechnung für Reichertswalde von 1644/45 hat er jedoch überprüft, wie seine Unterschrift auf der letzten Seite bezeugt. (DR Nr. 260). In welcher schlechten Einnahmesituation er sich befand, zeigt die Gegenüberstellung von fälligen und tatsächlich geleisteten Geld- und Getreidezinsen.

46 *Dohna,* Aufzeichnungen (wie Anm. 13), T. 3, 39.

47 Ebd., T. 3, 40, 207.

48 Ebd., T. 3, 111.

49 *Germershausen,* Siedlungsentwicklung (wie Anm. 12), 294.

50 *Dohna,* Aufzeichnungen (wie Anm. 13), T. 3, 392–394.

51 Auch *Dohna,* Aufzeichnungen (wie Anm. 13), T. 3, 40 wunderte sich, daß Christoph-Friedrich trotz seiner finanziellen Nöte häufig auf Reisen ging; für mögliche Gründe s. ebd. S. 107.

52 In der Jahrrechnung 1710/11 handelte es sich um 1184 fl 3 gr 6 pf: DR Nr. 9.

53 *Dohna,* Aufzeichnungen (wie Anm. 13), T. 1, 118.

54 Hierzu *Dohna,* Aufzeichnungen (wie Anm. 13), T.1, 87–89; T. 2, 266–269.

oder 1691) und Gräfin Elisabeth-Christine Leiningen-Hartenburg (1653–1707)[55] jeweils einmalige Zahlungen waren. Die Einnahmen aus den Gütern erhielten angesichts dieses eingeschränkten wirtschaftlichen Handlungsrahmens einen hohen Rang im Kalkül Christoph-Friedrichs. Einblicke in die Wirtschaftsführung, in die Struktur der Einnahmen und Ausgaben, vermitteln die von den Amtleuten vorgelegten „Jahrrechnungen" (im folgenden JR), unter denen das Jahr 1710/11[56] ausgewählt wurde; die ‚narrative' Buchführung des Amtmanns Johannes Hoff gibt neben der Bestandsaufnahme für das Wirtschaftsjahr 1710/11, das vielfach von den Auswirkungen der Pest geprägt war, rückblickend viele Hinweise auf die Bewirtschaftung der Güter seit 1690, also einen Zeitraum von zwanzig Jahren. Punktuell werden die JR von 1644/45, 1680, 1689 und 1690 für die ‚Erfolgskontrolle' herangezogen.[57] Somit läßt sich erkunden, welche Strategien der Gutsherr verfolgt, um die für ihn günstigste Form der Gutswirtschaft zu finden.[58] Welche Kosten konnte Christoph-Friedrich tatsächlich aus den gutswirtschaftlichen Einkünften begleichen, welche nicht? Gab er den Druck, unter dem er stand, an seine Untertanen weiter? Entsprachen seine Maßnahmen den bislang für die ostelbische Gutswirtschaft postulierten Kriterien?[59]

Die JR 1710/11 entwirft folgendes Bild der Gutsherrschaft. Die Gebiete Reichertswalde und Lauck waren etwa gleich groß, was die Zahl der bäuerlichen Hufen und die Zahl der Bauern angeht. Zu Reichertswalde gehörten die Dörfer Reichertswalde, Silberbach, Goldbach und das 1707 neu angelegte Abrahmsheide mit insgesamt 170 Hufen und 46 Bauern sowie die Vorwerke in Reichertswalde (37 Hufen), Inrücken (7 1/2 Hufen), Gottsgabe (7 Hufen 20 Morgen) mit insgesamt 52 Hufen, 5 Morgen 200 Quadratruten, zu Lauck die Dörfer Lauck, Seepothen, Ebersbach mit 175 Hufen und 49 Bauern sowie die Vorwerke Liprode (8 Hufen) und Kagenau (14 Hufen) mit zusammen 22 Hufen.[60] Recht unterschiedlich war jedoch die naturräumliche Ausstattung der beiden Gebiete, wie die Boden- und Ertragsbeschreibungen der Vorwerke in den Jahrrechnungen[61] sowie die Taxierung der Güter bei der Aufteilung unter die Söhne von Christoph-Friedrich 1720[62] ausweisen: Eine Reichertswälder Hufe wurde mit

55 Zur Heiratspolitik: Ebd., T. 3, 107. Das Erbteil der Elisabeth-Christine betrug 30000 Taler, die anscheinend vor 1701 gezahlt wurden: ebd., 114.

56 DR Nr. 9.

57 Vgl. Anm. 25.

58 Welche Rolle dabei die Amtleute spielten, ließe sich ermitteln, wenn z.B. die im Inventar der JR aufgeführte Instruktion für den Amtmann Höpffner aus dem Jahr 1691 aufgefunden würde. In den Jahren 1694–1701 hatte nach Ausweis des Inventars der JR 1710/11 der Hofschreiber Teichert die Jahrrechnungen geführt.

59 Zur Diskussion der verschiedenen Ansätze vgl. *Werner Troßbach*, Bauern 1648–1806. München 1993, 6–12.

60 Erst 1652 kamen Kagenau zu Lauck und Seepothen zu Reichertswalde: *Dohna*, Aufzeichnungen (wie Anm. 13), T. 1, 118. – Eine vergleichbare Größe wiesen die Friedrichsteiner Güter um 1700 auf: *Dönhoff*, Entstehung (wie Anm. 9), 29.

61 In Reichertswalde und Inrücken waren die Böden „schlauffkicht" und nur hin und wieder „grandicht „ [sandig], in Gottsgabe sehr steinig, kalt und schlauffkicht. Bessere Böden gab es dagegen im Gebiet Lauck, wo auch mehr Weizen angebaut wurde. Zu den Böden und Erträgen in Preußen s. *Caspar Hennenberger*, Erclerung der Preüssischen grössern Landtaffel oder Mappen. Königsberg in Preussen 1595, 1.

62 *Dohna*, Aufzeichnungen (wie Anm. 13), T. 3, 395.

570 fl bewertet, eine Laucker Hufe hingegen mit 700 fl. Bereits 1622 wurde im Brüderlichen Vertrag festgestellt, daß vom „hoff Reichertzwalde samb dehne darzu gehörige Polnische Dorffschafften v. unterthanen" nur „ein fast geringes auskommen zu nothdürftigen unterhalt zu erwarten".[63] Schließlich zeigen die Ortsbeschreibungen der JR den Stand der Besiedlung der Besitzungen. Es werden nicht allein viele wüste Hufen genannt, sondern auch die Bauern waren z.T. mit mehr Hufen ausgestattet, als sie intensiv bewirtschaften konnten, wie z.B. in Goldbach. Zur Gutsherrschaft gehörten neben den Dörfern und Vorwerken noch 38 Hufen 1 Morgen Wald sowie 17 Teiche, 3 Teichstätten, 6 Heller und 3 Flüsse, die detailliert mit ihren Nutzungen beschrieben werden. Ebenfalls gesondert aufgeführt sind die Vorwerkswiesen mit hohen Heuerträgen.

Die JR verzeichnet an Geldeinnahmen 18133 Gulden 15 Groschen 12 Pfennige[64], mit dem Rest (= Rückstände) vom vorhergehenden Rechnungsjahr 19208 fl 2 gr 13 pf, auf der Ausgabenseite 17539 fl 28 gr und 16 1/2 pf, so daß ein Überschuß von 1668 fl 6 gr und 14 1/2 pf blieb.[65] Die Auswertung der Geldeinnahmen und -ausgaben bereitet erhebliche methodische Schwierigkeiten. Die Einnahmesummen werden „unbereinigt" aufgeführt, und die Trennung der Geldrechnung von den Bestandsbilanzen für Getreide und Vieh ist keineswegs konsequent durchgehalten. Ebenso erschwert die Systematik der Ausgabenerfassung die Trennung der herrschaftlichen Ausgaben von den laufenden Kosten der Gutsherrschaft und Gutswirtschaft. Die folgenden Zusammenstellungen können gleichwohl einen ungefähren Eindruck von der Verteilung der Einnahmen und Ausgaben vermitteln, um den Stellenwert der Gutswirtschaft für die Ökonomie des Grafen konkreter zu fassen.

Die baren Einnahmen werden hier im Hinblick auf die Einnahmestruktur (1), die baren Ausgaben auf den Anteil der herrschaftlichen Lebenshaltung im Vergleich mit Besoldung, Löhnen, Investitionen und einer Reihe höherer Betriebskosten auf den Vorwerken (2) ausgewertet, anschließend wird die Einkommenssituation der Untertanen erörtert (3). Eine betriebswirtschaftliche Analyse ist hier nicht beabsichtigt.

(1) Übersicht der wichtigsten baren Einnahmen:

1. Zinsen			
Hufen- und Krugzinsen			9814 fl
Lauck	7316 fl		
Reichertswalde	2498 fl		
von öden und wüsten Hufen			509 fl
Haus- und Handwerksgeld			256 fl
Lauck	196 fl	15 gr	
Reichertswalde	59 fl	5 gr	

63 *Dohna*, Aufzeichnungen (wie Anm. 13), T. 1, Urkunden-Buch Nr. 17, 59. Im benachbarten Amt Pr. Mark sind ebenfalls polnische Bauern nachgewiesen: *Heide Wunder*, Siedlungs- und Bevölkerungsgeschichte der Komturei Christburg (13.–16. Jh.). Marburg 1969, 245–252; *Germershausen*, Siedlungsentwicklung (wie Anm. 12) erwähnt keine polnischen Siedler.

64 Im folgenden steht für Gulden fl, für Groschen gr und für Pfennig pf.

65 Im Prinzip folge ich den Summierungen der JR, ohne sie im einzelnen zu überprüfen. – Ein Vergleich mit der Einnahmen-Ausgaben-Situation vorhergehender Jahre ist auf der Grundlage der mir zur Verfügung stehenden Jahrrechnung nur begrenzt möglich, da die Berechnungsgrundlagen, sowohl der Umfang der Besitzungen (s. Anm. 72) als auch die Abgabenstruktur, nicht identisch sind.

2. Verkäufe				
Krug-, Speis- und Tafelbier			2381 fl	24 gr
Getreide			67 fl	21 gr
Vieh, Weide- und Mastgeld			203 fl	
Vieh	98 fl	20 gr		
Weidegeld	24 fl	10 gr		
Mastgeld	100 fl			
Honig, Holz, Elendshäute			79 fl	
„gemeine Felle"			138 fl	
Flachs			426 fl	
Ziegel und Kalk			326 fl	24 gr
Häuser			25 fl	
3. Pacht				
Gänse- und Hühnerpacht			80 fl	
Kuhpacht von 3 Vorwerken			1468 fl	
Arrende Vorwerk Liprode einschließlich Kuhpacht			450 fl	
4. Loskaufgelder, Strafgelder			487 fl	16 gr
Loskaufgelder	330 fl			
Strafgelder	157 fl	16 gr		

Von den Geldeinnahmen kamen also knapp 55% von den Hufen- und Krugzinsen der Dörfer. Die zweithöchste Summe stammte aus dem Verkauf von Bier (Krug-, Speis- und Tafelbier). Dabei ist zu bedenken, daß die Krüger, aber auch die Bauern[66] verpflichtet waren, ihr Bier von der Herrschaft zu beziehen, d.h. die Herrschaft schuf sich selbst ihren Markt. Die Braugerste wurde auf den Vorwerken mit einem hohen Anteil an bäuerlichem Scharwerk angebaut; Gerste war das Getreide, das die besten Erträge brachte (bis 1:5), während das Jahr 1710/11 für Roggen und Hafer mit z.T. nur wenig mehr als dem 1. oder 2. Korn eine Mißernte gebracht hatte. Schließlich erfolgte auch der Hopfenanbau durch bäuerliches Scharwerk: 1710 wurde diese Arbeit dem gesamten Laucker Gebiet auferlegt. Der hohe Stellenwert des Biers für die herrschaftlichen Einnahmen erklärt – wegen des Gersteverbrauchs – jedenfalls zu einem Teil die geringe Summe aus Getreideverkäufen. Die Geldausgaben für Getreide zeigen vielmehr sogar einen Zukauf, nicht nur für den im herrschaftlichen Haushalt verbackenen Weizen, der mit 525 fl den Verkauf um ein Vielfaches übertraf. Selbst die Gänse- und Hühnerpacht überstieg die Getreideverkäufe.

Bei aller Vielfalt der Einnahmequellen fällt auf, daß bestimmte Posten fehlen: z.B. Wolle und Schafe[67], aber auch die Einkünfte aus dem Verkauf der Holzkohle, die der Köhler gegen 36 gr aus 14 Klaftern Holz gebrannt hatte, und von der Asche aus Abrahams Wald. Offensichtlich gelangten die nicht unerheblichen Einnahmen von Holzkohle und Asche direkt in die gräfliche Kasse, da die Waldwirtschaft in Preußen unternehmerisch und nicht gutswirtschaftlich organisiert war.[68] Tatsächlich werden im Inventar der JR ein Vertrag, den der Graf 1693 mit „Hern Miehewald" aus Mohrungen wegen der Aschebrennerei in den Reicherts-

66 Im Inventar der JR befand sich eine Verordnung, wieviel „Festbier" die Dorfschaften zu kaufen hatten.

67 Die verkauften Schaffelle stammten von gekauften Schlachttieren.

68 *Friedrich Mager,* Der Wald in Altpreußen. Bd 2. Köln 1960, 36–63.

walder und Samrodter Wäldern geschlossen hatte, sowie zwei Kontrakte ohne Jahr mit Herrn Saduwald von Mohrungen und Greger von Gottsgabe wegen Aschenbrennerei aufgeführt. Die Einkünfte waren erheblich: Die JR 1689 verzeichnet 924 fl, die JR 1690 sogar 1300 fl.[69] Über das Fehlen der Schafhaltung könnte ebenfalls ein Dokument im Inventar Auskunft von 1710/11 geben: 1687 wurde ein Vertrag mit dem Schäfer in Schwöllmen abgeschlossen. Wahrscheinlich war die Schafhaltung damals auf diesem entfernt von den Zentren Lauck und Reichertswalde gelegenen Vorwerk konzentriert: Die JR 1690 verzeichnet Einnahmen aus der Schafpacht (36 fl) und aus dem Verkauf von Wolle nach Elbing (117 fl 8 gr). Da Schwöllmen zusammen mit Peiskam, Glubenein und Schönborn, den anderen Gütern dieses Besitzkomplexes, im Jahr 1701 von Christian-Friedrich an seinen Vetter Christoph auf Schlodien verkauft wurde, gehörten diese Güter 1710/11 nicht mehr zur Herrschaft Reichertswalde-Lauck[70]; es gab aber weiterhin wirtschaftliche und wohl auch persönliche Beziehungen, wie der Kauf von Weizen aus diesen Orten und die Unterstützung aus Schönborn während der Pest belegen.

Aus diesen „Leerstellen“ darf wohl gefolgert werden, daß die Einnahmen aus den Nutzungen der Gebiete Reichertswalde und Lauck in der JR nicht vollständig erfaßt werden und daß bestimmte Einnahmen direkt an den Grafen gingen, ohne daß deren Höhe erkennbar wird.

Die Struktur der Geldeinnahmen stellt sich nach Ausweis der JR wie folgt dar: Über 60% kamen aus Zinseinnahmen sowie den Loskauf- und Strafgeldern. Aus dem Verkauf von Produkten, die mit bäuerlichem Scharwerk angebaut wurden – Bier, Flachs und Getreide –, stammten fast 16%, 8,5% aus der Kuh- und Geflügelpacht, 2,5% aus der Arrende eines Vorwerks und 1,8% aus dem Verkauf von Ziegelsteinen und Kalk. Trotz aller Unsicherheiten in der Berechnung zeichnet sich ab, daß gängige Thesen zur Gutswirtschaft hier nur modifiziert greifen. In der Gutsherrschaft Reichertswalde-Lauck standen – jedenfalls um 1700 – die Zinseinkünfte aus den Dörfern nicht allein an erster Stelle, sondern machten auch mehr als die Hälfte der Geldeinnahme aus.

Die Zusammensetzung der baren Einnahmen im Jahr 1710/11 entsprach keineswegs derjenigen, die zur Zeit des „Ewigen Testaments“ von 1621 bestand, als die Grafen Dohna den Nachfahren auftrugen, die Zinse nicht zu erhöhen. Sie ist vielmehr das Resultat einer Reihe von Neuerungen, die in der JR von 1710/11, beginnend mit dem Jahr 1690, belegt sind. Sie betrafen die Relation von Vorwerken und Bauern sowie das Verhältnis von Geld-, Natural- und Dienstleistungen der bäuerlichen Untertanen und bewirkten die Neuverteilung von Arbeit zwischen den verschiedenen Untertanengruppen.

Von den sechs Vorwerken, die insgesamt 91 Hufen umfaßten, wurde Lauck im Jahr 1690 aufgegeben und die 15 separierten Vorwerkshufen an die Laucker Bauern als Zinshufen vergeben.[71] Ebenfalls mit Zinsbauern besetzt wurden die 12 Hufen des wüsten Gutes Kagenau. Liprode mit 8 Hufen pachtete der dortige Hofmann mit einem Besatz von 8 Arbeitspferden und 24 Milchkühen.[72] Da es im Laucker Gebiet keine Vorwerke mehr gab, die zu bescharwerken

69 DR Nr. 12 und 13.

70 *Germershausen,* Siedlungsentwicklung (wie Anm. 12), 294.

71 In der JR 1690 (DR Nr. 13) gaben die 15 Bauern 450 fl sowie je einen Scheffel Weizen, Roggen, Gerste und Hafer als Pfluggetreide.

72 Die 1701 verkauften Güter Schwöllmen, Peiskam, Glubenein und Schönborn waren ebenfalls in die Neuorganisation miteinbezogen: JR 1710/11, Inventar Nr. 4 und 5.

waren, kam es zu einer Neuregelung der bäuerlichen Leistungen. Die Bauern wurden auf hohen Zins gesetzt und zahlten wegen der starken Minderung des Scharwerks 45 fl je Hufe[73]; auf diese Weise kam die hohe Summe an Geldzinsen zustande. Die bislang jährlich geforderten Getreidefuhren nach Elbing wurden in eine Fahrt nach Königsberg und kurze Fuhrzechen umgewandelt.

Die Neuerungen im Gebiet Reichertswalde verfolgten einen anderen Kurs, indem die Vorwerke nicht nur erhalten, sondern sogar ausgebaut wurden. Das große Vorwerk beim Herrschaftsseitz, dem „großen Haus", umfaßte 37 Hufen; Inrücken wurde erst in diesem Zeitraum zum Vorwerk ausgebaut (1710/11: 7 1/2 Hufen), und Gottsgabe, dessen 7 Hufen 20 Morgen 1696 von Goldbach abgetrennt worden waren, wird 1710/11 als „neues Vorwerck" bezeichnet. Während in Lauck Vorwerk und Dorf bereits separiert waren, geschah diese Trennung in Reichertswalde erst 1695, vermutlich als eine Form der Rationalisirung der Scharwerksarbeit: Auf den nicht mehr mit den bäuerlichen Hufen im Gemenge liegenden Vorwerkshufen ließ sich das Scharwerk besser organisieren und kontrollieren. In der im Jahr 1700 erfolgten „neuen Einteilung" traten gemessene Dienste an die Stelle des täglichen Scharwerks. Doch ging die Reduktion des Scharwerks nicht so weit wie in Lauck, so daß der „hohe Zins" nur 20 fl je Hufe betrug. Wie in Lauck ging aber auch hier das Pfluggetreide in die Summe des Geldzinses ein.[74] Damit gab es bei den herrschaftlichen Abgaben der Bauern keine Naturalleistungen mehr.

In den Neuerungen zeichnet sich eindeutig die Tendenz ab, die baren Einnahmen zu steigern. Dem diente nicht allein die differenzierte Behandlung der Bauern in den beiden Gebiete, von denen Lauck die besseren Böden und die günstigeren Verkehrsverbindungen nach Pr. Holland und Elbing besaß, so daß hier der „hohe Zins" lohnender schien. Auch die Verarrendierung des Vorwerks Liprode sowie die Verpachtung der Milchwirtschaft in Reichertswalde, Inrücken und Gottsgabe sowie die Anlage von Zinsdörfern auf Vorwerksland stützen diese Interpretation. Zur direkten Monetarisierung der Einkünfte aus den herrschaftlichen Besitzungen kam die Schwerpunktbildung in der Nutzung des bäuerlichen Scharwerks für solche Produkte, die sich gut verkaufen ließen, sei es Bier, sei es Flachs[75] oder Holzkohle.

Daneben läßt sich eine weitere Strategie zur Steigerung der Einkünfte erkennen, die Kostenvermeidung. Daß die Bauern während des Scharwerks, abgesehen vom Bier für die Laucker Roder, keine Verköstigung erhielten, gewinnt hier seine Bedeutung, denn die Verköstigung hätte neben den Kosten der Lebensmittel zusätzlichen Arbeitsaufwand, d.h. Arbeitskräfte, bei der Zubereitung der Speisen und mit dem Aufs-Feld-Bringen bedeutet.[76] Allerdings belegt die JR die Ausgabe von Krug- und Speisebier an die Bauern für Augst- und Zinsbier sowie an ihre Knechte für Augst- und Stoppelbier, doch handelt es sich hier wohl um

73 Sie rodeten 6 Tage im Jahr, verrichteten Arbeiten für die Holzversorgung und wurden zu Jagddiensten herangezogen.

74 1690 war in Lauck neben dem hohen Zins von 30fl je Hufe noch Pfluggetreide fällig: s. Anm. 71.

75 1710/11 brachten 17 Scheffeln 35 Stof ausgesäter Lein einen Ertrag von 140 Stein Flachs, wovon 106 1/2 Stein dem Kaufmann Schröter in Elbing verkauft wurden. In den Hof Reichertswalde wurden 40 1/2 Stein zum Hecheln geliefert, dessen Ertrag dann von den Bauern und Handwerkern z.T. als Scharwerk, z.T. in „freier Lohnarbeit" versponnen wurde.

76 Vgl. für Schlesien das Urbarium für Zedlitz (Kr. Steinau) bei *August Meitzen*, Urkunden schlesischer Dörfer. Breslau 1863, 334f.

das bei der Ernte und der Zahlung des Zinses übliche von der Herrschaft spendierte „Festbier“.[77]

Ob der Gesindezwangsdienst, durch den Arbeitskräfte hätten ‚billig‘ rekrutiert werden können, eine Rolle spielte, läßt sich aus der JR nicht erkennen.[78] Angesichts der dargestellten Versuche, möglichst viel Land mit Zinsern zu besetzten, um das herrschaftliche Einkommen durch hohen Zins zu steigern, ist jedoch eher davon auszugehen, daß die Herrschaft bei der Verteilung der Untertanen den Zinsbauern gegenüber dem Gesindezwangsdienst auf den Vorwerken den Vorzug gab. Dem entspricht die Praxis der Neuanlage von kleinen Vorwerken, die mit dem Scharwerk der ebenfalls kleinen neuen Zinsdörfer bearbeitet wurden. Gegen die Tendenz zur Minimierung der transaction costs scheint zu sprechen, daß nicht alle Scharwerksarbeit unentgeltlich geleistet wurde: So erhielten die Laucker für die Rodearbeit im Reichtertswalder Gebiet eine Verminderung ihres Hufenzinses um 1 fl und für ihre Arbeit im Hopfengarten je Wirt 12 gr.[79] Auch die Spinnarbeit der Bauern und der Handwerker wurde mit 20 gr für 1 Schock (= 60 Stück) Garn entlohnt.[80] Da es sich aus der Sicht der Herrschaft um wichtige Arbeiten handelte, ist davon auszugehen, daß diese Bezahlung für sie immer noch günstiger als „freie Lohnarbeit“ war.

Die bisher dargestellten Neuerungen zeigen das Bestreben, das Geldeinkommen durch direkte und indirekte Monetarisierung der bäuerlichen Leistungen zu steigern. Das Kalkül der Gutsherrschaft geht jedoch erst auf, wenn geklärt werden kann, wer auf den Vorwerksfeldern die Arbeiten verrichtete, von denen die Bauern entlastet wurden. Explizit benannt werden „volck“ und Gespanne „außm Hof“ für Inrücken und Gottsgabe sowie die Rotteien (Pflugknechte) in Reichertswalde und Inrücken. In Inrücken und Gottsgabe war Hornschoß für jeweils 4 Pferde zu zahlen, in Reichertswalde für 42 Pferde, zu denen jedoch auch die Pferde im Reitstall des Grafen sowie die 22 Tiere des Gestüts gehörten.[81] Zum Hofvolk zählten in Reichertswalde, Inrücken und Gottsgabe Knechte, Mägde und Hirten[82], des weiteren in Reichertswalde 5 und in Inrücken 2 Rotteien. Umfang und Qualität der von ihnen verrichtetten Arbeiten läßt sich komplementär aus der Beschreibung des bäuerlichen Scharwerks für Reichertswalde ermitteln.

77 Das Augst- und Zinsbier betrug für die Reichertswälder, Silberbacher und Goldbacher 3 Tonnen 100 Stof, für die Laucker gab es nur Zinsbier: 4 Tonnen 50 Stof; die Rotteien erhielten 25 Stof Augstbier; den Reichertswälder, Silberbacher und Goldbacher Knechten wurde beim Kornschlag ein Augst- und Stoppelbier in Höhe von 1 Tonne 25 Stof gereicht. – Weitere Termine für rituelles Biertrinken: Gebetsverhör in Inrücken, Abhören der Kirchenrechnung in Silberbach.

78 Aus dem Untertanenverzeichnis für die 1715 erworbenen Güter Stobnitten, Klein Hermenau und Hartwichs geht hervor, daß die Kinder von Gärtnern und Instleuten auf den Vorwerken, aber auch bei Bauern dienten. (DR Nr. 1, 77–81).

79 Die JR 1690 nennt ebenfalls Ausgaben für Roder (DR Nr. 13).

80 Ein Stück Garn entspricht 3245,76 Metern: berechnet nach *Stein*, Die Umwandlung (wie Anm. 8), 20–24. Dagegen gibt *Henning*, Bauerneinkommen (wie Anm. 16), 241, 9,7 km an. Der Unterschied kommt dadurch zustande, daß Henning 60 Gebinde auf ein Tall, Stein dagegen nur 20 Gebinde auf ein Tall rechnet.

81 Zum Vergleich: Liprode, das ohne Spanndienste auskommen mußte, verschoßte 8 Pferde.

82 Reichertswalde: 1 Großknecht, 1 Mittelknecht, 1 Hofjunge, 2 Mägde, 1 Gänsemargel und 1 Hirt; Inrücken: 1 Mittelknecht, 1 Mittelmagd, 1 Magd; Gottsgabe: 1 Hofknecht, 1 Hofjunge, 2 Mägde und 1 Hirt.

Die 37 Hufen des Vorwerks Reichertswalde sowie die dazugehörigen Wiesen wurden mit 32 Bauern aus Reichertswalde und Silberbach sowie 5 Rotteien und dem Hofvolk bescharwerkt. Nach der neuen Einteilung hatten die Bauern nur die Roggensaat ins Winterfeld einzubringen, Gerste und Hafer hingegen wurden ebenso wie Erbsen und wohl auch Lein dementsprechend von den 5 Rotteien mit den Knechten ausgesät. Dagegen oblag das gesamte Mistfahren, die Ernte und der Heuschlag den Bauern, während die Feldarbeiten nach der Ernte ebenfalls von Rotteien und dem Hofvolk erledigt wurden. Neben den Ackerarbeiten[83] gehörte noch das Dreschen mit jeweils zwei Personen sowie tägliches Scharwerk ebenfalls mit zwei Personen zu den Pflichten der Rotteien.[84]

Da die Bauern nur mehr einen Tag in der Woche Handscharwerk leisteten und in der Ernte ganz davon befreit waren, mußte auch hier Ersatz geschaffen werden. So erklärt sich, daß die meisten Handwerker in Reichertswalde, Silberbach und Goldbach zu Handdiensten in der Getreideernte (Korn zusammentragen oder Arbeit mit dem Rechen) und zu Arbeiten in der Scheune oder auf dem Getreideboden verpflichtet waren, aber auch Jagddienste verrichteten. Demgegenüber spielten Gärtner keine große Rolle: In Lauck, wo nach der Umwandlung der Vorwerks- in Bauernhufen auch der Zins der 4 Hofgärtner erhöht worden war, übernahmen diese Briefzechen nach Königsberg und mußten für Tagelohn (à 5 gr) zur Verfügung stehen[85]; ein Freigärtner war verpflichtet, Korn für die Saat auszudreschen.

Die Tendenz der Herrschaft, die Geldeinnahmen zu steigern und die Geldausgaben zu senken, läßt sich auch in diesem Arbeitsbereich zeigen. Hofgesinde, Hof- und Dorfhandwerker sowie Gärtner und Rotteien erhielten einen Lohn, der sich aus Geld und Deputat (z.T. auch freie Wohnung) zusammensetzte, wobei das Geld den kleineren Teil ausmachte. Während das „Hofvolck" einschließlich der Rotteien anscheinend fest „angestellt" und sein Unterhalt gesichert war, zeigen die Formulierungen der Arbeitsverpflichtungen für Handwerker und Gärtner, daß es darum ging, sich Arbeitskräfte für einen eventuellen Bedarf zu sichern. So entstanden 1710/11 insgesamt nur Kosten für 266 Arbeitstage. Dementsprechend stammte ein wesentlicher Teil des Unterhalts aus der selbständigen Bewirtschaftung kleinerer Landstücke. Dieses System entlastete die Herrschaft davon, ganzjährig Gesinde zu halten, das nur für kurze Zeit gebraucht wurde.[86]

Die vergleichsweise große Zahl der Handwerker, die in den Häusern und Wohnungen der Herrschaft, aber auch in eigenen Häusern wohnten, entrichteten auch Handwerksgeld und z.T. Hauszins. Ihre konzentrierte Ansiedlung in den großen Dörfern und bei dem großen Vorwerk Reichertswalde läßt sich im Zusammenhang mit dem 1695 für Reichertswalde erteilten Jahrmarktprivileg sehen. Sie arbeiteten zu einem erheblichen Teil für den Bedarf der Herr-

83 Unter den Ausgaben für Handwerker werden Pflugscharen und Eggenzinken genannt, im Inventar der Höfe allerdings Ochsenpflüge.

84 Hier ist unklar, ob es nur um männliche Arbeitsbereiche ging oder ob ein Teil des täglichen Hofdienstes von den Ehefrauen oder erwachsenen Töchter übernommen wurde. Vgl. hierzu die Pflichten der Gärtner und Instleute auf den Friedrichsteiner Güter: *Dönhoff*, Entstehung (wie Anm. 9), 44.

85 Da sie nicht mehr zur Vorwerksarbeit verpflichtet waren, wurden auch sie auf „hohen Zins" gesetzt: 6 fl 15 gr.

86 Ähnlich verhielten sich die Arrendatoren: vgl. Hufenschoßprotokoll für Pfeilings (Geheimes Staatsarchiv Berlin, XX. HA Generalhufenschoß Pr. Holland 2).

schaft, die aber spezialisierte Handwerksarbeiten auch an Meister aus den umliegenden Städten vergab. Darüberhinaus ist durchaus an eine dörfliche Nachfrage zu denken.[87]

Ging das Kalkül des Grafen auf? Im Vergleich mit der JR von 1689/90 läßt sich eine Erweiterung der Wirtschaftsfläche feststellen: In den Dörfern waren mehr Hufen besetzt und das Reichertswalder Modell der Vorwerkswirtschaft auf zwei kleine Vorwerke übertragen worden, die mit der Kuhpacht zu den baren Einnahmen beitrugen und mit den Erträgen des Ackerbaus sowohl Braugerste als auch Getreide für das Deputat lieferten. Nominell erreichten die Einnahmen 1710/11 in etwa die des Jahres 1690 für das damals größere Gebiet. Ein weiterer Indikator für den Erfolg der Neuerungen könnte der Vorschuß des Grafen sein: 1710/11 lag er mit 1184 fl 3 gr 6 pf wesentlich niedriger als 1690 mit 4249 fl 19 gr.[88]

(2) Wie die folgende – nicht vollständige – Übersicht zeigt, entnahm Christoph-Friedrich für sich und seine Familie beachtliche Summen aus der Gutskasse.

5120 fl	6 gr	erhielten seine fünf Söhne und die beiden Töchter
2955 fl	28 gr	für Reisen des Grafen, Pferde, Wagen, Fracht und Kleidung seiner Domestiquen
63 fl	8 gr	Arztlohn und Medikamente für den Grafen
24 fl		2 Monate Hausmiete[89]
19 fl	6 gr	2 neue Hintergeschirre für die Gräfinnen in Pr. Holland
26 fl	10 gr	Pulver und Blei für die Jäger
36 fl		Jagdarrende im Amt Liebstadt
546 fl	17 gr 9 pf	Besoldung und Lohn der Bediensteten im „großen Haus“ in Reichertswalde[90]
623 fl	8 gr	„Lohnreste“
806 fl		für Zinsen vorzugsweise von Kirchen ausgeliehener Kapitalien
486 fl	2 gr	Briefporto und Postgeld[91]
272 fl	6 gr	„gewöhnliche Küchenausgaben“
266 fl	16 gr	für Ochsen und Kälber
202 fl		für Schafe
14 fl		für Kapaune
16 fl		für Kaffeebohnen
166 fl	6 gr	für „Gewürtz“, Pomeranzen usw
17 fl	13 gr	für süße und saure Milch, Schmand
111 fl		„uff die Haushaltung“
80 fl		Gänse- und Hühnerpacht an die Gräfinnen für den Haushalt[92]

87 Vgl. hierzu *Henning*, Herrschaft (wie Anm. 40), 156. Die Niederlassungsbeschränkungen für Handwerker auf den Dörfern setzten voraus, daß sie eine Konkurrenz für die städtischen Handwerker darstellten.

88 DR Nr. 13.

89 Während der Abwesenheit ihres Vaters wohnten die beiden Gräfinnen im August und September 1711 in Pr. Holland im Haus des verstorbenen Amtsschreibers Seeger.

90 Die Geldsummen enthalten in einigen Fällen Beträge für Kleidung und Deputat.

91 Auch von den Ausgaben für Zehrung und Botenlohn gehört ein großer Teil zu den gräflichen Ausgaben. Da sich jedoch nicht alle Posten eindeutig zuordnen lassen, werden sie hier nicht in die Berechnung einbezogen.

92 Unklar ist, ob der Wirklohn von 160 fl 17 gr 13 1/2 pf, der für Tafelleinen, Linnen, Drillich und Säcke an einen Leinenweber und drei Weberinnen gezahlt wurde, sowie der Spinnlohn von 128 fl 7 gr 9 pf hier einzubeziehen ist, da nicht gesagt wird, welchen Anteil die Gräfinnen neben dem Haushaltsbedarf und dem „Beschnitt“ für sich verwendeten.

58 fl	26 gr	1/2 Ohm französischer Wein
36 fl		3 Stein Talk
27 fl	4 gr	40 Pfund Wachs
12 fl	8 gr	für Seife
24 fl	17 gr	Gartensamen für den Gartniergarten
2 fl	6 gr	22 Blumentöpfe
39 fl	25 gr	Tagelohn (Garten, Mistbeet)
933 fl	7 gr 6 pf	für den Bau des Laucker Hofes

Insgesamt machten allein die hier aufgezählten Ausgaben 12986 fl 9 gr 15 pf aus, d.h. 71,6% der Geldeinnahmen. Gleichwohl fehlen größere Ausgaben, z.B. für die Kleidung des Grafen. In dieser Summe ist auch der Verbrauch von Getreide, Butter, Käse, Fischen, Honig, Branntwein, Schweinen, Frischfleisch nicht enthalten, da er z.T. aus den Beständen der Vorwerke entnommen wurde, z.T. in den Gesamtausgaben für Butter, Käse und Getreide enthalten ist, die für Deputat, Zugedinge und Ausspeisung der Handwerker getätigt wurden.

Der Gutsherr war offenbar in der Lage, aus den Geldeinnahmen einen hohen Anteil der laufenden Kosten für eine standesgemäße Lebenshaltung seiner Familie zu begleichen. Da große Summen „nach außen" gingen, war für die Ökonomie des Grafen die Kalkulationssicherheit zentral. Sie schien ihm offenbar durch die Monetarisierung seiner Ressourcen – Geldzins, Verpachtungen, Krugzwang – am ehesten gegeben. Sie machte ihn unabhängiger von wechselnden Erträgen und Marktbewegungen, selbst wenn er möglicherweise nicht den vollen Ertrag aus seinen Gütern realisieren konnte. Während dieses Problem für die Amtswirtschaften[93] und den Staatshaushalt bereits bearbeitet worden ist, fehlen Untersuchungen für die adeligen Gutsherrschaften, die auch die Rolle der Amtleute, der Hofleute und Arrendatoren berücksichtigen.

Gegenüber den Geldausgaben des Grafen nehmen sich die Geldausgaben für die laufenden Kosten der Gutswirtschaft und Verwaltung vergleichsweise bescheiden aus. Ich führe nur die größeren Posten sowie einige Beträge an, die die Vielfalt der Ausgaben dokumentieren können. Die präzise Benennung der Kosten für Handwerksarbeiten fehlt, obwohl ihre Bedeutung in der Vorwerkswirtschaft wie für die Lage der ländlichen und städtischen Handwerker erkennbar ist. Die Analyse der Buchführung über die Formen von handwerklicher Arbeit und ihre Entlohnung stellt große inhaltliche und methodische Probleme und bedürfen einer eigenen Untersuchung.

931 fl	9 gr	12 pf	Besoldung von Amtman, Hofleuten, Gesinde und Handwerker
12 fl	25 gr		Lohnreste
406 fl	2 gr	15 pf	Kontribution (ohne 2 fl Kopfgeld für die Person des Grafen)
214 fl			für die Anlage neuer Dörfer, Erben und Vorwerke
207 fl	27 gr		Elbinger Teichgräber für die Nutzbarmachung der Teiche
525 fl			für Getreide
336 fl	15 gr		für Butter
100 fl	22 gr	9 pf	für Käse
17 fl	19 gr	9 pf	Salz für die Tiere auf den Vorwerken
8 fl	2 gr		verschiedene Posten für Tiermedizin und Tierarztkosten
18 fl			Teer und Pech

93 *North,* Amtswirtschaften (wie Anm. 4), 76–78.

3 fl	17 gr	Wagegeld für den Flachsverkauf in Elbing
30 fl		Karpfensamen für die Fischzucht
117 fl		für das Hospital
14 fl	6 gr	„uff die schreiberey“
3 fl	15 gr	„den Ambts Landgeschwornen so die Untersuchung bey den verarmeten Pauren gethan“
47 fl		Nachlaß an der Kuhpacht für den Reichertswalder Hofmann wegen Krankheit (Pest) und Tod seiner Ehefrau

Die offensichtlichen Unterschiede in den Summen, die für die adelige Lebensführung und für die laufenden Kosten von Gutswirtschaft und Gutsherrschaft der Gutskasse entnommen wurden, deuten auf die strukturellen Unterschiede in der Konstruktion der jeweiligen Ökonomie: Die Ökonomie des Gutsherrn war orientiert am Ausgeben und Verbrauchen, die Ökonomie der Gutswirtschaft ausgerichtet auf Produzieren und Verteilen. Dementsprechend wurde zwar über die verschiedenen Wirtschaftsbereiche mit Einnahmen und Ausgaben abgerechnet, aber nicht im Hinblick auf Geld, sondern auf Bestände, deren Minderung und Mehrung. Während also die Geldausgaben einen guten Einblick in die Ökonomie des Grafen erlauben, müssen für die Ökonomie der Gutswirtschaft die Bestandsabrechnungen unbedingt einbezogen werden, um den Kalkulationen der Wirtschaftsbeamten folgen zu können. Hier sei wenigstens darauf aumerksam gemacht, daß die große Rolle von Deputat, Ausgedinge und Ausspeisung in der Abrechnung angesichts der eingeschränkten Möglichkeiten des Getreideexports durchaus eine rationale Handlungsweise darstellt, um Betriebskosten zu decken. Bezeichnenderweise wurden 1710/11 für solche Teile des Deputats, die wie Flachs und Leinwand einen Markt besaßen, nicht unerhebliche Summen aufgewandt, um beides von den Berechtigten abzulösen. Die Kriterien Geldwirtschaft-Naturalwirtschaft haben daher für die Analyse von Gutwirtschaft und Gutsherrschaft zwar instrumentellen Wert, besitzen aber keinen Erklärungswert.

(3) Ökonomie der Bauern

War bislang von der Ökonomie der Herrschaft die Rede, so frage ich nunmehr nach der Ökonomie der Bauern, da sie eine zentrale Rolle im herrschaftlichen Kalkül zur Erhöhung der Einnahmen aus der Gutsherrschaft spielte. Als Agent der Veränderungen und Neuerungen tritt, wie dies die Spezifik der Quellengruppe „Jahrrechnung“ kaum anders erwarten läßt, „die gnädige Herrschaft“ auf. Ob die Untertanen mit den Neuerungen des Grafen einverstanden waren oder nicht, ist nicht erkennbar. Daß die Strafgelder für Entlaufen und Widerspenstigkeit (Dienstverweigerung) mit diesen in ursächlichem Zusammenhang standen, kann nicht ohne weiteres gefolgert werden, da dergleichen auch anderswo ohne solchen Anlaß passierte. Auch die Untersuchung wegen der verarmten Bauern, für die die Amtslandgeschworenen 3 fl 15 gr erhalten hatten, läßt sich hier nicht heranziehen, da sie sich auf die Verarmung durch Pest und Mißernte bezog. Möglicherweise geht die Minderung des Hufenzinses in Reichertswalde von 60 fl für 3 Hufen „provisionaliter“ auf 55 fl „bis zu beßerung der Zeiten und ihres Vermögens“ auf diese Untersuchung zurück.

Aufschlußreicher für die Frage nach dem Handeln der Untertanen sind ihre Käufe bei der Herrschaft oder Verkäufe an die Herrschaft; denn die herrschaftlichen Neuerungen setzen ein bestimmtes Verhalten der Untertanen voraus, ansonsten wäre der Erfolg fraglich gewesen:

Den Untertanen wurde nicht nur zugemutet, sondern offenbar auch zugetraut, den erhöhten Zins aufbringen zu können, und zwar unter Bedingungen, die der Gutsherr für die Vermarktung seiner eigenen Erträge nicht für günstig hielt. Anders als bis zur Mitte des 17. Jahrhunderts stand der Beginn der Neuerungen im Zeichen der Agrardepression des ausgehenden 17. Jahrhunderts.[94] Dementsprechend hatte sich der Gutsherr einen neuen Markt aufgebaut, indem er an die Stelle des auf den Export orientierten Roggenanbaus die Gerste setzte, die sowieso am sichersten gedieh, und sich durch das Produktions- und Verkaufsmonopol für Bier hervorragend nutzen ließ. Diese Strategie war keineswegs neu, sie läßt sich in den herzoglichen Ämtern schon um 1600 nachweisen, jedoch noch nicht für die Adelswirtschaften.[95] Die zweite Neuerung, nämlich die Minderung oder Abschaffung des Scharwerks und die Einführung des „hohen Zinses" in Reichertswalde-Lauck, verbunden mit der Einstellung von Rotteien, wurde ebenfalls bereits seit Anfang des 17. Jahrhunderts auf den herzoglichen Amtswirtschaften praktiziert.

Die gängigen Interpretationen dieser Maßnahmen erscheinen mir nur zum Teil überzeugend. Es wird einerseits von der Verlagerung des Produktions- und Vermarktungsrisikos von der Herrschaft auf die Bauern gesprochen, andererseits von der damit gegebenen größeren Selbständigkeit des wirtschaftlichen Handelns für die Bauern, die aber zugleich als Zwang auf den Markt und damit als erhöhter Arbeitsdruck verstanden wird. Diese Interpretationen gründen sich auf die Analyse des Wirtschaftsgeschehens mit den Instrumenten der modernen Wirtschaftswissenschaften und sind sicher geeignet, bestimmte wirtschaftliche Strukturen und Trends in Richtung auf Marktwirtschaft zu erkennen und damit Maßstäbe für den intertemporalen und interregionalen Vergleich herzustellen.[96] Doch scheint mir fraglich, ob die Ertrags- und Rentabilitätsberechnungen, die für die Grundherrschaft ein treffendes Bild ergeben mögen, in gleicher Weise als für die Bauernwirtschaft maßgebend angesehen werden können, obwohl die Erhöhung des Zinses damit begründet war, daß die Minderung des Scharwerks den Bauern mehr Zeit für die Bestellung ihrer eigenen Feldern gebe, so daß sie höhere Erträge erwirtschaften konnten. Doch mit dieser Annahme ist noch wenig über tatsächliches bäuerliches Wirtschaften gesagt. Die Dimensionen in der Ermäßigung des bäuerlichen Scharwerks sind zwar erkennbar geworden, wenn auch nicht, wie z.B. in den Generalhufenschoßprotokollen, exakt in Tagen benannt.[97] Unbekannt ist, welchen Anteil ihrer Hufen die Bauern mit Getreide bebauten und mit welchen Erträgen sie rechnen konnten. Bei den für andere Landesteile vorliegenden Ertragsberechnungen handelt es sich um Modellrechnungen, die von geschätzten Relationen zwischen Aussaatmenge und besäter Fläche ausgehen.[98] Für Reichertswalde bietet sich die Orientierung an der Bestellung der Vorwerke an, auf denen Roggen, Gerste und Hafer dominierten, während für Lauck zusätzlich der Weizenanbau eine

94 *Michael North*, Abgaben und Dienste in der ostdeutschen Landwirtschaft vom Spätmittelalter bis zur Bauernbefreiung. Bestimmungsgründe für die langfristigen Substitutionsprozesse, in: Steuern, Abgaben und Dienste vom Mittelalter bis zur Gegenwart. Hrsg. v. Eckart Schremmer. Stuttgart 1994, 77–89, hier 81–83.

95 *North*, Amtswirtschaft (wie Anm. 4), 58–61.

96 Die Arbeiten von *Henning* (wie Anm. 4 und 16) dokumentieren die beeindruckenden Ergebnisse einer solchen Herangehensweise.

97 Geheimes Staatsarchiv Berlin, XX. Hauptabteilung, Generalhufenschoßprotokoll für Gillwalde 1717 (Amt Liebstadt 1 Special Protokolle, Bl. 11).

98 Vgl. z.B. *Henning*, Bauernwirtschaft (wie Anm. 96), 26–28; *North*, Amtswirtschaften (wie Anm. 4), 22f.; *Dönhoff*, Entstehung (wie Anm. 9), 56.

wichtige Rolle spielte. Es erscheint mir aber problematisch, die geforderten Hufenzinse allein in Getreidescheffel umzurechnen. Die Berichte der JR über den Kulturzustand der bäuerlichen Hufen sowie über Mißernten[99] sprechen eher dafür, von einem breiteren Wirtschaftsfeld der Bauern auszugehen, um zu ermitteln, welche Auswirkungen die Umwandlung von Arbeitsleistungen in Geldzinse für sie bedeutete. Hinzu kamen weitere Abgaben für Kontribution, Kirche und das Gericht. Waren sie bis an die Grenze ihrer Leistungsfähigkeit belastet oder blieben ihnen Spielräume?

Aus der JR 1710/11 ist ersichtlich, daß die Bauern Getreide, Vieh, Flachs an die Herrschaft verkauften. Es scheint, daß die Preise von der Qualität und vom Termin bestimmt wurden, nicht durch die asymmetrische Beziehung zwischen Herrschaft und Untertanen. Ich gehe davon aus, daß den Bauern neben den lokalen Absatzmöglichkeiten der Aktionsradius, der ihnen aufgrund ihrer Elbing- und Königsbergfuhren, der Botendienste nach Marienwerder und Danzig sowie der Kornlieferungen nach Braunsberg und Heilsberg[100] vertraut war, auch Verkaufsgelegenheiten bot. Die näher gelegenen Amts- und Landstädte erscheinen ebenfalls in den Jahrrechnungen, doch waren deren Aufnahmekapazitäten eher begrenzt, zumal sie über eigenen Grundbesitz verfügten.[101]

Trotz aller methodischen Bedenken gegen punktuelle Berechnungen will ich Belege für Einkommensmöglichkeiten der Bauern zusammenstellen, um zu ermitteln, wie stark sie vom Getreideverkauf abhängig waren und welche Spielräume sich ihnen boten. Dabei gehe ich von der Palette der 1710/11 verkauften Güter und entlohnten Dienstleistungen aus.

Neben dem Verkauf von Getreide spielte sicher der Verkauf von Vieh eine große Rolle. Als Käufer trat nicht allein die Herrschaft auf, sondern z.B. auch die Neubauern, die ihren Besatz zum Teil selbst erworben hatten.[102] Wie umfangreich die bäuerliche Pferdehaltung vorzustellen ist, beleuchtet das Beispiel des Hans Klein in Seepothen, nach dessen Tod sich 7 Pferde über den Besatz fanden. Da die bäuerlichen Fuhrdienste mit 4 Pferden zu leisten waren, ist davon auszugehen, daß die Nachzucht nicht nur wichtig, sondern auch einträglich war. Die Kuh-, Ochsen- und Schweinehaltung der Bauern ist nicht gut belegt, doch dürfte auch sie über den Bedarf für den eigenen Haushalt hinausgegangen sein. Welche Rolle die Milchwirtschaft spielte, ist nicht ersichtlich. Sie stand in Konkurrenz zu den verpachteten Kuhherden der Vorwerke, die möglicherweise über bessere Vermarktungsmöglichkeiten verfügten.[103] Die hier skizzierte bäuerliche Viehhaltung wird durch das Interesse der Dörfer an Viehtriften bestätigt. Der Nutzen der Viehhaltung beschränkte sich nicht auf den Verkauf als Zug-, Mast- oder Schlachtvieh, auch Tierhäute fanden bei den städtischen Gerbern Abnehmer und wurden je nach Tierart, Größe und Qualität bezahlt. Für ein schlechtes Schaffell wurden 10 gr gegeben, für eine Ochsenhaut 5 fl.

Der Verkauf von Flachs und Leinwand stellte die zweite größere Einnahmequelle der Bauern dar; 1 Stein Flachs wurde 1710/11 für 4 fl verkauft. Wenn der Neubauer Hans Fritz 1

99 Vgl. *W. Naudé*, Die Getreidehandelspolitik und Kriegsmagazinierung Brandenburg-Preußens bis 1740. (Acta Borussica, Getreidehandelspolitik, Bd. 2) Berlin 1901, 179–187.

100 JR 1690: Verkauf von Weizen nach Braunsberg und Heilsberg (DR Nr. 13).

101 *Wilhelm Krimpenfort,* Der Grundbesitz der Landstädte des Herzogtums Preußen. Marburg/Lahn 1979.

102 In Klein Hermenau, das 1715 erworben wurde, besaßen zwei Neubauern je drei Pferde und zwei je zwei Pferde. (DR Nr. 1, 80).

103 Dafür fehlen Untersuchungen zur Amts- und Stadtwirtschaft in den Ämter Mohrungen, Liebstadt und Pr. Holland.

Scheffel Leinsaat als Besatz erhielt, stellt diese Menge wohl das Minimum der Aussaat dar. Da auf dem Vorwerk Reichertswalde 13 Scheffel 35 Stof Leinsaat einen Ertrag von 140 Stein Flachs erbrachten (= 1:5,1), ist davon auszugehen, daß die Bauern, die auf dem Vorwerk dieses Ergebnis erzielten, bei ihrem eigenen Flachsanbau nicht weniger ernteten – das hieße etwa 5 Stein, wovon die Aussaat abzuziehen ist – und den Flachs ebenso wie die Herrschaft entweder zu Garn oder zu Leinwand weiterverarbeiteten.

Der Wald bot einen dritten Nutzungsbereich für Bauern. 1710/11 waren aus den Beuten und Bienenstöcken der Bauern 3 Tonnen Honig an den Herren gefallen, also 395,68 Liter, wovon eine halbe Tonne für 25 fl in Königsberg verkauft wurde. Wie hoch der Anteil der Bauern an der Honigernte war, ist nicht bekannt. Der Honigpreis zeigt jedoch, daß auch mit kleinen Mengen einige Gulden eingenommen werden konnten. Der Verkauf von Wachs ist nur für den Biener, also einen professionellen Imker, belegt. Schließlich zeigen zwei Einträge über Strafen wegen heimlichen Kohlebrennens, daß die Bauern auch diese Möglichkeiten nutzten.

Schließlich gab es entlohnte Dienstleistungen der verschiedensten Art, angefangen vom bezahlten Spinnen (20 gr für 60 Stück Garn), das zum Scharwerk gehörte, die Einkommensmöglichkeiten boten: das Spinnen für die Herrschaft über das Scharwerk hinaus, Tagelohnarbeit (à 5 gr), Botendienste und Reisen in herrschaftlichem Auftrag, kleine Beträge für Jagddienste und Schießgeld für erlegtes Wild, vor allem für Wild, das als schädlich angesehen wurde. Nachfrage nach Dienstleistungen könnte ebenfalls aus dem Waldgewerbe gekommen sein, z.B. nach Holzfuhren.[104] Welche Beträge auf diese Weise zusammenkommen konnten, läßt sich schwer kalkulieren; doch ebenso wie Einnahmen aus dem Bereich der Kleinviehhaltung (Eier und Geflügel) dürfen sie nicht außer Acht gelassen werden.

Vorsichtig kalkuliert könnten im Laufe eines Jahres je Hof die folgenden Beträge aus der Viehwirtschaft, dem Flachsanbau und entlohnten Dienstleistungen zusammengekommen sein: 10 fl für ein Pferd, 10 fl für zwei Stück Jungvieh, 10 fl für Häute und Honig, 12 fl für Flachs (Leinen bringt höhere Einnahmen) sowie 2 fl für Dienstleistungen, zusammen also 44 Gulden. Eine solche Summe bedeutete je nach der Höhe des Hufenzinses und der Zahl der Hufen, die zu einem Hof gehörten – in Reichertswalde 3 Hufen à 20 fl, in Lauck 3 Hufen à 45 fl – einen größeren oder kleineren Beitrag zum Abtrag der Lasten. Diese hypothetische Berechnung mit dem hohen viehwirtschaftlichen Anteil könnte auch Teil des Kalküls der Bauern gewesen sein. In Hartwichs, das zu den 1715 erworbenen Stobnittschen Gütern gehörte, besaß der eine Bauer 2 Pferde und 1 Ochsen über dem Besatz von 4 Pferden, 2 Ochsen, 1 Kuh und vier Schweinen, der andere Bauer 3 Pferde, 1 Ochsen und 1 Kuh über dem Besatz von 4 Pferden, 2 Ochsen, 1 Kuh und 7 Schweinen. Demgegenüber mangelte es beiden bereits zu Ostern an Brotgetreide (Roggen), Gerste, Hafer und Erbsen. Der Gutsherr war jedoch nicht gewillt, ihnen damit auszuhelfen, vielmehr sollten sie das nötige Brot- und Saatgetreide aus den Erlösen ihres Tierstapels kaufen.[105]

Das letzte Beispiel zeigt nicht allein die Bedeutung der Viehhaltung, sondern zugleich ihre offensichtliche Bevorzugung durch die Bauern. Dabei scheinen sie die Hilfe des Gutsherrn beim Mangel an Brot- und Saatgetreide einkalkuliert zu haben, eine Rechnung, die in diesem Fall nicht aufging. Grundsätzlich aber bleibt zu bedenken, daß die Viehwirtschaft durch die häufig auftretenden Seuchen ebenso bedroht war wie die Getreidewirtschaft durch Mißernten.

104 *Dönhoff*, Entstehung (wie Anm. 9), 28.
105 DR Nr. 1, 74–81.

Die Suche nach Einkommensmöglichkeiten der Bauern hat ein Nebeneinander mehrerer Einkommensquellen gezeigt: Getreideanbau, Viehzucht, Anbau von gewerblichen Rohstoffen und deren Weiterverarbeitung, Waldnutzung und Dienstleistungen. Diese Tätigkeitsfelder sind durchaus bekannt, bisher aber anders als hier bewertet worden. Die Bedeutung der Viehhaltung wird primär auf Zugtiere, die Selbstversorgung der bäuerlichen Haushalte und die Erzeugung von Dung bezogen, der Flachsanbau als Nebengewerbe angesehen. Diese Gewichtung scheint unangemessen, vielmehr ist davon auszugehen, daß die Bauern ihre Arbeitskraft „unternehmerisch" auf verschiedene Tätigkeits- und Erwerbsfelder verteilten, die bare Einnahmen versprachen. Welcher Teil jeweils für Zinsen und andere Abgaben aufgewendet werden mußte, schwankte von Jahr zu Jahr entsprechend den wechselnden Erträgen der einzelnen Erwerbszweige, so daß der Teil, der für Aufwendungen, die mit ihren Haushaltsinteressen zusammenhing, ebenfalls unterschiedlich ausfiel.[106] Bei einer Folge von schlechten Jahren konnten allerdings alle Rücklagen aufgebraucht sein, wie dies anscheinend 1710/11 bei den verarmten Bauern der Fall war. Gleichwohl zeigt die Zinsminderung für die Bauern im Gebiet Reichertswalde, daß der Gutsherr die Bauern – schon im eigenen Interesse – nicht ruinieren wollte. Daran schließt sich die Frage an, ob einzelne Bauern zu Wohlstand gelangten. Die Jahrrechnung 1710/11 enthält dafür nur wenige Hinweise. Es wäre zu überprüfen, ob die Hofleute, die auf den Vorwerken die Milchwirtschaft pachteten und mit „Weib und Kind" wirtschafteten, aus der Gutsherrschaft stammten und wohlhabende Bauern waren.

Einige resümierende Überlegungen[107]

Im Hinblick auf das Thema „vergleichende Gutsherrschaftsgesellschaft" habe ich, gestützt auf ausgewählte Quellen für die Gutsherrschaft der Dohnas im 17. und beginnenden 18. Jahrhundert, zwei Schwerpunkte gesetzt, um das Spannungsverhältnis Herrschaft – Untertanen in der Gutsherrschaftsgesellschaft des östlichen Preußen als Beziehungsgeflecht zu analysieren. Dem Zufall der Quellenlage, die die Neuordnung der Dohnaschen Güter seit 1621 sowie ihre Nutzung in einer Teilherrschaft im ausgehenden 17. und beginnenden 18. Jahrhundert dokumentiert, ist es zu verdanken, daß zwei bislang wenig beachtete Aspekte erkennbar werden: zum einen das Herrschaftsverständis der kalvinistischen Dohnas als Gutsherren und zum anderen das ökonomische Handeln von Gutsherr und Untertanen.

Die Bedeutung des Kalvinismus für die Dohnas ist bisher nur in ihren Beziehungen zum ebenfalls kalvinistischen Landesherrn herausgestellt worden. Das Selbstverständnis der Dohnas als kalvinistische Christen, wie es sich 1621 im „Ewigen Testament" darstellt, umfaßte auch ihre Beziehung zu den Untertanen, denen sie nicht allein als „Herr", sondern als „ein Vatter" vorgesetzt waren. Ob ihre Herrschaftspraxis – und die der wenigen anderen kalvinistischen Adelsgeschlechter im östlichen Preußen –, nicht nur ihr Selbstverständnis, davon geprägt war und sich von der ihrer lutherischen Standesgenossen unterschied, bleibt zu erforschen. Auf jeden Fall nutzten sie die Dorfwillkür, um ihren lutherischen Untertanen kalvinistische Frömmigkeit als „gute Policey" nahezubringen.

Das Beispiel Reichertswalde-Lauck um 1700 steht keineswegs für die Gutsherrschaft der Dohnas insgesamt. Auf Schlodien und vor allem auf Schlobitten lebten die Dohnas auf „großem Fuß". Dies gilt insbesondere für Alexander auf Schlobitten, dem neben den Ein-

106 Die Silberbacher Kirchenrechnungen geben Auskunft über Kredite, z.B. DR Nr. 52 für 1680–87.

107 Für Anregungen zu den folgenden Überlegungen danke ich Lothar Graf zu Dohna und Jan Peters.

nahmen aus seinen Gütern hohe Gehälter aus königlichen Ämtern und Diensten zur Verfügung standen.[108] Christoph auf Schlodien, der ebenfalls viele Jahre in königlichen Diensten zubrachte, erwähnt in seinen Memoiren allerdings finanzielle Probleme und die Notwendigkeit, sich um seine preußischen Güter zu kümmern.[109] Christoph-Friedrich jedenfalls sah sich mehr oder weniger auf die Einkünfte aus seinen Besitzungen angewiesen, um nicht allein ein standesgemäßes Leben führen zu können, sondern ein Leben, das den Standards der bessergestellten Vettern entsprach. Dies erklärt sein Bestreben, die „baren Einnahmen" zu steigern.

Wenn Reichertswalde-Lauck nicht als typisch für die Gutsherrschaften der Dohnas anzusehen ist, so steht doch zu vermuten, daß die Situation auf Reichertswalde-Lauck den Verhältnissen auf anderen Gütern entsprach, deren Besitzer ebenfalls primär auf die Erträge ihrer Gutswirtschaften angewiesen waren. Ob sie dieselben Strategien wie Christoph-Friedrich verfolgten oder andere Wege gingen, ob Reichertswald-Lauck für einen bestimmten Typ von Gutsherrschaft im östlichen Preußen steht, können erst weitere Forschungen erweisen.

Ergebnis meiner Sondierung des Forschungsfeldes Gutsherrschaft im östlichen Preußen sind jedoch nicht allein neue Fragen, sondern auch Funde und Befunde. Die erste erkundende Auswertung der Wirtschaftsakten für Reichertswalde-Lauck hat zutage gebracht, daß eine Reihe von Anschauungen der „herrschenden Meinung" über die wirtschaftlichen Verhältnisse im östlichen Preußen auf ihre Allgemeingültigkeit hin zu überprüfen sind: Wurde bislang der Fortschritt in der „Landeskultur", vor allem nach den Schwedisch-Polnischen Kriegen, der Initiative der Landesherren zugeschrieben, so geben die von Christoph-Friedrich zu Dohna durchgeführten Neuerungen auf seinen Gütern Anlaß, nach der Förderung der Landeskultur durch Gutsherren und Gutsuntertanen zu fragen. Darüberhinaus belegen die von Christoph-Friedrich durchgeführten strukturellen Änderungen seiner Ökonomie, welches Veränderungspotential von Verhältnissen, die bislang als Stagnation und Refeudalisierung gekennzeichnet werden, ausgehen konnte. Für die Untertanen brachten die Neuerungen zwar noch nicht persönliche Freiheit, aber die rechtliche Unterscheidung zwischen Scharwerksbauern und Zinsbauern, die die ältere Literatur herausgearbeitet hatte, hat jedenfalls für das untersuchte Gebiet ihre Trennschärfe verloren.[110] Es finden sich Mischformen von Geld- und Arbeitsleistungen bei den verschiedenen Statusgruppen der Untertanenschaft: bei den Funktionsträgern Schulz, Krüger und Müller, bei den Bauern, Gärtnern, Rotteien und Instleuten, aber auch bei den Handwerkern. Einen weiteren Schritt in dieser Entwicklung sehe ich in den landesherrlichen Hufenschoßprotokollen, die seit 1717 für die Ämter Mohrungen, Liebstadt und Pr. Holland angelegt wurden: In dem Kunheimschen Dorf Gillwalde mit 22 Hufen wirtschafteten vier freie Leute und ein Untertan, die neben einem hohen Geldzins zu analog dem bekannten Scharwerk formulierten Arbeitsleistungen verpflichtet waren, und zwar in der Rechtsform des Kontraktes.[111]

108 *Lothar Graf Dohna*, Die Dohnas und Schlobitten, in: Carl Grommelt, Christine von Merten unter Mitwirkung von Alexander Fürst zu Dohna, Lothar Graf zu Dohna und Christian Krollmann, Das Dohnasche Schloß Schlobitten in Ostpreußen. Stuttgart 1962, 371–387.

109 Die Denkwürdigkeiten des Burggrafen und Grafen Christoph zu Dohna (1665–1733). Eingeleitet, erläutert und deutsch herausgegeben v. Rudolf Grieser. Göttingen 1974, 151, 226, 232.

110 Eine kritische Auseinandersetzung mit den älteren Forschungspositionen findet sich bei *Henning*, Herrschaft (wie Anm. 39).

111 Wie Anm. 97.

Für die Beurteilung der bäuerlichen Abhängigkeitsverhältnisse ist neben dem rechtlichen Kriterium Freiheit-Unfreiheit (ausgedrückt im Scharwerk) der strukturell in den gutswirtschaftlichen Neuerungen Christoph-Friedrichs angelegte Marktbezug stärker zu berücksichtigen. In dem Maße, wie die Geldzinsen der Bauern erhöht wurden und der Gutsherr sein Territorium als Markt für Güter nutzte, für die er ein Produktions- und Verkaufsmonopol besaß, waren die Untertanen auf den Verkauf ihrer Erträge verwiesen. Dies geschah zu einem Teil innerhalb der Gutsherrschaft, aber in größerem Maße über den Verkauf von gewerblichen Rohstoffen und deren Weiterverarbeitung für einen größeren Markt: Flachs z.B. wurde wohl in die Städte gebracht, während Garn und Leinwand – je nach Gelegenheit – auch von den reisenden Garn- und Leinenhändlern vor Ort eingesammelt wurde. Ohne Zweifel erweiterte dieser „Marktzwang" den Handlungsradius der Untertanen. Sie entwickelten darüberhinaus eigene Strategien, um diesen wie den herrschaftlichen Zwängen nicht ausgeliefert zu sein, indem sie eine gemischte Wirtschaftsweise betrieben, in der ackerbauliche, viehwirtschaftliche und gewerbliche Tätigkeiten nebeneinanderstanden und Spielräume ließen. Gutswirtschaftliche und bäuerliche Ökonomie waren also eng miteinanderverknüpft, sie folgten jedoch nur zum Teil der gleichen Rationalität: Der Gutsherr zielte auf Zinseinnahmen über den Getreideverkauf durch Bauern, diese entwickelten hingegen eine Vielfalt unterschiedlicher Strategien zur Erzielung von Einnahmen, z.B. auch durch Verkauf von Vieh und Flachs sowie Flachsprodukten. Die jeweiligen Perspektiven von Herrschaft und Untertanenschaft in ihren konkreten Erscheinungsformen herauszuarbeiten, gehört zu den zentralen Aufgaben, um die Funktionsweise von Gutsherrschaftsgesellschaften zu ermitteln.

Der Vergleich der adeligen Gutswirtschaft mit den landesherrlichen Amtswirtschaften ist unbedingt erforderlich, bedarf aber der Vorsicht. Mögen Wirtschaftsweise und Erscheinungsformen der herrschaftlich-bäuerlichen Beziehungen auf den ersten Blick denen einer großen Gutsherrschaft ähnlich sein, so standen sie doch in einem anderen Herrschaftskontext. Herrschaftszentrum und Marktzentrum waren in diesem Fall deckungsgleich; hiermit ist zu erklären, daß sich z.B. das Thünensche Modell so gut für die Analyse der Amtswirtschaften eignet.[112] In den adeligen Gutsherrschaften hingegen traten neben das Herrschaftszentrum vielfältige Marktbeziehungen.

Mit dem Herrschaftsverständnis der Gutsherrschaft und der vergleichenden Betrachtung von herrschaftlicher und bäuerlicher Ökonomie sind wichtige Eckpunkte für die Analyse der Gutsherrschaftsgesellschaft Reichertswalde-Lauck gesetzt. Die Auswertung der JR 1710/11 hat darüberhinaus die Komplexität der Untertanengesellschaft auf den Vorwerken und in den Dörfern vor Augen geführt. Sie bildet sich im Erscheinungsbild der großen Dörfer ab, in denen neben den Höfen der Bauern, Krüger und Schulzen zahlreiche Handwerker- und Gärtnerhäuser standen. Silberbach und Reichertswalde stehen für zwei unterschiedliche Kristallisationspunkte: In Silberbach kamen zu den 20 Bauernhöfen die Anwesen des Schulzen und des Krügers sowie eines Bauern, der wie der Schulz einen Ritterdienst leistete, zwei Häuser, die der Herrschaft, und 11 Häuser, die den Eigentümern, überwiegend Handwerkern , gehörten. Silberbach war Kirchspielort, in dem sich seit 1690 auch das Hospital befand, und bot sich somit für die Ansiedlung von Handwerkern an. In Reichertswalde zeigte

112 *Friedrich-Wilhelm Henning,* Die Differenzierung der landwirtschaftlichen Produktion in Ostpreußen im 18. Jahrhundert. Ein Beitrag zur Forschung um Thünens Modell des „Isolierten Staates", in: *ders.,* Studien zur Wirtschafts- und Sozialgeschichte Mittel- und Ostdeutschlands. Dortmund 1985, 266–289.

sich ein anderes Bild: Hier standen neben den 13 bäuerlichen Anwesen (den Krug eingeschlossen) 16 Handwerker- und Gärtnerhäuser, davon 13 Häuser der Herrschaft und drei Eigentümerhäuser, die teils beim Dorf, teils an der „Hofgasse" oder „Freiheit" lagen. Zwar bildeten die nichtbäuerlichen Anwesen die Mehrheit, doch entspricht das Erscheinungsbild nicht dem Typus Gutsweiler mit dem Gutshaus oder Vorwerk als Siedlungskern, sondern zeigt ein Nebeneinander von Bauern, Handwerkern und Hofgesinde, von Dorf und „großem Haus". In dieser Ausprägung der Gutsherrschaftstopographie lassen sich die Beziehungen zwischen der Herrschaft und einzelnen Untertanengruppen, wie z.B. den Bewohnern der „Herrschaftshäuser", leicht erkennen. Es treten jedoch Personen auf, bei denen zu vermuten steht, daß sie eine besondere Beziehung zur Herrschaft besaßen: An erster Stelle waren dies die Schulzen und Krüger, aber auch die bereits genannten Hofleute als Verwalter oder Pächter der Vorwerke, zu denen noch die Wirte der Kirchenhufen kommen. Die Auswertung der Namen, unter denen z.B. alttestamentarische Vornamen, polnische Namen und Namen wie „Friedrich von Dieck" auffallen, könnte genauere Hinweise auf die Herkunft der Untertanenschaft ergeben.

In welcher Weise die verschiedenen Statusgruppen miteinander verbunden waren oder nicht, ist schwerer zu ermitteln, da die Kirchenbücher bislang nicht aufgetaucht sind. Eine prosopographische Analyse der JR, der Kirchenrechnungen und Willkürrechnungen sowie der Teilungsakten wird hier weiterführen.

Um die Gutsherrschaft im östlichen Preußen mit in die vergleichende Analyse von Gutsherrschaftsgesellschaft einbeziehen zu können, sehe ich an erster Stelle die Aufgabe, den Indizien, die für Reichertswalde-Lauck erkennbar geworden sind, systematisch für das Oberland, in dem zwei Drittel des Landes in adeligem Besitz waren, weiterzuverfolgen. Dann ließe sich möglicherweise klären, ob Reichertswalde-Lauck für einen bestimmten Typ adeliger Gutswirtschaft um 1700 steht.

III. Herrschaftsformen

ANDRÁS VÁRI

Der Großgrundbesitz als Konfliktgemeinschaft. Herrschaftsbeamte ungarischer Großgrundbesitzer im späten 18. und frühen 19. Jahrhundert.

In dem folgenden Beitrag wird die Entstehung einer Konfliktgemeinschaft auf den großen ungarischen Besitzkomplexen untersucht. Die Größe und Wirtschaftsweise der ungarischen Großgrundbesitzer hatte eine als „Bürokratisierung" aufgefaßte Entwicklung der Güterverwaltungen zur Folge. Die Bedeutung dieses Vorgangs lag in dem Entstehen einer Vermittlungsfunktion der Beamten. Diese Funktion diente den Beamten als eigenständige Herrschaftsbasis. Sie hatten diese Basis auch nötig. Die Beamten unterschieden sich nämlich durch Herkunft und ständische Qualität, sowie von den Einkünften her gesehen erheblich. Hierdurch besaßen sie Kenntnisse und Verbindungen über und zu den bäuerlichen Lebenswelten, und haben vermutlich so versucht, den Wert ihres Dienstes und ihre eigene ständische Qualität zu heben und hervorzuheben. Mit diesen eigenen Strategien der Beamten, die mit den herrschaftlichen Interessen und mit den Funktionsregeln der Verwaltungsorganisationen gar nicht identisch waren, entstand das Konfliktfeld der Herren, Pächter, Beamten, Dorfvertreter und Bauern. Die Konflikte waren hier notwendigerweise vielfältiger, als in einem bipolaren Modell von Herren und Bauern. Sie bleiben jedoch abgrenzbar, es ist berechtigt, von einem Konfliktfeld oder, in Bezug auf die Menschen, von einer Konfliktgemeinschaft zu sprechen.[1]

1. Der handelsmonopolisierende Großgrundbesitz in Ungarn: Größenverhältnisse, Wirtschaftsweise und Verwaltung

Die oberste Klasse der ungarischen Großgrundbesitzkomplexe war, ganz gleich ob an der Einkommensgröße, der Untertanenzahl oder dem Herrschaftsareal gemessen, deutlich größer als die nordostdeutschen Rittergüter.

1 Herrschaft hat auf ungarisch zwei Bedeutungen: 1. eine größere Einheit, ein Komplex von feudalrechtlich besessenen Gütern, lat. „dominium", ung. „uradalom"; 2. die entsprechende Bedeutung des modernen soziologischen Begriffs von Herrschaft über Menschen, ung. „uralom". Da in den deutschsprachigen Quellen des ungarischen Großgrundbesitzes konsequent „Herrschaft" in der Bedeutung von „dominium" bzw. „uradalom" verwendet wurde, bin ich gezwungen, in meinem Beitrag die feudale Besitzeinheit „Herrschaft" zu nennen. Dies mag den Leser insofern verwirren, als m.E. in der deutschen Wissenschaftssprache der früher vorhandene territoriale Bezug von „Herrschaft" zugunsten der soziologischen Bedeutungsschicht desselben Wortes an Stärke verloren hat. (Vgl. *Eugen*

Die im folgenden näher untersuchten Herrschaftskomplexe der Grafen Károlyi und der Herzöge Batthyány umfaßten am Anfang des 19. Jahrhunderts je 14 bzw. 6 Herrschaften, die ihrerseits aus mehreren Dörfern und Ackerbürgerstädten bestanden hatten. In den untersuchten Herrschaften waren sämtliche bäuerlichen und herrschaftlichen Produktionssysteme der Zeit vertreten, also neben der Getreideproduktion insbesondere auch die an Land- und Forstwirtschaft angeschlossenen Gewerbezweige, der Weinbau, die intensiven Gartenkulturen und der Tabakanbau, die extensive Viehhaltung.[2] Die Größe der Herrschaften ist aus den Tabellen 1a und b ersichtlich[3]:

Tabelle 1.a
Größe der nichtverpachteten Besitzungen der Grafen Károlyi um 1818.

Name der Herrschaft	Mediat stadt (Ganz)	Dorf (Ganz)	Teil-besitz (Stadt + Dorf)	Puszta (Wüstung oder Vorwerk)	Zahl d. Wirte	Zahl d. Häusler	Jahres-einkommen Rh. G.
Surány-Megyer	1	3	10	9	545	590	35850
Fót	0	3	1	3	430	393	15636
Hódmezővásárhely	1	1	0	17	1183	2418	40674
Csongrád	1	0	0	6	325	844	24105
Szentes	0	2	0	1	895	1559	28296
Nagykároly	2	14	5	14	2378	1403	63958
Nyírbátor	1	3	1	1	717	231	12540
Salánk-Muzsaly	0	2	13	2	338	231	7764
Fehérgyarmat	1	2	14	2	686	461	8119
Kéc	0	2	5	1	256	49	2101
Erdôd-Béltek	2	20	4	2	1693	395	29811
Misztótfalu	1	8	18	2	555	615	9385
Királydaróc	0	1	12	0	415	121	5894
Insgesamt:	11	61	83	60	10565	9811	337618

Ganze Städte bzw. Dörfer
Diejenige Besitzungen, in denen kein anderer Feudalherr etwas besaß, also ungeachtet der „Freihufen" der Priester und ohne Rücksicht auf das Gemeindeeigentum.
Teilbesitz
Diejenige Besitzungen, die nicht im Ganzen besessen wurden, um 1827 mehr Einkommen als 10 Rh. Gulden jährlich einbrachten und im Jahre 1818 nicht verpachtet waren.

Haberkern/Joseph Friedrich Wallach, Hilfswörterbuch für Historiker. Tübingen 1987, 1. Aufl. 1935; *Konrad Fuchs/Heribert Raab,* dtv-Wörterbuch zur Geschichte. München 1990, 1. Aufl. 1972.) Freilich wurde in der Herrschaft Herrschaft ausgeübt: „dominalis potestas", „potestas dominica". Vgl. *Károly Bizáki Puky,* Honni törvény szótár. [Wörterbuch des Landgesetzes.] Pest 1830.

2 Die Herrschaften lagen in unterschiedlichen Landesteilen, in etwa vier großen Regionen im westlichen Transdanubien (Komitate Eisenburg, Veszprém, Zala), im Nordwesten (Komitat Neutra), in der südlichen Tiefebene (Komitate Csongrád, Békés) und schließlich im Nordosten an der siebenbürgischen Grenze (Komitate Szabolcs, Szatmár, Bihar).

3 Quelle: A nagykárolyi gróf Károlyi család összes jószágainak birtoklási története. [Besitzgeschichte von sämtlichen Gütern der gräflichen Károlyi Familie von Nagykároly.] Hrsg. v. *Gr. László von Károlyi,* zusammengest. von *Gábor Éble* und *Béla Pettkó.* Budapest 1911.

Wirte
Diejenige, die urbarialrechtlich als Hörige galten (mehr als eine Achtelhufe besaßen), incl. der Ackerbürger.
Häusler
Die behausten Kleinstellenbesitzer (inquilini).
Einkommen —Das Einkommen (Rheinische Gulden) aus den Abgaben der Bauern und aus der herrschaftlichen Eigenwirtschaft, jedoch ohne die Einkommensposten aus den verpachteten Gebäuden und Anlagen

Die herzöglichen Batthyány-Herrschaften waren zwar etwas weniger umfangreich, aber in etwa genauso ertragreich.

Tabelle 1.b
Größe der Besitzungen der Herzöge Batthyány

Herrschaft	Mediatstadt	Dorf	Teilbesitz
Németújvár	1	50	1
Kanizsa	1	8	1
Körmend	1	16	
Inta		7	
Sellye	1	18	
Enying		6	
Insgesamt:	4	105	2

Diese Güterkomplexe standen bei den Károlyi zwischen 1758 und 1827 und bei den Batthyány von 1799 bis über 1848 hinaus in der oben angegebenen Größe unter einheitlicher Verwaltung.

Die zweite hervorzuhebende Eigenart der großen ungarischen Besitzungen war ihre Einkommensstruktur. Den größten Anteil ihres Einkommens bezogen sie nämlich nicht aus dem kornproduzierenden Eigenbetrieb, sondern aus der Monopolisierung des Landwarenhandels. Die kornproduzierenden Eigenbetriebe hatten, teils wegen der marktfernen Lage, teils als Ergebnis der Konsumgewohnheiten, der Bevorzugung von Wein anstelle von Bier, enorme Schwierigkeiten bei der Vermarktung ihrer Produkte. Dagegen bot die Größe der Besitzungen naheliegende Möglichkeiten, sich in den Austauschfluß der Produkte einzuschalten und den Gewinn der Bauern anzuzapfen.

Um diese Einkommensstrukturen zu veranschaulichen, wählen wir die früheste einheitlich strukturierte Einkommensübersicht für sämtliche Károlyi-Besitzungen (Tab.2.)[4]. Es zeigt sich, daß der Anteil der Erlöse aus den Krügen in der Nagykárolyer Herrschaft (also in der Herrschaft, die, als Sitz der Familie, als „Zentralherrschaft" galt), am höchsten ist, dann folgen die anderen Herrschaften desselben Nagykárolyer Herrschaftsbezirks. Der Anteil dieses Einkommenspostens ist im Schnitt sämtlicher Herrschaften niedriger als der durchschnittliche Anteil des Einkommens aus den Krügen im Nagykárolyer Herrschaftsbezirk, die ferner liegenden Herrrschaftsbezirke haben also relativ weniger Geld aus diesem Posten eingenommen. Kurzum, es ist eine Struktur konzentrischer Kreise.

4 Quelle: Országos Levéltár, Károlyi nemzetség levéltára (Ungarisches Landesarchiv, Archiv der Familie Károlyi, im folgenden abgekürzt als OLK) P. 397. IV/6/a. Extractus Summarius Universorum Bonorum Anni 1769.

Tabelle 2
Struktur des Gesamteinkommens der Herrschaften der gräflich-károlyischen Familie im Jahre 1769 (%)

	Nagykárolyer Herrschaft	Andere Herrschaften im selben Herrschaftsbez.	Herrschaftsbezirk Nagykároly	Sämtliche Herrschaften
Grund- u. Hauszins	9,6	37,4	18,6	25,0
Schweineverkauf	0,5	4,7	1,9	1,0
Rinderverkauf	0,3	4,9	1,8	7,9
Krüge	64,0	42,4	57,0	49,2
Getreideverkauf	22,9	1,8	16,0	13,1
Sonstiges	2,7	8,8	4,7	3,8
Insgesamt:	100,0	100,0	100,0	100,0
Insg. rhein. Gulden	93.466	44.782	138.248	250.666

Getreideanbau und herrschaftliche Eigenbetriebe haben während und nach der napoleonischen Konjunktur an Bedeutung gewonnen, der größere Teil des Einkommens stammte jedoch bis zur Vormärzperiode aus anderen Wirtschaftszweigen. Das heißt aber nicht, daß die Herrschaften keine Gutsverwaltung brauchten. Handelsmonopolisierung brauchte gut funktionierende Verwaltungen von beträchtlicher Größe. Dies ist schon an der zahlenmäßigen Größe der Gutsbeamtengruppe abzulesen. Die Károlyi hatten im Jahre 1760 z.B. 18, 1790 55 Beamte im engeren Sinne (also Praktikanten, Jäger, herrschaftliche Trabanten usw. nicht mitgerechnet). Bis 1818 ist die Zahl der Beamten in denselben Herrschaften auf 202 gewachsen.[5]

Warum waren sie so zahlreich? Was war ihre Funktion innerhalb des Großgrundbesitzes?

Mit Blick auf diese Fragen muß man die Größe der Besitzungen und den Umfang der Berechtigungen bedenken. Wollten die Herrschaften nur die feudalen Berechtigungen ungeschmälert nutzen, so mußten sie diese vor Ort verteidigen. Sogar die Fixeinkommen, in den Quellen auch „Fixus" genannt, verschwanden leicht, wenn sie nicht regelmäßig eingetrieben wurden. Das ungarische Recht kannte ja den Begriff der Verjährung, die dauerte im Falle der herrschaftlichen Gerechtsame nur 33 Jahre. Gerade in der Türkenzeit, in einer Zeit der zentralstaatlichen Schwäche, der Extensivierung der Wirtschaft, Mobilität der Bevölkerung und Auflockerung von bäuerlichen Abhängigkeitsverhältnissen, war das einfache Bewahren der herrschaftlichen Gerechtsame mit größten Anstrengungen verbunden. Dasselbe gilt aber auch für die Rekonstruktionszeit, während der einerseits die Bevölkerungsbewegung und andererseits die Wiederinbesitznahme und Wiederaufteilung der Ressourcen, Flächen und Rechte eine nicht minder große Verwirrung gestiftet haben.[6]

In der Wiederaufbauphase des 18. Jahrhunderts suchten die großen Herrschaften zuerst, ihre Bargeldeinkommen zu erhöhen, vor allem in der Form der Wiedereinrichtung von Bauernstellen. In der weltmarktfernen Lage der ungarischen Regionen war Getreideproduk-

5 Die Conduit-Listen der Károlyi-Beamten bzw. ihre Namen und Posten für die Jahre 1760 und 1790 sind wiederabgedruckt in: Besitzgeschichte (wie Anm. 3), Anhang.

6 *Imre Wellmann,* A magyar mezôgazdaság a XVIII. században. Budapest 1979, 37–66. Über die Auflockerung der feudalen Hörigkeit: *János Varga,* Jobbágyrendszer a magyarországi feudalizmus kései századaiban 1556–1767. [Das System der Hörigkeit in den späteren Jahrhunderten des ungarischen Feudalismus.] Budapest 1969, 13–168, für freizügige *coloni, taxalistae* und Heiducken: 168–408.

tion für den Export bis zum Ende des 18. Jahrhunderts nur in den nordwestlichen Regionen des Königreichs relativ ertragreich.[7] Die anderen landwirtschaftlichen Produktionszweige waren aber fast ausschließliche Domänen der bäuerlichen Wirtschaften, insbesondere die Wein- und Viehproduktion.[8] Den Ausweg bot die Monopolisierung des Landwarenhandels. Gerade in diesem Bestreben standen die großen aristokratischen Besitzungen in Konkurrenz mit anderen, ständisch nicht unbedingt unterlegenen Instanzen, vom Komitatsadel bis zum besitzlosen Kleinadel, ganz zu schweigen von den königlichen und den Mediatstädten. Diese Konkurrenz abzuwehren war eine der Aufgaben der Beamten.

Diese Konkurrenz wurde auch dadurch hervorgerufen, daß der genaue Inhalt der Rechte, die eine Handelsmonopolisierung ermöglichten, die sog. *regalia minora,* bei weitem nicht hinreichend klar umrissen war. Es fehlte einerseits die in Österreich übliche einengende Interpretation, Vorkaufsrechte wären nur für den Eigenbedarf des Herren einzusetzen.[9] Außerdem war nicht klar, welche Produkte für den herrschaftlichen Handel monopolisiert werden durften. Ausschank und Fleischbank waren landesweit üblich, vor der Urbarregulierung Maria Theresias kann man aber auch herrschaftliche Verpachtungen von Verkaufsrechten an Salz, Salzfleisch oder Eisen finden. Wirklich schwierig wurde die Lage dadurch, daß diese Rechte einerseits als Pertinenzen adeliger Qualität angesehen wurden und in dieser Auffassung an jedes Stück adeligen Bodens gekoppelt waren. Andererseits versuchten die Herrschaften aber, die Zahl der Berechtigten zu begrenzen und vor allem den Kleinadeligen die *regalia minora* streitig zu machen.[10]

Die Herrschaftsverwaltungen im 18. Jahrhundert waren demnach mit unterschiedlichen Funktionen ausgestattet, die sich idealtypisch gedacht wie Thünensche Kreise konzentrisch abbilden lassen. In dem größten Kreis versuchten sie, die herrschaftlichen Gerechtsame aufrechtzuerhalten. Das heißt, die Verwaltungen mußten zumindest diejenigen Abgaben, die

7 *Imre Wellmann,* Der Adel im transdanubischen Ungarn 1760–1860, in: Der Adel an der Schwelle des bürgerlichen Zeitalters 1780–1860. Hrsg. v. Armgard von Reden-Dohna/Ralph Melville. Stuttgart 1988, 117–167.

8 Freilich bot die Wiederbesiedlung weitsichtigen Herren die Möglichkeit, im Gegenzug für feste Besitzrechte und festgeschriebene mäßige Robotforderungen das Anzapfen der bäuerlichen Warenbestände vertraglich zu begründen. Graf Sándor Károlyi hat sich schon 1712, im ersten Entwurf des Kontraktes der deutschen Siedler, im Gegensatz zu dem in dieser Gegend bis dahin allgemein üblichen fixen Bergrecht Weinzehnt ausbedungen. Vgl.: *István Vonház,* A Szatmár megyei német telepítés. [Die deutsche Ansiedlung im Komitat Szatmár.] Pécs 1931, Okmánytár [Urkundenbuch] Nr. 9, weiter Nr. 36, 37, 73.

9 „Dieses Vorkaufsrecht bot den Grundherren die Möglichkeit, sich als Zwischenhändler einzuschalten. In Zeiten der Konjunktur konnten sie hohe Gewinne erzielen, indem sie ihre Grundholden zwangen, ihnen ihre Produkte zu einem wohlfeilen Preis zu verkaufen, während sie ein günstiges Angebot abwarteten." *Helmuth Feigl,* Die niederösterreichische Grundherrschaft vom ausgehenden Mittelalter bis zu den theresianisch-josephinischen Reformen. Wien 1964, 98, vgl. auch 43. Freilich räumt Feigl ebendort ein, daß dieses Recht schon ab 1534 per Patent nur für den Eigenbedarf den Herren zugestanden wurde.

10 Vgl. A magyar polgári törvény [Ungarisches bürgerliches Gesetz.] Sárospatak 1824, 108–110. Demnach standen regalia minora eigentlich dem Grundherren zu. Einzelnen adeligen Höfen in königlichen oder Mediatsstädten gehörte dieses Recht nur auf Grund besonderer Privilegierung oder nachgewiesenen ungestörten langen usus. Bei einem adeligen compossessoratus ging die Vermutung jedoch dahin, daß, solange das Gegenteil nicht bewiesen wurde, alle compossessores proportionell der „jure regalia minora" teilhaftig waren.

Herrschaftsrechte stifteten bzw. ihr Bestehen bewiesen, um jeden Preis eintreiben, die symbolischen, rechtsbewahrenden Handlungen (Grenzbegehungen usw.) vornehmen, allen voran die beständige Benutzung bzw. den Genuß von umstrittenen Flächen und Berechtigungen, rechtsmindernde Handlungen abwehren bzw. deren Vorkommen sofort an den Herren weitermelden. In einem engeren Kreis haben sie die Naturalabgaben wie Zehnt und Neuntel eingetrieben – dies forderte schon mehr Wissen und Macht über die Untertanen. Im nächsten Kreis haben sie – gestützt auf die in Ungarn als „regalia minora" bezeichneten feudalen Vorrechte des adeligen Besitzes – den Landwarenhandel, allen voran den Ausschank monopolisiert. Dies erforderte nicht nur Orts-, Waren- und Marktkenntnisse, sondern eine präzise arbeitende Verwaltung. So mußte die qualitativ und mengenmäßig ausreichende Versorgung der Herrschaftsgebiete ununterbrochen gewährleistet werden, und sogar die Preisunterschiede mußten auf einem erträglichen Niveau eingepegelt werden. Es kam vor, daß die Sitzung der Zentralverwaltung der Károlyi-Herrschaften eine Herabsetzung des Preises des Schnapses in den herrschaftlichen Krügen verordnet hatte, da der Preisunterschied von Schnaps in den herrschaftlichen Dörfern und in den umliegenden Dörfern 15 % betrüge, und dies würde schon zu massenhaften Schmuggeleien Anlaß geben.[11] Bei der Belieferung der Krüge wie auch im allgemeinen beim Vertrieb von Waren wurden Frondienste genutzt – lange Fuhren waren aber besonders hart umkämpft und ab 1767 auch durch die Urbarregulierung eingegrenzt. Ließ die Herrschaft nun die Waren im schlichten Spannrobot befördern, so brauchte sie eine ganze Kette davon, waren doch Länge und Fahrdistanz eines normalen Spannrobottages gesetzlich begrenzt. Die Möglichkeiten der Glieder einer solchen Transportkette, sich trotz Aufsicht an der falschen Stelle oder zum falschen Zeitpunkt einzufinden, sind fast unendlich.[12] Entsprechend groß war der Kontrollaufwand der Verwaltung. Diese Anforderungen haben dann die Wirksamkeit der herrschaftlichen Handelsmonopolisierung auf einen kleinen Kreis schrumpfen lassen.

In der Mitte der Herrschaft standen die Gutshöfe als Zentren des Getreidebaus, daran anschließend lag der Kreis der Handelsmonopolisierung, im weiteren Umkreis erstreckte sich die Zone der Geldabgaben und noch weiter die fernen Besitzungen mit ungewissen herrschaftlichen Ansprüchen. Offensichtlich bestand die Chance der Einkommensvergrößerung für die Herrschaften darin, die inneren Kreise bis zu den Grenzen der äußersten ausdehnen zu lassen – eben im Kampf mit den anderen Beteiligten, vom Kleinadel bis zur Dorfgemeinde. In dieser Zeit, 1711–1848 also, wurden diese Außengrenzen immer klarer gezogen: Der größte Schritt war die Urbarregulierung Maria Theresias 1767–1772.[13]

Die Expansion der herrschaftlichen Wirtschaftstätigkeit hinein in zuvor ausschließlich bäuerliche, lokal aufgefächerte, lediglich in mündlichen Kommunikationen festgehaltene Wirtschaftssphären hat den Herrschaftsbeamten eine Pionier- bzw. gleichzeitig eine Übersetzerrolle zugewiesen. Es war diese Eigenschaft des herrschaftlichen Wirtschaftens, die die

11 OLK P 397, I A.1. Prot. Sed. Oec. No. 104, 14. März 1772.

12 So fragte man bei der Zentralverwaltung nach dem Ursprung von drei Paar Mühlsteinen für eine Trockenmühle, die man vor der Kirche in Olcsva am Wegrand gefunden hatte – offensichtlich waren die Wagen von der Nachbarherrschaft zu früh oder zu spät eingetroffen. Mühlsteine wurden in herrschaftlicher Eigenregie in der Nachbarherrschaft Salánk gefördert. OLK P 397, I A.1. Prot. Sed. Oec 1760, p. 78.

13 Vgl. *Dezsô Szabó*, A magyarországi úrbérrendezés története Mária Terézia korában. [Die Geschichte der Urbarregulierung in Ungarn in der Zeit von Maria Theresia.] Budapest 1933.

Beamten einerseits in die Mitte eines Konfliktfeldes setzte, ihnen andererseits eine Grundlage für kollektive Strategien zur Verbesserung ihrer Rollen bot.

2. Die Gutsverwaltungen und die Gutsbeamten bis 1848

Der bereits erwähnte Zwang zum zielrationellen Handeln hatte schon im 17. Jahrhundert unter starken und zielstrebigen Herren zur Etablierung einer regulären Gutsverwaltung geführt. Die vorher in den Herrschaftsinstruktionen einzeln auftretenden Maßnahmen wurden in der 2. Hälfte des 17. Jahrhunderts zu einem organisatorischen Kanon zusammengefaßt, der im wesentlichen ein bürokratisches Verwaltungsideal umschrieb.[14] Die Gutsbeamten wurden für ihre Tätigkeit bezahlt, und jenseits von Gehalt und Deputat konnten sie nichts von den herrschaftlichen Ressourcen für sich in Anspruch nehmen. Man arbeitete nach Regeln, die in wiederholt aufgelegten Instruktionen immer detaillierter festgeschrieben wurden. Schließlich war diese Verwaltungstätigkeit in eine Kompetenzhierarchie gegliedert. Dieses organisatorische Ideal kann man nach den Kriterien Webers zumindest partiell als bürokratisch bezeichnen. Freilich, in den Kriegszeiten des 17. Jahrhunderts blieb das organisatorische Wissen vielfach unverwirklicht. Die in Kriegszeiten unvermeidliche Unbeständigkeit der Verwaltungsarbeit, die im Vergleich mit dem 18. Jahrhundert geringe Größe der herrschaftlichen Wirtschaftsorganisation gekoppelt mit der Neigung der Herren, die von ihnen gesetzte Kompetenzhierarchie zu durchbrechen[15] und sich direkt in Detailfragen einzumischen, und schließlich die äußerst geringe Alphabetisierung der Gesellschaft grenzten die Geltung der rationellen, satzungsmäßig verankerten Ordnung der Güterverwaltung soweit ein, daß man sie in der Tat

14 Viele von den betreffenden Instruktionen waren um die Jahrhundertwende in der Zeitschrift Magyar Gazdaságtörténelmi Szemle [im folgenden: MGSZ] im Druck erschienen. Diejenigen, die als Instruktionen für die ganze Verwaltung gelten können und als solche die institutionelle Entwicklung aufzeigen, sind die folgenden: Kanizsai Orsolya, Nádasdy Tamás nejének gazdasági utasításai, in: MGSZ 1894, 66–71; I. Rákóczy György gazdasági utasítása a gyulafehérvári tiszttartó részére, in: MGSZ 1894, 311–323; Gr. Bethlen Miklós gazdasági utasítása, in: MGSZ 1895, 45–51; Az alsólendvai tisztség utasítása 1719-bôl, in: MGSZ 1895, 339–345; Utasítás a munkácsi udvarbíró részére 1570-ben, in: MGSZ 1896, 81–90; A fertôszentmiklósi uradalom rendezése 1719-ben, in: MGSZ 1896, 93–101; A lévai uradalom 1719-ben, in: MGSZ 1896, 262–269; A Csicsva-vári udvarbíráknak Eszterházy és Homonnay részrül adott utasítása, in: MGSZ 1897, 331–343; Gróf Thurzó Szaniszló utasítása bajmóczi udvarbírája részére, in: MGSZ 1897, 476–478; A munkácsi udvarbíró 1616-iki utasítása, in: MGSZ 1897, 510–520; Utasítás 1668-ból az ungvári udvarbíró és számtartó részére, in: MGSZ 1898, 146–160; Utasítás a szendrôi uradalom udvarbírája részére 1652-bôl, in: MGSZ 1901, 114–125; Utasítás a murányi udvarbíró részére 1662-bôl, in: MGSZ 1901, 267–280; A kapuvári uradalom számvitele 1686-ban, in: MGSZ 1902, 419–425; Eszterházy Miklós nádor utasítása semptei tiszttartójához, in: MGSZ 1904, 141–147; A kapuvári uradalom utasítása 1633-ból, in: MGSZ 1905, 287–286.

15 Vgl. István Hetyéssy, A Nádasdy-uradalom gazdatisztjeinek termelési és elszámolási vitája 1623/24-ben. [Der Streit der Wirtschaftsbeamten der Nádasdy-Herrschaft um Produktion und Rechnungslegung in den Jahren 1623–24], in: Agrártörténeti Szemle, IX. 1967, 457–479. Hier wurden die Rechnungen erst post festa, im nachhinein, zusammengestellt, und die Wirtschaftsbeamten haben von mehreren „Dienstherren“ auch mündliche Anweisungen entgegengenommen – mit Chaos und Streit als Ergebnis. Der Verfasser des Artikels erklärt den Streit allerdings mit den lebensfremden Beschuldigungen des bürokratischen Kontrolleurs.

nur als Idealform bezeichnen kann.[16] In der Rekonstruktionsphase des 18. Jahrhunderts begegnen wir aber bei den großen Herren durchweg Verwaltungen, die diesem Ideal durchaus gerecht wurden.[17]

Woher aber kamen die Ausführenden der Rationalisierungsbestrebungen, das Personal der Güterverwaltungen, eigentlich? Am Anfang des 18. Jahrhunderts haben sich die Herrschaftsverwalter scheinbar aus dem Komitatsadel bzw. aus dem Kleinadel rekrutiert. Dem einer Herrschaft vorstehenden Hofrichter (provisor) standen auch in den großen Herrschaften höchstens zwei bis drei weitere officiales, am häufigsten Rentmeister (Rationist, számadó), Kastner (frumentarius, kasznár), Beschließer (claviger, kulcsár) zur Seite. Eine weitere Personengruppe bildeten diejenigen, die rechtlich die Stellung eines Hörigen und wirtschaftlich die eines Bauern hatten und für die Übernahme bestimmter Aufgaben (Aufsicht in der Scheune, im Wald usw.) von den herrschaftlichen Abgaben befreit waren und ein mäßiges Deputat erhielten („oeconomici").[18]

Ein gewisses Eigenvermögen (d.h. Land- und Hausbesitz) der Beamten war im 18. Jahrhundert schon deswegen eine Voraussetzung für die Einstellung, weil die Trennung von Privatvermögen der Beamten und den dem Beamten von Amts wegen anvertrauten Ressourcen noch recht unvollständig war. Zur Abwehr von Veruntreuungen durch Beamte konnten die Herren deren Vermögen einziehen und sich daran schadlos halten.[19] Jenseits dieser Überlegung sind aber auch Reste einer patriarchalischen Auffassung festzustellen, z.B. in der weitverbreiteten Praxis, die höheren Beamten nicht nur mit Gehalt und Deputat, sondern auch mit Pfandbesitz (inscriptio) zu belohnen – zuerst noch Bauernstellen oder Dörfer, dann immer häufiger nur noch das als Dienstwohnung benutzte Haus des Beamten mit einer größeren

16 Der Hofrichter von Fürst György Rákóczy I. verteidigte sich im Jahre 1647 mit dem Hinweis, er könne keine Belege den Rechnungen beilegen, da in den dortigen (Herrschaft Székelyhíd in Siebenbürgen) Ortschaften ein Mangel an Schreibkundigen herrsche. Vgl.: I. Rákóczi György birtokainak gazdasági iratai (1631–1648). [Wirtschaftsakten der Besitzungen von György Rákóczy I. 1631–48.] Hrsg. v. *László Makkai*. Budapest 1954, 543. Vgl. noch: *István György Tóth*, Az írás térhódítása a paraszti és a nemesi kultúrában (Vas megye 17–18. század).[Die Verbreitung der Schrift in der adeligen und in der bäuerlichen Kultur - Komitat Vas im 17. und 18. Jahrhundert.] Dissertation, Budapest 1991.

17 *András Vári*, A nagybirtok birtokigazgatásának bürokratizálódása a 17–19. században [Die Bürokratisierung der Güterverwaltung auf dem Großgrundbesitz im 17.–19. Jahrhundert], in: Történelmi Szemle 32. 1990, 1–28. Vgl. auch: *Tibor Tóth*, A mernyei uradalom a feudális rend utolsó szakaszában. [Die Herrschaft von Mernye im letzten Abschnitt des Feudalismus.] Budapest 1978, bes. 12–27.

18 *Imre Wellmann*, A gödöllôi Grassalkovich-uradalom gazdálkodása, különös tekintettel az 1770–1815-ös esztendôkre. [Die Wirtschaft der Gödöllöer Herrschaft von der Grassalkovich, mit besonderer Berücksichtigung der Jahre 1770–1815.] Budapest 1933, 118. Vgl. auch: *István Kállay*, A magyarországi nagybirtok kormányzata 1711–1848. [Die Verwaltung des ungarischen Großgrundbesitzes 1711–1848] Budapest 1980. Eine zeitgenössische Beschreibung der betrieblichen Hierarchie siehe bei *Károly György Rumy*, A gazdaságbeli erônek használásáról és igazgatásáról. Kiváltképpen Thaer és Trautmann szerint. [Über die Benutzung und Verwaltung der wirtschaftlichen Kraft. Insbesondere nach Thaer und Trautmann], in: Tudományos Gyüjtemény 8, 1818, 84–86.

19 So hat schon Graf Miklós Bethlen im 17. Jahrhundert seine obersten Wirtschaftsbeamten angewiesen, daß „wenn er Wirtschaftsbeamten anstellt, so sollen sie sowohl in den rechtlichen Angelegenheiten wie auch in Bezug auf die Führung der Vorwerke gut bewanderte Leute, und nicht irgendwelche fremde, sondern begüterte adelige Menschen sein" Vgl.: Gr. Bethlen Miklós gazdasági utasítása, MGSZ 1895, 45–51, hier 46.

Wirtschaft (2–3000 Rh. Gulden Wert).[20] Diese Praxis wirkte sich in Richtung einer Anhebung der Standeszugehörigkeit der Beamten aus, denn Hörige galten als besitzunfähig.

In der Károlyi-Verwaltung gab es zwischen 1760–1790 sowohl Sprößlinge des Komitatsadels, wie auch von anderen, fernen Komitaten eingewanderte Adelige, aber auch Hörige. Es gibt Beispiele für Wirtschaftsbeamte aus den Reihen der Hörigen, die im Laufe der Zeit zuerst manumittiert, dann mit Pfandbesitz an Acker und Weinberg ausgestattet und schließlich auch noch geadelt wurden.[21] Die Zahl der nichtadeligen Beamten und Schreiber läßt sich erst für den Anfang des 19. Jahrhunderts feststellen:[22]

Tabelle 3
Rechtliche Stellung der Beamten d. gräflichen Károlyi Familie 1814–1818

Quelle	Adelig	Gemein	Zusammen
Matrikel	21	27	48
Andere Quelle	19	7	26
Insges.	40	34	74
Keine Angabe			112

Wenn man annimmt, daß diejenigen, bezüglich deren Rechtsstellung wir über keine Angaben verfügen, in etwa nach denselben Proportionen zwischen adeligen und nichtadeligen Kategorien verteilt werden können wie die uns bekannten Fälle, so sind die Anteile von Adeligen und Nichtadeligen mit 55 zu 45 % anzugeben. Freilich ist die Aussagekraft der Standeszugehörigkeit bei dieser Gruppe nur begrenzt. Eine rationelle Verwaltung mußte ohne Ansehen der Person des Verwalters arbeiten, und deswegen forderten die Instruktionen die Anerkennung der Kompetenz des herrschaftlichen Patrimonialgerichts und den Verzicht auf ihren eigentlichen Gerichtsstand und ihre diesbezüglichen Privilegien.[23] In der Praxis schien die Zuständigkeit des Patrimonialgerichts in bezug auf die Herrschaftsbeamten in keiner Weise geschmälert worden zu sein – das herrschaftliche Gericht nahm in einer besonderen

20 Vgl. die Schätzung der Werte von 37 zur Wiederablösung vorgesehenen *inscriptionen,* von denen 14 bei ehemaligen Wirtschaftsbeamten der Károlyi waren: P 397 IV/1/a. Sváby Kristóf iratai. „Tabularis Conspectus Inscriptionalistarum".

21 Der „perceptor" Ferenc Mede übte seine Funktion in bezug auf den ganzen Nagykárolyer Herrschaftsbezirk aus, war also auf dem 4. oder 5. Platz in der Gesamthierarchie. Er wurde 1751 manumittiert, 1755 geadelt, erhielt zwei Hufen als Pfandbesitz *(inscriptio)* in der Mediatstadt Nagykároly, 1775 die Befreiung vom Weinzehnt für seinen Weinbesitz auf dem Weinberg in Peér. Zu seinem Pfandbesitz in der Mediatstadt gehörten etwa 62 ha Acker und Wiese, der Wert der Meliorationen des Grundes und des städtischen Hauses wurde im Jahre 1802 auf 3028 Rh. Gulden geschätzt. Die Schätzung wurde vorgenommen, weil die Herrschaft im Begriff war, die *inscriptio* wieder einzulösen. Die Karriere des Beamten ist aber schon 1787 mit Zahlungsrückständen von mehreren Tausend Rh. Gulden jäh zu Ende gegangen. OLK P 392 Lad. 8. No. 183–195; P 1531 No. 869, 1644; P 407 No. 533, 840, 956.

22 Quelle: Matrikel der Geburtsorte der Beamten, insofern sie zu finden waren. Die angeführten „anderen Quellen" sind überwiegend die Conduit Listen der Beamten (OLK P 407 1815 No. 139, 1818 No. 911, No. 1444), ergänzt durch die Angaben aus den adelsgeschichtlichen Handbüchern und Komitatsmonographien.

23 So z.B. die Instruktion des Fürsten Esterházy aus dem Jahre 1710: Esterházy herczeg 1710-iki utasítása csobánczi és keszthelyi tiszttartójához, MGSZ 1897, 310–313.

Sitzung *(sedes censurae)* die Rechnungen der Beamten ab, es entschied in Fällen, in denen Beamten Verfehlungen, Amtsmißbrauch, Veruntreuungen usw. vorgeworfen wurden, aber auch. wenn sie einander Injurien zufügten. Für Adelige war das ein deutlicher Statusverlust. Demgegenüber erhielten die Beamten, die Hörige waren, kraft ihrer Anstellung Freiheit von Vorspann, Einquartierung und Landessteuern – eine klare Annäherung an den adeligen Status.[24] Bemerkenswert ist, daß die Personalakten der Beamten, die am Anfang des 19. Jahrhunderts üblich geworden sind, kein Interesse an der Festhaltung der Rechtsqualität der Beamten zeigten, obwohl sie ansonsten bis zur Gesundheit der Beamtenehefrauen alles genauestens erfragten. Dies gilt auch für das erste Handbuch über Gutsverwaltung, geschrieben durch einen ehemaligen Beamten der landesweit als am fortschrittlichsten geltenden Güterverwaltung, der der Festetics.[25] Anscheinend hielten die Dienstherren der Beamten diese traditionelle ständische Trennungslinie für nicht mehr sonderlich relevant.

In Hinsicht der Möglichkeiten der Vermögensbildung kam es mit der Zeit zu einer Nivellierung nach unten. Zumindest vergab die Verwaltung der Károlyi ab den 1770er Jahren keinen Pfandbesitz mehr und versuchte um die Jahrhundertwende, das schon früher Vergebene an Häusern, Hufen und Weinparzellen nach Ableben der begünstigten Beamten wieder einzuziehen. In zähen Kämpfen hat man die Eigenwirtschaft, ja sogar den Eigenbesitz der Beamten abgeschafft.[26]

Mit der Begrenzung der Beamtenwirtschaften blieben den Beamten als Lebensgrundlage einzig ihre Gehälter und Deputate übrig. Einen Querschnitt von Beamtengehältern eines größeren Herrschaftskomplexes vor der napoleonischen Konjunktur habe ich für die Károlyi-Verwaltung erstellt.

Tabelle 4
Spanne und Medianwerte der Jahresgehälter und der Geldwerte der Deputate von Beamten der gräflich-károlyische nGüterverwaltung 1790 (Rh. Gulden)[27]

Stellung	Zahl d. Beamten	Gehalt in Bargeld		Geldwert des Deputats	
		Spanne	Medianwert	Spanne	Medianwert
Leitende Beamte*	7	140–400	275	23–333	160
Hofrichter	17	100–200	150	91–361	238
Schreiber	10	110–150	130	0	0
Gespan[28]	21	29–100	47	16–150	90

* Leitende Beamte: Exactor, Notar, Anwalt.

24 *János Nagyváthy,* Magyar gazdatiszt. [Ungarische Wirtschaftsbeamte.] Pest 1821, 244.

25 *János Csondor,* Gazdaságbeli számadó és számvevôtiszti utasítások ...[Die Wirtschaft betreffende Instruktionen für Rechnungslegung und Rechnungsprüfung.] Keszthely 1819, Anhang, Tab. 1.

26 Schon 1772 wird eine Konskription der Eigenwirtschaften der Beamten verordnet: OLK P 1531. No. 214. Vgl.: P 397. I/A/1. Prot. Sed. Oecon. et contractuum, 852.: „Die Führung einer eigenen Wirtschaft ist den Beamten untersagt". Dies wird zwischen 1810 und 1820 tatsächlich durchgeführt. Die früheren inscriptiones waren wesentlich größer als die späteren: P 407 1818, No. 792. Ein pensionierter Inspektor verfügte im Jahre 1815 lediglich über einen Hof im Wert von 2200 Rh. Gulden, nach drei Jahren wurde er lediglich auf 1540 Rh. Gulden geschätzt. P 407. 1818, No. 842. Demgegenüber schätzte man den Wert des Hofes und der Gebäude des verstorbenen Ingenieurs und perceptors auf über 20–25 000 Gulden – dieser Pfandbesitz wurde schon vor 1728 veräußert, schon der Vater des Verstorbenen, der selber exactor der Herrschaft war, besaß es zur *inscriptio.* P 407 1818, No. 792.

27 Wegen der unterschiedlichen Größe der einzelnen Herrschaften – wonach sich zum Teil auch die

Die Wirtschaftsbeamten sind also in mehr als einer Hinsicht eine Zwischenschicht. Zunächst hinsichtlich der materiellen Grundlagen ihrer Existenz: Nachdem sie langsam aus den Eigenwirtschaften verdrängt worden waren, landeten sie in einer nominell abhängigen Position. Ihr Einkommen überstieg jedoch das der bäuerlichen Wirte bei weitem, ihre ständische Qualität (gemessen an Gerichtsstand und sonstigen Privilegien bzw. Befreiungen) lag auch klar über der der Bauern. Doch viele von ihnen waren plebejischer Herkunft – was rechtlich meist einen Hörigenstatus bedeutet. Daß sie nicht aus Häuslerfamilien stammten, erübrigt sich zu erwähnen. Die Reihe der Ambivalenzen könnte noch fortgesetzt werden. Für das Betrachten von Gutsverwaltung und Bauern als Konfliktgemeinschaft muß die soziale Ambivalenz der Beamtenschicht hervorgehoben werden – sie standen zwar über den Bauern, als heterogene Gruppe hatten sie jedoch Kenntnisse über die und Verbindungen zu den bäuerlichen Lebenswelten.

3. Die Bürokratisierung der großen Gutsverwaltungen und die Vermittlerrolle der Beamten

Die durch die Zurückdrängung der Eigenwirtschaft der Beamten und die flankierenden Kontrollmaßnahmen vervollständigte Trennung von persönlichem Vermögen der Beamten und den Ressourcen der Herren war ein wichtiger Aspekt der voranschreitenden Bürokratisierung der Güterverwaltungen. Weitere Aspekte waren die Befestigung und weitere Ausdifferenzierung der Kompetenzhierarchien und die Sicherstellung der Kontinuität und inneren Homogenität des Kommunikationsflusses.

Warum messe ich dem bürokratischen Charakter der Güterverwaltungen soviel Bedeutung bei? Die bürokratische Beschaffenheit der Güterverwaltungen erhellt die Distanz der bürokratischen Zentrale zu den lokalen bäuerlichen Welten, und dadurch die Zwischenstellung der Beamten zwischen bürokratischem Kommunikationsfluß und „local knowledge" der Bauern.[29] Die Betonung der örtlichen Auffächerung soll nicht heißen, daß man die Bauern in jeder Hinsicht als an Wohnort und Produktionsstätte angekettete Jammergestalten betrachtet. Man kann und soll über „Kommunikationsfährten" (Jan Peters) in der bäuerlichen Gesellschaft nachdenken. Aber speziell die enge Anpassung der bäuerlichen Wirtschaftsweise an die kleinsträumigen natürlichen Begebenheiten ruft gerade in wirtschaftlicher Hinsicht eine ziemliche Variationsbreite bei den Produktionssystemen und Produktionstechniken hervor. Dies schafft eine beachtliche Distanz zwischen den Stereotypen der Produktion und der lokalen Vielfalt der Praxis. Die Formenvielfalt und die Vielfalt sprachlicher Bezeichnungen von funktionell identischen Werkzeugen und Arbeitsvorgängen ist ein erster Hinweis auf diese Distanz. Diese Distanz ist erheblich und auch quellenmäßig faßbar, wenn man z.B. die am Ende des 18.

Gehälter richteten – werden keine Durchschnittswerte, sondern die Spannen und Medianwerte mitgeteilt.

28 Gespan, lat. spanus, ung. ispán, Bezeichnung für Arbeitsaufseher, aber oft auch Vorsteher kleinerer Gutshöfe.

29 *Gerd Spittler,* Abstraktes Wissen als Herrschaftsbasis. Zur Entstehungsgeschichte bürokratischer Herrschaft im Bauernstaat Preußen, in: Kölner Zeitschrift für Soziologie und Sozialpsychologie 32, 1980, 574–604.

Jahrhunderts landesweit angelegten Befragungen zur bäuerlichen Wirtschaft mit der später entstandenen volkskundlichen Literatur vergleicht.[30]

Die Distanz zur örtlichen materiellen Kultur der Bauern ist einerseits eingebettet in eine mündliche Kommunikationswelt und andererseits durch die Bauern auch bewußt instrumentalisiert worden. Eine orale Kultur hat in jedem Fall einen kontextgebundenen, wenig abstrakten Kommunikationsstil, der mit scharf definierten, in unterschiedlichen Kontexten einsetz- bzw. austauschbaren Begriffen wenig zu tun hat. Die Mißverständnisse können aber sehr wohl auf bewußte Taktik der Bauer zurückgehen. Man beklagte sich, mißverstand die Fragen, wo immer es möglich war, und hielt soviel wie möglich vom eigenen Leben und den verfügbaren Ressourcen im Dunklen.

Diese Kommunikationsdistanz zu überbrücken, ist Vorbedingung für die Etablierung einer partiell oder voll bürokratisierten Herrschaft über Bauern. Es müssen Maße, Mengen, Umfang und Beschaffenheit von Produktionsfaktoren inklusive des Produktionsfaktors „Mensch" in einheitlich definierten Kategorien festgehalten werden. Ferner muß dauernd über die Integrationsmöglichkeiten der bäuerlichen Wirtschaftsweise in das herrschaftliche Wirtschaftssystem berichtet, sowie die Adaptation der agrartechnologischen Neuerungen in die örtlichen Produktionssysteme vorangetrieben werden. Diese kommunikative Brückenbaufunktion verstehe ich als „Übersetzerrolle" der Beamten.

Eine Normierung und Festlegung des bäuerlichen Wirtschaftslebens erfolgte durch die Verwaltungen der großen Besitzungen in den Jahrzehnten nach der Urbarregulierung. Die Dorfmarken, später auch die Wälder wurden vermessen, gleichzeitig wurde auch ihre Rechtsqualität geklärt und festgehalten.[31] Die rechtlichen Grenzen der Herrschaft, so z.B. die Begriffe von Pacht, Unterpacht *(subarendatio)*, Pfandgut *(inscriptio)*, die Begünstigungen der zinsbäuerlichen Stellen von „taxalistae" oder „Hajduk", sind eng und eindeutig gezogen worden. Es kann gelegentlich beobachtet werden, daß sich die Bauern vor der herrschaftlichen Erfassung ihrer Wirtschaften mehr auf die extensiven Wirtschaftszweige, auf die nichtbeherrschten Wirtschaftsräume, konzentrierten.[32] Die Unwägbarkeiten, Unordnungen und Gefahren der Wirtschaftsweise im Wald, auf der Puszta und im Überschwemmungsgebiet bildeten einen scharfen Kontrast zum Getreidebau, der in Dörfern von Hufenbauern in geordneten Bahnen vor sich ging.[33] Diese Kontraste zwischen „ordentlichen" und „unordentlichen" Produktions-

30 Die der Urbarregulierung vorangehende, 1767–74 durchgeführte landesweite Befragung zu den verbotenen Herrschaftspraktiken enthielt z.B. einen Teil, in dem die einzelnen Dörfer die ihre Wirtschaften betreffenden „Benefizien und Malefizien" zu schildern hatten. Vgl. OL Helytartótanácsi levéltár, C 59, Tabellae Urbariales, Examen et Fassiones ad Novem Puncta.

31 Die Urbarregulierung selbst führte eine Systematisierung der Hufenverfassung ein, brachte eine erste Vermessung der Dorfflur in den Jahren 1767–1773. Wenig später lief die erste große militärische Kartierung des Landes, die sog. „Josephinische Aufnahme" zwischen 1782–85, deren Ergebnisse jedoch zunächst für die Öffentlichkeit unzugänglich blieben.

32 Vgl. *Lajos Takács*, A Kisbalaton és vidéke [Der kleine Plattensee und seine Umgebung], in: Somogyi Almanach Nr. 27–29, Kaposvár 1978. Der Autor stellt ein Ausweichen der Bauern auf die Naßgebiete fest.

33 Für die Vielfalt der Produktionslinien vor der Vergetreidung s.: *László Makkai*, Economic landscapes: historical Hungary from the fourteenth to the seventeenth century, in: East-Central Europe in transition. Hrsg. v. Antoni Mączak/Henryk Samsonowicz/Peter Burke. Cambridge/Paris 1985, 24–36. Zur Weide als Wirtschaftsraum: *Tamás Hofer*, Europäische Analogien der Entwicklung von

zweigen entsprachen dem Selbstverständnis der Beamten, den Pionieren der Ordnung in der Produktion.

Die besagte Übersetzerrolle der Beamten, die die oben kurz geschilderten divergenten ländlichen Welten verband, ist freilich an sich schon eine Machtposition. Das heißt, die Beamten waren bei weitem nicht nur kraft ihrer Stellung in der bürokratischen Verwaltungsorganisation den Bauern gegenübergestellt, sondern konnten ihre Kenntnisse der unterschiedlichen, bäuerlichen und herrschaftlichen, Welten auch für eigene, „dienstfremde" Zwecke nutzbar machen.

4. Gutsverwalter als wankende Herrschaftsvermittler und der Großgrundbesitz als Konfliktgemeinschaft

Es gab mindestens fünf Teilnehmer des Herrschaftsspiels: die Herrschaften, die Beamten, die Pächter, die reichen bäuerlichen Gemeindemitglieder bzw. Gemeindevorsteher und die Bauern. Unter diesen fünf Teilnehmern des Herrschaftsspiels bedürfen die Gemeindevorsteher und die Pächter einer besonderen Erklärung. Die bedeutende Rolle der ersteren war eine Folge der weitreichenden Autonomie der bäuerlichen Gemeinde während der Wiederaufbauphase in der ersten Hälfte des 18. Jahrhunderts. Die Gemeinden regulierten in eigener Kompetenz den Umbruch der wüsten Äcker und den Bodengebrauch weitgehend gemeinschaftlich und legten darauf aufbauend die Kompetenz des frei gewählten Dorfrichters sehr weit aus. Nach dem Einsetzen der herrschaftlichen Reaktion mußten sie zwar eine Beschneidung der richterlichen Kompetenzen des Dorfgerichts hinnehmen, den Dorfrichter z.B. aus drei durch den Grundherren gestellten Kandidaten auswählen, andere, wesentliche Rechte blieben jedoch unangetastet (z.B. das Recht der freien Wahl der Dorfgeschworenen, das Appellationsrecht zum Komitatsstuhl und zur königlichen Statthalterei). Die Gemeinde wurde vielerorts durch Gemeindeeigentum weiter gestärkt.[34]

Die Entstehung einer Schicht von Pächtern war eine Folge der Diskrepanz zwischen dem Ausmaß herrschaftlicher Rechte und dem Umfang des herrschaftlichen Betriebs. Bei dem Ausmaß der Besitzungen wurden die „auswärtigen" Besitzteile meistens verpachtet.[35] Verpachtet worden sind, bei allen Bemühungen um eine rationelle Verwaltung, aber auch diejenigen Tätigkeitsfelder bzw. Anlagen, die in den Herrschaften erzeugungstechnisch komplex, im Preis extrem schwankend, räumlich abseits liegend, kurz „problematisch" waren. Bei der Handelsmonopolisierung war dies eher die Regel als die Ausnahme. So entstand eine Schicht

Rinder-Monokulturen in der Großen Ungarischen Tiefebene, in: Studien zur deutschen und ungarischen Wirtschaftsentwicklung im 16.–20. Jahrhundert. Hrsg. v. Vera Zimányi. Budapest 1985, 89–102.

34 *Imre Wellmann,* Kontinuität und Zäsur in Ungarns Bauernleben zur Zeit Maria Theresias und Josephs II. in: Österreich im Europa der Aufklärung, Wien 1985, 87–120, für Wahl und Kompetenzen des Richters s. 94–98, 104–106; *ders.*, Közösségi rend és egyéni törekvések a XVIII. századi falu életében [Gemeinschaftsordnung und individuelle Bestrebungen im Dorfleben des 18. Jahrhunderts], in: Történelmi Szemle, 1980, 376–449. Vgl. auch: A magyar polgári törvény [Ungarisches bürgerliches Gesetz]. Sárospatak 1824.

35 Freilich mußten die Pächter, da es sich hier um Land handelte, dem zeitgenössischen Begriff der Besitzfähigkeit in etwa entsprechen, also entweder Adelige, oder zumindest Honoratiores sein – jüdische Gutspächter nach polnischem Muster waren in Ungarn unbekannt.

von „Regalienpächtern" (diesbezügliche Monopolrechte nannte man *regalia minora*).[36] Als Arrendatoren der Herrschaft hatten sie Steuer-, Vorspann- und Einquartierungsfreiheit. Diese Befreiungen, gekoppelt mit der Tatsache der Fremdheit und des geringen Ansehens, haben bei Adel, Bauern und Ackerbürgern gleich große Feindseligkeit den Pächtern gegenüber bewirkt.

Das Machtspiel wäre nicht sehr spannend gewesen, wenn die Beamten – im Einklang mit älteren Kozepten der Herrschaftsausübung – immer strikt nach den bürokratischen Verfahrensregeln gehandelt hätten. In Wirklichkeit war ihr Handeln nur bedingt an die Satzung der bürokratischen Ordnung gebunden. So dürfen wir mit den unterschiedlichsten Allianzen und Gegnerschaften rechnen.

Ein Wirtschaftsbeamter z.B. führte im Jahre 1770 eine äußerst umfangreiche und sauber protokollierte Untersuchung gegen den Dorfrichter von Dobra (Herrschaft Erdőd, Komitat Szatmár) durch. Hier versuchte er, aus Aussagen der Dörfler die Vermutung zu erhärten, daß der Dorfrichter aus Eigeninteresse eine Klage gegen die Herrschaft bei der Statthalterei eingereicht hätte.[37] Die Argumentation in diesem Fall scheint weitgehend durchschaubar zu sein, es handelt sich hier um den klassischen, immerhin existenten Fall, wo der Beamte seinen Dienstherren und der Dorfrichter seine Gemeinde vertreten hat.

Eigeninteressen der Dorfelite waren jedoch durchaus vorhanden: Einige Jahre vorher, 1763, wurde eine herrschaftliche Untersuchung gegen die Dorfrichter von Fábiánháza eingeleitet, die „die armen steuerzahlenden Bewohner viele Male mit überflüßigen Weinstrafen belastet" und die eingetriebenen Strafen dann selbst vertrunken hätten.[38]

Die Bewohner von Fábiánháza waren auch ein anderes Mal in Konflikte um den Wein verwickelt. 1780 liefen beim Schankpächter etwas mehr ‚Restantiae' (Zahlungsrückstände) auf als sonst – 100–200 Rh. Gulden waren bis jetzt üblich, in diesem Jahr waren es 800 geworden. Pleite war er noch lange nicht, und auch bei Summen dieser Größe wurde meist Nachsicht geübt. Hier jedoch ordnete der Lokalbeamte die Exekution an.[39] Gleichzeitig fingen die Bauern an, ihren aus Mähren stammenden katholischen Schankpächter betrügerischer Praktiken zu bezichtigen. Er hätte mehr angekreidet, falsch gerechnet usw. Die Sache zog sich in die Länge, an einem Punkt waren es plötzlich keine Wirtshausschulden mehr, die umstritten waren, sondern Waren- und Geldkredite. Der Schankpächter kaufte Tabak und Vieh von den Bauern auf und holte im Auftrag der Bauern städtische Waren ins Dorf. Die von ihm gewährten Kredite wurden in der Anwesenheit ehrbarer Leute mündlich vereinbart, wie es in dieser Zeit üblich war. Plötzlich gab es reihenweise Mißverständnisse bei der Größe und den Konditionen dieser Kredite, im Endeffekt zahlten die Bauern keinen Groschen. Im allgemeinen gewinnt man den Eindruck, der Pächter wäre für vogelfrei erklärt worden: Seine Bienenstöcke wurden zerstört, in eines seiner Pferde wurde eine Gabel gestochen, einem anderen die Kehle durchgeschnitten, während er unterwegs war, dann fand sich für das Abziehen der Felle keiner, in der nächsten Nacht aber wurden die Felle gestohlen. Seine Frau wurde als Hure

36 *András Vári*, Regálékonfliktusok, urak, parasztok, bérlök [Herren, Bauern, Pächter. Konflikte um die *regalia minora*], in: Rendi társadalom – polgári társadalom 3: Társadalmi konfliktusok. Hrsg. v. László A. Varga. Salgótarján 1991, 277–286.

37 OLK P 1531 No. 168. Die Klage betraf die Einziehung (Allodisierung) von Rodungsgründen. Die Bauerngemeinde setzt sich durch: Die Rodungen werden zu den Hufen geschlagen. Allerdings lasteten dann die üblichen Abgaben auch auf diese nLändereien – im Gegensatz zum Rodungsland.

38 OLK P 1531, Prot. d. Herrschaftsgerichts v. Nagykároly, 17. Feb. 1763.

39 OLK P 1531 No. 445.

beschimpft, er selbst durch den Dorfrichter zum Zahlen der Landes- und Komitatssteuer angehalten, obwohl die Arrendatoren der Herrschaft üblicherweise keine Steuer zahlen mußten. Als er nicht zahlte, wurde er durch den Dorfrichter in Ketten abgeführt (was letzterem nach der Sicht der Herrschaft normalerweise gar nicht zustand). Der Pächter zog sich nach einer Weile in ein Nachbardorf, das allerdings einer anderen Herrschaft gehörte, zurück, wo er wieder einen Ausschank pachtete. Von dort aus supplizierte er weiter. Nach sechsjährigem Kampf wurde er durch neue Untersuchungen in seinem Recht bestätigt, und seine Forderungen wurden befriedigt. Man kann sich des Eindrucks nicht erwehren, daß der lokale Beamte kein passiver Beobachter war, sondern vielleicht mit dem Pächter ein Huhn zu rupfen hatte. Nachdem dieser Streit beigelegt oder durch Fürsprache von anderen neutralisiert war, konnten die Zeugen der Kreditgeschäfte ihr Erinnerungsvermögen wiedergewinnen, und auch die Anschuldigungen gegen den Pächter erwiesen sich als grundlos.

In einem anderen Fall sehen wir, wie der Unterbeamte (Gespan) von Nagyszokond, Herrschaft Erdöd, im Jahre 1807 in einem Bericht über eine Untersuchung den Dorfrichter von Rákosterebes gegen die Klagen der Dorfbewohner verteidigt.[40] Auffallend ist zunächst, daß ein Beamter aus derselben Herrschaft, wenn auch nicht der zuständige Lokalbeamte selbst, eine Untersuchung führt – zu solchen Untersuchungen pflegten die Beamten von weiterliegenden Herrschaften desselben Herren herangezogen zu werden. Die Anklagen waren folgende: Erstens hätte der Dorfrichter seine Stellung mißbraucht, er hätte die Komitatssteuer doppelt eingenommen, sein Vieh auf verbotene Weiden getrieben, usw.; zweitens wäre er ein gemeiner Schuft, der sich der Hehlerei schuldig gemacht hätte, bei ihm wären gestohlene Sachen gefunden worden, und er hätte einen falschen Paß für Zigeuner ausgestellt, die dann wegen Diebstahl festgenommen worden wären. Daß es wohl etwas mit dem Paß gab, bestätigte indirekt der Beamte, der dahingehend berichtete, daß diese Sache schon vor dem Komitat zu Ende geführt worden sei. In bezug auf das Räubergesindel, das der Angeklagte angeblich beherbergt hätte, erklärte der Beamte, der Dorfrichter wäre (auch?) Schankpächter, und man könne nicht erwarten, daß ein Schankwirt jeden Einkehrenden ausfragt, wer er sei und was er vorhätte. Mag sein, daß dies in der Tat unmöglich war, diese Ausführungen des Beamten kollidierten jedoch direkt mit den wiederholt formulierten Ansichten der herrschaftlichen, Komitats- und Landesverwaltungen, die just diese Verantwortung der Schankwirte für die Schenken erzwingen wollten. Der Beamte meinte, die Dorfbewohner hätten einen Groll auf den Richter, weil er zwei Jahre vorher als Gehilfe bei der Verteilung der Parzellen (vermutlich anläßlich der Urbarregulierung) vom herrschaftlichen Ingenieur augenfällig mehr Land bekommen hatte als die anderen. Die Vorwürfe bezögen sich aber auf längst vorher vorgefallene Ereignisse und seien schon wegen der Länge der Zeit nicht glaubwürdig, vielmehr auf Anstiftung eines Dorfnotars der benachbarten Kameralherrschaft hervorgekramt.

Der Fall zeigt gleichzeitig die unterschiedlichsten Koalitionsmöglichkeiten. Einen Hinweis auf die mögliche Einseitigkeit des Berichts und auf ein eventuell vorhandenes Bündnis zwischen dem Beamten und dem Dorfrichter liefert – abgesehen von den Inkonsequenzen der Untersuchung – der Lebenslauf des untersuchenden Beamten: In einer nur im Konzept erhaltenen, undatierten Untersuchung, die in oder nach dem Jahre 1806 stattgefunden haben muß, wurde er selbst der Veruntreuung in großem Ausmaß angeklagt.[41]

40 OLK P 1531, No. 1312.
41 OLK P 1531, No. 1301.

Es wurde durch 56 Zeugen eindeutig erwiesen, daß der Gespan selbst regelmäßig einen Teil des Wein- und des Getreidezehnts für sich behalten hatte, daß er Bauern und Handwerksmeister für sich arbeiten ließ und sie entweder nicht bezahlte oder die für ihn gearbeiteten Tage aus der Robotschuld abzog, daß er sein Deputatholz in der Stadt verkaufte und Holz sowohl für seinen Haushalt wie auch für eine für sich gebaute Trockenmühle im Wald schlagen ließ, daß er mehrere Wagenladungen mit Obst aus dem herrschaftlichen Obstgarten entwendete, und so weiter. Wie hat der fleißige Mensch all dies bewerkstelligt?

Zunächst einmal: Er schlug und schlug. Aber nicht nur er. Seine Handlanger waren die „szabados" (*libertini,* Befreite), gelegentlich auch „Hajdu" (dt.: „Heiducke")genannt. Die Bezeichnungen deuten auf die frei- und/oder wehrbäuerliche Schicht des 17. Jahrhunderts hin, im Laufe der Zeit sind sie jedoch einfache Arbeitsstellen geworden: Man nahm die Arbeit eines Aufsehers, Trabanten, Schergen wegen der Robot- und Zehntbefreiung an. Diese Stellen waren aber, ebenso wie die Arbeit selbst, zeitlich begrenzt. Diese „Befreiten" waren Nachbarn und Verwandte der restlichen Dorfbevölkerung. Sie selbst sagen auch gegen den Gespan aus, auch in puncto Veruntreuungen, die sie meistens jahrelang mit angesehen hatten. Ein „Befreiter" beschwert sich z.B. darüber, daß er selbst grausam verprügelt worden sei, nachdem er einen Bauern nicht mit Ketten, sondern nur mit einem Seil angebunden hatte. Die Prügelstrafen haben, wenn nicht der Gespan selbst zugeschlagen hat, die „Befreiten" ausgeführt, in der Regel 6–12 Stockschläge, was nach zeitgenössischen Maßstäben nicht übermäßig viel war.[42]

Eine weitere wichtige Methode war es, Mittäterschaft zu stiften. Bei der Anrechnung der Arbeit der Bauern auf ihre Robotschuld ist dies offensichtlich. So berichtete der Dorfrichter, der Gespan hätte ihm befohlen, zur nächtlichen Stunde zwei Wagenladungen Zwetschgen aus dem herrschaftlichen Garten zu fahren, wobei er selber auch 2 $^1/_2$ Scheffel[43] für sich behalten durfte. Die Sache war freilich nicht so einfach: Der Richter erinnerte sich zwar nicht mehr an die Namen der damaligen Befreiten, die die Wagen beladen hatten, wohl erinnerten sich aber die Befreiten an den Richter und daran, daß er auch bei anderen Anlässen einen Anteil vom Gespan hatte. Der Richter aber war wirklich ein weiser Mensch, sicherte sich nach unterschiedlichen Richtungen ab: Als einmal der Gespan die Entwendung von 30 Scheffeln Zehntgetreide allzu offensichtlich betrieb, war es der Richter selbst, der vor versammeltem Dorf die Sache verkündete und im nächsten Schritt die aufgebrachten Bauern gleich mit dem Hinweis beruhigte, der Gespan schade nicht dem Dorf, sondern der Herrschaft. Obwohl er mit seiner Aussage eine Zeitbombe unter dem Gespan plazierte – war doch seine Aussage dermaßen Teil der Dorftradition geworden, daß es nach Jahren die mit Abstand am häufigsten wiederholte Beschuldigung gegen den Gespan wurde – verfolgte er dennoch weiter an der Seite des Gespans seine Amtsgeschäfte.

Nicht nur die dörflichen Schlüsselpositionen boten Gelegenheit zur Mittäterschaft: Beim Weinzehnt versteckte der Gespan einen Teil just in den Kellern der Zehntpflichtigen. Daß der Gespan aus den qualitativ recht unterschiedlichen Weinen nicht die schlechtesten auswählte,

42 Vgl. *Lajos Hajdu,* Bûntett és büntetés Magyarországon a XVIII. század utolsó harmadában [Sünde und Strafe in Ungarn im letzten Drittel des 18. Jahrhunderts.] Budapest 1985, 147–158. Hajdu untersuchte die Strafpraxis der Komitate. Demnach gab es „liberale" Komitate, wo maximal 24 Stockschläge auf einmal verabreicht wurden, und strengere Komitate, wo sogar 80 Schläge üblich waren.

43 Auch hier steht Scheffel für „cubulus", „köböl", ein Getreidehohlmaß von 83 Liter.

belegen die Aussagen. Weniger hell freilich wird beleuchtet, ob die Weine, die als Zehnt abgegeben wurden, dieselbe Qualität hatten wie die, die die Bauern behalten durften.

Es fällt auf – und dies ist geradezu ein Teil des Stereotyps vom Beamten geworden –, wie oft in diesen Konflikten die Beamten nackte Gewalt einsetzten. Ein zeitgenössische Beobachter schrieb:[44] „the flogging block is in full vigour, every landlord can order any of his tenants or servants, who may displease him, twenty five lashes on the spot... But it is in the hands of the underlings, the stewards, bailiffs, inspectors – a flock of hawks which infest every Hungarian estate, – that his power becomes a real scourge to the poor peasant.“

Es gab freilich auch das Gegenbeispiel, als 1756 wohlhabende Bauern den Gespan in der Lébényer Herrschaft bedrängten, seinen Rock zerrissen und ihn mit Schimpf überhäuften.[45] Mehr Gewicht als dieser sicherlich nicht allzuoft vorkommende Fall hat vielleicht die Beobachtung, daß die Anwendung von Gewalt ihrerseits das Abstecken von Gruppen- und Bündnisrahmen widerspiegelte. Die eigenen Verbündeten, so ist meine Annahme, hat der Beamte wohl auch dann nicht schlagen können, wenn zwischen ihnen eine ständische Kluft klaffte. Der bäuerliche Dorfgeschworene, ja sogar der jüdische Pächter konnte ja die Schläge vielfältig heimzahlen – von gezielt eingesetzten Gerüchten bis zur Anzeigeerstattung. Innerhalb des herrschaftlichen Apparats war es eher die Ausnahme, wenn doch eine Rauferei vorkam. In diesen Fällen entlud sich der schwelende Konflikt meistens auch in der Öffentlichkeit und in Form von bei der Zentralverwaltung eingereichten Anschuldigungen, die eine offizielle Untersuchung zur Folge hatten.

Zwischen einem Unterbeamten oder Lokalbeamten und den Dorfbewohnern waren jedoch Prügel, die ohne irgendwelche rechtlichen Formalitäten verabreicht wurden, sicherlich nichts seltenes. So beklagten sich in einer Untersuchung über die Verfehlungen des Lokalbeamten eine Reihe von Zeugen aus dem Dorf Lugos, Herrschaft Nyírbátor, unter ihnen der Dorfrichter, sein eigener Kutscher, aber auch ältere Frauen über die erhaltene harte Prügel und Beschimpfungen.[46] Der Beamte ging so weit, die Leute mit dem Gewehr herumzutreiben. Freilich, wenn dies über ein bestimmtes Maß hinausging, hätte das zur Entvölkerung der Ortschaften, ja der Herrschaften führen können. Da dies auch den Grundbesitzern und Verwaltungen bekannt war, trachteten sie danach, die Brutalität der Beamten einzugrenzen – ohne freilich ihre Machtstellung gegenüber dem Dorf zu untergraben. Dies um so mehr, als es hier nicht nur um das Wohlergehen der herrschaftlichen Untertanen ging. Die Teilnehmer des ländlichen Machtspiels waren auch der Herrschaft nicht gleichgültig: Konnte z.B. ein Lokalbeamter die ihm untergebenen Bauern, ihre Gemeinde und vielleicht auch noch die örtlichen Pächter vollends einschüchtern, so stand ihm der Weg zu Veruntreuungen größeren Ausmaßes frei. Insofern waren die Bauern, die Gemeindeelite und die Pächter auch potentielle Verbündete der Herrschaft. In ihrer schwierigen Lage scheinen zumindest die mir bekannten Herrschaften eine Doppelstrategie verfolgt zu haben: Sie bestanden darauf, daß Beschwerden gegen Handlungen eines Beamten zuerst bei eben diesem Beamten eingereicht werden mußten, andererseits waren auch die größten Herren jederzeit bereit, sich Anschuldigungen in puncto Veruntreuung anzuhören, scheinbar ohne Ansehen der Person des Anzeigenden und

44 *John Paget, Esq.*, Hungary and Transsylvania. Bd. II. London 1855 (1. Ausg. 1839), 236f.

45 *Gyula Benda*, Árpaaratás sarlóval és kaszával Lébényszentmiklóson a XVIII. század közepén [Das Ernten von Gerste mit Sichel und Sense in Lébényszentmiklós um die Mitte des XVIII. Jahrhunderts], in: Ethnographia, 1982/3, 438–447.

46 P 1531 No. 1273 Lugosi gazda Pap Mihály elleni investigatio 1803.

auch unter Umgehung des Amtsweges. Es war also eine Formulierungsaufgabe für die Bauern und die anderen Betroffenen, ihre Beschwerden mit diesbezüglichen Beschuldigungen zu verbinden. Sie haben die Lektion scheinbar perfekt gelernt – was nicht schwergefallen sein dürfte, waren doch die örtliche Machtposition des Beamten und seine Möglichkeiten zur Veruntreuung in der Tat gekoppelt. In vielen Untersuchungen sind demzufolge Vorwürfe bezüglich der übermäßigen Härte gegenüber den Bauern mit Veruntreuungsbeschuldigungen gekoppelt.

Hier stehen aber nicht „die Bauern“ „den Beamten“ gegenüber, sondern es gibt die unterschiedlichsten Kombinationen, schon deshalb, weil es gar nicht klar ist, wer zuerst Anklage erhoben hatte. Oft waren es die Beamten selbst, die ihren Kollegen anzeigten. Manchmal sind es eindeutig bäuerliche Kläger gewesen, die eine Untersuchung in Gang setzten. Man kann allerdings annehmen, daß die kollegialen Anschuldigungen ohne die Aussagewilligkeit der Bauern ins Leere gestoßen wären und umgekehrt, daß noch so begründete bäuerliche Beschwerden nicht ohne Hilfe aus dem herrschaftlichen Apparat zur Untersuchung gelangten.

Auffällig ist dabei zweierlei: die Verspätung von mehreren Jahren, mit der die Delikte angezeigt wurden, und ein gewisser öffentlicher Charakter dieser Delikte, sie fanden nämlich jahrein, jahraus auf Feld und Flur vor aller Augen statt. Die Verspätung der Anzeige und die Länge des Amtsmißbrauchs, der manchmal Jahrzehnte dauerte, sind m.E. auf dieselben Faktoren zurückzuführen, die den öffentlichen Charakter der Veruntreuungsdelikte ermöglichten. Zwei Beispiele mögen dies veranschaulichen: 1822 klagte der Hajdu (Trabant, Arbeitsaufseher) in der Batthyány-Herrschaft Enying seinen Vorgesetzten, den Gespan, wegen Veruntreuung an.[47] Aus seiner Eingabe wird klar, daß der Gespan den aus der Armee verabschiedeten, im Lateinischen versierten Mann, der offensichtlich etwas auf sich hielt, geohrfeigt hatte. Der Anlaß war, daß die von dem Hajdu beaufsichtigten Fronarbeiter wegen des Regens nicht säen konnten, und als der Hajdu dies beim Abendbericht meldete, hat ihn der Gespan beschuldigt, er hätte den ganzen Tag getrunken, deswegen ginge das Säen nicht voran, und drohte ihm an, ihn in Eisenfesseln zum Herrschaftsgericht zu schicken. Der Hajdu hat darauf geantwortet, freilich nur verhalten, wie er laut seiner Eingabe nun mal sei, worauf er eine Ohrfeige bekommen und diese gleich erwidert hatte. Daraufhin kam er nun tatsächlich vor das Herrschaftsgericht. Das Gericht sah aber seine Sünde mit der einwöchigen Untersuchungshaft hinreichend geahndet und hat ihm keine weitere Strafe auferlegt. Die Güterverwaltung entließ ihn aber dennoch. Daraufhin besserte sich das Gedächtnis des Hajdu plötzlich entscheidend, man kann von einer regelrechten Gedächtnis-Aufwallung sprechen. Der Hajdu hatte in 20 Punkten die unterschiedlichen Veruntreuungen des Gespans mit äußerster Konkretheit abgefaßt. Er gab an, in welchem Jahr, in welchem Gewann, wie große herrschaftliche Bodenstücke der Gespan mit Fronarbeitern auf eigene Rechnung bestellen ließ, teilte die genaue Menge der unberechtigt bezogenen Deputate mit, ja auch die Namen derer, die diese Deputate dem Gespan ausgewogen hatten. Es überrascht wenig, daß auch er selber dem Gespan über das ihm zustehende Deputat hinaus Korn ausgewogen hat. Freilich konnte er der Frage nicht aus dem Weg gehen, warum er erst jetzt dies alles angezeigt hatte – schon deshalb nicht, weil gegen den Gespan schon einmal eine Untersuchung auf die Initiative der Salpeterpächter geführt worden war, in der der Hajdu als belastender Zeuge benannt wurde, dann aber nicht gegen, sondern für den Gespan aussagte. Den krassen Widerspruch tat er so ab: „als neuer und unerfahrener Diener habe ich mich hinter Zsömböry [den Gespan] gestellt“.

47 P 1322 59. fasc. 323–324.

Seit dieser Zeit hätte aber der Gespan einen Verdacht gegen ihm geschöpft, daß er seine Machenschaften durchschaute, daraus seien die Schikanen entstanden, die in die Szene mit den Ohrfeigen mündeten.

Die Situation wird so offensichtlich, wie es in einer herrschaftlich bestimmten Kommunikationsform überhaupt geschehen kann. Es ist klar und deutlich, daß es hier um die Kündigung von vorher funktionierenden festen Abmachungen ging, um die Auflösung einer Koalition. Es gibt mehrere ähnliche Fälle, wo konkrete Auseinandersetzungen überliefert sind, aus denen Anzeigen nach jahrelangen Mißbräuchen hervorgingen. So haben die Drescher auf der Puszta Gyál in der Károlyi-Herrschaft Fót, nachdem der dortige Hajdu ein Paar Ohrfeigen ausgeteilt hatte, ganz ähnliche Gedächtnisaufwallungen in bezug auf denselben Hajdu bekommen.[48]

Auch wenn die Szene, die eine Untersuchung auslöste, nicht bekannt ist, bezeugten die Bauern selbst ihre Komplizenschaft durch die Genauigkeit ihrer Angaben über die denkbar augenfälligsten, jahrelang begangenen Delikte. Das Einvernehmen endet aber nicht bei der passiven Duldung. Die Mittäterschaften konnte man schon beim oben vorgestellten Gespan von Nagyszokond beobachten, vom anderen Ende des Landes stammt ein Beispiel von regelrechten dörflichen Klientelnetzen der Beamten: Gegen den Gespan Gólecz in der Batthyány-Herrschaft Enying wurde im Jahre 1814 eine Untersuchung geführt.[49] Er hatte nicht nur mehr Vieh gehalten, als es ihm zugestanden hätte, sein Vieh war auch ohne Hirten in der Flur herumgelaufen, hatte das stehende, aber auch das abgeerntete und zusammengetragene Getreide zertreten und aufgefressen. Zwei Jungochsen hatte er bei einem Hörigen überwintern lassen, dafür hatte der Hörige etwas vom herrschaftlichen Streu bekommen. Auf einem Stück Boden desselben Hörigen ließ der Gespan Kukuruz (Mais) säen, und das Stück wurde aus dem Herrschaftlichen ordentlich gedüngt. Den Heuboden eines anderen Hörigen hatte er als Lagerstätte benutzt, dorthin hatte er Heu und Grummet aus dem herrschaftlichen Gutshof verladen lassen. Das Heu war freilich für ihn selbst bestimmt. In einer Parzelle eines dritten Hörigen hatte er Kartoffeln pflanzen lassen – diese hatte der Hörige auch düngen müssen. Im Gegenzug durfte aber der Hörige auf seine Rebparzellen nach Belieben Dung aus den herrschaftlichen Ställen bringen lassen.

Worüber konnten sich nun Verwalter und Bauer einig werden? Naheliegender Gedanke ist, daß die Bezugsberechtigungen der Bauern (Weide, Holz, Rohr, Torf, Eichelmast, Fischereirechte) sowie Belastungen und Abgaben Verhandlungsgegenstand sein konnten. Die unpopulärste Abschöpfungsform war wahrscheinlich überall die Robot. Robot war aber nach Robotverzeichnissen aufgeteilt, und auch die unvorhersehbaren Betriebspannen oder örtlichen Begebenheiten durften nicht die inneren Gleichgewichte des Betriebs stören: Der Beamte wurde zur Rede gestellt, wenn er, aus welchem Grund auch immer, zuviel Robotrestantien auflaufen, oder zuviel Zugrobot in Handrobot umtauschen ließ. Voraussetzung für die eigenmächtige Verminderung, aber auch für die Umverteilung der Lasten, für die Bevorzugung irgendeiner bäuerlichen Gruppe war also die Unvollständigkeit der Erfassung der bäuerlichen Lastenträger.

Dieselbe Bedingung gibt es auch bei der Verteilung von Ressourcen zwischen Bauern und Beamten. Ob Dung, Getreide oder Holz – nur diejenige Materialien konnten leicht gestohlen werden, die noch nicht in den Inventaren auftauchten, die von der bürokratischen Bestands-

48 P 407. 1815, No. 416.
49 P 1322. 59. fasc. 139–143.

aufnahme noch nicht erfaßt worden waren. Nicht umsonst waren z.B. Dreschen und Säen wunde Punkte der herrschaftlichen Wirtschaftsführung, wie auch die oben geschilderten Beispiele zeigten. Dasselbe Argument gilt aber nicht nur für bestimmte Materialbestände bzw. Ressourcen, sondern für ganze Wirtschaftsräume. Es scheint, daß die banalsten und alltäglichsten Delikte sowohl der Bauern als auch der Beamten unrechtmäßiger Holzschlag, das Weiden von Tieren auf verbotenen Weiden und/oder zu verbotenen Zeiten und vor allem in größerer Zahl, als erlaubt, waren. Diese Delikte haben alle eine räumliche Dimension, sie spielen sich am häufigsten jenseits der Grenzen der bürokratischen Erfassung, in wenig oder gar nicht beherrschten Räumen ab. Wenn die Herrschaftswälder weder vermessen noch ihre Ausdehnung und Lage geschätzt und beschrieben noch die Erträge der Eichelmast und die der Waldwiesen auf Lichtungen und Rodungen annähernd festgehalten, die Grenzverläufe eindeutig markiert waren, dann schalteten und walteten die Beamten nach Belieben. In dieselben extensiven Wirtschaftsweisen haben aber auch die Bauern ihre Wirtschaften vor herrschaftlicher Abschöpfung oft verlagert. Voraussetzung war jedoch, daß die Herrschaft ferngehalten wurde, und dies war wohl ein gemeinsames Anliegen von Bauern und Beamten, das zum gemeinsamen Unterfangen werden konnte.

Die leeren Wirtschaftsräume, die Wälder Ungarns – oder Polens, Kroatiens – taugen aber zu gut als Metapher. „Fernhalten" kann man die Herrschaft nicht nur von Räumen, sondern auch von Tätigkeiten. Die Voraussetzungen sind dieselben: schwierige Normierbarkeit der Arbeitsvorgänge, schwierige Registrierung der Bestände, kurzum, die begrenzte bürokratische Erfaßbarkeit. Hier sind schon die Vorgänge des Dreschens und Säens erwähnt worden, Weinanbau und -vertrieb waren freilich auch alles andere als leicht zu kontrollieren. Welche Bedeutung dieser Komplex für die herrschaftlichen Einnahmen im Ungarn des 18. Jahrhunderts hatte, konnte oben gezeigt werden.

Daher sollten nicht allein Form und Umfang der herrschaftlichen Abschöpfung eine gesellschaftliche Typologie der Herrschaft über Bauern begründen. Erhebt man nämlich die herrschaftliche Abschöpfung zum allein typenbildenden Merkmal, so wird die Frage nach konkreten Einkommensquellen und wirtschaftlichen Aktivitäten der Herrschaft in den Hintergrund gedrängt. Auf eben dieser Ebene jedoch, auf der Ebene der wirtschaftlichen Tätigkeiten, aufgefaßt als Bündel oder Muster („pattern") konkreter Arbeits- und Naturvorgänge, kann eine Dauerniederlage der Produzenten mitnichten einfach vorausgesetzt werden.

Diese Beständigkeit der Unbeherrschbarkeit ist nicht in dem eher speziellen Phänomen der leeren Wirtschaftsräume begründet. Vielmehr ist sie eine Folge des Auseinanderklaffens von Herrschaftsansprüchen der Großgrundbesitzer und von ihrer tatsächlichen Unfähigkeit, produktive Tätigkeiten, Arbeitsabläufe beständig und umfassend zu kontrollieren und zu koordinieren.

Es muß also für den gesamten Zeitraum der vorkapitalistischen Verhältnisse die Grundannahme gelten, daß die ländlichen Produzenten sich durchaus wehren können. Nur dadurch, oder, genauer gesagt, dahinter verborgen konnten die privaten Sonderinteressen der Beamten zur Geltung gelangen. Diesen war die Möglichkeit der Vermögensakkumulation zunehmend beschnitten, sie befanden sich, sowohl ihr Einkommen als auch ihre Autorität und ihre ständische Position betreffend, in einer sonderbaren Zwischenstellung zwischen Bauern und begütertem Adel. Sie haben also die Motivation und die Möglichkeit gehabt, dienstwidrig zu handeln. So kann durchaus ein gemeinsames Interesse der Bauern und der Beamten an der Hintansetzung des Bürokratisierungvorganges, an einem Versteckspiel gegenüber der Herrschaft, entstehen.

Die hier angeführten Beispiele versuchten zu zeigen, daß die Möglichkeit und Notwendigkeit der eigenen Strategien der Beamten in der Herrschaftstruktur begründet waren. Sie können nicht als Ausnahmen betrachtet werden. Man muß also in den Auseinandersetzungen um die Ausübung von Herrschaft auf dem Großgrundbesitz nicht nur die Positionen von Herren und Bauern, sondern auch die Bestrebungen der intermediären Gestalten, der Beamten, (eventuell auch die der Pächter, der Dorfelite, usw.) ins Auge fassen. Demnach kann die Gesellschaft auf dem Großgrundbesitz zu Recht als „Konfliktgemeinschaft" betrachtet werden.

ANTONI MĄCZAK

Die höfische Gesellschaft im Polen-Litauen des 18. Jahrhunderts

Der Adel und das gemeine Volk, das verschiedenen Herren und Kleinherren diente, konnte sich mit Recht als den Stand bezeichnen, der von den anderen Ständen getrennt war, weil es eine große Anzahl von solchen Dienern in der Regierungszeit von August gab; es gab keinen Adligen mit einem Dorfe, der keinen Hofmann hatte. Obwohl das Wort „der Hofmann" im breiten Sinne jeden Diener umfaßte, bedeutete das im engeren Sinne nur die Ehrendiener des adligen Standes oder die Plebejer (sogar auch die Leibeigenen), die mit dem Säbel an der Seite den Adel vortäuschten oder die der Herr für die Adligen zu halten schien.[1]

So wurde die höfische Gesellschaft durch den römisch-katholischen Geistlichen, Jędrzej Kitowicz (1727–1804) gesehen und verstanden. Seine „Beschreibung der Sitten und Bräuche", eine Laudatio der guten alten Zeiten des sächsischen Kurfürsten auf dem polnischen Thron, August III. (1733–1763), leitete eine Literaturgattung ein, für die die polnischen Memoiren Ende des XVIII. und Anfang des XIX. Jahrhunderts charakteristisch waren. Es handelt sich hier um Memoiren, in denen auf der Basis der Lebenserinnerungen eine allgemeine Beschreibung und die Beurteilung der vergangenen Epoche angestrebt wird. Die Tragödie der Teilungen Polens bewegte die Verfasser dazu, sich mit der Vergangenheit auseinanderzusetzen, sowie auf Personen, Institutionen oder auf verderbenbringende Sitten, die für die Tragödie der Nation Verantwortung trugen, hinzuweisen. Andererseits vertraten einige ältere Autoren mit Talleyrand die Meinung, daß nur der, der jene Zeiten erlebt hatte, die wahre Lebensfreude kennt. Das Perfektum ist für diese literarische Gattung charakteristisch: die Überzeugung des Verfassers, daß die aus den alten Zeiten stammenden Angelegenheiten den jungen Lesern mit großer Geduld erläutert werden sollten. Von Zeit zu Zeit wurden die persönlichen Erlebnisse als besonderer Fall, als Veranschaulichung der herrschenden Verhältnisse dargestellt. Sie waren entweder durch Sehnsucht oder strenge Kritik gekennzeichnet. Die Hauptbühne solcher Aufzeichnungen war der Magnatenhof und nicht unbedingt der Königshof. Dies ergab sich aus der Stellung der Autoren und auch aus der besonderen Rolle, die die großen Landbesitzer im Machtsystem – insbesondere in Litauen und in der Ukraine – spielten.

1 *Jędrzej Kitowicz,* Opis obyczajów za panowania Augusta III. Hrsg. v. Maria Dernałowicz. Warszawa 1985, 214.

In Polen und in Litauen bildete die adlige Selbstverwaltung die Lokalverwaltung.[2] Die Hauptinstitution der adligen Selbstverwaltung war der Kreis- oder Landtag, das heißt die Versammlung des ganzen lokalen Adels. Der Landtag bestellte die Landboten zum Reichstag und meldete dem König die Bewerber für Stellen in den lokalen Behörden an oder wählte sie selber aus. Das beschriebene System funktionierte verschieden, abhängig von der Tradition und der Struktur des ländlichen Eigentums. In einigen Provinzen, wie insbesondere in Großpolen (Wojewodschaften Posen und Gnesen), hatte der mittlere Adel viel zu sagen. In Masowien und in Podlachien (nördlich und östlich von Warschau) lebten viele Adlige auf einem Niveau, das dem Lebensniveau der Vollbauern ähnlich war („Panenadel" – so nannten die preußischen Beamten scherzhaft solche Adligen im östlichen Hinterpommern). Sie entsprachen den preußischen Freien, waren aber Adlige, und im öffentlichen Leben traten sie oft gemeinsam und solidarisch als der Adel aus dem bestimmten „Nest" auf.

Dort, wo sich das Großeigentum entwickelte, insbesondere im Großfürstentum Litauen und in der Ukraine, blieb die Lokalverwaltung in den Händen der Magnaten und wurde durch Vermittlung von „ihren Leuten" ausgeübt. Dadurch wird das Problem der Durchdringung der privaten und öffentlichen Funktionen des Magnatenhofes aufgeworfen. Das Thema kann hier nicht entfaltet werden. Dieser Begriff – die Öffentlichkeit – hatte unter den polnischen Bedingungen des XVII. und XVIII. Jahrhunderts einen besonderen Charakter, was der Magnatenhof klar widerspiegelte.

Der Held der schon erwähnten Memoiren ist nicht selten die Person des Herrn (oft mit seiner Ehegattin) sowie die Gemeinschaft, die den Adelshof bevölkert. Die vorbezeichneten Memoiren waren mehrschichtig: der nach den Teilungen Polens schreibende Jan Ochocki (1766 oder 1768–1848) – Jurist, Hofmann, *laudator temporis acti* – erinnerte sich daran, wie er den Erzählungen des Jagdmeisters von Krakau (eine Ehrenstelle) über den alten Markgrafenhof in Pińczów in der sächsischen Zeit zuhörte.[3]

Es gab dort sechzig Hofleute aus dem besten polnischen Adel [...], die gleiche Zahl der Kammerdiener, die für geringste Vergehen je einhundert Peitschen, aber immer auf dem Teppich, erhalten haben. So ausdrucksvoll haben sie mir das vorgeführt, daß ich dem Herrgott dankbar war, daß ich nicht früher geboren bin, indem ich gerechnet habe, wieviele Male ich auf dem verhängnisvollen Teppich hätte liegen müssen.

Die strenge Gerechtigkeit, die zusammen mit Gnaden dosiert wurde, hat einen gerechten Herrn gekennzeichnet. Zu seinen Eigenschaften gehörten auch Menschlichkeit, Güte, Nachsicht (eine scheinbar beständigere Eigenschaft); die Gnade jedoch – obwohl sie ein unentbehrliches Merkmal des Herrn war – charakterisierte eine gewisse Unberechenbarkeit.

Wir können uns aus zwei einander ergänzenden Gesichtspunkten den Magnatenhof vorstellen: einerseits als eine hochorganisierte Gemeinschaft und andererseits als das Ziel der

2 Das war das Ergebnis der Gesetzgebung aus dem XV. Jahrhundert. Nach der Lubliner Union (1569) wurde das polnische Verwaltungssystem mit einigen Veränderungen in Litauen eingeführt. Ich vergleiche das polnische und englische Landleben und die Lokalverwaltung in zwei Skizzen: Lithuania and the Old Corruption, in: Struktur og Funktion. Festskrift til Erling Ladewig Petersen. Odense 1994, 229–236; *County Society* i szlachta wojewódzka w XVI wieku, in: Parlament, prawo, ludzie. Studia ofiarowane profesorowi Juliuszowi Bardachowi w sześćdziesięciolecie pracy twórczej. Warszawa 1996, 170–175.

3 Pamiętniki Jana Duklana Ochockiego, z pozostałych po nim rękopisów przepisane i wydane przez J[ana] I[gnacego] Kraszewskiego. Bd. II. Warszawa 1910, 12.

Bestrebungen von ehrgeizigen und hochstrebenden Adligen. Der Hofdienst am großherrlichen Hof wurde im XVIII. Jahrhundert als natürliche Bestimmung für einen jungen Mann betrachtet.[4]

Der Adel, wie ich ihn im Gedächtnis behalten habe, kann in drei Gruppen eingeteilt werden. Die erste Gruppe – das waren die Gutsbesitzer, die die von den Vorahnen vererbten Erbschaften hatten und die Wojewodschafts-, Kreis- und Gerichtsämter in ihrem Geschlecht besaßen, und deren Väter, Großväter und Urgroßväter auf den Höfen der mächtigen Herren aufwuchsen und erzogen wurden, indem sie als Hofleute dienten.

Ochocki war durch die große Zahl der Hofleute fasziniert und wie die anderen liebte er es, die menschenstärksten Höfe aufzuzählen. Der Dienst am Herrenhof, genauso wie der Königsdienst in der absoluten Monarchie, war für ihn eine Ehrenpflicht und schien die Bedingung der Angehörigkeit zum wirklichen Adel zu sein.

Hier erscheint ein Begriff, der in charakteristischer Art und Weise schwer zu übersetzen ist: *obywatel* – der Bürger – zugleich Landbesitzer und Staatsbürger. Der Begriff in seiner ursprünglichen Bedeutung ist heute vergessen, dieser Terminus funktionierte jedoch in dieser doppelten Bedeutung noch vor sechzig Jahren. Es wurde so entweder der „Großbesitzer“ oder der „Kleinbesitzer“ bezeichnet; das lateinische Wort dafür war im XVI.–XVII. Jahrhundert *generosus* (d.h. der [Gut]geborene), das dem Stadtbürger – *civis* – entgegengesetzt war.

Im Wortschatz des XVII. und XVIII. Jahrhunderts bestimmte nicht nur der Besitzstand den Adligen. Die zweite Gruppe des Adels, schreibt Ochocki, sind Ankömmlinge aus den entfernt gelegenen Provinzen. Das Bewußtsein von fehlenden tiefen Wurzeln und die damit verbundenen Komplexe waren sehr wichtig. Marcin Matuszewicz – Hofmann, Magnatenklient und bekannter lokaler Politiker, der auf diesem Weg zum ehrwürdigen Senatorenamt gekommen war, empfand beispielsweise stark, daß seine Sippe nicht länger als drei Generationen in dieser Gegend gelebt hatte.[5]

Es fallen auch die entgegengesetzten Meinungen auf: einerseits das höfische Milieu, das aus der *crème de la crème* des aus der Umgebung stammenden Adels bestand, andererseits – jene „Plebejer, und manchmal sogar auch die Leibeigenen, die mit dem Säbel an der Seite den Adel vortäuschten oder die der Herr für die Adligen zu halten schien.“ Die beiden vorbezeichneten Situationen werden in den Quellen bestätigt. An der Größe und der Pracht des Hofes konnte man den echten Herrn erkennen. Der Autor, der Ende des XVII. Jahrhunderts „den Hof, die Pracht, das Ansehen und die Herrschaft“ (so der Titel) des Reichsfürsten (seit 1647) Stanislaus Lubomirski beschrieb, führte als Hauptargument an, daß er durch „Senatoren und würdevolle Personen“, hohe Persönlichkeiten und Fürsten umgeben war. Das hatte natürlich Prestigebedeutung, war aber besonders wichtig, wenn es zum Wettbewerb oder politischen Streit zwischen den Großherren kam.[6]

4 Pamiętniki (wie Anm. 3), Bd. I, 98.

5 Dieses Motiv der tiefen Wurzel in der county society spielte auch in England eine große Rolle. Vgl. *Mervyn James,* Family, Lineage, and Civil Society. A Study of society, politics, and mentality in the Durham region, 1500–1640. Oxford 1974; *Peter Clark,* Provincial Society from the Reformation to the Revolution. Religion, Politics and Society in Kent 1500–1640. Hassock, Sussex 1977, besonders das Kapitel: The Men Who Mattered. Ich glaube, daß die Verhältnisse im Norden Englands, wegen der Rolle, die die Magnatenschaft dort spielte, den litauischen ähnelten, besonders vor der Rebellion und Umbildung der *Council of the North* durch Königin Elizabeth.

6 *Stanisław Czerniecki,* Dwór, wspaniałość, powaga i rządy Jaśnie Oświeconego Książęcia ... Stanis-

Die Macht des Magnaten fand ihren stärksten Ausdruck, wenn er die Leute über ihren ursprünglichen Status erheben konnte. Wer würde wagen, die adlige Position des Hofmannes zu bestreiten, wenn sie durch den Herrn anerkannt wurde? Der Mißbrauch dieses Privilegs aber wäre ein großer Fehler.

Als König Stanislaw August die Ukraine besuchen wollte, ließ einer seiner Gastgeber seine leibeigenen Bauern für diese Zeit in Livree einkleiden und als Kammerdiener schulen, um dem König in der weit von Warschau entfernten Provinz das Klima des Königshofes in Warschau zu schaffen. Dieses Vorgehen stieß auf Schwierigkeiten, sie mußten sich viel Mühe geben, klagte der für die organisatorischen Angelegenheiten zuständige Hofmann. Es war aber wichtiger, daß es im Rahmen der Möglichkeiten – obwohl nicht im Zuständigkeitsbereich – lag, den Plebejer für den Adligen auszugeben.

Es sollen hier die Begriffe geklärt werden. Auf den traditionellen polnischen Höfen waren die Kammerdiener nicht bekannt, es gab aber *pokojowi* (lateinisch: *aulicus*). Dies bedeutete das gleiche, setzte aber die polnischen, und nicht die ausländischen Trachten und die Art zu dienen voraus. Ein *aulicus* war Adliger oder wurde für einen Adligen gehalten. Erheblich wichtiger aber war der Mechanismus des gesellschaftlichen Aufstiegs im Rahmen des Adelsstandes. Der Prozeß der Sozialdisziplinierung hatte normalerweise folgende Phasen im Leben des Klienten:

- Erwerb der Genehmigung der Annahme des Sohnes auf dem Herrenhof durch den Vater;
- Initiation des Jünglings am Hof. An einigen Höfen wurde sie mit einer Art der Lossprechung verbunden, das war eine feierliche, feudale Zeremonie:[7]

  Nachdem der Jüngling drei Jahre lang treu gedient hatte, das heißt, nachdem er die harte Probezeit abgeleistet hatte, versetzte – während einer Feier, öffentlich, in Gegenwart der Gäste – sein Herr diesem eben freigesprochenen Jüngling, der prächtiges Gewand und nicht mehr ein Dienstkleid anhatte, einen Schlag ins Gesicht, damit der Jüngling die Gnade des Herrn im Gedächtnis behalten sollte. Weiterhin schnallte er ihm den Säbel an der Seite um, trank auf sein Wohl ein Glas Wein und schenkte ihm das Pferd [...] und das zweite Pferd mit dem Stallknecht, der schon zu jener Zeit im Hof auf seinen neuen Herrn wartete; dies war die ganze Vergütung für den dreijährigen Dienst des Kammerdieners und des Jünglings.

Danach kam

- der Dienst als Hofmann *in persona;*
- die Rückkehr zum eigenen (oder väterlichen) Landgut und eine öffentliche Tätigkeit (am Kreistag) im Namen des Patrons;
- Dienst der Kinder am Herrenhof...

Das war der Lebensweg des „unabhängigen" Adligen, der ein Landgut und Vermögen hatte. Es sollte hier die am Hof mit dem Segen des Herrn angeknüpfte Vermählung hinzugefügt werden und in einigen Fällen die Übernahme einer Funktion in der Landgutverwaltung seines Herrn. Obwohl man schon im XVI. Jahrhundert vor hohen Kosten, Unredlichkeit und vor nicht leistungsfähiger Verwaltung der Landgüter warnte, wuchs sie seit Mitte des XVIII. Jahrhunderts und wurde der Verwaltung der Krongüter immer ähnlicher. Man brauchte immer mehr Stellen für die Klienten.

ława Lubomirskiego [1697], in: Zamek w Wiśniczu. Hrsg. v. Adam Majewski, in: Teka Konserwatorska. Br. 3. 1956, 48.

7 *Kitowicz,* Opis obyczajów (wie Anm. 1), 221.

Die Großherren wollten ihre Klienten an sich binden. Neben der Verpachtung der Güter war dies die Form der Vergütung für die politischen Dienstleistungen. Parallel dazu wurde die Hierarchie des Hofes selbst weiter ausgebaut. Der Hof wurde durch den Hofmeister verwaltet, der Stall durch den Stallmeister, darüber hinaus gab es Unterschatzmeister (wie in der Struktur der staatlichen Ämter, denen der Schatzmeister nicht bekannt war). Jeder Hof hatte seine Bräuche und Sitten sowie eine besondere Organisation.

Der Magnatenhof war Bestandteil der adligen Gesellschaft. Die Protektion des Herrn bildete eine wichtige Komponente des Heiratsvertrages. Es bestand keine formelle Barriere innerhalb des Adels selbst, es gab keinen Herrenstand, und die Land- oder Kreistage waren als ständiges Forum für das „Adelsvolk“ tätig. Intensives *socializing* der Magnatenfamilien mit dem Adel war günstig für die ersteren – nicht nur aus biologischen Gründen (dadurch wurde der Heiratsmarkt erweitert), aber auch für die letzteren, denen so die Chance des Aufstiegs eingeräumt wurde.

Die Quellen schildern aber auch entgegengesetzte Bilder des täglichen Lebens am Magnatenhof. Im Vordergrund steht allerdings einvernehmlich die Meinung, daß die Persönlichkeit des Herrn und seiner Gemahlin für das am Hof herrschende Klima ausschlaggebend waren, jedenfalls im Rahmen der allgemeinen Grundsätze der Vorgehensweise. Die Ausnahme davon wird durch Kitowicz geschildert. Es handelte sich um den Grafen Georg Fleming, Unterschatzmeister von Litauen. Der aus Pommern stammende Deutsche kam aus Dresden nach Warschau mit August III. Nach Kitowicz hatte er[8],

[...] da er Deutscher war, [...] die Polen nur in solchem Grade gerne gehabt, in welchem ihm seine Interessen das befohlen haben. Weil er Freunde [d.h. Klienten] unter den Adligen haben sollte, unterhielt er die Adelssöhne als Hofleute. Dadurch hat er die Adligen für sich sowie große Beliebtheit gewonnen. Das Register dieser Höflinge war bei ihm groß, weil sich ihre Anzahl – so wurde es geschätzt – auf 100 und noch mehr belief. Aber er behielt keinen von ihnen bei sich; nachdem er jemandem einen Dienst bei sich eingeräumt hatte, dies im Register – um es im Gedächtnis zu behalten – eingetragen hatte, den Lohn, Unterhalt sowie Pferdefutter festgelegt hatte, sandte er ihn mit schriftlicher Empfehlung zu einem seiner Landgüter. [...] Wenn er eine Angelegenheit im Landtag einbringen oder vor dem Gerichtshof oder am Reichstag vorführen wollte, so schrieb er Briefe an seine Hofleute, damit sie an einem bestimmten Ort zur Stelle waren. Als sich der Hofmann dann einfand, fragte er ihn, wer er sei (weil er nur wenige kannte). Nachdem der Hofmann ihm geantwortet hatte, daß er sein Diener aus einem Landgut, dessen Namen er erwähnt hatte, sei, ging er zu dem Register, um dort Einsicht zu nehmen und die Übereinstimmung der Aussage des Hofmanns mit der Eintragung zu prüfen. Erst dann sandte er ihn zum Hofmeister, damit ihm dieser das Zimmer gab.

Das stand im äußersten Widerspruch zu dem persönlichen, direkten Verhältnis Herr/Diener oder Patron/Klient, an das der polnische Adel gewöhnt war. Erfahrene Magnatenklienten beschrieben ihre Anfänge am Hof sehr gerne. Der Ausgangspunkt der Karriere von Jan Ochocki war die Position des Vaters, der „gemäß den Sitten aller adligen Kinder und der Söhne – erst Kammerdiener *(pokojowy)*, dann Hofmann, schließlich Hofmarschall bei *hetman* Sosnowski“, *in publicis* Schenck von Mozyr in Litauen und durch Wahl Richter des Gerichtshofes in Lublin war. Nach Beendigung der Schule fing Jan mit der Rechtsanwaltspraxis in Zhitomir an, aber durch die Position des Vaters kam er auch mit dem prächtigen

8 Ebd., 223f.

Großmagnatenhof von Tulczyn in Podole in Berührung. Endlich hielt er sich am Hof des Landrichters in Zhitomir, Andreas Bukar, auf und ließ sich dort nieder.

Bukar war der Stiefvater seines Vaters und hatte eine Ehefrau, die eine außerordentlich vornehme, in jungen Jahren am Hofe der Fürstin Lubomirska erzogene Dame war. Ihr Haus war „auf dem hohen Niveau gehalten und geführt, es war – man kann sagen – die Lehrstätte für die Jugend". Ochocki, indem „er ständig bei dem Mann von so großer Bedeutung war", hat die Praxis innerhalb von einem Jahr absolviert und wurde als Rechtsanwalt vereidigt. Es ist charakteristisch, daß er ausschließlich praktische Erfahrung – ohne Universitätsstudium – hatte.

Der obengenannte Richter plazierte den Jüngling an die Seite einer hohen Persönlichkeit, die sich der Gnade des Königs erfreute. Das war ein neuer Hof, aber von großem Format. Ochocki wurde zu einem von sechs aus reichen Familien stammenden ‚Assistenten' bestellt, die ihre Ausrüstung und Dienstleute hatten. Ochocki, der nicht so bemittelt war, begleitete den Magnaten in der Kutsche. Diesem Umstand schreibe ich große Bedeutung zu. Nur er gewann den engen persönlichen Kontakt zu seinem Herrn, er erwarb von ihm die Gnade, sich an ihn mit dem Vornamen zu wenden und nicht nach dem Amt seines Vaters aufzutreten (das Amt von Ochocki Senior war dem Amt des Obengenannten erheblich untergeordnet). Also ein voller Erfolg.

Das Alltagsleben des Magnatenhofes kann als eine Illustration zur *Theory of the Leisure Class* von Thorold Veblen und *Die höfische Gesellschaft* von Norbert Elias dienen. Vier Kammerdiener „aus dem armen Adel" hatten die dauernde Aufgabe, dem Herrn die Pfeife hinzureichen. Zwei von neun jungen Hofleuten hatten ihren Dienst nur, um den Damen „guten Tag" zu sagen, mit ihnen zu tanzen und sie abzuholen. Die Sozialdisziplinierung wurde zum Hauptthema der Memoiren, manchmal in der feinen, oft in der brutalen, schmerzhaften Bedeutung dieses Wortes.

Kitowicz, dem wir viele kritische Bemerkungen verdanken, hat die Elias'sche Thematik so erfaßt:[9]

Der Hofdienst war damals die Schule der angemessenen, oberflächlichen Sitten und der wohlgestalteten Person [...] und für den, der über eine größere Zahl von diesen Eigenschaften verfügte, war es desto besser; zu den obengenannten Merkmalen sollten noch Treue, Nüchternheit und Sauberkeit hinzugefügt werden, aber die letzte Eigenschaft tritt sehr selten auf, obwohl der Verstoß dagegen streng bestraft wurde [...]. Die Treue war überall und immer ein Verdienst und die wichtigste Tugend.

Das Beispiel läßt sich auf untere Schichten übertragen. Wieder Ochocki:[10]

In meiner Kindheit hatten die Eigentümer nicht mal eines Dorfes neben dem Haiduk und dem Pajuck einen, zwei oder drei Adlige, je nach Möglichkeit, Höflinge des Adelsstandes. Das war die Nachahmung der Großherren, die ganze Mengen von Höflingen ernährten. Der Hofmann ritt ein Pferd mit dem Säbel an der Seite und der Patronentasche vor der Kalesche oder vor der Kutsche zur Kirche oder zum Besuch, hinter ihm – der Stallknecht und der Kosak. Damals unterhielten alle Bürger nur freie Leute, bis zu den Stallknechten, es wäre eine Schande gewesen, sich Leibeigener in der Livree zu bedienen. Die Ausnahme bildeten die Kosaken. In den wohlhabenderen Familien bestand die Kapelle, sogar die Hoftruppe aus Adligen oder Freien. Der Besitz eines winzigen Hofes – im engeren Sinne –, die Anstellung von Dienern aus dem Adelsstand, machte den Landbesitzer zu einem tatsächlichen Herrn.

9 Ebd., 214.
10 Pamiętniki, Bd. I (wie Anm. 3), 28.

Die höfische Gesellschaft Polens paßt bei aller soziologischer Besonderheit gut zu den allgemeinen europäischen Regeln. Die Eigenarten ergaben sich aus der ständischen Selbstverwaltung des Adels. Es ergab sich nach unserem heutigen Ermessen ein schizophrenes System, obwohl es für die Zeitgenossen natürlich und von Gott gegeben schien. Der Hof und der Landtag bestanden parallel in dem gleichen Milieu, auf dem gleichen Gebiet; sie organisierten die adelige Gesellschaft auf zweierlei Weise. Auf dem Land- oder Kreistag mußten sich die Magnaten und ihre Klienten – sogenannte directores des Kreistages, die im Namen des Magnaten das ‚Adelsvolk' organisierten – mit Rücksicht auf die Stimmen des Adels an die offiziellen Grundsätze der Gleichheit halten und sie bei jedem Schritt unterstreichen. Die Idee des Hofes stand im Widerspruch zu solcher Gleichheit; manchmal in drastischer Weise.

Die Koexistenz der Hierarchie und des Gleichheitsprinzips wurde durch zwei Grundsätze ermöglicht. Der erste ordnete die Leute (d.h. den Adel) nach dem Vermögen sowie Amt und Würde ein, was in der höflichen Titulatur ihren Ausdruck fand: *nobilis, generosus, Illustrissimus Dominus* usw.[11]

Der zweite Grundsatz betonte die Erziehungsfunktion des Hofes: Der Hof bewahrte von Generation zu Generation traditionelle, „antike", „römische" Tugenden, die den adligen Kindern beigebracht wurden. Der Hof war hier die Entsprechung der englischen *public schools* in ihrer viktorianischen Auffassung. Der Herr tritt *in loco parentis* auf, was strenge Disziplin und Demütigungen begründet hat. Schließlich wurde unter den Bedingungen der Wahlmonarchie die Dynastiestabilität in der Republik durch die Beständigkeit solcher Geschlechter, wie Radziwiłł, Sapieha, Potocki und etwa zwanzig andere ersetzt. In einem der Großherrenhöfe (diese Erinnerung von Marcin Matuszewicz muß unbedingt erwähnt werden), verneigten sich während des Gesangs in der Schloßkapelle, wenn es zu den Worten „übe dein Senatorenamt!"[12] kam, alle Anwesenden zu dem Magnaten. Es ist wahr, daß er Senator war, aber die Worte des Gesangs betrafen doch den *Herrgott*![13]

Exotik? In dieser Zeit nahm ein Hofmann des Landgrafen von Hessen nachstehendes auf: „Wenn Gott nicht Gott wäre, wer sollte billiger Gott sein als unser Fürst?"[14]

11 In der amtlichen Praxis, z. B. in den Steuerregistern und Gerichtsbüchern, nannte man den Kleinadligen „nobilis", der nur eine oder einige Hufen hatte und keine leibeigene Untertanen. „generosus" bedeutete: „possessionatus", und „illustrissimus" stand den Senatoren oder wenigstens hohen lokalen Amtsträgern zu. Zwischen dem XVI. und späten XVIII. Jahrhundert schritt die Inflation dieser Titulatur voran.

12 Das ist schwer übersetzbar: „Sprawuj senatorskie rady". Etwa wie „Erteile Senatorenratschläge", d.h., sei unser Berater, gebe uns immer guten (klugen) Rat. Senator war in diesem Zusammenhang Symbol der hohen Würde und auch Väterlichkeit.

13 Es wäre interessant, die Verehrung der Magnaten in Polen mit der der deutschen Fürsten zu vergleichen. Schon im frühen XVII. Jahrhundert schrieb ein Ostrogski gerne „Dei gratia Dux Ostrogiae", doch wagte kein Magnat das barocke, fürstliche Hofzeremoniell einzuführen. Das stieß seine adeligen Klientelen ab!

14 Zitiert nach *Jürgen von Kruedener*, Die Rolle des Hofes im Absolutismus. Stuttgart 1973, 30.

Václav Bůžek

Die Balance der kommunikativen und kulturellen Systeme in der Gesellschaft aristokratischer Höfe frühneuzeitlicher böhmischer Länder

Am Ende des 15. und in der ersten Hälfte des 16. Jahrhunderts errichteten adelige Magnaten, die ein außerordentlich umfangreiches Grundeigentum besaßen und sich allgemeinen Ansehens innerhalb der Stände erfreuten, an den spätgotischen Burgen in Böhmen und Mähren ihre Höfe. Ein Grund für die Entstehung der Höfe war das Bestreben der Aristokraten, ein einheitliches Verwaltungszentrum für die Dominien zu schaffen, welches zugleich Mittelpunkt des politischen, religiösen und kulturellen Lebens auf überregionaler Ebene sein konnte. Im Verlauf der zweiten Hälfte des 16. Jahrhunderts prägte sich bei führenden Aristokraten eine Art Niederlassungsordnung mit zwei fast gleichwertigen Zentren aus – mit einer Hauptresidenz auf dem Lande und einem Palast in der Hauptstadt. In dieser Zeit hatten aristokratische Höfe in den im Renaissancestil umgebauten Familienresidenzen ihren Sitz. Im Bedarfsfalle konnte ein Teil des Hofstaates auf Dauer oder vorübergehend auf einen anderen ländlichen Sitz des Aristokraten umziehen (in der Regel in Schlösser einzelner Herrschaftszentren des Dominiums) oder den Aristokraten in den hauptstädtischen Palast begleiten. Nachdem 1583 Rudolf II. und mit ihm auch die Haupthof- und Reichsämter nach Prag übersiedelt waren, begannen die Prager Paläste der böhmischen und mährischen Magnaten, gesellschaftliche und politische Funktionen aristokratischer Höfe zu übernehmen. Am Anfang des 17. Jahrhunderts behielten nur Höfe von Vertretern der Ständeopposition politische Bedeutung.[1]

Tiefe Veränderungen in der politischen, wirtschaftlichen, religiösen und in der Nationalitätenstruktur des Adels nach dem Jahre 1620, die in machtpolitischer und konfessioneller

1 *Petr Vorel,* Dvory aristokratů v renesančních Čechách (Die Höfe der Aristokraten in Böhmen in der Renaissancezeit.), in: Opera historica 3, 1993, 137–165; *ders.,* Poddanská rezidenční města 16. století v Čechách a na Moravě (Die Residenzstädte des 16. Jahrhunderts in Böhmen und Mähren). Diss. phil. Praha 1994; *Jaroslav Pánek,* Život na šlechtickém sídle v předbělohorské době (Das Leben an einem Adelssitz in der Zeit vor der Schlacht am Weißen Berg.), in: Acta Universitatis Purkynianae, Philosophica et historica 1, 1992, 9–27; *Václav Ledvinka,* Dům pánů z Hradce pod Stupni. Příspěvek k poznání geneze a funkcí renesančního šlechtického paláce v Praze (Das Haus der Herren von Neuhaus pod Stupni. Ein Beitrag zur Erkenntnis der Genesis und Funktion eines Adelspalastes der Renaissancezeit in Prag.), in: FHB 10, 1986, 269–316; *Václav Bůžek* u. a., Společnost aristokratických dvorů v českých zemích 1550–1740. Teze vědeckého projektu (Die Gesellschaft der aristokratischen Höfe in den böhmischen Ländern 1550–1740. Thesen des wissenschaftlichen Projekts.), in: JSH 64, 1995, 196–206.

Hinsicht nicht zuletzt durch den absolutistischen Druck der regierenden Habsburger verursacht wurden, kamen während der zweiten Hälfte des 17. und am Anfang des 18. Jahrhunderts auch im Leben aristokratischer Höfe zum Ausdruck. Neben den Residenzen der traditionellen gesellschaftlichen Spitzen in der alten böhmischen Aristokratie schufen auch andere Vertreter aristokratischer Eliten, deren Geschlechter den gesellschaftlichen Aufstieg in der Regel erst im Verlauf des 17. Jahrhunderts geschafft hatten, repräsentative Höfe in ihren Barockschlössern. Residenzen von Aristokraten, die erst nach 1620 aus dem Ausland in die böhmischen Länder kamen und mitunter lange Zeit eine einflußreiche Stellung in den Adelsgemeinden Böhmens und Mährens einnahmen, beeindruckten ebenfalls. Da die Aristokraten, die sich in den böhmischen Ländern in der Zeit nach der Schlacht am Weißen Berg niedergelassenen hatten, der Habsburger Politik gegenüber loyal waren, verloren ihre Residenzen auf dem Lande ihre frühere politische Bedeutung. Die aristokratische Elite der Barockzeit bemühte sich um die Schaffung starker politischer Positionen in der Nähe des Kaisers, und deshalb wurden immer öfter Wiener oder Prager Paläste zu Sitzen aristokratischer Höfe gewählt. Die langfristige Bedeutung der aristokratischen Barockresidenzen auf dem Lande, von denen nur einige an den älteren Renaissancesitz architektonisch anknüpften, kam während des 17. und in der ersten Hälfte des 18. Jahrhunderts in einer großartigen Repräsentation des Magnaten, während der Religionsausübung und in der Verwaltungstätigkeit zur Geltung.[2]

An den hochentwickelten Höfen böhmischer und mährischer Aristokraten lebten im 16. und am Anfang des 17. Jahrhunderts in der Regel nicht weniger als 100 und nicht mehr als 200 Höflinge, Beamte und Diener. Dieses Zahlenverhältnis findet man im 16. und 17. Jahrhundert auch an mittelgroßen Fürstenhöfen im Deutsch-Römischen Reich.[3] Im Zeremoniell eines aristokratischen Hofes wurden die allgemein geltenden Normen des sozial distinktiven kulturellen Systems der höchsten Schichten von frühneuzeitlichen Eliten öffentlich demonstriert. Die Distinktion der höfischen Kultur brachte die soziale Überordnung der Aristokratie niedrigeren Gesellschaftsschichten in der Residenzumgebung gegenüber zum Ausdruck und demonstrierte gleichzeitig eine kontinuierliche Machtbalance, denn der aristokratische Hof bot im anthropologischen Sinne eine Reihe von kulturellen Anlässen, welche aus den sich stereotyp wieder-

2 Dazu *Zdeněk Hojda*, Rezidence české šlechty v baroku. Několik tezí (Die Residenzen des Adels im Barock. Einige Thesen.), in: Acta Universitatis Purkynianae, Philosophica et historica 1, 1992, 161–178; *Jiří Kroupa*, Die Hofkultur des Adels in Mähren im 18. Jahrhundert. Stand und mögliche Perspektiven der Forschung, in: Opera historica 2, 1992, 45–48. Weiter vgl. die Beiträge im Sammelband Život na dvorech barokní šlechty (Das Leben an den Höfen des barocken Adels.), in: Opera historica 5, 1996. Weiter: Adel im Wandel. Politik-Kultur-Konfession. Hrsg. v. Herbert Knittler. Wien 1990; Die Fürstenberger. 800 Jahre Herrschaft und Kultur im Mitteleuropa. Hrsg. v. Erwein H. Eltz/Arno Strohmeyer. Korneuburg 1994; Die Fürsten Esterházy. Magnaten, Diplomaten und Mäzene. Hrsg. v. Jakob Perschy/Harald Prickler. Eisenstadt 1995; *Václav Bůžek/Robert Sak/Petr Vorel*, Adelige Höfe und Residenzen. Architektur und Repräsentation im böhmisch-mährisch-österreichischen Grenzgebiet, in: Kulturen an der Grenze. Hrsg. v. Andrea Komlosy/Václav Bůžek/František Svátek. Wien 1995, 191–198.

3 Näheres mit Archiv- und Literaturbelegen bei *Václav Bůžek* u. a., Společnost aristokratických dvorů (wie Anm. 1); *Rainer A. Müller*, Der Fürstenhof in der frühen Neuzeit (Enzyklopädie deutscher Geschichte 33.) München 1995, 29–32; *Volker Bauer*, Die höfische Gesellschaft in Deutschland von der Mitte des 17. bis zum Ausgang des 18. Jahrhunderts. Versuch einer Typologie. Tübingen 1993, 61, 65, 75, 82.

holenden höfischen Ritualen und auch ganz zufällig wirkenden Erscheinungen hervorgingen.[4] Vertreter der niedrigeren sozialen Schichten in der Umgebung eines aristokratischen Hofes (Ritterklienten, kirchliche Würdenträger, Bürger und vereinzelt auch reiche Bauern) bemühten sich um eine kreative Nachahmung und Umgestaltung ausgewählter Elemente höfischer Kultur je nach ihrem Sozialstatus, ihrem intellektuellen und religiösen Horizont, ihrer Finanzlage, den Lebenserfahrungen und auch Traditionen. Auf solche Weise bildeten sich in Böhmen und Mähren während der Frühen Neuzeit sozial distinktive Systeme von Haushaltskulturen in der Gutsherrschaftsgesellschaft der Umgebung aristokratischer Höfe. Auch diese Kultursysteme wuchsen aus einer dauernden Machtbalance in bezug auf die Kultur der höheren und auch niedrigeren Schichten der Gesellschaft im Dominium. Die angedeutete Entwicklung konnte nicht auf eine Regulierung von Ausgangsanlässen der kulturellen Motivation verzichten und trug in verschiedener zeitlicher und auch sozialer Nachfolge zur Innovation des Lebensstils bei. Der angeführte Prozeß führte meistens zur Betonung einer unverwechselbaren gesellschaftlichen und kulturellen Identität der einzelnen sozialen Gruppen, und in seiner langfristigen Folge beeinflußte er die Differenzierung der Kultur des städtischen und ländlichen Alltags in der Umgebung eines aristokratischen Hofes. Imitation und Übertragung von Kulturmustern erleichterten Beziehungen innerhalb der administrativen Struktur der Hofgesellschaft, zwischen Patronen (Schutzherren) und Klienten, unter Verwandten, Nachbarn, Berufs-, sozialen, religiösen und anderen Gruppen der Bevölkerung, die sich an der Bildung eines kommunikativen Systems in der Umgebung eines aristokratischen Hofes, der Residenzstadt und der ländlichen Gesellschaft beteiligten.

In der inneren Struktur der Renaissancehöfe böhmischer und mährischer Aristokraten erreichte der Hof im engeren Sinne eine relative Selbständigkeit. Er trennte sich im Verlauf der zweiten Hälfte des 16. Jahrhunderts allmählich vom Hof im weiteren Sinne. Der Hof im engeren Sinne sollte für das Wohl des Aristokraten, seines Familienkreises und der edelsten Gäste sorgen. Bei den weltlichen Magnaten gehörten die Gattin, die Kinder, die Geschwister und nahe Verwandte zur Familie. An der Spitze des engeren Hofes stand in der Regel der Hofmeister. An den zahlenmäßig stärksten Höfen unterstanden ihm der älteste Kammerdiener, Küchenmeister, Kellermeister, Silberkämmerer, Hofmarschall, Stallmeister und teilweise auch Diener ohne genau festgelegte Pflichten (Kapläne, Prediger, Ärzte, Apotheker, Baumeister, Erzieher, Gelehrte, Literaten u. a.). Einen wichtigen Bestandteil der Höfe weltlicher Aristokraten bildete die Institution der Frauenzimmer. An der Spitze einer unterschiedlich großen Gruppe von jungen Mädchen bürgerlicher und adeliger Herkunft stand die Hofmeisterin.

Zu einem aristokratischen Hof im weiteren Sinne gehörten in der zweiten Hälfte des 16. und am Anfang des 17. Jahrhunderts zentrale Institutionen, die der Verwaltung des ganzen Dominiums dienten. Angesichts der unterschiedlichen Stufen der Zentralisierung und Bürokratisierung der Zentralverwaltung war es im Idealfall möglich, vier wechselseitig verbundene Ebenen der zentralen Leitung von aristokratischen Dominien festzulegen. Die Zentral-

4 Dazu *Norbert Elias*, Über den Prozeß der Zivilisation. Soziogenetische und psychogenetische Untersuchungen. 2 Bde. Frankfurt am Main 1976; *ders.*, Die höfische Gesellschaft. Untersuchungen zur Soziologie des Königstums und der höfischen Aristokratie. Frankfurt am Main 1990; *Markus Reisenleitner*, Die Bedeutung der Werke und Theorien Norbert Elias' für die Erforschung der Frühen Neuzeit, in: Frühneuzeit-Info 1, 1990, 47–57; *Josef Petráň*, Dějiny hmotné kultury (Geschichte der materiellen Kultur). II/1. Praha 1995, 185–221.

verwaltung allen Großgrundbesitzes auf den ausgedehntesten Dominien leiteten Personen mit dem Titel eines Regenten oder Zentraldirektors. Diese Funktion wurde in der Regel vom Hauptmann der Herrschaft ausgeübt, in der sich die Familienresidenz mit dem aristokratischen Hof befand. Manchmal wurden in diesen Herrschaften den Hauptmännern auch selbständige Ämter gelassen. Zum Zwecke der Zentralrevision von Wirtschaftsdokumenten entstanden an größeren aristokratischen Höfen sog. Buchhaltereien. Den regelmäßigen Gang der bürokratisierten Verwaltung sicherten Kanzleien mit dem Kanzler an der Spitze und einigen spezialisierten Sekretären. Mit der Verwaltung der Finanzen auf dem ganzen Dominium und mit der Erhebung der Einkünfte der Hauptleute auf den einzelnen Herrschaftsgütern befaßte sich die Kammer. Außer Kammerschreibern wirkten hier auch Kammerboten. Neben den angedeuteten Funktionen der Zentralverwaltung des Dominiums wurde vom aristokratischen Hof im weiteren Sinne der gesamte Wirtschaftsbetrieb des Schlosses organisiert. Für die Erfüllung dieser Pflichten waren Hauptmann und Burggraf der jeweiligen Herrschaft verantwortlich. Da der Hauptmann der Herrschaft, in deren Residenzsitz sich der aristokratische Hof befand, mit dem Regenten des ganzen Dominiums identisch sein konnte, stand er gleichzeitig an der Spitze des Hofes im weiteren Sinne. Die Koordinierung der Tätigkeit des aristokratischen Hofes im engeren Sinne führte der Hauptmann zusammen mit dem Hofmeister durch.[5]

5 Siehe zur Organisation des Hofes, mit entsprechenden Quellenangaben: *Jaroslav Pánek*, Poslední Rožmberkové – velmoži české renesance (Die letzten Rosenberger – die Magnaten der böhmischen Renaissance). Praha 1989; *Eva Cironisová*, Vývoj správy rožmberských panství ve 13. – 17. století (Die Entwicklung der Verwaltung der rosenbergischen Herrschaften im 13. bis 17. Jahrhundert.), in: Sborník archivních prací 31, 1981, 105–178; *Václav Ledvinka*, Úvěr a zadlužení feudálního velkostatku v předbělohorských Čechách. Finanční hospodaření pánů z Hradce 1560–1596 (Kredit und Verschuldung des feudalen Großgrundbesitzes in Böhmen in der Epoche vor der Schlacht am Weißen Berg). Praha 1985; *Václav Bůžek*, Úvěrové podnikání nižší šlechty v předbělohorských Čechách (Das Kreditgebaren des niederen Adels in Böhmen in der Zeit vor der Schlacht am Weißen Berg). Praha 1989; *Josef Hrdlička*, Dvůr pánů z Hradce ve druhé polovině 16. století a jeho jídelníček (Der Hof der Herren von Neuhaus in der zweiten Hälfte des 16. Jahrhunderts und seine Speisekarte). Magisterarbeit, České Budějovice 1995; *ders.*, Lebensmittelversorgung, Speisen und Tafelfreuden am Hofe der Herren von Neuhaus in der zweiten Hälfte des 16. Jahrhunderts, in: Mitteilungen der Residenzen-Kommission der Akademie der Wissenschaften zu Göttingen 5, 1995, Nr. 2, 44–47; *Jaroslav Pánek*, Politika, náboženství a každodennost nejvyššího kancléře Vratislava z Pernštejna (Politik, Religion und Alltagsleben des Obersten Kanzlers Wratislavs von Pernstein.), in: Pernštejnové v českých dějinách. Hrsg. v. Petr Vorel. Pardubice 1995, 185–201; *František Roubík*, Osudy registratury Albrechta z Valdštejna a jeho jičínské komory (Die Schicksale der Registratur von Albrecht von Wallenstein und seiner Kammer in Jičín.), in: Sborník Archivu ministerstva vnitra Republiky československé 2, 1929, 117–150; *Jaroslav Pánek*, Renesanční dvůr olomouckého biskupa – obecné a zvláštní rysy (Der Renaissancehof des Olmützer Bischofs – allgemeine und besondere Merkmale.), in: Opera historica 3, 1993, 167–177; *ders.*, Dvůr olomouckého biskupa Stanislava Pavlovského ve světle hofmistrovské instrukce z roku 1592 (Der Hof des Olmützer Bischofs Stanislav Pavlovský im Lichte einer Hofmeister-Instruktion aus dem Jahre 1592.), in: Seminář a jeho hosté. Sborník prací k 60. narozeninám doc. dr. Rostislava Nového. Hrsg. v. Zdeněk Hojda/Jiří Pešek/Blanka Zilynská. Praha 1992, 189–199; *Václav Ledvinka*, Rezidence a dvůr Zachariáše z Hradce v Telči 1550–1589 (Die Residenz und der Hof des Zacharias von Neuhaus in Telč 1550–1589.), in: Opera historica 3, 1993, 199–213; *Thomas Winkelbauer*, Repräsentationsstreben, Hofstaat und Hofzeremoniell der Herren bzw. Fürsten von Liechtenstein in der ersten Hälfte des 17. Jahrhunderts, in: Opera historica 3, 1993, 179–198; *Otakar Odložilík*, Karel starší ze Žerotína 1564–1636 (Karl der Ältere von Zierotin 1564–1636). Praha

In den einzelnen Herrschaften stellte der Hauptmann die Obrigkeit dar, ausgestattet mit politischen, militärischen, wirtschaftlichen und polizeilichen Kompetenzen sowie mit der Gerichtsbarkeit. Der Hauptmann überwachte die Tätigkeit spezialisierter Schreiber, die jeweils für einzelne Wirtschaftsbereiche sorgten und Rechnungsdokumente führten. Zusammen mit dem Rentschreiber der Herrschaft übergab er der Kammer des aristokratischen Hofes Wochenwirtschaftsberichte, die als Grundlage für halbjährige Kammerrechnungen dienten. Dem Hauptmann und den Schreibern unterstand das Personal einzelner obrigkeitlicher Unternehmen. Der Hauptmann bewohnte einen Teil der Räume des Schlosses der ihm anvertrauten Herrschaft, in dem er sich seine Kanzlei einrichtete. Er vertrat oft den Magnaten bei Verhandlungen mit Repräsentanten der Städte, Städtchen und Dorfgemeinden im Dominium.[6]

Administrative Beziehungen zwischen Aristokraten, Höflingen, obrigkeitlichen Beamten, Repräsentanten der Stadt- und Landverwaltung regulierten Rechts- und Polizeiordnungen, Landtagsbeschlüsse und obrigkeitliche Instruktionen. Die Sozialdisziplinierung durch die Wirkung dieser Normen stieß jedoch auf eine ganze Reihe von Hindernissen.[7] In der Tätigkeit obrigkeitlicher Beamter kam Korruption vor, begleitet von umfangreicher Unterschlagung des Amtsgeldes, Wucher, Druck und Erpressung. Aufgrund dieser Situation entstanden märchenhafte gesellschaftliche Karrieren der größten Wucherer, Rentiers und Defraudanten des 16. und 17. Jahrhunderts.[8]

Die Verbindung aristokratischer Höfe mit der sozial bunten städtischen und ländlichen Gesellschaft im Dominium entwickelte sich nicht nur aufgrund horizontal wirkender administrativer Bindungen. In der Umgebung der Höfe böhmischer und mährischer Aristokraten entstanden während der zweiten Hälfte des 16. Jahrhunderts aus untergehenden mittelalterlichen Lehnsbeziehungen vertikale Bindungen zwischen Aristokraten und Klienten. Es handelte sich

1936; *Pavel Balcárek,* Kardinál František z Ditrichštejna 1570–1636 (Kardinal Franz von Dietrichstein 1570–1636). Kroměříž 1990.

6 *Josef Hanzal,* Vesnická obec a samospráva v 16. a na počátku 17. století (Dorfgemeinde und Selbstverwaltung im 16. und zu Beginn des 17. Jahrhunderts.), in: PHS 10, 1964, 135–147; *Eva Cironisová,* Vývoj správy (wie Anm. 5); *Václav Bůžek,* Nižší šlechta v politickém systému a kultuře předbělohorských Čech. (Der niedere Adel im politischen System und in der Kultur in Böhmen in der Zeit vor der Schlacht am Weißen Berg.) Praha 1996, 21–60.

7 *Josef Kalousek* (Hrsg.), Řády selské a instrukce hospodářské (Die Bauernordnungen und die wirtschaftlichen Instruktionen.), in: ArC XXII–XXIV. Praha 1905–1908; *ders.,* Dodatek k řádům selským a instrukcím hospodářským 1388–1779 (Nachtrag zu den Bauernordnungen und wirtschaftlichen Instruktionen.), in: ArC XXIX. Praha 1913; *Václav Černý,* Hospodářské instrukce. Přehled zemědělských dějin v epoše patrimonijního velkostatku v 15.–16. století. (Wirtschaftliche Instruktionen. Eine Übersicht der landwirtschaftlichen Geschichte in der Epoche des patrimonialen Großgrundbesitzes im 15.–16. Jahrhundert.) Praha 1930; *Josef Pekař,* Kniha o Kosti. Kus české historie. (Das Buch über Kost. Ein Stück der böhmischen Geschichte.) 2 Bde. 4. Aufl. Praha 1970; *Jiří Mikulec,* Poddanská otázka v barokních Čechách. (Die Untertanenfrage im barocken Böhmen.) Praha 1993; *Thomas Winkelbauer,* Sozialdisziplinierung und Konfessionalisierung durch Grundherren in den österreichischen und böhmischen Ländern im 16. und 17. Jahrhundert, in: ZHF 19, 1992, 317–339; *Heinz Schilling* (Hrsg.), Kirchenzucht und Sozialdisziplinierung im frühneuzeitlichen Europa. Berlin 1994; *Karl Vocelka,* Überlegungen zum Phänomen der „Sozialdisziplinierung" in der Habsburgermonarchie, in: Privatisierung der Triebe? Hrsg. v. Daniela Erlach/Markus Reisenleitner/Karl Vocelka. Frankfurt am Main u.a. 1994, 31–45.

8 Näher *Václav Bůžek,* Rytíři renesančních Čech. (Die Ritter in Böhmen der Renaissancezeit.) Praha 1995; *ders.,* Nižší šlechta v politickém systému (wie Anm. 6).

um gesellschaftliche Beziehungen der sozial ungleichen Partner, die einen gegenseitigen Nutzen brachten. In der sozialen Rolle eines Klienten konnte eine in der nahen oder auch entfernten Umgebung des aristokratischen Hofes niedergelassene Person auftreten, die vom Gesichtspunkt ihres Stände-, Rechts- und Sozialstatus oder der administrativen Stellung im Verwaltungssystem des jeweiligen Dominiums durch keine Untertanen-, Amts- oder andere Form der Abhängigkeit an den Aristokraten geknüpft war. Unter den angeführten Bedingungen wurden meist Angehörige des niederen Adels, die keine Amtsfunktionen am aristokratischen Hof und auch in der Verwaltung der Herrschaft ausübten, zu Klienten.

Aristokraten zählten jedoch zur Klientel auch einige ihrer Beamten und Höflinge. Ihre gesellschaftliche Doppelrolle kam dadurch zum Ausdruck, daß sie in der Beziehung zu aristokratischen Besitzern des Herrschaftssitzes als deren bezahlte Angestellte auftraten. Gleichzeitig erfüllten sie eine Reihe vertraglich nicht festgelegter Pflichten zugunsten der Aristokraten, die für Beziehungen zwischen Patronen und Klienten typisch waren. Manche Beamten und Höflinge aristokratischer Sitze beanspruchten in alltäglichen Kontakten mit niedriger gestellten Rittern, Bürgern und auch Dorfbewohnern die den Patronen zugestandenen Rechte. Zu den frequentierten Kommunikationszentren dieser „brokers" mit ihren Klienten wurden Gasthöfe in Städten und Mühlen auf dem Lande.

Am Übergang des 16. zum 17. Jahrhundert unterhielten bedeutendere aristokratische Höfe in böhmischen Ländern Klientelbindungen zu ungefähr 200 bis 300 Rittergeschlechtern. Die in der Nähe des Dominiums niedergelassenen weniger gut situierten Ritter zwang die alltägliche Angst um die eigene Existenz zu einer Anknüpfung von Klientelkontakten. Die Klienten wurden von den Ritualen des Hofzeremoniells erfaßt und einige dieser Denk- und Handlungsweisen fanden ihren inneren Zuspruch (Festmähler, Trinkgelage, Jagden). Ein Wachstum des Selbstbewußtseins, das in der Regel aus der Ausdehnung des Besitzes und der gesellschaftlichen Stellung über den Rahmen eines engen lokalen Horizontes erwuchs, ermöglichte manchen Rittern, gleich mit mehreren Patronen auch aus entfernteren Gebieten Klientelbeziehungen zu unterhalten.

Die Kommunikation zwischen Patronen und Klienten verlief zumeist in hierarchisch gestalteten Ebenen, die Elemente von Ritualsituationen nicht entbehrten. Zum häufigsten Ausdruck der Zuneigung zwischen aristokratischen Patronen und ihren Ritterklienten wurden allmählich Höflichkeitsbriefe mit den Nachrichten über Gesundheit, Naturkatastrophen und eigene Tätigkeitsbereiche. Eine höhere Stufe der gegenseitigen Zuneigung der Schutzherren und Ritterklienten stellten Einladungen von Aristokraten zu Taufen, Verlobungen, Hochzeiten ihrer Kinder und Begräbnissen dar. Zu einem der unmittelbaren Ausdrücke der beginnenden Zuneigung wurden in der Regel kleinere Geldkredite, die niedrig gestellte Ritter aus der Umgebung des Hofes den Aristokraten gewährten. Häufig verbreitete Kreditkontakte mit verschuldeten aristokratischen Familien hatten für den niedrigeren Ritteradel eine Doppelwirkung. In den Augen anderer Ritter, Bürger und Dorfbewohner, die zu ähnlichen Dienstleistungen Aristokraten gegenüber aus materiellen Gründen nicht fähig waren, erweckten diese Kontakte Neid, gleichzeitig erhöhten sie jedoch das gesellschaftliche Ansehen des kleinen Adels. Eine kurze Freude über das Wachstum dieses Prestiges wurde im Falle des ungetilgten Kredits und häufig unbezahlten Zinses durch psychisches Leiden und langfristige Unsicherheit der Klienten teuer erkauft. Ein weiterer Ausdruck des Interesses an der Vertiefung der Zuneigung zwischen Patronen und Klienten stellten Geschenke dar. Ritter schickten ihren Schutzherren Wild, Fische, Windhunde, dekorative und auch liturgische Gegenstände aus Edelmetallen. Patrone borgten nahen Klienten persönliche Ärzte, Hofköche,

Kapläne und Jäger. Bei Hochzeits- und Tauffeiern beschenkten die Magnaten nahe Klienten in der Regel mit vergoldeten Tassen. Das Geschenk stellte ein soziokulturelles Symbol von einiger Bedeutung dar. Es erfüllte in Ritualsituationen der Kommunikation zwischen einem Schutzherren und Klienten eine genau definierte oder erwartete Funktion. Eine zur Hochzeit des Klienten geschenkte Tasse symbolisierte, daß die neue Ehe mit Familienglück, Überfluß und Liebe erfüllt wird. Sie war gleichzeitig ein Symbol der Anwesenheit des Spenders an diesem Ereignis und eine dauerhafte Erinnerung an seine Person. Der beschenkte Klient erhörte den Wunsch des Spenders symbolisch dadurch, daß er am Hochzeitstag aus dieser Tasse auf dessen Wohl trank.

Eine Vorstufe von Befürwortungen und Protektion stellte der Schutz von Klienten seitens der Patrone vor unerwarteten Naturkatastrophen und der Pestseuche dar. Klienten empfanden oft Angst und Unsicherheit vor einer persönlichen Amtshandlung bei Landesämtern und außerdem entfernten sie sich nur ungern für längere Zeit aus dem Umkreis ihres Herrn. Sie baten Aristokraten um die Führung dieser Amtshandlungen in Prag in ihrem Namen. Klienten verlangten von den Patronen die Möglichkeit der Hoferziehung für erstgeborene Söhne, die die Verwaltung von Rittergütern übernehmen sollten und bemühten sich um eine Protektion seitens der Aristokraten bei der Sicherung der Universitätsausbildung zweitgeborener Söhne. Töchter wurden zu aristokratischen Höfen in die Frauenzimmer der Gattinnen von Patronen geschickt. Befürwortungen und Protektion der politisch aktiven Schutzherren öffneten den Klienten Türen zur Besetzung der Landesämter in der Hauptstadt. Nach der Ankunft in Prag konnten sich Ritterklienten nur schwer von den eingelebten alltäglichen Familien- und Wirtschaftsritualen trennen, die sie in ihren Sitzen in der Umgebung aristokratischer Höfe angenommen hatten. Obwohl sie einen ständigen Zeitmangel empfanden, vertieften sie gleichzeitig neue Formen der Kommunikation mit ihren Patronen. Die gewährleistete Protektion vergalten Ritterklienten ihren Schutzherren zumeist mit der Besorgung von ausführlichen Berichten über politische und kulturelle Ereignisse in Prag und anderen böhmischen Gebieten.

Wohlhabende und intellektuell weiter entwickelte Ritterklienten fanden im distinktiven kulturellen System aristokratischer Höfe ihrer Patrone Anlässe zur Nachahmung von ausgewählten Elementen des Hofzeremoniells (Tafeln, Speisekarte, Dramaturgie von Familienfesten, Entstehung von Frauenzimmern), zu Innovationen auf dem Gebiet der materiellen Kultur (Einrichtung von Interieuren, Bekleidungsweise) und zur Entwicklung literarischen Mäzenatentums. Die meisten Sitze von Ritterklienten in der Umgebung aristokratischer Höfe erinnerten aber noch am Anfang des 17. Jahrhunderts mit ihrem Kulturniveau eher an Gehöfte von reicheren Bauern, die voll von landwirtschaftlichen Geräten und einfachen Möbeln waren.[9]

9 *Wolfgang Reinhard,* Freunde und Kreaturen. „Verflechtung" als Konzept zur Erforschung historischer Führungsgruppen. Römische Oligarchie um 1600. München 1979, besonders 42–83; *Volker Press,* Patronat und Klientel im Heiligen Römischen Reich, in: Schriften des Historischen Kollegs 9, 1988, 19–46; *Antoni Mączak,* Patronage im Herzen des frühneuzeitlichen Europa, in: Schriften des Historischen Kollegs 9, 1988, 83–90; *Ulrich Pfister,* Politischer Klientelismus in der frühneuzeitlichen Schweiz, in: Schweizerische Zeitschrift für Geschichte 42, 1992, 28–68; *Václav Bůžek,* Mezi dvorem, rezidenčním městem a rytířskou tvrzí. Domácnosti rytířů, měšťanů a církevních hodnostářů v rožmberských službách. (Zwischen Hof, Residenzstadt und Ritterveste. Die Haushalte der Ritter, Bürger und kirchlichen Würdenträger in den Diensten der Herren von Rosenberg.), in: Opera historica 3, 1993, 287–313; *ders.,* Klientela Pernštejnů a Rožmberků ve druhé polovině 16. století (Die Klientel

Kontakte zwischen Patronen und Klienten stellten nicht die einzige inoffizielle Form der Kommunikation zwischen dem aristokratischen Hof und der Umwelt dar. Bei der Kommunikation innerhalb der Gesellschaft, die sich in der Umgebung des Hofes befand, spielten auch Verwandtschaftsbeziehungen und Nachbarschaft in Städten und Dörfern eine erhebliche Rolle. Ebenen der Alltagskommunikation gingen aus der Verteidigung einer breiten Skala von korporativen Interessen verschiedener Berufs-, sozialer, religiöser und auch Nationalitätengruppen in der Umgebung aristokratischer Höfe hervor. Zur Gestaltung neuer Kommunikationsebenen innerhalb der Gesellschaft in der Umgebung böhmischer aristokratischer Höfe trugen besonders während des 17. und in der ersten Hälfte des 18. Jahrhunderts die Folgen der Rekatholisierung und damit eine verstärkte Konfessionalisierung des zeitgemäßen Denkens bei. Die Stadt- und Dorfbewohner aus einer Pfarrgemeinde sammelten sich bei regelmäßigen Messen in den Kirchen, traten den Religionsbruderschaften bei und begaben sich gemeinsam auf Pfarrprozessionen und Wallfahrten zu entfernten geheiligten Stätten. Auch sozial distinktive kulturelle Systeme der einzelnen Gesellschaftsschichten in der Herrschaft brachten die Frömmigkeit von Menschen der Barockzeit zum Ausdruck (eine Schloßkapelle in der Residenz, geschnitzte Hausaltäre in bürgerlichen Haushalten, Kruzifix im Bauernhof).[10]

Die markantesten Ausdrücke der Machtbalance innerhalb des distinktiven kulturellen Systems eines aristokratischen Hofes kamen insbesondere in der Renaissancezeit bei der Kommunikation der Schloßgesellschaft mit der anliegenden Residenzstadt zur Geltung. Diese Stadt erfüllte außerordentliche wirtschaftliche, gesellschaftliche und kulturelle Funktionen. Erst in der Barockzeit vertiefte sich die gesellschaftliche und kulturelle Überordnung und damit eine Geschlossenheit des höfischen Milieus gegenüber der Residenzstadt. Schon um die Mitte des 16. Jahrhunderts war für die sich entwickelnden Untertanenstädte mit Residenzen eine erhebliche soziale Mobilität der Bevölkerung charakteristisch. Verarmte Landedelleute und Edelknechte verließen allmählich ihre Festungen in der Umgebung großer Dominien. Sie kamen in die Residenzstädte, wo sie sich einem Handwerk widmeten und unterwarfen sich den Normen des städtischen Lebens. Nach einer Zeit verloren sie ihre Standeszugehörigkeit und gingen im städtischen Milieu auf. In die Residenzstädte kamen Ritter, Bürger und auch wohlhabende Dorfbewohner aus der Umgebung zu den Märkten, um gewöhnliche und auch Luxuswaren bei einheimischen und fremden Kaufleuten zu kaufen. Manche von ihnen führten

der Pernsteins und Rosenberger in der zweiten Hälfte des 16. Jahrhunderts.), in: Pernštejnové v českých dějinách (wie Anm. 5), 213–225.

10 *Richard van Dülmen,* Kultur und Alltag in der frühen Neuzeit. II.–III. Bd, München 1992–1994; *Jan Peters,* Gutsherrschaft in historisch-anthropologischer Perspektive, in: Jan Peters (Hrsg.), Gutsherrschaft als soziales Modell. (HZ Beiheft, 18.) München 1995, 3–21; *Pavel Himl,* „Ta kniha falešná a nespravedlivá jest". Příspěvek k rekatolizační praxi na orlickém panství v první třetině 18. století („Dieses Buch ist falsch und ungerecht". Ein Beitrag zur Rekatholisierungspraxis auf der Herrschaft von Orlík im ersten Drittel des 18. Jahrhunderts.), in: JSH 62, 1993, 122–131; *ders.,* Myšlení venkovskych poddaných v raně novověkých jižních Čechách pohledem trestně právních pramenů. (Das Denken der ländlichen Untertanen im frühneuzeitlichen Südböhmen aus der Sicht der Halsgerichtsbarkeitsquellen.), in: Opera historica 4, 1995, 153–194; *Marie-Elizabeth Ducreux,* Livres d'hommes et de femmes, livres pour les hommes et pour les femmes. Réflexions sur la littérature de dévotion en Bohême au XVIIIe siècle, in: Husitství – reformace – renesance. Hrsg. v. Jaroslav Pánek/Miloslav Polívka/Noemi Rejchrtová. III. Band. Praha 1994, 915–945; *Miloš Sládek* (Hrsg.), Malý svět jest člověk aneb výbor z české barokní prózy (Die kleine Welt ist der Mensch oder eine Auswahl der tschechischen barocken Prosa.) Praha 1995.

mit bekannten Bürgern der Residenzstadt Gespräche, berieten über Alltagsprobleme und nutzten diese als Rechtsberater. Eine Reihe von Adeligen und Bürgern aus der nahen und entfernten Umgebung des aristokratischen Hofes nahm in Residenzstädten an Renaissance- und später Barockfesten teil und suchte hier Erziehungs- und Ausbildungsmöglichkeiten. Höfe lockten Künstler und Wissenschaftler in die Residenzstädte, die die Unterstützung der aristokratischen Mäzene ausnützten und an ihren langfristigen Aufträgen oder einmaligen Kulturinvestitionen arbeiteten. Weil eine ganze Reihe von Künstlern auch dem kaiserlichen Hof ihre Dienste anbot, kam es in vielen Gebieten der Renaissance- und später auch der Barockkultur zur Mischung des Mäzenatentums von Kaiser und Magnaten und zur Vertiefung der kulturellen Kommunikation zwischen der Hauptstadt und den Residenzen der Aristokraten. Eine Vielzahl von Händlern, die sich in der Hauptstadt, in anderen Städten und Dörfern des Dominiums und auch außerhalb seiner Grenzen niedergelassen hatten, beteiligten sich an der Versorgung aristokratischer Höfe mit üblichen und luxuriösen Nahrungsmitteln und mit weiteren Produkten. Ein buntes Warensortiment mit Luxuscharakter besorgten Beamte und Höflinge böhmischer und mährischer aristokratischer Höfe an berühmten ausländischen Märkten. Ähnliche Einkäufe trugen ohne Zweifel zu einer Annäherung einiger Merkmale des distinktiven kulturellen Systems der Höfe von mitteleuropäischen Aristokraten bei. Das spiegelte sich auch in Haushalten der Residenzstädte wider.[11]

Administrative Pflichten zwangen Höflinge, Beamte und Diener aristokratischer Höfe nicht nur oft, dienstlich zu reisen, sondern sich auf Dauer direkt in der Residenzstadt aufzuhalten, wo sie sich in der Nähe der Schlösser niederließen. Da die Häuser von höfischen Würdenträgern in der Residenzstadt in der Regel aneinander grenzten, entstanden darin allmählich während der ganzen Frühneuzeit die ausschließlich von Höflingen, Beamten und Hofkünstlern bewohnten Blöcke. In unmittelbarer Nachbarschaft der Häuser von Schloßhöflingen und Beamten ließen sich Handwerker, Kaufleute und Krämer nieder, die sich an der Hofversorgung beteiligten. Höflinge und Beamte bewegten sich täglich in Residenzstädten zwischen dem Milieu eines aristokratischen Hofes und bürgerlicher Umgebung, während ihrer Dienstreisen im Inland und ins Ausland besuchten sie eine Reihe von Schlössern, städtischen und ländlichen Sitzen. Ihren Gesichtskreis und ihre Überordnung über andere Stadtbewohner präsentierten sie öffentlich durch ein entwickeltes Niveau der materiellen Kultur von Haushalten und durch ihr Mäzenatentum den Künstlern gegenüber. Sie veranstalteten in ihren Häusern Feste und gaben hochgeborenen Gästen der Schloßherren Übernachtungsquartiere. Eben diese sozial heterogene Berufsgruppe vermochte es, administrative und auch weitere Ebenen der Kommunikation des aristokratischen Milieus nachzuahmen oder einige Zivilisationsmuster des höfischen Lebensstils und der materiellen Kultur (Tafelgeschirr, dekorative Gegenstände, Schmuck, Bilder, modische Bekleidung) in ihre Haushalte in den Residenzstädten zu übertragen. Der angedeutete Prozeß vertiefte eine erhebliche Polarität der kulturellen Entwicklung von frühneuzeitlichen Residenzstädten. Durch die erreichte Stufe der Aristokratisierung über-

11 *Vorel*, Poddanská rezidenční města (wie Anm. 1); *Václav Bůžek*, Die Linzer Märkte und die Kultur am Hofe der letzten Rosenberger, in: Historisches Jahrbuch der Stadt Linz 1989, Linz 1990, 11–44; *ders.*, Zahraniční trhy a kultura šlechtických dvorů v předbělohorských českých zemích (Die ausländischen Märkte und die Kultur der Adelshöfe in den böhmischen Ländern der Epoche vor der Schlacht am Weißen Berg.), in: CCH 89, 1991, 692–713; *James R. Palmitessa*, Das Rudolfinische Prag, „Mitteleuropa“ und einige Tendenzen der neueren amerikanischen und westeuropäischen Stadtgeschichtsforschung der Frühen Neuzeit, in: Frühneuzeit-Info 5, 1994, 190–196.

trafen Interieure der angeführten Eliten die Massenkultur mittlerer Schichten von Handwerkern, die im distinktiven kulturellen System der Haushalte von Höflingen, Herrschaftsbeamten, manchen Hofkünstlern und Kunsthandwerkern imitiert wurden.

In die Peripherie von Residenzstädten und kleinen landwirtschaftlichen Städtchen in Dominien wurden außer Leder-, Metall- und Holzbearbeitungsberufen auch die häufigsten Handwerke verdrängt, die zur Befriedigung von alltäglichen Bedürfnissen der Bewohner dieser Stadtteile dienten, z.B. Nahrungs-, Textil und Metallhandwerke. Diese Handwerke waren vom landwirtschaftlichen Hinterland der Stadt abhängig. Die ganze Frühneuzeit hindurch war für Haushalte aus Randteilen der Städte und Städtchen eine Balance zwischen städtischen und ländlichen kulturellen Systemen und ihre wechselseitige Mischung typisch. Am Übergang des 16. zum 17. Jahrhundert ähnelte das Kulturniveau einer Reihe städtischer Haushalte denen von Bauernhöfen, und in vereinzelten Fällen war das Niveau der materiellen Kultur der reichsten ländlichen Bauernhöfe sogar höher. Während des 18. Jahrhunderts gliederte sich die nicht vermögende Bevölkerung einiger Residenzstädte in der Umgebung aristokratischer Höfe in die sich entwickelnde Textilunternehmertätigkeit ein und löste Bindungen an das Land. In kleinen Städten und Städtchen landwirtschaftlichen Charakters wurde der Prozeß der „Rustikalisierung“ der ärmsten bürgerlichen Interieure in einer Zeit beendet, als gleichzeitig regionale Marktbereiche gestaltet wurden. Damals drangen Elemente der Volkskultur in adelige und städtische Haushalte vor (Volksfeste).[12]

Die Alltagskultur von Handwerkerhaushalten aus den Randteilen der Stadt, die mit ihrer Berufstätigkeit mit dem ländlichen Milieu in der Umgebung der Stadt verbunden waren, konnte unter bestimmten Bedingungen als ein Muster der kulturellen Innovation der Interieure von Bauernhöfen dienen (Raumgestaltung, Möbelausschmückung, Farbe und Schnitt der Bekleidung). Städtische Handwerker beteiligten sich an der Gestaltung des kulturellen Niveaus von ländlichen Gebäuden auch mit der Qualität ihrer Produkte, die die ländliche Bevölkerung auf städtischen Märkten kaufte (Sitzmöbel, gemalte Truhen, Kleiderschränke, Himmelbetten). Am Übergang des 17. zum 18. Jahrhundert überlebten vereinzelte Renaissanceelemente in kleinen Städtchen landwirtschaftlichen Charakters und in reicheren Bauernhöfen bei Bekleidung und Möbeln. Diese Elemente bildeten am Ende des 16. Jahrhunderts das sozial distinktive System der Bekleidungs- und Wohnkultur von Aristokraten

12 Näher bei *Václav Bůžek,* Die südböhmischen Bürgerhaushalte an der Wende des 16. zum 17. Jahrhunderts. Bürgerliche Alltagskultur an der böhmisch-österreichischen Grenze, in: Jahrbuch des Oberösterreichischen Museumsvereines 139, 1994, 25–45; *Václav Bůžek/Hana Bůžková,* Klenoty v renesančních a manýristických domácnostech na jihu Čech (Die Kleinodien in den Haushalten in der Zeit der Renaissance und des Manierismus in Südböhmen.), in: JSH 63, 1994, 23–43; *Václav Bůžek/Hana Bůžková/Jana Krejčová,* Kultura každodenního života měšťanských domácností na jihu Čech v 16. až 18. století (Die Kultur des Alltagslebens in den bürgerlichen Haushalten im Süden Böhmens im 16. bis 18. Jahrhundert.), im Druck; *Hannah Laudová,* Motivy lidových zábav ve společenském životě šlechty a měšťanstva (Motive der Volksunterhaltungen im gesellschaftlichen Leben des Adels und der Bürger.), in: Počátky českého národního obrození 1770–1791. Hrsg. v. Josef Petráň. Praha 1990, 198–206. Weiter vgl. *Ruth-E. Mohrmann,* Perspektiven historischer Sachforschung, in: Schweizerisches Archiv für Volkskunde 88, 1992, 142–160; *dies.,* Everyday Culture in Early Modern Times, in: New Literary History (A Journal of Theory and Interpretation.), 1993, 75–86; *dies.,* Methoden der Stadtgeschichtsforschung aus volkskundlicher Sicht, in: Stadtgeschichtsforschung – Aspekte, Tendenzen, Perspektiven. Hrsg. v. Fritz Mayrhofer. Linz 1993, 197–213.

oder städtischen Eliten. Im Verlauf des 18. Jahrhunderts wurden sie zu einem der Muster bei den Innovationen der materiellen Kultur von ländlichen Gebäuden.[13]

Eine wesentliche Rolle bei der Vermittlung von kulturellen Innovationen und Mustern direkt aus dem höfischen ins ländliche Milieu spielten niedrigere herrschaftliche Beamte. Sie kauften ihre Häuser in Städten und Städtchen, aber durch die Ausübung ihres Dienstes waren sie sowohl mit dem aristokratischen Hof, als auch mit dem Leben auf dem Lande verbunden. Während des 17. und 18. Jahrhunderts verschlossen sich aristokratische Höfe vor der städtischen und ländlichen Gesellschaft. Einfache Dorfbewohner begegneten der Obrigkeit nur ausnahmsweise (bei einigen aristokratischen Feierlichkeiten der Barock- und Rokokozeit). Die Obrigkeit stellten in ihren Augen niedrige Beamte dar. Um ihre soziale Überordnung über das ländliche Milieu zu betonen, ahmten niedrige herrschaftliche Beamte distinktive Züge der materiellen Kultur aristokratischer Höfe nach. Dem kulturellen System eines aristokratischen Hofes entnahmen sie solche distinktiven Muster, mit denen Dorfbewohner während der Alltagskommunikation ständig konfrontiert wurden (Farbe und Schnitt der Bekleidung, Frisur, Kopfbedeckung). Mit einem Zeitabstand verschwand allmählich ihr distinktiver Charakter, und sie bürgerten sich im ländlichen Milieu ein (am Ende des 18. Jahrhunderts blaue Farbe von Festkleidern, Hutform, Pudern von Haaren, Perücken).[14]

Verschiedene Kommunikationsebenen und -weisen zwischen dem aristokratischen Hof und seiner Umgebung in frühneuzeitlichen böhmischen Ländern beeinflußten die Übertragung

13 Von der neueren Literatur vgl. *Ruth-E. Mohrmann*, Alltagswelt im Land Braunschweig. Städtische und ländliche Wohnkultur vom 16. bis zum frühen 20. Jahrhundert. 2 Bde. Münster 1990; *Lydia Petráňová/Josef Vařeka*, Vybavení venkovské zemědělské usedlosti v době předbělohorské na pozadí poddanských inventářů (Die Ausstattung des Bauerngehöfts in der Zeit vor der Schlacht am Weißen Berg vor dem Hintergrund der Untertaneninventare.), in: Archaeologica historica 12, 1987, 277–286; *Josef Vařeka/Lydia Petráňová/Alena Plessingerová*, Mobiliář vesnického domu v Čechách od konce středověku do počátků národního obrození (Das Mobiliar des Bauernhauses in Böhmen vom Ende des Mittelalters bis zu den Anfängen der nationalen Wiedergeburt.), in: Český lid 75, 1988, 202–211; *Lydia Soukupová*, Lůžko a postel. Pokus o sémioticko-funkční analýzu (Das Bett und die Lagerstätte. Versuch einer semiotisch-funktionellen Analyse.), in: Pocta Josefu Petráňovi. Sborník prací z českých dějin k 60. narozeninám prof. dr. Josefa Petráně. Praha 1991, 113–136; *Ruth-E. Mohrmann*, „in der freywilligen Nachlassung der willkührlichen Bewegungen". Anmerkungen zur Geschichte des Schlafens, in: Innovation und Wandel. Festschrift für Oskar Moser zum 80. Geburtstag. Hrsg. v. Burkhard Pöttler/Helmut Eberhart/Elisabeth Katschnig-Fasch. Graz 1994, 261–278; *Irena Turnau*, Ubiór narodowy w dawnej Rzeczy pospolitej. (Das nationale Kleid in der Rzecz pospolita.) Warszawa 1991; *Lydia Petráňová*, Ke studiu oděvu lidových vrstev měst a venkova od 16. do poloviny 18. století v Čechách (Zum Studium der Kleidung der Volksschichten in Stadt und Land vom 16. bis zur Mitte des 18. Jahrhunderts in Böhmen.), in: Český lid 81, 1994, 201–216.

14 Zu den distinktiven Zügen der Kleidung im späten 18. Jahrhundert vgl. *Bůžek/Bůžková/Krejčová*, Kultura každodenního života měšťanských domácností (wie Anm. 12); *Vlastimil Vondruška*, Lidový oděv na českokrumlovském panství na konci 18. a na počátku 19. století. Možnosti etnografické interpretace (Die Volkskleidung auf der Herrschaft von Český Krumlov am Ende des 18. und zu Beginn des 19. Jahrhunderts. Die Möglichkeiten der volkskundlichen Interpretation.), in: Národopisné aktuality 21, 1984, 153–161; Staatliches Gebietsarchiv Třeboň, Familienarchiv Buquoy, Inv.Nr. 566–569, Kart. 394–397. Weiter vgl. *Richard van Dülmen*, Kultur und Alltag in der Frühen Neuzeit. I. Band. München 1990, 74–78; *Hans Medick*, Eine Kultur des Ansehens. Kleidung und Kleiderfarben in Laichingen 1750–1820, in: Historische Anthropologie 1, 1993, 193–214.

von kulturellen Anlässen meistens aus einem sozial höheren in ein sozial niedrigeres Milieu. Die Diffusion von ausgewählten Kulturmustern bereicherte sozial distinktive kulturelle Systeme der einzelnen gesellschaftlichen Schichten im Dominium, aber veränderte nicht ihr natürliches Wesen. Jede soziale Gruppe behielt ihre selbständige und gesellschaftlich unverwechselbare kulturelle Identität. Zu einer unmittelbaren Nachahmung von Kulturmustern der höheren Schichten hatten Angehörige derjenigen sozialen und Berufsgruppen die häufigste Gelegenheit, die angesichts ihrer Stellung in Systemen der Kommunikation gleichzeitig mit einem sozial höheren und auch niedrigeren Milieu der Gesellschaft in der Umgebung aristokratischer Höfe konfrontiert wurden. In Positionen einer ständigen Machtbalance und an einer bedeutenden sozialen und kulturellen Grenze empfanden diese Gruppen das Bedürfnis, die Distinktion des kulturellen Systems ihrer Schicht mit solchen Elementen zu betonen, die sie zur Kultur aristokratischer Höfe annähern und gleichzeitig über die Kultur der gesellschaftlich niedriger gestellten Bewohner stellen würden. Nach dem Verlust der distinktiven Funktionen bereicherten diese Muster kulturelle Systeme niedrigerer sozialer Schichten des Dominiums.[15]

15 *Petráň*, Dějiny hmotné kultury (wie Anm. 4), 79–112.

Martina Schattkowsky

Ein kursächsischer Hofmarschall als Gutsherr: Christoph von Loß auf Schleinitz (1574–1620)

„Was die Haußhaltung anlangt, haben wir dem lieben Gott zu danken, es stehet noch alles bey erträglichen gutten zustande", so lautet eine stets wiederkehrende Formel in Briefen, die der Schößer Martin Weimer an den Erb- und Gerichtsherrn des Rittergutes Schleinitz, Christoph v. Loß, richtete.[1] In seinem Amt als Hofmarschall und Geheimer Rat hielt sich v. Loß über längere Zeitabschnitte des Jahres in Dresden auf. Als Reichspfennigmeister hatte er wichtige Aufgaben in Leipzig zu erledigen. Dennoch war er auch während seiner Abwesenheit von Schleinitz auf vielfältige Weise mit seinem Rittergut verbunden. Verschiedene Akten des Schleinitzer Gutsarchivs, allem voran ein Briefwechsel zwischen Christoph v. Loß und seinem Schößer, geben einen Einblick in alltägliche Abläufe der Rittergutswirtschaft und über sonstige Vorkommnisse im Herrschaftsbereich. Sie belegen ein vitales Interesse des bei Hofe tätigen Adligen an wirtschaftlichen Fragen im Zusammenhang mit der Verwaltung seines Landgutes.

Natürlich ist Christoph v. Loß darin kein Einzelfall. Die Forschung hat verschiedene Beispiele herausgearbeitet, die ein zunehmendes wirtschaftliches Engagement des Landadels in der frühen Neuzeit belegen.[2] Auch für den hier zu untersuchenden kursächsischen Raum ging z.B. Eduard Otto Schulze davon aus, daß die Gutsbewirtschaftung seit der zweiten Hälfte des 15. Jahrhunderts für den Adel zum „Mittelpunkt der gesamten Lebensthätigkeit", zum „Lebensberuf" wurde.[3] Wieland Held hat kürzlich aufgrund von Adelstestamenten des 16./17. Jahrhunderts bemerkenswerte Hinweise für die „Wirtschaftsmentalität" des kursächsischen Landadels gegeben. Die Testamente zeugen von einem ausgeprägten Verständnis für geldwirtschaftliche Abläufe und enthalten in vielen Fällen konkrete Anweisungen für eine rentable Wirtschaftsführung sowie für die künftige Geschäftstätigkeit der Erben.[4]

1 Vgl. Sächsisches Hauptstaatsarchiv Dresden (SächsHStA), Grundherrschaft Schleinitz-Petzschwitz (Gh. Schleinitz), Nr. 924, Brief vom 4.1.1618 (soweit nicht anders vermerkt sind die Akten unpag.)

2 Vgl. etwa *Volker Press*, Der niederösterreichische Adel um 1600 zwischen Landhaus und Hof – Eine Fallstudie, in: Spezialforschung und „Gesamtgeschichte". Beispiele und Methodenfragen zur Geschichte der frühen Neuzeit. Hrsg. v. Grete Klingenstein/Heinrich Lutz. (Wiener Beiträge zur Geschichte der Neuzeit, Bd. 8.) München 1982, 22; *Adelheid Simsch*, Der Adel als landwirtschaftlicher Unternehmer im 16. Jahrhundert, in: Studia Historiae Oeconomicae 16, 1981, 95–115; *Rudolf Endres*, Adel in der Frühen Neuzeit. (EdG, Bd. 18.) München 1993, 101.

3 *E.O. Schulze*, Die Kolononisierung und Germananisierung der Gebiete zwischen Saale und Elbe. Leipzig 1896, 348f.

4 Interessant sind z.B. die in einigen Testamenten zu findenden Vorgaben zum gewinnträchtigen Ver-

Weniger einig ist man sich hingegen im Hinblick auf die Ziele adligen Wirtschaftens im Zusammenhang mit der Ausprägung bestimmter Denk- und Verhaltensweisen des Adels. Dabei spielt die Differenzierung nach Grundherrschafts- und Gutsherrschaftsregionen eine wichtige Rolle.

Ausgangspunkt einer neuerlichen Diskussion ist die Auffassung Otto Brunners, der vor der Annahme eines frühzeitig ausgeprägten Rentabilitätsdenkens beim Landadel warnte und dieses nicht allein an der nachweislich hohen Bedeutung des Marktgeschehens für sein Untersuchungsbeispiel festmachen wollte.[5] Während sich Peter-Michael Hahn, ausgehend von seinen Untersuchungen für das altmärkische Gebiet, diesen Warnungen anschloß,[6] sah Hartmut Harnisch dagegen eine Berechtigung solcher Einschätzungen lediglich für grundherrschaftlich geprägte Regionen mit festgeschriebenen und in Geld zu entrichtenden bäuerlichen Abgaben.[7] In Gebieten mit mehr oder weniger großen adligen Eigenwirtschaften, so Harnisch, war die Kenntnis des Marktgeschehens von elementarer Bedeutung: „Je stärker nun die Einnahmen des niederen Adels auf der Bewirtschaftung des eigenen Gutes beruhten, und je mehr die Geld- bzw. Naturalrenten unter den Einnahmen zurücktraten, um so eindeutiger muß die Eigenwirtschaft Denken und Verhaltensweisen dieser Schicht bestimmt haben. Und in einem besonders ausgeprägten Maße wird das offenkundig in den Gebieten der Gutsherrschaft der Fall gewesen sein.“[8]

Die Unterscheidung zwischen „Gutsherrschaft und Grundherrschaft“ wird in der Forschung auch in einem weiteren Punkt mit dem Problem der adligen Existenzgrundlage verknüpft. Es ist die Rede vom Fürstendienst des Landadels, von der Doppelrolle des Adligen als Gutsherr und Staatsdiener. Dazu findet man in der Literatur, daß – mit Blick auf die Größe der Adelsgüter – die Abhängigkeit vom Fürstendienst beim grundherrschaftlichen Adel größer gewesen wäre als beim gutsherrlichen.[9]

Zwar ist diese Frage in jüngster Zeit nicht mehr explizit aufgegriffen und untersucht worden, doch deuten die wenigen neueren Forschungsergebnisse darauf hin, daß solch großräumige Differenzierungen – ähnlich wie beim o.g. Problem des adligen Rentabilitätsdenkens – den realen Gegebenheiten nicht gerecht werden können.

Zum Beispiel wurde in einer Untersuchung über adlige Führungsgruppen in nordostdeutschen Territorialstaaten des 16. Jahrhunderts festgestellt, daß hier diejenigen Familien, die bedeutende Amtsträger hervorgebracht hatten, auch zu den am meisten begüterten Ge-

kauf von Getreide. Vgl. *Wieland Held,* Selbstverständnis und Lebensauffassung des kursächsischen Landadels in der beginnenden Frühneuzeit, in: Neues Archiv für sächsische Geschichte 65, 1994, bes. 43–48.

5 *Otto Brunner,* Adeliges Landleben und europäischer Geist. Leben und Werk Wolf Helmhards von Hohberg (1612–1688). Salzburg 1949, 301.

6 *Peter-Michael Hahn,* Fürstliche Territorialhoheit und lokale Adelsgewalt. Die herrschaftliche Durchdringung des ländlichen Raumes zwischen Elbe und Aller (1300–1700). (Veröffentlichungen der Historischen Kommission zu Berlin, Bd. 72.) Berlin/New York 1989, 15f.

7 *Hartmut Harnisch,* Gutsherrschaft oder Grundherrschaft? Zu den wirtschaftlichen Grundlagen des niederen Adels in Norddeutschland zwischen spätmittelalterlicher Agrarkrise und Dreißigjährigem Krieg, in: Adel in der Frühneuzeit. Ein regionaler Vergleich. Hrsg. v. Rudolf Endres. (Bayreuther Historische Kolloquien, Bd. 5.) Köln/Wien 1991, 76f.

8 Ebenda, 77.

9 *Press,* Der niederösterreichische Adel (wie Anm. 2), 27.

schlechtern gehörten.[10] Dies konnte ebenso für „das gutsherrschaftliche Mecklenburg" wie für „das grundherrschaftliche Kursachsen" beobachtet werden.

Umfassende Untersuchungen für den bayrischen Adel zeichnen ebenfalls ein vielschichtigeres Bild. Bereits Anfang des 17. Jahrhunderts hatten sich hier Adlige, über unzureichende Besoldung klagend, wieder auf ihre Landgüter zurückgezogen.[11] Insgesamt überwogen im Staatsdienst Adelsgeschlechter mit geringem Grundbesitz, während der „wohlhabende höhere Adel" – so die Vermutung – nicht in die Abhängigkeit durch ein Dienstverhältnis geraten wollte.[12] Die wichtigsten Staatsämter waren hier in erster Linie mit Ausländern besetzt.

Insgesamt zeigt sich in der Forschung, daß man in der „sozialen, politischen und mentalen Spannung zwischen dem Landleben und dem Hofdienst" eine Konstante der neuzeitlichen Adelsgeschichte sieht,[13] daß es jedoch nur wenige konkrete Untersuchungen zu diesem Thema gibt, noch dazu für die frühe Zeit um 1600.

Im folgenden soll am Beispiel eines kursächsischen Landadligen aus dieser Zeit gefragt werden, wie beide Betätigungsfelder, bei Hofe und auf dem Landgut, in Einklang gebracht werden konnten, welche Rolle der Rittergutsbetrieb im adligen Denken spielte, wie „Herrschaft aus der Ferne" ausgeübt wurde.

Das Jahr 1607 war für unser „Untersuchungsbeispiel" Christoph v. Loß (1574–1620) in zweifacher Hinsicht von Bedeutung: Einerseits übertrug ihm Kurfürst Christian II. in diesem Jahr das Amt des Hofmarschalls und zum anderen erwarb er das Schleinitzer Rittergut in der Nachfolge seines Schwiegervaters, Abraham v. Schleinitz. Damit übernahm der Hofmarschall und Geheime Rat die Herrschaft über eines der bedeutendsten Rittergüter im Meißner Kreis und gelangte in den Besitz eines repräsentativen Wasserschlosses. Christoph v. Loß stammt aus der Familie des Reichspfennigmeisters und Geheimen Rats Christoph v. Loß auf Pillnitz (1548–1609), seine Mutter war Martha Pflug auf Knauthain. Bereits der Vater unseres v. Loß verfügte über Erfahrungen bei Hofe: 1563 hielt dieser sich für ein Jahr am Hofe des brandenburgischen Kurfürsten Joachim in Berlin auf und trat danach in die Dienste des sächsischen Kurfürsten August.[14] Auch Bildung hatte in der Loßschen Familie schon eine Tradition. Der Vater ging sechs Jahre lang in Zeitz bei einem „gelehrten Mann" zur Schule und betrieb an der Universität Leipzig juristische Studien. Seine Söhne hielt er ebenfalls „fleißig zur Schule" an und wandte „ansehnliche Uncosten" für deren Studien auf.[15] Sein Sohn Christoph studierte in Leipzig und später in Jena Jura und setzte schließlich 1594 seine Studien in Italien fort.[16]

10 So bei *Frank Göse*, Adlige Führungsgruppen in nordostdeutschen Territorialstaaten des 16. Jahrhunderts. (Manuskript im Druck)

11 *Margit Ksoll*, Die wirtschaftlichen Verhältnisse des bayerischen Adels 1600–1679. (Schriftenreihe zur bayerischen Landesgeschichte, Bd. 83.) München 1986, 48.

12 Ebd., 50f.

13 *Karl-Georg Faber*, Mitteleuropäischer Adel im Wandel der Neuzeit. Literaturbericht, in: GG 7, H. 2, 1981, 280f.; Vgl. dazu auch *Lars Gustafsson*, Dienstadel, Tugendadel und Politesse mondaine. Aristokratische Bildungsideale in der schwedischen Großmachtzeit, in: Arte et Marte. Studien zur Adelskultur des Barockzeitalters in Schweden, Dänemark und Schleswig-Holstein. Hrsg. v. Dieter Lohmeier. Neumünster 1978, 111.

14 Sächsische Landesbibliothek Dresden (SLB), *Ferdinand Ludwig Zacharias*, Sammlung historisch-topographisch u. genealogischer Nachrichten über das Königl. Sächs. Cammerguth und Lust Schloß Pillnitz. 1826, 19f.

15 Ebd., 22f.

16 Persönlichkeit und Lebensweg des Christoph v. Loß werden ausführlich beschrieben bei *Martina*

Obwohl – anders als in den eingangs erwähnten, von Wieland Held ausgewerteten kursächsischen Adelstestamenten – in den ausführlichen testamentarischen Verfügungen unseres Schleinitzer Herrn der Erwerb spezieller Fähigkeiten und Kenntnisse für die Führung der Rittergutswirtschaft nicht explizit angesprochen wurde, hat er offenbar eine Reihe von Eignungen für organisatorisch-administrative Aufgaben mitgebracht. Neben seinen juristischen Kenntnissen waren es wohl vor allem sein wiederholt gerühmtes gutes Gedächtnis, seine Genauigkeit gerade auch in finanziellen Dingen sowie sein enormer Arbeitseifer.

Solche Fähigkeiten waren in beiden Betätigungsfeldern des v. Loß gefragt: einerseits als Gutsherr und andererseits in seinen zahlreichen Hof- und Verwaltungsämtern.

Zu den wichtigsten Aufgaben eines Hofmarschalls zum Beispiel gehörte die Kontrolle der Hofverwaltung.[17] In seiner fünfjährigen Amtszeit als Hofmarschall mußte v. Loß u.a. „die Tagebuch Küche Keller und Liecht Rechnungen selber erfahren, uff die Rechnungen, angebung des Vorraths, die keuff und was täglich uffgangen, vleißiges aufmerken haben".[18] Er organisierte Reisen des Kurfürsten und hatte sich beim Eintreffen hoher Gäste bei Hof um deren Bewirtung und Unterbringung zu kümmern. Im Falle von Streitigkeiten unter dem Hofgesinde sollte er die Parteien verhören, alles protokollieren, „Hendelbücher" führen und Vergleiche anbahnen.

Bereits im Jahre 1607 muß sich v. Loß umfangreiches Wissen über den Haushalt des Dresdner Hofes angeeignet haben, denn er gehörte, zusammen mit seinem Vater, zu sechs Vertretern des Adels, die dem Kurfürsten Christian II. wegen der hohen Verschuldung eine Reihe von Sparvorschlägen für die Hofhaltung unterbreiteten.[19] Daß Christoph v. Loß tatsächlich maßgeblich an der Erarbeitung dieser Vorschläge beteiligt war, darauf deutet ein zweites Exemplar dieses Schreibens hin, das sich unter den Akten des Schleinitzer Gutsarchivs befindet und mit zahlreichen Randbemerkungen des v. Loß versehen ist.[20]

Interessant ist die Schwerpunktsetzung der Sparmaßnahmen: Reduziert werden sollten allem voran die kurfürstlichen Küchen- und Kellerausgaben, die Zahl der Kammerjunker und Lakaien (von 17 auf 6), die Aufwendungen für die Gewand- und Kunstkammer sowie für Kleinodien. Nicht gespart werden dürfte hingegen nach Meinung der sechs Adligen bei der Erhaltung der Bergwerke, da dies nicht allein zur Schmälerung des kurfürstlichen Einkommens, sondern auch zu „grossen schaden ...(der) bergkstedte, sowohl des armen bergkvolckes" führen würde.[21] Auch die Ausgaben für Stipendien wären nach diesen Vorschlägen nicht zu kürzen, um damit die Studien der jungen Leuten zu befördern. Schließlich plädierte man für eine ungeschmälerte Besoldung der verschiedenen Räte, um der kurfürstlichen Regierung „willige und unverdrossene diener" zu erhalten.[22]

Schattkowsky, „... und wolte ich mit ihnen in frieden und ruhe leben". Hintergründe zum Herrschaftsverständnis adliger Rittergutsbesitzer in Kursachsen um 1600, in: Konflikt und Kontrolle in Gutsherrschaftsgesellschaften. Über Resistenz- und Herrschaftsverhalten in ländlichen Sozialgebilden der Frühen Neuzeit. Hrsg. v. Jan Peters. (Veröffentlichungen des Max-Planck-Instituts für Geschichte, Bd. 120.) Göttingen 1995, bes. 379ff.

17 Vgl. dazu *Brigitte Streich*, Zwischen Reiseherrschaft und Residenzbildung: Der wettinische Hof im späten Mittelalter. (Mitteldeutsche Forschungen, Bd. 101.) Köln/Wien 1989, 364ff.

18 SächsHStA, Finanz-Archiv Gen. 1936, Loc. 33343, fol. 137.

19 Ebd., Loc. 32438 (unpag.).

20 Vgl. ebd., Gh. Schleinitz, Nr. 1611.

21 Ebd., Finanz-Archiv, Loc. 32438.

22 Interessant sind die hier nicht näher auszuführenden Sparvorschläge für einzelne Hofämter, wie z.B.

Organisatorisches Talent war schließlich auch in einem weiteren hohen Amt des v. Loß gefragt: Als Reichspfennigmeister des Ober- und Niedersächsischen Kreises hatte er in Leipzig zweimal jährlich die Reichssteuern zu kassieren und darüber Buch zu führen.

Sein umfangreiches Aufgabengebiet bei Hofe hat Christoph v. Loß wohl viele Wochen oder Monate in Dresden festgehalten. Zwar räumte ihm der Kurfürst das Recht ein, „wegen seine eigenen sachen uff sein ansuchen bisweilen urlaub" zu erlangen,[23] dennoch stellt sich die Frage, wie er unter diesen Umständen seine Aufgaben als Erb- und Gerichtsherr von Schleinitz wahrnehmen konnte (und wollte).

Als Christoph v. Loß das Schleinitzer Gut übernahm, hatten die dreizehn „herrenlosen" Jahre seit dem Tode Abrahams v. Schleinitz Spuren hinterlassen. Anzeichen dafür waren umfangreiche Schulden[24], der Verfall der „disciplina ecclesiastica" und eine Reihe ungeklärter Gerichtsfälle.[25] Christoph v. Loß, von dem es später hieß, er hätte das Schleinitzer Gut „mit kauffen, tauschenn, bawenn und inn andere wege gebeßert",[26] hat sofort damit begonnen, die Verwaltung des Gutes zu intensivieren, die Bautätigkeit zu erhöhen und das Netz herrschaftlicher Kontrolle in seinem Machtbereich zu verstärken.

Der Schleinitzer Besitz umfaßte zum Zeitpunkt des Kaufs im Jahre 1607 die beiden Güter Schleinitz und Petzschwitz, das Vorwerk Lossen, 13 Dörfer mit Ober- und Erbgericht, den anteiligen oder vollständigen Besitz von weiteren 10 Dörfern ohne obere Gerichtsbarkeit sowie das Kirchenlehn in 3 Dörfern.

Noch im Erwerbsjahr bemühte sich v. Loß um eine Abrundung seines Besitzes. Er wandte sich an den Kurfürsten mit der Bitte, ihm die Obergerichtsbarkeit in den Orten zu übertragen, in denen dem Haus Schleinitz bislang nur die Erbgerichtsbarkeit zugestanden hatte, da sonst „leichtlichen hinc inde allerhand mißvorstand" zwischen den kurfürstlichen Ämtern und ihm entstehen könnte.[27] Im Ergebnis standen im Jahre 1608 insgesamt 19 Dörfer vollständig unter der Botmäßigkeit des v. Loß, hinzu kamen einzelne Güter in weiteren vier Dörfern. Laut Erbbuch aus dem gleichen Jahr gehörten zum Schleinitzer Gut derzeit 236 „besessene Mann".[28]

Weitere Besitzarrondierungen erfolgten im Jahre 1610. Damals kaufte Kurfürst Christian II. aus dem Loßschen Besitz das Holz im Wettersdorfer Forst. Als Wertausgleich erbat sich v. Loß zusätzlich zur Kaufsumme die Übertragung von Zinsen und Diensten von fünf seiner Untertanen, die mit einigen Hufen bislang den Ämtern Meißen und Nossen unterstanden hatten.[29]

Jahre später kam Christoph v. Loß außerdem in den Besitz des Rittergutes Dahlen, das er 1619 mit Alexander v. Ragwitz gegen dessen Rittergut Stößitz tauschte.[30] Damit gelangten vier Dörfer mit 44 „besessenen" Mann sowie eine Reihe von einzelnen Geld- und Naturalzinsen und Diensten in sieben weiteren Dörfern in den Loßschen Besitz.

die 100 Gulden für den „Historico" Matheus Dresserus, die gestrichen wurden, da dieser seine Besoldung von der Universität Leipzig erhielt. Vgl. ebd.

23 Ebd., Finanz-Archiv Gen. 1936, Loc. 33343, fol. 144.

24 Ebd., Gh. Schleinitz, Nr. 569.

25 Vgl. *G.W. Segnitz*, Einige geschichtliche Nachrichten über die Kirche und Kirchfahrt zu Leuben. Meißen 1839, 15.

26 SächsHStA, Gh. Schleinitz, Nr. 201.

27 Ebd., Nr. 331.

28 Pfarrarchiv Leuben (PfAL), Schleinitzer Erbbuch umbgeschrieben Anno 1608 (ohne Signatur).

29 PFAL, Brief vom 4. Februar 1610 (ohne Signatur).

30 SächsHStA, Gh. Schleinitz, Nr. 278.

Daß Rittergutsherren nach der Übernahme ihres Besitzes Erbbücher anlegen ließen, ist nichts Außergewöhnliches. Es spricht aber m.E. für den hohen Stellenwert des Schleinitzer Landgutes im Verständnis des v. Loß, wenn er das neue Erbbuch vom Jahre 1608[31] sogar selbst niedergeschrieben hat. Zuerst stellte der Notar, so heißt es in den Vorbemerkungen, die Untertanenpflichten aufgrund des alten Erbbuches und der Fronregister zusammen, und danach hätte v. Loß alles „von Anfang bis zum ende propria manu umbgeschrieben".[32] Schließlich hat der Notar jede einzelne der vom Schleinitzer Herrn geschriebenen Seiten mit seiner Unterschrift bestätigt – ein interessantes Beispiel für Kontrolle herrschaftlichen Handelns! Vermutlich kannte v. Loß aber auch die Konfliktpotentiale, die aus der Erstellung neuer Erbbücher erwachsen konnten. Davon ausgehend wollte er an der Rechtmäßigkeit seines Vorgehens keine Zweifel aufkommen lassen und hatte sich von vornherein juristisch abgesichert.

Darüber hinaus entstanden auf Loßschen Befehl zahlreiche weitere Ordnungen oder Verzeichnisse, die die unterschiedlichsten Lebens- und Wirtschaftsbereiche des Rittergutes betrafen. Zu nennen sind vor allem das Gerichtsrügenbuch aus dem Jahre 1616[33], mehrere Mandate gegen die Ausbreitung der Pest[34], Regeln für den Kirchenbesuch oder ein Verzeichnis von Ernteausfällen infolge von Unwettern[35]. Seit 1616 wurden Anschläge verschiedener Rittergüter gesammelt.[36]

Die Informationsstränge zwischen dem häufig in Dresden[37] weilenden Erb- und Gerichtsherrn v. Loß und seinem ca. 50 km entfernten Landgut waren vielfältig. Neben dem Schößer Martin Weimer, der dem Schleinitzer Herrn regelmäßig über Vorgänge im Rittergutsbezirk und vor allem über die Rittergutsökonomie in Form von „wochenzeddeln" zu berichten hatte, informierte der Schleinitzer Gerichtsverwalter Andreas Jahn aus Meißen über Gerichtsfälle und Rechtsfragen. Außerdem spielte interessanterweise die Loßsche Tochter Sophie eine wichtige Rolle bei der Gutsverwaltung. Christoph v. Loß schien sich über Wirtschaftsangelegenheiten häufig direkt mit der Tochter verständigt zu haben und war dadurch zugleich in der Lage, die Aktivitäten seines Schößers zu kontrollieren. Mehrfach erwähnte der Schößer Briefe der „Jungfraw", worin sie ihren Vater über den „Haushaltungs zustand" informiert hätte. Dabei wußte sie offenbar genaustens über die Intentionen ihres Vaters Bescheid. Als 1619 ein junger Böttcher aus Lossen einen Dreschgarten käuflich erwerben wollte, schrieb der Schößer Weimer, er hätte die Entscheidung darüber zurückgestellt, da ihm von der „Jungfraw"

31 PFAL, Schleinitzer Erbbuch (wie Anm. 28).

32 Ebd., fol. 3.

33 PFAL, Gerichts Rügen derer Undterthanen so zum Rittergutte Schleinitz undt uff jeden Gerichts Stuehll, dorzue sie vor langer alter zeizhero gehörigk, undt itzo bey gehegten Gerichte vor mir Martin Weimern dieser zeit Schößern des orts von newen wieder einbrachtt wordenn, Ao. 1616.

34 SächsHStA, Gh. Schleinitz, Nr. 1748 und 1298.

35 PFAL, Instrumentum ad perpetuam rei memoriam, uber den Wetterschaden so sich den Sontag Trinitatis zu Schleinitz zugetragen und begeben, aufgerichtet den 20 Junii Ao 1607.

36 SächsHStA, Gh. Schleinitz, Nr. 1215.

37 Über die wirtschaftlichen und kulturellen Einflüsse der Residenzstadt Dresden auf das ländliche Umfeld vgl. *Karlheinz Blaschke*, Die Umlandbeziehungen Dresdens als Residenzstadt, in: Stadt-Land-Beziehungen und Zentralität als Problem der historischen Raumforschung. (Veröffentlichungen der Akademie für Raumforschung und Landesplanung, Forschungs- und Sitzungsberichte, Bd. 88, Historische Raumforschung 11.) Hannover 1974, 139–160.

zugetragen worden wäre, ihr Vater würde einen Erbdrescher auf diesem Garten bevorzugen.[38] Manchmal erhielt der Schößer Anweisungen zur Gutsverwaltung durch Sophie v. Loß persönlich, etwa bei der Befragung von Petzschwitzer Dreschern über die ausgedroschene Kornmenge oder bei Transporten von Lebensmitteln[39] von Schleinitz in das Loßsche Haus nach Dresden.

Auch die Schleinitzer Untertanen haben sich mit Bittschreiben oder Beschwerden direkt an ihren Herrn in Dresden gewandt. Dabei ging es vor allem um Eigentumsfragen sowie um Strafmilderungsgesuche nach ergangenen Gerichtsurteilen.

Dem Schößer schienen solche Informationen an den Erb- und Gerichtsherrn unter Umgehung seiner Person nicht gerade angenehm gewesen zu sein. So hatten sich z.B. Stößitzer Untertanen wegen zusätzlicher Düngerfuhren vom dortigen Hof bei v. Loß persönlich beschwert. Der Schößer begab sich zusammen mit der „Jungfraw“ Sophie nach Stößitz, um die Sache vor Ort zu klären. Gegenüber v. Loß äußerte er die Hoffnung, dieser möge „künfftig ... mit dergleichen schreiben vorschonet bleiben“.[40]

Auf diese Weise war Christoph v. Loß trotz häufiger Abwesenheit von seinem Landgut genau über die verschiedensten Belange in seinem Herrschaftsbereich unterrichtet und hat sowohl wirtschaftliche als auch juristische Vorgänge in seinem Sinne beeinflußt und mitgestaltet. Die Wochenrechnungen seines Schößers hat er nicht nur zur Kenntnis genommen, sondern – falls notwendig – auch korrigiert[41]; die eingebrachten Gerichtsrügen, die ihm sein Gerichtsverwalter Andreas Jahn aus Meißen zuschickte, hat er „jedesmal“ selbst durchgesehen und „die straffen decretiret“.[42] Er schaltete sich in Entscheidungen über die Höhe von Strafen ein und verbesserte Verträge zur Erbteilung.[43] Im Zweifelsfall hat sich der Schößer in juristischen Fragen wohl eher an den Herrn in Dresden gewandt, so daß dieser ihn ermahnte, beim nächsten Mal den Gerichtsverwalter zu Rate zu ziehen, „der in solchen sachen wohl erfahren“.[44]

In ähnlich intensiver Weise interessierte sich v. Loß für die umfangreichen Bauarbeiten an den Wirtschaftsgebäuden der Güter Schleinitz und Petzschwitz. Dabei ging es um die Reparatur der Stallgebäude, des Malzhauses, der Gesinde- und Käsestuben sowie des Taubenhauses. Der Schößer mußte ihn genaustens über den Bauablauf informieren: über den Transport von Bauholz, die Arbeit und die Löhne[45] der Handwerker oder die Farbgebung der Stallgebäude[46]. In einigen Fällen kümmerte sich v. Loß selbst um Baumaterial und ließ es in Dresden besorgen.[47]

38 Vgl. SächsHStA, Gh. Schleinitz, Nr. 924, Brief vom 12.2.1619.

39 Dabei handelte es sich z.B. um Spargel, Erdbeeren, Hafer, Krebse oder Butter.

40 SächsHStA, Gh. Schleinitz, Nr. 924, Brief vom 1.2.1620.

41 Ebd., Brief vom 20.6.1618.

42 Ebd., Brief vom 26.2.1618.

43 Ebd., Briefe vom 9.3.1619 und 30.6.1619.

44 Ebd.

45 Der am „Vhie- und Maltzhause“ arbeitende Zimmermann forderte z.B. für sich selbst wöchtlich 27 Groschen und für jeden Gesellen 24 Groschen; der Maurermeister nahm 1 1/2 Taler für sich und 27 Groschen pro Gesellen. Vgl. ebd., Brief vom 29.5.1618.

46 Der Schößer erkundigt sich z.B. nach den Wünschen des v. Loß, ob die Stallgebäude, wie vorher, rot und weiß gestrichen werden sollen. Vgl. Ebd., Brief vom 12.6.1618.

47 Ebd., Brief vom 23.6.1618.

Um etwas genauere Vorstellungen über das wirtschaftliche Engagement des Hofmeisters v. Loß zu erlangen, ist ein Blick auf den Umfang und die Struktur der Schleinitzer Rittergutswirtschaft von Interesse. Eine wichtige Rolle spielt dabei die Bedeutung der herrschaftlichen Eigenwirtschaft im Rahmen des Gesamtbetriebes, vor allem im Vergleich zu den Einkünften aus bäuerlichen Abgaben. Grundlage dafür sind Rittergutsanschläge für das Schleinitzer Gut, die Hinweise über den Gesamtwert des Besitzkomplexes (einschließlich der Gebäude), über die durchschnittlichen jährlichen Einnahmen aus dem Gut[48] sowie über dessen Produktionsstruktur geben.

Im Anschlag von 1575[49] werden zunächst „gewisse Nutzungen" der Rittergutsdörfer (getrennt nach Dörfern mit Ober- und Erbgerichtsbarkeit sowie nach Dörfern ausschließlich mit niederer Gerichtsbarkeit) aufgeführt und taxiert, gemeint sind die bäuerlichen Geld- und Naturalabgaben sowie die Dienste. Es folgen die „steigenden und fallenden Nutzungen", d.h. die Einnahmen aus der herrschaftlichen Eigenwirtschaft. Die Kapitalisierung der jeweiligen Einkünfte war unterschiedlich: Während die festen Einnahmen in Dörfern mit oberen und niederen Gerichten mit dem 30fachen, in Dörfern mit niederen Gerichten mit dem 28fachen und in zwei Dörfern mit dem 25 bzw. 22fachen Betrag kapitalisiert wurden, multiplizierte man die steigenden und fallenden Einnahmen beim Ackerbau mit 35(!), alle anderen mit 20.

Demnach ergab der Ertrag von 1771 Gulden 8 Groschen 1 neuen und 1 alten Pfennig aus „Geltzinsen, vor Zinsgetreide, zinsbare stücke, Pferdefröhne und Handdienste" einen Verkaufswert von 52 098 Gulden 6 Groschen 10 neuen Pfennigen und 1 alten Pfennig. Der kapitalisierte Wert aller „steigenden und fallenden Nutzungen", einschließlich der Gebäude, Mühlen, Schenken u.a., betrug insgesamt 57 825 Gulden 5 Groschen, wobei allein die Gebäude zu Schleinitz mit dem „Wohnhaus" 10 000 Gulden ausmachten. Vom Gesamtwert des Schleinitzer Rittergutes in der Höhe von109 923 Gulden 11 Groschen 10 neuen Pfennigen und 1 alten Pfennig wurden auf dem Gut lastende „Beschwerungen" in der Höhe von 6450 Gulden 10 Groschen abgezogen, davon entfielen 6000 Gulden auf sechs Ritterpferde. Daraus ergab sich eine Kaufsumme von 103 473 Gulden 1 Groschen 10 neuen Pfennigen und 1 alten Pfennig.[50] Ausdrücklich wird allerdings bemerkt, daß der „vorrath an Viehe, Pferden, Hausgerethe und anderm" darin nicht mit inbegriffen waren.

Vergleicht man diese Kaufsumme mit denen anderer Güter aus dieser Zeit, so wird man feststellen, daß Schleinitz bei weitem nicht an die Spitzenwerte etwa der riesigen Herrschaft Doberlug heranreichte, die im Jahre 1624 mit 356 784 Gulden 13 Groschen 4 Pfennigen taxiert

48 Hartmut Harnisch verwies in seiner Auswertung zahlreicher Anschläge darauf, daß die Angaben über die Einkünfte aus dem jeweiligen Gut auf der Ermittlung mehrjähriger Durchschnittswerte beruhen und sich daher auf dieser Grundlage ein gutes Bild von der ökonomischen Struktur des Besitzes ergibt. Vgl. *Hartmut Harnisch,* Rechnungen und Taxationen. Quellenkundliche Betrachtungen zu einer Untersuchung der Feudalrente – vornehmlich vom 16. bis 18. Jahrhundert, in: JbGFeud 6, 1982, 351.

49 PFAL, Anschlagk uber das Ritter Gutt Schleinitz, 1575.

50 Der Rittergutsanschlag von 1604 führt dagegen als Gesamtkaufsumme des Schleinitzer Besitzes 89 736 Gulden 19 Groschen 5 Pfennige 1 Heller an. Die Differenzen zum Anschlag von 1575 ergeben sich vor allem dadurch, daß 1604 die Schloßbauten fehlen und niedrigere Werte im Bereich der Viehhaltung sowie der Holz- und Teichwirtschaft auftauchen (vermutlich aufgrund nachlässiger Verwaltung in der 13jährigen herrenlosen Zeit nach dem Tode des Abraham v. Schleinitz). Vgl. den Anschlag von 1604 in: SächsHStA, Gh. Schleinitz, Nr. 1213.

wurde, oder an das „Haus“ Wendelstein bei Freiburg/Unstrut mit einem Wert von 201 749 Gulden 10 Groschen 6 Pfennigen im Jahre 1613.[51] Wenn Hartmut Harnisch allerdings für den größten Teil der Adelsbesitzungen von einem Wert zwischen 20 000 und 50 000 Talern ausgeht (d.h. umgerechnet zwischen ca. 28 600 und 71 500 Gulden), dann lag Schleinitz doch deutlich über dem Durchschnitt.[52]

Noch aussagefähiger werden diese Werte für unsere Untersuchung, wenn man auf dieser Grundlage die möglichen Bruttoeinnahmen (unter Abzug der Gebäude) ermittelt und dann die Relationen zwischen den Einnahmen aus der Grundherrschaft und aus der Eigenwirtschaft betrachtet.

Nach meinen Berechnungen lagen die Jahreseinnahmen aus der Schleinitzer Rittergutswirtschaft durchschnittlich bei 2140 Gulden 3 Groschen, davon umfaßten die grundherrschaftlichen Einnahmen 856 Gulden und die Einkünfte aus der Eigenwirtschaft 1284 Gulden 3 Groschen. Berücksichtigt man allein die Einkünfte aus herrschaftlichem Ackerbau und Viehzucht, so ergaben sich 811 Gulden 6 Groschen.[53]

Überraschend an diesen Ergebnissen ist der Ertragsanteil des herrschaftlichen Eigenbetriebes, der ca. 60% der jährlichen Gesamteinnahmen aus der Rittergutswirtschaft ausmachte. Geht man doch in der Forschung im Hinblick auf die grundherrschaftlich strukturierten Gebiete im allgemeinen eher von einer untergeordneten Bedeutung der Eigenwirtschaften aus.[54]

Im Schleinitzer Wirtschaftsbetrieb bildete der herrschaftlich betriebene Getreideanbau mit etwa 20% nach den bäuerlichen Geldzinsen (23%) den größten Einnahmeposten. Es folgen die bäuerlichen Getreideabgaben mit 15%, die herrschaftliche Rindviehhaltung mit 10%, die Einnahmen aus den Schankstätten mit 9%, die Schäferei mit 8% sowie weitere kleinere Einkünfte aus Weidenholz- und Weidenruten, der Fischerei, den Zinshühnern und den Zinseiern.[55]

Betrachten wir die herrschaftliche Getreideproduktion etwas näher. Die Rittergutsanschläge geben Aufschluß über den Umfang der eigenwirtschaftlich genutzten Ackerflächen der vier zum Schleinitzer Besitz gehörenden Güter bzw. Vorwerke. Diese waren nach der

51 Die Vergleichswerte stammen von Hartmut Harnisch, der über 200 Rittergutsanschläge aus Sachsen, Thüringen, Sachsen-Anhalt und Brandenburg vom 16. bis zum 18. Jahrhundert ausgewertet hat. Vgl. *Harnisch,* Rechnungen und Taxationen (wie Anm.48), 358f.

52 Vgl. ebd., 360; Zur Umrechnung der Taler in Gulden wurde ein im Jahre 1607 in den Quellen genannter Kurs von 1 Taler= rund 1,43 Gulden zugrunde gelegt.

53 Dazu muß angemerkt werden, daß die Geldwerte der Schleinitzer Frondienste in der beträchtlichen Höhe von 920 Gulden 12 Groschen 6 Pfennigen, anders als bei Hartmut Harnisch, der die Arbeitsrenten stets den Erträgen der Eigenwirtschaft zugerechnet wissen will, hier nicht mit einbezogen wurden. Diese waren m.E. keine realen Einnahmeposten, sondern trugen unter betriebswirtschaftlichem Aspekt lediglich zu einer Aufwandsminimierung bei. Vgl. *Harnisch,* Rechnungen und Taxationen (wie Anm.48), 362.

54 Vgl. *Friedrich Lütge,* Die mitteldeutsche Grundherrschaft und ihre Auflösung. 2. Aufl., Stuttgart 1957, 33.

55 Für die Wiesen- und Holzwirtschaft sowie für den Weinbau lassen sich keine Einnahmen erkennen, sondern es werden nur die Werte für die in Acker berechneten Flächen angegeben. Die Wiesenwirtschaft wurde unter der Viehnutzung mit angeschlagen. Für die ebenfalls fehlenden Einkünfte aus den Mühlen wurden lediglich die von den Müllern zu entrichtenden 52 Scheffel Korn (zu 12 Groschen pro Scheffel) und 10 Scheffel Hafer (zu 6 Groschen pro Scheffel) in den Geldbetrag umgerechnet.

Taxation von 1604 insgesamt mit 93 1/2 Maltern besät. Zu ihrer Bestellung wurden 957 Tage Ackerarbeit gefordert, was pro Pferdner in der Regel 16 Tage Ackerarbeit im Jahr bedeutete. Hinzu kamen für jeden der 236 „besessenen Mann" ca. 8 Tage aus insgesamt 1883 Fuhr- und Handdiensten pro Jahr. Damit lag die Dienstbelastung doch erheblich höher als von Friedrich Lütge angegeben, der für das Gebiet der „mitteldeutschen Grundherrschaft" nur von einigen wenigen Tagen im Jahr ausgeht.[56]

Trotz Berücksichtigung der Unwägbarkeiten bei Umrechnungen in moderne Maßeinheiten wurde aufgrund der genannten 93 1/2 Malter eine Fläche von ungefähr 310 ha ermittelt.[57] Man wird dies als eine durchaus beachtliche Größe bezeichnen können, wenn man bedenkt, daß in der Forschung als Durchschnittsgröße der kursächsischen Rittergüter 50 bis 300 ha angegeben wird, wobei dazu allerdings offenbar auch das Bauernland und andere Nutzflächen gezählt wurden.[58]

Das „Geheimnis" des Getreideanbaus als überragende Einnahmequelle für die Besitzer des Schleinitzer Gutes lag nicht zuletzt in seiner vorteilhaften naturräumlichen und verkehrsgünstigen Lage. Auch die Taxatoren des 16. Jahrhunderts hatten dies erkannt, wenn es im Schleinitzer Anschlag von 1575 über Ackerbau und einkommende Getreidezinsen heißt, diese wären „in guther arth, auf guthen boden (Gott lob) gut und rein erbauet, auch wegen der Berckstede und sonsten wol gelegen".[59]

In der Tat lag das Schleinitzer Gut in einer ausgezeichneten Ackerbaugegend mit z.T. höchsten Bodenwertzahlen: im fruchtbaren Lößgebiet der sog. Lommatzscher Pflege. Darüber hinaus boten eine Reihe von in der Nähe liegenden kleineren Städten, wie etwa Lommatzsch, Döbeln, Roßwein, Siebenlehn, Mügeln,[60] aber auch die Bergstadt Freiberg oder die Residenzstadt Dresden gute Absatzmöglichkeiten für Agrarprodukte. Hinzu kamen die Auswirkungen einer allgemeinen Agrarkonjuktur, die seit der 2. Hälfte des 16. Jahrhunderts in Sachsen die Getreidepreise nach oben getrieben hatte.[61]

Unter solchen besonderen natürlichen sowie allgemeinen konjukturellen Bedingungen hat Christoph v. Loß die Bedeutung des Getreideanbaus als günstige Einkommensquelle wohl erkannt. Das spiegelt sich deutlich im Briefwechsel mit seinem Verwalter wider, wo Fragen

56 Vgl. *Friedrich Lütge*, Die Belastung der Bauern in Mitteldeutschland mit Frondiensten und Abgaben im 16.–18. Jahrhundert, in: Jahrbuch für Nationalökonomie und Statistik 140, 1934, H. 1, 188ff.

57 Grundlage dieser Berechnung sind folgende Relationen: 1 Malter=12 Scheffel; 1 Scheffel Landes=2767,11 m². Vgl. die Tabellen alter Maße, Gewichte und Münzen von Manfred Kobuch, in: Taschenbuch Archivwesen der DDR. Berlin 1971, 266ff.

58 Vgl. Geschichte Sachsens. Hrsg. v. Karl Czok. Weimar 1989, 212f.; Als weiterer Vergleich dazu wurde als Größe eines mittleren adligen Vorwerkes in Polen im 16. Jahrhundert eine Ackerfläche von etwa 50 ha ermittelt. Vgl. *Simsch,* Adel als Unternehmer (wie Anm. 2), 112.

59 Vgl. PFAL, Anschlagk (wie Anm. 49), fol. 83.

60 Daß die Märkte dieser Städte von Schleinitzer Untertanen regelmäßig genutzt wurden, ging z.B. aus verschiedenen, zwischen 1607 und 1614 erlassenen herrschaftlichen Mandaten hervor, in denen wegen der dort aufgetretenen Pest jeglicher „handel und wandel" untersagt wurde. Vgl. SächsHStA, Gh. Schleinitz, Nr. 1298.

61 Vgl. dazu: Geschichte Sachsens (wie Anm. 58), 212; Vgl. neuerdings die differenzierenden Betrachtungen zur Preisentwicklung im Raum Grimma-Colditz bis zur 1. Hälfte des 16. Jahrhunderts von: *Uwe Schirmer,* Das Amt Grimma (1485–1548). Demographische, wirtschaftliche und soziale Verhältnisse in einem kursächsischen Amt am Ende des Mittelalters und zu Beginn der Neuzeit. (Schriften der Rudolf-Kötzschke-Gesellschaft, Bd. 2.) Beucha 1996, 340ff.

des Ackerbaus einen zentralen Platz einnahmen. Von der Aussaat, Düngung und Erntearbeit bis hin zum Getreideverkauf, über alles wollte der Hofmarschall in Dresden auf dem laufenden gehalten werden. Der Schößer berichtete, wenn Regen beispielsweise dem Sommergetreide geschadet hatte[62] oder wenn, im Gegenteil, infolge des Regens „auf reiche erndte zu hoffen" war[63].

Besonders interessant sind die Erörterungen über Getreidepreise. Den Beteuerungen des Schößers gegenüber dem v. Loß, er „will allen vleiß anwenden", das Getreide „in einen höheren kauff" zu bringen[64], folgen konkrete Preisangaben, die er auf Loßschen Befehl in Erfahrung gebracht hatte. Seinen peniblen Herrn vermutlich genau kennend, überließ der Schößer diesem eine Entscheidung über Verkaufspreise oft selbst. Dabei flossen nachweislich auch Markterfahrungen ein, die v. Loß in Dresden sammeln konnte.[65]

Solche Preisvergleiche vor dem Verkauf waren ganz offensichtlich normal, wobei die unterschiedlichsten Informationsquellen genutzt wurden. Genannt werden Kaufleute, die das Getreide direkt in Schleinitz aufkauften[66], oder auch Personen, die sich geschäftlich in Schleinitz aufhielten, wie z.B. ein gewisser Fabian Bischoff aus Freiberg, der eine Bogensäge und das Blech für das neue Taubenhaus geliefert hatte[67]. Auf Anordnung des v. Loß schrieb Martin Weimer an den in Freiberg weilenden Verwandten Christian v. Loß, um von ihm in Erfahrung zu bringen, „was das Getreyde die negsten Marcktage zu Freybergk gegolden".[68]

Die Kenntnis der Marktpreise für Getreide (wie übrigens auch für Wolle und Butter) erstreckte sich nach den überlieferten Briefen neben Freiberg auf Märkte im benachbarten Lommatzsch und in Döbeln. Demnach differierten die Preise in den Jahren 1619/20 beim Weizen zwischen 3 Talern minus 1 Groschen und 3 Gulden 5 Groschen, beim Korn zwischen 50 und 54 Groschen, für Gerste werden 38 und für Hafer 32 Groschen genannt.

Aus diesem Wissen heraus wurde versucht, den günstigsten Preis auszuhandeln: Ein Kaufmann, der für einen Scheffel Korn nicht die vom Schleinitzer Schößer geforderten 55, sondern nur 54 Groschen zahlen wollte, bat um Bedenkzeit und ist „also darüber nicht wieder kommen".[69] In einem anderen Fall wollte der Schößer z.B. für einen Scheffel Korn 52 statt der gebotenen 50 Groschen herausholen, doch hätten sich die Händler damit nicht einverstanden erklärt. Sie ließen die bereits beladenen fünf Wagen stehen und fuhren davon.[70]

Insgesamt bleibt aufgrund der Taxationen festzuhalten, daß v. Loß von seinem Landgut jährlich mindestens 2100 Gulden erwirtschaften konnte, wobei allerdings erhebliche wirtschaftliche Spielräume bestanden. In der Regel wurden Rittergutsanschläge auf der Grundlage von mehrjährigen Korn- und Geldrechnungen erstellt, die natürlich beträchtlich schwanken konnten. In unserem Beispiel wurde bereits auf die Differenzen der Anschläge aus den Jahren 1575 und 1604 im Hinblick auf die taxierten Werte für die Viehhaltung sowie für die Holz- und Teichwirtschaft verwiesen. In bezug auf die Viehhaltung auf Schleinitz und Petzschwitz gin-

62 SächsHStA, Gh. Schleinitz, Nr. 924, Brief vom 12.6.1618.
63 Ebd., Brief vom 13.6.1619.
64 Ebd., Brief vom 13.4.1620.
65 Ebd., Brief vom 24.10.1619.
66 Vgl. ebd., z.B. im Brief vom 13.6.1619.
67 Ebd., Brief vom 10.2.1620.
68 Ebd., Brief vom 24.10.1619.
69 Ebd.
70 Ebd., Brief vom 13.4.1620.

gen die Taxatoren im Jahre 1604 potentiell von etwa 80 Kühen aus. Diese Nutzung, die – wie es hieß – „ein jahr ein großes trägt", wäre aber nicht mit angeschlagen worden.[71]

Wie erheblich die Einkünfte aus dem Schleinitzer Rittergut tatsächlich schwankten, belegen Rechnungen, die aus der Herrschaftszeit des Abraham v. Schleinitz überliefert sind.[72] In den Jahren 1580 bis 1589 betrug der durchschnittliche Jahresertrag 5675 Gulden, also beinahe das Dreifache des aufgrund der Taxationen ermittelten Einkommens. Die Gewinnspanne reichte von 3416 Gulden im Jahre 1586 und bis zu immerhin 9430 Gulden im darauffolgenden Jahr.

Vergleicht man die Einkünfte aus dem Schleinitzer Gut mit denen anderer Adelsgüter, findet man bei Harnisch für den uns interessierenden Zeitraum um 1600 als durchschnittliche Jahreseinnahme des grundbesitzenden Landadels eine Größenordnung zwischen 2000 und 5000 Talern, d.h. umgerechnet etwa zwischen 2860 und 7150 Gulden.[73] Da Harnisch – wie bereits angemerkt – die Geldwerte der Arbeitsrente mit zu den Einnahmen hinzugerechnet hat, müßte man im Falle eines Vergleichs zu den 2100 Gulden noch ca. 920 Gulden einbeziehen, die aufgrund der Schleinitzer Taxationen dem Wert der zu erbringenden Dienste entsprächen. Mit der sich daraus ergebenden Summe von etwas über 3000 Gulden läge man folglich im guten Durchschnitt der von Harnisch ermittelten Adelseinkommen.

Neben den Einnahmen aus der Rittergutswirtschaft ist außerdem das Einkommen des Christoph v. Loß aus seinen Hof- und Verwaltungsämtern in Betracht zu ziehen. Dies betrifft vor allem seine fünfjährige Amtszeit als Hofmarschall, seine Funktion als Geheimer Rat sowie sein Reichspfennigmeisteramt, das er seit dem Tode seines Vaters im Jahre 1609 innehatte. Als er im Jahre 1607 zum Hofmarschall berufen wurde, gewährte ihm Kurfürst Christian II. folgende jährliche „besoldung und vorgünstigungen":[74]
1286 Gulden für 9 Pferde
571 Gulden 9 Groschen für das Hofmarschallamt
119 Gulden 7 Groschen für die Kleidung seiner Diener.[75]

Hinzu kamen 1000 Taler (oder 1142 Gulden 18 Groschen) Besoldung für das Amt als Geheimer Rat, das macht insgesamt eine Summe von 3119 Gulden 12 Groschen.

Bereits ein Jahr später wurde diese Summe aber im Zuge von einschneidenden Sparmaßnahmen im kurfürstlichen Haushalt, an deren Erarbeitung – wie wir oben gesehen haben – Christoph v. Loß maßgeblich mit beteiligt gewesen war, erheblich reduziert. Der Hofmarschall selbst berechnete sein eigenes, nunmehr vermindertes Einkommen: 1500 Gulden Besoldung sowie 803 Scheffel Hafer im Werte von 401 Gulden 10 Groschen 6 Pfennigen.[76] Nach Beendigung des Hofmarschallamts im Jahre 1611 verblieben noch 500 Gulden als Ratsbesoldung. Sein Reichspfennigmeisteramt schließlich brachte ihm noch einmal 1500 bzw. – wie nachträglich korrigiert wurde – 2000 Gulden.[77]

71 Ebd., Gh. Schleinitz, Nr. 1213.

72 Ebd., Nr.867: „Vortzeichnus, wie ich dieße Jhar anher durch Gottes Segenn das Guht Schleinitz genoßenn habe".

73 *Harnisch,* Rechnungen und Taxationen (wie Anm. 48), 357f.

74 SächsHStA, Finanz-Archiv Gen. 1936, Loc. 33343, fol. 111f.

75 Pro Kleid wurden 8 Gulden 11 Groschen angesetzt. Ginge man von einem Kleid jährlich aus, was aber nicht ersichtlich wird, ergäbe die Gesamtsumme die Bekleidung von 14 Dienern. Die Kosten für die Kleider des v. Loß selbst sowie für seine Kutsche sind hier nicht mit eingerechnet, da er diese vom Hof gestellt bekam. Vgl. ebd., fol. 111.

76 Ebd., fol. 112.

77 Ebd., Geheimes Archiv, Loc. 7880, fol. 48.

Insgesamt verfügte v. Loß über erheblichen Einkünfte. Die finanziellen und materiellen Zuwendungen aus seinen Ämtern bei Hof und im Reich waren beträchtlich und konnten zeitweise sogar die Geldeinnahmen aus dem Rittergut übersteigen.

Inwiefern diese finanzielle Grundlage der Familie v. Loß ein standesgemäßes Leben sichern konnte, muß noch durch weitere Quellenarbeit vertieft werden. In seinem Testament von 1613 gibt Christoph v. Loß sein Gesamtvermögen (außer dem Haus und den Möbeln in Dresden) mit 128 000 Gulden an.[78] Zum Vergleich dazu sei erwähnt, daß etwa die gleiche Summe im Jahre 1607 dem gesamten kurfürstlichen Haushalt zur Verfügung stand.[79]

Im Hinblick auf die Aufwendungen des v. Loß sind vor allem die Kosten für die doppelte Haushaltsführung in der Residenzstadt und auf dem Lande zu erwähnen. Anders als bei Volker Press, der davon ausging, daß Fürstendienst in der Regel finanzielle Entlastung durch den Wegfall einer eigenen Haus- oder Hofhaltung bedeutete,[80] war in unserem Falle das Schloß auf dem Lande neben dem Dresdner Stadthaus bzw. -palais gleichwertiger Wohnsitz. Dies zeigt sich auch im Selbstverständnis des v. Loß, der in seinem Testament beide Orte als mögliche Begräbnisstätten in Betracht zog: entweder die Sophienkirche zu Dresden oder die Kirche zu Leuben bei Schleinitz.[81] Erst nach seinem Tode wurden wegen der drohenden Kriegsgefahr die „vornehmsten sachen“ aus dem Schleinitzer Schloß nach Dresden gebracht.[82]

Allein schon die Erhaltung des großen Schleinitzer Schlosses muß sehr aufwendig gewesen sein. Es handelte sich dabei um einen rechteckigen gotischen Bau mit zwei Ecktürmen, etwa aus der Zeit um 1490, eine 1518 angesetzte Burgkapelle und einen auf den Kellern eines verschwundenen gotischen Ostbaus errichteten Mittelteil mit rechtem Seitenflügel im Renaissancestil aus der zweiten Hälfte des 16. Jahrhunderts.[83] Laut Beschreibung des Anschlags von 1575 gab es darin u.a. 1 Kapelle, 8 Stuben (davon 6 mit eisernen Öfen), 20 Kammern und 2 Säle. Das Schloß war umgeben von einem Wassergraben, „so mit fischen besatzt“.[84]

Die Einnahmen mußten den Unterhalt der vorwiegend auf Schleinitz lebenden Ehefrau des v. Loß und der sechs Kinder sichern. Außerdem gehörten zum Schleinitzer Haushalt mindestens folgende Bedienstete: der Schößer, der „kinder Praeceptori“, der Schreiber, ein „reisiger Knecht“, ein „Leibjunge oder Lakey“, ein Kutschen- und ein Wagenhalter, sowie ein Stalljunge.[85] Große finanzielle Belastungen stellten sicherlich auch die unterschiedlichsten Festlichkeiten dar,[86] wie etwa die Jagdvergnügen, zu denen der Kurfürst mit Gefolge nach Schleinitz kam.

78 Ebd., Gh. Schleinitz, Nr. 201.

79 Aus den die Sparvorschläge betreffenden Randbemerkungen des v. Loß geht hervor, daß sich dagegen im Jahre 1604 die „ordinari einkommen“ für die Hofhaltung noch auf 319 249 Gulden belaufen hätten. Vgl. Ebd., Nr. 1611

80 *Press,* Der niederösterreichische Adel (wie Anm. 2), 27.

81 SächsHStA, Gh. Schleinitz, Nr.201.

82 Ebd., Nr. 18.

83 *O.E. Schmidt,* Herrensitze in der Lommatzscher Pflege, in: Mitt. des Landesverbandes Sächsischer Heimatschutz 21, Dresden 1932, 57f.

84 PFAL, Anschlagk (wie Anm. 49), fol. 100b.

85 Ebd., Testament des Christoph v. Loß vom 28.8.1613.

86 Peter-Michael Hahn verweist auf die häufigen Taufen, Hochzeiten u.a. Feste, die dem Adel die „Scheunen leerfegten“. Vgl. *Hahn,* Fürstliche Territorialhoheit (wie Anm. 6), 18f.

Nicht weniger aufwendig war das Leben in der Residenzstadt Dresden und die Führung des zum Loßschen Familienbesitz gehörenden Hauses „an dem Marckte". In den Quellen ist in dieser Hinsicht ganz allgemein von Steuern, Wassergeld und „andere(n) beschwerungen" die Rede.[87] Das Stadthaus wurde später als ein mehrgeschossiger, quatratischer Bau mit einem Innenhof beschrieben, versehen mit mehreren Türmchen und Wendeltreppen.[88] Loß selbst erwähnt in seinem Testament die darin befindlichen „schönen alten gemählden".[89]

Auf das Leben im Dresdner Haus und die Dienerschaft geben die Quellen bislang kaum Hinweise. Im Zusammenhang mit der o.g. Kürzung der Hofmarschall-Vergünstigungen ist von einem Schreiber und zwei Jungen die Rede, denen vom Hof Beköstigung und Bekleidung gewährt wurde, während v. Loß fortan für Kost und Kleidung der übrigen Diener selbst aufkommen mußte.

*

„Der Hofmarschall als Gutsherr" – unter diesem Titel sind wir der Frage nachgegangen, wie ein kursächsischer Landadliger um 1600 beide Betätigungsfelder hat in Einklang bringen wollen und können. Hat Christoph v. Loß neben seinen vielfältigen Aufgaben am Dresdner Hof und im Reich seiner eigenen Rittergutswirtschaft eine Bedeutung beigemessen?

Daß ein durchaus lebhaftes Interesse des Hofmanns an seinem Landgut vorlag, dafür dürften eine ganze Reihe von Anhaltspunkten geliefert worden sein. Mündlich und schriftlich ließ er sich über kleinste Einzelheiten und Ereignisse in Schleinitz berichten, die sich im übrigen nicht nur auf das hier vordergründig darzustellende Wirtschaftsleben beschränkten, sondern auch Alltagsdinge, wie z.B. das Wohlergehen seiner Kinder oder eine verschobene Kirchenvisitation infolge einer Masernerkrankung der Pfarrerskinder, betrafen.

Dieses ausgeprägte Interesse am Rittergut wurde im speziellen Falle begünstigt sowohl durch persönliche Neigungen und Fähigkeiten des Christoph v. Loß als auch durch die Bedeutung dieses sich über Jahrhunderte im Familienbesitz seiner Frau, Marie geb. v. Schleinitz, befindlichen Ritterguts. Günstige naturräumliche und verkehrstechnische Bedingungen versprachen, noch dazu in Zeiten guter Absatzmöglichkeiten für Agrarprodukte, nicht unbeträchtliche Gewinne. Wie aus den Rittergutsanschlägen des ausgehenden 16. und beginnenden 17. Jahrhunderts hervorgeht, hat man bereits damals die mit dem Schleinitzer Gut verbundenen wirtschaftlichen Spielräume wohl erkannt.

Nicht von ungefähr nahm daher der in herrschaftlicher Eigenwirtschaft betriebene Getreideanbau einen zentralen Platz innerhalb der Schleinitzer Rittergutswirtschaft ein und wurde nur noch durch die Einnahmen aus bäuerlichen Geldabgaben übertroffen. Daß allerdings der auf bäuerlichen Diensten beruhende Eigenbetrieb eine doch so erhebliche Rolle spielte, ist für ein grundherrschaftliches Gebiet wie Kursachsen immer noch ein eher überraschendes Ergebnis.

Aufgrund der vorliegenden Beobachtungen muß aber die eingangs angesprochene Einteilung in einen „grundherrschaftlichen" und einen „gutsherrschaftlichen" Adel noch in einem weiteren Punkt hinterfragt werden. Erinnert sei an das „Rentabilitätsdenken", das vorrangig dem Landadel in Gutsherrschaftregionen zugesprochen wurde oder an den

87 PFAL, Testament (wie Anm. 85).
88 SächsHStA, Genealogica von Loß, Vol. 1, Brief vom 22.12.1664.
89 PFAL, Testament (wie Anm. 85).

Fürstendienst, auf den in erster Linie der „grundherrschaftliche Adel" angewiesen gewesen sein soll. Abgesehen davon, daß man weder ein „rationelles Denken" im modernen Sinne unterstellen darf, noch dieses allein an einem nachweislich hohen Marktinteresse festmachen kann, paßt der kursächsische Rittergutsbesitzer und Hofmarschall Christoph v. Loß, wie zu sehen war, nicht in dieses Schema. Ähnlich wie bereits in eingangs erwähnten abweichenden Beispielen aus anderen Territorien veranlaßt unser Untersuchungsbeispiel einmal mehr zu dem Plädoyer, anstatt allzu starre Linien und großräumige Differenzierungen fortzuschreiben, mehr das spezifische soziale und wirtschaftliche Bedingungsfeld adliger Herrschaft in den Blick zu nehmen.

Hartmut Zückert

Vielfalt der Lebensverhältnisse in unmittelbarer Nachbarschaft. Die „Gleichzeitigkeit des Ungleichzeitigen" in brandenburgischen Dörfern

Daß es eine scharfe geographische Scheidung zwischen dem Grundherrschafts- und dem Gutsherrschaftsgebiet entlang der Elbe-Saale-Linie, wie sie Georg Friedrich Knapp modellhaft skizziert hat[1], so nicht gegeben hat, ist bekannt. Und abgesehen davon, daß es Regionen extremer, gemäßigter und schwacher Ausprägung der Gutsherrschaft gab, war das Gutsherrschaftsgebiet durchsetzt mit Inseln der Grundherrschaft, die im wesentlichen auf mittelalterliche Klosterherrschaften und Kämmereibesitz der Städte zurückgingen.[2] Wie differenziert das Gutsherrschaftsgebiet strukturiert sein und welche Vielfalt der Lebensformen in unmittelbarer Nachbarschaft existieren konnte, will die folgende kleinräumige Untersuchung beispielhaft zeigen. Diese Vielfalt spricht gegen zählebige Vorstellungen „von allgemein düsterer Homogenität" des ostelbischen Agrarraumes und bestätigt die Bedenken, von der Gutsherrschaft ohne weiteres auf eine mental-untertänige Prägung der Bauern zu schließen, die Jan Peters neuerdings angemeldet hat.[3]

Als Untersuchungsbereich wurde kein Gutsherrschaftsverband, sondern ein regionaler Ausschnitt gewählt, und zwar die Gutshöfe, Dörfer und Siedlungen, die sich in den Grenzen des heutigen Berliner Bezirks Zehlendorf befunden haben und zwischen den Residenzen Berlin und Potsdam lagen. Im 18. Jahrhundert waren dies: Zehlendorf, ein königliches Amtsdorf. Einmal im Jahr am Dingetag kam der Amtmann des Amtes Mühlenhof nach Zehlendorf, um die Geldabgaben zu erheben und das Rügegericht abzuhalten. Das Dorf befand sich in

1 *Georg Friedrich Knapp,* Die Bauern-Befreiung und der Ursprung der Landarbeiter in den älteren Theilen Preußens. 1. Theil. Leipzig 1887, 1–80.

2 *Friedrich Lütge,* Geschichte der deutschen Agrarverfassung vom frühen Mittelalter bis zum 19. Jahrhundert. (Deutsche Agrargeschichte, Bd. 3). 2., verbess. u. stark erw. Aufl. Stuttgart 1967, 141 f.; *Wilhelm Abel,* Agrarkrisen und Agrarkonjunktur. Eine Geschichte der Land- und Ernährungswirtschaft Mitteleuropas seit dem hohen Mittelalter. 3., neubearb. u. erw. Aufl. Hamburg/Berlin 1978, 136 f. mit Anm. 86; *Gerhard Heitz,* Agrarischer Dualismus, Eigentumsverhältnisse, Preußischer Weg, in: Studia Historica in Honorem Hans Kruus. Talinn 1971, 303–314, hier 304.

3 *Jan Peters,* Gutsherrschaftsgeschichte in historisch-anthropologischer Perspektive, in: Gutsherrschaft als soziales Modell. Vergleichende Betrachtungen zur Funktionsweise frühneuzeitlicher Agrargesellschaften. Hrsg. v. dems. (HZ Beih. NF 18). München 1995, 4 f.; ders., Einleitung, in: Konflikt und Kontrolle in Gutsherrschaftsgesellschaften. Über Resistenz- und Herrschaftsverhalten in ländlichen Sozialgebilden der Frühen Neuzeit. Hrsg. v. dems. (Veröffentlichungen des Max-Planck-Instituts für Geschichte, Bd. 120). Göttingen 1995, 9.

grundherrschaftlicher Abhängigkeit. Dahlem war ein Gutsdorf. Die Bauern und Großkossäten hatten die Gutsäcker in der Fron zu bearbeiten. Stolpe wiederum war als Amtsdorf grundherrschaftlich verfaßt. Desgleichen Schönow, wo sich aber neben dem Amtsdorf ein adliges Gut befand. Klein-Glienicke war eine Gutssiedlung in Abhängigkeit von einem königlichen Jagdschloß. Neu-Zehlendorf schließlich war eine Kolonistensiedlung auf der Zehlendorfer Gemarkung. Die Dörfer in diesem Bezirk sind also nur zur Hälfte gutsherrschaftlich, zur anderen Hälfte grundherrschaftlich verfaßt gewesen.

Die Gestalt der Gutsherrschaft war zwischen Dahlem, Klein-Glienicke und Schönow außerdem sehr unterschiedlich. Damit war die Vielgestaltigkeit dieser Sozialgebilde aber nicht erschöpft. Quer zur guts- und grundherrschaftlichen Scheidung sind nach Siedlungsrecht zu gruppieren: Zehlendorf, Dahlem und Schönow als Bauerndörfer, Stolpe als Kossätendorf, Klein-Glienicke und Neu-Zehlendorf als Büdnersiedlungen. Diese Differenzierung ließe sich nach Siedlungsgröße, Bodengüte, Anbau und Viehhaltung weitertreiben. Es ist deutlich, daß die Bewohner dieser benachbarten Dörfer vor ganz verschiedene Bedingungen gestellt waren, die unterschiedliche Wirtschafts- und Lebensstrategien von ihnen verlangten, je nachdem, ob sie zu einer starken Fronleistung verpflichtet waren oder nur zu einer geringen, ob Ackerwirtschaft vorherrschte oder geringe Bodengüte durch Schafhaltung kompensiert werden mußte, ob sie ihre gemeindlichen Angelegenheiten weitgehend selbständig regelten oder darin von der Gutsherrschaft stark eingeengt wurden. Heinrich Kaak hat das Gebiet als einen „‚Mikrokosmos' der ostelbischen Agrarverhältnisse" bezeichnet, „als Paradebeispiel zur historischen Erläuterung geeignet."[4]

Die erste Nennung Zehlendorfs erfolgt in einer Urkunde von 1242, mit der die brandenburgischen Markgrafen das Dorf an Kloster Lehnin verkauften. Schönow und Stolpe werden erstmals 1299 genannt, als sie vom Markgrafen zusammen mit der Stadt Teltow und fünf weiteren Dörfern dem Brandenburger Bischof übereignet wurden. Nach dem Landbuch Kaiser Karls IV. für die Mark Brandenburg von 1375 war Zehlendorf 50 Hufen groß, Schönow 43, Stolpe 16, Klein-Glienicke nur 7 Hufen.

„Ein Ritterhof hat im 13. Jahrhundert in Dahlem anscheinend ebensowenig bestanden wie in vielen anderen Dörfern des westlichen Teltow, etwa in Schmargendorf und Zehlendorf", so Wolfgang Fritze.[5] Im Landbuch wird Dahlem zwar namentlich genannt, jedoch ohne jede weitere Angabe. Als Grund dafür ist anzunehmen, daß zu dieser Zeit bereits die Adligen v. Milow, die 1450 im Schoßregister erscheinen, hier ansässig waren. Otto v. Milow besaß 1450 zehn freie Hufen. Dies war eine Gutswirtschaft durchschnittlicher Größe im Teltow, die, da v. Milow auch mit oberem und niederem Gericht belehnt war, als Gutsherrschaft anzusprechen ist. Sie wurde bis 1480 bedeutend ausgebaut, als die Zahl der Ritterhufen auf 20 angestiegen war, die sich jezt in Besitz der v. Spiel befanden; die Bauern hatten 30 Hufen, zwei der Pfarrer. Bis 1518 konnten die v. Spiel noch weitere vier Hufen an sich ziehen, so daß ihnen fast die

4 *Heinrich Kaak*, Zur Siedlungsgeschichte Zehlendorfs, in: *Karla Bilang* u.a., Zehlendorf. (Geschichtslandschaft Berlin, Bd. 4.) Berlin 1992, XIV. – Einen Überblick bieten die Artikel in *Ernst Fidicin*, Die Territorien der Mark Brandenburg. Bd. 1. Teil 1: Geschichte des Kreises Teltow. Berlin 1857, Ndr. Berlin/New York 1974; und in *Lieselott Enders*, Historisches Ortslexikon für Brandenburg. Teil 4: Teltow. Weimar 1976. Eine Gesamtdarstellung gibt *Jürgen Wetzel*, Zehlendorf. (Geschichte der Berliner Verwaltungsbezirke, Bd. 12.) Berlin 1988, bes. 32–62. Danach die folgenden Angaben.

5 *Wolfgang H. Fritze*, in: Dahlem-St. Annen. Zeiten eines Dorfes und seiner Kirche. (Dahlemer Materialien. Schriftenreihe der Domäne Dahlem, 2.) Berlin 1989, 18.

Hälfte der gesamten Feldmark gehörte. Zeichen ihrer Stellung war, daß die v. Spiel wenig nach 1483 ein steinernes Gutshaus anstelle des hölzernen bauen und den Chor der Dorfkirche anbauen ließen, außerdem einen Flügelaltar stifteten.

Ein Teil von Schönow gelangte an den Markgrafen zurück, der 1415 v. der Liepe zu Blankenfelde mit einem Hof von sieben Hufen in Schönow belehnte. Zwar konnte v. der Liepe seinen Gutsbesitz bis 1536 auf zehn Hufen ausdehnen, die Gerichtsbarkeit über das übrige Dorf erlangte er aber nicht. Die Trennung von Gut und Dorf kommt schon im Siedlungsbild zum Ausdruck, da sich der Gutshof außerhalb des Sackgassendorfs befand.

Klein-Glienicke gehörte 1375 Jacob Mukum, 1480 den v. Schönow, die in Golm angesessen waren, in Klein-Glienicke nur Abgaben einzogen und die Angelegenheiten vor Ort von einem Schulzen regeln ließen. 1540 erwarben die v. Schlabrendorf das Dörflein. Sie zogen bis zum Beginn des 17. Jahrhunderts sämtliche Bauernhöfe ein und verwandelten das kleine Dorf in einen reinen Gutsbetrieb; das Schoßkataster von 1624 führt nur noch einen Müller und einen Pachtschäfer auf.[6]

In der Reformation erlangten die Gutsherren das Kirchenpatronat und machten ihre Herrenstellung komplett. Mit den Kloster Lehniner und den bischöflich Brandenburger Besitzungen aber fielen Zehlendorf, Stolpe und Schönow an den Kurfürsten. In 300 (bzw. 250) Jahren Zugehörigkeit zu großen geistlichen Herrschaften waren sie in grundherrschaftlicher Abhängigkeit gewesen. Diese Verfassung hatte während der folgenden 250–300 Jahre im wesentlichen Bestand.

Einblick in die Sozialstruktur der Dörfer bieten erstmals die Register aus der zweiten Hälfte des 16. Jahrhunderts.[7] Der Schulze hatte in Zehlendorf, Schönow und Stolpe je 3 Hufen, in Zehlendorf zusätzlich 2 abgabenfreie. Wenn man die Hufenausstattung vergleicht, zeigt sich eine ähnliche Grundstruktur in den großen Bauerndörfern. In Zehlendorf gab es 7 Vierhüfner und 5 Dreihüfner. In Schönow 4 Vierhüfner und 2 Dreihüfner, außerdem 1 Zweihüfner auf dem Pfarrhof; die Zahl der Bauern ist in Schönow verringert, da 8 Hufen von Bürgern des benachbarten Teltow geackert wurden und durch das Rittergut. Über Dahlem erfährt man nur von 6 Hüfnern und einem Krüger, nichts über die Größe der Stellen; bei einer gleich großen Gemarkung wie Zehlendorf hatte es nur die halbe Anzahl Bauern. Stolpe hatte mit 5 Zweihüfnern und 3 Einhüfnern eine weit geringere Ausstattung der Hofstellen.

Alle Bauern und Kossäten dieser Dörfer waren im 16. Jahrhundert dienstpflichtig, so die Schönower und die Stolper um 1550 dem Hochstift Brandenburg. Es handelt sich wohl um eine grundsätzliche Dienstbarkeit, die schon das Landbuch 1375 festhält, denn Eigenwirtschaft, zu der die Hintersassen Hand- und Spanndienste zu leisten hatten, betrieb der Bischof als Gutsherr nur bei seiner Residenz Ziesar.[8] 1572 kaufte das Amt Potsdam von v. Flanß ein Vorwerk, zu dem die Stolper mit zwei Tagen wöchentlichen Handdiensten pflichtig

6 Vergleichsdaten zum Bauernlegen für die Uckermark bietet *Lieselott Enders*, Entwicklungsetappen der Gutsherrschaft vom Ende des 15. bis zum Beginn des 17. Jahrhunderts, untersucht am Beispiel der Uckermark, in: JbGFeud 12, 1988, 119–166, hier 131–134: geschah die Erweiterung des Gutslandes 1500–1560 zu 80 % durch Zuschlag von wüsten Feldmarken, so 1560–1620 zu 70 % durch Einzug von Bauernhöfen und nur noch zu 30 % von wüstem Acker; das Bauernlegen war seit 1540 durch Landtagsrezeß sanktioniert.

7 *Fidicin*, Teltow (wie Anm. 4), 77, 135, 145; *Enders*, Ortslexikon (wie Anm. 4), 44, 265 f., 334, 365.

8 *Gustav Abb/Gottfried Wentz*, Das Bistum Brandenburg. 1. Teil. (Germania Sacra, 1. Abt., 1. Bd.) Berlin/Leipzig 1929, 16, 74 f.; *Willy Spatz*, Der Teltow. Teil 3. Berlin 1912, 277.

wurden.[9] Die Zehlendorfer waren laut Erbregister des Amtes Mühlenhof von 1592 verpflichtet, vier Hufen des Amtsvorwerks in Wilmersdorf zu bestellen.[10] Über die Fronpflicht der Dahlemer gibt es keine konkreten Angaben.

Am Anfang des 17. Jahrhunderts zeigen sich in den Dörfern dieses Bezirks stark aufgefächerte Untertänigkeits-, Sozial- und Wirtschaftsverhältnisse, wobei man an der einen Seite des Fächers Zehlendorf anordnen müßte, dann Schönow und Stolpe, auf der anderen Seite Dahlem und schließlich Klein-Glienicke. In Zehlendorf befanden sich Bauern und Kossäten nach wie vor in grundherrschaftlicher Abhängigkeit, die mit geringen gemessenen Fronen vereinbar ist. Klein-Glienicke war ein reiner Gutsbetrieb ohne Bauern geworden. Das sind die zwei Extreme auf der Skala, zwischen denen sich die anderen Fälle je verschiedener Ausprägung der Abhängigkeit anordnen lassen: Schönow, wo nur ein Teil des Dorfes zum Gut gehörte; Stolpe mit spürbarer, aber noch nicht übermäßiger Fronbelastung von zwei Tagen; sodann Dahlem als Gutsdorf.

Nach den Verheerungen des Dreißigjährigen Krieges kam die übriggebliebene Bevölkerung stark in Bewegung. Viele zog es dorthin, wo die Bedingungen bessere waren; Knechte und Kossäten dahin, wo sie eine Bauernstelle übernehmen, Bauern auf bessere Stellen, als sie bisher hatten. Das zeigt sich recht markant in den hiesigen Dörfern. Der Landreiterbericht für den Kreis Teltow vom März und April 1652 gibt an, daß in Zehlendorf ein „Meyer auf dem Schultzengericht“, ein Krüger, 9 Bauern mit zusammen 7 Knechten sowie 6 Kossäten ansässig waren. D.h. von den 13 Bauernstellen, die das Schoßkataster von 1624 aufführt, waren bis auf zwei bereits alle wieder besetzt. Nur eine Bauerswitwe, ein Knecht und ein Kossät waren allerdings in Zehlendorf geboren, die anderen stammten zumeist aus dem Kreis Teltow.[11] Erhebliche Bevölkerungsverluste waren hier also ziemlich rasch durch Zuwanderungen aus dem Umkreis wieder aufgefüllt. Die Bevölkerung Zehlendorfs war nun völlig neu zusammengesetzt, das Dorf aber wieder intakt. Weitgehend wiederbesetzt war Schönow. Gegenüber 8 Hüfnern und 1 Kossäten 1624 gab es nun 1 Schulzen und 5 Bauern mit 4 Knechten; 4 Bauern stammten von hier. Schwieriger war es in Stolpe, wo gegenüber 9 Hüfnern und 2 Kossäten 1624 jetzt nur 1 „vice Schultze“ und 4 Kossäten genannt werden. Unter Dahlem wird im Landreiterbericht nur ein am Ort gebürtiger Bauer genannt. „Die andern Pauren und Cossaten seindt alle wüste“, heißt es. In Klein-Glienicke „ist kein Pauer, auch kein Coßat daselbst“.[12]

9 *Peter P. Rohrlach*, Historisches Ortslexikon für Brandenburg. Teil 5: Zauch-Belzig. Weimar 1977, 331; vgl. Anm. 22.

10 *Friedrich Holtze*, Das Amt Mühlenhof bis 1600, in: Schriften des Vereins für die Geschichte Berlins 30, 1893, 34 und 36. Eine Beschreibung der nicht sehr ausgeprägten Vorwerkswirtschaft in den kurfürstlichen Ämtern mit mäßigen Diensten gibt *Peter Michael Hahn*, Struktur und Funktion des brandenburgischen Adels im 16. Jahrhundert. Berlin 1979, 104, vom Amt Spandau um 1590. Dort gab es nur ein Amtsvorwerk, dessen Ackerflächen von den Hüfnern zweier Dörfer an vier Tagen im Jahr gepflügt wurden, denen, falls dies nicht ausreichte, die Bauern von drei weiteren Ortschaften halfen. Die Kossäten aus fünf Dörfern mähten und banden im August das Getreide. Die Bewohner eines Dorfes düngten zwei Tage den Acker des Vorwerks.

11 *Hans Nolte*, Der Teltow und seine männliche Bevölkerung nach dem Dreißigjährigen Kriege. Auf Grund des „Landreiterberichtes“ von 1652 zusammengestellt, in: Heimat und Ferne. Beilage zum Teltower Kreisblatt 1934, Nr. 17, 18, 21, 22, sowie 1935, Nr. 13; *Enders*, Ortslexikon (wie Anm. 4), 365; *Spatz*, Teltow (wie Anm. 8), 339.

12 *Nolte*, Landreiterbericht, ebd.; *Enders*, Ortslexikon (wie Anm. 4), 44, 86, 266, 334; *Fidicin*, Teltow (wie Anm. 4), 87, 127; *Spatz*, Teltow (wie Anm. 8), 46, 133, 277.

Insgesamt waren im Kreis Teltow 1652 nur 56 % der Stellen wiederbesetzt.[13] So gesehen ist das Ergebnis für Zehlendorf bemerkenswert, aber auch das schlechte für Dahlem. Das Bild der Wiederbesiedlung läßt erkennen, daß bäuerliche Interessenten zweierlei bei ihrer Wahl berücksichtigten: die landwirtschaftlichen Voraussetzungen, die in Stolpe und Dahlem am schlechtesten waren[14], und die gutsherrschaftlichen Bedingungen.

Die neuen Dahlemer Gutsherren, die v. Wilmersdorf, hatten Schwierigkeiten, vielleicht auch wenig Interesse an einer Neubesetzung mit bäuerlichen Wirten. Sie verlegten ihren Familiensitz vom benachbarten Schmargendorf nach Dahlem, hatten vor 1680 das Gutshaus erweitern, die Kirche renovieren lassen und eine Kanzel gestiftet. Doch bis 1711 waren nur zwei 4-Hufen-Stellen besetzt, vier Kossäten saßen auf wüsten Hufen. Der Schulzenhof und ein Meierhof mit je 6 Hufen waren zum Gut gezogen worden.[15]

Die Herren waren offensichtlich nicht bereit, den einmal erreichten Grad der Gutsherrschaft wieder zu mindern und Leistungsverpflichtungen zu reduzieren, um Stellen für bäuerliche Wirte attraktiver zu machen. Im Gegenteil ging der Kurs unter den v. Wilmersdorf in die Richtung, das Gutsland im Vergleich zu seinem Ausmaß im 16. Jahrhundert noch zu erweitern und die Zahl der Bauern zu verringern.

Mithin stieg die Fronpflicht noch stärker an auf ein Maß, das im Urbar von 1787 fixiert ist: Jetzt umfaßte das Rittergut 33 Hufen, also 2/3 der Feldmark. 2 Bauern mit je 4 Hufen und 3 Großkossäten mit je 3 Hufen hatten diese zu bearbeiten. Sie dienten an 3 Tagen der Woche in der Fron, im Erntequartal an 6 Tagen, sowohl mit dem Gespann wie mit Handarbeit. In den Kirchenbüchern des 18. Jahrhunderts werden als Berufe genannt: Schulze, Bauern und Kossäten, Krugpächter, Pachtmüller und Schmied, der Prediger, der Küster und der Schulmeister (was soweit der Zusammensetzung eines jeden Dorfes entspricht), sodann Bediente und Kutscher des Gutsherrn, Ackerknechte, Arbeitsmänner, Scheunendrescher, Schäfer, Hirten.[16] Diese letzteren waren es, die neben den Fronbauern die Arbeit auf dem Gut verrichteten.

Mit der Erhebung Potsdams zur zweiten brandenburgischen Residenz änderte sich für die Dörfer im hiesigen Bezirk viel. Zehlendorf war im Mittelalter Zwischenstation für die Lehniner Mönche auf dem Weg zu ihren Mühlenbecker Besitzungen gewesen. Die Dorfaue ist an der von Süd nach Nord verlaufenden Straße angelegt. Jetzt befand sich Zehlendorf genau auf der Hälfte des Weges zwischen Berlin und Potsdam, diese Straße schnitt die Dorfaue quer. Hinter Zehlendorf ging sie weiter über Stolpe und Klein-Glienicke über die neue Glienicker Brücke. Die Dörfer wurden in die Schlösserlandschaft einbezogen. In Klein-Glienicke, inzwischen vom Kurfürsten erworben, wurde ein Jagdschloß gebaut, ebenso Jagdschloß Grunewald bei Dahlem. Ein Bericht vom Anfang des 18. Jahrhunderts über die schlechten landwirtschaftlichen Verhältnisse Dahlems schließt mit den Worten: „Und ist unter allen das schlimste der große Wildschaden, so die Bauern jährlich leiden“.[17]

13 *Günther Franz*, Der Dreißigjährige Krieg und das deutsche Volk. Untersuchungen zur Bevölkerungs- und Agrargeschichte. 4., neubearb. u. verm. Aufl. (Quellen und Forschungen zur Agrargeschichte, Bd. 7.) Stuttgart/New York 1979, 23 f.

14 Aussaatmengen bei *Paul Gottlieb Wöhner*, Steuerverfassung des platten Landes der Kurmark Brandenburg. Teil 2. Berlin 1805, 110.

15 *Ulrich Stroschein*, Beiträge zur Baugeschichte Dahlems: Das Gutshaus, in: JbBrandLG 3, 1952, 13–17, hier 15; Dahlem-St. Annen (wie Anm. 5), 51, 63; *Enders*, Ortslexikon (wie Anm. 4), 44.

16 *Fritze*, in: Dahlem-St. Annen (wie Anm. 5), 84 f., und ebd., 75.

17 *Spatz*, Teltow (wie Anm. 8), 46.

Die Bauern zeigten im 18. Jahrhundert viel Initiative zu landwirtschaftlichen Verbesserungen, suchten aber auch die Umstände zu nutzen, Herrschaft zurückzudrängen und sich mehr ökonomische Bewegungsfreiheit zu verschaffen – ein Trend, den Lieselott Enders aufgezeigt hat.[18] Bekanntlich war es die Absicht der preußischen Könige, die Einkünfte aus dem Domanialbesitz u.a. dadurch zu erhöhen, daß sie die materielle und rechtliche Stellung der darauf sitzenden Bauern und Kossäten mäßigten. Doch die ärmste der Gemeinden im hiesigen Bezirk, Stolpe, ergriff selbst die Initiative zu Verschiebungen des herrschaftlichen Gefüges.

Noch im Jahr 1700 war die Lage in Stolpe trostlos. Nur vier Kossäten gab es, von dem in elf Teile eingeteilten Acker lagen sieben wüst, Wiesenwachs, Hütung und Viehzucht waren schlecht. Den Stolpern wurde ihre uralte Lebensweise als Fischerdorf genommen. Bis ins 16. Jahrhundert hatten sie die Fischereigerechtigkeit auf dem großen Griebnitzsee und den kleinen Pohle- und Stölpchensee gehabt. Nun wurde der Griebnitzsee eingehegt. Wegen der Ärmlichkeit der Erwerbsstellen galt das bisherige Hufendorf nur noch als Kossätengemeinde. Andererseits wurde infolge einer Umgruppierung der Wirtschaftsverhältnisse im Amt Potsdam die Schäferei mit 500 Schafen von Drewitz nach Stolpe verlegt. Neben einer alten Ziegelscheune, die verpachtet war, wurde eine neue beim Dorf angelegt. Das Wild des Potsdamer Forstes tat „den armen Leuten überaus großen Schaden“, heißt es in einem Bericht von 1702.[19] Mit der Zeit wurden 10 Höfe als Kossätenstellen wiederbesetzt. Sie teilten sich die 16 Hufen der Feldmark zu gleichen Teilen, so daß jeder 1 3/5 Hufen in Besitz hatte.[20]

Am 15.12.1764 nun erschien die ganze Gemeinde Stolpe vor der Kurmärkischen Kriegs- und Domänenkammer in Potsdam und bot an, die Schäferei, die sie schon seit längerem in Zeitpacht hatte, für 220 Taler jährlich in Erbpacht zu nehmen. Am Schäferei-Vorwerk mit Gehöft und Inventar nebst den dazugehörigen Äckern, Wiesen, Hutung und Weide sollten die zehn Kossäten gleichen Anteil haben dergestalt, daß dieser Anteil von den Kossätengütern unzertrennlich sei. Desweiteren beantragten sie, ihre erblichen Lassitenstellen in erbliches Eigentum zu übernehmen, wenn ihnen die Hofwehr geschenkt würde.[21]

Die Gemeinde schlug nicht mehr und nicht weniger als eine völlige Umwandlung der Agrarverfassung vor: Eigentum an Höfen und Inventar, Auflösung des Domänenvorwerks und Erbpacht der Domänenschäferei. Die Stolper wollten sich das Amtsvorwerk, das auf ihrem ehemaligen Schulzenhof angelegt worden war, restlos einverleiben. Das gutsherrschaftliche Verhältnis sollte in ein grundherrschaftliches umgewandelt werden – de jure, denn de facto hatten sich diese Verhältnisse bereits herausgebildet. Die Gutsherrschaft hatte in der Phase, in der sie existierte, nur eine gemäßigte Gestalt angenommen. Die Hofedienste von zwei Tagen in der Woche waren bereits mit fünf Talern jährlichem Dienstgeld pro Jahr abgelöst, verblieben waren acht Handdiensttage im Jahr, die gegen Vergütung zum Vorwerk Potsdam zu leisten waren. Die sonstigen Leistungen bestanden lediglich in acht Metzen Brückenroggen als

18 *Lieselott Enders,* Bauern und Feudalherrschaft der Uckermark im absolutistischen Staat, in: JbGFeud 13, 1989, 247–283.

19 *Enders,* Ortslexikon (wie Anm. 4), 334; *Fidicin,* Teltow (wie Anm. 4), 81, 135; *Spatz,* Teltow (wie Anm. 8), 277.

20 *Anton Friedrich Büsching,* Beschreibung seiner Reise von Berlin über Potsdam nach Rekahn. 2., stark vermehrte Aufl. Frankfurt/Leipzig 1780, 99 f.

21 *Wagener,* Das Plateau von Stolpe und Kohlhasenbrück, in: Mitteilungen des Vereins für die Geschichte Potsdams 3, 1867, 452–457; *Georg Brasch,* Das Wannseebuch, Wannsee 1926, Ndr. 1984, 33–35.

Zoll an der Potsdamer Brücke und in vier Stück Garn spinnen, wozu das Amt das Material lieferte. Es bestand Erbrecht an den Höfen. Die Schäferei war bereits in Besitz der Gemeinde. Die faktischen Änderungen beschränkten sich darauf, daß das bisher freie Bau- und Reparaturholz in Zukunft bezahlt werden mußte und die Remissionen sich auf Brand, Pest und Kriegsverheerung beschränkten.

Die Kammer stimmte 1769 zu, denn es gab wenige Möglichkeiten, der mit schlechtem Acker versehenen Kossätengemeinde aufzuhelfen. Zur Bedingung wurde gemacht, „vier Einländische Büdner-Familien zu Stolpe anzusetzen", ihnen Baustellen und Gärten anzuweisen.

Bemerkenswert ist aber doch, daß die Gemeinde Stolpe mit ihrer Initiative die 13 Jahre später erlassene Verordnung Friedrichs II. von 1777, die Bauerngüter in den Ämtern den Untertanen erblich und eigentümlich zu überschreiben, antizipierte.[22] Sicher gab es nach dem Ende des Siebenjährigen Krieges von seiten des Königs Signale, daß die Ämter neue Verhältnnisse einführen sollten,[23] aber daß die Bauern bündige Vorstellungen über die Neuordnung ihrer Wirtschaftsverfassung vorbrachten, bleibt beeindruckend. (Die Genehmigungszeit von fast fünf Jahren zeigt, daß das Amt sich erst durchringen mußte, darauf einzugehen.)

Die Zehlendorfer beantragten 1783 beim König entsprechend seiner Verordnung von 1777 die erbliche Übertragung ihrer bisher laßweise besessenen Güter und erhielten die Erbverschreibungen 1789.[24] Auffallend ist, daß die Bauern nicht auch die Eigentumsübertragung beantragten, das lassitische Verhältnis de jure also bestehen blieb. Das bestätigt, daß die Bauern eine Eigentumsvorstellung im bürgerlichen Sinne nicht ausgeprägt entwickelt hatten. Das Denken bewegte sich im Rahmen der Familienwirtschaft. Der Hof wurde von der Familie bewirtschaftet, Kinder im arbeitsfähigen Alter arbeiteten mit, und daß der Hof eines Tages einem Sohn übergeben werden konnte oder bei Mangel eines Sohnes die Tochter einen Hofnachfolger heiratete, war die Hauptsorge. Das in einem Arbeitsleben Geschaffene sollte in der Familie bleiben können.[25]

Tatsächlich gab es wenig Anlaß, Eigentum am Hof erwerben zu wollen. Holz bezog die Gemeinde aus ihrer eigenen Heide, nur bei Holzschäden trat eine Versorgungspflicht aus dem Spandauer Forst ein. Remissionen waren so oder so auf schwere Unglücksfälle beschränkt, da die Bauern wirtschaftlich stark genug waren, um Ernte- u.a. Ertragsausfälle auszugleichen. Warum also die Hofwehr kaufen, die sie ohnehin neben dem eigenen Inventar benutzten? (Die Stolper, ihre Armut ins Feld führend, ließen sich die Hofwehr schenken.) Das lassitische Verhältnis bedeutete für die Zehlendorfer keinen Nachteil, war doch ihre Fronpflicht seit längerem durch ein Dienstgeld von 12 Talern jährlich für die Bauern und 6 Taler für die Kossäten abgelöst.

Daß die Politik des Königs nicht nur eine Besserung der Rechtsstellung seiner Immediatbauern, sondern auch eine Peuplierung und Kolonisierung wollte, war schon den Stolpern als Rechnung präsentiert worden. Als Licht- und Schattenseite desselben Willens machte sie sich den Zehlendorfern bemerkbar, und zwar erfuhren sie ihn durch den König in Person.

22 *Günther Franz* (Hrsg.), Quellen zur Geschichte des deutschen Bauernstandes in der Neuzeit. Darmstadt 1963, 271 f.

23 *Enders,* Feudalherrschaft (wie Anm. 18), 253.

24 *Wetzel,* Zehlendorf (wie Anm. 4), 44.

25 Siehe den Beitrag von Lieselott Enders in diesem Band.

Auf halben Weg zwischen seinen Residenzen machte der König bei Zehlendorf Rast, bevor er, abweichend vom *Gemeinen Weg* auf dem *Königsweg* (entlang der Schneise eines von Friedrich Wilhelm I. angelegten Jagdsterns schnurgerade auf Kohlhasenbrück zu) seine Fahrt fortsetzte. Hier sprach Anfang Oktober 1752 der Zehlendorfer Schulze Hase Friedrich den Großen an, daß der Landreiter ihnen das Holzeisen, mit dem sie die gefällten Bäume in ihrer Heide anzuschlagen berechtigt gewesen waren, und das Geld vom Holzverkauf „mit Gewalt" abgenommen und nach Berlin gebracht habe. Der König wies die Kurmärkische Kriegs- und Domänenkammer, in deren Auftrag der Landreiter gehandelt hatte, zurecht, er habe oft genug erklärt, daß sie in Sachen, wo es auf die Rechte und Privilegien der Untertanen ankommt, „durchaus nicht vor ihren Kopf tun", sondern zuerst bei ihm Bescheid holen solle. Die Kammer vertrat offenbar den Standpunkt, daß die Gemeinde zum Holzverkauf nicht berechtigt war, wofür Eigentum an der Allmende Voraussetzung und das Holzeisen das Rechtszeichen war.[26] Mit ihrem prompt erfolgten Bericht war Friedrich II. nicht zufrieden, weil doch nichts so gewiß sei, wie daß der Wald „diesen Leuten gehört" und sie darüber Dokumente hätten. Daher sei es sein ernster Wille und Befehl, daß die Rechte der Gemeinde geschützt, ihr das Holzeisen und das Geld wieder zurückgegeben werden.

Bemerkenswerterweise erhielten die Zehlendorfer nach dieser Attacke des Königs auf seine Bürokraten erstmals ihr Eigentum an der Gemeinheide verbrieft, während noch eine Holzordnung des Lehniner Abts Valentin von 1516 den Holzverkauf untersagt hatte. Festzuhalten aber ist die unmittelbare Beziehung, in die der gemeine Mann zu seinem König treten konnte, einschließlich der Möglichkeit der persönlichen Ansprache; der Schulze wurde zum König vorgelassen. (Die Möglichkeit der Immediateingabe verallgemeinerte die hiesige lokale Privilegierung am Königsweg.) Das war geeignet, den König in den Augen der Untertanen als letzte Zuflucht bei Bedrückungen durch seine Behörden erscheinen zu lassen. Wurde diese Hoffnung enttäuscht, hätten letztere den königlichen guten Willen hintertrieben.

Immer darauf aus, die Sandschellen der Mark zu kultivieren, kam Friedrich II., als er ein andermal den Königsweg entlang fuhr, in den Sinn, auf einem Fleck bei Zehlendorf eine Kolonie anzulegen.[27] Er beauftragte den Kammerrat Hubert mit ihrer Gründung, beschäftigte sich gedanklich aber so weit damit, daß er Hubert anwies, zur Düngung einige Karren Berliner „Gassenmoder", der an einem Platz an der Spree zusammengetragen werden sollte, nach *Neu-Zehlendorf* zu schaffen. Hubert legte sechs Büdnerstellen an, auf denen ausländische Soldaten, die in der preußischen Armee gedient hatten, angesiedelt wurden. Der König gab insgesamt 8250 Taler für das Projekt aus.[28] Büsching, der 1775 durchreiste, war skeptisch: „Der

26 *Hartmut Zückert*, Die Separation in Zehlendorf. (Zehlendorfer Chronik. Schriftenreihe des Heimatvereins für den Bezirk Zehlendorf, Heft 10.) Berlin 1995, 13f. Vgl. *Johann Ulrich von Cramer*, Wetzlarische Nebenstunden. 33. Teil. Ulm 1762, 38–69.

27 *Louis Schneider*, Die Hubertshäuser bei Neu-Zehlendorf (Düppel), in: Mitteilungen des Vereins für die Geschichte Potsdams 3, 1867, 181–183; *Wetzel*, Zehlendorf (wie Anm. 4), 45 f.; *Rudolph Stadelmann*, Preussens Könige in ihrer Thätigkeit für die Landeskultur. 2. Teil: Friedrich der Grosse (Publicationen aus den K. Preussischen Staatsarchiven, Bd. 11.) Leipzig 1882, 167, 419 (Nr. 305), 433 (Nr. 325).

28 *Borgstede*, Statistisch-Topographische Beschreibung der Kurmark Brandenburg. Teil 1. Berlin 1788, 372. Über die spätere Karriere Huberts als Domänenpächter und landwirtschaftlicher Reformer siehe *Hans-Heinrich Müller*, Domänen und Domänenpächter in Brandenburg-Preußen im 18. Jahrhundert, in: Moderne Preußische Geschichte 1648–1947. Hrsg. v. Otto Büsch u. Wolfgang Neugebauer. Bd. 1. Berlin/New York 1981, 316–359, hier 344; und *Felix Escher*, Berlin und sein

Ackerbau ist hier in einer Gegend angelegt worden, welche ehedessen mit Kienholz bewachsen gewesen. Ob eine solche Verwandlung gut sey? darüber könnte man streiten."[29]

Für das 240 Morgen große Gelände als Teil der Zehlendorfer Gemeinheide wurde die Gemeinde mit 1000 Talern entschädigt. Die Zehlendorfer gaben sich allerdings mit dieser Entschädigung nicht zufrieden. Sie protestierten bei der Domänenkammer. Friedrich II. aber hielt dafür, sie behielten noch so viel Land, daß sie genug zu tun hätten, dieses gehörig zu kultivieren. Mit der verheißenen Summe sollten sie sich begnügen.[30]

Hatten sie noch einige Jahre zuvor die königliche Gunst erfahren, ein von ihnen beanspruchtes Eigentumsrecht an der Heide zugesprochen zu bekommen, so erfuhren sie nun die Kehrseite königlichen Gnadenerweises, nämlich sich mit einer Abfindung für die Enteignung von 1/7tel ihrer Heide zufrieden geben zu dürfen. Gunst und Gnade waren unberechenbare Dinge. Aufgeklärt war das königliche Handeln beide Male, beim ersten sollten die Bauern unbehindert über die agrarischen Ressourcen verfügen können, beim zweiten sollte eine bessere Kultivierung erreicht werden. Absolutistisch war es ebenso beidemal, da es jeweils aus herrscherlicher Machtvollkommenheit in das überkommene Recht eingriff.

Doch die Zehlendorfer machten etwas daraus, indem sie anscheinend die 1000 Taler dazu anlegten, ihre Wiesen zu dränieren.[31] Das war natürlich eine bedeutende Verbesserungsmaßnahme, erlaubte sie doch erst die volle Nutzung der großen Wiesengelände und war der größere Heugewinn eine wesentliche Bedingung der Hebung des Viehstandes. Sie zeigt, daß die Bauern, wenn sie nur das Kapital besaßen, sehr wohl den landwirtschaftlichen Fortschritt zu fördern wußten. Daß die Stolper die Gelegenheit nutzten, in den Besitz einer Schafherde zu kommen, zu deren Anschaffung sie niemals die Mittel gehabt hätten, ist ein vergleichbarer Vorgang.

Es gibt weitere Nachrichten über derartige Bemühungen der Bauern: Die Stolper verstanden es – nach einem Bereicht von 1740 –, von dem Aufschwung der *Teltower Rübchen* zu profitieren, indem sie selbst welche zogen, auch wenn die Qualität der Teltower nicht ganz erreicht wurde.[32] Die Schönower hielten auf ihren „Sandböden" Schafe, zur Verbesserung des Ackers kauften Schönower und Zehlendorfer Dung in Berlin. Dann war – so eine Bemerkung im Separationsrezeß 1828 – „die Stoppelrüben-Saat ein nicht unbedeutender Zweig der Industrie in Zehlendorf". Den Übergang zur verbesserten Dreifelderwirtschaft hatte die Gemeinde also auch ohne Separation vollzogen. Daß solche Maßnahmen vom Vorhandensein ausreichender Betriebsmittel abhängig waren, zeigt die spätere Aussage der Schönower, daß sie zum Dungankauf bei absinkender Getreidekonjunktur außerstande wären.[33] Freie Hände,

Umland. Zur Genese der Berliner Stadtlandschaft bis zum Beginn des 20. Jahrhunderts. Berlin 1985, 96 f.

29 *Büsching,* Reise (wie Anm. 20), 98 f.

30 *Schneider,* Hubertshäuser (wie Anm. 27).

31 Das entnehme ich dem Datum der „Kopie von einem Teile der durch den Kondukteur Ewart im Jahre 1782 aufgenommenen Charte der Zehlendorfschen Forst, Amts Mühlenhof, wovon die Gemeinde in Zehlendorf das Urbild besitzt; zum Behuf der darin befindlichen und zu entwässernden alten Teiche und Wiesen angefertigt im Jahre 1783 durch Lehmann", reproduziert in *Zückert,* Separation (wie Anm. 26), 41.

32 *C. Schmidt/Siegfried Braun,* Teltower Rübchen, in: *Richard Nordhausen,* Unsere märkische Heimat. Streifzüge durch Berlin und Brandenburg. 3., neubearb. Aufl. Leipzig 1929, 204–206; zuerst in: Teltower Kreiskalender 1905.

33 *Zückert,* Separation (wie Anm. 26), 50–52, 59, 63.

die agrarische Produktion nach ihren Vorstellungen einzurichten, waren ebenfalls eine Bedingung; die Nachrichten stammen aus den Amtsdörfern.

Die bäuerlichen Initiativen zu landwirtschaftlichen Verbesserungen und zu rechtlichen Besserstellungen, die auf das Erbzinsrecht hinauslaufen, erscheinen eng miteinander verflochten, und beides wird von der königlichen Domänenpolitik befürwortet. Weitergehende Rechtsentwicklungen zur Pacht zeigen Ansätze der sozioökonomischen Transzendierung. Da ist zunächst die noch traditionelle Erbpacht. Wenn in Stolpe das Amtsvorwerk von der ganzen Gemeinde in Erbpacht genommen und die Vorwerksländereien unter die Gemeindemitglieder aufgeteilt wurden, so diente diese Rechtsform dazu, formell das Eigentum des Domänenfiskus zu bewahren. In der Praxis aber schlugen die Bauern das Land zu ihrem eigenen und bewirtschaften es nicht anders, so daß sich die Pachtabgabe vom Grundzins nicht unterschied. Ähnlich hatte die Gemeinde Zehlendorf das mit Strauchwerk bewachsene Kirchenland in Erbpacht, das sie als Allmende nutzte, und der Zehlendorfer Krugwirt das Pfarrland, das er zusammen mit dem Krugland bewirtschaftete.[34]

Als die Verbindung Berlin-Potsdam bedeutsam wurde, nahm der Zehlendorfer Erbbraukrug als Pferdewechsel- und Poststation einen großen Aufschwung. Seine Besitzer, die Süßmilchs, wurden Berliner Bürger und Mitglieder der Brauerzunft. Das Kruggut wurde verpachtet. Johann Peter Süßmilch, Propst an St. Petri in Cölln (auch Begründer der statistischen Demographie in Deutschland), zog 1754 im Auftrag des Generalpostmeisters die *Journaliere*, eine Schnellpost zwischen den Residenzstädten, auf. Die Bewirtschaftung des Kruges, der Kruglädereien wie auch der Journaliere lag in Händen des Pächters Huhn.[35] Noch im gleichen Jahr verkaufte Süßmilch den Krug an den Berliner Stadtsekretär Schlicht. Schlicht behielt den Krugpächter, der auch die Journaliere weiterführte. Außerdem kaufte Schlicht das Zehlendorfer Erbschulzengut und vereinigte damit die beiden größten Höfe des Dorfes in seiner Hand. 1759 nahm er auch den Pfarracker, zusätzlich Schlachtensee und Krumme Lanke in Erbpacht. 1761 ging der Besitz an den ehemaligen Gutspächter Peter Pasewaldt aus Diedersdorf über.[36]

Erstrangige Berliner Bürger benutzten im 18. Jahrhundert die großen Zehlendorfer Höfe als Kapitalanlage, übertrugen den Betrieb einem Zeitpächter. Dieses Pachtverhältnis ist als moderne bürgerliche Pacht anzusprechen, im sozialen wie im ökonomischen Sinne. Unter Einfluß der Stadt wurde punktuell eine neue Eigentumsordnung auf dem Lande implantiert. Die Besitzer des Erbschulzenguts und des Krugguts waren 1806 und 1817 die ersten in Zehlendorf, die die Separation einleiteten. Voraussetzung für die Einführung der Pacht war zweifellos, daß Schulzengut und Kruggut bereits zu dieser Zeit nicht lassitisch wie die anderen Bauernhöfe waren, sondern in sog. Erbeigentum.

Gute Besitzrechte, landwirtschaftliche Verbesserungen gingen mit verhältnismäßig großer gemeindlicher Autonomie einher. Die Gemeinde Zehlendorf, die aus ihren Reihen das

34 Ebd.

35 *Heinrich Banniza von Bazan*, Der Zehlendorfer Krüger Elias Süßmilch, seine Sippe und seine Nachkommenschaft, in: Der Herold 2, 1941, 1–15; *Julius Haeckel*, Die Anfänge der Berlin-Potsdamer Eisenbahn. I. Potsdamer Verkehrsverhältnisse vor 1838. 1. Die Post im 18. Jahrhundert, in: Mitteilungen des Vereins für die Geschichte Potsdams NF 6, 1927, 20–43, bes. 34 ff.

36 *Ernst Ferdinand Schäde*, Geschichte des Dorfes Zehlendorf. Hrsg. v. Hermann F. W. Kuhlow u. Kurt Trumpa. (Zehlendorfer Chronik. Schriftenreihe des Heimatvereins für den Bezirk Zehlendorf, Heft 4.) Berlin 1984, 36.

Schulzenamt besetzte, verwaltete ihre Angelegenheiten weitgehend selbständig. Der Einfluß des Amtes wurde, außer in Justizfällen, nur am jährlichen *Dingetag* spürbar, wenn der Amtmann nach Zehlendorf kam, um die Abgaben zu erheben, die Zahl der Einwohner und den Viehstand aufnahm, die Einhaltung der Dorfordnung und der königlichen Dekrete erfragte und gegebenenfalls in Augenschein nahm, außerdem Beschwerden anhörte und Streitigkeiten innerhalb der Gemeinde schlichtete. Die Möglichkeit, etwas anzuordnen, was in die überkommenen Gemeindegewohnheiten eingegriffen hätte, hatte der Amtmann nicht.[37]

Als 1799 Graf Friedrich Heinrich v. Podewils Dahlem und Schmargendorf kaufte, zog ein landwirtschaftlicher Reformer auf den Gutshof, der rationales Wirtschaftsdenken mit einer konservativen gesellschaftspolitischen Konzeption verband. Im Januar 1800 beantragte v. Podewils beim König die Separation beider Güter von den bäuerlichen Fluren. Er setzte die Dahlemer Bauern und Kossäten nach Schmargendorf um und verwandelte Dahlem in einen reinen, „rationell" bewirtschafteten Gutsbetrieb, den die alten und neuen Schmargendorfer mit Handdiensten zu bearbeiten hatten.[38]

Willy Spatz sieht in diesem „etwas gewalttätigen Vorgehen" ein typisches Beispiel für die großen Machtbefugnisse, die noch zu dieser Zeit der adlige Gutsherr seinen Bauern gegenüber besaß. „Die Gleichzeitigkeit des Ungleichzeitigen gab es oft in engster Nachbarschaft", bemerkt Wolfgang Neugebauer zu diesem und zu ähnlichen Vorgängen, während andernorts die Entlassung der Bauern aus der Erbuntertänigkeit eingeleitet wurde.[39]

Podewils konnte seinen Plan jedoch nicht ohne einige Abstriche verwirklichen, so mußte er sich mit der Ersetzung der Spanndienste durch im Umfang geringere Handdienste einverstanden erklären. Bei den vom Kammergerichtsrat Müller geleiteten Separationsverhandlungen trugen die Bauern immer wieder Einwände vor, die eingehend erörtert wurden. Wenn Wolfgang Fritze mit einem gewissen Erstaunen registriert, „welch festen Begriff die Bauern von ihren Rechten und der Möglichkeit von deren Behauptung hatten", sieht er die Gründe darin, daß die brandenburgische Landesherrschaft allezeit daran festhielt, den der Patrimonialgerichtsbarkeit der Gutsherren unterworfenen erbuntertänigen Bauern ihren Stand vor den öffentlichen Gerichten zu erhalten. Dieses Bemühen, Rechtssicherheit zu gewähren, hatte sich zuletzt in der vom König 1784 angeordneten Anlegung von Urbaren ausgewirkt, und auf das Dahlemer Urbar von 1787 konnten sich die Bauern wesentlich beziehen.[40]

Auch die Zehlendorfer sahen sich gelegentlich machtlos der Selbstherrlichkeit königlicher Einfälle ausgesetzt. Und doch hatten die Amtsuntertanen in Zehlendorf, Stolpe oder Schönow besitzrechtlich und vor allem im Maß ihrer gemeindlichen Selbstverwaltung einen Freiraum erlangt und ein Bewußtsein ihrer Möglichkeiten gewonnen, das ihren Nachbarn in Dahlem gewiß nicht unbekannt geblieben war.

37 *Otto Müller,* Ein Dingetag in Zehlendorf zur Zeit Friedrichs des Großen, in: Teltower Kreiskalender 39, 1942, 83–85.

38 *Escher,* Umland (wie Anm. 28), 128 f.; *Fritze,* in: Dahlem-St. Annen (wie Anm. 5), 83–85 sowie 87 u. 89.

39 *Willy Spatz,* Aus der Geschichte Schmargendorfs. Ein Beitrag zur Geschichte des Kreises Teltow. Berlin 1902, 50 f.; *Wolfgang Neugebauer,* Brandenburg im absolutistischen Staat. Das 17. und 18. Jahrhundert, in: Brandenburgische Geschichte. Hrsg. v. Ingo Materna u. Wolfgang Ribbe. Berlin 1995, 291–394, hier 390.

40 *Fritze,* in: Dahlem-St. Annen (wie Anm. 5), 83–85.

HEINRICH KAAK

Untertanen und Herrschaft gemeinschaftlich im Konflikt. Der Streit um die Nutzung des Kietzer Sees in der östlichen Kurmark 1792–1797

Der hier geschilderte Fall gemeinschaftlichen Vorgehens von Untertanen und Herrschaft in einem Konflikt zwischen zwei brandenburgischen Nachbargemeinden am Rande des Oderbruchs bildet die Ergänzung zu Forschungen über drei Konflikte in demselben örtlichen Bereich, die Herrschaft und Untertanen gegeneinander austrugen.[1] Damit ist eine Gelegenheit gegeben, die herrschaftlich-untertänigen Beziehungen weiter zu umfassen als nur im Konflikt; denn sie werden in ihrer Ambivalenz nur so deutlich. Wenn Alf Lüdtke von „Herrschaft als sozialer Praxis" spricht[2] und wie Edward P. Thompson die Beziehungen der Herrschenden zu den Beherrschten als „ soziales Kräftefeld" sieht[3], dann soll dieses Bild hier aufgegriffen werden; es sollen aber nicht die gegenläufigen, sondern die gleichgerichteten Kraftlinien sichtbar gemacht werden. Es scheint eine Konfliktgemeinschaft nicht nur zwischen den Untertanen bestanden zu haben, wie Jan Peters sie versteht[4], sondern es sind auch *konfliktgemeinschaftliche Züge im Verhältnis zwischen Herrschaft und Untertanen* zu erkennen.

1. Themenstellung

Das Thema hat mit zwei weniger beachteten Bereichen zu tun. Eine sozialgeschichtliche Forschung und Diskussion, die die Konflikte und Gegensätze von Herrschaft und Untertanen sehr stark in den Mittelpunkt stellte und dies noch tut, neigt erstens dazu, den ganzen *koopera-*

1 *Heinrich Kaak*, Vermittelte, selbsttätige und maternale Herrschaft. Formen gutsherrlicher Durchsetzung, Behauptung und Gestaltung in Quilitz-Friedland (Lebus/Oberbarnim) im 18. Jahrhundert, in: Konflikt und Kontrolle in Gutsherrschaftsgesellschaften. Über Resistenz- und Herrschaftsverhalten in ländlichen Sozialgebilden der Frühen Neuzeit. (Veröffentlichungen des Max-Planck-Instituts für Geschichte, Bd. 120.) Hrsg. v. Jan Peters. Göttingen 1995, 54–117.

2 *Alf Lüdtke*, Einleitung: Herrschaft als soziale Praxis, in: Herrschaft als soziale Praxis. Historische und sozial-anthropologische Studien. (Veröffentlichungen des Max-Planck-Instituts für Geschichte, Bd. 91.) Hrsg. v. Alf Lüdtke. Göttingen 1991, 9–66, hier 10.

3 *Edward P. Thompson*, Eighteenth-Century English Society: Class Struggle without Class?, in: Social History 3, 1978, 133–165, hier 151.

4 *Jan Peters*, Gutsherrschaftsgeschichte in historisch-anthropologischer Perspektive, in: Gutsherrschaft als soziales Modell. Vergleichende Betrachtungen zur Funktionsweise frühneuzeitlicher Agrargesellschaften. (HZ Beiheft, 18.) Hrsg. v. Jan Peters. München 1995, 3–21, hier 17.

tiven Bereich, der nicht nur im Zusammengehen im Streit, sondern auch auf Gebieten wie den Kreditbeziehungen[5] zum Ausdruck kommt, zwar regelmäßig zu konstatieren[6], aber dennoch eher am Rande zu behandeln.[7] Im dargestellten Konflikt geht es zweitens um einen Fall lokaler Grenzziehung. Das allumfassende Thema Grenze ist stets irgendwo präsent. Wenn sich auch die deutsche Geschichtswissenschaft, wie Hans Medick feststellt,[8] nach dem Zweiten Weltkrieg nicht mit diesem Thema befaßte, wurde es doch in der Politik, Psychologie, Ökonomie oder Ökologie („ Grenzen des Wachstums") um so lebhafter diskutiert, von philosophischen Reflexionen einmal ganz abgesehen.[9] Jüngere und aktuelle historische Beiträge befassen sich eher mit Fragen staatlicher und ethnischer Grenzbildungen, ihren Auswirkungen und den Möglichkeiten, sie zu überwinden oder als Chance zu nutzen. In dem von Alexander Demandt herausgegebenen Band „ Deutschlands Grenzen in der Geschichte" wird das Thema in einer historisch-politischen Sicht zu einer Geschichte der Grenzveränderungen, was besonders im Osten deutlich wird.[10] In einer sozialgeschichtlichen Betrachtung hat sich Edith Saurer dem Raum des Kaisertums Österreich im 19. Jahrhundert mit seinen inneren und äußeren Zollgrenzen gewidmet und der Grenzdiskussion wichtige Impulse gegeben, indem sie Grenze als Raum mit Eigendynamik, Einschränkungen und Möglichkeiten betrachtet.[11] Wenn sich die aktuelle Grenzdiskussion mit lokalen Grenzen befaßt, betrachtet sie wie Peter Sahlins eher die regionalen Auswirkungen einer staatlichen Grenzziehung auf einen bis dahin zusammen-

5 Im vorliegenden Band werden Kreditbeziehungen unter anderem von Axel Lubinski dargestellt.

6 So zuletzt *Werner Troßbach,* Bauern 1648–1806 (EdG 19). München 1993, 21.

7 Zur Geschichte der Konflikte zwischen Herrschaft und Untertanen existiert mittlerweile eine überwältigende Zahl von Veröffentlichungen, auf die hier nur beispielhaft eingegangen werden kann. In Bänden wie Landgemeinde und Stadtgemeinde in Mitteleuropa. Ein struktureller Vergleich. (HZ Beiheft, 13.) Hrsg. v. Peter Blickle, München 1991 spielt jedoch der Bereich der Gemeindegrenzen und vor allem ihrer Regulierung schon von der Themenstellung her keine Rolle. So faßt Heide Wunder in ihrer Systematik des Themas zusammen, daß die „gemeindlichen Interessen sowohl gegenüber einzelnen Gemeindemitgliedern wie gegenüber den Ansprüchen von weltlichen und geistlichen Herren zu wahren" gewesen seien (*Heide Wunder,* Die ländliche Gemeinde als Strukturprinzip der spätmittelalterlich-frühneuzeitlichen Geschichte Mitteleuropas, in *Blickle* [Hrsg.], Landgemeinde, 385–402, hier bes. 387). Es wäre zu vervollständigen, daß dies auch gegenüber den Nachbargemeinden zu geschehen hatte. Auch in *Heide Wunder,* Die bäuerliche Gemeinde in Deutschland. Göttingen 1986, wird die Gemeindegrenze nicht thematisiert.

8 *Hans Medick,* Grenzziehung und die Herstellung des politisch-sozialen Raumes. Zur Begriffsgeschichte der Grenzen in der Frühen Neuzeit, in: Literatur der Grenze – Theorie der Grenze. Hrsg. v. Richard Faber/Barbara Neumann. Würzburg 1995, 211–224, hier 212f.

9 *Alfred Racek,* Philosophie der Grenze. Ein Entwurf. Wien/Freiburg/Basel 1983, 19 nimmt die Berichte für den „Club of Rome" aus der ersten Hälfte der siebziger Jahre („Grenzen des Wachstums") zum Ausgangspunkt, um sich, aufbauend auf Reflexionen Immanuel Kants, mit Grenze auseinanderzusetzen.

10 *Alexander Demandt* (Hrsg.), Deutschlands Grenzen in der Geschichte. München 1990. Darin über die Ostgrenze als am stärksten bewegte Außengrenze Deutschlands *Klaus Zernack,* Deutschlands Ostgrenze, 135–159.

11 Sie spricht vom „Konzept der Grenze als Zone". *Edith Saurer,* Straße, Schmuggel, Lottospiel. Materielle Kultur und Staat in Niederösterreich, Böhmen und Lombardo-Venetien im frühen 19. Jahrhundert. (Veröffentlichungen des Max-Planck-Institutes für Geschichte, Bd. 90.) Göttingen 1989. Darin Kap. 3: Zur Sozialgeschichte der Grenze, 137–216, besonders S. 141.

gehörigen territorialen Raum[12], oder untersucht wie Claudia Ulbrich die Wirkung politischer Ideen über Staatsgrenzen hinweg in benachbarte Grenzgebiete.[13] Hans Medick verweist auf die „Gemengelage und räumliche Überschneidung der Jurisdiktionen und die abgestuften Souveränitäten" des alten Reiches, die es nicht „ zur Ausbildung konsistenter und wirksamer territorialer Souveränitäten" und daher auch nicht zu eindeutigen Grenzziehungen kommen ließen, sondern für den Erhalt vielgestaltiger, offener Grenzen sorgten.[14]

Am Kietzer See handelt es sich um einen Grenzbildungsprozeß, der seine Ursache bei den Gemeinden hatte und, da das Untersuchungsgebiet nicht am Rande eines Staates oder Territoriums lag, auch nur für die Gemeinden und die lokale Herrschaft von Bedeutung – aber von großer Bedeutung – war. Wenn ich dabei von einer *weichen Grenze* spreche, verweise ich schon an dieser Stelle darauf, daß Grenzsituation und -problematik sich hier in besonderer Weise darstellen. Gemeindegrenzen der frühen Neuzeit als solche und der Streit um sie waren und sind stärker Untersuchungsgegenstand der Volkskunde, Denkmalpflege und Geographie als der Sozialgeschichte. In seinem „Grundriß einer rechtlichen Volkskunde" geht Karl Sigismund Kramer auch auf die Bedeutung des Raumes für die Gemeinden ein und stellt die Gemeindegrenzen an Beispielen aus Unterfranken als einen „besonderen Gegenstand der Fürsorge" heraus. Die periodischen Grenzumgänge waren demnach wichtige kommunale Ereignisse, der Grenzverlauf wurde durch „geheime Zeugen" gesichert, die Gemeindegrenze hatte magischen Charakter und anderes mehr.[15] Als solche untersucht sie der Geograph Martin Furter-Moll, um für das Gebiet um Basel unter anderem die Frage zu klären, ob diese Grenzen eher „natürlich" oder „künstlich" gewesen sind, ob sich also die Gemeinden bei ihrer Abgrenzung voneinander eher an topographischen Gegebenheiten orientierten oder nicht.[16] Als Beispiel für denkmalpflegerische Studien sei die Untersuchung über Grenzmale angeführt, die

12 *Peter Sahlins*, „Boundaries". The Making of France and Spain in the Pyrenees. Berkeley 1989, u.a. 274f.

13 *Claudia Ulbrich*, Die Bedeutung der Grenzen für die Rezeption der französischen Revolution an der Saar, in: Aufklärung, Politisierung und Revolution. (Bochumer Frühneuzeitstudien, Bd. 1.) Hrsg. v. Winfried Schulze. Pfaffenweiler 1991, 147–174, hier 151. *Dies.*, Grenze als Chance? Bemerkungen zur Bedeutung der Reichsgrenze im Saar-Lor-Lux-Raum am Vorabend der Französischen Revolution, in: Grenzöffnung, Migration, Kriminalität. (Jahrbuch für Kriminalgeschichte und Kriminalsoziologie 1993.) Hrsg. v. Arno Pilgram. Baden-Baden 1993, 139–146.

14 *Medick*, Grenzziehung (wie Anm. 8), 213 u. 224.

15 *Karl-Sigismund Kramer*, Grundriß einer rechtlichen Volkskunde. Göttingen 1974, 27f. „Die Grenzstreitigkeiten, vor allem bezüglich des Weiderechtes, die auf diese Weise entstanden, sind ohne Zahl. Sie werden mit Zähigkeit geführt und überdauern oft Jahrzehnte, bis sie von der Obrigkeit in einem Grenzvergleich geschlichtet werden." Ebd., 30.

16 Als künstlich: Wald, Waldrand, offenes Land, als natürlich: Kante, Gewässer, Senke. Natürlicher Anteil an den Gemeindegrenzen der untersuchten Bezirke zwischen 28 und 35 Prozent. Vgl. *Martin Furter-Moll*, Gemeindegrenzen im Kanton Basel-Landschaft. Zur Entwicklung und Bedeutung von Grenzen in der Kulturlandschaft. Eine grenzgeographische Analyse. Sissach 1993, 123f. u. 130f. Was die Konflikte um die Gemeindegrenzen betrifft, bilanziert er: „Grenzkonflikte auf Gemeindeebene hat es im Laufe der Zeit etwelche gegeben, wie uns die Dokumente lehren. Meistens wurden diese aber – wenn auch in besonderen Fällen erst nach hundert Jahren juristischer Streitereien und viel Verhandlungen – ohne blutige Auseinandersetzungen beigelegt. Bei solchen Grenzstreitigkeiten handelte es sich immer um vergleichsweise geringe Flächenansprüche. Wesentlich waren dabei die Nutzungsrechte an der lebensnotwendigen Wirtschaftsfläche." Ebd., 182.

Werner Müller und Günther E. Baumann in Norddeutschland durchgeführt haben.[17] Für Hessen erwähnt Herbert Reyer in einer sozialgeschichtlichen Untersuchung die Bedeutung der dörflichen Ausschüsse für die Grenzzüge und -regulierungen.[18] Lieselott Enders unterstreicht für Brandenburg die Bedeutung der Gemeinde als „lebendes Gedächtnis", das „ganz besonders im Hinblick auf Nachbargemeinden die Grenzen der eigenen Feldmark" betraf, und erwähnt Bräuche bei Grenzbegehungen.[19] Für den ostelbischen Raum hat Jochen Richter den Grundgedanken der älteren historischen Geographie kritisiert, daß es im Westen Deutschlands „durch fortschreitende Dorfflurausdehnung geschaffene Verhandlungsgrenzen", im Osten hingegen „geometrischen Figuren ähnelnde, langgestreckte Vermessungsgrenzen"[20] gegeben habe, und darauf verwiesen, daß in der frühen Neuzeit „in keinem einzigen Dorf der Sandprobstei [seines mecklenburgischen Untersuchungsgebietes, H. K.] die Gemarkungsgrenzen genau feststanden"[21]. Setzt man diese Äußerungen Richters in Beziehung zu denen Furter-Molls, der im Baseler Raum eine hohe Stabilität der Gemeindegrenzen seit dem ausgehenden Mittelalter konstatiert[22], und zieht die anschließend getroffenen Aussagen über die „Orte des Geschehens" am Rande des Oderbruchs hinzu, so wird in der Tat die Annahme Kochs geradezu auf den Kopf gestellt.[23]

Es dürfte somit von Interesse sein, derartige Streitigkeiten mikrohistorisch in ihrem Verlauf und auf das Verhalten der Konfliktparteien hin zu untersuchen. Da die Gutsarchive beider Ämter, zu denen die hier betrachteten Gemeinden gehörten, verhältnismäßig dicht vorliegen, läßt sich eine Kette von Vorgängen rekonstruieren, die auf fast 250 Schriftstücken basiert. Dies ermöglicht, den Streit aus zwei lokalen und der kammergerichtlichen Perspektive zu betrachten.

17 *Werner Müller/Günther E. Baumann*, Kreuzsteine und Steinkreuze in Niedersachsen, Bremen und Hamburg: vorhandene und verlorengegangene Rechtsdenkmale und Memorialsteine. (Forschungen zur Denkmalpflege in Niedersachsen, Bd. 5.) Hameln 1988.

18 *Herbert Reyer*, Die Dorfgemeinde im nördlichen Hessen. Untersuchungen zur hessischen Dorfverfassung im Spätmittelalter und in der frühen Neuzeit. (Schriften des Hessischen Landesamtes für geschichtliche Landeskunde, Bd. 38.) Marburg 1983, 96f. Er weist darauf hin, daß größere Schlichtungsausschüsse bei Grenzunstimmigkeiten tätig wurden.

19 *Lieselott Enders*, Die Landgemeinde in Brandenburg. Grundzüge ihrer Funktion und Wirkungsweise vom 13. bis zum 18. Jahrhundert, in: BlldtLG 129, N.F. 1993, 195–256, hier 245f. Erwähnung dieser „Gedächtnis-Tradition" auch in: *dies.*, Die Uckermark. Geschichte einer kurmärkischen Landschaft vom 12. bis zum 18. Jahrhundert. Weimar 1992, 527. Zu Grenzstreitigkeiten kommt es in den von ihr genannten Fällen in Siedlungen an den territorialen Grenzen zu Mecklenburg und Vorpommern.

20 *Walter Koch*, Die deutschen Gemeindegrenzen und ihr historischer Wert [Diss. Greifswald]. Quakenbrück 1935, 19.

21 *Jochen Richter*, Wesen und Funktion der spätfeudalen Landgemeinde. Erläutert an den Dörfern der Sandprobstei des Klosteramtes Dobbertin, in: JbGFeud 11, 1987, 223–269.

22 *Furter-Moll*, Die Gemeindegrenzen (wie Anm. 16), 182.

23 Thomas Rudert stellt im vorliegenden Band Überlegungen an zum Zusammenhang von Gutsherrschaftsentstehung und Grenzkonflikt im 16. Jahrhundert im Grenzgebiet zwischen Mecklenburg und Pommern.

2. Die Orte des Geschehens

Bei dem Konflikt handelt es sich um eine Auseinandersetzung der brandenburgischen Gemeinden Alt-Quilitz (heute: Neuhardenberg) und Alt-Friedland, etwa 70 km östlich Berlins am Rande des Oderbruchs gelegen. Zwischen beiden liegt der Kietzer See, dessen quilitzsche Seite die Grenze zwischen ihnen, gleichzeitig aber auch zwischen den Ämtern Quilitz und Friedland und zwischen den ehemaligen brandenburgischen Kreisen Oberbarnim und Lebus bildete. Nach den zeitgenössischen Angaben ging es dabei um einen Uferbereich in der Länge von eineinhalb Stunden Weges.[24] Dem Untersuchungsgebiet galt als einem Teil des Oderbruchs das besondere Interesse Friedrich Wilhelms I. und Friedrichs II. als Kultivierungsregion. Es hatte seit der Mitte des 18. Jahrhunderts deutliche Veränderungen erfahren. Vor allem waren durch die „Oderbewallung" den periodischen Überschwemmungen ein Ende bereitet und die Trockenlegung bewirkt worden. Dies hatte seit 1750 die Gründung zahlreicher Dörfer – unter anderem durch Markgraf Carl Albrecht von Brandenburg-Sonnenburg[25] – ermöglicht. Aber auch bereits bestehende Siedlungen waren betroffen, denn sie hatten zum Teil für die Neugründungen Land abzugeben oder veränderten ihren Charakter grundlegend wie das zum Amt Quilitz gehörende Quappendorf, das aus einem Fischer- zu einem Bauerndorf wurde. An der Peripherie veränderte sich Alt-Quilitz, denn der Kietzer See verlor durch die Trockenlegung an Größe, so daß der Ort im Vergleich zu 1739 bis zum Jahr 1791 über 73 Morgen – allerdings sumpfigen Landes – dazugewann, während Alt-Friedland in gleichem Maße Seefläche einbüßte.[26]

Alt-Quilitz hatte durch die Teilung der markgräflichen Ämter eine Aufwertung als zentraler ländlicher Ort erfahren. Bis 1762 war es nur zweiter Amtssitz nach Alt-Friedland gewesen, 1763 wählte es Joachim Bernhard v. Prittwitz zu seinem Herrschaftssitz. Als größtes Dorf von Lebus hatte es eine große, sozial stark differenzierte Einwohnerschaft. Während der Anteil der Bauern trotz des lassitischen Rechts während der meisten Zeit des 18. Jahrhunderts stabil blieb, war die Zahl der Kossäten stärkeren Schwankungen unterworfen. Zusammen mit den Häuslern, zu denen auch die Handwerker gehörten, bildeten sie eine wachsende unterbäuerliche Schicht. Von 1727 bis 1796 vermehrte sich die örtliche Bevölkerung um ein Drittel (von 660 auf 883 Personen).[27]

24 Brandenburgisches Landeshauptarchiv Potsdam (BLHA), Pr. Br. Rep. 37 Neuhardenberg Nr. 274, fol. 22.

25 Markgraf Carl Albrecht von Brandenburg-Sonnenburg war von 1731 bis 1762 Gutsherr in Quilitz und Friedland und gründete hier zahlreiche Siedlungen. Vgl. *Rudolf Schmidt,* Die Herrschaft Friedland. Nachrichten zur Geschichte von Alt- und Neufriedland, Gottesgabe, Carlsdorf, Kleinbarnim, Grube, Sietzing, Wuschewier, Lüdersdorf, Biesdorf, Gersdorf, Batzlow, Ringenwalde, Bollersdorf, Pritzhagen, Cunersdorf, Burgwall, Metzdorf, Horst, Wubrigsberg. Freienwalde (Oder) 1928.

26 BLHA Neuhardenberg 274, fol. 25.

27 Ebd., fol. 29 f. Den Kern der Gemeinde bildeten 1793 22 Bauern (Zweihüfner), dazu kamen 14 Halbbauern (Einhüfner), 14 Kossäten und 26 Büdner, sowie eine Zahl von Hauslingen und Altsitzern. Die Neudörfer sind die Bewohner von Neu-Quilitz, das 1744 von Markgraf Carl von den Beerfelde erworben wurde, sie sind ihrem Status nach hier nicht bezeichnet. Es waren Kossäten und Büdner. (1798: Alt-Quilitz 883, Neu-Quilitz 141 Einwohner; 1801: Alt-Friedland 390 Einwohner) Historisches Ortslexikon für Brandenburg, Teil VII Lebus, bearb. von Peter P. Rohrbach, Weimar

Alt-Friedland hatte durch die Teilung der Ämter an Bedeutung verloren. War es bis 1762 der Hauptsitz der Pächter für die Ämter Friedland und Quilitz gewesen, so residierte Hans Georg Sigismund v. Lestwitz dort nur provisorisch und wählte 1773 als Herrschaftssitz das benachbarte Cunersdorf. Alt-Friedland war zu Ende des 18. Jahrhunderts seiner Bevölkerung nach weniger als halb so groß wie Alt-Quilitz. In Alt-Friedland gab es eine wesentlich kleinere landwirtschaftliche Gemeinde (1727 gehörten dazu 4 Bauern, 13 Kossäten und 15 Hausleute; um 1776 6 Bauern, 16 Kossäten, dazu Schäfer, Hirte und Müller); zur Friedländer Einwohnerschaft gehörte aber noch eine gesonderte Fischergemeinde mit einem eigenen Wasserschulzen, die 1727 und 1792 aus jeweils zehn Fischern bestand.[28] Die Fischer machten dabei zu Ende des 18. Jahrhunderts ein Drittel der Bevölkerung aus und waren durch das Schrumpfen des Sees und die Konkurrenz im Uferbereich besonders betroffen.

3. Voraussetzungen und Vorgeschichte des Konflikts

Der jahrzehntelange Konflikt zeigt, daß der große See kein den Landgemeinden fremdes, distanzschaffendes Element war, sondern ein Ort vielfältiger, auch konkurrierender Nutzung. Seit 1765 schwelte ein Streit um seine Randnutzung durch die Quilitzer, der zwischen 1792 und 1797 offen ausbrach. In dieser Auseinandersetzung ging es zunächst (1765–1783) um die Fischerei und die Rohrgewinnung. In einer zweiten Konfliktstufe (1792–1797), die hier im Mittelpunkt steht, wurde zusätzlich um die Nutzung des Sees durch die Quilitzer Gemeinde zum Hanf- und Flachsröten gerungen. In einer dritten Stufe (1800–1804) wurde um die Fragen des Abtransportes von Rohr über quilitzschen Grund und Boden gestritten und schließlich viertens (1806–1808) eine neue Grenzregulierung versucht.

Daß die Berechtigungen der Gemeinden einer Klärung bedurften, rührte wesentlich daher, daß beide Ämter – nämlich Quilitz seit 1689 und Friedland seit 1711 – im Besitz der hohenzollernschen Nebenlinie der Markgrafen von Brandenburg-Sonnenburg gewesen waren.[29] Sie bildeten einen zusammenhängenden Güterkomplex, der zunächst von zwei Amtleuten, danach von 1723 bis 1732 von dem Oberamtmann Christian Busse und dann bis 1762 von dem Kammerrat Friedrich Wilhelm Jeckel mit zwei ihm unterstellten Amtleuten verwaltet wurde. Zwischen 1711 und 1762 entschieden die Markgrafen selbst oder in Vertretung der Oberamtmann bzw. der Kammerrat von Fall zu Fall, ob auch die Quilitzer den See zur Rohrgewinnung nutzen durften.[30] Als Friedrich II. 1763 das Amt Quilitz an Joachim Bernhard v. Prittwitz und

1983, 295 und Teil VI Barnim. Bearb. von Lieselott Enders unter Mitarbeit von Margot Beck, Weimar 1980, 164.

28 BLHA, Pr. Br. Rep. 37 Altfriedland Nr. 374, fol. 2 und BLHA Neuhardenberg 274, fol. 11f.

29 Zur Erwerbung von Quilitz durch die Kurfürstin Dorothea vgl. BLHA, Neuhardenberg Nr. 1997, „Chronik von Quilitz um 1804", fol. 2f., und zur dortigen Herrschaft des Markgrafen Albrecht Friedrich von Brandenburg-Sonnenburg (1672–1731) vgl. auch *Kaak*, Vermittelte Herrschaft (wie Anm. 1), 62–76.

30 BLHA, Pr. Br. Rep. 37, Alt-Friedland Nr. 129, fol. 2: So bestand die Situation, „daß Se: Königl. Hoh. das Rohr mocht nach Friedland oder nach Quilitz gehören, allemahl Herr und Eigenthümer davon wahren, weil Ihnen sowohl Friedland als auch Quilitz eigenthümlich zugehörten, so daß es, wann die Frage zwischen die beyden Beamten von Friedland und Quilitz endstund, wer das Rohr auf dem Mühlenteich haben müßte? nicht darauf ankahm, zu weßen Feld Marck es eigenthümlich gehörte".

das Amt Friedland an Hans Georg Sigismund v. Lestwitz vergab, begann sich das Verhältnis der Gemeinden zu komplizieren.

Am *Stobberow,* einem Wasserlauf, der in den Kietzer See mündet und ebenfalls einen Teil der Grenze zwischen den Gemeinden bildete, lag die zu Friedland gehörende Dammühle. 1765 war zu klären, bis wohin der Müller auf der Quilitzschen Seite des Mühlenteiches Gras mähen durfte und wie weit die Quilitzer an oder in das Wasser gehen durften, um Rohr und Gras zu schneiden. „Mit der algemeinen und generalen Bestimmung der Grenzen, wie sie bey der Übergabe der Ämter verzeichnet worden, nach welcher der Stobberow Friedland und Quilitz scheidet, langet man hiebey nicht aus.“[31] Der von beiden Herrschaften mit der Regelung beauftragte ehemalige Generalpächter Friedrich Wilhelm Jeckel schlug „einen alten verfallenen Waßerlauf“ im Terrain des Mühlenteiches als Grenze vor und ließ sie hier nach Zustimmung der herrschaftlichen Vertreter beider Seiten markieren. Herrschaftliche Vertreter[32] entschieden in diesem Vorspiel des Konfliktes. Der Konfliktlösung war förderlich, daß die Herrschaften „sich untereinander dahin vereiniget haben, diese kleine Streitigkeit in der Güthe abzuthun“[33].

Die Grenzziehung am Ufer des *Kietzer Sees* erwies sich als schwieriger. Im Frühjahr 1776 schnitten Quilitzer Untertanen im Randbereich des Sees wiederholt Gras und Rohr, um ihr Vieh bis zur Weidezeit durchzubringen. Ende April legten sich Friedländer Untertanen unter Führung des herrschaftlichen Sekretärs auf die Lauer, nahmen einen Quilitzer Dienstjungen und den Sohn einer Bauernwitwe beim Schneiden fest und brachten sie – „selbige auch die Hände auf den Rücken zusammen gebunden“ – in Arrest nach Friedland.[34] Der Quilitzer Schulze Martin Kackerow und der Gerichtsmann Christian Butzcke begaben sich auf Anweisung des Quilitzer Administrators umgehend nach Alt-Friedland, um die beiden freizubekommen, und hielten dem dortigen Administrator Dambach vor, daß die Gras- und Rohrnutzung im Uferbereich „von je her“ Recht der Quilitzer gewesen sei. Dieser entließ die Jungen, nachdem er zunächst ein Pfandgeld verlangt hatte, schließlich ohne dieses „auf freyen Fuß“. Das gepfändete Gras und Rohr behielt er ein.[35] Bereits Mitte Mai kam es zu einem fast gleichen Vorgang. Dambach verzichtete wieder auf den zunächst geforderten Taler für jeden, nachdem der Schulze gedroht hatte, daß die Gemeinde Alt-Quilitz „zu ihrer Herrschaft Zuflucht nehmen und gegen diese Beeinträchtigung sich zu schützen wißen werde“.[36]

In einem Briefwechsel legten v. Prittwitz und v. Lestwitz im Mai/Juni 1776 diese Angelegenheit bei, ohne daß dabei in der Sache etwas geklärt wurde, die Aussagen in den Briefen gleichen mehr einer Beschreibung des *status quo.* Beide hatten durch ihre Taten im Siebenjährigen Krieg die Gunst Friedrichs II. erworben.[37] Sie verstanden sich, Kavallerist der eine, Infanterist der andere, als Kriegskameraden und waren sicher bestrebt, sich als Offiziere,

31 Ebd., fol. 1.
32 Der Amtsrichter Purgold aus Friedland und der Amtmann Hübner aus Quilitz als Zeugen, der herrschaftliche Sekretär v. Krethlow aus Quilitz als Protokollant.
33 BLHA, Alt-Friedland 129, fol. 6.
34 BLHA, Pr. Br. Rep. 37, Neuhardenberg Nr. 56, fol. 3f.
35 Ebd., fol. 5.
36 Ebd., fol. 6.
37 V. Prittwitz hatte in der Schlacht von Kunersdorf den König, der unter dem Eindruck der Niederlage teilnahmslos auf dem Schlachtfeld verharrte, vor der Gefangennahme durch Kosaken bewahrt; v. Lestwitz hatte in der zunächst ungünstig verlaufenden Schlacht von Torgau einen Teil der fliehenden preußischen Truppen zum Stehen gebracht, sie wieder geordnet gegen die Österreicher geführt und so die Basis für den Sieg gelegt.

später Generäle in der Nähe des Königs (v. Prittwitz: Chef des Regiments Gens d'armes, Inspekteur der Märkischen und Magdeburgischen Kavallerie; v. Lestwitz: Chef des Leibgrenadierregiments, Standortkommandant von Potsdam)[38] nicht als Streithähne um den Besitz bei demjenigen unbeliebt zu machen, dem sie diesen Besitz verdankten.

Danach ist erst Ende April/Anfang Mai 1783 wieder etwas von rohrschneidenden Quilitzern aktenkundig. Die Vorgänge wurden vermutlich festgehalten, um, wie dann auch geschehen, in einem späteren Rechtsstreit darauf verweisen zu können, die eigene Rechtsposition schon immer verteidigt zu haben. Sie bilden, wie aus den im folgenden wiedergegebenen Zeugenaussagen hervorgeht, die ‚Spitze des Eisbergs' vergleichbarer Handlungen. Zu weiteren Arretierungen kam es nach den vorliegenden Akten nicht.

4. Die Auseinandersetzung von 1792 bis 1794

Die Hauptauseinandersetzung um die Nutzung des Kietzer Sees[39] begann ähnlich wie im Frühjahr 1776 und 1783. Am 1. Mai 1792 zeigte der Friedländer Fischer Schmah seiner Herrschaft an, er habe den Quilitzer Untertanen Gottfried Butzcke und einen zweiten Mann dabei beobachtet, wie sie im ufernahen Wasser gefischt hätten. Auf seine Aufforderung, dies zu unterlassen, habe der eine geantwortet, er würde nicht nur weiterfischen, sondern zu gegebener Zeit auch Rohr schneiden. Ihr Schulze habe nämlich gesagt, sie sollten dies „zur Behauptung ihres Rechtes" tun. Dieses teilte Charlotte Helene v. Lestwitz, die die Herrschaft Friedland 1788 geerbt und den Namen v. Friedland angenommen hatte, in einer Beschwerdeschrift dem Quilitzer Gutsherrn als Inhaber der Gerichtsobrigkeit in Alt-Quilitz mit. Dieser wies, „da ich neue dergleichen unangenehme Vorfälle sehr ungerne sehe, und mit meinen Nachbahren in Ruhe und Freundschaft leben will", seinen Justitiar Schultze aus Buckow daraufhin an, die Rechtslage zu prüfen, „und wenn die Beweise der quilitzer Gemeine [...] nicht rechtskräftig und geltend sind, meinen Unterthanen bey schwerer Straffe das Fischen und Rohrschneiden auf besagtem See zu untersagen, weil ich mich hierüber in keinem Proceß einlaßen werde, sondern es der Gemeinde frey stelle [...]".[40]

Der Justitiar nahm am 14. Mai 1792 eine Befragung in Alt-Quilitz vor, bei der Angehörige der Gemeinde aussagten: „Wir fuhren nach wie vor mit den Rohrschneiden und Fischen fort und sind im geringsten nicht deshalb beunruhiget worden; daher können wir auch unmöglich einem Rechte entsagen, welches wir seit undencklichen Zeiten auf unsern Grund und Boden ausgeübt haben, worüber wir erforderlichen Falls sämmtliche alte Wirthe des hiesigen Dorfes zu Zeugen benennen können."[41]

38 *Kurt v. Priesdorff*, Soldatisches Führertum Bd. 2,3: Die preußischen Generale von 1763 bis zum Tode Friedrichs des Großen. Hamburg 1937, 91–93 und Bd. 3, 57ff.

39 Die Größe des umstrittenen, vorwiegend im Frühjahr überschwemmten Geländestreifens läßt sich nur unpräzise ermitteln. Es zog sich, wie schon angemerkt, eineinhalb Stunden Weges an der Südostseite des Sees entlang und hatte eine Tiefe von durchschnittlich 60 Schritt. Vgl. BLHA Potsdam, Neuhardenberg Nr. 274, fol. 10. Nach späteren Karten vorsichtig geschätzt, könnte es etwa eine Länge von drei Kilometern und eine Tiefe von 50 Metern gewesen sein. Damit würde der Streifen etwa drei Viertel des Bereiches ausfüllen, den der See an Fläche verloren hatte.

40 BLHA, Neuhardenberg 274, fol. 2.

41 Es waren dies der Gerichtsschulze Ludwig Brose und die Gerichtsleute Sievert, Butzcke, Buckow

Frau v. Friedland – unmittelbar betroffen, da ihr die Rohrnutzung zustand – ließ im Gegenzug eine Befragung in Alt-Friedland vornehmen. Der Wasserschulze und vier Fischer und Nachbarn sagten aus, „es habe die Gemeine zu Quilitz [...] zu keiner Zeit das geringste Recht auf den Kietzer See gehabt, vielmehr gehöre dieser See in Ansehung der Fischerey, der Herrschaft und den Fischern hieselbst [...]". In der Zeit des Kammerrates Jeckel „sey es wohl zuweilen geschehen, daß denen Quilitzern [...] Rohr von der herrschaftlichen Röhrung im Kietzer See wäre angewiesen worden [...] Es verstehe sich aber von selbst, daß sie durch dergleichen Handlungen, weder einen Besitz zur gedachten Röhrung, noch weniger nirgens ein Recht, hätten erlangen können". Die Quilitzer hätten seit einigen Jahren begonnen, sobald im Frühjahr möglich, in Gruppen von sechs und mehr Personen die Wadefischerei zu betreiben, dabei Fische aus den Friedländer Bolljacken entwendet, die Bolljacken gestohlen und die Röhrung geschädigt. Das Hanfröten an einigen sandigen Stellen am Ufer des Sees betrieben die Quilitzer „zum größten Nachtheil der Fischerey". So ließen sie die Pfähle, an denen sie den Hanf zum Röten befestigten, danach stehen und die Friedländer zerrissen daran ihre Netze.[42]

Am 18. Januar 1793 erhob, nachdem eine weitere Beschwerde vor dem Quilitzer Patrimonialgericht keine Wirkung gehabt hatte, Frau v. Friedland Klage vor dem Kammergericht in Berlin. Sie hatte in dem Bürgermeister Krahmer zu Müncheberg einen kompetenten rechtlichen Sachwalter, der das 14seitige Klageschreiben sehr präzise in die juristischen Wortgebilde der Zeit kleidete. Beigefügt waren bisher nicht auffindbare Situationspläne von 1739 und 1791 zur Verdeutlichung, in welchem Maße sich der See wegen der Oderbruchkultivierung in der Zwischenzeit vermindert und die Quilitzsche Gemeinde in entsprechendem Umfang Land dazugewonnen hatte.[43]

Am 4. März 1793 forderte das Kammergericht daraufhin die Gemeinde Alt-Quilitz auf, das Rohrschneiden einzustellen. Daraufhin erschienen am 22. März alle 22 Quilitzer Bauern und mehrheitlich die Einhüfner (zehn von 14), Kossäten (zwölf von 14) und Büdner (14 von 26), dazu die 13 Stelleninhaber aus Neu-Quilitz, vor dem Amt Quilitz und bestimmten den Kriegs- und Kriminalrat Franke zu Berlin zu ihrem Rechtsvertreter. Die Quilitzer Untertanenschaft fand sich hier als Einheit zusammen und ließ als erstes in einer Schrift „pro informatione" als Klageerwiderung ihre Sicht der Sache formulieren. Die Klage sei „ungegründet, weil sich Bekl[agte] seit undencklichen Zeiten in dem ungestörten Besitz befinden, am Rande des Kietzer Sees, so weit sich das Quilitzsche Territorium um denselben ziehet, zu Fuße, auch vom Früh=Jahr bis zum Herbst Graß und Rohr zu schneiden". Neue Zeugen würden bestätigen, daß „auch die Fischerey im Stobberow Fließe zwischen Kl. und Bekl. von jeher gemeinschaftlich ausgeübt worden".[44]

Während das Verfahren des Kammergerichts in Gang kam, nahm der Streit vor Ort eine eigene Dynamik an, denn die Parteien wollten nicht tatenlos auf die gerichtliche Entscheidung warten. Die Friedländer stellten, als die futterarme Jahreszeit wieder heranrückte, in

und Thiele. Weiterhin wurden gesondert der Quilitzer Altwirt und ehemalige Gerichtsmann Christian Butzcke befragt.

42 BLHA, Neuhardenberg 274, fol. 9f. Nach Auskunft des Binnenschiffahrtsmuseums Oderberg waren Bolljacken 80 bis 100 cm lange Netze, die durch drei Reifen im Durchmesser von etwa 80 cm und Spreizhölzer die Form eines liegenden Zylinders erhielten und an beiden Enden Trichter hatten, durch die die Fische hineinschwimmen, aber nicht mehr entweichen konnten.

43 Ebd., fol. 18–27, besonders fol. 25.

44 Ebd., fol. 32.

Erwartung neuer Übergriffe Anfang Mai Wächter auf und mußten dies aus Gründen der Topographie auf Quilitzer Gebiet tun. Das wurde in Alt-Quilitz bemerkt, und am 2. Mai 1793 überfielen nun in dem bis dahin schwersten Fall von Gewaltanwendung die Quilitzer ihrerseits fünf Friedländer Wächter und brachten sie für fünf Tage in Arrest nach Alt-Quilitz.[45]

5. Der Kammergerichtsentscheid vom 29. September 1794

Einen Monat nach dieser Begebenheit starb Joachim Bernhard v. Prittwitz. Sein ältester Sohn Friedrich Wilhelm Bernhard übernahm die Prozeßführung und verfolgte dabei dieselbe zurückhaltende Linie wie sein Vater. Dafür, daß die Rechtslage von herrschaftlicher Seite in Quilitz als ungünstig betrachtet wurde, spricht auch, daß der Quilitzsche Justitiar Schultze, als er vom Kammergericht dazu berufen wurde, den Fall vor Ort als Kommissar zu untersuchen, darum bat, ihn davon zu entbinden. Er fürchtete in Konflikt mit seiner Herrschaft zu geraten. Der vom Kammergericht daraufhin im Juni 1793 bestimmte Untersuchungskommissar Justiz-Bürgermeister Fiandt zu Freienwalde fand in dem Schulzen Johann Butzcke aus Jahnsfelde und einem Martin Wegener aus Eichwerder ‚neutrale' Zeugen, die aussagten, daß die Wadefischerei der Quilitzer „immer heimlich zu geschehen pflegte", und daß das Fischen „Abseiten Friedlands immer gestört [wurde], wenn sie uns gewahr wurden". Sogar der Quilitzer Tagelöhner Martin Kackerow gab an, daß er sich immer entfernt habe, „sobald Friedländischer Seits welche auf dem See waren, und ein Gleiches thaten die Mitglieder der Gemeine, die mit mir fischten".[46]

Diese Aussagen gaben für das Kammergericht den Ausschlag, ein quilitzsches Gewohnheitsrecht auf Rohrwerbung und Rohrschneiden und Fuß- und Wadefischerei nicht anzuerkennen. Interessant ist vor allem die Passage des Urteils darüber, wo das Ufer und damit die Grenze anzunehmen sei, ich erinnere hier an den anfangs gebrauchten Ausdruck „weiche Grenze". Anders als am Stobberow, wo es fixe Anhaltspunkte gab, erkannte das Gericht hier auf eine *im Jahreslauf ständig wechselnde Grenze.* „Das Zurücktreten und das Anschwellen des Sees bestimmt also nach Maßgabe der zwischen beiden Güthern existirenden Grenze, auch die Grenzlinie des wechselseitigen Nutzungsrechts." Die Quilitzer Gemeinde wurde als berechtigt angesehen, Rohr und Gras zu schneiden, soweit das Wasser zurücktrat, ohne Rücksicht darauf, daß das Rohr dadurch im Herbst für die Friedländer verloren war. Ansonsten habe die Quilitzer Gemeinde durch die langfristige Verkleinerung des Sees schon genügend Vorteile erhalten, wie es hieß.[47]

Erst im Laufe des Prozesses war im April 1793 auf Antrag der Gemeinde Alt-Quilitz auch die Frage des Hanf- und Flachsrötens[48] in das Verfahren aufgenommen worden. Hier entschied

45 BLHA, Pr. Br. Rep. 37 Alt-Friedland Nr. 34, fol. 31.

46 Ebd., fol. 3.

47 Ebd., fol. 3f.

48 Beim Hanf- und Flachsröten handelt es sich um die Anfeuchtung des Hanfes und Flachses zur Weiterverarbeitung. Zum Röten oder auch Rösten siehe: Grammatisch=kritisches Wörterbuch der Hochdeutschen Mundart mit beständiger Vergleichung der übrigen Mundarten, besonders aber der Oberdeutschen, von *Johann Christoph Adelung*, Dritter Theil, Wien 1811, Sp. 1170 f. Stichwort „Die Röste": „[...] 2) In der Landwirthschaft ist die Röste derjenige Ort in einem Flusse oder Teiche, worin Flachs und Hanf geröstet wird; im Nieders. die Röte, Rate, Rode [...]" – Stichwort „Rösten":

das Gericht genau umgekehrt. Es „kommen sämmtlich darüber abgehörte Zeugen einstimmig darüber ein, daß die Beklagten seit undenklicher Zeit ihr Flachs und Hanf im Kietzer See geröthet haben, ohne daß nur im Mindesten von Friedländischer Seite daran gedacht worden, sie darin zu stören". Das Tauröten oder Anlegen von Gruben, wie im Edikt vom 16. April 1707 gefordert, sei hier nicht möglich, daher müsse man die Nutzung fließenden Wassers gestatten. Dies sei auch unter dem Gesichtspunkt zu sehen, „daß die Beklagten Gemeine sich größtentheils vom Flachs= und Hanf=Bau nähret, durch eine Untersagung des Gebrauchs des Sees in ihrem Nahrungs=Stande ruiniret, und der Betrieb eines so nothwendigen Zweiges der Landwirtschaft verhindert würde".[49] Dieser Produktionszweig war in der Tat für Alt-Quilitz sehr wichtig, ging es doch um eine Produktion im Wert von 8.000 Talern im Jahr, an der 120 Familien beteiligt waren.[50]

Abschließend war zu klären, ob die Parteien sich rechtmäßig verhalten hatten. Frau v. Friedland wurde dabei schlechter beurteilt: Sie habe ihre Untertanen und Amtsleute dazu angehalten, rohrschneidende Quilitzer zu pfänden und zu arretieren. „Sie waren mit Knüppeln bewafnet, und lauerten die Quilitzer in ihren Feldmarken auf, [...] wobei der Gerichtsdiener [...] ausdrücklich angewiesen war, bei einer Ueberlegenheit an Mannschaft Quilitzer Seits, nach Friedland zu eilen, und Verstärkung zu holen". Im Gegensatz zur Pfändung habe Frau v. Friedland die Arretierung von Quilitzern auf eigenem Boden nicht zugestanden. Währenddessen fand das Gericht für die Quilitzer lobende Worte: Die Friedländer seien auf Quilitzer Grund und Boden arretiert, die Arretierten überdies in den fünf Tagen ihres Arrestes gut behandelt worden, weshalb die Quilitzer gar nach Berlin zu ihrem Mandatarius gereist seien, um „Rath= und Verhaltungs=Regeln einzuholen". Die Verfahrenskosten wurden entsprechend dem Prozeßerfolg der Parteien zu je 23 Talern 16 Groschen aufgeteilt.[51]

6. Zwischenbilanz

An dieser Stelle, die das Ende des Prozesses hätte bedeuten können, läßt sich eine erste Betrachtung anstellen. Eine Streitfrage, die seit geraumer Zeit ungelöst im Raum gestanden hatte, konnte seit 1792 nicht mehr im persönlichen Kontakt der Herrschaften oder mit den lokalen Mitteln der patrimonialen Gerichtsbarkeit geschlichtet werden. Das Kammergericht

„verb reg. act. welches das Factitivum des vorigen ist, und eigentlich das verwesen machen bedeutet, aber nur von dem geringsten Grade der Verwesung, der mehr in einem mürbe werden bestehet, in der Landwirthschaft üblich ist. Man röstet das abgehauene oder abgeschnittene Getreide, wenn man es einige Tage auf dem Schwaden liegen läßt, damit es von dem Thaue oder Regen befeuchtet werde, und sich hernach desto beser dreschen lasse [...] Noch häufiger röstet man den Flachs, wenn man ihn, nachdem er gerauft worden, so lange in der Feuchtigkeit liegen läßt, bis der äußerste Bast mürbe wird, und sich gewisser Maßen zerreiben läßt. Diese Rösten geschiehet entweder so, daß man ihn verschiedene Nächte auf einer Wiese ausbreitet, damit er von dem Thaue benetzet und gebeitzet werde, oder auch dadurch, daß man ihn in Haufen in einen Fluß oder Teich leget, und oben mit schweren Körpern beleget [...].

49 BLHA, Alt-Friedland 34, fol. 5.

50 Ebd., fol. 20 u. BLHA, Alt-Friedland 35, fol. 16.

51 BLHA, Alt-Friedland 34, fol. 6., Mit der Verfolgung auf fremden Boden sei eine Bestimmung des Allg. Preuß. Landrechts (Part. I., Tit. XIV, § 420) verletzt worden.

wurde als territoriale Instanz angerufen. Dies wurde aus folgender sich zuspitzender Konstellation erforderlich:

a) Die Quilitzer sahen sich, nachdem ihre Interessen am See unter Markgraf Carl, dem Sohn und gutsherrlichen Nachfolger Markgraf Albrecht Friedrichs v. Brandenburg-Sonnenburg noch berücksichtigt und unter v. Lestwitz und v. Prittwitz nicht zum Gegenstand eines Streites gemacht wurden, unter Frau v. Friedland aus der Seenutzung ausgeschlossen. Dies wurde um so stärker als Einschränkung wahrgenommen, als Alt-Quilitz im Verlauf des 18. Jahrhunderts in den unterbäuerlichen Schichten einen kontinuierlichen Zuwachs zu verzeichnen hatte und daher erweiterte Möglichkeiten des Nahrungsgewinns und der Produktion zum Verkauf brauchte. Dieser Zuwachs wurde kaum durch den Zugewinn an „quabbigtem“ , also sumpfigem, Land am Rande des kleiner gewordenen Kietzer Sees kompensiert. Der Fischergemeinde stand die Seenutzung im Randbereich zu. Dies war ein besonders fischreicher Teil des Sees, der wegen des dichten Gras- und Rohrwuchses voller Nahrung und im Winter weniger vereist war. Gerade hier, wo die Verkleinerung des Sees zur Verunsicherung über die künftige Nutzungssituation führte, bestand auch das Recht der Friedländer Herrschaft zur Rohrnutzung und wurde von den Quilitzern das Recht zum Rohrschneiden und zum Hanf- und Flachsröten behauptet.

b) Die energische und streitbare Frau v. Friedland brachte v. Prittwitz gegenüber nicht dieselbe auf nachbarliches Einvernehmen zielende Haltung wie ihr Vater auf. Die Klärung ihrer Ansprüche, verbunden mit einer engagierten Haltung, diese auch nutzen zu wollen, sollte die Grundlage für ihr Meliorationsprogramm bilden, das sie trotz der vom Vater hinterlassenen Schulden verwirklichen wollte oder, wenn man will, wegen dieser Schulden durchführen mußte. Demgegenüber genügte v. Prittwitz seiner Pflicht als Gerichtsherr, indem er sich von seinen Untertanen durch Zeugenaussagen bestätigen ließ, sie hätten die behaupteten Rechte seit jeher innegehabt. Damit kam er auch gleich Angriffen zuvor, das Recht in seinem Zuständigkeitsbereich nicht geschützt zu haben. Frau v. Friedland führte den Prozeß für die Gemeinde Alt-Friedland mit, während die Friedländer ihr als ausführende Organe zur Verfügung standen und eingesetzt wurden. Die Überfälle und Wachen waren geplant und organisiert und weisen auf die Kooperation von Herrschaft und Gemeinde hin. Die juristisch gut beratene Gutsherrin muß sich darüber im Klaren gewesen sein, daß sie ihre Untertanen mit dem Eindringen in das Quilitzer Terrain zum Rechtsbruch anstiftete. Diese Rechtsverletzungen wurden ihr zur Last gelegt, und ihretwegen hatte die Gutsherrin die Hälfte der Prozeßkosten zu begleichen.

c) In dem Rechtsstreit waren nicht nur Herrschaft und Untertanen beteiligt, sondern auch eine Reihe von Beauftragten beider Seiten: Der Sekretär der friedländischen Herrschaft überfiel 1776 mit einigen Untertanen die Quilitzer Jungen. Der Quilitzer Administrator als Vertreter der Herrschaft schickte den Quilitzer Schulzen als Repräsentanten seiner Gemeinde nach Alt-Friedland, der beim Friedländischen Administrator um die Freilassung der Jungen bat. Der Quilitzer Justitiar Schultze aus Buckow nahm die Gemeindebefragung vor, der Friedländische Justitiar Krahmer schrieb die Anklageschrift Frau v. Friedlands und führte für sie das Verfahren. Die Quilitzer Gemeinde wählte sich, da ihr der prittwitzsche Justitiar nicht zur Verfügung stand, den Berliner Kriegs- und Kriminalrat Franke als Mandatarius vor dem Kammergericht und hoffte dabei vermutlich durch die Wahl eines höheren Angehörigen des Staatsdienstes ihre Erfolgsaussichten zu steigern. Auf Seiten der Herrschaft traten somit zwei Angehörige des nachbarlichen kleinstädtischen Bürgertums auf, die die Herrschaft juristisch berieten und Anordnungen ausführten. Die Kompliziertheit der juristischen Vorgänge mit ihren Fristen, Revisionen, Denunziationen, Instruktionen und Deduktionen – in diesem Fall 60 Schriftstücke – erzeugte einen steigenden Bedarf an juristisch gebildeten bürgerlichen Personen aus den Kleinstädten. Hier fiel die Wahl vorzugsweise auf Leute, die Bürgermeister, Juristen oder beides in einem waren. Das während des Prozesses eingeführte Allgemeine Preußische Landrecht vereinheitlichte zwar die Rechtsordnung, verminderte deswegen aber noch nicht ihren Aufwand und machte sie auch nicht einfacher. Das Prozeßwesen war außerdem von der Rechtsreform ausgenommen.[52]

d) Die Anrufung des Kammergerichts war für die einzelne Gemeinde kein alltäglicher Vorgang, in der Rechtsentwicklung Brandenburgs aber war das Auftreten von Gemeinden vor dem höchsten brandenburgischen Gericht bereits vor dem 18. Jahrhundert keineswegs außergewöhnlich. Schon Friedrich Großmann hat zahlreiche Fälle zwischen 1600 und 1630 aufgezeigt, in denen Gemeinden gegen ihre eigene Herrschaft Prozesse führten.[53] In neuester Zeit hat Lieselott Enders die eigensinnige Haltung uckermärkischer Bauern einschließlich der Beschreitung des Rechtsweges eingehend behandelt.[54] Über die Widerständigkeit der Quilitzer und Friedländer Untertanen sind mehrere Vorgänge zu verzeichnen.[55] Die gegenüber beiden Herrschaften selbstbewußt agierende Gemeinde Alt-Quilitz ging hier den zweiten großen Konflikt in diesem Jahrhundert ein. Den ersten hatte sie gegen ihre eigene Herrschaft, den Markgrafen Albrecht Friedrich von Brandenburg-Sonnenburg, um die Höhe der „extraordinairen“ Dienste geführt und erst nach fünf Jahren einlenken müssen. In diesem Streit hatten die Bauern weitgehend isoliert gekämpft. Dies war auf Grund der andersartigen Konfliktlage jetzt nicht der Fall. Die Alt-Quilitzer fanden sich über alle sozialen Untergruppen hinaus sogar mit den Neu-Quilitzern zusammen. Die Gemeinde wußte sich mit Hilfe ihres Rechtsvertreters gemäß der Prozeßordnung zu verhalten und deren Möglichkeiten auszunutzen. Dabei mußte sie auf eine aktive Hilfe ihres eigenen Gutsherrn verzichten, aber die Arretierung der friedländischen Wächter dürfte wohl nicht ohne Zustimmung oder Duldung des Herrn v. Prittwitz erfolgt sein.

e) Wie bei vielen Konflikten dieser Art lagen die Ursprünge weit zurück oder im Ungewissen. Das Pochen auf Gewohnheitsrechte und das Fehlen von Dokumenten erhöhten die Bedeutung von Zeugenaussagen, meist von Altsitzern aus den betroffenen Orten oder der Umgebung. Bevorzugt wurden als Zeugen ehemalige Schulzen und Gerichtsleute. Das Kammergericht wußte sich über die von den Parteien vorgelegten Zeugenaussagen hinaus Entscheidungsgrundlagen zu schaffen, indem die Kommissare ‚neutrale‘ Zeugen fanden, aus deren Aussagen eine plausible Rechtsfindung entwickelt wurde. Das Kammergericht fällte 1794 **ein** *vermittelndes Urteil,* das die Schuld gleichmäßig verteilte und beiden Seiten die Möglichkeit gab, das Gesicht zu wahren. Die Quilitzer waren mit diesem Ergebnis offensichtlich zufrieden, Frau v. Friedland hingegen betrachtete es als nicht gerechtfertigte Niederlage.

52 Vgl. *Hermann Conrad,* Das Allgemeine Landrecht von 1794 als Grundgesetz des friderizianischen Staates, in: Moderne Preußische Geschichte 1648–1947. Bd. 2. Hrsg. v. Otto Büsch/Wolfgang Neugebauer. Berlin/New York 1981, 598–621, hier 601.

53 Friedrich Großmann hat dabei 40 Kammergerichtsentscheidungen zwischen 1602 und 1626 über Streitigkeiten um das gutsherrlich-bäuerliche Verhältnis ausgewertet. *Friedrich Großmann,* Über die gutsherrlich-bäuerlichen Rechtsverhältnisse in der Mark Brandenburg vom 16. bis 18. Jahrhundert. Leipzig 1890.

54 *Enders,* Die Uckermark (wie Anm. 19), u.a. 193–201.

55 *Kaak,* Vermittelte Herrschaft (wie Anm. 1).

Angesichts ihrer aggressiven Strategie ist wiederum auf den Prozeß gegen ihr Dorf Wuschewier hinzuweisen, in dem es nach ihrem Empfinden durch Schuld des Gerichtes zu unnötigen Langwierigkeiten kam. Sie befand sich vier Jahre nach Übernahme der Herrschaft offenbar in einer Phase rechtlicher Klärungen, und das Kammergericht, dem sie ihren Ärger auch schriftlich kundtat, muß in diesen Verfahren für sie zum ‚roten Tuch' geworden sein.[56]

7. Das Revisions-Verfahren 1794 bis 1796

Gegen das Urteil ließ Frau v. Friedland ihren Justitiar Krahmer am 27. Oktober 1794 in vier Punkten Revision einlegen:

1. Die Grenzdefinition sei zu unpräzise, sie mache dadurch aus dem Verbot des Rohrwerbens und -schneidens faktisch ein Quilitzer Recht.
2. Die Erlaubnis des Hanf- und Flachsrötens im See würde für die Fische eine erhebliche Gefahr bedeuten.
3. Sie, Frau v. Friedland, müsse von jeglichem Schadensersatz freigesprochen und
4. von den Prozeßkosten befreit werden.

Was das Hanf- und Flachsröten angeht, verlegte sich Krahmer von den Beschädigungen, die das Kammergericht in Kauf zu nehmen entschieden hatte, viel stärker auf die ökologische Seite dieser Tätigkeit. Das vermehrte Röten würde „gar bald den genüglichen Ruin der Fischerey unvermeidlich nach ziehen müßen, da die Lauge einer so ungeheuren Menge in diesem See als dann zu röthenden Flachses und Hanfes, schlechterdings tödtlich für die Fische seyn müßte"[57]. Die Parteien verbissen sich weiter in ihre Argumentationen. Es wurden Eingaben und Deduktionen verfaßt und darin neue Zeugen aufgeboten. In der Appellationssentenz des Kammergerichts vom 7. Sept. 1795 wurde die erste Entscheidung darin bestätigt, daß die Quilitzer im Frühjahr „auf wasserleeren Districten" Rohr schneiden dürften. Hinsichtlich des Hanf- und Flachsrötens kam das Gericht abweichend zum Ergebnis, daß die Frage, ob es außerhalb des Sees keine Möglichkeiten zum Röten gebe, nur nach den örtlichen Gegebenheiten entschieden werden könne, und übertrug dies der kurmärkischen Kriegs- und Domänenkammer.[58] Dagegen legte ihrerseits die Gemeinde zu Alt-Quilitz Einspruch ein.[59]

Im Frühjahr und Sommer 1796 erreichten die den Prozeß begleitenden Aktionen der Gemeinden einen neuen Höhepunkt. Obwohl ihr Einspruch am 21. April vom Kammergericht abgelehnt worden war, nahmen die Quilitzer das Rohrschneiden im Wasser wieder auf und wurden im Mai von Friedländern vertrieben, die sich zu diesem Zweck mit Knüppeln bewaffnet hatten. Dennoch legten sie Anfang August Hanf in den Kietzer See ein. Obwohl ein Großteil davon gepfändet wurde, wiederholten sie das Hanfeinlegen. Daraufhin kam es am 15. August zu einem Kampf, in dessen Verlauf zwei friedländische Kähne, deren Insassen, von Frau v. Friedland „auf den See geschickt", vom Wasser her pfänden wollten, von „eine[r] große[n] Menge Quilitzer sämtlich mit Stangen und Knüppeln versehen" angegriffen wurden. Diese versuchten, aus einem Versteck hervorbrechend und „bis über den Leib im See herumwatend", sich der Friedländer zu bemächtigen. Auf Friedländer Seite befand sich auch der

56 Vgl. ebd., 99. Siehe dazu BLHA, Pr. Br. Rep. Alt-Friedland Nr. 282, fol. 130.
57 BLHA, Alt-Friedland 34, fol. 15.
58 BLHA, Alt-Friedland 35, fol. 5.
59 BLHA, Alt-Friedland 34, fol. 50.

Friedländer Jäger, der durch seine Drohung, von der Schußwaffe Gebrauch zu machen, den Ausschlag zum quilitzschen Rückzug gab. So konnten die Quilitzer die Hanfpfändung zwar nicht verhindern, jedoch den Kahn des Friedländers Schmah erobern und an ihr Ufer ziehen. Dieser Vorgang ging in die Geschichte des Prozesses als „Pfändungsexcess" ein.[60] Hier wurde der Einsatz körperlicher Gewalt und ihrer Hilfsmittel (Knüppel) überschritten, und zwar ganz sicher mit Billigung oder sogar auf Anweisung Frau v. Friedlands. Dies wirft ein Schlaglicht auf die gesteigerte Aggressivität in der Auseinandersetzung und damit auch auf die Bedeutung, die der Streit für die Parteien angenommen hatte.

8. Das Verfahren vor der Kurmärkischen Kriegs- und Domänenkammer 1796/97

Das Teilverfahren über das Hanf- und Flachsröten wurde im August 1796 von der Kurmärkischen Kriegs- und Domänenkammer übernommen, der Frau v. Friedland in einem Schreiben Alternativen zum Röten im See darlegte.[61] Auf der Dammühle trafen sich am 26. November 1796 als Untersuchungskommissare der Landrat Freiherr v. Schöning und der Justizbeamte Schreiber mit Angehörigen beider Gemeinden, um die Angelegenheit zu klären. Den Ort hatte man gewählt, weil er fast auf der Grenze der Gemeinden lag. Für die Repräsentanten der friedländischen Herrschaft und beider Gemeinden hatte die Mühle daher den Charakters eines neutralen Verhandlungsortes. Für Alt-Friedland erschien wieder der Justiz-Bürgermeister Krahmer. Die Quilitzer erschienen mit den Schulzen Ludwig Brose und Christian König und den Gerichtsleuten Martin Thiele und Christian Sievert, jeweils einer aus Alt- und einer aus Neu-Quilitz. Neben der Frage, wie schädlich das Röten hier sei, wurde wiederum bedacht, daß bei den Quilitzern ihr „Hauptgewerbe" betroffen war, und die Friedländer „an der Fischerey eine ansehnliche Nahrungs Branche haben".[62] Nicht erwähnt wurde hier, daß der Hanf- und Flachsanbau ein besonderes Interessengebiet des preußischen Staates bildete, was die Tätigkeit der Kommissare sicher mitbestimmte. Laut Bratring wurde in diesem Produktionszweig in Brandenburg um 1800 ein erheblicher Zuwachs angestrebt.[63] V. Schöning kam bei seiner Untersuchung zu keiner Entscheidung, er hielt zwar nach dem

60 BLHA, Alt-Friedland 35, fol. 1f. u. fol. 42.

61 Ebd., fol. 11f.

62 Ebd., fol. 15f.

63 Nach *Friedrich Wilhelm August Bratring*, Statistisch-topographische Beschreibung der gesamten Mark Brandenburg. Kritisch durchgesehene und verbesserte Neuausgabe von Otto Büsch und Gerd Heinrich mit einer biographisch-bibliographischen Einführung und einer Übersichtskarte von Gerd Heinrich. (Veröffentlichungen der Historischen Kommission zu Berlin, Bd. 22.) Berlin 1968, 96f., war „der Flachsbau in der Kurmark nicht so von Bedeutung wie im Halberstädtischen und Magdeburgischen, zwar in manchen Kreisen nicht ganz unansehnlich [...] Das jährlich gewonnene Flachsquantum ist aber kaum hinreichend, die Bedürfnisse des Landes und der kleinen Städte zu befriedigen. Berlin und die übrigen großen Städte müssen von auswärtigen Provinzen noch sehr unterstützt werden. [...] Der Hanfbau ist in der Kurmark nicht von Bedeutung. Die Domänenämter und Rittergüter gewinnen ihren Bedarf, und die Seiler in den Städten beziehen dieses Produkt aus Rostock, und schicken mehrere Tausend Thaler dafür ins Ausland. Der Anbau desselben [...] verdiente daher eine Aufmunterung."

Augenschein das Röten für unschädlich oder doch tragbar, denn es sei ja ohne Schäden „seit undenklichen Zeiten exercirt worden". Die „neuerlich geschärften" Grundsätze der „allgemeinen Landes Policey" verböten dies jedoch. Krahmer gab zu bedenken, daß das zunehmende Röten im kleiner gewordenen See einen höheren Grad an Schädlichkeit bedeute, zumal „in den 8 letzten dürren Jahren". Die Quilitzer verlegten sich demgegenüber auf die Forderung, daß Frau v. Friedland ihnen Alternativen zu eröffnen habe. Der Landrat übertrug daher die Prüfung von akzeptablen Alternativen dem Oberteichinspektor v. Alten.[64]

Für die Klärung der Rechtslage waren in den Schriftsätzen die Landesverordnungen seit 1702 angeführt.[65] Das Röten war demnach aus zwei Gründen verboten: Erstens würden die Flüsse, Teiche und Seen in Unordnung gebracht, da Hanf und Flachs während des Rötens mit Holz oder Steinen beschwert werden müßten. Diese ließe man häufig zum Schaden des Wasserflusses und der Fischerei an der Röte zurück. Zweitens würde die Wasserqualität gemindert, wenn Hanf und Flachs zu rotten begännen. Ergebnis des Entscheids der Domänenkammer vom 6. März 1797 war, daß den Quilitzern das Hanf- und Flachsröten im Kietzer See endgültig verboten wurde. Hierfür sollten Gruben ausgehoben und vom See aus mit Wasser gefüllt werden. Bei ihrer Anlegung, die nun doch als möglich angesehen wurde, sollte Frau v. Friedland „ keine Hindernisse in den Weg legen", denn der Gemeinde zu Quilitz müsse möglich sein, „ den bisher mit großem Vortheil für sich und für das allgemeine Beste getriebenen Flachs und Hanf Bau fernerhin mit Fleis und Eifer zu betreiben". Die Kosten für die Untersuchung durch die Kriegs- und Domänenkammer vor Ort in Höhe von 39 Talern zwei Groschen war wegen ihrer Appellation von der Gemeinde Quilitz zu tragen.[66]

Mit diesem Entscheid der Kurmärkischen Kriegs- und Domänenkammer vom 6. März 1797 endete der fünfjährige Streit. In einem Nachspiel im Winter 1800/01 konnten die Friedländer das gewonnene Rohr wegen des milden Wetters nicht über das Eis des Kietzer Sees, sondern nur über quilitzsches Territorium transportieren. Hierbei entstanden nach Ansicht der Quilitzer Herrschaft Schäden an Bäumen, Sträuchern und Wegen. Sie verweigerte die Durchfahrt und pfändete die Abfuhre. Daraus entspann sich seit dem 1. Mai 1801 ein wei-

64 BLHA, Alt-Friedland 35, fol. 15f.

65 Ebd., fol. 45: In den Edikten vom 17. Dezember 1702, vom 16. April 1707 und vom 23. Februar 1733 wurde das Hanf- und Flachsröten in Seen und Flüssen ganz untersagt. Im „Haushaltungs- und Wirtschafts=Reglement vor die Aemter des Herzogtums Pommern und der Lande Lauenburg und Bütow" vom 11. Mai 1753 wurde vorgeschrieben, daß das Röten „an der freien Luft, durch Ausbreitung des Flachses auf dem Acker", also das Tauröten, wegen der besseren Qualität der Leinwand dem Röten in Pfühlen und Seen vorzuziehen sei. In der „Instruction worauf sich die Policey=Ausreuter, in der Mittel, Ucker= und Alte-Mark auch Prignitz, allergehorsamst zu achten haben" vom 23. Februar 1754 wird ihre Kontrollaufgabe betont. In der „Dorf=Ordnung für das Fürstentum Minden" vom 7. Febr. 1755 wird beklagt, daß das „Teich= und Fisch=Waßer, ja ganze Bäche und Flüße, durch das Flachs= und Hanf=Röthen öfters verwüstet, und voller Enden Holz und Steine gefüllt werden". Es wird ausdrücklich auf das Verbot hingewiesen, „das faule Wasser aus den Röthe=Gruben, in die fließenden Bäche laufen zu laßen". „Gruben Schau Ordnung des Nuthe Flußes" vom 9. September 1781. In der „Fluß= und Schau=Ordnung für den Gartaue Fluß" vom 30. Juni 1794, der letzten Verordnung vor dem Prozeß, wurde in § 24 festgesetzt: „Das Flachs und Hanfröten in den Wässern der Gartaue, ist nicht anders erlaubt, als wenn dazu außerhalb unter dem Fluß, von der Schau=Commission unschädlichen Oerter angewiesen, und zu ihrem Behuf, außer Verbindung mit dem Fluß, tiefe Gruben ausgegraben werden."

66 BLHA, Alt-Friedland 35, fol. 44.

terer Prozeß, in dem Frau v. Friedland sich nicht durchsetzen konnte. Sie erlebte selbst den Abschluß dieses Verfahrens nicht mehr, da sie im Februar 1803 starb.

9. Schlußfolgerungen

a) Eine kommunale Grenze – gleichzeitig Herrschafts- und Kreisgrenze – wurde hier von der Mikroebene her aus den Ansprüchen von Gemeinden und Gutsherrschaft bestimmt. Der Konflikt um die 1763 zu vage beschriebene Grenze ging von den dörflichen Nutzern aus. Es wurde kein Zwang von höherer administrativer Ebene ausgeübt, auf den die kommunale Ebene sich einzustellen gehabt hätte, sondern die höhere Schiedsinstanz wurde von der kommunalen Ebene aus bemüht. Im Bestreben, ein salomonisches Urteil zu fällen, versuchte das Kammergericht mit der *weichen Grenze* die Konfliktlage durch Umgehung einer exakten räumlichen Markierung zu regulieren und eine praktisch ausgeübte gemeinsame Nutzung so weit wie möglich zu erhalten. Gemeinde- und Nutzungsgrenze wurden nicht voneinander abgekoppelt. Zu dieser nach dem Wasserstand wechselnden kombinierten Grenze boten sich anscheinend lange Zeit auch keine praktikablen Alternativen. Die Regelung hatte nämlich bis 1843/44 Bestand, da auch im Regulierungsverfahren von 1806 bis 1808 keine durch Grenzmarken fixierte Grenze zustandekam.[67] Es bot sich hier ein Geländestreifen, auf dem durch Natur und Topographie der Drang von Menschen und Menschengruppen unterlaufen wurde, Reviere abzustecken und das Bestimmungsrecht über diese zu verteidigen, zumal wenn sich als Denkgewohnheit entwickelt hat, daß das Schaffen ‚klarer Verhältnisse' erstrebenswert ist.[68] So etwas wie ein Grenzgang konnte hier, wie sich beim Grenzregulierungsversuch 1806 bis 1807 herausstellte, gar nicht stattfinden.[69]

Das Kammergericht übertrug nach Korrektur des eigenen Spruches die Entscheidung an die Kurmärkische Kriegs- und Domänenkammer, die die konkrete Überprüfung ihrerseits an einen nachgeordneten Beamten delegierte. Der endgültige Bescheid wurde so zweimal hinausgezögert und das Verfahren um Monate verlängert, nach der Lage vor Ort gab es jetzt offensichtlich keine Gründe mehr, wegen des Fehlens von Alternativen das allgemeine Röteverbot in fließenden Gewässern außer Acht zu lassen. Die Friedländer Gutsherrin hatte sich damit auch hier durchgesetzt, denn *das geltende Recht stützte ihre ökologische Argumentation.*[70] Das

67 BLHA, Pr. Br. Rep. 37, Neuhardenberg Nr. 51 u. 52.

68 Die grenzphilosophische Frage, inwieweit und warum Einzelpersonen und Kollektive zur Absteckung von Revieren neigen, kann hier nur kurz berührt werden. Das Phänomen, eindeutige Grenzen abstecken und sichern (das heißt über den Umgang mit ihnen bestimmen) zu wollen, ist jedenfalls weit älter als die frühe Neuzeit. Vgl. die Hinweise von *Furter-Moll*, Gemeindegrenzen (wie Anm. 16), 20 auf das alte Ägypten. Für das 18. Jahrhundert kommt in dem Artikel „Grentzen" in *Johann Heinrich Zedler*, Grosses vollständiges Universal-Lexikon aller Wissenschafften und Künste. Halle-Leipzig 1735, Bd. 11, Sp. 832–833 zum Ausdruck, daß über das Thema Grenzen durchaus klare Vorstellungen herrschten und danach ein definierter Raum zu einem Dorf oder einer Stadt gehörte.

69 BLHA, Neuhardenberg 52, fol. 55: Obwohl es Mitte September (1806) und nicht außergewöhnlich feucht war, konnte „ dieser Grenzzug nicht weiter geführet werden, weil die Bodenlosigkeit der Gräben und Wiesen den Zutritt zur Grenzlinie schlechterdings verwehrte [...]".

70 Zur Frage des ökologischen Bewußtseins um 1800 scheinen mir folgende Annahmen von Bedeutung zu sein: Während Günther Bayerl davon ausgeht, „daß sich im 18. Jahrhundert die Naturauffassung

Problem der Beeinträchtigung von Nahrungsgrundlagen durch wirtschaftliche Nutzung sollte hier durch die örtliche Trennung beider Bereiche gelöst werden.

b) Die Gemeinden standen in einem sehr ungleichen Verhältnis zueinander: auf der einen Seite das vereinte Quilitz mit über 1.000, auf der anderen Alt-Friedland mit weniger als 400 Einwohnern. In Alt-Quilitz waren 120 Familien, in Alt-Friedland 10 Fischerfamilien unmittelbar betroffen. Vom Gelände her waren die Quilitzer ebenfalls im Vorteil. Die Kontrolle und Abwehr unerlaubter Nutzungen war den Friedländern wegen der Topographie erschwert, der Kampf um die Reviergrenze mußte auf gegnerischem Terrain stattfinden. Die Quilitzer waren daher bei Festnahmen im Recht, die Friedländer im Unrecht. Nur beim „Pfändungsexcess" konnte der Spieß einmal umgedreht werden, da der Kampf auf dem Wasser stattfand.

c) Selbst während des laufenden Verfahrens trieben die Parteien den Streit weiter, in der ständigen Sorge, die Hinnahme von Tätigkeiten der Gegenseite könnte vom Gericht als Eingeständnis von deren Rechtsansprüchen gedeutet werden. Sie taten dies auch auf die Gefahr hin, bestraft zu werden. Es gab eine Kette von Grenzüberschreitungen, die sich in ihrer Gewaltsamkeit steigerten, der „Pfändungsexcess" mit der Androhung des Schußwaffengebrauchs stellte den Höhepunkt dar. Diese Überfälle und der Pfändungexzeß wurden Anfang Februar 1797 noch einmal in einer Verhandlung zwischen den Gemeinden aufgerollt. Der Vorgang wurde jetzt, wo man dabei war, sich zu einigen, in ein ganz anderes Licht gerückt; es wurde von „einer übertriebenen Beschreibung" unmittelbar nach dem Geschehen gesprochen.

derart änderte, daß die Natur zunehmend nur noch in ihrem Nutzen für das – ökonomische – Wohlergehen des Menschen gesehen wurde" (*Günther Bayerl*, Prolegomenon der „Großen Industrie". Der technisch-ökonomische Blick auf die Natur im 18. Jahrhundert, in: Umweltgeschichte. Umweltverträgliches Wirtschaften in historischer Perspektive. Acht Beiträge. Hrsg. von Werner Abelshauser [GG, Sonderheft 15: Umweltgeschichte]. Göttingen 1994, 29–56, hier 29), hat Ludwig Trepl die These aufgestellt, daß sich „um 1800 der kategoriale Horizont im Umkreis des Begriffs ‚Lebewesen' derart verschob, daß man [bereits] von dieser Zeit an von Ökologie im engeren Sinne sprechen kann" (*Ludwig Trepl*, Geschichte der Ökologie. Vom 17. Jahrhundert bis zur Gegenwart. Frankfurt/M. 1987, 89). Diese scheinbar unvereinbaren Entwicklungen müssen einander nicht zwangsläufig ausschließen, denn eine allgemeine ökonomische Verhaltensänderung kann durchaus Ausgangspunkt für neue Denkansätze sein. Daß es lange vor 1800 Bereiche gab, in denen ein Spannungsfeld zwischen Nutzung und Schädigung empfunden wurde und daß gerade bei die Wasserverunreinigung „Schädigungen schon sehr früh wahrgenommen wurden", findet Günter Bayerl in der Auseinandersetzung um die Papiermühle Mögeldorf bei Nürnberg 1591 bestätigt (*Günter Bayerl*, Das Umweltproblem und seine Wahrnehmung in der Geschichte, in: *Callies, Rüsen, Striegnitz* [Hrsg.] Mensch und Umwelt, 47–96, hier 75). Joachim Radkau unterstützt dies: „Die durch Bergwerke, Papiermühlen, Lohgerbereien, Flachsrösten verursachten Umweltschäden manifestierten sich besonders im Wasser". (*Joachim Radkau*, Wald- und Wasserzeiten, oder: Der Mensch als Makroparasit? Epochen und Handlungsimpulse einer humanen Umweltgeschichte, in: Callies, Rüsen, Striegnitz (Hrsg.), Menschen und Umwelt, 139–174, hier 152). Wenn Ludwig Trepl den Beginn des Umweltschutzes – und er nennt dabei die Gewässerreinhaltung ausdrücklich – erst an das Ende des 19. Jahrhunderts verlegt (*Trepl*, Geschichte der Ökologie, ebd.) sind ihm die in Anmerkung 65 erwähnten Edikte und Ordnungen seit 1702 entgegenzuhalten. Sie zeigen eindeutig, daß der Gewässerschutz als ein sich verschärfendes und von staatlicher Seite zu behandelndes Problem gesehen wurde. Selbst wenn man davon ausginge, daß die Besorgnis Frau v. Friedlands um die Reinhaltung der Gewässer nur prozessualem Kalkül entsprach, hätte sie hier einer Bemühung um den Umweltschutz zum Erfolg verholfen.

Der Jäger habe in Wirklichkeit „wenig Neigung gehabt sein Schiesgewehr auf die Quilitzer zu lösen". Die Schuld wurde gegeneinander aufgerechnet und der Konflikt damit „in Güte beygelegt"[71]. Hier deutet sich wohl etwas von der Geübtheit, Konfliktlagen zu verarbeiten, an, wie sie Jan Peters für den innergemeindlichen Bereich konstatiert hat[72], zumal es um einiges ging. Die Friedländer Fischerei scheint vor allem für den eigenen Verbrauch bestimmt gewesen zu sein, denn 1735 wird der jährliche Verkauf mit sieben bis acht Talern angegeben.[73] Um zu den 8.000 Talern Jahreseinnahmen der Quilitzer Hanf- und Flachsproduktion[74] einen Vergleich zu bieten, sei erwähnt, daß ein jährlicher Besitzertrag von 8.319 Talern zugrundegelegt wurde, als v. Prittwitz 1763 die Herrschaft Quilitz von Friedrich II. geschenkt erhielt.[75]

d) Angesichts der gutsherrlichen Zurückhaltung *nahm die Quilitzer Einwohnerschaft die Verteidigung ihrer Interessen selbst in die Hand.* Die Gutsherren griffen nicht in den Prozeß ein, sondern unterstützten ihre Gemeinde nur mit ihren gerichtsherrschaftlichen Möglichkeiten vor Ort (z.B. durch Zeugenbefragungen). Wenn die Quilitzer den Prozeß selbst führten, bedeutete dies größere Risiken, aber auch weitere Handlungsspielräume. Sie wählten sich selbst im März 1793 den Rechtsvertreter, entwickelten mit ihm ein Konzept für den Prozeß und konsultierten ihn wegen der Behandlung der arretierten Friedländer, hatten jedoch dafür und für die erfolglose Revision die Kosten zu tragen. Während es in der Frage des Rohr- und Grasschneidens zu einem Kompromiß kam, ließ sich der Anspruch auf die Fischerei nicht aufrechterhalten, auch erwies sich die gerichtliche Klärung des Rötens, die die Quilitzer nach Wahl des Rechtsbeistandes anstrebten, als Fehlschlag.

Fischer und Herrschaft kämpften in Alt-Friedland Hand in Hand, weil ihre Interessen gegenüber einem ‚äußeren Feind' parallel gelagert waren. Die für die Friedländer Fischer ungünstige Ausgangslage war für Frau v. Friedland die beste Gelegenheit, sich als Schutzherrin hervorzutun. Da sie selbst in ihren Rechten betroffen war und Chancen im Prozeß sah, fiel ihr das um so leichter. Sie zog 1792 sofort die Prozeßführung an sich, war an den friedländischen Aktivitäten maßgeblich organisatorisch beteiligt und nahm nachteilige Folgen, vor allem die Justitiars- und Gerichtskosten in Kauf. Der Prozeßverlauf zeigt, daß durch ihr Eingreifen die Nachteile der Friedländer sehr weitgehend ausgeglichen wurden, die gutsherrlichen Belange hingegen (Schutz des im Herbst zu erntenden Rohrs) nicht zu sichern waren. Die Friedländer erlebten sie als Schutzherrin, die über sie zum Teil als ausführende Organe verfügte. Hierin kann man die autoritär-fürsorglichen Züge **einer** *maternalen Gutsherrin* erkennen. Wie es einer Gemeinde erging, wenn sie nicht gehorsam war und sich hinsichtlich des Herrschaftsverhältnisses mit Frau v. Friedland in Streit einließ, zeigt der erwähnte und an anderer Stelle geschilderte Konflikt mit der Kolonistensiedlung Wuschewier 1792 bis 1794. Frau v. Friedland erwartete, daß man seine Dienstpflichten erfüllte und sich ihren Reformideen grundsätzlich fügte. Hielt man sich hieran nicht, so war kaum mehr auf Gnadenakte der nach eigener Einschätzung „mütterlichen" Gutsherrin zu rechnen.[76]

71 BLHA, Alt-Friedland 35, fol. 36 und 42.

72 *Peters*, Gutsherrschaftsgeschichte (wie Anm. 4), 17.

73 *Schmidt*, Die Herrschaft Friedland (wie Anm. 25), 42.

74 BLHA, Alt-Friedland 35, fol. 16.

75 BLHA, Neuhardenberg 1997, fol. 5.

76 Zur „mütterlichen" Gutsherrin vgl. BLHA, Pr. Br. Rep. 37 Alt-Friedland Nr. 282, fol. 128 f. Zur „maternalen Herrschaft" vgl. *Kaak*, Vermittelte Herrschaft (wie in Anm. 1), 113–117.

e) Der Grenzkonflikt ließ zumindest die Friedländer konkret erfahren, daß es jenseits der permanent bestehenden Spannungen um die Frondienste Gemeinsamkeiten mit der Herrschaft gab. Gerade die Gutsherrschaftsgesellschaften waren angesichts dieses hohen Konfliktpotentials bei gleichzeitiger engster Verflechtung von Guts- und Untertanenwirtschaften besonders auf gemeinsamkeitsstiftende symbolische Gesten und praktische Handlungen angewiesen. An diesen fehlte es nicht selten, und die Herrschaft suchte zur Durchsetzung ihrer Ziele ihr Heil in Gewalt – mit einem in der Regel dürftigen ökonomischen Ergebnis. Wenn aus einer solchen Funktionsweise[77] eine Funktionsfähigkeit von Gutsherrschaft werden sollte, mußte an ihrer Akzeptanz gearbeitet werden. Frau v. Friedland, die ein umfassendes Meliorationsprogramm – auch zum Nutzen ihrer Untertanen – umsetzen wollte, setzte hier die Beschützerrolle als Mittel ein, um bei ihren Untertanen ein eher billigendes Hinnehmen ihrer Herrschaft zu bewirken. Dies bildete eine der Voraussetzungen für ihre kompetente und nachdrückliche Wirtschaftsführung, für die sie neben ihren landwirtschaftlichen Versuchen von den Agrarwissenschaftlern des 19. Jahrhunderts in den Kreis um Albrecht Thaer[78] erhoben wurde.

77 Zum Begriff „Funktionsweise" vgl. *Peters*, Gutsherrschaftsgeschichte (wie Anm. 4), 7.

78 Auf dem Sockel des 1860 in Berlin aufgestellten von Christian Daniel Rauch entworfenen Albrecht-Thaer-Denkmals wurde sie neben den „Vätern der Landwirtschaft" des 19. Jahrhunderts – gewissermaßen als ihre einzige Mutter – verewigt. Vgl. Denkmal Albrecht Thaer's zu Berlin, entworfen von Chr. Rauch, ausgeführt von Hugo Hagen mit Texten von Theodor Fontane. Berlin 1860, 5.

Ernst Münch

Herrschaftsstreit in den Augen der Gutsuntertanen: Das Beispiel Toitenwinkel bei Rostock*

Mein Beitrag beschäftigt sich mit Zeugenaussagen von Untertanen eines der größten mecklenburgischen adligen Gutskomplexe, dem Toitenwinkel bei Rostock, aus den 1570er Jahren. Neben dem Umfang dieses Lehngutes, das sich vom Ende des 13. bis Ende des 17. Jahrhunderts mit zeitlich geringfügigen, aber inhaltlich bedeutenden Unterbrechungen im Besitz der alten mecklenburgischen Adelsfamilie Moltke[1] befand, bietet sich der Toitenwinkel für detailliertere Untersuchungen von Gutsherrschaftsgesellschaft(en)[2] in Mecklenburg insbesondere deshalb an, weil seine Geschichte nicht nur in Moltkescher Zeit durch nahezu ununterbrochene Streitigkeiten[3] zwischen der Toitenwinkler Grund- bzw. Gutsherrschaft und der größten Stadt Mecklenburgs, Rostock, gekennzeichnet war, in die sich besonders zum Ende der Moltkezeit auf Toitenwinkel auch die Landesherrschaft intensiv mit eigenen Erwerbungsambitionen einschaltete. Daraus erwuchs eine relativ dichte schriftliche Überlieferung.[4] Sie erlaubt m. E. auch einige Einblicke in die Toitenwinkler Gutsherrschaft aus – wenn ich so formulieren darf – „Potsdamer Sicht".[5]

Ich konzentriere mich nachfolgend auf Quellen, die aus Streitigkeiten um die bzw. auf der Unterwarnow, der für Rostock lebenswichtigen Verbindung vom städtischen Hafen nach Warnemünde, Rostocks Tor zur Welt – oder zumindest doch zur Ostsee –, in den 1570er

* Anmerkungen sind, der Vortragsfassung folgend, auf das Notwendigste beschränkt worden.

1 Vgl. als Überblick: *Ernst Münch*, Glanz und Elend der Moltkes im Toitenwinkel. Aus dem Alltag eines mecklenburgischen Adelsgeschlechts im Spätmittelalter und in der frühen Neuzeit, in: ZfG 41, 1993, H. 4, 322–328.

2 Zur Begrifflichkeit siehe *Jan Peters*, Gutsherrschaftsgeschichte in historisch-anthropologischer Perspektive, in: Gutsherrschaft als soziales Modell (HZ Beiheft, 18.). Hrsg. v. Jan Peters. München 1995, 3–21.

3 Vgl. demnächst *Ernst Münch*, Die Hansestadt Rostock und die Moltkes – Schlaglichter auf ein spannungsvolles Verhältnis, in: Akteure und Gegner der Hanse (im Druck).

4 Im Archiv der Hansestadt Rostock (AHR): der jüngst neu geordnete Bestand 1.1.3. 17. Rat. Toitenwinkel und Rostocker Wulfshagen; im Mecklenburgischen Landeshauptarchiv Schwerin (MLHA): Lehnakten Toitenwinkel und Akten des Domanialamtes Toitenwinkel.

5 Programmatisch hierzu die Beiträge in den bislang vorgelegten beiden Sammelbänden: *Jan Peters* (Hrsg.), Gutsherrschaft (wie Anm. 2); *ders.* (Hrsg.), Konflikt und Kontrolle in Gutsherrschaftsgesellschaften (Veröffentlichungen des Max-Planck-Instituts für Geschichte, Bd. 120.) Göttingen 1995.

Jahren hervorgingen, die wir aber in ähnlicher Weise sowohl vorher wie insbesondere auch in späteren Jahrzehnten sich wiederholen sehen können.

Zur historischen und geographischen Orientierung: In der zweiten Hälfte des 16. Jahrhunderts – in Mecklenburg generell war der Trend zur Herausbildung bzw. Intensivierung von Gutsherrschaften unverkennbar[6] – lagen dunkle Wolken über dem Moltkeschen Familienzweig auf Toitenwinkel: 1564 war der damalige Herr auf Toitenwinkel, Junker Carin Moltke, durch seinen eigenen Müller erschlagen worden.[7] Knapp ein Jahrzehnt später wurde die Moltkewitwe Elisabeth, eine geborene Halberstadt, wegen Mittäterschaft bei Urkundenfälschungen, die sie vermutlich sogar angestiftet hatte, zeitweilig des Landes verwiesen.[8] Zugleich lasteten schwere Schulden auf den Toitenwinkler Moltkes – wahrscheinlich eine der Ursachen für die spektakulären Urkundenfälschungen, die den Fälscher 1572 das Leben kosteten. Dennoch behaupteten sich die Moltkes, wie bereits Jahrhunderte vorher und noch ein Jahrhundert danach, auf diesem, einem ihrer Stammlehen. Zwar waren die damaligen Repräsentanten der Landesherrschaft, zu denen die Toitenwinkler Moltkes zuvor und auch danach in wichtigen Funktionen sehr enge Beziehungen pflegten, wegen der Fälschungsaffäre nicht gerade gut auf die Moltkes zu sprechen. Noch in seinem Testament vom Dezember 1573 nahm einer der damals regierenden mecklenburgischen Herzogsbrüder, Johann Albrecht I., kritisch Bezug hierauf.[9] Aber wenn es gegen das widerspenstige Rostock ging, neigten die Landesherren im Zweifelsfalle immer ihren adligen Vasallen zu.

Ich gestatte mir in diesem Zusammenhang die Anmerkung, da die Verschuldung der ritterschaftlichen Gutsherren offenbar ja nicht nur ein mecklenburgisches Phänomen[10] war, daß dieser Verschuldung zumindest in Mecklenburg sozusagen künstlich nicht zuletzt auch durch die Landesherrschaft gegengesteuert wurde, so daß ungeachtet jahrzehnte–, um nicht zu sagen jahrhundertelanger Verschuldung adlige Besitzungen auch adlige Besitzungen blieben, offenbar nicht selten auch innerhalb ein und derselben adligen Familie.

Vor diesem Hintergrund hielten auch die Kinder des erschlagenen Carin und der verbannten Elisabeth Moltke nicht etwa still in ihren Auseinandersetzungen mit dem eigentlich für sie übermächtigen Rostock, zumal Anfang der 1570er Jahre die Herzöge erneut kriegerisch – wie zuletzt in den 1560er Jahren – gegen die nach völliger Autonomie von der Landesherrschaft strebende Hansestadt Rostock vorgingen.[11]

6 Überblick zuletzt bei *Ernst Münch*, Zwischen Untertänigkeit und Freiheit – die Bevölkerung auf dem Lande, in: 1000 Jahre Mecklenburg. Geschichte und Kunst einer europäischen Region. Hrsg. v. Johannes Erichsen. Rostock 1995, 104–112; *ders.*, Bauer und Herrschaft. Zu den Anfängen und zur Entwicklung der Grundherrschaft in Mecklenburg und Vorpommern, in: Ein Jahrtausend Mecklenburg und Vorpommern. Biographie einer norddeutschen Region in Einzeldarstellungen. Hrsg. v. Wolf Karge/Peter-Joachim Rakow/Ralf Wendt. Rostock 1995, 121–128.

7 Vgl. hierzu *Karl Koppmann*, Einnahmebuch der Kirchenvorsteher zu Toitenwinkel 1562 – 1635, in: Jahrbücher des Vereins für mecklenburgische Geschichte 54, 1889, 85–97.

8 Vgl. *Hans Witte*, Wilhelm Ulenoge und seine Urkundenfälschungen, in: Jahrbuch des Vereins für mecklenburgische Geschichte 66, 1901, 7–64.

9 AHR. Rat. Landtag 4 (1572–1579). Testament Herzog Johann Albrechts I. vom 22. Dezember 1573.

10 Sehr instruktiv hierzu die Beiträge von *Lieselott Enders*, „Aus drängender Not". Die Verschuldung des gutsherrlichen Adels der Mark Brandenburg im 17. Jahrhundert, in: JbGMOD 43, 1994, 1–23; *dies.*, Die Vermögensverhältnisse des Prignitzer Adels im 18. Jahrhundert, in: JbBrandLG 46, 1995, S. 76–93.

11 Vgl. *Karl Friedrich Olechnowitz*, Rostock von der Stadtrechtsbestätigung im Jahre 1218 bis zur bür-

Zur geographischen Situation: Betroffen waren zumeist verständlicherweise die die Unterwarnow zwischen Rostock und Warnemünde auf der gegenüberliegenden rechten Seite des Warnowufers direkt berührenden Orte des Toitenwinkels Gehlsdorf (damals noch Michelsdorf) samt der Fähre nach Rostock und Oldendorf (ehemals Alt Krummendorf) mit dem damals schon wüstgefallenen, aber den älteren Gutsuntertanen noch geläufigen „Lübberstorf".

Die konkreten Streitanlässe bzw. -ursachen können wir hier im wesentlichen vernachlässigen: Sie betreffen – übrigens immer wieder – die Ausübung des Strandrechts sowie der Fischerei durch die Moltkeschen Gutsuntertanen auf bzw. an der Unterwarnow, die ihnen die Stadt Rostock hartnäckig und mitunter – wie in diesen Fällen – gewalttätig verweigerte.

Gehen wir daher nun zu den Zeugenaussagen[12] über, die m. E. – um dies bereits vorwegzunehmen – interessante Einblicke in die Sicht der Moltkeschen Gutsuntertanen auf den Herrschaftsstreit zwischen Toitenwinkel und Rostock und ihre Situation darin gestatten sowie in eine erstaunlich differenzierte Struktur einer doch wohl klassisch zu nennenden mecklenburgischen Gutsherrschaftsgesellschaft.

Junker Heinrich, einer der Söhne des erschlagenen Carin Moltke, bot seinerseits 40 Zeugen auf, die durch fürstliche Kommissare 1573 verhört wurden. Ihre Auswahl erfolgte in erster Linie aufgrund der bei ihnen zu vermutenden Kenntnisse über die strittigen Vorgänge, in die sie zumeist selbst involviert waren. Hieraus und aus dem damaligen bzw. ehemaligen Untertanenverhältnis gegenüber den Toitenwinkler Moltkes resultierte selbstverständlich eine weitgehende prinzipielle Übereinstimmung mit bzw. Parteinahme zugunsten der Moltkeschen Auffassung. Das war ja auch der Sinn dieser Auswahl, ähnlich wie es der Rostocker Rat mit seinen Zeugen machte, die selbstverständlich die rätliche Position als richtig und gerecht darstellten. Bekanntlich verdunkelten ja derartige gegenteilige Zeugenaussagen die Rechtslage oftmals eher, als daß sie sie aufhellten.[13]

Um dennoch mit der Wahrheit möglichst weitgehend übereinstimmende Aussagen zu erhalten, wurden die Zeugen nicht nur vereidigt und vor Meineid ernstlich gewarnt, sondern auch Kriterien für ihre Seriosität bei ihrer Auswahl beachtet: Höheres Lebensalter, relativ solides Einkommen, christlicher und solider Lebenswandel. Ausnahmen betrafen zumeist nur Zeugen für spezielle Fragen, in die gegebenenfalls auch oder nur Personen involviert waren, die den generellen Anforderungen an einen Zeugen ansonsten nicht entsprachen.

In unserem Fall waren daher besonders Einwohner aus Gehlsdorf, von der Fähre, aus Oldendorf, Krummendorf, Petersdorf und Peez als Zeugen aufgeboten. Hinzu kamen – in geringerer Zahl – Bewohner fast aller übrigen Orte des Toitenwinkels, der 12 Orte umfaßte, sowie aus Rostock und einigen weiteren Nachbarorten.

Die Aussagen der Zeugen lassen – namentlich bezüglich ihrer persönlich-rechtlichen und wirtschaftlichen Situation – zunächst erwartungsgemäß und kaum überraschend die Grund-

gerlich-demokratischen Revolution von 1848/49. Rostock 1968, 123–145; *Helge Bei der Wieden*, Rostock zwischen Abhängigkeit und Reichsunmittelbarkeit, in: *Roderich Schmidt* (Hrsg.), Pommern und Mecklenburg. Beiträge zur mittelalterlichen Städtegeschichte. Köln/Wien 1981, S. 111–132.

12 Die folgenden Ausführungen und Zitate beziehen sich – falls nicht anders angemerkt – auf das Verhör der Moltkeschen Zeugen von 1573, AHR. Rat. Toitenwinkel und Rostocker Wulfshagen 1.1.3.17.20. und 21.

13 Exemplarisch für eines der Dörfer des Toitenwinkels vgl. demnächst *Ernst Münch*, Zwischen Beharrung und Umbruch. Rostocker Hospitalbauern in Dierkow um 1800, in: Jahrbuch für Regionalgeschichte 20 (im Druck).

strukturen des bis zu einem gewissen Grade vereinheitlichten Untertanenverbandes erkennen. Soweit die Zeugen sich nicht in andere Dienste bzw. in die Stadt begeben haben, sitzen sie unter ihren Junkern, den Moltkes, d. h. sind ihre Untertanen mit grund- und gerichtsherrlicher Abhängigkeit. Sehr häufig werden sie auch durch ihre Herrschaft oder Dritte als arme Leute oder arme Bauern bezeichnet, zumeist wenn es um ihre Bedrückung durch fremde Herrschaft geht. Wie wir noch sehen werden, hat eine solche Bezeichnung demgegenüber in der Regel nichts mit wirtschaftlicher Armut zu tun. Die persönliche Abhängigkeit von der Gutsherrschaft zeigt sich auch darin, daß die Bewohner des Toitenwinkels in den damaligen Steuerregistern summarisch für die einzelnen Orte des Toitenwinkels als der Moltken Lude (im Gegensatz etwa zu der Herren Lude in domanialen Dörfern) bezeichnet wurden.[14] Die Gutsuntertanen waren dem Gutsherrn durch Eid verpflichtet, letzterer wurde für die Zeit der Befragung als Zeugen aus Gründen der wahrheitsgetreuen Aussage aufgehoben.

Gegenüber solchen Generalisierungen weisen die eigenen Angaben der Moltkeschen Zeugen zur Art des Nahrungserwerbs sowie des Vermögens deutliche Differenzierungen auf. Der Paursman bzw. seine Ehefrau bezeichnen sich selbst auch als von schwerer Arbeit, nämlich vom Kornbau lebender Haus- oder Ackersmann, der mitunter zugleich auch Krüger oder Zimmermann sein kann. Sein Vermögen beläuft sich auf 100 bis über 200 Gulden. Daneben steht – in geringerer Zahl – der Kossat (mit bis zu 100 Gulden Vermögen, Einheiraten der Kossaten in die Schicht der Hufenbauern waren möglich), der Landhandwerker (Leinweber), der Viehhüter bzw. Hirte, die Magd. Letztere mit geringem oder keinem eigenen Vermögen oder in Unkenntnis dessen, was sie zu erwarten hätte. Auch der Moltkesche Vogt von Toitenwinkel, der übrigens wie auch seine Herrschaft und der Küster der Toitenwinkler Kirche Wohnungen bzw. Häuser und Buden in Rostock besaß[15], wurde als Zeuge aufgeboten. Die (Hufen)bauern und Kossäten des Toitenwinkels können nach damaligen Vorstellungen nicht unbedingt als wirtschaftlich arm gelten. In Rostock galten laut Gerichtsordnungen[16] von 1574 bzw. 1586 50 bzw. 30 Gulden als Vermögensgrenze zur Armut. Allerdings zeigt ein Vergleich mit den Vermögensabgaben der Rostocker Zeugen auch einen beträchtlichen Abstand zuungunsten der Toitenwinkler Gutsuntertanen. Gaben Rostocker Ratsherren bzw. Patrizier und Brauer – damals generell die Oberschicht in Rostock[17] – ihr Vermögen mit jeweils mehreren tausend Gulden an, so beliefen sich die Angaben selbst für die Zunfthandwerker bzw. Amtsmitglieder oft auf mehrere hundert Gulden. Immerhin wiesen aber die Moltkeschen Anwälte den Vorwurf des Rostocker Rates zurück, bei den Moltkeschen Bauern handele es sich um ganz unvermögende, einfältige, schlechte Leute. Demgegenüber betonte die Moltkesche Seite, ihre Bauern stünden sich nicht schlechter als andere Bauern in Mecklenburg

14 Das gilt auch für andere bäuerliche Untertanen der Ritterschaft in diesem Zeitraum, vgl. *Ernst Münch*, Vom befestigten Rittersitz zum Gutshaus in Mecklenburg, in: Herrensitz und Herzogliche Residenz in Lauenburg und in Mecklenburg. (Lauenburgische Akademie für Wissenschaft und Kultur. Kolloquium VI.) Hrsg. v. Kurt Jürgensen. Mölln 1995, 47–61.

15 Vgl. neben dem Zeugenverhörsprotokoll (wie Anm. 12) AHR. 1.3.1.81. – 83. Grundregister der Rostocker Neu-, Mittel- und Altstadt (ca. 1600 – ca. 1820). Eine Edition des Registers durch den Verf. befindet sich in Vorbereitung.

16 Gerichtsordnung eines Erbarn Radts der Stadt Rostock. Rostock 1574, 11; Eines Erbarn Rhats der Stadt Rostock Newe Gerichtsordnung. Rostock 1586, 42.

17 Vgl. hierzu *Ernst Münch*, Die Brauherren. Rostocks führende Schicht im Ausgang des 16. Jahrhunderts, in: 777 Jahre Rostock. Neue Beiträge zur Stadtgeschichte. (Schriften des Kulturhistorischen Museums in Rostock, Bd. 2.) Hrsg. v. Ortwin Pelc. Rostock 1995, 95–102.

und kämen beispielsweise den Rostockern Fischern in ihrem Vermögen vielfach gleich, was die Rostocker Zeugen zumindest teilweise bestätigten. Die seitens Rostock versuchte Abqualifizierung Unvermögender parierten die Moltkes mit der hintergründigen Nachfrage, ob ihnen – falls es sich tatsächlich um arme Leute handele – nur deshalb ihre althergebrachten Gerechtigkeiten genommen werden könnten.[18]

Der inneren Strukturiertheit der Gutsuntertanen entsprach auch eine topographische Strukturierung des Gutskomplexes: Im Gutszentrum selbst, in Toitendorf, dominierte der Gutshof neben der Filialkirche unter Moltkeschem Patronat. Vollbauern fanden sich dort – offenbar schon seit längerer Zeit – keine. Ein Zeuge aus Toitendorf wird als Bauersmann mit geringem Vermögen charakterisiert, der dort die Moltkeschen Schafe hütet. Die Vollbauern konzentrierten sich in den Bauerndörfer Krummendorf und Hinrichsdorf, für die die Zahl der Bauernhufen jeweils 10 überschritt.[19] Das am Warnowufer liegende Oldendorf war ein Kossätendorf, das früher – darauf ist noch zurückzukommen – im wesentlichen vom Fischfang lebte.

Dieser Zustand, der auch für die folgende Zeit im wesentlichen bestehen blieb, zeigt uns die starke Differenziertheit der Siedlungen innerhalb selbst eines klassischen Gutskomplexes zwischen Gutsmittelpunkt und den sogenannten Pertinentien. Das Verhältnis Gutsherr – Gutsuntertanen wird im Rahmen der Zeugenbefragung nicht zuletzt durch Fragen beleuchtet, die der Syndicus des Rostocker Rates vorlegt.[20] Für uns besonders aufschlußreich ist hierbei die Frage nach einer eventuellen näheren Beziehung zum Gutsherrn. Die Antworten ergeben, daß sowohl Vertreter der Moltkeschen Familie zur Kindtaufe von ihren Untertanen als Gevatter gebeten wurden als auch umgekehrt ein Bauer durch den alten Carin Moltke. Einer der Zeugen gibt explizit zu Protokoll: Er sei der Moltken Untertan und Gevatter. Dies überrascht denn doch etwas mehr als die gegenseitige Betitelung als Gevatter durch Moltke und einen Rostocker Bürgermeister, zumal schon für das Mittelalter Verwandtschaftsverhältnisse für die Moltkes und Rostocker Ratsfamilien belegt sind.[21]

Aber die doch einigermaßen überraschend enge Beziehung zwischen Gutsherr und Untertanen zeigt ebenfalls eine innere Differenzierung des Untertanenverbandes. Offenbar baten nur die angeseheneren Bewohner des Toitenwinkels die Herrschaft als Gevatter und umgekehrt. Jedenfalls machten von den 40 Zeugen[22] nur 10 entsprechende Angaben, worunter sich drei Ehepaare sowie der Vogt befanden. Keiner dieser Zeugen hatte ein Vermögen unter 100 Gulden. Offenbar überlappte sich dieser Kreis von Gevattern auch mit dem Kreis der Schulzenfamilien, die wir damals in zumindest drei der Toitenwinkler Orte mit größeren Bevölkerungszahlen finden sowie mit dem Kreis der Kirchgeschworenen.

Daß der Rostocker Syndikus eine engere persönliche Bindung zwischen den Moltkes und ihren Untertanen für möglich hielt, geht auch aus seiner Frage hervor, ob die Zeugen mit den Moltkes große Freundschaft hielten und mit ihnen oftmals Umgang pflegten beim Essen und Trinken. Heikel und interessant zugleich war auch seine Frage, ob die Zeugen – wenn sie denn

18 Vgl. Protokolle der Verhöre der Rostocker Zeugen 1574 und 1575/76, AHR 1.1.3.17.22/23 und 28. In letzterem auch die Fragen und Bemerkungen der Moltkeschen Vertreter hinsichtlich der Armut der Moltkeschen Bauern im Vergleich mit den Rostocker Fischern.

19 Angaben nach den Landbederegistern des 16. Jahrhunderts für das Amt Ribnitz im MLHA.

20 Wie Anm. 12.

21 Vgl. hierzu *Gerd Möhlmann*, Geschlechter der Hansestadt Rostock im 13.–18. Jahrhundert. Neustadt a. d. Aisch 1975.

22 Wie Anm. 12.

die Macht dazu hätten – nicht den Moltkes die Herrschaft über die ganze Warnow „zuschanzen" würden. In einer schwer zu entwirrenden Mischung von Cleverness und Naivität antworteten die Zeugen, daß sie dazu zu „geringe" seien bzw. dazu ja keine Macht hätten. Geradezu ironisch bemerkte einer der Zeugen, dazu habe er ja wohl die Macht.

Tatsächliche bzw. gerechte Macht-, Herrschafts- und Besitzverhältnisse wurden durchaus individuell seitens der Untertanen sehr differenziert bzw. gar gegensätzlich reflektiert. Auf die Frage, ob die Gehlsdorfer Fähre nicht den armen Leuten zuständig sei, die dort an der Warnow wohnten, antwortete ein Kossat aus Oldendorf: „Wie könne das den Bauern gehören, das der Obrigkeit ankommt." Dagegen verneinte ein Vollbauer aus Gehlsdorf diese Frage zwar auch, fügte aber hinzu: „Sie (die Fähre) sollte ihnen (den armen Leuten) aber wohl gehören, denn sie müssen sie bauen und bessern." Eine doch erstaunlich radikale Auffassung!

Daß Recht sich häufig nach realer Macht und Herrschaft richtete, war auch dem ältesten der befragten Zeugen, einem angeblich 102 Jahre alten Oldendorfer, Vater von erst 2 Jahre alten Zwillingen, wie er stolz zu Protokoll gab, geläufig. Er erinnerte sich noch, daß in seiner Kinderzeit der Toitenwinkel pfandweise an das berühmte Rostocker Patriziergeschlecht Kerkhof ausgegeben war. Nachdem, so der Zeuge, dann Roloff Kerkhof Bürgermeister zu Rostock geworden war, hätte er nicht nur über die Stadt, sondern auch über die Warnow und den Toitenwinkel geherrscht. Der Zeuge endete mit der Bemerkung: „Wer wollte es ihm der Zeit wehren?".

Die genannten Aussagen von Moltkeschen Zeugen deuten schon an, daß letztere zum einen in durch den Rostocker Syndicus provozierten Absichtserklärungen nicht bedingungslos die Position ihrer Gutsherrschaft vertraten. Zum anderen übten sie aber auch selbst als von den Moltkes in Anspruch genommene Zeugen indirekt und direkt Kritik an ihren Junkern, ohne ihnen allerdings prinzipiell oder generell die Loyalität aufzukündigen.

So faßte der schon erwähnte älteste Zeuge die Auswirkungen des Herrschaftsstreits zwischen Toitenwinkel und Rostock recht klarsichtig in die Worte: „Und wann die Moltkes Etwas gegen die Stadt verbrochen, so hätten es die armen Leute müssen entgelten." Kritik wurde auch von Betroffenen der Moltkeschen Gerichtsbarkeit laut, allerdings vorsichtshalber gegenüber dem schon verstorbenen, genauer: von seinem Untertan erschlagenen „alten Junker" (begrifflich übrigens eine schöne contradictio in adjecto) Carin Moltke. Zwei der 40 Zeugen gaben an, durch letzteren zu Unrecht des Geldgrabens bezichtigt und unschuldig mehrere Wochen bzw. Tage inhaftiert worden zu sein. Während der eine dieser Bestraften inzwischen in einem Rostocker Armenhaus, dem ehemaligen Katharinenkloster, Unterkunft gefunden hatte und daher den Moltkes gegenüber unbefangener sprechen konnte, saß der zweite immer noch unter den Moltkes im Dorf Peez.

Auch die Intensivierung gutswirtschaftlicher Strukturen seitens der Moltkes wurde durch einige Zeugen kritisch reflektiert und kommentiert. Hintergrund hierfür war die bekannte Tendenz zur Erweiterung des herrschaftlichen Hoflandes und zur Steigerung der Dienste. Während der Haupthof in Toitendorf wohl schon seit längerem eine umfänglichere Eigenwirtschaft aufwies, was übrigens als verbreitete Erscheinung für die alten mecklenburgischen Rittersitze spätestens seit dem 16. Jahrhundert gilt,[23] wurden im behandelten Zeitraum (1560/70er Jahre) auch in Petersdorf und Hinrichsdorf herrschaftliche Bauhöfe angelegt bzw. erweitert.[24] Über steigende Hofdienste klagten indirekt und direkt besonders die Oldendorfer

23 Vgl. *Münch*, Rittersitz (wie Anm. 14).

24 Vgl. die Angaben in den Landbederegistern dieses Zeitraums, MLHA (wie Anm. 19).

Zeugen.[25] Hier war es im Zuge der Intensivierung der Gutswirtschaft zu einer radikalen Umgestaltung der Wirtschaftsstruktur des vorher wie nachher nur von Kossaten (samt Schulzen und Krüger) bewohnten Dorfes gekommen: Aus ehemaligen Fischern wurden Ackersmänner. Die Oldendorfer sahen darin mitnichten einen sozialen Aufstieg. Auf eine entsprechende Frage teilten ihre Zeugen mit, daß sie als Fischer – durch den Verkauf im nahen Rostock – sogar zu einem gewissen Reichtum gelangen konnten. Als Ursache der Umwandlung in Ackersmänner benannten sie neben der zunehmenden Behinderung durch die Rostocker (Fischer) die neuen Dienste für die Moltkes, verbunden mit der Pflicht zur Übernahme des Ackers des durch Krieg abgebrannten Lübberstorf sowie zur Pferdehaltung. Klang diese Kritik in der Befragung der Moltkeschen Zeugen nur hier und da – gleichsam versteckt – an, so waren sie offenbar den Rostockern gegenüber deutlicher geworden. Einer der Rostocker Zeugen berichtete, daß die Oldendorfer geklagt hätten, die Hofdienste seien so sehr gestiegen, daß sie die Fischerei darüber aufgeben mußten.[26]

Ein knappes Resümee: Die Toitenwinkler Untertanen hatten Ende des 16. Jahrhunderts einerseits einen schweren Stand zwischen zwei, sich auf jeweils mehr als dreihundertjährige Vergangenheit berufenden Herrschaften und ihren ständigen Konflikten. Hier die seit geraumer Zeit zur Gutsherrschaft mutierte umfängliche und arrondierte adlige Grundherrschaft der Moltkes – dort die ihre Spätblüte erlebende und auskostende mächtigste mecklenburgische Stadt, Rostock. Aber andererseits erwiesen sich diese Moltkeschen Untertanen ihrem Schicksal gegenüber keineswegs als passiv oder gar willenlos. Die Masse der (Hufen)bauern und Kossaten war damals offenbar nicht arm im wirtschaftlichen Sinne: Moltkes selbst wiesen eine entsprechende Einschätzung des Rostocker Rates wohl nicht zu Unrecht zurück. Faktisch existierte Erbrecht: Mehrfach erwähnten ältere Zeugen die Übergabe der Höfe an ihre Kinder. Für die Fähre bei Gehlsdorf allerdings wird ausdrücklich festgehalten, daß die Moltkes dort das „Volk" auf- und absetzten. Möglicherweise hing dies mit der exponierten Lage und der ebenfalls in den Zeugenverhörsprotokollen betonten Einträglichkeit der dortigen Existenz (gewerbliche Tätigkeit) zusammen.

Die bäuerliche Oberschicht, kenntlich an der Gevatterschaft mit den Moltkes, am höheren Vermögen und an den Ämtern als Schulzen und Kirchgeschworene, gefiel sich in Stiftungen an die Toitenwinkler Kirche und an dem kostspieligeren Erwerb von Begräbnisstätten innerhalb derselben.[27]

Ermutigt durch die zumindest stillschweigende Tolerierung seitens der Gutsherrschaft suchten die Moltkeschen Untertanen immer wieder von sich aus durch Eingriffe in städtische Rechte ihre Einkünfte aufzubessern.

Möglicherweise schufen sie sich hier den Freiraum, den ihnen ihre Gutsherrschaft selbst nicht mehr oder immer weniger bot. Denn die Intensivierung der Gutsherrschaft wurde zwar nicht kritiklos, letztlich aber doch machtlos „hingenommen".

M.E. lag dies aber eben nicht an der mangelnden Widerständigkeit der Toitenwinkler und anderer mecklenburgischer Gutsuntertanen, sondern eventuell an einer de jure schlechteren Absicherung ihrer Situation im Unterschied zu ihren bis dahin herkömmlich faktisch relativ günstigen Verhältnissen.

25 Wie Anm. 12.

26 AHR. Verhör der Rostocker Zeugen 1574 (wie Anm. 18).

27 Hierzu *Koppmann*, Einnahmebuch (wie Anm. 7).

THOMAS RUDERT

Grenzüberschreitungen. Frühformen der Gutsherrschaft im mecklenburgisch-pommerschen Grenzgebiet im 16. Jahrhundert

Im frostklaren Januar des Jahres 1568 machte sich der herzoglich-mecklenburgische Rat in Grenzangelegenheiten Tilemann Stella auf eine beschwerliche Reise. Er sollte im Auftrage seines fürstlichen Gönners Johann Albrecht von Mecklenburg-Schwerin und dessen Bruders Ulrich von Mecklenburg-Güstrow den genauen Verlauf der seit langem strittigen Landesgrenze zwischen Mecklenburg und Pommern im Gebiet des kurz zuvor säkularisierten Zisterzienserklosters Dargun[1] erkunden. Es war nicht der erste derartige Grenzzug des herzoglichen Rates und es sollte nicht der letzte bleiben. Insgesamt war Stella – der daneben in Mecklenburg noch eine Reihe anderer Aufgaben, z.B. als Bibliothekar und Kanalbaumeister, zu erfüllen hatte – seit 1564 fast zwanzig Jahre lang an und auf den mecklenburgischen Grenzen gegen Pommern, Brandenburg und Lauenburg unterwegs.[2] Diese persönliche Präsenz des Karthographen an der Grenze war ein wesentliches Element seiner Arbeitsweise. Neben Urkunden und anderen Dokumenten maß Stella nämlich für die Feststellung des praktisch permanent

1 Bis zu seinem Tod am 6. Februar 1552 hatte Herzog Heinrich „Fredemaker", unter dessen maßvoller Regierung der mecklenburgische Landtag 1549 die Reformation anerkannt hatte, das Kloster Dargun geschützt. Sein Nachfolger Johann Albrecht I. – der fürstliche Förderer Tilemann Stellas – gab bereits vier Wochen später den Befehl zur Säkularisation. Das Klosterareal wurde dem Domanium einverleibt; schon im selben Jahre 1552 wurde das erste Amtsbuch des Domanialamtes Dargun angelegt. Vgl. *Friedrich Schlie*, Die Kunst- und Geschichts-Denkmäler des Grossherzogthums Mecklenburg-Schwerin, Bd. 1: Die Amtsgerichtsbezirke Rostock, Ribnitz, Sülze-Marlow, Tessin, Laage, Gnoien, Dargun, Neukalen. Schwerin 1896, 527, Anm. 2. Nach längerer Auseinandersetzung kam das nunmehrige Amt durch den Alt-Ruppiner Machtspruch vom 1. August 1556 schließlich an die Linie Mecklenburg-Güstrow.

2 Mit speziellen Hinweisen zur Tätigkeit Stellas in Mecklenburg und zu seinen Beziehungen zu den mecklenburgischen Herzögen vgl. *Christa Cordshagen*, Tilemann Stellas Wirken in Mecklenburg – seine theoretischen Schriften und deren Umsetzung in seinen Karten, in: Tilemann Stella und die wissenschaftliche Erforschung Mecklenburgs in der Geschichte. Hrsg. v. Rektor der Universität Rostock. (Rostocker Wissenschaftshistorische Manuskripte, H. 18) Rostock 1990, 13–17. – *Dies.*, Katalogtexte Nr. 4.38 und 4.39, in: 1000 Jahre Mecklenburg. Geschichte und Kunst einer europäischen Region. Katalog zur Landesausstellung vom 23. Juni – 15. Oktober 1995. Hrsg. v. Johannes Erichsen. Rostock 1995, 274f. – Vgl. ferner *Gyula Pápay*, Ein berühmter Kartograph des 16. Jahrhunderts in Mecklenburg: Leben und Werk Tilemann Stellas (1525–1589), in: Rostocker Wissenschaftshistorische Manuskripte H. 12, 1985, 17–24.

strittigen Verlaufs der Grenze auch den *leutlebendigen Kundschafften*[3] entscheidende Bedeutung und Beweiskraft bei. Und so hat er immer wieder die Grenze *bezogen*, hat sie in all ihren Einzelheiten erwandert und hat die Bauern an der Grenze befragt. Nur vor Ort, in den Dörfern selbst – das war dem Praktiker Stella klar – war das in den Residenzen weitgehend fehlende Detailwissen um den Grenzverlauf präsent.

Um dieses Wissen insbesondere der Bauern abzuschöpfen, war er vorrangig im Winter unterwegs. Diese Reisezeit minderte zwar den damals bei einem derartigen Unternehmen ohnehin nicht hohen Grad an Bequemlichkeit, doch war sie dem Zweck sehr angemessen und mit Bedacht gewählt. Denn zwei entscheidende Voraussetzungen mußten erfüllt sein, wollte der herzogliche Rat seine Mission erfolgreich erfüllen. Die häufig genug die Grenze bildenden Moore und Bruchwälder mußten begehbar sein, und sie waren es nur bei Dauerfrost. Und – was zweifellos noch schwerer wog – die ortsansässigen, mit und auf der Grenze lebenden und um die Grenze und ihre Unschärfen wissenden Bauern mußten *einheimisch*, also zu Hause antreffbar sein.

Einige Jahre zuvor waren zwei andere herzogliche Grenzkommissare, Erasmus Behm und Joachim Koch, auf einem ebenfalls im herzoglich-mecklenburgischen Auftrag durchgeführten Grenzzug weitgehend erfolglos geblieben. Sie hatten im Sommer 1553 dasselbe Darguner Gebiet bereist und keinen Bauern angetroffen. Statt dessen waren sie an den lezten Darguner Abt Jacob Baumann geraten, der nicht in der Lage war, die den Grenzverlauf konstituierenden Gerechtsame genau zu benennen. Nicht ohne Befremden über das schon im Ansatz vergebliche Tun seiner Vorgänger heißt es bei Stella, *das die obgemeltte pauren, Welche domahlß nit einheimisch, sondern Ihm Hoffedienste gewesen, nit haben zu diesem Handell kommen konnen, do hatt den vorgemeltten* [Erasmus Behm und Joachim Koch-T.R.] *abgeferttigt der Aptt*

3 Mecklenburgisches Landeshauptarchiv Schwerin (MLHAS), Landesgrenzsachen Nr. 28, pag. 4f. Wörtlich heißt es dort: *Alß erfordert es die Nottdurfft, das beider Teill probationes, beweiß und Kundschafften, Deßgleichen Ihre vormeinte gerechtigkeiten, klerlich außgefuhret und erläutert werden, Welches meines Erachttens, durch Dreyerlei wege geschehen kan. Erstlich durch Briffliche Uhrkunden und Altte geschriebene Documenta. Zum Andern, Durch den Altthergebrachtten, rugigen besitz, gebrauch undt actus possessorios und endlich durch leuttlebendige Kundschafften.* Diesen komplexen Anspruch konnte Stella, wie die überlieferten Grenzbeschreibungen zeigen, auch weitgehend in die Tat umsetzen.
Die Stellasche Grenzbeschreibung für dieses Gebiet existiert in mehreren Exemplaren, die in deutlich erkennbarer zeitlicher Abfolge entstanden sind, inhaltlich also aufeinander fußen. Das älteste Exemplar stammt aus dem Jahre 1568; es ist parallel zum Grenzzug dieses Jahres oder unmittelbar danach niedergeschrieben worden. Es enthält mithin nicht die Ergebnisse der folgenden Reisen. Aus diesem Grunde wurde nicht der ältesten, ursprünglichen Fassung für die Auswertung der Vorzug gegeben, sondern der jüngsten, weitesten, zumal die Texte der vorhergehenden Varianten sorgfältig in diese letzte, mit dem 21. September 1577 abgeschlossene („Redaktionsschluß"; Beginn der Niederschrift: Februar 1578) eingearbeitet worden sind. Der Schweriner Archivrat Evers, der gegen Ende des 18. Jahrhunderts das Repertorium für den Pertinenzbestand „Landesgrenzsachen" angefertigt hat, beschrieb diese jüngste Textvariante wie folgt: *Tilemanni Stellae von Siegen Beschreibung der Landes Gränzen zwischen den Herzogthümern Mecklenburg und Pommern von der Ost-See bei Wustrow bis an den Galenbecker See, aus 43 Artikeln und Abtheilungen bestehend. Pag. 1 bis 1832 in Pergament gebunden, wobei am Ende der Conspect und Index. PM Dieses mühsam ausgearbeitete Werck enthält alles Wesentliche, was von den Gränzstreitigkeiten in vorigen Zeiten schriftlich verhandelt, auch durch Urkunden und Zeugen bescheinigt worden, 1578.*

zu Dargun, Herr Jacob Bauman etliche /:welche die Grentzen unbewust:/ zugeordnet.[4] Den Bauern war ihr Kompetenzmonopol vollkommen bewußt. Überdies legten sie großen Wert darauf, bei der Feststellung des status quo befragt zu werden, weil jede Veränderung der Grenzsituation unmittelbare Folgen für ihre Lebenssituation haben mußte. Entsprechend vernichtend fällt ihr Urteil über den früheren Grenzzug aus: *Aber diesen Zugk haben die Pauren ... gestraffet und gesagtt, sie gedachtten nit das Meckelburgische gesanthen Jehemalß den Zugk gehalten hetten, es wehre in Ihrem Abwesen geschen, der Abtt undt die so er den Licentiaten und Jochim Kochenn zugeordentt, hetten keinen bescheidt daruon gewust.*[5] Ironische Distanz und ausgeprägtes Mißtrauen der Bauern gegenüber jedweder Veränderung, die ohne ihr Mitwirken, ohne ihre Zustimmung zustande kommen könnte, sind in dieser Äußerung deutlich spürbar: einerseits gaben die Bauern an, von keinem mecklenburgischen Grenzzug zu wissen, andererseits konnten sie doch in der gleichen Aussage die Akteure dieses Grenzzuges benennen und geringschätzen.

1. Die Region an der Landesgrenze als Herrschaftsraum

Dem Kartographen Tilemann Stella begegneten auf seinen Grenzzügen verschiedene Formen der Landesgrenze. So gab es Regionen, in denen Flußläufe oder Landstraßen einen geographisch faßbaren Eindruck des Grenzverlaufs vermittelten,[6] neben den schon erwähnten, schwer begehbaren, in denen unwegsame Moore, wenig nutzbare Bruchwälder oder Grenzflüsse und -bäche mit stark schwankendem Wasserstand und damit variabler Breite oder häufig wechselndem Bett die Grenze in eine mehr oder weniger breite, aber doch immerhin noch geographisch faßbare Zone auflösten.[7] Schließlich aber gab es auch Abschnitte, und diese sollen uns hier besonders interessieren, in denen die Grenze überhaupt nicht geographisch fixierbar war. Hier existierte keine praktikable, sich aus räumlicher Abgrenzung herleitende Möglichkeit, die Grenze zu benennen. Das bedeutete freilich nicht, daß es hier überhaupt keine Mittel zur Grenzdefinition gegeben hätte. Vielmehr wurden an diesen Abschnitten die Territorien der beiden Herzogtümer gegeneinander abgesetzt, wurde der Grenzverlauf beschrieben, indem Gerechtsame, also juristische Sachverhalte, beschrieben wurden, auf die die eine oder die andere Seite Anspruch zu haben meinte. Dies geschah völlig selbstverständlich und beinhaltete nicht etwa die Ansicht, daß Grenzabschnitte mit geographisch fixierbarer Grenzlinie besser festschreibbar und weniger konfliktiv gewesen wären. Auch an geographisch fixierba-

4 Ebd., pag. 600
5 Ebd., pag. 602f.
6 Um einen solchen Abschnitt handelte es sich beispielsweise im nördlichen Teil der Grenze, auf den sich der Artikel 1 der Beschreibung bezieht. Hier war der – freilich strittige – Grenzverlauf jeweils genau fixierbar. Vgl. MLHAS, Landesgrenzen Nr. 28 (wie Anm. 3), pag. 1–209.
7 Ein entsprechendes Beispiel wird im Artikel 3 beschrieben und bezieht sich auf ein Grenzsegment unmittelbar nördlich von Sülze, kurz nachdem die Recknitz – von Südwesten kommend – nach einem Schwenk von 90° fast genau in Richtung Nordwesten als Grenzfluß gen Ribnitz weiterfließt. Dazu heißt es: *An dem oberwentten Solttkruge, entstehet der Dritte Artickell, der Pommerschn Landtgrentz Ihrrung ... und hatt diser mangell ein solche gelegenheitt, das die Mollenbecke, welche von der Schulenberger Mollen herunter kompt, etwas zvvor, ehr sie in die Recknitz feltt, sich in zwen flusse teilet.* Vgl. MLHAS, Landesgrenzen Nr. 28 (wie Anm. 3), pag. 346–377.

ren Abschnitten war der Grenzverlauf durchaus umstritten und löste sich in mindestens ebensolchem Maße auf in eine komplizierte Gemengelage von sich gegenseitig durchdringenden und teilweise widersprechenden Berechtigungen an Personen und Ländereien. War sie vorhanden, war die Grenz**linie** dabei von recht geringer Relevanz, von geringerer jedenfalls, als die sie durchdringende und infrage stellende soziale Praxis, deren für die Definiton der Grenze gegen Ende des 16. Jahrhunderts relevanteste Form bereits die Herrschaftspraxis war. Insofern war es im Grunde unerheblich, ob die Grenze geographhisch fixierbar war oder nicht, umstritten war sie doch, und zwar nicht als Grenz**linie** – auch wenn eine solche vorhanden war – sondern als juristische Gemengelage. Zur Illustration sei der Blick auf den nördlichen Grenzabschnitt (Fischland/Darß, Boddengewässer) gerichtet.[8] Obwohl hier die Vorstellungen, die die beiden streitenden Seiten vom Verlauf der Grenze hegten, auf die dichteste mögliche Form, die Linie, reduzierbar waren und der Kartograph diese in verschiedenen Farben in seine Grenzkarte eintragen konnte, spielte die Grenz**linie** als im territorialen Sinne verstandene Möglichkeit zur Trennung im Grenzkonflikt praktisch keine Rolle. Auch hier ging es vielmehr um Nutzungen, speziell um Fischereigerechtigkeiten und Waldnutzungen.

So paradox es klingen mag: die Existenz einer Grenzlinie erleichterte die Definition der Grenze in keiner Weise, vor allem deshalb nicht, weil nicht die – ohnehin meist fiktive – Linie strittig war, sondern die sie durchdringenden und einander häufig widersprechenden oder ausschließenden Gerechtsame, insbesondere die Verfügungsgewalt über feudalabhängige Untertanen.

Es lag in der Spezifik der Landesgrenze des 16. Jahrhunderts begründet, daß sie die durch eine komplizierte und vielschichtige Gemengelage charakterisierten juristische Figuren des frühneuzeitlichen Feudalrechts nicht gegeneinander absetzen konnte. Diese existierten grenzüberschreitend, für sie war die Grenze durchlässig, nicht aber für die landesherrliche Präsenz, deren territorial verstandene Definition im Gegenteil die gleichzeitige Definition der Landesgrenze geradezu zur Voraussetzung hatte. Landesherrlicher Anspruch mußte, wollte er begründbar bleiben, die Landesgrenze festschreiben können, mußte sie dann aber auch anerkennen, durfte sie also nicht überschreiten. Dabei beinhaltete der landesherrliche Anspruch auf die Definition der Landesgrenze freilich nicht automatisch auch die Möglichkeit, im Grenzraum tatsächlich grenzbildend und -sichernd präsent und wirksam zu sein.

Eine weitere Besonderheit der hier betrachteten Landesgrenze des 16. Jahrhunderts scheint darin bestanden zu haben, daß die landesherrliche Definition der Grenze und die die Grenze tatsächlich konstituierende soziale Praxis im Grenzraum selbst nicht immer identisch sein mußten. Auf die konkrete Situation des mecklenburgisch-pommerschen Grenzgebietes übertragen, bedeutete dies: die Landesgrenze war für gutsherrliche Praxis in ihrer ganzen Komplexität durchlässig, während landesherrliche Macht an der Grenze endete. Damit war der auf der Grenze angesessene und über sie hinweg begüterte Adel im Falle des Konflikts der auch als lokaler Herrschaftsinhaber an der Grenze agierenden Landesherrschaft faktisch ebenbürtig, wenn nicht überlegen.

Wenn wir also für das 16. Jahrhundert nach der Landesgrenze fragen, fragen wir nach sozialen Beziehungen, fragen wir weitgehend nach lokaler Herrschaftspraxis. Daraus ergab sich ein Widerspruch, der letztlich die permanenten Konflikte an der Grenze heraufbeschwor. Nur über die Zugriffsmöglichkeit auf die an, auf und mit der Grenze, ja im Grunde **als** Grenze existierenden Abhängigen und deren Leistungen, die „die lebenden und einzigen Zeichen des

8 Vgl. Anm. 6. Die erwähnte Grenzkarte befindet sich im MLHAS, Kartensammlung, Alter Bestand.

Herrschaftsumfangs“[9] waren, ergab sich in diesen strittigen Abschnitten die Möglichkeit, Herrschaftsareale – auch die der Landesherrschaften – in räumlicher Hinsicht zu beschreiben. Gleichzeitig war diese Art der Beschreibung im Konfliktfalle wegen des häufig grenzüberschreitenden Charakters dieser Herrschafts- und Nutzungsrechte für die Fixierung der Grenze denkbar ungeeignet.

Was die **Landes**grenze über die Binnengrenzen hinaushob, war die automatische Involvierung der Landesherrschaft in die Lösung der allgegewärtigen Grenzkonflikte. Formaljuristisch gründeten sich die Landesgrenzen auf Reichsrecht. Durch die Einbeziehung der Landesherrschaft wurden die mikroräumlich bestimmten Konfliktzusammenhänge auf eine administrativ höhere Ebene gehoben. Dadurch – nicht etwa durch die Spezifik der Konfliktzusammenhänge selbst[10] – wurde aus der Grenze die **Landes**grenze. Der Widerspruch zwischen dem aus lokalem Kontext resultierenden Grenzstreit und dem überlokalen Lösungsansatz der Landesherrschaft ist evident. Vielleicht resultierte aus dieser Diskrepanz letztlich die fortwährende Erfolglosigkeit landesherrlicher Schlichtungsbemühungen.

9 *Joseph Morsel*, „Das sy sich mitt der besstenn gewarsamig schicken, das sy durch die widerwertigenn Franckenn nitt nidergeworffen werdenn.“ Überlegungen zum sozialen Sinn der Fehdepraxis am Beispiel des spätmittelalterlichen Franken, in: Strukturen der Gesellschaft im Mittelalter. Interdiziplinäre Mediävistik in Würzburg. Festschrift für Rolf Sprandel. Hrsg. von Joachim Schneider und Dieter Rödel. Würzburg 1996 (im Druck). Der Autor gelangt neben anderen zu dem für die Kontextualisierung der hier vorgestellten Thesen bemerkenswerten Ergebnis, daß der (grenzüberschreitenden) Fehdepraxis einige Bedeutung bei der Konstituierung und Beschreibung der spätmittelalterlichen Grenzen zukam.

10 Wenn konstatiert worden ist, daß gutsherrliche Ambitionen besonders früh und besonders erfolgreich in Grenzregionen umgesetzt wurden, bedeutet dies freilich nicht, daß derartige Entwicklungen auf diese Grenzräume beschränkt geblieben wären. Vielmehr ist die Entwicklung im 16. Jahrhundert in allen späteren ritterschaftlichen Kerngebieten Mecklenburgs durch die Tendenz zum Auf- und Ausbau von Gutsherrschaften charakterisiert. Auch hier vollzogen sich diese als juristische und territoriale Arrondierungen von Eigentumskomplexen, und die daraus resultierenden Konflikte wurden über weite Strecken als (Binnen)Grenzkonflikte wahrgenommen. Als eines von unendlich vielen Beispielen dafür sei die am 20. Dezember 1586 mit einem Vergleich beendete Auseinandersetzung zwischen dem Amt Crivitz einerseits und den Belows zu Kargow, Klinken, Nossentin, Heinrichsberg und Lebbin sowie dem Vicke Stralendorf auf Möderitz andererseits um das Gut Garwitz genannt. Es wurde klar ausgesprochen, daß alle *irrunge furnemblich aus dem gemenge, darinnen das furstliche ampt Crivitz mit obgenommen Belowen gestanden, hergefloßen.* Man kam überein, daß *das gedachts gemenge abgeschafet und einem jedem theil darjegen aus undt in dem dorfe Gervitz das seine zugeordnet ... werden mochte.* MLHAS, Lehnakten des Gutes Garwitz. Zitiert nach: *Paul Steinmann*, Quellen zur ländlichen Siedlungs-, Wirtschafts-, Rechts- und Sozialgeschichte Mecklenburgs im 15. und 16. Jahrhundert. Amt Crivitz (Vogtei Crivitz mit Land Silesen und Vogtei Parchim). Schwerin 1962, 288. Es ging ebenfalls um einen Streit an der Grenze, hier freilich um den an einer Binnengrenze zwischen einem Domanialamt und verschiedenen Adelsbesitzungen innerhalb Mecklenburgs. Auch hier standen hinter dem Grenzstreit die Auseinandersetzungen im Zuge des Ausbaus lokaler Adelsherrschaften, wobei es einmal mehr anzumerken gilt, daß auch das Domanium an diesen Konflikten aktiv und erfolgreich beteiligt war. Und auch hier wurde die Lösung herbeigeführt durch die klare Trennung von auf feudalabhängige Untertanen bezogenen Gerechtigkeiten und durch die eindeutige Zuordnung dieser Untertanen zu jeweils einem Herrschaftsinhaber, durch die Auflösung der juristischen Gemengelage also.

Wenn die Landesgrenze nicht geographisch fixierbar war, sondern vielmehr als komplizierte Gemengelage von Herrschafts- und Nutzungsrechten existierte, ergibt sich die Frage, wie die feudalabhängigen Grenzbewohner selbst als Ziel und Gegenstand der grenzkonstituierenden Herrschafts- und Nutzungsansprüche diese Situation wahrgenommen haben. Welche Vorstellung von der Landesgrenze vermittelten sie dem nachforschenden herzoglichen Rat? Das Ergebnis ist bemerkenswert. In Regionen ohne naturräumlich beschreibbare Grenze, in Dörfern auf der Grenze, beschrieben die Bauern die Grenze, indem sie ihre Lebenssituation beschrieben, häufig genug, ohne daß eine Lokalität – ein Grundstück oder irgendeine andere Liegenschaft – auch nur genannt wurde. Die Bauern praktizierten es vielmehr völlig selbstverständlich, die strittigen Aspekte der mecklenburgisch-pommersche Grenze zu benennen, indem sie die Verletzungen von im heutigen Sinne juristischen Grenzen beschrieben. Und diese Verletzungen von juristischen Grenzen, von Konsensgrenzen, dieses Infragestellen alten Herkommens, wurden umso häufiger, weitreichender und die dörfliche Lebenswelt prägender, je intensiver der herrschaftliche Zugriff des landsässigen Adels auf die ländlichen Untertanen im Zuge des Auf- und Ausbaus gutsherrschaftlicher Verhältnisse wurde.

Die Stellasche Grenzbeschreibung, die sich bei näherer Betrachtung in eine Reihe von Konfliktbeschreibungen entlang der Grenze auflöst, enthält eine Fülle von Hinweisen auf entstehende gutsherrliche Eigentums- und Herrschaftskomplexe. Dabei ist von besonderer Bedeutung, daß die Grenzbeschreibung wegen der Wahl der Gesprächspartner und Gewährsleute über weite Strecken die bäuerliche Wahrnehmung der hier interessierenden Entwicklungen reflektiert. Tilemann Stella hat die Aussagen der Bauern genau protokolliert, teilweise sogar in Dialogform. Gerade diese Ehrfurcht vor den bäuerlichen Aussagen legt eine hohe Authentizität der so entstandenen Beschreibungen nahe. Die Bauern kommen in diesen Texten des 16. Jahrhunderts selbst zu Wort, und mit ihrem sehr weiten zeitgenössischen Verständnis von „Grenze" offenbarten sie dem Fragenden eine Reihe überaus interessanter Einzelheiten ihres Alltags: ihrer Arbeit, ihrer sozialen und juristischen Situation, ihrer Einbindung in Herrschaftssysteme usw.

Neben dieser günstigen Überlieferungssituation gibt es aber noch einen weiteren, ungleich schwerwiegenderen Grund, sich bei der Suche nach frühen Formen der Gutsherrschaftsentstehung auf Landesgrenzräume zu konzentrieren. Betrachtet man nämlich die regionale Verteilung der frühesten Kernzonen adliger Macht in Mecklenburg, so tritt die Konzentration derartiger Herrschafts- und Wirtschaftszentren – insbesondere von Vertretern der jeweils wichtigsten Adelsfamilien – vor allem im Bereich der Landesgrenzen klar zutage.[11] Überdies war der landsässige Adel häufig genug grenzübergreifend begütert.

11 Vgl. *Ernst Münch,* Studien zur Agrargeschichte Mecklenburgs im 12.–14. Jahrhundert. Phil. Habil. Rostock 1986, Bd. 1, 13f, Bd. 2, Tab. 1 mit dazugehöriger Karte. – *Ders.,* Zur Position ritterschaftlicher Familien im mecklenburgisch-lauenburgischen Grenzgebiet in Mittelalter und früher Neuzeit, in: Grenz- und Territorialentwicklung im Raume Lauenburg-Mecklenburg-Lübeck. (Kolloquium IV) Hrsg. v. Kurt Jürgensen. Neumünster 1992, 27–39. Diese Konzentrationsräume in Grenznähe (mittleres und südliches Ostmecklenburg, Nordwestmecklenburg) sind auch für das beginnende 18. Jahrhundert noch nachweisbar. Vgl. *Thomas Rudert,* Gutsherrschaft und Agrarstruktur. Der ländliche Bereich Mecklenburgs am Beginn des 18. Jahrhunderts. Frankfurt/M. usw. 1995, S. 124ff. Die adlige Besitz- und Herrschaftskontinuität in Mecklenburg bestand mithin nicht nur bezogen auf einzelne Güterkomplexe oder exponierte Familien, sondern auch auf den Stand der Ritterschaft allgemein und auf größere lokale Einheiten.

Dieser Befund gilt augenscheinlich nicht nur für Mecklenburg, sondern auch für Lauenburg, Pommern[12] und Nordbrandenburg[13]. Auch die Landmarschälle als Spitzen der Ritterschaft – in der Regel auch mit umfangreichen Besitzkomplexen ausgestatten – waren jeweils regelmäßig in deutlicher Entfernung zu den Residenzen und in Grenznähe angesiedelt.[14] Die Gründe für dieses bemerkenswerte Phänomen sind bisher nicht untersucht worden. Eine in diesem Zusammenhang relevante Frage wäre beispielsweise, inwieweit die mittelalterlichen Landesherrschaften die Basis für diese frühneuzeitliche Entwicklung ehedem selbst geschaffen hatten, indem sie im Bestreben, die schwer realisierbaren Grenzräume gegen Ansprüche von Nachbarn zu sichern, gerade hier einen starken Adel etablierten bzw. seine Entwicklung nicht behinderten.[15]

Diese zeitgenössischen Sicht auf die Grenze war – darauf wurde schon hingewiesen und darauf wird wieder zurückzukommen sein – auch im Denken und Handeln der Bauern präsent. Aus der Wirksamkeit dieser Vorstellungen von der Grenze im Kontext einer gegen Ende des 16. Jahrhunderts zunehmend prägender werdenden, gutsherrlich ambitionierten Herrschaftspraxis soll für diese Grenzregion die These von der Gutsherrschaftsentstehung als Grenzüberschreitung abgeleitet werden. Dabei möchte ich mich orientieren an dem von der neueren Forschung zur Sozialgeschichte der Grenze entwickelten und präzisierten, weiten Grenzbegriff. Insbesondere die Arbeiten von Peter Sahlins[16], Edith Saurer[17], Claudia Ulbrich[18], Hans Medick[19] u.a. haben hier eine tragfähige konzeptionelle Basis geschaffen. Die Tragfähigkeit

12 Für diese Territorien vgl. die von Münch in den unter Anm. 11 genannten Titeln zusammengestellten Belege. Vgl. darüber hinaus *Wolfgang Prange,* Die Entwicklung der Grenzen zwischen Lauenburg und Mecklenburg vom 12. bis ins 19. Jahrhundert, in: Grenz- und Territorialentwicklung (wie Anm. 11), 15–26.

13 Für die nordbrandenburgische Grenze im Bereich der Prignitz gegen Mecklenburg vgl. die freilich nicht explizit auf das Grenzproblem bezogenen Hinweise bei *Lieselott Enders,* Zur Grundherrschaftsentwicklung im ostdeutschen Kolonisationsgebiet, in: Grundherrschaft und bäuerliche Gesellschaft im Hochmittelalter. Hrsg. v. Werner Rösener. Göttingen 1995, passim.

14 Das gilt für die Lützows in Mecklenburg-Schwerin ebenso, wie für die Hahns in Mecklenburg-Stargard, die Bülows in Sachsen-Lauenburg, die Maltzahns in Pommern-Stettin oder die Gänse in Brandenburg. Vgl. dazu *Münch,* Ritterschaftliche Familien (wie Anm.11), 33.

15 In der Kolonisationszeit war es überdies Praxis, daß die Landesfürsten mit der Etablierung geistlicher Grundherrschaften versuchten, die Grenzen der entstehenden Fürstentümer zu sichern. Vgl. in diesem Sinne *Enders,* Grundherrschaftsentwicklung (wie Anm. 13), 221. Auch die Entstehung des Klosters Dargun als Tochterkloster von Esrom bzw. Doberan ist u.a. im Zusammenhang mit diesen Bemühungen zu sehen.

16 *Peter Sahlins,* Boundaries. The Making of France and Spain in the Pyrenees. Berkeley usw. 1989.

17 *Edith Saurer,* Straße, Schmuggel, Lottospiel. Materielle Kultur und Staat in Niederösterreich, Böhmen und Lombardo-Venetien im frühen 19. Jahrhundert. Göttingen 1989. – *Dies.,* Zwischen dichter und grüner Grenze. Grenzkontrolle in der vormärzlichen Habsburgermonarchie, in: Grenzöffnung, Migration, Kriminalität. Hrsg. v. Arno Pilgram. Baden-Baden 1993, 169–177.

18 *Claudia Ulbrich,* Die Bedeutung der Grenzen für die Rezeption der französischen Revolution an der Saar, in: Aufklärung, Politisierung und Revolution. Hrsg. v. Winfried Schulze. Pfaffenweiler 1991, 147–174. – *Dies.,* Grenze als Chance? Bemerkungen zur Bedeutung der Reichsgrenze im Saar-Lor-Lux-Raum am Vorabend der Französischen Revolution, in: Grenzöffnung, Migration, Kriminalität (wie Anm.17), 139–146.

19 Hier sei verwiesen auf zwei wegen der Formulierung konzeptioneller Fragen und wegen der Zusammenstellung der wesentlichen Literatur wichtige Beiträge. *Hans Medick,* Zur politischen Sozialge-

dieses sozialhistorischen Ansatzes wird von meinen Quellenbefunden zur mecklenburgisch-pommerschen Grenze des 16. Jahrhunderts weitgehend bestätigt: nicht zentral, in den Residenzen und auf Initiative der Landesfürsten entstand und konsolidierte sich die frühneuzeitliche Landesgrenze; diese Prozesse liefen vielmehr im Grenzraum selbst ab. Hinter dieser Einschätzung steht auch die weiter ausgreifende Frage nach dem Charakter der mecklenburgischen Landesherrschaft im 16. und beginnenden 17. Jahrhundert, nach ihrem Verhältnis zum landsässigen Adel, zu geistlichen Grundherren und zu den Städten, nach der Machtverteilung zwischen der Landesherrschaft und ihren feudalherrlichen Konkurenten, letztlich also nach der **realen** landesherrlichen Möglichkeit, auf die Durchdringung und Gestaltung des Raumes und seiner Grenzen Einfluß zu nehmen.[20] Der landesherrliche **Anspruch** auf diese Einflußnahme, der die Quellen so häufig prägte, ermöglicht dagegen eher Schlußfolgerungen zu den Herrschaftsambitionen der Landesherrschaft. Die Auftragserteilung an den landesherrlichen Grenzrat Stella und dessen Grenzzüge waren einerseits Ergebnis dieses landesherrlichen Anspruchs. Andererseits zeigen sie aber auch, daß der Anspruch nicht mit der Realität übereinstimmte. Denn sie zielten darauf, ein landesherrliches Informationsdefizit abzubauen und Kenntnisse über die Grenze und ihre Spezifika in den Residenzen zu konzentrieren.

Dieser sozialhistorische Zugang zur Geschichte der Landesgrenze soll kombiniert werden mit einem sozialhistorischen Zugang zur Geschichte der Gutsherrschaft in dieser Grenzregion. Das dieser Überlegung zugrundeliegende Konzept ist ausführlich dargelegt worden, so daß hier ein Verweis genügen mag.[21] Es fußt im Kern auf der Vorstellung von der Herrschaft als

schichte der Grenze in der Neuzeit Europas, in: Sozialwissenschaftliche Informationen, 3, 1991, 157–163. – *Ders.*, Grenzziehungen und die Herstellung des politisch-sozialen Raumes. Zur Begriffsgeschichte der Grenze in der Frühen Neuzeit, in: Literatur der Grenze – Theorie der Grenze. Hrsg. v. Richard Faber und Barbara Naumann. Würzburg 1995, 211–224.

20 Analoge Ergebnisse lassen sich auch aus den Arbeiten anderer Autoren ableiten, die sich entweder explizit mit der frühneuzeitlichen Grenze beschäftigt haben oder deren Hinweise über berührende Themen vermittelt wurden, auch wenn entsprechende Schlußfolgerungen in den einschlägigen Texten nicht immer gezogen worden sind.

Vgl. in diesem Sinne *Prange*, Grenzentwicklung zwischen Lauenburg und Mecklenburg (wie Anm. 12). Der Beitrag schließt ab mit der bemerkenswerten Zusammenfassung: *Veränderungen* [der Landesgrenzen–T.R.] *gab es vor allem infolge von Veränderungen der Grundherrschaft. Die Grundherrschaft war eben die stets gegenwärtige, unmittelbar fühlbare und daher intensivste Herrschaft. Aber je weiter in die Neuzeit hinein, desto mehr Gewicht gewann die Landesherrschaft.* (Ebd., S. 25) Mit einem Beispiel zum Grenzstreit zwischen Lübeck und Sachsen-Lauenburg, das zeigt, daß sich auch hier der Streit um die Grenze sowie ihre Konsolidierung vor Ort, im Grenzraum selbst vollzog, vgl. *Ders.*, Ein Hoheitsstreit im 16. Jahrhundert, in: ebd., 41–50. Im Kern um dasselbe Problem – mit den auch für den Charakter des Streites um die Landesgrenze im 16. Jahrhundert wichtigen Nachweisen, daß derartige Auseinandersetzungen zwischen der Landesherrschaft und dem erstarkenden landsässigen Adel nicht typisch für den Grenzraum, sondern allgemein „zeittypisch“ waren und daß fürstliche Raumordnungsbegriffe nicht zwangsläufig das politische Handeln des Adels und der städtischen Ratsschichten bestimmten – geht es bei *Peter-Michael Hahn*, Fürstliche Territorialhoheit und Lokale Adelsgewalt. Die herrschaftliche Durchdringung des ländlichen Raumes zwischen Elbe und Aller (1300–1700). (Veröffentlichungen der Historischen Kommission zu Berlin, Bd. 72) Berlin/New York 1989, 80f., 89 und besonders 100ff.

21 Vgl. *Jan Peters*, Gutsherrschaftsgeschichte in historisch-anthropologischer Perspektive, in: Gutsherrschaft als soziales Modell. Vergleichende Betrachtungen zur Funktionsweise frühneuzeitlicher Agrargesellschaften. Hrsg. v. Jan Peters. Göttingen 1995, 9–63.

sozialer Praxis[22] und begreift die sozialen Räume, in denen diese Praxis umgesetzt wurde, als Gutsherrschafts**gesellschaften**.

Es soll insbesondere zwei Argumentationslinien gefolgt werden. Einerseits: der Bauer an der Grenze, weil er an, auf und mit der Landesgrenze lebte, insofern auch **selbst die Grenze war**, als die auf seine Person bezogenen Herrschaftsrechte häufig die einzige Möglichkeit darstellten, die Grenze zu benennen. Andererseits: der Bauer an der Grenze, weil er in Kernräumen landadliger Herrschaftskonzentration mit einer neuen Lebenssituation konfrontiert wurde, die charakterisiert war durch das als Grenzüberschreitung wahrgenommene Infragestellen althergebrachter bäuerlicher Gerechtsame, das sich verdichtete und schließlich in gutsherrliche Übermächtigung mündete. M.E. resultiert dabei der Eindruck einer scheinbar metaphorischen Verwendung des Grenzbegriffs auf die frühe Gutsherrschaftentwicklung, der sich aus heutiger Sicht aus der dargelegten Argumentation und auch angesichts des sehr weitgefaßten inhaltlichen Rahmens der Stellaschen Grenzbeschreibung ergeben könnte, aus einer zu modernen Vorstellung von der Territorialgrenze zwischen zwei Reichsfürstentümern. Den Bauern des 16. Jahrhunderts war die Beschreibung der Grenze mittels der Beschreibung ihrer eigenen juristischen und Lebenssituation selbstverständlich, ihnen galt sie ganz offensichtlich nicht als Metapher. Zwar hätten sie mit Sicherheit der modernen sozialhistorischen Begrifflichkeit völlig verständnislos gegenübergestanden, aber im Kern war ihnen schon klar, daß sich Grenze realisierte über soziale Praxis, indem also Menschen an ihr, auf ihr und über sie hinweg agierten. Tilemann Stella fragte nach der Landesgrenze und sie erzählten ihm, wem sie grenzüberschreitend Bede zahlten und Rente leisteten. Stella fragte nach Grenzstreitigkeiten und sie berichteten, daß man ihre über die Grenze hinweg zu leistenden Dienste über Gebühr gesteigert hätte und daß ihre alten Gerechtsame verletzt würden. Für sie war die Grenze zugleich Lebensraum und Lebensweise. Sie konnten mit dieser Gemengelage, die die Landesgrenze war, souverän umgehen. Ihre ausgeprägte Aussagebereitschaft dem Grenzrat gegenüber, in der sich ihr Widerstand gegen Grenzveränderungen deutlich manifestierte, zielte nicht auf eine Auflösung der Gemengelage, auf deren Arrondierung, sondern auf die Vermeidung oder Ahndung von Grenzüberschreitungen der beschriebenen Art. Das ist bemerkenswert, denn parallel dazu existierten ja all jene exakt fixierbaren Formen von Grenze, die die frühneuzeitliche agrarische Produktion erst ermöglichten. Hier führte der haarscharf vom Anteil des Flurnachbarn abgepflügte Streifen oder der zollweit versetzte Grenzstein unweigerlich zum Konflikt. Hier war also eine auf die abstrakte Fläche bezogene Raumvorstellung in einem Maße präsent, daß man dessen vorgebliche Nichtexistenz schwerlich für die beschriebene Spezifik der Landesgrenze wird verantwortlich machen können.

2. Die Maltzahns auf Kummerow und die ehemaligen Klosterbauern im Konflikt

Innerhalb des skizzierten theoretischen und methodischen Rahmens will ich im folgenden versuchen, mich unter mikrohistorischer Perspektive einigen konkreten Beispielen frühgutsherrschaftlicher Praxis aus drei dieser „Dörfer auf der Grenze" zu nähern. Regional werden wir uns

22 Der hier zugrunde gelegte Herrschaftsbegriff ist orientiert an *Alf Lüdtke*, Einleitung: Herrschaft als soziale Praxis, in: Herrschaft als soziale Praxis. Historische und sozial-anthropologische Studien. Hrsg. v. Alf Lüdtke. Göttingen 1991, 9–63.

dabei bewegen in den um den Kummerower See gelegenen und bis ins 18. Jahrhundert zwischen Mecklenburg und Pommern strittigen Dörfern Warrenzin (zwischen Demmin und Dargun) sowie Duckow und Zettemin (südlich der Linie Malchin-Stavenhagen).

Dabei ergibt sich das Problem, daß die Argumente und Ereignisse – in zwangsläufiger Parallelität zur Situation im 16. Jahrhundert – bei der Analyse regional meist nicht genau zu fixieren und die Handlungsorte nicht zweifelsfrei als „mecklenburgisch" oder „pommerisch" zu qualifizieren sind. Ein möglicher Ausweg ergibt sich aus dem offenen Charakter der Grenze selbst. Da nämlich – wie wir bereits gesehen haben – die Landesgrenze im 16. Jahrhundert als Hindernis für Herrschafts- und Nutzungsrechte von sehr geringer Relevanz war, wird im weiteren Text vereinfachend von „Ostmecklenburg" die Rede sein und die Argumentation im Grenzstreit jeweils an der mecklenburgischen Perspektive des herzoglichen Berichterstatters orientiert werden. Dabei ist die Spezifik der betrachteten Region als eine grenzübergreifende, frühe Gutsherrschaftsgesellschaft jedoch stets mitzudenken. Für diese Vorgehensweise sprechen neben der angedeuteten diffusen Grenzsituation selbst mindestens zwei weitere Gründe. Zunächst gilt es festzuhalten, daß die diffizile Überlieferungssituation auf pommerscher Seite die Umkehrung der Perspektive auf annähernd gleichwertiger Quellenbasis nicht trägt. Zum anderen war die Familie der adligen Hauptakteure – der Maltzahns auf Kummerow – sowohl in Mecklenburg als auch in Pommern begütert; in beiden Territorien gehörten ihre Vertreter zum Kern der Ritterschaft, im Herzogtum Pommern-Stettin stellten sie gar die Landmarschälle, so daß die wichtigsten Grundzüge des an einigen pommerschen Vertretern dieser wichtigen Familie beobachteten adligen Herrschaftsstils über die Einzelbeispiele und die pommersche Seite des Grenzraumes hinaus allgemeinere Repräsentanz für den beginnenden Ausbau von Gutsherrschaften im späten 16. Jahrhundert beanspruchen dürfen.

Am 13. Juli 1575, einem Sonnabend, ließ der pommersche Adlige Hartwig Maltzahn auf Kummerow, der dieses Lehngut gemeinsam mit seinem Bruder Heinrich innehatte, durch fünf seiner Männer den mecklenburgischen Bauern Jacob Pawel aus dem Grenzdorf Duckow auspfänden, weil dieser sich geweigert hatte, seine Tochter während der hohen Erntezeit nach Kummerow zum Gesindedienst zu schicken. Der Zeitpunkt der Pfändung war an einem Wochentag während der Ernte und zur Mittagszeit mit Bedacht gewählt: der Bauer war nicht *einheimisch*, er befand sich mit Frau und Kindern auf seinem Feld zur Getreidemahd. Die Männer hatten sein *Hauß und Hoff eroffnet Daraus 8 seitten specks und einen Kessel genommen, das Hauß und Hoff wieder zugemachtt und wieder dauon geritten.*[23] Der Maltzahnsche Vogt – er hatte die Pfändung geleitet – begab sich direkt vom Hof des ausgepfändeten Bauern zu Jacob Pawell aufs Feld. Dieser Besuch weist deutlich darauf hin, daß sich die auf pommerscher Seite Beteiligten der schwankenden Rechtsgrundlage ihres Tuns durchaus bewußt waren. Zweifellos wollte der Vogt prüfen, ob der Duckower Bauer schon Kenntnis von der Pfändung erlangt hatte. Er mußte überdies den Rückzug seiner Männer decken, die mit den Pfändern das umstrittene mecklenburgische Gebiet erst einmal verlassen und das unbestritten pommersche Gebiet und den einige Kilometer entfernt liegenden Kummerower Hof des Maltzahn erst einmal unbehelligt erreichen mußten. In Duckow wird ihnen niemand begegnet sein, der sie am wegreiten hätte hindern können. Die Männer, arbeitsfähigen Kinder und die meisten Frauen waren auf ihren Feldern mit der Getreidemahd beschäftigt, diejenigen Frauen, die nicht bei der Ernte mitarbeiteten, hatten das Essen vorbereitet und befanden sich damit auf dem Weg in die Felder. Doch wenn auch niemand zugegen war, der der Pfändung und dem

23 MLHAS, Landesgrenzen Nr. 28 (wie Anm.3), pag. 960.

Abtransport der Pfänder hätte entgegentreten können, so war das Treiben doch nicht unbemerkt und unbeobachtet geblieben. Innerhalb kurzer Zeit war der Duckower Bauer auf dem Feld von den Ereignissen informiert.

Als der Kummerower Vogt ihn in ein Gespräch verwickelte, war die Information aus dem Dorf freilich noch unterwegs und Jacob Pawel ahnungslos, so ohne Arg, daß er den Vogt sogar zum Essen einlud. Der Vogt hatte für seinen Kontrollritt einen unverfänglichen Vorwand gewählt und hielt sich auch während des Gesprächs konsequent an dieses unverdächtiges Thema: er begründete seine Anwesenheit mit der Ansage der nächsten Hofdienste. In der sehr detaillierten diesbezüglichen Passage des Stella-Berichts ist die Aussage des Bauern in indirekter Rede wiedergegeben: *Auff Margreten negst vorschienen, wehre er mit seinem weibe undt Kindern auffm felde in der Arne gewesen, Dazumahl, gleich zu der Zeitt, wie er seine Mahlzeitt gehaltten, Wehre Heinrich Moltzans voigt Clawes N. zu Ihme ins feldt geritten kommen, gutten tag gebotten und gefragtt was er machte, und Ihn darneben auf den negsten tagk zu dienste gefordertt, dan er sollte korn meyen, der pfandung aber, so er seins abwesens im felde, kurtz zuuor gethan, nicht mit einem wortte gedachtt, Auff solchen gruß, frage und anzeige, hette er dem voigte wiederumb gedankt, und gesagt, er esse was, wolte ers mit Ihme vorlieb nehmen, so mochte er absitzenn Essen und drincken was mit. Was den dienst belangete, Der geschehe morgen so lieb alß auff ein ander Zeitt, er muste hernach doch gethan sein, Were auch des Willens gewesen, Sich auff bestimmeten tagk zu Cummerow einzustellen, und den Dienst zu thun.*[24]

Gleichzeitig war die Dienstansage ganz offensichtlich Teil der Maltzahnschen Strategie. Allen Beteiligten war klar, daß die Pfändung wegen eines weder juristisch sanktionierten, also einforderbaren, noch gewohnheitsrechtlich üblichen Gesindezwangsdienstes[25] sich nicht auf allseits akzeptiertes Recht, sondern lediglich auf den gutsherrlichen Machtanspruch des Maltzahn stützte. Die weitere Eskalierung der Auseinandersetzungen mit den Duckower Bauern lag im Sinne der Demonstration der realen Machtsituation und der Einführung, Durchsetzung und Festigung neuer gutsherrlicher Forderungen durchaus im Interesse des Hartwig Maltzahn und seines Bruders, die Ausweitung des Konflikts durch die Einbeziehung der mecklenburgischen Landesherrschaft hingegen nicht. Nach der Pfändung ergaben sich für Jacob Pawel zwei Möglichkeiten, auf die Dienstansage zu reagieren, und es spricht für das tak-

24 Ebd., pag. 958f.

25 Angesichts dieses frühen Belegs für den Gesindezwangsdienst in Mecklenburg sei übrigens die beinahe paradox anmutende Feststellung angemerkt, daß in Mecklenburg der Gesindezwangsdienst offensichtlich nie landesgesetzlich fixiert worden ist. Auch in der Renovierten Gesinde- und Bauernordnung von 1654, die hinsichtlich der juristischen Fixierung der Lage der feudalabhängigen Bauern ein wichtiger Einschnitt war, fehlt jeder Hinweis auf den Gesindezwangsdienst. Aber es hat ihn natürlich gegeben; offenbar verstand er sich für die Ritterschaft im Kontext der übrigen Landesgesetze und angesichts der im Lande herrschenden Realitäten von selbst. In diesem Punkt ist auch dem ansonsten um die mecklenburgische Gutsherrschaftsgeschichte so verdienstvollen Heinz Maybaum zu widersprechen, der aus dem Fehlen der juristischen Fixierung auf das Fehlen der Erscheinung geschlossen hat: „Wie die Leibeigenschaft, so bildete sich wohl auch ein Gesindezwangsdienst in Mecklenburg erst unter dem Druck des Menschenmangels, den der große Krieg zeitigte, heraus." *Heinz Maybaum,* Die Entstehung der Gutsherrschaft im nordwestlichen Mecklenburg (Amt Gadebusch und Amt Grevesmühlen). (Beihefte zur Vierteljahresschrift für Sozial- und Wirtschaftsgeschichte, H. VI) Stuttgart 1926, 192.

tische Geschick des Gutsherren, daß beide für den Bauern nur in einer Sackgasse enden konnten. Erkannte er die Ansage an und leistete die Dienste, duldete er gleichzeitig die Pfändung und nahm sich damit jedes Argument, im Wiederholungsfalle gegen die gutsherrliche Forderung des Gesindezwangsdienstes zu protestieren. Den herzoglichen Amtsleuten in Dargun würde er die Möglichkeit genommen haben, sich als Rechtsnachfolger des Klosters und somit als Inhaber der Grund- und Gerichtsherrschaft auf mecklenburgischer Seite in dem sich zuspitzenden Konflikt zu exponieren. Verweigerte der mecklenburgische Bauer hingegen die angesagten Dienste, eröffnete er dem pommerschen Gutsherren auf Kummerow die Chance für eine weitere Pfändung wegen der versessenen Dienste, die dann unbestritten rechtens gewesen wäre.

Jacob Pawel zögerte die endgültige Konfrontation hinaus und suchte bei seiner mecklenburgischen Herrschaft Rückendeckung: er beschwerte sich zunächst beim Amtshauptmann zu Dargun über die Pfändung. Der Hauptmann aber befahl, solange keine Dienste mehr nach Kummerow zu leisten, bis der Maltzahn die Pfänder wieder herausgegeben oder doch zumindest im Schulzengericht zu Duckow hinterlegt hätte. Die Erwähnung eines Schulzengerichts inmitten eines späteren Kerngebietes der extremen Gutsherrschaft ist bemerkenswert, denn sie legt nahe, daß es auch in dieser Region zumindest bezogen auf die niedergerichtliche Praxis ursprünglich weiterreichende juristische Kompetenzen der Dorfgemeinden und ihrer Amtsträger gegeben hat. Der Kontext unterstreicht diesen Eindruck, denn daraus geht klar hervor, daß auch Adlige bei von ihnen veranlaßten Pfändungen zunächst das Schulzengericht in die Rechtshandlung einzubeziehen hatte. An dem hier vorgeführten Beispiel ist überdies deutlich erkennbar, daß neben der territorialen auch der juristischen Arrondierung von Herrschaftskomplexen im Zuge der Genese der Gutsherrschaft eine entscheidende Bedeutung zukam. Der landsässige Adel versuchte, seinen sich verschärfenden, herrschaftlichen Zugriff möglichst durch die gleichzeitige Veränderung des Rechtssystems zu flankieren. Davon blieben auch so ausgesprochen rechtspraktische Elemente – die ihrerseits aber natürlich wichtige Indikatoren für die Gesamtsituation waren – wie die Festlegung des Ortes, an dem die Pfänder hinterlegt wurden, nicht unberührt.

Der Darguner Amtmann sah durch die formaljuristisch nicht begründbare Pfändung über die Grenze hinweg die Rechte der mecklenburgischen Landesherrschaft beeinträchtigt. Er verstand, durchaus im Konsens mit den mecklenburgischen Herzögen, den Konflikt als das, was er war, nämlich als Grenzstreit. Jacob Pawel aber war damit in einer äußerst bedrohlichen Konstellation gefangen: er war zum Medium des Streits um die Grenze geworden.

Der Befehl des Darguner Amtmanns an den Duckower Bauern, bis auf weiteres keine Dienste mehr nach Kummerow zu leisten, und die Befolgung dieses Befehls durch Jacob Pawel hatte am 15. Juli 1575 mit zunehmend bedrohlicher werdender Konsequenz zu einer zweite Pfändung geführt. Diese war nunmehr legitim, denn sie erfolgte wegen der verbotenen Dienste; aus der Perspektive des Kummerower Gutsherren waren es versessenen Dienste. Auch diese Pfändung wurde vom Vogt und den Dienern des Maltzahn durchgeführt. Der Bauer verlor all seinen übrigen Speck – immerhin noch zehn Seiten – und dazu fünf Pferde samt Zaumzeug. Die Eindringlinge waren bei *nechtlicher weile auff den hoff gefallen, Thurenn undt anderß zehrschlagn und zerbrochen den Pauren mit lichten in allen winckelnn gesucht, Alß sie Ihn aber nit gefunden ... sich auch mit vielen beschwerlichen Draworten vornehmen lassen, sie woltten den Pauren also Plagn, das er kein Huhn behalten sollt, wan auch Ihr Juncker gleich von demselbigen hofe hinfurtter gahr nichts bequeme, und wan sie den Pauren selbst bekommen hetten, So woltten sie Ihn in das gefengknus geworffenn haben, und das Brodt mit einem faden, fur den Mundt hangn lassen, und soltt es gleichwoll nicht bekommen haben.*[26]

Die Ikonographie der Ereignisse zeigt, daß die Akteure diesmal im vollen Bewußtsein ihres Pfändungsrechts handelten. Sie wählten die für eine Pfändung spektakulärste Zeit, nämlich die Nacht, und gaben sich keine Mühe, unentdeckt zu bleiben. Die demonstrative Brutalität, bei der diesmal – im auffälligen Gegensatz zur ersten, „lautlosen" Pfändung – die Tore und Türen des Pawelschen Hofes zu Bruch gingen, weist ebenso in diese Richtung, wie der maßlose Umfang der Pfändung sowie der versuchte Zugriff auf die Person des Ausgepfändeten.

Nunmehr sah sich die mecklenburgische Landesherrschaft, für die bisher die Darguner Beamten stellvertretend im Konflikt präsent gewesen waren, gezwungen, selbst aktiv zu werden. Dabei mag die Kongruenz zwischen den wirtschaftlichen Interessen des Güstrower Herzogs als Inhaber des Domanialamtes Dargun und dem landesväterlichen Paternalismus über die Duckower Bauern befördernd auf die herzogliche Bereitschaft eingewirkt haben, den Konflikt auf die Ebene landesherrlicher Administration zu heben. Um weitere Eingriffe der Maltzahns nach Duckow, die zwangsläufig jeweils auch ökonomische Beeinträchtigungen für den Herzog mit sich brachten, künftig zu verhindern, nahm Herzog Ulrich am 6. August 1575 – der mecklenburgische Landesherr weilte gerade in Feldberg – den Duckower Bauern Jacob Pawel sowie die übrigen Bauern des Dorfes unter das landesherrliche Geleit. Der Amtmann wurde entsprechend instruiert: *Wir uberschicken euch auch hirmit ein schrifftlich Gleidt, welchs nicht auff Jacob Paweln allein, sondern Ihm fahl die Andern Bawrs leutte zu Duckow, dabey euch itzt den gehorsamb zu legen beuohlen ist, von Heinrich Molzans wegen gefehret, und beschweret werden sollen, Auff derselben Persohn mit gerichttet iß. Solches wollet Ihr von der Cantzell in der Kirchen zu Duckow, auff einen Sontagk nach der predigt offentlich ablesen...*[27] Gleichzeitig verbot er bis auf weiteres allen Duckower Untertanen jede weiter Dienst- und Geldleistung nach Kummerow. Ausgenommen davon war, was sicher bemerkenswert ist, lediglich die aus Duckow über Kummerow an die Pommernherzöge – *den hochgebornen Fursten, unser freundlichen lieben Oheimen undt Schwegernn* – zu zahlende Bede. Die von pommerscher Seite auf den Duckowern liegenden landesherrlichen Rechte wurden also nicht berührt. Gleichzeitig dokumentierte Herzog Ulrich durch die Übernahme des Geleits über die Duckower aber sehr deutlich seinen eigenen Anspruch auf die Landesherrschaft über das Dorf. Heinrich Maltzahn, der seine Rechte auf die Rentenleistungen der Duckower als pommersches Lehen innehatte, suchte die bezüglich der Landesherrschaft strittige Zuordnung der Grenzdörfer für sich auszunutzen, indem er die pommersche und die mecklenburgische Seite gegeneinander ausspielte. Gleichzeitig ließ er die verdeckt aber deutlich formulierte Drohung verlauten, beim Ausbleiben landesherrlicher Hilfe aus Pommern künftig keine Ritterdienste mehr zu leisten. Dazu wandte er sich mit einem Schreiben an seinen pommerschen Lehnsherren: *Ob nun dem Hertzogn von Meckelnburgk die vorgleittunge in e.f.g. lande gebuere muß Ich e.f.g. heimbstellen, Mir aber wurde es zum hochsten beschwerlich sein, das Ich E.F.G. die Roßdienste, und andere Lehenpflichte von den guetern thun und ein frembder Herr soltte Macht haben, die Pauren wider mich zu uergleiten, und Ihnen den gehorsamb, so sie mir Alß Ihrer Herschafft schuldich sein, Zuerlassen.*[28]

26 MLHAS, Landesgrenzen Nr. 28 (wie Anm. 3), pag. 749f.

27 Ebd., pag. 999.

28 Ebd., pag. 1019f.

Doch auch die landesherrlichen Aktivitäten führten zu keiner Beruhigung. Die Situation eskalierte weiter. *Auff gemeltte Arresta Ist Hartich Moltzan aus befehl der Hertzogn zu Pommern, und mit derselbign Hulffe, mit gewertter Handt zu nachts Zeitt in Duckow gefallen, und under andern gewaltsahmen thatten und pfandungen, so er geubtt, auch Jacob Paweln gegriffen, und gefengklich in Pommern hinwegk gefurtt.*[29] Nun war also Jacob Pawel in Kummerow inhaftiert. Zwar legte der mecklenburgische Herzog daraufhin seine Hand mit noch größerem Nachdruck auf alle Gerechtigkeiten, die die Maltzahns auf Kummerow in mecklenburgischen Dörfern zu beanspruchen hatten, doch die Kummerower Gutsherrschaft blieb hart. *Den Kerll* ließ sich Heinrich Maltzahn vernehmen *woltt er verfolgen, biß er Ihme Absturbe.*[30]

Damit endet die Überlieferung zu diesem Konflikt und wir erfahren nicht, wie sich die Situation für die Duckower Bauern weiter entwickelte. Wir dürfen aber vermuten, daß die sich schon in den geschilderten Ereignissen andeutende Überlegenheit der Maltzahns auch den weiteren Gang der Ereignisse prägte.

Mit Bezug auf die Entwicklung der Gutsherrschaft ergibt sich aus den beschriebenen Vorgängen die Frage, von wem sie denn nun ausgeübt werden konnte, jene vielbeschworene Herrschaft über Land und Leute, wenn die Duckower Bauern in ein grenzübergreifendes juristisches Gefüge eingebunden waren, das sowohl den beteiligten Landesherrschaften als auch dem landsässigen Adel wichtige Berechtigungen zuwies, die zumindest miteinander konkurrierten, sich über weite Strecken aber sogar ausschlossen. Um diesen entscheidenden Punkt der Berechtigungen, die gleichzeitig für die Begründung der Landesherrschaft und für die gutsherrliche Praxis unverzichtbar waren und somit eine um diese Zeit noch weitgehend ergebnisoffene Konfliktsituation zwischen den Landesherren und ihren Herrschaftskonkurrenten vor Ort beschrieben, genauer zu fassen, soll versucht werden, die widersprüchliche juristische Gemengelage in einer Übersicht darzustellen.

29 Ebd., pag. 752f. Eine Stellungnahme der pommerschen Landerherrschaft geht aus der von mir ausgewerteten Überlieferung nicht hervor, die Parteinahme für und eine Einflußnahme auf ihre Vasallen, die Kummerower Maltzahns, ist aber sehr wahrscheinlich. Ob diese jedoch soweit ging, den Kummerowern einen Überfall und die nochmalige Pfändung zu **befehlen,** mag dahingestellt bleiben. Vielleicht hat dem mecklenburgischen Berichterstatter auch die enge Bindung an seinen fürstlichen Auftraggeber die Polemik in die Feder fließen lassen.

30 Ebd., pag. 933. Für den Gesamtzusammenhang des Gesprächs zwischen dem im herzoglich-mecklenburgischen Auftrag handelnden Advokaten Daniel Clandrian und dem Heinrich Maltzahn vgl. Anhang 1.

Übersicht:
Struktur der Feudalrente in den Dörfern Duckow und Zettemin nach dem Bericht der Bauern vom 4. Januar 1568

	Mecklenburg ursprünglich Kloster Dargun, nachreformatorisch mecklenburgisches Domanium	**Pommern**	
		pommerscher Herzog	**Maltzahn auf Kummerow**
Duckow* (auf der Dorffeldmark 28 Hufen)	***hogeste,*** *siedeste und alle gerichts gewaldt* und das Rauchhuhn **huldigen** dem mecklenburgischen Herzog über den Amtshauptmann zu Dargun **jährlich** die zehnte Garbe von allem gebundenen Korn, das zehnte Lamm, die zehnte Gans, pro Bauernhof einen Topf Flachs	**Landschatz** und alle anderen Steuern über den Maltzahn auf Kummerow *(zur Zeitt ein ortt guldens von der Hufenn, und derselbige werde offt des Jahres zweimahl von ihnen gefordertt.)* **Landschatz** und Steuern für die Knechte *(ein Jeder ein ortt guldens, Jehrlich, den haben sie nun dreymahl gebenn sey vorhin nicht gebreuchlich gewesen)*	***Soe*** *viell erstlich der Dienst anlangtt, sagen sie einhellig, das die Dienste bei Ihrem Dencken, auch zuuor nach Cummerow gehoren, Aber sie sein Ihnen vor etzlichn Jahren immer gemehret, sein vor Altterß nur borg Dienste, oder fueß dienste gewesen, nun mussen sie fast 3 oder 4 Tage die woche mit pferde und wagen dinen, welchs Ihnen beschwerlich.* ***den*** *nidersten gerichts gewaltt. Also das sie der Pauren ungehorsamb mit der Pfandung und gefenknuß zu straffen, von altters herr berechttiget, und noch befuget wehren*** **jährlich** pro Hufe einen Gulden Pacht, also für Zweihufner 2 Fl., für 1 $^{1}/_{2}$ Hufner 1 Fl. 12 ß **pro** Hufe 1 ß *Munte geldt*

			jährlich die Peene-Pacht *(nemblich 7 f 12 ß wissen aber nicht wofür diese Pachtt gegeben werde, Allein das Peen pacht genennet wirdt)* **das** gesamte Dorf im jährlichen Wechsel einen Ochsen und eine Gans bzw. pro Hufe ein Huhn **das** gesamte Dorf pro Jahr drei Lämmer **jeder** Bauer zu Ostern 20 Eier **von** jeweils zwei Hufen jährlich ein Drömpt Korn (4 Scheffel Roggen, 4 Scheffel Gerste, 4 Scheffel Hafer) **für** die Nutzung der wüsten Feldmark Pinnow das gesamte Dorf 14 Drömpt Hafer zuzüglich 3 Scheffel Roggen von jeder Hufe
Zettemin (43 Haushalte, davon 26 Hufner und 10 Kätner; auf der Dorffeldmark $37\frac{1}{2}$ Hufen, jeder Vollhufner nutzt $1\frac{1}{2}$ Hufen)***	***das*** *hogest und siedest gerichtt* und das Rauchhuhn **die** zehnte Garbe von allem gebundenen Korn, das zehnte Lamm, den zehnten Teil des Flachses **huldigen** dem mecklenburgischen Herzog über den Amtshauptmann zu Dargun	**Landschatz** von der Hufe (*ein ortt guldens auch andere steuren, geben sie auff das Hauß Cummerow)* ***Sie*** *mussen auch itzt uber altte gwonheitt, Knechtte Landschatz, doselbst hingeben das sei nun dreimahl geschehn, zuuor hin haben sie von den Knechtten nichts gebenn*	***Der*** *Dienst anlangett, sagen sie sempttlich, das die nach Cummerow gehoren, Sein aber vor etzlichn Jahren nur Borg dienste, oder furdt dienste gewesen, Nun aber von Jahren zu Jahren, werdt Ihnen der Dienst vormehret welchs Ihnen beschwerlich.* ***den*** *nidersten gerichts gewaltt. Also das sie der Pauren ungehorsamb mit der Pfandung und gefenknuß zu straffen, von altters herr berechttiget, und noch befuget wehren*

ein Gulden Hufenpacht (also 1 Fl. 12 ß pro 1 $^{1}/_{2}$ Hufen)
Hundekorn (pro 1 $^{1}/_{2}$ Hufen 3 Scheffel Roggen, 3 Scheffel Gerste und 3 Scheffel Hafer; an anderer Stelle bezeichnet als *Hofen pacht*)
im jährlichen Wechsel das gesamte Dorf einen feisten Ochsen und eine Gans bzw. pro Haushalt ein Huhn
von jedem 1 $^{1}/_{2}$-Hufner 15 Eier *(von iglicher Hufenn 10 Eyer, und von der halben Hufen 5)*
das gesamte Dorf für die Nutzung der wüsten Feldmark Pinnow *(welche sich mit einer seitten an der grossen Peen endett)* jährlich 6 Drömpt Roggen und 26 Drömpt Hafer *(die heisse weide geldt, oder weide Pacht)*
Peene-Pacht *(des Jahrs 15 f. Sie wissen aber nicht, wofür sie diese pachtt geben)*
alle Bauern zusammen pro Jahr zwei Lämmer
alle Bauern zusammen im jählichen Wechsel eine Gans bzw. 20 Eier

* Neben den Hufnern, die der in der Übersicht dargestellten Abgabenstruktur unterworfen waren, lebten im Jahre 1568 in Duckow zwei Bauern, an denen die Kummerower Maltzahns lediglich deutlich reduzierte Rechte wahrnahmen: *Eß ist auch ein hoff doselbst, darauf Chim Casper wohnet, Darein haben die Moltzane nichts anderß dan das er Jerlich ein mahl die Netz auff die Jagtt, und mit wulle nach Rostock oder Gustrow, des Jahrs auch ein mahl nicht weitter, und nicht mehr fuhret, das ubrige Alß vier gulden Pachtt, dienste und Alle Andere gerechtigkeitt, nichts ausgeschlossen, gehoren gen Dargun.*
Item ein hoff, welchn Hanß Brambstede bewondt gehoret mit dienste und allem andern, gantz und gar zur Krichn, der mus itzt mit dem vorgesatzten Chim Casper, zugleich uff die vorgemelte Reisen anspannen, muß auch ohne diese hulffe vor sich selbst dem Pastorn zu Duckow dienen ... pag. 813f.

Allerdings beteiligten sich Casper und Brambstede an den Leistungen, die sich für das Dorf zur gesamten Hand aus der Nutzung der Wüstung Pinnow ergaben, was bedeutet, daß sie trotz ihrer abweichenden Untertanenverhältnisse und der entsprechend differierenden Abgabenstruktur in die ökonomischen – und wohl auch sonstigen – Aktivitäten der Duckower bäuerlichen Gemeinde eingebunden waren.

** Daß die mecklenburgische Landesherrschaft als Rechtsnachfolger des Klosters Dargun über das ursprünglich der pommerschen Landesherrschaft und dann dem Kloster zustehende Hochgericht verfügte, steht außer Zweifel. Überaus interessant jedoch ist die Gegenüberstellung von *siedestem* Gericht der mecklenburgischen Landesherrschaft und dem *nidersten* Gericht der Maltzahns auf Kummerow. Diese Konstellation ist nicht ohne weiteres aufzulösen. Entweder ist eine Konkurrenzsituation beschrieben und beide Begriffe zielen auf denselben Inhalt oder die Maltzahns praktizierten nur den auf die Burgdienste und das damit zusammenhängende Pfändungs- und Arretierungsrecht bezogenen Teil, während der Rest des Niedergerichts ebenfalls der mecklenburgischen Landesherrschaft zustand.

*** Diese Zusammenstellung folgt den Angaben in der Stellaschen Grenzbeschreibung (pag. 814ff.). Sie sind nicht ganz schlüssig, denn wenn tatsächlich jeder der 26 Hufner 1 $^1/_2$ Hufen genutzt hätte, müßte die dörfliche Feldmark eine Größe von mindestens 39 Hufen gehabt haben. Diese Unschärfe hängt möglicherweise damit zusammen, daß die Anteile der einzelnen Hufner nicht exakt den gleichen Umfang hatten, so daß 26 Ackeranteile zu 1 $^1/_2$ Hufen rein arithmetisch tatsächlich eine absolute Fläche von 37 $^1/_2$ Hufen umfaßten. Hier tritt die ganze Problematik klar zutage, die sich aus der Mehrdeutigkeit des Begriffs „Hufe" als Bezeichnung einer bäuerlichen Wirtschaftseinheit, als Steuereinheit sowie als Benennung einer Fläche ergab. Vgl. dazu *Thomas Rudert*, Gutsherrschaft und Agrarstruktur (wie Anm. 11), 35ff.
Für die Kätner hingegen reicht eine derartige Erklärung augenscheinlich nicht aus. Man wird vielmehr davon auszugehen haben, daß sie in Zettemin auch am Ende des 16. Jahrhunderts noch außerhalb der in Hufen liegenden dörflichen Feldmark und auf unverhuftem Areal saßen.
Im Jahre 1704 verzeichnete der Zetteminer Pastor Samuel Wilcken noch 12 Vollhufner und 8 Handwerker, jedoch keinen Kätner mehr. Vgl. Franz Schubert, ANNO 1704. 300 Mecklenburgische Pastoren berichten über ihre Kirchspiele mit 1700 Ortschaften über ihre dienstlichen und persönlichen Verhältnisse über ihre 100000 Beichtkinder. Göttingen 1978, 82f.

Quelle: MLHAS, Landesgrenzsachen Nr. 28 (wie Anm. 3), pag. 731f, 811–817, 1047–1056.

Die Zusammenstellung weist auf zwei gegenläufige Tendenzen hin und beschreibt damit eine Übergangssituation. Einerseits sind die einzelnen bäuerlichen Leistungen hinsichtlich ihrer Zuordnung an die verschiedenen Inhaber feudaler Herrschaftsrechte noch überaus stark strukturiert. Von der die extreme Gutsherrschaft des Spätfeudalismus prägenden Fokussierung der einzelnen Rechte in der Hand **eines** Herrschaftsinhabers, des Gutsherren, die gemeinhin als Verfügung über Gerichts-, Leib- und Grundherrschaft beschrieben wird, ist um das Jahr 1568 noch nichts zu spüren.

Andererseits jedoch hat die Arbeitsrente mit 3 bis 4 Tagen wöchentlichem Dienst mit Zugvieh und Gerät bereits einen Umfang erreicht, der für das endende 16. Jahrhundert zumindest bemerkenswert ist. Dieser Befund zeigt nämlich, daß der Ausbau adliger Eigenwirtschaften in späteren gutsherrlichen Kernzonen bereits in vollem Gange war. In diese Richtung weist auch die hohe Anzahl von Wüstungen, die der landsässige Adel inzwischen seinen Eigenwirtschaften einverleibt und zum Hofland geschlagen hatte.

Diesen neuen Forderungen von bäuerlichen Leistungen in bisher nicht üblichem Umfang soll, um den Grad der Steigerung nachvollziehbar zu machen, der status quo ante entgegengesetzt werden. *Vor Zeitten hetten die leutte zu Duckow den Moltzanen des Wintterß nicht mehr als funffe, oder zum hochstenn sechs fuhren mit Kuchn Holtz gethann, und des Sommerß sampttlich einen Kampff Ackers gepfluget, und eine, oder zum hochsten zwo fuhren mit Korne nach Rostock, nach Parchim, oder auch nach dem Sunde* [Stralsund–T.R.] *gethan, und zu denselben fuhren, zwen und zwen Ihre Pferde zusam gespannen, und einen Wagen Außgemachtt, Nu aber die Moltzane den Acker, der Zum Gotteshause zu Cummerow ettwan gelegen gewesen, an sich genommen, und die Bawwercke gebessert hetten, wehren die dienste so vill grosser.*[31]

Die Erhöhung der adligen Forderungen an die Bauern blieb nicht ohne Widerstand. Diesem Widerstand – das hier vorgestellte Beispiel des Jacob Pawel zeigt eine Strategie der Verweigerung als mögliche Oppositionsform – begegnete der Adel häufig mit Gewalt, die jedoch nach Möglichkeit den Schein juristischer Begründung zu wahren suchte. So wichtig aber die juristische Flankierung gutsherrlicher Aktivitäten war, entscheidend war letztlich nicht die möglichst umfassende Akkumulation von formalen Herrschaftsrechten, sondern die praktische Durchsetzbarkeit von Herrschaftsansprüchen, im Grunde also das reale Machtverhältnis zwischen der Landesherrschaft und dem landsässigen Adel. Dem widerspricht nicht, daß die mecklenburgische Ritterschaft sich spätestens seit der zweiten Hälfte des 17. Jahrhunderts ein Netz von Landesgesetzen schuf, das die Entstehung extremer Formen der Gutsherrschaft erst ermöglichte. Es ist jedoch nicht zu bestreiten, daß diese Landesgesetze keine qualitativ neuen Entwicklungen auslösten, sondern längst geübte Praktiken nurmehr rechtlich untermauerten. Darauf fußend war in Mecklenburg eine adlige Herrschaftspraxis durchsetzbar, die in der Tendenz tatsächlich auf eine „legale Willkür"[32] hinauslief.

Die Herrschaftsinstrumentarien, die dabei zur Verfügung standen, waren vielfältig. In der Auseinandersetzung der Maltzahns mit den Duckower Bauern kam offenbar dem adligen Pfändungsrecht eine zentrale Bedeutung zu. Die Kummerower verfügten – von allen beteiligten Seiten unbestritten – über das Pfändungsrecht bei versessenen Diensten. Sie wußten dieses Recht zu instrumentalisieren und parallel zu den steigenden Forderungen an die Bauern in seinem Anwendungsbereich zu erweitern, beispielsweise bezüglich des nunmehr geforderten Gesindezwangsdienstes. Nicht also das Pfändungsrecht war der Streitpunkt, sondern dessen Anwendung über den ursprünglichen, konsensualen Rahmen hinaus. Befragt nach Einzelheiten der bisher geübten Pfändungspraxis, berichteten der Duckower Schulze Steffen Huelberg sowie die Bauern Chim Niedinck und Chim Jaspern von rechtmäßigen Pfändungen gegen vier Bauern, die die 1575 bereits verstorbene Mutter der Maltzahns auf ihrem Leibgedinge hatte durchführen lassen. Diese Bauern waren gepfändet worden wegen einer versessenen Küchenholzfuhre, wegen des versäumten Transports von zehn Dielen von der Sägemühle sowie wegen der Weigerung eines Bauern, seinen Sohn *auf ein wust Erbe zu Zetemin zu geben.*[33] Bezüglich dieser Pfändungen wiesen die Bauern ausdrücklich darauf hin, *Eß wehre aber solchs mit gewaltt weniger, dan mit rechtte geschehn.*[34]

Das Pfändungsrecht erweist sich also in Mecklenburg seinem Charakter nach sehr deutlich als Herrschaftsrecht. Das ist keine Erscheinung der Frühen Neuzeit. Schon die mecklenburgi-

31 MLHAS, Landesgrenzen Nr. 28 (wie Anm.3), pag. 962.

32 Dieser Begriff, der die ganze Ambivalenz der Entwicklung sehr treffend umschreibt, ist ursprünglich mit Bezug auf die Uckermark geprägt worden. Vgl. *Lieselott Enders,* Entwicklungsetappen der Gutsherrschaft vom Ende des 15. bis zum Beginn des 17. Jahrhunderts, untersucht am Beispiel der Uckermark, in: JbGFeud 12, 1988, 165.

33 MLHAS, Landesgrenzen Nr. 28 (wie Anm.3), pag. 965.

34 Ebd., pag. 970.

schen Urkunden bis 1400 weisen deutlich in diese Richtung. Es läßt sich nachweisen, daß das Pfändungsrecht schon mittelalterlich in erster Linie im Zusammenhang mit abgabensäumigen Bauern Anwendung fand. „Dieses Recht darf als symptomatisch gelten, da es erstens in nach Hunderten zählenden Belegen überliefert ist, zweitens auf die Abgaben als dominierende Rentenform hinweist, drittens Schlüsse auf das bäuerliche Besitzrecht zuläßt (Pfändung und nicht etwa Abstiftung) und viertens die Bedeutung außerökonomischer Zwangsmittel zur Realisierung feudaler Ausbeutung erkennen läßt."[35] Daß das Pfändungsrecht im 16. Jahrhundert bereits bei versäumten **Diensten** angewendet wurde, während es vor 1400 überwiegend gegen **abgaben**säumige Bauern gerichtet war, ist ein weiteres Indiz für die schon weit fortgeschrittene Verschiebung in der Rentenstruktur hin zur Arbeitsrente. Untersetzt wird die Charakteristik des Pfändungsrechts als Herrschaftsrecht schon in mittelalterlicher Zeit durch die vielen Bestimmungen zur Straffreiheit von Personen, die bei der Pfändung widerspenstige Bauern verletzten oder gar töteten, während die Verletzung von mit der Pfändung beauftragten Personen streng geahndet wurde.[36] Ein bäuerliches Pfändungsrecht gegen andere Bauern oder gar gegen vertragsbrüchige Adlige hingegen ist in Mecklenburg bisher noch nicht nachgewiesen worden.

Es offenbart einiges über die normsetzende Wirkung realer Macht, daß die Maltzahns sich mit ihrer unberechtigten Pfändung durchsetzen konnten. In diesem Sinne ist also die hier dokumentierte inhaltliche Erweiterung des adligen Pfändungsrechtes als Akt der Gewalt zu qualifizieren. Das gilt hingegen nicht bezüglich des schon lange üblichen und praktizierten Pfändungsrechts bei Dienstversäumnissen. Über dessen Berechtigung herrschte weitgehender Konsens, auch bei den Betroffenen. Da aber, wie die Übersicht zeigt, und wie auch alle Beteiligten übereinstimmend zubilligten, die Maltzahns – wenn überhaupt – nur über Teile der Niedergerichtsbarkeit über die Duckower Bauern verfügten, hingegen ohne Zweifel über eben diese Bauern feudale Herrschaft ausübten, ergibt sich die Frage nach der Rolle der Gerichtsgewalt in ihrer unterschiedlichen graduellen Ausprägung bei der Definition von Herrschaft im allgemeinen und bei der Konsolidierung von Gutsherrschaft im besonderen.[37] Für den Spätfeudalismus und die gutsherrlichen Extremgebiete ist die Frage sogleich zu beantworten. Ausgebaute oder extreme Gutsherrschaft ist ohne Verfügung über das Hochgericht nicht realisierbar gewesen. Sie ist ja gerade an die Auflösung jener verwirrend-komplizierten Struktur von Herrschaftsrechten, an ihre Fokussierung in der Hand des Gutsherren gebunden, deren Anfänge sich schon den bäuerlichen Gewährsleuten des Tilemann Stella als Überschreitung von juristischen, von Konsensgrenzen vermittelten. Für das Spätmittelalter sowie für die ersten Jahrzehnte des 16. Jahrhunderts jedoch ist die Wichtung einzelner Herrschaftsrechte in diesem Prozeß wesentlich schwieriger. Das hier untersuchte Beispiel jedenfalls scheint nahezulegen, daß im 16. Jahrhundert Herrschaft über ländliche Untertanen wohl auch in den späterhin klassischen Gutsherrschaftsregionen Mecklenburgs zunächst ohne volle Verfügung über die Gerichtsherrschaft praktizierbar gewesen ist. Der Hintergrund, vor dem die ursprünglich noch geringen Dienst- und Abgabenforderungen durchsetzbar waren, brauchte noch nicht zu

35 *Münch*, Agrargeschichte (wie Anm. 11), Bd. 1, 93. Vgl. dazu auch ebd., Bd. 2, Tab. 14.

36 Ebd.

37 Den historischen Ausgangspunkt für die Kolonisationsgebiete hat Lieselott Enders jüngst umrissen: „Grundherrschaft im Sinne der Herrschaft über vom Grundeigentum abhängige Leute kam nur Territoralherren, Fürsten, Bischöfen, kleinen Dynasten und Adligen zu." *Enders*, Grundherrschaftsentwicklung (wie Anm. 13), 237f.

bestehen in der vollen Verfügung über Hochgerichtsrechte, die es dem späteren, gutsherrlichen Adel trotz der ebenso häufigen wie letztlich erfolglosen Gegenwehr der mecklenburgischen Landesherrschaft ermöglichte, Richter in eigener Sache zu sein.

Das Pfändungsrecht der Kummerower Maltzahns über die Duckower, das sich als Kristallisationspunkt frühgutsherrlicher Bestrebungen erwiesen hat, leitete sich aus der Verfügung über bäuerliche Dienste her. Die Kenntnis der Herkunft dieser Dienste, es waren ehedem Burgdienste, die zu den landesherrlich-pommerschen Burgen Kummerow und Kiekindepeene zu leisten waren, erlaubt es, bei der Suche nach frühen Wurzeln der Herrschaftsambitionen der Maltzahns auf Kummerow noch weiter ins Mittelalter zurückzuschauen.

Um über die nur mikrohistorisch darzustellenden Konfliktlagen hinaus den allgemeineren Rahmen zu skizzieren, in dem die Bauern auf der Grenze und ihr adliger Widerpart agierten, ist ein kurzer Blick auf die Entstehungsgeschichte des Zisterzienserklosters Dargun, das von der pommerschen und mecklenburgischen Landesherrschaft bei den beiden Gründungen auf der Grenze und auch in den späteren Jahrhunderten reich dotiert worden war, sinnvoll. Das kann nur sehr verkürzt und lediglich in den auf das hier darzustellende Thema bezogenen Facetten geschehen. Die äußerst widersprüchliche Geschichte der Bistumsgrenzen sowie die Geschichte der einzelnen Darguner Erwerbungen bzw. der klösterlichen Eigenwirtschaft[38] soll hier nicht Gegenstand sein.

Das Kloster Dargun war zweimal gegründet worden, innerhalb weniger Jahrzehnte und von verschiedene Mutterklöstern aus. Die erste Stiftung erfolgte von der dänischen Abtei Esrom aus im Sommer 1172.[39] Die Gründung wurde dem Bistum Schwerin angegliedert. Zu den wichtigsten Dotatoren gehörten wendische Edle, deren Schenkungen durch den pommerschen Fürsten Kasimar von Demmin bestätigt wurden. Schon in dieser frühen Phase gelangte das Kloster in den Besitz von Levin und Warrenzin.[40]

Doch schon in der Zeit zwischen 1188 und 1199 – genauere Angaben hierzu fehlen[41] – wurde die Neugründung aufgegeben; die Klosterinsassen wanderten in Richtung Nordosten, also gewissermaßen stärker unter den Schutz der dänischen Landesherrschaft, und gründeten das Kloster Eldena bei Greifswald.

Zwischenzeitlich war das Klostergebiet, die Region westlich des Zusammenflusses von Peene und Trebel, unter stärkeren pommerschen Einfluß geraten. Folgerichtig ging die zweite Gründung des Darguner Klosters auf pommersche Initiative zurück. Der Pommernsfürst

38 Auf dem Zenit seiner Entwicklung besaß das Kloster Dargun 54 Ortschaften ganz oder teilweise, stand also hinsichtlich seiner wirtschaftlichen Leistungsfähigkeit dem Mutterkloster Doberan kaum nach. Vgl. in diesem Sinne *Karl Schmaltz,* Kirchengeschichte Mecklenburgs. Erster Band: Mittelalter. Schwerin 1935, 208.

39 Die Bewidmung, die vom Schweriner Bischof Berno bestätigt wurde, erfolgte am 30. November 1173. Vgl. *Albert Wiese,* Die Cistercienser in Dargun von 1172 bis 1300. Ein Beitrag zur meklenburg-pommerschen Colonisationsgeschichte. Güstrow 1888, 10f.

40 Vgl. ebd., 18f.

41 Aus dem zeitlichen Ablauf der heftigen kriegerischen Auseinandersetzungen jener Zeit zwischen Dänemark, Brandenburg sowie mecklenburgischen und pommerschen Fürsten konnte Wiese die Jahre 1198/99 als wahrscheinlichste für die Aufgabe des Klosters herausarbeiten. Vgl. ebd., 23f. *Schmaltz,* Kirchengeschichte (wie Anm. 41), 207, hingegen hält die Zeit um 1188 für wahrscheinlicher, während *Julius Wiggers,* Kirchengeschichte Mecklenburgs. Parchim/ Ludwigslust 1840, 71, das Kloster Dargun ohne Hinweis auf die erste Gründung gleich als Tochterkloster von Doberan entstehen läßt.

Kasimir beauftragte entsprechend dieser neuen Konstellation den Kamminer Bischof Siegwin, einen neuen Konvent nach Dargun zu berufen.[42] Die Neubesetzung Darguns ist für das Jahr 1209 bezeugt; sie erfolgte nun aber nicht wieder von Esrom aus, sondern von Doberan. Zwar blieb die Neugründung im Besitz der Schenkungen aus der ersten Gründung, doch wurde sie nun nicht mehr dem Bistum Schwerin, sondern – im Gegensatz zur ersten – dem pommerschen Bistum Kammin zugeordnet. Das hatte eine Verschiebung der Kamminer Diözesangrenze weit in das mecklenburgische Gebiet hinein zur Folge und führte in der Konsequenz zu der bekannten, eigentümlichen Verkeilung der Bistümer Kammin und Schwerin.[43] Damit war schon zur Zeit der zweiten Klostergründung die ursprüngliche Übereinstimmung zwischen weltlichen und geistlichen Grenzen nicht mehr gegeben. Auch daraus resultierte jene Konstellation, die bis weit ins 18. Jahrhundert hinein konfliktbildend wirken sollte.

Im Verlaufe des 13. Jahrhunderts war das Kloster Dargun, das man – wenn man in dieser Zeit überhaupt schon mit derartigen territorialen Kategorien operieren kann – als pommersche Gründung von einem mecklenburgischen Mutterkloster aus bezeichnen könnte, endgültig unter mecklenburgischen Einfluß geraten. Die pommersche Einflußsphäre war bis Demmin zurückgedrängt worden; das Kloster Dargun gelangte nach 1240 unter den Einfluß der Herrschaft Rostock.[44] Unberührt davon blieben freilich die Bistums- und Pfarrgrenzen. Im Gebiet um den Kummerower See hat nicht zuletzt das Kloster selbst durch die Neugründung von Pfarren auf die Kirchspielverfassung eingewirkt. So ist auch die Pfarre in Duckow, dem späteren Heimatdorf von Jacob Pawel, eine auf Dargun zurückgehende Gründung, die auf Erwerbungen (Schenkungen und Käufe) des Klosters um Gielow bei Malchin fußt.

Seit dem Jahre 1276 sind die Maltzahns auf Kummerow nachzuweisen und von Anfang an lagen sie im Konflikt mit dem Darguner Kloster.[45] Schon vor 1320 waren sie im Besitz der ehedem landesherrlichen pommerschen Vogtei Kummerow, die ihnen zwischen 1320 und 1324 aufgrund von Konflikten mit dem pommerschen Herzog Otto dann aber wieder entzogen worden ist. Für die folgenden Jahre behielten sich die pommerschen Herzöge die Vogtei selbst vor, während das Gut Kummerow zwischenzeitlich anderweitig verlehnt wurde. Darauf deutet die Existenz eines landesherrlichen Vogtes hin. Im Zusammenhang mit dem Wechsel der adligen Inhaber von Kummerow ist eine für die Geschichte der Vogtei Kummerow und damit der Burgdienste aus Duckow und Zettemin überaus aussagefähige Urkunde überliefert.[46] Danach waren die Dörfer schon von Herzog Barnim I. von Pommern an das Bistum Kammin vergeben worden, von diesem gelangten sie an das Kloster Dargun. Mit dem 5. Januar 1324 überließen die neuen Lehnsinhaber von Kummerow dem Kloster die fraglichen Burgdienste, die vorher die Maltzahns innegehabt hatten. Diese Abmachung scheint indes nicht von langem Bestand gewesen zu sein, denn schon 1327 verklagte das Kloster den pommerschen Herzog selbst, weil dieser nun seinerseits die Burgdienste von Duckow und Zettemin – in diesem Zusammenhang werden regelmäßig auch die gemeinsam mit den hier interessierenden Dörfern strittigen

42 Vgl. *Schmaltz,* Kirchengeschichte Mecklenburgs (wie Anm. 41), 207.

43 Vgl. *Norbert Buske,* Mecklenburg und Vorpommern – Konkurrenten, Nachbarn, Partner, in: 1000 Jahre Mecklenburg (wie Anm. 2), 125 und Karte 1.

44 Vgl. *Wiese,* Kloster Dargun (wie Anm. 42), 29.

45 Vgl. *Berthold Schmidt,* Die Herkunft der Familie von Maltzahn und ihr Auftreten in Pommern. Eine genealogische Studie, in: Baltische Studien NF, Bd. 5, 1901, 99–129, hier 115f.

46 Vgl. Mecklenburgisches Urkundenbuch. Hrsg. v. Verein für meklenburgische Geschichte und Alterthumskunde. Bd. VII, Schwerin 1872, 168, Nr. 4503.

Dörfer Rottmannshagen und Rützenfelde genannt – forderte. Gegen Ende des 15. Jahrhunderts gelangten die Maltzahns wieder in den Besitz von Kummerow, offensichtlich mit der Vogtei und diesmal erblich und für wesentlich längere Dauer. Sie forderten sofort wieder die strittigen Burgdienste und ließen von dieser Forderung nicht mehr ab.[47] Am Ende des 16. Jahrhunderts – zu Zeiten des Jacob Pawel – sehen wir die Maltzahns unwidersprochen im Besitz der Burgdienste, die ihrerseits nunmehr bereits als legaler Ausgangspunkt für die weitere Steigerung der bäuerlichen Arbeitsrente gedient haben.

Hier ist es also möglich, über die allgemeine Aussage hinaus, daß im Verlaufe des Spätmittelalters der landsässige Adel Ostelbiens in zunehmendem Maße landesherrliche Gerechtsame und Berechtigungen an sich zu ziehen verstand und daß diese Entwicklung entscheidend für die Konsolidierung der Gutsherrschaft werden sollte, genauer zu verfolgen, wie dieser Vorgang im Einzelfall ablaufen konnte. In der Tat handelte es sich zunächst um Dienste, die der pommerschen Landesherrschaft zustanden. Sie waren von den Bauern der genannten Dörfer zunächst zum Bau und dann zur Unterhaltung zweier landesherrlicher Burgen zu leisten gewesen. Dann kamen sie bei der Verlehnung von Kummerow in die Hand des belehnten Adligen. Die zwischenzeitliche Verlehnung von Kummerow ohne Vogtei und Burgdienste an einen anderen pommerschen Adligen bestätigt, daß landesherrliche Vogtei und adliges Lehngut in einem Dorf parallel bestehen konnten – was ursprünglich die Regel war – und daß die Vergabe von landesherrlichen Herrschafts- und Nutzungsrechten noch lange Zeit ein durchaus reversibler Vorgang gewesen ist. Das bedeutet aber auch, daß der mittelalterliche Übergang landesherrlicher Herrschafts- und Nutzungsrechte und die frühen Gutsherrschaftsentwicklungen des 16. Jahrhunderts noch weitgehend ergebnisoffen verliefen und keineswegs zwangsläufig in die bekannte spätfeudale Tendenz einmünden mußten. Und schließlich zeigt das Beispiel, wie aus derartigen, ursprünglich der Landesherrschaft zustehenden Diensten in der Hand des Gutsherrschaftsadels ein brauchbares Instrument zur Dienststeigerung werden konnte.[48]

Neben der Umdeutung bereits bestehender Dienstansprüche berichteten die Bauern von anderen Varianten, neue Leistungen einzuführen. So konnten etwa einst freiwillig geleistete Abgaben in ständige Pflichten umgedeutet werden. Die zu Mecklenburg gehörigen Bauern des halben Dorfes Brudersdorf berichteten beispielsweise, *dieweill dem hauptman zu Demmin, Johan von Kahlen, seine schaffe gestorben wehren, das er die Leutte zu BroderstDorff gebeten hette, sie mochtten Ihm ein Jeder ein schaff zu Hulffe geben, damit er wider zur Zucht kehme, das hetten die pauren gethan, daraus wehre zu letzt eine gerechttigkeitt worden, das sie nun Jehrlich die Schaffe geben musten undt wehre Ihnen die Zahl vorhohet wordenn.*[49] Eine dritte

47 Für die Besitzgeschichte von Gut und Vogtei Kummerow vgl. *Schmidt,* Maltzahn (wie Anm. 48), insbesondere 120ff. Die Fortsetzungen sind erschienen in Baltische Studien, NF, Bd. 6, 1902, 95–131 sowie ebd., Bd. 8, 1904, 1–45.

48 Vgl. dazu auch, mit einer Reihe wichtiger Quellenverweise, *Enders,* Entwicklungsetappen (wie Anm. 35), 148ff.

49 MLHAS, Landesgrenzen Nr. 28 (wie Anm. 2), pag. 607f. Mit einem ganz ähnlichen Beispiel aus der Uckermark, das sich auf die v. Arnim auf Zichow und die Gramzower Amtsbauern aus Lützlow bezieht, vgl. *Enders,* Entwicklungsetappen (wie Anm. 35), 150. Der gleiche Fall ist ausführlicher beschrieben in: *Dies.,* Die Uckermark. Geschichte einer kurmärkischen Landschaft vom 12. bis zum 18. Jahrhundert. (Veröffentlichungen des Brandenburgischen Landeshauptarchivs Potsdam, Bd. 28) Weimar 1992, 196.

Variante bestand in der Erfindung neuer Leistungen. Diese Variante konnte an die Behauptung eines angeblichen alten Herkommens gebunden sein. Auch bei der Durchsetzung dieser Forderungen konnte es zu gewaltsamen Pfändungen kommen. In Duckow *hette der Moltzane Mutter, vngefehr vor funffzehn Jahren die leutte zu Duckow, mit einer halbenn last habern belegen wollen, vntter dem schein Alß solte es in den Alten Registern gefunden sein das die leutte vor Altters eine halbe last habern umb das Ander Jahr auff das Hauß zu Cummerow gegeben hetten, Nach dem sichs aber Ihre Elttisten nicht erinnern konnen, das es bei Ihrem gedencken geschen wehre, derwegn auch solche unpflicht nicht ausgeben wollen, weren sie daruber auf der Altten Moltzanischenn befehl gepfandet worden, hetten auch darnach den habern auß geben mussen.*[50] In einem derartigen Fall konnte es von entscheidender Bedeutung für den Ausgang des Konflikts sein, wenn die betroffenen Bauern sich in der Abwehr der Forderungen auf schriftliche Zeugnisse berufen konnten, die von den ländlichen Gemeinden in der Regel im „Dorfarchiv" – also in der Kirche – aufbewahrt wurden. Als das Darguner Amt versuchte, die Holzungen der drei Dörfer Duckow, Zettemin und Rottmannshagen zum alten Klostereigentum zu erklären und von den Bauern für die Mast und die Holznutzung eine Bezahlung zu verlangen, mithin also die Bauern zu zwingen, *das sie Ihr Eigen holtz kauffen, und auß denselbigenn Mastgeldt fur die Schweine geben musten*[51], zogen die Kummerower Maltzahns, die selbst auf die Waldnutzung reflektierten, dagegen bis vor das Reichskammergericht. Dort erreichten sie eine Entscheidung in ihrem Sinne, die die Darguner Amtsleute verpflichtete, die drei diesbezüglichen Dokumente, die aus der Zetteminer Kirche entfernt worden waren, wieder an die Bauern auszuhändigen.[52]

Dieses letzte Beispiel leitet über zu einem anderen Gedanken. Wenn in der bisherigen Argumentation vor allem auf die Herrschaftsambitionen des landsässigen Adels eingegangen worden ist, so gilt es anzumerken, daß auch andere Inhaber feudaler Herrschaftsrechte mit zunehmendem Nachdruck versuchten, wichtige, ursprünglich bei den ländlichen Gemeinden oder bei einzelnen Bauern liegende Rechte an sich zu ziehen. Insbesondere waren das die mecklenburgischen und pommerschen Landstädte. Aber auch in den domanialen Ämtern begann man, die Eigenwirtschaften zu intensivieren. Am dynamischsten war diese Entwicklung freilich auf den Gütern des Adels.

Noch aber waren die ländlichen Gemeinden aus sich heraus und gestützt auf ihre Amtsträger weitgehend handlungs- und rechtsfähig. Das offenbart sich deutlich an den vielen Hinweisen des 16. und beginnenden 17. Jahrhunderts auf Pachtungen von Wüstungen zur gesamten Hand durch Dorfgemeinden und ohne jede erkennbare Beteiligung der lokalen Feudalherrschaft. Doch gerade in den nachreformatorischen Wirren eines in Säkularisation begriffenen ehemaligen Klosters, dem Zugriff umwohnender Adliger und angrenzender Städte weitgehend schutzlos ausgeliefert, sieht man gegen Ende des 16. Jahrhunderts gelegentlich schon die für das 17. und 18. Jahrhundert charakteristische Situation der mecklenbur-

50 MLHAS, Landesgrenzen Nr. 28 (wie Anm. 3), pag. 971f.

51 Ebd., pag. 733.

52 Wörtlich heißt es dazu: *...haben die Moltzan zu Cummerow solchs zum hefftigsten widerfochten Alldieweill sie Aber nichts schaffen mogenn, haben sie an das Keiserliche Cammergericht appelliret, doselbst rechtlich erkandt worden das die drey Altte brieffe die Wredelocke* [?, Name des strittigen Waldes–T.R.] *belangende, welche aus der Kirchn zu Cetemin von den Dargunischn Hauptleutten, wahren hinwegk geholett, musten wider zur Stedte gebracht werden ... Dennoch hatt man die gemeltte Altte originalia wider an Ihre vorige stette In die Ceteminische Kirche bracht.* Ebd., pag. 744f.

gischen Landgemeinde aufscheinen. Als z.B. die Bauern des alten Klosterdorfes Warrenzin noch zu Zeiten des Klosters wieder in einen alten Streit mit der pommerschen Stadt Demmin um einen unzweifelhaft zur Dorfgemarkung gehörenden Wald, das Barenbruch, hineingezogen wurden, wird dies deutlich faßbar. Als der Warrenziner Schulze ...*der Pauren Notturfft, vor den gemellten Demminschn anzeign, und sie uber Ihrer gerechttigkeitt vorandwortten undt vortretten wollen, do hetten Ihm die Demminischen ins Angesicht gespeyen, und sich d.massen gezeigt, das derselbe Schultze hette stillschweign mussen, hetten sich Also gewaltsamer weise, Auß den gemeltten barenbruch mussen entsetzen lassen, dan sie dazumal niemand gehabtt, Der sie hette vorteidigen und beschutzen konnen,* ***Eß wehre der Monchen Regiment undt gewaltt, diesem handell zu schwach gewesen***[Hervorhebung von mir–T.R.].[53] Etwa zwanzig Jahre nach der Abfuhr des Schulzen kam eine Kommission zustande, die den Streit um das Barenbruch beilegen sollte. Vor dieser Kommission forderten die Demminer, die Warrenziner Bauern sollten schwören, daß das Barenbruch zum Dorf gehöre. Die Bauern erklärten sich im Bewußtsein ihres Rechts dazu bereit. Aber sie schickten nicht ihren Schulzen, sondern die beiden Ältesten des Dorfes. Das ist überaus bemerkenswert, denn es wirft einmal mehr die Frage auf, ob in mecklenburgischen Dörfern neben der Institution des Schulzen eine weitergehende gemeindliche Selbstverwaltung bestanden hat.[54] Eine derart grundsätzliche Rechtshandlung, wie das Beschwören von auf die gesamte Gemeinde bezogenen Rechten, wurde hier nicht vom Schulzen praktiziert, sondern von aus der Gemeinde heraus bestimmten Ältesten. Auch das legt die seinerzeit noch recht weitgehende Rechtsfähigkeit der mecklenburgischen Gemeinde sowie deren relative Autonomie von den Schulzen, die ja auch Amtsträger im herrschaftlichen Auftrage waren, nahe. Daß in der Stellaschen Grenzbeschreibung mehrfach und ausdrücklich Bauernrecht, Bauerngilden, bäuerliches Kavelrecht usw. erwähnt sind, vertieft diesen Eindruck.

Doch auch die Ältesten der Warrenziner waren nicht erfolgreicher als zuvor ihr Schulze. *Do hetten die Elttesten Ihm dorff wernzihn Alß Nemblich Henning Schele, undt Marten Kopman, dessen sich erbotten, und zu schweren sich bereittet, Aber die Demminischn hetten Ihnen Spottischer Weise die Hahr hintter den Ohren aufgehoben und gesagtt, O Ihr seitt noch nicht Trucken hinder den ohren, Was woltt Ihr schweren, habens also nit gestatten wollen, Do doch dieselbe Zwen Bauren gar Altte betagtte Menner gewesen sein.*[55] Angesichts dessen konnte der als Zeuge des Darguner Abts – also der mecklenburgischen Seite! – anwesende pommersche Adlige Jost Maltzahn auf Kummerow, der unmittelbare Herrschaftsvorgänger der Brüder Heinrich und Hartwig Maltzahn, nur mitleidig bemerken: *Ewer ist ein geringer undt Kleiner Hauffen gegen die Pommern, sie seindt euch viell zu starck, Aber doch wehn Ihr meine Leutte wehrett woltte Ich euch dannoch besser vortretten und beschutzen, Also das die Demminischn euch nit solten das geringste Rießlein vom Baum nehmenn. Diß hatt gemelter Moltzan vnuerholen gesagtt, und nicht geachttet, das er ein Pommerscher Lehenman und untersasse wahr, wiewoll ein Teill Pauren berichttn er wehre mit den Pommerschn gesantten gewesen.*[56]

53 Ebd., pag. 662.

54 Diese Frage wird auch in der nach wie vor einzigen größeren Untersuchung zur Problematik der Landgemeinde in Mecklenburg nicht beantwortet. Vgl. *Jochen Richter*, Die feudale Landgemeinde in Mecklenburg im 16./17. Jahrhundert – dargestellt am Beispiel der Sandprobstei des Klosteramtes Dobbertin. Phil.Diss. Greifswald 1984.

55 MLHAS, Landesgrenzen Nr. 28 (wie Anm. 3), pag. 664.

56 Ebd., pag. 665.

Das in Auflösung begriffene Kloster war längst nicht mehr in der Lage, seine Funktion als Grundherr zu erfüllen und seinen Hintersassen Schutz und Schirm zu gewähren. Die mecklenburgische Landesherrschaft als Rechtsnachfolger des Klosters und Inhaber des Domanialamtes Dargun vermochte es nur unvollkommen, das sicher nicht erst mit der Auflösung des Kloster entstandene Machtvakuum zu füllen. Den Bauern war diese Konstellation und waren insbesondere deren fatale Folgen für ihre Lebenssituation vollkommen klar. *Auß der Ursachn Dieweill das Dorff Wernzin, uff der grentze gelegen,* heißt es diesbezüglich bei Tilemann Stella, *und sich gewaltts und Infalß befahren mussen ... Nach dem die Munche zu Dargun so weinig sie, die pauren, Alß sich selbst hetten schutzen konnen, Alß hetten die gantze Paurschafft im selbign Dorffe ... sich untter der Hertzogn zu Pommern, undt derselbigen Ampttleutte ... schutz und schirm begeben. Dagegen und zu desselbign erkentnuß, geben sie Jehrlich die vorgemeltte pacht, an gelde, habern undt schafen ... undt wurde derentwegn Schirmellgeldt undt Schirmell Hafern genennet.*[57] Bemerkenswert an diesem Zitat ist neben den Hinweisen auf die konkrete Ausgestaltung und Wandelbarkeit der ländlichen Herrschaftsverhältnisse besonders die Verwendung der Begriffskombination *Schutz und Schirm* in der Quelle selbst.

Die Warrenziner versuchten also aus eigenem Antrieb, sich vor weiteren Übergriffen zu schützen. Sie hatten sich unter den Schutz der Amtsleute des herzoglich-pommerschen Amtes Demmin und damit des Pommernherzogs begeben, wofür sie eine regelmäßige Abgabe entrichteten. Da damit das komplexe Geflecht jener Gerechtsame, die die mecklenburgisch-pommersche Landesgrenze bildeten, verschoben, substantiell verändert worden war, könnte man – zugespitzt formuliert – meinen, die Warrenziner hätten die Landesgrenze überschritten, ohne ihren mecklenburgischen Wohnort zu verlassen. Doch hatten sie sich damit auch unter die pommersche Landesherrschaft begeben, waren sie damit auch pommersche Untertanen geworden? Wohl kaum, denn das mittelalterliche *ius protectionis* war am Ende des 16. Jahrhunderts längst nicht mehr ausschließlich ein Element fürstlicher Herrschaft. Insbesondere deshalb, weil die Wahrnehmung dieses Rechts die Präsenz des Schutzherren vor Ort voraussetzte,[58] war es zunehmend an die lokalen Herrschaftsinhaber übergegangen, waren dies nun fürstliche Inhaber einzelner Ämter oder landsässige Adlige. Damit war das Recht auf den Schutz von Untertanen, ebenso wie die Hochgerichtsbarkeit, nur noch bedingt dazu geeignet, Landesherrschaft zu begründen und zu legitimieren. Das gilt umso mehr, als bei den zeitgenössischen Juristen weitgehender Konsens darüber herrschte, daß „aus dem bloßen Schutzrecht keinerlei Jurisdiktonsbefugnisse hergeleitet werden können und umgekehrt das Recht des Jurisdiktionsinhabers über die ihm unterworfenen Personen durch das Schutzversprechen eines Dritten unberührt bleibt“[59]. Man kann den Prozeßcharakter der hinter diesen juristischen Konstruktionen aufscheinenden „Realitäten“ nicht deutlich genug betonen: das mittelalterliche, landesherrliche Schutzrecht war nicht nur rechtstheoretisch etwas völlig anderes, als der auf einem Vertrag und ausgehandelten und fixierten Leistungen und Gegenleistungen beruhende *Schutz und Schirm* lokaler Herrschaftsinhaber, wenn auch beide Erscheinungen rechtshistorisch aus derselben Wurzel entsprossen sein mögen.

57 Ebd., pag. 660.

58 Vgl. *Dietmar Willoweit,* Rechtsgrundlagen der Territorialgewalt. Landesobrigkeit, Herrschaftsrechte und Territorium in der Rechtswissenschaft der Neuzeit. (Forschungen zur deutschen Rechtsgeschichte, Bd. 11) Köln/Wien 1975, 213f.

59 Ebd., 66f.

Die territoriale Zuordnung Warrenzins blieb auch in der Folgezeit zwischen Mecklenburg und Pommern umstritten. In noch stärkerem Maße galt dies für das Heimatdorf Jacob Pawels, für Duckow. Hier setzte sich in der Mitte des 18. Jahrhunderts einmal mehr reale Macht über formale Rechtsansprüche durch, denn letztlich triumphierte die pommersche Seite. Im Jahre 1752 zwang Friedrich II. den Herzog Christian Ludwig II. von Mecklenburg-Schwerin, endgültig auf die Landesherrschaft über Duckow sowie über die beiden in diesem Zusammenhang ebenfalls strittigen ehemaligen Klosterdörfer Zettemin und Rottmannshagen zu verzichten.[60]

3. Resümee

Das Ziel dieses Beitrages war es, anhand konkreter, dicht beschriebener Beispiele frühen Formen der Gutsherrschaftsentwicklung nachzuspüren. Dazu bot sich ein Untersuchungsgebiet auf der Landesgrenze an, weil wichtige Zentren des besonders frühen und besonders intensiven Herrschaftsausbaus des landsässigen Adels in einer auffälligen Weise an den jeweiligen Landesgrenzen konzentriert waren.

Die ausgewertete Grenzbeschreibung wurde speziell auf ihre Aussagen zur Gutsherrschaftsgeschichte hin befragt; aus der Vielzahl von diesbezüglichen Hinweisen konnten nur einige wenige vorgestellt und verfolgt werden. Es sollte deutlich geworden sein, daß die Prozesse der Gutsherrschaftsentstehung im untersuchten Grenzgebiet zwischen Mecklenburg und Pommern am Ende des 16. Jahrhunderts – ausgehend von größeren Besitzkomplexen wichtiger mecklenburgisch-pommerscher Adelsfamilien, aber nicht darauf beschränkt – bereits in vollem Gange waren. Das äußerte sich in den deutlichen Bestrebungen zur territorialen und juristischen Arrondierung von Adelsherrschaften, zum Ausbau der adligen Eigenwirtschaften, zur systematischen Erhöhung bäuerlicher Leistungen, insbesondere der Frondienste, zur Übernahme ehedem gemeindlicher Nutzungsrechte etc. All dies wurde gekoppelt an einen gerade in dieser Zeit stärker werdenden Zugriff auf die persönliche Rechtsstellung der Feudalbauern, der sich zunächst vor allem in der herrschaftlichen Forderung von Gesindezwangsdiensten und in einer inhaltlichen Erweiterung und intensiveren Nutzung des Pfändungsrechts äußerte. Damit erwies sich das Pfändungsrecht als für den Ausbau gutsherrschaftlicher Verhältnisse instrumentalisierbares Herrschaftsrecht. Die Tradition dieses und anderer Herrschaftsrechte reicht zurück bis in mittelalterliche Zeit und legt nahe, daß Mecklenburg auch vor der frühneuzeitlichen Konsolidierung der Gutsherrschaft kein „Bauernland" gewesen ist, in dem Ritter und Bauern als Nachbarn lebten, sondern daß schon früh erkennbare, auf den Besitz des Bauern **und** auf seine Person bezogene Herrschaftsrechte bestanden haben, die als wichtige Wurzeln der späteren Gutsherrschaftsentstehung interpretiert werden können.

Auf der Grundlage des vorgestellten Quellenmaterials und der daraus abgeleiteten Interpretationen soll abschließend versucht werden, mögliche Fragerichtungen anzudeuten, die bei der künftigen Untersuchung der mecklenburgischen Gutsherrschaftsgeschichte erkenntnisfördernd sein könnten.

Die Gutsherrschaft war ohne Zweifel ein frühneuzeitliches Phänomen. Doch ist die Existenz von mittelalterlichen Wurzeln für dieses Phänomen – neben den zahlreichen Hinweisen, die die Quellen bieten – auch angesichts der Dynamik, mit der die Entwicklung zumindest in Mecklenburg seit der Mitte des 16. Jahrhunderts verlief, naheliegend. Sucht man

60 Vgl. *Schmidt*, Maltzahn (wie Anm. 48), 123ff.

jene für das Verständnis des Gesamtphänomens so entscheidenden historischen Verbindungsglieder,[61] so ergibt sich möglicherweise aus der Historisierung wichtiger adliger Herrschaftsrechte ein Zugang für weitere Forschungen. Diese Historisierung könnte sich stützen auf eine gerade für Mecklenburg und die wichtigsten Vertreter der einheimischen Ritterschaft nachgewiesene, bemerkenswerte Herrschafts- und Besitzkontinuität zwischen Mittelalter und Neuzeit.[62] Hinzu kommt, daß es sich speziell für die gutsherrlichen Extremgebiete als ausgesprochen schwierig erwiesen hat, sich der Sozialgeschichte ländlicher Gesellschaften über die Geschichte von Siedlungen, ländlichen Gemeinden oder gar einzelnen bäuerlichen Wirtschaften zu nähern. Angesichts dieses methodischen Problems, in dem sich auch die prekäre Quellenlagen spiegelt, erscheint trotz des weitgehenden Fehlens von Gutsarchiven der der Überlieferungsstruktur adäquatere Zugang über den feudalen Herrschaftskomplex (adliges Gut, landesherrliches Amt, städtische Kämmerei usw.) als wesentlich praktikabler.

Eine weitere Komponente, die in Mecklenburg die Entwicklung der adligen Herrschaftspraxis vom mittelalterlichen Erwerb landesherrlicher Rechte bis zur extremen Gutsherrschaft des 18. Jahrhunderts geprägte hat, war die Auseinandersetzung mit der Landesherrschaft. Bisher ist für Mecklenburg das konfliktreiche Verhältnis zwischen Landesherrschaft und Ritterschaft hinsichtlich seines Einflusses auf die territoriale Spezifik gutsherrschaftlicher Verhältnisse nicht systematisch untersucht worden. Schon die Definition dessen, was die Landesherrschaft frühneuzeitlich eigentlich konstituierte, birgt Schwierigkeiten. Sie etwa aus der Hochgerichtsbarkeit herzuleiten, ist schon angesichts der parallelen Hochgerichtspraxis exponierter Vertreter des Gutsherrschaftsadels und der Städte problematisch.[63] Mit Bezug auf die strittigen Dörfer am Kummerower See heißt es beispielsweise: *So wehre doch sonsten ein grosser underschied zwischen dem hohesten und siedesten gericht, und der Landtsfurstliche hohen obrigkeitt und Superioritet. Eß hetten woll die vom Adell und Stette So woll In Meckelnburgk alß in Pommern das hohest und siedest gerichtt, derhalben konte bederseitts Herschafft denselbign die Landtsfurstliche obrigkeit nit einreumen. Auch kontten sich die Hertzogn zu Meckelnnburgk, in denselbign Dorffern nit mehr anmassen, Alß Zuuor der Munch oder Abtt zu Dargun gehabtt, Derselbe hatt keine Furstliche oberckeitt exerciret, ist kein Reichs Furst gewesen.*[64] Doch auch das Besteuerungsrecht und das nachreformatorische Visitationsrecht reichen für sich genommen augenscheinlich als Definitionsgrundlage nicht

61 Der methodische Hinweis, bei der Erforschung der ostelbischen Gutsherrschaft stärker die historischen Verbindungsglieder zwischen Mittelalter und Früher Neuzeit im Blick zu behalten, geht auf Ernst Münch zurück, der 1986 meinte: „Für die Aufdeckung von Wurzeln des agrarischen Dualismus und besonders der Gutsherrschaftsentwicklung muß einigen im 13./14. Jahrhundert bereits erkennbaren Aspekten unbedingt für das 15/16. Jahrhundert nachgegangen werden." *Münch,* Agrargeschichte (wie Anm. 11), 104.

62 Vgl. *Ernst Münch,* Ritterschaft zwischen Mittelalter und Neuzeit. Zur Kontinuität des adligen Grundbesitzes in Mecklenburg, in: Zeitschrift für Geschichtswissenschaft, 38, 1990, H. 10, 888–906. – *Ders.,* Über die Kontinuität ritterschaftlicher Besitz- und Herrschaftsrechte zwischen Mittelalter und Neuzeit in Mecklenburg, in: Agrargeschichte 23, 1990, 36–41. Die gegenteilige Ansicht äußerte *Enders,* Grundherrschaftsentwicklung (wie Anm. 13), 219, 227ff. und 238f.

63 Zur Entwicklung der zeitgenössischen rechtstheoretischen Vorstellung von der Landesherrschaft vgl. *Willoweit,* Rechtsgrundlagen (wie Anm. 61), 17ff., 121ff. und 185ff.

64 MLHAS, Landesgrenzen Nr. 28 (wie Anm. 3), pag. 730.

aus. Da die juristische Fixierung der Landesherrschaft nicht zuletzt auch von der Reichsverfassung abhing, wäre dieser Problemkomplex noch erweiterbar. Eine derartige Perspektive zielt auf den so notwendigen Vergleich mit anderen Territorien und beinhaltet auch die alte Frage, weshalb es nur in den ostelbischen Gebieten zur Herausbildung der Gutsherrschaft gekommen ist, obwohl die als wesentlich erkannten Entstehungsbedingungen[65] auch in anderen Räumen gewirkt haben.

Anhang

1.
Dialog zwischen dem herzoglich-mecklenburgischen Gesandten Daniel Clandrian und dem Heinrich Maltzahn auf Kummerow wegen der Verhältnisse in Duckow, Kummerow, den 27. Juli 1575

MLHAS, Grenzsachen 28 (wie Anm. 3), pag. 932–937.

Relation der vorrichtung Daniell Clandrians, an Heinrichn Moltzan zu Cummerow wegen des gepfandeten Pauren zu Duckow, Jacob Pagelß [Name des Bauern verschrieben–T.R.] geschicktt.

Mittwochs nach Jacobj, Ist der 27. Julij dieses 75 Jahrs, Alß Ich nach Mittags zu Cummerow sampt den Zeugen Frantz Prenen zu Rockenitz wonhafftich, undt Andreas Karbargen Lantreitern zu Dargun angekommen, seindt wir an Heinrich Moltzanen, in dem wege, an dem Dorffe geraten, doselbst Ihn angesprochn, und berichtet, das Ich werbung an Ihn hette, ob ehr dieselbige auff seinem Hauße von mir horen woltte, oder wo es Ihme gelegn, da wolte ich mich einstellen.

Ille. Ich soltte da sagen was es wehre.

Ego. Mein gnediger f. undt her, Herr Ulrich Hertzoch zu Meckelnburgk p. hette mir beuohlen, Ihme in beiwesen Zweyer Zeugn, anzuzeign, vorerst das S.f.g. nicht weinig befrembde, das er dem pauren im Dorffe Duckow Jacob Pagell Narrabam omnia Juxta ordinem et modum praescriptum.

Ille. Ich soltte wiederumb, dem Herrn von Meckelnburgk, oder wehr mich ausgesandt hette anzeign, er woltte den Herrn vonn Meckelnburgk nicht zuwieder sein oder thun sondern da er J.f.g. womit auch mit leib und gutt dienen konte, solte erß gerne thun.

Eß wehren etzliche boeße leutte, die viell Neuwerungen undt boßes anstifften, dem pauren Aber Jacob Pagell, woltt er die pfande Nimmer wieder geben, ohne seiner gnedigen Landes Fursten, der Hertzogn zu Pommern bewilligung dauon er befehll hette, welche er in originali, wen es nottig, woll zeign kontte, den Kerll woltt er verfolgen biß er Ihme Absturbe.

Ego. Mein g.f. undt Herr hette mir solchs Ihme anzubringn beuehlen lassen, So er meines Mundlichen anbringens eine schrifftliche vorzeichnus haben woltte. Item Copiam, der vonn dem pauren unserm gnedign Herrn ubergebenen Supplication, soltte er solchs bekommen, damit er die meinunge desto besser daraus ersehn und sich bedencken kontte.

65 Vgl. dazu *Heinrich Kaak,* Die Gutsherrschaft. Theoriegeschichtliche Untersuchungen zum Agrarwesen im ostelbischen Raum. (Veröffentlichungen der Historischen Kommission zu Berlin, Bd. 79) Berlin/New York 1991, 365ff.

Ille. Woltte Ich sie Ihme geben, gutt, sunst, abrupit verba, In dem sich umbgekertt, und dieselben von mir gefurdertt, Dabei Ich vormeldet, so er einen schreiber hette, der die Copei gegen dem originali vorlesen soltte, das er sehe, das es uberein stimme wehre Ihm dasselbe frey, Sagtte darauff, er hette keinen zu Hauß, damit auff das Hauß geritten Hernach wiederumb herabkommen und gesagt er sehe in der vorzeichnuß, das Ich Instrumenta daruber ferttign soltte, So wuste Ich das er denn Herr zu Meckelnburgk, nichts zu nahe geredet sondern sagte noch, das er den Herrn von Meckelburgk, womit er kontte und mochtte, Alle Zeit zu dienen willig were, hette Ihnen auch nichts damit zu wiedern thun wollen, Auch keine gewaltt geubtt, sondern was er furgenommen, das hette er zu erhalttung seiner gerechtigkeit gethan.

Dem Manne woltte er die pfande nicht wiedergeben, es sei dan das es Ihme von seinen gnedigen Fursten und Herrn, den Hertzogen von Pommern, die er darumb besuchn woltte, beuohlen wurde, die wurden Ihre underthanen, so woll schutzen, gleich alß die Herrn von Meckelnburgk die Ihren, Die Hufen welche der Paur hette kemen den Herrn zu Pommern, denen er auch die Landtbede dauon gebe, und Ihme zu, derhalben soltte er Ihme auch dauon dienen Die Herrn von Meckelnburgk hetten nicht mehr daran, Alß den Zehenden, der nach Stouenhagen gefuhret wurde.

Eß wehre auch mit vielen Zeugn woll zuerweisen, das da zu Cummerow, viell der Pawern im gefengnuß gesessen.

So stunde auch in der vorzeichnuß, wie Ich auch angezogen hette, das er den heuptman zu Dargun umb recht ersuchn soltte, das wol er nicht thun, Er hette seine Obrigkeitt, die Herrn von Pommern, der Ihn besprechn woltte, Der soltte es vor denselben thun, da wolle er Andtwortten, Wehre er untter den Herrn vonn Meckelnburgk gelegn, gleich alß er untter denn Herrn von Pommern, so woltt er vor Ihnen zu recht stehen.

Letzlich wolle er gebeten haben, es wolle unser g.f. undt herr, Ihme keine gewaltt thun, vor andere seine Nachbarn wolle er sich selbst woll schutzenn.

Ego. Ich woltte solchs unserm g.h. in underthenigkeit referiren auch bona fide instrumentiren, damit er aber hernach nicht sagen, oder vorwenden mochtte, das man seine Andtwordt nicht recht vorstanden, oder eingenommen hette, wehre Ich erbuttich, so er seine Andtwortt schrifftlich stellen woltte, zuuorharren, und dieselbe mit zu nehmen.

Hierauff er von mir auffs Hauß gangenn folgentts einen zu mir geschickt, und anzeign lassen, er hette es bedencken, sich itzo schrifftlich zuercleren, Er woltte seine gnedige Landesfursten, die Herrn von Pommern umb Raht besuchn, undt alß dan sich mit Andtwordt vornehmen lassen, hat auch Danebenst fragen lassen, ob er nicht kontte das Instrument, wan es gemacht wehre, zusehen kriegen.

Ego. Ich wurde es, wans vorferttigt, M.G.H. uberandwortten lassen, dan mochte er anforderung thun, so wurde er woll bescheidt darauf bekommen.

Actum die, loco, et inpraesentia Testium, ut Supra.

Daniel Clandrian

2.
Befragung des Jacob Pawel aus Duckow zu den Ereignisse in Duckow und zur juristischen Situation der dortigen Bauern; Dargun, den 30. Juli 1575

MLHAS, Grenzsachen Nr. 28 (wie Anm. 3), pag. 957–966.

Anno Domini 1575 Sonnabentts nach Jacobi welcher wahr der 30 Tagk des Monatts July Ist auf des durchleuchtigsten hochgebornen Fursten und Herrn, Herrn Ulrichs Hertzogn zu Meckelnburgk p. beuehl, Jacob Pawell von Duckow nach Dargun beschieden, demselbign die Andtwortt, so Heinrich Moltzan zu Kummerow auff hochgemeltes vnßers g.f. und Herrn beschickung, der an Ihm Neulich Jacob Pawelnn geubtten pfandung halben gethan, fur gehalten und gelesen, nebenst geburlicher erinnerung das er darauff seinen warhafftign Kegenbericht thun soltte, wie er denselbign kunfftich, Ihm fahl der nott vorhoffete Zuerweisen oder auch mit seinem Eide zuerhalten;

Damit er aber so viell besser zuuornehmen, worauff man eigentlich seinen bericht begertt, Ist Ihme zu gemute gefuhret, das sich Heinrich Moltzans Andwortt dafur ansehn liesse, Alß wehre er nicht der Magt halben, sondern von wegen versessener Dienste gepfandett.

Darauff hatt er diesen bericht gethan, Auff Margreten negst vorschienen, wehre er mit seinem weibe undt Kindern auffm felde in der Arne gewesen, Dazumahl, gleich zu der Zeitt, wie er seine Mahlzeitt gehaltten, Wehre Heinrich Moltzans voigt Claws N. zu Ihme ins feldt geritten kommen, gutten tag gebotten und gefragtt was er machte, und Ihn darneben auf den negsten tagk zu dienste gefordertt, dan er soltte korn meyen, der pfandung aber, so er seins abwesens im felde, kurtz zuuor gethan, nicht mit einem wortte gedachtt, Auff solchen gruß, frage und anzeige, hette er dem voigte wiederumb gedankt, und gesagt, er esse was, wolte ers mit Ihme vorlieb nehmen, so mochte er absitzenn Essen und drincken was mit. Was den dienst belangete, Der geschehe morgen so lieb alß auff ein ander Zeitt, er muste hernach doch gethan sein, Were auch des Willens gewesen, Sich auff bestimmeten tagk zu Cummerow einzustellen, und den Dienst zu thun. Nach dem nu aber Baltt hernach, wie d. voigt von mir geschieden Im felde angezeigt wehre worden, das der voigt kurtz zuuor ehe er ins feldt zu Ihm geritten kommen selb viertte Im dorffe gewesen, sein Hauß und Hoff eroffnet Daraus 8 seitten specks und einen Kessel genommen, das Hauß und Hoff wieder zugemachtt und wieder dauon geritten, wehre er also baltt nach Hause gegangn, Und wie er befunden das dem Also, wie Ihme angezeigt worden, hette er sich zu fueß gehn Dargun an den Heuptman vorfuget, demselben, die gewalt so Ihme geschehn geclagt, umb schutz und gutten Raht, wie er sich zuuorhalten, gebeten, darauf wehre er von dem Heuptman gefragt, ob er sich auch zu erinnernn das er einigen Dienst vorsessen, und darumb gepfandet sein mochte, darauff er dem Heuptman angezeigt, Nein er wuste sichs nicht zu erinnern, Derhalben Ihm der Heuptman die Zeitt unter anderm beuohlen, wo sich die sache dermassen, wie er geclagt, verhieltte Soltte er Heinrichn Moltzane nicht dienen biß er seine pfande wieder bekommen oder dieselbe wie von altterß, in das schultzen gericht zu duckow gelegt wurden. Weill er sich dan gewust zubescheiden, das Heinrich Maltzan kein ander vrsach der Pfandung zu Ihme gehabtt, Alß das er Ihm seine Tochtter, In massen wie geclagt, in Dienst zu geben geweigertt, hette er sich demselben beuehl gemeß vorhalten, und das ieder Ihme den dienst vorsessen, Vor der pfandung Aber, so wie gemeldet auff Margretn geschn wuste er gewisse, das er Ihm keinen Dienst vorsessen hette, woltte sich des, Ihm fahl der nott, auff seine Nachbarn gezogn haben, Die andere pfandung Aber so des freitags darnach nemblich am 15 July geschehn, mochte woll d. vorsessenen Dienste halben, und das er dem

Heuptmanne geclagt geschehn sein, Dieweill er Aber dieselbigen Dienste, auff beuehl des Heupttmans, zu Dargun nachgelassen, vorsehe er sich er werde derhalben woll entschuldiget sein.

Zum Andern, dieweill Heinrich Moltzan unter andern furgewandt, was er wider Ihn furgenommen, das hette er zu erhalttung seiner gerechtigkeitt, gethan, ist er gefraget, waß fur gerechtigkeit Moltzan an Ihm habe.

Darauff er geandworttet, die dienste und Zwen gulden pacht, Darneben angezeigt, das die dienste in vorzeitten, so groß nicht wehren gewesen wie nu, dan in vor Zeitten hetten die leutte zu Duckow den Moltzanen des Wintterß nicht mehr alß funffe, oder zum hochstenn sechs fuhren mit Kuchn Holtz gethann, und des Sommerß samptlich einen Kampff Ackers gepfluget, und eine, oder zum hochsten zwo fuhren mit Korne nach Rostock, nach Parchim, oder auch nach dem Sunde gethan, und zu denselben fuhren, zwen und zwen Ihre Pferde zusam gespannen, und einen Wagen Außgemachtt, Nu aber die Moltzane den Acker, der Zum Gotteshause zu Cummerow ettwan gelegen gewesen, an sich genommen, und die Bawwercke gebessert hetten, wehren die dienste so vill grosser.

Dieweill auch Heinrich Moltzan angezeigt, das er die Landbede von Duckow den Hertzogn zu Pommern gebe. Ist derselbe Jacob Pawell weiter gefraget, was Ihme dauon bewust darauff hatt er zur Andtwortt gegebenn, das Ihme dauon nichts bewust wehre, Allein das die Landbede, von Ihme und seinen Nachbarn, umbß ander dritte, viertte, auch woll zu zeitten vmbß funfften Jahr, durch die Moltzane außgefordert werde.

Die weill auch dieser Jacob Pawell, hiebeuor angezeigt, er sei von Heinrich Moltzanen derwegen gepfandet, das er Ihme seine Tochtter zu dienst zu geben geweigertt habe, Alß ist er gefraget, ob die Moltzane die gerechtigkeitt in Duckow an den Pawern habenn das sie Ihnen Ihre Tochtter oder Kinder wieder Ihren der Elttern willen in Dienst nehmen mugen.

R. Bei der Munche Zeitten hetten die Moltzane woll der Bauren Ihre Kinder in den Dienst genommen, das wehre aber mit willen der Elttern geschehn, die Ihre Kinder hetten entraten konnen, und hetten sich seines gedenckens bei dieser Moltzanen Ihres Vatern Zeitt, mit Jacob Solttwischn einem Bawersman vonn Duckow der fahl zugetragen, das seine Tochtter Dorothea in den Hoff nach Cummerow in dienst genommen wehre, Nach dem Aber Jacob Soltwischn, darnach sein weib abgestorben, wehre Ihme die Tochter von der Herschafft wiederumb herauß geben, die weil er derselben zu seiner Haushaltung benotigt gewesen, ehe dan sie ein voll Jahr auß gedienet hette.

Ferner ist er gefragt, was dan die Hertzogenn von Meckelnburgk, an dem Dorffe und pawern zu Duckow vor gerechtigkeitt hetten, dieweil Heinrich Moltzan gesagt, die Hertzogn von Meckelnburgk hetten nicht mehr alß den Zehenden daran.

R. Unser g.f. undt herr, Hertzoch Ulrich hette an den Pauren zu Duckow nicht allein den Zehenden, an allerlei Korne, Alß Weitzen, Roggen, Habern, gersten, Item an Lemmern, Gensenn undt Flaxse, sondern hette auch die gerichte das Rauchhun, Ablager und Kirchenlehen daran.

Alß auch Heinrich Moltzan in seiner erclerunge weitter angezeigtt, Eß wehre mit vielen Zeugen zuerweisen, das viell pawern von Duckow zu Cummerow im gefengnuß gesessen, Ist dieser Jacob gefraget, Was Ihme dauon bewust wehre und auß was ursachn, die Leutte von Duckow zu Cummerow Ihm gefengnuß gesetzt wehren?

R. Er wisse einen oder vier, die auß der Altten Moltzanischn , dieser Moltzanen Mutter geheiß dienstes halben da gegriffen, und gesetzt sein der Erste Jurgen Pribbene, der wehre derhalben gesetzt, das er Kuchn holtz zu fuhren vorsessen hette wehre aber zu Cummerow auff der Burgk gegriffen. Der Ander Martten Pribbene Der Dritte Chim Brincke, die hetten sollen Zusamen spannen, und Zehen Dehlen von der Conower [?] Muhlen holenn, weill sie aber dasselbige der Ausspannunge halben nicht thun konnen, weren sie aus geheiß, gemeltter Wittwen nach Cummerow gefuhret und eingesetzet, Der viertte Claws Hane, der wehre gleichesfalß auß Ihrem geheiß zu Cummerow eingesetzet von wegen, das er einenn von seinen Sohnen auff ein wust Erbe zu Zetemin zu geben sich geweigertt, Diese Junge Moltzane aber hetten der Dienste halben, oder sonsten wegen anderer Ursachn, seines wissens, niemandt gefangen undt gehn Cummerow gebracht. Vonn Eltern geschichtten die von dieser Moltzanen vorfahren geschehenn mochtten sein, Ist Ihm nichts bewust, Dakegen aber wehren Ihrer viell von Duckow vor und nach der Zeitt, von der Herschafft vonn Dargun gestrafft, und doselbst ins gefengnus gebracht. Alß nemblich, Hans Stroyhann Ist in dem Hofe zu Malchin, bei der Munche Zeitten gestrafft, von wegn das er den Zehenden vorsessen, Nach der Munche Zeitt aber sey Maeß Curdt undt er selbst ein malß bei dieses itzign heuptmans Zeitten gefengklich gesessen.

Ferner ist er gefraget, ob ehr nicht wisse, oder gedencke, das die Leutte von Duckow, durch die Moltzane zu Cummerow, ettwan gepfandett und die pfande nach Cummerow gefuhrett. Item aus was ursachn solche pfandung geschehn.

R. Von so grossen pfandungn Alß Ihme geschehen wisser er nicht, Allein kleine pfandungen weren woll durch die voigte geschehn und in das schultzen gerichte zu Duckow gelegt.

IV. Bauern in Gutsherrschaftsgesellschaften

Eduard Maur

Die Chodenbauern. Eigensinn und Widerständigkeit einer privilegierten Untertanengruppe in Böhmen im 16.–18. Jahrhundert

„Choden" oder „Khodenbauern" waren im mittelalterlichen Böhmen eine privilegierte Bauerngruppe, die sich ihre besondere rechtliche Stellung bis zum Ende des 17. Jahrhunderts bewahrt hatte. Ihre Nachfahren zeichnen sich bis heute durch ethnographische und Folklore-Besonderheiten aus, die wir bei keiner anderen Gruppe der Landbevölkerung in Böhmen finden. Während der Nationalkämpfe im 19. Jahrhundert sind sie in der tschechischen Gesellschaft sehr populär geworden und ihr Kampf um die Bewahrung mittelalterlicher Privilegien wurde in der Belletristik als ein Kampf der tschechischen Bauern gegen eine fremde, deutsche Obrigkeit gepriesen. In diesem Aufsatz geht es aber nicht um dieses „zweite Leben" der Chodenrebellen[1], sondern um das Phänomen ihres mehrere Jahrhunderte dauernden Kampfes gegen die Obrigkeit selbst.[2]

Mit dem Namen Choden wurden im Mittelalter die Untertanen der königlichen Güter Pfraumberg (Přimda), Tachau (Tachov) und Taus (Domažlice) bezeichnet, die mit spezifischen Aufgaben bei der Bewachung der Grenze zwischen Böhmen und Bayern bzw. der Oberpfalz betraut wurden. Ihre Dörfer, dicht am Grenzwald liegend, sind seit dem Anfang des 14. Jahrhunderts in schriftlichen Quellen belegt. Die Anfänge der Choden legte die ältere Fachliteratur in eine sehr frühe Zeit, in der Regel ins 10.–11. Jahrhundert. Man verstand sie als aus Polen, Ungarn und Kärnten, aus den Gebieten der Nabwenden und anderen Regionen kommende Kolonisten. Sie wurden mit den sog. „Warten" (custodia) des Frühmittelalters identifiziert, die dafür sorgten, daß niemand ohne eine fürstliche Erlaubnis die Landesgrenze überschritt. Heute ist offenbar, daß die Choden an die Funktion der Warten höchstens anknüpfen konnten, die im 13. Jahrhundert allerdings erloschen ist. Die Hauptaufgabe der Choden war nicht, die Landespfade zu bewachen, sondern die Landesgrenze zu begehen. Der Bedarf eines solchen Dienstes konnte aber erst entstehen, als die Grenze aufgehört hatte, durch die

1 Näheres dazu siehe bei *Eduard Maur*, Historie a historická tradice. (AUC, Philosophica et Historica. Monographia XC-1981.) Praha 1984.

2 František Roubík hat sehr reiches Material zur Geschichte der Tauser Choden und zum Teil auch der Choden überhaupt gesammelt, und zwar in seiner umfangreichen Monographie *František Roubík*, Dějiny Chodů u Domažlic. (Sborník Archivu ministerstva vnitra Republiky československé. Bd. IV.–V.) Praha 1931. Wenn es nicht anders angeführt wird, stütze ich mich auf die von Roubík gesammelten Fakten, bemühe mich jedoch, meine eigene Interpretation vorzulegen. Siehe auch *František Roubík/Karel Váchal*, Boje chodského lidu. Plzeň 1962.

„Waldmitte“ zu führen, und genau „vermarkt“ (d.h. mit Grenzzeichen bezeichnet) worden war. In bezug auf die Grenze mit der Oberpfalz finden wir dies seit dem 14. Jahrhundert belegt. Die Notwendigkeit einer sorgfältigen „Vermarkung“ der Grenze war hier dadurch gegeben, daß die Grenze nicht auf dem Bergkamm geführt wurde, wie es anderswo üblich war, sondern am westlichen, d.h. bayrischen und oberpfälzischen Rande des Grenzlandes, was sie einem ständigen Kolonisationsdruck aussetzte. Nicht nur der Wachdienst, sondern auch die Dörfer der Choden selbst entstanden wahrscheinlich relativ spät, meistens erst etwa im 13. Jahrhundert. Dies beweisen u.a. die Dorfnamen, der typische Kolonisationsgrundriß der Dörfer oder die Absenz romanischer Kirchenbauten auf diesem Gebiet.[3]

Hauptaufgabe der Choden war es, wie schon gesagt wurde, die Landesgrenzen zu begehen. Das gab den Choden auch ihren Namen (tschechisch „chodit“ – „gehen“). Die Choden stellten bei ihren Grenzenbegehungen fest, ob die Gefahr eines feindlichen Einfalls ins Land drohte, ob es zu einer Verschiebung der Marksteine gekommen war, ob bayrische Nachbarn auf dem tschechischen Gebiet Holz nutzten oder ob sie sich hier sogar niederließen. Die Choden leisteten gegen Bezahlung auch ein bewaffnetes Geleit („conductus“) der durch den Grenzwald ziehenden Reisenden; in der Zeit der Bedrohung hielten sie an der Grenze Wache und beteiligten sich an ihrer Verteidigung.

Die böhmischen Könige erteilten im Verlauf des 14., 15. und noch am Anfang des 16. Jahrhunderts den Choden für ihre Dienste eine Reihe von Sonderrechten. Neben solchen, die durch königliche Urkunden bestätigt wurden, übten die Choden auch Gewohnheitsrechte aus, bei denen es nicht immer klar war, ob auch diese der Herrscher den Choden erteilte, oder ob die Choden, weit in den entfernten Grenzgebieten lebend, sich diese einfach angeeignet hatten. In einigen Fällen waren die Gewohnheitsrechte der Choden ausreichend durch den Herrscher bestätigt, in anderen jedoch nicht. Der Umfang der Rechte der Choden bei Tachau, Pfraumberg und Taus war dabei nicht gleich. Relativ beschränkt waren die Sonderrechte der Tachauer Choden; die größten Privilegien hatten die Choden um Taus. Letztere bewahrten sich auch als einzige die tschechische Nationalität, während die anderen bis zum Ende des 16. Jahrhunderts allmählich germanisiert wurden. In den folgenden Ausführungen werden wir ausschließlich auf die Tauser Choden eingehen, die sich infolge ihrer außerordentlichen privilegierten Stellung am erfolgreichsten allen Bemühungen widersetzten, sie um diese Rechte zu bringen.

Die Choden übten ihren Wachdienst nicht nur zu einer Zeit aus, als die Güter Taus, Pfraumberg und Tachau unter einer direkten königlichen Verwaltung standen, sondern auch in der Zeit, als diese Güter „eingeschrieben“, d.h. adeligen Besitzern verpfändet wurden. Am längsten lebten die Tauser Choden unter den Herren von Schwamberg. Die Choden erwehrten sich des Drucks der Pfandherren, indem sie sich mit der Bitte um die Hilfe direkt an den Herrscher wandten. Sie wurden dazu durch einen unerschütterlichen Glauben an die Gerechtigkeit des Herrschers, aber auch durch das Wissen geführt, daß dem König daran lag, die verpfändeten Güter durch ihre gewinnsüchtigen Pfandherren nicht ruinieren zu lassen. Tatsächlich griffen Karl IV., Wenzel IV., Georg von Podiebrad sowie Wladislaus Jagelloner mehrmals gegen Pfandherren und königliche Burggrafen in Taus zugunsten der Choden ein. Die einzelnen Herrscher, von Karl IV. bis zu Maximilian II., konfirmierten darüber hinaus jedes Mal bei der Thronbesteigung ihre Sonderrechte.

Eine Schlüsselbedeutung für die selbständige sozialrechtliche Stellung der Tauser Choden hatte die Urkunde Johanns von Luxemburg vom 16. März 1325, nach der sie zukünftig das

3 *Maur*, Chodové (wie Anm. 1), 9–15.

Recht der Stadt Taus vor den Gerichten genießen sollten. Einen weiteren Erfolg erreichten sie im Jahre 1456, als die Chodengemeinden korporativ das Chodengericht in Taus kauften. Dieses hatte bis zu jener Zeit den Charakter eines Erbgerichts, das der König Kleinadligen aus der Umgebung der Stadt anvertraute. Das Chodengericht übte nicht nur die Gerichtsbarkeit aus, sondern ihm oblagen – ähnlich wie einem Stadtrat – auch umfangreiche Verwaltungsbefugnisse. Auch in anderen Punkten ähnelte die Stellung der Choden denen der anderen Bewohner von Untertanenstädten. Das korporativ gebildete Ganze von elf Chodendörfern bildete eine einheitliche Gemeinde mit eigenem Siegel, mit eigener Fahne, Selbstverwaltung sowie mit gemeinsamen Sonderrechten. Dies stärkte das Gefühl der Zusammengehörigkeit der einzelnen Mitglieder der Gemeinde und erleichterte die Kommunikation untereinander sowie die Organisation des gemeinsamen Verteidigungskampfes um die eigene Vorrechtsstellung.

Das Chodengericht in Taus bestand aus einem Kollegium von zwölf Chodenschöppen oder -ältesten, die einzelne Dörfer vertraten. An der Spitze stand ein Richter, der aus den Reihen der Bürger von Taus gewählt wurde. Das Gericht amtierte im königlichen Schloß in Taus, wo auch die Chodenprivilegien aufbewahrt wurden. Die Befugnisse des Chodengerichts waren sehr weitgehend. Es entließ z.B. Leute aus der Untertänigkeit und nahm neue Ansässige auf. Die Choden übten in ihren Dörfern auch freie Handwerke aus und ließen ihre Kinder diese lernen. In ihren Dörfern durften sich Adlige nicht ankaufen, sie waren von Zoll- und Mautgebühren befreit und nutzten den Grenzwald frei zur Jagd und Holzförderung. Sie führten zwar übliche Geldzinsen und Steuern ab, ihre Pflichten waren aber genau festgelegt und durften nicht erhöht werden. Ihre Fronpflicht war im Mittelalter nur auf die Holzlieferung zur Tauser Burg beschränkt. Selbst diese geringe Fronarbeit wurde im 16. Jahrhundert durch die Herren von Schwamberg in Geldabgaben überführt. Die Schwamberger lebten nämlich ständig auf einem ihrer anderen Güter und waren wenig an einem Ausbau der herrschaftlichen Eigenwirtschaft auf dem nicht besonders fruchtbaren Gebiet der Tauser Choden interessiert. Die langdauernde Nichtbeanspruchung des Frondienstes führte die Choden nach und nach zu der falschen, aber allgemein geteilten Überzeugung, daß sie durch landesherrliche Privilegien vom Frondienst völlig befreit wären. Gerade diese Vorstellung war eine wichtige Quelle des Selbstbewußtseins und des Widerstandes der Choden.

Die Zeit des größten Aufschwungs der Chodenrechte war das 14. und vor allem das 15. Jahrhundert. Die böhmischen Könige erteilten bzw. bestätigten den Choden in dieser Zeit nicht nur eine Reihe von Sonderrechten, sondern die königlichen Ämter erkannten auch ihre Gewohnheitsrechte in vollem Maße an. In einigen königlichen Erlassen wurde den Pfandobrigkeiten oder königlichen Burggrafen verboten, die Choden mit neuen, ungewöhnlichen Pflichten zu belasten. Die Erweiterung der Chodenrechte war nicht nur ein Beleg der Dankbarkeit des Königs für den Schutz der Grenzen, sondern auch ein Ergebnis der aktiven Politik der Choden, unterstützt durch die Stadt Taus. Wie der Kauf des Tauser Gerichtes zeigt, war die Emanzipation der Choden nicht ergebnislos. Ihre erfolgreichen Emanzipationsbemühungen waren eine der interessantesten Äußerungen des spätmittelalterlichen Kommunalismus im böhmischen Bauernmilieu.

Obwohl die Schwamberger im 16. Jahrhundert auf dem Gebiet der Tauser Choden weder Höfe noch Brauereien errichteten, wie es in anderen Gebieten Böhmens üblich war, begann sich die Stellung der Choden in dieser Zeit zu verschlechtern. Die Landesgrenze hatte sich stabilisiert, ihre Vermarkung wurde durch mehrere zwischenstaatliche Abkommen geregelt, wodurch auch die Bedeutung des Chodenwachdienstes abnahm. Mit der Entwicklung der

Kriegstechnik sank die militärische Bedeutung der Choden. Gleichzeitig begannen sich im ganzen Land Bemühungen durchzusetzen, eine persönliche Abhängigkeit der Untertanen zu festigen und Untertanenverhältnisse auf einzelnen Gütern zu vereinheitlichen. Darüber hinaus änderte sich der Standpunkt der königlichen Ämter in bezug auf die Vorrechte der Untertanen. Während sie im Mittelalter die Gewohnheitsrechte der Untertanen vollständig respektierten, fanden im 16. Jahrhundert nur diejenigen Berechtigungen Anerkennung, die durch einzelne Urkunden, Urbarien oder andere schriftliche Dokumente ausdrücklich bestätigt wurden. Die Gewohnheitsrechte wurden in dieser Zeit grundsätzlich bestritten.

Die Schwamberger nutzten diese Tatsachen aus und begannen die Rechte zu beschränken, die die Choden nicht schriftlich in den Händen hatten. Zwar verlangten sie von ihnen keine Frondienste, verboten ihnen aber, Hasen zu jagen, Getreide nach Taus zu verkaufen, Teiche zu bauen, neue Nachbarn aufzunehmen, Leute in die Städte zu entlassen und Kinder in Handwerke zu geben. Sie zwangen die Chodenbauern, Bier und Getreide ausschließlich bei der Obrigkeit zu kaufen. Die Choden wandten sich mehrmals an den Herrscher und an die böhmische Kammer in Prag, diesmal aber ohne Erfolg. Der Kaiser und die böhmische Kammer fanden ihre Beschwerden belanglos, weil die Rechte, auf die sie sich beriefen, nicht schriftlich belegt waren. Ähnlich war die Situation nach 1579, als die Choden der Stadt Taus verpfändet wurden, die die Frondienste der Choden bezüglich der Holzlieferung wieder einführte und diese mit vielen Markt- und Produktionsmonopolen belastete.

Die Form und die Ziele des Widerstandes der Choden unterschieden sich in jener Zeit nicht von Aktionen der Untertanen in anderen böhmischen Gütern, für die eine „altrechtliche Orientierung" allgemein kennzeichnend war. Er war aber weit intensiver als anderswo. Die Choden sandten regelmäßig Botschaften zur böhmischen Kammer und zum Kaiser, veranstalteten bewaffnete Nachttreffen, organisierten Geldsammlungen, trieben das Vieh der Obrigkeit aus den Gemeindeweiden weg, wehrten sich mit der Waffe in der Hand gegen die Versuche der Obrigkeit, ihre Führer zu arretieren und benutzen Gewalt auch gegen diejenigen Gemeindemitglieder, die am Widerstand nicht teilnehmen wollten. Nach langen, erfolglosen Streitigkeiten mit der Pfandobrigkeit wurde schließlich eine Lösung gefunden, die den Rahmen damaliger Untertanenbewegungen in Böhmen deutlich überschritt.

Die Choden nutzten dabei die Tatsache aus, daß der Ausverkauf der verpfändeten königlichen Güter in der zweiten Hälfte des 16. und am Anfang des 17. Jahrhunderts zur massenhaften Erscheinung wurde. Dies war für die königliche Kammer in Hinblick auf den Anstieg der Güterpreise im 16. Jahrhundert außerordentlich günstig. Diese Gelegenheit nutzte eine Reihe von Untertanenstädten. Sie kauften sich vom Pfand los, kauften Dörfer in ihrer Umgebung und zählten sich zu den königlichen Städten.[4] Diesem Beispiel folgten auch die Tauser Choden. Sie schlugen dem Kaiser vor, daß sie sich „zu seiner Hand" vom Pfand loskauften und setzten dieses Vorhaben trotz des Widerstandes der Herren von Schwamberg 1572 durch. Die notwendigen 7000 Taler liehen sie beim Augsburger Stadtrat. Diese Schuld sollten sie durch Fettlieferungen begleichen.

Der Loskauf von der Pfandherrschaft befreite die Choden zwar nicht von der Pflicht, Untertanenabgaben abzuführen, wie sie naiv erwartet hatten, sondern wurde nun von der böhmischen Kammer in Prag gefordert. Sie gewannen aber im Vergleich mit der früheren Zeit

4 *Eduard Maur*, Nová královská města ve druhé polovině 16. století, in: Městské právo v 16.–18. století v Evropě. Sborník příspěvků z mezinárodní konference uspořádané právnickou fakultou UK ve dnech 25.–27. září 1979 v Praze. Hrsg. v. Karel Malý. Praha 1982, 19–26.

ungewöhnliche persönliche Freiheiten. So wurde bemerkenswerterweise kein Obrigkeitshauptmann ernannt, wie es auf anderen Gütern üblich war. Die Choden begannen auch, die Naturschätze der königlichen Wälder auszubeuten. Sie gewannen in hohem Maß Holz für ihren eigenen Bedarf und für den Verkauf und widmeten sich mit großem Eifer der Bären-, Hirsch-, Eber- und Rehjagd, oft zum Nachteil der eigenen Wirtschaft. Die Jagd war für sie nicht nur eine aufregende Unterhaltung, sondern auch und vor allem eine Manifestation der Freiheit.

Trunken durch die gewonnene Freiheit hörten die Choden auf, ihre Finanzpflichten bei der böhmischen Kammer zu erfüllen und die Schulden beim Augsburger Stadtrat zu bezahlen, die übrigens eine so große Last war, daß man sie in der gegebenen Zeit keineswegs begleichen konnte. Der Kaiser ernannte deswegen bereits 1579 die Stadt Taus zu seinem Verwalter und 1585 pfändete er die Choden dieser Stadt. Nach der Schlacht am Weißen Berg zog er die Choden der Stadt wegen ihrer Teilnahme an der „schrecklichen Rebellion" ein, aber im Jahre 1621 pfändete er diese wiederum und neun Jahre später verkaufte er sie an den westböhmischen Adligen Wolf Wilhelm Freiherr Laminger von Albenreuth, der ihm während des böhmischen Aufstandes die Treue bewahrt und wertvolle Dienste geleistetet hatte.

Die Choden, die die Jahre der Freiheit 1572–1579 immer noch vor Augen hatten und ihre Rechte, bestätigt durch Herrscherurkunden, für unveränderlich hielten, wurden nun Erbuntertanen einer adligen Obrigkeit. Das Chodengebiet wurde an die Laminger mit Zinsen und Frondiensten, mit dem Jagdrecht, mit der höheren und niederen Gerichtsbarkeit verkauft, wie es in der kaiserlichen Resolution stand. Den Choden wurde auferlegt, der neuen Obrigkeit die Hörigkeit, den Gehorsam und die Leibeigenschaft zu versprechen. Dies bedeutete ein faktisches Ende aller Chodenrechte, obwohl sie formal nicht aufgehoben wurden. Die neue Obrigkeit übte jedoch Druck hinsichtlich ihrer allmählichen Beschränkung aus.

Noch vor dem Erbkauf des Guts errichtete Freiherr Laminger bei Taus eine Brauerei sowie einen ersten Meierhof und forderte von den Choden Frondienste. Er nahm ihnen gleichzeitig Schußwaffen ab, verbot ihnen in den Wäldern Holz zu fällen und zwang sie zur Abnahme des obrigkeitlichen Biers. Er bestrafte ungehorsame Personen mit Gefängnis und führte mit Hilfe der Armee eine Zwangsrekatholisierung in seiner Herrschaft durch. Sobald er über die Choden erblich verfügte, hob er das Chodengericht auf und setzte an die Spitze der einzelnen Dörfer Richter lediglich mit Polizeibefugnissen. Dadurch wurde die Existenz der Selbstverwaltungsgemeinde der Choden beendet.

Wiederum sandten die Choden Delegationen zum Kaiser und zu den Prager Ämtern, es kam auch zu bewaffneten Demonstrationen, und 1623 kamen die Choden sogar mit einem neuen Angebot, sich vom Pfand loszukaufen. Die Spannung kulminierte nach dem Jahre 1660, als Lamingers Sohn Wolf Maxmilian, ein fähiger, aber rücksichtsloser Wirtschafter, die Verwaltung des Gutes übernahm. Dieser gründete auf dem Gut einige neue Meierhöfe, einen Hochofen und fünf Eisenhämmer sowie eine Glashütte und eine der ersten Textilmanufakturen in Böhmen. Die Entwicklung der obrigkeitlichen Unternehmen war verbunden mit einer Beschlagnahme von Bauernland und wachsenden Ansprüchen auf die Fronarbeit. Die Antwort darauf waren weitere Streitigkeiten, wobei sich die Choden vor allem bemühten, die Bestätigung ihrer alten Privilegien zu erreichen, deren Originale immer noch in ihren Händen waren. Alle ihre Aktionen endeten aber ohne Erfolg.

Der erste Streit, der 1652 ausbrach, wurde durch die Ausgabe eines kaiserlichen Reskripts vom 24. März 1668 beendet, in dem die Bitten der Choden um die Bestätigung ihrer alten Privilegien ein für allemal abgelehnt wurden. Die Privilegien wurden für ungültig erklärt und den Choden wurde ein „perpetuum silentium" auferlegt. Am großen Aufstand der Untertanen in Böhmen im Jahre 1680 nahmen die Choden nur in Form einer Petition an den Kaiser teil. Es gelang Laminger jedoch, in der Atmosphäre der Angst nach der militärischen Niederlage des Aufstandes von den Choden die Abgabe ihrer Pergamenturkunden zu erzwingen, die sie bisher in ihren Dörfern aufbewahrten.

Der letzte Streit zwischen den Choden und Wolf Maxmilian Laminger von Albenreuth fand in den Jahren 1692–1695 statt. Die Choden sandten, durch den unverantwortlichen Klatsch eines Tauser Bürgers angeregt, drei Botschaften mit der Bitte nach Wien, die Gültigkeit ihrer Privilegien neu zu überprüfen und diese im Falle einer Bestätigung durch den Kaiser neu zu konfirmieren. Sie bekräftigten ihre Bitte mit zwei Originalurkunden, die sie im Jahre 1680 vor Laminger versteckt hatten. Die erste Botschaft empfing der Kaiser und rief durch seine unverbindliche Antwort auf dem Gut große Hoffnungen hervor, so daß die Choden zur Niederlegung der Fronarbeiten schritten. Nachdem dann der Kaiser die Ungültigkeit ihrer Privilegien bestätigt hatte, kam es auf dem Gut zu Gewalttaten gegen obrigkeitliche Beamte und zu Unruhen, die später durch Soldaten beendet wurden. Das Ende des Streites stellte am 28. November 1695 die Hinrichtung eines der Bauernführer, des Mitglieds zweier Delegationen zum Kaiser, des Bauern Jan Sladký, genannt Kozina, dar.

Die Unruhe unter den Choden flaute aber erst im 18. Jahrhundert ab. Unter der neuen Obrigkeit, den Grafen von Stadion, die das Gut 1697 kauften, kam es zu zwei großen Konflikten, die sich in den Jahren 1706–1707 und 1767–1769 wiederum zu einem offenen Widerstand gegen die Obrigkeit entwickelten. Die Choden beriefen sich nun nicht mehr auf ihre alten Rechte, sondern nur auf die Erhaltung von kaiserlichen Fronpatenten und Steuerbegünstigungen. Diese neue Orientierung ihres Programms war nichts Ungewöhnliches. Das Programm der Bauernbewegungen hatte sich in Böhmen nach der Ausgabe des ersten Fronpatents 1680 allgemein auf diese Art geändert. Die Untertanen gingen von der altrechtlichen Orientierung zur Forderung nach Einhaltung kaiserlicher Patente und schließlich zur Forderung weiterer Reformen über, die ihre Stellung, vor allem im Bereich der Fronarbeiten, grundsätzlich verbesserten.[5] Und der dritte Aufruhr der Choden gegen die Stadions, zu dem es 1775 kam, war in der Tat nichts anderes, als ein Bestandteil eines großen Bauernaufstandes in Böhmen und Mähren, dessen Hauptziel die vollkommene Aufhebung der Fronpflicht für alle Untertanen war. Im Programm des Choden-Kampfes kam es so zusammen mit dem Verlassen der altrechtlichen Orientierung zur vollkommenen Überwindung des früheren Partikularismus, der für ihren Kampf in der älteren Zeit kennzeichnend war.

Beim Vergleich mit Protestbewegungen der Bauern in anderen Gütern in Böhmen beeindruckt im Falle der Choden ihre Standhaftigkeit, die durch den Glauben an die ständige Geltung ihrer Freiheiten genährt wurde. Wie F. Roubík festgestellt hat, sandten die Choden zwischen dem Ende des 15. und dem Ende des 18. Jahrhunderts über 200 Botschaften zu den königlichen Ämtern in Prag sowie zum Kaiser nach Prag, Wien, Linz, Preßburg, Augsburg, Regensburg, Speyer und weiteren Orten, in denen er weilte. Sie hielten ihn sogar viermal an der Landesgrenze bei Taus unter einer entfalteten Fahne auf und baten ihn um Hilfe gegen die Pfandobrigkeit bzw. boten an, sich wieder vom Pfand loszukaufen.

Alle diese Verhandlungen waren eine Angelegenheit der Männer. Die zeitgenössische Auffassung von der Geschlechterrolle ließ die Teilnahme der Frauen nicht zu. Das bedeutet

5 *Eduard Maur*, Protifeudální hnutí v českých zemích od prvého robotního patentu do nástupu Marie Terezie, in: Společenské vědy ve škole 1983/84, 202–204.

aber nicht, daß das Kampfergebnis den Frauen gleichgültig gewesen wäre. Wir wissen z.B., daß sie im Widerstand gegen das Heer, das im Sommer 1693 das Gebiet der Choden erreichte, sogar standhafter als die Männer waren. An den amtlichen Verhandlungen nahmen sie aber nicht teil und zur Hinrichtung Kozinas in Pilsen wurden ausschließlich Männer und Jungen amtlich berufen. Nichts zeigt die traditionelle Stellung der Frau besser als die Tatsache, daß die Choden 1680, als sie gezwungen wurden, ihre Privilegien Laminger auszuliefern, eine Frau mit den Privilegien auf das Schloß sandten. Kein Mann wollte wahrscheinlich diese erniedrigende Aufgabe auf sich nehmen.

Eine Gruppe mit so spezifischer Stellung wie im Fall der Choden und mit solch außerordentlichem Schicksal zeichnete sich notwendig auch durch eine spezifische Selbstdeutung aus. Diese stützte sich auf ihre privilegierte Position, und zwar auch noch eine lange Zeit nach deren Auflösung. Im 18. Jahrhundert, im Verlauf anderer Konflikte der Choden mit der Obrigkeit, wich der Bezug auf das alte Recht neuen Argumenten, die Erinnerung an die frühere Stellung lebte aber weiter. Wir finden es vor allem in der Sage vom Gottesgericht über Wolf Maxmilian von Laminger, der durch ein seltsames Zusammentreffen von Umständen gerade ein Jahr nach der Hinrichtung Jan Sladký-Kozinas gestorben ist. Die Sage, zum ersten Mal Ende des 18. Jahrhunderts aufgezeichnet, wurde im folgenden Jahrhundert in der Literatur popularisiert, sie wurde zu einem allgemein bekannten Bestandteil des historischen Bewußtseins in Böhmen und blieb es bis heute.[6]

Man kann nicht übersehen, daß die Vorstellungen der Choden über sich selbst, über ihre Rechte, deren Umfang und Herkunft der Realität nicht immer entsprachen. Die Choden konnten im 16.–17. Jahrhundert den Text der mittelalterlichen königlichen Urkunden nicht verstehen, die sie sorgfältig aufbewahrten. Sie konnten kein Latein, hatten keine notwendigen paläographischen Kenntnisse und verstanden altertümliche Rechtsbegriffe nicht, denen sie im Text der jüngeren, auf Tschechisch verfaßten Urkunden begegneten. Nach dem Jahre 1695 konnten sie sich auf kein schriftliches Dokument mehr stützen, sondern nur auf eine Tradition, die immer vager wurde. Eine Folge dessen war, daß auch in der Zeit, als die Originale ihrer Urkunden noch existierten, die Choden ihre Freiheiten überschätzten und den Urkunden eine Bedeutung beimaßen, die diese nicht hatten. Der Erwartungshorizont ihrer Auseinandersetzungen mit der Obrigkeit entsprach deswegen in der Regel nicht den realen Chancen auf einen Erfolg.

Während der Konflikte mit der Obrigkeit wiederholten die Choden z.B. häufig die Behauptung, daß sie der Obrigkeit nach der Urkunde Karls IV. vom Jahre 1342 zu nichts anderem als einer Zahlung von 24 Mark Silber verpflichtet seien. Auf diese Urkunde stützten sich die Choden vor allem beim Widerstand gegen die Frondienste. Die erwähnte Urkunde betraf aber nur die königliche Steuer, nicht den Grundzins, von der Fron ganz zu schweigen. Eines der königlichen Mandate, das die Choden ebenso sorgfältig wie die königlichen Vorrechte aufbewahrten, führte sogar die Fronpflicht der Choden (wenn auch nicht besonders hervorgehoben) an. Die Überzeugung, daß die Choden nicht frohnen müssen, hielt sich sehr zäh.

Ähnliche Standpunkte finden wir auch auf anderen Gütern in Böhmen, sie waren wohl weit verbreitet. Während des großen Aufstandes von 1680 wehrten sich beispielsweise die Untertanen des Stiftes Teplá/Tepl gegen die Fronarbeiten mit einem Hinweis auf eine Urkunde, in der nur vom Recht eines freien Testaments gesprochen wurde. Und mit genauso fragwürdigen

6 *Jaroslav Kramařík*, Kozina a Lomikar v chodské lidové tradici. Praha 1972. *Eduard Maur*, Kozina a Lomikar. (Slovo k historii, Bd. 20). Praha 1989. *Maur*, Chodové (wie Anm. 1), 33 ff.

Ansprüchen kamen auch die Untertanen der Herrschaft Pardubic. Es scheint, daß die Untertanen gerade die Fronpflicht als die schwerste Last und ein Hauptzeichen der leibeigenen Abhängigkeit empfanden. Jede Urkunde, die ihnen eine besondere Rechtsstellung sicherte, wurde dann als eine Befreiung von der Fronpflicht interpretiert.[7]

Bei den Choden war der Glaube an ihre Privilegien noch stärker, weil diese von ihrem Landesherrn ausgegeben und bei jeder Thronbesteigung auch von seinen Nachfolgern konfirmiert wurden. Wie außerordentlich das Selbstbewußtsein der Choden war, zeigt auch ihr Verhältnis zum „Winterkönig" Friedrich von der Pfalz. Die Choden baten zwar auch ihn um eine Bestätigung ihrer Privilegien, als er aber in seine Konfirmation eine Klausel einfügte, die ihrer damaligen Pfandobrigkeit – der Stadt Taus – Vorteile gewährte, gaben sie dem König die Konfirmation stolz zurück.

Die Selbstdeutung der Choden hatte auch eine starke historische Dimension. Gerade die Geschichte selbst und ihr Gedächtnis waren ein wichtiges Instrument der Selbstidentifizierung und Integration der Choden als einer besonderen, auf ihre Sonderrechte stolzen Gruppe der Landbevölkerung. Eine der Grundquellen der Kenntnisse der Choden über ihre eigene Vergangenheit war neben königlichen Urkunden und der mündlichen Tradition auch die Böhmische Chronik des bekannten unkritischen Fabulators Václav Hájek von Libočany, die 1546 in Druck erschien. Hájek schilderte die Freiheiten der Choden in Zusammenhang mit dem Sieg des böhmischen Fürsten Břetislav I. über dem römischen König (und späteren Kaiser) Heinrich III. in der Schlacht von 1040, die sich in der Nähe von Taus abgespielt hatte.[8] Dieser Bericht von Hájek verschob nicht nur die Existenz der Choden in eine Zeit, in der wir für diese keine Dokumente haben, sondern wertete auch den Umfang ihrer Freiheiten deutlich auf. Die falschen Vorstellungen der Choden über ihre eigene Stellung wurde dadurch verstärkt.

Die Choden beriefen sich während ihrer Konflikte mit der Obrigkeit mehrmals auf Hájek. In einer ihrer Suppliken von 1594 beriefen sie sich auf die Rittertaten ihrer Vorfahren seit der Befreiung durch Břetislav 1040 und darauf, daß für sie ihre alten Privilegien, die Geschichte und die Chroniken sprächen. Hájek tritt in ihrer Argumentation auch im Jahre 1652 auf, und zwei Jahre später legte der Prager Rechtsanwalt Jan Martin Chejnovský der Supplik der Choden sogar einen umfangreichen Auszug aus der erwähnten Chronik bei. Die Formulierung der Beschwerden war nicht ein Werk der Bauern selbst, sondern ihrer rechtlichen Vertreter. Sie prägte aber ohne Zweifel auch die Vorstellungen der Choden über ihre eigene Vergangenheit. Erst als sich in der zweiten Hälfte des 18. Jahrhunderts die aufklärerische Kritik mit der Unzuverlässigkeit des Autors der beliebten Böhmischen Chronik auseinandersetzte, verschwanden die Hájek-Reminiszenzen aus dem historischen Bewußtsein der Choden. Es erschien aber eine neue Sage, die sich nun bemühte, analog zu den Wappensagen vieler tschechischer Adelsgeschlechter, die früheren Freiheiten der Choden durch ihre Verdienste bei der Belagerung Mailands im Jahre 1158 zu erklären. Die Herkunft dieser Sage könnte man am ehesten unter der Dorfintelligenz vermuten. Zur gleichen Zeit entsteht auch die bereits erwähnte Sage vom „Gottesgericht" über Laminger. Ihre Darstellung und Popularisierung in der Literatur des 19. Jahrhunderts (Božena Němcová, Alois Jirásek) verstärkte rückwirkend

7 *Eduard Maur*, Historické vědomí v poddanských hnutích 16.–18. století, in: Pocta prof. JUDr. Karlu Malému, DrSc. k 65. narozeninám. Hrsg. v. Ladislav Soukup. Praha 1995, 206–215, hier 212–213.

8 *Václav Flajšhans* (Hrsg.), Václava Hájka z Libočan Kronika Česká. 2. Aufl., Praha 1923, 293.

die Selbstdeutung der Choden-Nachkommen und trug dazu bei, daß die Sage im Volksmilieu bis heute erhalten blieb.[9]

Einem solchen „falschen“, die Vergangenheit idealisierenden historischen Bewußtsein begegnen wir bei Untertanenkonflikten in der Frühen Neuzeit häufiger. Einige Dörfer in Böhmen bewahrten eine unklare Erinnerung an ihre frühere privilegierte Stellung und erhoben z.B. die unbegründete Behauptung, daß sie früher Städte waren (Weißensulz 1738, Mlečice 1720 – beide in Westböhmen). Und diejenigen Dörfer, die einst tatsächlich den Status eines Städtchens hatten, führten unglaubliche Geschichten über den Verlust ihrer Stadtrechte an. Die Bewohner des Dorfes Strašice bei Rokycany behaupteten z.B. im Jahre 1720, daß ihre Rechte in Urkunden festgelegt wurden, die sie zu einer Zeit nach Pilsen zur Aufbewahrung gaben, als „Jan Žižka und Mansfeld das Land verwüstet und geplündert hatten“. Dabei übersahen sie, daß zwischen den beiden Feldherren zwei Jahrhunderte lagen. Ähnlich waren die Bewohner einiger bedeutungsloser Städtchen überzeugt, daß ihre Gemeinde in der Vergangenheit eine königliche Stadt war (Zbiroh). Interessant ist dabei, daß die Prager Beamten die Sinnlosigkeit der pseudohistorischen Argumente nicht entdeckten, obwohl sie gegen aufständische Bauern jeden Vorwand suchten und im Falle Strašice die Existenz der erwähnten, angeblich in Pilsen aufbewahrten Urkunde ernsthaft überprüften.[10]

In einigen Fällen können wir nicht sicher sein, ob das falsche Wissen über die eigene Geschichte und eigene Freiheiten nicht zum Teil durch die Bauernführer gebildet wurde, um schwankende und unentschlossene Bauern für den gemeinsamen Kampf zu gewinnen. Gerade die Überzeugung von der Rechtmäßigkeit der durchzusetzenden Ansprüche und von den Sympathien seitens des Kaisers gaben ja der Teilnahme am Widerstand eine moralische Rechtfertigung und der Bewegung gleichzeitig auch die Chance auf einen Erfolg. In den Äußerungen der Untertanen kann man aber nur sehr schwer die „pia fraus“, Mißverständnisse und reine Phantasien unterscheiden.

Als die Boten der Choden z.B. 1692 in Wien einen Rechtsanwalt, Dr. Strauss, engagierten, um ihnen zu helfen, eine neue Konfirmation ihrer Privilegien einzutreiben, verschwiegen sie ihm völlig, daß der Kaiser diese Vorrechte bereits 1668 für ungültig erklärt hatte. In diesem Fall zögern wir mit einer Entscheidung, ob sie die kaiserliche Resolution ihrem Anwalt bewußt verschwiegen haben, oder ob die Erinnerung an das kaiserliche Reskript nach einer Generation durch die ständig erhaltene Vorstellung über die ewige Gültigkeit der alten Rechte verdrängt worden war. Die Erzählung Kozinas über die Audienz beim Kaiser in Wien 1692, bei der der Kaiser erklärt haben soll, daß die Vorrechte der Choden wie bisher gelten, war teilweise auch eine Fiktion. Der oberste Kanzler des Königreichs Böhmen, Franz Ulrich Gr. Kinsky, soll bei dieser Gelegenheit angeblich sogar erwähnt haben, daß es in Böhmen einmal zur Auflösung der Leibeigenschaft und zur Befreiung der Bauern kommen müsse und daß er, Kinsky, es gerne erlebte, obwohl er in Böhmen neun Güter habe. Selbst hier wissen wir aber nicht sicher, inwieweit die Choden, durch die Anwesenheit des Kaisers verstört und vor allem dadurch beeindruckt, daß sie vom Kaiser überhaupt empfangen wurden, die deutschen Worte Leopolds I. und seines Kanzlers verstanden und nach ihrer eigenen Meinung interpretiert haben, oder ob es sich um bewußte Unwahrheiten handelte.

9 *Eduard Maur*, Chodové – Psohlavci, jejich přezdívka, prapor a „znak“, in: Acta Universitatis Carolinae, Philosophica et Historica 1987, H.2, 67–96, hier 74–77.

10 *Maur*, Historické (wie Anm. 7), 210.

Der Kampf der Choden mit ihren Obrigkeiten hatte auch eine religiöse Dimension, obwohl diese Momente nie im Vordergrund standen. Der Hauptaspekt der Choden-Selbstdeutung blieb immer ihre Vorrechtsstellung, auf deren Verteidigung ihr Kampf abzielte. Während des böhmischen Ständeaufstandes 1618–1620 demonstrierten die nichtkatholischen Choden zwar ihre Treue zum Kelch und huldigten dem neuen König Friedrich von der Pfalz, der Haß gegen die Obrigkeit wandte sie aber von ihm ab. Die Choden lehnten es ab, von Friedrich die für sie ungünstig formulierte Konfirmation ihrer Vorrechte zu empfangen. Sie übten ihre Pflicht der Grenzüberwachung nachlässig aus und verbanden sich vielleicht sogar mit den Kaiserlichen. Als die neue Obrigkeit, Wolf Wilhelm von Laminger, eine strenge Rekatholisierung begann, widersetzten sie sich zuerst, aber bald haben sie sich unterworfen. Sie unterschrieben bereits im Jahre 1629 ihre Supplik „als nunmehro der röm. katholischen Religion allesamtt zugethane Unterthanen". Im Jahre 1653 wurde ihr Angebot eines neuen Loskaufs vom Untertanentum durch ein Versprechen begleitet, daß sie eine regelmäßige Zahlung zum Bau einer Mariensäule auf dem Altstädter Ring in Prag abführen werden. 1669 suchten sie Hilfe bei den Jesuiten-Beichtvätern des Kaisers in Wien und 1692 beriefen sie sich in der Supplik an den Kaiser sogar darauf, daß sie an der „schrecklichen Rebelion" 1618–1620 nicht teilgenommen hätten. Man kann František Roubík zustimmen, daß „das Hauptziel der Chodenbauern war, den Kaiser für ihre Wünsche zu gewinnen, und daß sie diesem Ziel auch ihren Glauben opferten".[11] Man muß aber auch die Tatsache in Betracht ziehen, daß die Rekatholisierung nach 1620 in ganz Westböhmen mit Erfolg verlief, wo die Positionen des katholischen Glaubens vor 1620 viel stärker als z.B. im Norden und im Osten des Landes gewesen waren.

Die nationalen bzw. sprachlichen Probleme berührten die Konflikte der Choden aus mehreren Gründen: 1) Die Dörfer der Choden, die an der Sprachgrenze lagen, bewahrten sich ihren tschechischen Charakter. Sie hatten aber nichts gegen eine Einwanderung von Personen deutscher Nationalität, und in ihrer Nachbarschaft entstanden während der Kolonisation der königlichen Wälder seit dem 16. Jahrhundert neue Siedlungen, meistens von Deutschen bewohnt, die andere Rechte genossen. 2) Die Unkenntnis der deutschen Sprache erschwerte den Choden die Verhandlungen mit den Ämtern in Prag und besonders in Wien, vor allem nach dem Jahre 1627. 3) Die Laminger, aus dem Egerland stammend, waren Deutsche. Im 16. Jahrhundert tendierten sie zur tschechischen Sprache, nach 1620 wandten sie sich aber davon wieder ab, und in der zweiten Generation beherrschten sie Tschechisch wahrscheinlich nicht mehr. Trotzdem finden wir in den Taten der Choden keine eindeutig antideutsche Tendenz.

Die Choden nehmen einzelne Personen deutscher Nationalität ohne Widerstand unter sich auf. Während der Verhandlungen über den Loskauf vom Pfand in den Jahren 1561–1572 war Andreas Weiblinger sogar ihr Hauptsprecher, der aus Süddeutschland in das Choden-Dorf Tlumačov gekommen war. Er hat sich vor allem bei der Verhandlung über die Anleihe bewährt, die in Augsburg geführt wurde. Wenn aber die Choden-Gemeinde mit einem in ihren Dörfern lebenden Deutschen in Streit geriet, zögerten die Choden nicht, sich auf das angebliche Sonderrecht zu berufen, nach dem sich keine Ausländer in ihren Dörfern niederlassen durften. Die Quellen schweigen jedoch über dieses Sonderrecht. In diesem Falle war es ein sehr zweckmäßiges, ad hoc gebrauchtes Argument.

Der Widerstand der böhmischen Dörfer gegen die Festigung der Untertänigkeit rief bei den Herren von Laminger ein gewisses antitschechisches Ressentiment hervor. Als Wolf Maxmilian von Laminger z.B. in seine neu gegründeten Industrieunternehmen deutsche

11 *Roubík*, Dějiny (wie Anm. 2), 588.

Kolonisten einlud, begründete er dies damit, daß Tschechen faul seien und auferlegte Arbeiten nicht ausüben wollen. Sein Bruder Wolf Friedrich wiederum lehnte es 1654 ab, sich zu den auf Tschechisch verfaßten Suppliken der Choden zu äußern, die ihm die Statthalter sandten, und zwar mit der Begründung, daß er kein Tschechisch könne, und nach der „Verneuerten" Landesordnung nicht verpflichtet sei, diese zu empfangen. Die deutschen Dörfer in den Bergen erhielten sogar von Wolf Maxmilian von Laminger 1691 ein Privilegium, daß ihnen ähnliche Rechte sicherte, wie die Choden einst gehabt hatten (Befreiung von der Leibeigenschaft, minimale, genau fixierte Fronpflichten, freier Abzug).[12] Als Motiv diente aber eher die Bemühung, möglichst viele Kolonisten zu gewinnen, als Deutsche zu bevorzugen. Es gibt aber keinen einzigen Beweis, daß die Spannung zwischen den Choden und Laminger bei den Choden national begründeteten Haß hervorgerufen hätte. Sie verstanden ihren Kampf wahrscheinlich als einen Kampf einer spezifischen Gruppe um ihre spezifischen Rechte, nicht als einen nationalen Kampf. Sie vereinigten sich im 18. Jahrhundert sogar mit den oben genannten deutschen privilegierten Dörfern zum gemeinsamen Kampf gegen die Grafen von Stadion.[13] Erst die Belletristik und Journalistik des 19. und der ersten Hälfte des 20. Jahrhunderts gaben ihrem Kampf eine nationale Dimension.

12 *Josef Blau*, Geschichte der deutschen Siedlungen im Chodenwald, besonders der „Zehn deutschen privilegierten Dorfschaften" auf der Herrschaft Kauth und Chodenschloß. Pilsen 1937, 51–56.

13 Ebd. 135–153.

Lieselott Enders

Das bäuerliche Besitzrecht in der Mark Brandenburg, untersucht am Beispiel der Prignitz vom 13. bis 18. Jahrhundert

Die der Geschichte der bäuerlichen Gesellschaft in der mittelalterlichen und frühneuzeitlichen Mark Brandenburg gewidmete Forschungs- und Publikationstätigkeit der letzten Jahrzehnte ging fast übereinstimmend von der mehr oder weniger quellengestützten Vorstellung aus, daß mit der hochmittelalterlichen Kolonisation im ostelbischen Raum das günstige Erbzinsrecht allgemein eingeführt worden war[1], während sie andererseits registrieren mußte, daß sich bis zum Vorabend der brandenburg-preußischen Agrarreformen des 19. Jahrhunderts die Besitzrechtsverhältnisse der brandenburgischen Bauern, zum Teil jedenfalls, erheblich verschlechtert hatten[2]. Abgesehen von Einzeluntersuchungen[3] standen in der Agrargeschichtsforschung vorrangig strukturgeschichtliche Fragestellungen im Mittelpunkt des Interesses. Sie schlossen besitzrechtliche Aspekte nicht aus, verwendeten diese aber mehr als gegebene Faktoren, denn daß sie sie von der genetischen Seite her befragten.

Immerhin wurde es wesentlich den Auswirkungen des Dreißigjährigen Krieges angelastet, daß an die Stelle des mittelalterlichen Erbzinsrechts mehr und mehr lassitischer Besitz, also nichterblicher, kündbarer Nießbrauch, in der Uckermark sogar nur die Zeitpacht der Bauerngehöfte trat. Statistische Erhebungen in Brandenburg-Preußen seit der Mitte des 18. Jahrhunderts, Ausgangsgrößen am Beginn und Ergebnisse im Verlauf der Agrarreformen in Synopse mit im Verlauf des 16. Jahrhunderts auftretenden schlechteren Besitzqualitäten der Bauern in Teilen der Mark führten zur Überlegung, ob deren Grundstein bereits im Hochmittelalter während der deutschen Besiedlung gelegt worden sei.[4]

1 Grundlegend: *Eckhard Müller-Mertens*, Hufenbauern und Herrschaftsverhältnisse in Brandenburgischen Dörfern nach dem Landbuch Karls IV. von 1375, in: Wiss. Zs. der Humboldt-Universität zu Berlin 1, 1951–52, Ges.- u. sprachwiss. Rh. H. 1, 35–79; daran anknüpfend u.a. *Herbert Helbig*, Gesellschaft und Wirtschaft der Mark Brandenburg im Mittelalter. (Veröff. der Berliner Hist. Komm., Bd. 41.) Berlin/New York 1973, 10ff.; regional übergreifend vgl. *Werner Rösener*, Agrarwirtschaft, Agrarverfassung und ländliche Gesellschaft im Mittelalter. (EdG, Bd. 13.) München 1992, 19ff. u. 27ff.

2 Vgl. *Johannes Schultze*, Die Mark Brandenburg. Bd. 5, Berlin 1969, 152ff.; regional übergreifend *Werner Troßbach*, Bauern 1648–1806. (EdG, Bd. 19.) München 1993, 3f., 7, 11, 31, 36ff.

3 Z.B. im Rahmen gutsherrschaftlicher Studien wie *Gerhard Albrecht*, Die Gutsherrschaft Freyenstein. Hist.-Phil. Diss. Pädagog. Hochschule Potsdam 1968 (maschr.); *Hartmut Harnisch*, Die Herrschaft Boitzenburg. (Veröff. des Staatsarchivs Potsdam, Bd. 6.) Weimar 1968.

4 *Hartmut Harnisch*, Rechtsqualität des Bauernlandes und Gutsherrschaft. Probleme und Materialien einer vergleichenden und retrospektiven Auswertung von statistischen Massendaten aus dem 18. Jahr-

Ich habe in möglichst flächendeckender Untersuchung der Uckermark, dem nordöstlichen Hauptkreis der Kurmark Brandenburg, bis zum Vorabend des Dreißigjährigen Krieges aus den Quellen heraus ermitteln können, daß das gute Siedlerrecht nicht nur im Mittelalter, sondern noch längere Zeit in der Frühneuzeit in diesem Gebiet ebenso wie in den anderen der Mark Brandenburg, galt. Dann aber ist es infolge des bereits im 16. Jahrhundert sehr rigiden Vorgehens der uckermärkischen Ritterschaft, erst recht infolge ihrer Recht und Herkommen verletzenden Durchsetzung der Leibeigenschaft daselbst unmittelbar nach dem Dreißigjährigen Krieg (in erklärter Analogie zu den Verhältnissen in Pommern und Mecklenburg[5]) und Oktroyierung der bloßen Verpachtung der Bauernhöfe auf Zeit im Bereich der adligen Gutsherrschaft annulliert worden, während in den staatlichen Domänenämtern der Laßbesitz an die Stelle des erlöschenden Erbzinsrechts trat.[6]

Ein bloßer Analogieschluß auf die Entwicklung in den anderen kurmärkischen Hauptkreisen, vor allem Prignitz und Mittelmark, verbietet sich schon aus dem Grunde, weil dort die Leibeigenschaft als rigideste Form der Erbuntertänigkeit nicht eingedrungen war, die eben außer personen- auch verheerende besitzrechtliche Auswirkungen nach sich zog[7]. Mehrjährige Quellenforschungen zur Geschichte der Prignitz in Mittelalter und Frühneuzeit liefern die annähernd flächendeckende Quellenbasis für die nachfolgende genetische Aufarbeitung der Besitzrechtsgeschichte der Bauern in dieser Region.

Die Arbeit versteht sich als Beitrag zur eher quellen- als normgestützten Rechtswirklichkeit des bäuerlichen Besitzes und damit zu einem ebenso wichtigen wie vernachlässigten Gebiet der Gutsherrschaftsgeschichte, das ähnlicher Aufarbeitung in anderen Regionen der Gutsherrschaftsgesellschaft bedarf. Ein Hauptaugenmerk gilt nicht nur dem sachlichen Nachweis von Beharrung und Wandel gegebener Rechtsverhältnisse, sondern den subjektiven Triebkräften in der Gesellschaft, Beharrungsvermögen und Veränderungswillen auf Seiten der bäuerlichen Bevölkerung wie auf Seiten der Herrschaft und ihrer unterschiedlichen Motivation. Vergleiche mit anderen Regionen, darunter der Uckermark, erfolgen im konkreten Zusammenhang.

hundert und der Zeit der kapitalistischen Agrarreformen für die Agrar- und Siedlungsgeschichte, in: JbGFeud 3, 1979, 311–363. Diese die mittelalterlichen Quellen völlig außer acht lassende, hinsichtlich der Frühneuzeit nur aus statistischen Massendaten des 18./19. Jh. abgeleitete Hypothese griff Harnisch in späteren Arbeiten auf und leitete Schlußfolgerungen daraus ab, ohne sie einer unumgänglichen Tiefenprüfung unterzogen und verifiziert zu haben. Sie hält, wie sich zeigen wird, der Quellenanalyse nicht stand.

5 Siehe u.a. die Revidirte Pauer-, Gesinde-, Hirten- und Schäffer-Ordnung vom 18. Dez. 1681 für die Mittelmark, Prignitz und Uckermark in: *Christian Otto Mylius*, Corpus Constitutionum Marchicarum (CCM). Berlin u. Halle o.J., Bd. V, Teil V, Abt. III, Kap. I Nr. XXII Sp. 142ff.

6 *Lieselott Enders*, Siedlung und Herrschaft in Grenzgebieten der Mark und Pommerns seit der zweiten Hälfte des 12. bis zum Beginn des 14. Jh. am Beispiel der Uckermark, in: JbWG 1987/2, 73–129; zusammengefaßt in: *dies.*, Die Uckermark. Geschichte einer kurmärkischen Landschaft vom 12. bis zum 18. Jahrhundert. (Veröff. d. Brandenburg. Landeshauptarchivs Potsdam, Bd. 28.) Weimar 1992, 334ff., 346ff., 355ff., 389ff.

7 Vgl. *Lieselott Enders*, Freiheit und Leibeigenschaft in der Uckermark, in: Uckermärkische Hefte 2. Hrsg. von der Arbeitsgemeinschaft für uckermärk. Gesch., Red. Gerhard Kegel. Buchholz-Prenzlau 1995, 104–112.

1. Das bäuerliche Besitzrecht der Prignitz im Mittelalter

a) Grundlegung des Besitzrechts

Die Prignitz zählt zu denjenigen märkischen Gebieten, für die seit der Mitte des 12. Jahrhunderts allgemeingültige Siedlungsnormen nachweisbar sind. Nach verschiedenen Anläufen gelang es den daran interessierten weltlichen und geistlichen Fürsten im Zuge des sog. Wendenkreuzzuges von 1147, das bis dahin von westslawischen Völkern bewohnte Territorium zwischen Elbe und Oder zu erobern.[8] Prignitz und Ruppin waren außer dem Elbhavelwinkel im Süden und mecklenburgischen und pommerschen Gebietsteilen im Norden ein Kernstück des wiedererrichteten Bistums Havelberg, und der als päpstlicher Legat am Kreuzzug maßgeblich beteiligte Bischof Anselm von Havelberg nahm sofort vom Sitz seiner Diözese sowie den ihm in der Gründungsurkunde König Ottos I. von 946 zugesprochenen Territorialherrschaften Besitz. Herrschaftsbildung und Siedlung begannen früh und gingen Hand in Hand, rechtlich gestützt auf das Bestätigungsprivileg König Konrads III. von 1150 für das Bistum Havelberg, in welchem er den Bischof zugleich zur Siedlung autorisierte[9]. Da Land und Leute vom Krieg in Mitleidenschaft gezogen wurden, durfte er nunmehr Siedlungswillige jeglicher Herkunft und Nation herbeirufen, was auch geschah.

Etwa um diese Zeit rief der ebenfalls am Wendenkreuzzug beteiligte Markgraf Albrecht der Bär Niederländer, Flamen und andere zur Melioration der Elbniederung (Wische) in den Norden der Altmark[10], und aus dem nördlichen Grenzgebiet von Prignitz und Mecklenburg sind einige Zeit danach dementsprechende Aktivitäten der Herren von Werle und Mecklenburg bekannt[11]. Die Neusiedler erwartete schwere Arbeit. Denn es ging nicht nur darum, Bevölkerungsverluste auszugleichen, sondern durch Rodung und Landesausbau überhaupt die Einwohnerzahl zu erhöhen, leistungsfähige Dörfer zu konstituieren, die, außer sich selbst und die entstehenden und schnell wachsenden Städte zu versorgen, auch Grundherrn und Kirche mit den erforderten Leistungen versahen.

Siedlungsgeschichtliche Untersuchungen haben eine unterschiedlich starke Verdichtung des früh- und hochmittelalterlichen Siedlungsnetzes in der Prignitz zutage gefördert[12], an der neben den Zuwanderern die einheimische slawische Bevölkerung sowohl beim Ausbau der vorhandenen als auch bei der Gründung neuer Siedlungen in starkem Maße beteiligt gewesen ist. Gründungsurkunden sind nicht bekannt, doch darf allgemein davon ausgegangen werden,

8 *Johannes Schultze*, Der Wendenkreuzzug 1147 und die Adelsherrschaften in Prignitz und Rhingebiet, in: JbGMOD 2, 1953, 95–124.

9 Codex diplomaticus Brandenburgensis (CDB). Hrsg. v. Adolph Friedrich Riedel. Berlin 1838ff., A II 438f. Nr. 4.

10 Helmold von Bosau, Slawenchronik. (Ausgewählte Quellen z. dt. Gesch. des Mittelalters, Bd. XIX.) Neu übertragen u. erläutert v. *Heinz Stoob*. Berlin 1963, 313.

11 CDB A I 446 Nr. 2: Urkunde des Nikolaus Herrn von Werle für Kloster Amelungsborn über 60 Hufen in der *terra* Lietze von 1233.

12 Vgl. *Hans K. Schulze*, Die Besiedlung der Mark Brandenburg im hohen und späten Mittelalter, in: JbGMOD 28, 1979, 42–178, hier 84ff.; *Wolfgang H. Fritze*, Eine Karte zum Verhältnis der frühmittelalterlich-slawischen zur hochmittelalterlichen Siedlung in der Ostprignitz, in: Germania Slavica II. (Berliner Hist. Studien, Bd. 4.) Hrsg. v. dems. Berlin 1981, 41–92; *Lieselott Enders*, Herrschaft und Siedlung in der Prignitz im Hochmittelalter, in: JbBrandLG 47. 1996, 7–48, bes. 21ff.

daß alle aktiv an der Siedlung Beteiligten in den Genuß des sog. deutschen Rechts, des *ius Theutonicum* gekommen sind[13]. Es bedeutete, gemessen an den mittelalterlichen Verhältnissen, sowohl gutes persönliches (Freiheit und Freizügigkeit) als auch gutes Besitzrecht in Gestalt des Erbzinsrechts (Erbeigentum am bäuerlichen Gehöft nebst Inventar, Erbleihe des dazugehörigen Grund und Bodens).

Eine Bestätigung findet das in der Tatsache, daß im Gebiet der vorwiegend von ostsächsischen Fürsten und Herren eroberten und beherrschten Mark Brandenburg der Sachsenspiegel die mittelalterliche Rechtsnorm war.[14] Demzufolge sollte ein Grundherr die Bauern eines neuen Dorfes zu Erbzinsrecht *(ervetinsrecht)* an ihrem Gut ansetzen.[15] Stirbt der Zinsmann, tritt sein Erbe an dessen statt und leistet dem Grundherrn die Abgaben wie sein Vorgänger; stirbt der Herr, leistet er dieselben dem Nachfolger des Herrn.[16] Ein drittes Element des guten Siedlerrechts war die genossenschaftliche Selbstbestimmung jeder Gemeinde, die das eigenständige Gegenstück zum herrschaftlich eingesetzten Dorfgericht mit Schulze und Schöffen bildete und sich ihre Potenz noch während der ganzen Frühneuzeit zu bewahren wußte.[17] Ihre materielle Grundlage bildeten die kommunalen Liegenschaften, vor allem Weide und Wald.

Garant des guten Siedlerrechts und seiner allgemeinen Anerkennung war der Landesherr, d. h. der jeweilige Territorialherr in den im 12. und 13. Jahrhundert noch stark aufgefächerten Hoheitskomplexen der Mark. Doch es gibt Anzeichen dafür, daß die Bestrebungen um Herrschaftskonzentration und -kumulation, die vor allem seitens der Askanier gegen ihre Rivalen auf Dauer erfolgreich waren, im späten Hochmittelalter noch mit spürbarer Rechtssicherung für die bäuerliche Bevölkerung korrespondierten.[18] Denn die noch funktionierende landesherrliche Vogteigerichtsbarkeit vermochte, wo angerufen, Rechtswahrung zu fördern, und auch von seiten der privilegierten Städte und ihrer Bürgergemeinden, denen der Schutz freiheitlicher Rechte besonderes Anliegen war, teilte sich dementsprechendes Rechtsbewußtsein über die intensiven Stadt-Land-Beziehungen und um diese Zeit noch vergleichbaren Verfassungsstrukturen mit[19].

Erste Veränderungen bahnten sich im Verlauf des Spätmittelalters an. Sie fanden über den Wandel der Grundherrschaft statt. Während die hochmittelalterliche Grundherrschaft noch durch die ursprüngliche Kongruenz mit der Landesherrschaft gekennzeichnet ist[20], wird die spätmittelalterliche vom Abbau und weitgehenden Verlust dieser Kongruenz geprägt. Das

13 *Benedykt Zientara*, Der Ursprung des „deutschen Rechts“ (ius Theutonicum) auf dem Hintergrund der Siedlungsbewegung in West- und Mitteleuropa während des 11. und 12. Jahrhunderts, in: JbGFeud 2, 1978, 119–148.

14 Vgl. *Müller-Mertens*, Hufenbauern (wie Anm. 1), 36.

15 Der Sachsenspiegel. Hrsg. v. Carl August Eckhardt. 2 Bde. Göttingen 1955, 1956, Landrecht, III. Buch, Art. 79 § 1.

16 Ebd., II. Buch, Art. 59 § 2.

17 Vgl. *Lieselott Enders*, Die Landgemeinde in Brandenburg – Grundzüge ihrer Funktion und Wirkungsweise vom 13. bis zum 18. Jahrhundert, in: BlldtLG 129, 1993, 195–256, hier 200ff.

18 Vgl. *Enders*, Siedlung und Herrschaft (wie Anm. 6), 95f.

19 *Peter Blickle* (Hrsg.), Landgemeinde und Stadtgemeinde in Mitteleuropa. Ein struktureller Vergleich. Red. André Holenstein. München 1991, passim, für Brandenburg bes. *Evamaria Engel*, Die Stadtgemeinde im brandenburgischen Gebiet, 333–358.

20 *Lieselott Enders*, Zur Grundherrschaftsentwicklung im ostdeutschen Kolonisationsgebiet, in: Grundherrschaft und bäuerliche Gesellschaft im Hochmittelalter. (Veröff. d. Max-Planck-Inst. f. Gesch., Bd. 115.) Hrsg. v. Werner Rösener. Göttingen 1995, 215–239, hier 218ff.

schlägt sich vornehmlich in der Veräußerung wichtiger Regalien, vor allem gerichtsherrlicher Rechte des Landesherrn nieder, die er geistlichen Institutionen und Städten vereignete, adligen und bürgerlichen Personen lehnsweise übertrug. Gewinner ist am Ende des Mittelalters bis weit in die Frühneuzeit hinein die Ritterschaft.[21] Mit der Gerichtsbefugnis ging in der Regel und urkundlich verbrieft auch das Recht auf die Dienstbarkeit der Bauern einher, die zwar im Spätmittelalter noch wenig belastete, vor deren Mißbrauch der Landesherr jedoch schon frühzeitig warnte[22].

Indessen war das konstituierte Siedlerrecht um diese Zeit noch nicht in Gefahr. Die wichtigste spätmittelalterliche Quelle zur Geschichte der Kurmark Brandenburg, das Landbuch Kaiser Karls IV. von 1375[23], gibt hierüber indirekt Aufschluß. Registriert wurden die den dazu berechtigten Grundherren, dem Landesherrn und der Kirche zukommenden Leistungen der Grundstücksnutzer. Diese Pflichten waren grundsätzlich keine personenbezogene, sondern eine dingliche Last. Zins, Pacht, Dienst u.ä. hafteten auf den Grundstücken, die nicht bäuerliches Eigentum, sondern ihnen nur in Erbleihe zur dauernden Nutzung überlassen waren, auf den Hufen der Bauern und dem Kossätenland (Wörden, Kossätenerbe u.ä.). Die wenigen Dörfer der Prignitz, die im Landbuch berücksichtigt wurden, weisen den gleichen Tatbestand auf.[24] Analogieschluß auf alle Dörfer der Prignitz ist in diesem Falle wohl erlaubt. Denn die Uckermark, in der sich später ein besonders rigoroser Wandel vollzog, zeigt das geschilderte Bild uneingeschränkt.[25]

Aus der Uckermark ist eine weitere Quelle des Spätmittelalters überliefert, die ebenfalls als in der ganzen Kurmark geltendes Recht betrachtet werden darf: das sog. Weistum von 1383.[26] Hier wird, unausgesprochen gestützt auf den Sachsenspiegel, von kompetenter Seite vor dem Landvogt die Freizügigkeit der Bauern bestätigt und erneut rechtlich fixiert. Offenbar hatten angesichts des nun bereits schmerzhaft zu spürenden Bevölkerungsrückgangs als Folge von Seuchen und Kriegen und damit verknüpft empfindlicher Renteneinbuße die Stände, vor allem die Ritterschaft Eingriffe in das Mobilitätsrecht der Bauern gefordert. Das Gerichtsurteil aber besagte sinngemäß, der Bauer möge, wenn er wegziehen wolle, seinen Hof zuvor verkaufen oder die Verkaufsabsicht vor Schulze und Gemeinde kenntlich machen; auch ohne Verkaufsvollzug könne er mit den Seinen ziehen, wohin er will. Unbeschränkte Freizügigkeit und Eigentum am Gehöft waren also nach wie vor geltendes und geschütztes bäuerliches Recht.

21 Vgl. *Lieselott Enders*, Die spätmittelalterliche Grundherrschaft in der Uckermark, in: JbRegG 15/I, 1988, 56–74; dies., Märkischer Adel im Spätmittelalter. Prignitz und Uckermark im Vergleich, in: Der Herold, Bd. 14, 36. Jg. 1993, H. 3, 69–79.

22 *Müller-Mertens*, Hufenbauern (wie Anm. 1), 47.

23 Das Landbuch der Mark Brandenburg von 1375. (Veröff. d. Hist. Komm. f. d. Prov. Brandenburg u. d. Reichshauptstadt Berlin, Bd. VIII, Brandenburg. Landbücher, Bd. 2.) Hrsg. v. Johannes Schultze. Berlin 1940.

24 Die Prignitz war bis auf wenige Burgen und die Vogtei Fretzdorf zur Zeit der Landesaufnahme an Mecklenburg veräußert; Landbuch von 1375 (wie Anm. 23), 23–26: Dorfregister der Vogtei Fretzdorf.

25 Landbuch von 1375 (wie Anm. 23), Dorfregister eines Teils der Uckermark, 224–284.

26 *Ernst Devrient*, Das Geschlecht von Arnim, Teil I Urkundenbuch, Leipzig 1914, Nr. 13.

b) Teilhabe am Grundstücksmarkt

Über das verbriefte erbliche Nutzungsrecht am Grundeigentum hinaus waren Bauern noch anderweitig am spätmittelalterlichen Grundstücksmarkt beteiligt. Im Juni 1400 verkauften die Brüder Porep, Schulzen im Dorf Porep, dem Hinrik Ludeke erblich eine Hufe mit Zubehör und einen Teil des Hofes, wie er ihn bezäunt und bebaut hat; dafür soll Ludeke fortan dem Kloster Marienfließ 3 lübische Pfund geben, wogegen drei zum Schulzenamt gehörige Hufen fortan zinsfrei seien.[27] 1450 kauften Heine Beneke und Ehefrau in Sadenbeck von Klaus Wolf freies Land, das bei ihren Hufen auf dem Felde lag, und wurden damit vom Kloster Heiligengrabe belehnt.[28] Mit Freiland in Sadenbeck wurde 1497 der Krüger Klaus Meggelin vom Kloster belehnt, das sein Vater Hermann Meggelin von einer Frau Surkol erworben hatte.[29] 1465 verkaufte der Bischof von Havelberg dem *bescheidenen manne* Hans Raderank und Erben eine Breite Landes, genannt *de Stenbergh*, auf dem Mönchfeld gelegen; dieses Grundstück war noch im 19. Jahrhundert Pertinenzstück eines Bauernhofs in Schweinrich.[30]

Ähnliche Grundstücksgeschäfte konnten auch Kleinbauern, die sog. Kossäten, tätigen, die in der Regel zwar keinen Anteil an den verhuften Feldern, aber andere nutzbare Grundstücke, vor allem Wördenland in Erbleihe hatten und damit auch Nutzungsrechte am Gemeindeland.[31] 1470 vereignete das Domkapitel zu Havelberg dem Klaus Stolte in Toppel erblich zu seinem Kossätenhof einen Teil des Mühlenfeldes auf der Feldmark Toppel gegen einen halben Wispel Roggen jährlich und Wagendienst wie die Bauern im Dorf.[32] 1475 bewilligte der Bischof von Havelberg als Dorfherr von Dranse dem Kossäten Hein Jagow, seiner Frau und beider Erben, daß sie auf ihrem Hof mit der dazugehörigen Wörde einen Krug anlegen, zu- und abfahren und den Hof als *Erbe* verkaufen dürfen, *wo em dat bequeme ist*, nach ihrem Willen.[33]

Grund und Boden waren nach Lehn- und Landrecht Eigentum des jeweiligen Grundherrn, über das er sich im Falle von Veräußerung (ebenso wie der landesherrliche Lehnsherr gegenüber dem adligen Lehnsmann) das Obereigentum vorbehielt. Es berechtigte ihn, bei passender Gelegenheit anderweitig darüber zu verfügen. Dessen ungeachtet war solcher Grundbesitz Gegenstand vielartiger Veräußerungen, auf Dauer oder auf Zeit (per Wiederkaufsvorbehalt oder Pacht, was reichlich dokumentiert ist). Das betraf Pfarr- und Kirchenbesitz wie Ritterhöfe und -land und deren Überlassung an zahlungskräftige Interessenten, darunter auch Bauern. Und diese Mobilität von Bodenbesitz und -nutzung setzte sich mit einigen Folgen in der Frühneuzeit fort.

27 CDB A I 256 f. Nr. 30.

28 CDB A I 495 f. Nr. 35. 1485 wird der von seinen Hufen zinsende Bauer Hans Beneke in Sadenbeck erwähnt (CDB A I 500 Nr. 44).

29 Brandenburgisches Landeshauptarchiv Potsdam (Brand. LHA), Pr.Br.Rep. 10 B Kloster/Stift Heiligengrabe (U 26), Fotokopie des im Stiftsarchiv Heiligengrabe verwahrten Originals.

30 CDB A XXV 75 Nr. 98.

31 Vgl. *Wolfgang Ribbe*, Zur rechtlichen, wirtschaftlichen und ethnischen Stellung der Kossäten, in: Germania Slavica II.(Berliner Hist. Studien, Bd. 4.) Hrsg. v. Wolfgang H. Fritze. Berlin 1981, 21–40.

32 CDB A I 46f. Nr. 24.

33 CDB A II 373f. Nr. 17.

c) Relikte des Ius slavicale

Gleichzeitig gab es noch im Spätmittelalter in der Prignitz Relikte von bäuerlichem Besitz nach sog. slawischem Recht. In einer undatierten, der zweiten Hälfte des 14. Jahrhunderts zugerechneten Beschreibung der dem Kloster Amelungsborn zum Klosterhof Dranse gehörigen Güter *in terra Slavie*[34], d.h. in Mecklenburg, seit Mitte des 15. Jahrhunderts durch Verkauf an den Bischof von Havelberg zur Prignitz gehörig, galt in einem der acht Dörfer das *ius slavicale*. Groß Raderang unterschied sich im Grundmuster nicht von den anderen; es war verhuft, gehörte mit seinen 46 Hufen sogar zu den großen Dörfern der frühen Siedlungsperiode und hatte ein Lehnschulzengericht mit Freihufen wie die anderen auch. Die Bauern (*villani*) gaben von ihren 24 Höfen (*curiis* oder *areis*) jeder ein Rauchhuhn, also den üblichen Rekognitionszins für die Gerichtsherrschaft, und durften ihre Gehöfte frei verkaufen. Der einzige Unterschied zu dem Besitzrecht in den anderen Dörfern bestand darin, daß ihnen die Hufen nicht zu den Höfen vereignet (*appropriati*), sondern gemäß dem *ius slavicale* verpachtet (*locati*) waren, so daß sie bei Pachtrückstand den Höfen entzogen und anderen Bauern verpachtet werden konnten.

Die acht Dranser Dörfer, alle mit slawischen Namen, waren vom Kloster erst nach und nach während des 13. und Anfang des 14. Jahrhunderts erworben worden.[35] Unter mecklenburgischer Landesherrschaft und verschiedenen Lehnsleuten als ersten Grundherren hatten die wohl vorwiegend slawischen Bewohner ihre Agrarverfassung umgestaltet und die Feldmark verhuft. Als Eigentümern ihrer Gehöfte war den Bauern de facto ein Mitbestimmungsrecht an die Hand gegeben, ob sie das neu zu verteilende Land in Erbleihe oder pachtweise übernehmen und bewirtschaften wollten. Was die Bauern in Groß Raderang bewogen haben mochte, am *Ius slavicale* festzuhalten, geht aus der Quelle nicht hervor. Möglicherweise stellten sich die Abgabenforderungen günstiger als nach dem „deutschen Recht".[36] Bei regulärer Abgabenleistung war die Bodennutzung ohnehin nicht gefährdet, während Erbzinsbauern im Verschuldungsfall ebenfalls mit Besitzverlust rechnen mußten.

Auch wenn dies kein Einzelfall gewesen sein und zum Beispiel in den relativ wenigen, urkundlich belegten *villae slavicales*[37] der Prignitz das slawische Recht gegolten haben sollte, muß es doch bis zum Ende des Spätmittelalters erloschen sein. Denn keins dieser Dörfer, weder Groß Raderang noch die *villae slavicales* (Kümmernitz, Kuhwalk, Repente, Zaren-

34 CDB A I 451 ff. Nr. 9, Datierung nach *Hans K. Schulze*, Zisterziensersiedlung im brandenburg-mecklenburgischen Grenzgebiet, in: Jahrbuch für Berlin-Brandenburgische Kirchengeschichte. 41, 1966, 10–29, hier 20; vgl. den Kommentar bei *Dietmar Willoweit*, Gericht und Urteil über die Wenden, in: Fschr. Hans Thieme z. 80. Geb. Hrsg. v. Karl Kroeschell. Sigmaringen 1986, 83–95, hier 93f.

35 *Gottfried Wentz*, Das Bistum Havelberg. (Germania Sacra, Abt. I, Bd. 2.) Berlin 1933, 269–273; zu den Ortsnamen s. *Sophie Wauer*, Brandenburgisches Namenbuch, Teil 6: Die Ortsnamen der Prignitz, mit einem siedlungsgeschichtlichen Beitrag von *Christa Plate* (Berliner Beitr. z. Namenforsch., Bd. 7.) Weimar 1989.

36 Vgl. *Werner Budesheim*, Die Entwicklung der mittelalterlichen Kulturlandschaft des heutigen Kreises Herzogtum Lauenburg, unter besonderer Berücksichtigung der slawischen Besiedlung. (Mitt. d. Geograph. Ges. in Hamburg, Bd. 74.) Hamburg 1984, bes. 200ff.

37 Vgl. *Wolfgang H. Fritze*, Villae slavicae in der Mark Brandenburg. Zur Bedeutung eines urkundlichen Terminus des hohen Mittelalters im Bereich der Germania Slavica, in: JbBrandLG 41, 1990, 11–68.

thin)[38] überlebten den spätmittelalterlichen Wüstungsprozeß. Sie gingen wie viele andere Dörfer der Hochsiedlungszeit ein und entstanden, wenn überhaupt wieder aufgebaut, unter ganz anderen Bedingungen neu.

Am Ende des Spätmittelalters wird vertraglich belegt, was doch wohl der Normalfall im bäuerlichen Besitzrecht der Prignitz war: Verfügung über den Bauern- oder Kossätenhof durch den bäuerlichen Besitzer selbst oder beim erbelosen Tod des letzten Besitzers durch den Grundherrn und zwar im Wege der Veräußerung. Es war der damals zu Wittstock wohnhafte Grundherr Achim Grävenitz (die v. Grävenitz waren sonst zu Schilde und Rohlsdorf gesessen), der 1499 dem Achim Schultze, seiner Frau und Erben seinen Hof in Lütjenheide mit allem Zubehör, wie es sein Vater vor ihm gehabt hatte, zu *Burrechte* verkaufte.[39] Wieweit dieser Vorgang tatsächlich dem Normalfall entsprach, wird die Analyse der bäuerlichen Besitzrechtsverhältnisse im 16. Jahrhundert ergeben, die auf einer sehr dichten Quellenüberlieferung aufbauen kann.

2. Das Besitzrecht im 16. und Anfang des 17. Jahrhunderts

a) Rahmenbedingungen

Das Siedlungsbild der Prignitz hatte sich im Verlauf des Spätmittelalters tiefgreifend verändert. Langzeitagrarkrise und Seuchen, nicht endenwollende Kriege der rivalisierenden Territorialherren im Hoch- und Spätmittelalter und ein in diesem Grenzgebiet verheerend agierendes Raubrittertum sorgten für einen im Vergleich zum Hochmittelalter nur schwer wieder wettzumachenden Bevölkerungsverlust. Allein die Zahl der totalen Ortswüstungen betrug in der Prignitz an der Schwelle zur Neuzeit 185 von 428 dörflichen Siedlungen der Hochsiedlungszeit, also 43,2%. Das Ausmaß der partiellen Wüstung in überlebenden Dörfern ist mangels einschlägiger Quellen aus dieser Zeit nicht zu berechnen.[40]

Parallel dazu hatte sich in der Grundherrschaft der Prignitz ein entscheidender Wandel vollzogen.[41] Auf der einen Seite hatte auch hier der Kurfürst als weltlicher Landesherr fast alle seine grundherrlichen Positionen eingebüßt, bevor er infolge der Säkularisation und als *summus episcopus* Teile der Grundherrschaft des Bischofs von Havelberg in kurfürstlichen Amtsbesitz umwandeln konnte. Gewinner des Langzeitumbruchs insgesamt war die Ritterschaft als Stand, auch wenn sich innerhalb dieser infolge Strukturwandels und Fluktuation wiederum tiefgreifende Veränderungen vollzogen hatten. Einerseits bewahrten die mächtigsten Geschlechter der Prignitz ihre Dominanz (Gans zu Putlitz, v. Quitzow, v. Rohr), überlebte ein Teil der weniger Begüterten die Krise des Spätmittelalters und kamen neue Familien von auswärts hinzu (z.B. v. Saldern); andererseits bestand neben geschlossenen, größeren und kleineren Gutskomplexen erheblicher Splitterbesitz fort. Der Anteil der geistlichen Institutionen, vor allem des regulierten Domstifts zu Havelberg und der nach der Reformation in adlige

38 Vgl. auch *Werner Vogel*, Der Verbleib der wendischen Bevölkerung in der Mark Brandenburg. Berlin 1960, 110ff.

39 Brand. LHA, Pr.Br.Rep. 78 Kurmärk. Lehnskanzlei, III L 66.

40 V.a. Landbuch von 1375, Schoßregister von 1450 und 1480.

41 *Enders*, Märkischer Adel im Spätmittelalter (wie Anm. 21).

Fräuleinstifte umgewandelten beiden Nonnenklöster blieb ziemlich konstant, der der Städte und Bürger an der Grundherrschaft war vergleichsweise gering.

Was sich im 16. Jahrhundert wie überall in der Mark Brandenburg vollzog, war die Herausbildung der neuzeitlichen Gutsherrschaft aus der mittelalterlichen Grundherrschaft, gekennzeichnet durch enorm vergrößerte Eigenwirtschaft und dementsprechend enorme Steigerung der dazu verwendeten bäuerlichen Dienstpflicht. Infolge ihrer starken Stellung im kurmärkischen Ständeverband und gegenüber den finanzschwachen Kurfürsten erzwang die Ritterschaft bis 1540 einige für ihre wirtschaftliche und soziale Position entscheidende Privilegien. Sie betrafen außer Handelsrechten und weitgehender Steuerfreiheit vor allem die Einschränkung der bäuerlichen Freizügigkeit, Gesindezwang, Verfügung über die Dienste, Anerkennung ihres grundherrlichen Eigentums an den Feldmarken der wüsten Dörfer, private Verfügung über heimgefallene Lehnschulzengerichte und das Recht zum Auskauf von Untertanen bei Eigenbedarf oder zwecks Ausweisung *mutwilliger*, sprich widerständiger Bauern.[42] Die so in ihrer einstigen Rechtsposition geschwächte bäuerliche Gesellschaft behielt jedoch gegen den Willen der Ritterschaft ein für sie, wie die Folgezeit lehrte, existentiell notwendiges Recht fast uneingeschränkt: Appellation in Prozessen gegen die Gutsherrschaft beim kurfürstlichen Obergericht und notfalls Klage bei Hof.

Wie sich das widersprüchliche Verhältnis zwischen gutsherrlichem Zugriff auf den Grundbesitz der Untertanen und Leistungsanspruch an diese auf deren Besitzrechtsverhältnisse im ersten frühneuzeitlichen Jahrhundert bis zum Vorabend des Dreißigjährigen Krieges auswirkte, sagt deutlich eine aus den Einzelquellen ermittelte Statistik aus.[43] Dem spätmittelalterlichen totalen Wüstungsprozeß entgingen in der Prignitz 243 von 428 Dörfern, d.h. 56,8%. Nur ein Teil der 185 wüsten Feldmarken wurde im Verlauf des 16. Jahrhunderts wieder aufgebaut, vor allem als Guts- und Vorwerkssiedlung des adligen Grundeigentümers ohne bäuerliche Gehöfte oder nur mit wenigen Kossätenhöfen. Nachweislich entstanden auf 44 wüsten Feldmarken (= 23,8% der Totalwüstungen) Gutssiedlungen, auf sieben wüsten Feldmarken (= 3,8% der Totalwüstungen) Bauerndörfer, teils mit, teils ohne Gut. Mithin existierten am Vorabend des Dreißigjährigen Krieges einschließlich der reinen Gutssiedlungen erst oder nur wieder zwei Drittel (68,7%) der kolonisationszeitlichen Dörfer.

b) Fortdauer des Erbzinsrechts

Trotz der Bebauung und Bewirtschaftung zahlreicher wüster Feldmarken durch die Gutsherren und trotz des Ausbaus ihrer bereits bestehenden Ritter- und Wohnsitze in den intakt gebliebenen Dörfern durch die stillschweigende Einziehung wüster Bauerngehöfte nahm der Bedarf des Adels an Eigenbesitz auf dem Lande fortlaufend zu. Dieser wurde mit Hilfe des seit 1540 legitimierten Auskaufs von Bauern- und Kossätenhöfen gedeckt, der aus Quellen wie Steuerkatastern, Lehnbriefen und vor allem Gerichtsakten hervorgeht, wenn Bauern gegen das Auskaufverlangen des Gutsherrn oder gegen zu niedrigen Kaufpreis klag-

42 Vgl. *Lieselott Enders*, Entwicklungsetappen der Gutsherrschaft vom Ende des 15. bis zum Beginn des 17. Jahrhunderts, untersucht am Beispiel der Uckermark, in: JbGFeud 12, 1988, 119–166, bes. 123ff.

43 Zu allen Einzeldaten s. Historisches Ortslexikon für Brandenburg, Teil I Prignitz. (Veröff. des Brandenburg. Landeshauptarchivs, Bd. 3.) Bearb. v. *Lieselott Enders*. 2. erw. Aufl. Weimar 1997, passim.

ten[44]. Demzufolge sind in 45 von 250 bewohnten Dörfern der Prignitz (das sind 18%) im Verlauf des 16. und zu Beginn des 17. Jahrhunderts Bauern- und Kossätenhöfe ausgekauft oder ist Auskauf von Bauern abgewehrt worden[45] (ohne die eingezogenen Lehnschulzenhöfe). Das ist für die Frage nach den bäuerlichen Besitzrechtsverhältnissen ein wichtiger Anhaltspunkt. Denn ausgekauft konnte nur werden, was bäuerliches Eigentum war; Pacht- oder Laßbesitz hätte der Grundherr den Bauern entziehen oder kündigen können.

Hinzu kommt als wesentlich größerer Posten bei der Ermittlung von Erbzinsbesitz die Menge direkt und indirekt dokumentierter Hofübergaben, Erbvergleiche und Besitzstreitigkeiten der Bauern und Bauernfamilien untereinander.[46] Die in 114 von 250 aktiven Dörfern des 16. und zu Beginn des 17. Jahrhunderts (also 45,6%) erfaßten Vorgänge bezeugen das fortbestehende Erbzinsrecht des Hochmittelalters dadurch, daß zur Verhandlung und Disposition unter den Bauern stehende Gebäude nebst Inventar des betreffenden Hofes ebenso wie die vom Auskauf betroffenen stets einen Taxwert haben. Das sind zusammen mit den 45 Dörfern, in denen Auskauf verhandelt wurde (und außerdem wie in den 114 weiteren Dörfern häufig auch vorgenannte Fälle belegt sind), 159 von 250 Bauerndörfern, d.h. 63,6%.

Hinzu kommen Dörfer in Herrschaften, deren archivalische Quellen Analoges erkennen lassen. So sind im Falle des Verkaufs der Herrschaft Freyenstein in der Wertberechnung der Gutspertinenzien von 1618 nur die Leistungen der Bauern (d.h. die auf der Landnutzung beruhenden Abgaben und Dienste), nicht deren Gehöfte angeschlagen.[47] Ähnliches gilt für die Besitzrechtsverhältnisse in den Grundherrschaften der adligen Fräuleinstifte Heiligengrabe und Marienfließ, deren Besitzdokumente und Rechnungen des 16. Jahrhunderts stets nur die Abgaben und Dienste der Bauern und Kossäten registrieren, nicht Eigentum an deren Hof und Wirtschaftsinventar.[48] Und ein Konfliktfall im Amt Lenzen um Annahme und Annahmegeld von Untertanen bekräftigte mit der Anerkennung des Kauf- und Verkaufsrechts der Bauern ihr Eigentum am Hof und zwar in allen landesherrlichen Ämtern der Kurmark Brandenburg.[49]

Die vorstehend statistisch aufbereiteten Belege von Erbzinsrecht in mindestens zwei Dritteln aller Dörfer der Prignitz decken alle Bereiche ständisch zu klassifizierender Guts- und Gerichtsherrschaft ab, ritterschaftliche, geistliche und städtische sowie die des kurfürstlichen

44 Quellen: v.a. die Sentenzenbücher des Kurmärkischen Kammergerichts im Bestand Brand. LHA, Pr.Br.Rep. 4 A.

45 Vgl. *Lieselott Enders*, Individuum und Gesellschaft. Bäuerliche Aktionsräume in der frühneuzeitlichen Mark Brandenburg, in: Gutsherrschaft als soziales Modell. Vergleichende Betrachtungen zur Funktionsweise frühneuzeitlicher Agrargesellschaften. (HZ, Beiheft 18.) Hrsg. v. Jan Peters. München 1995, 155–178, bes. 172f.

46 Quellen: Brand. LHA, Pr.Br.Rep. 4 A Kurmärk. Kammergericht, Sentenzenbücher; Pr.Br.Rep. 4 D Schöffenstuhl zu Brandenburg/H.; Pr.Br.Rep. 10 A Domstift Havelberg; Pr.Br.Rep. 37 Herrschaften Freyenstein u. Plattenburg-Wilsnack; Pr.Br.Rep. 2 Kurmärk. Amts- bzw. Kriegs- u. Domänenkammer, u.a.

47 Brand. LHA, Pr.Br.Rep. 37 Freyenstein Nr. 19, fol 26 ff.

48 z.B. Brand. LHA, Pr.Br.Rep. 10 B Kloster/Stift Heiligengrabe Nr. 4 u. 5. Ihr Eigentumsrecht an einem verlassenen Bauernhof im Stiftsdorf Bölzke machten die Erben 1566 gegenüber dem Stift Heiligengrabe geltend, indem sie die Annahme des zu niedrig veranschlagten Kaufgeldes verweigerten (*Johannes Simon*, Kloster Heiligengrabe. Von der Gründung bis zur Einführung der Reformation 1287–1549, in: Jahrbuch für brandenburgische Kirchengeschichte XXIV, 1929, 80, nach Akten im Geheimen Staatsarchiv Preußischer Kulturbesitz Berlin (GStAPK), I. HA, Rep. 21 Nr. 71 b).

49 GStAPK, I. HA, Rep. 21 Nr. 84 zu 1591.

Ämterfonds. Das berechtigt m.E. zu dem Schluß, daß dieses bäuerliche Besitzrecht konstitutiv in der ganzen Prignitz des 16. und Anfang des 17. Jahrhunderts galt. Da es keinerlei Anzeichen dafür gibt, daß das Erbzinsrecht etwa erst zu Beginn der Frühneuzeit konstituiert worden sei, in einer Zeit also, in der die Stände, vor allem die Ritterschaft, zum Teil sehr erfolgreich auf den Abbau der althergebrachten Rechte ihrer Untertanen hinwirkten, läßt das Ergebnis auch den Schluß zu, daß dieses Besitzrecht der Bauern in ungebrochener Linie vom Hochmittelalter her überkommen war.

Das alles schließt keineswegs aus, daß nicht auch an diesem Recht und Herkommen der Bauern von seiten der Herrschaft gerüttelt wurde, um ihr Grundeigentum zu vermehren. Mit dem Auskaufrecht hatte die Ritterschaft bereits ein bedrohliches Instrument in der Hand.

c) Besitzrechtsalternativen

Nur in Ausnahmefällen gaben Gutsherren ihrerseits ältere Ritterhöfe in Bauerndörfern auf[50], indem sie den bisher bewohnten Hof an Bauern dauerhaft veräußerten. Im Interesse der Besitzstandswahrung überwog vielmehr Veräußerung auf Zeit. Jaspar v. Retzdorf hatte *seinem Manne* Thomas Schmidt in dem Dörfchen Garsedow seinen dortigen Wohnhof für etliche Jahre *Meygerweise eingethan* und verlangte den Meierhof 1528 zurück.[51] 1547 verkaufte Gericke v. Wartenberg seinen *Hafehof* in Rosenhagen je zur Hälfte an zwei Bauern, den Gerickes Nachfahren 1617 von den Nachkommen der Bauern mit Vorwand des Wiederkaufsrechts zurückforderten.[52] Henning v. Möllendorf zu Garz überließ 1599 kaufweise den von einem Vetter vormals bewohnten Hof dem Bauern Achim Sabel zu Krampfer ausdrücklich mit Rückkaufvorbehalt.[53] Das Wiederkaufsrecht wurde für die adligen Gutsbesitzer in der Frühneuzeit angesichts wachsender Verschuldung zu einem existentiellen Rettungsanker, zur Überlebenshilfe feudaler Besitzverhältnisse schlechthin.

Für die Entwicklung des bäuerlichen Besitzrechts folgenreicher wurden Praktiken von Gutsherren, wenn sie einen vormals ausgekauften Bauernhof, den sie doch nicht selbst benötigten, einem Bauern oder anderen Dorfbewohner gegen Pacht und Zins zur Nutzung überließen. Das war faktisch lassitisches Nutzungsrecht, oder es wurde allmählich dazu. Es gab verschiedene Übergangsstufen. Die v. Möllendorf zu Garz und Krampfer hatten sich noch zu Bischofs, ihres Lehnsherrn, Zeiten den Schulzenhof in Abbendorf als Wohnhof angeeignet, ihn dann bei Nichtbedarf den Brüdern Jahn wiederkaufsweise verkauft. 1564, als sie bemerkten, daß der Hof wesentlich mehr trug, erhöhten sie Kaufgeld und Pacht. 1588 wollten die v. Möllendorf den Hof zurückkaufen. Sie nötigten schließlich dem Besitzer Michael Jahn, da er bat, ihn auf dem Hof als *Colonus* zu lassen, nochmals eine Erhöhung von Kaufgeld und Kanon ab.[54] Jahn war somit in der Zwitterrolle von Käufer und Pächter; nunmehr mit den Möllendorfs im Streit befangen, fand man ihn auf Gerichtsbeschluß mit der Kaufsumme ab.

50 V.a. wenn sie über unbesiedelte Feldmarken verfügten und dort ohne Flurzwang Landwirtschaft größeren Ausmaßes betreiben konnten wie v. Karstedt, der Mitte des 16. Jahrhunderts zugunsten seines neuen Gutes Kaltenhof auf dem Großen Wendfeld seine älteren Wohnhöfe in Glövzin und Premslin aufgab, v. Wartenberg, der um diese Zeit seinen Wohnhof in Tüchen zugunsten des neuen Gutshofs auf der Wüsten Feldmark Luggendorf auflieB.

51 Brand. LHA, Pr.Br.Rep. 10 A Hochstift Havelberg, Kopiar Nr. 2, fol 31.

52 Brand. LHA, Pr.Br.Rep. 4 A, Sentenzenbücher Nr. 75, 4. April 1617, u. Nr. 76, 2. Mai 1617.

53 Brand. LHA, Pr.Br.Rep. 4 D, Nr. 45, fol 281.

54 Brand. LHA, Pr.Br.Rep. 4 A, Sentenzenbücher Nr. 34, S. 619ff.

Der schillernde Terminus „Laßgut" bürgerte sich in der Prignitz erst um diese Zeit allmählich ein.[55] Die zum Haus Plattenburg gehörige wüste Feldmark Zichtow war den Kapitelsuntertanen in Görike, wie v. Saldern 1580 ausdrücklich betonte, nur als ein *Miet und laß guett* eingetan.[56] Die Vermögensauseinandersetzung zwischen Paul Krüger zu Fretzdorf, seiner Ehefrau und deren Kindern erster Ehe wurde 1605 vom Gerichtsherrn v. Warnstedt unter anderem deswegen bemängelt, weil dabei *Lassgütter* als erbliches Zubehör des Hofes dem Manne zugeschlagen wurden.[57] Sie waren nicht näher spezifiziert.

d) Rechtsnorm

Trotz dieser Anzeichen möglicher Minderung althergebrachten bäuerlichen Besitz- und Nutzungsrechts herrschte bis zum Ausbruch des Dreißigjährigen Krieges in der Prignitz das Erbzinsrecht vor. Die Verfügung der Bauern über ihr Gehöft, sei es durch selbstbestimmte Übergabe an den Erben, sei es durch Verkauf, war nicht nur allgemeine Gepflogenheit, sondern geltendes Recht. Das lehrte offiziell kein geringerer als der Wittstocker Jurist Joachim Schepelitz, 1634 nach 28jähriger Tätigkeit als Stadtrichter, Rechtsgelehrter und Rechtskonsulent vieler adliger Patrimonialgerichtsherren der Prignitz in Wittstock verstorben. Auf dessen Lehrsatz: *Rustici apud nos in dioecesi Havelbergensis et tota Prignitia nec non comitatu Ruppinensi rerum suarum dominia habent,* beriefen sich noch im späten 18. Jahrhundert die Juristen im Kammergericht.[58]

3. Konstanz und Problematik des Erbzinsrechts nach dem Dreißigjährigen Krieg

a) Allgemeine Situation

Wie viele Teile der Mark Brandenburg war auch die Prignitz am Kriegsende von Zerstörung und Menschenverlusten gezeichnet[59], und wie überall kam Wiederaufbau nur langsam voran. Der Landreiterbericht von 1652 zählte in der Prignitz in 246 Dörfern, von denen vier noch völlig wüst lagen, rund 3200 männliche Bewohner (über 12 Jahre alt). Darunter waren 1809 Bauern, Halbbauern, Kossäten und Fischer, d.h. zwei Fünftel der nach dem (erschlossenen) Kataster von 1545 errechneten Stellenbesitzer. Allerdings zeitigte die Aufnahme von 1652 außer auf ihren Stellen verbliebenen oder dorthin wieder zurückgekehrten bereits einen Zuzug von 365 Personen, während 1640 nur insgesamt 373 Bauern, etwa ein Elftel im Vergleich zu vorher, ermittelt worden waren.[60]

55 Ähnlich auch in der Uckermark, s. *Enders,* Die Uckermark (wie Anm. 6), 188f.

56 Brand. LHA, Pr.Br.Rep. 37 Plattenburg-Wilsnack Nr. 6595, fol 191.

57 Brand. LHA, Pr.Br.Rep. 4 A, Sentenzenbücher Nr. 54, fol 35.

58 GStAPK, I. HA, Rep. 22, 72 a Nr. 23, 10. April 1765; sinngemäß: Die Bauern bei uns in der Diözese Havelberg, in der ganzen Prignitz wie in der Grafschaft Ruppin, sind Eigentümer.

59 *Johannes Schultze,* Die Prignitz. Aus der Geschichte einer märkischen Landschaft. (Mitteldt. Forsch., Bd. 8.) Köln/Graz 1956, 188ff.

60 Alle Daten nach *Schultze,* Die Prignitz (wie Anm. 59), 208f.

Die Geschehnisse in der zweiten Hälfte des 17. Jahrhunderts und die Rahmenbedingungen waren dem zügigen Wiederaufbau kaum förderlich. In relativ kurzem Abstand folgten dem Großen Krieg zwei weitere Kriege nach, in den fünfziger Jahren der schwedisch-polnische, in den siebziger der brandenburg-schwedische Krieg, die jeweils die ersten Früchte des Wiederaufbaus vernichteten.[61] Hinzukamen die mit dem Landtagsrezeß von 1653[62] verschärften Zwangsbestimmungen, die den märkischen Gutsherren ein wesentlich rigoroseres Vorgehen gegenüber ihren Untertanen ermöglichten als vor dem Krieg. Zwar konnte sich die Leibeigenschaft als rigideste Form der Untertänigkeit diesseits der Oder nur in der Uckermark und in der Herrschaft Cottbus durchsetzen, blieben also Altmark, Prignitz und Mittelmark davon verschont. Doch es pochte auch hier die Ritterschaft auf stärkere Verfügung über die Untertanen und deren Kinder und steigerte, wo sie nicht bald auf energischen Widerstand stieß, ihre Dienstforderungen. Andererseits wartete nun auch der Staat mit schweren Kontributionslasten auf.

Ein aufschlußreiches Ergebnis dieser ersten Jahrzehnte nach dem Dreißigjährigen Krieg zeitigte das in allen kurmärkischen Kreisen aufgenommene Steuerkataster von 1686/87.[63] Demzufolge waren in der Prignitz von 3554 vormals besetzten Hofstellen noch 1079 wüst (30,4%), von 5475,5 vormals zu besetzten Höfen gehörigen Hufen noch 1692,5 Hufen wüst (= 30,9%).[64] Die Prignitzer Daten wiesen damit zwar einen günstigeren Wiederbesiedlungsstand auf als zum Beispiel die Uckermark, wo noch 70% der Bauern- und Kossätenstellen wüst waren[65]. Doch das Defizit an ertragsfähigen Stellen war vierzig Jahre nach dem Ende des Dreißigjährigen Krieges auch in der Prignitz noch beträchtlich genug. Ursache dafür war ganz allgemein die Nachkriegsagrarkrise, gepaart mit den hohen Steuer- und Feudallasten einerseits, Kapitalmangel der ruinierten Grundherren und Mittellosigkeit vieler ebenso oft geschädigter Bauern andererseits.

Die von Kurfürst Friedrich Wilhelm schon 1650 durch Anwerbung von Niederländern und Interessenten aus dem nordwestlichen Deutschland initiierte Ansiedlungspolitik griff in den Ämtern der Prignitz kaum. Nur im Amt Lenzen, das der holländische Admiral Gysels van Lier erbpachtweise übernommen hatte, kam es auf diese Weise (außer zur Wiederherstellung der Elbdeiche) zur Kolonisation.[66] Die mit dem Edikt von Potsdam 1685 eingeleitete Niederlassung französischer Glaubensflüchtlinge[67] erfaßte die Prignitz so gut wie gar nicht, auch nicht die bald danach erfolgende Ansiedlung von Schweizern, Pfälzern u.ä. wie z.B. in der benachbarten Herrschaft Ruppin[68].

61 Vgl. im einzelnen *Enders*, Die Uckermark (wie Anm. 6), 352ff., 374ff.

62 *Melle Klinkenborg*, Das Archiv der Brandenburgischen Provinzialverwaltung, Bd. 1: Das kurmärkische Ständearchiv, Strausberg [1920], Quellenanhang, 452ff.

63 Prignitz-Kataster 1686–1687. (Mitteldt. Forsch., Bd. 92.) Hrsg. v. *Werner Vogel*, Köln/Wien 1985.

64 Nach *Gerhard Heitz*, Bäuerlicher Bodenbesitz und feudale Herrschaftsverhältnisse in der Prignitz 1686 und 1800, in: Hansische Stadtgeschichte – Brandenburgische Landesgeschichte. Hansische Studien VIII. (Abh. z. Handels- u. Sozialgesch., Bd. 26.) Hrsg. v. Evamaria Engel/Konrad Fritze/Johannes Schildhauer. Weimar 1989, 88–105, hier 89–91.

65 *Enders*, Die Uckermark, (wie Anm. 6), 379.

66 *Schultze*, Die Prignitz (wie Anm. 59), 215.

67 Vgl. *Lieselott Enders*, Das Potsdamer Edikt von 1685, in: Märkische Heimat. Beitr. z. Heimatgesch. des Bezirks Potsdam 4, 1985, 23–35.

68 Vgl. *Berthold Schulze*, Besitz- und siedlungsgeschichtliche Statistik der brandenburgischen Ämter und Städte 1540–1800. (Einzelschr. d. Hist. Komm. f. d. Prov. Brandenburg u. d. Reichshauptstadt

Angesichts der nach wie vor stockenden Siedlungs- und Anbaubereitschaft der Einheimischen und deren Kinder bot sich diesen abwechselnd Zuckerbrot und Peitsche. Lockmittel stellten die wiederholt verkündeten Anbauerleichterungen in Gestalt von sogenannten Freijahren (auf einige Jahre begrenzte Befreiung von Steuern, Diensten und Abgaben an Staat und Grundherrschaft) und Gewährung von Baumaterial dar. Drohgebärde schwang unüberhörbar mit, wo Herrschaft staatlicher oder ritterschaftlicher Provenienz Untertanen und Untertanenkinder an ihre Pflicht zur Hofübernahme mahnte und sie notfalls mit Zwangsmitteln dazu trieb. 1689 wurde dem Amtmann zu Wittstock befohlen, junge Leute, die z.B. als Flößerknechte oder Tagelöhner ihr Brot verdienten, vom Landreiter aufsuchen und sie der Gesindeordnung gemäß zur Annahme wüster Höfe anhalten zu lassen. Im Weigerungsfall aber seien sie inhaftiert nach Berlin zu bringen und an die Miliz zu liefern.[69] Allzu viel schien auch diese Drohung nicht gefruchtet zu haben, zumal die Zwangsrekrutierung nicht dem Aufbau der Höfe zugute kam. Wenige Jahre danach, 1700, verlangte die Amtskammer von den Ämtern die Spezifikation noch vorhandener wüster Höfe und der *Jungmannschaft*, die über die Besetzung der Höfe hinaus übrig sei[70], offenbar mit dem Ziel, sie dort anzusiedeln.

Das Jahrhundert endete siedlungspolitisch also immer noch mit einer negativen Bilanz. Auch um 1700 gab es noch Lücken in den Gehöftreihen der märkischen Dörfer, landesherrlicher wie ritterschaftlicher. Allerdings wies das Kataster von 1686/87 auch aus, daß zwar noch viele Hofstellen unbesetzt waren, die dazugehörigen Hufen aber nur selten wüst lagen. Sie waren entweder den Bauern des Dorfes zur Nutzung pachtweise eingetan, oder der Gutsherr hatte sie selbst *unterm Pflug*. Vermögende Gutsherren waren jedoch seit Kriegsende darum bemüht, die verlassenen Höfe mit tüchtigen Wirten wieder zu besetzen, darunter das Domkapitel zu Havelberg. Es gehörte zu den großen Grundherren der Prignitz und hatte als Korporation auch materiell mehr Rückhalt als ein einzelner Gutsherr in seinem begrenzten Bezirk.

b) Das Erbzinsrecht als Recht und Last

Seit Kriegsende 1648 beschäftigten sich die Kapitelsherren in Havelberg mit der Wiederbesetzung der wüsten Höfe in jedem Kapitelsdorf. Als erstes trugen sie den gewohnten und nach wie vor gültigen Besitzrechtsverhältnissen Rechnung, genauer dem Erbrecht am Hof, indem sie nach überlebenden Erben forschen ließen. Im Falle des Klaus Köppen, weiland Bauern zu Jederitz, zitierten sie im Oktober 1648 dessen Söhne und Erben mit der Auflage, binnen vier Wochen zu erklären, ob sie ihres Vaters Gut annehmen und dem Kapitel die *Gebührnis* davon leisten wollen. Andernfalls soll das Gut taxiert und *ex officio* einem anderen zugeschlagen werden.[71] 1649 erhielt Joachim Wulff Jochim Lukens Dreihufenhof in Nitzow interimsweise, weil sich noch ein Erbe bei Hamburg aufhalten soll. Falls dieser käme und den Hof wiederhaben wolle, sollen dem Wulff die *meliorationes* vergütet werden.[72] Im selben Jahr

Berlin, Bd. 7.) Berlin 1935; *ders.*, Neue Siedlungen in Brandenburg 1500–1800. (ebd., Bd. 8.) Berlin 1939.

69 Brand. LHA, Pr.Br.Rep. 7 Amt Goldbeck-Wittstock Nr. 240, fol 1.

70 Ebd., fol 3.

71 Brand. LHA, Pr.Br.Rep. 10 A Domstift Havelberg Nr. 725, fol 70.

72 Ebd., fol 90.

wurde Jürgen Bergholz auf einem wüsten Hof in Toppel unter der Bedingung angenommen, daß er nach dem Freijahr die völlige Pacht und die Dienste leiste und den Hof bezahle.[73]

Es bestand, wie die folgenden Beispiele aus den Kapitelsdörfern zeigen, keinerlei Zweifel an der Fortgeltung des Erbzinsrechts, auch unter den durch Krieg und Nachkriegszeit erschwerten Umständen nicht. 1650 schloß Hans Schütze zu Bendelin mit Michel Bröker aus Vehlin einen Erbkaufvertrag über des ersteren Kossätenhof ab, 1653 verkaufte Bröker dieses Gut dem Jacob Wesche weiter.[74] 1656 vollzog die Witwe Ilse Leppin in Breddin, da ihr *bey diesen trangsehligen leufften und Zeiten nicht rathsamb so hinzusitzen, sondern in willens nach ihrer gelegenheit sich künfftig wieder zu verendern*, mit ihren Kindern einen Erbvergleich. In Anschlag kamen außer dem ganzen Inventar die Scheune auf dem Hof nebst der Wintersaat mit 50 fl und zwar darum so *geringe*, weil noch ein Haus zu bauen und das Bauholz für die Scheune noch zu bezahlen sei.[75] 1665 wollte der Krüger Hans Janecke zu Breddin den Hof seinem Sohn übergeben; in Anschlag kamen Haus und Hof, Vieh und Geräte. Der Erbvergleich der Witwe des Breddiner Bauern Johann Kleeße von 1684 mit ihren beiden Kindern enthält ebenfalls die Taxe von Haus und Hofgebäuden nebst Inventar. Im selben Jahr wollte Hans Strenge daselbst mit seinen Kindern Erbteilung machen; das Haus war in der Scheune mit eingebaut und schlecht, der Bauer hatte daher vier Jahre Dienst- und Pachtfreiheit und fünf Jahre Steuerfreiheit genossen, weshalb, so heißt es, das Haus zu keiner Taxe gebracht werden könne. In einem Erbvergleich von 1685 blieben Haus und Hof des Einhüfners ebenfalls untaxiert, weil in schlechtem Stand und noch ein kleines Kind aufzuziehen sei. Im Falle eines anderen Einhüfners wurde 1687 das Haus nebst Scheune von der Taxe ausgenommen, weil noch die Eltern lebenslang zu unterhalten seien.[76] Von derlei Modalitäten im jeweils konkreten Fall blieben die Erbrechte der Familien der Hofbesitzer jedoch unberührt.

Gleiches spielte sich in der zweiten Jahrhunderthälfte in allen anderen Kapitelsdörfern ab. Überall erhielten die neuangenommenen Besitzer den Hof *erb- und eigentümlich*, erhielten Neuanbauende überdies Freijahre, fanden Erbverkäufe und Erbvergleiche mit der Taxation von Haus und Hofgebäuden samt Inventar statt. So geschah es unter anderem 1661, 1686 in Granzow.[77] Haus und Hof konnten aber auch wegen Baufälligkeit, Versorgung von Kleinkindern oder der Altenteilssicherung von der Wertberechnung ausgenommen werden.[78] Ebenso war es in Gumtow: 1659 bis 1666 Besitzerwechsel mit ordnungsgemäßer Taxation des ganzen Hofs[79], erst in den achtziger Jahren Verzicht auf Haus- und Hofanschlag aus den bekannten Gründen. 1683 hieß es bei der Hofübergabe des Ehepaars Hindenburg in Gumtow sogar wörtlich, Haus und Hof würden dem neuen Besitzer *landüblichen gebrauch nach* nebst der Wintersaat freigelassen. Der Einhüfnerhof befand sich offenbar auch in dürftigem Zustand, es fehlte an Vieh; der junge Wirt hatte seiner Geschwister wegen noch nicht *gefreit* und konnte auch den Eltern nur wenig Unterhalt geben.[80]

73 Ebd., fol 92.
74 Ebd., Nr. 661 zu 1650 u. 1653.
75 Ebd., Nr. 662, S. 1ff.
76 Ebd., S. 12ff. zu 1665; S. 25 u. S. 29f. zu 1684; S. 33f. zu 1685; S. 39f. zu 1687.
77 Ebd., Nr. 666, S. 12ff. u.24f.
78 Ebd., S. 20ff. zu 1685.
79 Ebd., Nr. 667, fol 17ff.
80 Ebd., fol 26f.

Noch eindeutiger war die Begründung im Gumtower Erbvergleich von 1697 nach dem Tode des Ackermanns Wiedener. Auf dem Hof stand nur das Wohnhaus und auch dieses noch nicht völlig ausgebaut. Der Verstorbene hatte aber bereits drei Freijahre genossen. Wenn diese angerechnet würden, so hieß es im Anschlag, ginge es über den Wert des Hauses hinaus, weshalb es, weil auch die Scheune noch gebaut werden muß, nebst der Aussaat nicht taxiert werden kann.[81] Und 1691 vermerkte der Erbvergleich nach dem Tod der Ehefrau des Zweihüfners Hans Legde in Granzow sinngemäß: Auf dem Hof ist eine Scheune und Backhaus gebaut, die rechte Wohnstelle aber liegt noch wüst. Weil auf dem Hof drei Jahre Kontributionsfreiheit mehr genossen wurden als bewilligt, muß solches *billig als eine Schuld considerirt werden*, und können daher die Gebäude nebst Winter- und Sommersaat in keinen Anschlag kommen, nur Vieh und Gerätschaft.[82]

Das bedeutete offenbar eine nicht geringe Hypothek, und es zeigte sich überall sehr deutlich, welche Belastung für Grundherrn und Wirt der Neuaufbau war. Ersterer hatte zu fördern, doch nichts zu verschenken. Das Kapitel streckte dem Erbzinsbauern, wie seit alters gewohnt, das Bauholz lediglich vor. Im Anschlag zum Bauernhof Kahlebau in Schönhagen bei Gumtow hieß es 1653, dies Gut (Haus und Hof nebst Wagen, Pflug und Kessel) sei nur auf 90 fl angesetzt, weil zu besorgen sei, daß das Bauholz dem Kapitel *wol möchte müßen bezahlet werden.*[83] Der Erbvergleich von 1654 nach dem Tod der Bäuerin Trina Frahme in Nitzow schätzte das Haus nebst üblichem Zubehör nur auf 25 fl, weil nur ein bloßes Haus da sei und das Bauholz noch bezahlt werden muß.[84] Ähnlich hieß es 1655 in der Erbauseinandersetzung der Bauernwitwe Anna Sengespeck in Nitzow mit ihren Kindern angesichts der niedrigen Taxe von Haus und Inventar, daß dem Kapitel das Holz zur Scheune noch bezahlt werden muß, ebenso 1657 und 1662.[85]

Nur Toppel bildete in der Grundherrschaft des Domkapitels die Ausnahme. In dem gänzlich abgebrannten und verwüsteten Dorf ging der Neubeginn nach dem Großen Krieg so zäh an, daß sich das Kapitel in den vierziger Jahren genötigt sah, interimsweise eine Meierei zu errichten.[86] 1653 verkaufte es das Meierhaus an Samuel Leppin.[87] In den nächsten Jahrzehnten erholte sich Toppel so gut, daß es zu den bessergestellten Dörfern des Kapitels gehörte. Anläßlich der Hofübergabe des Dreihüfners Berckholtz an seinen Sohn hieß es 1683 im Anschlag: Obwohl fast im ganzen Lande gebräuchlich, Haus und Hof dem Besitzer ohne Entgelt zu überlassen, weil aber die Toppelschen Höfe etwas besser sind als andere und der Sohn damit friedlich, wird derselbe mit allen Gebäuden nebst der Saat für 100 rt angeschlagen.[88] In Toppel blieb auch künftig die Lage der Erbzinsbauern günstiger als in den anderen Kapitelsdörfern; daher änderte sich hier im Prinzip nichts.

Von solchen und ähnlichen Fällen abgesehen, war offenbar der Gebrauch, Haus und Hof dem Besitzer bei Hofübergabe ohne Entgelt zu überlassen, gegen Ende des 17. Jahrhunderts bereits weit verbreitet und also *landüblich* geworden, wie auch die Vorgänge in anderen

81 Ebd., fol 37.
82 Ebd., Nr. 666, S. 30f.
83 Ebd., Nr. 679, S. 17ff.
84 Ebd., Nr. 675, fol 16f.
85 Ebd., fol 19ff. zu 1655, fol 22f. zu 1657, fol 24 u. 25f. zu 1662.
86 Ebd., Nr. 521 zu 1646.
87 Ebd., Nr. 684, S. 6f.
88 Ebd., S. 30ff.

Dörfern der Prignitz bestätigen. Mitte des 17. Jahrhunderts war das noch nicht der Fall, wurden Erbrecht und Eigentumsqualität des Hofes wie vormals respektiert. 1646 wurde gerichtlich bezeugt, daß die Besitzer der Höfe in Kunow dieselben gekauft hatten.[89] In Lindenberg bei Garz wurde ein wüster Bauernhof, da kein Erbe vorhanden, taxiert und erblich verkauft.[90] Henning Christoph v. Kröcher zu Berlitt verkaufte 1652 Thies Witkes Bauernhof in Groß Woltersdorf an Balzer Schütte für 100 rt mit dem Vorbehalt, es könnten *über Verhoffen* Witkes Erben sich angeben und den Hof wiederhaben wollen.[91] In einem Zechliner Amtsdorf mußte der Interimswirt eines wüsten Kossätenhofs weichen, als sich der Hoferbe einfand; der andere erhielt dafür einen anderen wüsten Hof.[92]

In den Dörfern der v. Saldernschen Herrschaft Plattenburg vollzogen sich Hofübergaben wie gewohnt mit Taxe von Haus und Hof wie z.B. 1652 in Groß Lüben.[93] 1650 wird Hofkauf bzw. -verkauf in Burghagen belegt.[94] 1651 setzte die Gemeinde zu Groß Breese durch, daß der Hoferbe entscheidet, ob er den Hof übernehmen und aufbauen will, ehe v. Retzdorf die Stelle einziehen, aufbauen und für sich nutzen darf.[95] Ebenso schützte 1653 die Gemeinde zu Lütkenwisch einen Nachbarn in seinem Erbrecht gegen v. Möllendorf.[96] 1652 hatten Bauern in Zaatzke Höfe zum Wiederaufbau gekauft.[97] 1662 wurde ein Bauernhof in Bernheide schuldenhalber verkauft und daher *der Billigkeit nach landüblich* taxiert.[98]

Gleichermaßen ist Erbzinsrecht anhand von Hofkäufen, -verkäufen u.ä. in der Lenzerwische belegt.[99] Seit 1664 wurden die wüsten Höfe des zerstörten Dorfes Breetz in der Herrschaft Eldenburg wieder besetzt; die Bauern erhielten das Bauholz gegen Bezahlung, und die Bezahlung erfolgte ziemlich prompt.[100] 1666 hatten die Brüder Wegener einen Bauernhof in Lohm erblich gekauft; 1684 setzten sie, unter Berufung auf das kurfürstliche Gebot, die wüsten Höfe zu besetzen, gerichtlich durch, daß Hans Mathias v. Kröcher zu Barsikow sie nicht auskaufen darf.[101]

c) Besitzrechtliche Varianten

1673 überließ v. Ingersleben zu Schrepkow dem Andreas Grote einen wüsten Zweihufenhof in Schrepkow für 225 rt wiederkäuflich auf 20 Jahre und zwar dienst- und pachtfrei; nach Ablauf der Frist sei dem Käufer freigestellt, den Hof erblich anzunehmen und davon nach Rückerstattung der Kaufsumme die üblichen Dienste und Pächte zu leisten, oder ihm würden ablehnendenfalls außer dem Kaufgeld alle Besserungskosten am Gehöft vergütet.[102]

89 Brand. LHA, Pr.Br.Rep. 4 A, Sentenzenbücher Nr. 121, 27. Mai 1646.
90 Brand. LHA, Pr.Br.Rep. 37 Plattenburg-Wilsnack Nr. 6498, 20. Dez. 1646.
91 Brand. LHA, Pr.Br.Rep. 78, Kopiar Nr. 168 IV, fol 336f.
92 Brand. LHA, Pr.Br.Rep. 2, D.19080, Bericht vom 8. Dez. 1656.
93 Brand. LHA, Pr.Br.Rep. 37 Plattenburg-Wilsnack Nr. 3808, fol 62 u. passim.
94 Pr.Br.Rep. 4 A, Sentenzenbücher, Nr. 129, 14. Juni 1650.
95 Ebd., Nr. 132, 15. Okt. 1651.
96 Ebd., Nr. 136, 31. Okt. 1653.
97 Ebd., Nr. 133, 24. März 1652.
98 Ebd., Nr. 152, 24. Nov. 1662.
99 Ebd., Nr. 155, 27. April 1664.
100 Brand. LHA, Pr.Br.Rep. 2, D.11632.
101 Brand. LHA, Pr.Br.Rep. 4 A, Sentenzenbücher Nr. 194, 7. Juli 1684.
102 Brand. LHA,.Br.Rep. 78, Kopiar Nr. 168 V, fol 388 f.; ebd., II K 68, fol 12f.

Eine ähnliche besitzrechtliche Variante erwuchs in dieser Zeit aus den Finanznöten der Grundherren, die weder in den Wiederaufbau der eigenen Betriebe noch in den von bäuerlichen Gehöften investieren konnten. Es kam daher in der Prignitz nicht selten vor, daß sie vermögenden Bauern deren Höfe samt zugehörigem Land als Eigentum wiederkaufsweise veräußerten. 1652 erhandelte Joachim Thurmann in Kuhsdorf seinen Bauernhof für 40 Jahre, 1692 nochmals für 20 Jahre verlängert.[103] Christoph Friedrich v. Königsmark überließ 1698 dem Peter Schmoch in Berlitt dessen Bauernhof mit allem Zubehör sogar einschließlich der Zaungerichtsbarkeit auf 25 Jahre.[104] In dieser Zeitspanne von 50 Jahren fanden außer derartigen Hofkäufen auch zahlreiche Teilkäufe seitens der Bauern statt, die vor allem auf Selbstbefreiung von Diensten und anderen Prästationen abzielten.[105]

Daneben gab es freilich auch mittellose oder weniger begüterte Bauern, die sich auf einem Hof anbauen und eine Existenz schaffen wollten, jedoch auf die Hilfe des Gutsherrn angewiesen waren. Der Pfandbesitzer des Gutes Freyenstein führte in den sechziger und siebziger Jahren Buch über die Baukosten im Gut wie auch für Höfe von Bauern in Buchholz, Beveringen und Niemerlang und über Bauholzzuschüsse und Freijahre für sie. 1671 waren es für mehrere Leute in Buchholz je drei Freijahre ą 16 rt. Die sechs Freijahre für Balzer Telschow vom 1676 angenommenen wüsten Hof in Buchholz machten immerhin 141 rt 9 gr aus.[106] Noch standen die wüsten Höfe, wenn sich kein Erbe einfand, zum Verkauf. Nur wenn sich auch kein Käufer fand, wurden sie anderweitig zur Nutzung und Ableistung der Prästationen ausgetan wie 1662 in Buchholz[107], entweder auf Zeit oder erblich wie 1676 dem Balzer Telschow[108]. Der besitzrechtliche Modus wurde nicht näher definiert, hier so wenig wie 1698 im Hofbrief für Hinrich Mußfeldt zu Schmolde, der Jochen Talbendorfs Hof daselbst *erb- und eigentümlich* angenommen hatte und ebenfalls Freijahre erhielt[109]. Der Geldwert der Freijahre und von Baumaterial lastete hier wie in den Kapitelsdörfern als Hypothek auf dem betreffenden Gehöft.

Die vorstehenden Beispiele des Umgangs mit Erbzinshöfen seitens der Erben oder anderen bäuerlichen Interessenten, darunter der Gemeinden, sowie der Gutsherren variieren noch das Grundmuster ähnlich den Erfahrungen aus der Vorkriegszeit, nur jetzt auf dem Hintergrund enormer Kriegsschäden und -nachwirkungen. Es ist jedoch eine der Folgeerscheinungen des Krieges, daß gewünschter Auskauf von Bauernhöfen (bei adligem Eigenbedarf oder lästiger *Mutwilligkeit* von Untertanen), gestützt auf das alte Privileg, angesichts der noch zahlreichen wüsten Höfe im Land und des dementsprechenden Defizits in der Staatssteuerkasse vom Kurfürsten nicht mehr begünstigt wird. Friedrich Wilhelm drängte vielmehr auch im ritterschaftlichen Bereich zum Aufbau der Höfe und zur Besetzung mit Bauern. Die Gemeinden drangen all der auf sie abgewälzten Lasten wegen ihrerseits darauf und fürchteten bei Auskauf ihrer Nachbarn, daß sich der Gutsherr seiner Gemeindepflicht (*Bauerrecht*) entziehen würde. 1682 wurde der Gutsherr Friedrich Heinrich Pauli zu Herzsprung ermahnt, die wüsten Höfe

103 Ebd., Kopiar Nr. 182 VIII, fol 76f. zu 1699.

104 Ebd., Kopiar Nr. 182 VII, fol 307f.

105 *Enders*, Individuum und Gesellschaft (wie Anm. 45), 160f., 169ff.

106 Brand. LHA, Pr.Br.Rep. 37 Freyenstein Nr. 172–178.

107 Ebd., Nr. 63.

108 Ebd., Nr. 64.

109 Brand. LHA, Pr.Br.Rep. 37 Fragmente (Gut Meyenburg) Nr. 61.

daselbst zu besetzen und keine Meiereien daraus zu machen.[110] Angesichts von zehn immer noch wüsten Höfen in den Lenzerwische-Dörfern Gaarz, Besandten, Unbesandten, Kietz, Groß und Klein Wootz wurde den v. Wenckstern 1688 auferlegt, die Höfe binnen Jahresfrist zu besetzen, andernfalls erkläre der Kurfürst sie als an ihn verfallen.[111] An die v. Platen erging 1700 das gleiche Geheiß, da sie die wüsten Höfe in Mesendorf und Groß Woltersdorf nutzten, statt sie zu besetzen; bis dahin sollten sie die Kontribution davon selbst erlegen.[112]

d) Erbuntertänigkeit und Erbepflicht

Freilich war in den letzten Kriegsjahren die Nachfrage von Bauern nach unbesetzten Höfen oder dem Wiederaufbau ihres zerstörten Erbes noch sehr gering. Gutsherren, die die verminderten Einnahmen und fehlenden Dienste reaktivieren wollten, besannen sich nun auf die Untertänigkeit ihrer Hintersassen und interpretierten deren Erb- und Übernahmerecht am väterlichen Hof in Übernahmepflicht um. Gegen seinen Willen mußte sich Tewes Schäfer 1645 aus dem Dienst bei einer fremden Obrigkeit begeben und, da er in Vehlow unter v. Blumenthal geboren und erzogen war, das ledig stehende Gehöft seines verstorbenen Vaters annehmen.[113] Der in Demerthin wohnende Bauer Hans Wernicke jedoch ging gegen die v. Blumenthal vor Gericht, weil sie ihn durch den Landreiter als ein *subditum* hatten *auftreiben* und nach Vehlow bringen lassen, wo er doch niemals deren Untertan gewesen sei.[114] Ebenso leugnete 1646 der Bauer Joachim Rinow in Zernitz, der unter Philipp v. Rohr zu Holzhausen einen Hof beziehen sollte, strikt, je dessen Untertan geworden zu sein.[115] Wer indessen die Untertänigkeit seines Vaters nicht bestreiten konnte, wie 1647 Steffen Gericke in Blüthen, mußte den Hof entweder annehmen oder einen *angenehmen undt tauglichen* Gewährsmann schaffen.[116]

Nach Kriegsende begann sich allmählich die Lage etwas zu entspannen, fand sich bis 1652, wie der Landreiterbericht ergab[117], doch eine Reihe von Erben oder Kaufinteressenten in der Prignitz ein. Daher lassen die Klagen wegen vorgeblicher Untertänigkeit und Hofübergabe unter Zwang nach, anders als zum Beispiel in der nunmehr von Leibeigenschaft gezeichneten Uckermark, wo die Guts- und Eigentumsherren die *entwichenen* Untertanen nachweislich noch bis zum Ende des 17. Jahrhunderts mit Steckbriefen und Landreiterhilfe vindizieren ließen, bis sich auch dort der Arbeitsmarkt nach und nach auszugleichen begann[118].

110 Brand. LHA, Pr.Br.Rep. 4 A, Sentenzenbücher Nr. 191 b, fol 56 zu 1682.
111 Ebd., Nr. 203, 1. Mai 1688.
112 Ebd., Nr. 227, fol 19f.
113 Ebd., Nr. 120, 17. Nov. 1645.
114 Ebd., Nr. 122, 9. März 1646.
115 Ebd., Nr. 121, 9. Dez. 1646.
116 Ebd., Nr. 124, 17. Jan. 1647.
117 S.o. S. 410 zu Anm. 60.
118 *Enders*, Die Uckermark (wie Anm. 6), 335f., 344ff., 355f., 384ff.

4. Die Besitzrechtsverhältnisse im 18. Jahrhundert

a) Verfestigung der dichotomen Trends

Das 18. Jahrhundert ist, anknüpfend an die Entwicklungen zuvor, gekennzeichnet durch die Dialektik von Kontinuität und Wandel, von Tradition und Neubeginn unter neuen Vorzeichen. Das im 16. Jahrhundert bestimmende Besitzrecht der Bauern und Kossäten an ihren Höfen war das aus dem Mittelalter überkommene Erbzinsrecht. Die Untertänigkeit bedeutete die mit Übernahme eines Hofes durch den Bauern vollzogene Anerkennung der Gerichts- und Grundherrschaft sowie der Dienst- und Abgabenpflicht auf Grund des zur erblichen Nutzung erhaltenen Landes. Das seit der ersten Hälfte des 16. Jahrhunderts bestehende Vormietrecht der Gutsherrn auf die Kinder der Untertanen wurde in der verschärften Form des Gesindezwangsdienstes zum Indiz für allmähliche Umwandlung der personengebundenen in die Erbuntertänigkeit, die die Kinder des Hofbesitzers von Geburt an einbezog. Mit deren Hilfe wiederum wurde im 17. Jahrhundert das bäuerliche Hofübernahmerecht zur Übernahmepflicht überdehnt und die Bestimmung des Hofnachfolgers durch die Obrigkeit oktroyiert. Im Verlauf der zweiten Jahrhunderthälfte beginnende Veränderungen im bäuerlichen Besitzrecht waren Folge der Nachkriegskrise. Mittellose Bauern mußten nun Höfe annehmen, ohne sie bezahlen zu können, zwar in der Regel zu erblichem Besitz, letztlich aber doch, da ohne Eigentum daran, zu Laßrecht.

Konsequenzen waren bereits um die Jahrhundertwende im Bereich der Domänenämter gezogen worden. 1704 notierte das Amt Wittstock im neuen Erbregister, daß vormals die Bauern die Höfe *um ein Gewisses* kaufen mußten; nachdem aber die Zeiten nicht besser, sondern vielmehr schlimmer geworden und daher die wüsten Höfe in den Amtsdörfern unbesetzt geblieben seien, habe der König befohlen, die schweren Lasten auf den Höfen zu mildern, also daß auch für die wüsten Höfe nichts erlegt werden solle.[119] Das meinte vordergründig das An- und Abzugsgeld bei Besitzerwechsel, betraf letztlich aber auch die Hoftaxe und zwar die Gebäude sowie die Hofwehr als Grundsicherung der Agrarproduktion. Außerdem gab es erneut die Zusicherung von Freijahren.[120] So bürgerte sich faktischer Laßbesitz dort in den Amtsdörfern ein, wo die Bauern auf Grund ungünstigerer edaphischer Gegebenheiten ohnehin mühevollere Existenzbedingungen hatten.

Das bedeutete staatlicherseits keine Absage an erbliches Besitzrecht überhaupt. Der erste preußische König hatte vielmehr sowohl mit der Flecken-, Dorf- und Acker-Ordnung von 1702[121] als auch mit dem Lubenschen Erbpachtprojekt seit 1701[122] ein Programm zur Besserstellung der Bauern vorgelegt, das ihnen persönliche Freiheit und erbliches Eigentum an ihrem Gehöft versprach, allerdings gegen Entgelt, und das war für viele um diese Zeit nicht erschwinglich. Auch Friedrich Wilhelm I. wünschte, daß die Bauern ihre Laßhöfe käuflich zu Erbrecht erwerben, stieß aber in der Prignitz, Uckermark und in den anderen Kreisen auf wenig Widerhall, weil es den Bauern immer noch an Mitteln gebrach.[123] Friedrich II. installier-

119 Brand. LHA, Pr.Br.Rep. 2, D.19078, fol 8f.

120 Brand. LHA, Pr.Br.Rep. 7 Goldbeck-Wittstock Nr. 240, fol 10.

121 CCM, Teil V, Abt. III, Kap. I, Nr. XXXII, Sp. 227ff., bes. § 61.

122 Vgl. *Enders*, Die Uckermark (wie Anm. 6), 433ff.

123 Vgl. *Lieselott Enders*, Bauern und Feudalherrschaft der Uckermark im absolutistischen Staat, in:

te das Erbzinsrecht überall dort, wo er in großem Umfang Meliorationen durchführen und Kolonistendörfer errichten ließ.

Im Altdomanialbereich aber hatte sich nichts verändert. Die Besitzstandsstatistik der Bauern- und Kossätenhöfe in den Amtsdörfern der Kurmark Brandenburg von 1747/48 wies aus, daß in den Ämtern teils Laßbesitz vorherrschend war, teils Erbeigentum.[124] In den Ämtern der Ostprignitz, Goldbeck, Wittstock und Zechlin, überwog Laßbesitz (außer den Lehnschulzen- und Lehnbauernhöfen); nur in dem 1701 errichteten Kolonistendorf Zempow besaßen die Bauern von Anfang an ihre Höfe zu Erbzinsrecht. In den Ämtern der Westprignitz, dem alten landesherrlichen Amt Lenzen und der 1719 zum Domänenfiskus eingezogenen Quitzowschen Herrschaft Eldenburg, waren alle Bauern und Kossäten Erbeigentümer.[125]

Dieser Zustand blieb auch in der zweiten Hälfte des 18. Jahrhunderts unverändert so, und da die lassitischen Amtsbauern keinen Vorteil im Kauf ihrer Höfe sahen (u.a. wegen der hypothekarischen Belastung in Erb- und Unglücksfällen) und die Erfahrung über Generationen hin lehrte, daß ihr Laßbesitz faktisch erblich war, blieb auch die Resonanz auf das neue Angebot des Königs 1777 zur Erblichmachung der Höfe geteilt. Denn es implizierte vor allem Verzicht auf das bis dahin umsonst gewährte teure Bauholz, ohne zugleich den Bauern die seit langem von ihnen gewünschte Ablösung der Naturaldienste zu ermöglichen. Schließlich verkündete Friedrich Wilhelm II. 1791 die Erblichkeit der Laßbauernhöfe im Amtsbereich. Seitdem herrschte überall – statt de facto – de jure Erbrecht, doch das war weiterhin Laßbesitz, kein Erbeigentum.

Es waren die Bauern in Dörfern der Ämter Goldbeck-Wittstock[126] und Zechlin[127], die in den ersten Jahren des 19. Jahrhunderts, etliche Jahre vor den Agrarreformen, ihren Freikauf von allen Lasten und Umwandlung des Laß- in Erbzinsbesitz beantragten und zum Teil auch noch in diesen Jahren durchsetzen konnten.[128] Mit dem enormen Preisaufschwung seit den neunziger Jahren des 18. Jahrhunderts waren sie nun, auch die weniger gut gestellten, in einen Stand gesetzt, der ihnen Erbeigentum in Verbindung mit Dienstablösung nicht nur vorteilhafter erscheinen ließ als die vielen feudalen Lasten und Abhängigkeiten, sondern auch realisierbar.

JbGFeud 13, 1989, 247–283, bes. 251f. u. 272ff., auch für das folgende; für die Prignitz z.B. Brand. LHA, Pr.Br.Rep. 7 Amt Zechlin Nr. 587, fol 4ff. zu 1713.

124 Brand. LHA, Pr.Br.Rep. 2, D.2180, Nachweis der erblichen und nichterblichen Höfe in den Ämtern 1747/48.

125 In der Summe standen in den fünf Ämtern der Prignitz 209 erblichen Bauern und 72 erblichen Kossäten 282 nichterbliche Bauern und 94 nichterbliche Kossäten gegenüber.

126 Brand. LHA, Pr.Br.Rep. 2, D.9617, Antrag der Gemeinden im Amt Goldbeck von 1802; ebd., D.9617/1 Verhandlungen von 1803–05; ebd., D.19367, fol 1: Antrag von Gemeinden im Amt Wittstock von 1803, fol 34ff.: Verhandlungen mit den Gemeinden 1804.

127 GStAPK, II. HA, Generaldirektorium, Kurmark, Ämter-S., Tit. LXXXIII Amt Zechlin Sect. c) Amts-S. Nr. 11, Antrag der Gemeinde zu Sewekow von 1798, Rezeß mit allen Dörfern von 1805.

128 *Lieselott Enders*, Emanzipation der Agrargesellschaft im 18. Jahrhundert – Trends und Gegentrends in der Mark Brandenburg, in: Konflikt und Kontrolle in Gutsherrschaftsgesellschaften. Über Resistenz- und Herrschaftsverhalten in ländlichen Sozialgebilden der frühen Neuzeit. (Veröff. d. Max-Planck-Inst. f. Gesch., Bd. 120.) Hrsg. v. Jan Peters. Göttingen 1995, 404–433, bes. 427ff.; vgl. auch *dies.*, Die Uckermark (wie Anm. 6), 598ff.

b) Die Aushöhlung des Erbzinsrechts im Ritterschaftsbereich

Die Entwicklung der Besitzrechtsstruktur in anderen Grund- und Gerichtsherrschaften der Prignitz läßt sich wiederum gut an den Bauern- und Kossätenhöfen in den Dörfern des Domkapitels zu Havelberg ablesen. Nach wie vor galt Erbzinsrecht. Die Belastung des Hofes mit Bauzuschüssen und Freijahren, die nicht abgezahlt worden waren, hatte aber seit den achtziger Jahren des 17. Jahrhunderts mehr und mehr zum Verzicht auf die Wertberechnung der Hofgebäude geführt, um die Leistungskraft des neuen Hofwirts nicht zu überspannen. In den ersten Jahrzehnten des 18. Jahrhunderts fand noch beides nebeneinander statt, Besitzerwechsel mit und ohne Gebäudetaxation. In Bendelin wurden 1703 und 1719 Kossätenhöfe wie früher verkauft, 1728 ebenso Haus und Hof des Krügers Bielfeldt[129], 1704 der Grabowsche Bauernhof in Breddin[130] und eine Kossätenstelle in Döllen, 1708 ein Zweihüfnerhof daselbst[131]. 1717 übergab Jochen Kehlcke seinen Zweihufenhof in Görike vollständig taxiert seinem Sohn[132], und in Toppel blieb es mit wenigen Ausnahmen während des ganzen 18. Jahrhunderts in jedem Erbvergleich beim Anschlag von Haus und Hof[133].

In allen anderen Kapitelsdörfern vollzog sich mehr und mehr ein Wandel durch endgültigen Verzicht auf Taxation der Gebäude, zunehmend auch der Hofwehr. Die Begründungen lauteten zunächst wie im 17. Jahrhundert: Haus, nun zumeist auch Winter- und Sommersaat sowie Wagen und Pflug kommen nicht zum Anschlag wegen der Freijahre zu den neuen Gebäuden und Bestellung des Altsitzerteils vom Hof, so 1722 bei der Hofübergabe des Ackermanns Nien in Granzow an seinen Sohn[134], ähnlich 1704 nach dem Tode des Bauern Sahmer in Döllen, weil der Besitzer sieben Freijahre von der Obrigkeit genossen habe und die Gebäude ihr nicht so viel wert seien[135]. 1722 hieß es dann unmißverständlich bei der Hofübergabe des Jochen Wulff in Döllen an seinen Sohn, Haus und Hof usw. kommen zu keinem Anschlag, weil teils des Altsitzers Acker vom Sohn bestellt werden muß, teils aber *die Höfe Capitulo eigenthümlich zustehen, als welches zum Bau nicht allein freye Baumaterialien, sondern auch Frey-Jahre ertheilet*[136]; ebenso 1725 bei der Hofübergabe des Ackermanns Schwartz daselbst: kein Anschlag, weil die Gebäude dem Domkapitel gehören, das dazu Freijahre und die Baumaterialien gegeben hat[137].

Bereits 1716 wurden Haus und Hof des Ackermanns Wegener in Stüdenitz, Winter- und Sommersaat, Wagen und Pflug nicht taxiert, weil das Altenteil mit bestellt werden muß und es *unter dem Capitel also gehalten wird.*[138] Dies blieb der Tenor in den Jahrzehnten danach und schlug im Bewußtsein der Kapitelsherren allmählich um. In Vorbereitung des Provinzialgesetzbuches vom Kammergericht nach den Besitzumständen der Untertanen befragt, meldete das Domkapitel 1781: Die Untertanengüter sind außer in Toppel und in den Bergen (bei

129 Brand. LHA, Pr.Br.Rep. 10 A Domstift Havelberg Nr. 661 zu 1703, fol 32f.
130 Ebd., Nr. 662, S. 70f.
131 Ebd., Nr. 664, fol 28 u. 31.
132 Ebd., Nr. 665, S. 103ff.
133 Ebd., Nr. 684, S. 104ff.
134 Ebd., Nr. 468.
135 Ebd., Nr. 664, fol 27f.
136 Ebd., fol 44f.
137 Ebd., fol 49.
138 Ebd., Nr. 683, fol 27f.

Havelberg) sämtlich *Laßgüter.*[139] Die Auskunft enthielt keine Definition. Den Hofbrief- und Vertragsbüchern zufolge galt nach wie vor das Erbrecht der Bauern- und Kossätenkinder am elterlichen Hof nebst Zubehör, als Eigentum jedoch nur das taxierte Superinventar.

Das so umschriebene Besitzrecht in der Prignitz hatte sich im Verlauf des 18. Jahrhunderts auch im übrigen ritterschaftlichen Bereich verbreitet. Nach seinem rechtlichen Kern wurde erst seit Mitte des Jahrhunderts gefragt, als das im Zusammenhang mit ersten Separationen und anderen Vorgängen akut wurde. Erbzinsrecht gemäß wurde noch in den ersten Jahrzehnten des 18. Jahrhunderts in den Dörfern der Herrschaft Plattenburg der Bauernhof taxiert, wenn er zum Verkauf anstand wie 1702 in Abbendorf[140], ähnlich 1707 im Gutsdorf Schilde[141]. Ehern galt das Erbzinsrecht in den Dörfern der Güter Kietz in der Lenzerwische. 1743 wurde bezeugt, daß der dortigen Observanz nach die Hofgebäude der Bauern nebst Zubehör bei ihren Kontrakten und Erbvergleichen allemal nach ihrem Wert angeschlagen und vom Annehmer der Höfe bezahlt werden. Baufreiheiten im Sinne von Freijahren und Beihilfen gab es hier nicht.[142] Fast überall sonst aber gab es sie den Edikten gemäß, und sie wurden in der Regel in Anspruch genommen, im Verweigerungsfalle auch eingeklagt. Doch waren sie kein Geschenk und kamen daher bei Besitzerwechsel, ggf. als Schulden des Hofbesitzers, auf den Tisch. Drei Bauern in Bendelin wurde 1719 beim Verkauf ihrer Höfe der Wert der genossenen Steuerfreiheit und des Baumaterials vom Kaufpreis abgezogen.[143]

c) Entstehung von Besitzrechtsmixturen

Laut Beschreibung der Herrschaft Stavenow von 1711 hatten sich alle Untertanen in den ganz oder zum Teil dazugehörigen Dörfern Glövzin, Mesekow, Karstädt, Premslin, Garlin, Sargleben und Blüthen selbst angebaut und dafür sechs Jahre Kontributions- und Prästationsfreiheit genossen. Bei Besitzerwechsel mußte die Hofwehr dagelassen werden.[144] Dementsprechend erfolgten die Hofübergaben, so 1749 in Garlin, von der Taxe ausgenommen Gebäude und Hofwehr[145], 1771 in Blüthen, wo ein Hof mit Gebäuden und Zubehör *der Observanz* nach dem angehenden Wirt ohne Taxe blieb, die Hofwehr jedoch, taxiert und im Hofbrief vermerkt, vom neuen Wirt seinem Nachfolger ebenso wieder übergeben werden muß[146], ähnlich 1789 in Premslin[147]. Seinen Ackerhof in Karstädt trat das Ehepaar Seyer 1745 mit Konsens des Gutsherrn v. Wartenberg zu Nebelin und Vermögenstaxation (ausgenommen die Hofgebäude) an eine Tochter ab und zwar ausdrücklich *erb- und eigenthümlich.*[148] Die Konfliktträchtigkeit solcher Besitzrechtsmixturen kam nach einem Brand in Glövzin 1797 zum Ausbruch. Die Herrschaft in Stavenow drohte, da ihnen die Bauern die schuldigen

139 Ebd., Nr. 619, April 1781.
140 Brand. LHA, Pr.Br.Rep. 4 A, Sentenzenbücher Nr. 236, fol 135f., mit Nachspiel von 1711 (ebd., Nr. 253, fol 42).
141 Ebd., Nr. 243, fol 20.
142 GStAPK, I. HA, Rep. 22 Nr. 361 u. 361 a, 10. Aug. 1747 nebst Attesten von 1743.
143 Brand. LHA, Pr.Br.Rep. 4 A, Sentenzenbücher Nr. 272, fol 6.
144 GStAPK, X. HA, Pr.Br.Rep. 37 Herrschaft Stavenow Nr. 355.
145 Ebd., Nr. 554.
146 Ebd., Nr. 663.
147 Ebd., Nr. 523.
148 Ebd., Nr. 664.

Dienste verweigerten, mit der Einziehung der Höfe; sie seien Laßbauern und hätten zu dienen. Die elf Bauern jedoch hatten die Höfe völlig aus eigenen oder von Freunden erborgten Mitteln wieder aufgebaut, ohne irgendein Zutun der Herrschaft, die ihnen nicht einmal die Hofwehr ersetzte.[149]

Eindeutig wird Laßrecht da sichtbar, wo bei Gutsverkäufen die dazugehörigen Bauernhöfe dem Käufer berechnet und förmlich übergeben wurden. Anders als Erbzinshöfe gehörten die den Untertanen zur Nutzung übergebenen Laßhöfe nebst Hofwehr dem Grundeigentümer. 1740 bescheinigte v. Rathenow zu Pinnow anläßlich des Pfandkontrakts mit v. Winterfeld zu Streesow und Garlin über dessen drei Bauernhöfe in Pinnow, daß er der Untertanen Gebäude und Hofwehr beschriebenermaßen empfangen habe.[150] Modifiziert erscheint im Vergleich dazu der Zustand in Herzsprung, wo es 1788 von den Untertanen hieß, sie seien Laßbauern, die Hofwehr gehöre der Herrschaft, das übrige Inventar sei Eigentum der Untertanen; die Gebäude müßten sie selbst bauen und reparieren, wogegen sie vom Kreis 15 rt, von der Herrschaft 3/4 Jahr Pacht- und Dienstfreiheit erhielten. Holz müssen sie kaufen.[151] Im Streit zwischen Brüdern um den väterlichen Zweihufenhof in Mechow basierte das Urteil auf dem Befund, daß dem Hofwirt das erbliche Nutzungsrecht, der Herrschaft das Eigentum an diesem Hof zustehe sowie das Recht, unter mehreren Erben nach Willkür zu wählen.[152]

d) Observanzen und Perspektiven im Widerstreit

Die verschiedenen *Observanzen* wurden von Bauern und Grundeigentümern offenbar verschieden interpretiert. Die Gemeinden der Dörfer in der Herrschaft Pröttlin, Pröttlin, Deibow, Krinitz, Görnitz, Rambow bei Lenzen, Groß Warnow und Reckenzin, betonten in ihrer Immediatbeschwerde von 1786 beim König über die Baudienste, sie besäßen sämtlich *erb- und eigentümliche* Bauernhöfe.[153] 1785 beklagte sich die Gemeinde zu Groß Breese wegen der ihnen von ihren Grundherrschaften streitig gemachten *eigentümlichen Qualität* ihrer *Nahrungen.*[154] Die Herrschaft indessen war an Minderung der bäuerlichen Rechte interessiert, da das ihre Verfügungsgewalt steigerte. Das äußerte sich bereits im Verlauf des 18. Jahrhunderts in vielerlei Konfliktfällen und trat ganz unzweideutig zutage, als der Staat in den achtziger Jahren wegen der Flut der Prozesse die Fixierung der gutsherrlich-bäuerlichen Rechtsverhältnisse in Urbaren durchzusetzen suchte.

Im Urbar von Quitzöbel hieß es 1784 zur Besitzqualität, die Bauern und Kossäten hätten weder Erb- noch Laßgüter, sondern gehören unter die sog. *gemeine Bauern.* Die Höfe und Hofwehr kämen nicht zur (Erb)Teilung; die Wirte können sie nicht ohne Einwilligung der Herrschaft verschulden oder verpfänden, haben also nicht die volle Disposition darüber.[155] In Vorbereitung des Urbars von Beveringen 1794 sagte v. Winterfeld zu Freyenstein, die Bauern und Kossäten hätten wie überhaupt die Untertanen in der Prignitz nur ein erbliches Nutzungsrecht; das Eigentum sei der Herrschaft vorbehalten, der auch die Hofwehr gehöre. Die

149 Brand. LHA, Pr.Br.Rep. 4 A, Sep. 26 zu 1804 u. 1805.

150 Brand. LHA, Pr.Br.Rep. 23 A, B. Ritterschaftliche Hypothekendirektion Nr. 139, fol 57ff.

151 Ebd., Nr. 53, fol 100ff.

152 Brand. LHA, Pr.Br.Rep. 4 A, Sentenzenbücher Nr. 557 von 1797, fol 506.

153 GStAPK, I. HA, Rep. 22 Nr. 72 (I–VII) Fasz. 87, fol 58.

154 Ebd., Fasz. 76, fol 31.

155 Brand. LHA, Pr.Br.Rep. 4 A, Sep. 43, fol 11.

Untertanen seien nicht befugt, die Höfe zu veräußern, die Herrschaft müsse auch in einen tüchtigen Käufer nicht willigen; das Erbrecht beträfe nur Ehegatten und Kinder.[156] Die anschließend zum Urbarentwurf befragte Gemeinde erklärte zur Besitzqualität, sie seien durchaus befugt, die Höfe zu verkaufen, und die Herrschaft müsse in einen tüchtigen Käufer willigen; das Erbrecht am Hof schließe auch Seitenverwandte ein usw.[157]

Offenbar machte die Gemeinde immer noch lebendiges Gewohnheitsrecht geltend, während die Herrschaft sich an *Observanzen* hielt, die ihr zugute kamen. Der Staat versuchte Ausgleich und Kompromiß, wie es sich im ALR von 1794 niederschlug.[158] Doch in Vorverhandlungen über das Kurmärkische Provinzialgesetzbuch erklärte die Prignitzsche Ritterschaft auf ihrer Kreisversammlung 1799: Kein Untertan solle berechtigt sein zu bestimmen, wer von seinen Kindern nach seinem Tod seine Besitzung erhalten solle, sondern dies hinge von der Wahl der Herrschaft ab; und: daß *die Vermutung wider das Eigentumsrecht der Untertanen an den Höfen anzunehmen sei.*[159]

Die Observanz der Bestimmung des Hoferben durch die Herrschaft hatte sich im Laufe des 18. Jahrhunderts in der obrigkeitlichen Vorstellungswelt verfestigt, nachdem in früherer Zeit die Herrschaft zunächst mit einem Konsensanspruch in das Selbstverfügungsrecht der Bauern eingedrungen war. 1735 bestätigte ein Urteil, es verbleibe nach Landesobservanz der Obrigkeit die Wahl, welcher der beiden Töchter sie den väterlichen Hof (in Uenze) überlassen wolle.[160] Was aber nach Meinung des Adels als Erb- oder Laßgut zu gelten habe, weckte schon Mitte des 18. Jahrhunderts die Zweifel der Rechtsgelehrten. Deputierte des Kammergerichts in der Prignitz bemerkten 1758 im Falle der Bauern zu Bantikow, man müsse aus verschiedenen Umständen dafürhalten, daß ihre Höfe keine Laß-, sondern Erbgüter seien.[161]

Die Kurmärkische Ritterschaft, die sich ohnehin seitens des Staates und besonders der oberen Justizbehörden beeinträchtigt fand, legte 1765 namens ihrer Standesgenossen in der Prignitz gegen einen Kammergerichtsabschied in Sachen der Gans zu Putlitz beim König Widerspruch ein.[162] Er galt dem darin erhobenen Zweifel, daß das *Eigentum* der Untertanenhöfe in der Prignitz den Obrigkeiten zustehe. Da das der gesamten Prignitzschen Ritterschaft nachteilig sein könne, berief sie sich auf ein Attestat des Kreisdirektoriums der Prignitz von 1764, wonach die Bauerngüter daselbst, in Sonderheit in der Herrschaft Wolfshagen regulariter den Obrigkeiten, nicht den Untertanen erblich gebühren. Denn 1. seien die Bauernhöfe den Untertanen mit Gebäuden, bestellter Saat und Hofgewehr frei und ohne Bezahlung überliefert worden; 2. habe es der Obrigkeit allemal freigestanden, von den Kindern als Hofnachfolger denjenigen zu erwählen, der ihr am tüchtigsten dazu erschiene, oder den Hof, wenn keine Kinder vorhanden, an einen Fremden zu übertragen. Bei Sterbefällen sei das Gehöft mit Zubehör niemals zur Taxe gebracht worden, nur das, was darüber hinaus übrigbleibt; 3. sei keinem Bauern erlaubt, das Gehöft mit Schulden zu beschweren; 7. dürfen sie ihre Höfe nicht verkaufen.

156 Brand. LHA, Pr.Br.Rep. 37 Freyenstein Nr. 109, fol 20.

157 Ebd., fol 73ff., zum II. Hauptstück des Urbars.

158 Allgemeines Landrecht für die Preußischen Staaten, Berlin 1794, Teil II Tit. VII, z.B. § 275 betr. Laßgüter.

159 GStAPK, X. HA, Pr.Br.Rep. 6 A Kreisdirektorium der Prignitz Nr. 11, fol 21f.

160 Brand. LHA, Pr.Br.Rep. 4 A, Sentenzenbücher Nr. 318, 2. Mai 1735, Vorgang Nr. 172.

161 GStAPK, I. HA, Rep. 22 Nr. 72 (I-VII) Fasz. 50, fol 26f.

162 GStAPK, I. HA, Rep. 22, 72a Nr. 23 zu 1765.

Das Kammergericht nahm dazu ausführlich Stellung[163]: Es sei bekannt, daß es in den gesamten Kurlanden mit dem Eigentumsrecht und dem Erbrecht der Untertanenhöfe *eine überaus verschiedentliche Beschaffenheit* habe. Es sei auch bekannt, daß überhaupt in der Situation der Höfe und der Eigenschaft der Untertanen in sämtlichen Marken ein großer Unterschied sei, in der einen Mark ganz den Obrigkeiten zusteht, in anderen Marken ganz und gar Eigentum der Untertanen sind. Unterschiede von der ursprünglichen Verfassung rühren von besonderen Verträgen der Obrigkeiten mit ihren Untertanen her. Wo also lassitisches Recht vorherrscht, können trotzdem ganze Dörfer oder einzelne Höfe Erb- und Eigentumsrecht besitzen. Was die Prignitz beträfe, hätten sie es bisher bei Streitigkeiten als Regel angenommen, daß den Untertanen hier ebenso wie in der benachbarten Altmark der Hof erb- und eigentümlich zusteht, weshalb sie in Streitfällen der Obrigkeit den Beweis dagegen auferlegt haben, wie auch im Streit des v. Putlitz. Dieser Grundsatz sei seit jeher so gehandhabt worden und werde auch durch zwei berühmte märkische Rechtslehrer gestützt, Schepelitz und Müller, deren Beispiele aus der Prignitz als *ratio decidendi aus dem gemeinen Zustande* der Untertanen genommen worden sind.

Dann aber setzten die Räte des Kammergerichts gleichsam konstitutiv hinzu: Falls, wie behauptet, die obrigkeitlichen Höfe jetzt überwiegen, käme es doch auf die alte ursprüngliche Verfassung an, worauf *unsere Regel* gründet. Es würde den hergebrachten Gerechtsamen der Untertanen nicht praejudizieren können, wenn in den neueren Zeiten die Obrigkeiten viele vordem von den Untertanen eigentümlich besessene Höfe, nachdem sie ihnen durch Krieg oder sonst anheimgefallen, den neuen Besitzern nicht wieder eigentümlich konzedierten und hierdurch nach und nach die Zahl der den Obrigkeiten eigentümlich gewordenen Höfe überwiegen würden. Außerdem folge aus den Baufreiheiten nichts über die Eigentumsqualität.

Justizminister Jarriges akzeptierte die Stellungnahme des Kammergerichts und ließ die Kurmärkische Ritterschaft demgemäß bescheiden. Es war die Zeit der langwierigen Mühen um eine Justizreform, und auch Bauernschutz war seit langem aktuell. Bereits das Edikt vom 12. August 1749 untersagte allen Gutsherren, Bauern- und Kossätenhöfe eingehen zu lassen und deren Land zu Vorwerken zu schlagen. Dementsprechend reagierte die Kurmärkische Kammer 1765 auf die Absicht der Frau v. Marschall in Dahlwitz (Barnim), ein Bauerngut zu kaufen und es als Laßgut zu besetzen, wogegen auch die Kreisverwaltung nichts einzuwenden fände: Den Kreisen sei es einerlei, ob ein Erb- oder Laßbauer die Kontribution und anderen Kreislasten trage. Das Edikt von 1749 tendiere aber nicht dahin, Erb- in Laßgut umzuwandeln, sondern dahin, den Bauern als den eigentlichen kontribuablen Stand nicht nur nach den Höfen vollzählig, sondern auch die Höfe in ihrer Qualität zu erhalten. Nach bisheriger Observanz wäre die Gutsherrschaft nicht berechtigt, ein erbliches Bauerngut *per modum emptionis* in ein Laßgut zu verwandeln.[164]

e) Staatliche Halbherzigkeit – bäuerliche Selbstbefreiung

Am Ende solcher Bemühungen und Widersprüche kam in diesem Jahrhundert mit dem ALR von 1794 doch nur ein Kompromiß zustande. Er ließ allerdings in Auslegungsfragen allerlei Spielraum zu, auch widersprüchliche Entscheidungen. So hieß es 1805 in Abweisung einer

163 Ebd.

164 GStAPK, II. HA, Generaldirektorium, Kurmark, Ämter-S., Generalia, Tit. XXVIII Varia Nr. 20, fol 1 u. 8ff.

Besitzrechtsklage aus Reckenthin: Wenn auch in der Prignitz *die Praesumtion für die Erblichkeit der Bauerngüter streite*, gäbe es doch in der Regel häufige Ausnahmen. Ein Gut sei für ein Laßgut zu erachten, wenn der Besitzer mittels Hofbriefs angenommen wurde, von der Herrschaft die Hofwehr erhalten habe und der Hof selbst unter den Kindern nie zur (Erb)Teilung gekommen sei, sondern nur das Superinventar. Es half der Klägerin nichts, daß sie von 1693 an lückenlos den Hofbesitz in der Familie nachweisen konnte.[165] Im Gegensatz dazu erkannte das Gericht 1806 einem klagenden Erben in Herzsprung den väterlichen Zweihufenhof zu; denn schon nach der älteren märkischen Verfassung sollen Laßbauernhöfe vorzüglich den Kindern des Besitzers zugewandt werden.[166]

Um diese Zeit war indessen eine andere Situation herangereift, die längere Zeit vor den Agrarreformen bäuerliches Eigentum möglich machte und vielen Bauern auch wünschenswert erscheinen ließ. Die ökonomische Lage setzte sie materiell dazu in den Stand; die in ihren Augen obwaltende Willkür der Grund- und Gutsherrschaft, die ihren Wunsch nach Selbstbestimmung blockierte, und die sozialen Ansprüche bewogen sie mehr und mehr auch ideell, sich von allen oder doch vielen feudalen Zwängen und Abhängigkeiten freizumachen. Dafür hatte es schon erste Schritte und erfolgreiche Versuche im 16. und 17. Jahrhundert gegeben, als vermögende Bauern finanzschwachen Grundeigentümern Geld gegen Landstücke liehen, zum Teil sie auch kauften, während sie nach dem Dreißigjährigen Krieg vor allem die Dienste auf mehr oder weniger lange Zeit vom Gutsherrn erhandelten. Im 18. Jahrhundert ging der Trend zu vollem Eigentum am ganzen Gehöft.[167]

In den ersten beiden Jahrzehnten des 18. Jahrhunderts ließ der König zugunsten adliger Besitzstandswahrung seit langem von Ritterschaftsbauern vollzogene und vom Kurfürsten konsentierte Eigentumskäufe ihres Gehöfts zwangsweise annullieren. Seit dem zweiten Drittel des 18. Jahrhunderts kam mit neuer Agrarkonjunktur eine neue Welle von Eigentumserwerb seitens der Bauern auf, wenn auch zahlenmäßig begrenzt. Doch seit den 90er Jahren waren es ganze Gemeinden, die sich von ihrer Gutsherrschaft, da diese in Geldnot war, freikauften.[168] Dabei zeigte sich, daß dieser stillschweigende Vorgang (quasi außerhalb der offiziellen Voten der Ritterschaft) erfolgreicher und unkomplizierter vollzogen wurde als im Domanialbereich, wo sich um diese Zeit auch die Laßbauern in den Prignitzschen Ämtern Goldbeck-Wittstock und Zechlin um Freikauf bewarben.[169]

* * *

Nach rund 600 Jahren bäuerlicher Besitzrechtsgeschichte, dargestellt am Beispiel der Prignitz, schien sich der Kreis zu schließen, schien nach allmählichem Verlust des guten mittelalterlichen Besitzrechts dessen Wiedererlangung in greifbare Nähe gerückt. Tatsächlich aber, so ist zu resümieren, stellte nicht mehr das einst die Siedler im Hochmittelalter verlockende Erbzinsrecht das Ziel der Bauern am Ende der Frühneuzeit dar. Es war vielmehr, den jetzt ganz anderen Bedingungen und Erfordernissen der Zeit entsprechend, die Erlangung der Eigentumsqualität am bäuerlichen Gehöft, Haus nebst Hofwehr und vor allem auch am dazugehörigen Land, unter Abschüttelung aller daran haftenden feudalen Lasten und Zwänge.

165 Brand. LHA, Pr.Br.Rep. 4 A, Sentenzenbücher Nr. 599, fol 50.
166 Ebd., Nr. 602, fol 170f. zu 1806.
167 *Enders*, Individuum und Gesellschaft (wie Anm. 45), 160ff. u. 169ff.
168 *Enders*, Emanzipation (wie Anm. 128), 427.
169 S.o. S. 419 zu Anm. 126–128.

Die hochmittelalterliche Expansion ins westslawische Gebiet östlich der Elbe zog Landesausbau und Siedlung der Einheimischen und Zuwanderer nach sich. Bis auf Reste noch im Spätmittelalter verbliebenen slawischen Besitzrechts (Eigentum am Gehöft, nichterbliche Nutzung des zugehörigen Landes) galt seitdem Erbzinsrecht für Bauern- und Kossätenhöfe (Eigentum am Gehöft verknüpft mit Erbleihe der landwirtschaftlichen Nutzfläche). Dieses Recht war im Prinzip dauerhaft begründet. Es verlor sich konkret immer da, wo in der spätmittelalterlichen Agarkrise Bauernhöfe und ganze Dörfer wüst fielen und nach Anbruch der neuen Konjunktur seit Ende des 15. Jahrhunderts, wenn keine Erben Anspruch erhoben und es dem Grundeigentümer gefiel, zum Gutshof und Gutsland eingezogen wurden. Das Erbzinsrecht wurde in der Folgezeit sowohl durch den legitimierten Auskauf von Bauernhöfen als auch durch Überlassung solcher Höfe an Bauern zur kündbaren Nutzung (Laßbesitz) beschädigt; doch es blieb in der Prignitz, auch unter den Bedingungen der sich herausbildenden Gutsherrschaft, konstitutives Merkmal des bäuerlichen Besitzrechts.

Die Untersuchungsergebnisse aus der Prignitz belegen auch für die Zeit nach dem Dreißigjährigen Krieg die ungebrochene Geltung des Erbzinsrechts anhand dementsprechender Rechtsvorgänge bei Besitzerwechsel und Übergabe von unbesetzten Höfen interimsweise in Erwartung zurückkehrender Besitzer und Erben. Doch die Baubeihilfen der Grundeigentümer und des Steuerfiskus in Form von Freijahren und Baumaterial schlugen sich, wenn sie vom Annehmer nicht bezahlt wurden, als Hypothek auf den Gebäuden nieder. Auf diese Weise bildete sich eine Mischung von Erb- und Laßrecht mit Teileigentum heraus, die sich im 18. Jahrhundert verfestigte. Hof und obligatorische Hofwehr wurden bei Erbteilungen und Hofübergaben häufig nicht mehr taxiert und also dem Hofnachfolger zugunsten seiner Wirtschaftskraft nicht angelastet. Die Übergabe des Hofes an einen Erben war gewohnheitsrechtlich gesichert. Die Ritterschaft hatte jedoch die Besetzung der Höfe durch Auswahl unter den Erben durchgesetzt.

Alle Bauern und Kossäten, Besitzer von Erb- wie von Laßhöfen, hatten das Nutzungsrecht am zugehörigen Land vor allem mit Dienst zu vergüten. Es gibt keinerlei Anzeichen dafür, daß die Erbzinsbauern der Frühneuzeit in dieser Hinsicht besser gestellt gewesen wären als Laßbauern. Nicht der Besitzrechtsmodus, sondern die Fron war es, die die Bauern seit dem 16. Jahrhundert am meisten beschäftigte und belästigte. Ihre Ablösung in Form von Dienstgeld oder Freikauf überhaupt war jedoch von den Bauern selbst nur durchsetzbar durch Erbkauf der Höfe und Freikauf von allen feudalen Prästationen. Das erreichten sie nach individuellen Anläufen im 17. und 18. Jahrhundert vor allem um die Wende zum 19. Jahrhundert, vornehmlich im Ritterschaftsbereich. Doch drangen mehr und mehr auch die Amtsbauern darauf, auch die Lassiten in den ökonomisch ungünstiger gestellten Dörfern.

Abschließend bleibt festzuhalten, daß das bäuerliche Besitzrecht von der mittelalterlichen Kolonisationsperiode an bis zum Vorabend der Agrarreformen, ausgesetzt dem Kräftespiel zwischen Landesherrn und Ständen wie auch der wechselnden politischen und wirtschaftlichen Großwetterlage, Wandlungen unterlag. Es bildeten sich Varianten heraus: zwischen den „reinen" Formen des Erbzinsrechts einer- und des Laßbesitzes andererseits auch Übergangsformen in Gestalt von Teileigentum an Gebäuden und Erbrecht am Hof, das die *gemeinen Bauern* charakterisierte. Veränderungsfaktoren waren materiell die hypothekarischen Belastungen der Gehöfte mit den Baubeihilfen, personenrechtlich die im 16. Jahrhundert schrittweise vorgetriebene Umwandlung der einfachen Untertänigkeit des Hintersassen in die Erbuntertänigkeit, die ihrerseits zum Medium der Umwandlung des Erbrechts der Kinder in eine Erbpflicht wurde.

Die Machtkonstellationen blieben ebenfalls nicht statisch; die Landesherren in Brandenburg-Preußen holten sich seit der Mitte des 17. Jahrhunderts nach vielen verhängnisvollen Zugeständnissen an die kurmärkische Ritterschaft nach und nach alte Machtpositionen zurück oder bauten ganz neue auf, die bis zu einem gewissen Grade dem Bauernstand zugute kamen. Bauernschutz unter diesem Aspekt war zwar weder im Mittelalter noch in der Frühneuzeit eine verläßliche Garantie, aber ein für die Bauern handhabbares und häufig auch erfolgreich eingesetztes Instrument. Es bewahrte sie z.B. davor, wie in Ostholstein zwecks Ablösung von Leibeigenschaft und übermäßiger Fron in die Ungewißheit der Zeitpacht auszuweichen[170]. Bauern in Brandenburg wußten es, je nach Interessenlage und konkretem Lebensumstand, individuell und im Gemeindeverband zu nutzen und nach ihren Vorstellungen einzusetzen. Sie wirkten damit in der Agrargesellschaft der Mark, auch unter den Gegebenheiten gutsherrschaftlicher Verfassung, als bewegende Kraft.

170 Vgl. den Beitrag von A. J. Cord in diesem Band.

Alix Johanna Cord

Ostholsteinische Hufner im Spannungsfeld zwischen extremer Gutsherrschaft und Zeitpacht

In dem folgenden Beitrag wird erstmalig der Versuch unternommen, die These der Potsdamer Arbeitsgruppe, daß sich „die Gutsherrschaft als soziales Ordnungsmodell in der frühneuzeitlichen ländlichen Gesellschaft nicht auf ein bipolares Verständnis von patrimonial-übermächtigen Gutsherren und mental-untertänigen Bauern reduzieren läßt“[1], an dem Verhalten der Bauern in der Übergangsphase von der feudalistischen Gutsherrschaft zur kapitalistischen Gutswirtschaft des 19. Jahrhunderts zu überprüfen. Dieser Übergang wurde bekanntlich durch Agrarreformen vollzogen, die landläufig unter dem von Georg Friedrich Knapp stammenden Begriff „Bauernbefreiung“[2] zusammengefaßt werden. Nach der Definition von Hartmut Harnisch zielten die Agrarreformen auch im Bereich der Gutsherrschaft im Prinzip auf die vollständige juristische und ökonomische Auseinandersetzung von Gutsherren und Bauern ab, so daß sämtliche personen- und vermögensrechtlichen Bindungen verschwinden oder ablösbar werden mußten.[3] Für den praktischen Gutsbetrieb bedeutete das konkret, daß die Teilbetriebs-Wirtschaft[4], die in dem Zusammenwirken von Guts- und Hufenwirtschaften auf Basis der Fronarbeit bestanden hatte, in eine auf Lohnarbeit beruhende Eigenwirtschaft des Gutes überführt wurde, und Harnisch erkennt gerade in dieser Abschaffung der Teilbetriebs-Wirtschaft das Ende der klassischen Gutsherrschaft.[5]

1 *Jan Peters*, Einleitung zu Konflikt und Kontrolle in Gutsherrschaftsgesellschaften. Über Resistenz- und Herrschaftsverhalten in ländlichen Sozialgebilden der Frühen Neuzeit. (Veröffentlichungen des Max-Planck-Instituts für Geschichte, Bd. 120.) Hrsg. v. Jan Peters. Göttingen 1995, 9–12, hier 9.

2 *Christof Dipper*, Die Bauernbefreiung in Deutschland 1790–1850. Stuttgart/Berlin/Köln/Mainz 1980; *Hartmut Harnisch*, Kapitalistische Agrarreform und Industrielle Revolution. Agrarhistorische Untersuchungen über das ostelbische Preußen zwischen Spätfeudalismus und bürgerlich-demokratischer Revolution von 1848/49 unter besonderer Berücksichtigung der Provinz Brandenburg. Weimar 1984; *Christof Dipper*, Landwirtschaft im Wandel. Neue Perspektiven der preußisch-deutschen Agrargeschichte im 19. Jahrhundert, in: Neue Politische Literatur 38,1993, 29–42.

3 *Harnisch*, Kapitalistische Agrarreform (wie Anm. 2), 67. Vgl. auch *ders.*, Die Agrarreformen in Deutschland als Thema der Forschung, Literaturkritik an Georg Moll, „Preußischer Weg“ und bürgerliche Umwälzung in Deutschland, in: JbWG 1991/2, 129–140.

4 *Hartmut Harnisch/Gerhard Heitz*, Die Erforschung der Agrargeschichte der Epoche des Übergangs vom Feudalismus zum Kapitalismus, in: Deutsche Agrargeschichte des Spätfeudalismus. (Studienbibliothek DDR-Geschichtswissenschaft, Bd. 6.) Berlin 1986, 9–36, hier 16.

5 *Hartmut Harnisch*, Probleme einer Periodisierung und regionalen Typisierung der Gutsherrschaft im mitteleuropäischen Raum, in: JbGFeud 10,1986, 251–274, hier 253.

Die Agrarreformen fanden in Deutschland nicht überall zum gleichen Zeitpunkt statt und unterschieden sich auch in ihrer Ausgestaltung. Für den ostholsteinischen Gutsbereich stellten sie sich dar als eine Umwandlung extremer Gutsherrschaft mit Hofdiensten und Leibeigenschaft unterworfener lassitischer Hufner in Zeitpächter, die zwar die persönliche Freiheit erhielten, aber über kein Eigentum verfügten.[6] Das Hofland wurde nunmehr mit auf Kleinststellen angesetzten Tagelöhnern und mit einer Reihe von unentgeltlichen Leistungen der Hufenpächter bearbeitet. Die Agrarreform erschöpfte sich in Ostholstein also im wesentlichen in einer wirtschaftlichen Umstrukturierung der Gutsbetriebe; auf dem holsteinischen Gut Tralau wurde sie 1795 sehr treffend als „Wirtschaftsberichtigung“[7] bezeichnet. Michael North spricht in seinem Überblick über die Entwicklung der frühneuzeitlichen Gutswirtschaft in Schleswig-Holstein daher auch nur von einer Umstellung der Gutswirtschaft „auf eine kommerzielle Basis“.[8] Es kann im Rahmen eines kurzen Aufsatzes nicht darum gehen, eine umfassende Darstellung der Reformen im gutsherrschaftlichen Bereich Ostholsteins zu geben[9], sondern es sollen das Verhalten und die Mitwirkung der Hufner bei dieser Umstrukturierung betrachtet werden in der Hoffnung, dabei auch Rückschlüsse auf die Zeit der Hofdienste ziehen zu können. Durch die Einbeziehung der Umgestaltungsphase in die Untersuchung des Ordnungsmodells „Gutsherrschaft“ wird ein Betrachtungs-Standort außerhalb des eigentlichen Untersuchungs-Gegenstandes gewählt. Dies Verfahren bietet die Möglichkeit, neue Einsichten in das Funktionieren der Gutsherrschaft sowie in die Lebenswelt und die Mentalität der Hufner zu gewinnen, da man die ehemaligen Träger der Teilbetriebs-Wirtschaft in einer für sie entscheidenden Phase erlebt. So soll im folgenden anhand einer mikrohistorischen Untersuchung geprüft werden, ob und auf welche Weise die Hufner an der Umgestaltung der extremen Gutsherrschaft beteiligt gewesen sind, d. h. ob sie nur passiv Erleidende waren oder aktiv handelnd eingegriffen haben, und wenn, aus welchen erkennbaren Motiven. Die Studie von Karl Heinz Schneider über bäuerliche Aktivitäten während der Agrarreformen aus dem Jahre 1989 handelt für den gutsherrschaftlichen Bereich ausschließlich von landesherrlichen, ansonsten von Bauern grundherrschaftlicher Gebiete und kann daher zu der vorliegenden Frage keinen unmittelbaren Aufschluß geben.[10] Die Ausführungen von Lieselott Enders über die Emanzipation der Agrargesellschaft im 18. Jahrhundert in Brandenburg zielen zwar in dieselbe Richtung wie die vorliegende Arbeit, doch sind auch sie nur bedingt hilfreich, da die

6 Zur Auflösung des gutsherrschaftlich/bäuerlichen Verhältnisses: über Ostholstein siehe die Diskussion zwischen Albert Hänel und Otto Mejer in: *Otto Mejer*, Über die rechtliche Natur der schleswig-holsteinischen bäuerlichen Zeitpacht. Rechtsgutachten. Rostock 1874, und über Neu-Vorpommern und Rügen siehe *Carl Johannes Fuchs*, Der Untergang des Bauernstandes und das Aufkommen der Gutsherrschaften. Straßburg 1888, 247ff.

7 *August Niemann*, Miscellaneen historischen, statistischen und ökonomischen Inhalts. 2 Bde. Altona/Leipzig 1798 u. 1799, I. Bd., 217.

8 *Michael North*, Die frühneuzeitliche Gutswirtschaft in Schleswig-Holstein. Forschungsüberblick und Entwicklungsfaktoren, in: BlldtLG 126,1990, 223–242, hier 241.

9 Eine Monographie der Verfasserin über die Umgestaltung der ostholsteinischen Gutsherrschaft um die Wende vom 18. zum 19. Jahrhundert unter besonderer Berücksichtigung ökonomischer Gesichtspunkte ist in Vorbereitung.

10 *Karl Heinz Schneider*, Bäuerliche Aktivitäten während der Bauernbefreiung, in: ZAA 37,1989, 9–27.

Entwicklung in Brandenburg auf Grund der preußischen Agrarreformen eine andere Wendung als in Holstein genommen hat.[11]

Als Gegenstand der geplanten mikrohistorischen Untersuchung wurde das ostholsteinische Gut Rixdorf im Preetzer Güterdistrikt gewählt; der Betrachtungs-Zeitraum reicht von etwa 1780 bis 1825. Die Analyse wurde mit Vorbedacht auf die Hufner (d. h. Vollbauern) beschränkt, da sie der Gegenpart der Gutsherren in der Teilbetriebswirtschaft gewesen sind. Außerdem fehlt es in der schleswig-holsteinischen Geschichtsschreibung bisher an Untersuchungen zur Rolle der Hufeninhaber in der Reformzeit, da sich das Forschungsinteresse wegen der sozialpolitischen Brisanz der Landarbeiterfrage von Anfang an mehr auf die Insten konzentriert hat.[12]

Bei der geplanten Vorgehensweise ergeben sich vor allem zwei methodische Probleme: das erste ist, ob Erkenntnisse über Rixdorf verallgemeinert werden können, das andere, ob sich Einsichten, die für die Reformzeit gewonnen sind, ohne weiteres auf die Hofdienstzeit übertragen lassen. Die erste Frage stellt sich bei jeder mikrohistorischen Analyse; ich werde, wenn Rixdorf näher vorgestellt worden ist, darauf zurückkommen. Was die zweite Frage zur Methode betrifft, so ist darauf hinzuweisen, daß die neue Form der gutsherrschaftlichen Eigenwirtschaft direkt aus der Gutsherrschaft erwachsen ist und daß die handelnden Personen vor und nach der Aufhebung der Hofdienste vermutlich im wesentlichen dieselben gewesen sind.

In Schleswig-Holstein wurden Leibeigenschaft und Frondienstpflicht mit der königlichen Verordnung vom 19. 12. 1804 zum Jahresbeginn 1805 aufgehoben, nachdem die schleswig-holsteinische Ritterschaft sich bereits 1797 mehrheitlich für diese Lösung ausgesprochen hatte.[13] Nicht alle Gutsherren warteten die gesetzliche Aufhebung der Leibeigenschaft und der Hofdienste 1805 ab; viele stellten ihre Wirtschaft schon vorher um. Die Verordnung betraf die Bevölkerung auf den adligen Gütern Schleswig-Holsteins und damit etwa ein Sechstel der Gesamtbevölkerung. Das „adlige Gut" – ein fester Begriff in der schleswig-holsteinischen Landesverfassung – stellte, unabhängig von der Person des Besitzers, einen fest umgrenzten Bezirk dar, der unmittelbar unter der Landesherrschaft stand und daher von der Amtsverwaltung eximiert war.[14] Die adligen Güter Ostholsteins gehörten zum Bereich extremer Gutsherrschaft, wie sie auch im ritterschaftlichen Bereich Mecklenburgs, Schwedisch-Pommerns

11 *Lieselott Enders*, Emanzipation der Agrargesellschaft im 18. Jahrhundert – Trends und Gegentrends in der Mark Brandenburg, in: Peters (Hrsg.), Konflikt und Kontrolle (wie Anm. 1), 404–433.

12 Vgl. *Holger Rüdel*, Landarbeiter und Sozialdemokratie in Ostholstein 1872 bis 1878. (Studien zur Wirtschafts- und Sozialgeschichte Schleswig-Holsteins, Bd. 9.) Neumünster 1986.

13 Zu den schleswig-holsteinischen Agrarreformen siehe *Christian Degn*, Die Großen Agrarreformen, in: Die Herzogtümer im Gesamtstaat 1721–1830. (Geschichte Schleswig-Holsteins, Bd. 6.) Hrsg. v. Olaf Klose/Christian Degn. Neumünster 1960; *Georg Hanssen*, Die Aufhebung der Leibeigenschaft und die Regulierung der gutsherrlich/bäuerlichen Verhältnisse. St. Petersburg 1861; *Johan Hvidtfeldt*, Kampen om ophaevelsen af livegenskabet i Slesvig og Holstein 1795–1805. (Skrifter, udgivet af Historisk Samfund for Sonderjylland, Bd. 29.) o.O. 1963; *Georg Moll*, „Preußischer Weg" und bürgerliche Umwälzung in Deutschland. Weimar 1988. – *Wolfgang Prange*, Die Anfänge der großen Agrarreformen in Schleswig-Holstein bis 1771. (Quellen und Forschungen zur Geschichte Schleswig-Holsteins, Bd. 60.) Neumünster 1971, schildert nur die Vorgeschichte.

14 *Wolfgang Prange*, Das Adlige Gut in Schleswig-Holstein im 18. Jahrhundert, in: Staatsdienst und Menschlichkeit. Studien zur Adelskultur des späten 18. Jahrhunderts in Schleswig-Holstein und Dänemark. Hrsg. v. Christian Degn/Dieter Lohmeier. Neumünster 1980, 61.

(Neu-Vorpommerns und Rügens), der Oberlausitz und stellenweise Brandenburgs vorherrschend war. Die Entwicklung zur scharfen Ausprägung der Gutsherrschaft in Ostholstein, wo der Adel Anfang des 16. Jahrhunderts seine grundherrschaftlichen Rechte durch Landkäufe von der Kirche noch hatte stark vergrößern können, war angesichts guter Chancen für eine exportorientierte Wirtschaft und durch das völlige Fehlen eines gesetzlichen Bauernschutzes ermöglicht worden. Die Ritterschaft besaß überdies mit dem Instrument der Gemeinschaftlichen Regierung, unter deren Zuständigkeit die adligen Güter und Stifte fielen, die Möglichkeit, vielfältigen Einfluß zugunsten ihrer Standesinteressen auszuüben.[15] Extreme Gutsherrschaft bedeutete ein Hoffeld etwa von der Größe des Dorffeldes und für die Untertanen tägliche Frondienste, schlechtes Besitzrecht und Leibeigenschaft. Eine Abschaffung der Hofdienste mußte bei diesem Typ von Gutsherrschafts-Gesellschaft demnach eine besonders starke Wirkung zeigen und zu einschneidenden Veränderungen führen, so daß das Verhalten aller Beteiligten, vor allem auch der Bauern, genaueste Beachtung verdient.

Neben den neu geschaffenen Zeitpächtern gab es in Schleswig-Holstein durchaus auch gutsherrschaftliche Bauern, die nach der Abschaffung der Dienstpflicht zu Erbpacht angesetzt wurden, so die Mehrzahl der Gutsbauern im Herzogtum Schleswig und die Untertanen der bis zum Ende des 18. Jahrhunderts fast vollständig niedergelegten landesherrlichen Domänen. In der Forschungsliteratur ist die Entscheidung der privaten Gutsherren für Erb- oder Zeitpacht ihrer bäuerlichen Untertanen nie wirklich ernsthaft hinterfragt worden, sondern man hat sich im wesentlichen darauf beschränkt, Vor- und Nachteile beider Rechtsformen aufzuzählen.[16] Es war Johan Hvidtfeldt, der erstmals den zeitlichen Ablauf – zuerst Erbpacht, dann Zeitpacht – deutlich herausgestellt hat.[17] Tatsächlich war aber die Gutsherrschaft in den Herzogtümern unterschiedlich stark ausgeprägt: In Schleswig und in den Marschen an Nordsee und Elbe trat die Gutsherrschaft in milderer Form auf, was sich in einem geringeren Umfang des Hoflandes, weniger Diensttagen, teilweise fehlender Leibeigenschaft und besserem Besitzrecht äußerte.[18] Die Güter mit extremer Gutsherrschaft befanden sich im Osten des Landes entlang der Küste, etwa zwischen Lübeck und Eckernförde. Zwischen der Struktur der Gutsherrschaft und der nach der Aufhebung der Teilbetriebswirtschaft gewählten Form für die Ansetzung der Untertanen bestand meiner Meinung nach ein innerer Zusammenhang, doch dieser war nicht nur rechtlich begründet, indem beispielsweise zu Erbzins sitzende Hufner nicht zu Zeitpächtern degradiert werden konnten, sondern er leitete sich im Bereich der extremen Gutsherrschaft vor allem aus dem stärkeren Interesse der Gutsherren am eigentlichen Gutsbetrieb und den aus der

15 *Alix Johanna Cord*, Die Umgestaltung des gottorfischen Amtes Oldenburg unter dem Minister v. Görtz in den Jahren 1705 bis 1709. Studien zur Gutsherrschaft. (Quellen und Forschungen zur Geschichte Schleswig-Holsteins, Bd. 102.) Neumünster 1994, 22f.

16 *Degn*, Die großen Agrarreformen (wie Anm. 13); *Georg Rawitscher*, Erb- und Zeitpächter auf den adligen Gütern der Ostküste Schleswig-Holsteins mit besonderer Berücksichtigung der Landschaften Angeln und Schwansen, in: Zeitschrift der Gesellschaft für Schleswig-Holsteinische Geschichte 42,1912, 1–165.

17 *Hvidtfeldt*, Kampen (wie Anm. 13), 85ff.

18 *Georg Hanssen*, Zur Geschichte norddeutscher Gutswirtschaft seit Ende des 16. Jahrhunderts. Göttingen 1875, 35ff.; *Klaus-Joachim Lorenzen-Schmidt*, Gutsherrschaft über reiche Bauern. Übersicht über bäuerliche Widerständigkeit in den Marschgütern an der Westküste Schleswig-Holsteins und Jütlands, in: Gutsherrschaft als soziales Modell. Vergleichende Betrachtungen zur Funktionsweise frühneuzeitlicher Agrargesellschaften. (HZ Beiheft, 18.) Hrsg. v. Jan Peters. München 1995, 261–278, Karte Seite 278; *Prange*, Die Anfänge (wie Anm. 13), Karte Seite 600.

Landwirtschaft zu erzielenden Einnahmen her. Die Verleihung der Erbpacht ging meistens mit einer Parzellierung des Hoffeldes einher, da man sich in Holstein den Weiterbetrieb des Gutes ohne Hofdienste zunächst nicht vorstellen konnte. Gutsbesitzer aus dem Bereich extremer Gutsherrschaft zögerten aber, von wenigen Ausnahmen abgesehen, ihren Gutsbetrieb zu parzellieren oder auch nur zu verkleinern. Sie wurden in ihrer Ablehnung der Erbpacht durch die auf dem Agrarsektor herrschende Hochkonjunktur bestärkt und schritten vor 1805 im Gegenteil eher zur Niederlegung von Bauernhufen, um daraus neue Meierhöfe zu errichten, die sie gewinnbringend verkaufen oder verpachten konnten. Ein Verzicht der Gutsherren auf das Bauernfeld, wie von der Regierung in Preußen für die spannfähigen Bauern erzwungen, ist in Schleswig-Holstein zu keinem Zeitpunkt der Reformen in Erwägung gezogen worden.

1. Hofdienstzeit

Das Kernstück der extremen Gutsherrschaft bildeten die täglichen Hofdienste, auf denen die Bewirtschaftung des Hoffeldes in weitestem Maße beruhte. Alle wirtschaftlichen Probleme eines Gutes wie Veränderungen der Betriebsgröße oder Neuerungen in der Einrichtung und Produktion berührten stets auch die Dienste, und deshalb kreiste ein großer Teil der Auseinandersetzungen zwischen Herrschaft und Untertanen letztlich um die Institution der Hofdienste, ob es sich nun um eine Erhöhung der wöchentlichen Pflichttage, um Gesinde, das sich außerhalb des Gutsbereiches verdingen wollte, oder nur um einen Weideplatz für die Hofdienst-Pferde während der Mittagsrast handelte. In Ostholstein wurden tägliche Hoftage mit zwei Gespannen und 4 bis 5, manchmal auch 6 Leuten pro Hufe verlangt. Auf jedes Gespann entfiel ein Dienstknecht; dazu kamen für beide Gespanne zusammen der 3., 4. und im Sommer der 5. Mann, wobei unter diesen Bezeichnungen auch Mägde und Jungen verstanden wurden. Viele Hufner sparten allerdings den zweiten Dienstknecht und gingen statt dessen selber mit zu Hofe.

Das Gut Rixdorf, das aus dem Haupthof und zwei (ab 1798/99 drei) Meierhöfen mit fünf abhängigen Dörfern bestand, zählte mit rund 4.000 ha einschließlich Dorffeld zu den größeren Besitzungen im Lande. Bei 33 zugehörigen Hufnern verfügte das Gut bis 1787 über 66 bäuerliche Gespanne und 132 bis 165 unentgeltliche Arbeitskräfte pro Tag. An Grundheuer entrichteten alle Hufner zusammen lediglich den Betrag von jährlich 233 Rt.[19]

Der erst 1790 nach Rixdorf gekommene Verwalter Heinrich Christian Rixner und Albrecht Thaer, der das Gut 1798 auf einer Reise besuchte, – beide stammten aus dem niedersächsischen Raum – waren ob der großen Anzahl von täglichen Gespannen und Arbeitskräften beim Hofdienst in Ostholstein erstaunt und hielten sie für übertrieben.[20] Es ist eine Forschungsfrage, ob die Hofdienste tatsächlich noch in vollem Umfang ausgenutzt worden sind. Das Verhältnis von Hoffeld zu Dorffeld beim Acker-, Wiesen- und Teichland betrug auf Rixdorf 1787 rund 3.600 Tonnen (rund 1.800 ha) zu 2.600 Tonnen (1.300 ha). Aus diesem Zahlenverhältnis geht eine sehr starke Belastung mit Hofdiensten hervor. Auch die Angaben bei Hans-Christian Steinborn, die eine Zunahme der Dienste auf den Gütern in Ostholstein von 1700 bis 1766 aus-

19 Geldrechnung 1787/88 Rixdorf, Archiv Rixdorf.

20 *Albrecht Thaer*, Vermischte Landwirtschaftliche Schriften aus den Annalen der Niedersächsischen Landwirtschaft. 1. Bd., 1. Abt. Hannover 1805, 648.

weisen, bestätigen diesen Eindruck.[21] Auskunft über die wirklich geleistete Arbeit könnten die Hoftage-Register geben, eine Art Tagebuch von Herrschaftsseite über die bäuerliche Tätigkeit im Rahmen der Frondienste.[22] Die Überlieferung dieser Quellengattung ist jedoch für Schleswig-Holstein sehr spärlich, und auch von Rixdorf besitzen wir keine derartigen Unterlagen. Wenn man aber für die Rixdorfer Verhältnisse das erhaltene Hoftage-Register des vergleichbaren Gutes Panker aus den Jahren 1795–98[23] heranzieht, stellt man fest, daß die Dienste auch gegen Ende der Hofdienstzeit in starkem Maße ausgeschöpft worden sind. Das Beispiel Panker zeigt, daß von den verfügbaren Diensten etwa 80% tatsächlich in Anspruch genommen worden sind. Dieser Befund macht deutlich, daß die bäuerlichen Dienste trotz aller Klagen über die schlechte Verrichtung der Hoftage in der zweiten Hälfte des 18. Jahrhunderts weiterhin von entscheidender Bedeutung für die Güter mit extremer Gutsherrschaft gewesen sind. Das macht die Bedenken der Gutsherren gegen die Aufhebung der Dienstpflicht verständlich. So hatte auch der Minister Caspar v. Saldern trotz seines Eintretens für Verkoppelung und Vererbpachtung in den herzoglichen Ämtern auf seinem eigenen Gut Annenhof noch 1771 die Hofdienste neu organisiert.[24]

Wie die Rixdorfer Hufner ihre Aufgabe im Hofdienst bewältigt und ihre eigene Rolle gesehen haben, darüber besitzen wir wegen fehlender Quellen keine detaillierten Kenntnisse. Um so wichtiger sind für uns daher Aussagen aus der Umgestaltungsphase, die uns Blicke nach rückwärts ermöglichen. Wir wissen, daß die Hufner auf Höfen von ca. 30 ha gesessen und angesichts der doppelten Gespannhaltung ein umfangreiches Inventar unterhalten und zahlreiches Personal entlohnt haben, was auf das Vorhandensein einer größeren Marktquote schließen läßt. Die Untersuchung von Hans-Christian Steinborn liefert Berechnungen über das Familieneinkommen ostholsteinischer Hufner nur bis 1766.[25] Heitz hat aber auf die Diskrepanz aufmerksam gemacht, die darin bestand, daß ein Hufner, je mehr er mit Diensten belastet wurde, desto besser von seiner Herrschaft ausgestattet werden mußte und entsprechend selbstbewußter auftreten konnte.[26] Untersuchungen der Oldenburgischen Jüngeren Fideikommißgüter in Ostholstein haben ergeben, daß die Dienstbelastung der Hufner stets im Zusammenhang mit der Hufengröße und dem -ertrag gesehen werden muß. Von dortigen Hufnern ist beispielsweise bekannt, daß sie sogar Geld zinsbringend bei der Stadtkasse von Oldenburg anlegen konnten.[27]

21 *Hans-Christian Steinborn*, Abgaben und Dienste holsteinischer Bauern im 18. Jahrhundert. (Quellen und Forschungen zur Geschichte Schleswig-Holsteins, Bd. 79.) Neumünster 1982, Tabellen 54 und 55.

22 *Karl-Sigismund Kramer*, Arbeitsjournale des 18. Jahrhunderts von holsteinischen Gütern, in: Alte Tagebücher und Anschreibebücher. Quellen zum Alltag der ländlichen Bevölkerung in Nordwesteuropa. (Beiträge zur Volkskultur in Nordwestdeutschland, Bd. 33.) Hrsg. v. Helmut Ottenjann/Günter Wiegelmann. Münster 1982, 223–236, hier 223.

23 Archiv Panker, Schloß Fasanerie, II Nr. 62.

24 *Prange*, Die Anfänge (wie Anm. 13), 345.

25 *Steinborn*, Abgaben und Dienste (wie Anm. 21).

26 *Gerhard Heitz*, Die sozialökonomische Struktur im Ritterschaftlichen Bereich Mecklenburgs zu Beginn des 18. Jahrhunderts, in: Beiträge zur Deutschen Wirtschafts- und Sozialgeschichte des 18. und 19. Jahrhunderts. (Deutsche Akademie der Wissenschaften zu Berlin, Schriften des Instituts für Geschichte, Reihe I/10.) Berlin 1962, 1–80, hier 12.

27 *Cord*, Die Umgestaltung (wie Anm. 15), 184 und 186.

Die Güter mit extremer Gutsherrschaft bildeten in Ostholstein keinen geschlossenen Bezirk, sondern lagen vermengt mit grundherrschaftlich strukturierten Gebieten. So lebten auch die Rixdorfer Hufner in ihren Gutsdörfern teilweise in engster Nachbarschaft mit Bauern des landesherrlichen Amtes Plön und der zum Kloster Preetz gehörigen Probstei, Bauern, die zu Erbzins oder Erbpacht saßen. Auch das Gut Ascheberg, auf dem die Gutsherren v. Rantzau seit 1738 Agrarreformen durchgeführt hatten, befand sich in unmittelbarer Nähe von Rixdorf.[28] Der Wohlstand dieser Bauern, vor allem derjenigen in der Probstei, war sprichwörtlich. Als leibeigene Gutsuntertanen hatten die Rixdorfer Hufner zwar keine Möglichkeit, familiäre Verbindungen zu den Bauern der umliegenden grundherrschaftlichen Gebiete zu knüpfen, jedoch konnte es nicht ausbleiben, daß sie von den guten wirtschaftlichen Verhältnissen ihrer Nachbarn Kenntnis erhielten.

2. Diensterlassung

Im Mai 1790 wurde das Gut Rixdorf von den Grafen v. Baudissin an die Familie der Grafen v. Westphalen verkauft, die es noch heute im Besitz hat. Noch im selben Jahr wurde zwischen der neuen Gutsherrschaft und den Hufnern von Rixdorf ein Vertrag geschlossen, der die völlige Aufhebung der Hofdienste zum 1. Mai 1791 vorsah.[29] Für unseren Zusammenhang ist es wichtig zu sehen, daß sich die Hufner laut Aussage des Diensterlassungs-Kontraktes selbst um die Aufhebung der Hoftage bemüht hatten, weil ihnen die täglichen Dienste „lästig" geworden waren. Auf ihren besonderen Wunsch hin wurde die Dienstbefreiung, die zunächst nur befristet war, aber aller Voraussicht nach auf Dauer verlängert werden würde, auf zehn Jahre ausgesprochen, da ihr Hufenfeld in zehn Schläge eingeteilt war. Auf diese Weise erhielten sie die Möglichkeit, genau eine Rotationsperiode ihrer bäuerlichen Wirtschaft ohne Dienstbelastung abzuwickeln. Neun Spanntage pro Jahr sollten sie laut Vertrag allerdings weiterhin unentgeltlich verrichten und außerdem das Land der neu eingerichteten Instenstellen kostenlos bearbeiten. Die Leibeigenschaft blieb zunächst aufrechterhalten. Statt der täglichen Hofdienste zahlten die Hufner eine „Dienstpacht"[30], d. h. einen Geldbetrag, der zugleich Pacht und Dienstgeld darstellte.

Sowohl Dienstgeld als Ersatz für Hofdienste als auch die Verpachtung von bäuerlichen Hufen waren für Holstein nichts Ungewöhnliches[31] und auch in anderen gutsherrschaftlichen Gebieten Ostelbiens gebräuchlich. Die Gründe für diese Regelungen konnten verschieden sein; im allgemeinen waren sie wirtschaftlicher Natur: Hufen waren schwierig zu besetzen, und Dienste wurden nicht mehr benötigt bzw. konnten nicht geleistet werden. In Schleswig-Holstein hatte die Landesherrschaft in den Jahren 1631–33 im Domanium viele Dienste durch eine Geldzahlung ersetzt, eine Maßnahme, die nicht gegen das gutswirtschaftliche System an

28 Siehe dazu im einzelnen *Prange*, Die Anfänge (wie Anm. 13).

29 Diensterlassungsvertrag vom 17. 6. 1790, Archiv Rixdorf. – Bereits 1787 waren vorbereitende Maßnahmen zur Dienstaufhebung vom Vorbesitzer v. Baudissin getroffen worden, die der fehlenden Quellen wegen aber undurchsichtig bleiben; vermutlich plante v. Baudissin zunächst eine Vererbpachtung des Dorffeldes.

30 Geldrechnung 1791/92, Archiv Rixdorf. – Vgl. dazu auch die Bemerkungen über ‚Setzung' von *Hanssen*, Die Aufhebung (wie Anm. 13), 161.

31 *Cord*, Die Umgestaltung (wie Anm. 15), 46 und 50.

sich gerichtet war, sondern die landesherrlichen Finanzen verbessern sollte. In den Oldenburgischen Jüngeren Fideikommißgütern waren in der zweiten Hälfte des 18. Jahrhunderts gelegentlich Hufen auf Grund wirtschaftlicher Schwierigkeiten vorübergehend auf Dienstgeld gesetzt worden. 1735 hatten die Hufner des landesherrlichen Dorfes Barkau ihre Dienste abgelöst und gleichzeitig ihre Hufen geheuert; der Fall ist von Wolfgang Prange eindrucksvoll beschrieben worden.[32] Besonders klar kommt der dem Konzept ‚Dienstpacht' zugrunde liegende Gedanke aber bei der im Domanium von Schwedisch-Pommern so genannten „Selbstpachtung" zum Ausdruck, d. h. die Bauern pachteten ihre eigenen Dienste samt der die Dienste absichernden Hufe.[33] Ebenso besaß die in der Uckermark weit verbreitete Zeitpacht teilweise den Charakter einer Dienstpacht.[34] Lieselott Enders erwähnt Dienstgeld und Zeitpacht als Mittel für die Bauern in der Mark Brandenburg, ihren ökonomischen Spielraum zu erweitern.[35]

In Holstein wurden Ende des 18. Jahrhunderts rund 80 Rt. an Kosten für ein Dienstgespann gerechnet[36], so daß 100 bis 120 Rt. Dienstpacht pro Hufe einschließlich Grundheuer bei zwei Gespannen, die auf Rixdorf vom Gutsherrn verlangt wurden, günstig waren, was wiederum zeigt, daß auch die Herrschaft an einer Regelung der Dienstfrage interessiert gewesen ist. Das für Ostholstein Bedeutsame an der Aufhebung der Hofdienste auf Rixdorf 1791 war aber, daß es sich hier nicht mehr um eine vorübergehende Maßnahme zur Besserung eines Notstandes handelte, sondern um eine grundsätzliche Entscheidung gegen das System der Teilbetriebs-Wirtschaft angesichts neuer Herausforderungen in der Agrarwirtschaft.

Das Verlangen nach Abschaffung der Hofdienste und nach einer für die Bauern günstigen Vertragsdauer für das Projekt war eindeutig von den Hufnern ausgegangen. Hier scheint die Möglichkeit durch, daß bei der Nachlässigkeit, mit der die Hofdienste laut allgemeiner Klagen am Ende des 18. Jahrhunderts verrichtet wurden, nicht nur Überforderung, sondern auch ein Teil gezielter Obstruktion im Spiel gewesen ist. Die Bitte der Rixdorfer Hufner um Dienst-Erlassung zeigt jedenfalls, daß sie ihren wirtschaftlichen Vorteil erkannt hatten und auch zu artikulieren verstanden. In welcher Form sie an den Gutsherrn herangetreten sind, ob die Dorfgemeinde als Institution dabei eine Rolle gespielt hat, wissen wir nicht. In dem von der Herrschaft formulierten Vertrag von 1790 ist lediglich von den „33 Hufnern" die Rede, die nach Dörfern geordnet einzeln als Vertragspartner aufgeführt werden. Anders war es im Falle des landesherrlichen Dorfes Barkau gewesen, wo die Dorfgemeinschaft insgesamt die Haftung für das Dienstgeld übernommen hatte.

Rixdorf war 1791 das erste Gut in Ostholstein, das die Hofdienste für alle seine zugehörigen Dörfer abschaffte und zur Dienstpacht überging.[37] Das Beispiel wurde von den meisten

32 *Wolfgang Prange*, Der Freikauf des Dorfes Barkau aus der Leibeigenschaft 1735, in: Jahrbuch für Heimatkunde Eutin, 1986, 16–29.

33 *Carl Johannes Fuchs*, Der Untergang des Bauernstandes und das Aufkommen der Gutsherrschaft. Nach archivalischen Quellen aus Neu-Vorpommern und Rügen. Straßburg 1888, 145.

34 Vgl. dazu *Lieselott Enders*, Bauern und Feudalherrschaft der Uckermark im absolutistischen Staat, in: JbGFeud 13,1988, 247–283, hier 276; *Hartmut Harnisch*, Die Herrschaft Boitzenburg. Untersuchungen zur Entwicklung der sozialökonomischen Struktur ländlicher Gebiete in der Mark Brandenburg vom 14. bis zum 19. Jahrhundert. Weimar 1968, 114ff.

35 *Lieselott Enders*, Individuum und Gesellschaft. Bäuerliche Aktionsräume in der frühneuzeitlichen Mark Brandenburg, in: Peters (Hrsg.), Gutsherrschaft als soziales Modell (wie Anm. 18), 155–178, hier 169f.; *dies.*, Emanzipation (wie Anm. 11).

36 Schleswig-Holsteinische Provinzialberichte II, 1796, 314.

37 *Hvidtfeldt*, Kampen (wie Anm. 13), 90.

Gütern mit extremer Gutsherrschaft nachgeahmt – von vielen schon vor 1805 -, wobei der Umweg über Dienstgeld oder Dienstpacht später wegfiel und sogleich, wie 1801 auch auf Rixdorf, ein Zeitpacht-Vertrag, dessen Pachtzins dann auf dem Umfang und der Güte des urbaren Landes basierte, geschlossen wurde. Das Neue und Vorteilhafte an der Lösung auf Rixdorf war, daß trotz Aufhebung der Dienstpflicht das Hoffeld nicht parzelliert zu werden brauchte, sondern das Gut als Ganzes einschließlich der Dörfer bestehen bleiben und so der Gutsbetrieb entsprechend den neuen agrartechnischen Erfordernissen organisiert werden konnte. Die Pachteinnahmen aus dem Dorffeld dienten als Finanzierungs-Grundlage für die in Zukunft entstehenden Lohnkosten. Auch die Gefahr, daß die Gutsherrschaft das Bauernfeld nutzte, um neue Meierhöfe zu schaffen, wurde auf diese Weise begrenzt. Der Anstoß zu der beschriebenen grundlegenden Änderung in der ostholsteinischen Gutswirtschaft ist zum wesentlichen mit von den Hufnern von Rixdorf ausgegangen.

3. Bäuerliche Verkoppelung

Selbst wenn man von der Annahme ausgeht, daß eine Dienstpacht von 100 bis 120 Rt. für die Rixdorfer Hufner günstig war, stellten diese Beträge für einen gerade aus dem Hofdienst entlassenen Hufner doch eine beträchtliche Summe baren Geldes dar. Die Gutsrechnungen ab 1791 beweisen jedoch, daß die Hufner auf Rixdorf die geforderten Gelder in voller Höhe bezahlen konnten. Ein halber Jahresbetrag, 1790 pränumeriert, blieb überdies ständig als Kaution beim Gut stehen. Die Bauern besaßen also gleich bei Aufhebung der Hofdienste ausreichend Bargeld, woraus man sieht, daß sie schon Marktbeziehungen unterhalten und die günstige Agrarkonjunktur genutzt haben müssen. Bei Nachforschungen zu diesem Punkt stößt man auf eine wichtige Tatsache: Das zu Rixdorf gehörige Dorffeld war bereits vom Vorbesitzer v. Baudissin in den Jahren 1781 bis 1788 vermessen und verkoppelt (d. h. separiert und eingehegt) und die Feldgemeinschaft aufgehoben worden.[38] Damit hatten die Bauern auf Rixdorf nach der Definition von Ingeborg Ast-Reimers[39] die Dispositionsfreiheit über ihren Anteil Land erhalten und besaßen von nun an die Möglichkeit, eigenverantwortlich zu ihrem Nutzen zu wirtschaften. Die Verkoppelung des Dorffeldes war also die Voraussetzung für die Dienstaufhebung und die Erhebung der Dienstpacht auf Rixdorf gewesen.

Die Landesherrschaft war mit den Verordnungen zur bäuerlichen Verkoppelung in den Ämtern 1768/1771 vorangegangen und hatte sich, wie auch schon der Kameralist v. Justi in seinen Schriften, von diesen für die Bauern günstigen Maßnahmen eine Signalwirkung auch auf den ritterschaftlichen Bereich erhofft. Es muß allerdings kritisch angemerkt werden, daß es bislang in der landesgeschichtlichen Forschung keine quantitative Untersuchung über das Einkommen der Bauern nach der Domänen-Auflösung und Verkoppelung in den Ämtern gibt; die Studie von Hans-Günther Steinborn[40] für Ostholstein endet 1766, also genau am Beginn der Reformen. Viele Gutsherren orientierten sich tatsächlich an den landesherrlichen Reformen und führten auch auf ihren Gütern die Verkoppelung der dörflichen Feldmark

38 Erdbuch Rixdorf, Archiv Rixdorf.

39 *Ingeborg Ast-Reimers*, Landgemeinde und Territorialstaat. Der Wandel der Sozialstruktur im 18. Jahrhundert dargestellt an der Verkoppelung in den königlichen Ämtern Holsteins.(Quellen und Forschungen zur Geschichte Schleswig-Holsteins, Bd. 50.) Neumünster 1965.

40 *Steinborn*, Dienste und Abgaben (wie Anm. 21).

durch. Da die bäuerliche Verkoppelung im Gutsbereich aber im Belieben jedes einzelnen Gutsherrn stand, sind die damit zusammenhängenden Vorgänge kaum allgemein bekannt geworden, und die Quellenlage ist dadurch, daß die Akten auf den Gütern verblieben, dürftig. Man kann jedoch grundsätzlich davon ausgehen, daß, wenn in den Unterlagen eines Gutes gegen Ende des 18. Jahrhunderts auch nur der geringste Hinweis auf die Separation der bäuerlichen Ländereien auftaucht, die Abschaffung der Hofdienste und eine Umstellung der Wirtschaft auf dem betreffenden Gut geplant gewesen sind.

Die Verkoppelung auf Rixdorf setzte schon 1781 mit den beiden Dörfern des Meierhofes Tramm ein, und von Rathjensdorf und Kossau heißt es im Erdbuch[41], daß die Bauern selbst die Verteilung der Feldmark vorgenommen hätten. In den übrigen drei Rixdorfer Dörfern führten Landmesser diese Tätigkeit durch. Man kann daraus folgern, daß zumindest bei den Bauern der beiden genannten Dörfer das Interesse an der Verkoppelung besonders stark gewesen sein muß. Daß sie selbst die Verteilung vornahmen, kann man als den Wunsch deuten, eigene Vorstellungen in bezug auf die Wirtschaftlichkeit der Hufen besser durchzusetzen. Außerdem zeugt die Handlungsweise von gutem Einvernehmen der Bauern untereinander.[42] Bei dieser gemeinsamen Aufteilung des Dorffeldes in Rathjensdorf und Kossau tritt uns die dörfliche Feldgemeinschaft, die jetzt aufhörte zu bestehen, ein letztes Mal gegenüber. Schriftliche Unterlagen zu diesem Vorgang sind von Seiten der Bauern nicht erhalten; wir besitzen lediglich das von der Herrschaft 1787/88 erstellte Erdbuch. Der § 12 des Diensterlassungs-Kontraktes von 1790 bestimmte, daß die Hufner ihre Koppeln, wenn noch nicht geschehen, weiter einzugraben und die trennenden Wälle zu bepflanzen hätten.

Der Wunsch nach Verkoppelung zeigt, daß die Bauern von Rixdorf, die ja auch unter der extremen Hofdienst-Belastung schon großen Höfen vorgestanden hatten, sich ohne weiteres eine eigenständige Wirtschaft zutrauten und daß sie sich Vorteile von ihr versprachen. Daß Verkoppelung und Aufhebung der Hofdienste gleichzeitig zum Nutzen des Gutsherrn waren, mindert nicht die Einsichtsfähigkeit der Rixdorfer Hufner in ihre wirtschaftlichen Möglichkeiten.

4. Konflikt mit der Herrschaft

1801 ist es auf Rixdorf zu einer Auseinandersetzung zwischen Herrschaft und Hufnern gekommen, deren Umstände und Verlauf aber nur mit einiger Mühe aus den Quellen zu erschließen sind. Silke Göttsch[43] spricht in diesem Zusammenhang von „Aufsässigkeit" auf Rixdorf, doch die Akten über den Fall sind bei der Regierung in Glückstadt kassiert worden, und der Verwalter des Gutes, der ansonsten sehr schreibfreudig war, hat sich selber über diesen Vorfall nirgends geäußert. In der Registratur der Regierungskanzlei heißt es in dem entspre-

41 Erdbuch Rixdorf von 1787/88, Archiv Rixdorf.

42 Über frühe bäuerliche Verkoppelung in Schleswig-Holstein siehe *Prange*, Die Anfänge (wie Anm. 13). – Als neueste Literatur zur Separation im grundherrschaftlichen Bereich: *Stefan Brakensiek*, Agrarreform und ländliche Gesellschaft. Die Privatisierung der Marken in Nordwestdeutschland 1750–1850. Paderborn 1991.

43 *Silke Göttsch*, „Alle für einen Mann...". Leibeigene und Widerständigkeit in Schleswig-Holstein im 18. Jahrhundert. Neumünster 1991, 369.

chenden Vermerk: „Betr. ein erforderlich gewesenes Militär-Kommando“[44]; nach der niedrigen Nummer im Journal von 1801[45] zu urteilen, müßte sich der Vorfall im Frühjahr des fraglichen Jahres abgespielt haben.

Wir wissen, daß ab 1. Mai 1801 auf Rixdorf neue Pachtverträge galten, die mit jedem Hufner einzeln abgeschlossen worden waren. Es war nun nicht mehr von einem pauschalen Dienstgeld pro Hufner die Rede, sondern es wurde ein jährlicher Pachtbetrag pro Tonne Land für jeden Hufner errechnet, und damit haben wir einen wirklichen Pachtvertrag im modernen Sinne vor uns. Die Leibeigenschaft wurde mit § 1 des Vertragswerkes aufgehoben; die Hufenpächter verzichteten dagegen auf alle herrschaftlichen Leistungen im Rahmen der Konservation. Die Laufzeit des Vertrages betrug wiederum zehn Jahre. Dadurch war, von der Diensterlassung ausgehend, mit den vormaligen Hufner ein Zeitpacht-Verhältnis begründet worden, das jedoch durch ein ausgedehntes Kontrollrecht des Gutsherrn sowie die Verpflichtung der Hufenpächter zur Leistung unentgeltlicher Spanntage und zur Bestellung des Instenlandes im Vergleich zur freien kapitalistischen Zeitpacht[46] starken Einschränkungen unterlag.

Die eben geschilderten neuen Kontrakte waren am 18.4.1801 unterschrieben worden, der Vertragstext als solcher trug aber das Datum vom 10.7.1800, war also bereits im Jahr zuvor aufgesetzt worden. Offensichtlich hatten die Hufner im Frühjahr 1801 die Annahme dieser schon im Vorjahr ausgehandelten Verträge zunächst abgelehnt, und man kann als sicher annehmen, daß sie auch ihre Mitarbeit bei der Frühjahrsbestellung in Form der unentgeltlichen Spanntage verweigert haben; denn sonst würde die Entsendung von Militär keinen rechten Sinn gemacht haben. Zunächst ist nicht klar, woran die Annahme der Verträge anfänglich gescheitert war; erst eine Ertragsberechnung des Gutes aus dem Jahre 1800 und der Paragraph 18 des neuen Kontraktes bringen Aufschluß.[47] Demnach hatte die Herrschaft versucht, die von den Hufnern weiterhin zu leistenden unentgeltlichen Spanntage von 9 auf 12 pro Jahr zu erhöhen und gleichzeitig die Pacht zu steigern. Die Hufner erreichten aber durch ihren Widerstand eine Reduktion des neuen Pachtgeld-Ansatzes und eine Rückkehr zu den vorherigen 9 Diensttagen. Außerdem sollten sie in Zukunft für die Bestellung des Instenlandes bezahlt werden. Dieser wichtige Sachverhalt wird mitten im § 18, der sich mit Remissionen bei Krieg, Hagel u. ä. beschäftigt, dargestellt, also an einer ziemlich versteckten Stelle des Vertragswerkes. Der Grund für die ungewöhnliche Anordnung des Vertrages ist der von den Hufenpächtern im Gegenzug ausgesprochene Verzicht auf jeglichen Nachlaß bei unverschuldeten Unglücksfällen. In demselben § 18 wird auch auf Protokolle über Verhandlungen mit den Bauern vom 7. 7. und 10. 7. 1800 Bezug genommen, die aber nicht überliefert sind.

Es hatte sich also im Zusammenhang mit der Kontrakt-Erneuerung nach 10jähriger Dienstpacht durch zusätzliche Forderungen der Herrschaft, die für die Hufenpächter nachteilig waren, eine Konflikt-Situation gebildet. Die Hufner hatten opponiert und dabei Teilerfolge erzielt. Im Pachtvertrag (§ 18) heißt es ausdrücklich, daß die Pachthöhe auf Wunsch der Hufner festgelegt worden sei. Für die Herrschaft bedeutete die Neuregelung der Hufenpacht trotzdem eine Anhebung von jährlich 3.500 auf 5.800 Rt. statt ursprünglich geforderter 6.900 Rt. Mit der vermuteten Verweigerung der Spanntage im Frühjahr hatten die Hufner auf

44 LAS (Landesarchiv Schleswig) Abt. 11 Adlige Güter Nr. 5, Bd. IX, I. Teil.

45 LAS Abt. 11 Journale und Protokolle Nr. 21.

46 Zur Zeitpacht im grundherrschaftlichen Bereich vgl. *Manfred v. Boetticher*, Nordwestdeutsche Grundherrschaft zwischen Frühkapitalismus und Refeudalisierung, in: BlldtLG 122,1986, 207–229.

47 Archiv Rixdorf und LAS Abt. 125.19 Nr. 13.

Rixdorf das aus Hofdienstzeiten gewohnte Mittel der Arbeitsverweigerung eingesetzt. Es ist nicht auszuschließen, daß sie dabei von den Insten des Gutes unterstützt wurden, da auch diese sich seit 1800 in einer zweiten Phase der Umwandlung ihrer wirtschaftlichen und rechtlichen Verhältnisse befanden, doch ist diese Annahme nicht zu beweisen.

Indem die Hufner die neuen Forderungen der Herrschaft bei der Pachtverlängerung in ihrer Auswirkung richtig beurteilten, haben sie wirtschaftliche Erfahrung gezeigt, eine berufliche Qualität, die sie nicht erst in der zehnjährigen Dienstfreiheit, sondern schon während ihrer langen Wirkungszeit als dienstpflichtige Wirte erworben hatten. Die Hufner haben sich in dieser Auseinandersetzung selbstbewußt gegen zu starke Zumutungen der Herrschaft zur Wehr gesetzt. Darüber hinaus wußten sie aber auch die Bedeutung des neuen Pachtverhältnisses einzuschätzen und sich mit der Herrschaft zu einigen. Arbeitsverweigerung in ihren verschiedenen Formen war eine wichtige Waffe in den Auseinandersetzungen der Hofdienstzeit gewesen.[48] Jetzt ging es aber nicht mehr um die Ableistung von Diensten, sondern um einen neuen Kontrakt, den beide Seiten brauchten; denn der Hufenpachtvertrag bildete nach der Abschaffung der Teilbetriebs-Wirtschaft die Grundlage für das neue Ordnungsmodell der Gutsherrschaft. Mit dem Vertragsverhältnis mußten sich zwangsläufig neue Verhaltensmuster in Konfliktsituationen zwischen Herrschaft und bäuerlichen Untertanen herausbilden, und mit der Verweigerung der Vertragsannahme durch die Hufner von Rixdorf haben wir das wichtigste bereits kennengelernt.[49]

5. Wirtschaftliche Krisensituation

In den ersten beiden Jahrzehnten nach Abschaffung der Hofdienste blieben die Rixdorfer Hufenpächter nach Ausweis der Geldrechnung des Gutes keine Pacht schuldig. Finanzielle Rückstände gab es erst gegen Ende des Krieges, die aber abgezahlt werden konnten. Ab 1820 begannen jedoch mit der Agrardepression[50] ernsthafte wirtschaftliche Schwierigkeiten für die Hufenpächter, und auf dem Höhepunkt der Krise 1824/25 beliefen sich die Außenstände der Rixdorfer Hufner auf 10.000 Rt. Das sogenannte „Quitanzbuch" des Hufenpächters Schnack aus Lebrade[51] vermittelt einen Eindruck davon, wie sich die finanzielle Situation dem Hufner selber darstellte. Hufenpächter Schnack blieb zum erstenmal 1822/23 einen Betrag von 110 Rt. schuldig, was vom Verwalter, der im Quittungsbuch gegenzeichnete, schriftlich festgehalten wurde. In den Rechnungsjahren 1823/24 und 1824/25 konnten dem Hufenpächter nur noch jeweils 4 Rt. für zusätzlich geleistete Spanndienste gutgebracht werden, woraus man schließen muß, daß die Hufe Schnack in der fraglichen Zeit keinerlei Verkaufserlöse erzielt hatte. Ihre Schulden bei der Herrschaft beliefen sich 1825 auf über 500 Rt. Ähnlich hoch waren die Rückstände von drei anderen Hufenpächtern, und gemäß dem Pachtvertrag wurden alle vier

48 *Göttsch*, „Alle für einen Mann" (wie Anm. 43) und Peters (Hrsg.), Konflikt und Kontrolle (wie Anm. 1).

49 Über die Bedeutung des Vertragsverhältnisses für die Insten vgl. *Rüdel*, Landarbeiter und Sozialdemokratie (wie Anm. 12), 114.

50 *Klaus-Joachim Lorenzen-Schmidt*, Die große Agrarkrise in den Herzogtümern 1819–1829, in: Wirtschaftliche Wechsellagen in Schleswig-Holstein vom Mittelalter bis zur Gegenwart. Hrsg. v. Jürgen Brockstedt. (Studien zur Wirtschafts- und Sozialgeschichte Schleswig-Holsteins, Bd. 20.) Neumünster 1991, 175–197.

51 Archiv Rixdorf.

durch einen Prozeß vor dem Patrimonial-Gericht von Rixdorf ihrer Hufen entsetzt. Da sie sich weigerten, Tagelöhner-Arbeit zu übernehmen, gestaltete sich ihre Zukunft schwierig. Der Verwalter, der zur gleichen Zeit in Pension ging, wollte die Frage „höherer Gerechtigkeit überlassen".[52] Zweien der Hufenpächter wurden dann Wohnungen in Instenkaten angewiesen; der Verbleib der beiden anderen ist unbekannt. Einer der beiden war körperlich behindert und daher vielleicht wirklich zur Arbeit unfähig, doch aus der Reaktion der Betroffenen insgesamt geht hervor, daß die ehemaligen Hufenpächter die Tagelöhner-Arbeit als für sich nicht passend ansahen. Hier deutet sich eine soziale Trennung zwischen Hufenpächtern und Insten an. Untersuchungs-Ergebnisse über das Heiratsverhalten von Hufnern und Knechten ein und derselben leibeigenen bäuerlichen Familie in den Jüngeren Oldenburgischen Fideikommiß-Gütern weisen mit einer selektiven Partnerwahl in dieselbe Richtung[53], doch für Rixdorf wie für den gesamten adligen Gutsbereich in Ostholstein fehlt es bisher an einer historisch-demographischen Grundlagenforschung.

Im Gegensatz zu Rixdorf gingen auf dem im Kieler Güterdistrikt liegenden Gut Salzau die Zahlungen der Hufenpächter pünktlich ein; Peter Wulf erklärt die gute finanzielle Lage des Besitzers von Salzau sogar ausdrücklich mit den Pachteinnahmen, wobei er allerdings auch die Einnahmen der verpachteten Meierhöfe in die seiner These zugrunde liegenden Berechnungen einbezieht.[54] Dennoch stellt sich die Frage, wie denn die Hufenpächter trotz der schwierigen Lage auf dem Agrarmarkt ihre Zahlungen pünktlich leisten konnten. Eine Erklärung für die bessere Solvenz der Salzauer Hufenpächter gegenüber den Rixdorfern ist sicher die größere Nähe des Kieler Marktes und der Handelsplätze in der Probstei. Ein weiterer Grund könnte in einem besseren wirtschaftlichen Zustand der Hufen liegen. Es gab auf Salzau nach der Reform wesentlich mehr „ausgebaute", d. h. aus dem Dorf herausgelegte, also neue und möglicherweise besser angelegte Bauernstellen als auf Rixdorf. Für eine konkrete Antwort auf die Frage nach dem Wirtschaftsergebnis einer Zeitpachthufe fehlen uns die Unterlagen; denn es hat sich bisher trotz intensiver Suche kein eigenständiges Anschreibe- oder Rechnungsbuch eines Hufners oder Hufenpächters von Rixdorf oder Salzau finden lassen.[55] Die Tatsache, daß wir nur Rechnungen von Herrschaftsseite besitzen, hängt sicher ganz wesentlich mit der Struktur der extremen Gutsherrschaft zusammen. Es fällt jedoch bei der Durchsicht der Gutsrechnungen auf Salzau im Gegensatz zu Rixdorf auf, daß ein großer Teil der Lieferanten, bei denen die Gutsverwaltung Vieh und Saatkorn kaufte, in zunehmenden Maße eigene Bauern waren.

52 Der gesamte Fall ist in einem Schreiben des Verwalters vom 2.2. 1827 dargestellt, Archiv Rixdorf.

53 *Alix Johanna Cord*, Die Överdiecks im Kirchspiel Oldenburg 1675–1810, in: Jahrbuch für Heimatkunde Oldenburg/Ostholstein, 1994, 82–107, hier 101.

54 *Peter Wulf*, „Adliges Gut und Conto Courant". Landwirtschaft und Konjunktur 1820–1832 am Beispiel des Gutes Salzau/Ostholstein, in: Brockstedt (Hrsg.), Wirtschaftliche Wechsellagen (wie Anm. 50), 199–220.

55 Zur Bedeutung der bäuerlichen Anschreibebücher siehe u. a.: Bäuerliche Anschreibebücher als Quellen zur Wirtschaftsgeschichte. Hrsg. v. *Klaus-Joachim Lorenzen-Schmidt/Bjorn Poulsen*. (Studien zur Wirtschafts- und Sozialgeschichte Schleswig-Holsteins, Bd. 21.) Neumünster 1992, und *Jan Peters/Hartmut Harnisch/Lieselott Enders*, Märkische Bauerntagebücher des 18. und 19. Jahrhunderts. Selbstzeugnisse von Milchviehbauern aus Neuholland. Weimar 1989.

Tabelle 1
Ankauf von Saatgetreide durch das Gut Salzau 1803/04 und 1822/23

Rechn.-Jahr	Ware*	Reichstaler	Name des Verkäufers	Beruf	Gut Salzau	Ort des Ankaufs
1803/04	8 to Saatweizen	48.-.-	Vöge, Peter	Händler		Probstei
	18 to Saatroggen	84.-.-	Vöge, Peter	Händler		Probstei
	18 to Saatgerste	54.-.-	Vöge, Peter	Händler		Probstei
	30 to Saathafer	70.-.-	Vöge, Peter	Händler		Probstei
	3 to Saaterbsen	12.-.-	Steffen, Otto Hinr.	Hufenpächter	X	Pratjau
	5 to Erbsen z. Mästung	16.32.-	Vöge, Peter	Händler		Probstei
	6 to Erbsen z. Mästung	20.-.-	Siend, Hans	unbekannt		Probstei
1822/23	10 to Saatweizen	31.32.-	Krohn, Hans Jochim	Hufenpächter	X	Pratjau
	10 to Saatweizen	31.32.-	Schoel, Klaus	Hufenpächter	X	Münsterthal
	10 to Saatweizen	36.32.-	Schröder, Hans	Hufenpächter	X	Georgenthal
	10 to Saatweizen	31.32.-	Schröder, Klaus	Hufenpächter	X	Pratjau
	12 to Saatroggen	24.-.-	Bumann, Jürgen	Hufenpächter	X	Fargau
	10 to Saatgerste	20.40.-	Timm, Peter	Hufenpächter	X	Schlesen
	10 to Saathafer	20.-.-	Bumann, Wulf	Hufenpächter	X	Schlesen
	5 to Saatbuchweiz.	6.-.-	Lütje, Wulf	Hufenpächter	X	Fargau

* 1 Tonne (to), nach Rendsburger Maß = 8 Scheffel = 127,5 Liter.
Quellen: LAS 126.15 Nr. 216 (für 1803/04); LAS 126.15 Nr. 239 für (1822/23).

Die Eigenproduktion des Saatkorns durch die Salzauer Hufenpächter stellte eine bedeutende Leistung dar; denn üblicherweise wurde auf den ostholsteinischen Gütern die Saat aus den Dörfern der Probstei bezogen, die für ihre Qualitätsware berühmt waren. Noch um 1855 gingen Lieferungen aus der Probstei bis nach Sachsen. Der Getreidebau auf den Salzauer Hufen muß also gut entwickelt gewesen sein. Für die Gutswirtschaft war ein Einkauf bei den eigenen Pächtern günstig, da das bezahlte Geld im Gute verblieb und so eine Art Kreislauf entstand, der das Gut gegen Störungen von außen unempfindlicher machte. Die Gutswirtschaft auf Salzau zeigt, zu welchen Leistungen die ehemals Hofdienste leistenden Bauern fähig waren. Wenn das auf Rixdorf nicht so deutlich wurde, mag das an Defiziten der Hufen oder der Gutsleitung liegen, die für uns aber nicht erkennbar werden. Die steuerliche Belastung war für die Wirtschaftlichkeit der Zeitpachthufen dagegen nicht ausschlaggebend, da nur die seit 1802 bestehende Benutzungssteuer auf ihnen lastete, während die Grundsteuer und die 1813 errichtete Reichsbankhaft allein von Erbpächtern und Eigentümern getragen wurde.

6. Ergebnis

Ziel dieses Beitrages war es, mit Hilfe einer mikrohistorischen Untersuchung Einblicke in die Lebenswirklichkeit und Mentalität der Hufner in der Übergangsphase zur kapitalistischen Gutswirtschaft zu gewinnen und diese auch für das Verständnis der vorangegangenen Epoche der extremen Gutsherrschaft nutzbar zu machen. Da das Modell der Zeitpacht in Ostholstein zum erstenmal im Gesamtrahmen eines Gutes auf Rixdorf verwirklicht und dann von den meisten übrigen Gütern Ostholsteins übernommen worden ist, ist der Schluß von Rixdorf auf die Gesamtheit der Zeitpachthufen im extremen Gutsbereich von Schleswig-Holstein zulässig. Auch das zweite methodische Bedenken, ob man von der Zeit nach Aufhebung der Hofdienste auf die Epoche davor schließen kann, läßt sich ausräumen, wenn man berücksichtigt, daß der Wunsch zur wirtschaftlichen Verselbständigung von den Bauern bereits während der Hofdienstzeit geäußert worden war und wir nach der Reform im wesentlichen dieselben Personen vor uns haben; denn von den 33 Rixdorfer Hufnern, die nach den Auseinandersetzungen im Frühjahr 1801 die Pachtverträge angenommen haben, hatten 24 schon bei der Diensterlassung 1791 auf ihren Hufen gesessen, und bei weiteren 6 Hufnern hatte sich der Pächterwechsel innerhalb derselben Familie vollzogen.

Die Untersuchung hat gezeigt, daß die Hufner aktiv an der Umstrukturierung der Rixdorfer Gutswirtschaft von der Teilbetriebs- zur Eigenwirtschaft beteiligt gewesen sind. Sie haben die für sie günstige allgemeine politische und wirtschaftliche Lage nutzen können, da sie in ökonomischen Kategorien zu denken verstanden und ihren Vorteil richtig einschätzen konnten. Diese Fähigkeiten haben sie zweifellos auch schon in der Hofdienstzeit besessen, doch sie wurden für uns auf Grund der Quellenlage erst sichtbar in der Umbruchphase, so beim Wunsch nach Verkoppelung und nach Aufhebung der Dienstpflicht, bei der selbst durchgeführten Einteilung der Dorf-Feldmark sowie bei der Anpassung der anfänglichen Dauer der Dienstfreiheit an die bäuerliche Rotationsperiode. Die Rixdorfer Hufner haben außerdem bewiesen, daß sie bereit waren, Widerstand gegen die Herrschaft zu leisten, wenn es darum ging, für sie ungünstige Vertrags-Bestimmungen abzuwehren oder zu verbessern. Das zeigte sich bei der Reduktion der neu festgelegten Pachtsätze und unentgeltlichen Diensttage sowie bei der Einführung einer Bezahlung für die Bestellung des Instenlandes. Auch hierbei dürfen wir nicht von einer ganz neuen bäuerlichen Verhaltensweise ausgehen, sondern müssen uns darüber im klaren sein, daß wir nur wegen der für die Rixdorfer Hofdienstzeit fehlenden Quellen die Hufner dieses Gutes 1801 zum erstenmal in einer Protestaktion erleben. Als Gegenbeispiel zu Rixdorf zeigten die Salzauer Hufenpächter mit ihrer erfolgreichen Produktion von Saatkorn, daß sie auch zu agrartechnischen Fortschritten durchaus imstande waren. In der Ablehnung von Tagelöhner-Arbeit durch die abgesetzten Hufenpächter auf Rixdorf deutet sich das Selbstbewußtsein eines Vollbauern und damit indirekt eine Abwertung des Instenstandes an.[56]

56 Zur Frage der Unterschichten im grundherrschaftlichen Bereich siehe *Josef Mooser*, Ländliche Klassengesellschaft, Bauern und Unterschichten, Landwirtschaft und Gewerbe im östlichen Westfalen.

Eine solche Haltung steht im Widerspruch zu bäuerlichen Verhaltensweisen, wie sie im Amt Oldenburg am Anfang des 18. Jahrhunderts zu beobachten waren, als manche Hufnersöhne lieber Knechtsarbeit verrichten als sich mit Hufen belasten wollten.[57] Da es aber auf Rixdorf die Hufner selbst waren, die die Verfügungsgewalt über ihr Hufenland und über ihre Arbeitskraft verlangt haben, kann man folgern, daß das Selbstwertgefühl des Hufeninhabers auch schon in der Hofdienstzeit bei ihnen ausgeprägt war. Möglicherweise hat sich im Verhältnis der sozialen Schichten zueinander im Verlaufe des 18. Jahrhunderts eine neue Entwicklung vollzogen. Zur Beantwortung dieser Frage müßten im gutsherrschaftlichen Bereich Ostholsteins umfangreiche historisch-demographische Untersuchungen speziell zum Heiratsverhalten und zur Hufennachfolge durchgeführt werden.

Das Ergebnis aus der Analyse der Umgestaltungsphase auf Rixdorf beweist, daß die Hufner im Bereich der extremen Gutsherrschaft nicht nur eine dienende Rolle in der Teilbetriebs-Wirtschaft gespielt haben, sondern daß sie das Selbstbewußtsein und die Fähigkeiten besessen haben müssen, um als Partner im gutswirtschaftlichen System der Hofdienstzeit aufzutreten. Der methodische Ansatz der Argumentation, der im wesentlichen von einer personalen Identität der handelnden Personen ausgeht, schränkt aber die Gültigkeit der Ergebnisse auf die Spätzeit der Gutsherrschaft, d. h. auf die zweite Hälfte des 18. Jahrhunderts ein.

Es zeichnete sich beim Konflikt um die Verträge des Jahres 1801 bereits ab, daß sich ein Konsens zwischen Herrschaft und Hufenpächtern über ein neues Ordnungsmodell herauszubilden begann; denn Verträge bestimmten in Zukunft das vormals gutsherrschaftlich/bäuerliche Verhältnis. Für die Hufner brachte das Pachtverhältnis zunächst Vorteile, doch da die Verbindungen zum Gut nicht völlig gelöst wurden, konnte sich kein wirklich kapitalistisches Zeitpacht-Verhältnis entwickeln. Die Zeitpachtdörfer bildeten keine Landgemeinden, sondern blieben mit dem Haupthof zu einem Gutsbezirk verbunden, dessen Vorsteher der Gutsbesitzer war. Der Gutsherr engte durch Vorschriften die Wirtschaft des bäuerlichen Hofes ein und nahm die Hufenpächter weiterhin zu vielfältigen Dienstleistungen in Anspruch. Dies besondere System und die Möglichkeit zur Pachtsteigerung hemmten letztlich das Fortkommen der ehemaligen Hufner. Lieselott Enders'[58] günstige Beurteilung der Zeitpacht für die Bauern ist unter dem Aspekt des 17. und 18. Jahrhunderts und der preußischen Regulierungsedikte von 1811/16 zu sehen, die die spannfähigen bäuerlichen Zeitpächter einschlossen. Daß die Hufenpächter in Ostholstein ihre Fähigkeiten im Verlauf des 19. Jahrhunderts nicht in einem weiterentwickelten freien Zeitpacht-Verhältnis oder als Eigentümer zum eigenen Vorteil nutzen konnten, lag an der besonderen politischen Situation der Herzogtümer. Lange nach der Reallasten-Ablösung 1873, nämlich in Ausführung des Reichssiedlungs-Gesetzes wurden die Zeitpachtstellen nach und nach in juristisches Eigentum überführt, und erst damit verschwanden die letzten Überreste der extremen Gutsherrschaft in Ostholstein.[59]

Göttingen 1984, und *Jürgen Schlumbohm*, Lebensläufe, Familien, Höfe. Die Bauern und Heuerleute des Osnabrückischen Kirchspiels Belm in proto-industrieller Zeit, 1650–1860. Göttingen 1994.

57 *Cord*, Die Överdiecks (wie Anm. 53), Tabelle Seite 98.

58 *Enders*, Individuum und Gesellschaft (wie Anm. 35), 177.

59 Zur Kritik an der ostholsteinischen Zeitpacht vgl. *Albert Dietrich*, Die Zeitpachtdörfer in Schleswig-Holstein als Problem der Siedlung. Berlin 1926; *Hanssen*, Die Aufhebung (wie Anm. 13); *Moll*, „Preußischer Weg" (wie Anm. 13); *Rüdel*, Landarbeiter und Sozialdemokratie (wie Anm. 12); *Heiner Wulfert*, Die Agrarreformen in Schleswig-Holstein von 1765 bis zum Ende des 19. Jahrhunderts, in: Zeitschrift für Geschichte, 1986/1, 40–46.

VLADIMIR DJATLOV

Gutsherrschaftliche Bestrebungen in der Ukraine aus bäuerlicher Sicht (1654–1783)

Die Agrarstrukturen der frühneuzeitlichen Ukraine waren stark differenziert: Neben den rein gutsherrschaftlichen westukrainischen Ländern (Galizien, Wolhynien, Podolien) und den gemischt guts- und grundherrschaftlichen Gebieten der Zentralukraine stand die große Region links des Dnjeprs, in der sich das Grundherrschaftssystem zum Gutsherrschaftssystem gewandelt hatte. Die südostukrainischen Gebiete wiederum wiesen als die Regionen der Spätkolonisation des 17. und 18. Jahrhunderts besondere Agrarstrukturen auf.

Für das Verständnis und die Auffassung der Agrargeschichte Osteuropas hat die Untersuchung der wirtschaftlichen und sozialen Verhältnisse im Agrarbereich in der linksufrigen Ukraine besondere Bedeutung; hier war nach dem Befreiungskrieg gegen Polen (1648–1654) der ukrainische Staat gebildet worden[1], dessen neues Grundherrschaftssystem lange Zeit zwischen ostelbisch-polnischen und russischen Gutsherrschaftsregionen existierte.

Die Entstehung und weitere Entwicklung der gutsherrschaftlichen Tendenzen waren in diesem Raum Folge der komplizierten Wirkungen der eigentümlichen Bestrebungen der kosakischen Führungsschicht („Starschina")[2], der Staatspolitik der hetmanischen Regierung sowie der polnisch-litauischen und russischen Einflüsse bezüglich Recht und Politik.[3]

1 Der ukrainische Staat („Hetmantschina") hatte sehr weitgehende Autonomie im russischen Staat und zerfiel selbst in militäradministrative Regimentsbezirke (polki) und Amtskreise (sotni). Der Hetman <dt. Hauptmann> war im 17. und 18. Jahrhundert der Leiter des ukrainischen Staates. Er wurde vom Allgemeinen Militärrat gewählt. Der Hetman war als Hauptmann des kosakischen Heeres Leiter der Regierung, verkörperte die Legislative und vertrat den ukrainischen Staat in auswärtigen Angelegenheiten. Im 18. Jahrhundert übte die russische Regierung entscheidenden Einfluß auf die Hetmanwahl aus. Der Hetman, die Obersten und Amtmänner regelten sowohl die Zivilsachen als auch Militärangelegenheiten, d.h. sie waren häufig Administratoren und Militärs zugleich. Vgl. *W. A. Djadytschenko*, Narysy suspilno-politytschnoi istorii Livobereshnoi Ukrainy kinzja 17. - potschatku 18. st. Kiew 1959, 126 ff.; *J. Daschkevitsch*, Hetmanska Ukraina: polki, polkovniki. Sotni Livoberishja, in: Pam'jatky Ukrainy 2, 1990, 11–13.

2 Der Starschina rekrutierte sich aus den Mitgliedern der hetmanischen Regierung, er bildete die obere Schicht der Regimentsbezirks- und Amtskreisadministration. Die Starschina erhoben sich dank der verschiedenen sozialen und politischen Rechte und Privilegien über die Masse der gemeinen Kosaken und entwickelten sich zu einem eigenen Stand. In der zweiten Hälfte des 18. Jahrhunderts wurde die Mehrheit der Starschina nobilitiert.

3 *A. F. Kistjakovskij*, Charakteristika russkogo i polskogo sakonodatelstva o krepostnom prave po otnoscheniju k Malorossii, in: Osnova 2, 1862, 5–8; *A. M. Lasarevskij*, Malorossijskie pospolitye

Die vorliegende Studie betrachtet die Beziehungen zwischen den wesentlichen „handelnden Personen“ dieses Prozesses: den Grundherren und den gemeinen Dorfbewohnern. Die Bauern und die Kosaken waren nicht nur die „Opfer“ der Staatspolitik bzw. der Ansprüche des Starschina, sondern eine aktive Kraft mit eigenem sozialen Bewußtsein.[4] Die Bauern und die gemeinen Kosaken wirkten auf die Entwicklung der frühneuzeitlichen Gesellschaft in der Ukraine ein.[5] Die Staatsbehörden wußten durch verschiedenartige Kanäle über die Stimmungen der Dorfbewohner Bescheid und mußten mit Rücksicht auf diese handeln. Wichtig für das Erfassen dieses Zusammenhangs ist die Fragestellung: Wie nahmen die Bauern und die gemeinen Kosaken zu verschiedenen Zeiten im Rückblick die „Deformierung“ des Grundherrschaftssystems wahr?

Infolge des Befreiungskrieges in der linksufrigen Ukraine wurden die großen feudalen Guts- und Grundherrschaften abgeschafft und die breiten Massen der feudalabhängigen Bauern als Kosakenstand konstituiert, mit entsprechenden gesetzlichen Privilegien und Freiheiten. Alle großen Guts- und Grundherrschaften wurden der Staatskämmerei übergeben; die Dörfer auf diesen Böden waren als freie Amtsdörfer der Hetmansverwaltung untergeordnet. Hetman Bogdan Chmelnyzkij bemühte sich, staatliches und kosakisches Grundeigentum sowie die Klostergrundherrschaften zu verstärken und das Recht der Bauern auf persönliche Freiheit zu garantieren. Er unterstützte nicht die Bestrebungen des Starschina zur Wiedererrichtung des Guts- und Grundherrschaftssystems des ehemaligen polnischen und ukrainischen Adels.[6] In dieser Zeit wurden auch die vielen freien, ehemals polnischen Grundstücke, die wüsten Ländereien und die entwaldeten Gebiete von dem Kosakenstarschina, den gemeinen Kosaken und den Bauern an sich gezogen.[7]

Der Starschina, der aus den Staats- und Militäramtleuten der verschiedenen Ränge (Hetmanen, Obersten, Richtern, Staatsschreibern) rekrutiert wurde, war aktiv auf Eigenwirtschaft aus und wollte die großen Möglichkeiten des inneren und des äußeren Marktes nutzen. Das neue System der zeitweiligen Grund- und Dorfverleihungen mit Zins und Naturalabgaben als Belohnung für Staats- und Militärdienst war angesichts solcher Zielsetzungen weniger effektiv als die Gutsherrschaft.

krest'jane. (1648 – 1783 gg.). Kiew 1908, 2ff.; *A. J. Efimenko*, Juschnaja Rus. Bd. 1. Sankt-Petersburg 1905, 140ff.; *W. A. Barvinskij*, Krest'jane v Levobereshnoj Ukraine. Charkov 1909; *W. A. Mjakotin*, Otscherki so zialnoj istorii Ukrainy 17 –18 vv. Bd. 1, T. 1. Praga 1924, 150ff.; *Djadytschenko*, Narysy (wie Anm. 1), 3ff.; *A. I. Gurshij*, Evoluzija feodalnych otnoschenij na Levobereshnoj Ukraine v pervoj polovine 18. v. Kiew 1986, 115–118; *W. J. Borysenko*, Sozialno-ekonomotschnyj rosvytok Livobereshnoi Ukrainy u drugij polovini 17 s. Kiew 1986, 7ff.; *M. Slabtschenko*, Jak sudywsja malorossijskij narod, in: Kyewska Starowyna 1, 1994, 44–47.

4 *W. A. Smolij*, Formuwannja sozialnoi swidomosti narodnych mas Ukrainy v chodi klasovoi borotby. Druga polovyna 17.–18. st. Kiew 1985, 227–233; *ders.*, Losung „semli ta woli“ v narodnych ruchach na Ukraini: idealy i praktyka, in: Feodalism na Ukraini, Kiew 1990, 151–165.

5 „Kosaken“ und „Bauern“ bildeten in der damaligen Ukraine je einen extra Stand und besaßen unterschiedliche Merkmale. Die Kosaken waren vorwiegend Militärs, hatten einen Dienstgrad und waren in die Militärstrukturen integriert. Sie wirtschafteten auf ihren eigenen Grundstücken, waren jedoch von den Bauernleistungen befreit.

6 *W. A. Stepankov*, Agrarna polityka Bogdana Chmelnyzkogo (1648–1657), in: Feodalism na Ukraini. Kiew 1990, 61–63.

7 *Gurshij*, Evoluzija (wie Anm. 3), 39.

Die Masse der Bodenbesitzungen des Starschina stammte aus Amts- und Rangverleihungen, und seine Mitglieder bemühten sich, dieses Land mittels ihrer Amtsgewalt in erbliche, „ewige" Grundherrschaftsgebiete umzuwandeln – was um so mehr gelingen konnte, als viele reiche und mächtige Starschinafamilien über sehr lange Zeit in denselben Regimentsbezirken bzw. Amtskreisen regierten.[8] Durch solche Allodifikation des verliehenen Landbesitzes wurde die Machposition des Starschina erhöht. Auch verbot er in seiner Dorfherrschaft den gemeinen Kosaken und Bauern, ihre Grundstücke Personen aus anderen Herrschaften zu verkaufen.[9] Weder die Hetmanerlasse noch die Zarengesetzgebung haben diese Methoden der Besitzarrondierung steuern können.

Die Tendenzen zur Gutsherrschaft offenbarten sich auch bei der Lösung des Arbeitskräfteproblems in den Grundherrschaften. Die Grundherren begrenzten den freien Abzug der Bauern und vermehrten die Zahl ihrer Untertanen durch Ansiedlung von Zuwanderern.[10] Unter dem Hetman Apostol versuchten sie auch, durch juristische Akte die Untertanen an die Herrschaft zu binden. Aber der Hetman antwortete auf solche Anliegen seitens der Starschina negativ: „Die Grundherren haben kein Recht, die Leute, die sie in ihren gekauften Grundstücken ansiedeln, in Leibeigene umzuwandeln. Nach den Rechten und Freiheiten sollen diese Leute nicht unter Zwang, sondern freiwillig ihren Grundherren dienen."[11] Diese Hetmanspolitik verzögerte auf lange Zeit die Bestrebungen der Starschina.

In der linksufrigen Ukraine beruhten die Gutsherrschaften zu einem beträchtlichen Teil auf der Neuinterpretation und der Ausdehnung der herkömmlichen Herrschaftsrechte, wobei die Frondienste der Untertanen eine wesentliche Rolle spielten. Im 17. Jahrhundert waren die Frondienste meist nicht fixiert und nur bei Bedarf zu leisten. Am Anfang des folgenden Jahrhunderts wurden in einigen Grundherrschaften die Frondienste auf zwei Tage pro Woche erhöht.[12]

Die amtlichen Rechte wurden in Verbindung mit dem außeramtlichen, individuellen Einfluß der Starschina zum wichtigen Instrument der Erweiterung und Verstärkung der Eigenwirtschaften durch Kosaken- und Bauernlegen. Auf diese Weise verwandelte der Starschina den freien Kosaken mit Eigenwirtschaft in seinen abhängigen Untertanen. Offiziell war diese Praxis verboten. Viele Kosaken waren aber Schuldner der Starschina und mußten ihnen ihre Grundstücke zum Pfand geben; nach der Einziehung des Grund und Bodens verwandelte dann der Grundherr solche Kosaken in abhängige Bauern.[13] Der Oberst des Neshinregimentskreises, Ignat Galagan, beraubte einige Male die Kosakenhöfe in seinem

8 *O. I. Gurshij*, Feodalne semlewolodinnja i dsherela jogo srostannja na Levobereshnij Ukraini u pershij polowyni 18 st., in: Ukrainskij istorytschnyj shurnal 11, 1979, 87–94; *ders.*, Evoluzija (wie Anm. 3), 20–38.

9 *A. Lasarevskij*, Ludi staroj Malorossii. Lisoguby, in: Kiewskaja starina 1, 1882, 113.

10 Tschislo krest'janskich dworow, nachodivschichsja vo wladenii kozazkoj starschiny v pervoj polovine 18. v., in: Kiewskaja Starina 35, 1981, 284f.; *Barvinskij*, Krest'jane (wie Anm. 3), 238ff.

11 Tschislo (wie Anm. 10), 285.

12 Generalnoe sledstvie o maetnostjach Neshinskogo polka. 1729–1730 gg. Vol. 1. Tschernigov 1901, 12, 76, 169.

13 *Lasarevskij*, Ludi (wie Anm. 9), 11–112; *ders.*, Ludi staroj Malorossii. Miloradovitsch, in: Kiewskaja Starina 1, 1862, 487; *ders.*, Wasilij Karpovitsch Barkovskij. 1640–1702., in: Kiewskaja Starina 44, 1894, 531.

Dorf. Wenn die Kosaken dann zustimmten, seine Untertanen zu werden, bekamen sie Eigentum und Vermögen zurück.[14]

Die gemeinen Kosaken und Bauern verloren bei der Verwandlung in Untertanen die Freiheit, aber sie erwarben auch Schutz und Schirm von der Herrschaft und relative Unabhängigkeit vom Staat.[15] Die Stellung der Untertanen war eng mit dem militärischen und administrativen Rang des Grundherrn verbunden: Je höher dieser stand, desto wirksamer konnte er für seine Bauern eintreten. So wurden Galagans in Bauern verwandelte Kosaken nicht mehr zum obligatorischen Kosakenmilitärdienst gezogen; die meisten von ihnen bekundeten: „Wir möchten weiter als Untertanen auf Galagans Boden bleiben."[16] Der Oberst Miloradowitsch aus dem Bezirk des Tschernigower Regiments behandelte seine Regimentsuntergebenen besonders brutal; mit seinen Untertanen aber ging er behutsamer um. Seine Frau hat dem Schulzen seines Dorfes Butovka geschrieben: „Ich befehle dir, unsere Leute vor der Willkür der Nachbarn aus Gorodnja (Kleinstadt) gut zu schützen, und wenn die Stadtbewohner eines unserer Pferde oder Kühe gestohlen haben, so sollen unsere Leute 10 ihrer Pferde oder Kühe zu uns nehmen."[17] In diesem und anderen, ähnlichen Fällen hatten die Untertanen und ihre Herren gemeinsame Interessen gegenüber Nachbargesellschaften oder -staaten.

Diese der Starschina eigentümlichen Bestrebungen, die zahlreichen Streitereien und Konflikte zwischen den Grundherren, der Amtsmißbrauch und das Anwachsen des bäuerlichen Widerstandes bedrohten den Hetmansstaat. Die Versuche der Hetmane, durch einzelne Maßnahmen die Willkür und die Mißbräuche der Starschina zu beenden und das Kosakenlegen aufzuhalten, waren erfolglos. In den Jahren 1729 und 1730, als die ersten Merkmale der Krise des staatlichen Landverleihungssystems offenbar wurden, führte die Hetmanregierung eine „generelle Untersuchung" aller Grundherrschaften und ihrer Rechte durch. In jedem einzelnen Fall umfaßte die Untersuchung neben den urkundlichen Erklärungen der Grundherren, die ihre Besitzrechte unter Bezugnahme auf offizielle Urkunden, Hetmans- oder Zarenerlasse beweisen mußten, auch die Zeugnisse der Dorfbewohner.[18] Dieses Heranziehen der Dorf-

14 *A. Lasarevskij*, Is istorii sel i seljan Levobereshnoj Malorossii, in: Kiewskaja Starina 35, 1891, 218–225, 228–230.

15 Die gemeinen Kosaken wurden oft nach ihrem Wunsch in den Bauernstand und unter den Schutz der Grundherren überführt. Vgl. Obosrenie rumjanzevskoj opisi Malorossii. A. Lasarevskogo. Tschernigov 1866, 5; *O. I. Gurshij*, Pidsusidnyztwo jak suspilne jawytsche na Ukraini doby feodalismu, in: Feodalism na Ukraini. Kiew 1990, 66–79. In der Regel waren die von den Grundherren gekauften Bauern- und Kosakenhöfe von den staatlichen und kosakischen Pflichten frei. Vgl. Opis konotopskoj sotni 1711 g. Hrsg. v. A. Lasarevskij. Tschernigov 1892, 8–27.

16 *Lasarevskij*, Is istorii (wie Anm. 14), 9, 223.

17 *Lasarevskij*, Ludi staroj Malorossii. Miloradovitschi (wie Anm. 13), 485.

18 Generalnoe sledstvie o maetnostjach Gadjatschskogo polka. (1729–1730). Poltava 1893; Generalnoe sledstvie o maetnostjach Kiewskogo polka, 1729–1730 gg., in: Tschtenija istoritscheskogo obtschestva Nestora Letopisza 7, Abt. 3, 1893, 29–68; Generalnoe sledstvie o maetnostjach Priluzkogo polka, 1729–1730 gg., in: Tschtenija istoritscheskogo obtschestva Nestora Letopisza 11, Abt. 3, 1896, 3–38; Generalnoe sledstvie o maetnostjach Perejaslavakogo polka, 1729–1730 gg. Charkov 1896; Genneralnoe sledstvie o maetnostjach Neshinskogo polka (wie Anm. 12);Generalnoe sledstvie o maetnostjach Tschernigovskogo polka. 1729–1730 gg. Tschernogov 1908; Generalnoe sledstvie o maetnostjach Mirgorodskogo polka. 1729–1730. Poltava 1912; Generalne slidstvo pro maetnosti Starodubskogo polku, in: Ukrainskij archiv 1, 1929, 1–576; Generalne slidstvo pro maetnosti Lubenskogo polku, in: Ukrainskij archiv 4, 1931, 1–185.

bewohner zur Untersuchung der Grundherrschaften war eng mit zwei wichtigen Momenten verbunden: Vor Gericht und bei der Lösung von Bodenstreitigkeiten verwandte man in der Frühen Neuzeit oft das Zeugnis der Bauern;[19] und: die Hetmansregierung erkannte in dieser Zeit die Kosaken und Bauern als einen mächtigen sozialen Faktor im Staat. Die Teilnahme der „gemeinen Leute" an der Nachprüfung der Grundherrschaften gab der Hetmansregierung ein Mittel der Einflußnahme auf die Starschina und gab der Untersuchung nicht nur eine juristische, sondern auch eine weitgehende soziale Legitimation.

Obgleich die Untersuchung offiziellen Charakter hatte – sie wurde von den Vertretern der Hetmansregierung vorgenommen – umfassen die Zeugnisse der Dorfbewohner über die Geschichte der Dörfer und Grundherrschaften reiche und seltene Materialien über die Weltanschauung, die Wahrnehmungen und das historische Bewußtsein der Bauern und der gemeinen Kosaken.[20] Die meist älteren Vertreter der Dorfbewohner (60–100 Jahre alt) erzählten, „wieviel Erinnerung es gibt" von der Geschichte ihres Dorfes, der Grundherrschaft und ihrer Grundherren. Die Bauern und die gemeinen Kosaken machten ihre Angaben unter Eid; bei falschen Aussagen sollten sie schwer bestraft werden. Sie gaben Antworten auf „Fragebögen", die folgende Fragen umfaßten: Wann und von wem wurden Dorf und Grundherrschaft begründet? Wer war Besitzer zur Zeit der polnischen Regierung? Welchen Status hatte das Dorf nach dem Befreiungskrieg? Wer ist der heutige Besitzer und mit welchen Rechten? War das Dorf Amtssitz? War das Dorf Stadtbesitz?[21]

Das Bauernbewußtsein bezeichnete den Sachverhalt, daß Gesellschaft durch Herrschaft geordnet ist. Aber die Bauern und die gemeinen Kosaken wußten auch um die eigene soziale und politische Stellung in der staatlichen Ordnung; dieses Wissen war aus Gewohnheit, Tradition und ihren Erfahrungen im Widerstand gebildet. In ihren Erzählungen übten sie schärfste Kritik am Machtmißbrauch der grundherrlichen Vertreter. Die Dorfbewohner erinnerten die Vergangenheit immer im Hinblick auf die Erfahrungen der Gegenwart. Sie wußten, daß ihr Gewordensein sie mitgeprägt hat, in die Gegenwart hineinwirkt und ihr Handeln bestimmt.[22]

Das Geschichtsbewußtsein der Bauern und Kosaken war sehr stark geprägt von den sozialen und politischen Erfahrungen des Befreiungskrieges.[23] In weitem historischen Rückblick nahmen sie die alten Agrarordnungen als die gerechten Normen, die später durch den Mißbrauch der Starschina gestört wurden. In den Bauernerinnerungen stellte der Befreiungskrieg gegen Polen auch eine große Revolution in den Agrarbeziehungen dar, da in seiner Folge alle Guts- und Grundherrschaften vernichtet und alle Dörfer freie Siedlungen geworden waren. Meistens begannen die Erzählungen mit den Worten: „Zur Zeit des Hetman Chmelnyzkij wur-

19 Bei Verlust oder Abwesenheit von schriftlichen Dokumenten waren die mündlichen Überlieferungen der alten Leute die Hauptzeugnisse. Die gleiche Praxis gab es auch in anderen Ländern Zentral- und Osteuropas. Vgl. *Jan Peters*, „...dahingeflossen ins Meer der Zeiten". Über frühmodernes Zeitverständnis der Bauern, in: Frühe Neuzeit – Frühe Moderne? Forschungen zur Vielschichtigkeit von Übergangsprozessen. Hrsg. v. Rudolf Vierhaus. Göttingen 1992, 193–202.

20 *Smolij*, Formuwannja (wie Anm. 4), 185f.

21 Generalne slidstvo pro maetnosti Starodubskogo polku. (wie Anm. 18), XI–XIV.

22 Die Zeugnisse der Dorfbewohner basierten auf eigenen Kenntnissen und auf den Angaben, die „erzählten ehemals uns unsere Vorfahren". Vgl. Generalnoe sledstvie o maetnostjach Neshinskogo polka (wie Anm. 12), 46.

23 *Smolij*, Formuwannja (wie Anm. 4), 187; *ders.*, Tradizii wyswolnoi wijny 1648–1654 v antifeodalnij borotbi na Ukraini (druga pol. 17.–18 st.), in: Ukrainskij istorytschnyj shurnal 1, 1991, 13–23.

de das Dorf frei und unabhängig"[24]; „Als die Polacken vom Bogdan Chmelnyzkij aus Malorossija (Ukraine) vertrieben worden waren, wurde unser Dorf ein freies Dorf."[25] „Unter der Polackenregierung war das Dorf Merlinka im Besitz des Schljachtitsch Ponjtovskij. Nach der Vertreibung der Polacken wurde es ein freies Staatsdorf."[26] In den Zeugnissen aus Dörfern, in denen die Bauern ihre Freiheiten verloren haben, war der verlorene Rechtsstatus das Hauptthema. So schrieben die Einwohner des Dorfes Pirogowka im Regimentsbezirk Starodub: „Seit jeher waren unser Dorf und seine Bewohner dem Novgoroder Stadtrat untergeordnet, aber wir waren damals nicht untertänig, und der Starschina konnte unsere Leute nicht zur Arbeit in ihren Eigenwirtschaften zwingen."[27] Die Bewohner des Dorfes Buda Nova bekundeten: „Dieses Buda Nova wurde von Michail Miklaschewskij in seinem Wald nicht zum Untertanendienst, sondern zum Pottaschen-Gewerbe gegründet, und wir haben von der Zeit Michail Miklaschewskijs und seines Sohnes Andrej Miklaschewskij bis zu den Verbots-Ukassen als Lohnarbeiter die Pottasche gemacht."[28] Die Alteingesessenen bestritten die besonderen Rechte der Grundherren auf den Ranggrundherrschaften und in den freien Amtsdörfern und betrachteten die Übergabe dieser Dörfer in private Hände als Ungerechtigkeit. Die Hetmanverleihungen von Bogdan Chmelnyzkij und seinen Nachfolgern wurden von den Dorfbewohnern lediglich als Belohnung „für treuen Militärdienst" angesehen; die Kosaken und gemeinen Leute aus den acht Dörfern des Regimentsbezirks Starodub bekundeten: „Als Hetman Bogdan Chmelnyzkij mit dem Kosakenheer alle Polacken aus der Ukraine vertrieb, wurden unsere Dörfer freie Hetman- und Staatsbesitzungen. Und erst als Hetman Bogdan Chmelnizkij unter dem Schutz des russischen Monarchen stand, begann er einigen angesehenen und verdienstvollen malorussischen Leuten für ihren Militärdienst die Besitzungen der ehemaligen polnischen Herren zu verleihen, um die Malorussen wieder zum Militärdienst zu bringen. Dies haben dann auch andere Hetmane nach Chmelnizkij gemacht."[29] Die Verleihungen als Belohnung für „großen Militärdienst" waren in der Sicht der Bauern normale Praxis, und in einigen Fällen nahmen sie solche Belohnungen mit menschlicher Teilnahme wahr: „Das Dorf ist dann der Witwe von Stefan Butowitsch verliehen worden, für den treuen Militärdienst ihres Mannes, der gefangen und verwundet gewesen war und großes Leid zu erdulden hatte."[30]

Die Bauern rechtfertigten den Grundbesitz sowohl an denjenigen Grundstücken, die ihren Besitzern infolge der freien Bodenaufnahme während oder kurz nach dem Befreiungskrieg zugeteilt worden waren (sog. „Saimantschina"), als auch an dem Land, das Neuansiedlern von Grundbesitzern gegeben worden war. Die alten Leute des Dorfes Smoljanka erzählten, in ihrem Dorf habe es früher nur drei Höfe gegeben, bis dann „zur Zeit des Hetman Masepa durch die Bemühungen des Grundherrn Leontij Schramtschenko in diesem Dorf viele neue gemeine Bauern angesiedelt worden sind".[31]

24 Generalnoe sledstvie o maetnostjach Neshinskogo polka (wie Anm. 12), 14, 22, 25, 29, 48.
25 Generalnoe sledstvie o maetnostjach Tschernigovskogo polka (wie Anm. 18), 11, 78, 79.
26 Generalne slidstvo pro maetnosti Starodubskogo polku (wie Anm. 18), 38.
27 Ebd. 507.
28 Ebd. 415.
29 Ebd. 463.
30 Generalnoe sledstvie o maetnostjach Neshinskogo polka (wie Anm. 12), 21.
31 Ebd. 7.

Die Geschichte der Agrarbeziehungen ist in der Sicht der Bauern sehr stark personenbezogen: Alle Veränderungen der Stellung des Dorfes sind für sie mit dem Willen des Hetmans und der Persönlichkeit des Grundherrn verbunden. Der Staat und seine Machtentfaltung manifestierte sich in der Tätigkeit der konkreten Amtmänner und Grundherren. Auch die Zeitangaben orientierten sich an der Person des jeweils regierenden Hetmans; alle Ereignisse in der Grundherrschaft, der Wechsel der Grundherren, Kauf und Verkauf von Boden, Veränderungen in der sozialen Stellung der Dorfbewohner geschahen „unter Hetman Chmelnizkij“; „unter Hetman Somko“; „unter der Regierung des Hetman Mnogogreschnyi“; „zur Zeit des Hetman Masepa“; „als Hetman Samojlowitsch zu regieren begann“.[32] Typisch sind auch Wendungen wie: „Nach des Hetmans Willen“; „Der Hetman gab ihm Untertanenleute“[33] usw.

Das Verhalten der Hetmane wurde von den Bauern und gemeinen Kosaken nicht kritisiert. Hauptobjekt der Bauernkritik waren die örtlichen Amtmänner und Grundherren, die, am Hetman vorbei, ihre Vollmachten überschreiten und willkürlich die Stellung des Dorfes verändern konnten. Die alten Leute des Dorfes Budy sprachen von der „echten Wahrheit“ des „bösen Willens“ ihres Grundherrn: Soweit man sich erinnern kann, gab es zur Zeit des Hetman Samojlowitsch in dem Dorf Budy keine untertänigen Leute. Dann, als zur Zeit dieses Hetmans Matwej Schendjuch Amtmann („Sotnik“) wurde, begann dieser, die Kosaken zur Arbeit auf seinen Hof zu ziehen. Später, als er das neue Amt bei Hetman Masepa aufgenommen hatte und sein Sohn durch Protektion Amtmann in unserem Dorf geworden war, verwandelten er und sein Sohn diese Kosaken in Untertanen.[34] Derartige Fälle finden sich immer wieder in den Bauernerzählungen. Die Einwohner des Dorfes Bogoloscha im Regimentsbezirk Starodub erzählten, daß „ihr Dorf von dem Richter Tscharnytsch mit Gewalt in Besitz genommen“[35] worden sei. Die Einwohner von Moisejewka berichteten, daß „der Amtmann Wasil Pikowetz das Dorf ohne jedes Recht in seinen Besitz genommen hat“.[36]

Eine wichtige Rolle maßen die Bauern den verwandtschaftlichen Beziehungen zwischen den Amtmännern und den Grundbesitzern zu. In diesem „menschlichen Aspekt“ sahen sie einen Beweis für die Tendenz in Richtung Gutsherrschaft, und sie unterstrichen den Einfluß solcher verwandtschaftlicher Beziehungen auf das Schicksal ihres Dorfes: „Hetman Samojlowitsch gab die gemeinen Bauern seinem Schwiegersohn Konstantin Golub“; „das Dorf war dann im Besitz des Hetmansschwiegersohnes“.[37] Die Bauerngeschichten gaben die kompletten Stammbäume der Grundherren wieder, von der ersten Generation an, die die Grundherrschaften „für treuen Militärdienst zu ewigem Besitz“ erhalten hatte.

Die „generelle Untersuchung“ offenbarte das breite Spektrum der Stimmungen unter den Bauern und gemeinen Kosaken zu Beginn der Entwicklung von der Grund- zur Gutsherrschaft. In vielen Dörfern spürten sie noch nichts von dieser Tendenz. Die Einführung der Fronarbeit in einigen Herrschaften hielten sie für eine vorübergehende Erscheinung.[38]

32 Ebd. 4, 5, 6ff.; Generalnoe sledstvie o maetnostjach Tschernigovskogo polka (wie Anm. 18), 22, 23ff.

33 Generalnoe sledstvie o maetnostjach Neshinskogo polka (wie Anm. 12), 12, 16, 22, 24ff.; Generalne slidstvo pro maetnosti Starodubskogo polku (wie Anm. 18), 37, 38ff.; Generalnoe sledstvie o maetnostjach Tschernigovskogo polka (wie Anm. 18), 8.

34 Generalnoe sledswie o maetnostjach Neshinskogo polka (wie Anm. 12), 8.

35 Generalne slidstvo pro maetnosti Starodubskogo polku (wie Anm. 18), 491.

36 Generalne slidstvo pro maetnosti Lubenskogo polku (wie Anm. 18), 17.

37 Generalnoe sledstvie o maetnostjach Neshinskogo polka (wie Anm. 12), 17.

38 Ebd. 12, 76; Generalnoe sledstvie o maetnostnostjach Tschernigovskogo polka (wie Anm. 18), 99.

Nach der „generellen Untersuchung“ verstärkte sich die Tendenz zur Gutsherrschaft. Unter dem Druck der Finanznot war die Hetmansregierung gezwungen, viele Grundstücke aus dem Staatsbestand an Mitglieder der Starschina zu verkaufen. Den Hauptgegenstand der Verkäufe und Verleihungen bildeten freie Staatsdörfer.[39] In den dreißiger und vierziger Jahren bemühten sich die Hetman- und die Zarenregierung, das Kosakenlegen durch die Starschina zu verhindern. Die Motive dafür waren, wie bei einigen ostelbischen Landesherren auch, teils fiskalischer Natur, teils ging es um die Rekrutierungsmöglichkeiten.[40] Aber die Grundherren konnten sich durchsetzen. 1759 mußte Hetman Kirillo Rosumowskij anerkennen, daß die staatliche Grundherrschaft in der linksufrigen Ukraine fast völlig zerstört war: „Viele Böden waren durch verschiedene Amtmänner, oder genauer: durch üble Leute, die ihre Ämter gekauft haben, gestohlen und verkauft worden.“[41] Die weitgehenden Reformversuche des Hetmans nahmen ein tragisches Ende. 1764 wurden die ukrainische Autonomie und die Hetmansregierung durch Zarenerlaß abgeschafft. Die Versuche der Starschina, die ehemalige ukrainische Eigenstaatlichkeit und die alten Freiheiten zu bewahren, waren erfolglos. Nun entwickelten sich die Agrarbeziehungen unter der Zarenherrschaft weiter. Nach dem Verbot des freien Abzugs der Bauern hat die Zarenregierung durch Erlaß vom 3. Mai 1783 die Leibeigenschaft eingeführt. Mit diesem Datum begann eine neue Phase im Prozeß der Umwandlung der Grund- in die Gutsherrschaft in der Ukraine.

Wie reagierten die Bauern und gemeinen Kosaken auf die Bestrebungen der Grundherren vor der offiziellen Einführung der Leibeigenschaft? Was veränderte sich in ihren Wahrnehmungen, in ihrem Geschichtsbild und ihrem Sozialbewußtsein? Die gemeinen Kosaken versuchten, ihre soziale und wirtschaftliche Stellung durch die Restitution der „alten kosakischen Freiheiten“ zu verstärken.[42] Die „alten Rechte“ waren für sie ein Mittel im Kampf um neue Privilegien, die bei der Entwicklung der marktwirtschaftlichen Beziehungen eine Rolle spielten. Die Bauern (deren Vorfahren freie Kosaken gewesen waren) und die Bauerndörfer, die ihre Freiheiten und ihren Boden verloren hatten, hatten andere Ziele als die Kosaken. In der sogenannten Kosakentumswiederherstellung („Schukannja Kosaztwa“) und in anderen sozialen Bewegungen wollten sie ihre ehemalige Stellung und das alte Besitzrecht wiederherstellen. Nun war öfter die Rede von der „guten alten Zeit“, in der „die Leute noch nicht Untertanen waren“. Dieses Bauerngedächtnis spielte eine wichtige Rolle bei den lokalen Bauernaufständen und in den individuellen Aktionen der Untertanen. Dieser harte und lange Kampf um „die goldene vergangene Zeit“ zeitigte eine große Anzahl von Beschwerden und Forderungen, in denen sich das bäuerliche Gedächtnis widerspiegelte.

In ihren Bitten und Beschwerden berücksichtigten die Bauern die neuen politischen Realitäten (den Untergang des Hetmanats und die Stärkung der Zarenmacht) und nahmen eine Art Geschichtskorrektur vor. In Schreiben an die Zarenregierung baten sie, in Betracht zu ziehen, daß „unsere Urgroßväter, Großväter und Väter von alters her treu dem Zarenthron gedient haben“; „meine Vorväter, Urgroßvater, Großvater und andere Vorläufer wohnten seit jeher in dem Dorf Desatuse auf eigenem ewigen Boden im Regimentsbezirk Starodub und dienten treu

39 *Gurshij*, Evoluzija (wie Anm. 3), 34f.

40 Vgl. ebd. 95f.; *Friedrich Lütge*, Geschichte der deutschen Agrarverfassung vom frühen Mittelalter bis zum 19. Jahrhunderts. Stuttgart 1963, 133.

41 K istorii semlevladenija v Malorossii (Svidetelstvo Hetmana Rosumovskogo), in: Kiewskaja starina 25, 1889, 201f.

42 *Smolij*, Formuwannja (wie Anm. 4), 200–204.

dem Zarenthron".[43] In solchen Ausdrücken spiegeln sich Elemente des naiven Glaubens daran, daß dem Zaren das Schicksal der kleinen Leute, ihre Treue und ihr Dienst am Herzen lag. Wie schon zur Zeit der „generellen Untersuchung" argumentierten die Bauern, wenn es um ihre Forderung nach Wiedereinsetzung in den Kosakenstand oder nach der Rückgabe des verlorenen Landes ging, mit Hinweisen auf die „gute alte Zeit", als „unsere Väter und Großväter und andere Vorfahren Kosaken waren und eigene Grundstücke hatten".[44] „In unserem Dorf Vojewitschi wohnten von alters her nur Kosaken, und es gab keine Bauern und keinen Grundherrn."[45] Die Ursachen für den Verlust des Bodens und der alten Rechte suchten die Bauern in der Willkür und in der Gewalt der Dorfherren und der Amtmänner, die die Schutzlosigkeit und die ungünstigen Lebensumstände ihrer Vorfahren ausgenutzt hätten. Dabei bewiesen die Bauern, daß die Grundherren gegen „malorussische Rechte" gehandelt hatten oder „die alten Abkommen verletzt haben, die sie mit unseren Großvätern geschlossen haben".[46]

Im individuellen wie im kollektiven Bauerngedächtnis waren in den sechziger und siebziger Jahren des 18. Jahrhunderts die Erinnerungen an die freie Aufnahme der Böden während und nach dem Befreiungskrieg besonders lebendig und dienten als wichtiges Argument bei der Begründung der Rechte auf den verlorenen Boden. 1765 bat ein Bauer um Rückgabe seiner Böden, denn „vor mehr als 60 Jahren nahm mein Vater Iwan Welitschko freien Boden zwischen den Dörfern Samaschew und Trostan".[47] „Der ewige Bodenbesitz, den mein Urgroßvater, mein Großvater hatten aus jener Zeit, da das Dorf Bobrik gegründet worden war."[48] 1773 begründeten die Bauern des Dorfes Pokoschewitschi in einem Gerichtsstreit mit dem Kloster Nowgorod-Sewersk ihr Recht auf den strittigen Boden, indem sie auf die freie Landnahme nach dem Befreiungskrieg hinwiesen. In der Sicht der Bauern sieht die Geschichte der Agrarbeziehungen in der Ukraine folgendermaßen aus: „Zu der Zeit, als die Malorussen mit Hetman Bogdan Chmelnyzkij ihr Blut vergossen und die Malaja Rossija befreit haben vom polnischen Joch und von der Macht der polnischen Könige, und Untertanen des russischen Zaren geworden sind, war aller Boden der Malorussen zu beiden Ufern des Dnjepr gemeines Land. Dann wurde dieser gemeine Boden unter die Regimenter, Städte, Kosaken und Bauern verteilt. Dadurch, durch die freie Übernahme des Bodens, wurden alle Malorussen Eigentümer. Den Besitz haben sie auf verschiedene Weise gekennzeichnet: Einige zogen einen Zaun um ihren Besitz, andere einen Graben, oder sie markierten ihn mit Grenzlinien. Auf ihren Besitzungen und Grundstücken machten sie, was sie wollten, pflanzten Wälder, legten Gärten an, bauten Mühlen, Höfe, Dörfer, Märkte."[49] In dieser „klassischen" Bauerngeschichte sind die alten Herrschaftsbeziehungen stark idealisiert.[50] Dieses Idealbild war in bäuerlicher Sicht das wesentliche historische und juristische Argument und die Grundlage des Widerstandes gegen gutsherrschaftliche Bestrebungen.

43 Obosrenie rumjanzevskoj opisi Malorossii. Bd. 3. Tschernigov 1875, 562, 566.
44 Ebd.
45 Seljanskij ruch na Ukraini. Seredina 17. - perscha tschwert 19. st. Sb. dokumentiv i materialiv. Kiew 1978, 35.
46 Obosrenie (wie Anm. 43), 562, 566, 567, 611, 813.
47 Ebd. 704f.
48 Ebd. 812.
49 Zit. *Lasarevskij*, Malorossijskie pospolitye (wie Anm. 3), 18f.
50 *Smolij*, Formuwannja (wie Anm. 4), 191.

Zusammenfassend läßt sich sagen, daß sich nach dem Befreiungskrieg die neue Elite um Einführung der Gutsherrschaft bemühte, d.h. um Eigenwirtschaft, Einführung von Frondiensten, Schollenpflichtigkeit, Untertänigkeit der Dorfbevölkerung. Zu diesem Zweck nutzte sie ihren wirtschaftlichen und herrschaftlichen Einfluß auf die Bauern ebenso wie ihre amtliche Stellung. Der Druck hin zur Gutsherrschaft prägte sich ins Gedächtnis der Bauern ein. Die Bauern und die gemeinen Kosaken betrachteten als rechtmäßige Norm die freie Annahme und den Besitz des Bodens infolge des Befreiungskrieges; die Staats- und Ranggrundherrschaften, die zeitweiligen Verleihungen von Boden für Dienst- und Militärleistungen; die Möglichkeit des Kaufs und Verkaufs der eigenen Grundstücke; die Gründung von neuen Siedlungen in Grundherrschaften; den freien Status der Dorfbewohner. Sehr scharf kritisierten sie die gutsherrschaftlichen Bestrebungen, die Allodifizierung der staatlichen Verleihungen, die Umwandlung gemeiner Kosaken und freier Bauern in Untertanen, das Kosaken- und Bauernlegen, die Willkür und den Machtmißbrauch der Grundherren. Diese Vorstellungen sowie ein Gefühl für den Unterschied zwischen Grund- und Gutsherrschaft gaben den Bauern die moralische und rechtsgeschichtliche Grundlage ihres Widerstands.

Jede Generation von Dorfbewohnern hatte im individuellen wie im kollektiven Gedächtnis die historische Erfahrung und die Erinnerung an die wichtigsten Ereignisse und an die Veränderungen der Dorf- und Grundherrschaftsgeschichte behalten. Dabei wurde die eigene Geschichte in die Struktur der allgemeinen Staats- und Landesgeschichte eingeschlossen. Aber im Mittelpunkt stand die Dorfwelt; die bäuerlichen Wahrnehmungen waren auf die konkrete Situation in Dorf und lokaler Herrschaft bezogen.

Jaroslav Čechura

„... *die pauern leben wie sie wollen*". Logik und Taktik der Bauern beim Aufstand im Jahre 1680 in der Herrschaft Broumov (Braunau) in Böhmen

Am 20. Mai 1680 ging es im ostböhmischen Städtchen Broumov (Braunau) recht lebhaft zu. Die Vertreter der Untertanen „des Braunauer Ländchens" überbrachten dem Amtmann ihrer benediktinischen Obrigkeit eine zweite Version ihrer Beschwerdeschrift. Sie warteten nicht einmal die Antwort auf ihre ersten Forderungen ab, die sie dem Abt selbst erst sechs Tage zuvor vorgetragen hatten. Ihre Unzufriedenheit hielt an, da sie diesmal ganze 45 Punkte vorlegten, die eine Richtigstellung erforderten. So hieß es z.B. im Artikel 17: „Der Kherbäsen halber so vor Kurzen Jahren ins Kloster Zugeben aufkomben, Kombt gleichfals beschwerlich, weil Sie solche auch sogar mit sich in die Scheünen und forwegke sambt den rechen bringen müssen."[1]

Auch die Erstellung dieses umfangreichen Katalogs erschöpfte die Energien der Broumover nicht: Es verstrichen keine drei Tage, als sie direkt dem Bezirkshauptmann persönlich eine dritte Version ihrer Forderungen vorlegten. Diesmal war die Beschwerdeschrift etwas kürzer gehalten, die „beschwerlichen Besen" wurden im Artikel 15 untergebracht. Doch wie reagierte die Obrigkeit? Bei ihrer Darstellung an das Bezirksamt argumentierten die Benediktiner folgendermaßen: „Es ist ein Schandt uber die Bösen sich Zubeschweren, alss wan Die H. Geistl[ichen] selbsten solten Besen binden, in dem ein stuck kaum 1/2 Kreutzer werths, und auf 2 oder 3 Unterthan dess Jahres nicht ein stuck Zu geben Kommet."[2] Zum Vergleich: die Höhe eines Tagelohns stellte damals etwa den Wert von zwei Dutzend Besen dar.

Es scheint, als ob hier eine „peinliche Genauigkeit" vorläge[3], die somit vielleicht nicht nur ein typischer Zug der Sozialdisziplinierung „von oben nach unten" sein dürfte, wie im Zeitalter des Absolutismus. Denn in diesem Falle wurde die umgekehrte Richtung, „von unten nach oben", eingeschlagen! Den soeben angeführten Artikel möchte ich jedoch eher durch einen

1 KNM (Bibliothek des Nationalmuseums, Prag), VI C 34, fol. 31r. (im folgenden: Hesselius), in den Zitaten verwende ich die ursprüngliche Schreibweise.
Diese Studie ist ein Teil einer umfangreichen Monographie über Ostböhmen im Jahr 1680. Konzeptionell ist sie angelehnt an die unten zitierten Arbeiten von Andreas Suter, Werner Troßbach und Jan Peters.

2 Hesselius, f. 62–63r. Unter dem Begriff „Broumover" fasse ich alle Bewohner der Broumover Herrschaft: Bauern, Häusler, Hauselleuthe, freie Bauern und Schultheißen (Dorfrichter).

3 *Gerhard Oestreich*, Strukturprobleme des europäischen Absolutismus, in: *Ders.*, Geist und Gestalt des frühmodernen Staates. Berlin 1969, 194.

Hinweis auf den „Eigensinn" der Bauern erklären [4], beide Arten des Herangehens brauchen sich nicht grundsätzlich voneinander zu unterscheiden. Wichtiger, als die Gemeinsamkeiten und Unterschiede beider Konzepte herauszuarbeiten, ist es anzumerken, daß sich die Broumover Unzufriedenen bald selbst der „Unangebrachtheit" der erwähnten Forderungen bewußt wurden. In der vierten und fünften Version ihrer Forderungen erscheint der bewußte Artikel nicht mehr. Dabei ist zu bemerken, daß alle diese fünf Beschwerdeschriften innerhalb von nur sechs Wochen das Licht der Welt erblickten.

Wenden wir uns nun jedoch dem eigentlichen Verlauf des Aufstandes der Broumover Untertanen im Jahre 1680 zu – unter dem Blickwinkel ihrer eigenen Logik und Taktik, wie er anhand der Entwicklung der Beschwerdeartikel erkennbar wird. Dabei wollen wir nicht die Argumentationsweise der Obrigkeit sowie den Ausgang des ganzen Streites außer Acht lassen.

Broumov 1680: Ort, Zeit und Kontext des Bauernaufstandes

Das Broumover Gebiet befindet sich im nordöstlichen Zipfel Ostböhmens: es handelt sich um eine Region an der Grenze zu Schlesien. Das Benediktinerkloster in Broumov und seine Güter erlebten im 17. Jahrhundert viele Veränderungen. Um das Jahr 1600 stellte das Kloster eine schwache Obrigkeit dar, im Kloster lebten nur einige wenige Ordensbrüder, die dem insbesondere in der Stadt an Kraft gewinnenden Luthertum zu trotzen hatten.[5] Nach dem Ausbruch des Aufstandes der böhmischen Stände wurde das Kloster 1619 von der Stadt eingezogen, der Konvent wurde vertrieben und die Güter verkauft. Nach der Schlacht am Weißen Berg wurde das Kloster restituiert. Durch die „Verneuerte Landesordnung" von 1627 wurden alle Privilegien und Vorrechte aufgehoben, die der Stadt Broumov und der gleichnamigen Herrschaft vor dem Jahre 1618 verliehen worden waren.

Um die Mitte des 17. Jahrhunderts kam es zu einer stufenweisen Erneuerung der obrigkeitlichen Prärogativen. Mit dem Abt Thomas Sartorius (1663), einem gebürtigen Broumover, setzte die Aktivierung der Eigenwirtschaft ein. Beides rief Konflikte zwischen dem Kloster und den städtischen und ländlichen Untertanen hervor: einen langjährigen Streit der Stadt mit den Benediktinern sowie auf dem Lande den Bauernaufstand im Jahre 1680.

Die Güter des Klosters besaßen eine eigenartige dreiteilige Struktur. Den ersten Teil stellte die gleichnamige untertänige Stadt Broumov dar, die durch ihre Tuchmacherei berühmt war. Den zweiten Teil bildete die Herrschaft Broumov, die aus zwanzig deutsch besiedelten Dörfern bestand. An dieses Gebiet grenzte die im Gegensatz dazu von Tschechen bewohnte Herrschaft Police [Politz] an der Metuje. Die im Gebiet von Broumov vorherrschenden natürlichen Bedingungen führten zur Entfaltung zahlreicher nichtagrarischer kommerzieller Aktivitäten, von denen die Tuchmacherei die größte Bedeutung erlangte. Das Gebiet von Broumov zählte zu den Territorien mit der europaweit größten Konzentration dieses Gewerbes. Im ersten Drittel des 18. Jahrhunderts, als die ländliche Tuchmacherzunft den größten Aufschwung nahm, waren in ihr fast 1200 Mitglieder zusammengefaßt! Das Broumover

4 *Jan Peters*, Eigensinn und Widerstand im Alltag, in: JbWG 1991/2, 85–103, hier bes. 87, 92f.

5 Eine Übersicht bietet *Laurentius Wintera*, Geschichtsbild der Stadt Braunau und der Umgebung. Braunau 1894.

Gebiet wies eine hohe Bevölkerungsdichte auf. Im Durchschnitt war jeder sechste Dorfeinwohner des Gebietes Mitglied der Zunft.[6]

In der Amtszeit der Äbte Thomas Sartorius (1663–1700) und Othmar Zinke (1700–38) erreichte das Kloster den Höhepunkt seiner wirtschaftlichen Entfaltung. Dies wird auch an den umfangreichen baulichen Aktivitäten sichtbar, an denen sich die bedeutendsten Barockarchitekten Böhmens, mit Kilian Ignaz Diezenhofer an der Spitze, beteiligten. Im Broumover Gebiet entwarf er sogar ländliche Pfarrkirchen. Diese Tatsachen sprechen für das hohe kulturelle Niveau des Gebietes, welches sich nicht auf die Mauern des Benediktinerklosters beschränkte, sondern das ganze Klima auf dem Territorium der Klosterherrschaft prägte.[7]

Das Jahr 1680 gilt in der Geschichte Böhmens als das der ersten umfassenden Bauernbewegung, die in einer Reihe von Aufständen gipfelte. Die Bewegung konzentrierte sich auf Nord-, West- und Ostböhmen.[8] Ihr Beginn, der schon mit dem Herbst des Jahres 1679 anzusetzen ist, hängt unmittelbar mit dem Eintreffen Kaiser Leopolds I. in Böhmen zusammen. Es dürfte keine Überraschung sein, daß die Bewegung auf den kaiserlichen Kammergütern begann.[9] Im Broumover Gebiet brach der Aufstand relativ spät aus. Die Initiatoren der öffentlich artikulierten Unzufriedenheit waren die Stadtbürger. Am 10. Mai 1680 hatten sie sich „unter denen Lauben am ringe versamblet, und aus ihnen einen aussschus auf das Ratshaus, an den Rath abgeordnet."[10] Am 14. Mai wurde diese Abordnung vom Schultheißen und Dorfrichter des Broumover Gebietes, Georg Güntzel aus Šonov [Schönau], angeführt und die ersten Forderungen vorgebracht. Am 20. Mai wurde der Forderungskatalog durch Untertanen der benachbarten Herrschaft ergänzt: „Den Policzer Herrschaffts Pauern und Unterthanen hatte der wind den Braunischen Rauch Ihres aufstandes umb die freiheitten Zu suchen uber berg in die Nasen gewehet, der geruch schmeckete Ihnen wohl, Sie traffen in Ihren aufsaczen (?) zimblich zusamben."[11]

Die folgenden drei Monate verliefen in ziemlicher Ruhe, während die Verhandlungen zur Lösung der komplizierten Lage im Broumover Gebiet in Gang gekommen waren. Schließlich fällte die kaiserliche Untersuchungskommission ihr Urteil. Die Bürger unterwarfen sich schon Anfang Juli und ihre „Rebellion" wurde durch einen neuen Treueid an die Obrigkeit und die Auferlegung von Geldbußen an mehr als 230 Personen beendet. Auf Empfehlung des Stadtrates distanzierten sie sich von Anfang an von den Bauern: „sich mitt denen Hiesigen aufrührischen bauern nicht zu Coniungiren noch zu vermischen, sondern in geduld Zustehen und da sie billichmässige beschwerden einzuwenden, gebührendt und bescheiden anzumelden."[12]

6 *Jaroslav Čechura*, Broumovsko v 17. století – neznámá apitola evropské proto-indistrie. (Das Broumover Gebiet im 17. Jahrhundert – ein bisher unbekanntes Kapitel der europäischen Proto-Industrie.), in: Historicky obzor, 1995, 9–10, 223–228.

7 *Milada Vilímková/Pavel Preiss*, Ve znamení břevna a růže. Historický, kulturní a umělecký odkaz benediktínského opatsví v Břevnově. (Im Zeichen des Balken und der Rosen. Historisches, kulturelles und künstlerisches Vermächtnis der Benediktinerabtei in Břevnov.). Praha 1989.

8 *Eliška Čáňová*, Prameny k nevolnickému povstání v roce 1680. (Quellen zum Bauernaufstand im Jahre 1680.) Praha 1986.

9 *Eduard Maur*, Petice poddaného lidu. (Petitionen der Untertanen.) in: Sborník referátů ze 4. severočeského symposia. Česká Lípa 1981, 249–263.

10 Archiv Národního muzea (Archiv des Nationalmuseums Prag), Ms 1337, fol. 1r. (im folgenden Plackwitz).

11 Hesselius, fol. 28v.–29r.

12 Plackwitz, fol. 1v.–2r.

Nicht nur in der zeitgenössischen ausführlichen Schilderung der Entwicklungen in der Stadt aus der Feder des Stadtschreibers, Johan Plackwitz, sowie seitens des Verfassers des D i a r i u m s des Aufstandes, des Amtmanns Johann G. Hesselius, wird die Schuld an der in der Stadt sowie auf der gleichnamigen Herrschaft entstandenen Unruhe eindeutig den Bauern zugeschrieben: „ohn Zweiffel von Ihnen Pauern, So Ihre Kinder Zu den Burgerschaft befördert haben Sonderlich aufgehetz“.[13]

14. Mai 1680

Über die „Vorgeschichte“ des Aufstandes[14] in der Herrschaft Broumov fließen die Nachrichten recht spärlich. Wir verfügen dazu nur über indirekte Angaben. Sie deuten allerdings an, daß es nicht möglich war, ein einheitliches Vorgehen der Schlüsselpersonen herbeizuführen. Diese waren die Dorfrichter, vorwiegend vermögende ältere Männer.[15] Von Januar bis Mai 1680 herrschte Ruhe in der Broumover Herrschaft, es gab keine Spur einer etwaigen Spannung. Nach dem offiziellen „Amtmannsbuch“ will es scheinen, als wäre das größte Problem zwischen Anfang Januar und der ersten Dekade des Mai 1680 gewesen, wie ein elfjähriges Mädchen zu begraben sei[16], das Ende März ertrank, nachdem es von einem Schwan angegriffen worden war.

Der 14. Mai war ein Dienstag, und es wurde der regelmäßige Amtstag in der Herrschaftskanzlei abgehalten. Vielleicht war es kein Zufall – im Hinblick auf die Ereignisse in der Stadt Broumov vier Tage zuvor – daß hier seit den Morgenstunden der Abt selbst amtierte, der fünfzigjährige Thomas Sartorius. Ebenso war wohl die Zusammensetzung des Personenkreises kein Zufall, der am Morgen vor dem Gebäude erschien: „ecce da warteten auf den Vorhauss der Canzlei mehrentheils Scholtzen und Richter in Perschon, sonst ungebräuchlich, und im Vorhoff ohne Vorhörige vermuthung ein zimbliche Menge Ungewohnter weise, Gemeine Pauern [...] Sie solten mitsamben Conferiren, und hernach antwortten, bald hierauf fing Georg Göntzel Scholtze zu Schönaw anzureden, Sie hetten sich unter einander Vernomben, und weren ruchellig, die Leüthe könten es nicht mehr schaffen, die beschwerden weren zu gross, müsten es der Obrigkeit Vortragen, und betten umb Linderung [...] Wie es dan geschehen, das Vorgemmelter Scholtze zu Schönaw, der Haubtmanssdorffer und Wernerssdorffer alle beschwernus, biss Sie keine weiter erdenken und Vortragen Konten, uber welche sie öfters befraget wurden, was noch mehr sie hetten, Vorbrachten“. Soweit die Aufzeichnungen von J.G. Hesselius.[17]

Die Beschwerden wurden dem Abt mündlich durch den ungefähr sechzigjährigen Georg Güntzel, den reichen Schultheiß von Schönau, des einwohnerreichsten Dorfes der Broumover

13 Státní oblastní archiv (Staatliches Gebietsarchiv) Zámrsk, Herrschaft Broumov, Kart. 320.

14 So wurden die Ereignisse im Broumover Gebiet vom Abt, den Bezirkshauptleuten und der Untersuchungskommission bezeichnet. Zur Terminologie *Silke Göttsch*, „Alle für einen Mann...“. Leibeigene und Widerständigkeit in Schleswig-Holstein im 18. Jahrhundert. Neumünster 1991, 26–33.

15 Zu den Eigentumsverhältnissen auf der Herrschaft *Vratislav Šmelhaus* (Hrsg.), Broumovský urbář 1676/1677. (Das Urbar von Broumov aus dem Jahren 1676/1677.) Praha 1976. Das Urbar wurde von J.G.Hesselius verfaßt.

16 Siehe Anm. 13.

17 Hesselius, fol. 11v.–12r.

Herrschaft, vorgetragen. Der Amtmann nahm sie auf – sehr bündig in zwölf Punkten zusammengefaßt – und versicherte den Anwesenden, daß er sie in schriftlicher Form weiterleiten würde. Es ist nicht ganz eindeutig, ob die Dorfrichter ihre Aufsätze schriftlich vorbereitet hatten oder ob sie der Amtmann selbst an Hand der Aussage der genannten drei Dorfrichter niederschrieb. Nach später abgelegten Zeugnissen dürfte die zweite Version wahrscheinlicher sein.[18] Die meisten Artikel beziehen sich auf Neuerungen, die es früher in der Herrschaft nicht gegeben und die die Obrigkeit in den letzten Jahren eingeführt hatte. Zum Schluß wurde die Höhe der Besteuerung und die Häufigkeit der Frondienste erwähnt.

Die schwerste Last war der Frondienst auf dem entfernten Gut Sloupno [Slaupno], das das Kloster vor sieben Jahren gekauft hatte. Eine neue Pflicht stellte das Weiden herrschaftlicher Viehherden in den Dörfern, die Vorbereitung und das Weben von Flachs und Hanf dar, eine Pflicht, die schon früher in eine Geldabgabe umgewandelt worden war. Nun wurden wiederum auch Naturalien gefordert. Darüber hinaus ging es in den ersten fünf Artikeln um die Ackerbearbeitung auf den Meierhöfen, da dort keine Pferde mehr gehalten wurden. Zusammengefaßt ergibt sich die folgende Gliederung der Artikel: die Hälfte von ihnen bezieht sich auf die neuen finanziellen Lasten, ein Drittel auf den Frondienst, die übrigen betreffen den sozialen Bereich.

Am Nachmittag des 14. Mai – als die Bauern, insbesondere die Schönauer, immer noch vor dem Büro warteten, wurde von den Beamten ein Versuch unternommen, sie zu beruhigen, indem sie den Bauern das kaiserliche Patent vom 22. März 1680 vorlasen. Ihre Bemühungen waren aber vergeblich, weil „der zusammenlauffende Pöffel von Schönaw schrie einhellig, Wier begehren unsere alte gerechtigkeit wider, die obrigkeit solte Sie ihnen wiedergeben, oder würde nicht gutt werden, Sie müsten solche haben, hetten sich lange genug geduldet ... der Pöffel wurde immer grösser in der Canzlei, sie schreien für und für einträchtig, Wier begehren Unsere alte Vorige Gerechtigkeit, Unsere Privilegien, die Von der Obrigkeit Unss gewaltsamber weise seindt weggenomben worden.“[19]

Auch am Abend beruhigte sich die Lage nicht. Die erregte Menge begab sich ins Wirtshaus. Um eine Beruhigung bestrebt, trafen dort der Stadtpfarrer Karl Höfner mit dem Kanzlisten Georg Christof Weiss ein, sie hörten aber immer wieder: „begehrten die alten Gerechtigkeiten, die müsten Sie haben“.[20] Als der Pfarrer sah, daß er die erregten Broumover nicht beruhigen konnte, lud er sie zu einer neuen Verhandlung am Freitag, den 7. Mai, ein. Die Bauern störte es nicht, daß auf der Herrschaft eine Kompanie des Regiments „de Grana“ einquartiert wurde, weil im Kreis Hradec [Königgrätz], auf dessen Gebiet sich auch die Herrschaften der Benediktiner befanden, Bauernaufstände stattfanden. Es scheint sogar, daß die Soldaten selbst Unruhe in der Herrschaft stifteten.[21] Schon am nächsten Tag allerdings ersuchte der Abt den Kreishauptmann um ihren Abzug.

18 Ebd., fol. 134r. Alle Versionen der Beschwerdeschrift der Broumover sind hier niedergeschrieben.
19 Ebd., fol. 14v.–15r.
20 Ebd., fol. 16r.
21 Ebd., fol. 21r.

Wo sind die alten Freiheiten geblieben?

Der 17. Mai fiel auf einen Freitag. Aus jedem Dorf stellten sich in der Herrschaftskanzlei ein Schultheiß (oder Dorfrichter), ein Geschworener und zwei „gemeine" ein. Der Amtmann machte sie auf ihren Untertanenstatus aufmerksam und auch darauf, daß sie vor kurzem einen „Erbhuldigungs Aidt" geleistet hätten.[22] Er stellte ihnen auch die Frage, „Wer den gemeinen Fried breche mit Worten oder Werken, was darumb seine Buss sei?" Er erinnerte an die Ereignisse vom Dienstag und daran, daß die Schultheißen die Beschwerden bereits vorgetragen hatten. Die Obrigkeit werde tun, was in ihren Kräften stehe. Die Dorfvertreter wurden dann aufgefordert, ihre Forderungen zu wiederholen. Das Wort ergriff G. Güntzel aus Schönau, der erklärte: „der gemeine Pöffel wolte Ihnen nichts Lassen einreden sie droheten auf Sie, weren vor Ihnen nicht sicher, Wolten das alte privilegium Von Ihnen haben"[23]. Die anwesenden Dorfleute ließen den alten Schultheiß nicht einmal zu Ende reden und fingen an zu rufen, daß sie ihre alten Privilegien wiederhaben wollten, wenn sie nichts erhielten, wollten sie zum Kaiser ziehen. Darüber hinaus versammelte sich vor der Kanzlei eine große Anzahl Menschen aus den Dörfern der Herrschaft und es strömten immer neue Bauern herbei. Der Konvent kam zu dem Schluß, daß es notwendig sei, das Privileg herauszugeben, wenn auch seine Gültigkeit fragwürdig sein würde.

Dann geschah etwas ganz Unerwartetes. Die Benediktiner konnten das Dokument nicht ausfindig machen. Zum Schluß begnügte sich der „pöffel" mit einem „revers oder attestatum". Das Dokument wurde von G. Güntzel übernommen, welcher „meinte zum Vidimus Pergament zu kaufen".[24] Diese Entwicklung wurde von den Broumovern dahingehend verstanden, daß es sich um den entscheidenden Schritt zur Rückgabe ihrer alten Freiheiten handelte.

20. Mai 1680

Auf den ersten Blick läßt sich die zweite, umfangreichere Version der Beschwerdeschrift der Broumover auf den Umstand zurückführen, daß am 20. Mai 1680 auch die Politzer Untertanen ihre „Puncta" vorgebracht und die Broumover nun die bedrängte Lage des Konvents ausgenutzt haben. Tatsächlich kamen jedoch einige Dorfrichter schon am 18. Mai erneut in die Kanzlei und baten um einen Platz, wo sie die neue Version ihrer Beschwerden schreiben könnten. Den vorgeschlagenen Neubau der Stadtschenke lehnten sie ab, statt dessen gingen sie in die Schenke im nahen Voigtsdorf („dahin nebst den Scholtzen laufet ein grosse menge des gemeinen Volcks Zusamben"[25]). Durch dieses Vorgehen unterstrichen sie offensichtlich die Legalität ihres Tuns, was von der anderen Seite auch akzeptiert wurde. Sie verblieben in der Schenke und arbeiteten dort den ganzen Tag an einem neuen Text. Am kommenden Tag (19. Mai) war Sonntag; sie verbrachten ihn in Broumov beim dortigen Bürger Georg Renner, der für sie den neuen Text der Forderungen niederschrieb, „postulata in die Ordnung Zu Papier bringen sollte."[26]

22 Ebd., fol. 23r.
23 Ebd., fol. 23v.
24 Ebd., fol. 26v.
25 Ebd., fol. 28r.
26 Ebd., fol. 28v.

Sie wurden am Montag, dem 20. Mai, wiederum von G. Güntzel aus Schönau übergeben. Der Beschwerdenkatalog war ausgesprochen umfangreich, er umfaßte 45 Artikel, von denen sich einige mit mehr als einer Angelegenheit befaßten. Eine Hälfte von ihnen betraf neue, früher nicht dagewesene Pflichten, die größtenteils als Frondienst zu leisten waren. Fast zwanzig Artikel berührten finanzielle Angelegenheiten, vor allem neu eingeführte Gebühren, aber auch sehr alte Abgaben, von denen die Bauern annahmen, daß sie aufgehoben werden könnten. Die letzten fünf Punkte bezogen sich auf soziale Angelegenheiten. Auch diese Beschwerdeschrift beginnt mit Klagen über den Frondienst in Slaupno, es folgen die Punkte: Ausfuhr von Schlamm aus dem Stadtteich, weite Fuhren, Gebühren für „Uberlange Holtzen", das Weiden des herrschaftlichen Viehs in den Dörfern. Wie in den vorhergehenden Beschwerden erscheint als letzter Artikel die kaiserliche Steuer.

Das Dokument zeigt eine gewisse innere Differenziertheit der Beschwerdeführer. Es sind Artikel von Dorfrichtern, Bauern und Heuerligen aufgeführt. Sie entbehren jedoch einer strikten Abgrenzung oder Hierarchisierung. Die Zusammensetzung der Schrift spiegelt gewissermaßen das Elementare ihrer Entstehung wider. Da nur drei Tage später eine neue Version der Broumover Beschwerden auftauchte – die sich nur wenig von jener des 20. Mai unterschied – ist es vielleicht zweckmäßig, über ihren Inhalt detaillierter zu berichten, indem wir beide gemeinsam behandeln.

23. Mai 1680

Es gab zwei Anregungen zu einer weiteren Präzisierung der Broumover Forderungen. Die Obrigkeit antwortete am 21. Mai in vierzehn Punkten kurz auf die Beschwerdeartikel vom Vortag.[27] Die Antwort zeichnete sich durch gemäßigte Formulierungen aus. Es wurde das Bestreben deutlich, den Forderungen der Untertanen wenigstens in einigen Punkten entgegenzukommen. Diese Bemühungen stießen aber auf wenig Verständnis: „Sie hatten Kaum diese antwort Zu ohren bekommen, und in Ihr ruhlosses gehirn gefast, da erschalleten schon in der Stadt ihre gehabten consilia undt stimmen, alss nemblich diese antwort were nichts, were ärger alss Zu Vor, Sie müssen Zum Kaiser."[28] Der Abt Thomas schickte sofort einen dringenden Brief an die Kreisbeamten und lud sie auf die Herrschaft ein. Schon am zweiten Tag traf in Broumov der Kreishauptmann Freiherr Rudolf Jindřich Odkolek von Újezd selbst ein. Er ordnete an, daß sich am nächsten Tag in der Frühe aus jedem Dorf der Dorfrichter und je ein Schöffe in der Stadt einfinden mögen. So geschah es auch: „Der Scholtze Zu Schönaw Georg Göntzl ohne Vieles Reden Uberreichet Ihre Beschwernus Punckta".[29] Die Artikel unterschieden sich etwas von den vorherigen, vor allem durch ihre Überarbeitung. Den Broumovern – selbstverständlich einschließlich der Person, die den Text redigierte – waren die Tragweite des Verfahrens und die Bedeutung der Person, der sie die Beschwerden übergaben, sowie auch, wie das Dokument demzufolge auszusehen hatte, klar. Eine Reihe von Formulierungen – die im Rahmen der direkten Beziehung Untertan-Obrigkeit eindeutig verfaßt worden waren – wurden hier ausführlicher beschrieben und erläutert, inklusive einer gewissermaßen „historischen Argumentation" über die Neuheit einiger Lasten. Der einführende Artikel entsprach der

27 Ebd., fol. 34v.–35v.
28 Ebd., fol. 36r.
29 Ebd., fol. 39r.

traditionellen Vorgehensweise, er betraf das Gut Slaupno. Im zweiten Artikel wurde eingehend die Bildung der Eigenwirtschaft des Klosters, der Meierhöfe und Mühlen, dargestellt sowie die nie dagewesenen neuen Lasten, die sich daraus ergaben: „Mehr haben wier auch müssen alle fuhren, des Landes, undt ausser des Landes Verrichten, welche newe Beschwernussen undt mühwaltungen Unss gleichfals Unerträglich gefallen."[30] Im nächsten Punkt wurde von der Reinigung des Stadtteiches berichtet. Der folgende Punkt bezog sich auf „das Lange Holz", der fünfte berührte die Pflicht, Vieh zu halten, mit der präzisen Angabe, sie sei vor 16 Jahren eingeführt worden.

Diese nähere Angabe hinderte die Broumover nicht, im für den Kreishauptmann bestimmten Dokument Beschwerden folgender Art unterzubringen: „Mehr wan Ihme ein Pauer Ein gesünde in der Canzlei Zu schreiben Lasset, Kombt auch Ihnen sehr beschwerlich Einen groschen von Einem Zu geben, welches Zu Vor niemalss gewessen."[31] Darüber hinaus war die Zufuhr von Eis beschwerlich, das Graben von Wolfsgruben, das Treiben der Reitpferde der Mönche, das Hacken von Ruten, das Binden von Stricken; all das konnten sie nicht mehr ertragen.

Die Bedeutung dieser Lasten soll nicht unterschätzt werden. Die Logik und auch die Taktik der Unzufriedenen richtete sich nicht – in modernen Begriffen ausgedrückt – nach einer „rationalen Erwägung", derzufolge Klage über jene Lasten zu führen sei, die „objektiv" am schwersten drückten. Die Broumover folgten einer anderen Logik: Es war angebracht, sich über all das von der Obrigkeit geforderte zu beschweren, was, sei es in Form von Arbeit oder Abgaben, scheinbar oder tatsächlich nicht in Einklang mit den alten Gewohnheiten stand. Und Beschwerde war nicht nur bezüglich dieser, auf den ersten Blick „albernen, kleinen Sachen" zu führen. Das dem Kreisamt eingereichte Gesuch enthielt auch Bitten um den Erlaß einiger von den Dorfrichtern zu entrichtenden Geldabgaben, und zwar sogar der Verbindlichkeiten und Schulden, die aus privaten kommerziellen Aktivitäten von Einzelnen entstanden waren.

Eine wesentliche Erweiterung erfuhr der letzte Artikel, der sich auf die Steuerlast bezog. Hier wurde endlich im Detail die Höhe der im vergangenen Jahr entrichteten Steuer angeführt – es handelte sich um volle 5600 Gulden. Den Untertanen war also die Höhe der Summe genau bekannt. Gerade in diesem Zusammenhang tritt die Logik der von den Broumovern vorgebrachten Beschwerde deutlich zutage; im Falle der unmittelbaren Obrigkeit wird fast jeder Kreuzer oder Groschen, der aufs „neue" verlangt wurde, unabhängig von der Motivation, in der Beschwerdeschrift genannt. Demgegenüber begegnen wir erst zum Schluß der bedeutendsten Last, nämlich der kaiserlichen Kontribution. Mit ihr betreten wir einen anderen Boden, ging es doch um das Herrscherregal, und im Lichte der oben beschriebenen Logik der Broumover Unzufriedenen stellte der Herrscher ihre letzte Sicherheit dar, die höchste Instanz, zu der sie Zuflucht nehmen konnten, wenn sie beim Kreisamt nichts erreichten.

Bei all dem ging es den Broumovern nicht nur um die Beibehaltung der traditionellen Pflichten. Der Inhalt der Beschwerdeschrift ging über diese trivialen Tatsachen weit hinaus. Dessen waren sich alle Teilnehmer am Streit wohl bewußt, der Kreishauptmann äußerte sich dazu lapidar. „Wan Sie diese postulata oder beschwerligkeiten zurücksezen [...] weren Sie meher alss alle freie Städte im Königreich."[32]

30 Ebd., fol. 39v.
31 Ebd., fol. 42r.
32 Ebd., fol. 44v.

Die Dorfrichter übten gegenüber dem Kreishauptmann keine Zurückhaltung; sie drohten ihm, sie würden sich beim Kaiser beschweren. Eine weitere Verhandlung schien überflüssig zu sein. Am späten Nachmittag (oder Abend) sollte sie unter Anwesenheit von je zwei Personen von jedem Dorf fortgesetzt werden. Es versammelte sich jedoch eine große Anzahl Leute: „es schrien aber alle, Zum Kaiser Zu gehen, bitten wier umb erlaubung, Zum Kaiser wollen wier, bitten mit aufgehobenen händen, sie möchten wenig oder Viel erhalten, begehrten Ihre alte Gerechtigkeit".[33] Odkolek sah ein, daß er mit den Broumovern zu keinem Schluß kommen konnte. Er forderte sie deshalb auf, dem Kreisamt ein Memorial mit Beschwerden einzureichen, auf das sie eine Antwort erhalten würden. Seinen Aufenthalt auf dem heißen Boden der Herrschaft beendete er mit der Anordnung, daß die Untertanen wieder Frondienst zu leisten hatten, was sie ihm, offensichtlich ungern, versprachen. Gleichzeitig erteilte er den in der Herrschaft liegenden Soldaten den Befehl zum Abzug.

Während der darauffolgenden Tage bereiteten die Dorfrichter des Broumover Gebiets die Abordnung zum Kreisamt vor. Zu diesem Zwecke erhoben sie eine besondere „Steuer", bestimmten auch die „Tagesdiäten" für jeden einzelnen ihrer Repräsentanten. Es wurden mehr als 600 Gulden gesammelt. Über die Verwendung dieser Gelder sind Rechnungen erhalten.[34] Die Untertanen wußten, daß es sich ziemte, der Frau Gräfin feines Leinen zu schenken sowie die Kreisbeamten zu beschenken oder ihnen Geld zu geben.

Die führenden Persönlichkeiten der Deputation waren wiederum die Dorfrichter[35], ihre Zahl ergänzte der junge Schreiber George Khalert, ein entlaufener Theologiestudent, Sohn des reichsten Müllers der Herrschaft. Es ging um keine Konspiration, die Deputation ersuchte um ein Begleitschreiben in der Kanzlei. Der Grund dafür war die Pestepidemie, die noch im Kreis anhielt, aber nicht der Grad der Untertanenbindung.[36]

Schon am 25. Mai brach die Deputation nach Miletin auf, wo sich das Kreisamt befand. Zwei Tage später trugen vier ihrer Vertreter eine zusammenfassende Beschwerde vor, aus der hervorging, daß „wier Von Unser Obrigkeit Ihro gnädigen Abbten und Herren, von Viel verwichenen Jahren, mit so Vielen und Unterschidlichen newerdachten auflagen und beschwerden seind belästiget worden [...] weil Unsere alte Privilegia [...] entführet worden [...] wie auch nichts von der Erbunterthanigkeit, welche Unss den 17. Mai unter der Abtei und des Ehrwürdigen Conuents Insigel heraussgeben und entlassen worden".[37] Die dem Kreisamt vorgelegte Schrift enthält in summarischer Fassung Angaben über die beiden grundlegenden Motivationen ihrer bisherigen Handlungen. Eine Ursache ihres Vorgehens stellten die zahlreichen von der Obrigkeit eingeführten Neuerungen dar, die zweite die Tatsache, daß ihr „altes Privilegium" den Begriff „Erbunterthänigkeit" nicht beinhaltete. „Gehorsamb, demüttig bitten, flehen und begehren, Sie wollen sich gnädig geruchen Lassen, solche Newgemachte Beschwernus Puncten in Obsicht nehmen, weiln wier so offt ganz demüttig gebetten und nichts erhalten haben."[38] Sie seien willens, auf den drei alten Meierhöfen Frondienst zu ver-

33 Ebd., fol. 45v.

34 Alle bei Hesselius, sie werden gesondert behandelt.

35 G. Güntzel aus Schönau (Dorfrichter seit 1657), H. Volcke aus Hauptmannsdorf (Dorfrichter seit 1661), J. Hertzog aus Ruppersdorf (Dorfrichter seit 1654), C. Hertzog aus Bürkisch (Dorfrichter seit 1675).

36 Hesselius, fol. 48r.

37 Ebd., fol. 51r.–v.

38 Ebd., fol. 51v.

richten, auch wenn diese Pflicht im ursprünglichen Privilegium nicht gesondert angeführt worden war.

Diese Auffassung der bäuerlichen Freiheiten und Pflichten, die durch die ausgehändigte Bestätigung des Privilegs von Gregorius vom 17. Mai 1680 sanktioniert werden sollte, wurde aber gleich danach von der Obrigkeit bestritten. Dies macht sowohl der Brief des Abtes vom 31. Mai 1680, von dem wir noch sprechen werden, als auch die eingehende Argumentation der Obrigkeit hinsichtlich der letzten Beschwerdeartikel vom 23.5., die am 1. Juni an das Kreisamt abgeschickt wurde, deutlich. Obwohl anhand dieser Belege „die klassische Auffassung" von der obrigkeitlichen Stellung des Klosters deutlich hervortritt, die die Benediktiner nicht verändern wollten, läßt sich nicht sagen, daß ihre Einstellung den Forderungen der eigenen Untertanen gegenüber völlig ablehnend war.

Sie schlugen nun ihrerseits 20 Punkte vor, in denen sie es für möglich hielten, den Untertanen nachzugeben.[39] An der Spitze stand die Aufhebung unbezahlter Frondienste in Sloupno. Es folgte die Verpflichtung zur Zugtierhaltung auf den Meierhöfen und auch die Zufuhr des Bauholzes für die Klosterbauten sollte aufhören. Unter Punkt 9 ist sogar zu lesen: „Die Kherbösen ins Kloster sollen hinführo erkauft werden."[40] Kurzum, die Obrigkeit war im Prinzip willens, die schwerwiegendsten Punkte der Bauernbeschwerden zu akzeptieren und eine Reform des praktizierten Wirtschaftsmechanismus in Angriff zu nehmen.

Tage verstrichen, ohne daß seitens des Kreisamtes eine Aktivität zu verzeichnen war. Dem Abt erschien sein Vorgehen eventuell zu mild, die Untertanen hingegen werden der Meinung gewesen sein, ihre Sache sei gerecht. Eine Wende trat erst nach dem 8. Juni ein, als sich Thomas Sartorius direkt an den in der Nähe weilenden Kaiser Leopold und auch an die höchsten Landesbeamten wandte. Den Bauern blieb die Ursache der bisher zurückhaltenden Einstellung des Klosters nicht verborgen, insbesondere, als sie am 11. Juni im Kreisamt zu erscheinen hatten, um sich endlich mit ihrer Obrigkeit zu einigen.

14. Juni 1680

Die vierte Version der Broumover Beschwerden entstand unmittelbar unter dem Eindruck der Handlungsweise der Obrigkeit nach dem 4. Juni. Sie wurde den Dorfrichtern mitgegeben, die zum 11. Juni ins Kreisamt geladen waren. Zu den Verhandlungen kam es drei Tage später. Damals legten sie auch eine neue Version ihrer Artikel vor.[41] Diesmal betrug ihre Zahl zwanzig. Am Anfang stand die Bitte, der Kaiser selbst möge die „alten Privilegien" des Abtes Gregor aus dem Jahre 1506 bestätigen, die verlorengegangen waren. Es folgte die Forderung nach Aufhebung der Frondienste in Sloupno. Auf den Gütern und Gerichten, die die Obrigkeit aufgekauft hatte, sollten die früheren Inhaber wirtschaften. Drei ursprüngliche Meierhöfe wollten die Broumover mittels Frondiensten bearbeiten; sie ersuchten aber um die Aufhebung der Robot an den 13 auch von der Obrigkeit aufgekauften Mühlen. Die Überschüsse aus der obrigkeitlichen Eigenwirtschaft sollten für den Marktpreis feilgeboten werden: „Wie es anderwerths bezahlet wirdt."

39 Ebd., fol. 68r.
40 Eigenhändig bei Hesselius.
41 Ebd., fol. 78r.–80v.

Sechs Artikel bezogen sich auf die Robotpflichten, doppelt so viele auf die finanziellen Lasten, ein Artikel betraf soziale Angelegenheiten und drei befaßten sich mit Justizfragen. Die fünf einführenden Artikel sind ein Beweis dafür, daß die Broumover in der Lage waren, die sich ändernden Umstände wahrzunehmen und auf sie zu reagieren. Es wird aber nicht ersichtlich, ob wenigstens den Dorfrichtern die von der Obrigkeit am 1. Juni vorgeschlagenen Zugeständnisse bekannt waren. Vergleichen wir sie nämlich mit der neuen Fassung der Untertanenartikel, so stellen wir fest, daß sie zur Hälfte identisch sind – insbesondere hinsichtlich der Herabsetzung der Robot und einiger Gebühren. Demgegenüber weichen sie deutlich bezüglich der Gewährung einiger Freiheiten ab, die den Rahmen des Untertanenstatus überschreiten würden. Dies betraf die Erteilung von Entlassungsbriefen und die Aufhebung der zu St. Laurentii- und am Nikolaustag vorgenommenen Schätzungen.[42]

Aufs Ganze gesehen ist die obengenannte Version der Broumover Forderungen als eine erhebliche Verschiebung in Richtung einer Rationalisierung der Handlungsweise der Untertanen zu verstehen. Sie enthielt aber noch einige Elemente, die strittig waren. Dies betraf insbesondere die Forderung, daß auf den Gütern, die zur Grundlage neuer herrschaftlicher Meierhöfe wurden, sowie auf den Mühlen – beides von der Obrigkeit ordentlich von den Broumovern gekauft und in Regiewirtschaftshöfe umgewandelt – die ursprünglichen Zustände wiederherzustellen seien. Ein interessanter Beleg für die Handlungsweise der Bauern während des Streites ist ihr Brief an das Kreisamt vom 21. Juni, in dem sie sich gegen den Verdacht wehrten, sie hätten als Folge ihres Aufstandes aufgehört, für die Obrigkeit Frondienste zu verrichten. Wie sie erfuhren, soll sich der Abt über sie beschwert haben, daß sie kein Holz und keine Lebensmittel ins Kloster brächten, so daß der Konvent „muss...crepieren."[43]

Offensichtlich übertrieb der Abt in diesem Fall. Der Brief der Broumover darauf ist ein Beleg für ihr Selbstbewußtsein und dafür, daß sie ihrer Sache sicher waren, indem sie die Beschwerde des Abtes widerlegten und dem Kreishauptmann zur Kenntnis brachten, was sie alles ins Kloster geliefert hatten.[44]

Der Mythos von den „alten Rechten" der Broumover Bauern

Einige Male haben wir schon über die vorgebrachten Forderungen nach der Rückgabe alter Rechte oder Privilegien gehört. Explizit tauchen sie erst in der vierten Fassung der Beschwerdeartikel auf, die der Obrigkeit genau einen Monat später eingereicht wurden, nachdem insbesondere die Schönover erklärten, sie wollten die alten Privilegien zurückhaben, die ihnen die Benediktiner weggenommen hatten. Der Begriff „alte Rechte" findet sich in einer einzigen Urkunde, die der Abt Gregor im Jahre 1506 ausstellte.[45] Ihr Inhalt ist außerordentlich einfach. Für die Summe von 30 Schock Groschen sollte „Scholtzen, Geschworenen, Schoppen und der ganzen Landschafft Unsers Braunischen Weichbildes" die königliche Steuer (gemeinen Königlichen Behren Zins), falls sie verlangt werden würde, erlassen werden. Ferner verzichtete er auf sein Heimfallrecht. Er gewährte seinen Untertanen das Recht der freien testamentarischen Verfügung über ihre Höfe für den Fall, daß sie keine natürlichen Erben hätten.

42 Diese Zahlungen gehörten zu den Urbarpflichten.
43 Hesselius, fol. 70r., 107r.–108r.
44 Ebd., fol. 122r.
45 Ebd., fol. 18r.–19r.

Es geht hier um ein typisches Dokument für Böhmen im ausgehenden Mittelalter, das durch ein kirchliches Institut ausgestellt wurde, das an Geldmangel litt.

Wie ist aber dieses Dokument im Kontext des letzten Viertels des 17. Jahrhunderts zu erklären? Was bleibt, wenn wir die Tatsache außer Acht lassen, daß seine Gültigkeit in der Zeit nach der Schlacht am Weißen Berge für nichtig erklärt wurde? Die Steuerbefreiung erlosch, seit der Mitte des 17. Jahrhunderts war ein neues Steuersystem in Geltung. Dieses System stellte eine große Last dar, es legte für die Bauern wöchentliche Zahlungen fest.[46]

Der Schwerpunkt der damaligen Erklärung des Dokuments lag bei der Wendung: „Erbllossig angefälle...in Keinerlei weise mehr Zufördern", die die Broumover so interpretierten, als hätte die Obrigkeit ihren Untertanen die „Erbuntertänigkeit" erlassen. Die Untertanen waren willens, die Benediktiner nunmehr lediglich als „Grundherren", nicht mehr als „Erbherrn" anzuerkennen.[47] Ähnlich verhielten sich auch die Bürger, die nach der Wahl Thomas Sartorius zum Abt die „Erbhuldigung" ablehnten und einen langdauernden Streit führten. Die Bauern aber hatten im Jahre 1663 den einschlägigen Eid abgelegt[48] und die Erbherrschaft der Obrigkeit anerkannt, als „Erbherrschaft und Obrigkeit". Im Jahre 1680 schien es jedoch, als ob sie dies vergessen hätten oder aber, daß sie sich zu ihrer Verpflichtung nicht mehr bekennen wollten.

Anhand einer Reihe von Andeutungen und offener Formulierungen seitens des Klosters über die Handlungsweise der Untertanen will es scheinen, als ob letztere ihren Untertanenstatus überhaupt bestritten hätten: „Seindt sie gestalten sachen Keine Leib Eigene Erbunterthanen [...] so müssen Sie Edle oder Burger, oder Lauter frei Pauern sein, deren aber keines sein Sie meines erachtens nicht, also Meine Leib Eigene, und Zum Kloster gestiffte Erbunterthanen, gleich allen andern Stifftungen im Königreich Boheimb, sie Zugebrauchen in dem, was sie schuldige Notwendigkeit erfordert, und das Klosters nutzen mit sich bringet."[49]

Die vom Abt Thomas Sartorius vorgebrachten Worte entsprechen der Ansicht des Kreishauptmanns Odkolek, die dieser angesichts der ihm übergebenen Fassung der Beschwerdeschrift geäußert hatte. Es ergibt sich aus ihnen ein eindeutiger, für das Böhmen des Jahres 1680 sicher überraschender Schluß: Die Broumover Untertanen strebten (ähnlich wie die Bürger) – sich auf ihre alten Rechte stützend – eine größtmögliche Lockerung, man kann sogar sagen, die faktische Aufhebung ihres eigenen Untertanenstatus an.

Die Obrigkeit selbst schrieb am 22. Juni, als sie die vierte Fassung der Broumover Artikel untersuchte: „Sie sich durch diss privilegium von der Erb Obrigkeit entbrechen wollen [...] Werden aber in futurum Ihro Mai. solche Erblosigkeit dem Stifft entziehen, stehet

46 Belegt durch vollständig erhaltene Steuerbücher (Berní knihy) aus den Jahren 1659–1721, siehe Anm. 13. Im Allgemeinen dazu: *Josef Pekař*, České katastry 1652–1789. (Böhmische Kataster von 1652–1789.) Praha 1932.

47 So Hesselius, fol. 82r.

48 Ebd., fol. 55r.–v.

49 So Hesselius. Der Begriff „Leibeigenschaft" ist hier kein Synonym für das „Leibeigenschaftsystem" in dieser Herrschaft. In Böhmen insgesamt geht es hierbei um Elemente persönlicher Abhängigkeit, deren Wurzeln bis in die Zeit des Hochmittelalters zurückreichen. In Böhmen wurde es mittels des Begriffes „homagium-omagium", in tschechisch als „Člověčenství" bezeichnet, deutsch „Leibeigenschaft", vgl. *J. Čechura*, Člověčenství, in: PHS 33, 1993, 33–52; *Jiří Mikulec*, Poddanská otázka v barokních Čechách. (Die Untertanenfrage im Böhmen des Barockzeitalters.) Praha 1993, 9–23.

Zuerwartten, ob Sie Unterthanen, weiln es dem ganzen Königreich praeiuducirlich, erhalten werden."[50]

Die Broumover überschätzten offensichtlich die Bedeutung des Dokuments aus dem Jahre 1506, das ihnen als Grundlage ihrer Argumentation bei den Verhandlungen mit der Obrigkeit oder dem Kreisamt diente. Weitaus stärker fielen zwei Umstände ins Gewicht, die die Untertanen, insbesondere jene aus Schönau, „hysterisch aufgepeitscht" und zu emotional gefärbten Gesuchen um Rückgabe „des alten Privilegs" bewogen hatten. Eine starke Wirkung übte zum einen die Tatsache aus, daß die ursprüngliche Urkunde den Untertanen von der Obrigkeit weggenommen worden war. Sie verfügten jedoch über eine Abschrift. Das zweite Motiv dürfte dann gewesen sein, daß die Benediktiner das Original im Klosterarchiv nicht finden konnten.[51]

Dadurch wurde selbstverständlich das Bestreben der Broumover, die „alten Freiheiten" wieder zu erlangen, noch stärker. Der Verdacht, die Obrigkeit sei sich der Bedeutung des Dokuments sicher und wolle es ihnen nicht aushändigen, schien auch berechtigt zu sein. Es ging dabei allerdings mehr um den symbolischen Wert als um praktische Folgen, die sich aus dem Text des Dokuments hätten ergeben können.

28. Juni 1680

Die neue Fassung der Artikel wurde von den Broumovern am 28. Juni ins Kreisamt gebracht[52], genau eine Woche, nachdem der Kreishauptmann vom Kloster eine Erklärung zu der vorangegangenen Version erhalten hatte. Diese fünfte und letzte Version ist insbesondere vom Standpunkt der bäuerlichen Taktik aus als außergewöhnlich zu betrachten. Dies wird schon beim ersten Punkt deutlich: „Bitten wier, dass die g. Obrigkeit die Von sich gegebene schriefft mit dess Conuents Insigl und Unterschrifft Unss genädig Lasse."[53] Nun wird nicht mehr verlangt, daß eine Bestätigung durch den Kaiser erfolgt, es genügt, wenn die Rechte in der Gestalt, wie sie von den Benediktinern am 17. Mai bestätigt wurden, in Kraft bleiben. Weitere Forderungen beziehen sich auf die Robot in Sloupno und auf die Austattung zweier Meierhöfe mit Pferdegespannen (auf den anderen Höfe waren sie mit der Leistung von Frondiensten einverstanden). Es folgt ein Gesuch, die Produkte zu Marktpreisen zu verkaufen. Schließlich wird um die Möglichkeit gebeten, das Webergewerbe gegen Bezahlung einer Gebühr erlernen zu dürfen.

Insgesamt gesehen werden überwiegend finanzielle Angelegenheiten angesprochen, mit ihnen befaßte sich eine Hälfte der Punkte. Auf die Robot bezieht sich ein Viertel des Gesuches, die sozialen Angelegenheit sind Gegenstand von drei Artikeln, und die Rechtsfragen bilden den Inhalt der restlichen zwei. Diese Endversion zeigt, daß die Broumover offensichtlich ein Gefühl dafür hatten, daß die auf dem Verhandlungswege erzielbaren Bedingungen zu akzeptieren waren. Sie zeugt von einer realistischen Einschätzung der tatsächlichen Möglichkeiten. Dies zeigt sich insbesondere im Verzicht auf die Forderung, den Untertanen sollten die vom Kloster aufgekauften Immobilien und Mühlen zurückerstattet werden, auf jene nach der Aufhebung der Pflicht des „Kinderstellens", sowie nach der Möglichkeit einer kostenlosen

50 Hesselius, fol. 98v.
51 Ebd., fol. 26r.
52 Ebd., fol. 116r.–118r.
53 Ebd., fol. 116r.

Entlassung aus dem Untertanenverhältnis. Von diesen Punkten war nun keine Rede mehr. Die Broumover ließen also etwas von ihrem Streben nach einer deutlichen Schwächung des Untertanenstatus ab, die aus dem Text des alten Dokuments aus dem Jahre 1506 abgeleitet worden war. Allerdings bestanden sie auch weiterhin auf der Aufhebung einiger Urbarialpflichten. Die Artikel waren überdies nicht mehr so scharf konzipiert, wie es bei der zweiten und dritten Redaktion der Fall gewesen war.

Insgesamt sind fast zwei Drittel der Artikel mit dem Vorschlag der Obrigkeit vom 1. Juni 1680 identisch oder ihm sehr nahe. Aus dem überlieferten Dokument wird nicht ersichtlich, ob den Broumovern dieser Vorschlag bekannt war. Angesichts der andauernden Kommunikation zwischen den beiden im Streit liegenden Seiten und der Existenz vieler informeller Kanäle ist es aber ziemlich wahrscheinlich. Vierzehn Tage zuvor stimmte nur die Hälfte der Artikel überein. Auf der anderen Seite kann man eine bestimmte Verschiebung der obrigkeitlichen Vorlage und der definitiven Version der Erleichterungen, die am 29. August 1680 bekanntgemacht wurde, konstatieren.[54] Je mehr sich der Streit in die Länge zog, desto weniger neigten die Benediktiner zu Zugeständnissen. Von nunmehr neun diesbezüglichen Artikeln waren sechs in dem im Juni vorgelegten Entwurf enthalten. Die Obrigkeit nahm ihre ursprüngliche Zusage, in den Dörfern kein Vieh mehr zu halten, zurück. Außerdem wurde die Forderung nach der Robot der Zimmerleute und nach den Gebühren für Bauholz wieder erhoben.

Es hatte den Anschein, daß sich hier die Konturen des künftigen Konsenses abzeichneten. Die beiden Seiten waren aber zu sehr in die Konfrontation „verstrickt" (das Kloster lag darüber hinaus im Streit mit der Stadt Broumov und der politischen Herrschaft), als daß es – angesichts der Passivität des Kreisamtes – möglich gewesen wäre, den Streit zu beenden. Offensichtlich stand nur eine Lösungsmöglichkeit offen, die der Abt auch wahrgenommen hat: Er wandte sich an den Herrscher.

Die Entwicklung seit Juni 1680 zeigt, daß von einem starren Festhalten der Konfliktparteien an ihren Positionen keine Rede sein kann. Gewiß, die Handlungsweise der Broumover war durch bestimmte Konstanten gekennzeichnet, aber insgesamt spielten hier taktische Erwägungen eine bedeutende Rolle, die durch den sich in die Länge ziehenden Streit geprägt waren. Erst Mitte August 1680 zeichnete sich für sie eine Lösung am Horizont ab.

Bis zum 28. Juni hatten die Broumover Untertanen ihre Forderungen in maximaler Weise formuliert und vorgelegt. Die sechs Wochen seit Mitte Mai waren scheinbar jener Zeitraum, in dem sie imstande waren, aktiv zu wirken. Nach Ablauf dieser Frist warteten sie nur noch ab. Und das ganze zwei Monate lang, bis die kaiserliche Kommission ihr Urteil sprach. Warum dem so war, läßt sich aus der Überlieferung bisher nicht genauer eruieren.

Ende August 1680: Der wegen der Zugeständnisse der Obrigkeit geleistete Blutzoll

Am 12. Juli 1680 ernannte Kaiser Leopold I. eine Untersuchungskommission, die jedoch erst am 14. August unter der Leitung des Grafen Ignaz Karl von Sternberg in Broumov ankam.[55] Bei der komplizierten Konfiguration des Streites, an dem eine Stadt und zwei Herrschaften

54 Ebd., fol. 194r.–196v., Gnade für die zum Tode verurteilten, vgl. fol. 199v.
55 Ebd., fol. 164r.–v.

beteiligt waren, gingen die Benediktiner erst Ende Juni zur Offensive über. Die Resignation der Stadt und die Bemühungen, zu einer Lösung des Streites zu kommen, waren ihnen dabei behilflich.[56] Auch die Untertanen von Politz strebten im Laufe der Monats Juli einen Ausgleich mit dem Kloster an, was am deutlichsten in ihrem Einverständnis mit den Frondiensten gegen Entgelt auf dem Gut Sloupno zum Ausdruck kam. Es schien, daß im Falle der Broumover der vom Abt angewandten Taktik, weitere Verhandlungen mit den Untertanen zu vermeiden, Erfolg beschieden war.

Es ist für die Lage kennzeichnend, daß Anfang August das gesamte Getreide der herrschaftlichen Höfe im Broumover Gebiet mittels Robot geerntet wurde, mit Ausnahme des Hofes in Sloupno. Dort wurde nicht einmal für Geld gearbeitet. Die Ableistung der Robot auf den anderen Höfen jedoch ist Teil einer neuen Phase der Aktivitäten der Broumover. Die fünfte Version der Artikel schien ihr Epilog zu sein. Danach warteten sie passiv das Ergebnis ihres Streites ab. Es ist als ein interessanter Beleg der zurückhaltenden Taktik der Untertanen des Klosters anzusehen, daß sie sich nicht einmal in der angespanntesten Konfliktphase dafür entschieden haben, sich direkt an den Kaiser zu wenden, wobei sie nicht bis nach Wien hätten fahren müssen, da der Herrscher nur 80 km von Broumov entfernt weilte.

Noch im Laufe des Monats Juni, als ihnen die Schriftstücke über die Verhandlungen der Untersuchungskommission in Nordböhmen, wo Hinrichtungen fast auf der Tagesordnung standen, vorgelesen wurden, hielten die Broumover diese für eine Fälschung. Sie lachten über sie und schenkten ihnen keinen Glauben.[57] Auf der anderen Seite beschwerte sich der Abt darüber, daß „bissdato Zwar nicht erhöret, dass in einen Creiss mit dergleichen aufrührischen schriftlich gehandelt worden were".[58]

Um so härter gestaltete sich schließlich am 14. August die Ankunft der kaiserlichen Untersuchungskommission in der Herrschaft. Zunächst war sie selbst dadurch verwirrt, daß die Aufständischen fast keine Waffen hatten. Aus der gesamten, dicht besiedelten Herrschaft wurden nur ein paar Dutzend vorwiegend alte Waffen abgegeben, die zum großen Teil aus den Gemeindebeständen stammten.[59] Die Härte, ja die Grausamkeit der Verhöre mußte allen Beteiligten die letzten Illusionen vom „gerechten Herrscher" rauben. Es wurden sogar zwei Henker aus den benachbarten Herrschaften herbeigerufen und die Kommission arbeitete sogar am Sonntag. Ihre Protokolle sind nicht erhalten. Nach vierzehntägiger Arbeit wurde ein hartes Urteil gesprochen: Sieben Untertanen wurden zum Tode verurteilt, hingerichtet wurden die drei „Anführer" mit G. Güntzel an der Spitze.

Gleichzeitig mit der Verkündung des Urteils – und dies stellte wieder einen taktischen Zug des Klosters dar – händigte die Obrigkeit den Untertanen die aus neun Artikeln bestehende „Gnade" aus.[60] Damit wurden tatsächlich die Hauptforderungen der Broumover erfüllt, vor allem bezüglich der Robot auf dem Gut Sloupno. Außerdem wurden die Anforderungen an die bäuerliche Viehhaltung begrenzt. In diesem Schritt der Obrigkeit ist die Antwort auf die ersten Beschwerdeartikel zu sehen. Es ist kaum zu bezweifeln, daß dieser Verlauf des Epilogs gar nicht den Vorstellungen der Broumover über das Funktionieren „der Staatsmacht" entsprach. Erst im Zusammenhang mit der unmittelbar drohenden Katastrophe versammelten sich die

56 Detailliert bei Plackwitz (vgl. Anm. 10).
57 Hesselius, fol. 93r.
58 Ebd., fol. 96v.
59 Verzeichnis bei Hesselius, f. 170r.–171v.
60 Vgl. Anm. 54.

Broumover und Politzer Dorfrichter am 29. August und reichten ein Gesuch um Gnade ein, das folgende Unterschrift trug: „Erbunterthanigst Leibeigene Unterthanen“.[61] Es war aber schon zu spät.

Noch vor der Urteilsverkündung mußten alle Broumover Untertanen einen neuen Untertaneneid ablegen[62], der die Formulierungen „Natürliche Obrigkeit“ und „Erbunterthanen“ enthielt. Erst dann wurde der strenge Urteilsspruch gefällt, dem die neun Artikel folgten, in denen die Obrigkeit – nach ihrem eigenen Ermessen – den Forderungen der Broumover und Politzer Bauern entgegenkam. Nach der teilweise vollbrachten Exekution erfolgten zwei Tage später weitere, noch umfangreichere Begnadigungen. In erster Linie ging es dabei um die Dorfrichter des Broumover Gebietes. Bemerkenswerterweise gab es, abgesehen von dem hingerichteten G. Güntzel und den verurteilten Dorfrichtern, bei der Ableistung des neuen Eides am 3. September 1680 unter den Schultheißen und Dorfrichtern, Geschworenen und den Inhabern anderer Gemeindeämter nur ganz unerhebliche personelle Veränderungen gegenüber dem Zustand vom Januar 1680.

Abschließende Betrachtungen. Broumov 1680: traditionell und modern?[63]

Das Vorgehen der Broumover Untertanen im Jahre 1680 könnte für eine traditionelle Bewegung gehalten werden, die auf einem nicht angemessen Vertrauen in die „alten“ Rechte und ihrer unrichtigen Auslegung beruhte. Eine solche Auffassung aber ist zu einseitig. Sie wurde allerdings schon von der kaiserlichen Kommission im Jahre 1680 vertreten. Tatsächlich gestaltete sich die Lage weitaus komplizierter.

Motivation und Logik des von den Broumovern an den Tag gelegten Verhaltens wurden nicht direkt durch ihre soziale Lage bestimmt.[64] Sie veränderte sich in den letzten Jahren vor dem Aufstand nicht, und es fand auch keine unmittelbare Gefährdung „ihrer althergebrachten Standards“ statt.[65] Dies zeigt nicht zuletzt die führende Rolle der Dorfrichter, selbst wenn sie diese nicht nur aus eigenem Willen und auch zwecks Verteidigung eigener Interessen übernahmen. Ebenso wurde der in den Beschwerdeschriften wiederholt als schwerste Last bezeichnete Frondienst in Sloupno vor 1680 nicht ohne Entgelt verrichtet, wie es die Rechnungen des Jahres 1679 zeigen. Und die kaiserliche Steuer war erst im Laufe der kommenden Jahre in deutlichem Wachstum begriffen. Nicht ganz zwanzig Jahre später war ihre Summe auf mehr als das Dreifache angewachsen, und trotzdem herrschte Ruhe in der Herrschaft.

61 Hesselius, fol. 182r.–v.

62 Ebd., fol. 189v.–190r.

63 Grundlegend dazu: *Andreas Würgler*, Unruhen und Öffentlichkeit. Städtische und ländliche Protestbewegungen im 18. Jahrhundert. Tübingen 1995; *ders.*, Das Modernisierungspotential von Unruhen im 18. Jahrhundert. Ein Beitrag zur Entstehung der politischen Öffentlichkeit in Deutschland und der Schweiz, in: GG 21, 1995, 195–217.

64 Verzeichnisse vom Januar und September 1680, vgl. Anm. 13.

65 Vgl. *Andreas Suter*, „Troublen“ im Fürstbistum Basel (1726–1740). Eine Fallstudie zum bäuerlichen Widerstand im 18. Jahrhundert. Göttingen 1985, 375, 378; anders *Werner Troßbach*, Soziale Bewegung und politische Erfahrung. Bäuerlicher Protest in hessischen Territorien, 1648–1806. Weingarten 1987, 52–56, vgl. auch *Göttsch*, „Alle für einen Mann“ (wie Anm. 14), 199–202.

Ohne hier die Ursachen des Broumover Bauernaufstandes des Jahres 1680, die sehr komplexer Art sind und weit über den Rahmen dieser Studie hinausgehen, erklären zu können, soll angemerkt werden, wie irreführend eine einseitige Erklärung des Phänomens des bäuerlichen Traditionalismus und die Verwendung der Bezeichnung „traditionell geprägte Bewegung" sein kann. Zwar ist auch im Falle Broumovs diese Argumentationsweise zulässig. Jedoch steht sie absolut nicht im Gegensatz zu der pragmatischen Denkweise dieser ländlichen, in erheblichem Maße protoindustriell geprägten Gesellschaft. Die Erhaltung des einstigen status quo im Zusammenleben mit der Obrigkeit bot den Untertanen einen größeren Freiraum zur Entfaltung eigener kommerzieller Aktivitäten und dadurch die Möglichkeit der Schaffung einer „ökonomischen Unabhängigkeit".[66] Damit hätten sich einige der auf die Durchsetzung der traditionellen obrigkeitlichen Vorrechte gerichteten Schritte seitens des Klosters kaum in Einklang bringen lassen. Die Logik der Broumover Bauern bestand also im Streben nach größtmöglicher Selbständigkeit und nach Freiheit des Handelns und Entscheidens. Und hier stand ihnen die Obrigkeit mit ihren Neuerungen einfach im Wege.

Während die „Logik des Eigensinns" der Broumover insbesondere in der Anfangsphase des Aufstandes einer dynamischen, nicht geradlinigen Entwicklungskurve folgte, die durch das Bestreben gekennzeichnet war, den Untertanenstatus soweit wie möglich zu reduzieren, wurde die Hektik dieses Bemühens später durch eine gewisse Untätigkeit, die bis zur Apathie reichte, abgelöst. Zuletzt setzten die Untertanen selbst dann noch auf eine friedliche Lösung, als diese nicht mehr möglich war. Trotz des schließlich aufgeführten „Schauspiels des Todes"[67] wurde den wesentlichsten Forderungen im Prinzip entsprochen. Paradoxerweise konnte sich allerdings die Logik der Broumover in diesen Auseinandersetzungen sogar gegen ihre eigenen Interessen richten. Dieser Sachverhalt wird durch die Beschwerde der Broumover vom 20. Mai angedeutet: „Die Wolfsgruben seind mühsamb und beschwerlichen.", worauf die lapidare Antwort der Obrigkeit lautete: „Die Wolfsgruben seind den Pauern wegen Ihrer Ziegen zum besten und frömbsten gehalten, werden auf den Herrschaffts Boden drei gefunden."[68]

66 *Peters,* Eigensinn (wie Anm. 4), 92.

67 *Richard van Dülmen,* Das Schauspiel des Todes. Hinrichtungsrituale in der frühen Neuzeit, in: Richard van Dülmen/Norbert Schindler, Volkskultur. Wiederentdeckung des vergessenen Alltags (16. – 20. Jahrhundert). Frankfurt a.M. 1984, 203–246; vgl. *Jaroslav Čechura,* Broumov v srpnu 1680: epilog selské rebelie. (Braunau im August 1680: ein Epilog des Bauernaufstandes.) in: Festschrift für Karel Maly. Praha 1995, 198–205.

68 Hesselius, f. 63v.

Juhan Kahk

Die Bauernunruhen des 18. – 19. Jahrhunderts im Baltikum und die Genese der Agrarreformen – einige Grundzüge konfliktiver Konstellationen

Während der verflossenen mehr als 50 Jahre wurden die Lage der baltischen Bauern und ihr Widerstand gegen die feudale Unterdrückung umfassend untersucht. Die in der Geschichtsliteratur beschriebenen oder erwähnten mehr als 620 Fälle von Widerstand oder Unruhen wurden in zahlreichen Artikeln und Monographien ausgewertet.[1] All diese historischen Aktionsbeschreibungen wurden einer neuen Prüfung unterzogen, um herauszufinden, ob die bisherigen Erklärungsmodelle (die in bezug auf Bauernaktionen hauptsächlich auf der marxistischen Theorie begründet waren) standhalten, oder ob man Grundsteine für anderweitige makrohistorische Interpretationen finden kann.

Die Gutswirtschaften entfalteten sich in vollem Umfang im Baltikum im Laufe des 17. Jahrhunderts. Von dieser Zeit an überstiegen die Einnahmen von den Hoffeldern jene Einnahmen, die die Gutsherren von den Bauern in Form verschiedener Abgaben erhoben. Der Prozeß der Bindung der Bauern an die Scholle war vollendet, und die Bauern wurden leibeigen. Alle Formen von ordinären und extraordinären Fronleistungen waren vollständig entwickelt, und die Dienstobliegenheiten der Bauern waren sehr drückend geworden. Aber im gleichen Jahrhundert begannen auch die Versuche der staatlichen Administration, die bäuerlich-gutsherrlichen Verhältnisse zu regulieren. Wie in Schweden selbst wurde auch in seinen baltischen Provinzen eine Justizreform durchgeführt. Mit dieser von Gustav II. Adolf 1632 im Baltikum durchgeführten Reform wurde die Jurisdiktion der Gutsherren über ihre Bauern aufgehoben, und nur das Recht der Hauszucht hinsichtlich der auf dem Gute fronenden Bauern blieb bestehen. Als Gerichte erster Instanz, an denen auch die Bauern über ihre Gutsherren Klage erheben konnten, fungierten in Livland vier Kreisgerichte und in Estland drei Mann-

1 *B. R. Brezgo,* Ocerki po istorii krestjanskih dvizenii v Latgalii 1577–1907. Riga 1956; *J. Kahk,* Eesti talurahva vôitlus vabaduse eest. Talurahva vastuhakud ja rahutused aastail 1816–1828. Tallinn 1962; *J. Kahk,* Murrangulised neljakümnendad. Tallinn 1978; *J. Kahk,* Rahutused ja reformid. Talupoegade klassivôitlus ja môisnike agraarpoliitika XVIII ja XIX sajandi vahetusel (1790–1810). Tallinn 1961; J. Kahk, 1858 aasta talurahvarahutused Eestis: Mahtra sôda. Tallinn 1958; *M. Stepermanis,* Zemnieku nemieri Vidzeme 1750–1784. Riga 1956; *H. Strods,* Kurzemes krona zemes un zemnieku 1795–1861. Riga 1987; *E. Öpik,* Talurahva môisavastane vôitlus Eestis Pôhjasôja esimesel poolel 1700–1710. Tallinn 1964; *J. Zutis,* Latvija klausu saimniecibas sairsanas perioda un Kauguru nemieri 1802 gada. Riga 1953; *J. Zutis,* Vidzemes un Kurzemes zemnieku brivlaisana XIX gadsimta 20 gados. Riga 1956; *J. Zutis,* Vidzemes un Kurzemes zemnieku likumi XIX gadsimta sakuma (1804–1819). Riga 1954.

gerichte, deren Mitglieder die Regierung aus dem örtlichen Adel ernannte, die aber nach allgemeingültigen Gesetzen Recht sprachen.

In der Mitte des 17. Jahrhunderts entschloß sich die schwedische Regierung, der Expansion des schwedischen Hochadels Grenzen zu setzen und die ihnen überlassenen Güter zur Krone zurückzunehmen (zu reduzieren). Von 1681 an begann man, die Reduktion auch im Baltikum durchzuführen; nach der Beendigung der Reduktion waren in Livland 80%, in Estland 54% und auf der Insel Saaremaa (Ösel) 30% des Landes dem Kronbesitz wieder angegliedert worden.[2] Parallel dazu begann die allgemeine Revision aller Güter. Alsbald stellte sich heraus, daß die bisher angewandten Steuerprinzipien veraltet waren, weil man bei der Besteuerung der Bauern- und Gutsländer nicht feststellen konnte, welche und wieviel Länder sie besaßen und was ihr eigentliches steuerbares Einkommen war. Daher wurde 1687 eine Steuerinstruktion eingeführt, die davon ausging, daß der Bauer von einer Tonnstelle (0,7 ha) mittelmäßigen Ackerlandes nach Abrechnung des Saatkornes 2 Tonnen (1 Tonne ungefähr 80 kg) Hartkorn erntet, wovon 1 Tonne für die Konsumtion gerechnet wurde. Für die zweite mußte er dem Gute Abgaben und Dienste leisten. Eine Tonne Korn wurde mit einem Taler veranschlagt, und diese Summe durften die bäuerlichen Leistungen und Abgaben, die in von den Kronbehörden bestätigten sog. Wackenbüchern genau fixiert waren, zusammengerechnet nicht übersteigen.[3] Die Einführung der Fronregulation, und besonders die vom Staate bestätigten Wackenbücher, eröffneten eine prinzipiell neue Epoche in den gutsherrlich-bäuerlichen Beziehungen. Obwohl bald die schweren Zeiten des Nordischen Krieges heraufzogen, konnte man im Gedächnis der Bauern die Prinzipien der „schwedischen Reformen" nicht auslöschen.

Schon in der Mitte des 18. Jahrhunderts begann sich die zaristische Regierung energisch mit der Regulierung der gutsherrlich-bäuerlichen Verhältnisse im Baltikum zu beschäftigen. General-Gouverneur Browne zwang den livländischen Landtag von 1765, einige Maßnahmen zur Regelung der gutsherrlich-bäuerlichen Verhältnisse zu ergreifen.[4] Auf Grund dieser Beschlüsse publizierte er 1765 ein Patent, in dem die Rechte der Bauern, die Überschüsse ihrer wirtschaftlichen Tätigkeit zu verkaufen und gegen ihre Gutsherren Klage zu erheben, bestätigt wurden. Die Gutsherren verpflichteten sich, die bestehenden Arbeitsleistungen und Abgaben der Bauern nicht zu erhöhen.[5] Nach Meinung des General-Gouverneurs war es nötig, daß die Leistungen der Bauern genau bestimmt wurden und „mit dem Vermögen der Bauern in einem Verhältnisse stehe(n); daß z.B. zu jeder Arbeit, nach der Größe der Gesinde, gewisse Tage auferlegt werden und daß diese Arbeit nur zu diesen Erfordernissen angewendet und wenn solche nicht nöthig, der Bauer nicht an derer Stelle zu anderen Frohndiensten angestrengt werde"[6]

Bei der Einführung der Kopfsteuer im Baltikum (1783) wurde eröffnet, daß sie von jedem Bauern einzeln gefordert würde (obwohl in der Praxis die Gutsherren die Steuer bezahlten und dafür von den Bauern mehr Fronen forderten). Die Bauern verstanden aber die Publikation

2 Eesti talurahva ajalugu, I. Tallinn 1992, 552f.

3 Sammlung der Gesetze welche das heutige livländische Landrecht erhalten, kritisch bearbeitet, Bd. II – Aeltere hinzugekommene Landesrechte, I Abteilung – Landesordnungen vom Jahr 1680 bis 1710. Riga 1821, 1264.

4 *R. J. L. Samson v. Himmelstiern,* Historischer Versuch über die Aufhebung der Leibeigenschaft in den Ostseeprovinzen, in besonderer Beziehung auf das Herzogthum Livland, Beilage zum Inland, 1838, Sp. 49.

5 Ebd., Sp. 90.

6 Ebd., Sp. 51.

über die Kopfsteuer in dem Sinne, daß sie von nun an selbst der Krone Steuern zahlen müßten und von den gutsherrlichen Obliegenheiten befreit wären. 1784 brachen deshalb in Livland starke Bauernunruhen aus. Um den Widerstand der Bauern zu unterdrücken, veranstaltete der Tartuer Kreishauptmann Krüdener mit einem Militärkommando im Juni einen „Beruhigungs-Marsch" durch den ganzen Kreis und teilte harte Prügelstrafen aus. Krüdener teilte der Gouvernementsregierung mit, daß es seiner Meinung nach nur an einem solchen Verbrecher wie Pugačev fehle, um das ganze Land in die Flammen des Bauernkrieges zu stürzen. Zur Gegenwehr sammelten sich die Bauern in bewaffneten Scharen, und eine solche stürmte das Gut Haaslava und verwundete den Disponenten. Als die Bauern versuchten, auch das Kommando von Krüdener anzugreifen, wurden sie zurückgeschlagen.

In der zweiten Hälfte des Monats Juni waren die örtlichen Behörden von Panik ergriffen. General-Gouverneur Browne forderte neue Hilfstruppen und rapportierte, daß er sich nach Riga zurückziehen und das Land in den Händen der Rebellen lassen müsse, wenn er keine bekommen könne. Im Lande verbreiteten sich Gerüchte, daß die Letten ihren traditionellen Johannisabend, an dem im ganzen Land Johannisfeuer brannten, benutzen wollten, um eine Sizilianische Vesper zu veranstalten und alle Stiefelträger (Deutschen) zu töten.[7] M. Stepermanis, der eine spezielle Monographie über die Bauernunruhen in Livland in der zweiten Hälfte des 18. Jahrhunderts geschrieben hat, kommt zu der Schlußfolgerung, daß die Bauern die Gutsherren zwangen, ihr Versprechen von 1765 zu halten und sich mit der Frage der Fronregulierung ernsthaft zu beschäftigen.[8]

Die vom Ende des 18. Jahrhunderts erhaltenen Dokumente sprechen davon, daß die Bauern sich in ihren Klagen in der Regel auf die „alten Wackenbücher" beriefen. Darauf reagierten manche Gutsbesitzer, indem sie ihre Länder vermessen ließen und dann neue, ihren Interessen entsprechende Wackenbücher einführten. Damit waren natürlich die Bauern nicht einverstanden und wegen der daraus entstandenen zahlreichen Konflikte erwog die Gouvernementsregierung die Notwendigkeit, solche privaten Wackenbücher zu verbieten.[9]

Als 1795 der livländische Landtag begann, die Bauernfrage zu diskutieren, beantragte der Landrat Fr. v. Sivers die Behandlung von 20 von ihm zusammengestellten Propositionspunkten, in welchen er darlegte, daß die Bauernunruhen vor allem dadurch hervorgerufen wurden, daß man die Klagen der Bauern in verschiedenen Behördeninstanzen verhandle und damit Verwirrung stifte. Nach der Meinung von Sivers müßte die Ritterschaft die Regelung der Bauernangelegenheiten in ihre Hände nehmen, aber auch etwas Praktisches durchführen, um die Lage der Bauern zu verbessern.

Auf den Landtagen von 1795–1797 versuchte die livländische Ritterschaft hartnäckig, die Regulierung der Lage der Bauern nach den „schwedischen Methoden" allein in ihren Händen zu behalten.[10] Das Projekt des Landtages wurde aber vom Petersburger Senat scharfer Kritik unterworfen; zeitweilig bezweifelten die Reichsbehörden, ob man überhaupt berechtigt wäre, die Bauernfrage zu diskutieren, und Sivers wurde temporär vom Amt des Landrats enthoben.[11]

7 *Stepermanis,* Zemnieku (wie Anm. 1), 337–344.

8 Ebd., 365f.

9 *M. Abolina,* Vidzemes zemnieku klausas un nodevas 18. gs. beigas. (Materiali Latvijas PSR saimnieciskas attistibas vesturei) – Vestures problemas, I. Riga 1957, 31 und 43.

10 *A. Altements,* Vidzemes zemnieku reforma jautajums 1795–1797 g. – Latvijas Vestures Instituta zurnals, 1938, Nr. 1.

11 *Kahk,* Rahutused (wie Anm. 1), 311–312.

Kurze Zeit später verschärfte sich aber unerwartet die Lage. Im Zusammenhang mit der Unterdrückung der Bauernunruhen auf dem Gute Pööravere erstattete der estländische General-Gouverneur L. Nagel dem Kaiser Paul I. Bericht und fügte seinem Rapport auch einige Angaben über die Klagen der Bauern hinzu. Unerwartet erhielt er jedoch aus Petersburg den strengen Hinweis, allen Gutsbesitzern bekannt zu machen, „daß wenn sie von ihren Bauern etwas über das im Wackenbuch bestimmte fordern oder ihnen auferlegen werden“, ihre Güter „unter Kronsdisposition“ gestellt werden würden.[12]

Zum Glück für die livländische Ritterschaft gab es bald einen erneuten Wechsel auf Rußlands Thron. Der neue Kaiser Alexander I. wurde während seines Besuches in Livland 1802 mit Fr. v. Sivers und dem Rektor der Universität Tartu, G. Fr. Parrot, bekannt. Am Ende des Jahres fand ein Ereignis statt, das die Behandlung der Agrarfrage erheblich beschleunigte. Im Herbst 1802 wurde das Steuersystem im Baltikum insofern verändert, daß man die bisher in Korn und Heu eingetriebene sogenannte Station erließ, dafür aber die Summe des Kopfgeldes erhöhte und damit auch den Gutsherren die Möglichkeit gab, die an Stelle des Kopfgeldes zu leistenden Fronen zu erhöhen. Der Ukas schrieb vor, daß die Gutsherren seinen Inhalt den Bauern erklären mußten.[13] Das gab von neuem Anlaß für Gerüchte, und auf einigen Gütern äußerten die Bauern die Meinung, daß sie mit Einführung dieses Gesetzes der Krone übergeben und von allen Verpflichtungen gegenüber den Gutsherren frei würden. Zur Untersuchung des Protestes der Bauern von Kauguri traf am 7. Oktober 1802 der Landrichter v. Ungern-Sternberg in Begleitung von 120 Grenadieren auf dem Gute Kauguri ein. Schon am Abend seiner Ankunft ließ er die Fronknechte durchprügeln und die Bauernwirte zwecks weiterer Untersuchung in das Hofsgebäude einschließen. Früh am folgenden Morgen versammelte sich eine Menge von Bauern aus den Nachbargütern, die die Befreiung der arretierten Bauernwirte forderten. Wie Ungern-Sternberg später berichtete, „ständen die Bauern in dem irrigen Wahn ..., diese Publikation sei falsch, Sr. Kaiserliche Majestät habe sie frey gelassen, sie hätten nun nicht nötig, ihren Gutsherren die gesetzlichen Gerechtigkeits-Abgaben und Arbeiten zu leisten“.[14] Um Zeit zu gewinnen, versprach Ungern-Sternberg den Bauern, daß in den nächsten Tagen der General-Gouverneur selbst dorthin käme, aber zur gleichen Zeit forderte er neue Truppen an, die am 8. Oktober abends mit vier Kanonen eintrafen. Während der neuen Verhandlungen am 9. Oktober kam es zu spontanen Auseinandersetzungen. Die Bauern, durch Kartätschensalven überrascht, hatten auf der Stelle vier Tote zu beklagen und mußten auseinandergehen.

Die Furcht vor Wiederholung ähnlicher Ereignisse zwang dazu, die Ausarbeitung eines neuen Bauerngesetzes zu beschleunigen. Schon im August 1802 hatte Fr. v. Sivers in seinem Brief an Alexander I. einen Reformplan vorgelegt, nach dem die Leistungen der Bauern nach Prinzipien der schwedischen Reformen vom Ende des 17. Jhs. festgesetzt werden sollten. Dafür hätte man neue Landvermessungen durchführen und dabei den Wert eines Hakens (und den Wert der von ihm geleisteten Verpflichtungen) von 60 auf 80 Taler erhöhen müssen, weil, wie die Ritterschaftsvertreter fälschlich vorgaben, man am Ende des 17. Jahrhunderts den Wert der Heuschläge und anderer Appertinenzien nicht berücksichtigt hatte. Am Ende des Jahres wurde v. Sivers nach Petersburg gerufen, wo er einen aus 12 Punkten bestehenden

12 *A. Tobien,* Die Agrargesetzgebung Livlands im 19. Jahrhundert, I. Berlin 1899, 128.

13 *A. Kapostins,* Vidzemes zemnieku nemieri Kaugurmuiza 1802 g. (Valsts Archiva Raksti, I). Riga 1924, 39f.

14 Ebd., 110, 114–122.

Reformplan zusammenstellte, der am 30. Januar vom Kaiser bestätigt wurde und von nun an als Richtschnur bei der Ausarbeitung des neuen Bauerngesetzes dienen sollte.[15] Auf dem im Februar 1803 beginnenden Landtag waren aber viele Mitglieder der Meinung, daß Fr. v. Sivers seine Befugnisse überschritten hatte, und wollten hartnäckig die von den Landtagen 1795–1797 ausgearbeiteten Prinzipien durchsetzen.[16] Am Ende wurde zur Ausarbeitung des Gesetzestextes eine spezielle Kommission mit Vertretern der Ritterschaft in Petersburg gebildet. Der von dieser zusammengestellte Text des livländischen Bauerngesetzes wurde am 20. Februar 1804 vom Kaiser bestätigt.[17]

In dem livländischen Bauerngesetz von 1804 wurden genaue Regeln für die Vermessung des Bodens und die Schätzung der Bodenqualität vorgeschrieben. Alle Werte der Bauernabgaben und der Arbeitstage wurden bestimmt. Ihr Gesamtwert von einem Haken Bauernland durfte 80 Taler nicht übersteigen. Alle Leistungen der extraordinären Fronen (Hilfsfronen) mußten in den Wackenbüchern genau beschrieben, ihr Anfang und Ende angegeben werden. In der Regel mußten die Bauern nur so viel Fronen leisten, daß nicht weniger als die Hälfte der Arbeiter in der Bauernstelle zurückblieben. Die Bauernwirte hatten ihre Stellen in erblichem Besitz und konnten nur durch Gerichtsbeschluß von ihren Stellen versetzt werden.

Im Unterschied zu Livland schrieb das 1804 für das Nachbargouvernement Estland publizierte Bauerngesetz keine vorbereitenden Landvermessungen vor: Die Gutsherren selbst bestimmten den Wert des Landes und folglich auch die Höhe der Leistungen, und die Größe der einzelnen Kategorien der Fronen war für die Bauern viel ungünstiger reguliert. In beiden Gouvernements brachen Unruhen aus, weil die den Bauern ausgeteilten Wackenbücher die bestehenden Obliegenheiten bestätigten und nicht die erhoffte Erleichterung brachten.

In Livland brachen starke Unruhen aus, als im Juni die Revisionskommissionen begannen, den Bauern die neuen Wackenbücher auszuteilen. Der Vorsitzende der Revisionskommission des Rigaer Kreises, Arssenjev, rapportierte, daß die Bauern die neuen Wackenbücher nicht entgegennehmen wollten und erklärten, daß diese nicht vom Kaiser gegeben sind, weil sie nicht den Inhalt haben, der ihnen versprochen war. In dem ihnen ausgeteilten Gesetzbuche stehe, daß alle Leistungen bestimmt werden, aber mit diesen Wackenbüchern sind sie den Gutsherren preisgegeben; daß ihre Lage sich gar nicht verändert habe und ihre Habe wie zuvor der Willkür des Herrn unterliege. Überall forderten die Bauern die „alten" oder „schwedischen" Fronen.[18] Die Exemplare des neuen Bauerngesetzes waren in Livland schon im Sommer 1805 ausgeteilt worden, in Estland geschah dies erst am Anfang des Jahres 1806. Es ist bekannt, daß einige Exemplare des für Livland ausgegebenen Gesetzes in die Hände der estländischen Bauern gerieten.[19] Auch haben die Bauern die für verschiedene Gouvernements ausgegebenen Wackenbücher verglichen und festgestellt, daß in livländischen Wackenbüchern die Zahl der beim Riegendreschen geleisteten Tage genau angegeben wurde. Dieser Sachverhalt führte in Estland zu Gerüchten, nach denen noch ein „richtiges", von den Gutsherren verheimlichtes „kaiserliches Gesetz" bestehe, nach dem das nächtliche Riegendreschen verboten wäre und alle Gutsriegen am Tage gedroschen werden müssen.[20]

15 *Kahk,* Rahutused (wie Anm. 1), 319.
16 *Tobien,* Agrargesetzgebung, I (wie Anm. 12), 182.
17 *Kahk,* Rahutused (wie Anm. 1), 327.
18 Ebd., 387–396.
19 Ebd., 405.
20 Ebd., 399–401.

Im August weigerten sich auf einigen Gütern des Gouvernements Estland die Fronknechte, einen Teil der Hilfsfronen zu leisten oder die Gutsriegen nachts zu dreschen. Als das von der Gouvernementsregierung zur Unterdrückung des Widerstandes der Bauern ausgesandte Strafkommando von 100 Soldaten am 29. September 1805 auf dem Gute Kose-Uuemôisa ankam, beschlossen die dortigen Bauern, sich der Bestrafung zu widersetzen und riefen die Bauern der Nachbarschaft zur Hilfe. In den nächsten zwei Tagen versammelten sich bei dem Kuivajôe-Kruge Bauern aus mehr als sieben Nachbargütern. Sie bewaffneten sich mit Keulen, hatten aber auch sechs Jagdgewehre und eine Pistole bei sich. Der Bauernkrug hatte sich in den Stab des Aufstandes und in ein Kriegslager verwandelt, wo man unter Führung des Bauern Kôlli Toomas und seiner Gehilfen auch zu marschieren übte. „Wir sprachen vieles untereinander", gestand später der Bauernknecht Türgi Tônu, „und einer wiegelte den anderen auf und da wurde beschlossen, wenn es nötig ist, sich auch dem Militär zu widersetzen". Die Bauern waren überzeugt, daß man es „nur mit einem alten Herrn Rosen (die Strafexpedition war geführt vom Gouvernementsregierungsrat Rosen – J. K.) [zu tun habe], den die Gutsherren gesandt haben und von dem der Kaiser nichts wüßte."[21]

Um die Mittagszeit des 2. Oktober näherte sich dem Gute eine militärisch geordnete Kolonne mit zwei aus Hemden gemachten Fahnen und eigenartiger Militärmusik (eine Geige und eine als Trommel benutzte Ofentür). Ihnen entgegen kam Rosen, der die Soldaten in Linie aufstellte. Als die beiden Kolonnen sich einander näherten, verlor ein Bauer die Nerven, lief auf den kommandierenden Kapitän zu und fiel vor ihm auf die Knie. Die Soldaten, die dies für den Anfang der Attacke hielten, eröffneten das Feuer, worauf auch die Bauern mit ihren Keulen und einigen Feuerwaffen zum Angriff übergingen. Der erbitterte Kampf dauerte eine Weile, und einige Soldaten ergriffen die Flucht. Am Ende entschieden die Feuerwaffen der Soldaten den Ausgang des Kampfes. Von den Bauern fielen sechs auf dem Kampffelde, drei starben später an ihren Wunden. Auf der anderen Seite wurden Kapitän Muskein und Unteroffizier Filippov getötet, fünf Soldaten verwundet.[22]

Die Regierungskommissionen, die die Bauerngesetze vorbereitet hatten, wußten genau, daß man, um den gleichen Effekt wie in Livland zu erzielen, auch in Estland die Vermessung der Bauernländereien durchführen mußte. 1809 gab Alexander I. einen Ukas aus, der die estländische Ritterschaft verpflichtete, das Bauerngesetz von 1804 zu verbessern.[23] Als der versammelte estländische Landtag 1810 versuchte, sich dem kaiserlichen Willen zu widersetzen, wurde er von dem Zivil-Gouverneur Baron v. Uexküll am 10. Juni zur Ordnung gerufen. Schon am 21. Juni wurde in der speziellen Kommission für die Verbesserung des Bauerngesetzes ein Antrag gestellt, zur Befreiung der Bauern zu schreiten. Der Gedanke war den Adligen nicht mehr ganz fremd, weil 1807 die Bauern in Preußen für frei erklärt worden waren.[24] Der Landrat Jacob Georg v. Berg versicherte sich der Unterstützung des ehemaligen General-Gouverneurs von Estland, des Prinzen v. Oldenbourg, und bekam über ihn die prinzipielle Einwilligung Alexanders I. Der Landtag von 1811 beschloß, die Leibeigenschaft in Estland aufzuheben, und das von einem engeren Ausschuß ausgearbeitete neue Bauerngesetz wurde 1816 vom Kaiser bestätigt.[25]

21 Ebd., 464–466 und 488.
22 Ebd., 470–476.
23 Ebd., 532f.
24 *A. v. Gernet,* Geschichte und System des bäuerlichen Agrarrechts in Estland. Reval 1901, 141.
25 Ebd., 141–150.

Auch in Livland hatte sich die Bauernfrage verkompliziert. Nach dem Gesetz von 1804 mußten diejenigen Gutsherren, bei denen sich nach der Landvermessung herausstellte, daß sie von Bauern Übermäßiges gefordert hatten, die Bauern entschädigen. Es ergab sich, daß ungefähr ein Drittel der livländischen Gutsherren eine solche Kompensation zu zahlen hatte.[26] Aber wenn die Bauern für frei erklärt würden, würde auch die Frage der Kompensation automatisch wegfallen. Eine gute Einsicht in die Standpunkte und Meinungen der livländischen Gutsherren geben die Materialien der Diskussion, die sich in Livland am Vorabend der Bauernbefreiung entfaltete. Eigentlich waren alle Diskussionsteilnehmer der Meinung, daß man die Bauern freilassen müsse – die Frage war, wie dies zu tun sei. „Jedem das seine. Dem Gutsherr bleibe das Eigenthum des Landes, dem Bauer die freie Benützung seiner Kraft", erklärte H. v. Hagemeister, der die Diskussion eröffnete. Um die Lage der Bauern wirklich zu verbessern, schlug v. Hagemeister vor, dem befreiten Bauern den erblichen Besitz seines Gesindes zu lassen und das Maximum der Pachtsumme zu bestimmen.[27] Entgegengesetzter Meinung waren Gutsherren, die – sich auf die Lehre von A. Smith stützend – behaupteten, daß der Gutsherr völlig freie Hände hinsichtlich der Bauern und ihrer Länder bekommen müsse, weil gerechte Verpflichtungen nur in freier Konkurrenz entstehen könnten.[28]

Bis zu dieser Zeit dauerten die Klagen der Bauern über übermäßige Leistungen an. Mit der Freilassung der Bauern konnte man von all diesen Sorgen befreit werden, weil damit die Wackenbuch-Normen ihre gesetzliche Kraft verloren. Ungeachtet dessen waren die Meinungen der livländischen Adligen geteilt, man zögerte, die Aufhebung der Leibeigenschaft auszurufen, und erst, nachdem der General-Gouverneur Paulucci dem Landtag von 1818 im Falle der Weigerung mit seinem Rücktritt gedroht hatte, wurde entschieden, die Bauern zu befreien.[29]

Angesichts der Gefahr, daß auch in Kurland die Regierung eine Landvermessung und Katastierung durchführen ließ, entschied sich auch die kurländische Ritterschaft für die Bauernbefreiung. Das nach estländischem Beispiel entworfene Gesetz wurde 1818 veröffentlicht. Das 1818 vom Kaiser bestätigte livländische Gesetz wurde 1819 ausgerufen.[30]

Nach diesem Gesetz mußte die eine Hälfte der livländischen Bauernwirte 1822, die andere Hälfte 1823 an Martini auf den Gutshöfen erscheinen und Bescheid geben, ob sie bereit wären, noch drei Jahre wackenbuchmäßige Leistungen zu erfüllen (danach könnten die Leistungen beliebig erhöht werden). Falls sie dies verweigerten, müßten sie sofort ihre Stellen räumen und sich anderswo hinbegeben. Diese den Bauern gänzlich unverständlichen Fragen empörten sie, und 1822–23 weigerte sich ungefähr ein Fünftel der livländischen Bauernwirte, dieser Forderung zuzustimmen. Sie weigerten sich, ihre Zustimmung zur Wahl von Gemeindebeamten zu geben und sich von ihren Stellen zu entfernen in der sicheren Überzeugung, daß bald das richtige kaiserliche Gesetz ausgerufen würde, das ihnen Freiheit und das Land gebe.[31]

26 *J. Kahk*, „Ostzeiski put" perehoda ot feodalizma zu kapitalizmu. Krestjane i pomestsiki Estljandi i Lifljandi v XVII–pervoi polovine XIX veka. Tallinn 1988, 240.

27 *J. v. Sivers*, Zur Geschichte der Bauernfreiheit in Livland. Wiederdruck einer Reihe von Flugschriften und Zeitungsartikeln aus den Jahren 1817–1818. Riga 1878, 1–10.

28 Ebd., 32–36, 67, 73–76, 97–101 und 117.

29 *Tobien*, Agrargesetzgebung, I (wie Anm. 12), 353.

30 Ebd., I, 333–338 und 357.

31 *Kahk*, Eesti talurahva (wie Anm. 1), 77.

Um den Widerstand der Bauern zu brechen, wurden 1822–23 militärische Strafkommandos in die Dörfer gesandt, die unter Führung der Adelsbeamten den Bauern Prügelstrafen erteilten. In ihren Klagen und vor den Richtern erklärten die Bauern, „wenn der Kaiser die Bauern freigelassen habe, dann gibt er ihnen auch das Land". Viele Bauern erklärten, daß sie nur dem Kaiser und Gott, nicht aber den Gutsherren dienen wollten. Man nannte auch die genaue Summe, die man für das Land als Rente zu zahlen bereit war – fünf Assignationsrubel für Land im Wert eines Talers.[32]

In einigen Fällen waren auch eigenartige „geschichtliche Motive" zu hören. Am Ende des Jahres 1822 rapportierte der Landmarschall von Saaremaa, daß die örtlichen Bauern untereinander viel von den alten Bauern-Burgen, die ihre Vorfahren vor 700 Jahren zu ihrer Verteidigung benutzt hatten, und über ihre Rechte als Ureinwohner gesprochen hätten. Pastor Haller von Räpina berichtete im Januar 1823, daß örtliche Bauern in ihrer Verzweiflung geäußert hätten: „Unsere Vorfahren sind ja auch von den Deutschen umgebracht worden." Als die Bauern von Räpina Verhandlungen mit dem Gutsherrn führten, forderten sie, daß man sie von der gehaßten Gutsfron befreie, und sie waren sicher, daß die Bauernländereien ihnen gehörten.[33] Wegen der starken Proteste der Bauern wagten die Gutsherren die geplante Einführung der „freien Kontrakte" nicht durchzuführen, und die Wackenbuchnormen blieben bis zur Mitte des 19. Jahrhunderts in Kraft.[34]

Die Mißwachsjahre und die neuen Bauernunruhen von 1840–1846 zwangen die örtlichen Ritterschaften und die Zarenregierung, sich erneut mit der Agrarfrage zu beschäftigen. Diesmal wurde die Frage des Landbesitzes sowohl in den Forderungen der Bauern als auch in den Plänen der Ritterschaften besonders stark hervorgehoben. Dem Beispiel der preußischen Adligen folgend, schlugen die vom Herrn von Fölkersahm geführten Reformbefürworter vor, das im Besitz der Bauern befindliche Land von nun an nur den Bauern zu verpachten oder zu verkaufen. Das Einziehen des Bauernlandes zu Gutsländereien sollte, mit Ausnahme einer kleinen Quote, gänzlich verboten werden. Nach heftigem und lang andauerndem Kampf mit der von G. von Nolcken geführten Opposition konnten die von Fölkersahm geführten sog. Liberalen mit Hilfe der Vertreter der Zaren-Regierung 1849 das neue Bauerngesetz in Livland einführen (Estland folgte 1856). Danach begann die Periode der Fronablösung (sie wurde 1868 gesetzlich verboten) und des Kaufs der Bauernländereien seitens der Bauern als Eigentum.[35]

Die letzten größeren Bauernunruhen im Estland wurden 1858 mit dem Versuch der örtlichen Behörden veranlaßt, die Einführung des neuen Bauerngesetzes zu verzögern. Unruhen ergriffen mehr als 75 Güter, und am 2. Juni 1858 wurde im Mahtra das militärische Strafkommando in die Flucht geschlagen und dabei der kommandierende Offizier getötet.[36]

Wovon zeugen diese Situations- und Aktionsbeschreibungen? Als erstes versuchen wir die Frage zu beantworten, warum und wogegen die Bauern eigentlich protestierten und kämpften. Schon in einem 1976 publizierten Artikel versuchte der Verf. gemeinsam mit H. Ligi herauszufinden, ob eine Verbindung zwischen der ökonomischen Lage der Bauern und ihren

32 Ebd., 63–66, 73, 76 und 100f.

33 Ebd., 63 und 93–95.

34 *J. Kahk,* K voprosu o sozialno-ekonomiceskom haraktere tak nazôvaemogo perioda barstsinnoi arrendô – Genezis kapitalizma. Moskva 1965, 359–377.

35 *A. Tobien,* Agrargesetzgebung (wie Anm. 12), II. Riga 1911, 50–59, 147, 166–172, 187.

36 *Kahk,* 1858 (wie Anm. 1), 89f., 125, 140–149.

Protestaktionen während der weitverbreiteten Unruhen existierte. Wir besaßen Angaben über die Verbreitung der Bauernunruhen in dieser Gegend (davon waren 49 Güter ergriffen) aus dem ersten Viertel des 19. Jahrhunderts in Süd-Estland und auch über die ökonomische Lage der Bauern sowie die Höhe ihrer Leistungen. Es stellte sich heraus, daß sich die „hauptsächlichen Indizien der ökonomischen Lage der Bauern in den von Bauernunruhen ergriffenen Gütern wenig unterschieden von den respektiven Merkmalen in den Gütern, deren Bauern nicht zum Kampfe schritten."[37] Eigentlich wurden von den Bauernstellen in den von Unruhen ergriffenen Gütern verhältnismäßig weniger Fronen gefordert als in den Gütern, wo die Bauern „ruhig" blieben – aber der Unterschied war nicht bedeutend. Es gab keinen automatischen Zusammenhang zwischen der Lage der Bauern und ihrer Bereitschaft zum aktiven Widerstand gegen die Gutsherren. S. Göttsch hat recht, wenn sie schreibt: „Die Widerstandsaktionen waren nicht willkürlicher Reflex, sondern folgten sehr genauen Vorstellungen darüber, was das feudale System den Untertanen abverlangen durfte."[38] Schon 1961 hatte der Autor dieser Zeilen auf Grund der Analyse der Bauernunruhen in Estland darauf hingewiesen, daß die Bauern „vor den Richtern nicht so viel über die Schwere der von ihnen geforderten Fronen oder über die Grausamkeit der Bestrafungen sprachen, sondern immer von den unrechtmäßig großen Leistungen oder von unbegründeten Strafen [...] In den Bauernunruhen [...] klingt manchmal sehr klar die Idee des eigenen Rechts der Bauern an".[39] Folglich protestierten die Bauern dann, wenn von ihnen unrechtmäßig viel gefordert wurde, wenn die Grundprinzipien des funktionierenden Systems nicht beachtet wurden.

Es ist sehr schwer, quantitative Angaben über die Bauernunruhen zu bekommen, weil die Dokumente oft nur von den von Unruhen ergriffenen Gegenden sprechen, ohne die genauere Zahl oder Namen der von den Unruhen ergriffenen Gütern anzugeben. Die uns zur Verfügung stehenden Angaben lassen erkennen, daß es keinen steten und beständigen Zuwachs von Bauernunruhen vom Ende des 17. Jahrhunderts bis in die Mitte des 19. Jahrhunderts gab. Die Unruhen verliefen vielmehr in Wellen, die in der Regel von „äußeren Faktoren", wie z.B. der Thronbesteigung des Monarchen, der Einführung von neuen Steuern oder der Vorbereitung und Durchführung einer Agrarreform veranlaßt wurden. Zwischen diesen Aufschwungswellen (während welcher der Anteil der von Unruhen ergriffenen Güter niemals 20–25 % ihrer Gesamtzahl überstieg) befanden sich zahlreiche Jahre, in denen kein einziges Gut von offenem kollektiven Widerstand ergriffen war. Man kann folglich nicht von einem dauernden offenen Widerstand der Bauern sprechen.

Auch die Gerüchte über die Französische Revolution waren bis in die baltischen Dörfer vorgedrungen. So erklärte der Hausdiener des Gutes Mujanu, Johanson, als er wegen Beteiligung an dem Kauguruer Aufstand 1802 verhört wurde, daß er zweimal in der Woche die Zeitung lese und gut wisse, was in Frankreich geschehen sei.[40] 1807 erklärten zwei estnische Bauern, die von der Einschreibung in die Landmiliz heimkehrten, daß sie von den Franzosen

37 *J. Kahk/H. Ligi,* O svjazi mezdu antifeodalnômi vôstuplenijami krestjani ih polozenijem, in: Istorija SSR 1976, Nr. 2, 87f.

38 *S. Göttsch,* Widerständigkeit leibeigener Untertanen auf schleswig-holsteinischen Gütern im 18. Jahrhundert, in: Gutsherrschaft als soziales Modell. Vergleichende Betrachtungen zur Funktionsweise frühneuzeitlicher Agrargesellschaften. (HZ, Beiheft 18.) Hrsg. v. Jan Peters. München 1995, 369.

39 *Kahk,* Rahutused (wie Anm. 1), 293.

40 *Kapostins,* Kaugurmuiza (wie Anm. 13), 48.

die Freiheit entgegennehmen wollten.[41] Es gab Fälle, in denen Bauern sich an das Schicksal ihrer Vorfahren erinnerten und von ihren Vorrechten als Ureinwohner sprachen.

Aber all diese Ideen wie auch die Hinweise auf das historische Unrecht waren nur Nebenerscheinungen und betrafen nicht den Kern der bäuerlichen Weltanschauung. Die auch während der Bauernunruhen vorherrschenden Ideen und Forderungen wurden aus den alltäglichen Erfahrungen und aus dem selbständigen Studium verschiedener behördlicher Verordnungen und Gesetze zusammengestellt. Als ein organischer Bestandteil der bäuerlichen Weltauffassung figurierten auch die allgemein-menschlichen und christlichen Ideen über die Gleichheit aller Menschen, die gerade bei der im Baltikum in diesen Zeiten verbreiteten Herrnhuter-Brüdergemeinde stark betont wurden (Christus hat sein Blut für alle Menschen vergossen).

In dem von uns behandelten Zeitraum wurde den Bauern in den Kirchen bei der Publikation verschiedener Verordnungen ständig mitgeteilt, daß sie Untertanen des jeweiligen Monarchen wären. Und wenn sich dann aufregende Gerüchte über die von der Regierung unternommenen Aktionen in den Dörfern verbreiteten, erinnerten sich die Bauern daran und erklärten selbstbewußt, daß sie eigentlich Untertanen des Monarchen seien und im Grunde genommen ein solches Zwischenglied wie den Gutsherrn nicht nötig hätten. Der Bauer war gleichzeitig Untergebener des Gutsherrn und Untertan des Monarchen. In dem Zustand psychologischer Erregung während der Unruhen konnte er leicht das letztere übertreibend betonen und das erstere zeitweilig vergessen. Die Drohungen, „alle Deutschen (Gutsherren) zu töten“, vernahm man nur in exklusiven Fällen und immer in Verbindung mit erbittertem Abwehrkampf gegen Strafexpeditionen – nie als eine im Angriffsmut gestellte Forderung.

Die Bauern konnten leicht vom Zustand der mit schrecklichen Drohungen begleiteten Erregung in den Zustand resignierender Unterwerfung übergehen. In ihrer Seele kämpfte der selbstbewußte Bauer des Monarchen mit dem unterwürfigen Ackersmann des Gutsherrn. Während jedes Aufstandes standen Bauern nebeneinander, die entweder zum entschlossenen Widerstand aufriefen oder kniefällig bereit waren, sich zu unterwerfen.

Auf der anderen Seite kann man sagen, daß der Gutsbesitzer sowohl ein rücksichtslos seine Bauern exploitierender Unternehmer als auch ein sie patriarchalisch behandelnder Gutsherr sein konnte. Auf jedem Landtag gab es Kämpfe zwischen den auf die Interessen der Bauern Rücksicht nehmenden und den sie ignorierenden Adligen. Graf L. A. v. Mellin, der aktiv an der Vorbereitung des Bauerngesetzes von 1804 teilgenommen hatte, schrieb: „Es entstanden unter dem Adel zwey Parteyen Für und Wider die Bauern und es herrschten heftige Debatten.“[42] Die Gutsherren konnten sowohl philanthropisch-patriarchalische als auch menschenfeindliche Gedanken über die Bauern äußern. „Ich sage uns, denn unsere Leibeigenen gehören zu unserer Familie, sie sind unsere Kinder“, schrieb Baron G. v. Rennenkampf 1818 und fragte: „Und warum soll das schöne Verhältnis eines Vaters zu seinen Kindern zwischen Herren und Bauern gestört werden? Das Leibeigen-Verhältnis hat auch seine sehr guten Seiten gehabt.“[43] Aber als Baron Fr. v. Rosen 1805 von aufständischen Bauern in Kose-Uuemôisa belagert wurde, schrieb er in machtloser Wut in seinem Rapport, daß er den estnischen Bauern höchstens für eine sehr menschenähnliche Kreatur hielte, die man nur mit schonungsloser

41 *Kahk,* Rahutused (wie Anm. 1), 219–221.

42 *L. A. Mellin,* Noch einiges über die Leibeigenschaft in Liefland. Riga 1824, 11.

43 *G. v. Rennenkampf,* Bemerkungen über die Leibeigenschaft in Liefland und ihre Aufhebung. Kopenhagen 1818, 2 und 234.

Härte behandeln müßte.[44] Die Vorstellungen von typischen (einseitigen) Gutsherren oder Bauern stimmen nicht mit der geschichtlichen Wirklichkeit überein.

Als ein Kriterium der Eigen-Ideologie der Bauern kann man ihr Verhältnis zum Landbesitz betrachten. Nie wurde von Bauern, jedenfalls im Baltikum, die Forderung gestellt, daß man die Hofländer der Privatgüter unter ihnen teilen müßte. Noch 1858 erklärte der Bauernwirt von Võhmuta, Mart Münd, dem Gutsherrn: „Gott verkauft nicht das Land. Er hat es uns gegeben. Behaltet ihr euer Land und wir Bauern behalten das unsrige."[45] Die Geschichte der Agrarpolitik im Baltikum im 18.–19. Jahrhundert war eigentlich ein Kampf um die Existenzmöglichkeiten der Bauernwirtschaften. Bis zum zweiten Viertel des 19. Jahrhunderts ging es um die Höhe der Fronleistungen – um die wackenbuchmäßigen Normen. Dann trat die Frage des bäuerlichen Landbesitzes an die erste Stelle. Auf den Landtagen war es ein Kampf zwischen v. Sivers und seinen Opponenten, zwischen den Ideen von Hagemeisters und von Bocks, zwischen Reformplänen von Fölkersahms und den Ideen von Nolckens. Es ist leicht zu sehen, daß objektiv die Pläne des ersten Lagers – die die Regulierung der Bauernleistungen und den bäuerlichen Landbesitz befürworteten – mit den Forderungen der Bauern zusammenfielen.

Jedoch gab es auch aus anderer Perspektive eine Übereinstimmung zwischen Bauern und Regierung. W. Conze hat in seinem Artikel über die Bauernreformen des 19. Jahrhunderts über das jahrhundertealte Streben „der Landesfürsten, die feudalen Zwischengewalten zu beseitigen und in unmittelbare Beziehung zu allen Landeseinwohnern zu treten"[46], geschrieben. Wir können zwar kaum von einem Streben der Regierung sprechen, den Adel als Stand zu beseitigen, aber von einem Bemühen, seine Handlungen unter ihre Kontrolle zu stellen und ihn zum Beamten des Staates zu machen. Dies belegen die Materialien der Geschichte des Baltikums und auch einiger Nachbarländer überzeugend. Dieses Bestreben befand sich durchaus im Einklang mit den Hoffnungen der Bauern, direkte Untertanen des Landesherrn zu werden.

Wie wir sehen, stimmten die zentralen, realistischen Ideen und Forderungen der Bauernschaft einerseits in einigen Aspekten mit der Politik der kompromißbereiten Adligen, andererseits mit einigen Bestrebungen der Regierungsbehörden überein. Das führte dazu, daß sich längerfristig die Politik des Kompromisses durchsetzte und die Ritterschaft allein bei der Formierung der Agrarpolitik keine so entscheidende Rolle gespielt hat, wie W. Conze es vermutet hat.[47] Die Agrargesetzgebung im Baltikum bewegte sich von einem – unter dem Druck der Zentralregierung gewonnenem – Kompromiß zu einem anderen. Gerade wegen des hartnäckigen Widerstandes der Bauern und der periodisch ausbrechenden Bauernunruhen wurden die schlimmsten Entwicklungsvarianten vermieden und beide – sowohl Guts- als auch Bauernwirtschaften – kamen aus den Reformen mit beachtenswertem Entwicklungspotential heraus. Mit den in der Mitte des 19. Jahrhunderts durchgeführten Reformen ging die Zeit des Gutswirtschaftssystems zu Ende. An die Stelle des Gutsherrn trat der Großgrundbesitzer, an die Stelle des Bauern der Kleingrundbesitzer oder Landwirt.

44 Eesti NSV ajaloo lugemik, I, Tallinn 1960, 43.

45 1858. aasta talurahvarahutused Eestis. Dokumente ja materjale, Tallinn 1958, 284.

46 *W. Conze*, Die Wirkung der liberalen Agrarreformen auf die Volksordnung in Mitteleuropa im 19. Jahrhundert, in: VSWG 38, 1950–1951, 4.

47 Ebd., 29.

HEINRICH KAAK

Diskussionsbericht

Diskussion zu Edgar Melton

Zum Vortrag E. Meltons wurde über die Abgrenzung von Landarmen und Landlosen, über Familienstruktur und die Stellung des Vaters in der Familie diskutiert. H. Wunder forderte, deutlicher zwischen dem Gesinde einerseits und den Landarmen und Landlosen andererseits zu differenzieren. Das Gesinde sei anders als diese sowohl in die Gutsherrschaft als auch in die bäuerliche Wirtschaft eingebunden gewesen. Nach einer Untertanenliste der Dohnaschen Güter in Ostpreußen gingen die Bauernkinder ins Vorwerk wie auch zu anderen Bauern in Dienst; insofern „wären sie als eigene Gruppe zu denken". Auf Grund der Stavenower Akten könne man, so *W. W. Hagen*, sogar eine Grenze zwischen dem Zwangsgesinde und dem freien Gesinde feststellen, wobei sich in einigen Fällen das freie Gesinde aus der Gruppe des Zwangsgesindes rekrutiert hätte. Die Angehörigen des freien Gesindes, die kleinere Gruppe, waren danach fast alle verheiratet, hatten Familien usw., während das Zwangsgesinde in unsicherer Lage war, da es sich meist von der Herrschaft lösen wollte und nur ausnahmsweise eine Zukunft bei ihr sah. *J. Kahk* ergänzte, daß im Baltikum die Landarmen eine kleine Kate oder ähnliches innegehabt und eine gewisse Aussicht gehabt hätten, Kleinbauer zu werden. Landlose hätten diese Perspektive nicht gehabt.

Nach *A. Mączak* lassen Ergebnisse über die Bauernfamilie in Polen im späten 17. und 18. Jahrhundert den Schluß zu, daß der Gesindedienst meist ein bestimmtes Lebensalter betraf. Junge Leute aus Bauernfamilien arbeiteten bei ihren Herren oder bei anderen Bauern und gaben, wenn das Land frei geworden war, den Dienst auf und wurden Vollbauern. Außerdem seien Leibeigenschaft und Fronarbeit in Polen möglicherweise zu einem gewissen Grad Resultat der spezifischen Familien- und Landbesitzstruktur: Wo es zu Beginn des 16. Jahrhunderts die besten Möglichkeiten des Marktverkaufs von Getreide gab, entstand keine Leibeigenschaft, weil die Bauernhöfe ziemlich groß waren; wo das Bauernland jedoch knapp war, gab es „gewissermaßen eine Arbeitslosigkeit in der Familie", die dem Gutsherrn ermöglichte, Frondienste einzuführen.

An den verschiedenen Gruppen der Dorfbevölkerung könne man, so *A. Lubinski*, sichtbar machen, welche verschiedenen Betrachtungsmöglichkeiten es gibt. An seinem Untersuchungsgebiet werde deutlich, daß es einerseits selbstverständlich die Möglichkeit der Kategorisierung in bäuerliche und andere Haushalte, in Gesinde und andere Personengruppen gebe, und daß dies wichtig sei, um soziale Strukturen zu erfassen. Andererseits seien aber auch Überlappungen erkennbar und Entwicklungsmöglichkeiten für die einzelnen, „in der Struktur verorteten" Personen: In der Steuerliste des ausgehenden 17. Jahrhunderts erscheinen in der Herrschaft Galenbeck über Jahre hinweg Knechte, von denen einer in einem Haushalt wohnte, etwas Vieh hatte und verheiratet war. Der Gesindestatus bot offenbar Entwicklungsmöglichkeiten und langfristige Lebensperspektiven.

W. Rösener stellte die Frage, ob die russische Dorfgemeinde nicht die patriarchalische Struktur der russischen Großfamilie unterstützt oder doch sehr stark beeinflußt habe. Zumindestens im Schwarzerdegürtel, so die Antwort, waren die Mitglieder der Gemeinde identisch mit den Patriarchen und deswegen könne allenfalls ein theoretischer Widerspruch zwischen ihnen existiert haben. Die Dorfgemeinde habe daher nicht anders handeln können, als es die Patriarchen wollten, und sich deswegen nicht in die Großfamilie eingemischt. Dies habe auch der Gutsherr nicht getan. Der Bauer sei als Hausherr ein kleiner Despot, sozusagen der Gutsherr seiner Familie, gewesen.

Da die ostelbische Bauernfamilie auch Knechte und Mägde zur Frondienstleistung angestellt hatte, fragte *R. Blickle*, ob damit in diese Haushalte auch Angehörige ganz anderer Schichten eingebunden oder ob dies Verwandte gewesen seien, ob es also im Gegensatz zu Rußland schon eine Schichtung in der Bevölkerung gegeben habe, wo doch nach *E. Meltons* Darstellung bis auf die Patriarchen, „ständisch gesehen, offenbar alle gleich waren". Die großen patriarchalischen Familien im Rußland bestanden, so die Antwort, nicht immer aus direkten Verwandten. Wenn ein Gutsherr oder Gutsverwalter eine durch Tod oder Rekrutierung geschwächte Familie unterstützen wollte, dann ergänzte er sie oft aus zwei oder drei Restfamilien. Häufig habe der Hausherr dann seine eigenen gegenüber den fremden Kindern favorisiert und zum Beispiel die fremden in den Militärdienst geschickt. Verwandtschaft sei im übrigen ein „labiles Konzept": So habe man immer von seinem Gesinde als von Verwandten gesprochen, wenn man etwas von ihm wollte, und das Gesinde habe seinen Brotherren aus dem gleichen Grund Vater genannt.

M. Cerman merkte dazu vergleichend an, daß in den österreichischen Forschungen immer das Zusammenleben zwischen Gesinde, Kindern und bäuerlicher Elterngeneration betont worden sei, wie es in gemeinsamen Verrichtungen wie dem Essen und dem Kirchgang zum Ausdruck komme. Aus lebensgeschichtlichen Aufzeichnungen wisse man auch, daß es in der Behandlung der nichterbberechtigten Kinder und des Gesindes nur unwesentliche Unterschiede gab. Überspitzt formuliert, sei das Gesinde so gut wie nichterbberechtigte Kinder oder, anders ausgedrückt, nichterbberechtigte Kinder so schlecht wie das Gesinde behandelt worden. Ihn interessiere, ob diese russischen Großfamilien in den Schwarzerdegebieten auf Grund des gutswirtschaftlichen Wachstums erst im 18. Jahrhundert so richtig entstanden seien, und wenn *E. Melton* von einem starken herrschaftlichen Einfluß auf den Erhalt der großfamilialen Struktur spreche, „der mir durchaus plausibel scheint", sei zweitens zu fragen, ob nach der Auflösung der Leibeigenschaft in Rußland ein charakteristisches Abfallen dieser familialen Arbeitsorganisation – besonders nach Schwarzerd- und Nichtschwarzerdegebieten unterschieden – wahrzunehmen sei.

Bis zum späten 17. Jahrhundert war nach *E. Melton* der bäuerliche Hof die Steuereinheit. Deswegen wurden besonders nach der Agrarkrise des späten 16. und frühen 17. Jahrhunderts überall in Rußland zur Steuerersparnis viele große Familien „künstlich aus vielen verschiedenen Elementen zusammengesetzt". Nach den Reformen Peters des Großen gab es keine Steuervorteile mehr, und man sehe in petrinischer Zeit vorübergehend kleinere Haushalte, aber gleichzeitig erschienen speziell im Schwarzerdegürtel doch diese Großfamilien. Sie waren in den Gutsarchiven des späten 18. und frühen 19. Jahrhunderts bereits vorhanden, ohne daß ihr

Erscheinen begründet werden könne. In den unfruchtbaren Gebieten um Moskau waren diese großen Familien im späten 18. und in der ersten Hälfte des 19. Jahrhundert weniger zahlreich.

J. Peters äußerte sich zum Verhältnis zwischen Familienstruktur und verborgener Kultur und damit zum Bild der „uneinnehmbaren Festung der patriarchalisch geführten Familie". Die Landarmut in Schwedisch-Pommern, einem extremen gutsherrschaftlichen Gebiet, habe sich in der Abhängigkeitsform eines Klientelverhältnisses befunden. Dies sei jedoch nicht automatisch aus einer bestimmten domanialen Familienstruktur oder aus steuerpolitischen, administrativen Strukturen abzuleiten, sondern es müsse hinterfragt werden, „wie sich das lebensweltlich vollzogen hat", ob es nicht Ausbruchsversuche, Selbstverständnisse, Selbstdeutungen derjenigen gegeben habe, die in der „Festung" lebten, querlaufend zu den strukturellen Aspekten. Selbst in Schwedisch-Pommern habe er Vereinigungen, „Knechte-Verbündnisse" gefunden, die ihren eigenen Vorstand wählten, ihre eigenen kulturellen und symbolischen Deutungen vorführten und die sich keineswegs in einem totalen Abhängigkeitsverhältnis befanden. Für ihn sei daher fraglich, ob man am Bild der uneinnehmbaren Festung festhalten könne, ohne zu prüfen, welche Selbstwahrnehmungs- und Gesellungsformen im Sinne Heide Wunders sich unterschwellig ausbildeten.

C. Meyer fragte, ob in Rußland die sehr großen Güter vorherrschend gewesen seien oder die kleinen, wo der Gutsherr anwesend war, und ob sich dies auf die beschriebene Struktur ausgewirkt habe. *E. Melton* habe dann als wesentlichen Unterschied zu Ostelbien bezeichnet, daß in Rußland eine landarme und landlose Schicht, die als Arbeitskraft dem Gutsherrn hätte dienen können, nicht existierte. Faktisch habe es jedoch auch dort Landarme und Landlose gegeben, nur seien sie in die bäuerliche Familie integriert gewesen. Die nichterbenden bäuerlichen Söhne oder die Menschen im Haushalt, die nicht verwandt waren, hätten den Zugang zum Land ja auch nur über den Patriarchen erhalten. Leider seien, so *E. Melton*, diese Fragen kaum zu beantworten, weil es nur Archive für große Herrschaften gebe und die Sozialgeschichte für die erste Hälfte des 18. Jahrhunderts fast unerforscht sei. Der russische Schwarzerdegürtel wurde, soviel sei klar, erst im 17. Jahrhundert besiedelt, daher stand viel Land zur Verfügung. Die Gutsherren und der Staat hätten immer ein Interesse an einer besitzenden ländlichen Bevölkerung gehabt, denn die Landlosen konnten keine Steuern zahlen. Deswegen seien die vielen Landarmen des frühen 18. Jahrhunderts um die Mitte des Jahrhunderts fast und die landarme Schicht mit Teilpacht in Nordrußland im späten 18. Jahrhundert ganz verschwunden.

Nach *Z. Szultka* war die Stellung des Vaters in Rußland und Ostelbien sehr unterschiedlich. In einigen Gebieten Ostelbiens habe die Mutter im 17. und 18. Jahrhundert eine größere Rolle als der Vater gespielt, dafür sei im 18. Jahrhundert Kaschubien ein klassisches Beispiel. Weiterhin habe man es zum Beispiel in Schwedisch-Pommern, Hinterpommern und Westpreußen bei einem Vergleich des 17. mit dem 18. Jahrhundert, teilweise verursacht durch den Nordischen Krieg, gewissermaßen mit ganz anderen Bevölkerungen und Familienverhältnissen zu tun. Das Verhältnis Hausvater-Familie-Gesinde müsse daher in zeitlicher und territorialer Hinsicht sehr vorsichtig untersucht werden.

Diskussion zu V. P. Mitrofanov

Der Vortrag *V. P. Mitrofanovs* „Der Staat und die Bauern im westlichen und zentralen Europa im 16. und 17. Jahrhundert: Geschichte und Geschichtsschreibung" handelte vom Einfluß der Politik des absolutistischen Staates auf die Agrarentwicklung. Er beinhaltete den Versuch, die Haupttendenzen des absolutistischen Staates mit den Bauerngemeinden am Beispiel Englands und verschiedener deutscher Territorien und den Gebieten der Habsburger Monarchie zu vergleichen: Danach war es im genannten Zeitraum notwendig, daß sich die Könige bzw. Landesherren zum Schutz der Bauern in die Agrarentwicklung einschalteten und sie zu regulieren versuchten. In England bemühte sich das Königtum, die *enclosure*-Entwicklung einzudämmen, den Handel mit Getreide und Getreideprodukten zu regulieren und neues Ackerland zu gewinnen. In den deutschen Territorien westlich der Elbe gab es den Versuch, den *status quo* zwischen Herren und Bauern durch Verhinderung des Bauernlegens zu erreichen. In den ostelbischen Territorien kam es dazu nicht, sondern den Herren wurde die Erlaubnis zu weitgehendem Bauernlegen gegeben. Im habsburgischen Machtbereich wurden die Agarprobleme auf lokaler Ebene behandelt, die örtlichen Herren waren für die Ausgestaltung maßgebend, und nur in Extremfällen mischte sich das Kaisertum ein. *In der Diskussion wurde angesprochen, daß es in England legalen Widerstand der Bauern gegen illegale enclosures gab.*

Diskussion zu András Vári
Die Diskussion zu A. Vári konzentrierte sich auf die Aufgaben der Herrschaftsbeamten und terminologische Fragen. Ausgehend von seiner Beschäftigung mit Herrschaftsbeamten als Teil der vermittelnden Schicht zwischen Gutsherrschaft und Untertanen in der östlichen Kurmark und seiner Feststellung, daß diese Beamten zum Teil aus kleinen Städten kamen und in einer Reihe von Fällen dennoch in den Adel aufstiegen und selbst Gutsbesitzer wurden, fragte *H. Kaak*, welche Voraussetzungen die ungarischen Herrschaftsbeamten gehabt hätten, ob sie bei Antritt ihrer Tätigkeit Gelder als Sicherheit geben mußten, welche Existenzchancen aus einer Tätigkeit als Herrschaftsbeamter erwuchsen und inwieweit höhere herrschaftliche Beamte ihre Verwandtschaft bei der Vergabe von Posten bevorzugten. Seit dem Ende des 18. Jahrhunderts änderte sich nach *A. Vári* wahrscheinlich die Rekrutierung der Beamten. In den Karolyi-Herrschaften waren um 1814 über 40 Prozent der Beamten nichtadliger Herkunft. Diese waren im rechtlichen Sinne Hörige, „aber besondere Hörige", deren Vater eine Mühle besaß oder Bürger einer Ackerbürgerstadt war und vielleicht gleichzeitig auch Weinbesitz hatte. Unterbeamte, zum Beispiel Arbeitsaufseher, gab es auch aus der Kleinbauernschicht. Die Beamten hatten bei den Batthyany und den Karolyi fast durchgängig eine mindestens sechsjährige Gymnasialbildung. Charakteristisch war die hohe geographische Mobilität auch während der Dienstzeit, eine Art Rotationssystem auf den großen Herrschaften. In einer Vorstufe waren sie Praktikanten (unbezahlte Hilfsbeamte) und wurden häufig versetzt, auch um die Verwaltung kennenzulernen. Bis in die 1770er Jahre war es erwünscht, daß der Beamte Vermögen hatte. Dies wurde von der Herrschaft *expressis verbis* damit begründet, daß die Beamten häufig stahlen und die Herrschaft sich dafür an ihrem Vermögen schadlos halten konnte. Dieser Grundsatz veränderte sich während der Untersuchungszeit radikal. Die Eigenwirtschaft der Beamten wurde zuerst einmal begrenzt, dann reduziert und existierte zu Anfang des 19. Jahrhunderts nicht mehr. Zuerst wurde bei den Karolyi ein generelles Verbot für die Beamteneigenwirtschaft eingeführt, aber immer wieder durchbrochen, die Herrschaft arbeitete jedoch mit Nachdruck an der Trennung der Verwalter von den verwalteten Sachgütern. Ab 1796 gab es in Ungarn eine regelrechte Fachhochschule, wo die Beamten Bildungspatente hätten erwerben können, „sie haben es aber nicht getan". Noch kurz vor 1848 war höchstens ein Viertel des Beamtenstandes fachlich gebildet. Die Verwandtschaft wurde bei der Stellenvergabe sehr stark begünstigt. Man könne für die väterliche Seite rekonstruieren, daß ein Fünftel der Karolyi-Beamten seitwärts, aufwärts und abwärts irgendwie verwandt waren.

W. Rösener fragte, ob die Herkunft der Herrschaftsbeamten aus dem adligen oder bäuerlichen Bereich sich auf ihr jeweiliges Verhalten im Sinne des Adels oder der Bauern ausgewirkt habe, wieweit man in der fraglichen Zeit von Herrschaftsbeamten – einem sehr modernen Begriff – sprechen könne, und ob diese Beamten in Fällen von weisungswidrigem Handeln oder Korruption absetzbar gewesen seien. Hinsichtlich der ersten Frage könne er, so *A. Vári*, nur in drei oder vier Fällen Schnittpunkte herstellen und Konkretes darüber sagen, ob die Beamten adliger Herkunft sich anders verhielten als die Beamten bäuerlicher Herkunft. Er gehe auch nicht von einer Dichotomie, sondern von einem „ineinander verschachtelten System unterschiedlicher ständischer Segmente" aus. Zur Begrifflichkeit des Beamten äußerte er, daß in der Zeit Bratrings auch in ungarischen statistischen Publikationen der Begriff benutzt worden sei. Sie wurden als Wirtschafts- oder als Zivilbeamte bezeichnet, wobei man Wirtschaftbeamte als eine Untergruppe der Zivilbeamten verstand. Zentrale Statusmerkmale seien gewesen, daß sie Instruktionen erhielten und „ohne weiteres" absetzbar waren. Instruktion bedeutete nicht nur eine generelle Verpflichtung auf Treue und Gehorsam, sondern auch eine umfassende detaillierte Beschreibung ihrer Tätigkeiten. Sie mußten dazu auch eine gewisse formale Schulung erhalten. Insofern seien partiell zwei Elemente des Weberschen Idealtyps von rationeller und legitimer Verwaltung auszumachen.

R. Blickle bezeichnete die Ausführungen *A. Váris* als „gelungene Verbindung von Herrschafts- und Mikrogeschichte" und fragte, ob es bei einer so großen Beamtenzahl einen Instanzenweg und eine institutionalisierte Kontrolle gegeben habe, wie in anderen Ländern durch den Rentmeister, und ob sich dieser Instanzenweg auf die geschilderten Konflikte ausgewirkt habe. Diese Kontrollvorgänge waren nach *A. Vári* „der Motor der Bürokratisierung". Gerade bei den ganz großen Herrschaften hatten die Dienstherren gegen Ende des 18. Jahrhunderts während der türkischen und der napoleonischen Kriegszeit schon das Geld und die Möglichkeit, gesonderte Kontrolleure – „Exaktoren" (d. h. Revisoren) – einzusetzen. Diese seien, in der Zentrale sitzend, dienstlich ganz abhängig gewesen und nicht durch die einzelne Herrschaft, sondern durch das *caput bonorum*, den Sitz des gesamten Herrschaftskomplexes, bezahlt worden. Sie hätten keine wirtschaftlichen Kompetenzen gehabt, sondern ihre einzige Aufgabe habe in der Überprüfung bestanden, ob die Ausgaben rechnerisch und inhaltlich korrekt waren und die Vorgänge in der Herrschaft ordnungsgemäß abliefen. Dafür hätten sie den Instanzenweg mit einer „praktisch nur durch Korrespondenz ausgeübten Kontrolle" gehabt. Diese hätte man daher möglichst weit formalisieren und vervollständigen müssen. Es gab eine Hierarchie, in der die Beamten als Schreiber anfingen, dann zu Gespann- und Rentmeistern und schließlich zu Hofverwaltern und Hofrichtern aufstiegen. Zum Einfluß auf den Konfliktaustrag gebe es keine konkreten Hinweise in den Quellen.

Für die Gutsherrschaftsforschung ist nach *J. Peters* diese Vermittlungsschicht der Beamten hinsichtlich ihrer Rolle und Funktion ungeheuer wichtig, und er fragte, ob *A. Váris* Begriffe aus der zeitgenössischen Terminologie entlehnt seien. Denn für das 17. Jahrhundert könne man nach seinen Ergebnissen wohl nicht von Wirtschaftsbeamten reden, weil die Beamten eher komplex Herrschaft wahrnahmen und vermittelten. Für das 16. und 17. Jahrhundert scheine ihm „Herrschaftsverwalter" der angemessene Begriff zu sein. Der Begriff Wirtschaftsbeamter läßt sich nach *A. Vári* in seinen ungarischen und lateinischen Entsprechungen für das Ende des 18. Jahrhunderts „ohne weiteres vielfach belegen". In den Instruktionen des späten 17. Jahrhunderts für das Königreich Ungarn würden sie entweder lateinisch als *officiales* oder ungarisch als *gazdatiszt* bezeichnet, ins Deutsche übersetzt Wirtschaftsoffizier. Er räumte ein, daß diese Terminologie nicht eigentlich wirtschaftlich, sondern ständisch abgeleitet sei. Auch innerhalb der Beamtenschaft gab es Abstufungen, zum Beispiel in *oeconomiales* und *aulici*, womit auch eine unterschiedliche Nähe zum Herrn zum Ausdruck komme. Er halte allerdings eine wirtschaftliche Modellbildung für zulässig und verwende den Begriff Beamter, weil schon im späten 17. Jahrhundert eine ausgeprägte Kompetenzhierarchie als Ideal in den Instruktionen erkennbar sei und offenbar der Wunsch nach der Trennung von verwaltetem und Eigenvermögen bestanden habe.

Nach *A. Váris* Ausführungen war Gewalt, so *B. Krug-Richter*, ein „relativ selbstverständlicher Bestandteil" des Umgangs der Beamten mit den Bauern. Aus älteren und neueren Untersuchungen ergebe sich, daß genau diese Gewaltanwendung gegenüber den Untertanen der Bereich war, wo sich in Gebieten extremer Gutsherrschaft die Bauern sehr schnell handgreiflich zur Wehr setzten; daher frage sie, ob man in Ungarn eine Grenze ausmachen könne, von der ab die Bauern sich wehrten, wie sie dabei reagierten, welche ihre primären Konfliktlösungsstrategien in derartigen Situationen waren und welche Rolle das herrschaftliche Gericht spielte. *A. Vári* verwies hinsichtlich dieser umfassenden Frage zunächst darauf, daß im polnisch-ukrainisch-kroatisch-ungarischen Bereich Frei- und Wehrbauern einerseits und extensive Wirtschaftsweise mit Hirten und waldgestützte Wirtschaftssysteme andererseits eine große Rolle spielten, wo keine so festgefügte Ordnung wie in einem Dorf mit Dreifelderverfassung herrschte. Auch dort könne er keine Punkte angeben, von denen ab Gewalt eine Rolle gespielt habe. Das Herrschaftsgericht sei „für fast alles zuständig" gewesen und habe Filialgerichte gehabt, wo selbst der Ortsbeamte ziemlich weitgehende Streitigkeiten geschlichtet habe. Das Dorfgericht habe sich nicht an das Landesrecht gehalten und nur Bagatellfälle bis zu einem rheinischen Gulden verhandelt, sondern sei weit darüber hinaus gegangen. Daher habe eine real viel größere Zuständigkeit des Dorfgerichtes und der Dorfgemeinde bestanden. Es existierte andererseits eine Vielfalt von herrschaftlichen Gerichten. Das Herrschaftsgericht sei eine institutionalisierte und auch vom Komitatsgericht kontrollierte Instanz gewesen, aber diese tagtäglichen Angelegenheiten vor Ort seien auch Rechtsprechung und Rechtsfindung gewesen. Die Anwendung körperlicher Gewalt unter ständisch sehr unterschiedlichen Partnern sei absolut verpönt und verboten gewesen. In einigen Fällen habe sich die Dorfelite über das gewaltsame Benehmen von Bauern oder Beamten beklagt, Gewalt sei aber in den Beschwerden immer Nebensache gewesen.

Diskussion zu Markus Cerman

Bezüglich des Vortrags M. Cermans ging es vor allem um die Kontinuität vor und nach 1618 und um die Lage der unterbäuerlichen Schichten. Nach Ansicht *A. Kostláns* zeigten die Ergebnisse *M. Cermans* in dieselbe Richtung wie die tschechische Forschung: Es entwickelte sich offenbar eine bedeutende wirtschaftliche Tätigkeit des böhmischen und mährischen Großgrundbesitzes in der zweiten Hälfte des 16. Jahrhunderts, womit auch eine Verschärfung der Untertanenverhältnisse verbunden war. Die Schlacht am Weißen Berg war nicht die große Zäsur, wie von der älteren Forschung angenommen. Im Gegensatz zu *M. Cerman* könne man Böhmen vor dem Dreißigjährigen Krieg nicht als Gebiet der Gutswirtschaft ansehen. Er habe Zweifel, ob man die Situation in der Herrschaft Friedland auf ganz Böhmen übertragen könne. Man finde in Böhmen wie in Österreich große Unterschiede zwischen dem Flach- und dem Bergland, überdies sei gerade diese Herrschaft eher Teil des protoindustriellen Gebietes gewesen, das sich in Schlesien und Sachsen fortsetzte. Außerdem interessiere ihn, ob man aus den vorliegenden Quellen (Urbaren, Zinsregistern usw.) für diese Herrschaft mit Sicherheit auf „eine reale Gebundenheit an die Scholle" schließen könne.

Er habe, so *M. Cerman*, darauf hingewiesen, in welchen Punkten er sich in Übereinstimmung mit der tschechischen Forschung für andere Regionen befinde, sehe sich aber trotzdem „nicht ganz im Widerspruch“ zu *A. Kostlán*. Die Annahme von Gutswirtschaft vor oder nach dem Dreißigjährigen Krieg sei eine Frage der Definition dieses Begriffes, und er stimme zu, wenn man Gutswirtschaft ausschließlich über Arbeitsrenten definiere; denn die 34.000 Robottage des Jahres 1748 in seinem Untersuchungsgebiet stünden den wenigen Hundert des Jahres 1630 „ziemlich eindeutig“ gegenüber. Fraglich sei aber, ob man Gutswirtschaft bzw. Gutsherrschaft so definieren wolle. Seine Ergebnisse ließen sich im übrigen nicht generalisieren und stünden zum Teil im Widerspruch zu „klaren anderen regionalen Ergebnissen“, etwa für süd- oder ostböhmische Herrschaftskomplexe. Man müsse aber den Blick von den bestdokumentierten Regionen des südwestlichen Böhmens auch in andere Gebiete wie die Gebirgsgegenden lenken und finde dann eine Vielfalt von Verschärfungen und weniger scharfen Ausprägungen vor. Die Fragen der tatsächlichen Gebundenheit und der diesbezüglichen Vorschriften seien zweifellos sehr wesentlich, gerade auch für seine Definitionen eines freien oder eines gutswirtschaftlich gebundenen Marktes. Nach den in den Quellen faßbaren Konfliktfällen auch von Einzelpersonen, wie sie sich in den Amtsprotokollen seit dem ausgehenden 16. Jahrhunderts widerspiegelten, könne man tatsächlich mit einer praktischen Umsetzung von Maßnahmen vor allem im Bereich der Schollenbindung und der herrschaftlichen Absatzmonopole rechnen.

Nach den Ausführungen *M. Cermans* kamen, so *H. Wunder*, wichtige Einnahmen der Gutsherrschaft bzw. Gutswirtschaft durch die Belastung von Kleinstelleninhabern zustande. Sie frage, welche materiellen Grundlagen es in *M. Cermans* Untersuchungsgebiet gegeben habe, wieviel Personen in wieviel Haushalten gelebt hätten, ob es Viehwirtschaft oder Protoindustrie gegeben habe, welchen Anteil der Verkauf des durch Zwangdienste produzierten Garns an den Einnahmen der Herrschaften ausgemacht habe. *M. Cerman* klärte zunächst, daß die Zinseinnahmen unter den Gesamteinkünften der Herrschaft generell von eher geringer Bedeutung gewesen seien. Was die höheren Dienstleistungen betreffe, sei deren Grundlage sehr vielfältig, und er sei gegenwärtig und wohl auch später nicht in der Lage, einen zentralen Entwicklungsfaktor auszumachen. Die erste Gründungswelle von kleinbäuerlichen Stellen, noch mit Ackerwirtschaft, habe besonders mit einer gewissen Expansion des Getreidemarktes sowohl lokal als auch in den nahegelegenen größeren Lausitzer Städten zusammengehangen. Die eigentliche Entstehung der unterbäuerlichen Schichten sei dann im Zusammenhang mit einer Kombination aus verschiedensten Tätigkeiten zu sehen, die vor allem in der Forstwirtschaft und möglicherweise in Lohndiensten für Bauern und Gutsherrschaft bestanden und zunehmend „durch den Faktor der Protoindustrialisierung“ abgelöst wurden. Dies vollzog sich bei der Garnspinnerei in der ersten Welle, die wohl vor allem das Garn für die größeren Webereizentren geliefert hat, und erst in zweiter Linie durch männliche Weberei, die sich im wesentlichen erst ausbreitete, als diese unterbäuerlichen Schichten schon längere Zeit dort bestanden. Die Einnahmen der Obrigkeit aus den Geldzinsen der Protoindustrialisierung und aus den Produktrenten des Garns waren unerheblich. An den Geldzinsen zeige sich genau, daß es keinen größeren obrigkeitlichen Verkauf von Leinwand oder Leinengarn gab, hier war eher an den Eigenbedarf des Gesindes gedacht. In Mähren gebe es sehr viele Hinweise darauf, daß die Obrigkeit in einen regen Handel mit dem aus erzwungener Lohnarbeit hergestellten Garn verwickelt war, jedoch nicht in seinem Untersuchungsgebiet.

Diskussion zu Antonín Kostlán

Die Diskussion zum Vortrag A. Kostláns nahm Aspekte der vorangegangenen Diskussion auf. *M. Cerman* fragte, welche Kontinuitäten einer Entwicklung hin zu Gutsherrschaft und Gutswirtschaft *A. Kostlán* im Sinne der von ihm präsentierten Definition von der Zeit vor und nach dem Dreißigjährigen Krieg sehe. *A. Kostlán* bekräftigte, daß er den Streit um die Gutsherrschaft in Böhmen für eine Sache der Definition halte. Wenn man von Friedrich Lütge ausgehe, von der Verbindung von Grundherrschaft und Gerichtsbarkeit, habe es in Böhmen Gutsherrschaft gegeben. Wenn man anders definiere, käme es „zu den bekannten Streitfragen". In der Entwicklung vor und nach dem Dreißigjährigen Krieg habe eindeutig eine große Kontinuität sowohl in der Produktivität des ständischen Großgrundbesitzes als auch in der Arbeitstätigkeit und den wirtschaftlichen Unternehmungen der Bauern bestanden. Diese Kontinuität habe aber nicht gleichmäßig durch die ganze Periode des 17. und 18. Jahrhundert geherrscht, sondern es hätten sich Konjunktur, Krise und Konjunktur aneinander angeschlossen. Der wissenschaftliche Streit um Kontinuität oder Nichtkontinuität könne auch damit zusammenhängen, diesen Wechsel nicht angemessen berücksichtigt zu haben.

W. W. Hagen fragte, wie es mit dem Zugang der Bauern zu den königlichen Gerichten gestanden und ob es ihr Recht darauf berührt habe, wenn sie zu einem bestimmten Zeitpunkt leibeigen wurden. Diese Fragen sind nach *A. Kostlán* kompliziert zu beantworten, denn es gab schon in den hussitischen Zeiten eine unterschiedliche Entwicklung zwischen Böhmen und Mähren. Auch in Böhmen hatten die Bauern Zugang auf der Ständeebene und der königlichen Ebene. Der Zugang zur königlichen Ebene hatte Bestand vom 16. bis 18. Jahrhundert, wobei es verschiedene Zwischenstufen im königlichen Beamtenapparat gab, zum Beispiel die böhmische Hofkanzlei oder die Wiener Institutionen. Es heiße allerdings über Böhmen am Anfang des 16. Jahrhunderts, daß es für die Untertanen unmöglich sei, vor ein Landgericht zu gehen, und sie seien dort in Streitfällen nicht präsent.

R. Blickle fragte *A. Kostlán*, ob vor der Schlacht am Weißen Berg in Böhmen die Bauern tatsächlich alle sieben bis zehn Jahre ihre Anwesen verkauft hätten und umgezogen seien, das erscheine ihr „ganz außerordentlich" auch im Hinblick auf die Erbform des Besitzes. Die Entwicklung der Mentalität, so die zweite Frage, würde ja im großen und ganzen von der Vermehrung der Fronen abgeleitet und an der neuaufgekommenen Leibeigenschaft dargestellt. Auch *M. Cerman* habe davon gesprochen, daß es gewiß Protest und Streit um die ungemessenen Fronen gegeben habe, „in österreichischer Art" seien Konflikte darüber jedoch praktisch vermieden worden, man habe einfach nicht darauf reagiert, sondern gesagt, so etwas wie „Gegen-die-Frondienste-aufbegehren", tue man nicht. Hier interessiere sie, ob *A. Kostlán* etwas Präziseres über die Reaktion auf Proteste gegen ungemessene Fronen gefunden habe, ob nicht Werthaltungen dahinter gestanden hätten. Sie selbst habe gefunden, daß in Bayern zur Frage der Fronen über den Begriff der Hausnotdurft und die daraus resultierenden Wertvorstellungen sich durchaus, wenn nicht fixe, so doch im Einzelfall ganz konkrete Grenzen entwickelten; und wenn die österreichische Regierung geantwortet habe, so etwas tue man nicht, dann sei das vielleicht „gar keine so unpräzise Antwort" gewesen.

Bei den Verkäufen der Untertanenliegenschaften hat es nach *A. Kostlán* vielleicht auch einige Spekulationsverkäufe von Bauern gegeben, dies sei aber in keinem der Konflikte um die obrigkeitlichen Ansprüche und die Erbsysteme der Untertanen der Fall gewesen. Die Obrigkeit sei interessiert gewesen, zur Bewirtschaftung der Stellen Bauernfamilien zu verpflichten, wobei es ihr nicht um bestimmte Familien ging. Die Erbsysteme der Untertanen in Böhmen und Mähren seien ganz ähnlich wie in anderen mitteleuropäischen Gebieten gestaltet gewesen.

Sie hätten der Obrigkeit beim Erbfall zum Teil eine Abgabe entrichten müssen, aber diese Pflicht habe nur für Untertanen gegolten, deren Besitz der Herrschaft gehörte. Wenn jemand sich aus der Herrschaft freigekauft hatte, habe er sich von solchen Untertanenpflichten gegenüber der Obrigkeit befreit. Die böhmische und mährische Geschichte sei voll von Protesten gegen höhere Roboten gewesen. Auch für die Zeit nach dem Dreißigjährigen Krieg gelte das, und es habe einige Aufstände darum gegeben. Die größeren Aufstände hätten sich 1680 und 1775 ereignet, und die Gesellschaft habe darauf reagieren müssen. Es gab Reaktionen von den einzelnen Obrigkeiten aus der gesamten ständischen Gesellschaft, selbstverständlich auch von Seiten des habsburgischen Staates. Das erste Patent, in dem der Staat auf das Verhältnis zwischen Obrigkeit und Untertanen einging, stamme gerade aus der Zeit nach dem ersten großen Untertanenaufstand 1680. Auf die Frage *R. Blickles*, mit welcher Begründung die Untertanen eine höhere Frondienstleistung abgelehnt hätten, entgegnete *A. Kostlán*, daß sie die Weigerungen ganz einfach mit ihren alten Rechten legitimiert hätten, einem „böhmischen Leitmotiv in allen Agrarkonflikten".

Diskussion zu Tünde Lengyelová

Über die Größe der ungarischen oppida, über parallele Entwicklungen in Polen und Ostelbien und über ihre Bedeutung als herrschaftliche Zentren wurde zum Vortrag von T. Lengyelová diskutiert. Gemäß der ungarischen Forschung bildeten die *oppida*, so die Vortragende, eine für das Königreich Ungarn typische Erscheinung, und zwar in der Slowakei, in Ungarn, Slawonien und in der Karpatho-Ukraine, nicht jedoch in Siebenbürgen. Solche Mediatstädte gab es nach *J. Peters* als „Zentren gutsherrschaftlicher Besitzungen" auch in anderen ostelbischen Gebieten und sie erfüllten trotz ihrer geringen Größe bestimmte Funktionen. Mit Hilfe ihrer dünnen Oberschicht schufen sie eine kreditfähige Substanz für die Herrschaft und waren Vermittler zu größeren Handelszentren. Er habe das für die Herrschaft Plattenburg-Wilsnack festgestellt, und in der Arbeitsgruppe „Gutsherrschaft" untersuche Alexander Keßler ähnliche Fragen für die brandenburgische Mediatstadt Lieberose. Es wäre daher sehr interessant zu erfahren, ob es in den *oppida* ebenfalls zu einer sozialen Strukturierung mit kleinen bürgerlichen Eliteschichten kam, die auch Handels- und Kreditgeberfunktion hatten. Nach *A. Mączak* sind im 17. und 18. Jahrhundert auch ein paar hundert solcher *oppida* in Polen entstanden. Dies seien keine Städte im modernen Sinne gewesen, sondern Zentren der Güter. Es sei eine Mode gewesen, solche als Stadt bezeichneten Zentren zu haben, mit häufig nur 200 oder weniger Einwohnern.

Nach *T. Lengyelová* waren die meisten Bewohner dieser *oppida* Bauern und Inquilinen. Oft waren die Inquilinen reicher als die Bauern, denn sie waren Gewerbetreibende. Dadurch oder durch Handel vor allem mit Wein oder Vieh wurden sie reicher und bildeten die wohlhabende Einwohnerschicht. Die Einwohnerzahl war sehr unterschiedlich, so hatten Horowitz in der Westslowakei etwa 1.500 und Debrecen in Südungarn knapp 900 Einwohner. Die beiden königlichen Städte Bratislava und Koschitze (Kaschau) hatten 3.000 bis 4.000 Einwohner, einige *oppida* waren noch größer, aber die große Mehrheit hatte um 300 bis 400 Einwohner.

Zum Vortrag ergänzte *A. Vári*, daß einerseits jeder Ackerbürger einer Mediatstadt irgendwie untertänig, also geringer als die Freistadtbürger eingestuft gewesen sei, andererseits hätten die Mediatstädte eine mehr oder weniger ausgereifte Gemeindeautonomie gehabt und in den meisten großen Städten die Rechtsprechung, allerdings immer nur für die eigene Stadt. Sie seien gleichzeitig Sitz der riesigen herrschaftlichen Verwaltungen mit ganzen Schichten von herrschaftsabhängigen Leuten mitten in der Stadt gewesen. Hier komme eine Mehrpoligkeit der Stadt zum Ausdruck und rufe die Frage hervor, wer wen beherrscht habe. Es gebe Fälle, wo sich im 18. Jahrhundert Ackerbürgerstädte praktisch aus der Herrschaftsverwaltung befreit hätten, obwohl die Verwaltung „mitten drin" gesessen habe. In anderen Fällen sei das Wachstum der Mediatstadt dadurch vollständig gebremst worden. Dies alles auf einen gemeinsamen Nenner zu bringen, sei enorm schwierig. *T. Lengyelová* bestätigte, daß diese *oppida* so verschieden gewesen seien, daß man immer die konkrete Stadt behandeln müsse und eine globale Sicht sehr schwer sei.

H. Kaak fragte, ob die Einwohner bewußt Bürger oder Einwohner von *oppida* gewesen seien, sich bewußt durch Äußerlichkeit und Verhalten von Einwohnern in Dörfern einerseits und Einwohnern in königlichen freien Städten andererseits unterschieden oder ob sie so verschieden waren, daß keine gemeinsamen Charaktermerkmale zu erkennen seien. *T. Lengyelová* zufolge waren sie sich ihrer Bürgerschaft sehr bewußt, auch wenn sie keine Bürger im rechtlichen Sinne, sondern Untertanen waren. Im ungarischen Recht seien die Bürger der vierte Stand gewesen, zu denen die Einwohner der *oppida* nicht gehörten. Ein sehr starkes Bewußtsein hatten die Einwohner der größeren und wirtschaftlich stärkeren Städte, unter den kleineren Städten gab es ein Selbstbewußtsein nur in den *oppida*, die einmal freie königliche Städte gewesen waren.

Diskussion zu Axel Lubinski

Die Diskussion um den Vortrag von A. Lubinski betraf die Verschuldung von Adel und Bauern, die Marktbeziehungen der Bauern und den Charakter von Krediten. Zunächst äußerte *A. Suter* sein Erstaunen über das krasse Mißverhältnis zwischen den Schulden und dem Ertrag der von Rieben auf Galenbeck und fragte, auf welchen Raum sich diese Schulden- und Kreditbeziehungen erstreckten. Ihn interessiere weiterhin besonders, welche Markt- und Kommunikationssysteme sich aus der lokalen Herkunft der Debitoren und Kreditoren ablesen ließen. Auf die erste Frage antwortete *A. Lubinski*, daß sich die Herrschaft Galenbeck in der Zeit Heinrich Augusts von Rieben stark gewandelt habe: 1741 erbte dieser die mit größeren Schulden belasteten benachbarten Güter Cosa und Brohm, deren Schulden stiegen noch, weil er dort erheblich investierte, um langfristig ihren Wert zu steigern. Für Galenbeck, Cosa und Brohm stehe ihm zur Zeit noch kein Ertragsanschlag zur Verfügung, es sei aber mit deutlich mehr als den 1.034 Talern zu rechnen, zumal die Güter über bessere Bodenqualitäten verfügt hätten und Anfang des 18. Jahrhunderts mit wesentlich mehr Bauern besetzt gewesen seien als Galenbeck. Er habe die Herkunft der Kredite erst teilweise nachprüfen können, vermute aus seinen bisherigen Einblicken für die erste Hälfte des 18. Jahrhunderts jedoch, daß sie, abgesehen von den in verwandtschaftlichen Beziehungen – gerade bei Heiraten – transferierten Geldern, insgesamt auf einen relativ kleinen Kreis, insbesondere auf die umliegenden Kirchen, und, was die ausstehenden Gesindelöhne und Handwerkerrechnungen anbelange, im wesentlichen auf die Herrschaft selbst, auf die Nachbardörfer und auf die Stadt Friedland, einen nahen Marktort, beschränkt blieben.

J. Peters erwähnte in diesem Zusammenhang die „verborgenen Ökonomien". Was an Eingaben, Ausgaben und Rechnungen überliefert sei, reflektiere nicht immer die reale ökonomische Situation. Bauern hätten danach manchmal ein so schlechtes Einkommen, daß man sich frage, wie sie eigentlich durchgekommen seien. Da seien zum Beispiel Arbeitsleistungen unentgeltlicher Art für bestimmte geschuldete Dinge in Rechnung zu stellen, die dem Nachbarn zu erbringen waren, und daher nirgendwo in einer Rechnung ihren Niederschlag fanden. Dies sei der Bereich der sogenannten naturalen Ökonomie, wie sie Rainer Beck für

Unterfinning dargestellt habe. Außerdem seien im 16. Jahrhundert, „wo die Fäuste noch lockerer saßen" und öfter Hiebe mit physischen Schäden ausgeteilt wurden, zwischen den Familien erhebliche Entschädigungsleistungen ausgehandelt worden, die über längere Zeiten, oft über Generationen hinweg liefen, ohne in einer Rechnung aufzutauchen.

Die bäuerliche Verschuldung in Mecklenburg scheine ihm, so *E. Melton*, nicht mit Marktverhältnissen zusammenzuhängen, im Gegensatz zu Böhmen mit seinen Hopfenverkäufen. Die Frage der Einbindung der Bauern in die Marktökonomie könne er, so *A. Lubinski*, noch nicht abschließend beantworten. Bäuerliche Kornfuhren nach Pasewalk in Pommern, einem kleinstädtischen Zwischenhandelsmarkt, belegten zwar Marktbeziehungen, nicht jedoch, welchen Anteil das an ihrer Wirtschaft ausgemacht habe.

Nach *E. Maur* sind die Gläubiger auf der Liste *A. Lubinskis* in mindestens drei Gruppen zu teilen: Leute, „die eigentlich keine Gläubiger waren", sondern für Arbeiten bei Adligen oder Bauern noch Lohn zu bekommen hatten, Leute, die zwar den Hof nicht erbten, aber doch Erbansprüche hatten, und erst drittens Leute, die wirkliche Kreditoren waren. Nur diese dritte Art von Kredit sollte dem Ausbau der Wirtschaft dienen. Er bekräftigte, daß es mehrere Arbeiten und Aufsätze über die Rentabilität der Bauernwirtschaften im 18. und 19. Jahrhundert gebe, alles Lokalfunde, und merkte an, daß die Verschuldung eines Bauern bei einem Hopfen- oder Garnhändler noch keine sichere Bestätigung für seine Marktproduktion sei. *A. Lubinski* stimmte dem zu. Es gebe auch für Mecklenburg und Brandenburg Untersuchungen (Jochen Richter, Hanna Haack und Gerhard Heitz), in denen Kredite so unterschieden würden. Die für ihn interessante neue Erkenntnis sei, wie die Zusammenhänge funktionierten und daß auch ein kleinerer unbedeutend erscheinender Kredit im jeweiligen Kontext eine besondere Bedeutung erfahren konnte, der man sonst nicht auf die Spur gekommen wäre.

W. W. Hagen äußerte zum Vortrag, daß es vielleicht ein Maßstab für die Effektivität des gutsherrlichen Paternalismus sein könnte, wenn man Fälle fände, in denen die Bauern ihre Ersparnisse bei der Gutsherrschaft stehen und verzinsen ließen. Dieses sei in einem Fall in Stavenow bei einer Gutsherrenwitwe über 20 Jahre hin passiert, und er habe den Eindruck, daß das vielleicht eine Ausnahmesituation gewesen sei; auf jeden Fall ließe sich aber durch andere Akten bestätigen, daß das Verhältnis zwischen dieser Witwe und ihren Untertanen „ziemlich gut" war.

Zur Frage *Z. Szultkas* nach der Rolle des Lehnsrechts und des Fideikommisses in der Verschuldung des adligen Grundbesitzes bemerkte *A. Lubinski*, daß ihm in den Quellen die bei größeren Schuldsummen üblicherweise eingeholten landesherrlichen Bestätigungen der Lehnsbesitzverschuldung nur bis in das beginnende 18. Jahrhundert begegnet seien. Die Schwerpunkte der gutsherrlichen Verschuldung im ausgehenden 16. Jahrhundert und im 17. Jahrhundert seien sowohl in den Repertorien als auch in den Lehnsakten selber nachweisbar. Für die Verschuldungen im weiteren 18. Jahrhundert habe er immer weniger landesherrliche Konfirmationen gefunden. Möglicherweise sei dies gar keine Frage des Lehnsrechtes gewesen. Der im 18. Jahrhundert immer wichtiger werdende Fideikommiß spielte nach *A. Lubinski* für die Herrschaft Galenbeck im 19. Jahrhundert eine Rolle, als die Güter geteilt wurden. Cosa-Brohm hätte auf Grund der Verschuldung verkauft werden müssen und der Rest der Herrschaft sei in der Mitte des Jahrhunderts in ein Fideikommiß umgewandelt worden. Bezüglich der ritterschaftlichen Besitzungen habe er im Land Stargard für das 19. Jahrhundert eine höhere Zahl von Fideikommissen festgestellt. Schätzungsweise 25 bis 30 Prozent des ritterschaftlichen Grundbesitzes seien fideikommissarisch gebunden gewesen, gegen Ende des 19. Jahrhunders habe dieser Anteil dann 40 Prozent erreicht.

Beim Entwurf eines dörflichen Kreditmodells sieht *A. Mączak* zwei Probleme: Erstens sei von großer Bedeutung, ob es sich um Frieden oder Krieg handele. In der Zeit von Unruhen oder Krieg gebe es die besondere Situation, daß alles möglich und praktisch nichts verboten sei und niemand seine Schulden bezahle. Dies sei 1626 bis 1631 mit der vollständigen Stockung des Danziger Getreidehandels eingetreten. Da kein Geld aus Danzig in das Land gekommen sei, habe keiner der Gutsherren seine Schulden bezahlen können. Dies habe höchst krisenhaft auf den Kauf und Verkauf von Gütern gewirkt. Wichtig scheine ihm zweitens, ob die Verschuldung legal oder verboten gewesen sei. Oft sei die bäuerliche Verschuldung von den Herren verboten worden. Kaum etwas sei bar bezahlt worden, alles sei entweder eine verspätete Barzahlung oder eine Entgegennahme von Gütern oder Leistungen auf Kredit gewesen. Dabei habe in den früheren Zeiten, zum Beispiel im 15. Jahrhundert, der Mangel an Geld eine gewisse Rolle gespielt, und in einem Falle kenne er einen staatlich angeordneten Kredit. In dem seit 1618 brandenburgischen Marienburger Werder habe der Statthalter des Kurfürsten 1631 den großen Kaufleuten aus Marienburg befohlen, Getreide als Saatgut an alle Bauern, die es benötigten, zu verteilen. Es gab hier nach sechs Jahren Krieg kein Geld mehr, so daß das Getreide nachträglich über Jahre hinweg bezahlt worden sei.

Diese Probleme waren nach *A. Lubinski* auch für Mecklenburg ganz offensichtlich, gerade der Einfluß des Siebenjährigen Krieges, die mit ihm verbundenen Münzverschlechterungen und die wirtschaftliche Neubewertung der Güter. Im letzten Viertel des 18. Jahrhunderts seien viele große Güter in Kreditschwierigkeiten geraten und es sei sogar ein landesherrlicher Indult ausgesprochen worden, weshalb zeitweilig keine Tilgungen mehr geleistet werden mußten. Die bäuerliche Verschuldung sei in der Herrschaft Galenbeck zumindest teilweise ganz legal erfolgt: Wenn die bäuerliche Hofwehr oder die Teile der bäuerlichen Überwehr, die aus dem Vermögen des alten Wirtes stammten, von dem neuen Wirt übernommen wurden, der sie nicht bezahlen konnte, wurde das oft auf der Basis eines Kredits unter Aufsicht der Herrschaft abgehandelt.

Zur Frage der Kreditpreise auf dem Lande bemerkte *A. Vári*, daß unterschiedliche Leute zu unterschiedlichen Zwecken und Bedingungen Geld geliehen hätten. Prinzipiell würde er sich *E. Maur* anschließen, daß die Kreditfristen gerade deswegen strukturiert werden müßten, weil sie keine innere Homogenität gehabt hätten. „Geld ist eben nicht gleich Geld und Kredit nicht gleich Kredit!" *H. Wunder* verwies darauf, daß bei herrschaftlichen Kreditaufnahmen Zinsen bezahlt werden sollten, aber bei Bauern davon nie die Rede sei, und vermutete, daß es finanztechnisch unterschiedliche Transaktionen seien. Sie schloß daran die Frage, ob ein Kredit, um Kredit zu sein, Zinsen bringen müsse, oder ob es Kredite gebe, bei denen die Rückzahlung oder die Zinsen auf andere Art erfolgten. Bei den bäuerlichen Rückständen sei es ihr wichtig, auf die von *J. Peters* erwähnte „verborgene Ökonomie" zurückzukommen. In diesem speziellen Fall handelte es sich nach *A. Lubinski* um bäuerliche Rückstände, die anläßlich eines Hofinventars bzw. der Abgabe des alten Hofes aufgenommen worden seien. Dort seien die jährlich auflaufenden Rückstände enthalten, „diese wurden nicht verzinst". Es sei ja schon mehrfach darauf eingegangen worden, daß es ein ganz normaler Teil der bäuerlichen und gutsherrlichen Ökonomie war, zunächst einmal auf Kredit einzukaufen oder bei den Handwerkern irgendwelche Dienstleistungen abzurechnen, auch die Löhne erst nach Ablauf eines Jahres im Herbst zu zahlen. Die Inventare, die hier aufgenommen worden seien, enthielten eine ganze Reihe solcher Rückstände aus dem Laufe eines Jahres. Die erwähnte Kontribution aus dem Jahre 1774/75 und das Hofinventar vom Herbst 1776 würde er in die „Kategorie Rückstände" einordnen. Wenn bäuerliche Wirte jedoch, um auf den genannten Fall zurückzukommen, größere

Summen für die Übernahme der Hofwehr gebraucht hätten, seien diese zu einem Satz zwischen vier und fünf Prozent verzinst und auch alle übrigen hier aufgeführten herrschaftlichen Kredite in der Regel mit fünf Prozent Zinsen bezahlt worden. Dabei sei es vielleicht eine Frage der Definition, ob man unter Kredit auch die Außenstände verstehe, die keine Zinsen brachten, oder Einkünfte anderer Art, die symbolische Bedeutung hatten oder irgendwelche Bündnisse festigten und Klientelbeziehungen stützten. Auch solche Formen von Leihgaben könne man als Kredit bezeichnen. In dem Wort Kredit stecke es, so *H. Wunder*, ja schon: das Vertrauen, das da im Spiel sei. Diese moralische oder auch kulturelle Kategorie müsse man stärker berücksichtigen, wobei es um eine Art des Vertrauens gehe, die vielleicht nicht ökonomisch im heutigen Sinne begründet sei.

Sie vermutete weiterhin, daß der in der von *A. Lubinski* vorgelegten Aufstellung genannte Bauernsohn in einem Lohnverhältnis zu seinen Eltern stand. Wenn man die 38 Reichstaler des Bauernsohnes für $2^1/_2$ Jahre durch fünf teile, komme man etwa auf die Summe, die der Mittelknecht für ein halbes Jahr zu fordern habe, und sie nehme an, daß in den Quellen weitere Hinweise auf eine Lohnbeziehung vorhanden seien. So etwas habe man nicht – „da würde ich denn doch härter argumentieren" – als eine Angelegenheit innerhalb der Familie oder des Haushalts zu betrachten. Es seien alles kleine Summen, aber sie möchte diese im Zusammenhang mit der verborgenen Ökonomie sehen, die man vielleicht in solchen kleinen Kreditbeziehungen fassen könne. Die Aufstellung sei insofern nicht nur als Jahresabrechnung zu betrachten, sondern darin stecke ihres Erachtens auch ein Ansatzpunkt, um historisch-anthropologisch weiter in die Strukturen ländlicher Gesellschaften hineinzugelangen.

A. Mączak bemerkte zum Geldkredit, daß in Polen die Magnaten zu Gläubigern des benachbarten Adels geworden seien. Der große Herr sei eine „feste Burg" gewesen, dem man Geld anvertraute – „für Prozente natürlich". Zu ihm seien die Juden oder die Kirche keine wirkliche Konkurrenz gewesen. In einem Gebiet bei Lemberg sei um die Mitte des 17. Jahrhunderts nachweislich Geld vom benachbarten Klein- und Mitteladel zu den Magnaten, den „illustrissimi domini", geflossen. Damit hätten sie genau diesen Nachbarn ihr Land abgekauft, und diese seien zu Pächtern ihres eigenen Landes und deswegen zu Klienten geworden. Der Geldumlauf begünstigte also die großen Herrn und verstärkte das Klientelsystem. Die Quellen dafür existierten nicht mehr, aber die Schüler des Lemberger Historikers Bujak hätten Landkäufe und Landkredite untersucht, aus denen man heute sehen könne, daß dieses Geld sehr viel mit der Veränderung der ländlichen Besitzsstruktur zu tun gehabt habe.

Diskussion zu Claus Meyer

Die Diskussion über den Vortrag C. Meyers zielte auf das Verständnis von Paternalismus, auf soziale Distanz und christliches Gewissen der Master. Zunächst fragte *H. Kaak* nach seinem Paternalismusbegriff. Er habe als Kennzeichen von Paternalismus in seinen Ausführungen nur die kalkulierte Selbstbeschränkung bei der Gewaltanwendung angeführt. Bis vor kurzem habe er, so *C. Meyer*, diesen Begriff in seinem Konzept gehabt und ihn jetzt nur noch in einem Nebensatz erwähnt. Paternalismus sei ein ideologisch sehr belastetes Konzept und habe, weil hier das Vaterbild benutzt werde, positive Konnotationen. Deswegen sei es sehr problematisch, es auf die Sklaverei anzuwenden. Er arbeite mit dem Begriff der Intimität, des intimen Verhältnisses von Sklaven und Master. Dies sei zwar auch nicht unproblematisch, käme dem Verhältnis aber näher. In der Literatur zur Sklaverei sei der Paternalismusbegriff zwar sehr prominent, „aber darum durchaus nicht weniger diffus".

Th. Rudert sprach an, daß man sich, die Sklaverei untersuchend, auch auf die Argumentation des 19. Jahrhunderts und der Master einlassen müsse. Seine Frage sei, ob man in Amerika mit diesem sensiblen Forschungsgebiet und der Präsentation von Ergebnissen nicht Probleme habe. *C. Meyer* stimmte dem zu. Ein Teil seiner Motivation für dieses sensible Thema komme auch daher, daß er während seines Studiums an der Universität von Illinois mit einer afro-amerikanischen Historikerin zusammengearbeitet habe. Deren Urgroßvater sei selbst Sklave und Sohn einer Sklavin gewesen, die von ihrem Master vergewaltigt und in der Hoffnung, sie würde das Kind bei der Geburt verlieren, in den Wald gejagt worden war. Sie habe das Kind jedoch allein zur Welt gebracht und großgezogen. Wenn man mit dieser Historikerin über Paternalismus spreche, zeige sich eine ganz andere Perspektive, als wenn man das Problem abstrakt behandele. Deswegen gebe es gerade zu dem Problem des Paternalismus zwei Lager: Das eine lehne bei einer so brutalen Institution die Arbeit mit so einem Begriff ab, das andere verwende ihn unter einer unpräzisen Definition doch. Neben zahlreichen anderen gehöre auch Eugene Genovese dazu.

Nach Ansicht *W. W. Hagens* waren weder Sklaverei noch Gutsherrschaft echte Systeme des Paternalismus. Die Gutsherren hätten solch ein System zwar vertreten und verwirklichen wollen – insofern habe eine Rechtfertigung vorgelegen und Paternalismus sei als Ideologie zu sehen –, aber im 18. Jahrhundert hätten immer mehr Gutsherrn immer größere Hindernisse für eine paternalistische Selbstpräsentation gesehen. Dann hätten sie soziale Distanz aufgebaut und zum Beispiel gefordert, daß die Untertanen bei ihren Begräbnissen, Hochzeiten usw. präsent zu sein hatten, also eine Rolle im Theater der Gutsherrschaft spielen sollten. Wahrscheinlich hätten die Gutsherren nach der Bauernbefreiung nochmals versucht, einen Paternalismus ins Leben zu rufen und zu verwirklichen, das sei ein anderes Thema. Unter dem alten Regime habe sich Paternalismus jedoch als „erfolglose Sache" erwiesen. Beim Paternalismus war *C. Meyer* zufolge entscheidend, daß es Pflichten des Gutsherrn gab, die nicht mit seinen eigenen wirtschaftlichen Interessen zusammenfielen, wie die Nothilfe. Vermutlich seien diese eher wahrgenommen worden als in der Südstaatensklaverei. Dort könne man sehr klar nachvollziehen, daß es Rechte und Pflichten gab, solange sie im ökonomischen Interesse der Pflanzer lagen. So hätten sie ihre Sklaven gut gekleidet, weil sie eine erhebliche Kapitalinvestition waren, die man nicht bei der ersten Gelegenheit wegen einer Erkältung verlieren wollte. Und die Sklaven wurden „sogar nach zeitgenössischen Standards" sehr gut ernährt. Wenn diese Logik aber nicht mehr funktionierte, wenn Kredite aufzunehmen und Sklaven als Sicherheiten zu geben, zu verkaufen oder zu kaufen waren, stand das wirtschaftliche Interesse klar im Vordergrund.

B. Krug-Richter bezeichnete *C. Meyers* Ansatz der sozialen Distanz als sehr interessant auf die Möglichkeit hin, ihn auf Guts- oder Grundherrschaftsgesellschaften anzuwenden, und erkundigte sich nach seiner Quellenbasis. Sie habe auch den Eindruck, daß die Perspektive und der Aufbau sozialer Distanz in *C. Meyers* Ausführungen primär eine Sache der Masterseite war. Zu fragen sei daher, ob es nicht auch ein Streben nach sozialer Distanz auf der Gegenseite gab und inwieweit er in seiner Forschung hinsichtlich der Selbstwahrnehmung der Sklaven erfassen könne, wie ihre Interessenlage dabei überhaupt war. Verglichen mit Ostelbien sei, so *C. Meyer*, die Dokumentation für die Sklaverei ganz ausgezeichnet. Man habe eine überwältigend große Zahl von Plantagenarchiven. Dabei seien allerdings größere Anwesen gegenüber kleineren begünstigt. Besonders für die letzten drei Jahrzehnte vor dem Bürgerkrieg gebe es eine große Zahl von Reiseberichten, weil Leute speziell in die Südstaaten reisten, um über die Sklaverei zu berichten – allein 120 von Deutschen oder in deutscher Sprache verfaßte Berichte über die Südstaaten und sehr viel mehr in englischer Sprache. Dann gebe es rechtliche Quellen, eine ganze Anzahl von Traktaten zum Plantagenmanagement und, besonders interessant für sein Projekt, von Sklaven oder ehemaligen Sklaven hinterlassene Quellen: autobiographische Zeugnisse, die noch während der Sklaverei von entlaufenen Sklaven oft mit Hilfe von Weißen aus der Abolitionistenbewegung verfaßt wurden, und Quellen aus der Zeit nach der Abschaffung der Sklaverei. Es existiere insbesondere eine Sammlung von ungefähr 6000 Interviews aus der Zeit des New Deals, „quasi als Abfallprodukt einer folkloristischen Sammlung im Rahmen von Arbeitsbeschaffungsmaßnahmen", die systematisiert zu einer „unschätzbaren Quelle" geworden sei. Die Perspektive der Master habe in seiner Präsentation in der Tat überwogen, und zwar auch deswegen, weil die Sklaven sich dem Rassismus nicht hätten entziehen können. Sie seien durch ihre Hautfarbe oder andere von der weißen Gesellschaft gesetzten Merkmale als Sklaven oder zumindest als Afroamerikaner ausgewiesen worden, und insofern habe die Sichtweise der Master oder der weißen Gesellschaft allgemein eine hohe Verbindlichkeit gehabt. Gleichwohl sei soziale Distanz von der Perspektive abhängig und habe sich für die Sklaven anders als für die Master dargestellt.

Sie frage, so *B. Krug-Richter*, nicht nach der gesellschaftlich verbindlichen, sondern nach der eigenen Perspektive der Sklaven: Auch die ostelbischen Gutsuntertanen konnten sich nur als Untertanen definieren und diesen Status trotzdem anders für sich selbst verstehen, als es die Herren taten. Unter diesem Definitionsdruck von außen haben sich nach *C. Meyer* die afroamerikanischen Sklaven als besondere *community* erkannt und sich die Beschreibung der Pflanzer oder der weißen Gesellschaft von Schwarzen nicht zu eigen gemacht. Sie hätten also, wenn es um den Zusammenhang, den der Pflanzer als Diebstahl bezeichnete, oder wenn es um Fleiß und andere Konzepte ging, diese jeweils ganz anders gesehen. Das müsse er noch in seine Forschungen integrieren. Bei den kulturellen Aspekten spielte der zeitliche Faktor eine sehr große Rolle. Vor dem Bürgerkrieg waren die Sklaven nahezu alle in Amerika geboren, also Amerikaner. Er müsse da dem Vergleich von Peter Kolchin widersprechen, daß die amerikanischen Sklaven Beherrschte in einem fremden Land, die russischen Leibeigenen hingegen Beherrschte im eigenen Land waren. Amerika war das einzige Land, das die Sklaven kannten und zu dem sie auch eine Beziehung hatten, die nicht nur negativ war; es war ihre Heimat. Sie hatten auch Sprachkenntnisse, waren im 19. Jahrhundert sehr weitgehend christianisiert und hatten von daher einen Anteil an der gemeinsamen amerikanischen Kultur. Wenn man jedoch von Paternalismus im 18. Jahrhundert spreche, sei zu berücksichtigen, daß es mit den gerade importierten Sklaven zuerst ein enormes Sprachproblem gab, zumal sie nicht alle aus einer Sprachgruppe kamen. Da sei nicht von einer Intimität zu sprechen, wie sie sich später ergeben konnte, wenn diese Barrieren sich abgeschwächt hatten. In der Regel gab es wohl auch auf Sklavenseite ein Interesse an sozialer Distanz. Wenn diese Distanz in Einzelfällen, zum Beispiel bei Konkubinen oder anderen bevorzugten Sklaven, zu gering wurde, konnte das Spannungen innerhalb der Sklavengemeinschaft hervorrufen. Die soziale Distanz wurde zwar vom Verhalten der Einzelnen beeinflußt, ließ sich aber nicht willkürlich festsetzen. Auch Sklaven und Master zusammen konnten sie nicht einfach definieren, sondern sie baute zunächst einmal auf langfristigen Parametern auf, dann kamen die Wahrnehmungen dazu, die in den gesellschaftlichen Kontext, in die Situation eingebettet waren. *S. Lesemann* ergänzte dazu, *C. Meyer* habe eine Szene geschildert, in der der Nikolaus den kleinen Sklavenkindern Geschenke bringt. Das scheine ihr ein Beispiel dafür zu sein, wie soziale Distanz konstruiert wurde, weil der Nikolaus eine janusköpfige Figur, die „Verbindung von Zuckerbrot und Peitsche" sei. In dieser Verkleidung verkaufe sich der Plantagenbesitzer selbst als Autoritätsperson.

Auf die Frage *R. Blickles*, welche Rolle bei der Frage der sozialen Distanz das christliche Gewissen gespielt habe, antwortete *C. Meyer*, daß der Einfluß des christlichen Glaubens in seinem Untersuchungszeitraum keine große Bedeutung mehr gehabt habe. Als die Sklaverei sich ausbildete, sei das, zumindest in der Theorie, ein entscheidendes Merkmal gewesen. Man habe zuerst geglaubt, die Afrikaner als Heiden versklaven zu dürfen. Als sie dann in Amerika waren, hätten die Pflanzer ihre Sklaven eigentlich konvertieren müssen, dann aber mit der Konsequenz, sie freizulassen. Im 17. und frühen 18. Jahrhundert habe es in Nordamerika daher wenig Interesse gegeben, die Christianisierung der Sklaven durchzuführen. Im 18. Jahrhundert wurde das Land von einer Erweckungsbewegung erfaßt, die auch zur Christianisierung vieler Sklaven führte, wobei sich diese mit afrikanischen Traditionen und der Lebenserfahrung der Sklaven überlagerte und zu einer afroamerikanischen Version evangelischen Christentums verband. Im 19. Jahrhundert waren die meisten Sklaven Christen wie ihre Master, so daß Mechanismen sozialer Distanz entwickelt wurden, die manchmal ostelbischen Praktiken geähnelt hätten, wie die Sitzordnung in Kirchen, in denen die Sklaven am Gottesdienst teilnehmen konnten. Er habe aber Zweifel, ob die meisten Pflanzer sich besonders um christliche Erziehung ihrer Sklaven kümmerten. Nicht alle Sklavenhalter seien indes simple Menschen gewesen, sondern hätten sich zum Teil intensiv mit dem Problem auseinandergesetzt und das Bedürfnis gehabt, die Sklaverei mit dem christlichen Gewissen zu vereinbaren. Weiterhin habe es, wie Eugene Genovese es bezeichne, eine humanitäre Bewegung in Reaktion auf die externe Kritik gegeben. Speziell in den 30 Jahren vor dem Bürgerkrieg wären die Sklavenhalter einer „sehr sorgfältigen Analyse von außen" ausgesetzt gewesen. Von Nordstaatlern und Europäern, die negativ zur Sklaverei eingestellt waren, wurden die Pflanzer als brutale, unchristliche Unterdrücker dargestellt. Solch ein Bild wollten und konnten die Pflanzer nicht von sich selbst haben. Auch so ist die Welle von Publikationen zu erklären, daß man die Sklaven gut kleiden, sie gut ernähren müsse usw.

Diskussion zu Jaroslav Pánek

Hinsichtlich des Vortrags von J. Pánek wurde über Rituale und Kämpfe der Freisassen in Böhmen diskutiert. Der Vortragende habe, so *S. Lesemann*, in seinen abschließenden Thesen erwähnt, daß rituelle Handlungen eine sehr große Rolle für die Bildung zwischenmenschlicher Beziehungen, auch in der Klientelbeziehung Aristokratie-Untertanen, spielte und daß es eine Anpassung der Untertanen an herrschaftliche rituelle Formen gab. In dem von ihm besprochenen Fall werde, so *J. Pánek*, besonders deutlich, daß man Fehde, obwohl sie im Böhmen des 16. Jahrhunderts als etwas der Vergangenheit Angehörendes empfunden wurde, doch in diesem Umfeld an die Situation dieses Jahrhunderts anpassen wollte. Diese Leute – eine sehr große oder mehrere Gruppen, die in der Zeit der Teichwirtschaftskonjunktur in diesem Dominium wirkten – handelten dabei gegen ihre eigene Sicherheit, und in dem Falle, wo sie die bewußte Person töten wollten, hätten sie dies ohne weitere Probleme tun können, zum Beispiel während einer Reise. Aber sie wählten eine ganz andere Vorgehensweise. Sie ließen einen Schreiber viele Fehdebriefe schreiben, die dem Adressaten und anderen zugesandt und an den Straßen verbreitet wurden, und drohten, ihn zu einem bestimmten Zeitpunkt zu töten. Sie wollten dies im Sinne eines rechtlichen Rituals verstanden wissen, wie es normalerweise im Leben der Untertanen schwer zu finden sei. Außerdem versuchten diese Leute eine besondere Standeswürde aufzubauen, indem sie zum Beispiel besondere Rituale entwickelten, ihren Hauptmann zu wählen. Sie versuchten als Helden, als würdige Menschen hervorzutreten. In diesem konkreten Fall liege eine besonders detaillierte Quellendokumentation vor, die zeige, daß es auch nichtherrschaftliche Rituale gab. Wahrscheinlich sei dies jedoch nicht die einzige derartige Gruppe in dem großen Raum Böhmens und Ostelbiens gewesen.

H. Wunder fragte *J. Pánek* nach dem „erbitterten Kampf" des reichen Adelsgeschlechts mit seinen riesigen Besitzungen gegen die Freisassen. Sie habe eine vergleichbare Gruppe im Herzogtum Preußen, die kleinen und großen Freien. Auch dort habe sich das, was dann später Adel werde, besitz- und rechtmäßig auf Kosten dieser kleinen und großen Freien ausgedehnt. In Preußen könne man sich das erklären: Da wurde der Adel importiert und die Adelsqualität erst erworben. Es verwundere sie, daß in Böhmen jedoch Latifundienherrschaften darum kämpften, sich diese versprengten Freisassen unterzuordnen. Nach *J. Pánek* waren die Freisassen eine besondere soziale Gruppe in Böhmen, sie lebten ganz verstreut, hatten gewisse Privilegien, insbesondere dem König bzw. den königlichen Behörden untergeordnet zu sein. Theoretisch hatten die Adligen kein Recht, gegen diese Freisassen vorzugehen. Aber diese Leute, die insbesondere im südlichen Mittelböhmen und zum Teil in anderen Kreisen lebten, seien in verschiedene Konflikte mit dem Adel und sogar mit großen Aristokraten geraten. Mit den Rosenbergs geschah dies insbesondere aus zwei vorwiegend ökonomischen, aber auch aus psychologischen Gründen. Sie störten das Jagd- und das Brauereimonopol der Magnaten. Auch auf ihren kleinen Gütern durften sie ihre eigenen Brauereien einrichten und mit den Aristokraten konkurrieren. Beides trat in den Konflikten mit den Rosenbergs auf, aber die ökonomische Bedeutung dieser Leute war so gering, daß vielmehr die psychologischen Folgen des Konfliktes eines großen Magnaten mit einem kleinen Freisassen das Entscheidende gewesen sein müsse. In einem zugespitzten Fall habe ein Freisasse mit seiner Jagd in den rosenbergischen Wäldern den Herrn von Rosenberg geschädigt. Nicht nur sei er deshalb von Räubern ermordet, sondern seine Frau sei auch noch weiter verfolgt und ökonomisch vernichtet worden.

J. Pánek habe gesagt, die Verwaltung der großen Güter sei in einer Kammer organisiert gewesen, und gleichzeitig geäußert, die Leitung des Ganzen habe in der einen Hand des „Regierers" gelegen. Jetzt sei im späten 16. Jahrhundert die Regierungsgewalt normalerweise von einem Kollektiv ausgeübt worden, und die Rosenbergs dürften auch eine Kammer oder einen Rat gehabt haben. *R. Blickle* fragte daher, ob die Konzentration auf den Regierer nicht auch die Gefahr bot, besonders viel Feindseligkeit und Feindschaft hervorzurufen, wie es ja in dem von *J. Pánek* geschilderten Konflikt zum Ausdruck komme. Das rosenbergsche Dominium war, so die Antwort *J. Páneks*, kein Fürstentum im Sinne der Reichsterritorien, jedoch ein Dominium mit großen Autonomien. Der Regierer als Oberhaupt war die höchste Ebene, und von ihm gingen alle Regelungen aus. Es gab mehrere Verwaltungsebenen, auf der zweiten Ebene waren außer dem Kämmerer mehrere Beamte für verschiedene Angelegenheiten zuständig, nämlich die rosenbergsche Kammer für die finanziellen Fragen, die Kanzlei für die politischen Angelegenheiten usw. Zwar habe es auch Kompetenzstreitigkeiten zwischen den höchsten Beamten gegeben, es sei aber vom Regierer abhängig gewesen, ob er einige oder nur einen höchsten Beamten hatte. Solange der genannte Herr von Rosenberg persönlich tätig gewesen sei, habe er „alles wirklich in seinen Händen" gehabt. Als er sich seit den 1560er Jahren stärker in der internen böhmischen und internationalen Politik engagiert habe, hätten die ökonomischen Angelegenheiten in den Händen seines Vertreters gelegen und seien daher auch fast gänzlich in der Hand eines Menschen konzentriert gewesen. Während der zweiten Hälfte des 16. Jahrhunderts habe es mehrere Verwaltungsreformen gegeben, die diese Situation teilweise veränderten. Insgesamt gab es Perioden, in denen die Herrschaft besonders konzentriert war, und welche, in denen sie „kollektivistischer“ gehandhabt oder im Sinne der habsburgischen Organe kollegienhaft ausgeübt wurde.

Normalerweise, so *A. Kostlán* zum Vortrag von *J. Pánek*, habe kein Bauer einen Fehdebrief geschrieben, dies sei eine Sache zwischen adligen Personen gewesen. Es sei daher die Frage, ob der hier behandelte Fall als „Versuch einer Eingliederung in die Ständegesellschaft“ interpretiert werden könne. *J. Pánek* stimmte *A. Kostlán* völlig zu. Diese Fehdebriefe usw. bezeugten, daß im Bauernstand und sogar in den unterständischen marginalen Gruppen eine Tendenz existierte, sich als ein Stand im Rahmen der Ständegesellschaft durchzusetzen. Eine von vielen Quellen dazu zeige ein Verzeichnis der Verschwörer aus dem Jahre 1569, die die Fehdebriefe verbreiteten. Sie hätten ein ordentliches Verzeichnis erstellt, auch auf die Gefahr hin, durch die Angabe der Wohnorte und der Vornamen mit der vollen Verantwortlichkeit für das, was sie ausführen sollten, kriminalisiert zu werden.

Diskussion zu Jan Peters

Zum Vortrag von J. Peters wurde vor allem über Kommunikationssysteme und Kommunikationswege diskutiert. W. Rösener fragte, ob er unter seinen Quellen auch Reiserechnungen und Botenberichte habe. Hierin finde man zum Beispiel Botenwege und Reiserouten aufgeführt, aus denen man ein Kommunikationsnetz besonders innerhalb des Adels rekonstruieren könne. Auch interessiere ihn, ob es hinsichtlich der Informationssysteme des Adels überhaupt grundsätzliche Unterschiede zwischen den Guts- und Grundherrschaftsgebieten gegeben habe. Er habe sich mit den Kommunikationsformen des Adels im 15. Jahrhundert befaßt. In dieser Zeit habe sich bereits ein ausgeprägtes Informationssystem unter den Angehörigen des Adel entwickelt, das sich allerdings auch in negativen Aspekten wie im Austausch von Fehdebriefen zeige. Auch für das Überbringen solcher Briefe gebe es Rechnungen mit Angaben über den Ort der Ablieferung. Beim westfälischen Adel habe sich gezeigt, daß dort sehr enge Beziehungen vorhanden waren. Dies würde er auch beim brandenburgischen Adel voraussetzen. Im 17. Jahrhundert scheine ihm im übrigen das Moment der herrschaftlichen Kontrolle auch außerhalb der Gutsherrschaftsgebiete ausgeprägt gewesen zu sein.

Die strenge Zweiteilung in Guts- und Grundherrschaft sei, so *J. Peters*, wenn man ein breites Spektrum von Maßstäben anlege, nicht aufrechtzuerhalten. Dies werde bei den Informationssystemen deutlich. Eine Ausnahme bildeten aber wohl doch die großräumig strukturierten Gebiete ausgeprägter Gutsherrschaft, wo eine Verbindung der rechtlichen, politischen, ökonomischen und administrativen Gewalt „sozusagen flächendeckend“ bestand. Hier sei ein leichterer, schnellerer Austausch zwischen den Adressaten zu finden als in rechtlich und besitzmäßig sehr stark zersplitterten Gebieten. Andererseits sei diese Zuspitzung der Machtverhältnisse auch nicht überall im gutsherrschaftlichen Bereich – und gerade nicht in der Prignitz – so eindeutig nachweisbar. Fehdebriefe habe es im 17. Jahrhundert innerhalb des Adels nicht mehr gegeben. Solche Briefe seien aber nach wie vor auf den Schlagbaum von Wilsnack gelegt worden und hätten regelmäßig große Aufregung hervorgerufen, weil stets mit Brand gedroht wurde. In erster Reaktion sei man allgemein zu jedem Zugeständnis an den Erpresser bereit gewesen. Mit Hilfe der Informationssysteme habe man aber die Fehdebriefverfasser, weil sie, modern ausgedrückt, naiv mit solchen Praktiken umgingen, in aller Regel „dingfest machen können“. Damit seien diese Vorgänge auch in die Quellen gelangt. Leider gebe es „nicht so schöne Abrechnungen“ über Botenläufe wie über die Kavalierstouren des Adels, die sehr genau zu verfolgen seien. Aus den Quellen gehe hervor, daß man sehr genau darauf achtete, wie schnell ein Bote war. So habe man in der pommerschen Herrschaft

Wrangel einen Boten ungefähr 50 Kilometer über bestimmte Strecken laufen lassen, er habe einen Zettel mitnehmen und in verschiedenen Dörfern beim Schulzen die Zeit notieren lassen müssen. So habe man entschieden, ob er angestellt werden könne. Auch hatten sich Leute, die als Boten zum Schöppenstuhl in Brandenburg liefen – im Auftrag von Gemeinden oder einer bestimmten Herrschaft –, dort eine Bestätigung geben zu lassen, wie lange sie auf Auskunft hatten warten müssen. Das Botenlaufen sei ein sehr „ernstzunehmender und harter Beruf" gewesen.

Das Gerücht sei heute, so *H. Zückert*, ein eher negativ besetztes Phänomen, wohl wegen der mit ihm verbundenen Verfälschungen. In seiner Eigenschaft, sich in Windeseile auszubreiten, habe es möglicherweise für die frühneuzeitliche Gesellschaft einen hohen Stellenwert gehabt. Er frage, ob man Verfälschungen bewußt vermieden und in Fällen der Gefahr das Gerücht auch gezielt eingesetzt habe. In Konflikten wie Bauernaufständen müsse es ja halbwegs präzise funktioniert haben. Das von *J. Peters* genannte Beispiel habe sich für ihn so angehört, als sei es bewußt mit dem Ziel ausgestreut worden, sich schnell auszubreiten. Solche Dinge seien in den Quellen nicht oder nur schwer faßbar, aber man habe doch Indizien dafür, daß es eine ganz wichtige Angelegenheit in der damaligen Gesellschaft war. *J. Peters* stimmte *H. Zückert* zu, das Gerücht habe die Funktion erfüllt, „eine bestimmte Nachricht der Kontrolle einer breiteren Öffentlichkeit auszusetzen". Wenn man es „auf die Fährte gebracht" und sich dazu geäußert habe, weil man die genannten Personen erkannt habe, dann habe sich auch eine bestimmte Auffassung verfestigt. Vor Gericht habe diese natürlich stimmig sein müssen – „denn sie wird ja genau überprüft". Insofern habe das Gerücht anders als heute eine bestimmte Kontrollfunktion gehabt.

W. Troßbach hob hervor, daß *J. Peters* mit seinem Beitrag Systeme geöffnet habe und daß der Beitrag auch „wichtig für unser Bauernbild" sei. In relativ neuen modernen Abhandlungen zur frühneuzeitlichen Agrarsoziologie stehe heute noch, der Bauer habe ein Weltbild, das nicht über das Dorf hinausreiche, oder er halte sich innerhalb eines Bereiches von ungefähr zwei Quadratkilometern auf. Gegen die Vorstellung der Lokalborniertheit sei der Beitrag ein „ganz wichtiges Gegengewicht". Die wissenschaftlichen Stereotypen des 19. Jahrhunderts hätten allerdings auch einen realen Hintergrund in ihrer Zeit gehabt mit der Schaffung eines seßhaften Vollbauerntums und dem Übergang von Vermarktungsmöglichkeiten zur Vermarktungsorganisation, als der Bauer nicht mehr selbst in die Marktstadt fuhr. Da sei die frühneuzeitliche Gesellschaft in vieler Hinsicht mobiler gewesen als zumindest die ländliche des 19. Jahrhunderts, die leicht zurückprojiziert werde. *J. Peters* habe eine ganze Reihe von Fragen angeregt, ob man dieses oder jenes überhaupt als gutsherrschaftstypisch ansehen könne. Zu den Fährten gehörten natürlich der Markt, die Arbeit, die Politik und dann die formellen Zusammenhänge, die Heiratskreise usw. Da sei jedes einzelne für eine bestimmte lokale oder regionale Gesellschaft abzuklopfen, und man käme dann sicher dazu, die Gutsherrschaft „nicht unterbelichtet" zu sehen. Hinsichtlich der Frage des Gerüchts wäre er allerdings „noch ein bißchen skeptisch", da gebe es eine Fülle von Manipulationsmöglichkeiten, die von Bauern oder anderen ergriffen wurden. Mit Hilfe des Gerüchtes habe man sehr leicht in diese Gesellschaft intervenieren können. Die Schwierigkeit zu quantifizieren mache „einen gewissen Nachteil dieses wichtigen Ansatzes" aus. Er sei „sozusagen auf Zufallsfunden" aufgebaut und es wäre eine wichtige Frage, wie diesem methodischen Problem entgegenzusteuern sei.

H. Wunder ergänzte, daß eine wichtige Quelle auch die Berichte über Untertanenflucht sein könnten. Darüber habe es eine teilweise schriftliche adlige Kommunikation gegeben, aus der man entnehmen könne, wohin die Flüchtigen gegangen seien. Eine wichtige Quelle könnten auch die Einnahmen über Loskaufgelder sein, mit den Gründen, warum die Leute sich losgekauft hätten, und den Angaben, wohin sie gegangen seien. Zur Frage der Gerüchte sei man in der Diskussion übrigens „viel zu sehr vom heutigen Verständnis ausgegangen". Wie aus vielen Quellen bekannt, sei das Gerücht vor allem auch der Ruf einer Person gewesen. Vom heutigen Verständnis müsse man diesen deutlich unterscheiden. Ohne etwas Konstantes gewesen zu sein, war er „ganz zentral für die Position in der sozialen Hierarchie einer lokalen Gesellschaft".

„Die Krux ist und bleibt ewig", so *J. Peters*, daß man für den lebensweltlichen Zugang keine geschlossenen Aktenvorgänge zur Hand habe. In den Nebensätzen entdecke man meist das Interessanteste. Der Hinweis auf bestimmte Quellen sei auch immer problematisch. Flucht und Vindikationsverhandlungen könnten unter ganz anderen Gesichtspunkten abgehandelt werden, ihn interessiere vielmehr, warum die Leute zurückkämen. Diese Fälle bildeten hochinteressante mentale Vorgänge, die man auch behandeln sollte. Die Gerüchte seien in diesem Falle gezielt eingesetzt worden.

Z. Szultka verwies darauf, daß Wilsnack vom 13. Jahrhundert bis zur Reformationszeit zu den berühmtesten Wallfahrtsorten Deutschlands und Nordeuropas gehörte, und verband damit die Frage, welchen Einfluß diese religiöse Funktion auf die Bewohner von Wilsnack und Umgebung gehabt habe. Da seien doch alljährlich Tausende von Hamburgern, Rostockern und Leute von noch weiter her gekommen und mit den Wilsnackern in engen Kontakt getreten, so daß zu fragen sei, ob diese Wilsnacker Quellen typisch seien für die Anschauungen der Bauern. Trotz der Verbrennung der Hostien, so *J. Peters*, seien die Wallfahrten noch ein Weilchen weitergegangen, hätten aber mit Sicherheit am Ende des 16. Jahrhunderts aufgehört. Der sogenannte Wunderblutweg sei nicht identisch mit den Heer- und Handelsstraßen, die im 17. Jahrhundert quer durch Wilsnack führten. Der Weg führte zwar auch über Berlin, nahm aber einen anderen Verlauf als die Straßen, die später im 17. Jahrhundert nach Berlin benutzt wurden, insofern sei das kein stichhaltiges Argument.

Ausgehend von den statistischen Zusammenstellungen über Wallfahrten von Peter Herrsche – er folgere, die frühneuzeitliche katholische Gesellschaft sei sehr mobil gewesen –, fragte *R. Blickle J. Peters*, ob man einen Unterschied in der Mobilität der Bevölkerung erkennen könne – vielleicht nicht zwischen protestantischer Gutsherrschaft und Grundherrschaft, sondern eher zwischen katholischen und protestantischen Gegenden. *J. Peters* wollte das im Sinne *H. Troßbachs* als Aufforderung sehen, katholische mit evangelischen Gebieten im Hinblick auf Raumerfahrung zu vergleichen. *R. Blickle* verwies darauf, daß ein „normaler", katholischer Mensch mindestens 14 Tage im Jahr unterwegs gewesen sei, und dies nicht nur bei entfernteren Wallfahrten, sondern auch bei regelmäßigen Fahrten, die dann auch mit Übernachtungen verbunden gewesen seien, das sei also ein ziemlich großer Radius.

Zu *J. Peters* ergänzte *A. Kostlán*, man könne aus den Patenten auf drei spezielle ländliche Informationswege schließen, die vom Zentrum des Landes, also vom Herrscher oder Landtag ausgingen und zu jedem Einwohner führten: Erstens mußten die Patente auf jedem Jahrmarkt verlesen werden. Die Bauern konnten in Böhmen mit ihrem Getreide zu einem Markt ihrer Wahl im Umkreis von etwa 60 km gehen und so auch ihr Informationszentrum wählen. Der zweite Weg war der der Pfarreien und Prediger und der dritte der obrigkeitliche der Beamten. Diese strebten in Böhmen nach einem Informationsmonopol, das sie schließlich auch durchsetzten. Vom Thema Informationssysteme habe er, so *J. Peters*, den „interpersonalen Aspekt" behandelt. Daß dieser in die Entwicklung einer absolutistischen Staatsmacht eingebettet gewesen sei, die das Informationsmonopol der Kirche allmählich gebrochen und einen neuen

Dialog mit den Untertanen gesucht habe, habe er ausgeblendet. Die drei Stränge, die *A. Kostlán* genannt habe, seien tatsächlich nachweisbar und hätten „auch ganz effektiv" funktioniert. Schwierig nachzuweisen sei, wer die Nachrichten übermittelt habe, denn die Landreiter, allein zuständig für die Prignitz oder für das Havelland, müßten unendlich viel unterwegs gewesen sein, um fortlaufend alle Patente zu verbreiten. Wahrscheinlich spielten hier auch die Kreistagsversammlungen der Ritterschaften und andere Multiplikatoren eine Rolle. Es müsse dazu ein System in der Lehnskanzlei gegeben haben, eine Art von Adressenverzeichnis. Auch die Pfarrer habe man in Gutsherrschaften in dieses Verbreitungssystem einbezogen.

Diskussion zu Dana Štefanová

In der Diskussion über den Vortrag D. Štefanovás ging es vor allem um die Stellung der Hausgenossen. Sie wären bei ihr, so *E. Münch*, etwas ganz anderes als bei *R. Blickle* (siehe unten), nämlich Einlieger, und er fragte, welche Quellenbegriffe sie dazu habe. Sie habe als besonderen Fall den Kauf eines Gutes durch einen Hausgenossen hervorgehoben und gesagt, das könne auch ein Gärtner gewesen sein, so daß sich die Frage stelle, inwieweit es sich um Bezeichnungen für dasselbe handele, ob diese zweifache Bezeichnung häufig vorgekommen sei oder dies auch etwas mit ihrer Selbstbezeichnung zu tun habe. „Hausgenoß" sei, so *D. Štefanová*, ein schwierig zu rekonstruierender Quellenbegriff. Aus der Diktion des „Glaubensverzeichnisses" gehe hervor, daß es einen Haushalt gab, wo der Bauer als Wirt mit seiner Familie lebte. Daneben könnte ein Subhaushalt existiert haben, in dem die Hausgenossen wohnten. Ein Hausgenoß konnte danach als Einzelperson vorkommen oder eine eigene Familie haben. Ihrer Meinung nach sei Hausgenoß in dieser Hinsicht für die betrachtete Zeit „eher eine lebenszyklische Haushaltsstellung", worunter man entweder jüngere Ehepaare verstehen könne oder auch einen ehemaligen Wirt, der auf dem Grund geblieben und ein bestimmten Verhältnis zu dem neuen Wirt gefunden habe. Die Bezeichnungen Gärtner und *chalupna* hätten offensichtlich häufig gewechselt.

D. Štefanová untersuche, so *C. Ulbrich*, die Autonomie der Gemeindeverwaltung, stelle diese der Obrigkeit gegenüber und frage nach der herrschaftlichen Instrumentalisierung der Gemeinde. Es interessiere sie, ob *D. Štefanová* die Frage auch einmal umgekehrt gestellt habe, inwieweit die Menschen aus dem Dorf die Herrschaft instrumentalisiert hätten. Sie sehe eine gewisse Gefahr, daß bei der Beschäftigung mit der dörflichen Autonomie genau wie bei der Genoßwirtschaft „gewisse Blöcke" entstünden, hinter denen Hierarchien und Machtverhältnisse verschwänden. *D. Štefanová* wies auf die Probleme hin, wenn man in dieser Richtung arbeite. Es sei ihr wichtig, in einen Vergleich auch die Zeit vor dem Dreißigjährigen Krieg einzubeziehen. Das Gebiet sei jedoch durch den Krieg stark beeinflußt worden und habe danach eine große Emigrationswelle erlebt, in der die Hälfte der Untertanen weggegangen sei. Deshalb gehe sie davon aus, daß die wirtschaftlichen und sozialen Verhältnisse zerstört waren bzw. sich aufgelöst hatten, und daher die Frage kaum zu beantworten sei, inwieweit die Gemeinde die Obrigkeit bei der Neubesetzung der Güter instrumentalisiert habe.

Diskussion zu Aleš Stejskal

In der Diskussion zu A. Stejskal ging es um die Korrespondenz als Quelle und um Korruption. *V. P. Mitrofanov* fragte, welche Art von Quellen er über den Gutsbesitz untersucht habe und wie es mit der Größe der bebaubaren Flächen aussah. Er habe, so *A. Stejskal*, vor allem für die Orte Třeboň (Wittinggau), Český Krumlov (Böhmisch-Krummau) und Jindichruv Hradec Rechnungen und Korrespondenz des Rosenberg-Dominiums durchgehend von der Mitte des

16. Jahrhunderts bis zum 17. Jahrhundert untersucht. Seiner Ansicht nach stehe die Korrenspondenz manchmal im Gegensatz zu den Ergebnissen aus den Rechnungen und bilde daher ihr Korrektiv. Drittens seien normative Quellen aus dem Bereich der Rosenbergs wichtig. *M. Schattkowsky* fragte bezüglich der Korrespondenz, ob es Befehle der Herren an die Beamten gewesen seien, ob es Antwortschreiben gebe oder was sich sonst in den Briefen finde. Die Korrespondenz war nach *A. Stejskal* von sehr mannigfacher Art. Im einzelnen Brief seien sehr unterschiedliche Dinge zur Sprache gekommen, Informationen über die Wirtschaft, über Beamte und ihr Privatleben, über ihre Probleme mit den Bauern, über die Wirtschaftstätigkeit und die Einkünfte. Er habe über 4.000 Briefe durchgesehen und 1.000 bis 1.500 davon bearbeitet.

J. Pánek machte mit Blick auf die Frage *V. P. Mitrofanovs* eine allgemeinere Bemerkung zu den tschechischen Referaten. Böhmen sei auf der Tagung sehr stark vertreten, und dies scheine ihm seine Berechtigung zu haben, weil in diesem nicht sehr großen Gebiet in der frühen Neuzeit sehr verschiedene Typen von Gutsherrschaft existiert hätten. Einerseits seien es ganz kleine Güter und durchschnittlich große Herrschaften im nördlichen Böhmen und andererseits riesige Dominien im südlichen Böhmen gewesen. Weiteres werde man über die Sonderfälle in West- und Ostböhmen hören. Bei den Quellen habe man ganz verschiedene Probleme: Für das nördliche Böhmen gebe es – üblich bei den kleineren Gütern – nur wenige Quellen. Im Bereich der südlichen Dominien hingegen sei die Bewältigung der Quellenmasse sehr schwierig, und dieser Aufgabe habe sich *A. Stejskal* gestellt.

Als sehr erfreulich bezeichnete es *A. Mączak*, daß *A. Stejskal* sich mit Korruption befasse. Die Untersuchung von Korruption sei wahrscheinlich der beste Weg, um das System der öffentlichen Kommunikation und Verwaltung zu verstehen. Es komme besonders darauf an, zu wissen, was jeweils in einer bestimmten Zeit als Korruption betrachtet wurde. Nach seinen Forschungen über Litauen und die Ukraine sei Korruption für die Menschen des 18. Jahrhunderts folgendes gewesen: Ein örtlicher politischer Führer, der Führer einer Gruppe von Wählern, nahm Geld von beiden Seiten. Hätte er nur von einer Seite genommen, wäre das völlig normal gewesen. Er vergleiche dieses System mit dem parlamentarischen System in England vor 1832 und sehe, daß das politische Denken darüber, was legal oder illegal sei, in Litauen genau dasselbe wie im Vereinigten Königreich bis 1832 war. Der Unterschied sei, daß es nicht in demselben Sinne als ein politisches System funktioniert habe wie in Britannien.

Diskussion zu Renate Blickle

Einen großen Teil der Diskussion zum Vortrag R. Blickles nahmen die Abgrenzung des Eigens von der Grundherrschaft einerseits und den Hofmarken andererseits und die Stellung der Hausgenossen ein. Nach *H. Zückert* zeigt der Beitrag *R. Blickles* in interessanter Weise, daß die Zeitgenossen eine eigene Auffassung davon hatten, was man heute als Grundherrschaft oder Feudalismus bezeichne. Er frage, wieweit hier eine von der Klosterobrigkeit modellierte Ordnung vorgelegen habe, um diesen Herrschaftsbereich zu strukturieren, und inwieweit die Einwohner des Eigens ihre Beziehung zum Kloster auch als familienmäßige Beziehung gesehen hätten. Die Vortragende habe belegt, wieweit dieses Eigen durch die Genossenschaft derer, die dort lebten und wirtschafteten, – also nicht nur über die Zugehörigkeit zum Abt – als Einheit definiert wurde. Er frage dazu nach weiteren Indizien. Für die Bauern selbst sei, so *R. Blickle*, das genossenschaftliche Moment sehr wesentlich gewesen, wenn man sich nur ansehe, daß in der anfänglichen Entwicklung die Bauerngüter sowohl dem Kloster als auch den Leuten zum Nutzen zugewiesen worden seien. Auch die neuere Mediävistik rate ja ab, für diese Zeit mit dem Eigentumsbegriff zu arbeiten, da im Zentrum der damaligen Vorstellung die Nutzung von Grund und Boden gestanden habe. So habe schon von der Funktion her eine – wenn auch nicht egalitäre – Interessengemeinschaft bestanden, ohne direkte Überordnung des Klosters, denn die Herrschaft sei von den Vögten ausgeübt worden. Vielleicht habe das Kloster im Hochmittelalter noch kein Interesse an selbst ausgeübter Herrschaft gehabt. Das Vordringen des herrschaftlichen Moments sei dann von den Bauern wahrgenommen worden und habe zu einer deutlicheren Abgrenzung zwischen Übergenoß und Genossenschaft geführt. Dabei habe die Genossenschaft sich stärker als dem Übergenossen gegenüberstehend begriffen und so auch ein Bewußtsein als Einheit entwickelt. Insofern sei eine gewisse Analogie zur Landschaftsbildung erkennbar.

W. Rösener bemerkte dazu, daß es sich beim Eigen um eine Entwicklung im Nahbereich von Klöstern in Bayern und Schwaben handele: Das Kloster beanspruchte einen besonderen Herrschaftsbereich um das Kloster herum, den Niedergerichtsbezirk. Der Ausdruck Eigen tauche da zwar nicht auf, aber es sei verfassungsrechtlich und, was den Anspruch des Abtes auf die besondere Beziehung zu den dörflichen Untertanen betreffe, „im Grunde dasselbe“ wie in Steingaden. Auch die Hausgenossen, auch das jährliche Bauding, bei dem der Abt beansprucht habe, daß alle Güter ledig würden, habe es hier gegeben; daher frage er nach den Entwicklungslinien. *R. Blickle* habe zu Recht gesagt, diese Dinge seien im 18. Jahrhundert obsolet geworden, diese Entwicklung sei jedoch im Spätmittelalter im Umkreis einer bestimmten übergeordneten Landesherrschaft oder einer gewissen Vogteiherrschaft verständlich gewesen; deshalb interessierten ihn die Unterschiede und Gemeinsamkeiten zwischen dem Eigen und den Hofmarken des Adels. Sie sei bestrebt, so *R. Blickle*, das Eigen als einen Typus zu konstruieren, der einem starken, in seinem Inneren vor sich gehenden Wandel unterliege, aber auch äußere Anstöße aufnehme. Das gehe schon aus den häufigen und langdauernden Auseinandersetzungen in den Eigenbezirken hervor. Sie hätten sich letztlich im Inneren zersetzt, denn gerade ihre Grundbedingungen seien durch die Tendenz, Grund und Boden in Formen des Eigentums, Leiherechts oder Erbrechts zu überführen, zerstört worden. Sie kritisierte, daß *W. Rösener* das Moment des Niedergerichtsbezirks so hervorhebe. Ihrer Ansicht nach seien die Eigen nicht von der Gründung der Klöster her dagewesen, sondern eine Konstruktion, die etwa nach 1250 als Arbeit der Klostervorsteher entstanden sei. Im Unterschied dazu seien die Hofmarken normalerweise sehr kleine Bezirke gewesen und Arrondierungsversuche des Adels kaum feststellbar. Manche adlige Familie habe vielleicht zehn Hofmarken gehabt, aber nicht das Bestreben, daraus Komplexe größeren Zusammenhangs zu bilden. Außerdem sei die Beziehung zu den Gütern der Leute in den adligen Hofmarken nicht über die Person vermittelt gewesen. In der Handhabung zeigten sich auch eindeutige Unterschiede, denn die Adelshofmarken seien veräußerbar gewesen, gehandelt worden und hätten auch in die Hände der Prälaten, des Landesherrn, anderer Adliger und sogar von Bauern gelangen können.

Nach Auffassung *H. Wunders* ist das Modell *R. Blickles* auch für die Analyse von adligen Gutsherrschaften – jedenfalls im Herzogtum Preußen – geeignet. Da man dieses Modell Eigen aus den Klosterherrschaften auch bei adligen Gutsherrschaften wiederfinde, frage auch sie, wie sich das Eigen zu den adligen Hofmarken verhalte. Das Modell Eigen trage schon weit, es gebe allerdings Unterschiede in der Art der Formulierung einzelner Beziehungen zwischen dem Übergenoß und den Hausgenossen. Als Beleg könne sie anführen, daß bei den Dohnas hinsichtlich ihrer Güter vom Hauswesen oder von der Hauswirtschaft gesprochen worden sei. Sie wies weiter darauf hin, daß *R. Blickle* hier eine Art von Kleinstterritorium als Modell habe, mit der Einschränkung, daß dies ja eine bestimmte Größe des Untertanenverbandes zur Voraussetzung habe. Ihr Vorschlag wäre, sich nicht zu sehr nach politischen Territorien „in unserem Sinne" zu richten, sondern nach Herrschaftsprozessen wie im Eigen zu fahnden und diese zu vergleichen. Über die großen Territorien bzw. die Landesherrschaft und die Regionen mit Landschaft hinaus müsse man nach derartigen Herrschaftskomplexen suchen; dazu scheine ihr das Modell Eigen sehr geeignet.

A. Suter kritisierte, daß er das Eigen in keiner Weise von einer geistigen Grundherrschaft und von dem, was auch in der französischen und schweizerischen Literatur als solche beschrieben werde, unterscheiden könne, und fragte, was beim Eigen anders sei. Nach Ansicht *R. Blickle* wäre allein die Verbreitung des Wortes Eigen ein wichtiger Fortschritt. In der deutschen frühneuzeitlichen Literatur trete an jeder Stelle, wo nicht vom Landesherrn die Rede sei, die Grundherrschaft auf. Dabei achte man kaum darauf, worauf diese Herrschaft eigentlich basiere, vielmehr sei die Ansicht weit verbreitet, daß Herrschaft sich auf das Eigentum am Boden gegründet habe. Dies hätten hier aber weder der Abt noch die Bauern gehabt. Sie wolle die Implikationen des Modells Grundherrschaft vermeiden, denn dabei denke man Eigentum mit. Weiterhin beruhe der Bezug der Leute nicht wie in einer Grundherrschaft oder bei Leiherechten als ein formuliertes Recht auf einem bestimmten Grund oder Anwesen, denn das Recht der Leute sei mehr oder minder ein Recht auf Unterhalt, auf Überlebenkönnen oder Anteilhaben an einem größeren Komplex von Gütern gewesen, aber keine individuelle Beziehung in einer legalisierten oder gedachten theoretischen Form zu den einzelnen Gütern. Dies, wandte *A. Suter* ein, liege der französischen Vorstellung von Grundherrschaft längst nicht mehr zugrunde und sei insofern „eine spezifisch deutsche Diskussion". Die französischen Verhältnisse, so wiederum *R. Blickle*, seien aber auch insofern anders, als der Großteil des Bodens in Frankreich im Eigentum des Adels gelegen habe, dieser den Boden nur in Pachtverhältnissen weitergegeben habe und die Beziehung der Leute zum Herrn und zum Boden, immer in dieser Dreierkonstruktion, eine ganz andere gewesen sei. In Frankreich waren nach Eberhard Weis um die 70 Prozent des bebaubaren Bodens als Eigentum von Bürgern oder Adligen in Einzelverträgen an die Bauern ausgegeben und nur die restlichen 30 Prozent wurden wirklich unter Grundherrschaft, also unter Leiherecht, genutzt.

E. Münch fragte, warum die Eigen vor allem im Alpenvorland vorkamen. *R. Blickle* habe herausgefunden, daß es große Auseinandersetzungen mit den Hausgenossen dieser Eigen gegeben habe, daher interessiere ihn weiterhin, ob dies parallele Entwicklungen zur Eigenentstehung seien, ob die Eigen Ergebnisse dieser Auseinandersetzungen seien, ob die Konflikte erst ausgebrochen seien, als die Eigen sich konstituiert hätten oder ob diese Eigen eine Abwehr gegenüber benachbarten Ansprüchen gewesen seien. Damit hingen auch die Fragen zusammen, ob es, wenn ein Übergenoß existierte, auch einen oder mehrere Untergenossen gab, ob die Hausgenossen sozusagen „nur die Chefs der Häuser im Sinne der Einwohner des Eigen" waren und ob es eine Differenzierung zwischen klein- und unterbäuerlichen Schichten gab. Ob die Entstehung der Eigengebiete, so *R. Blickle*, nur mit dem Alpenland zu tun hatte oder in erster Linie mit der Weidewirtschaftsgegend, könne sie nicht beantworten, es gebe Eigengebiete auch im bayrischen Wald. Bei den anderen in Österreich wäre erst zu prüfen, wieweit die Konditionen vergleichbar seien. An der Ausbildung der Eigenverfassung sei die Bauernschaft nicht im engeren Sinne beteiligt gewesen, es sei eine Ausbildung von Herrschaft. Die Konflikte im Eigen seien eingetreten, als die Herrschaft bereits ausgebildet war und die äußeren Bedingungen sich veränderten, weil in dieser Zeit die Städte gegründet wurden, die Leute stärker dorthin abwanderten und daher stärker angebunden wurden. Entscheidend sei, daß in dieser Zeit, im Spätmittelalter, die Leute anfingen, Vermögen zu bilden, so daß erst jetzt ein Zugriff darauf möglich war. Solange die Leute in versetzbaren Häusern gelebt hätten und das Vieh, ein bißchen Wirtschaftszeug und Hausgerät ihre ganze Habe gewesen sei, sei das Interesse des Klosters daran überhaupt gering gewesen.

Zum Problem, ob es nur die Chefs waren, die als Hausgenossen dem Übergenoß gegenüberstanden, erwähnte *R. Blickle*, daß die Witwen, wenn das Bauding stattfand, auch dort erschienen. Sie habe zwar das Wort Hausgenossin in den Quellen nicht gefunden, aber es habe insgesamt gesehen in dieser Gegend keine besonders ausgeprägte Herrschaft des Hausherrn gegeben, dies einmal wegen der Eingriffe des Übergenossen in diese Strukturen und zum anderen – und dies sei der innerste Grund –, weil man als Nichtehepaar eine solche Wirtschaft nicht hätte führen können. Über das, was die Leute an beweglichem Vermögen besessen hätten, sei bei Eheschluß festgestellt worden, es sei von nun an e i n Vermögen, und die Eheleute hätten zwei Briefe ausgefertigt erhalten. Die Briefe seien durchgeschnitten worden und jeder habe einen halben Brief zum Zeichen dafür bekommen, gleichgestellt zu sein. Die Frau habe den Mann beerbt, aber die Wirtschaft nicht allein weitergeführt, sondern normalerweise wieder geheiratet. Also sei das Wort Hausgenossen mehr auf die Häuser bezogen gewesen, und eigentlich alle Leute darin habe man dazugerechnet, repräsentiert habe das Haus aber normalerweise ein Mann. Auf die Zwischenfrage *E. Münchs*, ob die Hausgenossen ein Haus gehabt haben müßten, antwortete *R. Blickle*, es sei vorgekommen, daß die Verehelichten bei den Eltern eingezogen seien – als ein vorübergehender Zustand von einigen Jahren –, im Normalfall aber hätten sie ein Haus bewohnt. Die Leute hätten relativ spät, auf ein Haus orientiert, geheiratet, die Heirat sei ohne Haus kaum möglich gewesen, es sei denn, man sei weggegangen.

R. Blickle habe, so *Th. Rudert*, ihr Modell Eigen in deutlicher Skepsis gegenüber dem Grundherrschaftsbegriff entwickelt, da weder die Bauern noch das Kloster eigentlich über diese Liegenschaften verfügt hätten. Auch im Gebiet der Ostexpansion habe sich das Spektrum der Besitzformen nicht auf Eigentum oder Nichteigentum beschränkt, sondern eine differenzierte Abstufung dieser Formen aufgewiesen. Wenn man diesen weiteren Begriff zugrundelege, dann hätten beim Eigen wohl doch Herrschaftsrechte als „Quasi-Eigentum" auf den Personen und dem Land gelegen, insofern als ihre Inhaber darüber hätten entscheiden können, wer das Land bearbeitete, wer es innehatte und wer dazu umgesetzt wurde. Frage sei, wo da der eigentliche Unterschied liege und worin der Sinn dieser Rotation der Wirte gelegen habe. In Ostelbien habe man den Wirt juristisch vom Boden trennen müssen, um auf sein Gut zugreifen zu können. Es komme ihm „wirtschaftsstrategisch geradezu absurd" vor, eine enge Bindung des Bauern an den Boden zu verhindern, wenn man gar nicht darauf aus sei, ihn von dem Boden zu entfernen, sondern nur, ihn rotieren zu lassen. Wenn man, so *R. Blickle*, mit dem Begriff Eigentum hantiere, müsse man zugrundelegen, daß ein Eigentümer die Gewalt oder das Recht habe, mit dem Boden oder einem anderen Gegenstand ohne den Einspruch anderer umzugehen. In der Eigenverfassung jedoch hätten weder das Kloster noch die Leute Grund und Boden nach Belieben behandeln, also auch veräußern können; diese hätten insofern auch keinen Geldwert gehabt. In dem Moment, wo das Kloster Grund und Boden verkauft habe, wäre die Eigenverfassung, jedenfalls nach ihrer, *R. Blickles*, Definiton, beseitigt gewesen. Der Sinn der Rotation scheine wirklich darin begründet zu sein, verfügen oder bestimmen zu können. Ein ökonomischer Sinn ließe sich nur insofern sehen, als auf diese Weise die Verfügung des Klosters oder eben dieses Herrn über die Leute und über den Boden gesichert werde.

Diskussion zu Heide Wunder

In der Diskussion zu H. Wunder ging es um das Konzept Wirtschaftsherrschaft, um einen möglichen territorienübergreifenden Typus größerer Gutsherren und deren Herrschaftsstil. A. Vári wollte wissen, ob *H. Wunder* bei der Wirtschaftsherrschaft von einer wirtschaftlichen Geschlossenheit, wie von „einem geschlossenen Stromkreis", ausgehe, zu dem andere überhaupt nichts beitrügen. Vielleicht sei der Eindruck entstanden, so die Antwort *H. Wunders*, daß sie diesen Begriff sehr weit fassen wolle. Sie habe aber nur von Elementen der Wirtschaftsherrschaft gesprochen und keinesfalls die Absicht, zu Grund- und Gutsherrschaft ein drittes herrschaftliches Konzept hinzufügen. Ausgehend vom Konzept Wirtschaftsherrschaft, von Eckart Schremmer für Bayern entwickelt, wolle sie zeigen, daß eine intensivierte wirtschaftliche Nutzung von Landbesitz einerseits im allerengsten agrarischen Sinne erfolgen könne, daß es aber auch andere Möglichkeiten gebe, herrschaftliche Privilegien in einem eigentlich agrarischen Bereich wirtschaftlich zu nutzen. Beispielhaft dafür sehe sie in der Gutsherrschaft Dohna-Reichertswalde die Handwerker, die in erster Linie für den Gutsbetrieb arbeiteten, um unter anderem die neuangesetzten Bauern vollständig auszustatten. Insofern sei ein Kreislauf innerhalb des Gutes vorhanden gewesen. Aber diese Handwerker hätten ihre vorhandenen Möglichkeiten auch andererweitig genutzt, um Einkünfte zu erzielen. Dies schließe sie daraus, daß sie nicht nur in gutsherrschaftlichen, sondern auch in eigenen Häusern wohnten, und für den Erwerb dieser Häuser hätten sie Geld benötigt. Dieses Element der Wirtschaftsherrschaft sei auf eine Ausdifferenzierung wirtschaftlicher Tätigkeiten im Rahmen der Gutsherrschaft bezogen gewesen, die das System Gutswirtschaft für eine breite selbstverantwortete, auf den Markt gerichtete Produktion geöffnet habe.

H. Kaak befragte *H. Wunder* zur Professionalisierung in der wirtschaftlichen Führung der Güter. Nach seinen eigenen Forschungen habe der regelmäßige Einsatz von Pächtern und Verwaltern zu ganz unterschiedlichen Ergebnissen geführt, und es sei stark von der Situation und der Einzelpersönlichkeit dieser Beauftragten abhängig gewesen, was für wen dabei herauskam. Ihr sei es im Vortrag darum gegangen, so *H. Wunder*, zwei Phasen der Gutsbewirtschaftung zu unterscheiden, die erste, in der die Besitzer mehr oder weniger an- oder abwesend waren und wo selbstverständlich eine Verwaltung durch Fremde stattfinden mußte, und eine zweite Phase, wo die Angehörigen der drei Dohnaschen Linien zu Anfang des 18. Jahrhunderts wirklich vor Ort gewesen seien. Und zu dieser Zeit stelle sie eben eine Professionalisierung dieser Gutsherrn in ihrer wirtschaftlichen Tätigkeit fest.

H. Wunder spreche offenbar von einem besonderen Typus der ostpreußischen Gutsherrschaft, der sich zum Beispiel von der Herrschaft Boitzenburg klar unterscheide. Wissenswert sei, so *W. Rösener*, welches Element es rechtfertige, dies zu tun, sei es die Dichte der Herrschaft, da es ihre Größe nicht sein könne. *H. Wunder* habe zweitens auf die Wirksamkeit des kalvinistische Bekenntnisses hingewiesen. Da stelle sich die Frage, worin sich dieses bezüglich der Herrschaftspraxis vom lutherischen Bekenntnis unterscheide. Von diesem sei hier bezüglich Sachsens die Rede gewesen und man spüre im 16. Jahrhundert auch dessen Einfluß auf das Verhältnis zur Untertanenschaft. Sie habe, so *H. Wunder* dagegen, gerade in Frage gestellt, daß es einen ostpreußischen Typus gab, und gesagt, daß die Grafen von Dohna höchstens repräsentativ für „den Herrenstand unter den ostpreußischen Ständen" seien. Der kleine und mittlere Adel habe zum Teil anders agiert. Sie meine hier einen Typus, der sich nicht nur im Herzogtum Preußen, sondern möglicherweise auch in anderen Territorien finde. Dabei spiele die Größe der Herrschaft und das Verhältnis zum Landesherrn eine Rolle. Johann Sigismund, 1608 bis 1619 Kurfürst von Brandenburg, sei ebenfalls Kalvinist gewesen, und die

Dohnas seien vom zahlenmäßig geringen hohen Adel im Herzogtum Preußen nahezu die einzigen gewesen, die als „ausgesprochene Intimfreunde" im Vertrauensverhältnis zur Landesherrschaft standen, während der übrige Adel seine Opposition immer wieder darlegte und auch danach handelte. Es stehe auch im „Ewigen Testament" der Dohnas, daß die besondere Nähe zur Landesherrschaft gewahrt bleiben müsse und jegliche Rebellion zu verhindern sei. Weiterhin sei bei größeren Herrschaften das Konzept der Verwaltung großzügiger angelegt gewesen und habe bei den Dohnas (Ordnung des Hauses, Ordnung der Regierung und Verwaltung der Untertanen und Organisation dessen, was den Untertanen als eigener Bereich zukommt) „einen landesherrlichen Zuschnitt" gehabt. Der dohnasche Kalvinismus rühre aus ihrer Beziehung zum pfälzischen Adel her. Sie hätten dort Adlige, auch reichsgräfliche Personen, als Anhänger dieser Konfession kennengelernt, die in einem engen Verhältnis zum Pfalzgrafen standen. Zu diesem Typ von Gutsherrschaft gehöre auch der weitere Horizont, und es sei, wie bei den Landesherren, nicht die Qualifikation in der Gutsverwaltung und Bewirtschaftung im engsten Sinne, die die Basis für den Herrenstatus ausmache, sondern Statussymbol sei der Herrschaftsbereich, „wo quasi nach Regierungsprinzipien administriert werde". Die wirkliche wirtschaftliche Fundierung habe erst im 18. Jahrhundert eingesetzt. Solch eine Definition sei wichtig, um Herrschaftskomplexe des ostelbischen Raumes mit denen im mitteldeutschen und im westfälischen Gebiet oder mit den Hofmarken zu vergleichen. Das Element der Unfreiheit, das immer typisch für Gutsherrschaft angesehen werde, spiele dann eine relativ geringe Rolle, und sie habe daher bewußt diese Passage vorgetragen, nach der wenigstens in diesem einen Herrschaftsbereich Freizügigkeit herrschen sollte. Es zeige sich in der Herrschaftspraxis, daß man auch mit den umliegenden Gutsherren solche Vereinbarungen treffen konnte, so daß die Mobilität nicht zu stark eingeschränkt war. Sie könne Dohnasche Scharwerksbedingungen im einzelnen vorlegen und zum Beispiel mit denen im hessischen Dorf Schwebda bei Eschwege konfrontieren, um die Ähnlichkeiten zu zeigen und von daher das Argument von Schollenbindung und Unfreiheit zu relativieren. Man müsse solche Modelle, solche Typen finden, um gezielt bestimmte Formen von Herrschaften vergleichen zu können.

B. Krug-Richter fragte, ob *H. Wunder* über den programmatischen Charakter des „Ewigen Testaments" der Dohnas und die Scharwerksbedingungen hinaus schon Ergebnisse zur konkreten Herrschaftspraxis, zu den Anweisungen und Kontrollinstanzen für gutsherrliche Verwalter in Zeiten habe, wenn der Gutsherr nicht da war, und ob diese bestätigen könnten, daß die Programmatik auch längerfristig in die Praxis umgesetzt worden sei. *H. Wunders* verneinte dies. *H.-J. Bömelburg* äußerte Erstaunen darüber, daß die Dohnas bei ihrer Art der Herrschaftsausübung im 17. Jahrhundert die Kommunikation überhaupt hätten organisieren können. Entweder hätten sie sich die Abrechnungen zuschicken lassen müssen, oder es müßte abwechselnd einer der Brüder im Lande gewesen sein. Nach *H. Wunder* waren Familienangehörige nur ab und zu in Preußen, um „nach dem Rechten zu sehen", und erst gegen Ende des 17. Jahrhundert brachten einige von ihnen mehr oder weniger ihre Lebenszeit dort zu. Die Neuorganisation begann mit dem nächsten Jahrhundert.

Dazu bemerkte *E. Münch*, daß er die großen Gutsherrschaften ebenfalls für sehr großzügig konzipiert in der Verwaltung halte, und fragte, ob damit auch eine gewisse Großzügigkeit im Blick auf die Lage der Untertanen verbunden gewesen sei, weil sie bei größeren Ressourcen den Untertanen größere Spielräume hätten einräumen können. Dies könne möglicherweise auch ein Ansatz für eine überterritoriale Typologie sein. Ein weiterer Punkt sei, daß es bereits in der Frühen Neuzeit über die verschiedenen Regionen hinweg Diskussionen gegeben habe, wo die Gutsherrschaft am weitesten entwickelt sei. So hätten brandenburgische Adlige im 17. Jahrhundert – wohl aus Neid – gesagt, in Vorpommern und Mecklenburg sei die Gutsherrschaft schon viel weiter fortgeschritten, den Beispielen solle man folgen, und im Mecklenburg des 16. Jahrhunderts, als man schon auf dem Wege zur Gutsherrschaft war, sei, wenn die Bauern sich beklagten, das Argument aufgekommen, sie sollten erst einmal sehen, was es in Livland bedeute, einen Herrn über sich zu haben. Seine Frage sei, ob sich über die Dohnas und ihre Besitzungen in Livland diesbezügliche Aussagen für einen Vergleich machen ließen. *H. Wunder* stimmte *E. Münch* bezüglich der ersten Frage weitgehend zu. In Livland hätten die Dohnas, wie erwähnt, ihre Herrschaftsrechte nie effektiv wahrnehmen können. Die Diskussion über den Status der Bauern sei in Preußen insofern eine andere gewesen, als es dort ursprünglich keinen Adel gab. Eine sehr wichtige Bevölkerungsgruppe im Ordensstaat seien die Prussen gewesen, und die Position der prussischen Bauern stelle sich sehr viel schlechter als die der deutschen Hufenzinsbauern dar. Das Problem der Stellung der Bauern im 16. und 17. Jahrhundert müsse man im Blick darauf diskutieren, welche Modelle von Abhängigkeit es in dieser Zeit schon gegeben habe. Es gebe hier keine langen Adelstraditionen, der Adel sei aus dem Reich vor allem über das Söldnerwesen importiert worden und habe sich dann mit älteren Formen von Freiheit auseinandergesetzt, mit den kleinen und großen, das heißt den prussischen und kulmischen Freien.

Nach *Z. Szultka* muß man bei den Dohnas berücksichtigen, daß sie im 17. Jahrhundert eine Besonderheit im Herzogtum Preußen darstellten. Hauptgrund dafür sei die Konfession gewesen, die das Leben der Adelsfamilie und ihrer Untertanen schon vor dem Dreißigjährigen Krieg geprägt habe. Die im Anfang des 17. Jahrhundert von den Dohnas vorgenommenen Veränderungen seien Zeichen dieser Besonderheit, sie hätten in dieser Zeit die einzigen adligen Dorfordnungen erlassen. Die strenge Disziplin der Familie scheine ihm ebenfalls ein Sonderfall zu sein. *W. Stępiński* fragte, ob auf sie irgendwelche Einflüsse von polnischer, litauischer oder prussischer Seite eingewirkt und welchen Einfluß diese Kontakte auf ihr Selbstverständnis gehabt hätten. Für das 16. Jahrhundert sei, so *H. Wunder*, das „connubium“ mit anderen großen einheimischen Familien nachgewiesen. Aber mit den Söhnen Peters v. Dohna sei es in der zweiten Hälfte des Jahrhunderts „hinaus in die weite Welt“ gegangen. Die Dohnas seien dann meist außerhalb Preußens erzogen worden, hätten dort ihre ersten großen Diensttätigkeiten gefunden und erst später auch Stellungen in Preußen bekleidet. Die Eheschließungen seien im 17. Jahrhundert von den Kontakten in Schweden, den Niederlanden und Orange mitbestimmt worden, die Beziehungen zu Litauen oder Polen hätten sich dagegen gering entwickelt. Die Konfession – mit dem kalvinistischen Katalog auch für den hochgebildeten Adligen, im „Ewigen Testament“ festgelegt – sei handlungsleitend gewesen. Darin sei genau beschrieben, wie die Kinder zu erziehen seien, und es werde darauf orientiert, sich nicht mit dem preußischen Adel zu liieren, sondern „mit Personen gleicher Aspiration“. Die Dohnas hätten die livländischen Güter zwar erworben, aber immer Streitigkeiten mit der polnischen Krone darum gehabt, so daß es auch darüber nicht zu Kontakten gekommen sei.

Diskussion zu Antoni Mączak

Zum Vortrag A. Mączaks wurde vor allem über die Memoirenliteratur, Klientelbeziehungen und die Unberechenbarkeit von Herrschaft diskutiert. Auf *A. Váris* Frage, für welches Publikum diese Memoirenliteratur geschrieben worden sei, antwortete *A. Mączak*, daß keine dieser Memoiren zur Lebenszeit ihres Verfassers veröffentlicht, sondern daß sie für die Nachkommen verfaßt worden seien. Matusevič zum Beispiel habe sein ganzes Leben für seine

Kinder aufgeschrieben, und seine Enkel seien später Minister in der Regierung des Königreiches Polen nach 1815 gewesen. Die Überlieferung seiner politischen Tätigkeit habe ihnen im politischen und öffentlichen Leben geholfen. Alle diese Memoiren waren aber auch zur eigenen Freude geschrieben. Im späten 19. Jahrhundert seien einige von ihnen – leider von den Patrioten zensiert – veröffentlicht worden und zeigten daher ein rosiges und vernünftiges Bild des öffentlichen Lebens in Polen. Erst heute würden die vollen Texte wissenschaftlich korrekt veröffentlicht. Eine lange Zeit im 19. Jahrhundert hätten sie eine gewisse Rolle als Dokumente der „Größe des Alltagslebens" im ehemaligen Polen gespielt.

E. Melton bemerkte zur Darstellung *A. Mączaks* über die Ausbildung eines Klientelnetzes in Polen, daß derartige Beziehungsnetze immer sehr labil seien, und fragte, ob er Beispiele dafür habe, wie Angehörige des Kleinadels sich unter diesem Gesichtspunkt gegenüber einem Magnaten oder diese sich untereinander verhalten hätten, und was jeweils die Gründe dafür gewesen seien. Die Labilität der Klientschaft hat nach *A. Mączak* dem Adel eine gewisse Freiheit gegeben, dies sei immer das Thema der lokalen Politik gewesen. Es hätten wenigstens zweimal im Jahr Wahlen von Abgeordneten und lokalen Würdenträgern usw. stattgefunden, man habe ständig irgend jemanden gewählt oder Probleme der Wahlen diskutiert. Das habe sehr viel Gelegenheit zum Wettbewerb zwischen verschiedenen Magnaten gegeben. Es gab bestimmte Zeiten, wo dieser oder jener Magnat in der einen oder anderen Wojwodschaft ein Monopol gehabt habe. Der Adlige habe stets zwischen Klientel und voller Freiheit wählen können, im zweiten Fall aber ohne Aussichten auf bessere Existenzchancen. Wollte er bei sich zu Hause bleiben und mit seinen Leibeigenen, Hörigen usw. leben, habe er das immer tun können. Man kenne das auch aus den Memoiren: Einige Adlige genossen ein hohes Ansehen, weil sie unabhängig blieben, auch um die Mitte des 18. Jahrhunders in Litauen. Aber im allgemeinen fand ein ständiger Wettbewerb zwischen den Magnaten und besonders ihren Klienten, den Direktoren, statt. Als Leiter der lokalen Klientelen traten diese auf, um die Angelegenheiten nicht im Streit, sondern mit Geld zu regeln. Diese Direktoren waren Leiter des Adels im Dienste eines Magnaten und handelten mit anderen Magnaten Verträge aus, wer Abgeordneter, Richter oder ähnliches werden sollte. Der Autor der Quelle, mit der er sich beschäftige, habe solche Vorgänge auf 1200 Seiten seiner Memoiren sehr detailliert beschrieben. Wenn er, so *A. Mączak*, von Klienten spreche, denke er an den mittleren Adel, die ‚generosi'. Es habe aber auch einen Kleinadel mit vielen Rechten gegeben, den man aus terminologischen Gründen nicht zu den Klienten zähle. Seine Angehörigen habe man nicht als Individuen betrachtet, sondern als ganze Gruppe: Wenn alle Adligen zusammenkamen, konnten das in einem Dorf 30 oder 40 Familienväter, also ebensoviele Stimmberechtigte, sein. Man mußte ihre Führungspersonen gewinnen, und diese verkauften ganz praktisch und konsequent ihre Stimmen. So etwas sei zum Beispiel auch im England derselben Zeit völlig normal gewesen. In Polen waren die Kleinadligen allerdings sehr viel zahlreicher, und alles kostete die Magnaten so viel, daß man ihnen bereits ein Jahr vor der Verfassung vom 1. Mai 1791 ihre politischen Rechte aberkannte.

J. Peters machte, auf die Aussage *A. Mączaks* zur Unberechenbarkeit der Herren hin, eine Bemerkung, die sich auch auf *H. Wunder* und *M. Schattkowsky* bezog. Bei der Typisierung von adligen Eigenschaftskatalogen bzw. Herrschaftsstilen sei es möglich, eine grobe regionale und zeitliche Struktur zu entwickeln. Wenn Untertanen – ob in Sachsen, Ostpreußen oder anderswo – die besonderen Eigenarten ihrer Herren immer ganz sicher einkalkulieren könnten, dann funktioniere keine Herrschaft mehr. Die Unberechenbarkeit als Grundbestandteil von Herrschaft sei auch als ein Reflex von Macht zu sehen, die von Gott ausgehe, und auch diese werde als letztlich unberechenbar angesehen. Nach *A. Mączak* gehört die Unberechenbarkeit zur Natur von Herrschaft, alles hängt vom guten Willen des Herrn ab. Er halte es aber durchaus für förderlich im Sinne der Herrschaftsausübung, wenn die Diener und Klienten den Herrn verstünden, seine Natur und seine Absichten kennen würden. Hier liege aber gerade das Problem. In seinen ‚Abschiedsreden' habe Jesus zu seinen Jüngern gesprochen: ‚Ich sage hinfort nicht, daß ihr Knechte seid; denn ein Knecht weiß nicht, was sein Herr tut. Euch aber habe ich gesagt, daß ihr Freunde seid.' (Johannes 15, 15) Das bedeute für den Freund des Herrn, er kenne diesen und der Herr sei als Freund daher für ihn berechenbar, für den Diener gelte dieses nicht. Was die Unberechenbarkeit für das Funktionieren von Herrschaft bedeuten könne, erläuterte *A. Mączak* am Beispiel Ludwigs XIV. Dessen Herrschaft habe so gut funktioniert, weil er sich so regelgemäß verhielt, die Spielregeln so gut verstand und diese für alle klar waren. Wenn ein Herr hingegen absolut unberechenbar gewesen sei und andere Spielregeln als seine Klienten gehabt habe, habe es zu einer Rebellion seiner Klienten kommen können.

Mit einem anderen Spannungsfeld sah *H. Wunder* einen Zusammenhang: Die Dohnaschen Brüder hätten sich darauf verständigt, nicht nur als Herren, sondern auch als Väter ihrer Untertanen zu handeln. Darin komme die der Herrschaft innewohnende Spannung zum Ausdruck, die durch den Anspruch gemildert werden solle, daß der Herr auch ein Vater sein müsse. Dabei sei es auch um die Minimierung des Risikos dieser Unberechenbarkeit gegangen, aber sie sei geblieben. Auch nach Ansicht *M. Schattkowskys* ging es dabei um Nuancen. Wenn es Unberechenbarkeit gegeben habe, dann eine graduelle, verursacht durch Charaktereigenschaften, Krankheiten, besondere Ereignisse, Krisenjahre usw. Sie denke, der Rahmen sei weitgehend abgesteckt gewesen, denn sonst wären mehr exzessive Herrschaftsformen aus bestimmten Gebieten bekannt. Die Gewaltbereitschaft und die Gewaltmöglichkeiten seien eben doch eingegrenzter aus einer ganzen Reihe von Gründen, die sie als Rahmenbedingungen für Handlungsspielräume genannt habe, die Rechtsinstitution, die Stärke der Bauern usw., über die die Herren sich nicht hätten hinwegsetzen können. *J. Peters* bekräftigte seine Auffassung, daß auch die Vertreter dieses „gewissermaßen sozial positiven Adelstypus" nicht auf das Element der Unberechenbarkeit hätten verzichten können, und *A. Mączak* ergänzte, daß zur Herrschaftsausübung immer parallel Gerechtigkeit und Gnade gehörten und der Herr zwischen ihnen wählen könne.

Auf die Frage *W. W. Hagens*, ob er neue Einsichten über die Rolle der privaten Herren im polnischen Osten und auch über die Rolle der Juden im Dienst der Magnaten gewonnen habe, führte A. Mączak aus, im politischen Leben hätten sie keine Rolle gespielt, seien aber umso wichtiger für das wirtschaftliche Leben, für Kontakte mit dem Westen gewesen. Es scheine ihm, daß in der Natur – nicht in der Verfassung – des gesamten Machtsystems in Polen wenigstens im späten 17. und im ganzen 18. Jahrhundert die Selbstverwaltung des Adels, also die Institution der Landtage, die Hauptrolle spielte. Eine direkte Beziehung zwischen der Zentralmacht des Königs bzw. des königlichen Hofes und den lokalen Adligen habe gefehlt. Nehme man die Perspektive eines gemeinen Adligen ein, so sehe man jemanden, der an seinen persönlichen Aufstieg denke. Zum König und Hof sei der Weg zu weit gewesen. Durch den lokalen Magnaten, durch seine Gnade und seine Hilfe habe er seine Ziele am königlichen Hof erreichen können. Zweitens habe der niedere Adel bei den Königswahlen seine Interessen wahrnehmen können. Die innere Struktur des Adels sei besonders wichtig für die Natur des Machtsystems in Polen. Was die Verfassung angehe, habe sich seit dem 15. Jahrhundert wenig verändert, „aber das Machtsystem änderte sich völlig". Hier zeige sich am polnischen Fall der Unterschied zwischen Praxis und Theorie der Macht.

Diskussion zu Martina Schattkowsky

In der Diskussion um den Vortrag M. Schattkowskys ging es um den höheren Adel im territorialen Vergleich. Sie habe, so *E. Melton*, hervorragend die Frage einer Adelskultur in Sachsen thematisiert. Bei einem Vergleich zwischen den Leichenpredigten in Brandenburg und Sachsen werde deutlich, daß der sächsische Adel kein Interesse an einer militärischen Karriere gehabt habe, aber warum, sei ihm unklar. Zu den Leichenpredigten, so *M. Schattkowsky*, sei für Brandenburg noch nicht sehr viel ausgewertet, und für Sachsen stehe die Erschließung noch in den Anfängen. Neuerdings gebe es eine Sammlung von Leichenpredigten und eine große Auswahl von Adelstestamenten im Staatsarchiv Dresden. Auch die sächsische Landesbibliothek habe diesbezüglich einen reichen, bisher unerschlossenen Fundus. Wenn nach der militärischen Karriere gefragt sei, sei auch die Frage nach den Anpassungsstrategien des Adels im 16. Jahrhundert an veränderte Existenzbedingungen gestellt, und es hänge in Sachsen sicherlich mit der Struktur des Landes zusammen, daß es hier andere Betätigungsfelder für den Adel gab. Man habe Beispiele, daß der sächsische Adel sich im Handel, in Unternehmen und in der Landwirtschaft engagiert habe. Diese Bindung des Adels an den Hof und diese Prestigemöglichkeit dort sei zwar ein allgemeineres, nicht nur sächsisches Phänomen, es bestehe aber ein gradueller Unterschied, denn der Adel habe sich stärker als in anderen Gebieten auf den Hof, auf die landesherrliche Hilfe orientiert. Wieland Held habe Adelstestamente und Schreiben zwischen der kurfürstlichen Landesverwaltung und dem Adel ausgewertet und eine intensive Suche nach Hilfe vom Landesherrn nachweisen können. Es sei für sie jedoch noch unklar, wieweit man hier wirklich Spuren einer sächsischen Besonderheit gefunden habe.

Bei der Charakteristik der Herrschaftsform und spezifischen Befindlichkeit des sächsischen Adels habe *M. Schattkowsky* auf einen starken Bezug zu den Städten hingewiesen. Das sei, bemerkte *Th. Rudert*, auch in anderen Territorien üblich gewesen, auch dort, wo die Städte nicht so groß und wirtschaftlich stark wie in Kursachsen waren. Wenn der Adel dort nicht dauernd gewohnt habe, habe er doch Stadtpalais gehabt, und war die Stadt groß genug, Schlösser. Auch von daher sei die Frage nach einer sächsischen Spezifik zu stellen. Ein wichtiges Erziehungsziel für den Adelsnachwuchs, so sein zweiter Punkt, habe in der Vermittlung angenehmer Umgangsformen bestanden, und er frage, ob hier nicht ein moderner Ausdruck in das 16. Jahrhundert übertragen werde. Neue Untersuchungen zur Stadtbeziehung des Adels von Frank Göse, der Mecklenburg und Brandenburg intensiv verglichen habe, zeigten, so *M. Schattkowsky*, daß die Stadtorientierung in Sachsen, vor allem nach Dresden und Leipzig, stärker gewesen sei und daß jeder Adlige, der etwas auf sich hielt, dort den Wohnsitz gehabt habe oder zumindest in die Nähe von Städten gerückt sei. Nach Göse war diese Tendenz in Mecklenburg und Brandenburg eindeutig geringer entwickelt. „Angenehme Umgangsformen" sei ein Quellenbegriff aus dem 16. Jahrhundert, erläuterte *M. Schattkowsky* weiter. Dazu könne sie das ausführliche Testament des Christoph v. Loß anführen, in dem ein ganzer Katalog von Eigenschaften genannt werde, die als besonders wichtig angesehen würden: Friedfertigkeit, nicht widersprechen, das Alter ehren, nichts besser wissen, auf die Ratschläge von anderen hören und eigene Ratschläge nur dann geben, wenn man gefragt wird. Dabei handele es sich weniger um die höfische Etikette als darum, was beim Umgang mit hohen Herren zu berücksichtigen sei, um Konflikte zu vermeiden.

L. Enders unterstützte nachdrücklich, das von *M. Schattkowsky* behandelte Verhältnis zwischen Adel und Landesherrschaft im territorialen Vergleich weiter zu untersuchen. Sie halte es aber auch für wichtig, das Dreiecksverhältnis zwischen Landadel, Landesherrschaft und

Bauern zu betrachten. *M. Schattkowsky* gehe von ihrem Forschungsstand der Schleinitzer Herrschaft und deren spezifischen Verhältnisses zu den Kurfürsten mit all den Auswirkungen aus, wie sie es hier an dem Beispiel v. Loß gezeigt habe. Dafür gebe es auch Beispiele in Brandenburg wie die Familien v. Arnim und v. der Schulenburg. Fraglich sei jedoch, wie die Schleinitzer Ergebnisse zu verallgemeinern seien. Der sächsischen Adel sei doch sicherlich in sich genauso differenziert wie in anderen Territorien gewesen, und ein Großteil werde kaum so intensive Beziehungen zum Hof gehabt haben wie diese herausgehobenen Herrschaften. Sie habe, so *M. Schattkowsky*, auf die besondere Stellung des v. Loß abgehoben als eines Angehörigen der Machtelite, wo sich wirtschaftliche Stärke mit landesherrlichem Amt verbinde. In dieser Zeit habe es noch etwa zehn in ihrer Machtstellung vergleichbare Adelsfamilien in Sachsen gegeben. In letzter Zeit würden aber auch kleinere oder politisch unbedeutendere Adelsgeschlechter untersucht. Wieland Held habe neuerdings für Kursachsen festgestellt, daß die Bindung an den Landesherrn offenbar ziemlich ausgeprägt war. Er habe einmal gezeigt, in welch hohem Anteil Adlige noch im 16. Jahrhundert in der kursächsischen Verwaltung arbeiteten, mehr als in anderen Gebieten, wo das Bürgertum in dieser Zeit stärker in diesen Positionen zu finden sei. Dann werde auch in den Korrespondenzen mit der Landesherrschaft deutlich, daß sich ein zunehmend enges Verhältnis zur Zentrale in Dresden herausbildete. Dies müsse noch in der Breite erforscht und es müsse weiter nach den Ursachen gefragt werden, warum die gutsherrschaftliche Übermächtigung, dieser starke Zugriff, „letzten Endes nicht stattfand" und welchen Anteil daran möglicherweise der disziplinierte Adel gehabt habe.

Den Herrschaftsbegriff stärker an die Praxis zurückzubinden, forderte *C. Ulbrich*. Die Versuchung, sich zu weit zu lösen, sei groß, wenn man sich mit Adelsherrschaft befasse. Die Betrachtung müsse stärker auf das Kräftefeld zwischen Herrschenden und Beherrschten bezogen werden. Sie habe, so die Entgegnung *M. Schattkowskys*, darauf verwiesen, daß sie diesen „konsensualen Herrschaftsstil", um Normen und Praxis vergleichen zu können, aufgrund von Auseinandersetzungen mit den Bauern herausgearbeitet habe. Das spiele auch in ihren vorangegangenen Publikationen eine Rolle. Sie sehe dieses große Problem und habe deswegen auch von dem nötigen Mut gesprochen, sich solch einem Thema zuzuwenden, wo leicht eingewandt werde, ob und wie man von Normen und Werten auf die Praxis schlußfolgern könne.

Daß die Städte in Mecklenburg sicherlich noch sehr schlecht untersucht seien, habe *Th. Rudert* schon angesprochen. Neuere bevölkerungsgeschichtliche Quellen wie die von Franz Schubert edierten Steuerregister aus dem Anfang des 18. Jahrhunderts läsen sich, so *E. Münch*, jedoch wie ein mecklenburgisches Adelslexikon. Adlige hätten demnach durchaus in den Städten gewohnt, der Unterschied zu Sachsen bestehe aber darin, daß sie nicht in einer Sachsen vergleichbaren Intensität die Nähe zur Residenz gesucht hätten, sondern daß die Schwerpunkte der führenden Familien gerade eine deutliche räumliche Distanz zur Residenz zeigten. Er finde den Gedanken der Vorbildwirkung des Hofes sehr interessant. In Mecklenburg könne der Adel, wenn es Probleme mit dem Bauernlegen gebe und die Landesherren dagegen aufträten, entgegnen, diese machten es ja selbst seit langer Zeit ebenso und es sei landesüblich. Für Sachsen-Lauenburg werde sogar angenommen, daß die Landesherren mit der Erweiterung der Eigenbetriebe angefangen und die Adligen ihrem Beispiel erst gefolgt seien. Offenbar seien die sächsischen Landesherren demgegenüber keine Bauernleger und nicht sonderlich aktiv in der Ausbildung von Gutsherrschaften gewesen, so daß dieses Vorbild möglicherweise im Sinne der Untertanen positiv gewirkt habe.

Diskussion zu Hartmut Zückert

Zum Vortrag H. Zückerts wurde über die Ansetzung von Kolonisten und über Agrardualismus diskutiert. Die Frage *R. Mühles*, wie die erwähnte Kolonistensiedlung sich konkret entwickelt habe, beantwortete *H. Zückert* dahingehend, daß Friedrich II. immer auch sandige Böden besiedeln lassen wollte. Von den zunächst sechs Büdnerstellen sei jedoch eine nach der anderen wieder eingegangen, das ganze Terrain sei am Ende der Gemeinde Zehlendorf zugeschlagen, nach den Separationen und Agrarreformen im 19. Jahrhundert in ein Gut umgewandelt worden und zeitweilig im Besitz eines Berliner Bürgers gewesen. Es gebe für das ausgehende 18. Jahrhundert die bekannte Reisebeschreibung des Konsistorialrats Büsching, der daran vorbeikam und die Aussichten des Projektes als sehr gering einschätzte. Nach *H. Kaak* waren die sechs Gehöfte auf so schlechtem Boden errichtet, daß sie nur kurze Zeit als landwirtschaftliche Stellen existierten und dann entweder untergingen oder sich einem anderen Gewerbe zuwandten.

Sie wolle, erklärte *L. Enders*, in keiner Weise die Ergebnisse *H. Zückerts* in Frage stellen. Es könne dabei jedoch der Eindruck entstanden sein, als ob es den königlichen, gemessen an den gutsherrschaftlichen Bauern, im 18. Jahrhundert hervorragend ging. Anscheinend treffe dies gerade auf das Untersuchungsgebiet zu, die Zehlendorfer Bauern hätten nämlich zum Amt Mühlenhof gehört, und dieses sei mit den brandenburgischen Domänen überhaupt nicht zu vergleichen. Sie selbst habe für die Uckermark flächendeckend ermitteln können, daß es am Ende des 18. Jahrhunderts, was die Dienstbelastung anging, den adligen Bauern besser als den königlichen Domänenbauern ging, und für die Prignitz könne sie ähnliche Ergebnisse vorlegen. Man sollte überdenken – auch wenn *H. Zückert* von einer anderen Situation ausgehe –, wieweit Guts- oder Grundherren, ob landesherrlich, adlig oder im Mittelalter auch geistlich, überhaupt Eigenwirtschaften unterhielten. Wenn sie keine große Eigenwirtschaften hatten, brauchten sie auch keine Natural-Frondienste und ließen sich diese zum Beispiel als Dienstgeld zahlen. Das sollte man im Auge behalten, damit nicht dieses eine Beispiel für die ganze Mark Brandenburg verallgemeinert werde. Hiermit seien Punkte angesprochen, so *H. Zückert*, um die seine Arbeit noch zu erweitern sei. Die Dörfer Schmargendorf und Wilmersdorf müßten einbezogen werden, und an Wilmersdorf, einem Dorf mit Amtsvorwerk, könne die Fronarbeit auf Domänen untersucht werden. Es gebe allerdings nicht nur in Zehlendorf, das „ein Paradebeispiel für eine gute bäuerliche Stellung" sein könnte, sondern auch in Dörfern des Amtes Potsdam gute bäuerliche Bedingungen.

W. W. Hagen fragte, ob *H. Zückert* aufgrund der Quellen die materielle Lage der Bauern überhaupt vergleichen könne, wie denn die Lage der beiden Dörfer aus dieser Perspektive aussehe. In dem sehr dichten Material über Zehlendorf (Dingetagsprotokolle 1774 bis 1805) zeigt sich nach *H. Zückert*, daß die Bauern in der zweiten Hälfte des 18. Jahrhunderts zwar nicht wohlhabend, aber gut gestellt waren und Höfe mit drei oder vier Gespannen hatten, obwohl sie keine Frondienste leisten mußten. Sie hatten zwar einen Teil schlechten Landes, aber auch einen guten Anteil, auf dem man im 19. Jahrhundert sogar Rüben anbaute. Offensichtlich verbesserten sie auch ihre Wiesen. Von Schönow und Stolpe wisse man, daß sie einen schlechten Acker hatten, relativ arm waren und dort die Schäferei eine größere Rolle spielte. *H. Kaak* ergänzte, es habe aus den Beispielen der Eindruck entstehen können, daß sich im ostelbischen Raum ein Gebiet der Eigentumsbauern mit eher grundherrschaftlichen Strukturen und ein Gebiet der lassitischen Bauern mit eher gutsherrschaftlichen Strukturen decke. Das sei zumindest dahingehend stark zu relativieren, daß es grundsätzlich vom Besitzrecht unabhängig war, ob ein Bauer in eine Gutswirtschaft einbezogen war oder nicht.

H. Wunder fragte, weshalb *H. Zückert* mit agrardualistischen Definitionen arbeite. Der Begriff Agrardualismus habe doch eine starke wissenschaftspolitische Komponente und sei keine beschreibende Kategorie. Er habe, so *H. Zückert*, die starke Unterschiedlichkeit zwischen den Dörfern Dahlem und Zehlendorf, nach der man auch die übrigen Dörfer in diesem Bereich gruppieren könne, dualistisch fassen wollen. Was *H. Zückert* über die Weideberechtigung ausgeführt habe, gebe es, so *H. Wunder* weiter, auch im grundherrlichen Bereich. Auch die Domänen hätten ihrer Ansicht nach in der Tradition der großen Dörfer gestanden. Was er erläutert habe, müsse man mit diesen großen Dörfern vergleichen. *H. Zückert* bekräftigte, daß seiner Ansicht nach die Bauern in Zehlendorf nicht anders gelebt hätten als die Bauern in einem südwestdeutschen Dorf. Sie denke, so *H. Wunder*, daß die Verwendung des Ausdrucks Agrardualismus durch Knapp für eine bestimmte Beurteilung der wirtschaftspolitischen Situation im Wilhelminischen Reich am Ende des 19. Jahrhunderts stehe. Dieser Dualismus habe sich in dieser Schärfe erst im 19. Jahrhundert herausgebildet. Knapp als Liberaler habe diesen Gegensatz auch ganz richtig beobachtet und den südwestdeutschen als Gegenbegriff zum nordostdeutschen Raum herausgearbeitet. Diese Vorstellung vom Gegensatz Ost- und Westelbiens habe sich dann in die Wissenschaft hineinverlagert. Mit dem Begriff Agrardualismus sei eine Tradition begründet worden, die sich ins 20. Jahrhundert hinein erhalten und unter der auch die materialistische Geschichtswissenschaft am Konzept der Gutsherrschaft weitergearbeitet habe. Seine Argumentation, so *H. Zückert*, ginge dahin, den Agrardualismus in Frage zu stellen, weil man ihn nicht nur zwischen Ost- und Westelbien, sondern auch innerhalb Ostelbiens sehen könne.

Bezüglich Knapps und seiner Handlungsmotivation stimmte *Th. Rudert* dem völlig zu, wandte aber ein, daß man ja nicht auf Knapp fixiert sein müsse, wenn man sich mit dem Konzept des Agrardualismus auseinandersetze. Er wolle nur signalisieren, daß bis zur Existenz eines methodischen Ersatzes dieser Ansatz – nicht im traditionellen Sinne geographisch, sondern über die Agrarverfassung vermittelt – seine Potenzen als tragfähige methodische Basis nicht verloren habe. Er wolle sich von dieser Grunderkenntnis, daß es deutliche territorienspezifische Unterschiede in der Agrarverfassung gab, vorläufig genauso wenig verabschieden wie von dem Gedanken, daß der außerökonomische Zwang die Herrschaftspraxis in der ständisch verfaßten vormodernen Gesellschaft strukturiert hat. Man sehe, entgegnete *H. Wunder*, immer nur diesen Gegensatz in Ost und West, in der Diskussion des 18. Jahrhunderts habe es aber noch einen Nord-Süd-Unterschied gegeben, man sollte daher das Koordinatenkreuz differenzierter ziehen, dann sei es überhaupt kein Problem, sich darüber zu verständigen.

W. Rösener ergänzte, daß die Knappsche Darstellung der Untertänigkeit und devoten Haltung sicher pointiert sei, daß an ihr „für das 19. Jahrhundert aber doch etwas dran“ sei. So kenne man die Beobachtung von preußischen Beamten, die von Preußen nach Westfalen kamen und staunten, wieviel selbständiger die westfälischen Bauern als die Bauern in Ostpreußen oder in Pommern waren. Man wisse, so der Einspruch von *J. Peters*, aus den Quellen überhaupt noch viel zu wenig darüber, was zum Beispiel von Gutspächtern als „unbändiger Eigensinn“ der pommerschen Untertanen bezeichnet wurde. Dies sei ein Hinweis darauf, daß man die Darstellungen über „diese knechtischen Wesen“ nicht so einfach hinnehmen dürfe. *H. Zückert* räumte ein, aus Knapps „Bildern aus dem Bauernleben“ einige haarsträubende Zustandsbeschreibungen in Oberschlesien und Teilen Pommerns ausgewählt zu haben. Knapp betone ausdrücklich, daß es nicht im gesamten Ostelbien so gewesen sei und es in Brandenburg den Bauern besser gegangen sei. Die Zehlendorfer Bauern seien auch im brandenburgischen Vergleich gut gestellt gewesen.

E. Münch verwies darauf, daß Domänenbauern keineswegs immer grundherrlich gewesen, sondern daß in Brandenburg und Mecklenburg vor allem gutsherrliche Entwicklungen vor sich gegangen seien. Aber für ihn sei die These *H. Zückerts* interessant, daß die bäuerliche Rechtslage ursprünglich nicht sehr unterschiedlich und es nicht zuletzt vom Erfolg der frühneuzeitlichen landesherrlichen Agrarpolitik abhängig gewesen sei, ob es zu gutsherrschaftlichen Verhältnissen und schlechtem Besitzrecht kam oder nicht. Die Durchsetzung des Laßrechtes war nach *H. Zückert* eine frühneuzeitliche Entscheidung. Es scheine ihm, als habe die Verleihung des Erbzinsrechtes auf den Domänen, zumindest in seinem Untersuchungsbereich, eigentlich nur den Zustand von etwa 1500 wiederhergestellt, der sich hier, soweit er sehe, *de facto* nie verändert habe.

Diskussion zu Jaroslav Čechura

In der Diskussion über den Vortrag J. Čechuras ging es um den Hintergrund unterschiedlicher Denk- und Handlungsweisen bei Bauernerhebungen. Der Vortragende habe am Ende seines Referats zwei Möglichkeiten angedeutet, den Bauernaufstand im Jahr 1680 zu beurteilen, nach einer rechtlichen und einer pragmatischen Denk- und Handlungsweise, hinsichtlich der Bauern in Braunau habe er aber nicht eindeutig für eine der Vorgehensweisen plädiert. Aufgrund seiner eigenen Forschungen über eine andere böhmischen Herrschaft scheine ihm, so *P. Himl,* die zweite Möglichkeit wahrscheinlicher zu sein, daß sie nicht nur im Umgang mit der Obrigkeit, sondern auch untereinander pragmatisch vorgegangen seien, das heißt, daß sie sich bewußt gewesen seien, welche Spielräume sich gegenüber der Obrigkeit anboten, und einfach versucht hätten, diese zu nutzen. *J. Čechura* betonte daraufhin, für ihn habe hier ganz klar eine pragmatische Ausrichtung vorgeherrscht.

Nach Ansicht *E. Maurs* muß man bei der Beurteilung der Untertanensuppliken in Braunau auch eine Mischung aus Pragmatismus und rechtlicher Begründung in Betracht ziehen. Dies könne nicht nur aus der Sicht des Möglichkeitsfeldes, sondern müsse auch aus der Sicht des Untertanengefühls getan werden. Die stets gefährliche Teilnahme an solch einer Bewegung wie 1680 basiere auf der Auffassung, daß sie berechtigt sei, und diese für die Vorgänge sehr wichtige Annahme resultiere aus der rechtlichen Legitimierung und nicht aus dem Pragmatismus. „Beide Sichten kreuzten und mischten sich." So komme der Pragmatismus beispielsweise sehr stark im Jahr 1680 zum Ausdruck, als – in anderen Herrschaften – eine Supplik in einem Dorfgasthaus entstand und eine weitere von einem Winkelschreiber in Prag verfaßt wurde. Im Vergleich zu den Dörflern habe dieser genau gewußt, wie solche Suppliken zu schreiben waren, und habe beispielweise auf mehrere Punkte verzichtet, die gegen den Kaiser gerichtet waren. Der Pragmatismus in dieser Supplik sei völlig klar, aber es sei insgesamt nicht nur Pragmatismus gewesen, und, wenn man nach den Gründen des Pragmatismus in Braunau frage, dürfe man ihn nicht der Struktur und dem protoindustriellen Charakter dieses Landes zuschreiben. *J. Čechura* erklärte sich damit grundsätzlich einverstanden, verwies aber noch einmal auf die Aspekte, die seiner Ansicht nach für den Pragmatismus sprächen.

W. W. Hagen fragte nach den semiotischen Formen des Protestes. Ihn interessiere, ob die Bauern in seinem Fall irgendwelche theatralischen Formen des Protestes entwickelt hätten. Nach *J. Čechura* gab es in dem Fall auf dem Lande keine besonders ausgeprägten Formen des Protestes, die Bauern hätten ganz ruhig mit ihrem Abt verhandelt. Anders sei die Situation in dem städtischen Konflikt gewesen, der auf Grund seiner anderen Struktur wesentlich theatralischer vor sich gegangen sei.

Diskussion zu Juhan Kahk

Zum Vortrag von J. Kahk ging es um Bauernbewegungen und Agrarreformen im Baltikum und den Einfluß der Zaren darauf. In der zweiten Hälfte des 18. Jahrhunderts, erklärte *E. Melton,* habe das Gesinde noch Möglichkeiten gehabt, sein Leben zu verbessern. In der ersten Hälfte des 19. Jahrhunderts hätten sich diese Chancen nach und nach vermindert. Gleichzeitig habe es die Bauernbewegungen gegeben, und er frage, ob diese durch die sich verschlechternden Existenzbedingungen verursacht waren. *J. Kahk* bestätigte, daß der Nordische Krieg zahlreiche verwüstete Dörfer hinterlassen und daß es dann eine Erholungszeit bis zum Ende des 18. Jahrhunderts gegeben habe, in der das ökonomische Potential der Bauernhöfe sehr viel schneller stieg als die von den Bauern geforderten Leistungen. Das habe sich vom Ende des 18. Jahrhunderts an geändert, unter anderem, weil die Gutswirtschaften selbst Branntwein zu produzieren begannen und die bäuerlichen Leistungen erhöht wurden. Gerade von dieser Zeit an sei auch ein sehr aktiver Kampf um Agrarreformen entbrannt, am Ende des Jahrhunderts habe sich die Lage der Bauern bedeutend verschlimmert, aber in der gleichen Zeit seien mehrfach Reformen mit geringer Wirkung durchgeführt worden. Man habe den Bauern immer wieder erzählt, ihre Lage sei schwer, aber Zar und Gutsherr wüßten das und ein neues, besseres Gesetz würde ausgearbeitet. Als dann das neue Gesetz nichts verändert habe, seien neue Unruhen ausgebrochen. Man könne zwar keinen engen Zusammenhang zwischen der ökonomischen Lage und der Dynamik der Bauernunruhen, aber zwischen den Reformbewegungen und den Bauernunruhen in ihrer Zeitgleichheit sehen. Beständig wachsende Bauernunruhen bis zur Liquidation der Feudalherrschaft nach dem marxistischen Schema seien nicht erkennbar, die Gegner hätten sich vielmehr in der Auseinandersetzung miteinander transformiert.

Auf die Frage *W. Troßbachs,* wieweit das Baltikum im Zarenreich eine Ausnahme hinsichtlich der realen Bauernlage und seiner Bauernbewegungen gewesen sei und ob es unter einer besonderen Fürsorge der Zaren gestanden habe, entgegnete *J. Kahk,* viele seiner Kollegen verträten die Auffassung, das Baltikum sei ein Versuchsgebiet der Zentralregierung gewesen; und wirklich seien hier viele Reformen 30 oder 40 Jahre früher als in Zentralrußland erprobt worden. In den Quellen sehe man jedoch, daß das erste Signal nie von den Zaren ausging, mit Ausnahme des einzigen Falles, als Katharina II. 1765 ganz überraschend und sehr deutlich beide Ritterschaften attackierte und ihnen vorwarf, ihre Bauern sehr schlecht zu behandeln. Vor dieser Äußerung habe sie eine Reise in das Baltikum gemacht. Auch in diesem Fall sei der erste Impuls von progressiven Angehörigen des lokalen Adels ausgegangen. Im übrigen aber habe man als Ablaufmuster, daß jeweils Bauernunruhen auf Grund von Hungersnöten in den Provinzen ausbrachen, daß die Zentralregierung reagieren mußte, aber keine Perspektive und keinen Plan hatte, die Verhältnisse umzugestalten. Sie habe gefühlt, daß etwas getan werden müsse und sich mit der Ritterschaft in Verbindung gesetzt. Dann seien Pläne und Vorschläge gemacht worden und die Zaren selbst hätten diese nur bestätigt. Man dürfe nicht vergessen, daß mindestens immer zwei Parteien da gewesen seien, von denen nur eine zu Reformen bereit gewesen sei. So habe die Zarenregierung die Möglichkeit gehabt, einen Teil zu stützen und den anderen in den Hintergrund zu drücken. Daher könne man nicht so einfach von einem Experimentierfeld sprechen; die Zarenregierung sei auf Reformen aus gewesen, aber nicht der Hauptakteur gewesen.

Z. Sultka fragte *J. Kahk,* ob in der ersten Hälfte des 19. Jahrhunderts noch schwedische Einflüsse bei der Oppositionsgruppe des Adels im Baltikum feststellbar seien. Nach *J. Kahk* waren auf der ritterschaftlichen wie der bäuerlichen Seite die schwedischen Einflüsse noch bis zur Mitte des 19. Jahrhunderts sehr stark. So hätten die politischen Vertreter der Ritterschaft,

„hochgebildete Leute", sehr genau alle älteren Privilegien gekannt, und von Anfang an habe es unter ihnen eine Gruppe gegeben, die die Wiedereinsetzung der schwedischen Normen forderte. Noch stärker sei dieses Bewußtsein in den Bauernbewegungen entwickelt gewesen; denn in Situationen, in denen in Deutschland die Bauern von den alten Rechten gesprochen hätten, hätten estnische und lettische Bauern sich auf das schwedische Recht berufen.

Diskussion zu Heinrich Kaak

In der Diskussion über den Vortrag von H. Kaak ging es um den Paternalismusbegriff, den Grenzbegriff und die Frage der Ökologie. S. Lesemann fragte, ob er seinen Begriff der maternalen Gutsherrin im Gegensatz zum paternalen Gutsherrn geprägt habe. Frau v. Friedland scheine ihm, so *H. Kaak,* eine Person zu sein, auf die das, was er unter dem Begriff Paternalismus untersuchen wolle, weitgehend zutreffe. Für eine Frau das Adjektiv paternal zu verwenden, hielte er jedoch für unpassend, er wolle ansonsten mit dem Adjektiv maternal keinen Gegensatz zum paternalen Gutsherrn hervorheben. Was die Herrschaftspraxis angehe, sei sie eine Gutsherrin gewesen, die über den eigenen herrschaftlichen Nutzen hinaus Veränderungen bewirkt habe. Im Rahmen ihrer selbst ausgeübten Herrschaft habe sie bei den Gemeinden zunächst für Veränderungen geworben, gegebenenfalls aber auch Zwang angewendet, um diese durchzusetzen. Beispielsweise habe sie für eine bessere Schulbildung ihrer Untertanen gesorgt und Einwohner ihrer Dörfer zu Verwaltern und Meiern herangebildet. Sie habe eine Reihe von Agrarreformen durchgeführt und dabei ihren Bauern unter anderem aus ihrer Zucht unentgeltlich Vieh zur Verfügung gestellt. Mit ihrer Pflanzenzucht habe sie den Anbau neuer Pflanzen gefördert, auch diese zum Teil unentgeltlich zur Verfügung gestellt und besonders für die Aufforstung gesorgt.

An solch einem Grenzkonflikt, wie von *H. Kaak* vorgestellt, sei für sie, so *C. Ulbrich,* der „eigentlich spannende Aspekt" der, wie das Verhältnis zwischen Herrschaft und Untertanen beeinflußt wurde. Den Begriff „weiche Grenze" verstehe sie als Seitenhieb auf Peter Sahlins und würde dem entgegenhalten, gerade Sahlins habe gezeigt, daß Grenze, wenn man sie aus der Perspektive der Grenze betrachte, sich als viel offener und fragwürdiger erweise, als man dies erwarte. Er wolle, entgegnete *H. Kaak,* mit dem Begriff der „weichen Grenze" keine Position gegen Sahlins einnehmen, sondern im Gegenteil einen Beitrag zur Vielfältigkeit und Vieldeutigkeit von Grenze leisten. Zur Frage, wie sich das Verhältnis zwischen Herrschaft und Untertanen verändert habe, äußerte er, dieser Fall habe ein bestehendes, „einigermaßen gut funktionierendes Verhältnis" gestärkt. Wie erwähnt, habe Frau v. Friedland gleichzeitig hartnäckig einen Prozeß gegen Wuschewier, ein Nachbardorf Alt-Friedlands, geführt, weil dieses ihren Plänen in die Quere gekommen sei und sich überhaupt als „halsstarrig" erwiesen habe. Mit dem Mittel des Prozesses habe sie die Gemeinde disziplinieren und ihren übrigen Dörfern zeigen wollen, daß sie als „mütterliche" Gutsherrin nicht nachgiebig sein mußte, sondern auch hart strafen konnte. Bei Wuschewier sei das konfliktive Grundverhältnis bestehen geblieben, Frau v. Friedland habe diese Gemeinde sogar weiter Dienste leisten lassen, obwohl die Gemeinde sich nach dem Konflikt zu der Form der Dienstablösung bereitgefunden habe, die die Gutsherrin vorher vergeblich vorgeschlagen hatte. Beides sehe er als zwei Seiten einer Medaille. *C. Meyer* habe darauf hingewiesen, daß bei den „guten" Sklavenhaltern immer der „böse" Sklavenhalter aus der Nachbarschaft als drohendes Beispiel für den Fall des Ungehorsams dastand. Hier scheint es *H. Kaak* insofern ähnlich zu sein, als dieses Vorgehen gegen die Gemeinde Wuschewier auch eine Warnung an die anderen neun Gemeinden beinhaltet habe.

A. Lubinski äußerte zu *H. Kaak,* hinter dem Konflikt könne die Vorstellung gestanden haben, hier sei die „gerechte Nahrung für das Haus und für die Gemeinde" bedroht. Eine solche Einsicht sehe er aber nicht als ökologisches Bewußtsein an. Letzteres müsse man wohl weiter fassen, als „Gefühl für ein Schwinden von natürlichen Ressourcen in weiterem Umkreis als nur auf das eigenen Haus oder auf die Gemeinde bezogen". Ob sich in diesem Falle so eine Vorstellung in Alt-Friedland entwickelt habe, sei für ihn eine brisante Frage. *H. Kaak* entgegnete, daß *A. Lubinski,* in seine Frage verpackt, eine Definition für den Begriff ‚ökologisch' gegeben habe. Denn das Bewußtsein über das Schwinden der Ressourcen und deren Schutz sei doch der Kern von Ökologie, und Gegenstand dieses Prozesses sei die Bedrohung solcher Grundlagen gewesen. Er habe seinen Vortrag auf das Röten und den Fischbestand beschränkt, weiterhin habe man befürchtet, das Trinkwasser für das Vieh und schließlich auch für die Menschen könnte beeinträchtigt werden. Zunächst habe sich das Gericht diese Argumentation aus Gründen des Umweltschutzes gar nicht zu eigen gemacht. Noch in der Appellation Frau v. Friedlands habe es diese Frage offengelassen und die Entscheidung der kurmärkischen Kriegs- und Domänenkammer übertragen, deren Untersuchungskommissare das Röten nach der Gesetzeslage hätten verbieten müssen. Darin komme zum Ausdruck, daß der Gewässerschutz als ökologische Aufgabe des Staates verankert gewesen sei. *A. Lubinski* fragte, ob im Zusammenhang mit dem Vorgang ein Umdenken zu verzeichnen gewesen sei, denn daß natürliche Ressourcen sich regenerieren müßten, sei ja Urbestand des bäuerlichen Denkens, auch als Grundgedanke der Dreifelderwirtschaft. Zunächst einmal sei, so *H. Kaak,* als deutliche Veränderung der See kleiner geworden und gleichzeitig habe das Flachsröten enorm zugenommen. Das Flachsröten sei sehr wahrscheinlich besonders von den unterbäuerlichen Familien betrieben worden, Alt-Quilitz habe zwischen 1727 und 1795 einen Einwohnerzuwachs von 660 auf 880 Personen gehabt, und zwar fast ausschließlich unter den Angehörigen der nichtspannfähigen Schichten. Das könne man nachweisen, weil der obere Bereich der sozialen Schichtung zahlenmäßig sehr stabil blieb. Hier seien sich das Schwinden der Ressourcen, das Bevölkerungswachstum und die erhöhte Produktion als die drei Tendenzen begegnet, die auch den „modernen" Konflikt bestimmten; ausdrücklich ließe sich das Umdenken dabei bisher nicht nachweisen.

R. Mühle ergänzte, daß durch die Oderregulierung der Fischreichtum dieser Gegend dramatisch zurückgegangen sei. Die Leute in den alten Dörfern, die die Verhältnisse davor gekannt hätten, hätten sicher Ängste empfunden. Sie hätten die Veränderung vor ihrer Haustür erlebt und sie auch für ihre größere Umgegend, die sie in dieser Hinsicht ja wohl auch überschauten, wahrgenommen und die Konsequenzen daraus gezogen, daß hier etwas unternommen werden müsse, um die Grundlage ihrer Existenz zu sichern. Dies habe ihnen in den neunziger Jahren des 18. Jahrhunderts schon über ein halbes Jahrhundert vor Augen gestanden. *J. Pánek* äußerte dazu, daß der Gebrauch moderner Fachausdrücke wie Ökologie im Zusammenhang mit Vorgängen dieser Zeit schon eine gewisse Tradition habe. So sei vor zwölf Jahren noch unter der Leitung von Fernand Braudel auf einer Konferenz in Prato nicht nur diskutiert sondern auch im wesentlichen akzeptiert worden, daß es im Wirtschafts- und Sozialdenken und auch in den rechtlichen Normen der frühen Neuzeit ganz gut möglich sei, Anfänge des ökologischen Denkens zu finden.

C. Meyer bat *H. Kaak,* da er Frau v. Friedland als Beispiel für den Paternalismus angeführt habe, noch etwas zu seiner Sicht des Paternalismus im Gesamtsystem zu sagen. Bei dem von *H. Kaak* geschilderten Vorgang scheine ihm ein „krasses Mißverhältnis" zwischen der Dramatik der Situation und der Länge des Prozesses zu bestehen. Er könne sich nicht vorstellen, wie die Friedländer, wenn das Trinkwasser wirklich ständig beeinträchtigt wurde, dieses über zehn Jahre so hätten hingehen lassen können, oder warum, wenn der Fischbestand so bedroht gewesen sei, solange nichts passiert sei. Zweitens erscheine es in der Schilderung so, als habe man hier zwei aus Gutsherren und Gemeinden bestehende Blöcke vor sich, und er frage sich, ob es da noch eine Dynamik anderer verborgener Konflikte oder Verwandtschaftsbeziehungen zwischen den Dörfern gegeben habe.

Er sei, so *H. Kaak,* als er sich mit Paternalismus befaßt habe, vom Konzept Robert Berdahls ausgegangen, der ihn als Ideologie behandele. Er habe sich insofern davon gelöst, als er Paternalismus nicht erneut als Ideologie betrachten, sondern fragen wolle, welche Auswirkungen dieses Konzept in der historischen Praxis gehabt habe. Paternalismus sei seiner Ansicht nach nicht als flächendeckendes System für Ostelbien oder auch nur für Brandenburg, sondern als ein Herrschaftsstil im einzelnen zu betrachten. Nach seinen bisherigen Forschungen gab es eine Minderheit von Gutsherren und -herrinnen, die sich nicht nur als die großen Fürsorger ihrer Untertanen ansahen und darstellten, sondern tatsächlich die Idee umzusetzen versuchten, in einem Konsens mit ihren Gemeinden dem Allgemeinwohl ihres Herrschaftsbezirkes zu dienen oder, wenn sich über den Konsens Verbesserungen, die der Herrschaft und den Gemeiden gleichermaßen dienten, nicht durchführen ließen, diese „mit paternalistischer Strenge" durchzusetzen. Zur Frage der Prozeßdauer und besonderer Dynamiken äußerte er, dieser Streit habe sich über mehrere Jahrzehnte und der Prozeß im engeren Sinne über fünf Jahre hingezogen; dies sei durchaus keine Seltenheit. Zur Gesamtkonfliktlage sei folgendes zu sagen: Aus einem kombinierten Herrschaftskomplex entstanden 1763 zwei Herrschaften. Bis dahin wurden die noch nicht in der späteren Schärfe ausgeprägten Konflikte von derselben Herrschaft behandelt. Bis 1788, als Hans Georg Sigismund v. Lestwitz starb, wurden die Konflikte von den befreundeten Gutsherren eingedämmt. Vermutlich wußten die Gemeinden, daß die Herren darüber keinen Konflikt und schon gar keinen Prozeß haben wollten, und verfolgten eine Strategie der kleinen Übergriffe. Lestwitz hinterließ den Besitz seiner Tochter, Frau v. Friedland, völlig verschuldet. Hieraus ergaben sich für diese viel engere Spielräume und folgend eine viel aggressivere Handlungsweise.

J. Peters knüpfte an die Diskussion zu *H. Kaak* die Überlegung, daß man immer mitdenken müsse, was sozial und ökonomisch in den größeren strukturellen Zusammenhängen abgelaufen sei. Die Gesellschaft habe mit internen und externen Konflikten – auch zeitgleich – in souveräner Art umgehen, verschiedenste Bündniskonstellationen herstellen und mit ihnen ohne Probleme leben können. Dies gelte für Untertanen und die Herrschaft. Wenn man sich, bezogen auf Gutsherrschaft, mit Grenzkonflikten befasse, gelte es festzustellen, in welcher Beziehung diese Konflikte zur Entwicklung der Gutsherrschaftsgesellschaft standen, ob sie sich in dem Maße veränderten, in dem sich diese Gesellschaft veränderte und wie sich die Beziehung zwischen der externen und internen Konfliktlösungsfähigkeit veränderte. Bei der Etablierung der Gutsherrschaft in der zweiten Hälfte des 16. und zu Anfang des 17. Jahrhunderts seien die Grenzkonflikte eventuell schärfer und viel gewaltgeladener gewesen. Ob und wie sich das später verändert habe, müsse auch in mikrohistorische Sichten einfließen. So sei zu fragen, ob im Vergleich zum 16. Jahrhundert die Grenzkonflikte im 17. und 18. Jahrhundert häufiger vorkamen und welche Züge sie in diesen Zeiten annahmen.

Diskussion zu Ernst Münch

Die Diskussion zu E. Münch rankte sich vor allem um das bäuerliche Besitzrecht, das Herrschafts-Untertanen-Verhältnis und die Schriftkundigkeit der Bauern. C. Ulbrich fragte, ob die

Bezeichnung Gevatter auf die symbolische oder auch auf die verwandtschaftliche Ebene einer Beziehung abziele. Mit diesem Ausdruck hätten sich beispielsweise in einem Streit ein Rostocker Bürgermeister und ein Herr v. Moltke angesprochen. In den erwähnten Zeugenprotokollen sei er ebenfalls vorhanden. Die Zeugen hätten hier angegeben, wie sie persönlich zur Herrschaft stünden, und dabei zum Teil ausgesagt, die Moltkes als Gevatter gebeten oder durch die Moltkes als Gevatter für die Kindstaufe gebeten worden zu sein. Diese Aussagen seien auch deshalb interessant, weil man in Mecklenburg keine so frühen Kirchenbücher habe.

W. Rösener bewertete die Zeugenaussagen als „ausgezeichnet für diese Zeit". *E. Münch* habe vor allem Stellen zitiert, die auf eine Nähe zu dem Herrn hinwiesen. Seine Frage sei, ob man in diesen Quellen weitere Hinweise auf eine besonders starke Distanz zum Herrn finden könne. Weiterhin fragte er nach Hinweisen auf bäuerliche Schriftkundigkeit und schließlich, ob man in diesen Klosterdörfern denselben Anstieg der Dienstbelastung wie in anderen Bereichen feststellen könne, und ob die Begründung für diese Dienste eine grund- oder eine gerichtsherrschaftliche gewesen sei. Es ist nach *E. Münch* erstaunlich, daß einzelne dieser 40 – sicher durch den Junker ausgewählten – Zeugen sogar distanzierte Bemerkungen machten wie zum Beispiel, der Vater des Gutsherrn habe sie unschuldig eingesperrt, oder daß es „dieses Räsonieren und Nachdenken über Besitzverhältnisse" gab: Was man selbst geleistet habe, sollte einem auch gehören. Das scheine ihm sehr wichtig, generell glaube er aber, daß die pragmatische – nicht unbedingt die überzeugungsmäßige – Übereinstimmung mit der Gutsherrschaft und das Bestreben, sich ihr gegenüber Freiräume zu schaffen, in dieser gemeinsamen Auseinandersetzung mit dem städtischen Gegner dominiert habe. Aber es gebe auch einzelne Belege für Widerständigkeit. Meist seien nur Dinge aus Streitigkeiten mit anderen Herrschaften überliefert, aber für das 17. und 18. Jahrhundert sei auch das Zusammengehen moltkescher Untertanen mit der Stadt gegen die eigene Herrschaft in kleineren Aktionen dokumentiert. Bei der Schriftkundigkeit stehe man immer unter dem Eindruck einzelner Arbeiten. Wenn zum Beispiel Jochen Richter für die Dobbertiner Sandprobstei herausarbeite, daß die Schulzen punktuell hätten schreiben können und auch geschrieben hätten, sei sofort nach der Verallgemeinerungsfähigkeit zu fragen. Er habe da sehr große Zweifel, denn im Rostocker Umfeld seien noch im 19. Jahrhundert Pachtkontrakte von wirtschaftlich soliden Bauern mit drei Kreuzen gezeichnet worden.

Die Schriftkundigkeit sei vielleicht, so *Th. Rudert,* auch abhängig davon gewesen, wo die Bauern ansässig waren. So habe der Schulze Peter Wullenbecker aus Willershagen, der in das Dorf einheiratete, 1779 eine interessante Lebensbeschreibung in flüssiger Handschrift verfaßt. Er sei Ribnitzer Klosterbauer gewesen, und aus einer Supplik an den Klosterhauptmann sei dieser Brief mit der Lebensbeschreibung entstanden. Kloster- und Kirchenbesitz und Gutsherrschaft seien im übrigen kein Widerspruch, wie auch Ausübung der Landesherrschaft und Gutsherrschaft nicht. Im Bereich des Klosters Ribnitz seien die Dienste nach der Säkularisation enorm angestiegen. Die Pächter der Klostergüter hätten sich dabei auf die 1669 renovierte Bauernordnung gestützt. Wer nicht das Gegenteil habe beweisen können, sei als Leibeigener eingestuft worden und habe tägliche Dienste leisten müssen. Auch wenn diese vorher nicht genutzt worden seien, weil sowohl das Kloster als auch die zunächst folgende diffuse Übergangsverwaltung die Wirtschaft anders geführt hätten, hätten danach die Pächter die Dienste sehr wohl benötigt, weil sie die Klosterhöfe wie Gutsherren bewirtschafteten. In Extremgebieten der Gutsherrschaft sei die Lage grundsätzlich anders als zum Beispiel in Kursachsen gewesen, wo Gesetze gutsherrliche Extreme verhindern halfen.

E. Melton äußerte, *E. Münch* habe für die Bauern und Kossäten im 16. Jahrhundert vom faktischen Erbrecht gesprochen, und fragte, ob dieses im Verlauf des Dreißigjährigen Krieges „ausgestorben" sei. Das Besitzrecht sei, so *E. Münch, de jure* im 16. Jahrhundert schlechter gewesen, als landläufig angenommen, *de facto* sei es jedoch sehr häufig Erbrecht gewesen, aber nur mit dem Herkommen begründet. Wenn Gutsherren Untertanensöhne für brauchbar hielten oder niemand anders da war, hätten sie dem Bestreben der Eltern entsprochen, die Höfe den Kindern zu übergeben. Seit dem 16. Jahrhundert gebe es den Begriff des Bauerrechts – „Er taucht bis ins 18./19. Jahrhundert auf." –, dieses habe in Mecklenburg aber kein Erbrecht umfaßt oder sogar bedeutet, daß die Ausgabe der Stelle an den bäuerlichen Wirt befristet war. Im Todesfalle sei neu über den Besitz entschieden worden. Diese Tendenz sei wahrscheinlich schon sehr früh dagewesen, so daß die werdenden Gutsherren rechtliche Entwicklungen hätten aktivieren können, gegen die die Bauern weitgehend wehrlos gewesen seien. Wenn man das Erbrecht juristisch abgeklopft hätte, hätte es sich wohl schon im 16. Jahrhundert „als ziemlich bröckelig" erwiesen. Im 17. Jahrhundert habe man nachträglich juristisch fixiert, was schon lange üblich geworden sei.

Die Frage *E. Meltons* nach dem bäuerlichen Waffenrecht im Mittelalter beantwortete *E. Münch* dahingehend, daß die mecklenburgischen Bauern ihre Pflicht zur Landesdefension als lästig ansahen. In den Quellen ließe sich belegen, daß die Mediatisierung, das Dazwischentreten der Grundherren zwischen Landesherr und Bauern, als Befreiung aufgefaßt worden sei und man gar nicht begriffen habe, daß damit das Band zur Landesherrschaft mehr und mehr zerschnitten wurde und sich so die soziale Stellung der Bauern verschlechterte. Im Übergang zur frühen Neuzeit würde er nicht mehr vom Waffenrecht sprechen. Nur in Gebieten, wo sich die Gutsherrschaft nicht durchgesetzt habe, so im Ratzeburger Land, sei dies anders gewesen; das Tragen des Degens sei sogar als Statussymbol eines freien Bauern angesehen worden.

Diskussion zu Andreas Suter

In der Diskussion zum Vortrag A. Suters ging es besonders um neue Formen und Symbole des Widerstandes und die Position der Frauen in den Konflikten. Bezüglich der Initialphase der geschilderten Revolte fragte *R. Mühle,* ob das „Reislaufen" hier für die Frage eine Rolle gespielt habe, wer als Initiator und in welcher Ausdrucksform er in der Anfangsphase der Revolte tätig wurde. Er denke dabei an Erfahrungen aus dem auswärtigen Militärdienst, die die „Reisläufer" nach der Rückkehr an die heimische Bevölkerung vermittelt oder selber genutzt haben könnten, um organisierend bei Fragen des Auftretens gegenüber der Obrigkeit oder der Organisation dieses Knüppelmarsches aufzutreten. Der Einfluß aus dieser Richtung, so *A. Suter,* sei insgesamt unerwartet gering. Knüppelumzüge habe es in der ganzen Schweiz und sehr wahrscheinlich auch in Deutschland und Frankreich gegeben. Entscheidend sei, daß der Knüppel kein etabliertes Symbol, sondern ein „sehr einfach verständlicher Gegenstand" war, der in der Situation des Aufstandes selber zum Symbol wurde. Der Knüppel sei die einzige Waffe gewesen, die jeder Dorfschmied einfach und billig herstellen konnte.

W. Troßbach bemerkte zu *A. Suter,* er sei nicht überzeugt, daß man in dieser Rebellion eine neue Sprache gefunden habe. Man habe offenbar gerade auf alte Instrumente, Rituale usw. zurückgegriffen, diese dabei sicher auch umgeformt, neue aber habe er nicht erkennen können. Die Sprache dieser Rebellion war nach *A. Suter* „nicht die Sprache des Alltags". Zum Beispiel hätten die Rebellierenden bei der vierten Inszenierung vor den Augen der Herrschaft soviele Gesetze übertreten, daß es mindestens bei den Anführern für die Hinrichtung gereicht hätte. Dies sei ihnen auch bewußt gewesen, sie hätten gesagt, sie müßten jetzt aufpassen, sonst werde es „einigen von ihnen um die Köpf' luften". Dies sei eine neue Sprache gewesen, auch insofern, als ja die Symbole und Rituale, soweit es bekannte waren, entweiht, umgedeutet oder neu zusammengesetzt wurden. Teilweise habe es aber auch ganz neue Rituale gegeben. Wenn etwas sehr eingängig und sinnvoll gewesen sei, um die aktuelle Situation symbolisch darzustellen, dann habe es durchaus Nachahmer gefunden.

Bei *A. Suters* Darstellung habe ihr, so *C. Ulbrich,* der Aspekt der frühen Umbildung der bäuerlichen Gemeinden in Zwangskollektive gefehlt. Diese „sehr zentrale Frage“ habe auch etwas damit zu tun, welchen Anteil Frauen im Widerstand hatten. Sie habe verschiedene Belege dafür, daß sich die Bauern sehr früh und oft im Wirthaus „in Schwurgemeinschaften umbildeten“, und frage, ob das hier keine Rolle spielte. Zusammen damit sei auch das Problem des offenen und verdeckten Widerstandes zu behandeln. Rolf Decker verweise in einem Aufsatz über die Mobilisierung von Untertanen in den Niederlanden darauf, daß Frauen über Verwandtschaftsnetze eine zentrale Rolle dabei spielten, Meinungsträgerinnen waren und diese erste Konfliktstufe organisierten. Daher frage sie, ob das alles in der Schweiz nicht nötig gewesen sei, weil der Widerstand offen sein konnte. In der Regel spielten nach *A. Suter* Frauen im Konflikt eine Rolle, in diesem Fall allerdings, sobald er öffentlich wurde, sehr wenig. Dies sei sehr früh ein sehr öffentlicher Konflikt gewesen, der über die lokalen Örtlichkeiten hinausging, und je weiter sich so ein Konflikt von Haus, Hof und Dorf, den Sphären, wo sich Frauen bewegten, entferne, desto männlicher werde er. Er bestätigte hier den Einwurf *C. Ulbrichs,* daß die Frauen auf Grund dieser Zwangskollektivierung ausgeschlossen worden seien, folgendermaßen: Als das Dorf noch ruhig war und die Dörfler selbst sich in der Kirche befanden, kam ein auswärtiger Aufständischer, um sie von der Kanzel herab zur Teilnahme an der Revolte aufzufordern. Da schickten die Männer die Frauen und Kinder zur Kirche hinaus, diskutierten die Frage unter sich und beschlossen, daran teilzunehmen. Frauen hätten in der Schweiz in dieser Zeit wenig mitzubestimmen gehabt, wenn es öffentlich wurde und diese Zwangsgemeinschaft entstand. Dies hatte, so der Einwand *H. Wunders,* noch eine andere Funktion: Die Frauen sollten zu ihrem Schutz nichts von den Beschlüssen wissen. Sie seien für Haus und Hof zuständig geworden – insofern auch in öffentliche Funktion gekommen – und hätten die materielle Lage der Aufständischen sichern sollen. Das Problem sei jedoch, so *A. Suter* dagegen, daß die Bauernkriegsräte die rechtliche Schlechterstellung der Frauen gefordert hätten. Er halte diese Bewegung daher für eine „chauvinistische“ Bewegung.

A. Kostlán äußerte zu *A. Suter,* eine Inszenierung mit Prozessionen usw. setze voraus, daß es einen Regisseur und eine geplante Aktion gab, und er fragte, inwieweit man von Elementen der Planung, Spontaneität und Improvisation zu sprechen habe. Mit Inszenierung meine er, so *A. Suter,* mehr das Sichtbare als das Geplante, gebe aber zu, es seien unterschiedliche Gruppen zu erkennen, die in diesen Inszenierungen bestimmend auftraten. Beim Knüppelumzug – „da brauchte es keine besondere Inszenierung“ – seien es die Bauern gewesen, die erstens von der Krise besonders betroffen waren und zweitens nicht der dörfliche Ehrbarkeit angehörten. Das sei insofern wichtig, als die Ehrbarkeit in exemplarischer Weise für das, was im Tal passierte, haftete und daher in der Frühphase höchst zurückhaltend war, weil sie in einer solchen Situation am ehesten um ihre Köpfe fürchten mußte. Diese Aufstandsbewegung, „diese Knüppelmänner“ hätten sich gegen die lokale Obrigkeit organisiert. Als sich die Aufstandsbewegung zu einer rebellischen Aktionseinheit geformt und eine organisatorische Struktur bekommen habe, habe sich die dörfliche Ehrbarkeit mit den Repräsentanten der Knüppelmänner in die Führung des Aufstandes geteilt. Man habe also eine Vermischung von neuen und alten Autoritäten, und von diesen habe die traditionelle dörfliche Ehrbarkeit dann die Inszenierung auch tatsächlich durchgeführt.

Zu den Widerstandsformen bei *A. Suter* wandte *R. Blickle* ein, daß der Ausschluß der Frauen vielleicht weniger mit dem offenen Widerstand als mit der militärischen Organisation zu tun hatte. Daß Frauen in Widerstandsfällen an Haus und Dorf gebunden seien, ließe sich widerlegen. Die Rottenbucherinnen zum Beispiel hätten einen Demonstrationszug nach München unternommen, seien mithin allein 80 Kilometer zur Kurfürstin gegangen und hätten eine Supplik übergeben. Das sei öffentliches und nicht haus- oder dorfgebundenes Handeln. *A. Suter* räumte ein, der militärische Aspekt sei sehr wichtig, damit sei aber nicht geklärt, warum die Frauen, als der Eid geschworen wurde, draußen waren. In diesem Bauernkrieg tauchten die Frauen nicht auf, in zwei Jahren habe er vergeblich nach Hinweisen auf Frauenaktionen gesucht.

Zur Frage von *J. Peters* nach der Vergleichbarkeit mit anderen Gebieten entgegnete *A. Suter*, daß er gebietsübergreifende Vergleiche für sehr sinnvoll halte, und zwar gerade im Zusammenhang mit der Begrifflichkeit des offenen und verdeckten Widerstandes. Wichtig am offenen Widerstand sei, daß er kollektiv vor sich gehe. Da müsse dann kollektiv kommuniziert werden. Er sehe eine eindeutige Besonderheit darin, daß in der von ihm untersuchten ländlichen Lebenswelt kein Grundherr, Gutsherr oder Herrschaftsvertreter vor Ort war, der die erstrebte kulturelle Hegemonie über politische Symbole und Rituale hätte durchsetzen bzw. die Benutzung dieser Symbole verhindern können. Die Obrigkeit habe erst nach zwei Monaten – „als der Knüppel auf dem Ratstisch lag“ –, überhaupt richtig realisiert, was sich da angebahnt hatte. Da liege für ihn ein grundlegender Widerspruch zwischen den Gebieten im Südwesten und Nordosten Mitteleuropas. Er sei selbstverständlich für Diffenzierung, aber auch für klare Begriffe. Vergleiche hätten zwangsläufig eine gewisse Grobschlächtigkeit, komplizierter könne man fragen, wenn man ins Detail gehe.

Diskussion zu Thomas Rudert

Die Diskussion zu Th. Rudert behandelte vor allem das Verhältnis Landesherr-Bauer, Aspekte der Grenzproblematik und das bäuerliche Besitzrecht. W. Troßbach fragte, ob in Mecklenburg der landesherrliche Kontakt zu den Bauern wirklich schon im 16. Jahrhundert unterbrochen gewesen sei. Bei vielen Landtagsverhandlungen in Mecklenburg gehe es gerade in dieser Zeit – ähnlich wie in westelbischen Territorien – um Beschwerden der Ritterschaft, daß der Landesherr sich unerlaubt in die Beziehungen zwischen Gutsherren und Untertanen einmische. Nach *Th. Rudert* kann man den Eindruck gewinnen, daß die Landesherrschaft sich ständig einzumischen versuchte. Dies widerspreche jedoch nicht der These des Kontaktverlustes, denn das Ergebnis zeige die Erfolglosigkeit dieser Versuche. Die Beschwerden des lokalen Adels verdeutlichten vielmehr, daß er sich davon angegriffen fühlte und die Einmischung mit Erfolg abwehrte. Auch in seinem Beispiel hätten sich die Bauern über den herzoglichen Amtmann an den Landesherrn gewandt, dieser aber habe die Bauern nicht gegen die Ritterschaft unterstützen können. Der Kontakt zwischen Landesherrschaft und Bauern sei vor allem mit der Übernahme der hohen Gerichtsbarkeit durch den lokalen Adel seit dem Spätmittelalter abgerissen. Dieser Prozeß habe im 16. Jahrhundert schon weitgehend die Praxis bestimmt. Im Normalfall habe der lokale Adlige das hohe und niedere Gericht besessen. Selbst bei den Steuern habe keine direkte Verbindung mehr bestanden, weil die Ritterschaft seit 1555 nicht nur das Recht der Steuererhebung besaß, sondern auch die Steuerverwaltung ausübte. So sei die gesamte Verfügungsgewalt über die Steuer, sonst ein klassisches Gebiet der direkten Verbindung, um diese Zeit schon unterbrochen gewesen.

Th. Ruderts Beitrag hat nach *C. Ulbrich* sehr gut gezeigt, daß diese Grenzen eine heuristische Funktion haben. Er habe das nicht bis zum letzten ausgenutzt, man könnte noch deutlicher machen, was diese Grenze ganz konkret abgegrenzt habe und was nicht. Er könne dem, so *Th. Rudert,* nur hinzufügen, die heuristische Potenz der Grenze sei „schlechterdings kaum zu überschätzen". Er habe sich zunächst damit beschäftigt, weil sein Quellenbestand mit Grenze zu tun habe, und dann gemerkt, in welch unterschiedlicher und vielfach strukturierter Weise Grenzen in dem Thema steckten. Er habe sich hier auf die gutsherrschaftliche Seite des Themas konzentrieren müssen und daher das Grenzthema nicht einmal ansatzweise ausschöpfen können. Die Betrachtung dessen, wofür die Grenze durchlässig war, zeige, was Gutsherrschaft in dieser Zeit eigentlich war. Die Landesgrenze sei für die gutsherrschaftlichen Ambitionen und für die bäuerlichen Handlungen nicht handlungsbehindernd gewesen.

Die Frage *E. Meltons* an *E. Münch* nach dem bäuerlichen Erbrecht habe ihm, *Th. Rudert,* klar gemacht, daß man mit den Begriffen ‚gutes' und ‚schlechtes' Besitzrecht nicht operieren, sondern benennen sollte, worin solches konkret bestand. Schon das mittelalterliche Erbzinsrecht habe die Komponente der Verfügung über Personen insofern umfaßt, als die Bauern beim Abzug einen tauglichen Ersatzmann stellen mußten. In Zeiten, da Menschen knapp und eine Hofübernahme nicht lohnend war, habe man gelegentlich aus dem Fehlen von Ersatzleuten den Bleibezwang für die Bauern abgeleitet, und dies, als von Leibeigenschaft noch gar nicht die Rede gewesen sei. *M. Schattkowsky* bemerkte zu *Th. Rudert,* er habe zur These von Lieselott Enders: „Keine Herrschaft ohne Gerichtsbarkeit!" an Gegenbeispielen gut dargestellt, daß sie auch ohne herrschaftliches Gericht irgendwie funktioniert habe. Die Grundherren hätten sich offenbar Rechte herausgenommen, und niemand habe sie daran gehindert, diese Herrschaftsform so auszuüben. Sie hätten eine größere Entscheidungsfreiheit darüber besessen, wann sie sich auf Landesgesetze beriefen. So sei schon in dieser frühen Zeit die willkürliche Herrschaftsform weit entwickelt gewesen. In Kursachsen habe es die schriftsässigen und die amtssässigen Rittergüter gegeben, und die amtssässigen hätten ohne Hochgerichtsbarkeit auskommen müssen, im Prinzip also nur über begrenzte Herrschaftsrechte verfügt. Daß die Herrschaftsausübung auch ohne Gerichtsrechte funktionierte, sei ein Zeichen ihrer großen Autonomie und ihrer Spielräume. Nach *Th. Rudert* handelte es sich weniger um die Usurpation von Rechten, die dem Adel ursprünglich nicht zustanden, solche hätten die Bauern schon versucht, vor Gericht zu verteidigen, sondern vielmehr um die Umfunktionierung alter Rechte. Das Pfändungsrecht war ein völlig akzeptiertes mittelalterliches Recht, das wenig Konfliktpotential in sich barg, solange die Dienste etwa zehn Tage im Jahr betrugen. Bei fünf Diensttagen pro Woche habe die Frage eine völlig andere Dimension erhalten, ohne daß sich das Pfändungsrecht als solches geändert habe. Die Gutsherren hätten nur ein schon länger bestehendes Recht anders genutzt.

Man wisse, so *J. Peters,* nach den Vorträgen einschließlich der laufenden Diskussion „ein ganzes Stück" mehr über Widerständigkeit in Gutsherrschaftsgebieten. Alle Vorträge hätten bewußt gemacht, daß es dabei immer noch „eine dicke Schicht von Behauptungen und Annahmen abzutragen" gelte. Man habe noch weitere unentdeckte Widerstandsformen in den Quellen aufzusuchen, auch wenn man sich in Ostelbien hinsichtlich der Quellendichte leider nicht mit Böhmen messen könne. Weiter müsse man anscheinend über manifeste und nichtmanifeste, verdeckte und offene Formen des Widerstandes noch länger nachdenken. Eine Dualität greife hier nicht, der Hang, alles Widerstandsgeschehen zwei sauber getrennten Formen zuzuordnen, werde der Vielfalt nicht gerecht. Symbolische und rituelle Widerständigkeitsformen habe es in Gutsherrschaftsgebieten auch gegeben, sie seien in einem renitenten Auftreten mit entsprechender Körpersprache durchaus manifest vor den Patrimonialgerichten gewesen. Er finde dann die Anregung wichtig, jeweils die kleinräumigen Bedingungen zu prüfen und in einem bescheidenen Ansatz miteinander zu vergleichen. „Das großräumige Ostelbien mit der Schweiz zu vergleichen, führt zu nichts." Schließlich scheine ihm die Tendenz zum Aus-dem-Ruder-Laufen eines organisiert und kalkuliert begonnenen Widerstandes eine Rolle zu spielen. Er verwies dazu auf den von *H. Kaak* in die Potsdamer Diskussion eingeführten Begriff des Widerstandsrausches für bestimmte Erscheinungen, wo der befreiende Moment jede vernünftige Kalkulation zunichte machte. In Gutsherrschaftsgebieten sei diese Tendenz vielleicht stärker ausgeprägt gewesen. Ähnlich sei die Ironie, auf die *E. Münch* hingewiesen habe, hier vielleicht stärker verbreitet gewesen, als eine Form des Sich-Wehrens aus einer Notsituation heraus, in der man sich nicht richtig artikulieren konnte. Es sei erstaunlich, welcher Grad an pfiffiger Sprachlichkeit noch in der Diktion der Schreiber enthalten sei.

Diskussion zu Werner Troßbach

In der Diskussion zu W. Troßbach ging es um die Entstehung der Landarbeiterschicht, die Brachekultivierung und Reformmaßnahmen. A. Lubinski stellte dazu die Frage, ob es tatsächlich einen so deutlichen Bruch zwischen einer bäuerlichen und einer Entwicklung mit vorwiegender Lohnarbeit gegeben habe. Seiner Ansicht nach sollte man stärker die verbindenden Elemente zwischen den einzelnen Gruppen des Dorfes über einen sehr langen Zeitraum hinweg beachten. Er habe für das östliche Mecklenburg versucht, die unterschiedlichen Verbindungsebenen aus verschiedenen Perspektiven heraus zu betrachten und unter anderem bei den Kreditbeziehungen festgestellt, daß es innerhalb der Dörfer „Parteiungen" gab, bei denen auch Interessenübereinstimmungen zwischen der Herrschaft und den Untertanen auftraten. Dies war zum Teil auch hinsichtlich der Herausbildung der Lohnarbeiterschaft so. Von Interesse sei, welche Personen und Gruppen aus dem Dorf die Möglichkeit hatten, über Lohnarbeit, Deputate oder Anteillohnelemente an den Ergebnissen des Gutsbetriebes zu partizipieren. Seine Hypothese sei, daß der Zugang bestimmter Personen zum Beispiel zum Anteildrusch eine erhebliche Einkommensquelle – auch schon im frühneuzeitlichen Gutsbetrieb – sein konnte. Dieser sei über komplexe Beziehungen im Dorf realisiert worden und in einen Komplex sozialer Beziehungen – auch Klientelbeziehungen – eingebettet gewesen, und sei nicht nur als eine Relation des Arbeitsmarktes zu begreifen. In dieser Sichtweise wäre die Herausbildung und Entwicklung der Landarbeiterschaft praktisch identisch mit dem Beginn von Gutsherrschaft. Hiermit wäre eine sehr lange Phase ambivalenten Miteinanders moderner und traditioneller Elemente im Dorf angesprochen, die auch immer wieder durch eine Rückbesinnung auf ältere kulturelle Traditionen und Symbole gekennzeichnet gewesen sei. *W. Troßbach* stimmte *A. Lubinski* zu. Ihm sei während der Tagung immer klarer geworden, daß er die Brüche überzeichnet habe, daß man mehr verbindende Elemente zwischen diesen Idealtypen suchen sollte, daß die Grenzen in diesem ganzen System etwas weicher werden müßten und daß die wesentlich über die Herrschaft vermittelten Klientelbeziehungen intensiver zu untersuchen seien.

W. Troßbach habe berichtet, daß die Bauern häufig zur Hälfte ihre Brache besömmert hätten. Das sei, so *H. Zückert*, ein bedeutender Anteil, der die Viehfutterproduktion erhöht und die Möglichkeit der Stallhaltung erweitert habe. Dieser wichtige Vorgang könnte bedeuten, daß die Untertanen auf dem Herrenland „gebummelt" und zu Hause ordentlich gewirtschaftet hätten. Wenn es solche Tendenzen bei den Bauern gab, ihre Wirtschaft zu intensivieren, dränge sich die Frage auf, ob dies Nachteile für die Koppelwirtschaft bedeutet habe, und von daher, ob es bezüglich der Koppelwirtschaft, deren Einführung ja von den Gutswirtschaften ausging, Rentabilitätsuntersuchungen gebe. Die zitierte Einschätzung des Freiherrn v. Stein über die bäuerliche Bevölkerung beinhalte ein sehr negatives Urteil über die mecklenburgische Landwirtschaft, so daß man Zweifel haben könnte, ob diese Koppelwirtschaft wirklich einen so großen Fortschritt gebracht habe. Die Frage, zu welchem Zweck die Brache so genutzt wurde und wozu die Brachfrüchte verwendet wurden, ist nach *W. Troßbach* noch viel offener und intensiver zu erforschen als die Koppelwirtschaft. Seltsamerweise sei die Besömmerung der Brache in Mecklenburg am Ende des 18. Jahrhunderts von den gleichen Kräften, die sie anderenorts priesen und hervorhoben, kritisiert worden. Die Propagandisten der Koppelwirtschaft hätten sie als völlig veraltetes System bezeichnet, das den Acker stark verunkrauten lasse, und demgegenüber die Koppelwirtschaft als innovativ gelobt. Zu klären sei, ob die Pflanzen angebaut wurden, um das Vieh zu füttern, oder primär, um die Böden zu verbessern. Zu einer Sommerstallhaltung habe dies garantiert nicht geführt. 1913 habe Heinrich Dade – auch für Mecklenburg – sehr genau nachgewiesen, daß die Koppelwirtschaft auf den Gütern erhebliche Ertragssteigerungen bis zur Verdoppelung gebracht habe. Sie sei bei der Übernahme vom stärker viehwirtschaftlich geprägtenen Holstein modifiziert und den naturräumlichen Verhältnissen Mecklenburgs angepaßt worden. Anders als in Holstein sei regelmäßig ein Kleeschlag dabei gewesen. Dieser Komplex sei bis auf die Frage, wie die Innovation selbst sich im Verlauf des 18. Jahrhunderts durchgesetzt habe, gut erforscht.

Auf die Frage *H. Wunders,* welche Bauern ihre Brache besömmert hätten und wie groß deren Hufenbesitz gewesen sei, antworte *W. Troßbach,* daß dies eine weitere offene Forschungsfrage sei. Möglichkeiten des Zugriffs böten verschiedene Steuerregister, wie sie Georg Tessin zum Teil bearbeitet habe. Da finde man schon um 1630 diese Anbauformen.

W. Troßbach habe, so *E. Maur,* von den Modernisierungsmaßnahmen in der ersten Hälfte des 18. Jahrhunderts nur die technischen Maßnahmen behandelt, es habe aber seit dem Ende des 17. Jahrhunderts auch Maßnahmen in der Verwaltung und anderen Bereichen gegeben. So sei in mehreren böhmischen Landschaften in der ersten Hälfte des 18. Jahrhunderts eine umfassende Neueinteilung der Bauerngüter vorgenommen worden, bei der man ihre Größe vereinheitlicht habe. Weiterhin habe es Robotablösungen mit rationalisierender Wirkung gegeben: Der gesamte Robot wurde gemessen und der für die Herrschaft überflüssige Teil auf Geld umgestellt. Der nicht auf Geld umgesetzte Teil der Untertanen mußte nach der Ablösung die Arbeit machen, die vorher die ganze Bauernschaft zu tun hatte. Aber es habe eine vielleicht noch interessantere Form der Robotablösung gegeben: Man rechnete den gesamten Robot in Geld um, aber die Untertanen bezahlten die Ablösung nicht bar, sondern arbeiteten ihn ab. Solche arbeitsintensivierenden Maßnahmen habe es in dieser Zeit in vielen Bereichen gegeben, und er frage, ob ähnliche Tendenzen in Mecklenburg erkennbar seien. Hiermit seien, so *W. Troßbach,* genau die Prozesse angesprochen, die Gerhard Heitz für 1700 und die folgenden Jahre analysiert habe. So etwas habe ebenfalls in Mecklenburg stattgefunden, zwar „nicht in dieser ausgeklügelten Form“ wie von *E. Maur* dargestellt, aber doch Vorgänge, für die Gerhard Heitz ja die Begriffe der Egalisierung und Rationalisierung eingeführt habe. Auch in dieser Hinsicht bestünde sicher noch Forschungsbedarf, und zwar nicht nur, inwieweit sich dies ausgebreitet, sondern insbesondere, welchen Erfolg es gehabt habe, welche Produktivitätsfortschritte erzielt worden seien. Allgemein sei das für Mecklenburg schwierig zu erforschen, weil sich die politischen Verhältnisse in der ersten Hälfte des 18. Jahrhunderts total destabilisiert hätten. Das Land habe sich 15 bis 20 Jahre lang in bürgerkriegsähnlichem Zustand befunden, der möglicherweise durchgehende Reformen beim Adel verhindert hätte. Dies gelte auch für die staatliche Verwaltung und die Maßnahmen auf den Domänen, die dem Herzog zeitweise entzogen gewesen seien.

Die Frage von *J. Peters* zielte auf die Idee Palle Christiansens von den „two life-styles" im Dorf, „the strivers and the fatalists". Trotz aller Einwände sei dies durchaus eine nachdenkenswerte These, weil sie zu der rein sozialen Erklärung für bäuerliche Mentalitäten unter der Gutsherrschaft querliege. Da gebe es – ähnlich anthropologischen Konstanten – bestimmte Arten, sich im Dorf zu verhalten, die immer wieder in unterschiedlicher prozentualer Gewichtung vorhanden seien, und er gebe zu bedenken, ob man sich nicht auch mit dieser These auseinandersetzen müsse. Alle diese Fragen sind nach *W. Troßbach* selbstverständlich zu stellen. Man könnte die Perspektive auch erweitern, indem man Agrargeschichte oder ländliche Sozialgeschichte nicht nur aus der Perspektive der Bauern, sondern auch aus der Perspektive der Tagelöhner oder der Perspektive des Gesindes, der Knechte zum Beispiel, betreibe. Da könne man an den neueren Aufsatz von Christiansen über die Hofübergabe anknüpfen. Solche Phänomene habe es natürlich auch in Mecklenburg gegeben, aber immer noch nicht quantifiziert, und es sei auch noch nicht im einzelnen nachgewiesen, wann ein Knecht einen Hof überahm, übernehmen mußte oder auch wollte. Der bäuerliche Blick begründe die Monstrosität der Agrargeschichte Mecklenburgs, was sich aber zum Beispiel durch einen Blick aus der Knechtsperspektive relativieren lasse. Wenn er, *W. Troßbach*, den Beruf des Knechtes zu ergreifen gehabt hätte, wäre er nach Mecklenburg und nicht nach Hohenlohe oder Oberösterreich gegangen, weil er als Knecht in der Gutsherrschaft größere Spielräume bis hin zur Hofübernahme gehabt hätte. Das Verhältnis zwischen den zwei Herren – hier dem Brotherrn und dort dem Gutsherrn – habe erhebliche Chancen gerade in der Situation geboten, wo sich die Knechtexistenzen anderswo – das gilt natürlich auch für Mägde – im späten 18. Jahrhundert doch schon verfestigt hätten und wenigstens bei einigen zu einer Lebenszeitperspektive geworden seien.

J. Kahk fragte *W. Troßbach*, ob sich, nachdem im 17. und 18. Jahrhundert große Bauernhöfe in die Gutswirtschaften eingezogen worden seien, die Erträge auf diesen Feldern erhöht hätten oder nicht, und wenn ja, ob sie schneller gestiegen seien als auf den Feldern, die in den Händen der Bauern geblieben seien. Es sei, so *W. Troßbach*, schwierig, für Mecklenburg konkret nachzuweisen, welche und wieviele Produktionsflächen nach dem Dreißigjährigen Krieg von den Gutswirtschaften okkupiert worden seien. Insgesamt scheine es erheblich gewesen zu sein, wenn man die Rechnung Tessins von 1630 nehme, als Guts- zu Bauernland im ritterschaftlichen Bereich im Verhältnis von 1 : 2 gestanden hätte, und dann die Ergebnisse um 1700, wo das Verhältnis sich in ungefähr 1 : 1 gewandelt habe. Im einzelnen nachgewiesen sei das allerdings noch nicht, ein wenig vielleicht in der Dissertation Hanna Haacks. Man dürfe sich auch nicht vorstellen, daß alles gleich von den Gutsherren okkupiert worden sei, sie hätten ja auch Arbeitskräfte gebraucht. Da habe man sogenannte Freileute eingesetzt, eine Art von Pächtern, die das Land für kürzere Zeit beackert hätten, am Ende des 17. Jahrhundert aber nicht mehr nachweisbar seien. Weiterhin seien nach dem Dreißigjährigen Krieg die vielen Kleinstellen gebildet worden, weil die Gutsherrschaft sie weniger als einen ordentlichen Bauernhof habe ausrüsten müssen.

Z. Szultka bemerkte zu *W. Troßbach*, in Hinterpommern sei in der zweiten Hälfte und besonders am Ende 18. Jahrhunderts die Koppelwirtschaft eingeführt worden. Als erste wären besonders hohe preußische Beamte – Geheime Räte, Minister und Generäle – daran beteiligt gewesen. Seine Frage sei, wer in Mecklenburg bei der Einführung der Koppelwirtschaft vorangegangen sei. Dabei spiele neben einem Herrn v. der Lühe, so *W. Troßbach*, noch ein in diesem Kontext weniger bekannter Herr v. Bernstorff eine Rolle, der seine Güter um das Jahr 1715 neu aufgebaut habe. Der Name v. Bernstorff sei ja sehr bekannt als der einer Familie der hannoverschen Kanzler und Minister, auch sehr hochrangiger, in der Verwaltung von Nachbarstaaten tätiger Leute. Als er seine Güter renoviert habe, habe er sich schon in diesen exponierten hannoverschen Diensten befunden. Es wäre zu untersuchen, ob seine Reformideen aus den Verbindungen nach Hannover zu erklären seien, oder ob er nach dem Vorbild Lauenburgs – wo er auch Güter hatte – vorgegangen sei und sich an der holsteinischen Koppelwirtschaft orientiert habe.

Diskussion zu William W. Hagen

Bezüglich des Vortrags von W. W. Hagen wurden die Schwierigkeiten erörtert, regionale agrarstrukturelle Ergebnisse in Polen zu erlangen. Z. Szultka bemerkte zu *W. W. Hagen,* daß er besonders seinen abschließenden Bemerkungen und Ergebnissen zustimme. Was aber die Tabellen betreffe, habe er Zweifel, ob die regionalen Unterschiede hier immer angemessen berücksichtigt worden seien; denn die einzelnen Gebiete Großpolens hätten sich in der Agrarproduktion sehr voneinander unterschieden. Dies sei in Brandenburg ja auch nicht anders. Es sei ihm, so *W. W. Hagen,* nur unzureichend gelungen, sehr gute Daten über das Niveau der Renten im Großpolen des 16. Jahrhunderts zu finden, obwohl es bei Jerzy Topolski Hinweise gebe und das neue Buch von Hubert Wajs in dieser Beziehung nützlich sei, das seien aber nur ungefähre Hinweise und provisorische Resultate. Er vermute, daß die Geldrenten und andere Abgaben im 16. Jahrhundert vermindert worden seien, als die Frondienste zunahmen, und würde dies gern präziser untermauern. Für die späteren Zeiten gebe es wohl bessere Möglichkeiten, die er aber noch nicht genutzt habe. In Großpolen habe es sehr wohlhabende Bauern gegeben, Beispiel seien die Kämmereibauern der Stadt Posen, über die Jan Rutkowsky sehr interessant geschrieben habe. Statistische Mittelwerte zu finden, sein zentrales Interesse, sei sehr schwierig. Trotzdem glaube er, daß man aus den polnischen Quellen noch viel herausarbeiten könne.

Diskussion zu Eduard Maur

Die Diskussion zu E. Maur bezog sich vor allem auf die besondere Stellung der Chodenbauern und die Widerständigkeit in Böhmen im allgemeinen. Johann J. Moser habe, so *H. Wunder,* in seiner Schrift über die Untertanen ausgeführt, daß gerade die Untertanen an der östliche Peripherie des Reiches besonders widersetzlich seien. Dies habe die Tagung durch viele Beispiele bestätigt. Sie frage daher, wie das in der zeitgenössischen Literatur reflektiert worden sei. *E. Maur* bestätigte noch einmal den hohen Widerstandsgrad in den böhmischen Ländern, einerseits in einer Reihe lokaler Unruhen, Prozesse und Aufstände – fast jede Herrschaft war zeitweilig mehr oder weniger stark davon betroffen – und andererseits in den großen Unruhen und Aufständen, die fast das ganze Land überzogen. In der Zeit von der Mitte des 17. bis zum Ende des 18. Jahrhundert habe es vor allem den großen Bauernaufstand von 1680 gegeben, über den *J. Čechura* gesprochen habe. Daran und an den Aufständen 1716 und 1738 hätten sich Bauern aus jeweils ungefähr 100 Herrschaften beteiligt, dazu kamen die Erhebungen von 1742, 1771 und 1775. Insgesamt seien das Aufstände, wie sie es in den Nachbarländern in dieser Häufigkeit und Dichte nicht gab. Natürlich seien sie reflektiert worden, aber eine spezielle Literaturgattung habe sich diesem Problem nicht gewidmet, mit wenigen Ausnahmen wie die Schierers v. Schierendorff, der, in Dobov in Westböhmen geboren, zu Beginn des 18. Jahrhunderts ein Buch mit Vorschlägen veröffentlichte, wie man Unruhen vermeiden könne und wie die Lage der Untertanen zu verbessern sei. Auch spiegele sich der Bauernaufstand von 1775, – „ein bißchen später, als Moser geschrieben hat" – in den Berichten der Gesandten aus Wien wider. In Paris gebe es dazu eine größere Zahl von Depeschen aus Wien. Die Einschätzung der Ursachen sei nicht immer sehr zutreffend, aber das hohe Interesse an diesen Fragen werde deutlich. Dann und wann hätte das Ausland die Spannungen ausnutzen wollen, vor allem zu Beginn des Österreichischen Erbfolgekrieges hätten zum Beispiel die Franzosen Aktivitäten entwickelt, die Untertanen in Böhmen gegen Maria Theresia aufzuhetzen. Dadurch sei zwar große Unruhe unter den Bauern ausgelöst worden, habe sich aber nicht gegen Maria Theresia, sondern gegen die eigenen Obrigkeiten gerichtet. Auch durch die damaligen Berichte der französischen Spione sei das angespannte Verhältnis zwischen den böhmischen Untertanen und ihren Herren in Europa bekannt geworden.

H.-J. Bömelburg fragte *E. Maur,* wie die Choden ihre Geschichte überliefert – „oder auch neu erfunden" – hätten und ob in den Chodendörfern die Pfandherrschaft vor Ort präsent gewesen sei; denn eine lange, kontinuierliche widerständige Tradition könne er sich nur erklären, wenn die Herrrschaft weiter entfernt saß. Man könne, so *E. Maur,* den Spuren dieser Tradition sehr schwer folgen; bei den Choden sei das besonders kompliziert, weil das Interesse für diese Geschichte im 19. Jahrhundert sehr groß war und die Bauern in dieser Zeit aus historischen Romanen und Novellen ihr Geschichtsbewußtsein gespeist hätten. Aber gerade dieses Interesse habe maßgeblich dazu beigetragen, daß diese Tradition noch im 20. Jahrhundert sehr lebendig geblieben sei, natürlich unter dem Einfluß der Literatur und des Films. Wie es sich in der Frühen Neuzeit entwickelt habe, sei schwer zu sagen. Jedenfalls habe man sich auf die gedruckten Chroniken gestützt. Sehr verbreitet sei die Chronik von Hayek gewesen, in ihr habe der Verfasser die Geschichte jedoch zurechtgerückt. So gebe er genau den Tag an, an welchem der Urvater Čech nach Böhmen gekommen sei usw. Im Gegensatz zur Bevölkerung hätten die Behörden bis zur zweiten Hälfte des 18. Jahrhundert nicht mit dieser falschen Tradition operiert. Erst in den 1760er Jahren, als der Verwalter einer Herrschaft dem Grafen Philipp von Stadion meldete, daß die Choden sich erneut im Widerstand befänden, und auf ihre Geschichte gemäß der Chronik von Hayek verwies, habe der Graf verfügt, daß das, was der Chronik entnommen sei, der Wahrheit entspreche. Dies sei umso bemerkenswerter, als es fünf Jahre nach der lateinischen kritischen Edition von Hayek geschah, wo all seine Irrtümer aufgedeckt wurden. Es habe darüber eine große wissenschaftliche Diskussion gegeben, von der auch Stadion, ein bekannter Aufklärer, gewußt habe.

E. Maur habe die kollektive Gesinnung und Einigkeit der Choden über den genannten Zeitraum angesprochen. Das sei, so *B. Krug-Richter,* für Bauernprozesse, die über längere Zeiträume gingen, schon wegen der Kosten ein eher atypisches Verhalten. In diesem Zusammenhang fragte sie, ob diese Dörfer einheitlich strukturiert gewesen seien oder ob es interne Differenzierungen gegeben habe, ob es nicht doch Auseinandersetzungen innerhalb der Gemeinden und zwischen den Dörfern über diese langen Zeiträume hinaus gegeben habe, welche Sanktionen man zum Erhalt der Einigkeit vorgenommen habe, und worauf er, wenn dies nicht der Fall gewesen sein sollte, die Konstanz in der Einigkeit zurückführe. Diese Dörfer hatten nach *E. Maur* die für Böhmen übliche Struktur. Sie hätten vor allem aus Bauern bestanden, neben denen sich allmählich eine Schicht landarmer Bevölkerung entwickelt habe, die Inleute, Herbergsleute, Heuerlinge usw. Entgegen der kollektiven Gesinnung habe es, wie in allen Bauernunruhen, einzelne Personen gegeben, die die Teilnahme am Widerstand ablehnten oder ablehnen wollten, und denen man deshalb drohte, ihr Haus anzuzünden. Dergleichen sei auch aus anderen Bauernunruhen gut bekannt und hier nicht als etwas Besonderes anzusehen. Die

Einigkeit sei dadurch entstanden, daß die elf Dörfer eine einheitliche Gemeinde gebildet, gemeinsam den Richter gewählt, die Schöffen in den Rat geschickt und im 16. Jahrhundert ihre Beschwerden mit der Formel „die ganze Gemeinde der Choden zu Taus gehörig“ unterschrieben hätten. Das sei für Böhmen ungewöhnlich, denn anderswo hätten Untertanen normalerweise als die Untertanen einer bestimmten Herrschaft unterschrieben.

Diskussion zu Włodzímierz Stępiński

Im Vortrag *W. Stępińskis* (Die Bauern in den wirtschaftlichen und gesellschaftlichen Anschauungen der Führungsgruppen der Pommerschen ökonomischen Gesellschaft 1810 bis 1850) ging es um die Tätigkeit dieser Gesellschaft und die Auffassungen der Großgrundbesitzer, speziell des Adels, in ihr über die Bauern nach den Agrarreformen von 1807, ein bisher in der polnischen Forschung überhaupt nicht behandeltes Problem. Das Verhältnis zu den Bauern und die Anschauungen der Großgrundbesitzer über die Bauernschaft seien dabei vor allem von zwei durchgreifenden Veränderungen beeinflußt worden, erstens von der Umgestaltung des Adels in „eine kapitalistische Klasse von Produzenten“, zweitens von der Wandlung der Bauernschaft selbst durch Entstehung des Großbauerntums einerseits und die große Zunahme der kleinen Landbesitzer und der landlosen Schicht andererseits. *Die Diskussion bezog sich auf Kontinuitäten im Verhalten von Gutsbesitzern und Untertanen und im Verhältnis zueinander sowie auf die Weiterentwicklung der Gutswirtschaft nach 1807.*

E. Münch bemerkte dazu, hier werde ein Problem der Gutsuntertanen aus dem 18. und besonders dem 19. Jahrhundert deutlich, als der Großgrundbesitz eine ökonomische Rechtfertigung für seine Existenz und seine Ausweitung „nachgeliefert“ habe. Daß er im Zuge seiner Modernisierung der Bauernwirtschaft überlegen geworden sei, müsse für die betreffenden Gutsuntertanen „eine sehr deprimierende Angelegenheit gewesen sein“. Im 16., 17. und zunächst im 18. Jahrhundert hätten sich die Großgrundbesitzer möglicherweise das bessere Land ausgesucht, indem sie Bauern legten oder wüstes Land nutzten, aber vom Instrumentarium und von der Produktionstechnik her habe es keine Unterschiede gegeben. Er frage, ob es Zeugnisse oder Reflexionen darüber gebe, wie der Verkoppelungsprozeß in Pommern auf die bäuerliche Bevölkerung gewirkt habe. Diese interessante Frage sei, so *W. Stępiński*, in der Literatur bisher nicht aufgegriffen worden. Man habe zwar einzelne Vorläufer der Agrargesetzgebung in Pommern behandelt, aber da gehe es überwiegend um Klagen der Kreistage; die adlige Seite versuche da auf unterschiedliche Weise, sich bei den Ministerien Gehör zu verschaffen. Zur Frage der Kontinuität der patrimonial-patriarchalischen Beziehungen auf der Ebene der Symbole, Gesten und Rituale und zur Frage der Kontinuität in der Arbeitsproduktivität und -technik und der gutsherrlichen Pflichten seien ihm die Quellen noch nicht bekannt. Diese Themen verlangten noch intensive Forschung. Bei aller Anerkennung für Hartmut Harnisch stimme er nicht mit ihm überein, daß der schnelle Verlauf der bäuerlich-bürgerlichen Auseinandersetzungen mit einer geringen Häufigkeit oder Intensität dieser Konflikte gleichzusetzen sei. Die Konfikte habe es gegeben, man kenne sie jedoch nicht direkt aus den Quellen, sondern aus den Erinnerungen des Sohnes des preußischen Ministers von Bodelschwingh. Diese bezögen sich auf die Jahre 1844/50, als der Ministersohn den pommerschen Großgrundbesitz der Familie Senfft v. Pilsach besucht und die „jämmerlichen Bedingungen“ dort geschildert habe, die einen Gegenpol zu dem bildeten, was manchmal über Wohltaten für die Bauern in der Literatur ex post geschrieben und als Reform ausgegeben worden sei. Zur pommerschen Landschaft gibt es nach *W. Stępiński* einen der am besten erhaltenen Quellenbestände in deutschen und polnischen Archiven. Leider bezögen sie sich vor allem auf die Konditionen der adligen Wirtschaft, gingen dafür aber zurück bis auf die Gründung der pommerschen Landschaft 1781 und im einzelnen bis 1770. Über die oben erwähnten Konflikte müßte in diesen Quellen etwas zu finden sein, und es ginge dabei sicher nicht nur um Landaufteilung, sondern auch um die Verlegung der Bauern auf andere Stellen. Er stimme *E. Münch* vollkommen zu, was die Agrartechnik angehe. Bekannt sei eine Reihe von Memoiren, vor allem Erich v. Bülows auf Kummerow, einem der auskunftsfähigsten deutschen Agrarpublizisten, und dessen Denkschrift über die Gründung der ritterlichen Privatbank in Stettin, die er dem Innenministerium 1825 mit Erfolg eingereicht habe. Diese Quellen würden ein hinreichendes Bild davon geben, daß in der Ausstattung der Guts- und bäuerlichen Landwirtschaft keine großen Unterschiede zu verzeichnen waren. Aber die Junker hätten sich in der napoleonischen Periode eine Reihe wichtiger anderer Finanzquellen für ihre Güter sichern können.

Diskussion zu Zygmunt Szultka

Der Vortrag *Z. Szultkas* (Der Alltag der Dorffamilie aus der Sicht des Gesangbuches „Fromme Lieder für die Landleute" [1782] von Pastor J. Behnke) handelte von dem Einsatz eines Büchleins, das, in polnischer Sprache verfaßt, den Pastoren bei der Hinführung der Landbevölkerung zu tugendhaftem Verhalten dienen sollte. Es enthielt neben Liedertexten moralische Betrachtungen, und neben Themen wie der Arbeitsdisziplin und ehelichen Treue wurden darin besonders die Trunksucht und ihre schädlichen Folgen behandelt. Das Büchlein wurde in den an der Ostgrenze Pommerns gelegenen Landkreisen Lauenburg und Bütow benutzt, namentlich in den Kirchenbezirken Leba, Lauenburg und Bütow. *Die Diskussion darum handelte von der verhaltensprägenden Wirkung solch eines Buches und davon, was es über den Dorfalltag einerseits und über seine Initiatoren andererseits aussage.*

E. Melton ordnete das Buch der moralisierenden Literatur der späten Aufklärung zu und verglich es mit ähnlichen Schriften in deutscher Sprache, von denen man die meistgelesenen zum Teil auch ins Polnische übersetzt habe. Man müsse sich darüber klar sein, daß sich aus den Grundsätzen Behnkes nicht der Dorfalltag präzise ableiten lasse, da es sich um „ein ideologisches Programm" handele. In dem Buch werde ein neuer Gedanke im Bewußtsein der Gebildeten über die Bauern deutlich, daß diese nämlich auch „tugendhaft" sein könnten, wenn man sie dies nur lernen ließe. Dies stehe im Kontrast zum 17. Jahrhundert, als zum Beispiel der Adel tugendhaftes Denken und Handeln von Bauern völlig ausgeschlossen habe. Dieses Büchlein ist nach *Z. Szultka* keine Übersetzung, sondern ein Original, aber ähnliches sei in dieser Zeit und noch früher besonders in Königsberg und Danzig auch in deutscher Sprache verfaßt worden, jedoch meist ohne Angabe des Autors. Das Büchlein sei als „Wunschprogramm für die ländliche Bevölkerung des Lauenburger Kreises" in polnischer Sprache verfaßt, weil die ländliche Bevölkerung damals überwiegend kaschubisch gesprochen habe und die Kaschuben polnisch gut, deutsch jedoch schlecht verstanden hätten. Über den Adel gebe es darin nur seltene Randbemerkungen.

Ob „dieses Buch genützt" habe, fragte *A. Suter.* Er sei sehr skeptisch gegenüber der Wirksamkeit solcher Bücher, sie würden mehr über die Einstellung einer Elite zu einer Bevölkerung und deren Wandlungen als über die Lebenswelt aussagen. Man habe hier offenbar geglaubt, Bauern aufklären zu können. Diese seien aber im Sinne einer eigenen Logik schon längst aufgeklärt gewesen, hätten sich in einer Weise zurechtgefunden, die die Aufklärer gar nicht begriffen hätten. Es ist nach *Z. Szultka* kaum genau einschätzbar, welche Bedeutung die Belehrungen für das Alltagsleben der kaschubischen Bevölkerung gehabt haben. Pastor Behnke sei Superintendent gewesen und habe jedem Kirchspiel einige Exemplare zugeteilt, und es sei nachweisbar, daß die Küster besonders 1782/83, kurz nach Erscheinen des Büchleins, jeden Sonntag einzelne Abschnitte mit Kindern und Erwachsenen besprochen hätten. Erwähnenswert sei auch, daß das Büchlein eine Konkurrenz für die in der katholischen Kirche damals sehr populären *godzinki* (Stundengebete) gewesen sei. Das seien besonders bei den Frauen beliebte moralische Betrachtungen zur Ehre Marias usw. gewesen. Den evangelischen Frauen hätte bis dahin nichts Vergleichbares zur Verfügung gestanden. Derartige Bücher hätten nur deshalb in polnischer Sprache erscheinen können, weil die Lauenburger Synode damals zu Westpreußen gehört habe. Hätte der Lauenburger Kreis kirchlich zu Pommern gehört, wäre ein Erscheinen in polnischer Sprache von Grund auf ausgeschlossen gewesen.

H.-J. Bömelburg bemerkte, die lauenburgischen Güter seien auch deshalb sehr interessant, weil man dort als ländliche Bevölkerung ganz unterschiedliche Gruppen vorfinde, einerseits die kleinadlig-bäuerliche Mischung, die man so in anderen Territorien nicht finde, andererseits die katholisch-evangelische Mischung. Er habe, ohne das genauer untersucht zu haben, den Eindruck, daß der stärkste Protest in Westpreußen immer von katholischen Dörfern ausgegangen sei, die eine relativ starke kleinadlig-bäuerliche Bevölkerung hatten, und frage, ob es für den kaschubischen Bereich nähere Erkenntnisse gebe, welche Gruppen eher zu Protestverhalten neigten. Im Rahmen der friderizianischen Kolonisation nach dem Siebenjährigen Krieg, so *Z. Szultka,* aber besonders in den 1770er Jahren seien auch im Lauenburger und Bütower Bezirk verschiedene Neusiedlungen – Vorwerke und kleine Dörfer – auf Kosten der Wälder und Heiden und auf Wüstungen entstanden, die bis zum Krieg teilweise oder überwiegend durch die bisherige Bevölkerung, auch durch den Adel, genutzt worden seien. Weil die bisherige Bevölkerung abgenommen hatte und Neusiedler aus ausschließlich evangelischen Gebieten angeworben worden waren, seien natürlich Spannungen entstanden, und zwar zwischen den Adligen und Neusiedlern evangelischen Glaubens, in denen es im Grunde um wirtschaftliche Belange gegangen sei.

Abschlußgespräch

Abschließend bat *J. Peters,* gemeinsam eine Bilanz der Tagung zu ziehen und die Wege abzustecken, die man künftig gehen könne. Er drückte seine Freude aus, daß es gelungen sei, „zusammenzuführen, was eigentlich schwer zusammenzubringen ist", nämlich Gutsherrschaftsgesellschaften im europäischen Vergleich vorzustellen und dabei den Stand der Forschung in den einzelnen Aspekten auszuweisen, soweit sie in den auf der Tagung vertretenen Ländern betrieben werde. Man habe den Bogen vom Mittelalter bis in das 19. Jahrhundert spannen können, und auch „mancher Blick von außen" sei dabei gewesen, wie der *W. W. Hagens* über Polen und *W. Troßbachs* über Mecklenburg, wobei man allerdings auf Grund der hohen Vertrautheit mit dem Forschungsgegenstand nicht mehr von einem „fremden Blick" sprechen könne. Als Hauptproblem sehe er, daß es nicht gelungen sei, Vertreter all jener Gebiete, „die ihre ländliche Gesellschaft gutsherrschaftlich verfaßt erlebt haben" an den Tisch zu bekommen, insbesondere bedaure er, daß *V. P. Mitrofanov* als einziger Historiker aus Rußland teilgenommen habe.

Es habe ihn gefreut, daß einige Vorschläge für Begriffsbildungen aus der Potsdamer Arbeitsgruppe Akzeptanz gefunden hätten, und er denke, daß es die Verständigung verbessere, wenn man von „Gutsherrschaftsgesellschaften" spreche, um zu betonen, daß man nicht nur „von oben schaue", sondern dieses historische Phänomen auch als ein Sozialgebilde betrachte. Akzeptanz scheine ihm auch vorzuliegen, wenn man im Sinne der Potsdamer Diskussion nach der „sozialen Funktionsweise" des Systems Gutsherrschaft frage. Dies habe eine Klammer für die Tagungsdebatten gebildet, wie auch der Begriff der „Konfliktgemeinschaft", der in der Arbeitsgruppe entstanden und auf diese dörfliche Welt in ihrer enormen Konfliktfähigkeit und Fähigkeit zu lokaler Kommunität anwendbar sei. Übereinstimmungen und Auseinandersetzungen seien im Dorf immer Hand in Hand gegangen, und einige Tagungsteilnehmer wie *A. Vári* und *H. Kaak* hätten auch die Herrschaft in die Konfliktgemeinschaft einbezogen. Statt sich jetzt in einer neuen Typologie der gutsherrschaftlich verfaßten ländlichen Gesellschaften zu versuchen, ginge es ihm darum, die Eindrücke der Konferenz zu sammeln und zu erfahren, welche inhaltlichen Probleme die Teilnehmer für zu wenig diskutiert hielten.

C. Meyer bedauerte, daß die politische Dimension des Themas Gutsherrschaft, die doch zumindest im Hintergrund aller Projekte für den deutschen Bereich stehe, nur wenige Male, bei *H. Wunder, Th. Rudert* und *J. Peters* selbst, aufgeblitzt sei. Die Diskussion um Agrardualismus, Gutsherrschaftsgesellschaften, Untertanenmentalität und Kontroll- und Kommunikationssysteme im Bereich der Gutsherrschaft habe im Hinblick auf die weitere Geschichte ihres Verbreitungsgebietes und die Rolle dieses Gebietes in der deutschen Geschichte auch eine eminent politische Perspektive und berge sehr viel Sprengstoff. Der These, daß eines der spezifischen Merkmale der Gutsherrschaftsgesellschaft ein besonders ausgebildetes Kontrollsystem gewesen sei, das auch Auswirkungen auf die Untertanenmentalität gehabt haben könnte, möchte er ein Problem aus der Südstaatensklaverei entgegenstellen. Dort bemühe sich die Literatur einerseits immer darum, genau herauszuarbeiten, daß die Sklaverei – auch im Unterschied zur Gutsherrschaft – ein „fürchterlich mißbräuchliches, verbrecherisches System" gewesen sei, das die Sklaven sehr stark belastet, bedrückt und auch verformt haben müsse, und vermeide andererseits, daraus auf eine „dauerhafte Verformung der Schwarzenmentalität" zu schließen. In den Vereinigten Staaten, so *W. W. Hagen*, betrachte man ein historisches Wesen quasi im platonischen Sinne oft als ein ewiges Wesen. Dieser Gedanke belaste viele Diskussionen über ethnische und nationale kulturelle Unterschiede, und man finde solche Charakterisierungen auch in der Literatur zur Gutsherrschaft.

Ausgehend von den Thesen Heinz Reifs über den katholischen Adel in Westfalen und den preußischen Staat stellte *W. Stępiński* die Entwicklung des Adels seit den Agrarreformen zu Beginn des 19. Jahrhundert als noch stärker diskutierenswert heraus. Vor allem sei nach den Agrarreformen 1803/06 eine psychologische und soziale Neuorientierung vor sich gegangen, es sei eine Ethik des „erneuerten katholischen Edelmanns" entwickelt worden, die sich bewußt vom verschwenderischen Adelsleben des *ancien regime* abgesetzt habe. Vergleichbare Bewußtseinsbildungen habe es in Pommern gegeben, und dies nicht zuletzt als Reaktion auf das Gefühl der Bedrohung, das beim Adel durch das Aufkommen der industriellen Entwicklung und durch die starke Zunahme der landlosen Landbevölkerung entstanden sei. Daraus sei eine Ethik des protestantischen Edelmanns geworden, die von der Mitte des 19. Jahrhunderts bis zum Ersten Weltkrieg großen Einfluß auf die Adelskultur gehabt habe. Der Bruch von 1806/07 und die Umformung der Gutsherrschaftsgesellschaften habe zu einer dauerhaften Anpassungsbereitschaft des Adels und zum kontrollierten Aufbau aristokratischer Elemente geführt. Zum Bild des „neuen Edelmanns" hätten zahlreiche Aktivitäten intellektueller und wohltätiger Art gehört, es habe eine Kontinuität von der Gutsherrschaft her, aber auch starke Umformungen aufgewiesen und eine bessere Ausbildung, Bescheidenheit, Korrektheit und einen geschickten Umgang mit den unteren Klassen umfaßt.

A. Suter äußerte zur Methodik, daß verschiedene Mikrohistoriker faktisch der Auffassung wären, man solle Geschichte nicht einfach erzählen, wenn man dies auch kompliziert tun könne. Bei diesem Ansatz komme aber als wichtiges Zweites hinzu, daß man neben der komplizierten Mikrogeschichte auch die makrohistorischen Fragestellungen mitdenken solle. Der eigentliche Blick richte sich auf das, was man unter der Lupe sehe, man habe aber auch zu schauen, wie sich die großen Vorgänge im kleinen niederschlagen und wie sich die kleinen Vorgänge und Ergebnisse auf die großen Prozesse rückbeziehen würden. Sein Eindruck nach diesen drei Tagen sei, daß der erste Teil des Programms, Geschichte kompliziert zu erzählen, hervorragend umgesetzt worden sei, daß man jedoch den zweiten Teil, Veränderungsprozesse auf kleine Räume und die Rückwirkungsprozesse vom Kleinen auf die großen Strukturen zu registrieren, aus dem Blick verloren habe.

J. Kahk stimmte dem „in gewissem Sinne" zu. Der Weg zu mikrohistorischen Resultaten sei am ersten Tage als sicherer Weg erschienen, man sei auf festem Grund gegangen, habe darüber gesprochen, was geschehen und wie es geschehen sei. Dabei habe sich eine „schreckliche Vielfalt und Vielseitigkeit" von Ereignissen und Subjekten eröffnet, man habe die Menschen in ihren Rollen gesehen. Hier bestünde die „große Gefahr", die Menschen hinter den Rollen aus den Augen zu verlieren. Gutsherr, Patriarch oder Entrepreneur, zu verschiedenen Zeitpunkten sei einer dies oder jenes gewesen, damit würden die großen Probleme von Repräsentativität und Typologie schärfer hervortreten und akuter werden, gar nicht zu sprechen von der Vielfalt der Faktoren und Systeme, die auf jedes Ereignis ihren Einfluß hätten. Hier sei es ein sehr großes Verdienst der von *J. Peters* geleiteten Arbeitsgruppe, daß sie „die Realität der Geschichte" betone, und darauf beharre, daß man sie nicht mehr umgehen könne, sondern sich „durch das durchfechten" müsse. *A. Suter* habe allerdings ganz recht, daß man auch „zu einigen nicht so komplizierten Erklärungen kommen" müsse, unwichtig, ob man das als Makrohistorie oder anders bezeichne. Er sei dankbar, daß gerade diese Gruppe mit ihrer Arbeit dazu beitrage, die Wichtigkeit der Vielfalt und Veränderlichkeit der Geschichte zu begreifen, und versuche, das zu beschreiben.

W. W. Hagen knüpfte an *J. Kahk* an, daß es ein „ganz hohes Maß an Zuversicht gegenüber der empirische Methode" auf dieser Konferenz gegeben habe. In den Vereinigten Staaten würden viele Kollegen stattdessen die „selbstreflektierende Selbstreflektierung" diskutieren wollen. Es gebe eine umfassende Debatte über solche Fragen, wie beispielsweise der Historiker sich seine Geschichte selbst schüfe usw. Er selbst würde daraus jedoch keine negativen Schlüsse über die Möglichkeit der historischen Erkenntnis oder Kenntnis ziehen. Ihm scheine als Ergebnis der Tagung interessant, daß diese Seite der Sache kaum berührt worden sei.

Bezüglich der Äußerung *A. Suters* äußerte *H.-J. Bömelburg*, ob die Rückbindung der Mikroergebnisse an die große Geschichte möglich sei. Für diesen „Königsweg der Geschichte" sei das Material jedoch viel zu sperrig und entziehe sich diesem Verfahren. Ganz persönlich sei er von den sehr kleinteiligen Beiträgen immer viel mehr als von den größeren übergreifenden Synthesen überzeugt gewesen. Bei den hier gestellten Fragen habe er den Eindruck, daß der Zeitpunkt für größere Synthesen wegen der sehr starken allgemeinen historiographischen und ideologischen Belastung des Themas einfach noch nicht gekommen sei, und denke, man müsse auf dem Weg der kleinen Ansätze weiterarbeiten. *A. Suter* entgegnete, daß ihm gerade der über den mikroanalytischen Rahmen hinausgehende Beitrag *W. W. Hagens* mit seinen Schlußfolgerungen und seinem Zugriff sehr viel gebracht habe. Er sei jetzt nicht auf eine große methodologische Diskussion aus, denke aber, man müsse beide Dinge, Mikrountersuchungen und Synthesen, im Auge behalten; dahinter dürfe man nicht zurückfallen.

Was *W. W. Hagen* umrissen habe, reiche, so *W. Troßbach*, weiter als der politische Raum, den *C. Meyer* betreten habe, der politische Raum sei ein Teil dessen, was *W. W. Hagen* angesprochen habe. „Da müssen wir uns selbst natürlich auch in Konjunkturen sehen." Die Politisierung dieses Themas habe ja mit Georg Friedrich Knapp nicht ihr Ende gefunden, und Politisierung könne „Erkenntnis fördern oder weniger fördern". So habe sicher die deutsche Vereinigung Erkenntnisse gefördert, und mit ihr sei ein existentielles Bedürfnis entstanden, auch den „Agrardualismus der Forschungsdiskussion" abzubauen. Dies sei ein Bereich, wo sich politische, wissenschaftliche und persönliche Erkenntnisinteressen ganz offenbar sehr gut ergänzen könnten. Gleichwohl müsse man aufmerksam sein; sicher sei ein sehr positives Tagungsergebnis, daß man gerade durch die mikrohistorischen Studien viele Stereotypen sehr schnell als Schlacken hinter sich gelassen habe – das habe er schon zum Beitrag von *J. Peters* gesagt –, aber die Frage sei natürlich, inwieweit man sich – „eben weil wir die Geschichte immer kompliziert machen müssen" – auf neue Stereotypen einlasse. Eine gewisse Selbstreflexion sei immer wieder möglich und nötig, eben im Sinne dessen, daß man nur in Begriffen denken könne und mit ihnen auch weiterhin „Geschichte mache".

R. Blickle schloß – ebenfalls an *W. W. Hagen* – die Bemerkung an, daß Grundherrschaft und Gutsherrschaft keine Gegebenheiten, sondern Konzepte seien. Es seien Sichtweisen, Theoreme, denen man deshalb auch ausweichen könne. Man solle sich bewußt sein, daß sie nicht die Geschichte oder eine Realität seien, sondern „unser Blick und unser Konzept, mit dem wir an die Quellen herangehen".

J. Peters begrüßte, daß dieses Thema hier noch berührt worden sei, und der Zusammenhang mit dem, was eingangs von der Politisierung und von dem in der Gutsherrschaftsforschung enthaltenen politischen Substrat gesagt worden sei, sei ja auch evident. In den neuen Bundesländern sehe man sich oft mit „ganz primitiven Vorstellungen" konfrontiert, hier im Osten habe es die dreifache Untertänigkeit im preußischen Staat mit der Gutsherrschaft, im Faschismus und im Sozialismus mit ihren Folgen gegeben. Diese „schrecklich schiefe Erklärung" frage unter anderem nicht danach, welche Schichten besonders von dem Denken in Kategorien der Kontrolle und Überwachung beeinflußt worden seien – „das waren ja nicht unbedingt die kleinen Leute" –, lasse auch völlig außer acht, welche Strategien in der Auseinandersetzung mit totalitären Regimen entwickelt worden seien, und berücksichtige nicht, daß ganz Deutschland mit dieser Vergangenheit fertig werden müsse. Es sei ein politisch brisantes Thema, zu dem man sich unterschiedlich stellen könne, das durch die Restitutionsansprüche und Rückkehr noch zusätzliche aktuelle Bedeutung erfahre. Er sei für ein sehr behutsames Umgehen mit dieser Problematik, und man dürfe nicht aufatmend aus seriösen Fragestellungen ausbrechen und nur noch Adelsforschung betreiben – „solche Tendenzen gibt es in manchen Heimatvereinen in Ostdeutschland" –, und man dürfe andererseits nicht die machtzentrierte Perspektive von oben nur einfach umkehren und nur schauen, wie „die Welt sich von unten darstelle". Darum spreche man in der Arbeitsgruppe von der „Funktionsweise des Systems Gutsherrschaft" und versuche, darin möglichst viele Faktoren einzuschließen. Außerdem sei man als ehemaliger DDR-Historiker „megatheorie-geschädigt". Die Angehörigen der ehemaligen Akademie der Wissenschaften brächten einen „bestimmten Skeptizismus gegen Riesentheorien und gegen alte und neue Autoritäten" mit. Dies erkläre vielleicht, warum man versuche, dichter an die historische Wirklichkeit zu kommen, als es früher üblich gewesen sei. Die alte Streitfrage, wenn man die Strukturen untersuche, nicht nahe genug an der historischen Wirklichkeit zu sein, aber wenn man möglichst dicht an der Wirklichkeit bleiben wolle, den Bezug zu den Strukturen zu verlieren, dürfe nicht mit einem Entweder-Oder beantwortet werden. Die Tagung habe gezeigt, daß man sich diesem grundsätzlichen methodologischen Problem nur stellen könne, indem man mit diesem Widerspruch lebe. Er habe auch einige Beiträge gehört, bei denen ihm eine ausreichende Kontextualisierung der kleinräumigen Perspektive gefehlt habe, und wiederum Beiträge, die ihm zu sehr im Strukturellen geschwebt hätten.

Er plädiere zwar auch dafür, so *H. Zückert,* die Gutsherrschaftsverhältnisse nicht nur politisch zu sehen, trotzdem halte er letztlich die Betrachtung in politischer Dimension für eine wichtige Zielsetzung. Vor all den Berechnungen von Weizenerträgen und anderem, mit dem sich Agarhistoriker beschäftigten, dürfe doch eigentlich nie vergessen werden, was zum Beispiel im Aufsatz Hans Rosenbergs über die Pseudodemokratisierung der Rittergutsbesitzer zum Ausdruck komme, seine Motivation, so etwas wie die Nazizeit aus „dieser schrecklichen preußischen Tradition" zu verstehen. Er habe gezeigt, wie man so eine politische Motivation umsetzen könne. Aus der mikrohistorischen Perspektive heraus sei klar, daß man außer der Rittergutsbesitzerklasse auch andere Teile der Gesellschaft einbeziehen müsse, um Brandenburg-Preußen und die ostelbischen Verhältnisse verstehen und nachvollziehen zu können, wie diese Gruppen aufeinander einwirkten und welche Entwicklung und welcher Entwicklungsstrang sich bis in die Gegenwart verfolgen ließe. Es sei komplizierter, als Rosenberg es gemacht habe (nur an einer Klasse, den Junkern, eine Entwicklung aus dem 17. und 18. Jahrhundert bis in die Gegenwart zu verfolgen), aber so etwas sei auf einem neuen Stand des Wissens und etwas komplexer von der gesellschaftlichen Grundstruktur und den gesellschaftlichen Komponenten her anzulegen. Das übergeordnete Ziel der Arbeit müsse so eine Fragestellung sein.

W. W. Hagen ergänzte, daß es bei der Tagung keine Nationalitäten-Diskussion gegeben habe. Dies halte er für sehr bemerkenswert bei dem geographischen Raum, über den man gesprochen habe. Alle seien sicher ein bißchen nationalismusgeschädigt, so daß man diesen Bezug zur Geschichte der Gutsherrschaftsgesellschaften vielleicht bewußt vermieden habe. Es habe aber sprachbedingte und kulturelle Unterschiede und Grenzen in diesen Gesellschaften gegeben, die von hoher Bedeutung für das Leben der handelnden Menschen gewesen seien, und es wäre – ohne allen Bezug zum modernen Nationalismus – höchst interessant, darüber nachzudenken, wie die verschiedenen Gruppen in dieser Welt miteinander ausgekommen seien. Dieser Problemkreis sei aber nicht thematisiert worden. *W. Stępiński* bezeichnete diese Aussage *W. W. Hagens* als sehr interessant, weil besonders im ostmitteleuropäischen Raum die sozialen Konflikte auch als Sprach- oder Kulturkonflikte in Erscheinung getreten seien, und sprach sich dafür aus, bei anderer Gelegenheit zu überlegen, wie sich die älteren und jüngeren Historiographien Tschechiens, Polens, Deutschlands usw. dieser Frage gestellt hätten. Diese Frage sei auch für die polnisch-ukrainischen, polnisch-litauischen und polnisch-weißrussischen Beziehungen von größter Bedeutung.

J. Peters knüpfte an die Bemerkung *R. Blickles* an, Grundherrschaft und Gutsherrschaft als Konzepte zu sehen. Dies werde sicher nicht unwidersprochen bleiben, es sei das Maximum, die Terminologie zu öffnen, um sie von daher vielleicht wieder verwenden und anders zusammensetzen zu können. Im Bemühen zu strukturieren, spreche man ja immer noch davon, irgendeine Art von Gutsherrschaftstypologie zu Wege zu bringen. Man wolle sich von der einfachen dichotomische Auffassung lösen und fragen, welche neuen Faktoren dazu dienen könnten, eine neue Strukturierung der ländlichen Gesellschaft zustandezubringen. Man könnte versuchen, den Begriff der Agrarverfassung ganz weit zu fassen und zu fragen, durch welche Faktoren eine bestimmte Agrarverfassung so weit verdichtet und strukturiert werde, daß sie einen eigenen Typus darstelle. Dafür habe es einige Überlegungen bei der Konferenz gegeben, so über „Substrukturen eigenen Sinnes" in einer solchen Gesellschaft, über die Art der Repräsentation und Demonstration der Untertanen, die möglicherweise auf unterschiedliche Strukturen verweise, über den Grad der herrschaftlichen Einflußnahme auf die Betriebsführung, über den Stellenwert von Gesellungen und verborgenen Kulturen in den Gutsherrschaftsgesellschaften, über Geschlechter- und Generationenbeziehungen und über interlokale Zusammenschlüsse. All dies könne man als Faktoren zu unterscheidender Typen in Beziehung bringen. Er wolle an dieser Stelle keine gegen das traditionelle Verständnis von Guts- und Grundherrschaft gerichtete neue Typologie präsentieren, aber die drei intensiven Diskussionstage hätten zum Nachdenken darüber beigetragen, wie man die ländliche Gesellschaft anders ordnen und vom Typus her differenzieren könne. Man habe über die Gemeinden und ihre Autonomie bzw. Instrumentalisierung diskutiert, ein große Rolle hätten Adelseigenschaften und Herrschaftsstile gespielt, dabei auch die Unberechenbarkeit des Adels in der Herrschaftsausübung. Varianten des Paternalismus seien wiederholt in die Diskussion gekommen, ob nun als Ideologie, als System oder als ein unerreichbares Leitbild. Eingehend sei im Zusammenhang mit Böhmen über Gutsherrschaftsetappen diskutiert worden. Bei der Auseinandersetzung über das offenbar sehr reiche Archivmaterial, speziell Südböhmens, sei klar geworden, wie beschränkt die ostdeutsche Überlieferung sei. Zentraler Punkt seien auch die Informations- und Kommunikationssysteme gewesen, und längere Zeit habe man sich mit Widerständigkeitsformen und -perspektiven, auch mit der Konfliktforschung beschäftigt. „Verborgene Ökonomien“ und die Dynamik des Machtspiels von Herrschaft, Beamten, Schulzen und Bauern seien Diskussionsgegenstand gewesen. Weiterhin habe man sich mit der besonderen Situation privilegierter Gruppen von Bauern und mit historischen Mythen befaßt, und so auch die Macht des Transzendentalen, des Symbolischen, des Rituellen als eine Realmacht der Geschichte einbezogen. Schließlich seien Wandlungen des Bauernbildes bei der Herrschaft und die Volksaufklärung besprochen worden. Er wolle mit dieser Aufzählung in Erinnerung rufen, wie viele wichtige Themen behandelt worden seien und daß man dabei „ein ganzes Stück zusammengerückt“ sei. Nun frage sich, wie weiterzuarbeiten sei. Die Max-Planck-Arbeitsgruppe „Gutsherrschaft“ werde als solche Ende Dezember 1996 auslaufen, aber aller Wahrscheinlichkeit eine Anschlußfinanzierung mit künftig einem Drittel der Mittel erhalten, und es beginne damit das „mühsame Geschäft“, einigermaßen zusammenzuhalten, was in Potsdam aufgebaut worden sei. Selbst wenn der Forschungsschwerpunkt nicht im bisherigen Umfang fortgesetzt werde, solle der Ansatz doch als profilbestimmend für die Universität Potsdam bleiben. In dem künftigen Finanzrahmen könnte man eine Tagung in dieser Größenordnung nicht wieder organisieren, möglich seien eher kleinere Zusammenkünfte zu begrenzteren Problemkreisen, vielleicht in Zusammenarbeit mit dem Arbeitskreis für Agrargeschichte. Eine internationale Zusammensetzung sei dabei unverzichtbar.

Abkürzungsverzeichnis

AUC	Acta Universitas Carolinae
ArC	Archiv český
BlldtLG	Blätter für deutsche Landesgeschichte
CCH	Český časopis historický
CEH	Central European History
EdG	Enzyklopädie deutscher Geschichte
FHB	Folia Historica Bohemica
GG	Geschichte und Gesellschaft
HZ	Historische Zeitschrift
JbBrandLG	Jahrbuch für Brandenburgische Landesgeschichte
JbGFeud	Jahrbuch für Geschichte des Feudalismus
JbGMOD	Jahrbuch für die Geschichte Mittel-und Ostdeutschlands
JbWG	Jahrbuch für Wirtschaftsgeschichte
JSH	Jihočeský sborník historický
PHS	Právněhistorické studié
VSWG	Vierteljahresschrift für Sozial- und Wirtschaftsgeschichte
ZAA	Zeitschrift für Agrargeschichte und Agrarsoziologie
ZfG	Zeitschrift für Geschichtswissenschaft
ZHF	Zeitschrift für Historische Forschung

Autorenverzeichnis

Doz. Dr. Václav Bůžek
Leiter des Lehrstuhls für Geschichte
Jihočeská Univerzita, České Budějovice
Pädagogische Fakultät

Doz. Dr. Jaroslav Čechura
Archiv Národniho muzea
Praha

Dr. Markus Cerman
Universität Wien
Institut für Wirtschafts-und Sozialgeschichte

Dr. Alix Cord
Kronberg/Ts.

Dr. Vladimir A. Djatlov
Černigovskij Pedinstitut
Istoričeskij fakul'tet

Dr. Lieselott Enders
Potsdam

Prof. Dr. William W. Hagen
University of California, Davis
Department of History

Dr. Heinrich Kaak
Arbeitsgruppe "Gutsherrschaft"
Universität Potsdam

Prof. Dr. Juhan Kahk
Eesti Teaduste Akadeemia
Rahvusvaheliste ja Sotsiaaluuringute Instituut

Dr. Antonín Kostlán
Akademie věd České republiky, Praha
Bankovni Spojeni

Dr. Tünde Lengyelová
Historický ústav SAV, Bratislava

Dr. Axel Lubinski
Arbeitsgruppe „Gutsherrschaft"
Historisches Institut
Universität Potsdam

Prof. Dr. Antoni Mączak
Warsaw University
Institute of History

Doz. Dr. Eduard Maur
Direktor des Instituts für tschechische Geschichte an der Philosophischen Fakultät
Karlsuniversität Prag

Dr. Edgar Melton
Wright State University, Dayton/Ohio
Department of History

Claus K. Meyer
Fakultät für Geschichte und Kulturgeschichte
Europäisches Hochschulinstitut, Florenz

PD Dr. Ernst Münch
Universität Rostock
Fachbereich Geschichtswissenschaften

Prof. Dr. Jaroslav Pánek
Karlsuniversität, Prag
Philosophische Fakultät

Prof. Dr. Jan Peters
Arbeitsgruppe „Gutsherrschaft"
Historisches Institut
Universität Potsdam

Dr. Thomas Rudert
Arbeitsgruppe „Gutsherrschaft“
Universität Potsdam

Dr. Martina Schattkowsky
Arbeitsgruppe „Gutsherrschaft“
Universität Potsdam

Dana Štefanová
Universität Wien
Institut für Wirtschafts-und Sozialgeschichte

Dr. Aleš Stejskal
Český Krumlov
State District Archives

PD Dr. Andreas Suter
Universität Zürich
Institut für Sozial-und Wirtschaftsgeschichte

PD Dr. Werner Troßbach
Gesamthochschule Kassel
Fachbereich 11

Dr. András Vári
Universität der Wirtschaftswissenschaften, Budapest
Forschungszentrum für die Geschichte Ost- und Mitteleuropas

Prof. Dr. Heide Wunder
Gesamthochschule Kassel
Fachbereich 5

Dr. Hartmut Zückert
Arbeitsgruppe „Gutsherrschaft“
Universität Potsdam

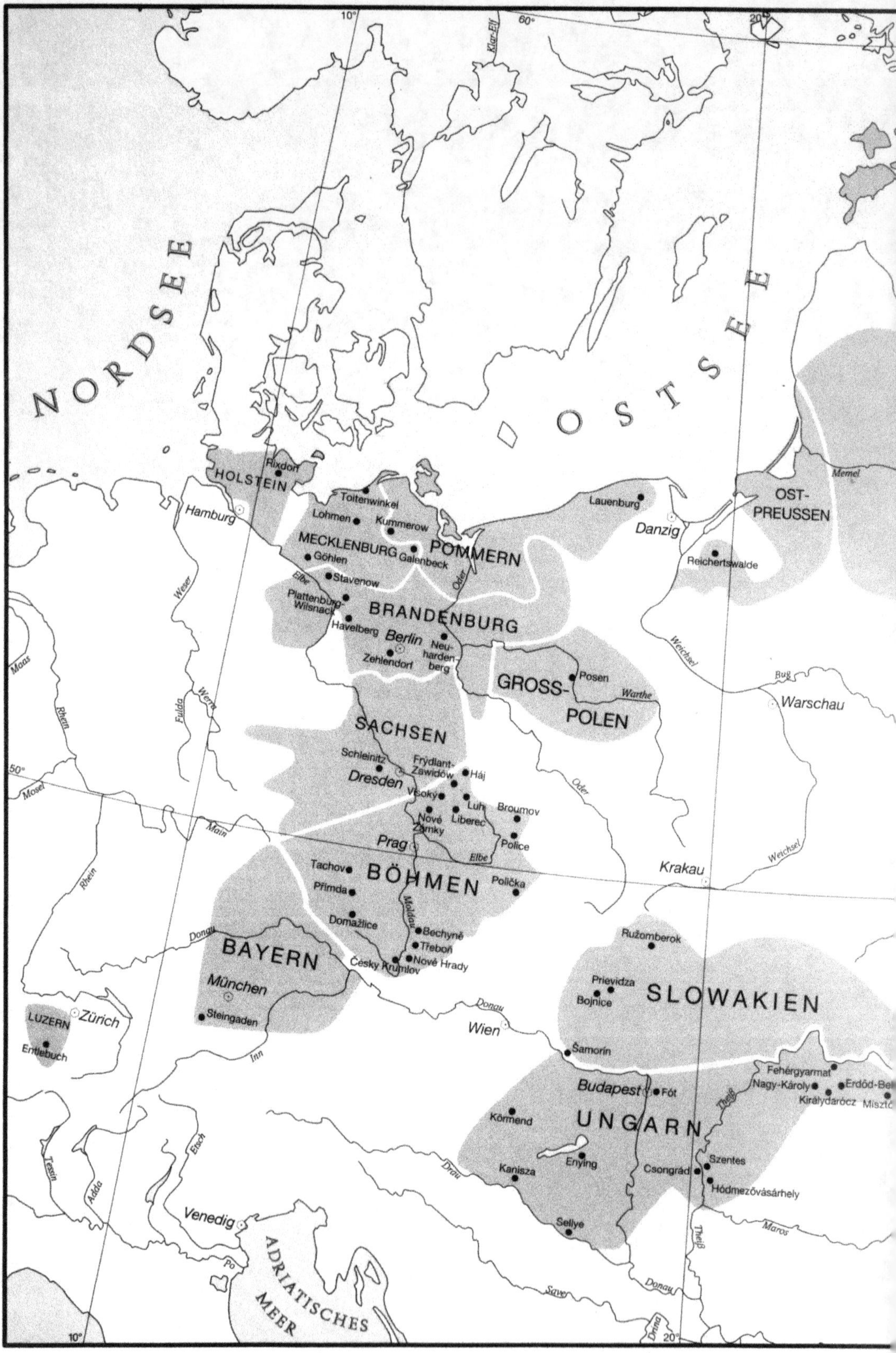

NORDSEE
OSTSEE
HOLSTEIN
Rixdorf
Hamburg
Toitenwinkel
Lohmen
Kummerow
MECKLENBURG
Galenbeck
Göhlen
Stavenow
POMMERN
Lauenburg
Danzig
OST-PREUSSEN
Reichertswalde
Memel
Plattenburg
Wilsnack
BRANDENBURG
Havelberg
Berlin
Zehlendorf
Neu-harden-berg
GROSS-POLEN
Posen
Warthe
Warschau
Bug
Weichsel
SACHSEN
Schleinitz
Dresden
Frýdlant-Zawidów
Háj
Vysoký
Luh
Liberec
Nové Zámky
Broumov
Police
Prag
Elbe
BÖHMEN
Tachov
Přimda
Domažlice
Polička
Moldau
Bechyně
Třeboň
Nové Hrady
Český Krumlov
BAYERN
München
Steingaden
LUZERN
Zürich
Entlebuch
Krakau
Oder
Ružomberok
Prievidza
Bojnice
SLOWAKIEN
Wien
Donau
Šamorín
Budapest
Fót
UNGARN
Körmend
Enying
Kanisza
Sellye
Csongrád
Szentes
Hódmezővásárhely
Fehérgyarmat
Nagy-Károly
Királydarócz
Erdőd-Be
Misztó
Theiß
Maros
Drau
Save
Drina
Venedig
Po
ADRIATISCHES MEER
Etsch
Adda
Tessin
Inn
Rhein
Mosel
Main
Maas
Fulda
Werra
Weser
Elbe
Klar-Elf
10°
20°
50°
60°

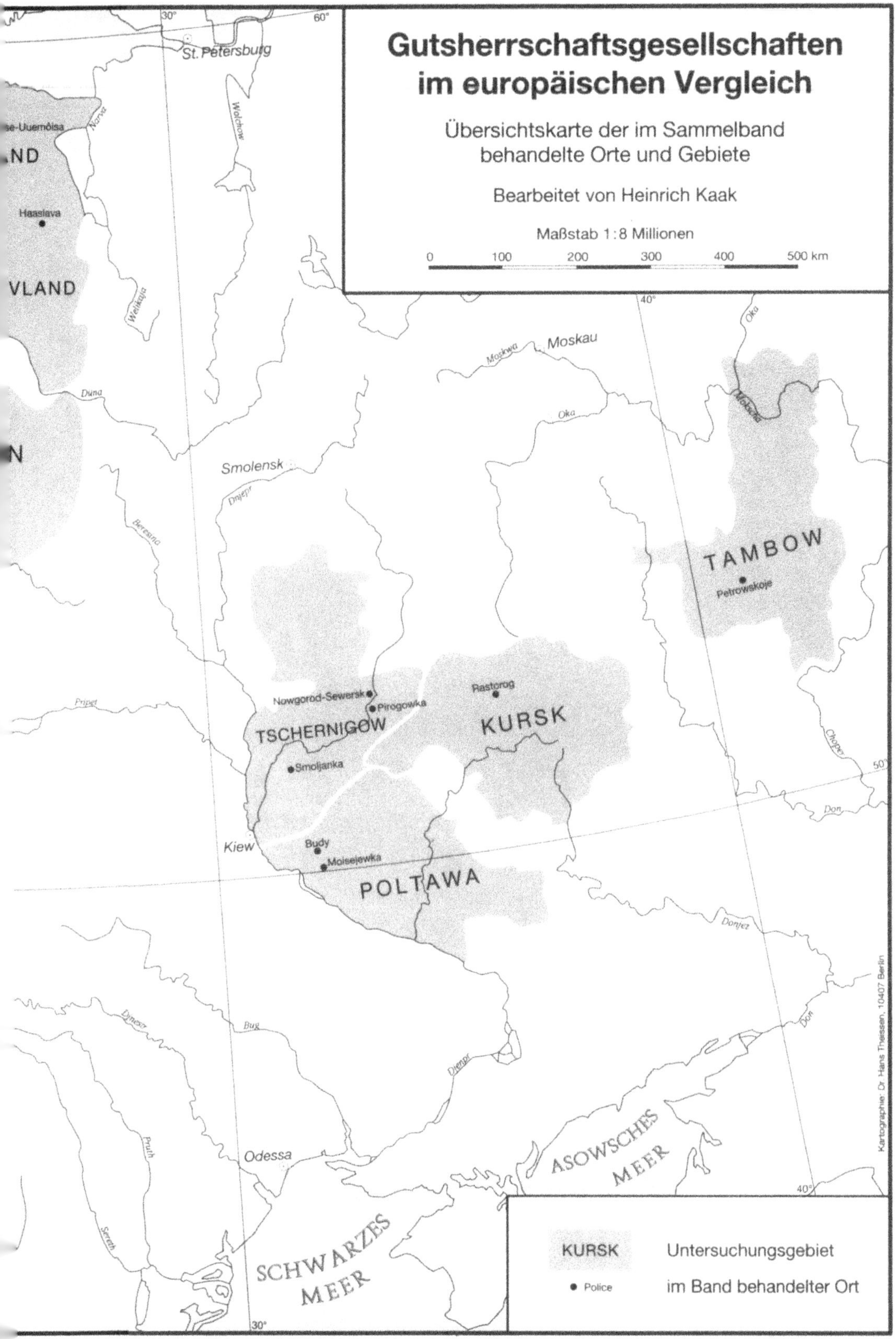
Gutsherrschaftsgesellschaften im europäischen Vergleich
Übersichtskarte der im Sammelband behandelte Orte und Gebiete
Bearbeitet von Heinrich Kaak
Maßstab 1:8 Millionen
0 100 200 300 400 500 km
St. Petersburg
Narva
Wolchow
Welikaja
Düna
Haaslava
Moskau
Moskwa
Oka
Smolensk
Dnjepr
Beresina
Pripet
TAMBOW
Petrowskoje
Nowgorod-Sewersk
Pirogowka
Rastorog
TSCHERNIGOW
KURSK
Smoljanka
Kiew
Budy
Moisejewka
POLTAWA
Don
Donjez
Chopjor
Dnjestr
Bug
Pruth
Sereth
Odessa
ASOWSCHES MEER
SCHWARZES MEER
KURSK Untersuchungsgebiet
Police im Band behandelter Ort
Kartographie: Dr. Hans Theissen, 10407 Berlin

www.ingramcontent.com/pod-product-compliance
Lightning Source LLC
LaVergne TN
LVHW081355011026
849161LV00013BA/2824